光纤通信技术

GUANGXIAN TONGXIN JISHU

苏君红　邓少生　主编

化学工业出版社

·北京·

本书重点介绍了光纤（玻璃光纤、塑料光纤、晶体光纤）的基础知识、制备技术、性能与应用实例；光缆的基础知识、制备技术、性能、接入技术和敷设技术及应用实例；对光通信无源器件和有源器件的基础知识、制备技术、性能与应用做了详细的论述；最后对光纤通信系统的设计、器件接入、通信设备、调制与实验以及未来的全光网络也做了简要的介绍。

本书是光纤通信行业网络设计、光纤和光缆制造、器件设计生产、调制人员、管理销售人员及教学人员必读之书。

图书在版编目（CIP）数据

光纤通信技术/苏君红，邓少生主编. —北京：化学
工业出版社，2013.7
ISBN 978-7-122-17490-1

Ⅰ.①光⋯　Ⅱ.①苏⋯②邓⋯　Ⅲ.①光纤通信　Ⅳ.
①TN929.11

中国版本图书馆 CIP 数据核字（2013）第 113473 号

责任编辑：邢　涛　　　　　　　　　　　　装帧设计：韩　飞
责任校对：蒋　宇

出版发行：化学工业出版社（北京市东城区青年湖南街 13 号　邮政编码 100011）
印　　刷：北京永鑫印刷有限责任公司
装　　订：三河市万龙印装有限公司
787mm×1092mm　1/16　印张 45½　字数 1172 千字　2014 年 4 月北京第 1 版第 1 次印刷

购书咨询：010-64518888（传真：010-64519686）　　售后服务：010-64518899
网　　址：http://www.cip.com.cn
凡购买本书，如有缺损质量问题，本社销售中心负责调换。

定　　价：198.00 元　　　　　　　　　　　　　　　版权所有　违者必究

编写人员名单

主　　编：苏君红　邓少生

副 主 编：李恒春　曹　晖　张玉龙　于法鹏

编写人员：（排名不分先后）

于法鹏	王林喜	王贵宾	王敏芳	王　磊	邓少生
石　磊	安玉德	朱　清	刘　川	刘　云	刘　炜
刘向平	刘宝玉	孙德强	许劲松	闫　军	余江波
吴建全	杜仕国	沈建刚	苏君红	张玉龙	张然治
李　竞	李　萍	李旭东	李恒春	李桂变	李荣强
杨　耘	杨振强	杨晓冬	邵颖惠	官周国	姚春臣
胡文斌	赵　显	赵金伟	唐伟峰	康　敏	符晓峰
黄　晖	曹　晖	曹根顺	黄晓霞	普朝光	曾戈虹
戴均平					

光纤通信是以光纤为传输载体，利用激光的相干性和方向性，将激光作为信息的载体在光纤中进行传输的通信方式。在发送端首先把传送的信息（如话音）变成电信号，然后调制到激光器发出的激光束上，使光的强度随电信号的幅度（频率）变化而变化，并通过光纤发送出去；在接收端检测到光信号后把它变成电信号，经解调后恢复原信息。光纤通信的优点如下。

① 通信容量大、传输距离远。一根光纤的潜在带宽可达 20THz。采用这样的带宽，仅需一秒钟左右，即可将人类古今中外全部文字资料传送完毕。目前 400Gbit/s 系统已经投入商业使用。光纤的损耗极低，在光波长为 $1.15\mu m$ 附近，石英光纤损耗可低于 0.2dB/km，这比目前任何传输媒质的损耗都低。因此，无中继传输距离可达几十甚至上百千米。

② 信号串扰小、保密性能好。

③ 抗电磁干扰、传输质量佳，电通信不能解决的各种电磁干扰问题，不会出现在光纤通信中。

④ 光纤尺寸小、重量轻，便于敷设和运输。

⑤ 材料来源丰富，利于环境保护，有利于节约铜。

⑥ 无辐射，难于窃听。

⑦ 光缆适应性强，寿命长。

光纤通信还存在一些不足。

① 质地脆，机械强度差。

② 光纤的切断和接续需要专门的工具、设备和技术。

③ 分路、耦合不灵活。

④ 光纤光缆的弯曲半径不能过小。

光纤通信不仅在技术上具有很大的优越性，而且在经济上具有巨大的竞争力，因此在经济社会中将发挥越来越重要的作用。

光纤通信首先应用于室内电话局之间的光纤中继线路，继而广泛用于长途干线网上，成为宽带通信的基础。光纤通信尤其适用于国家之间大容量、远距离的通信，包括国内沿海通信和国际间长距离海底光纤通信系统。

光纤可以传输数字信号，也可以传输模拟信号。光纤在通信网、广播电视网与计算机网，以及在其他数据传输系统中，都得到了广泛应用。光纤宽带干线传送网和接入网发展迅速，是当前研究开发应用的主要目标。

为了普及光纤通信技术基础知识，推广并宣传光纤通信技术研究与应用成果，中国工程研究院和中国兵工学会组织编写了本书，重点介绍了光纤（玻璃光纤、塑料光纤、晶体光纤）的基础知识、制备技术、性能与应用实例；与此同时，介绍了光缆的基础知识、制备技术、性能、接入技术和敷设技术及应用实例；在对光纤、光缆介绍的基础上，对光通信无源器件和有源器件的基础知识、制备技术、性能与应用做了详细的论述；最后对光纤通信系统的设计、器件接入、通信设备、调制与实验做了扼要的阐述。同时对光纤通信特点、发展历程、基础知识和未来的全光网络也做了简要的介绍。本书是光纤通信行业网络设计、光纤、光缆制造、器件设计生产、调制人员、管理销售人员及教学人员必读之书。

本书突出实用性、先进性、可操作性，结构严谨，理论叙述从简，侧重以翔实可靠的数据和实例说明问题。若本书出版能对我国光纤通信技术的发展有一定的推动作用，笔者将感到十分欣慰。

由于作者水平有限，文中不妥之处敬请批评指正。

苏君红

目录

第一章

概　述

第一节　简　介

一、光纤通信基本概念

1. 光纤通信的基本概念

利用光导纤维传输光波信号的通信方式称为光纤通信［光导纤维（简称为光纤）本身是一种介质，目前实用通信光纤的基础材料是 SiO_2，因此它属于介质光波导的范畴］。

2. 光纤通信的光波波谱

光纤通信的波谱频率在 $1.67 \times 10^{14} \sim 3.75 \times 10^{14}$ Hz 之间，即波长在 $0.8 \sim 1.8 \mu m$ 之间，属于红外波段，将 $0.8 \sim 0.9 \mu m$ 的波长称为短波长，$1.0 \sim 1.8 \mu m$ 的波长称为长波长，$2.0 \mu m$ 以上的波长称为超长波长。光纤通信光波波谱换算见表1-1。

表 1-1　光纤通信光波波谱换算

$c = 3 \times 10^8 \, \text{m/s}$	1MHz(兆赫)$= 10^6$ Hz
$\lambda = c/f$	1GHz(吉赫)$= 10^9$ Hz
$1 \mu m$(微米)$= 10^{-6}$ m	1THz(太赫)$= 10^{12}$ Hz
$1 nm$(纳米)$= 10^{-9}$ m	1PHz(拍赫)$= 10^{15}$ Hz
1Å(埃)$= 10^{-10}$ m	

光波是电磁波，光波范围包括红外线、可见光、紫外线，其波长范围为 $300 \sim 6 \times 10^{-3} \mu m$。

可见光由红、橙、黄、绿、蓝、靛、紫七种颜色的连续光波组成，其中红光的波长最长，紫光的波长最短。波长再短的就是 X 射线、γ 射线。

3. 通信系统容量

用比特率与距离积 BL 来表示，式中，B 为比特率（每秒钟传输的比特数目）；L 为中继距离；其单位为（Gb/s）·km。

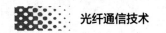
二、光纤通信系统的基本组成

图 1-1 所示为单向传输的光纤通信系统，包括发射、接收和作为基本光纤传输系统。

图 1-1　单向传输的光纤通信系统

基本光纤传输系统的三个组成部分如下。

1. 光发射机

（1）功能　光发射机的作用就是进行电/光转换，并把转换成的光脉冲信号输入光纤中进行传输。

（2）组成框图　如图 1-2 所示。

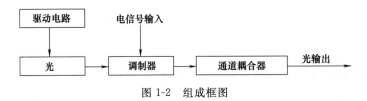

图 1-2　组成框图

（3）对光源的要求

① 输出功率足够大，调制频率足够高，谱线宽度和光束发散角尽可能小，输出功率和波长稳定，器件寿命长。

② 常用半导体发光二极管（LED）；半导体激光二极管（或称激光器）（LD）。

（4）结构参数　光发射功率，dBm。$P（dBm）=10\times lg\dfrac{P（mV）}{1（mV）}$

以 1mW 为基准的、用分贝表示的功率如下。

功率/mW	100	10	2	1	0.5	0.1	0.01	0.001
功率/dBm	+20	+10	+3	0	−3	−10	−20	−30

（5）光源光谱特性　输出光功率足够大，调制频率足够高，谱线宽度和光束发散角尽可能小，输出功率和波长稳定，器件寿命长。

（6）电信号对光的调制的实现方式

① 用电信号直接调制半导体激光器或发光二极管的驱动电流，使输出光随电信号变化来实现。这种方案技术简单，成本较低，容易实现，但调制速率受激光器的频率特性限制。

② 把激光的产生和调制分开，用独立的调制器调制激光器的输出光来实现。外调制的优点是调制速率高，缺点是技术复杂，成本较高，因此只在大容量的波分复用和相干光通信

系统中使用。信号调制方式如图1-3所示。

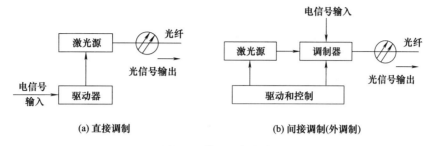

(a) 直接调制　　　　　　　(b) 间接调制(外调制)

图 1-3　信号调制方式

2. 光纤线路

（1）功能　把来自光发射机的光信号，以尽可能小的畸变（失真）和衰减传输到光接收机。

（2）组成　光纤、光纤接头和光纤连接器。

（3）低损耗"窗口"　普通石英光纤在近红外波段，除杂质吸收峰外，其损耗随波长的增加而减小，在 $0.85\mu m$、$1.31\mu m$ 和 $1.55\mu m$ 有三个损耗很小的波长"窗口"，如图1-4所示。光源激光器的发射波长和光检测器光电二极管的波长响应，都要与光纤这三个波长窗口相一致。目前在实验室条件下，$1.55\mu m$ 的损耗已达到 $0.154dB/km$，接近石英光纤损耗的理论极限。

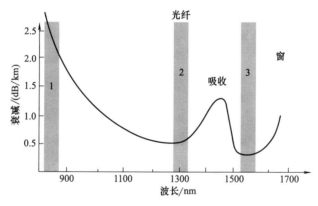

图 1-4　低损耗"窗口"

3. 光接收机

（1）功能　把从光纤线路输出、产生畸变和衰减的微弱光信号转换为电信号，并经放大和处理后恢复成发射前的电信号。

（2）组成部分　耦合器、光电检测器和解调器。

（3）组成框图　如图1-5所示。

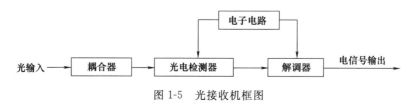

图 1-5　光接收机框图

（4）结构参数　接收机灵敏度（BER），定为在误码率≤10^{-9}的条件下，所要求的最小输入光功率。

（5）检测方式　直接检测和外差检测。

（6）光电监测器（光电探测器）类型　采用光电二极管（PIN）和雪崩光电二极管（APD）。

三、光纤通信系统的分类

1. 按波长和光纤类型分类

① 短波长（0.85μm 左右）多模光纤通信系统。

② 长波长（1.31μm）多模光纤通信系统。

③ 长波长（1.31μm）单模光纤通信系统。

④ 长波长（1.55μm）单模光纤通信系统。

2. 按传输信号分类

（1）数字光纤通信系统　用参数取值离散的信号（如脉冲的有和无、电压的高和低等）代表信息，强调的是信号和信息之间的一一对应关系。

数字通信系统的优点如下。

① 抗干扰能力强，传输质量好。

② 可以用再生中继，传输距离长。

③ 适用各种业务的传输，灵活性大。

④ 容易实现高强度的保密通信。

⑤ 数字通信系统大量采用数字电路，易于集成，从而实现小型化、微型化，增强设备可靠性，有利于降低成本。

数字通信的缺点是占用频带较宽，系统的频带利用率不高。例如，一路模拟电话只占用4kHz 的带宽，而一路数字电话要占用 64kHz 的带宽。

（2）模拟光纤通信系统　用参数取值连续的信号代表信息，强调的是变换过程中信号和信息之间的线性关系。这种基本特征决定着两种通信方式的优缺点和不同时期的发展趋势。模拟光纤通信系统的优点：占用带宽较窄，电路简单，易于实现，价格便宜等。

模拟光纤通信系统主要应用在广播电视短程传输、工业与交通监控管理系统、共用天线系统、计算机网络及宽带的综合业务局域网中的光纤传输系统等。

3. 按调制方式分类

（1）直接调制光纤通信系统　将待传输的数字电信号直接在光源的发光过程中进行调制。又称为内调制光纤通信系统。设备较简单、价廉、调制效率较高。但会使光谱有所增宽，影响速率的提高。

（2）外调制光纤通信系统　在光源发出光之后，在光的输出通路上加调制器进行调制。又称为间接调制光纤通信系统。对光源谱线影响小，适合高速率的通信。

（3）外差光纤通信系统　又称相干光通信系统。其优点是接收灵敏度高，信道选择性好，但设备复杂。

4. 按传输速率分类

① 低速光纤通信系统　传输速率为 2Mbit/s、8Mbit/s。

② 中速光纤通信系统　传输速率为 34Mbit/s、140Mbit/s。

③ 高速光纤通信系统 传输速率≥565Mbit/s。

5. 按应用范围分类

① 公用光纤通信系统。

② 专用光纤通信系统。

6. 按数字复接方式分类

① 准同步数字系列（PDH） 速率一般是在565Mbit/s以下。

② 同步数字系列（SDH） 目前，实用的SDH系统其单波长通信速率可达2.5Gbit/s和10Gbit/s。

四、光纤通信的特点

在光纤通信系统中，作为载波的光波频率比电波频率高得多，而作为传输介质的光纤又比同轴电缆损耗低得多，因此相对于电缆或微波通信，光纤通信具有许多独特的优点。

1. 频带宽、传输容量大

电缆和光纤的损耗及频带比较见表1-2，由表可见，电缆基本上只适用于数据速率较低的局域网（LAN），高速局域网（≥100Mbit/s）和城域网（MAN）必须采用光纤。

表1-2 电缆和光纤的损耗及频带比较

类型		频带（或频率）	损耗/(dB/km)	传输容量/(话路/线)	
对称电缆		4kHz	2.06		
细同轴电缆		1MHz	5.24	960	
		30MHz	28.70		
粗同轴电缆		1MHz	2.42	1800	
		60MHz	18.77		
渐变折射率多模光纤	$0.85\mu m$	200～1000MHz	≤3	1920	
	$1.31\mu m$	≥1000MHz	≤1.0	(140Mbit/s)	
单模光纤	$1.31\mu m$	>100GHz	0.36	32000	491520
	$1.55\mu m$	10～100GHz	0.2	(2.5Gbit/s)	(40Gbit/s)

2. 损耗小、中继距离长

由表1-2可见，电缆的每千米传输损耗通常在几分贝到十几分贝，而在$1.55\mu m$波长附近时光纤的损耗通常只有0.2dB/km，电缆的损耗明显大于光纤，有的甚至大几个数量级。

3. 重量轻、体积小

由于电缆的体积和重量都较大，在安装时必须慎重处理接地和屏蔽问题，因此电缆不适用于空间狭小的场合，如舰船和飞机上。但是，光纤的重量轻、体积小，很适合用于这种场合。

4. 抗电磁干扰性能好

光纤是由电绝缘的石英材料制成的，光纤通信线路不受各种电磁场的干扰和雷击的损坏，所以无金属加强筋的光缆非常适合于存在强电磁场干扰的高压电力线路周围，以及油田、煤矿和化工厂等易燃易爆的环境中使用。

5. 泄漏小、保密性好

在现代社会中，不但国家的政治、军事和经济情报需要保密，企业的经济和技术情报也已成为竞争对手的窃取目标。因此，通信系统的保密性能往往是用户必须考虑的一个问题。现代侦听技术已能做到在离同轴电缆几千米以外的地方窃听电缆中传输的信号，可是对光缆信号的窃听却困难得多。

在光纤中传输信息的泄漏是非常微弱的，即使在弯曲地段也无法窃听。没有专用的特殊工具，光纤是不能分接的，因此信息在光纤中的传输非常安全，这对军事、政治和经济都具有重要的意义。

6. 节约金属材料，有利于资源合理使用

制造同轴电缆和波导管的金属材料在地球上的储量是有限的，而制造光纤的石英（SiO_2）在地球上的储量是极为丰富的。

总之，由于通信用光纤都是用石英玻璃和塑料制成的，是极好的电绝缘体，而且光信号在光缆中传输时不易产生泄漏，所以不存在电气危害、电磁干扰、必须接地、屏蔽和保密性差等问题，再加上传输特性好的优点，使光纤成为迄今为止最好的信息传输媒质，因此不管是在干线网上，还是在接入网上，光纤通信都取得了飞速的发展。

五、光纤通信的发展

1. 发展历程

20世纪70年代以来，光纤通信由起步到逐渐成熟，这首先表现为光纤的传输质量大大提高，光纤的传输损耗逐年下降。1972~1973年，在850nm波段，光纤的传输损耗已下降到2dB/km左右；与此同时，光纤的带宽不断增加。目前，光纤的生产从带宽较窄的阶跃型折射率光纤转向带宽较大的渐变型折射率光纤；另外，光源的寿命不断增加，光源和光检测器件的性能也不断改善。

光纤和光学器件的发展为光纤传输系统的诞生创造了有利条件。1976年，第一条速率为44.7Mbit/s的光纤通信系统在美国亚特兰大的地下管道中诞生。20世纪80年代是光纤通信大发展的年代。在这个时期，目前，光纤通信迅速由850nm波段转向1310nm波段，由多模光纤传输系统转向单模光纤传输系统，通过理论分析和实践摸索，人们发现，在较长波段，光纤的损耗可以达到更小的值。经过科学家和工程技术人员的努力，很快在1310nm和1550nm波段分别实现了损耗为0.5dB/km和0.2dB/km的极低损耗的光纤传输。同时，石英光纤在1310nm波段时色度色散为零，这就促使1310nm波段单模光纤通信系统的迅速发展。各种速率的光纤通信系统如雨后春笋般在世界各地建立起来，展现出光纤通信优越的性能和强大的竞争力，并很快替代电缆通信，成为电信网中重要的传输手段。

光纤通信技术的发展，大致可以分为三个阶段。

第一阶段（1970~1979年）　光导纤维与半导体激光器的研制成功，使光纤通信进入实用化。

第二阶段（1979~1989年）　光纤技术取得进一步突破，光纤损耗降至0.5dB/km以下。由多模光纤转向单模光纤，由短波长向长波长转移。数字系统的速率不断提高，光纤连接技术与器件寿命问题都得到解决，光纤传输系统与光缆线路建设逐渐进入高速发展时期。

第三阶段（1989年至今）　光纤数字系统由准同步数字系列（PDH）向同步数字系列（SDH）过渡，传输速率进一步提高。1989年掺铒光纤放大器（EDFA）的问世给光纤通信技术带来巨大变革。EDFA的应用不仅解决了长途光纤传输损耗的放大问题，而且为光源的外调制、波分复用器件、色散补偿元件等提供能量补偿，这些网络元件的应用，又使得光传

输系统的调制速率迅速提高，并促成了光波分复用技术的实用化。

2. 光纤通信发展现状与趋势

目前，光通信技术处于一个高速发展时期，已从过去纯粹满足骨干网长途传输的需要向城域网、接入网拓展，并出现了长途、城域、接入系列传输产品。除了速率上差别较大外，各种产品在接口类型、支持的业务种类方面也有很大差别，而在长途传输上，也从单纯满足话音业务的传输向满足 IP 等多业务过渡，WDM 系统的发展更是一日千里，随着 RAMAN 放大器的出现和前向纠错 FEC 技术的应用，光电再生距离已延伸到 2000km 以上，大大加快了全光网建设的进程。整个传送网正在努力成为一个高速、高质量、具有较高网络生存能力和统一网管的多业务传送平台。

（1）光接入技术　目前光通信技术可以分为光接入技术和光传输技术两大类。FTTH（fiber to the home，光纤到户）属于光接入技术，它又可分为 EPON（ethernet passive optical network，以太网无源光网络）和 GPON（gigabit PON，千兆位无源光网络）两大类。

中国电信集团北京研究院总工程师张成良认为：国内 FTTH 的发展面临着成本、业务需求、用户线长度以及 ADSL 的竞争等诸多挑战，但从长远来看，FTTH 将是固网运营商业务创新的利器。

FTTH 使得"最后一千米"部分的接入网络从"贵不可攀"的梦想走向现实，尤其是我国"光进铜退"战略的实施，经济和社会的持续、快速发展，为 FTTH 的大发展乃至普及提供了坚实的基础。中国网通和中国电信已经进行了 FTTH 的商用拓展，目前是 FTTH 市场发展最关键的时期。预测 FTTH 用户数将保持每年 200% 以上的增长率。

（2）光传输技术　智能光网络是网络发展的必然趋势，但它在网络中的应用将是一个逐步演进的过程。在这一演进过程中，需要考虑到设备的兼容性和网络建设的经济性（包括建设成本、运营与维护、收益）、业务的平滑过渡和新业务的引入、组网模式、节点技术的成熟情况、信令和接口协议的标准化进展等。

自动交换光网络（ASON）是近几年中出现的智能光网络的主流技术，它在传输网中引入了一个控制平面，并在控制平面中采用了 GMPLS 和大量的路由协议及信令。ASON 技术使光传输网络可以自行建立和拆除电路，可以满足带宽多变业务的需求，不仅减少了业务开通的工作量和降低了维护成本，而且提升了业务承载的灵活性。

ASON 控制平面具备的资源发现、路由控制及连接管理功能，解决了由业务量本身的不确定性、不可预见性而引起的对网络带宽动态分配、网络生存性及可靠性方面的需求问题。但 ASON 技术仅实现了电路业务的智能化，而 OTN 技术将真正实现基于波长业务和电路业务的全网智能化。

（3）SDH 正在向网络边缘转移，转型为一体化多业务平台　SDH（synchronous digital hierarchy，同步数字体制）是一种将复接、线路传输及交换功能融为一体，并由统一网管系统操作的综合信息传送网络，是美国贝尔通信技术研究所提出来的同步光网络，不仅适用于光纤，也适用于微波和卫星传输的通用技术。SDH 网络以其强大的保护恢复能力以及固定的时延性能在城域网络中仍将占据着绝对的主导地位，但是，随着 WDM（wavelength division multiplexing，波分复用）技术的产生和发展，SDH 的地位开始下降。当然，网络业务的多样化，给城域传输网提出了新的挑战，为了避免多个重叠的业务网络，降低网络设备投资成本，简化网络业务的部署与管理，城域光传输网络必将向多业务化方向发展，即从纯传送网转变为"传送网＋业务网"的一体化多业务平台，使其支持 2 层乃至 3 层的数据智能，而 SDH 设备与 2 层乃至 3 层分组设备在物理上集成为一个实体，构成业务层和传送层一体化的 SDH 节点，称为融合的多业务节点或多业务平台，而该节点主要定位于网络边缘。

随着网络中数据业务分量的加重，SDH 多业务平台也正逐渐从简单的支持数据业务的固定封装和透传的方式向更加灵活有效、支持数据业务的下一代 SDH 系统演进和发展。最新的发展是支持集成通用组帧规程（generic framing procedure，GFP）、链路容量调节机制（link capacity adjustment scheme，LCAS）和自动交换光网络（Automatically switched optical network，ASON）标准。

GFP 属于 ITU-TG.7041 规范，是一种新的封装规程。在 MSTP（multi-service transfer platform，基于 SDH 的多业务传送平台）中，除可以使用传统的点到点协议/高速数据链路协议（PPP/HDLC）、SDH 上的链路接入规程（LAPS）外，作为数据分组的封装协议，GFP 是一种新的选择方案。GFP 具有成帧映射和透明映射两种方式可以分别应对不同需求的业务。

LCAS 技术就是建立在源和目的之间双向往来的控制信息系统。这些控制信息可以根据需求，动态地调整虚容器组中成员的个数，以此来实现对带宽的实时管理，从而在保证承载业务质量的同时，大大提高了网络利用率。

ASON 是一种具有灵活性、高可扩展性的，能直接在光层上按需提供服务的光网络。ASON 概念的提出，使传输、交换和数据网络结合在一起，实现了真正意义的路由设置、端到端业务调度和网络自动恢复，它是光传送网的一次具有里程碑意义的重大突破。

简单地讲，这种采用 SDH 传输以太网等多种业务的方式就是将不同的网络层次的业务通过 VC 级联的方式映射到 SDH 电路的各个时隙中，即能将 GFP、LCAS 和 ASON 几种标准功能集成在一起，再配合核心智能光网络的自动选路和指配功能，不仅能大大增强自身灵活有效支持数据业务的能力，而且可以将核心智能光网络的智能扩展到网络边缘，增强整个网络的智能范围和效率。由 SDH 网络提供完全透明的传输通道，从物理层的设备角度上看是一个集成的整体。这种解决方案可以大幅度地降低投资规模，减少设备占地面积，降低功耗，进而降低网络运营商的运营成本。同时，提供多业务的能力还可以使网络运营商能够快速地部署网络业务，提高业务收入，增强市场竞争能力。

（4）WDM 推广应用　WDM（wavelength division multiplexing，波分复用）是利用多个激光器在单条光纤上同时发送多束不同波长激光的技术。每个信号经过数据（文本、语音、视频等）调制后都在它独有的色带内传输。WDM 能使电信运营商的现有光纤基础设施容量大增。

WDM 的关键目标是通过提供一种灵活的方式来简化驱动程序的开发，使在实现对新硬件支持的基础上减少并降低所必须开发的驱动程序的数量和复杂性。WDM 还必须为即插即用和设备的电源管理提供一个通用的框架结构。WDM 是实现对新型设备的简便支持和方便使用的关键组件。

这几年波分复用系统发展十分迅猛，得益于技术上的重大突破和市场的驱动。目前 1.6Tbit/s WDM 系统已经大量商用。日本 NEC 和法国阿尔卡特公司分别在 100km 距离上实现了总容量为 10.9Tbit/s（273×40Gbit/s）和总容量为 10.2Tbit/s（256×40Gbit/s）的传输容量最新世界纪录。WDM 系统除了波长数和传输总容量不断突破以外，为了尽量减少电再生点的数量，降低初始成本和运营成本，改进可靠性以及应付 IP 业务越来越长的落地距离，全光传输距离也在大幅度扩展，从 600km 左右扩展到 2000km 以上。

WDM 技术正从长途传输领域向城域网领域扩展。为了进一步降低城域 WDM 多业务平台的成本，出现了粗波分复用（CWDM）系统的概念。这种系统的典型波长组合有三种，即 4 个、8 个和 16 个，波长通路间隔达 20nm，允许波长漂移±6.5nm，大大降低了对激光器的要求，其成本可以大大降低。此外，由于 CWDM 系统对激光器的波长精度要求很低，无需制冷器和波长锁定器，不仅功耗低，尺寸小，而且其封装可以用简单的同轴结构，比传统蝶形封装成本低，激光器模块的总成本可以减少2/3。

从业务应用上看，CWDM 收发器已经应用于接口转换器（GBIC）和小型可插拔器件（SFP），可以直接插入 Gbit/s 以太网交换机和光纤通路交换机中，其体积、功耗和成本均远小于对应的 DWDM 器件。显然，从业务需求和成本考虑出发，CWDM 应该在我国城域网具有良好的发展前景。

（5）"IP 化"——异军突起的新方向　IP over DWDM（基于互联网协议的密集波分复用系统）技术的出现基于快速发展、独具优势的波分复用（WDM）传输技术，解决了随着 IP 数据业务的急剧增长，如何提供大容量、长距离传送能力、适合 IP 业务特点的经济型承载网络所面临的问题。

张世海认为，近两年给 DWDM 领域带来最大演进动力的恰恰就是业务 IP 化的挑战。

中国移动作为全球用户数最多的主流运营商，率先在全球第一个实现核心网的 IP 化。中国移动网络的软交换应用规模已经达到了80％以上。目前中国移动正在进行传输网、无线接入网、业务网等其他领域的全面 IP 化。

法国电信的 Orange 公司计划两年之内将传统交换替换为软交换，全部演进到 IP 承载语音。

荷兰 KPN 集团正在采用基于 IP 承载语音的软交换替代现有的 2G/3G 核心网。

德国电信的子公司、跨国移动电话运营商 T-Mobile 在 2G 核心网中大量引入软交换，同时引入 VoIP。

全球运营商正在进行无线接入端的 IP 化改造，并明确将 IP 传输作为必选特性。

烽火通信公司（武汉）针对 IP 业务承载的需要，进一步改进了 DWDM 设备，并向 OTN 演进。目前可提供全面的 IP over DWDM 解决方案，方案提供的业务接口灵活多变，可完全适应干线和城域网中 IP 业务的承载需求，提供灵活的光层和电层交叉能力；同时系统支持基于光层和业务层的各种保护方式，包括基于端口和波长的 SNCP、内置的 OLP 保护以及高效的子速率 SNCP 保护。同时设备的可管理能力也在进一步提升，系统引入 G.709 协议的波长帧结构，大大提升了设备基于点到点的可维护能力。

可以期待，随着"三网合一"进程的提速，语音、视频、数据都将在 IP 网络中进行统一承载，IP 化的趋势将会越来越明显。

（6）全光通讯——梦想正在逐步变成现实　全光通信是指用户与用户之间的信号传输与交换全部采用光波技术，即数据从源节点到目的节点的传输过程都在光域内进行，而其在各网络节点的交换则采用全光网络交换技术。目前的交换技术需要将数据转换成电信号才能进行交换，然后再转换成光信号进行传输，这些光电转换设备体积过于庞大，并且价格昂贵。这就是所谓的"电子瓶颈"问题。在目前的光纤系统中，影响系统容量提高的关键因素是电子器件速率的限制，如电子交换速率大概为每秒几百兆，而只在大规模图像传输研究领域达 Tbit/s 的速率。CMOS 技术及 ECL 技术的交换机系统可以达到 Gbit/s 范围，不久的将来，采用砷化镓技术可使速率达到几十 Gbit/s 以上，但是电子交换的速率也似乎达到了极限。为此，若网络需要更高的速率，则应采用光交换与光传输相结合的全光通信。因此，光交换技术必然是未来通信网交换技术的发展方向。

未来通信网络将是全光网络（all-optical network，AON）平台，网络的优化、路由器、保护和自愈功能在未来光通信领域越来越重要。光交换技术能够保证网络的可靠性，并能提供灵活的信号路由平台，光交换技术还可以克服纯电子交换形成的容量瓶颈，省去光电转换的笨重庞大的设备，进而大大节省建网和网络升级的成本。若采用全光网络技术，将使网络的运行费用节省 70％，设备费用节省 90％。所以说光交换技术代表着人们对光通信技术发展的一种愿景。

光多址技术、全光时钟提取技术、全光信息再生技术、光放大技术、光线性（光孤子）传输技术等，是将以电子技术为基础的信息处理技术升级到光子技术的关键技术。随着光纤通信技术的发展，可望在不久的将来定会出现实用化的全光信息处理系统，到那时全新的光纤通信技术以及其他的光信息处理技术将会有质的飞跃。

在满怀期待的全光通讯时代，电子将被光子取代，传统的"电话"、"电视"、"电报"将变成"光话"、"光视"、"光报"。

第二节　光纤通信原理与设备

一、光纤通信原理

光纤通信系统如图 1-6 所示，电端机（交换机）将来自信号源的信号进行模/数转换、多路复用等处理（1.44Mbit/s、2Mbit/s、34Mbit/s 和 140Mbit/s 等）送给发光端机，变成光信号，并按 SDH 的格式输入光纤（缆），收光端机通过光检测器还原成电信号，放大、整形、恢复后输入电端机（交换机或远端模块），完成通信。光端机间的传输距离在长波长达到 100km，超过距离则用中继器将光纤衰减和畸变后的弱光信号再生，继续向前传输。将来，掺铒光放大器可实现全光中继。

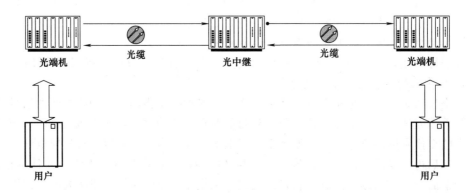

图 1-6　光纤通信系统

光纤通信可采用模拟和数字调制，由于激光器的线性不够理想，只能用于模拟电视信号的多路复用，如光负载波调制技术。未来，包括电视在内的光纤通信将都是数字式的。

在光端机中，对电信号有两种光调制方法：其一是在光源如激光器上调制，产生随电信号变化的光信号，此为直接调制；其二为外调制，利用电光晶体调制器在光源外部调制，调制速率高。调制速率可达 10～20Gbit/s，远远低于光纤的传输带宽（20000Gbit/s）。要充分发挥光纤的超大容量的通信传输能力，必须采用光波复用的光纤通信系统。

二、光波原理

光波与通信用的无线电磁波一样，也是一种电磁波，光波的波长很短，或者说频率很高，达到 $10^{13} \sim 10^{14}\,\text{Hz}$，一般无线电磁波可用作广播电台、电视、移动通信的信号传输，光波也可以进行大容量、高速度、数字化和综合业务的通信传输，所不同的是：一般无线电波通过空气传输，而通信用光波是通过光纤来实现的，是一种有线传输。

如图 1-7 所示光波波谱，可见光的波长为 $0.39 \sim 0.76\,\mu\text{m}$，颜色包括红、橙、黄、绿、蓝、靛、紫，混合而成为白光。红光的波长较长。

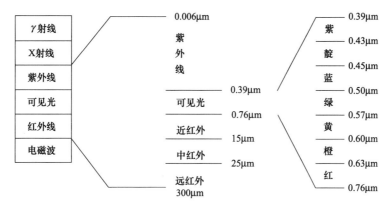

图 1-7　光波波谱

比红光波长更长的光，即波长大于 $0.76\,\mu\text{m}$，是不可见的红外光，波长为 $0.76 \sim 15\,\mu\text{m}$ 的光波称为近红外光，波长为 $15 \sim 25\,\mu\text{m}$ 的光波称为中红外光，波长为 $25 \sim 300\,\mu\text{m}$ 的光波称为远红外光。比紫光波长更短的光波为不可见的紫外光，紫外光的波长范围为 $0.006 \sim 0.39\,\mu\text{m}$，紫外光、可见光和红外光统称为光波。

利用大气传送的光源，如氦氖激光器发出的光的波长为 $0.6328\,\mu\text{m}$，是可见光；CO_2 激光器发出的光的波长为 $10.6\,\mu\text{m}$，为不可见近红外光。目前通信用传输介质——石英光纤的低衰减"窗口"为 $0.6 \sim 1.6\,\mu\text{m}$ 的波段范围，处于可见光至不可见近红外光波段。

1. 光波速度

光波与电磁波在真空中的传输速度为 $c = 3 \times 10^5\,\text{km/s}$。光在均匀介质中直线传播，速度与介质的折射率成反比，即：

$$v = \frac{c}{n}$$

式中　v——介质中的光速；

　　　n——介质光折射率。

以真空中的光折射率为 1，其他介质中光的折射率则大于 1，因此传输速度比真空中小。其中空气的折射率近似为 1，而石英光纤中光的折射率为 1.458，则光波速度为 $v = 2 \times 10^5\,\text{km/s}$。

光波的波长（λ）、频率（f）和速度之间的关系为：

$$c = f\lambda$$

或

$$v = \frac{f\lambda}{n}$$

2. 光波的折射与反射

光在同一均匀介质中是直线传播的，但在两种不同的介质的交界处会发生反射和折射现象，如图1-8所示。

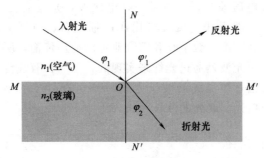

图1-8　光的反射和折射

设 MM' 为空气与玻璃的界面，NN' 为界面的法线，空气折射率 n_1 < 玻璃折射率 n_2。当入射光到 MM' 与 NN' 的交接处 O 点时，一部分光反射回空气，另一部分光折射到玻璃中。

反射定律：
$$\angle \varphi'_1 = \angle \varphi_1$$

折射定律：
$$\frac{\sin\varphi_1}{\sin\varphi_2} = \frac{n_2}{n_1}$$

假设光在空气和玻璃中的传播速度分别为 v_1 和 v_2，则根据波动理论可知：
$$\frac{\sin\varphi_1}{\sin\varphi_2} = \frac{v_1}{v_2}$$

因此，可推导出：
$$\frac{v_1}{v_2} = \frac{n_2}{n_1}$$

由此将折射率较小的物质称为光疏介质；反之为光密介质。

3. 光波的全反射

光从折射率大的介质到折射率小的介质时，根据折射理论，折射角大于入射角，并随入射角增大而增大，当入射角增大到临界角 φ_0 时，折射角 $\angle \varphi_2 = 90°$，如图1-9所示，这时光以 φ_1 角全反射回去。从能量角度看，随入射角增大，折射光能量越来越小，反射光能量逐渐增大，直到折射光消失。

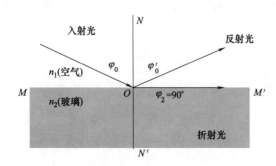

图1-9　光的全反射

这种情况下：

$$\frac{\sin\varphi_0}{\sin 90°}=\frac{n_2}{n_1}$$

即：

$$\sin\varphi_0=\frac{1}{n_1}$$

4. 光在聚焦型光纤中的传播

聚焦型光纤又称折射率分布渐变型光纤，光在聚焦型光纤中的传播如图 1-10 所示，数学表示如下。

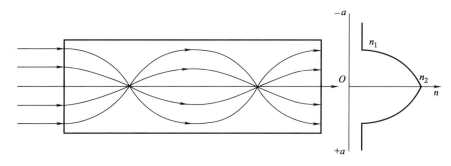

图 1-10　光在聚焦型光纤中的传播

$$n(r)=\begin{cases} n_1\left[1-2\Delta\left(\dfrac{r}{a}\right)^a\right]^{\frac{1}{2}} & (r\leqslant a)\\ n_1(1-2\Delta) & (r>a)\end{cases}$$

上式中当 $a=2$ 时

$$n(r)=\begin{cases} n_1\left[1-2\Delta\left(\dfrac{r}{a}\right)^a\right]^{\frac{1}{2}} & (r\leqslant a)\\ n_1(1-2\Delta)=n_2 & (r>a)\end{cases}$$

聚焦型光纤的折射率，从轴心沿半径方向以平方律抛物线形状连续下降，轴心线上最大，边缘最小，因此光传播时，速度不一样，轴心线上最慢，平行入射的光，一般形成近似于正弦曲线的传播途径，其中 1、2、3 等点为自聚焦点，各平行光线同时到达。这意味着光纤具有很宽的传输带宽，可以传送图像，此外，聚焦型光纤没有全反射损耗。

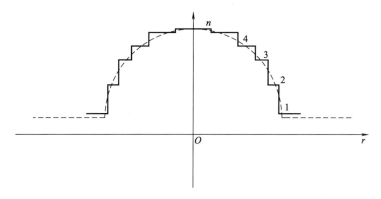

图 1-11　梯度型光纤折射率分布

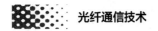

自聚焦型光纤的折射率实现平方律抛物线分布很难，如图 1-11 所示，一般采用梯度型分布曲线，称梯度型光纤，利用这种技术可制造多模梯度型光纤，其数值孔径如下：

$$NA = (n_0^2 - n_a^2)^{\frac{1}{2}}$$

式中　　n_0——纤芯中心折射率；

　　　　n_a——芯层边缘的折射率。

三、光纤线路的传输码型

每一种传输媒质都要根据其情况和用途不同选用不同的线路码型。适合光纤通信的传输码型有许多种，常用的有三大类，即扰码二进制、字变换码 $mBnB$ 及插入比特码。

1. 字变换码 $mBnB$

字变换码 $mBnB$ 是把输入码流每 m 比特（mB）作为一个码字，输出在相同长的时隙内用 n 比特（nB）码字代表。显然，$n>m$ 才有可能重新编码。这种编码加入了冗余度，编码后的码速率已不是原数字通信的标准码率，码速提高率为（$f_2 - f_1$）/f_1（f_1 是编码前的码速，f_2 是编码后的码速）。常用的有 1B2B、3B4B、5B6B、7B8B 等。

2. 插入比特码

插入比特码是把输入的码流以每 m 比特为一组，在相同长的时隙内，在它的末位插入 1 比特码，常用的有 $mB1P$（插入奇偶校验码）、$mB1H$ 码等。

$mBnB$ 码多在西欧低码速调制中使用。美国、日本、加拿大等采用扰码加插入比特码，我国也采用这类码。

四、光纤连接器

光纤连接器又称为光纤活动连接器，用于设备与光纤、光纤与光纤、光纤与其他无源器件的连接。要求连接损耗小、装拆方便、稳定性好、重复性好、同一型号的可互换、体积小、成本低。由两个插头、一个插座三部分组成。其种类很多，按照外形结构分为 FC、SC、ST 等，按照接头端面形式分为 PC、UPC 等。

将光纤连接器的端面加工成球面形，使两光纤纤芯之间实现物理接触，这种连接器称为 PC 型连接器，如连接器的结构为 SC 型，则称为 SC/PC 型连接器。

光纤跳线　两个活动连接器和一段带有软护套的光纤。

尾纤　只带有一个接头的光纤。光纤进入机房后，光纤的末端固定在光缆配线箱内，每根光纤熔接上尾纤，尾纤甩出盒外接 FC，即可实现光纤与设备的连接。单模光纤的护套颜色为黄色，多模光纤的护套颜色为橙色。

光纤连接器的清洁　光纤的端面被弄脏将会增加插入损耗，对光的传输极为不利。清洁时不能用手接触，只能用脱脂棉球蘸取少量无水酒精擦拭。

除了光纤活动连接器外，还要用到光纤适配器、光纤耦合器、光衰减器等无源器件。

五、光源和光端设备

光纤通信系统主要由光发射部分、传输部分及光接收部分组成。

1. 光源

光源是光发射部分的核心。目前用于光纤通信的光源包括半导体激光器 LD 和半导体发光二极管 LED。

（1）半导体激光器 LD　半导体激光器 LD 发出的是激光，是有阈值的器件，在阈值以上的输出光是相干光。为了使光纤通信系统稳定可靠地工作，希望阈值电流越小越好。LD 输出功率大、谱线窄、调制速率高，一般适用于长距离、高码率、大容量的光纤传输系统。激光器有单模和多模形式。单模激光器是指激光二极管发出的激光是单纵模，它所对应的光谱只有一根谱线。当谱线有很多时，即为多纵模激光器，这种激光二极管只能用于多模光纤传输系统。目前主要采用的半导体激光器有 FP 型双异质结半导体激光器（即 DH-LD）和动态单纵模激光器（即 DFB-LD）。DFB 激光器单色性好、谱线窄，高速调制时模式稳定性好。

（2）半导体发光二极管 LED　LED 的输出光是非相干光、荧光。LED 没有光学谐振腔，因此光谱较宽，为 $300 \sim 400 \text{Å}$（$1 \text{Å} = 10^{-4} \mu m$），调制速率不能太高，但调制线性好，驱动电路简单，适合短距离、小容量的传输系统。

2. 光端机

（1）光发射机　光发射机主要由输入电路和电光转换电路组成。输入电路的作用主要是通过均衡→码型变换→扰码→编码，将输入信号变为适合在光纤线路中传送的码型。电光转换电路用经过编码的数字信号来调制发光器件的发光强度，把电信号转变为光信号，送入光纤线路进行传输。

（2）光接收机　光接收机用于将光信号转换为电信号，其主要器件是光探测器。光探测器的作用是利用光电二极管将光发射机经光纤传输过来的光信号转换为电信号。在光纤通信中广泛使用的光电二极管是 PIN 光电二极管和雪崩光电二极管（APD）。经光探测器输出的光电流十分微弱，必须经多级放大器进行放大，使判决电路正常工作，经判决电路判决后的码流再经过解码、解扰、编码后就恢复了电信号。

六、应重点发展的光纤通信技术

1. 波分复用（WDM）技术

波分复用是将不同波长的光信号复用在一根光纤上传输，利用光纤的巨大带宽资源，使传输容量增加几倍至几十倍，且可在一根光纤中实现双向通信。近几年来，波分复用技术的重大突破和市场的驱动，使波分复用系统发展十分迅速。超大容量密集波分复用系统的发展将是光纤通信发展史上又一次划时代的里程碑。

2. 掺铒光纤放大器（EDFA）

掺铒光纤放大器的使用使光电转换过程不再进行，而直接在光路上对信号进行放大。它可使光纤线路传输的光波功率增大 $20 \sim 30 \text{dB}$，通常用在 1550nm 波长传输系统中，可使光纤通信系统的无中继距离增至数百千米以上，使传输距离大大加长。

3. 新一代的非零色散光纤

随着光纤网容量需求的迅速增长，波分复用技术的应用，无再生传输距离也随着光纤放大器的引入而迅速延长，光纤通信的发展将面临超高速、超大容量、超长传输距离的新形势。因此一种新型的非零色散光纤（又称为 G.655 光纤）出现了，这是专为下一代超大容量波分复用系统设计的新型光纤。

除了玻璃光纤新品迭出之外，塑料光纤最近也有了较大的技术突破，它将在光纤到家庭和光纤到桌面中大显身手。

第三节　全光通信技术

一、全光通信网络思路

全光网络（全光通信网络）是指光信息流在网络中传输及交换时始终以光的形式存在，而不需要经过光/电、电/光变换。也就是说，信息从源节点到目的节点的传输过程中始终在光域内。由于全光网络中的信号传输全部在光域内进行，因此全光网络具有对信号的透明性，通过波长选择器件实现路由选择。全光网络还应当具有扩展性、可重构性和可操作性。全光网络有星形网、总线网和树形网三种基本类型。组建光网是当今国际通信领域中一个热门的重大研究课题，对于陆地的固定通信网，除了光纤光缆及波分多路系统正在点-点传输线路上大量应用并继续改进技术以扩大应用效果外，通信研究人员也在考虑设计和试验在通信网核心内部如何利用 WDM 技术使电传送网进化为光传送网，这是未来通信网发展的必然趋势。

1. 通信网从电的时分多路技术发展至光的波分复用技术

按数字速率计，现行的电通信网利用电的时分多路（TDM）技术，按照标准的同步数字群系列 SDH，最高的数字速度限于最高一级数字群的速度，即 10Gbit/s。目前，该数字速度尚未能突破，这是受到电的时分多路技术的限制，常称"电子瓶颈"。最近，国际会议上有研究单位称其利用电的时分多路技术，能够使数字传输速度达 40Gbit/s，但这是少数情况，目前还未能普遍推广。

既然电的通信网在容量上受到电的时分多路技术的限制，那么就应考虑其他有效而实际可行的办法。光纤通信的传输线路在加大容量方面取得了显著的成功经验，可以为通信网提供有益的参考。在原来的光纤线路上，一根光纤只传输一路光载波，其载荷的数字信号由电的 TDM 供给，最高数字速度为 10Gbit/s，而单模光纤在波长 1550nm 时有很宽的窗口可供光信号传输。虽然一个光载波载荷信号的数字速度受到电的 TDM 限度不能提高，但如能让一根光纤同时传输几个光载波，则光纤的传输容量就可以成倍加大，将光纤的潜在容量发掘利用。参照过去几十年前通信线路的每对铜线利用频分多路 FDM 技术实现多路载波电话的成功经验，在光纤上采用波分多路 WDM 技术，实现一根光纤同时传输多路光载波的办法。如每一根光纤上装 n 路 WDM，每路传输电的 TDM 信号为 10Gbit/s，那么 n 路 WDM 就使一根光纤在一个方向同时传输 $n \times 10$Gbit/s，使数字速度比原来提高 n 倍，这种办法不难取得成功，完全可以推广应用。最近国际会议上报道一根光纤在 1550nm 波长窗口同时传输密集波分多路 DWDM 的 100 路具有适当波长间隔的光载波，从而使同时传输的数字速度提高至 100×10Gbit/s，即 1Tbit/s，而且还有可能继续提高至几个 Tbit/s。这样的 DWDM 系统用于光纤线路，配以 1550nm 波长窗口提供光功率增益的宽带光纤放大器 W-EDFA，沿线路每隔 100km 设置一个放大器，就可使 1Tbit/s 数字速度的信号传输至 1000km 距离，实现大容量、长距离的信号传输。

2. 网络单元 ADM、DXC 过渡至 OADM、OXC

每个通信网都由若干种和若干个网络单元分别组合而成。多种通信中不论是电的时分多路（TDM），或者是光的波分复用（WDM），最基本的网络单元都有 multiplexer 和 demultiplexer，一般称为复接器和分接器。它们在 TDM 结点与用户接入线连接处，一般称为合路器和分路器，而在结点内部，则称为合群器和分群器。对于电话通信，合路器是把 30 路数字电话合为一个基群，如 30 路经过脉码调制 PCM 得到的数字电话信号（64kbit/s）合为 30 路的基群，约 2Mbit/s。而分路器的作用则相反，它把基群 2Mbit/s 分为 30 路的 64kbit/s。合群器是把若干个低级群合为较高级的数字群。例如在准同步数字群系列 PDH 中，最低的合群器是把 4 个基群（2Mbit/s）合为二级群（8Mbit/s）。分群器则相反，把 1 个 8Mbit/s 群分为 4 个 2Mbit/s 群。在同步数字系列 SDH 中，例如最高级的合群器是把 4 个 2.5Gbit/s 群合为 1 个 10Gbit/s 群，分群器则把 1 个 10Gbit/s 群分为 4 个 2.5Gbit/s 群。数字速率越高，则制成合群器和分群器的技术难度越大。在光的 WDM 中复接器和分接器可以称为合波器及分波器，前者把几路不同的光波长合为一个波段，后者把一个光波段分为若干路光波。

在每一个网络结点，其他重要的网络单元有 ADM，即插分复接器，实际上它是分群器与合群器的组合，或是分路器与合路器的组合。在结点内部，某一高级数字群输入分群器，分为若干个较低级数字群输出，其中部分低级数字群就从分群器输出分下，由本结点使用，其余几个输出直通合群器的输入，结点可以按需要把几个与分下相同的低级群插上合群器的输入，与直通的低级群会合，成为新的高级数字群输出。在电的通信网中，这些是"数字的 ADM"。当电通信网准备过渡为光通信网时，网络结点中的这些数字的 ADM 应该全部换成"波长的 ADM"或"光的 ADM"，它将是分波器与合波器的组合。

光交换技术有空分、时分和波分/频分等类型。光交换技术也是一种光纤通信技术，它是指不经过任何光/电转换，直接将输入光信号交换到不同的输出端。光交换技术可分成光路光交换和分组光交换两种类型，前者可利用 OADM（光分插利用器）、OXC（光交叉连接设备）等设备来实现，而后者对光部件的性能要求更高。由于目前技术还不成熟，不能完成控制部分复杂的逻辑处理功能，因此国际上现有的分组光交换单元还要由电信号来控制，即电控光交换。随着光器件技术的发展，光交换技术的最终发展趋势将是光控光交换。光分组交换系统所涉及的关键技术主要包括：光分组交换技术、光突发交换技术、光标记分组交换技术、光子时隙路由技术等。在网络结点中，为了灵活调度的需要，都应设置交叉连接系统 XC。在电通信网的结点有"数字的交叉连接"DXC。当电通信网过渡至光通信网时，每一网络结点中数字交叉连接都应该相应地换成"波长的 XC"或"光的 XC"。但因光网容量较大，交叉连接系统势必更为复杂，并且需要更加灵活地运用，所以 OXC 常常附设波长变换器，以便于实行交叉连接时按需要改换使用光波长。总体来说，光通信网不仅容量大，而且质量高，光网络结点中光的 ADM（OADM）和光的 XC（OXC）等网络单元都必须具备完善的结构和优良的性能，能够满足大容量通信网运行的需要。这些技术目前主要是在实验室内进行研究与功能实现。该技术能确保用户与用户之间的信号传输和交换全部采用光波技术，即数据从源节点到目的节点的传输过程都在光域内进行。

3. IP 与 ATM、WDM 的配合

未来的通信网以数据信息业务为重心，并普遍使用互联网规约 IP，那么网上信息业务宜一律使用 IP，即所谓 "everything over IP"。当然，每种信息业务都用 IP 后，仍保证信息顺利传送，达到应有的 QOS 要求。使如 IP-phone，经过初步改进技术，确实具有良好质量，双向实时通话的质量能够为用户所接受，所以，在未来通信网中普遍使用 IP 是可行的。尤其是通信网中使用 IP 路由器，在技术上似乎没有多大困难，IP 的标头在国际上屡有新标准，不断做出改进。但是，通信网内部还有重要的交换机迄今尚未完全做成对应数据通信业务、具有分组交换功能的简便设备。而在现行宽带通信网中使用较多、技术上比较成熟的异步转移模式（ATM），其设备受到国际上广大通信厂商重视和改进，在性能及服务上又普遍为广大通信用户所接受。虽然 ATM 不是专供数据通信分组交换的设施，但它已在世界上推广使用。目前可以让 IP 与 ATM 配合使用，称为 "IP over ATM"。当然，这不是最理想的办法，但在电通信网普遍存在的现阶段，它不失为一种明智的过渡方案。

近年国际上积极试验的光通信网，已确定以 WDM 为基本，而不考虑利用 ATM。从目前来看，全光网络首先是应用于局域网（LAN）、城域网（MAN）等内部的光路由选择，所采用的技术主要是基于 WDM 和宽带的 EDFA。从长远来说，全光网的发展趋势必然向着波分、时分与空分三种方式结合的方向发展，其应用将扩展到广域网，网络范围可以覆盖整个国家或几个国家，最终实现一个高速、大容量、能满足未来通信业务需求的全光网络。

二、全光通信网络的设计

1. 基于光路交换的全光网拓扑结构设计

（1）全光网设计思路　在基于光路交换的全光网设计上，利用波长实现路由：一是网络中每两个节点之间通过预先约定的波长建立起点到点的连接，从而可以实现节点之间高速数据的直接传输，这里将预先约定的两个节点之间直接进行连接的波长称为常规波长；二是考虑到网络实际可能存在的业务量不平衡的问题，在每个节点预留了一个波长可调激光器和一个宽带接收机，结合流量工程技术可完成两个节点之间重负载情况下的业务分流，将该波长称为突发预留波长。当两个节点之间已通过常规波长建立了连接后，在该两节点之间还有新的波长连接请求或者两个节点之间已无可用带宽后仍然有新的业务请求，则利用突发预留波长建立新的连接，从而减小网络的阻塞。

（2）拓扑结构的工作原理　基于上述设计思路设计的全光网的拓扑结构如图 1-12 所示。该网络采用环状拓扑结构节点之间的啁啾光栅串（FBG String N，$N=1$，2，3，4）为多波长色散补偿器，用于补偿信号经长距离传输引入的色散。节点内部基本结构如图 1-13 所示。其中 $\lambda_1 \sim \lambda_4$ 中心波长为 λ 的光栅用于本地信号的下载同时具有色散补偿的作用。λ_6、λ_8、λ_{10}、λ_{12} 为对应节点的"经过波长"，即本节点以外的其他节点通过"经过波长"建立相互之间的连接。与"经过波长"对应的光栅在节点里仅仅起色散补偿的作用。λ_5、λ_9、λ_{13} 等为该节点的业务波长，它与"经过波长"的信号一起经过合波器（MUX）后进入传输环路。啁啾光纤光栅在网络中的大量使用，保证了网络功能的实现和整体性能的提高。在节点之间，啁啾光纤光栅用于色散补偿和信道外的噪声滤除，从而提高传输信号的 OSNR。在节点内部，光栅在实现色散补偿的同时，还实现了本地业务的通话路由和远端业务路由的功能，从而实现了分布路由。从完成交换功能的角度考虑，每个节点除了将本节点的波长信息下载到本地外，还将在本节点"经过"的链接交换到其他节点，这样各节点共同完成了网络的交

换功能使得网络不具关键节点，在物理结构上最大程度地提高了网络的安全可靠性。

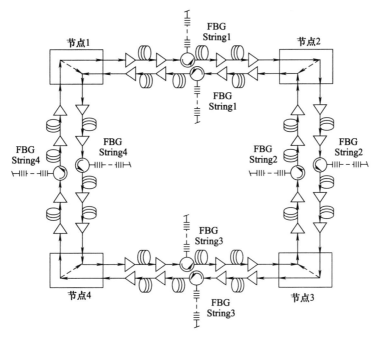

图 1-12 基于 OCS 思路设计的全光网拓扑结构

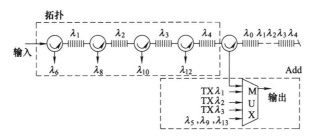

图 1-13 节点内部基本结构

在该光路交换的网络中，由波长直接决定连接的建立。在具体考虑波长分配时应遵循以下优化原则。

① 波长连续性原则　每一个光连接的波长在从源到终端所经过的所有链路上均保持不变，即不考虑链路上存在光波长变换等器件，这是现有光网络所应考虑的物理限制。

② 不同信道分配原则　所有共享同一光纤的连接必须分配不同的信道。

③ 波长数量最少化原则　在光路交换光网络中，波长资源作为最重要的网络资源，在利用波长分配和路由算法进行网络优化时应充分利用波长，使网络所需波长数量最少。

2. 基于光路交换的全光网设计

（1）程控多码型调制方式网络节点　在全光网络传输中，各种不同的调制码型对传输中的色散、非线性和信噪比的容限不同，合适的调制格式对实现长距离无电中继传输具有积极的意义。为了实现调制中最常用的非归零码（NRZ）、利用双强度调制器产生载波抑制归零码（CSRZ）和归零码（RZ），需要对节点内发送端的调制器根据实际需要进行控制。因此，为了实现稳定的多种调制格式，需要将调制器的工作点调到合适的偏置并使它稳定。全光网络在实现时采用了一种改进的利用低频外调制方法，实现了调制器工作点稳定且程控可调。其实现框图如图 1-14 所示。

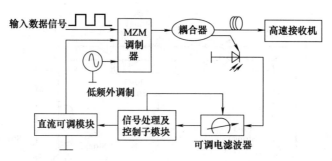

图 1-14　利用低频外调制方法实现调制器工作点程控稳定可调的实现框图

假设对调制器加上一个低频正弦外调制信号 $V(t)=V_d\sin\omega_d t$，这样调制器的响应表达式为：

$$P_0=\frac{P_1}{2}\Big[1+\cos\Big(\frac{\pi V_b}{V_\pi}-V_d\sin\omega_d t+\theta\Big)\Big] \tag{1-1}$$

相对于固定偏置电压而言，$\dfrac{V_b}{V_\pi}$ 是直流的，所以可假设：

$$\Big(\frac{\pi V_b}{V_\pi}+\theta\Big)\to\frac{\pi V_{bias}}{V_\pi}$$

这样式（1-1）可表示为：

$$P_0=\frac{P_1}{2}\Big[1+\cos\Big(\frac{\pi V_{bias}}{V_\pi}-V_d\sin\omega_d t\Big)\Big]$$

$$=\frac{P_1}{2}\Big[1+\cos\Big(\frac{\pi V_{bias}}{V_\pi}\Big)\cos(V_d\sin\omega_d t)+\sin\Big(\frac{\pi V_{bias}}{V_\pi}\Big)\sin(V_d\sin\omega_d t)\Big]$$

$$=\frac{P_1}{2}\Big\{1+\cos\Big(\frac{\pi V_{bisa}}{V_\pi}\Big)\Big[J_0(V_d)+2\sum_{n=1}^{\infty}J_{2n}(V_d)\cos2n\omega t\Big]+\sin\Big(\frac{\pi V_{bias}}{V_\pi}\Big)\times2\sum_{n=1}^{\infty}J_{2n-1}$$

$(V_d)\sin(2n-1)\omega t\}$

当调制器的偏置电压变化时，其低频外调制信号的基频分量和二次谐波分量强度也随之发生变化。由于 $J_1(x)\gg J_{2n+1}(x),J_2(x)\gg J_{2n}(x)(n>1)$，因此这里只考虑信号的基频和二次谐波分量。利用调制器在不同偏置电压下外部低频外调制信号的基频分量和二次谐波分量的相对变化的不同，可以方便地实现调制器工作点的检测，从而通过控制偏置电压达到工作点的稳定可调。利用该方法可以用程控的方式得到任意点的调制器，并将调制器的工作点稳定在合适的位置，从而完成 NRZ、RZ 和 CSRZ 码等各种强度调制码型的产生。

（2）环形全光网络自愈功能的设计　全光环路自愈功能的实现过程如图 1-15 所示。环路传输来的信号中含有为实现网络自愈功能而加入的承载在辅助波长上的低速额外业务信息，用于对网络进行管理。这样与辅助波长对应的光纤光栅将额外业务信息下载到本地节点，下载后的额外业务信息在节点里经过一个带宽为 0.1nm 的带通滤波器滤波后，送入光电转换器进行光电转换。光信号经过低通滤波器滤波后转换为电信号，在信号处理控制模块进行处理。

（3）波长冲突的解决方法　这种环形的全光网络存在同频干扰，即波长冲突问题。为解决这个问题，必须设计与其相应的信令系统，该信令系统的算法如下。

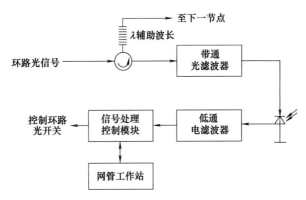

图 1-15　全光网自愈功能的实现过程

① 步骤 1　检测节点 i 与其他已建立连接的各节点的负载。设节点 i 到某个节点预设流量门限为 B_{th}，而在考察时刻节点 i 到节点 j 的流量为 B_{ij}。如果 $B_{ij} \geqslant B_{th}$，则进入步骤 2。否则，重复步骤 1。

② 步骤 2　节点 i 将含有本节点信息及业务类型等内容的信息利用节点 j 的突发预留波长 λ_{B_j} 自节点 j 发送突发业务连接请求，该连接请求为低速信号。如果链路正常且节点 j 接受这个突发业务请求，则节点 j 将本节点的信息及请求允许标志通过突发预留波长 λ_{B_j} 回复节点 i，进入步骤 3。否则，阻塞这个请求。

③ 步骤 3　节点 i 将发送激光器的波长由 λ_{B_j} 改为 $\lambda_{B_j} + \Delta\lambda$，将接收端光栅的中心波长由 λ_{B_j} 改为 $\lambda_{B_j} + \Delta\lambda$；节点 j 将发送激光器的波长由 λ_{B_i} 改为 $(\lambda_{B_i} + \Delta\lambda)$，将接收端光栅的中心波长由 λ_{B_j} 改为 $(\lambda_{B_i} + \Delta\lambda)$。

④ 步骤 4　节点 i 利用 $\lambda_{B_j} + \Delta\lambda$ 向节点 j 发送高速光信号，节点 j 利用 $\lambda_{B_i} + \Delta\lambda$ 向节点 i 发送高速光信号。

⑤ 步骤 5　这时若其他节点对节点 i 或节点 j 的预留波长 λ_{B_i} 或 λ_{B_j} 进行连接请求，由于此时节点 i 对应接收端光栅的中心波长为 $\lambda_{B_i} + \Delta\lambda$，节点 j 对应接收端光栅的中心波长也变为 $\lambda_{B_j} + \Delta\lambda$，这样节点 i 或节点 j 无法响应连接请求，该请求被阻塞。

3. 全光网性能设计

在该全光网络中，由于啁啾光纤光栅的高反射率，在一般情况下光纤光栅的带宽为传输速率的 4 倍左右，而网络中信道之间波长间隔为 0.8nm，信道之间的信号因光纤光栅的波长选择特性而几乎被衰减。从而根本上消除了在 EDFA 的增益平坦区、系统信道之间波长上形成透明光回路的可能。同时，系统在光纤光栅的使用上应用了光纤光栅的反射特性，且通信波长尽量选择在 EDFA 增益的平坦区，远离 EDFA 增益最高处的波长 λ_p，这样光纤光栅对 λ_p 的信号几乎没有反射效果。因此，该全光网络不会形成 Λ_0 环，从而保证了 Λ_k 环的稳定工作。

在实际网络中，该全光网络采用了以下两种方法来减少泄漏环路的形成。

（1）链路中的光纤光栅的节点中间起色散补偿器的作用，其带通滤波特性改善了传输的信噪比；在节点内部起下话路作用的光纤光栅，相对于后续节点而言在传输中起限波作用。因此，在选择光栅时需要针对不同使用位置选择不同参数的光栅，即对于链路中仅仅补偿色散的光栅只要带宽符合传输要求就应选取带宽较窄的光栅，而对于节点里用于下话路的光栅，选取时应保证其带宽尽量大，且要求其反射率足够高。

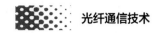

（2）光栅需经过温度和应力两方面的稳定封装，这样可以有效避免环路中起带通和带阻不同作用的光纤光栅由于波长漂移造成中心波长不同而形成泄漏环。

三、全光网络的关键技术

全光网络要实现上述的特点，成为未来通信领域发展的目标，就需要具备一些关键技术，这些关键技术包括光交换技术、光信息再生技术、光分插复用技术、光交叉连接技术等。

1. 光交换技术

光交换是全光网络中的关键光节点技术，其主要完成光节点处任意光纤端口之间的光信号交换及选路，光网络的许多优点如节约接口成本、透明传送、带宽优势等都是通过光交换技术来实现的。其中，波长变换是光交换中的最关键的工作，光交换实质上也是对光的波长进行处理，光交换也可称为波长交换。光交换技术可以分为分组交换技术和光路交换技术。其中，光路交换又可分为空分（SD）光交换、时分（TD）光交换和波分/频分（WD/FD）光交换，以及由这三种交换形式组合而成的复合型光交换。空分光交换是使光信号的传输通路在空间上发生改变，其按光矩阵开关所使用的技术又分成基于波导技术的波导空分与使用自由空间光传播技术的自由空分光交换。时分光交换是以时分复用为基础，运用时隙互换原理来实现交换的功能。波分/频分光交换是以波分复用为基础，信号的实现是通过不同波长、选择不同网络通路完成的，由波长开关进行交换。在分组交换技术中，异步传送模式是近年来广泛研究的一种方式。

2. 光信息再生技术

在光纤通信中，光纤的色散和损耗会严重影响通信的质量。色散会使光脉冲发生展宽，出现码间干扰，这就会增大系统的误码率；损耗则是随着传输距离的增加按指数规律使得光信号的幅度产生衰减，要提高通信的质量，就需要采取措施对光信号进行再生。目前一般采用光电中继器对光信号进行再生，这个方法的原理是首先由光电二极管把光信号转变为电信号，然后经过电路把电信号整形放大后，再重新驱动成一个光源，由此实现光信号的再生。这种方法中所使用的光电中继器一般体积会很大，装置也很复杂，耗能又多。为了避免这些缺点，又可以从根本上消除色散等不利因素的影响，光信息再生技术便出现了，这种技术就是首先要在光纤链路中每隔一定距离（一般是几个放大器的距离）就接入一个光调制器和滤波器，然后把从链路传输的光信号中提取的同步时钟信号输入光调制器中，利用光调制器对光信号进行周期性同步调制，以促使光各脉冲变窄、频谱展宽、频率漂移以及系统噪声降低，最终使得光脉冲位置得到校准和重新定时。目前光信息再生技术已经成为光信息处理的基础技术之一。从上面的介绍中可以发现，光信息再生技术的核心特点是用一个全光传输型中继器代替目前的再生中继器，直接在光路上就可以对信号进行放大传输。光纤放大器是建立全光通信网的核心技术之一，现有的光放大技术主要是采用 EDFA。

3. 光分插复用技术

光分插复用（OADM）技术是从一个波分多路复用（WDM）光束中分出一个信道或分出功能，并以相同波长往光载波上插入新的信息或功能。这种技术主要应用于环形网中，并具有选择性，既可以从传输设备中选择上路信号或下路信号，也可以只通过某一个波长信号，而不影响其他波长信道的传输。运用光分插复用技术需要在分出口与插入口之间以及输入口与输出口之间有很高的隔离度（＞25dB），以利于最大限度地减少同波长干涉效应，否则将会严重影响传输性能。光分插复用技术节点的核心器件是光滤波器件，由滤波器件选择上/下路的波长，以实现波长路由。光分插复用技术既可以处理任何格式和速率的信号，具有透明性，又可以降低节点的成本，提高网络的可靠性以及网络的运行效率，它是组建全光网络的关键性设备。

4. 光交叉连接技术

光交叉连接（OXC）是位于光纤网络节点的设备，是全光网络中的核心器件，其与光纤共同组成了一个全光网络。光交叉连接技术是通过对光信号进行交叉连接，以有效地利用波长资源，实现波长重用，并可以有效灵活地管理光纤传输网络。它具有高速光信号的路由选择、网络恢复等功能，是保证网络保护/恢复的可靠以及自动配线和监控的重要手段。光交叉连接（OXC）主要包括 OXC 矩阵、输入接口、输出接口和管理控制单元等模块。其中的每个模块都具有主用和备用的冗余结构，光交叉连接技术会自动进行主用和备用的倒换，以增加 OXC 的可靠性。OXC 矩阵是 OXC 的核心，它具有宽带、无阻塞、低延迟和高可靠性，并且具有单向、双向和广播形式的功能。输入接口和输出接口直接连接光纤，分别用于适配、放大输入、输出信号。管理控制单元通过编程对其他模块进行监测和控制。OXC 也分为空分、时分和波分三种类型。其中，波分和空分技术目前比较成熟。此外，如果将WDM 技术与空分技术相结合，可极大提高交叉连接矩阵的容量和灵活性。

四、实现全光通信的技术

光网络技术的发展体现在两个方面，在硬技术实现上是全光网，在软技术实现上是智能网（ASON）。光网络技术通常可分为光传输技术、光器件技术、光节点技术和光接入技术，它们之间有交叉和融合。

1. 光传输技术

光传输系统的主要和成熟的技术是 DWDM，超长距离传输主要有以下几个关键技术的应用。

（1）应用分布式宽带拉曼放大器进行内部补偿　拉曼放大器的增益系数较低，所以拉曼放大器本质上属于分布式放大器，比集中放大结构可以获得更高的信噪比，并减弱有害的非线性效应。要维持足够的光信噪比，必须提高输入信号功率，缩小放大器间隔，前者会导致更强的光纤非线性效应（四波混频、自相位调制等），后者则提高了系统成本。而分布式拉曼放大器则可以同时解决上述问题，特别有利于高速信号超长距离传输。

（2）新型 FEC 编码消除误码率平台现象　目前采用的是 G.975 规定的海缆 Reed-Solomon 编码方法，成本增加了 7%，但使 OSNR 增益达到 5～7dB。为了更大限度地提高功率预算，厂商又采用了新的扩展 FEC 技术，即采用更多冗余字节进行纠错。FEC 正是可以从放松对光器件的要求入手，从而提高产量和降低生产成本的技术。

（3）新型编码技术提升系统的传输性能　不同线路调制码型的光信号在色散容限、SRM（自相位调制）、XPM（交叉相位调制）等非线性的容纳能力、频谱利用率等方面各有特点，对于超宽频带的超长距离 WDM 传输系统，NRZ、RZ 等码型都有自己的特色。在RZ 编码技术中，在 40Gbit/s 的调制方式的选择上，目前仍没有达成统一定论，但由于 RZ编码中的 CRZ 方式具有脉冲压缩能力、能容忍更高的 PMD 值、可以缓解信号在光纤中的非线性交互作用等优异特点，正受到越来越多的关注。

（4）动态增益均衡减少传输系统光电转换数目　增益均衡用于保证线路上各个波长之间的增益平坦，在主光通道的入口可能各个波长之间的功率电平一样，但由于放大器增益平坦度以及各个波长在线路中衰耗不一致，会导致在接收端各个波长之间的功率差异较大，影响正常的接收。目前通用的方法是在各个光放站放置增益平坦滤波器，此外通过基于各个通道光谱密度的大小，实施反馈控制，可以动态管理平坦进程。

（5）动态色散补偿增加光传输的距离　色散补偿包括色度色散补偿和偏振模色散补偿。关于色散的对策是使用 DCF（色散补偿光纤）和啁啾布拉格光栅（C-FBG）。DCF 是一种宽带器件，能够对各个波长进行补偿，但它单一固定的补偿值不能满足对所有波长色散的精确控制。DCF 的插损也是比较大的，约为 SMF 的两倍。C-FBG 是指光栅周期沿光纤方向逐渐缩短，它可以针对不同波长进行补偿，是很有前景的一种色散补偿方式。

面对 40GHz 的高速率，对于单模光纤而言影响最大的是色散，而色散在温度和压力等在外界环境下会是动态效应明显的参数。目前可实现动态可调的色散补偿技术是：自由空间虚相位阵列、机械可调式 FBG、温度可调式 FBG 等。利用温度和机械力调整 C-BFC 的长度就可以调节色散补偿值，再通过对线路色散的实时监控做出相应的动态补偿。

2. 光器件技术

在目前的技术状况下，构成全光网的光器件可分为三大类：有源光器件、无源光器件和光子集成器件。光器件的集成化和小型化是发展趋势，利用半导体工艺制作光器件是集成化的一个方向。现在光集成技术可以将光滤波器、光开关和分束器集成的一个芯片上，以后还可以将有源器件，如激光器、光电检测器和半导体激光放大器等集成在一起，甚至还可以把处理和控制电路集成在一个芯片上。有源集成光器件的代表产品是 VCSEL 阵列。而无源光集成器件按集成度可分为三代：阵列波导光栅（AWC）；集成了阵列波导光栅、分光器以及可变衰减器的 V-Mux 和动态增益均衡器（DGE）；集成了阵列波导光栅、光开关以及衰减器和分光器的光分插复用器（OADM）。

（1）光纤光栅　光纤光栅是通过紫外线曝光的方法使纤芯折射率沿纤芯轴呈周期性变化。当波长满足一定条件的光波通过该周期结构时，其能量将转移到相应的反射波中去。因此，光纤光栅实质上是一个反射式窄带滤波器。

为避免传输中严重的信道间串扰，DWDM 需要激光光源的谱宽窄到 0.1nm 的量级（即单频激光器），并且要求激光器的工作波长极为稳定并连续可调，普通的半导体激光器不能满足这样的要求。此时，利用 FBG 优异的选频特性和工作波长的稳定性，可以制成光纤激光器。与半导体激光器相比，光纤激光器具有较高的光输出功率、较低的相对强度噪声（RIN）、较窄的线宽以及较宽的调谐范围。利用光纤光栅写入技术在一定长度掺铒光纤两端写入光栅，两光栅之间相当于谐振腔。掺铒光纤作为增益介质，由于 FBG 优异的选频特性和对中心波长近 100％的反射作用，使谐振腔只能反馈某一特定波长，可输出单频激光，再经光滤波器去除泵浦光成分即可得到线宽窄、功率大、噪声低的激光。从光源、OADM、滤波器、OTM、EDFA、OXC 到色散补偿器、波长转换器等全光网络中不可缺少的部件，光纤光栅都可以提供优秀的解决方案。

（2）全光开关　全光开关可以看做是一种信号光被另一束光控制的器件。人们知道，光玻色子不具有空间独占性，当两束光同时到达自由空间的某个位置时，它们之间不会产生相互作用。也就是说，在线性介质中一种波长的光是否存在或者它的大小，都不会对另一种波长光的传播产生影响。所以要使两束光产生相互作用只能利用非线性介质。电磁诱导透明技术是利用量子相干效应消除电磁波传播过程中介质影响的一种技术。电磁诱导透明的原理可以归结为无粒子数反转的光放大。根据爱因斯坦速率方程，无粒子数反转的光放大是不可能实现的。但 Kocharovskaya Khanin 和 Harris S 等人认为，这是由于介质中同时存在受激辐射和受激吸收两个过程所致。如果受激吸收过程不存在，或者大大减少，就有可能实现无粒子数反转的光放大。同样，如果减少了受激吸收，介质也就变成透明了。于是，研究者们开始探索如何实现减少受激吸收，甚至完全不吸收的方法。

(3) 光子晶体　光子晶体是一种人工设计的新型光学材料，它具有独特的光子带隙特性，能够有效地控制光子的传输状态。1987 年，Yablonovith 在研究如何控制材料的自发辐射性质时提出了光子晶体的概念，几乎同时，John 在研究光子在无序介质中的局域化效应时也独立提出了这个概念。对于理想的半导体晶体，电子在其中传播时，受到原子周期性排列所形成的周期势场的调制作用而出现带隙。与此相似，当电磁波在介电函数周期性变化的材料中传播时，由于空间周期性分布的介电函数对电磁波的调制作用，同样会产生带隙，又称为光子带隙（photonic band gap，PBG）。频率落入光子带隙中的电磁波，由于光子晶体的强烈的布拉格散射效应，将被光子晶体全反射回来而不能在光子晶体中传播，因而光子带隙中的光子态密度为零。光子晶体的光子带隙出现在布里渊区的边界上，它不仅与光子的能量有关，还与光子的传播方向有关。半导体材料的缺陷和掺杂特性会影响其能带结构。向高纯度的半导体晶体中掺入少量杂质，禁带中会出现相应的缺陷能级和杂质能级。类似地，可以在光子晶体中引入缺陷，缺陷的引入同样会在光子带隙中产生相应的缺陷态，使光子晶体的能带结构受到影响。光子晶体全光开关的实现，主要依赖光子与非线性光子晶体的相互作用。因此，由非线性光学效应引起的光子带隙或者缺陷模式的移动、双稳态、光子态密度变化等效应都可以用来实现全光开关。开始时一束探测光能够通过光子晶体，当一束泵浦光作用于光子晶体时，探测光就被光子晶体全部反射回来而不能通过光子晶体，由此实现对探测光束传输过程的开关控制作用。

实现光子晶体全光开关的方法主要有：①通过光子带隙迁移实现全光开关；②通过缺陷模式迁移实现全光开光；③通过非线性频率转换实现全光开关；④利用光子态密度变化来实现全光开关；⑤利用双稳态效应来实现全光开关；⑥通过波导和微腔的耦合来实现全光开关。

(4) 纳米技术　在未来的全光通信领域，除了要求全光逻辑器件响应快之外，还要求器件必须具备以下优良性能：一是要求器件所用材料非线性系数大，以利于光学器件的集成；二是要求材料阈值功率低、损耗小，以降低成本。现有材料都不能很好地满足这种要求，而纳米技术的应用研究表明可以突破传统极限，使微电子和光电子的结合更加紧密，光电器件的性能大大提高。目前，已研制出的纳米激光器有：纳米导线激光器、紫外纳米激光器、量子阱激光器、量子点激光器、微腔激光器和新型纳米激光器等。当前，国际上在基于纳米材料降低光速和光双稳态存储器等实现光缓存器方面取得了一些进展。

3. 光接点技术

(1) 全光交换技术　光子是玻色子，它的静止质量为零，不能停止运动，所以光子的缓存介质必须是一种光子能在其间运动的介质。在时间域对光信号进行处理正是满足了光的这一特性，近年来国际上对此进行了广泛的研究，并取得了不少进展。在时间域对光信号进行处理主要有延迟线加光开关、反射光纤（FP 腔）加光开关、光纤环等方案。在未来的全光网络中，光交换是一个重要的部分，包交换技术由于具有交换性能、带宽利用率等方面的优势而成为未来的发展方向。在光域中完成光信号的缓存能够解决光信号端口争用、丢包率高等光交换网络的关键问题，对于全光网络的节点设备而言，光缓存器容量、存取速度等特性的好坏直接决定了全光包交换网络的性能。要实现全光包交换，需要解决的关键技术包括把所有由电子电路来完成的第一层（物理层）和第二层（数据链路层 MAC 与 LLC）的功能在光域中完成。其中主要问题有同步机制、光分组信号的识别与装配、冲突的解决等。而 MAC 层冲突的解决是最关键的。解决冲突的办法主要有：光缓存、偏折路由以及波长变换等。它们实际上是在时域、空域和波长域中的缓存技术，而光时域缓存是最理想的。包交换技术实质上就是存储-转发技术，所以全光存储器的选择就成为全光包交换技术的关键。

（2）智能交换光网络（ASON）　现在 ASON 主要研究的问题集中在多粒度光交换、动态波长选路与连接类型、接口单元（NNI、UNI）、业务适配与接入、自动资源发现、控制协议、接口与信令、链路监控与管理、组网与生存性、核心功能软件与网络管理系统等关键技术。不同于传统光网络，ASON 的组成在管理平面和传输层面中，增加了一个新的层面——控制平面，并相应地在控制平面中引入了路由、信令和链路管理等机制，以实现连接自动管理。

涉及智能光网络控制平面的关键技术包括网络拓扑和资源的自动发现；智能化的光路由和波长分配（RWA）算法；各种不同业务的接入和整合技术；光管理信息的编码和分发；网络生存性策略和自动保护恢复等。ASON 控制平面的功能构件可以划分为资源发现、状态信息传播、通道选择和通道控制等。

GMPLS（通用多协议标签交换）作为 ASON 控制平面的关键技术，是在 MPLS 的基础上进行的适用于光网的扩充，它可以提供路由和信令的完全分离。GMPLS 对 MPLS 中的标签进行了扩展，将 TDM 时隙、光波长和光纤等也用标签进行统一标记。MPLS 网络多采用资源预留带流量工程扩展协议（RSVP-TE）作为信令协议之一，可以很好地实现流量工程（TE），支持基于限制的路由（包括呼叫许可控制 CAC 和显式路由标记交换路径 ER-LSP 的建立），可以提供资源的有效利用、快速的故障恢复和严格的 QOS 保证。GMPLS RSVP-TE 则在 MPLS RSVP-TE 的基础上进行了相应的扩展，以满足光网络点到点（P2P）连接的建立、删除和修改等功能。

下一代光网络必须具备智能性，还需要考虑安全性问题。由于基本上所有的信令和路由协议都是基于 IP 网络的原有协议扩展而来，而且在具体使用时也是采用 IP 包来传送，这样 IP 技术潜在的不安全特性对于 ASON 网络的安全性威胁很大。另外，ASON 网络的稳定性也需要时间来考验。由于所有资源的路由分配都是通过动态实现的，当网络规模增大到一定程度时，网络的稳定性至关重要，因为很小的计算失误就可能造成网络连锁效应的大范围故障。

4. 光纤接入技术

光纤接入技术的发展与成本（经济性）的关联十分密切。骨干网和城域网的传输设备和节点设备，其价格对老百姓用户是隐性的，而光纤接入技术的成本对老百姓用户是显性的、直接的。因此，相比干线网络技术，接入网的发展相对较慢。接入网的带宽基本停留在窄带水平，根本原因是缺少两个充分条件：一个是能够吸引家庭客户且能够承受费用的实时宽带业务；另一个是对家庭用户来说可以与铜线接入成本相当甚至更低。光纤接入技术已广泛应用到汇聚层，而应用到接入终端即光纤到户（FTTH）是发展目标。光纤接入技术可以分为有源光纤接入和无源光纤接入两类。有源光纤接入类似铜线以太网的接入技术。无源接入主要有采用 ATM 技术的 APON、采用以太网技术 EPON 和采用 GFP 封装的 GPON，统称为 xPON。FTTH 的发展是一个国家、一个社会根本信息化程度和竞争力的体现，FTTH 的发展对于光通信市场的带动有着不可低估的巨大作用，FTTH 的出现导致的宽带生活甚至将深刻影响到人们根本的生活方式。因此说 FTTH 的发展不仅是信息领域的事，它更是国民经济领域及社会生活领域的变革的前奏。

　　全光网络作为光通信技术发展的最高阶段，随着光通信技术的发展，特别是长距离、超长距离传输技术以及高密度复用技术、光监控技术、光交换交叉连接技术、全光波长转换技术等的发展，全光网络最终也会走向成熟。未来，随着光存储、光计算、光交换、光多路复用/和复用器件的成熟，光分组包突发交换技术将会引领全光网络走向一个全新的数字时代。

第二章

光纤基础

第一节　简　　介

一、基本概念

光纤是光导纤维（optical fiber，OF）的简称，具有束缚和传输从红外到可见光区域内的光的功能。实际上，光纤是由透明材料制成纤芯，然后在纤芯周围采用比纤芯材料折射率稍低的材料制成包层，将纤芯包覆起来，通过包层界面反射，使射入纤芯的光信号在纤芯中传播前进的媒介物。

二、光纤的结构

光纤是高透明电解质材料制成的非常细（外径为 $125\sim200\mu m$）的低损耗导光纤维。一般通信用光纤的横截面结构如图 2-1 所示。光纤本身由纤芯和包层构成，如图 2-1（a）所示。纤芯是由高透明固体材料（如高二氧化硅玻璃、多组分玻璃和塑料等）制成。纤芯的外面是包层，由折射率相对纤芯较低的石英玻璃、多组分玻璃或塑料制成。光纤的导光能力取决于纤芯和包层的性质。

（1）纤芯　纤芯位于光纤的中心部位。直径 $d_1 = 4\sim50\mu m$，单模光纤的纤芯为 $4\sim10\mu m$，多模光纤的纤芯为 $50\mu m$。

纤芯的成分是高纯度 SiO_2，掺有极少量的掺杂剂（如 GeO_2、P_2O_5），作用是提高纤芯对光的折射率（n_1），以传输光信号。

（2）包层　包层位于纤芯的周围。直径 $d_2 = 125\mu m$，其成分也是含有极少量掺杂剂的高纯度 SiO_2。而掺杂剂（如 B_2O_3）的作用则是适当降低包层对光的折射率（n_2），使其略低于纤芯的折射率，即 $n_1 > n_2$，它使得光信号被封闭在纤芯中传输。

（3）涂覆层　光纤的最外层为涂覆层，包括一次涂覆层、缓冲层和二次涂覆层。

一次涂覆层一般使用丙烯酸酯、有机硅或硅橡胶材料；缓冲层一般为性能良好的填充油

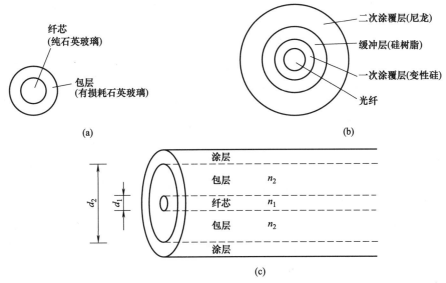

图 2-1 光纤的结构图

膏；二次涂覆层一般多用聚丙烯或尼龙等高聚物。

涂覆的作用是保护光纤不受水侵蚀和机械擦伤，同时又增加了光纤的机械强度与可弯曲性，起着延长光纤寿命的作用。涂覆后的光纤其外径约 1.5mm。通常所说的光纤为此种光纤。

三、光纤的主要品种与特性

1. 光纤的分类

目前，光纤的分类方法较多，归纳起来大体有以下 5 种。

① 按工作波长分类　可分为紫外光纤、可见光纤、近红外光纤和红外光纤等。

② 按折射率分布分类　可分为阶跃（SI）型、近阶跃型、渐变（GI）型和其他类型（如三角形、W 形、凹隔型等）光纤。

③ 按传输模式分类　可分为单模光纤（其中包括偏振保持光纤、非偏振保持光纤）和多模光纤等。

④ 按制备方法分类　可分为气相轴向沉积（VAD）法、化学气相沉积（CVD）法、溶胶-凝胶法等制备的光纤。

⑤ 按原材料分类　可分为玻璃光纤、晶体光纤和塑料光纤三大类，如图 2-2 所示。

$$
\text{光纤}
\begin{cases}
\text{玻璃光纤}
\begin{cases}
\text{石英玻璃光纤：纯石英玻璃光纤、掺杂石英玻璃光纤等} \\
\text{氟化物玻璃光纤：纯氟化物玻璃光纤、掺杂氟化物玻璃光纤等} \\
\text{硫系玻璃光纤：纯硫系玻璃光纤、掺杂硫系玻璃光纤等}
\end{cases} \\
\text{晶体光纤：单晶光纤、多晶光纤和光子晶体光纤等} \\
\text{塑料光纤：聚甲基丙烯酸甲酯塑料光纤、聚苯乙烯塑料光纤、聚碳酸酯塑料光纤等}
\end{cases}
$$

图 2-2 光纤分类

2. 玻璃光纤

光纤的损耗很低，这与光纤的生产技术和工艺水平以及对光纤本质的研究是分不开的。

目前，石英玻璃光纤的最低损耗已达到 0.2dB/km 以下。光纤的低损耗使通信无中断传输距离大大增加。

(1) 单模光纤　单模光纤的纤芯很细（芯径一般为 $6\sim10\mu m$），常用的单模光纤为 $8\mu m/125\mu m$、$9\mu m/125\mu m$、$10\mu m/125\mu m$，适用于远程通信。单模光纤对光源的谱宽和稳定性有较高的要求，即要求谱宽窄、稳定性好。在 $1.31\mu m$ 波长处，单模光纤的材料色散和波导色散分别为正色散和负色散，大小也正好相等，因此在 $1.31\mu m$ 波长处，单模光纤的总色散为零。从光纤的损耗特性来看，$1.31\mu m$ 处正好是光纤的一个低损耗窗口，因此 $1.31\mu m$ 波长区就成了光纤通信的一个很好的工作窗口。$1.31\mu m$ 常规单模光纤的主要参数是由国际电信联盟（ITU-T）在 G.652 建议中确定的，因此这种光纤又称 G.652 光纤。

传统单模光纤在 $1.55\mu m$ 波长区，虽然损耗较低，但由于色散较大，仍会给高速光通信系统造成严重影响。为了使光纤较好地工作在 $1.55\mu m$ 外，人们设计出一种新的光纤，叫做色散位移光纤（DSF）。这种光纤使其零色散点从 $1.31\mu m$ 处移到 $1.55\mu m$ 附近，因此又称为 $1.55\mu m$ 零色散单模光纤，ITU-T 将其命名为 G.653。G.653 光纤是单信道、超高速传输的极好的传输介质。现在这种光纤已用于通信干线网，特别适用于海缆通信类的超高速率、长中继距离的光纤通信系统。

虽然 G.653 光纤对于单信道、超高速光通信系统是很理想的传输介质，但当它用于 DWDM 传输时，会产生非线性效应，从而对传输的光信号产生干扰，特别是在色散为零的波长附近，干扰尤为严重。为了解决这一问题，人们又研制了一种新的非零色散位移光纤——G.655 光纤，将光纤的零色散点移动到 $1.55\mu m$ 工作区以外，但在 $1.55\mu m$ 波长区内仍保持很低的色散。这种非零色散位移光纤不仅可用于现在的单信道、超高速传输，而且还适用于 DWDM 传输，是一种既满足当前需要，又兼顾将来发展的理想传输介质。

对于单模光纤，ITU-T 提出的标准有：G.652《单模光纤光缆特性》、G.653《色散位移单模光纤光缆特性》、G.654《截止波长位移型单模光纤光缆特性》、G.655《非零色散位移单模光纤光缆特性》。G.652 和 G.655 光纤是国内常用的单模光纤，G.653 和 G.654 光纤在国内很少使用。

当光纤的芯径很小时，其只允许与光纤轴线一致的光线通过，即只允许通过一个基模。只能传播一个模式的光纤称为单模光纤。标准单模光纤折射率分布与阶跃型光纤相似，只是纤芯直径比多模光纤小得多，模场直径只有 $9\sim10\mu m$，光线沿轴线直线传播，传播速度最快，色散使输出脉冲信号展宽（$\Delta\tau_{1/2}$）最小。

还要专门用导波理论解释单模光纤传输的条件，其结论是：当归一化波导参数（也叫归一化芯径）$V<2.405$ 时，只有一种模式——基模 LP_{01}（即零次模，$N=0$）通过光纤芯传输，这种只允许基模 LP_{01} 传输的光纤称为单模光纤。

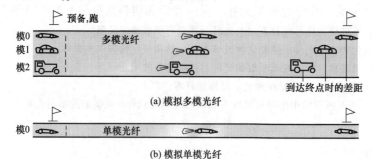

图 2-3　多模光纤和单模光纤传播速度的差异

多模光纤和单模光纤传播速度的差异可以用图 2-3 形象地表示，三种汽车各有不同的外形和速度，代表不同的模式。

事实上，为调整工作波长或改变色散特性，可以设计出各种结构复杂的单模光纤。已经开发的有色散位移光纤、非零色散位移光纤、色散补偿光纤以及在 $1.55\mu m$ 衰减最小的光纤等。

表 2-1 对阶跃多模光纤、渐变多模光纤和阶跃单模光纤的特性进行了比较。

表 2-1　阶跃多模光纤、渐变多模光纤和阶跃单模光纤的特性比较

项目	阶跃多模光纤	渐变多模光纤	阶跃单模光纤
$\Delta = (n_1 - n_2)/n_1$	0.02	0.015	0.003
芯径 $2a/\mu m$	100	62.5	8.3(MFD=9.3)
包层直径/μm	140	125	125
数值孔径(NA)	0.3	0.26	0.1
带宽×距离或色散	20~100MHz·km	0.3~3GHz·km	<3.5ps/(km·nm) >100(Gbit/s)·km
衰减/(dB/km)	850nm:4~6 1300nm:0.7~1	850nm:3 1300nm:0.6~1 1550nm:0.3	850nm:1.8 1300nm:0.34 1550nm:0.2
应用光源	LED	LED,LD	LD
典型应用	短距离通信或用户接入网	本地网、宽域网或中等距离通信	长距离通信

（2）多模光纤　可以传播数百到上千个模式的光纤称为多模光纤。根据折射率在纤芯和包层中的径向分布情况，光纤又可分为阶跃多模光纤和渐变多模光纤。

①阶跃多模光纤　阶跃（step index，SI）多模光纤的折射率在纤芯处保持 n_1 不变，到包层突然变为 n_2，如图 2-3（a）所示，阶跃型光纤的折射率分布可以表示为：

$$n = \begin{cases} n_1 & r < a \\ n_2 & a \leqslant r \leqslant b \end{cases} \qquad (n_1 > n_2) \qquad (2\text{-}1)$$

式中　r——光纤的径向坐标；

n_1，n_2——纤芯和包层的均匀折射率。

光纤芯和包层界面处（$r=a$），折射率呈阶跃式变化。一般纤芯直径 $2a = 50 \sim 100\mu m$，光线以曲折形状传播，如图 2-4（a）所示，这种阶跃多模光纤的传光原理可以简单地理解为：在这种波导内，光纤波导好像是一种透镜系统，对于每种模式的光线来说，对应一组焦距固定的透镜系统传输入射光。不同模式的光线，透镜的焦距也不同，模式 3 的光线对应的透镜焦距短，而模式 2 的光线对应的透镜焦距长。

阶跃多模光纤因色散使输出脉冲信号展宽（$\Delta\tau_{1/2}$）最大，相应的带宽大约只有 $10MHz \cdot km$，通常用于短距离传输。

②渐变多模光纤　阶跃多模光纤的主要缺点是存在大的模间色散，光纤带宽很窄，而单模光纤没有模间色散，只有模内色散，所以带宽很宽。但是随之出现的问题是，由于单模光纤芯径很小，所以把光耦合进光纤是很困难的，但能够制造一种光纤，既没有模间色散，带宽较宽，芯径较大，又能使光耦合较容易。如图 2-4（b）所示为渐变折射率多模光纤，简称为渐变多模光纤。

可以这样理解阶跃多模光纤存在的模间色散：在图 2-4（a）中，各模的光线以不同的路径在纤芯内传输，在传输速度相同的情况下（均为 c/n_1，c 是真空中光速），光线到达终点所需的时间不同。例如，编号为 1 的光线直线传输，路径最短，到达光纤末端所需的时间最短；编号为 3 的光线曲折传输，路径最长，到达光纤末端所需的时间最长。所有的光线经接收机内的光探测器变成各自的光电流，这些光电流在时域内叠加后，使输出脉冲相对于输入脉冲展宽了 $\Delta\tau_{\mathrm{SI}}$。

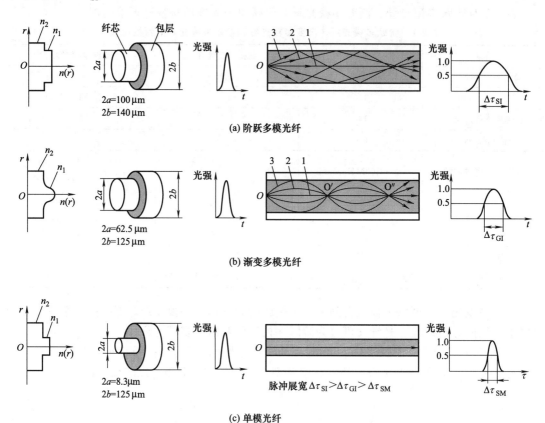

图 2-4　实用光纤的结构、折射率分布和在纤芯内的传输路径

　　渐变（Graded Index，GI）多模光纤的折射率 n_1 不像阶跃多模光纤是个常数，而是在纤芯中心最大，沿径向往外按抛物线形状逐渐变小，直到包层变为 n_2，如图 2-4（b）所示。这样的折射率分布可使模间色散降低到最小，其理由是，虽然各模光线以不同的路径在纤芯内传输，但是因为这种光纤的纤芯折射率不再是一个常数，所以各模的传输速度也各不相同。沿光纤轴线传输的光线速度最慢（因为 $n_{1,r\rightarrow 0}$ 最大，所以速度 $c/n_{1,r\rightarrow 0}$ 最小）；光线 3 到达末端传输的距离最长，但是它的传输速度最快（因为 $n_{1,r\rightarrow a}$ 最小，所以速度 $c/n_{1,r\rightarrow a}$ 最快），这样一来到达终点所需的时间几乎相同，输出脉冲展宽不变。

　　为了进一步理解渐变多模光纤的传光原理，可把这种光纤看做是由折射率恒定不变的许多同轴圆柱薄层 n_a、n_b 和 n_c 等组成，如图 2-5（a）所示，而且 $n_a>n_b>n_c>\cdots$。使光线 1 的入射角 θ_A 正好等于折射率为 n_a 的 a 层和折射率为 n_b 的 b 层的交界面 A 点发生全反射时的临界角为 $\theta_c(\mathrm{ab})=\arcsin(n_b/n_a)$，然后到达光纤轴线上的 O' 点。而光线 2 的入射角 θ_B 却小于在 a 层和 b 层交界面 B 点处的临界角 θ_c（ab），因此不能发生全反射，而光线 2 以折射角 θ'_B 折射进入 b 层。如果 n_b 适当且小于 n_a，光线 2 就可以到达 b 和 c 界面的 B' 点，它正好

在 A 点的上方（OO' 线的中点）。假如 n_c 选择适当且比 n_b 小，使光线 2 在 B' 发生全反射，即 $\theta_{B'} > \theta_C(bc) = \arcsin(n_c/n_b)$。于是通过适当地选择 n_a、n_b 和 n_c，就可以确保光线 1 和 2 通过 O'。那么，它们是否同时到达 O' 点呢？由于 $n_a > n_b$，所以光线 2 在 b 层要比光线 1 在 a 层传输得快，尽管它的传输路径比较长，但也能够赶上光线 1，所以几乎同时到达 O' 点。这种渐变多模光纤的传光原理，相当于在这种波导中有许多按一定的规律排列着的自聚焦透镜，把光线局限在波导中传输，如图 2-5（b）所示。

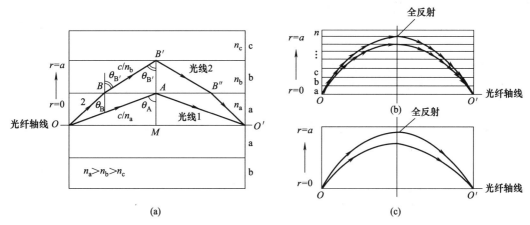

图 2-5 渐变（GI）多模光纤减小模间色散的原理

实际上，渐变型光纤的折射率是连续变化的，所以光线从一层传输到另一层也是连续的，如图 2-5（b）和图 2-5（c）所示。当光线经多次折射后，总会找到一点，其折射率满足全反射，入射光线除图 2-5 表示的子午光线外，还有斜射光线，即螺旋光线，所以要考虑所有这些光线通过渐变型光纤时产生的模式色散，尽管其色散已比阶跃型光纤小很多，但还是会存在的。

渐变型光纤的纤芯直径一般为 $50 \sim 100 \mu m$，输出脉冲信号展宽（$\Delta \tau_{1/2}$）比阶跃型光纤小，带宽可达 $0.2 \sim 2 GHz \cdot km$，传输速率和距离的乘积可达 $0.3 \sim 1.0$（Gbit/s）$\cdot km$，信息传输容量是阶跃型光纤的 $100 \sim 200$ 倍。虽然如此，对于中继距离在 30km 以上，传输速率为 620Mbit/s $\sim$ 2.5Gbit/s 的干线通信系统来说，渐变型光纤还是不能满足要求。对于高速率长距离传输系统，采用带宽极大的单模光纤最为合适。

无论是阶跃型光纤还是渐变型光纤，均定义 Δ 为光纤的相对折射率差，即：

$$\Delta = \frac{n_1 - n_2}{n_1} \tag{2-2}$$

光能量在光纤中传输的必要条件是 $n_1 > n_2$，Δ 越大，光纤把光能量束缚在纤芯的能力越强，通常 Δ 远小于 1。

多模光纤的纤芯较粗（$50 \mu m$ 或 $62.5 \mu m$）。常用的多模光纤为 $50 \mu m/125 \mu m$（欧洲标准）、$62.5 \mu m/125 \mu m$（美国标准）。

多模光纤由于芯径和数值孔径比单模光纤大，具有较强的集光能力和抗弯曲能力，特别适合于多接头的短距离应用场合。自 20 世纪 90 年代中期以来，多模光纤研究与开发进入了一个新的发展阶段。在北美洲、西欧等发达国家和地区，以前建立的几十、几百兆比特每秒数据的 LAN（局域网）系统已经落伍，都在向吉比特每秒以上的超高速 LAN 发展。由于多模光纤的模间色散较大，限制了传输数字信号的频率，而且随传输距离的增加，模间色散会变得更加严重，例如 600MB $\cdot$ km 的光纤在 2km 时则只有 300MB 的带宽了，因此多模光纤多用于短程传输，一般只有几千米。多模光纤主要面向 LAN 市场，包括校园网络。多模光纤的通信系统费用较低，一般仅为单模光纤系统费用的 1/4。由于 $62.5\mu m/125\mu m$ 光纤芯径大，比较受通信业界的欢迎，因此 $62.5\mu m/125\mu m$ 光纤一直主宰着多模光纤市场。其中，$62.5\mu m/125\mu m$ 光纤北美洲用得最多，而日本、西欧则较多地采用 $50\mu m/125\mu m$ 光纤。

10Gbit/s 以太网标准（IEEE802.3ae）已于 2002 年上半年出台。通信技术的不断进步，大大促进了多模光纤的发展，一些短程光纤通信应用部门也采用了多模光纤的 10Gbit/s 系统标准。但是，在这种超高速率 LAN 系统中，光源必须采用激光器，并配合高性能多模光纤和其他新技术才行。采用多模光纤的目标之一，就是建立采用 850nm 波长、串行速率为 10Gbit/s、传输为 300m 的系统标准。

③ 全波光纤　普通标准的单模光纤，在光谱损耗曲线的 1383nm±5nm 波长附近，有一个较大的吸收峰，它是由于 OH⁻ 的存在，导致此处的光波能量被大量吸收而产生的，因此人们通常将其称为"水吸收峰"。

随着人们对光纤带宽需求的不断扩大，通信业界一直在努力探求消除水吸收峰的途径。全波光纤的生产制造技术，从本质上来说，就是通过尽可能地消除 OH⁻ 的水吸收峰的一项专门的生产工艺技术，使普通标准单模光纤在 1383nm 波长附近的衰减峰降到足够低。美国朗讯公司研制出一种新的光纤制造技术，可使水吸收峰基本上呈平坦化，光纤在 1280～1625nm 的全部波长范围内都可以用于光通信，至此全波光纤制造技术的难题也逐渐得到了很好的解决。到目前为止，已经有许多厂家能够生产通信用全波光纤，如朗讯公司的全波光纤、康宁公司的 SMF-28e 光纤、阿尔卡特公司的 ESMF 增强型单模光纤以及藤仓公司的 LWP 光纤等。

为适应光纤产品技术的最新进展，ITU 目前对 G.652 单模光纤标准进行了大规模的修订，对应于 IEC（国际电工委员会）的分类编号 B1.3，ITU-T 将全波光纤定义为 G.652c 类光纤，主要适用于 ITU-T 的 G.957 规定的 SDH（同步数字体系）传输系统和 G.691 规定的带光放大的单通道 SDH 传输系统及直到 STM-64（10GB/s）的 ITU-T 的 G.692 带光放大的波分复用传输系统。对于 1550nm 波长区域的高速率传输，通常也需要波长色散调节。

全波光纤在城域网建设中将会大有作为。现在的全波光纤制造技术，已经能够使光纤吸收光谱在水吸收峰处的损耗由原来的 2dB/km 降到 0.30dB/km 以下，使光纤损耗在 1310～1600nm 波长范围内都趋于平坦化，大大增加了光通信中可用波长的范围。粗略算来，全波光纤技术可以使光纤可利用的波长带宽增加 100nm 左右，如果以 100GHz 通常间隔为标准的话，则相当于增加了 125 个波长通道。因此，全波光纤技术在城域光纤网的建设中将提供一个理想的宽带传输介质。由于城域网是一种小的区域网，如按国内大城市的面积来计算，其通信距离一般不超过 70km，并且沿途还有许多分/插设备，因此对光纤衰减率的要求不是很高，也无需光纤放大器，这些都是全波光纤的优势所在。此外，从网络运营商的角度来考虑，有了全波光纤，就可以采用粗波分复用技术，即使信道间隔为 20nm 左右，仍可为网络提供较大的带宽，而对滤波器和激光器性能的要求却大为降低，从而大大降低了网络运营商的建设成本。

全波光纤由于有很宽的带宽可供通信之用，可将全波光纤的波带划分成不同通信业务段而分别使用。例如，可以在同一根全波光纤上开通用于第二波段的 WDM 模拟视频业务；在 1350～1450nm 波段上光纤色散很小，可用于开通高比特率（10Gbit/s）数据传输业务；在高于 1450nm 波段上，可应用于 2.5Gbit/s 的 DWDM 数据传输业务。因此，可以预见，未来中、小城市城域网的建设，可能会大量采用全波光纤。

3. 塑料光纤

塑料光纤（plastic optical fiber，POF）是用高度透明的聚苯乙烯或聚甲基丙烯酸甲酯（PMMA）等制成的。它的特点是制造成本低，芯径较大，与光源的耦合效率高，耦合光纤的光功率大，使用方便。但由于损耗较大，带宽较小，因此这种光纤只适用于短距离通信。

目前，通信的主干线已实现了以石英玻璃光纤为媒质的通信，但在接入网和光纤入户（FT-TH）工程中，由于石英玻璃光纤的纤芯很细（6～10μm），光纤的耦合和对接需要高精度的对准技术，难度大，因此对于距离短、接点多的接入网用户而言成本较高。POF 由于芯径大（0.2～1.5mm），可以使用廉价而又简单的注塑连接器，并且其韧性和可挠性较好，数值孔径大，可以使用廉价的激光光源，适合在接入网中应用。POF 是 FT-TH 工程中具有希望的传输介质之一。

POF 可分为阶跃型（SI-POF）和渐变型（GI-POF）两大类。由于 SI-POF 存在严重的模式色散，传输带宽与对绞铜线相似，限制在 5MHz 以内，即使在很短的通信距离内也不能满足 FDDI（分布数据接口）、SDH、B-ISDN（宽带综合业务数字网）的通信标准。GI-POF 纤芯的折射率分布呈抛物线形，因此模式色散大大降低，信号传输的速率在 100m 内可达 2.5Gbit/s 以上，所以近年来 GI-POF 成为 POF 研究的主要方向。从理论上预测，无定形全氟聚丁烯乙烯基醚在 1300nm 波长处的理论损耗极限为 0.3dB/km，在 500nm 波长处的损耗可低至 0.15dB/km，这完全可以和石英玻璃光纤的损耗相媲美。还有资料介绍 100m 全氟 GI-POF 的数据传输速率达到了 11Gbit/s。因此，GI-POF 有可能成为接入网、用户网等的理想传输介质。

GI-POF 在生产方法上，主要有两步共聚法、紫外光引发共聚法、等离子法、界面-凝胶聚合法、封闭过程挤出法、气相扩散共聚法等。最近有人提出了一种新的连续共挤出法，该法通过调节两种共聚物（折射率不同）的混合比例来挤出 GI-POF。由于这两种共聚物是由相同的单体构成的，只是每种共聚物中单体组成比例不同，所以制成的 GI-POF 相容性和热稳定性都较好，不存在采用界面-凝胶技术制成的 GI-POF 热稳定性差的缺点。用辅助扩散共挤法制备 GI-POF 和通过外加单体对空穴进行补充，解决了超离心法中由于体积收缩造成空穴和气泡的问题，可制得无空穴的 GI-POF。美国用高纯度单一体系制备 GI-POF 预制棒，该法采用超声波引发聚合，并利用 PMMA 的折射率随聚合度改变而变化的原理制备出了高纯度（因不加引发剂）、透明、无气泡的 GI-POF 预制棒。美国朗讯科技公司能够以商用生产速度（如外径为 250μm 的光纤，生产速度至少 1m/s），采用连续挤压成型方法生产 GI-POF，首先把第一聚合物材料引入第一喷嘴，把第二聚合物材料引入同心环绕在第一喷嘴上的第二喷嘴，在两种聚合物材料中至少有一种材料含有至少一种能改变折射率的可扩散的掺杂剂，挤出时同心引入扩散部分，使掺杂剂能在第一、第二聚合物之间以及内部发生扩散，并通过出口模挤压成型，物料经出口模拉伸形成光纤。

4. 晶体光纤（photon crystal fiber，PCF）

（1）光子晶体光纤结构　光子晶体的折射率呈周期性变化，变化周期为光波长量级，与一般半导体相似。它也具有能带结构，在禁带内的光子不能在晶体内传播。利用这种性质，可以制成高 Q 值的微腔光子晶体光波导、光子晶体光纤（PCF）以及光子晶体微波天线等。

PCF 的结构是在石英玻璃光纤中沿轴向均匀排列空气孔，从光纤端面看，存在周期性的二维结构，如果其中 1 个孔遭到破坏和缺失，则会出现缺陷，光能够在缺陷内传播，如图

2-6 所示。

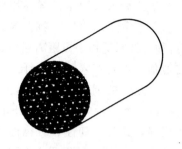

图 2-6　PCF 结构示意

光子晶体光纤是一种特殊的波导形式，光的传播方向平行于二维光子晶体柱（或空气洞）的方向。由于这种波导可以在较大波长范围内实现单模工作，可以调节零色散点的位置，有的结构还可以实现大功率激光传输等，因此它是目前光通信技术研究的一个热点。

PCF 与普通单模光纤不同，它是由周期性排列空气孔的单一石英材料构成的，所以又被称为多孔光纤（holey fiber）或微结构光纤（micro-structured fiber）。由于 PCF 的空气孔的排列和大小有很大的控制余地，故可以根据需要设计 PCF 的光传输物理特性。

（2）PCF 的传输性质　PCF 具有许多引人注目的光学特性。

① 宽带单模特性（endlessly single-mode）　结构设计合理的 PCF 具有极宽的光通信窗口，支持全波段单模传输，截止波长很短，可在近紫外到近红外全波段单模传输，在几乎所有波长上都支持单模传输。光子晶体光纤可在 500～1600nm 范围内保持单模传输，对光纤弯曲和扭转都不能激发高阶模，而且在 1600nm 以下光纤损耗对直径小到 0.5cm 的弯曲不敏感，这就是所谓 PCF "无终止" 宽带单模特性。只有当空气孔足够小并满足空气孔径与孔间距之比小于 0.2，才具备 "无终止" 单模特性。如果 PCF 的空气孔较大，将会与普通光纤一样，在短波长区出现多模现象。

② 高非线性　在 PCF 空气孔中填充合适的非线性材料，会显著提高 PCF 的非线性。将峰值功率只有数千瓦的 100fs 光脉冲注入 75cm 长的 PCF，就会产生超宽连续光谱的单模光，谱宽从紫外到近红外达 1000nm。

③ 奇异的色散特性　PCF 的另一个重要特点是奇异的色散特性。例如，PCF 能够在波长小于 1300nm 时获得反常色散，同时保持单模，这是传统阶跃型光纤无法做到的。反常色散特性为短波长光孤子传输提供了可能。另外，这种光纤也为制作可见光波段的光孤子光纤激光器提供了一种可能。目前，已经在 PCF 中成功产生了 850nm 的光孤子，将来波长还可以降低。改变空气孔的排列和大小，PCF 的色散和色散斜率也会随之剧烈地改变。目前，对 PCF 色散特性的内在机理尚未有透彻的认识，还无法从理论上指导如何设计 PCF 获得需要的色散特性，而只能针对某种设计通过数值模拟得到其色散特性。合理设计的 PCF 可以获得 100nm 宽带，超过 2000ps/(nm·km) 的色散值，可补偿为自身长度 35 倍的标准光纤引起的色散，这预示着 PCF 在未来超宽 WDM 的平坦色散补偿中可能扮演重要角色。

④ 低损耗　PCF 具有极低的光波能量损耗特性。普通单模光纤的纤芯主要成分是 SiO_2，即使尽量降低杂质吸收，但本征吸收和瑞利散射是很难避免的，因而普通光纤能量损耗总是存在，而 PCF 在结构上可设计成中空的，光波传输损耗极低，有利于长途通信。

⑤ 消除材料色散　虽然普通单模光纤可以避免模式色散，结构色散也可以做得很低，但材料色散却是本征性的，无法避免，它的存在使光脉冲展宽，限制了传输速率。PCF 纤芯可以是空气的或真空的，材料色散也就几乎消除了。

⑥ 消除非线性　WDM 技术是在一根光纤中传输多个信道，随着光功率增加，交叉相位调制和四波混频等非线性效应将会出现。虽然可以通过增加光纤有效面积缓解非线性的影响，但过大的通光口径又不能保证单模传输，由此成为传统单模光纤向更大容量发展的难以

逾越的障碍。依靠光子带隙传输的 PCF 使上述障碍迎刃而解。由于 PCF 的纤芯可以是空气的或真空的，不用二氧化硅，故材料属性引起的非线性限制自然也就不存在了。

⑦ 大模面积单模 PCF 光子晶体光纤不仅可以在近紫外到近红外提供全波段单模传输，而且允许把芯径做得很大。大模面积单模 PCF，其芯径可以达到传输波长的 50 倍。PCF 中传输模的数量不像传统光纤那样和芯径与波长之比有关，而是由气孔直径 d 与气孔间距 Λ 之比决定。只要包层结构设计合理，是否维持单模传输与光纤的绝对尺寸无关。

制作的光纤包层直径为 $180\mu m$，气孔直径为 $1.2\mu m$，气孔间距 $\Lambda = 9.7\mu m$，芯径$2a = 22.5\mu m$，可在大于 458nm 的波长范围内保持单模低损耗传输。这种光纤的模面积是传统光纤的 10 倍，可有效地用于大功率传输而不受非线性效应的影响。如果把这种光纤作为光纤激光器和放大器的基质光纤，可允许输出的功率将大幅度提高。

⑧ 零色散波长向短波长方向移动 普通石英单模光纤的零群速度色散（GVD）一般在 1270nm（波长）以上，G.653 标准零色散位移光纤和 G.655 标准非零色散位移光纤的零色散点都向长波方向移动。利用 PCF 包层的特殊结构，适当增大气孔直径，可使零色散点向短波长方向位移，可位移到 500nm。这种 PCF 的结构参数，当 $\Lambda = 1.74\mu m$ 时，$d/\Lambda = 0.8$，其零色散点约为 740nm；当 $\Lambda = 1.0\mu m$ 时，零色散点为 670nm，如图 2-7 所示。这种 PCF 在 850nm 处的传输损耗可降至 0.08dB/km 以下，设计良好的则可达 0.01dB/km。利用锁模钛宝石激光器可实现 800nm 附近的光孤子传输。

（3）PCF 在光通信中的应用 PCF 对光通信具有重要意义和深远的影响。由于 PCF 具有特殊的色散和非线性特性，在光通信领域将会有广泛的应用。

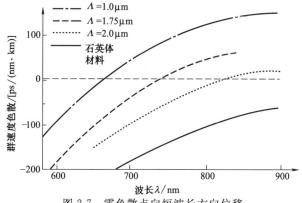

图 2-7 零色散点向短波长方向位移

首先，是单模工作波段的扩展。对普通单模光纤而言，目前正在使用和开发的 C 波段（1530～1565nm）、L 波段（1570～1620nm）和 S 波段（1450～1520nm）总带宽约为 150nm，而 PCF 使单模工作波段向短波长方向扩展了 600～700nm，这为 WDM 技术增加信道数提供了丰富的带宽资源。

其次，PCF 将以普通单模光纤不具备的特性为光纤应用带来新的变革。特别是在 WDM 长途通信方面，当前研究目标锁定在气芯、周期结构包层的带隙波导 PCF 上。如上所述，这种光纤由于采用空气作为纤芯，使原来传统光纤的 SiO_2 杂质的本征吸收，以及光纤的材料色散、非线性所带来的影响全部消除了，这对 WDM 长途光通信具有革命性意义，必将极大地促进光通信技术的发展。

目前，对 PCF 的制作技术和基本光学特性的研究已经取得了很大的进展，但如何可靠、精确地预测 PCF 的传输特性，似乎还没有令人满意的数学模型，这为 PCF 技术的发展提供了一个广阔的空间。有效折射率模型的原理是将 PCF 粗略等效为阶跃型折射率光纤，忽视了 PCF 截面的复杂折射率分布，虽然也能给出一些 PCF 的深层传输规律，但不能精确预测 PCF 的模式特性（如色散、偏振），因为这些特性依赖于 PCF 空气孔的分布和大小。

对于 PCF 的制作方法，可采用数百根细玻璃纤维堆叠在一根较粗玻璃棒周围，中间的玻璃棒作为纤芯，玻璃纤维间隙作为空气孔，设计制作出具有特殊的非线性色散和偏振等特性的 PCF。

四、国内光纤技术

表 2-2 列出了 6 家光纤生产厂家（国内 5 家，国外 1 家）的 ITU-T G.625 光纤性能对比，表中字母分别代表不同的光纤生产厂家。

表 2-2 中数据显示，大多数光纤尺寸参数比标准要求有较大裕度，其中国产光纤的模场直径的偏差范围均比从国外 C 公司进口的光纤略大一些；光纤涂覆层直径均可控制在 $240\sim250\mu m$，其中国内 A 公司的产品甚至达到 $240\sim245\mu m$，优于进口光纤。对于其他几项尺寸参数，这几个厂家各有千秋。光纤的衰减系数在 1310nm 和 1550nm 两个波长时基本可控制在 0.34dB/km 及 0.20dB/km 以下；1550nm 和 1625nm 的衰减系数只有个别厂家提供了测试值，故不具有可比性。国内 A 公司的光纤色散性能最佳，其零色散波长集中在 1310nm 附近 7nm 宽的光波段上，但其零色散斜率最大为 $0.084ps/(nm^2 \cdot km)$，这与其他厂家的没有太大差别。从少数厂家提供的偏振模色散（PMD）值来看，有的厂家单盘光纤不大于 $0.1ps/km^{1/2}$，有的厂家单盘光纤不大于 $0.2ps/km^{1/2}$。

对于 G.655 光纤，因使用量相对较少，统计误差增大，在此省略。但从少数厂家提供的 G.655 光纤的数据可以看出，其尺寸参数的控制水平可与 G.652 光纤相当，在 1550nm 波长处的衰减系数基本可不大于 0.20dB/km，色散系数 D_{max} 均小于 $3ps/(nm \cdot km)$，PMD 值小于 $0.1ps/km^{1/2}$。

表 2-2 6 家光纤生产厂家生产的 ITU-T G.652 光纤性能对比

技术性能指标	GB/T 9771.1—2000	国产光纤					进口光纤
		Y	A	Z	S	T	C
尺寸参数							
模场直径 $(\lambda=1310nm)/\mu m$	$(8.6\sim9.5)$ ±0.7	$8.90\sim9.60$	$8.73\sim9.37$	$8.80\sim9.77$	$8.90\sim9.49$	$8.88\sim9.51$	$8.94\sim9.45$
包层直径 $/\mu m$	125 ± 1	$124.6\sim125.5$	$124.5\sim125.6$	$124.3\sim125.6$	$124.5\sim125.5$	$124.5\sim125.6$	$124.8\sim125.3$
芯/包同心度误差 $/\mu m$	$\leqslant0.8$	$0\sim0.5$	$0\sim0.7$	$0.01\sim0.77$	$0.01\sim0.37$	$0.02\sim0.49$	$0\sim0.5$
包层不圆度 /%	$\leqslant2$	$0.01\sim0.66$	$0\sim1.0$	$0\sim1.0$	$0.02\sim0.91$	$0.01\sim0.56$	$0.1\sim0.4$
涂覆层直径 $/\mu m$	245 ± 10	$240\sim248$	$240\sim245$	$239\sim250$	$241\sim248$	$243\sim248$	$241\sim249$
衰减系数 /(dB/km)							
1310nm	A 级 $\leqslant0.36$	$0.318\sim0.340$	$0.319\sim0.341$	$0.325\sim0.340$	$0.314\sim0.340$	$0.327\sim0.340$	$0.327\sim0.337$
1550nm	A 级 $\leqslant0.22$	$0.180\sim0.196$	$0.186\sim0.203$	$0.185\sim0.204$	$0.179\sim0.203$	$0.190\sim0.199$	$0.187\sim0.197$
1625nm	A 级 $\leqslant0.27$	$0.196\sim0.223$	—	—	—	—	$0.29\sim0.34$ (1383nm) $1220\sim1338$[②]

续表

技术性能指标	GB/T 9771.1—2000	国产光纤					进口光纤
		Y	A	Z	S	T	C
截止波长/nm	≤1260①	1026~1085①	1197~1314②	—	1191~1319②	1177~1310②	1121~1237①
零色散长/nm	1300~1324	1308~1317	1307~1313	—	—	—	—
零色散斜率 /[ps/(nm²·km)]	≤0.093	0.084~0.088	0.080~0.084	—	1307~1320	1310~1318	1303~1318
色散系数 /[ps/(nm·km)]	—	1.62~2.84	1.97~2.41	—	0.083~0.087	0.084~0.087	0.084~0.089
1288~1339nm	≤3.5	(1285~1330)	(1285~1330)	—	2.05~3.00	2.1~2.7	(1285~1330nm)
1271~1360nm	≤5.3	—	—	—	—	3.7~4.3	—
1550nm	≤18	16.2~17.0	15.06~16.95	—	15.75~17.04	16.1~17.0	15.6~16.7
单盘光纤 PMD③ /(ps/km^{1/2})	≤0.3	0.015~0.097	—	—	—	0.01~0.20	—
光纤盘长/km	—	24.6	25.2~12.6	24.7	25.2~12.6	24.6	49.2
统计光纤数量/km	—	10000	10000	40000	7000	10000	20000

① 光纤成缆后。

② 光纤成缆前。

③ 偏振模色散。

第二节　光纤特性与基础

一、光纤的工作窗口

光纤在传输光波信号时，光功率衰减或光信号发生色散时，两者出现最小值或其中一个量出现最小值时所对应的光波波长范围为该光纤的工作窗口，或称波长窗口。

目前，按照光纤工作波长窗口的不同可以将通信光纤分成三类：短波长光纤、长波长光纤和超长波长光纤。通信用石英系光纤的工作波长在 $0.8\sim1.65\mu m$ 的近红外区附近，有短波和长波两类。

在光通信波段，短波长是指 $\lambda\leq1.0\mu m$ 的光波波长范围，在这一范围内，目前仅有一个通信波长窗口被利用，即 $0.85\mu m$ 窗口。而短波长光纤则是指光纤的工作波长在 $0.85\mu m$ 波长窗口，如 SiO_2 多模光纤。

长波长是指 $1.0\mu m\leq\lambda\leq2\mu m$ 波长范围，目前已被开发的波长窗口有五个，最常用的有两个：$1.31\mu m$ 和 $1.55\mu m$。长波长光纤是指光纤的工作波长在 $1.31\mu m$ 或 $1.55\mu m$ 等五个窗口上的光纤，如工作在 $1.31\mu m$ 的 SiO_2 多模光纤和工作在 $1.31\mu m$、$1.55\mu m$ 的 SiO_2 标准单模光纤。

我国科学地提出了 SiO_2 单模光纤的五个波长窗口：

① 1300～1350nm，简称 1.31μm 窗口，宽度为 50nm；

② 1530～1560nm，简称 1.55μm 窗口，又称 C 波段，宽度为 30nm；

③ 1560～1620nm，L 波段，宽度为 60nm；

④ 1350～1450nm，简称 1.4μm 窗口，尚未开发波段，宽度为 100nm；

⑤ 1450～1530nm，宽度为 80nm，S 波段。

SiO_2 多模光纤具有两个工作窗口：

① 850nm 窗口；

② 1310nm 窗口。

如果每路光载波的波长信道间隔是 0.8nm（100GHz），则有：

① $N_{\lambda_2} = 30nm/0.8nm = 37.5 \approx 37$（个）；

② $N_{\lambda_{(2+3)}} = 90nm/0.8nm = 112.5 \approx 112$（个）；

③ $N_{\lambda_{(2+3)}} = 3N_{\lambda_2}$。

窗口 4 为 1350～1450nm，宽度为 100nm，因为在 1385nm 附近出现 OH^- 二次谐波吸收峰，一直未被利用，最近在制造过程中已设法消除了损耗高峰，研制出"无水峰光纤"，从而实现了 1350～1450nm 的第四窗口，即 1.4μm 窗口的使用。在这一工作窗口使用的 DWDM 系统中，如果每路光载波的波长信道间隔是 0.8nm（100GHz），则有可能提供 $N_{\lambda_4} = 100nm/0.8nm = 125$（个）新的波长信道。这一窗口的光纤损耗比 1.31μm 窗口损耗低，而光纤色散比 1.55μm 窗口的色散小，约为标准单模光纤在 1.55μm 色散的一半——8.5ps/（nm·km）。因此，在这一工作窗口，每路波长可以传输数字速率为 10Gb/s，总速率可达 1250Gb/s。

窗口 5 比窗口 4 波长范围好，为 1450～1530nm，宽度为 80nm，$N_{\lambda_4} = 80nm/0.8nm = 100$（个），每路波长只能传输 2.5Gb/s，与窗口②相同。

由以上可知，理想的 SiO_2 单模光纤总的传输波长数为 $N = (1620 - 1300)/0.8 = 400$（个），即总的信道数为 400 个，如采用波分复用技术传输容量将会更大，可见，当光纤和光学逻辑器件得到充分开发、完善和利用时，SiO_2 单模光纤潜在的传输容量将非常巨大！

长波长是指 $\lambda \geq 2\mu$m 波长范围，超长波光纤是指工作波长 $\lambda > 2\mu$m 的一类光纤，目前在通信领域尚未得到应用。这一类光纤是非石英系光纤。

光通信波长的划分与光纤工作波长的划分的区别参阅表 2-3 和表 2-4。

表 2-3　光通信时单模光纤可使用波段

波段	O	E	S	C	L	U
名称	初始	扩展	短波	常规	长波	超长波
波长范围/nm	1260～1360	1350～1450	1450～1530	1530～1560	1560～1625	1625～1675

表 2-4　G652A/B/C/D 光纤可工作波长范围

光纤类别	G652A	G652B	G652C	G652D
工作波长	O+C	O+C+L	O+E+S+C+L	O+E+S+C+L

二、光纤剖面折射率分布型式

光纤的传输特性与光纤结构有着密切的关系，不同的光纤剖面折射率分布型式对光纤的传输特性有着不同的影响。多模光纤的折射率分布对其带宽起着决定性的作用，而单模光纤的色散特性、模场直径、截止波长等参数完全取决于其折射率的分布。光纤剖面折射率分布描述的是从光纤芯层到包层的折射率随半径变化的一种趋势。

$$n = n(r) \tag{2-3}$$

光纤中各种模式的传输依赖于折射率分布的形状。在工程实际中，光纤折射率分布函数可用半径的幂指数函数来描述：

$$n^2(r) = \begin{cases} n_1^2(0)\left[1 - 2\Delta\left(\dfrac{r}{a}\right)^g\right] & 0 \leqslant r \leqslant a \\ n_2^2(a)\left[1 - 2\Delta_1\left(\dfrac{r}{b}\right)^g\right] & a < r \leqslant b \end{cases} \tag{2-4}$$

$$\Delta = [n_1(0) - n_2(b)]/n_1(0)$$
$$\Delta_1 = [n_1(a) - n_2(b)]/n_1(a)$$

式中　Δ——芯/包相对折射率差，$\Delta = 0.1\% \sim 0.3\%$；

　　　n_1——芯层折射率；

　　　n_2——光纤包层折射率；

　　　r——光纤半径上任一点离芯轴的距离；

　　　a——光纤芯层半径；

　　　b——光纤包层半径；

　　　g——折射率分布指数，经验公式为 $g = (4 + 2\Delta)/(2 + 3\Delta)$。

相对折射率差与数值孔径 NA、折射率 n_1 和 n_2 间有如下关系：

$$\Delta = \frac{NA^2}{2n_1^2} = (n_1^2 - n_2^2)/2n_1^2 \tag{2-5}$$

根据光纤剖面折射率分布型式可以将光纤分为 13 大类，如图 2-8 所示。

三、光纤中传输模式

1. 光波模式的物理意义

简单地说，光纤中传输的光波信号的模式就是指电磁波在光纤内部传输过程中形成的电磁场的各种场形，或者说是在光纤中形成的光场场形，又称模场。

2. 模式的种类

（1）传导模式（又称导波模式）　对于此模式，可以理解为是电磁能量的载体，不同的模式，其运载的电磁能量不同，当模式间相互发生变换时，在此模式之间就会发生能量的转移，把沿光纤纵轴方向传输并最终可到达光纤输出端的模式称为传导模式或导波模式。

（2）泄漏模式　光纤在传输光波信号过程中，可能会激励出既非折射又非完全导波的模式，这种模式的光信号在传输过程的中途被损耗掉，最终不能到达光纤输出端，这种模式称为泄漏模式。光纤工作过程中应避免产生这种模式。产生这种现象的原因可用量子力学中的穿透势垒隧道效应解释，在这里不作解释。

（3）辐射模式　光纤在传输光波信号的过程中，可能会激励出某些具有折射功能的光波模式，这些模式的光信号在传输过程的中途被折射到包层、涂覆层，被辐射掉，最终不能到达光纤输出端，这种模式称为辐射模式。产生辐射模式的原因是进入芯层的部分光波入射角（θ）不满足光在芯/包界面的全反射条件，产生了折射光。

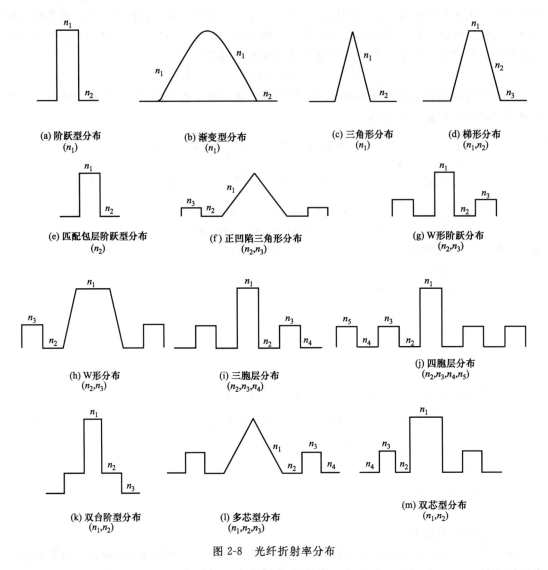

图 2-8　光纤折射率分布

　　由于光纤中传输的模式不同，可以将光纤分成单模光纤和多模光纤两种，这是目前光纤最常用的分类方法。

四、光纤传输特性

（一）光纤传输的基本原理

　　如果有一束光投射到折射率分别为 n_1 和 n_2 的两种界面上时（设 $n_1 > n_2$），投射光将分为反射光和入射光。入射角 θ_1 与折射角 θ_2 之间服从折射定律 $\sin\theta_1/\sin\theta_2 = n_2/n_1$。当入射角 θ_1 逐渐增大时，折射角 θ_2 也相应增大。当 θ_2 增大到 90° 时，入射光线全部返回到原来的介质中，这种现象叫光的全反射。此时的入射角 $\theta_1 = \sin^{-1}(n_2/n_1)$，叫临界角。在光纤中，光的传输就是利用光的全反射原理。当入射到纤芯中的光与光轴线的交角小于一定值时，光线在界面上发生全反射。这时，光将在光纤的纤芯中沿锯齿状路径曲折前进，但不会穿出包层，这样就避免了光在传输过程中的折射损耗，如图 2-9 所示。

图 2-9　光的传输原理

（二）光纤衰减特性

（1）简介　衰减是光波经光纤传输后光功率减少量的一种度量，是光纤一个最重要传输参数，它取决于光纤工作窗口和长度，表明光纤对光能传输的损耗，对光纤质量评定和光纤通信系统中继距离的确定有着十分重要的作用。

光在光纤中传输时，平均光功率沿传输光纤长度 Z 方向按指数规律递减的现象称为光纤衰减（或称损耗、衰耗）。设在波长 λ 处，光纤长度为 $Z=L$，两端横截面积 1 和 2 之间衰减定义为：

$$P_2(L) = P_1(0)10^{-\frac{aL}{10}} \quad (\text{W}) \qquad (2\text{-}6)$$

用对数形式表示为：

$$A(\lambda) = 10\lg P_1(0)/P_2(L) = -10\lg P_2(L)/P_1(0) \quad (\text{dB}) \qquad (2\text{-}7)$$

式中　$P_1(0)$——$Z=0$ 处注入光纤光功率，即输入端光功率；

　　　$P_2(L)$——$Z=L$ 处出射光纤的功率，即输出端光功率；

　　　L——光纤长度。

通常，对于均匀光纤来说，可用单位长度衰减来反映光纤衰减性能优劣，为此引入衰减系数这一物理量来描述光纤衰减特性。

衰减系数定义为光波经单位长度光纤传输后，引起光功率衰减值，用 a 表示，单位为 dB/km。当光纤长度为 $Z=L$ 时，有：

$$a(\lambda) = \frac{10}{L}\lg \frac{P_1(0)}{P_2(L)} = -\frac{10}{L}\lg \frac{P_2(L)}{P_1(0)} \quad (\text{dB/km}) \qquad (2\text{-}8)$$

式中　$a(\lambda)$——波长为 λ 处的光纤衰减系数，表示与波长 λ 的函数关系，其值与光纤长度无关。

（2）光纤衰减机理　形成光纤衰减的原因有很多，衰减机理复杂，计算也比较复杂。光纤衰减的主要原因有吸收衰减、散射衰减、光纤弯曲或微弯造成的辐射损耗、光纤接续时产生接头损耗及外部气氛引起氢损等，如图 2-10 所示。

$$
\text{衰减原因}
\begin{cases}
\text{材料吸收衰减}
\begin{cases}
\text{本征吸收 红外吸收区} \\
\text{非本征吸收}
\begin{cases}
\text{OH}^-\text{、H}_2\text{ 吸收（氢损）} \\
\text{M}^{n+}\text{ 金属离子吸收}
\end{cases}
\end{cases} \\
\text{散射衰减}
\begin{cases}
\text{材料散射}
\begin{cases}
\text{线性散射损耗——瑞利散射和梅耶散射} \\
\text{非线性散射衰减——受激拉曼散射和受激布里渊散射}
\end{cases} \\
\text{波导散射}
\begin{cases}
\text{光纤结构不完善引起的散射衰减} \\
\text{芯包界面凹凸不平引起的散射衰减}
\end{cases}
\end{cases} \\
\text{光纤弯曲或微弯引起辐射衰减} \\
\text{光纤连接衰减}
\end{cases}
$$

图 2-10　光纤衰减成因

① 吸收衰减　吸收衰减是由于光纤对光能的固有吸收并转换成损耗引起的。吸收损耗机理与光纤材料的共振有关。共振是指入射的光波使材料中的电子在不同能级之间或原子在不同振动态之间发生量子跃迁的现象。由于通信系统中传输的激光强度一般都不是很高，因此在光纤中处于弱激励状态，经光纤物质传输会产生光饱和吸收现象，促使光纤物质的原子、分子的能级间高效选择性激发。光的吸收通常是在光纤构成物质的原子、分子、离子或电子的各量子化的固有能级间产生，如果光波长满足下式：

$$\lambda = \frac{hc}{E_2 - E_1} \tag{2-9}$$

则光纤发生光饱和吸收现象。由此可见，当波长满足一定条件时，便会发生光吸收。光吸收是指光能转换成光纤物质结构中的原子（分子、离子或电子）等跃迁、振动、转动能量或是转换成动能而产生的光能量变换的现象。这种吸收损耗具有可选择性，即对波长的可选择性。

光纤中产生的吸收损耗主要有本征吸收、杂质吸收和原子结构缺陷吸收。

a. 本征吸收　本征吸收是 SiO_2 石英玻璃自身固有的吸收，难以消除。存在着红外吸收和紫外吸收两种。红外吸收（IR）是光通过 SiO_2 构成的石英玻璃时引起 SiO_2 分子振动共振 E_v、外层电子跃迁 E_e、转动跃迁 E_r 和转换成动能 E_t 引起的光能被吸收现象，起主要作用的是分子振动共振。1970 年，Dean 和 Bell 根据随机网格理论，对 SiO_2 石英玻璃红外吸收谱进行了进一步的研究，他们认为，若各基本组是离散的，各个光谱频带的分配是正确的，但对于振动模式可以模糊地去考虑。Dean 和 Bell 给出的 SiO_2 中主要光谱频带的理论标准模式如下。

ⓐ 在 1000～2000/cm 内，各种模式与 Si—O—Si 伸展振动有关，在这种振动中，O 原子与它们旁边的 Si 不一起移动，而是与 Si—Si 线平行移动。

ⓑ 400～850/cm，Si—O—Si 的弯曲振动是主要的，在这种振动中，O 原子与 Si—O—Si 角的二等分线平行移动，但在 600/cm 附近，存在着比例较大的 Si—O—Si 伸展振动，相邻各原子的振动趋于不同相。

ⓒ 350/cm 附近的红外模式和拉曼不活动模式与 Si—O—Si 的摆动振动有关，在这种振动中，O 原子作垂直于 Si—O—Si 平面的振动。

ⓓ 350/cm 以下各种模式，主要归因于总的网络转化动作或变形动作。

吸收波长与结构单元的种类有关，对 SiO_2 材料来说，红外吸收中心波长范围在 8～12μm 之间，例如：Si—O 键的衰减吸收峰分别是 9.1μm、12.5μm 和 21.3μm，在 9.1μm 的吸收损耗高达 1010dB/km，一般，红外吸收发生在 $\lambda > 7\mu$m 区，对光纤通信波段影响不大，对于短波长不引起衰减，对于长波长引起的衰减小于 0.1dB/km。

在 SiO_2 中加入碱离子，会使 7～12μm 范围内的红外吸收产生一些变化，掺入 GeO_2 和 B_2O_3 同样会改变红外吸收，但对 1μm 附近引起的变化不大，在 0～1dB/km 范围内，对于低损耗光纤这种影响是严重的。

而紫外吸收是通过光波照射激励 SiO_2 石英玻璃光纤材料中原子的束缚电子使其跃迁至高能级时吸收的光能量。

这种吸收发生在紫外波长区，吸收带在 3nm～0.39μm 之间，故通常称为紫外吸收（UV）。在这个反射谱中，可以见到四个强烈的光谱频带，在 10.2eV、14.0eV 和 7.3eV 处的跃迁是激子的，而在 1.7eV 处的跃迁是到导带的。带隙为 8.9eV，因此，传输的上限约在 140nm。

紫外区中心波长在 $0.16\mu m$ 处，尾部拖到 $1\mu m$ 左右，已延伸到光纤通信波段，在短波长范围内，引起的光纤损耗小于 $0.1dB/km$，在长波长范围，产生的吸收衰减小于 $0.1dB/km$，与红外吸收相同，紫外吸收也会引起大的衰减。石英光纤的本征吸收衰减是石英玻璃自身的红外吸收和紫外吸收共同作用的结果，在光纤通信波段，在 $0.8\sim1.3\mu m$ 波段，SiO_2 非晶材料的内部本征吸收小于 $0.1dB/km$，在 $1.3\sim1.6\mu m$ 波段，小于 $0.3dB/km$。

b. 杂质吸收 杂质吸收在确定光纤损耗中起着决定性作用。杂质吸收主要有碱金属离子、氢原子和氢氧根离子吸收损耗。

ⓐ 碱金属离子吸收衰减 众所周知，玻璃结构是近似有序的。原因是玻璃结构中存在着一定数量和大小比例有规则排列的区域，这种规则性是由一定数目的多面体遵循类似晶体结构的规则排列造成的。但是有序区不像晶体结构那样有严格的周期性，在微观上观测是不均匀的，但是，在宏观上性能则是均匀的，反映到玻璃的物理性能上是各向同性的。

关于玻璃结构的假说到目前为止能够被接受的观点有两种：微晶结构假说和网络结构假说。微晶结构假说认为，玻璃是由硅酸块或二氧化硅的"微晶子"组成，在"微晶子"之间由硅酸块过冷溶液所填充。网络结构假说认为，玻璃是由二氧化硅的四面体、铝氧三面体和硼氧三面体相互连成不规则三维网络，网络间的空隙由 Na、K、Ca、Mg、Cu、Fe、Cr、Co、Mn、Ni 等金属的阳离子所填充。SiO_4 四面体的三维网状结构是决定玻璃性能的基础，填充的 Na、Ca、Mg、Cu、Fe、Cr、Co 等的阳离子称为网络改性物。一些自身呈有形成玻璃能力的氧化物被称为网络形成体，如：SiO_2、GeO_2、B_2O_3、P_2O_5、Al_2O_3 和 Sb_2O_3 等都是众所周知的玻璃网络形成体。网络形成体的任一比例混合而形成氧化物玻璃，特别是由 SiO_2 组成的玻璃在不同程度上混有 Na、K、Ca、Mg、Cu、Fe、Cr 等金属的阳离子。而杂质吸收就是玻璃材料中含有的铁（Fe^{2+}），铜（Cu^{2+}），铬（Cr^{3+}），钴（Co^{2+}），锰（Mn^{2+}），镍（Ni^{2+}）和 OH^-，在光波激励下由离子振动引起的电子跃迁吸收光能而产生的损耗。

金属杂质吸收主要是由于铁族（3d）跃迁金属离子的存在而引起的。在这些离子中，有两类电子跃迁，一类是在 d 层内部跃迁的结果，是一种向心配合体场跃迁；另一类是跃迁金属离子跃迁到一个向心配合体离子，是一种电荷转移跃迁。向心配合体场跃迁发生在相当低的能量上，$E_g<4eV$，且它们是"禁奇偶性"的，强度也低，一般具有约 $20\sim30$ 的消光系数；电荷转移跃迁发生在较高的能量上，$E_g>4eV$，它们是"容许"跃迁，具有大的强度。

十亿分之一（$10^{-9}=1ppb$）克的任何 M^{n+} 型金属离子，在原子价最不理想情况下，足可引起 $1dB/km$ 左右的损耗峰值。尽管在 SiO_2 玻璃中金属离子含量甚微，但它在可见光至红外波段内会产生大的损耗，各种金属离子产生的吸收峰波长在 $0.2\sim1.1\mu m$ 之间，吸收带从可见光到红外区，它们将严重地影响到光纤短波长通信波段的衰减，在长波长波段引起的吸收峰值较小。产生这种损耗的原因是由光纤在拉制形成玻璃纤维过程中原料中混有金属离子，只要在光纤制造工艺过程中注意原料的提纯精度，便可很好地克服金属离子引起的光纤吸收损耗。

ⓑ 氢氧根离子吸收衰减 光纤制造中存在一种吸收损耗非常大的羟基吸收离子，它对低损耗光纤吸收峰值唯一起着决定性作用，它的吸收衰减机理与过渡金属离子大相径庭。OH^- 基波吸收振动峰发生在 $2.73\mu m$ 附近，而它的谐波均匀地出现在 $1.385\mu m$，$0.95\mu m$，$0.72\mu m$、$0.585\mu m$（二、三、四、五次谐波）处，而这些谐波同硅氧四面体基波振动之间

又组合出组合吸收峰，出现在 $1.24\mu m$，$1.13\mu m$ 和 $0.88\mu m$ 处。光纤长、短波长通信波段，OH^- 振动吸收是造成 $0.95\mu m$、$1.24\mu m$ 和 $1.385\mu m$ 处出现损耗峰的主要原因，尤其是在 $1.31\mu m$ 窗口 $1.385\mu m$ 波长处衰减峰值更是影响光纤传输特性的主要原因，若要使 $1.385\mu m$ 波长处损耗降低到 $1dB/km$ 以下，OH^- 含量必须减小到 10^{-8} 以下，例如：若光纤中含有百万分之一（重量）的氢氧根离子，那么在三次谐波 $0.95\mu m$ 处将产生 $1dB/km$ 的损耗，而在二次谐波 $1.385\mu m$ 处将产生 $60dB/km$ 大损耗。由此可知，在二次谐波 $1.385\mu m$ 处，OH^- 对 SiO_2 光纤传输损耗影响最大，必须给予高度重视。若要使 OH^- 对 $1.31\mu m$ 工作窗口处衰减影响降低到小于 $0.02dB/km$，OH^- 含量必须控制在小于 $20ppb$❶。只有使光纤中 OH^- 含量低于 ppb 量级以下，光纤中因 OH^- 引起的损耗才可忽略。因此，提高光纤制造用原料纯度，是唯一减小因 OH^- 存在引起光纤损耗的途径。

光纤在氢气氛中将会产生氢损。氢损有两种形式。

ⅰ H_2 分子由于扩散作用而进入光纤，当光源波长满足氢分子某两个能带的带隙 $E_g = h\gamma$ 的波长时，氢分子将发生吸收光子的作用过程，使光能量降低，由 H_2 吸收产生能量损耗，即称之为氢损。这种氢损是可逆的，当光纤周围的氢气氛消失，光纤产生的氢损会自动消失。H_2 分子产生的氢损 a_{H_2} 可由公式（2-10）计算。

$$a_{H_2} = C_{H_2}(\lambda)\exp(2.24/RT) \cdot P \quad (dB/km) \quad (2-10)$$

ⅱ 由 H_2 氢生成 OH^-，使光纤中的 OH^- 含量增加，并与光纤中的分子网络结合产生氢损，属不可逆损耗。OH^- 产生的氢损 a_{OH^-} 可由下式计算。

$$a_{OH^-} = C_{OH^-}(\lambda)\exp(-10.79/RT) \cdot Pt \quad (dB/km) \quad (2-11)$$

式中　R——气体常数，$R = 1.986 \times 10^{-3} kcal/mol \cdot K$；

　　　T——热力学温度，K；

　　　P——光缆中氢分子分压；

　　　t——时间，h；

　　C_{H_2}——与波长有关的系数，$C_{H_2}(1300) = 0.0102$，$C_{H_2}(1550) = 0.0195$，且单模与多模光纤相同；

　　C_{OH^-}——与波长有关的系数，多模光纤 $C_{OH^-}(1310) = 2.1 \times 10^4$，单模光纤 $C_{OH^-}(1550) = 1.7 \times 10^5$。

如果正确选用光纤材料，在光缆服务寿命期内光纤的氢损不会影响光纤的传输性能。依据此谱线可以判别光纤是否产生了氢损且属于何种氢损。

光纤氢损产生的原因有两个。

其一，光纤对水和潮气极为敏感。水和潮气渗入光缆中，使水分与光缆中的金属加强材料发生氧化反应，置换出氢气，引起氢损。

$$Zn + H_2O = H_2\uparrow + ZnO \quad (2-12)$$

由于这个原因，光缆加强材料已不采用镀锌钢丝，而改用镀磷钢丝。

其二，为防止水和潮气侵入光纤，通常，需要在松套管内填充光纤防水油膏（称纤膏），而光纤防水油膏是由多种不同的物质所组成的混合物，防水油膏本身会产生微量的氢气，氢原子极易渗透进入光纤中，与光纤 Si—O 中的氧键结合生成羟基导致形成氢损。若光纤防水油膏析氢多，可直接造成光纤衰减的增大，因此，光纤防水油膏的析氢量必须控制在一定

---

❶　$1ppb = 1 \times 10^{-9}$，即 $1ng/g$。下同。

的范围之内，保证其不影响光纤的损耗特性。

光缆油膏（称缆膏）是填充在光缆缆芯空隙中的一种油膏，由于光缆油膏直接与多种材料相接触，尤其与金属加强件直接相触时，会产生电化学反应，生成相对较浓的氢气，造成氢损，严重影响光纤的损耗特性。氢的浓度随材料的不匹配程度的增加而增加。

c. 原子缺陷吸收衰减　原子缺陷吸收衰减是由于光纤在加热过程或者在强烈辐照下，造成玻璃材料受激产生原子缺陷吸收衰减。从光纤拉丝成形过程角度分析，当将光纤预制棒加热到拉丝所需温度（1600～2300℃）时，采用骤冷方法进行光纤拉丝，虽然可在光纤制造过程中，内部原子结构排列形成时，绕过结晶温度，抑制晶体成核、生长，阻止结晶区的形成，但是还会有极小部分区域产生结晶，这是不希望的，但实际生产中是不可避免的，在结晶区会形成晶体常见的结构缺陷，如：点缺陷、线缺陷、面缺陷等，从而引起吸收光能，造成损耗。

d. SiO_2 光纤吸收衰减谱　衰减谱描绘了衰减系数与波长间的函数关系，同时也表示出了光纤单模工作的五个窗口的波长范围和引起衰减的原因。从中可知，SiO_2 光纤衰减谱具有三个主要特征。

在 1280～1600nm 波段，光纤衰减随波长增大而呈下降趋势；

光纤的衰减吸收峰与 OH^- 有关；

在波长大于 1600nm 范围时，光纤衰减增长的原因是由于红外吸收衰减和石英玻璃吸收 OH^- 基峰及与 Si—O 键组合峰吸收损耗共同引起。

② 散射损耗　光的散射是指光入射到某种散射物体后在某处发生极化，并由此发出散射光的现象。当散射光的波长与入射光相同时，称为弹性散射，散射体尺寸小于入射光的波长时，称为瑞利散射，散射体尺寸等于入射光波长时产生的散射称为梅耶散射。散射光的波长与入射光波长不相同时，称为非弹性散射，如布里渊散射和拉曼散射。

散射损耗是以散射的形式将传播中的光能辐射出光纤外的一种损耗。它主要是由于光纤非结晶材料在微观空间的颗粒状结构和玻璃中存在的气泡、微裂纹、杂质及未熔化的生料粒子、结构缺陷等材料上的不均匀性和结构上的不均匀性而引起的光在相应界面上发生散射而引起损耗的现象。

光纤在加热过程中产生的缺陷主要包括：无定形材料结晶、相分离、密度波动等。无定形材料结晶是经两步完成的，即先形成结晶核，再生长起来，对其中的任何一步加以限制，都可以抑制总结晶速度。虽然结晶不能从热力学上来排除，但它是可以避免的。如果选择的光纤材料在熔点时黏度非常高，允许在熔点温度 T_m 以上拉制光纤，并配合骤冷冷却就会跳过结晶区。相分离是一种原均匀多组分材料分开为成分不同的两种或多种无定形相。分离过程的驱动力源自总系统自由能的减少，只要多相系统自由能比均匀单相自由能低时就会发生相分离。在相分离过程中，会产生两个效应：小应变效应和小界面能效应。由于这两种效应的影响会产生两个重要的结果：首先，因为动力壁垒很小或不存在，在动力学上难以防止分离的过程，分离过程的动力学仅受到扩散的限制，增加骤冷的温度只能减少分散体的大小；其次，一旦发生相分离，第二个相将以非常细的分散体存在，在制造光纤时，相分离可在不同程度上克服。密度的波动是随机发生的，是一种不可避免、不可控制的结构缺陷。总密度是一种与时间有关的动态平衡的许多局部波动叠加结果。密度波动平均平方值可由下式给出。

$$\Delta\rho^2 = -kT\rho^2/(\Delta V)^2(\Delta V/P) \tag{2-13}$$

式中　ρ——密度；

V——体积；

P——压力；

T——温度；

k——玻尔兹曼常数；

ΔV——单位体积。

散射损耗使入射的光能发生分散，导致光能量在光纤各个方向上都存在着分布，光的传输方向不仅只有前向传输，由于散射的作用，还存在着后向传输。这会造成模式间的模式耦合损耗，但在低损耗光纤中这种模式损耗可忽略。按照损耗作用原理可将光纤中产生的散射损耗分为：材料散射和波导散射损耗两种情况进行分析。

a. 材料散射衰减　材料散射衰减存在着两种形式，即：线性散射衰减和非线性散射衰减。

ⓐ 线性散射衰减　线性散射衰减是因为在光纤制造时，熔融态玻璃分子在冷却过程中随机的无序热运动引起其结构内部的密度和折射率起伏并产生诸如气泡、杂质、不熔性粒子、晶体结构缺陷等材料内部不均匀结构，致使光波在光纤内传播时遇到介质不均匀或不连续的界面状态时，在界面上发生光的折射，会有一部分光散射到各个方向，不再沿光纤的芯轴向前传播，这部分光能不能被传输到光纤输出终端，在中途将被损耗掉，而产生散射现象，由这种原因产生的散射损耗是由材料自身存在的缺陷而引起，所以它被称为本征材料散射损耗或线性散射损耗。线性散射从光波的模式观点解释，可理解为当光纤中一种模式的光波所运载的光功率一部分线性地转换成另一种模式，就会发生线性散射，在这一转换过程中，散射前和散射后的光频率不发生变化，散射前和散射后的光功率成正比。

材料线性散射损耗分两种情况：一种被称为瑞利散射，一种被称为梅耶散射。

瑞利散射是由纤芯材料中存在微小颗粒或气孔等结构不均匀引起的。不均匀粒子、气孔等尺寸远比入射光波长小得多，通常小于 $\lambda/10$。材料密度不均匀造成折射率不均匀也会引起这种散射衰减，折射率不均匀、起伏是由于光纤制造的冷却过程中有晶格产生、密度和成分、结构变化引起。同时，温度起伏变化、成分不均匀都会引起这种散射衰减。在瑞利散射中，晶格产生和成分、结构变化可通过改进工艺消除，而冷却造成密度不均匀则是随机的，不可控且不可避免。因此瑞利散射是一种光纤材料固有损耗，是光纤基本损耗下限，不可克服。

瑞利散射是一种弹性后向散射，是指在弹性散射中，入射光线在小于光波长的微粒上发生散射后，散射光波长与入射光波长相同的一种散射现象，即散射光的频率（或光子能量）保持不变。引起光纤中散射损耗的主要原因是瑞利散射，瑞利散射具有与波长的 λ^4 成反比的性质，即

$$a_R = [(8/3)\pi^3 n_1^8 \rho^2 k T \beta_T]/\lambda^4 \tag{2-14}$$

式中　a_R——瑞利衰减系数，dB/km；

ρ——光弹性系数；

T——热力学温度；

n_1——纤芯折射率；

β_T——材料的等温压缩系数；

k——玻尔兹曼常数；

λ——工作波长，μm。

由式（2-14）可知，瑞利衰减系数与工作波长的 4 次方成反比，这意味着随着波长的增

长，光纤固有损耗将迅速下降，这也是光纤在长波长区损耗比短波长区损耗低的主要原因。同时，也是人们努力开发超长波长区工作窗口及光纤材料的最终因素和出发点。

对于芯层掺杂 GeO_2 光纤来说，瑞利衰减系数 a_R 可由式（2-15）计算。

$$a_R = (0.75 + 66\Delta n_{Ge})/\lambda^4 \tag{2-15}$$

式中　Δn_{Ge}——仅考虑掺杂 GeO_2 引起的相对折射率差。

瑞利散射是光纤损耗最低下限，在 $1.55\mu m$ 波长处，最低损耗已降到 $0.154dB/km$。经实验验证，光纤瑞利散射损耗主要与下列二因素有关。

ⅰ 材料成分　瑞利散射对材料成分十分敏感，若在 SiO_2 中掺杂少量的 P_2O_5，将大大减小瑞利散射，如果在掺杂 P_2O_5 同时，减少 GeO_2 含量并保持原有相对折射率差 Δ 值不变，则瑞利散射损耗可以进一步降低。

ⅱ 光纤芯层和包层相对折射率差 Δ 值　Δ 值越大，瑞利散射损耗就越大。

梅耶散射又称米氏散射，是由与光波波长同样大小的粒子、气孔等引起的散射，一般发生在光功率较低时，数值与瑞利散射引起损耗值相比太小，故一般将其对光纤损耗影响忽略不计。

① 非线性材料散射损耗　如果光纤中光场强过大，那么在大光场强作用下，就会产生非线性现象，这时，一种模式的光功率就会转换到其前向或后向传输的其他模式中，或者它本身同一个模式的不同场形中，伴随着模式的转换，频率将会发生改变。其实质是光波与光纤间的非线性相互作用引起波长发生漂移，这种效应决定了光纤中传输功率值上限。受激布里渊散射（SBS）和受激拉曼散射（SRS）都属于这种非线性散射，在非线性散射中，散射光的频率要降低，或光子能量减少。在这一过程中，光波与介质相互作用时要交换能量，拉曼散射（SRS）和布里渊（SBS）散射都是一个光子散射后成为一个能量较低的光子，其能量差以声子形式出现。二者区别在于 SRS 是和介质光学性质有关，频率较高的"光学支"声子参与散射，而 SBS 是和介质宏观弹性性质有关，频率较低的"声学支"声子参与散射。两种散射都使入射光能量降低，在光纤中形成一种损耗机制，只有在低功率时，这种功率损耗可以忽略，高功率时，SRS，SBS 将导致大的光损耗，当入射光功率超过一定阈值后，两种散射光强都随入射光功率而成指数增加，差别仅是 SRS 在单模光纤中前向、后向都发生，而 SBS 则仅后向发生。

拉曼效应　在任何分子介质中，自发拉曼散射将一小部分（一般约为 $10^{-4}\%$）入射光功率由一光束转移到另一频率下移的光束中，频率下移量由介质的振动模式决定，此过程即为拉曼效应。量子力学描述为：入射光波的一个光子被一个分子散射成为另一个低频光子和一个光频声子，同时，分子完成两个振动态之间的跃迁。入射光作为泵浦产生称为斯托克斯波的频移光。散射过程中能量和动量保持守恒。斯托克斯波可由简单的关系式描述。

$$\frac{dI_s}{dZ} = g_R I_P I_s \tag{2-16}$$

式中　I_s——斯托克斯光强；

　　　I_P——泵浦光强；

　　　g_R——拉曼增益系数。

SBS 过程可经典地描述为泵浦波、斯托克斯波通过声波进行的非线性相互作用，泵浦波通过电致伸缩产生声波，引起介质折射率周期性调制。泵浦引起折射率光栅通过布拉格衍射散射泵浦光，由于多普勒位移与以声速移动的光栅有关，散射光就产生频率下移。量子力学描述为，在此散射过程中，一个泵浦光子被湮灭，同时产生一个斯托克斯光子和一个声频声

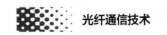

子。斯托克斯波可由简单的关系式描述。

$$\frac{dI_s}{dZ} = g_B I_P I_s \tag{2-17}$$

式中　　g_B——布里渊增益系数。

SBS 斯托克斯波的频移与散射角有关，准确地说，它在后向有最大值（$\theta = \pi$），前向为零（$\theta = 0$）。在单模光纤中，向后频移为：

$$\nu_B = \Omega_B / 2\pi = 2n\nu_A / \lambda_\rho \tag{2-18}$$

式中　　n——泵浦波长 λ_ρ 外的折射率；

　　　　Ω_B——泵浦波与斯托克斯波频率差。

b. 波导散射衰减　波导散射衰减是指光纤波导宏观上不均匀而引起光纤损耗的增加。产生原因主要是由于波导尺寸、结构上不均匀（如：光纤制造时拉丝速度不一致，造成光纤直径粗细不均匀、截面形状变化等）以及表面畸变引起模式间转换或模式间耦合所造成的一种衰减。

吸收损耗是由光纤材料吸收光能并转化为其他形式能量引起的。因此，在吸收损耗中存在着能量的转换。线性材料散射损耗是由光纤中存在微小颗粒和气孔等结构不均匀及大的输入光功率引起的非线性作用，这种损耗改变部分光功率流的传输方向，使在传输方向上的光功率流减少，但没有能量的交换。波导散射衰减是由于光纤的几何形状尺寸（直径方向）、芯包界面凹凸不平、折射率沿芯轴长度方向发生变化，使光能传输到这部分位置时，由一种传导模式转换成另一种模式，若转换成散射模式时，就会导致一部分光能自光纤中辐射出去，使信号能量产生损耗，故又称为模式散射损耗。它主要是因波导制造缺陷引起的一种损耗，故称之为波导散射损耗。

模式耦合是指光纤中光波的传导模之间、传导模与辐射模之间的能量交换或能量传递。光纤几何形状任何类型缺陷或沿光纤轴线折射率固有起伏变化都会导致模式耦合发生。传导模之间的耦合不会引起传输能量的损耗。但是，光纤中的模式并不仅限于传导模，还存在着辐射模式，当传导模转换成辐射模式时，就会引起传输能量的损耗。

光纤波导结构上的缺陷，如芯层-包层界面上存在着缺陷、光纤沉积层缺陷、芯层内含有气泡或气疤等都将引起光纤波导散射衰减，造成整个光纤损耗系数的上升。这类散射损耗产生的主要原因是预制棒熔炼工艺不完善、拉丝工艺不适合等。为降低光纤波导散射衰减，可以从以下几个方面入手：

熔炼光纤预制棒时，要严格保证它的均匀性；

在拉丝工艺上采取精细措施，保持拉丝光纤直径的均匀性；

应选择使用高精度、稳定性好的光纤拉丝机。

随着光纤制造工艺和水平的提高，光纤波导的结构、尺寸、性能日臻完善，这种波导散射引起的损耗目前已完全可以忽略。

③ 光纤弯曲衰减

a. 宏弯散射衰减　SiO_2 光纤是柔软、可弯曲的，若弯曲曲率半径过小，将会导致光的传输路径的改变，使部分光从芯层渗透到包层中，甚至穿透包层外泄到涂覆层而消耗掉。光纤在实际成缆和应用中，依据各种使用环境条件，会出现随机弯曲现象，从而使在光纤中传输的光波在弯曲界面上不再满足全反射条件，并寻求新的全反射机会和条件。在这一过程中，伴有模式散射衰减发生。由于光纤弯曲引起的损耗称为光纤的宏弯损耗。其基本的衰减机理是：在正常光纤中按照某一模式传输的光，其全反射角为 θ，当光纤发生弯曲变形时，光波的传输路径将发生变化，全反射角度也要发生变化，使原来具有全反射角 θ 的传导模式变换成另一全反射角 θ' 的传导模式，这种现象叫做模变换，伴随这一现象的发生，存在着光能量的损耗。若变换成高阶模时，由于各个模式的传输群速度不同，那么在光纤的输出端就会造成时间上的延迟。倘若光纤中的入射角 θ_i 小于临界角 θ_c，则该变换模就成为辐射模被辐射到某一方向，从而被截止，造成光能的衰减。光纤宏弯衰减可由式（2-19）计算。

$$a_b = A\mathrm{e}^{-BR} \tag{2-19}$$

严格控制光缆成缆的工艺参数和光缆敷设及工作条件，可消除光纤的宏弯衰减。

b. 微弯散射衰减　光纤微弯衰减是由模式之间的机械感应耦合引起的，是一随机现象，当光纤曲率半径 R 的畸变可与光纤横截面尺寸的大小相比拟时，将会产生微弯衰减。

而当光纤光缆周围温度发生变化时，也会使光纤产生微弯，从而使光纤芯层中的传导模变换成包层模中的辐射模，并从芯层和包层中消失，因此可以说光纤微弯衰减是光纤随机畸变而产生的高次模与辐射模之间的模式耦合而引起的光功率损失。光纤的微弯衰减可利用式（2-20）计算。

$$a_m = \frac{N(h^2)a^4}{b^6\Delta^3\left(\dfrac{E}{E_f}\right)^{\frac{3}{2}}} \tag{2-20}$$

式中　h——微弯凸起的高度；

　　　　E——涂覆层材料的模量；

　　　　E_f——光纤材料的模量；

　　　　a——光波导一半宽度；

　　　　b——光纤包层外径；

　　　　Δ——相对折射率差；

　$N(h^2)$——h 的统计平均值。

也可由经验公式计算：

$$a_m = K(a/b)^2 \times (1/NA)^4 \tag{2-21}$$

式中　K——比例系数；

　　　NA——光纤的数值孔径。

④ 光纤接头衰减

光纤通信线路中的长光纤，一般都是由几段或几十段光纤接续而成，光纤与光纤连续，将引起光纤的接头衰减。究其原因有如下两点。

a. 光纤加工公差引起的光纤固有损耗　因光纤制造公差，即光纤纤芯尺寸、模场半径、数值孔径、纤芯/包层同心度和折射率分布失配等因素产生的光纤固有损耗。

b. 光纤连接器加工装配公差引起的外部衰减　由光纤连接器装配公差，即端面间隙、轴线倾角、横向偏移、菲涅尔反射及端面加工粗糙等原因引起的光纤损耗。

ⓐ 芯层（或模场）尺寸失配衰减　相邻两光纤的纤芯层（或模场）直径尺寸不同产生失配引起的光纤接续衰减，可由式（2-22）和式（2-23）计算。

$$\text{单模光纤}\quad L_{cl} = 20\lg\left[(W_r^2 + W_s^2)/2W_r W_s\right]\quad(\mathrm{dB}) \tag{2-22}$$

$$\text{多模光纤}\quad L_{cl} = 20\lg D_s/D_r\quad(\mathrm{dB}) \tag{2-23}$$

式中　W_r——接收光纤模场半径；

　　　W_s——发射光纤模场半径；

　　　D_s——发射光纤纤芯直径；

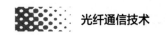

D_r——接受光纤纤芯直径。

不同光纤芯层直径和接续衰减的关系。发射光纤纤芯直径为 D_s，接收光纤纤芯直径为 D_r，接受光纤纤芯直径 D_r 小，会产生较大的衰减，例如：$D_s=100\mu m$，$D_r=95\mu m$，$\Delta D=1-D_r/D_s=0.05$，可产生 $L_{c1}=0.5dB$ 的连接衰减。

ⓑ 数值孔径失配衰减　相邻两光纤数值孔径值不同，产生数值孔径失配接续衰减，可由式（2-24）计算。

$$L_{c2}=10lg(NA_s/NA_r) \quad (dB) \tag{2-24}$$

式中　NA_s——发射光纤数值孔径；

　　　NA_r——接收光纤数值孔径。

ⓒ 折射率分布失配产生的衰减　相邻两光纤折射率分布形式不同而产生的衰减。例如一个为阶跃分布，一个为梯度分布，由此产生的折射率失配衰减。可由式（2-25）计算。

$$L_{c3}=10lg[g_s(g_r+1)/g_r(g_s+1)] \quad (dB) \tag{2-25}$$

式中　g_s——发射光纤折射率分布指数；

　　　g_r——接收光纤折射率分布指数。

ⓓ 端面间隙衰减　相邻两光纤端面连接时，中间存在一定距离的间隙 d，由此产生的衰减。可由式（2-26）和式（2-27）计算。

多模光纤　$L_{c4}=20lg\{(D_f/2)/[D_f/2+d\,tg(arcsinNA/n_0)]\}$　（dB）　　(2-26)

单模光纤　$L_{c4}=10lg\{[(1+2Z^2)^2+Z^2]/(1+4Z^2)\}$　（dB）　　(2-27)

式中　d——间隙距离；

　　　D_f——光纤直径；

　　　NA——数值孔径；

$$Z=\lambda d/2\pi n_f W^2$$

　　　W——模场半径；

　　　n_f——光纤折射率。

ⓔ 轴线倾角衰减　两相邻光纤间在接续时端面轴线上存在一个倾斜角 θ，其引起的衰减可由式（2-28）和式（2-29）计算。

多模光纤　$L_{c5}=10lg[1-2\theta/\pi(NA)]$　（dB）　　(2-28)

单模光纤　$L_{c5}=4.34[\pi n_f W\theta/\lambda]^2$　（dB）　　(2-29)

光纤端面倾斜角是严重影响连接损耗的原因之一。实验结果表明，多模梯度型光纤相对折射率差 Δ 大时，端面倾角允许范围较大，当 $\Delta=0.4\%\sim1\%$ 时，倾角 $\theta=2°$ 时，连接衰减在 $0.3\sim0.5dB$ 之间变化。在单模光纤中，衰减随倾角的增大而增加，同时，连接衰减的偏差也会增加。因此，减小倾角是非常重要的。

ⓕ 横向偏移或同心度误差引起的衰减　两相邻光纤间在接续时在端面上存在横向偏移或同心度误差而引起的衰减。可由式（2-30）和式（2-31）计算。

多模光纤　$L_{c6}=10lg\{1-[2(1-X^2/D_f^2)^{1/2}/\pi D_f]-\pi/2(arcsinX/D_f)\}$　（dB）　(2-30)

单模光纤　$L_{c6}=4.34(X/W_0)^2$　（dB）　　(2-31)

式中　X——光纤间的横向偏移距离；

　　　D_f——光纤芯层直径；

　　　W_0——光纤模场半径。

ⓖ 菲涅尔反射衰减

菲涅尔反射又称二次反射，当光波经发射光纤传到其输出端面时，在输出端面上（纤芯层-空气界面）因某种原因产生反射现象，或在接收光纤的输入端面上（空气-纤芯层界面）产生的反射称为菲涅尔反射。如果两个光纤端面事实上完全接触，这项损耗将不存在，但是因为光纤为脆性材料，两个光纤端面完全接触会互相擦伤甚至破碎，因而不能实现。为减少菲涅尔反射，必须对端面进行合理设计和处理。

$$L_{c7}=20\lg\{1-[(n_f-n_0)/(n_f+n_0)]^2\} \tag{2-32}$$

或用光功率反射系数表示。

$$\gamma=[(n_f-1)/(n_f+1)]^2 \tag{2-33}$$

式中　n_f——光纤芯层折射率；

　　　n_0——空气的折射率，取 1。

（三）光纤的色散特性

1. 色散的物理意义

物理光学中"色散"的定义是指复色光分解成单色光而形成光谱的现象。那么广义地讲，任何物理量只要随频度（或波长）而变，即称发生了"色散"。

光纤色散的概念是指光纤中携带信号能量的各种模式成分，或信号自身的不同频率成分，因群速度不同，在传输过程中相互散开，从而引起信号失真的一种物理现象。或从能量的观点简单描述为：光纤色散主要是指集中的光能量经光纤传输后在光纤输出端发生能量分散，导致传输信号畸变的现象，单位为 ps/nm。

单模光纤中存在着材料色散、波导色散、折射率分布色散和偏振模色散。多模光纤除具有单模光纤中存在的各种色散外，还存在一种模式色散。

2. 色散表征参数

表征色散的技术参数有四个：群时延差 $\Delta\tau$、带宽 B、色散系数 D 或色散斜率 S、比特速率 B。

（1）群时延差 $\Delta\tau$　群时延差是指光波脉冲经光纤传输后，由于不同群速度的作用结果，使各种模式的光波抵达终端的时间不同，那么最先抵达光纤终点的传输模式所需的时延时间 τ_1 与最后抵达光纤终点的传输模式所需的时延时间 τ_2 之间的时延时间差 $\Delta\tau$ 就定义为光纤的群时延差，单位：$ps(1ps=10^{-12}s)$。或定义为光波经 1km 长的光纤传输后光波脉冲宽度展宽了多少 ps。单位：ps/km。

当光波脉冲信号在光纤中为高斯分布 $p=Ae^{-\frac{t^2}{2\delta^2}}$ 时则有：

$$\Delta\tau_2=(\tau_2^2-\tau_1^2)\quad(ns) \tag{2-34}$$

群时延差越大，光纤色散就越严重，因此，常用群时延差表示色散程度。

（2）带宽　带宽又称频率谱密度宽度，是衡量线性系统传输信号容量能力的物理量。多模光纤用带宽来表征光纤的通信容量能力。光纤通常情况下不能按线性系统处理，只有当光源的频谱宽度比信号的频谱宽度大得多时，才可将光纤近似认为是线性系统。如果将光纤通信系统看成为一个线性网络，那么，带宽表示它的频域特性，群时延差表示它的时域特性，它们之间的关系可由傅立叶或拉普拉斯变换得到。光纤的群时延差越大，带宽就越窄，传输容量就越小，反之亦然，也可用数字流在数据域进行分析讨论，这时讨论的参量是比特速率。

设：光纤通信系统为线性，输入光信号为 $P_{in}(t)$，输出光信号为 $P_{out}(t)$，网络函数为 $h(t)$。根据光纤通信的相关理论可知：

$$P_{out}(t) = \int_{-\infty}^{+\infty} h(t-t') P_{in}(t') dt'$$

当 $P_{in}(t) = \delta(t)$ 时，$P_{out}(t) = h(t)$，

对 P_{out} 冲击响应 $h(t)$ 进行傅立叶变换，则有

$$H(f) = \int_{-\infty}^{+\infty} h(t) \exp(-jwt) dt = \int_{-\infty}^{+\infty} P_{out}(t) \exp(-jwt) dt$$

那么，光纤光带宽定义为频率响应函数 $H(f)$ 与零频率响应函数 $H(0)$ 的比值下降到一半或 3dB 时所对应的频率范围，用 f_{3dBO} 表示，单位：MHz。即：

$$| H(f_{3dBO})/H(0) | = 1/2 \tag{2-35}$$

式 (2-35) 表示的是光纤光功率对应的光带宽。如果用电功率表示为电带宽，由于光场强度与电场强度的平方成正比，则电带宽定义为频率响应函数 $H(f)$ 与零频率响应函数的比值下降到 $1/\sqrt{2}$ 或 3dB 时所对应的频率范围。单位：MHz。即：

$$| H(f_{3dBE})/H(0) | = 1/\sqrt{2} \tag{2-36}$$

式 (2-36) 表示的是电功率对应的电带宽。由式 (2-30) 和 (2-31) 可知，光带宽要比电带宽大，它们之间的关系与光纤的色散有关，对于通信系统中常用的高斯函数分布信号则有如下关系。

$$f_{3dBE} = 0.707 f_{3dBO} \tag{2-37}$$

在实际的工程通信中，人们利用 MHz·km 为单位的"带宽-距离积"来度量光纤的通信传输容量。对于一种已定的光纤它的"带宽-距离积"是一个恒定不变的常数。光纤越长，带宽越窄。

(3) 色散系数 D（色散斜率 S） 色散系数是表征单位长度光纤通信容量的一个物理量。其定义为：各频率成分或不同模式的光信号以不同的群速度经单位长度光纤传输后，在单位波长间隔内所产生的色散或产生的平均群时延差的多少。单位：ps/nm·km。色散系数可分为波长色散系数和模式色散系数。

① 波长色散系数（色度色散） 各频率成分光信号以不同群速度通过单位长度光纤在单位波长间隔内所产生的色散或产生的平均群时延差的多少，用 $D(\lambda)$ 表示。单位：ps/nm·km。

② 模式色散系数：定义为不同模式的光波信号以不同群速度经单位长度光纤传输产生的单位光源谱宽的光脉冲展宽，单位为 ps/nm·km。

模式色散将引起光脉冲宽度的展宽，由它决定的光纤所能传输的最大信号比特速率 B 可表示为：多模光缆的光缆段总带宽 B_t，包括色度色散带宽 B_c 和模式色散带宽 B_m。

色散斜率 是指光纤的色散系数随波长而变化的速率，又称高阶色散，用 S 表示，单位 ps/nm²·km。

$$S = dD/d\lambda = d^2\tau/d\lambda^2$$

在单模光纤中，为描述光纤的色散-波长关系特性，定义了两个适用的物理量。

零色散波长 单模光纤中波长色散为零时对应的波长，用 λ_0 表示，单位：nm。

零色散斜率 单模光纤中，在零色散波长处，波长色散系数随波长变化曲线的斜率，或简单说成零色散波长的斜率，用 S_0 表示，单位：ps/nm²·km。

(4) 比特速率 B 光纤能传输的最大的数字速率被定义为光纤的比特速率容量，即最大比特速率 B。

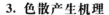

3. 色散产生机理

引起光纤色散的原因有很多，既有材料性质、传输波导结构和折射率剖面分布形式的影响，又有模式极化等因素产生的影响。下面我们分别加以讨论。

（1）材料色散 材料色散是由于光纤材料的折射率随光波长变化的影响，使各信号的群速度不同，所造成的色散。

（2）波导色散 波导色散是指同一模式的光波，其模相位传播常数 β_{min} 随波长 λ 变化，使群速度不同，而引起的色散。波导色散取决于光纤的 V 参数。

通过采用复杂的折射率分布形式和改变剖面结构参数的方法获得适当的负波导色散来抵消石英玻璃材料的正色散，从而达到移动零色散波长的位置，使光纤的色度色散在希望的波长上实现总零色散和负色散的目的是当今光纤设计中的焦点问题。

（3）折射率剖面分布色散 光纤折射率剖面 Δ 色散是由光纤相对折射率差 Δ 随光波长变化而产生的色散。因为相对折射率差 Δ 是光频的函数，当波长变化时，因相对折射差会随之变化致使传输的光脉冲产生展宽现象，引起色散。一般情况下，因纤芯材料的折射率和包层材料的折射率相似，即，$n_1 \approx n_2$ 因此他们随波长变化的比率近似相同，可以认为相对折射率差 Δ 随波长的变化近似不变，它的影响很少，可忽略不计。

（4）偏振模色散 D_B 在标准单模光纤中，基模（HE_{11}）由两个相互垂直的偏振模 HE_{11x} 和 HE_{11y} 组成，只有在理想圆对称单模光纤中，两个偏振模的时间延时才相同，才可能简并为单一模式 HE_{11}。而单模光纤中的光传输可描述为完全是沿 x 轴振动和完全沿 y 轴上的振动或一些在两个轴上的振动。每个轴代表一个偏振"模"。两个偏振模到达终端的时间差称为偏振模色散（PMD），PMD 的度量单位为皮秒（ps）。表征参数为偏振模色散系数。

偏振模色散系数 光波经单位长度单模光纤传输时，两个偏振模 HE_{11x} 和 HE_{11y} 产生的平均时延差，单位：ps/km^2（$L \geqslant \lambda_C$，λ_C 为波长）。

偏振模色散产生的原因 由于实际光纤的纤芯都存在着一定程度的椭圆度，在短轴方向的偏振模传输较快，而在长轴方向的偏振模传输较慢，形成时间差，因而使脉冲展宽，造成色散。这种色散就是偏振模色散。因此，即使零色散波长的单模光纤，其带宽也不是无限大，而是受到 PMD 的限制。

造成单模光纤中 PMD 的内在原因是纤芯的椭圆度和残余应力。它们改变了光纤折射率分布引起相互垂直的本征偏振以不同的速度传输，进而造成脉冲展宽。外因则是成缆和敷设时的各种作用力，如压力、弯曲力、扭转力及光缆连接等部分光纤受力，使光纤的几何形状发生变化，引起 PMD。

偏振模色散的变化规律如下。

① 当光纤长度 $L \geqslant \lambda_C$，基模两正交偏振模间的群时延差按平方根关系随长度增加而增加，单位 $ps/km^{1/2}$。

② 当 $L \leqslant \lambda_C$ 时，基模两正交偏振间的群时延差按线性关系随长度的增加而增加，单位 ps/km。

（5）模式色散 模式色散是指多模传输时，同一波长分量的不同传导模的群速度不同引起到达终端的光脉冲展宽现象。多模光纤传输多个模式，各种模式具有不同的群时延差，因此在光纤终端会造成脉冲展宽。传输的模式越多，脉冲展宽越严重。

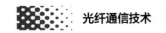

（四）衰减和色散对光纤通信中继距离的影响

光纤通信系统中受光纤衰减和色散影响的最关键参数是光纤通信系统的中继距离。不同的通信系统，由于各种因素的影响程度不同，中继距离的设计方案也不同。在实际工程应用中，设计方案最常采用两种方式。

第一种是衰减受限系统，意思是光纤的中继距离 $S \sim R$ 点间的光通道由光纤衰减决定，其中继长度可表示如下。

$$L_a = (P_S - P_R - P_p - M_c - A_c)/(A_f + A_s) \qquad (2\text{-}38)$$

第二种是色散受限系统，即光纤的中继距离 $S \sim R$ 点间的光通道由光纤色散决定，中继长度可表示如下。

$$L_D = 10^6 \cdot \varepsilon/(B \cdot D \cdot \sigma_\lambda) \qquad (2\text{-}39)$$

$$或\ L_D = D_{max}/D \qquad (2\text{-}40)$$

式中　L_D——光纤中继长度，km；

　　　P_S——S 点发送的光功率，dBm，已扣除设备连接器 C 的衰减和 L_D 耦合反射噪声代价；

　　　P_R——R 点接收灵敏度，dBm，已扣除设备连接器 C 的衰减；

　　　P_p——光通道功率代价，dB，因反射、码间干预、模式分配噪声和因激光器啁啾而产生的总退化光通道功率代价不超过 1dB，对于 L-16.2 系统，则不超过 2dB；

　　　M_c——光缆衰减富余度，dB，在一个中继距离内，光缆富余度不应超过 5dB，取 3～5dB；

　　　A_c——S～R 之间其他连接器衰减之和，dB；

　　　A_f——光缆光纤的平均衰减，dB/km，按 $\bar{\alpha} + (0.05 \sim 0.08)$ 取值；

　　　A_s——光缆固定接头平均衰减，dB/km，工程中取 0.05；

　　　ε——当光源为多模激光器时取 0.115，为单模激光器时取 0.306；

　　　B——线路信号比特率，Mbit/s；

　　　D——光纤色散系数，ps/nm·km；

　　　σ_λ——光源的均方根谱宽，nm。

第三节　光纤的制备技术

一、玻璃光纤的制备技术

（一）简介

1. 基本工艺过程

光纤原料制备与提纯→预制棒熔炼与表面处理→拉丝与一次涂覆工艺→光纤张力筛选与着色工艺→二次涂覆工艺→合格光纤。

2. 光纤制造工艺的技术要点

① 光纤的质量在很大程度上取决于原材料的纯度，用作原料的化学试剂需严格提纯，

其金属杂质含量应小于亿万分之几，含氢化合物的含量应小于百万分之一，参与反应的氧气和其他气体的纯度应为 6 个 9（99.9999％）以上，干燥度应达 −80℃ 露点。

② 光纤制造应在净化恒温的环境中进行，光纤预制棒、拉丝、测量等工序均应在 10000 级以上洁净度的净化车间中进行。在光纤拉丝炉光纤成形部位应达 100 级以上。光纤预制棒的沉积区应在密封环境中进行。光纤制造设备上所有气体管道在工作间歇期间，均应充氮气保护，避免空气中潮气进入管道，影响光纤性能。

③ 光纤质量的稳定取决于加工工艺参数的稳定。光纤的制备不仅需要一整套精密的生产设备和控制系统，尤其重要的是要长期保持加工工艺参数的稳定，必须配备一整套的用来检测和校正光纤加工设备各部件的运行参数的设施和装置。以 MCVD 工艺为例：要对用来控制反应气体流量的质量流量控制器（MFC）定期进行在线或不在线的检验校正，以保证其控制流量的精度；需对测量反应温度的红外高温测量仪定期用黑体辐射系统进行检验校正，以保证测量温度的精度；要对玻璃车床的每一个运转部件进行定期校验，保证其运行参数的稳定；甚至要对用于控制工艺过程的计算机本身的运行参数定期校验等。只有保持稳定的工艺参数，才有可能持续生产出质量稳定的光纤产品。

（二）光纤原料制备与提纯

1. 技术要求

（1）SiO$_2$ 光纤用辅助原料及纯度要求　在制备 SiO$_2$ 光纤时，除需要 SiCl$_4$ 卤化物试剂外，还需要一些高纯度的掺杂剂和某些有助反应的辅助试剂或气体。

在沉积包层时，需掺入少量的低折射率的掺杂剂。如 B$_2$O$_3$，F，SiF$_4$ 等；在沉积芯层时，需要掺杂少量的高折射率的掺杂剂，如 GeO$_2$、P$_2$O$_5$、TiO$_2$、ZrO$_2$、Al$_2$O$_3$ 等。

如采用四氯化锗与纯氧气反应得到高掺杂物质 GeO$_2$，而利用氟利昂与 SiCl$_4$ 加纯 O$_2$ 反应得到低掺杂物质 SiF$_4$ 等。

作为载气使用的辅助气体为纯 Ar 或 O$_2$。氧气是携带化学试剂进入石英反应管的载流气体，同时，也是气相沉积（如 MCVD）法中参加高温氧化反应的反应气体。它的纯度对光纤的衰减影响很大，一般要求它含水（H$_2$O）的露点在 −70～−83℃，含 H$_2$O 量<1mg/kg；其他氢化物含量<0.2mg/kg。氩气（Ar）有时也被用来作为载送气体，对它的纯度要求与氧气相同。

为除去沉积在石英玻璃中的气泡用的除泡剂为氦气（He）。氦气有时被用来消除沉积玻璃中的气泡和提高沉积效率，对它的纯度要求与纯氧气相同。

在光纤制造过程中起脱水作用的干燥剂—SOCl$_2$ 或 Cl$_2$。干燥试剂或干燥气体等在沉积过程中或熔缩成棒过程中起脱水作用，对它们的纯度要求与氧气相同，这样才能避免对沉积玻璃的污染。

（2）光纤用石英包皮管技术要求　石英包皮管质量的好坏，对光纤性能的影响很大，例如，用 MCVD 法和 PCVD 法制备光纤，都要求质量好的石英包皮管，用 VAD 法制作的棒上，有时也加质量好的外套石英管，然后再拉丝。这些石英包皮管均与沉积的芯层和（或）内包层玻璃熔为一整体，拉丝后成为光纤外包层，它起保护层的作用。如果包皮管上某些部位存在气泡、未熔化的生料粒子和杂质，或某些碱金属元素（Na、K 等）杂质富集到某一点，就会产生应力集中或者使光纤玻璃内造成缺陷或微裂纹。一旦当光纤受到张应力作用时，若主裂纹上的应力集中程度达到材料的临界断裂应力 δ$_e$，光纤就断裂。同时还存在着另一种可能，当施加应力低于临界断裂应力时，光纤表面裂纹趋向扩大、生长，以致裂纹末端的应力集中加强。这样就使裂纹的扩展速度逐渐加快，直至应力集中重新达到临界值，并出现断裂，这种现象属材料的静态疲劳。它决定了光纤在有张应力作用情况下的使用寿命。

为提高成品光纤的机械强度和传输性能，对石英包皮管的内在的杂质含量（表 2-5）和几何尺寸精度，都必须提出严格的要求。管内沉积石英包皮管技术指标要求如下。

外径　20mm±0.8mm；　　　　外径公差　＜0.15～0.05mm；

壁厚　2mm±0.3mm；　　　　　壁厚公差　0.02～0.1mm；

长度　1000～1200mm；

锥度　≤0.5mm/m（外径）；

弓形　≤1mm/m；

不同心度　≤0.15mm；

椭圆度（长、短轴差）　≤0.8mm；

CSA　同一根包皮管，平均 CSA＝2.5%；同一批包皮管，平均 CSA＝4%（CSA 为包皮管横截面的变化量）；

OH^- 浓度　≤150mg/kg；

开放形气泡　不允许存在任何大小的开放形气泡；

封闭形气泡可允许　① 每米一个长 1.5～5mm、宽 0.8mm 封闭形气泡存在；

　　　　　　　　　② 每米 1～3 个长 0.5～1.5mm、宽 0.1mm 封闭形气泡存在；

　　　　　　　　　③ 每米 3～5 个长 0.2～0.5mm、宽 0.1mm 封闭形气泡存在；

夹杂物　在同一批包皮管中 2% 包皮管允许每米有最大直径 0.3mm 的夹杂物；

严重斑点（非玻璃化粒子）　决不允许；

外来物质（指纹、冲洗的污斑和灰尘）　决不允许；

沟棱凹凸　＜0.1mm。

表 2-5　石英包皮管中杂质含量的极限值

金属离子杂质名称	Al	Ca	Fe	K	Li	Mg	Mn	Na	Ti
最大允许值/(mg/kg)	24.5	24	1.7	3.7	3.0	0.2	0.05	3.2	1.2

2. SiO_2 光纤原料试剂与制备工艺

制备 SiO_2 石英系光纤的主要原料多数采用一些高纯度的液态卤化物化学试剂，如四氯化硅（$SiCl_4$），四氯化锗（$GeCl_4$），三氯氧磷（$POCl_3$），三氯化硼（BCl_3），三氯化铝（$AlCl_3$），溴化硼（BBr_3），气态的六氟化硫（SF_6），四氟化二碳（C_2F_4）等。这些液态试剂在常温下呈无色的透明液体，有刺鼻气味，易水解，在潮湿空气中强烈发烟，同时放出热量，属放热反应。以 $SiCl_4$ 为例，它的水解化学反应式如下。

$$SiCl_4 + 2H_2O \longrightarrow 4HCl + SiO_2$$

$$SiCl_4 + 4H_2O \longrightarrow H_4SiO_4 + 4HCl$$

由于卤化物试剂的沸点低，$SiCl_4$ 试剂的沸点在 57.6℃，故易气化，故提纯工艺多采用气相提纯。$SiCl_4$ 的化学结构为正四面体，无极性，与 HCl 具有同等程度的腐蚀性，有毒。

$SiCl_4$ 是制备光纤的主要材料，占光纤成分总量的 85%～95%。$SiCl_4$ 的制备可采用多种方法，最常用的方法是采用工业硅在高温下氯化制得粗 $SiCl_4$，化学反应如下。

$$Si + 2Cl_2 \longrightarrow SiCl_4 \uparrow$$

该反应为放热反应，反应炉内温度随着反应加剧而升高，所以要控制氯气流量，防止反应温度过高，生成 Si_2Cl_6 和 Si_3Cl_8。反应生成的 $SiCl_4$ 蒸气流入冷凝器，这样制得 $SiCl_4$ 液体原料。

3. SiO_2 光纤原料的提纯工艺

经大量研究表明，用来制造光纤的各种原料纯度应达到 99.9999％，或者杂质含量要小于 10^{-6}。大部分卤化物材料都达不到如此高的纯度，必须对原料进行提纯处理。卤化物试剂目前已有成熟的提纯技术，如精馏法，吸附法，水解法，萃取法和络合法等。目前在光纤原料提纯工艺中，广泛采用的是"精馏-吸附-精馏"混合提纯法。

一般情况下，$SiCl_4$ 中可能存在的杂质有四类：金属氧化物、非金属氧化物、含氢化合物和络合物。其中金属氧化物和某些非金属氧化物的沸点和光纤化学试剂的沸点相差很大，可采用精馏法除去，即在精馏工艺中把它们作为高、低沸点组分除去。然而，精馏法对沸点（57.6℃）与 $SiCl_4$ 相近的组分杂质及某些极性杂质不能最大限度的除去。例如：在 $SiCl_4$ 中对衰减危害最大的 OH^-，它可能主要来源于 $SiHCl_3$ 和其他含氢化合物，而且大多有极性，趋向于形成化学键，容易被吸附剂所吸收。而 $SiCl_4$ 是偶极矩为零的非极性分子，有着不能或者很少能形成化学键的稳定电子结构，不易被吸附剂吸附，因此，利用被提纯物质和杂质的化学键极性的不同，选择适当的吸附剂，有效地进行吸附分离，可以达到进一步提纯极性杂质的目的。

精馏是蒸馏方法之一，主要用于分离液体混合物，以便得到纯度很高的单一液体物质。精馏塔由多层塔板和蒸馏釜构成，蒸馏得到的产品可分为塔顶馏出液（$SiCl_4$ 液体）和蒸馏釜残液（含金属杂质物质）两种，$SiCl_4$ 馏出液由塔顶蒸气凝结得到，为使其纯度更高，将其再回流入塔内，并与从蒸馏釜连续上升的蒸气在各层塔板上或填料表面密切接触，不断地进行部分气化与凝缩，这一过程相当于对 $SiCl_4$ 液体进行了多次简单的蒸馏，可进一步提高 $SiCl_4$ 的分离纯度。

吸附剂是指对气体或溶质发生吸附现象的固体物质。在应用上要求具有巨大的吸附表面，同时对某些物质必须具有选择性的吸附能力。一般为多孔性的固体颗粒或粉末。常用的吸附剂有活性炭、硅氧胶、活性氧化铝和分子筛等。在光纤原料提纯工艺中使用的吸附剂有两种：活性氧化铝和活性硅胶吸附柱，利用活性氧化铝和活性硅胶吸附柱完成对 OH^-、H^+ 等离子的吸附。

在四级精馏工艺中再加一级简单的蒸馏工艺并采用四级活性氧化铝吸附剂和一级活性硅胶吸附剂作为吸附柱。这就构成了所谓的"精馏-吸附-精馏"综合提纯工艺。采用这种提纯工艺可使 $SiCl_4$ 纯度达到很高的水平，金属杂质含量可降低到 5ng/g 左右，含氢化物 $SiHCl_3$ 的含量可降低到 $<0.2mg/kg$。

（三）SiO_2 光纤预制棒熔炼工艺

1. 简介

传统实体 SiO_2 玻璃光纤制造方法有两种：一种是早期用来制作传光和传像的多组分玻璃光纤的方法；另一种是当今通信用石英光纤最常采用的制备方法。

先将经过提纯的原料制成一根满足一定性能要求的玻璃棒，称之为"光纤预制棒"或"母棒"。光纤预制棒是控制光纤的原始棒体材料，组元结构为多层圆柱体，它的内层为高折射率的纤芯层，外层为低折射率的包层，它应具有符合要求的折射率分布形式和几何尺寸。

折射率获得　纯石英玻璃的折射率 $n=1.458$，根据光纤的导光条件可知，欲保证光波在光纤芯层传输，必须使芯层的折射率稍高于包层的折射率，为此，在制备芯层玻璃时应均

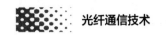

匀地掺入少量的较石英玻璃折射率稍高的材料，如 GeO_2，使芯层的折射率为 n_1；在制备包层玻璃时，均匀地掺入少量的较石英玻璃折射率稍低的材料，如 SiF_4，使包层的折射率为 n_2，这样 $n_1 > n_2$，就满足了光波在芯层传输的基本要求。

几何尺寸　将制得的光纤预制棒放入高温拉丝炉中加温软化，并以相似比例尺寸拉制成线径很小的又长又细的玻璃丝。这种玻璃丝中的芯层和包层的厚度比例及折射率分布，与原始的光纤预制棒材料完全一致，这些很细的玻璃丝就是我们所需要的光纤。

当今，SiO_2 光纤预制棒的制造工艺是光纤制造技术中最重要、也是难度最大的工艺，传统的 SiO_2 光纤预制棒制备工艺普遍采用气相反应沉积方法。

目前最为成熟的技术有四种。

美国康宁公司在 1974 年开发成功，1980 年全面投入使用的管外气相沉积法，简称 OVD 法。

美国阿尔卡特公司在 1974 年开发的管内化学气相沉积法，简称 MCVD 法。

日本 NTT 公司在 1977 年开发的轴向气相沉积法，简称 VAD 法。

荷兰菲利浦公司开发的微波等离子体化学气相沉积法，简称 PCVD 法。

上述四种方法相比，其各有优缺点，但都能制造出高质量的光纤产品，因而在世界光纤产业领域中并存。除上述非常成熟的传统气相沉积工艺外，近年来又开发了等离子改良的化学气相沉积法（PMCVD）、轴向和横向等离子化学气相沉积法（ALPD）、MCVD 大棒法、MCVD/OVD 混合法及混合气相沉积法（HVD）、两步法等多种工艺。

气相沉积法的基本工作原理　首先将经提纯的液态 $SiCl_4$ 和起掺杂作用的液态卤化物，在一定条件下进行化学反应而生成掺杂的高纯石英玻璃。由于该方法选用的原料纯度极高，加之气相沉积工艺中选用高纯度的氧气作为载气，将气化后的卤化物气体带入反应区，从而可进一步提纯反应物的纯度，达到严格控制过渡金属离子和 OH^- 的目的。

尽管利用气相沉积技术可制备优质光纤预制棒，但是气相技术也有其不足之处，如原料昂贵，工艺复杂，设备投资大，玻璃组成范围窄等。为此，人们经过不断的艰苦努力，终于研究开发出一些非气相技术制备光纤预制棒。

（1）界面凝胶法　BSG，主要用于制造塑料光纤；

（2）直接熔融法　DM，主在用于制备多组分玻璃光纤；

（3）玻璃分相法　PSG；

（4）溶胶-凝胶法　sol-gel，最常用于生产石英系光纤的包层材料；

（5）机械挤压成形法　MSP。

2. 管内化学气相沉积法

管内化学气相沉积法，是目前制作高质量石英系玻璃光纤稳定可靠的方法，它又称为"改进的化学气相沉积法"（MCVD）。MCVD 法的特点是在一根石英包皮管内沉积内包皮层和芯层玻璃，整个系统是处于全封闭的超提纯状态，所以用这种方法制得的预制棒纯度非常高，可以用来生产高质量的单模和多模光纤。

MCVD 法制备光纤预制棒工艺可分为二步。

（1）第一步，熔炼光纤预制棒的内包层玻璃　制备内包层玻璃时，由于要求其折射率稍低于芯层的折射率，因此，主体材料选用四氯化硅（$SiCl_4$），低折射率掺杂材料可以选择氟利昂（CF_2Cl_2）、六氟化硫（SF_6）、四氟化二碳（C_2F_4）、氧化硼（B_2O_3）等化学试剂。并需要一根满足要求的石英包皮管（200mm×20mm）；同时需要载气（O_2 或 Ar）、脱泡剂（He），干燥剂（$POCl_3$ 或 Cl_2）等辅助材料。

所需设备主要有可旋转玻璃车床、加热用氢氧喷灯、蒸发化学试剂用的蒸发瓶及气体输送设备和废气处理装置、气体质量流量控制器、测温装置等。工艺示意图如 2-11 所示。

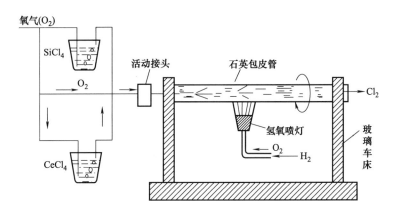

图 2-11 管内化学气相沉积法工艺示意图

首先利用超纯氧气 O_2 或氩气 Ar 作为载运气体，通过蒸发瓶将已气化的饱和蒸气 $SiCl_4$ 和掺杂剂（如 CF_2Cl_2）经气体转输装置导入石英包皮管中，这里，纯氧气一方面起载气作用，另一方面起反应气体的作用，它的纯度一定要满足要求。然后，启动玻璃车床，以几十转/分钟的转速使其旋转，并用 $1400\sim1600℃$ 高温氢氧火焰加热石英包皮管的外壁，这时管内的 $SiCl_4$ 和 CF_2Cl_2 等化学试剂在高温作用下，发生氧化反应，形成粉尘状的化合物 SiO_2 与 SiF_4（或 B_2O_3），并沉积在石英包皮管的内壁上。凡氢氧火焰经过的高温区，都会沉积一层（约 $8\sim10\mu m$）均匀透明的掺杂玻璃 SiO_2-SiF_4（或 SiO_2-B_2O_3），反应过程中产生的氯气和没有充分反应完的原料均被从石英包皮管的另一尾端排出，并通过废气处理装置进行中和处理。在沉积过程中，应按一定速度左右往复地移动氢氧喷灯，氢氧火焰每移动一次，就会在石英包皮管的内壁上沉积一层透明的 SiO_2-SiF_4（或 SiO_2-B_2O_3）玻璃薄膜，厚度约为 $8\sim10\mu m$。氢氧喷灯不断从左到右缓慢移动，然后，快速返回到原处，进行第二次沉积，重复上述沉积步骤，那么在石英包皮管的内壁上就会形成一定厚度的 SiO_2-SiF_4、SiO_2-B_2O_3 玻璃层，作为 SiO_2 光纤预制棒的内包层。

在内包层沉积过程中，可以使用的低折射率掺杂剂有 CF_2Cl_2、SF_6、C_2F_4、B_2O_3 等，其氧化原理与化学反应方程式如下。

$$SiCl_4 + O_2 \xrightarrow{\text{高温氧化}} SiO_2 + 2Cl_2$$

$$SiCl_4 + 2O_2 + 2CF_2Cl_2 \xrightarrow{\text{高温氧化}} SiF_4 + 2Cl_2\uparrow + 2CO_2\uparrow$$

$$3SiCl_4 + 2O_2 + 2SF_6 \xrightarrow{\text{高温氧化}} 3SiF_4 + 3Cl_2\uparrow + 2SO_2\uparrow$$

$$3O_2 + 4BBr_3 \longrightarrow 2B_2O_3 + 6Br_2$$

（2）第二步，熔炼芯层玻璃 光纤预制棒芯层的折射率比内包层的折射率要稍高些，可以选择高折射率材料（如三氯氧磷 $POCl_3$、四氯化锗 $GeCl_4$ 等）作掺杂剂，熔炼方法与沉积内包层相同。用超纯氧气（O_2）把蒸发瓶中已气化的饱和蒸气 $SiCl_4$、$GeCl_4$ 或 $POCl_3$ 等化学试剂经气体输送系统送入石英包皮管中，进行高温氧化反应，形成粉末状的氧化物 SiO_2-GeO_2 或 SiO_2-P_2O_5，并沉积在气流下漩的内壁上，氢氧火焰经过的地方，就会在包皮管内形成一层均匀透明的氧化物 SiO_2-GeO_2（或 SiO_2-P_2O_5）沉积在内包层 SiO_2-SiF_4 玻璃表面上。经一定时间的沉积，在内包层上就会沉积出一定厚度的掺锗（GeO_2）玻璃，作为光纤预制棒的芯层。沉积芯层过程中，高温氧化的原理与化学反应方程式如下。

$$SiCl_4 + O_2 \xrightarrow{\text{高温氧化}} SiO_2 + 2Cl_2 \uparrow$$

$$GeCl_4 + O_2 \xrightarrow{\text{高温氧化}} GeO_2 + 2Cl_2 \uparrow$$

$$2POCl_3 + 4O_2 \xrightarrow{\text{高温氧化}} 2P_2O_5 + 3Cl_2 \uparrow$$

芯层经数小时的沉积，石英包皮管内壁上已沉积相当厚度的玻璃层，已初步形成了玻璃棒体，只是中心还留下一个小孔。为制作实心棒，必须加大加热包皮管的温度，使包皮管在更高的温度下软化收缩，最后成为一个实心玻璃棒。为使温度升高，可以加大氢氧火焰，也可以降低火焰左右移动的速度，并保证石英包皮管始终处于旋转状态，使石英包皮管外壁温度达到 1800℃。原石英包皮管这时与沉积的石英玻璃熔缩成一体，成为预制棒的外包层。外包层不起导光作用。

由于光脉冲需经芯层传输，芯层剖面折射率的分布型式将直接影响其传输特性，那么如何控制芯层的折射率呢？芯层折射率的保证主要依靠携带掺杂试剂的氧气流量来精确控制。在沉积熔炼过程中，由质量流量控制器（MFC）调节原料组成的载气流量实现。如果是阶跃型光纤预制棒，那么载气（O_2）的流量应为恒定。

如果是梯度分布型光纤预制棒，载气的流量 Q 可由式（2-41）决定。

$$Q_x = Q_0 \left[1 - \left(\frac{x_t - x}{x_t} \right)^{\frac{g}{2}} \right] \tag{2-41}$$

式中　Q_0——掺杂试剂载气的最大流量；

　　　Q_x——沉积第 x 层时所需的掺杂试剂载气总流量；

　　　x_t——沉积芯层过程中的总层数；

　　　x——沉积的第 x 层；

　　　g——光纤剖面折射率分布指数。

为使光纤预制棒的折射率分布达到所需的要求，可以通过向二氧化硅基体中加入少量掺杂剂来改变其折射率的方法实现。为满足光纤的导光条件要求，通常可采用三种掺杂方式。

① 在熔炼纤芯玻璃时，按某种规律掺入少量的较石英折射率 n_0 稍高的材料，例如氧化锗（GeO_2）或氧化磷（P_2O_3），使芯层的折射率为 n_1，即 $n_1 > n_0$。

在制备包层玻璃时，同样，掺入少量的较石英折射率 n_0 稍低的材料，例如氟或氧化硼等，使包层的折射率为 n_2 并小于纯二氧化硅的折射率 n_0，即 $n_2 < n_0$。

这样掺杂熔炼出的光纤预制棒完全满足对光纤导光条件的要求：$n_1 > n_2$。

② 熔炼纤芯玻璃时，掺杂方法与①中相同，$n_1 > n_0$；而在制备包层时，只沉积二氧化硅材料，不掺杂任何掺杂剂，得到纯 SiO_2 玻璃层，其折射率为 $n_2 = n_0$，满足 $n_1 > n_2 = n_0$ 的光纤导光条件的要求。

③ 熔炼纤芯玻璃时，只沉积二氧化硅材料，不掺杂任何掺杂剂，得到纯 SiO_2 玻璃层，其折射率为 $n_1 = n_0$，而制备包层玻璃时，与①中沉积包层的方法相同，使包层的折射率为 n_2 并小于纯二氧化硅的折射率 n_0，即 $n_2 < n_0$，从而满足 $n_1 = n_0 > n_2$ 的光纤导光条件的要求。

在光纤预制棒沉积过程中，如果掺杂试剂的含量过多，沉积层之间的玻璃热膨胀系数会出现不一致，在最后的软化吸收熔缩成棒工艺中，棒内玻璃将会产生裂纹，影响预制棒的最终质量与合格率，所以必须严格控制掺杂剂的含量。

此外，使用 MCVD 法熔炼光纤预制棒时，由于最后一道工序——熔缩成棒时的温度过高，达 1800℃，使石英包皮管芯层中心孔内表面附近的掺杂剂分解升华，扩散最终导致预制棒中心的折射率下降，折射率分布曲线出现中心凹陷，如图 2-12 所示。

$$2GeO_2 \longrightarrow 2GeO\uparrow + O_2\uparrow$$

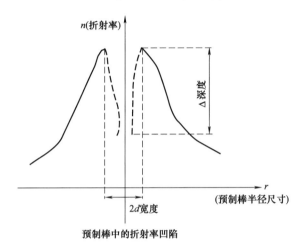

预制棒中的折射率凹陷

图 2-12 光纤折射率分布曲线中心凹陷

分解反应的结果是使沉积层材料成分产生变化。GeO_2 挥发、分解，引起光纤中心凹陷，此凹陷的深度和宽度由其中心孔附近失去的掺杂材料（GeO_2）的多少来决定。这种现象对光纤的衰减和色散都有很大的影响，尤其对多模光纤的传输带宽影响是非常大的，仅此一项有时就把光纤带宽限制在了 1GHz·km 之内，对单模光纤的色散、带宽也会造成一定的影响。为消除或减少这种影响，一般可采用两种方法解决。

① 补偿法 所谓补偿法是在熔炼成实芯棒过程中，不间断的送入 $GeCl_4$ 饱和蒸气，以补偿高温升华、扩散造成的 GeO_2 损失，从而达到补偿光纤预制棒中心位置折射率的降低问题。

使用此种方法会使光纤预制棒中金属锗的含量增高，导致瑞利色散损耗的增加。因此，此方法并不是最理想。

② 腐蚀法 所谓腐蚀法是在熔缩成实芯棒时，向管内继续送入 CF_2Cl_2、SF_6 等含氟饱和蒸气和纯氧气，使它们与包皮管中心孔表面失去部分 GeO_2 的玻璃层发生反应，生成 SiF_4、GeF_4，从而把沉积的芯层内表面折射率降低部分的玻璃层腐蚀掉，这样中心凹陷区会被减少或完全被消除掉，浓缩成棒后可大大改善光纤的带宽特性。同时，由于氯气具有极强的除湿作用，因此，利用 CF_2Cl_2 作蚀刻材料，具有蚀刻和除湿双重作用。腐蚀原理与化学反应式如下。

$$2CF_2Cl_2 + O_2 \longrightarrow 2COF_2 + 2Cl_2\uparrow$$
$$2COF_2 + SiO_2 \longrightarrow SiF_4 + 2CO_2\uparrow$$
$$2COF_2 + GeO_2 \longrightarrow GeF_4 + 2CO_2\uparrow$$

这个反应是不完全的，由于较高的温度和较高的氧浓度，平衡状态更多地向正向移动。

MCVD 法自动化程度非常高，关键工艺参数均由计算机精确控制，包括：载运化学试剂的纯氧流量，加热温度，试剂蒸发瓶的水浴温度，玻璃车床的转速，石英包皮管在高温下外径形变的监测等。MCVD 法的优点是工艺相对比较简单，对环境要求不是太高，可以用于制造一切已知折射率剖面的光纤预制棒，但是由于反应所需热量是通过传导进入石英包皮管内部，因而热效率低，沉积速度慢，同时又受限于外部石英包皮管的尺寸，预制棒尺寸不易做大，从而限制了连续光纤的制造长度。目前，一棒可拉连续光纤长 15～25km。因此在生产效率、生产成本上难与 OVD 和 VAD 法竞争。为了克服 MCVD 法的上述缺点，人们又研究了采用套管制备大尺寸光纤预制棒的方法，即大棒套管技术，其方法是在沉积的光纤预制棒外，套一根大直径的石英管，然后，将它们烧成一体，石英包皮管和外套管一起构成光纤预制棒的内外包层，石英包皮管内沉积的玻璃全部作为芯层，这样制成的大棒预制棒，可增加连续拉丝光纤的长度，一般可达几百千米。并可以提高光纤预制棒的生产效率。但是传统使用的石英包皮管及套管都是采用天然石英材料制成的天然石英管，天然石英管比起化学沉积层得到的包皮管的损耗相对要大，因此在制作单模光纤预制棒时，包层的大部分还必须采用沉积层来获得低损耗的光纤预制棒，加之天然石英管的尺寸本身在制造上也受到限制，因此采用大棒套管技术的 MCVD 法仍无法与 OVD、VAD 法相抗衡。然而，近年来 MCVD 法又有了突破性的发展，这主要得益于合成石英管的开发成功。

3. 微波等离子体化学气相沉积法

微波等离子体化学气相沉积法，简称为 PCVD 法，1975 年，由荷兰菲利浦公司的 Koenings 先生研究发明。PCVD 法与 MCVD 法工艺十分相似，都是采用管内气相沉积工艺和氧化反应，所用原料相同，不同之处在于反应机理的差别。PCVD 法的反应机理是将 MCVD 法中的氢氧火焰加热源改为微波腔体加热源。将数百瓦至千瓦级的微波（$f=2450\text{MHz}$）功率送入微波谐振腔中，使微波谐振腔中石英包皮管内的低压气体受激产生等离子体，形成辉光放电，使气体电离，等离子体中含有电子、原子、分子、离子，是一种混合态，这些粒子在石英包皮管内远离热平衡态，电子温度可高达 10000K，而原子、分子等粒子的温度可维持在几百开甚至是室温，是一种非等温等离子体，各种粒子重新结合，释放出的热量足以熔化蒸发低熔点、低沸点的反应材料，如 $SiCl_4$ 和 $GeCl_4$ 等化学试剂，形成气相沉积层。

PCVD 法制备光纤预制棒的工艺有两个工序，即沉积和成棒。

沉积工艺是借助 1kPa 的低压等离子体使注入石英包皮管内气体卤化物（$SiCl_4$，$GeCl_4$）和氧气，在约 1000℃下直接沉积一层所设计成分的玻璃层，PCVD 法每层沉积层厚度约 $1\mu m$，沉积层数可高达上千层，因此它更适合用于制造精确和复杂波导光纤，例如：带宽大的梯度型多模光纤和衰减小单模光纤。

成棒是将沉积好的石英玻璃棒移至成棒车床上，利用氢氧火焰的高温作用将其熔缩成实心光纤预制棒。

PCVD 法工艺的优点，不用氢氧火焰加热沉积，沉积温度低于相应的热反应温度，石英包皮管不易变形；控制性能好，由于气体电离不受包皮管的热容量限制，所以微波加热腔体可以沿石英包皮管作快速往复运动，沉积层厚度可小于 $1\mu m$，从而制备出芯层达上千层以上的接近理想分布的折射率剖面。以获得宽的带宽；光纤的几何特性和光学特性的重复性好，适于批量生产，沉积效率高，对 $SiCl_4$ 等材料的沉积效率接近 100%，沉积速度快，有利于降低生产成本。

4. 管外化学气相沉积法

管外化学气相沉积法，简称 OVD 法，是由美国康宁公司的 Kcpron 先生等研究发明，1980 年全面投入应用的一种光纤预制棒制作工艺技术。OVD 法的反应机理为火焰水解，即所需的玻璃组分是通过氢氧焰或甲烷焰水解卤化物气体产生"粉尘"逐渐地沉积而获得，反应原理和化学反应方程式如下。

芯层

$$SiCl_4(g)+2H_2O \longrightarrow SiO_2(s)+4HCl(g)\uparrow$$

$$GeCl_4(g)+2H_2O \longrightarrow GeO_2(s)+4HCl(g)\uparrow$$

或

$$SiCl_4(g)+H_2O \longrightarrow SiO_2(s)+2HCl+Cl_2(g)\uparrow$$

$$GeCl_4(g)+H_2O \longrightarrow CeO_2(s)+2HCl+Cl_2(g)\uparrow$$

包层

$$SiCl_4(g)+H_2O \longrightarrow SiO_2+4HCl\uparrow$$

$$2BCl_3(g)+3H_2O \longrightarrow B_2O_3+6HCl\uparrow$$

火焰水解反应：

$$2H_2+O_2 \longrightarrow 2H_2O$$

或

$$CH_4+2O_2 \longrightarrow 2H_2O+CO_2 \uparrow$$

OVD 法制造光纤预制棒主要包括沉积和烧结两个工艺步骤，其工艺示意图如图 2-13 所示。

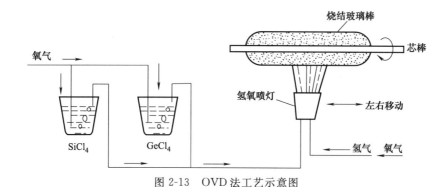

图 2-13　OVD 法工艺示意图

（1）沉积工艺　　OVD 法的沉积顺序恰好与 MCVD 法相反，它是先沉积芯层，后沉积包层，所用原料完全相同。沉积过程首先需要一根母棒，如母棒用氧化铝陶瓷或高纯石墨制成，则应先沉积芯层，后沉积包层，如母棒是一根合成的高纯度石英玻璃时，这时只需沉积包层玻璃。首先使一根靶棒在水平玻璃车床上沿纵轴旋转并往复移动，然后，将高纯度的原料化合物，如 $SiCl_4$，$GeCl_4$ 等，通过氢氧焰或甲烷焰火炬喷到靶棒上，高温下，水解产生的氧化物玻璃微粒粉尘，沉积在靶棒上，形成多孔质母材。在 OVD 法的化学反应中，不仅有从化学试剂系统中输送来的气相物质，还有火炬中的气体，而燃料燃烧产生的水也成为反应的副产品，而化学气相物质则处于燃烧体中间，水分进入了玻璃体，故称为火焰水解反应。在 MCVD 工艺中，石英包皮管固定旋转，而氢氧火焰左右移动进行逐层沉积。在 OVD 工艺中，氢氧火焰固定而靶棒边旋转边来回左右移动，进行逐层沉积。正是靶棒沿纵向来回移动，才可以实现一层一层地沉积生成多孔的玻璃体。通过改变每层的掺杂物的种类和掺杂量可以制成不同折射率分布的光纤预制棒。例如：梯度折射率分布，芯层中 GeO_2 掺杂量由第一层开始逐渐减少，直到最后沉积到 SiO_2 包层为止。沉积中能熔融成玻璃的掺杂剂很多，除常用的掺杂剂 GeO_2，P_2O_5，B_2O_3 外，甚至可以使用 ZnO，Ta_2O_3，PbO_5，Al_2O_3 等掺杂材料。一旦光纤芯层和包层的沉积层沉积量满足要求时（约 200 层），即达到所设计的多孔玻璃预制棒的组成尺寸和折射率分布要求，沉积过程即可停止。

（2）烧结工艺　　当沉积工序完成后，抽去中心靶棒，将形成的多孔质母体送入一高温烧结炉内，在 $1400 \sim 1600℃$ 的高温下，进行脱水处理，并烧缩成透明的无气泡的固体玻璃预制棒，这一过程称为烧结。在烧结期间，要不间断通入氯气、氧气、氮气和氯化亚砜（SOCl$_2$）组成的干燥气体，并喷吹多孔预制棒，使残留水分全部除去。氮气的作用是渗透到多孔玻璃质点内部排除预制棒中残留的气体，而氯气和氯化亚砜则用以脱水，除去预制棒中残留的水分。氯气、氯化亚砜脱水的实质是将多孔玻璃中的 OH$^-$ 置换出来，使产生的 Si—Cl 键的基本吸收峰在 25μm 附近，远离石英光纤的工作波长段 0.8～2μm。经脱水处理后，可使石英玻璃中 OH$^-$ 的含量降低到 1ng/g 左右，保证光纤低损耗性能要求。

SOCl$_2$，Cl$_2$ 进行脱水处理的原理与化学反应方程式如下：

$$(\equiv Si-OH^-) + SOCl_2 \xrightarrow{\text{高温烧结}} (\equiv Si-Cl-) + HCl\uparrow + SO_2\uparrow$$

$$H_2O + SOCl_2 \longrightarrow 2HCl\uparrow + SO_2\uparrow$$

$$2Cl_2 + 2H_2O \longrightarrow 4HCl\uparrow + O_2\uparrow$$

在脱水后，经高温作用，疏松的多孔质玻璃沉积体被烧结成致密、透明的光纤预制棒，抽去靶棒时遗留的中心孔也被烧成实心。

OVD 法的优点主要是生产效率高，其沉积速度是 MCVD 法的 10 倍，光纤预制棒的尺寸不受母棒限制，尺寸可以做得很大，生产出的大型预制棒一根可重达 2～3kg，甚至更重，可拉制 100～200km 或更长的光纤，不需要高质量的石英管作套管，全部预制棒材料均由沉积工艺生成，棒芯层中 OH$^-$ 的含量很低，可低于 0.01mg/kg，由于沉积是中心对称，光纤几何尺寸精度非常高；易制成损减少、强度高的光纤产品；可进行大规模生产，生产成本低。若采用中心石英靶棒作为种子模，则其可与沉积玻璃层熔为一体，成为芯层的一部分。其缺点是若采用氧化铝陶瓷或高纯石墨作靶棒，在抽去靶棒时，将引起预制棒中心层折射率分布紊乱，而导致光纤传输性能的降低。

总之，OVD 法可以用来制造多模光纤，单模光纤，大芯径高数值孔径光纤，单模偏振保持光纤等多种光纤产品。此工艺在国际上已被广泛应用。

5. 轴向气相沉积法

轴向气相沉积法，简称 VAD 法。于 1977 年，由日本电报电话公司（NTT）茨城电气通信研究所的伊泽立男等人发明。VAD 法的反应机理与 OVD 法相同，也是由火焰水解生成氧化物玻璃。但与 OVD 法有两个主要区别。

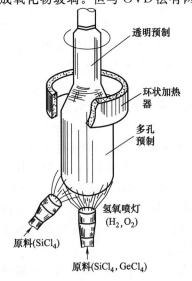

① 靶棒沉积方向是垂直的，氧化物玻璃沉积在靶棒的下端。

② 芯层和包层玻璃同时沉积在靶棒上，预制棒折射率剖面分布是通过沉积部位的温度分布、氢氧火焰的位置和角度、原料饱和蒸气的气流密度的控制等多因素来实现的。

从工艺原理上而言，VAD 法沉积形成的预制棒多孔母材向上提升即可实现脱水、烧结，甚至进而直接接拉丝成纤工序，所以这种工艺的连续光纤制造长度可以不受限制，这也是此工艺潜能所在。

VAD 法光纤预制棒的制备工艺同样有两个工序：沉积和烧结。且两个工序是在同一设备中不同空间同时完成，工艺示意图如图 2-14 所示。

图 2-14　轴向气相沉积法工艺示意图

（1）沉积工序　首先将一根靶棒垂直放置在反应炉上

方的夹具上，并旋转靶棒底端面接受沉积的部位，用高纯氧载气将形成的玻璃卤化物（$SiCl_4$，$GeCl_4$）饱和蒸气带至氢氧喷灯和喷嘴入口，在高温火焰中水解反应，生产玻璃氧化物粉尘 SiO_2-GeO_2 和 SiO_2，并沉积在边旋转边提升的靶棒底部内、外表面上，随着靶棒端部沉积层的逐步形成，旋转的靶棒应不断向上提升，使沉积面始终处于同一个位置。最终沉积生成具有一定机械强度和孔隙率的圆柱形多孔预制棒。整个反应必须在反应炉中进行，通过保持排气的恒速来保证氢氧焰的稳定。为获得所设计的不同芯层和包层的折射率分布，可以通过合理设计氢氧喷灯的结构、喷灯与靶棒的距离、沉积温度和同时使用几个喷灯等措施来实现。例如，在制作单模光纤预制棒时，由于包层很厚（$2a = 8.3 \sim 9.6\mu m$，$2b = 125\mu m$），可以用三个喷灯火焰同时沉积，一个火焰用于沉积芯层，另外两个用于沉积包层。在芯层喷灯喷嘴处通入 $SiCl_4$、$GeCl_4$，水解生成 SiO_2-GeO_2 玻璃粉尘，而在包层喷灯喷嘴处只通入 $SiCl_4$，水解生成 SiO_2 玻璃粉尘，并使它们沉积在相应的部位，这样可得到满足折射率要求的光纤预制棒。

（2）烧结工序 随着沉积的结束，多孔预制棒沿垂直方向提升到反应炉的上部石墨环状加热炉中，充入氯气（Cl_2），氢气（H_2），以及氯化亚砜（$SOCl_2$）进行脱水处理并烧结成透明的玻璃光纤预制棒。

VAD 法的工艺特点如下。

① 依靠大量的载气送含化学试剂的气体通过氢氧火焰，大幅度的提高氧化物粉尘（SiO_2，SiO_2-GeO_2）的沉积速度。它的沉积速度是 MCVD 法的 10 倍。

② 一次性形成纤芯层和沉积包层的粉尘棒，然后对粉尘棒分段熔融，并通入氢气、氯气以及氯化亚砜进行脱水处理并烧结成透明的预制棒。工序紧凑，简洁，且潜在发展很大。

③ 对制备预制棒所需的环境洁净度要求高，适于大批量生产，一根棒可拉数百千米的连续光纤。

④ 可制备多模光纤，单模光纤且折射率分布截面上无 MCVD 法中的中心凹陷，克服了 MCVD 法对光纤带宽的限制。

⑤ 此工艺工序多，比 OVD 法多 3~8 个工序，对产品的总成品率有一定的影响，成本是 OVD 法的 1.6 倍。

综上所述，四种气相沉积的制备方法在本质上是十分相似的。表 2-6 列出四种气相沉积工艺特点。

表 2-6 四种气相沉积工艺的特点

方法	MCVD	PCVD	OVD	VAD
反应机理	高温氧化	低温氧化	火焰水解	火焰水解
热源	氢氧焰	等离子体	甲烷或氢氧焰	氢氧焰
沉积方向	管内表面	管内表面	靶棒外径向	靶同轴向
沉积速率	中	小	大	大
沉积工艺	间歇	间歇	间歇	连续
预制棒尺寸	小	小	大	大
折射率分布控制	容易	极易	容易	单模 容易 多模 稍难
原料纯度要求	严格	严格	不严格	不严格
现使用厂家（代表）	美国阿尔卡特公司	荷兰菲利浦公司	美国康宁公司	日本住友集团

6. 大棒组合法（或称二步法）

由表 2-5 可知，四种气相沉积工艺各有优劣，技术均已成熟，但尚有两个方面的问题需

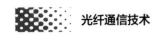

要解决。

① 必须全力提高单位时间内的沉积速度。

② 应设法增大光纤预制棒的尺寸，达到一棒拉出数百乃至数千千米以上的连续光纤。

基于此种想法，可以将四种不同的气相沉积工艺进行不同方式的组合，可以派生出不同的新的预制棒实用制备技术——大棒套管法。所谓大棒套管法意思是指沉积芯层时采用一种方法，然后利用另一种方法沉积包层或外包层，之后将沉积的内包层连同芯层一道放入到外包层内，再烧结成一体而成。

MCVD/OVD 法　由于 MCVD 法的沉积速度慢，而 MCVD 大棒套管技术要求的几何精度非常高，为适应大棒法的需求，而开发出一种用 MCVD 法沉积制备芯层和内包层，用 OVD 法沉积外包层，实现大尺寸预制棒的制备方法——MCVD/OVD。这种组合的预制棒制备工艺可以避免大套管技术中存在的同心度误差的问题，又可以提高沉积速率，因而很有发展前途。

组合气相沉积法　即 HVD 法，是美国 Spectram 光纤公司在 1995 年开发的预制棒制备技术。它是用 VAD 法作光纤预制棒的芯层部分，不同处在于水平放置靶棒，氢氧焰在一端进行火焰水解沉积，然后再用 OVD 法在棒的侧面沉积、制作预制棒的外包层部分。HVD 法是将 VAD 和 OVD 法两种工艺巧妙地结合在一起，工艺效果十分显著。

光纤预制棒的几种气相沉积制作方法可以相互贯通，彼此结合。

7. 非气相沉积技术

虽然利用气相沉积技术可制备优质光纤，但是气相沉积技术也存在着不足：原料资源、设备投入昂贵，工艺复杂，成品合格率较低，玻璃组分范围窄等。为此，人们经不断的努力研究开发出一些非气相沉积技术来制备 SiO_2 光纤预制棒，并取得了一定的成绩。

在非气相沉积技术中，溶胶-凝胶法，又称 sol-gel 法，最具发展前途，最早出现在 20 世纪 60 年代初期，是生产玻璃材料的一种工艺方法。当 sol-gel 法技术成熟后，预计可使光纤的生产成本降到 1 美分/m。因此无论从经济还是从科学技术观点都引起了世人极大的兴趣，但由于此方法生产的芯层玻璃衰减仍较大，工艺尚不成熟，距商用化还有一定的距离。

广义地讲，溶胶-凝胶法是指用胶体化学原理实现基材表面改性或获得基材表面薄膜的一种方法。此方法是以适当的无机盐或有机盐为原料，经过适当的水解或缩聚反应，在基材表面胶凝成薄膜，最后经干燥、烧结得到具有一定结构的表面或形状的制品。

溶胶-凝胶法制备光纤预制棒的主要工艺生产步骤是首先将酯类化合物或金属醇盐溶于有机溶剂中，形成均匀溶液，然后加入其他组分材料，在一定温度下发生水解、缩聚反应形成凝胶，最后经干燥、热处理、烧结制成光纤预制棒。制造步骤可以分为以下几个阶段。

① 配方阶段　原料、稀释剂、掺杂剂和催化剂等根据质量百分比称重，混合均匀，如要作成一定形状的产品，可以把溶胶注入所需要的模具内，如管状或棒状模具。

② 溶胶-凝胶形成阶段。

溶胶　又称胶体溶液，是一种分散相尺寸在 $10^{-12} \sim 10^{-13}$ m 的分散系统，黏度一般为几个泊。

凝胶　分为湿胶和干胶，湿胶是由溶胶转变产生的，当溶胶黏度由几个泊增加到 10^4 泊时就认为是湿胶，又称冻胶或软胶，外观透明或乳白，具有一定形状，内部包含大量液体但无流动性，为半液半固相体系。把湿胶内液体除去，就成为干胶，是一种超显微结构多孔体。

胶体特性　其特点很多，影响制造玻璃光纤预制棒产品质量的特性有以下两项。

a. 溶胶特性　溶胶的配方和溶液的 pH 值。

b. 凝胶特性　主要是宏观密度，由物体重量和外观体积决定，主要包括比表面积，平均孔隙尺寸，孔隙分布及孔隙率。

催化剂在溶液形成溶胶与凝胶过程中起着决定性的作用，催化剂的使用可分为两类：酸性和碱性。最常用的酸性催化剂是盐酸，实际使用的酸类也可以是硫酸或硝酸。在没有酸类物质参与反应时，金属醇盐往往会由于水的存在而水解，生成白色沉淀物，加入酸类物质后，立刻可以使其再溶解。H^+ 和 OH^- 是正硅酸乙酯水解反应的催化剂，因此水解反应随着溶液的酸度或碱度的增加而加快，缩聚反应一般在中性和偏碱性的条件下进行较快，pH 值在 $1\sim2$，缩聚反应特别慢，因此凝胶化时间相对较长，pH>8.5 时，缩聚反应形成的硅氧键又重新有溶解的倾向，这也是在高 pH 值条件下胶凝时间特别长的原因。

在酸类物质催化的条件下，硅酸单体的慢缩聚反应形成的硅氧键最终可以得到不甚牢固的多分支网络状凝胶，但由于在此条件下反应进行得较慢，因此形成的凝胶结构往往不完善，在老化和干燥过程中可继续使凝胶网络间的羟基团脱水形成新的硅氧键≡Si—O—Si≡，边缘化学键的形成使凝胶的核心结构进一步牢固，同时脱水收缩开始，凝胶的体积减小，一般在老化和干燥前期比较明显，并逐步趋于平衡。

在碱性催化剂条件下，硅酸单体水解迅速凝聚，生成相对致密的胶体颗粒。这些颗粒再相互连接形成网络状的凝胶，这种凝胶缩聚反应进行得比较完全，结构比较牢固，在老化和干燥过程中体积基本保持不变。因此在碱性条件下所制得的湿凝胶孔洞尺寸较大，密度较小。

③ 水解聚合反应阶段 即胶化过程，从溶胶转变为凝胶称胶化。首先形成湿胶再形成凝胶，一般在室温下进行，有时也可提高一些温度以加快胶化速度。

胶化过程中包含着水解和聚合两类化学反应。在制备石英系光纤时，采用硅的醇盐为原料。

反应中需注意以下几个问题。

a. 全水解反应是水解反应速度太快而发生的，它并不是我们所期望的，因为 $Si(OH)_4$ 是一种沉淀物。

b. 聚合反应仅发生在反应的初期阶段，而脱水聚合反应只要在硅的化合物上存在 OR 基就会连续的进行，从而形成整体的硅氧网络。

c. 水解和聚合反应几乎是同时进行的，难以把他们分开研究。

d. 当有酸碱催化剂存在时，水解反应一般被认为是以下面两种形式进行的。

亲电子反应 $(RO)_3Si(OR) + H_3^+O \longrightarrow (RO)_3Si(OH) + H^+ + HOR$

$$H^+ + H_2O \longrightarrow H_3^+O$$

亲质子反应 $(RO)_3Si(OR) + OH^- \longrightarrow (RO)_3Si(OH) + OR^-$

$$OR^- + H_2O \longrightarrow HOR + OH^-$$

硅醇乙酯水解机理用同位素 $H^{18}OH$ 所显示，水中的氧原子与硅原子进行亲核反应：

$$(RO)_3SiOR + H^{18}OH \longrightarrow Si(OR)_3(OH^{18}) + ROH$$

在这一反应过程中，溶剂的活化效应、极性极短和多活泼质子的获取性等因素对水解过程有非常重要的影响，而且在不同的介质中反应机理也有所差别。在酸催化条件下，主要是 H_3^+O 对 OR 基团的亲电取代反应，水解速度快但随着水解反应的进行醇盐水解活性因为其分子上—OR 基团的减少而下降，很难生成 $Si(OH)_4$。其缩聚反应在水解前已开始，因而缩聚反应的交联程度低，易形成一维的链状结构。在碱的催化条件下，水解反应主要是 OH^- 对—OR 基团的亲核取代反应，水解速度较酸催化的慢，但醇盐水解活性随分子上—OR 基团减少而增大，所以 4 个—OR 基团很容易转变为—OH 基团，即容易生成 $Si(OH)_4$，进一步缩聚时便生成高交联度的三维网络结构。水解反应是可逆反应，如果在反应时排除掉水和醇的共沸物，则可以阻止逆反应进行。如果溶剂的烷基不同于醇盐的烷基，则会产生转移酯化反应。

④ 干燥阶段　一般放在敞开容器内，加热到 $80\sim110℃$ 温度下进行，在此阶段除去大部分的溶胶和物理吸附水，所获得的干凝胶具有 $600\sim900m^2/g$ 比表面积，宏观密度为 $1.2\sim1.6g/cm^3$。

⑤ 热处理阶段　在此阶段除去化学结合的—OR 和 OH^- 及部分重金属杂质。此时，升温速度，保温温度，保温时间和气氛等参数都影响最终产品的性能。

由于干胶内包含有大量的孔隙，具有大的比表面积，并含有大量的 OH^- 和—OR，因此在干胶进一步热处理过程中所采用的程序对于降低光纤内 OH^- 含量和避免玻璃产品在加温时破裂是非常关键的。

首先他们发现在 $300\sim500℃$ 温度范围存在着有机杂质的氧化反应，所以，在此阶段，如采用保温并加上充分的氧气气氛，可使有机杂质氧化分解为气体产物逸出体外，随后在 $500\sim1000℃$ 间，OH^- 凝聚成水挥发掉，并在 $1100℃$ 时气孔开始缩小。他们认为此时 He 气氛中加热比较合理。因为 He 在玻璃内有最大扩散率，利于把玻璃内的气泡带走。但是，当用单纯的 He 气氛处理和烧结时，最终玻璃内的 OH^- 含量最高，甚至大于 $5000mg/kg$，尽量采用较慢的升温速度有利于降低 OH^- 的含量，但仅仅是量的变化，即使加上其他合理的措施，最终玻璃内的 OH^- 含量仍保持在 $600mg/kg$。在这种情况下，得不到低损耗的玻璃预制棒。因此后来采用了 Cl_2 处理技术，降低 OH^- 含量。

在 $800℃$ 下，通入氯气 $30min$，玻璃内的 OH^- 含量可降低到 mg/kg 量极。OH^- 含量的降低与通入 Cl_2 的时间有关，例如，热处理温度在 $1000℃$ 时，氯气气氛保温 $2h$，OH^- 含量为 $200\sim300mg/kg$，保温时间延长至 $7h$，OH^- 含量则小于 $1mg/kg$。通入氯气处理，可导致 Cl_2 含量过高，这种玻璃材料拉丝时也会发泡，故需在更高的温度下，在 O_2 气氛中处理 Cl_2 含量低于 0.5%。可消除这种影响。

⑥ 烧结阶段　在此阶段，通过黏性流动，胶体内微孔收缩最终成为无气泡透明玻璃棒。在此过程中，玻璃棒的气孔率逐渐减小，密度逐渐增大到该物质的理论密度，一般在高于 $1100℃$ 的温度下烧结。

溶胶经过以上几个阶段转变成制造光纤的玻璃棒，物质状态发生了明显变化。

8. 光纤预制棒表面研磨处理技术

众所周知，预拉制光纤的强度和强度分布，取决于初始光纤预制棒的质量，特别是它的表面质量。由于预制棒表面存在的裂纹和杂质粒子，在高于 $2000℃$ 的温度下拉成光纤后，会遗留在光纤表面，形成裂纹和微晶缺陷。因此，为克服这一问题，要制备连续长度长且高强度光纤，必须在拉制工序之前，愈合和消除这些表面缺陷。目前采用的光纤制棒表面处理方法主要有五种。

① 采用 Etoh，Meoh，丙酮和 MEK 等有机溶剂清洗预制棒表面。

② 采用酸溶液侵蚀预制棒。

③ 采用火焰抛光预制棒。

④ 采用有机溶剂清洗后的预制棒，再进一步用火焰抛光处理。

⑤ 采用有机溶剂清洗后，再经酸蚀后的预制棒，进一步采用火焰抛光处理。

采用一种有机溶剂清洗方法处理时，光纤强度改善并不是很明显，它的强度分布从弱区到强区分布较宽。酸蚀玻璃是一种常规的强化玻璃表面技术。从对光纤断裂机理分析可以推断出，气相沉积技术制得的光纤预制棒表面上的杂质粒子主要来自两个方面：一是在 $1600\sim2000℃$ 的高沉积温度和高收缩温度下，使极少的金属粒子自火焰中飞溅出来，熔融到棒的热表面上，并在拉丝工艺之后，遗留于光纤表面上，这对微裂纹的形成起着决定作用；另一方面，是来自生产现场大气气氛中的尘粒，例如 $CaCO_3$、$MgCO_3$ 等尘埃。该尘粒是在持续大约 6h 的沉积和收缩阶段，被熔融到管棒表面上的。这本身又诱发了在这些点处的化学成分的变化，这一变化可导致在光纤表面的热应力和结晶化，致使微裂纹的形成，最终导致光纤强度的降低。采用酸蚀可有效地除去这些表面杂质粒子。

$$4HF + SiO_2 \longrightarrow SiF_4 + H_2O$$
$$2HF + CaCO_3 \longrightarrow CaF_2 + H_2CO_3$$

在酸蚀过程中常用到的酸蚀剂有这样几种：氢氟酸（HF）、氢硫酸（HF、H_2SO_4）和氢硝酸（HF、HNO_3），其中最强的酸蚀剂为 49% 的 HF 酸。采用 49% 浓度的 HF 酸溶液侵蚀二氧化硅时，其溶解速率约为 260×10^{-10} m/s，侵蚀时间为 15min，可除去厚度为 2～3μm 的表面层。经过大量的实验证明，酸蚀的最佳参数如表 2-7 所示。

表 2-7　光纤预制棒酸蚀最佳参数表

HF 酸浓度/%	溶解速率	侵蚀时间
49	260×10^{-10} m/s	15min
5～30		0.5～5h
49		30min

为使表面酸蚀均匀，酸蚀之前最好用有机溶剂清洗预制棒表面，因为黏附在预制棒表面的有机物妨碍氢氟酸溶剂对预制棒表面的侵蚀作用。在使用有机溶剂清洗和随后的酸蚀处理中，若采用超声波搅动清洗和酸蚀，利用溶液的旋涡作为驱动力，效果会更佳。

预制棒表面酸蚀处理不当，也会起到负面作用。

① 氢氟酸酸蚀虽然能除去表面异物和较大的表面伤痕；但同时会导致新的小腐蚀坑的形成。

② 过量的腐蚀会引起局部折射率变化，造成"微型粗糙"。

③ 在不会引起断裂部分，含有 Vikers 凹痕的 SiO_2 预制棒，即使短时侵蚀，也可使其强度明显降低。

基于上述原因，单独酸蚀处理，对提高光纤强度的效果难以确定，所以，在光纤预制棒表面处理中，酸蚀处理不宜单独采用。

火焰抛光法也是一种常规的强化玻璃表面的方法。此方法可以显著地提高光纤的强度。其基本原理是：利用氢氧火焰（或电阻加热炉、或等离子火焰、或激光）抛光预制棒表面，使表面软化，促使预制棒表面平滑化，从而愈合或"填平"微裂纹。这种工艺对预制棒的表面不平整>10μm、裂纹深度>0.1μm 的表面缺陷，只要在 1530～2300℃温度范围内，抛光 2～5 次，可很好的除去所有的缺陷，并使光纤的最低强度保持在 3.5GPa（500kpsi）以上。

该工艺操作主要有三个步骤。

（1）接尾棒

① 将母棒和接尾棒距离调至 2～3mm，喷灯台靠近母棒一侧，高温烧烤至接头呈乳白色融态，一般需 5min 左右，推进母棒使其和接尾棒连接。

② 移动喷灯台测量母棒直径，同时用卷尺测量母棒的有效长度。

（2）研磨母棒　氢氧火焰温度达到 2300℃时，开始研磨母棒，以 40r/min 的转速转动玻璃车床，并以 30mm/min 的速度移动喷灯，研磨 2 次可达到最低强度要求，若增加研磨次数，会使强度增加；

（3）分离尾棒　尾轴台向右移动，拉细连接部位，直径小于 5mm 时，用火焰烧断即完成辅助接尾棒的分离，之后，将喷灯台匀速向母棒侧移动约为 150～200mm，以消除母棒上产生的白雾；在接缝面侧 365mm 处找出拉丝安装线，并标刻"0"标志。

为避免预制棒被污染，抛光处理过程应在一个清洁的小房间内进行，房间的洁净度应在1000级以上。也可以在预制棒生产现场进行。

为防止已处理好的预制棒被"再次污染"，最好将预制棒立刻拉丝。若不能立即拉丝，则应将处理好的预制棒悬挂在空气过滤器的正前面或将其存放于特别的无尘密封容器中，以便在暂时存放期间和在运往拉制场所时，表面不致被损伤、污染。根据大量实验，业内专家建议，为取得良好的效果，酸蚀到抛光，抛光到拉丝之间的时间间隔以0.5h以内最好。

9. 光纤预制棒质量检测

光纤预制棒质量的好坏对光纤光缆的质量起着决定性的作用，对预制棒质量的检测主要有三个方面：①预制棒内存的各种缺陷检验；②预制棒几何参数的检测；③折射率分布测试。

预制棒缺陷是指沉积层中的气泡、裂纹以及沉积层结构偏差与沿轴向不均匀分布等因素问题，它反映出预制棒的沉积质量。可利用He-Ne激光扫描装置进行检验。

（四）SiO₂光纤拉丝及一次涂覆工艺

1. 简介

光纤拉丝是指将制备好的光纤预制料（棒），利用某种加热设备加热熔融后拉制成直径符合要求的细小光纤纤维，并保证光纤的芯/包直径比和折射率分布形式不变的工艺操作过程。在拉丝操作过程中，最重要的技术是如何保证不使光纤表面受到损伤并正确控制芯/包层外径尺寸及折射率分布形式。如果光纤表面受到损伤，将会影响光纤机械强度与使用寿命，而外径发生改变，由于结构不完善不仅会引起光纤波导散射损耗，而且在光纤接续时，连接损耗也会增大，因此在控制光纤拉丝工艺流程时，必须使各种工艺参数与条件保持稳定。一次涂覆工艺是将拉制成的裸光纤表面涂覆上一层弹性模量比较高的涂覆材料，其作用是保护拉制出的光纤表面不受损伤，并提高其机械强度，降低衰减。在工艺上，一次涂覆与拉丝是相互独立的两个工艺步骤，而在实际生产中，一次涂覆与拉丝是在一条生产线上一次完成的。

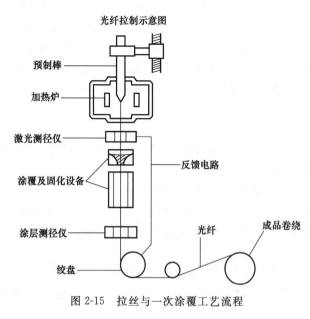

光纤拉制示意图

图 2-15 拉丝与一次涂覆工艺流程

拉丝工艺流程及设备如图2-15所示。光纤预制棒的拉丝机由五个基本部分构成：①光纤预制棒馈送系统；②加热系统；③拉丝机构；④各参数控制系统；⑤水冷却和气氛保护及控制系统。五者之间精确的配合构成完整拉丝工艺。具体的机械和电气设备与系统包括：机械系统拉丝塔架、送棒及调心系统、加热炉、激光测径仪、牵引装置、水气管路系统，电气部分送棒控制及调心控制系统、加热炉控制系统、外径测控系统、牵引控制系统、冷却水及保护气氛控制系统、人机界面、PLC信号处理系统等。

操作步骤 将已制备好的预制棒安放在拉丝塔（机）上部的预制棒馈

送机构的卡盘上。馈送机构缓慢地将预制棒送入高温加热炉内。在 Ar 气氛保护下，高温加热炉将预制棒尖端加热至 2000℃，在此温度下，足以使玻璃预制棒软化，软化的熔融态玻璃从高温加热炉底部的喷嘴处滴落出来并凝聚形成一带小球细丝，靠自身重量下垂变细而成纤维，即我们所说的裸光纤。将有小球段纤维称为"滴流头"，操作者应及时将滴流头去除，并预先采用手工方式将已涂覆一次涂层的光纤头端绕过拉丝塔上的张力轮、导轮、牵引轮后，最后绕在收线盘上。然后再启动自动收线装置收线。

预制棒送入高温加热炉内的馈送速度主要取决于高温炉的结构、预制棒的直径、光纤的外径尺寸和拉丝机的拉丝速度，一般约为 0.002~0.003cm/s。在拉丝工艺中不需要模具控制光纤的外径，因为模具会在光纤表面留下损伤的痕迹，降低光纤的强度。绝大多数光纤制造者是将高温加热炉温度和送棒速度保持不变，通过改变光纤拉丝速度的方法来达到控制光纤外径尺寸的目的。

在正常状态，若预制棒的馈送速度为 V，光纤的拉丝速度为 V_f，预制棒的外径为 D，裸光纤的外径为 d_f，$d_f = 2b$。根据熔化前的棒体容积等于熔化拉丝后光纤的容积的特点，可知，前三者与光纤的外径有如下关系：

$$VD^2 = V_f d_f{}^2$$

因此，光纤的外径

$$d_f{}^2 = VD^2 / V_f$$

光纤预制棒馈送系统主要由光纤预制棒卡盘、馈送及控制系统和调心机构及控制系统构成。卡盘的作用是固定光纤预制棒，馈送及控制系统主要是步进电动机，它的用途是为预制棒进入加热炉提供一个缓慢的速度，调心及控制系统作用是光纤预制棒在卡盘上夹好后，首先要进行预调心，使棒的中心与预定的检测中心重合，并当出现偏心时，为 PLC 提供变化参数，及时自动调节修正。

拉丝操作对加热源的要求是十分苛刻的。热源不仅要提供足以熔融石英玻璃的 2000℃以上高温，还必须在拉制区域能够非常精确地控制温度，因为在软化范围内，玻璃光纤的精度随温度而变化，在此区域内，任何温度梯度的波动都可能引起不稳定而影响光纤直径的控制。

常用的拉丝热源有

①气体喷灯；②各种电阻及感应加热炉；③ 大功率 CO_2 激光器。

气体喷灯　历史上应用火焰燃烧器把高温玻璃拉制成纤维的例子甚多，一般都采用氢氧或氧-煤气喷灯，这种加热设备本身存在火焰骚动问题，因而拉制的光纤外径尺寸控制精度一直不高。目前，这种方法极少应用。它的结构以 Pearson （皮尔逊）和 Tynes （泰纳）1975 年设计的 16 个氧喷嘴、4 个氢喷嘴的燃烧器为典型代表。

现代拉丝机主要采用石墨或 ZrO_2 氧化锆电阻或高频感应炉作热源。对加热炉的要求：炉温易控制；炉内壁材料不易产生尘埃、颗粒及其他污染的杂质；可耐 2200℃ 及以上高温。

石墨加热炉采用直流或 SOHZ 型工频交流电源为石墨炉加热。在加热中为防止石墨材料在高温下发生氧化，进而产生粉尘污染，一般需采用惰性气体如 Ar 氩进行气氛保护。同时，因为高温下石墨炉钨丝的通电连接也较困难，因而也可采用石墨感应电阻炉来解决，采用水冷线圈进行冷却。

由于加热炉中充入 Ar 保护，而炉内 Ar 的紊乱流动将导致炉内温度的变化。因此必须对保护气体 Ar 的流量进行控制，以保持炉温的稳定。在拉制光纤时，需安装光纤外径测量仪反馈测量光纤外径的变化情况，因此可通过这一反馈测量值的变化来控制保护气体 Ar 的流量，使光纤外径的变化量控制在允许（1μm）范围内。另一个控制方法是通过使用特殊的进气支管在灼热区提供高纯度的层状气流。气体 Ar 在这里的另一个最重要的作用是挤出炉内的空气，由于 Ar 气密度较空气的大的多，向炉内通入 Ar 气后，它将排挤炉内的空气向上运动，并从炉内排出空气，填充 Ar 在炉内的气体界面应高于光纤预制棒底部尖端的熔化高度，目的是防止空气中的湿气与熔融的 SiO_2 接触，是制备低损耗光纤最重要的手段之一。

ZrO$_2$ 氧化锆加热炉是利用氧化锆材料在常温下为绝缘体，接近 1500℃时，就会变成导体的特点而设计制造的。其本身既是炉管又是加热体，在高频感应场中加热。因为氧化锆的氧化温度在 2500℃。因此氧化锆感应炉一般不需要气氛保护，但在制造光纤时，为隔离空气降低制造过程中产生的衰减，必须充 Ar 气进行气氛保护。典型的氧化锆炉高 2.5m，外径约为 2.5m，ZrO_2 炉管的外径为 45mm，管的壁厚为 3mm，水冷线圈 RF 绕在炉管的中部，并将密封在石英管中的石墨火花塞插入炉中。用 RF 线圈进行加热。当 ZrO_2 管温度高于 1500℃时，则将石墨火花塞移开，氧化锆在 1500℃或更高温度下成为导体，当 RF 线圈将 ZrO_2 管温度加热至 2000～2200℃时，即可以拉制光纤。两种加热炉比较，石墨炉价格低廉，升温迅速，存在氧化污染，ZrO_2 炉升温需几小时，价格昂贵，而且光纤易受热辐射力的破坏而产生断裂，因而从经济性考虑，石墨炉的采用更为之广泛。

与气体氢氧喷灯燃烧器和高功率激光器相比，ZrO_2 氧化锆感应加热炉具有较大的热学质量，会产生较长的颈缩区，是预制棒的数倍，对预制棒的加热拉丝有一定的影响。

高功率激光器是一理想加热源。用激光拉制光纤的清净度是各种方法无法比拟的，因为在拉丝过程中，激光器自身不会带来任何污染；而在光纤直径的控制上，在不需控制环的帮助下，大长度光纤直径的偏差小于标准值的 1％，且加热温度稳定不变。常用的激光器为 CO_2 激光器，它是一种分子激光器，基本工作原理：采用 CO_2 气体和一些辅助气体（N$_2$ 或 He）等混合气体作为激光激活介质，密封于放电管中，管的端部为互相平行的两个反射镜构成谐振腔。激励方式多采用放电激励的形式，可以是连续信号或脉冲信号激励。连续输出的光功率可达 kW 级，最大可达 10kW 以上，发出 10.6μm 和 9.6μm 波长的辐射功率，其电光转换效率很高，超过 10％。

CO_2 分子是由三个原子组成，不同的激发态取决于结合原子的振动形式。碳居正中，两端各一个氧，三个原子处于一条直线上。振动方式有三种：对称伸缩振动、弯曲振动、非对称伸缩振动。每种量子数不同，分别表示为（100）、（010）、（001）。激发能级是离散性、量子化的。由 001 跃迁至（100）或（020）的过程，可以得到 10.6μm 和 9.6μm 波长激光。CO_2 分子的振动激发是由于电子碰撞激发 N$_2$ 分子的能量转移实现的。

在使用 CO_2 激光器作加热源时，有一点需要特别注意，即硅材料对 10.6μm 波段的能量吸收系数非常大，而硅材料的热容又很低，因此，在光纤预制棒表面温度相当高，会使 Si 材料迅速气化。这样，如使用 CO_2 激光器加热，拉制光纤尺寸会受到影响，所以温度的控制就显得非常重要。CO_2 激光器结构复杂，庞大，价格昂贵，但它的工作可靠性高、寿命长、性能稳定、无污染，因而成为光纤拉丝加热设备的首选。

光纤拉丝工艺中的直径控制是第三个技术关键。为此，在加热炉及预制棒下端拉锥部位要求有相当平静的气氛，任何气流的搅动都会造成光纤直径的高频波动；加热炉内由于"烟囱效应"以及温度梯度引起的气流波动、保护气体气流紊乱流动等现象均需严格控制。为保证光纤直径的精度要求，下列措施是必须的。

首先，要求拉丝塔的底座应与周围建筑物的地基隔离，单独设置地基，以防止厂房周围车辆、机械振动产生影响，引起拉制的光纤直径波动。

其次，要求预制棒的拉丝牵引轮的速度要非常均匀平稳；牵引轮，收线盘，电机的传动部分不能出现任何的偏心，否则都会导致光纤直径的变化。

再次，光纤直径要有一个十分精密的测量与反馈控制系统。一般选用非接触法之一的激光散射法对刚出炉的裸光纤同步进行遥测。基本测量方法有两种：通过光纤的干涉图形来测定直径；采用扫描激光束产生的光纤的影像来确定直径。测量精度可达到零点几个微米，利用测得的光纤直径误差信号去调节牵引轮的拉丝速度，以获得光纤设计要求正确外径（125 ± 1）μm、（140 ± 1）μm、（150 ± 1）μm 等。

在拉丝设备中第四个重要组成部分是拉丝和卷绕系统。一般采用涂有橡胶的牵引轮和牵引装置、张力控制轮、收排线盘等设备完成。牵引拉丝轮的速度在 $10\sim20m/s$ 间，要求保证光纤所受拉力为"零"。牵引装置一般采用轮式牵引机，牵引光纤在牵引轮上移动，牵引速度即为拉丝生产线的拉丝速度。

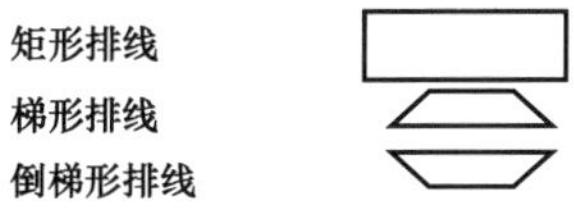

矩形排线

梯形排线

倒梯形排线

图 2-16　排线方式

收排线装置　主要由收线排线传感器、光纤收线盘、收线张力测量仪、牵引张力测量轮、收线张力调节轮等设备组成。基本的功能是对已涂覆光纤在没有外部张力作用下收卷成盘，为下一道工序做准备。要求收线张力和排线节距合理科学。

排线质量直接影响光纤的衰减，要求排线平整、无压线、夹线现象。控制好排线质量的关键是第一层光纤的排线质量，首先，要调整好排线节距 B 的大小，其次要控制好光纤与收线圆盘边缘距离（$7\sim8\mu m$），否则，将会出现夹线、断线等现象。排线方式有三种：矩形排线、梯形排线和倒梯形排线，如图 2-16 所示。

在拉丝设备中第五个重要组成部分是控制系统。当拉制光纤的直径、温度、气氛等参数发生微小变化时，控制系统自动反馈一个信息，并使变化自动得到补偿，这一作用系统称为控制系统。主要构成部分有：位于加热炉出口的激光测径仪及涂覆后位于张力轮前端的涂层测径仪控制系统，Ar 气液面、压力和流量控制系统，炉内温度控制系统以及各自相应的误差信号处理系统及控制拉丝速度的控制机构。若实现一个实用的控制系统，必须考虑影响系统动态响应的许多因素，特别是拉丝机的动态响应。包括控制收线盘和牵引轮的电动机以及机构自身的特性。任何微小的变化，甚至是随机振动或预制棒的颈缩区内的气流与温度变化所产生的细微的变化，都会影响拉丝直径的大小，必须细致地设计拉丝机及其环境才能减少这种影响。

2. 光纤的一次涂覆工艺

光纤一次涂覆工艺之所以称为"一次涂覆"是相对二次涂覆而言。一次涂覆是对光纤最直接的保护，所以显得尤为重要。

SiO_2 玻璃是一种脆性易断裂材料，在不加涂覆材料时，由于光纤在空气中裸露，致使表面缺陷扩大，局部应力集中，易造成光纤强度极低，为保护光纤表面，提高抗拉强度和抗弯曲强度，实现实用化，需要给裸光纤涂覆一层或多层高分子材料，例如：聚硅氧烷树脂，聚氨基甲酸乙酯，紫外固化丙烯酸酯等。涂覆层可有效地保护光纤表面，提高光纤的机械强度并隔绝引起微变损耗的外应力，对新拉制出的光纤进行完善的机械保护，避免损伤裸光纤表面，增加光纤的耐磨性，只有涂覆后方可允许光纤与其他表面接触。涂层的作用是使拉制好的光纤表面不受机械损伤，防止裸光纤断裂。在光纤拉丝机上对裸光纤立即进行预涂覆，将它未受侵蚀的、洗净的表面保护好，防止光纤擦伤和受环境污染，保持光纤连续拉制过程中形成的玻璃原有状态。

　　光纤的一次涂覆，通常是在拉丝过程中同步进行的。当熔融光纤向下拉制时，光纤表面的微裂纹尚没有与空气中水分、灰尘等发生反应或微裂纹尚没有扩大，就迅速的进行涂覆来保护光纤表面，防止微裂纹的形成或扩大，达到改善光纤的力学性能和传输特性的目的。

　　一次涂层的层数一般为二层：预涂层和缓冲层。极特殊的情况下可有五层结构。涂层数主要由制造者根据具体的使用环境和光纤结构决定。如选用双涂层，需采用二个分立的涂覆器和固化器，可分二步先后进行涂覆和固化或者双涂后一次固化。涂覆后立即以遥控激光测径仪测量涂覆层与光纤的同心度，并利用误差处理系统进行处理，同时自动地水平移动涂覆器，以获得适宜的涂覆同心度。涂覆同心度是一次涂覆工艺的一大技术关键，它对光纤最终机械强度形成的作用与影响非常严重，需要特别关注。

　　涂层厚度的考虑，如果仅从机械强度考虑，涂层越厚越好，若综合考虑光纤的传输特性，涂层太厚，不仅在弯曲、拉伸及温度变化时会产生微弯，同时还会成为光纤损耗增加的主要原因，此外，涂层材料的机械特点，也严重影响光纤的传输特性。绝大多数光纤的涂层厚度控制在 $125\sim250\mu m$，但特殊光纤的涂层直径高达 $1000/\mu m$，调节涂覆器端头的小孔直径、锥体角度和高分子材料的黏度，可以得到规定厚度的涂覆层材料。

　　（1）一次涂覆工艺

　　一次涂覆根据所使用的涂覆设备的不同，可以有三种不同的选择工艺：①灯芯涂覆；②有引导管涂覆器涂覆；③自动定心涂覆器涂覆。目前，最常用的是第三种工艺。

　　① 灯芯涂覆工艺　　灯芯涂覆工艺是美国贝尔实验室在光纤涂覆工艺研究的早期研制的一种涂覆工艺，它的基本操作原理是：用 Kynar7021 液将灯芯沾湿后，使裸光纤穿过沾湿的灯芯中心，涂覆上 Kynar7021 涂层，并用此溶液与六甲基二硅氧烷混合做表面处理液，对涂覆后的光纤进行表面处理。这种方法在一定程度上可以起到防磨损的作用。灯芯由毡垫叠层而成，中间留有中心孔，并浸渍上主要成分为丙酮的 Kynar7021 液，可涂层厚度在 $12\mu m$ 左右。这种方法存在着许多严重的缺陷，例如：纤维毡对光纤表面将会造成磨损、涂层厚度的重复性非常差等。基于此原因，改由低黏性有机硅烷作涂覆液体，并以多孔尿烷泡沫绝缘纸替代纤维毡作灯芯材料，这使得灯芯和裸光纤间的磨损大大减少，但是，夹在泡沫中的某些杂质颗粒仍会造成光纤的磨损。所以这种工艺已很少使用。

　　② 有引导管涂覆器　　主要由盛装涂覆液的容器、无压力作用不锈钢模具、引导管、涂覆液封套等组成。模具位于涂覆器的底部，当光纤穿过涂覆器时，光纤的表面黏附一层涂覆液，这层涂覆液凝固后即成固体涂层，光纤必须定位于模具中心，模具决定了涂层的几何形状及光纤在涂层中最终的中心定位。为保证光纤在模具中易于定位，在涂覆器中靠近模具的地方放置一根引导管，内充满涂覆液。这种结构的涂覆器有三个优点：光纤中心定位容易；涂覆液通过引导管时，本身可起到润滑作用，保护光纤不受损伤；因为这种模具无压力特性，避免了在有压力存在的挤压过程中出现的横向压力差问题。

　　采用无压力模具/引导管涂覆器时，产生的唯一压力是来自光纤运动时所引起的液体流动时产生的压力。对柱形光纤而言，这种压力只会将光纤推向引导管的中心，其可用润滑理论解释这一现象。这种方法所用涂层材料通常是乙烯-醋酸乙烯共聚物，简称 EVA。一般为热溶液涂覆。材料配方实例：溶解指数为 8，醋酸乙烯为 18% 级，溶于 1,1,1-三氯乙烷，得到单位容积质量百分比为 28.3% 的溶液。涂覆温度为 $51℃$，在有模具条件下，溶液冷却并形成凝胶的时间约为 1s，此时，胶体坚韧的程度足可经受拉丝牵引轮的牵引力，而不会受到损伤。涂覆光纤在不受力的情况下，从牵引轮收到收线盘上，溶剂在收线盘上蒸发、固化。由于溶剂的蒸发，使得最终涂层厚度较最初凝胶层厚度减小一半。因此，要得到一定厚度涂层，模具直径必须大于实际涂层的直径尺寸才可以，然而，当模具直径增大时，流体产生的定心力就会减小，影响光纤的中心定位。

③ 自动定心涂覆器 这种结构的涂覆器的自动定位原理是：利用涂覆液的液体动力的作用，当光纤穿过模具时，依靠涂覆液流体动力使光纤移向模具中心，位移量的大小取决于所设计的模具结构和流体的特性。但是由于一般的涂覆液的流体动力都是非常小的，只要模具对光纤的自由路径稍不对准，就会使定心破坏，导致涂层出现很大的偏心，影响光纤传输的质量。

为解决偏心问题可以采取两种方法：设计具有最大流体定心动力的模具；使涂覆模具保持精确的对准。经大量的研究，人们发现，定心力对模具出口直径和光纤直径之比是非常敏感的，可以由对定心力的测量调整模具装置的侧面移动度，这已由实验得到验证。在这类涂覆器中，模具和光纤自由路径的对准受机械方面变化的影响很小。

自动定心涂覆器最常用的涂覆结构有两种：无外部加压开口杯式和压力涂覆器。

采用简单的无外部加压开口杯式涂覆器，移动中的光纤会黏附一些液体涂料，并穿过一个使涂料在光纤上自对中可调模具口，涂层厚度由模具口大小和光纤直径决定。但这种结构涂覆器，在高速拉丝时（$V > 1000 \text{m/s}$）得不到均匀涂覆层。因此，现在实际应用更普遍的是压力涂覆器。这种结构涂覆器最适合用于高速拉丝，而且不会在涂料中搅起气泡。

压力涂覆器树脂涂覆速度与下列因素有关：液体的黏度；涂层厚度；烘干速度；光纤离开加热区的冷却速度。

（2）紫外固化工艺 紫外固化工艺主要设备是紫外固化炉，它是由一组对放的半椭圆形紫外灯组成，一般有 3～7 个紫外灯。基本固化原理是采用紫外光照固化，以特定频率的紫外灯光（简称 UV）照射对该频段对 UV 敏感的涂料，（如丙烯酸酯）即 $E_g = h\upsilon$，且满足一定时间和强度要求，使涂层固化。

UV 灯的光功率大小由拉丝速度决定，而拉丝速度又由 UV 灯的型号、功率大小和灯的数量决定。目前使用的 UV 灯有 D 型和 H 型，H 型灯泡可满足高速固化的要求（1～7 灯泡）。在速度一定的条件下，功率过低，会使涂层得不到充分固化，出现表面发黏现象，而功率过高又会引起过固化并缩短灯泡的使用寿命。因此在涂覆工艺中，必须要找出 UV 灯光功率与拉丝速度的最佳比值，即"光固化因子"。所谓光固化因子是指照射某种液体物质的总光功率值 W 与在此光功率作用下该液体物质固化速度 V 的比。根据光固化因子设定光功率与拉丝速度。而拉丝时的光功率则可由下式得出：

$$W = V \frac{W_0}{V_0}$$

式中 V——正常生产速度；

V_0——设定速度；

W_0——设定功率。

当光纤与光纤连接时，靠近连接端面一段的涂层应当被剥除，从玻璃上除去各种聚合物的方法有多种，最有效最实用的方法是将涂覆光纤夹在二片 Scott Felt 纸板中间，浸泡在热的丙二醇溶液中，溶液温度为 160℃，约浸泡 30s，用夹钳把光纤夹出，涂覆层被纸垫片吸住而滑落。

（3）冷却水处理与气氛保护 离开加热炉喷嘴的裸光纤在进行保护涂覆之前，应留有足够的冷却时间，采用的冷却措施是循环水冷，主要由冷却水管和提供压力及循环水的水泵构成这一系统。需要冷却的部位有三部分：炉体、裸光纤、预涂层固化后光纤和缓冲层固化后光纤。在裸光纤和涂覆固化后光纤的外部用双层玻璃冷却水管进行循环水冷却。从喷嘴出口温度 2000～2300℃骤冷到 55～15℃，可减少光纤内部结晶的形成，降低原子缺陷产生概率，注意不能在过高的温度中进行退火，而且退火时间不宜过长，否则将会引起反玻璃化现象，使光纤的强度大大降低。裸光纤也可不进行冷却而直接进行涂覆。玻璃管最内层与裸光纤或涂层相接触的管内空间充入 He 气，保护裸光纤不受水分子的侵蚀、隔离氧气并具有除去光纤或涂层中存在的气泡功能，He 气是一种除泡剂。

当光纤预制棒进入加热炉的一刻起，它就处于各种气氛的保护中，在加热炉中填充 Ar 气进行气氛保护。当光纤自加热端部喷嘴流出的一刻起，直到自最后一个固化炉固化完成后，在整个拉制过程中，如果光纤直接与空气接触，将导致空气中存在的水分与光纤发生作用，使光纤的裂纹扩展。为确保光纤的力学性能和传输特性，光纤应始终处于气氛的保护中，在拉丝路径中，通常采用氦 He 作保护气氛，目的是除去光纤拉制路径中可能产生的气泡并隔绝空气。在涂覆器和固化炉内一般充以氮气（N_2）保护，原因是氮气的分子重量非常轻，易于穿透涂覆层，避免保护气体被裹包在涂覆层中，而产生气泡，影响光纤的质量和使用寿命，强度降低，且光纤的 OH^- 吸收衰减增加，影响光纤的传输性能，氮气的作用主要是提供一个无氧环境，达到涂覆、固化效果最佳的目的。氮气的纯度一定要高，一般要求纯度在 99.95％以上。实际在工厂要求其纯度应达到 99.99％以上。在整个光纤的拉丝中存在着三种保护气氛，其目的只有一个，就是使光纤隔绝空气，降低 OH^- 引起的衰减，提高光纤的机械强度。为了达到这一目的，在实际的光纤生产中，即使在生产的间歇，各种气氛的管路内、加热炉内以及涂覆器、固化器内，只要是裸光纤所接触的路线，都要充入氮气（N_2）保护，要避免空气进入上述各管路中。

（五）光纤张力筛选与着色工艺

1. 张力筛选

经涂覆固化后光纤可直接与机械表面接触。为确保光纤具有一个最低强度，满足套塑、成缆、敷设、运输和使用时力学性能要求，在成缆前，必须对一次涂覆光纤进行 100％张力筛选。张力筛选方式有两种：在线筛选和非在线筛选。所谓在线张力筛选是指在光纤拉丝与一次涂覆生产线上同步完成张力的筛选，这种筛选方式由于光纤涂层固化时间短，测得的光纤强度会受到一定影响，独立式光纤张力筛选是在专用张力筛选设备上完成，一般情况下均采用独立式光纤张力筛选方式进行光纤张力筛选。

2. 光纤着色工艺

光纤着色是指在本色光纤表面涂覆某种颜色的油墨并经过固化使之保持较强黏附的一个工艺操作过程。

光缆结构中的光纤根数已从每单元内放置一根光纤，发展到放置 2、4、8、12、24、48、144、200、260、540、600、1000、1500、2000、2004 根等多根光纤，由于这一结构上的变化，给光纤的接续和维护、查检带来了许多不便，为便于光纤的标记和识别，必须对光纤采取某种标识方法，以便于人们对其进行区分，这一方法就是着色处理。

着色方法，过去一般紧套光纤在一次涂覆后着色或在二次涂覆材料中加入颜料，同步着色，而带纤在成带前着色，松套光纤在一次涂覆后着色。现在无论何种光纤，通常都采取在一次涂覆后着色的工艺。

对着色工艺要求是着色光纤颜色应鲜明易区分，颜色层不易脱落，且与光纤阻水油膏相容性要好，且着色层均匀，避免断纤。

常采用的着色方法有两种：在线着色和独立着色。在线着色是指在拉丝和一次覆过程中，同步完成着色的一种方法；而独立着色是利用专门的着色设备在已涂覆的光纤上独立着色处理的方法，目前采用后一种方法进行着色处理更多些。

(1) 光纤着色生产线及设备 光纤着色工艺的完成主要采用着色机实现。着色机是一种在本色光纤表面涂覆不同颜色涂料并能够使其快速固化的设备。

奥地利 MEDEK-SCHORNER 公司生产的 GFP-UV-G1 型着色机主要由五部分组成：光纤放线装置、颜料涂覆系统、牵引装置、收排线装置、主控柜和辅助设备。该机的生产速度可以达到 1500m/min。光固化单元采用二台 UV 固化炉，随后的冷却处理采用风冷方式完成。所有的驱动均采用交流伺服调速电机系统，整机控制由 PLC 完成，人机界面是一台工业 PC 机。

光纤放线装置 主要包括有光纤放线盘、放线排线架、放线张力测量轮、放线张力调节轮等元件。它的作用是按照合理的放线张力将光纤自放线盘中放出，保证光纤不受到张力的作用且不松弛、扭曲，使被光纤盘缠绕有一定弯曲曲率的光纤平直，并不受任何的机械损伤。

颜料涂覆系统 主要有去静电装置、涂覆模具、颜料供应容器、冷却风机、固化炉、光纤外径测量仪等设备。它是着色机的核心部分。着色的工艺质量与着色层的厚度、不圆度、同心度均由其的操作决定，是着色机最关键部位。

颜料 蓝 橘 绿 棕 灰 白 红 黑 黄 紫 粉红 青绿

牵引装置 采用轮式牵引机，牵引光纤在设备上的移动，通常，牵引速度即为生产线的线速度。

收排线装置 主要由收线排线传感器、光纤收线盘、收线张力测量仪、牵引张力测量轮、收线张力调节轮等设备组成。基本的功能是对已经着色光纤收卷成盘，为下一道工序做准备。要求收线张力和排线节距合理科学，排线节距为 0.29mm±0.02mm。

(2) 着色工艺生产中主要控制参数 评价一台着色机的性能的最关键的指标是：在保证不损害光纤的各种性能和一定颜料固化度的前提下的最高生产速度。

要严格控制收放线张力值，在选择张力值时应考虑两个因素：一方面应保证光纤在移动传输过程中平稳不抖动、不松弛、不拉紧，另一方面应保证光纤在收线盘具上排线质量。

通常光纤放线张力控制在 $(50 \sim 60 \pm 5)g$，收线张力控制在 $(60 \sim 70 \pm 5)g$。排线节距为 $(0.29 \pm 0.02)mm$。

(3) 着色速度的要求 光纤在着色时，其着色生产线速度的控制与时间之间应遵循这样的关系。

① 以缓慢速率（上升速率应为均速）将着色机线速自 0 升到 V_0 初始速度，所需时间为 t_0。

② 当着色机线速升至 V_0 时，以 $30 \sim 50m/min$ 的慢速升到正常的生产速度 $V_t = 1000 \sim 2100m/min$。

在此期间，当速度升到 $V_i = 100m/min$ 时，向着色涂覆器和紫外固化炉内充入氮气 (N_2)，V_i 对应的时间为 t_i，而到达生产速度的时间是 t_t。

③ 以正常生产速度 V_t 运行设备，着色操作进入正常的程序。

④ 着色工艺结束时，应将生产线速度以均匀的速率降低，而最终速度应控制在适当范围内，否则如生产线的速度过快，光纤将被拉伤，促使裂纹增大甚至使光纤断裂。

在着色光纤运行结束时，最终速度最佳控制在 10m/min。但在实际生产中，为了不浪费光纤，使光纤全部被绕到收线盘上，一般最终速度保持在 100m/min 以下即可。

（4）模座温度和着色模尺寸规定　模座温度主要根据油墨黏度特性、生产速度等因素调节。模座温度过高，使油墨黏度过低，产生回流现象严重，且会出现过早固化现象，而模具孔也会有残留硬物出现，此时，光纤在穿过模具时，表面会受到刮伤；温度过低，油墨流动性变差，在高速着色操作时，影响油墨供给，会出现间歇着色现象，光纤表面着色不均。因此，针对不同型号及不同颜色的油墨必须找出与生产线速度 V 匹配的最佳温度点。一般情况下，当生产线速度为 $1000\sim2100\mathrm{m/min}$ 时，着色模座温度在 $30\sim65℃$。

随着光纤拉丝工艺的成熟与发展，光纤外径的均匀性也得到很大的改善。着色模直径尺寸由原来较粗大（$\phi275\mu m$）向着更精确发展，对于普通通信用的多模和单模光纤的着色层而言，现已控制在 $\phi258\mu m$，甚至精确到 $\phi252\mu m$。着色模直径尺寸大小与光纤外径有着密切的关系，着色模直径过大，会使光纤着色层偏厚，一方面浪费油墨，另一方面会因膜层过厚出现固化不良现象；而直径过小，一次涂覆光纤在模具中受阻严重，会导致光纤断裂。因此，着色模直径尺寸一定要根据光纤的外径要求进行正确的选择。

（5）着色油墨（着色剂）　传统光纤着色剂有两类，表印油墨和丙烯酸基油墨。经多年研究，目前推荐使用的着色剂是后一种，即丙烯酸基油墨，为了保证油墨的质量，油墨必须储存在 $30℃$ 以下，干燥无日光照射环境下。为保证着色层色泽均匀，使用前应搅拌油墨。若未进行搅拌或搅拌不均匀，会出现颜料与基料分离或有沉淀物现象，导致着色时，光纤着色层颜色不鲜明或无颜色。

严格控制油墨的压力，$2.4\times10^5\mathrm{Pa}$ 或 $2.1\times10^5\mathrm{Pa}$，可根据生产线的速度和油墨的黏度进行调节，压力过高时，会使回流严重，造成油墨浪费，过低，在高速情况下，油墨供给不足，着色量过少，产生间歇染色现象严重。油墨加热温度应控制在 $40\sim65℃$。

（6）烘干速度　着色剂固化烘干由 UV 紫外灯固化完成，烘干速度由 UV 紫外灯光功率大小决定。而 UV 灯光功率的大小则由生产线的运行速度决定。一般烘干速度应与生产线速度同步。

（7）环境条件　着色工序对环境有着较高的要求，环境温度应控制在 $15\sim30℃$，同时，光纤高速运动下带有静电，会吸附空气中的尘埃，经过着色板时会堵塞着色模口，导致光纤受力甚至光纤断裂。因此，要保证工作环境的干燥，清洁，并定期对光纤导轮、导孔、模具、瓷钩、过滤网、石英管等部位进行清洗并且保持清洁。

（六）光纤二次涂覆或套塑工艺

光纤二次涂覆工艺，有时又称之为套塑工艺，它是对经过一次涂覆着色后光纤进行的第二层保护操作。经一次涂覆后的光纤，其机械强度仍较低，如不经进一步的增强仍是无法使用的。众所周知，光纤在实际使用中不可避免地要受到外部张应力或压应力或剪切力的作用，外力作用不仅会影响光纤传输性能，对其力学性能的影响会更大，同时，当外部环境温度发生变化时，由于一次涂覆光纤的温度特性差，也会影响光纤的传输特性。为此，为满足光纤在成缆、挤护套等后序各工序以及运输、敷设、实际使用时对其传输特性和力学性能的要求，必须对一次涂覆着色后光纤进行进一步保护，使光纤具有足够的机械强度和更好的温度传输特性。套塑操作的目的就是要保护光纤的一次涂覆层，增加光纤的机械强度，改善光纤的传输特性与温度特性。套塑工艺操作可分为松套、紧套、成带三种工艺方式。松套工艺是在一次涂覆光纤的外表面，再挤包上有一定直径一定厚度的松套缓冲塑料管，简称松套管，一次涂覆光纤在松套缓冲塑料管中可以自由移动，松套管内充有阻水石油膏，根据套松管内光纤结构的形态可以分为两种：普遍松套光纤套塑，此时，管内光纤可以是一根，也可以是一束多根；光纤带松套套塑，松套管内光纤为光纤带；紧套光纤，顾名思义就是将经过一次涂覆的光纤外层再紧紧地挤包一层同心丙烯酸酯、尼龙或聚乙烯等高分子聚合物层，二次涂层紧贴在一次涂覆层上，光纤在二次涂层内不能自由移动；所谓光纤成带就是将若干根，如：2×2、4×4、6×6、8×8、12×12、16×16、24×24，着色光纤按照一定的规律，有顺序的平行排列在一起，并且用聚乙烯等高分子材料黏结成带状光纤后再叠带的工艺操作过程，而排列、黏结的工艺过程称之为成带，又称并带。下面分别进行论述。

1. 光纤紧套工艺

为了保护光纤不受外部影响而在光纤涂覆层外直接挤上一层合适的塑料紧包缓冲层的过程，称之为光纤套紧工艺。目前生产紧套光纤常用的方法有两种：一种适用外径为 $250\mu m$ 的一次涂覆光纤，将其直接套塑至 $900\mu m$；另一种是采用二层涂层完成，先将外径为 $250\mu m$ 的一次涂覆着色光纤涂覆一层缓冲层，缓冲层直径在 $350\sim400\mu m$，然后再紧套至 $900\mu m$，缓冲层材料一般采用硅酮树脂。两种方法各有利弊。第一种方法工艺简单，但是由于涂层过厚，$\Delta\phi=650\mu m$，给涂料的固化带来不便并且在固化过程中，由于温度变化和残留应力作用，使光纤传输性能受到影响；第二种方法可以缓解第一种方法的不足，并且由于缓冲层使用聚硅氧烷树脂，可以更好地改善光纤温度特性，但是其工艺相对复杂，设备投资增加，工序增多。

（1）紧套光纤生产线及设备 紧套光纤生产线主要由光纤放线装置、光纤预热器、吸真空装置、挤塑机、冷却水槽、牵引轮及牵引装置、激光测径仪及同心度测试仪、测包仪、张力控制架、收线装置及控制系统组成，如图 2-17 所示。

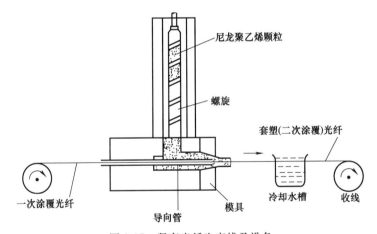

图 2-17 紧套光纤生产线及设备

首先将一次涂覆着色光纤从光纤放线架上放出，利用放线传感器和放线张力测量轮得到放线张力的大小，由张力调节轮完成对放线张力的调整。经光纤预热器将光纤加热到某一温度，这一温度不能过高，否则将引起光纤微弯的增加，将一次涂覆光纤送入挤塑机中，光纤自挤塑机内与模具同向的导向管中穿出，利用牵引装置提供一个恒定的牵引速度，同时，将高分子料自挤塑机的进料口填充入挤塑机的加料区并经预热区加热，形成熔融态黏稠状物料，通过挤塑机内模具拉成管状，并通过吸真空装置使二次熔融态黏稠状紧套涂层材料紧密的黏附结合在一次涂覆光纤上且表面光洁，将从挤塑机出来已涂覆的光纤进行水冷，利用冷却水槽对涂覆后的光纤进行梯度水冷却，首先是温水冷却（$45\sim30℃$），然后采用冷水冷却（$20\sim14℃$）使涂覆层迅速固化并利用吹风机吹干，最后利用激光测径仪测量二次涂覆光纤的直径大小及同心度的变化、有无包块产生，并反馈回挤塑机控制涂层的尺寸和同心度状态及挤塑机温度，最后利用张力传感器和张力控制装置控制收线张力大小，用排线装置排线并将光纤收到收线盘上，生产线的速度就是牵引轮的牵引速度。

（2）紧套光纤主要的工艺参数

光纤二次紧套涂覆材料与一次涂覆光纤应黏合紧密合理，黏合过紧会造成光纤衰减增大，过松会造成光纤一次涂层与二次涂层间存在有余长，同样会增大光纤的衰减，而且要求二次涂层表面应光洁，为此应严格选择涂层材料并控制相应的工艺参数。

① 紧套涂层材料　对涂层材料的选取应遵守这样的原则　所选的材料应以可提高光纤的低温性能和抗微弯性能材料为最佳。目前，世界上最常用的材料有这样几种：硅酮树脂、尼龙12、聚乙烯、聚酯、聚丙烯酯和PVC。国内主要用材料有硅酮树脂、软PVC、尼龙12，丙烯酸酯。在生产使用前，应对高分子涂料进行烘干处理，PVC涂料的烘干温度为$(70\pm5)℃$，尼龙料的烘干温度应为$(80\pm5)℃$，必须彻底烘干物料，除去水分，以免残留水分在挤制过程中进入光纤内部，影响光纤的衰减值。

② 紧套光纤模具配置　光纤紧套工艺生产线采用的模具一般为拉管式模具，主要原因是他易于成型，不易在生产过程中出现脱料。根据大量经验得到，光纤紧套生产用模具的拉伸比一般控制在3.0~5.0。

③ 生产过程中，要严格控制挤塑机机头的真空度与出口温度，使其无空气混入，在涂层中避免产生气泡，并使二次涂层与一次涂层黏合紧密、固定。

④ 严格控制并调节第一、二节水槽温度。为避免因冷却水与挤塑机出口温差过大，使高分子涂料产生大的收缩，致使一次光纤受压应力作用，必须采用梯度冷却。第一水槽采用与挤塑机出口温度接近的温水冷却，第二水槽用冷水冷却。

⑤ 调节并控制光纤预热器的温度。预热一次涂覆光纤，使一次涂覆光纤温度接近挤塑机物料温度，保证涂料与光纤黏结牢固。

⑥ 严格控制并调节生产线速度。生产线速度受光纤冷却速度、挤塑机挤压速度、光纤牵引速度所限，应使它们很好地同步配合工作。

⑦ 调节并控制光纤放线张力、牵引张力、收线张力的大小。保证光纤所受拉应力最小、残留应力最小，从而降低光纤的衰减，提高光纤的机械强度。

（3）影响紧套光纤质量因素及解决措施

紧套涂覆材料温度特性是影响紧套光纤关键因素，也是制造紧套光纤必须考虑的问题。因为涂覆紧套光纤的温度特性除与光纤本身结构参数和抗微弯性能有关外，还与光纤的二次涂覆层材料性能相关。套塑后，由于冷却固化，尼龙、聚乙烯等塑料会收缩，产生一个收缩外力作用在一次涂覆光纤上，会使光纤产生微弯，导致光纤微弯损耗的增加，使光纤总的传输损耗增大。塑料产生收缩作用力的原因有两个。

① 裸光纤为SiO_2玻璃光纤，SiO_2材料的线胀系数$\alpha=5\times10^{-7}/℃$，而塑料涂覆材料的线胀系数$\alpha=5\times10^{-4}/℃$两者相差三个数量级，在冷却温度发生变化时，塑料会产生一个收缩力作用到光纤上，足使光纤的衰减增加。

② 光纤经紧套涂覆加工后，在塑料层内会残留部分内应力，当光纤受温度影响发生变化时，造成内应力的松弛（排泄），或在常温下存放时，随存放时间的延长，内应力也会缓慢松弛，足使紧套涂层收缩，导致光纤微弯损耗增加。

为减少这种因套塑工艺引起的附加损耗，应从以下几个方面来考虑解决此问题。

a. 应选择线胀系数与SiO_2材料相近的涂覆材料作涂覆层，替代目前使用的硅酮树脂、尼龙等材料。或选取线胀系数小，弹性模量较低的涂料，但若材料在这两方面的性能过低，它的抗侧压性能会明显下降，因此要对两方面的指标综合考虑，选择弹性模量适中的材料作紧套涂覆材料。

b. 选择合理的紧套工艺，保持模具的光洁度，同时选择合适的塑化温度，并使塑料的冷却速度、挤出速度和光纤牵引速度之比达到最佳，尽量避免套塑时光纤的振动，尽力消除光纤残留的内应力，严格控制冷却温度。

c. 减少涂覆层的横截面积。当光纤的几何尺寸一定时，涂覆层的外径越大，涂覆层横截面积越大，涂覆光纤的温度特性越差，建议使用第二种工艺生产方法。

（4）生产中保证紧套光纤产品质量的工艺方法

在实际的生产中，为保证产品质量，可以从工艺参数的调整入手，具体可以调整的参数主要包括这样几项。

① 可通过调整挤塑机机头的真空度来改变紧套涂层与一次光纤的附着松紧。

② 调节一、二水槽的冷却水温，使紧套涂层材料具有理想的收缩度。

③ 还可以通过调节光纤进入挤塑机前的预热温度使紧套涂层与一次涂层黏结得更牢固。

④ 调节生产线的速度，保证紧套光纤具有要求的涂层厚度。

⑤ 调节光纤的放线张力、牵引张力或收线张力，改变光纤紧套涂层涂覆质量并使光纤不受力。

除上述工艺参数的调整外，在实际的操作中，还应该注意一些操作细节，如由于紧套光纤的外径较松套光纤的外径小得多，挤塑机的螺杆要求与普通挤塑机的不同，必须使用低输出螺杆，检查机内的残料滞留情况等。

2. 光纤并带工艺

（1）基本参数与色谱规定　光纤并带就是将若干根着色光纤，按照一定的色谱有序的排列黏结在一起后叠带的工艺操作过程。将单独的光纤排列黏结的过程称之为并带，而叠带由若干条已并带的带纤叠层并由并带机完成，将若干层并带纤叠层而成的带纤称为叠带。光纤带由具有预涂层的光纤和 UV 固化黏结材料组成，黏结材料应紧密地与各光纤预涂层黏结成为一体，其性能应满足光纤的要求，光纤带中的光纤应平行排列不得交叉，相邻光纤应紧挨，中心线应保持平直，彼此平行并共面。

在光纤并带过程中，着色光纤的排列顺序有两种方法：全色谱和领示色谱。全色谱标识

1#	2#	3#	4#	5#	6#	7#	8#	9#	10#	11#	12#
蓝	橘	绿	棕	灰	白	红	黑	黄	紫	粉红	青绿

领示色谱标识

1	2	3	4	5	6	7	8	9	10	11	12
白	白	白	白	白	蓝	白	白	白	白	白	白

并带与叠带层的标识（12 层为例）

	1	2	3	4	5	6	7	8	9	10	11	12
1.5.9.	蓝	橘	绿	棕	灰	白	红	黑	黄	紫	粉红	青绿
2.6.10.	白	白	白	白	蓝	白	白	白	白	白		
3.7.11.	蓝	橘	绿	棕	灰	白	红	黑	黄	紫	粉红	青绿
4.8.12	白	白	白	白	红	白	白	白	白	白		

在 20 世纪 90 年代初期，光纤带有两大类结构，一类是边缘黏结型，一类是包封型。前者以一次涂覆成形，光纤带厚度为 $280 \sim 300 \mu m$；后者以二次涂覆成形，内层带涂料模量较

低，用以抗微弯，外层材料模量较高，用以增加机械强度，光纤带厚度为 $380\sim400\mu m$。由此，引出光纤带生产方法存在两种：二次涂覆成形，此方法需要经过二次固化，内层材料起保护光纤作用，外层材料比较硬，防止光纤受到挤压侧压。一般情况下包封型结构都采用这种方法；一次涂覆成型，经过一次固化后直接成型，是一种最常用的方法。现在鉴于标准化、技术和经济等原因，两者逐渐合而为一，光纤带的厚度统一为 $300\sim350\mu m$ 之间。光纤带规格有 2×2、4×4、6×6、8×8、12×12、16×16、24×24 芯，24×24 型带纤是近年发展起来的技术。国内标准对光纤带几何参数的规定如表 2-8 所列，国际上规定光纤带的最大几何参数尺寸值如表 2-9 所列。

表 2-8　国内标准光纤带几何参数的规定

光纤带芯数	4	6	8	12
光纤带宽度 $w/\mu m$	1150	1645	2180	3250
光纤带厚度 $h/\mu m$	320	320	320	320
光纤带平整度 $p/\mu m$	25	25	25	30
相邻光纤间距 $d/\mu m$	280	280	280	300
两端光纤间距 $b/\mu m$	800	1320	1900	2880

表 2-9　国际上规定光纤带的最大几何参数尺寸值　　　　　　单位：μm

纤数 n	宽度 w	厚度 h	相邻间距 d	两侧间距 b	平整距 p
2	700	400	280	280	—
4	1230	400	280	835	35
6	1770	400	280	1385	35
8	2300	400	300	1920	50
10	2850	400	300	2450	50
12	3400	400	300	2980	50

（2）光线带主要控制工艺参数

① 放线张力　并带的放线张力为 $(50\sim60\pm5)g$，并且对放线张力的一致性有很严格的要求，必须保证每根光纤受到相等的放线张力，否则成带后就会出现单纤衰减增加现象。每根光纤所受张力是否一致，可由成带光纤的一致性检查评价。可采用最简单的方法，取光纤带若干米，平直放置在地板上或垂直悬挂，如果光纤带能平直放置，则说明张力控制一致，如果光纤带有卷曲异常现象，则证明光纤张力不一致。张力控制是并带工艺的关键。

② 除静电方法　由于成带过程中，光纤在高速下运转，表面有静电产生，光纤间会相互吸引扭绞在一起，严重影响光纤在模具中的排列位置，造成平面度达不到要求，因此，为了除去静电，需在光纤上、下两导轮间装配一个除静电装置。

③ 生产线速度　生产线速度主要根据涂覆材料的性能、UV 灯功率和数量、打字机速度以及设备极限速度进行调节。如 12 芯全色谱单模光纤，为了便于识别这些光纤，其涂层的外表面都需要打印标记，从第一层到第 12 层光纤带表面分别打印"12B1-1"、"12B1-2"、……"12B1-11"、"12B1-12"字样，打印字符每一个循环间距为 200mm，为保证印字正确清晰，生产线速度一般不宜超过 300m/min。例如：当采用双灯管椭圆反射屏式结构固化炉时，UV 灯功率为 $2\times1000W$，六芯带的生产线速度为 100m/min，而采用两级固化炉时，UV 灯功率 $4\times1000W$，生产线速度可以达到 200m/min。

④ 着色光纤外径与固化度的要求　根据模具尺寸的大小，着色光纤外径一般控制在 $257\mu m$ 以下，如外径过大，会使光纤在模具中受堵，受力后光纤易被拉断；太小，会影响光纤带的平整度。光纤带中的着色光纤固化度要求在 90% 以上，如固化度在 90% 以下，剥

离光纤带时会出现着色光纤颜色成分一起被剥离，造成接续时难以识别。

⑤ 涂覆器中树脂和模具温度　涂覆器中树脂和模具温度为（45～60±10）℃，整套模具由导向模、口模、径模组合而成，每个模具的加工精度要求极高。模具长时间使用后会出现偏心，磨损等现象，因此要求对模具进行定期检查、评定，否则会造成光纤在模具中受伤断裂及平整度较差等现象。

⑥ UV 灯功率和氮气纯度、压力　UV 灯的功率主要根据设备的情况而定，一般而言为了提高生产效率，设备厂家都采用两台 UV 灯固化炉进行固化，第一个 UV 灯固化炉主要起定型的作用，第二个 UV 灯固化炉加强光纤带的固化效果。功率的设定根据 UV 灯功率而定，如功率设定太低，会使光纤带固化不良，表面带有异味；过高，会影响灯泡的使用寿命。固化炉内使用氮气的目的主要是提供一个无氧环境，使固化效果更好，与一次涂覆、着色工艺的目的完全相同。氮气的纯度要求达到 99.95% 以上，压力为 6×10^5 Pa，并保持恒定。

⑦ 收线张力和排线质量　光纤带收线张力一般控制在（100～120±10）g。光纤带的收线张力主要靠收线跳轮处的气压进行调整，正常工作气压为（5～6）$\times 10^5$ Pa。收线张力过大会使收线盘具上的光纤带受力，衰减增加；过小，会使光纤带有抛丝现象，在后序的套塑工序放线时会出现断带现象。光纤带的排线质量在带纤生产过程中，是一个非常重要的控制参数，它的质量对成带质量的好坏有最直接的影响，排线方式和节距的选择必须合理。

⑧ 环境要求　并带与着色工艺一样，对环境条件有较高的要求，同时为了去除静电，对湿度有一定的要求，一般要求环境湿度控制在 40% 左右。如有颗粒灰尘进入并带模中，会影响模具的空间，使光纤受力甚至损伤或断纤。因此，要求并带过程中光纤经过的导轮及其他部件无目视可见的颗粒灰尘。

（3）并带生产线与设备

并带工艺主要由光纤并带机来完成。并带机是将多根光纤用黏结材料黏结合并成一根光纤带的设备，它所使用的黏结材料是对特定频段 UV 灯光敏感的高分子材料，如丙烯酸酯、聚乙烯等，类似于着色料，是无色透明的材料。按照光纤穿过模具的方向不同，并带机可分为卧式和立式两种。评价一台并带机性能的好坏，主要从三个方面考虑。

- 光纤带的几何尺寸　关键参数是光纤带平整度 P。
- 并带时生产线速度。
- 操作时难易程度。

① 12 芯边缘黏结型光纤带制造工艺　这种工艺最常使用的设备有芬兰 NE×TROM 公司生产的 OFC21 型光纤并带机。它是一种卧式并带机。该机主要由三大部分组成：12 个放线盘、成带单元，收线装置。并附带有去静电装置，喷码打印机等辅助设备，该机配以不同的模具，可以生产 4 芯、6 芯、8 芯、12 芯光纤带，其中 4、6、8 芯带生产速度可以达到 300m/min，生产 12 芯带时速度为 150m/min，光纤带的平面度均达到要求。固化炉单元采用二级固化，每级 6000W 功率输出。固化炉采用 FUSION 公司产品，UV 灯为无电极汞灯。整机结构速度 1000m/min。所有的驱动装置均采用交流变频调速，系统控制采用 PLC 控制，人机界面是液晶显示屏与薄膜键盘。组成该机的三大部分之间是相对独立的，即各部分可以单独工作，不受干扰。

放线单元由放线盘，放线张力调节轮，放线张力测量轮和显示器组成。放线盘的转速完全由张力轮驱动控制，张力调节轮后面连接一个空气阻尼缸，缸内的空气压力可以根据需要即时调节，调节后放线的张力也随之改变，具体数值可在显示器上实时读出，12 个放线张力均可独立的调整，在各个放线单元出口处均设立一个除静电装置，消除储存光纤上的静电荷，避免光纤之间电荷相互吸引或相互排斥，保证光纤整齐排列后进入模具。

成带单元有以下几部分：汇线上、下导轮，模具，模座，丙烯酸酯供应系统，涂覆器，固化炉，涂覆器和固化炉氮气供应系统，牵引装置等。从放线装置来的着色光纤经三个汇线导轮导向排列后进入模具进行涂覆，涂覆时要控制涂覆料的温度和压力。光纤带从模具出口直接进入固化炉固化，固化炉中 UV 灯功率随着生产速率的变化而变化，固化时氮气供应系统会同步工作，光纤带在固化炉出口处出来，经过一个导向轮进入牵引装置，导向轮后方装有一个张力测量器，牵引张力可以实时地在显示屏幕上显示。在固化单元人机操作界面上可以观察并修改的参数有：运行速度、慢速速度、涂料供应的各段温区温度、涂料供应压力、生产带纤的长度等。

收线单元由收线控制界面（包括 x-y 几何测量仪）、收线盘组、收线张力调节器和排线导轮等组成。成带后的带纤由牵引轮引出后，经 x-y 几何测量仪测定带纤的几何尺寸，满足要求者，经喷码打印机打印产品识别标志进入收线。收线装置带有独立的控制面板，可以设定线盘的尺寸、排线节距、排线方式等。

② 12 纤包封型光纤带制造工艺　12 纤包封型光纤并带设备主要由 12 芯光纤放线架、放线张力调节轮、放线张力测量轮、放线张力传感器、12 槽导轮、二个涂覆器、二个固化炉、牵引张力测量仪、牵引轮及装置、x-y 几何参数测量仪、收线张力控制架、收排线轮、控制系统和人机界面以及除静电装置等组成。

选择 12 盘合格的着色光纤，排列时采用领示色谱顺序或全色谱排列，将其放在光纤放线架的放线盘轴上，并从放线盘上将其放出，经 12 槽的导向轮拉动，导向轮上、下各一个，在导槽中间位置配置一个除静电装置，除去光纤上的静电荷，将成带排列的光纤送入 1# 涂覆器的模具内涂覆一层高分子涂层，并送入 1# UV 固化炉固化，在涂覆器和固化炉内应充入 N_2 气保护。第一层涂层固化度达到 70%，送入 2# 涂覆器，涂第二层涂层，并送入 2# 固化炉内，固化后利用牵引辊牵引光纤带移动。牵引张力大小由一个牵引张力测量装置实时在线测量并由显示屏显示数值。光纤带自牵引辊引出后，进入收线状态，收线张力的大小由收线张力控制架控制，并经排线轮排线，最后收线到收线盘上。在牵引辊与张力控制架间利用非接触式激光测量仪测量光纤带的二维几何参数并实时自动调整。

（4）并带黏结材料　光纤并带利用的黏结涂料的要求基本上与紧套光纤所用涂料相同，即可选用紧套光纤用涂料：内层可用硅酮树脂、UV 丙烯酸酯，外层多用尼龙、软 PVC、聚乙烯等材料，也可只用 UV 丙烯酸酯作带纤涂层材料。

3. 松套套塑工艺

光纤松套套塑是光纤光缆制造中的关键工序。因为套塑不但为光纤提供了进一步的抗压抗拉的机械保护而且制造了光纤余长。光纤余长的产生使得光缆具有优越的力学、物理性能。在光缆的敷设与运输时，当环境温度变化及外力施加时，会使光缆有一定量的伸缩量，而光纤余长的产生使光纤在光缆受到伸缩变化时可以不受外力或使外力的作用减小到可以承受的程度。另一方面，由于松套管内壁与一次着色光纤间有一定的空间间隙，通常二者之间的间隙需填充触变性的阻水油膏，由于阻水油膏的存在，当有侧压力施加在松套管上时，松套管产生的形变不会直接作用于光纤，阻水油膏为光纤提供了有效的机械保护。

（1）光纤束套塑工艺　光纤束套塑工艺是将数根（2～12 根）单根着色光纤通过油膏填充装置，利用油膏与光纤的摩擦力与纤膏一道进入挤塑机套塑料缓冲管，并经水槽冷却收到收线盘具上的操作过程。一般将光纤束套塑分为两类：中心管式和层绞式。根据不同的光缆结构要求，提供不同光纤余长所需的套管。光纤束套塑生产工艺流程如图 2-18 所示。

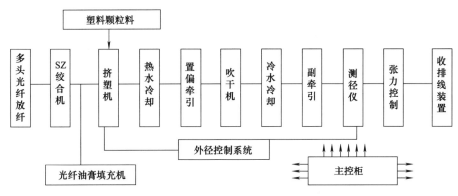

图 2-18 光纤束套塑生产工艺流程图

首先利用多头光纤放线机将多根光纤从放线盘上放出。放线系统配备有电子控制系统，对多根光纤进行同步控制。对于光纤放线架，要求在光纤高速放出时，放线张力稳定、可调、光纤不抖动。同时，由于光纤属脆性材料，一般需要较大的弯曲加工半径，故要求放线设备应具有较大直径导轮，而且可以精确地控制放线张力。常用放线专用设备有 2 种工作方式：主动放线和被动放线。早期的二次套塑设备中，大都采用主动放线，即光纤盘由伺服电机驱动放出光纤，并由导轮进行放线张力控制。由于光纤在光纤盘上排列不可能非常整齐，光纤自光纤盘上放出时就不可避免地存在着不同程度的张力波动，会造成光纤在松套管中余长不均匀性。为解决这一问题，应采用光纤盘放出光纤后，再通过一对微型牵引轮放线，导引光纤，微型牵引轮的速度由导轮通过设定的张力来调节，由于微型牵引轮的转速完全不受光纤在光纤盘排列状态的影响，其对光纤放线起到张力波动的隔离作用。经微型牵引轮放出的光纤张力极为稳定，从而可以确保光纤余长的均匀性。被动放线会使光纤在不同程度上受力，由于光纤强度较低，拉力过大，光纤可能被拉断，而拉力过小，光纤又会放不出来，所以现已很少使用。传统放线张力的控制主要有这样几种方法。

① 用液压马达传动放线轴进行传动，用摆动的滑轮控制线的张力和调节油量，以改变放线速度。

② 采用高灵敏的电子电路控制马达传动，张力由一个储线器轮组进行控制，同时改变传动速度。

③ 多头放线由马达传动，带重锤的平衡杆控制放线盘的张力和速度。滑轮压在走动的光纤上，当光纤放线张力过大时，光纤张紧，摆动杆升起，由于杆的另一端与电位计相连接，使电位调低，马达速度变慢，光纤张力减弱，从而调节了放线张力；当光纤放线张力过低时，摆动杆会下降，将电位调高，使马达速度增加。这样多次循环，就能保证放线张力适宜且放线均匀。

现代技术中，多头放线张力控制只有采用四象限（进、退、停、转换）张力控制放线设备才能胜任。此机采用直流伺服电机四象限控制原理，由大功率晶体管脉冲调制构成四象限控制，形成张力自动反馈的放线装置控制系统。该设备具有张力控制精度高、响应快、速度范围大、结构紧凑、轻巧、操作简单等特点。

放线张力控制设备是制造一管多芯松套光纤和中心管式光缆的关键工艺设备，而放线张力的大小和精度的选择直接关系到光缆的质量。一方面放线张力的选择影响光纤余长的形成，同等情况下放线张力越大光纤余长越小，放线张力如过小则不利光纤余长的稳定，反之则光纤余长就长，会增加光纤的衰损，根据选用设备情况，设备精良可以减小放线张力的设定；另一方面光纤放线的过程也是对光纤进行张力筛选的过程，为了尽量减小对光纤的损伤，一般认为放线张力应是筛选张力的 10% 左右。ITU-T 将光纤筛选应力规定为 4 个等级：0.35GPa，0.69GPa，0.86GPa，1.38GPa，目前推荐使用的光纤筛选应力为 0.69GPa。

根据不同设备的具体情况和光纤余长要求，应设定不同的放线张力，一般应保证在 30～120g 范围内，过大将影响光纤传输性能和使用寿命。此外，在光纤放线架上应加装除静电装置，因为多根光纤高速放出进入填充油膏装置时位置十分贴近，会产生静电造成光纤的抖动，影响光纤余长的均匀性，除静电装置的使用可有效地解决这一问题，并能去除光纤表面附着的灰尘，杂质。

光纤经放线装置放出后，进入 SZ 绞合机，经过两级穿纤孔。第一级穿纤孔固定位置，第二级穿纤孔以均匀的速度向左右两向交替旋转一定角度，使光纤束形成一定绞合节距进入套管，光纤余长随着绞合节距的增加而降低。根据两极穿纤孔的距离设置相应的旋转角度，距离较大时，旋转圈数较多；距离较小时，旋转圈数少。光纤 SZ 绞合机的主要作用在于使套管中每根光纤具有一致余长，其本身对光纤余长大小影响不是很大。

光纤经 SZ 绞合后，进入填充阻水油膏装置，光纤穿入油膏，针管与油膏一起进入松套管。通常情况下，填充油膏在生产、运输及填充过程中会有气泡产生，这给光纤成缆后的产品质量造成很大的影响。由于气泡的存在，首先会导致松套管外径不均匀，其次空气的存在会影响油膏的填充度。因此阻水油膏在填充前必须进行除气处理，最大限度地保证松套管与光纤间隙内注满油膏。目前油膏除气一般采用两种方式：过滤真空分离式和离心真空分离式。

过滤真空分离式除气是对油膏施加一定压力，通过微孔金属过滤网或采用挤压轧辊过滤使气泡分离，经真空泵排出。离心真空分离式除气是利用离心机实现油气分离，由真空泵排出气泡，后一种方法输出油膏除气效果好，密度、精度均匀，具有一定稳压能力。

去除气泡的阻水油膏与光纤一起进入油膏针管，填充入挤出松套管内，在此油膏填充模具的设计和选用至关重要，松套管中油膏填充质量最终由油膏填充模具决定。所以应合理设计挤塑机的内模芯内径与油膏针管的间隙距离，并根据松套管内径，光纤根数调整油膏的输出位置。同时，充油针管在挤塑机中的位置也是关键的控制因素。

光纤经油膏填充进入挤塑机。一般情况下，光纤光缆生产厂家选择单层挤套塑工艺，由于光纤束松套管外径较小，一般为 3.0mm 左右，所以可使用 ϕ45mm 挤塑机，而对中心管式光缆的束管则应根据管内光纤的不同，选择不同的挤出模具尺寸，得到不同的束管外径。采用聚对苯二甲酸丁二醇酯（PBT）为松套管材料。PBT 颗粒料，经送料装置送入挤出机的进料口，使其在螺杆的作用下进入挤塑机内部并在加热区熔化，在挤塑机熔融挤出区出口模挤出并在出口模和余长牵引之间完成套塑，形成束管。挤塑机熔融加工温度在 250～270℃。作为 PBT 塑料的松套挤出机，通常应使用高效均匀又不产生过渡剪切效应的螺杆为宜。挤塑机螺杆的长径比从 24：1 到 30：1。长径比太大，高温下的 PBT 料在加热区滞留时间太长，会产生分子链断裂的降解现象，严重时将导致挤出的束管变成脆性物体。

PBT 料的选择与处理对最终产品质量有着较大的影响。要求 PBT 具有良好的可加工性、耐水解、柔韧性好、易切割。在生产中，首先是对 PBT 进行干燥处理，通常情况下，PBT 料进入挤塑机前必须在 100℃ 左右温度下干燥 3h 以上，使水分充分去除。PBT 的黏度，此项指标对 PBT 加工工艺有非常大的影响，黏度高使流动性减弱，生产线速度不能提高，造成成形困难，对挤出螺杆要求较高。PBT 的热稳定性，此项指标决定了 PBT 的在线加工能力，PBT 料在挤塑机内高温滞留时间过长，将发生降解、熔体破裂，产生焦料，焦料的出现会形成套管内包块存在，严重时造成套管断裂。影响此项指标的是挤出机温度，特别是机头温度,如法兰区温度、模具出料区温度,一般加工温度设定在 250℃,温度的设定主要考虑这样几个因素:PBT 材料特点、生产线速度、套管规格、模具的配置。PBT 料拉伸比,PBT 管自模具出口挤出,遇空气迅速冷却,进入热水槽,此过程中,PBT 料从熔融态温度迅速下降,PBT 温度高于其玻璃化温度,PBT 聚合物的大分子链已不能运动,但链段还能活动,在外力作用下能产生较大形变,在此成形过程中,PBT 料从没有取向的熔融状态,沿牵引方向拉伸到原长度的若干倍,从而形成束管的拉伸比。此时拉伸比 DDR 可由下式计算。

$$DDR = (D_D^2 - D_T^2)/(D_0^2 - D_j^2)$$

式中　D_D——模套内径;

　　　D_T——模套外径;

　　　D_0——套管外径;

　　　D_j——套管内径。

　　PBT 套管挤出后进入冷却水槽进行冷却。套塑后的水冷,一般采用梯度冷却方式。第一节冷却水槽冷却水温较高,要根据形成光纤余长的需要设置,同时应使水温接近 PBT 材料的结晶温度 40~60℃,使 PBT 形成较稳定的结晶。一般在 45~75℃,最佳为 60℃,此外,应严格控制水温的偏差,偏差范围在 ±2℃ 内。由于自挤塑机出来的 PBT 熔融体的温度较高,会引起冷却水槽温度的升高,必须注意冷却水循环的控制。

　　套管经过第一冷却水槽后,已形成较为稳定的结构,通过主牵引轮形成负余长,牵引轮对套塑余长形成起主要作用。牵引轮的圈数、直径尺寸均会对光纤余长的大小产生一定的影响,牵引轮与套管的接触面应耐磨损,并有一定的摩擦力存在。牵引方式的不同对形成光纤余长也有较大影响。

　　套管经过牵引轮后进入第二水槽,这节水槽温度较低,一般设置在 10~20 的温度范围内。套管经此槽水冷却,应充分冷却,使套管结构稳定。然后用吹干机将套管干燥,使进入收线的套管不但充分冷却而且无水分。在生产中应注意吹干机模具和气流的控制,根据不同规格套管外径调节吹干模具尺寸,对气流的选择应在保证吹干的前提下,保持套管平稳不抖动,这里要特别注意吹干模具与气流的配合。因为套管外径测量一般在吹干之后,为保证套管外径测量的准确性应注意保持套管的位置稳定。在此阶段光纤形成正余长。

　　充分冷却、干燥的套塑管通过张力测量装置及覆带牵引进入收线装置,覆带牵引压力的设置应既不对套管外形造成影响又不使套管打滑。生产时要注意观察皮带的磨损情况,对于收排线装置的要求是排线平整无压线及抛线现象,收线张力的设置不宜过大。

　　(2) 光纤带二次套塑工艺　光纤成带是为了提高光缆中光纤的密集度而发展起来的产品,而光纤带的二次套塑是光纤成缆工艺技术的最关键的工序。光纤带在一定张力下由放线装置放出,对于光纤带束管,光纤带有两种放线方式:叠带平行进入束管和叠带螺旋绞合进入束管。经挤塑机机头挤制 PBT 束管,管内充有阻水油膏,经热水槽冷却成形后,由轮式牵引轮牵引到所需的束管外径,将束管在牵引轮上缠绕几圈,然后进入冷水槽。由于光纤带本身具有一定的张力,因此,束管中的光纤带会靠向牵引轮的内侧,此时,光纤带的缠绕直径 ϕ_1 必然会少于束管中心线的缠绕直径 ϕ_T,而形成负余长。

　　光纤带的放线张力愈大,光纤带拉得愈紧,光纤带在束管内的位置靠向内侧就愈甚,形成的负余长愈大。反之亦然。所以,光纤带的放线张力愈大,成品松套管的正余长愈小,放线张力愈小,正余长愈大。

　　松套管进入冷水槽后,由于温差的作用,会发生收缩,这不仅补偿了光纤带的负余长,并得到所需要的正余长。冷收缩得到的正余长值取决于冷热水的温差、PBT 材料及光纤的线胀系数。

松套管离开冷水槽后，进入三轮张力控制器，三轮组张力控制器包含两个定位轮和一个张力轮，张力轮与一个张力传感器相连，张力传感器的作用是检测松套管在线张力，控制主牵引速度。主牵引的牵引张力非常低，使松套管得到充分的热松弛，松套管离开主牵引到收线盘时，基本上已没有内应力，从而得到一个稳定的具有正余长的光纤带松套管。

光纤带套塑工艺中光纤带余长控制是关键。引起光纤带余长变化的主要因素是放线张力，光纤带平行进入束管时放线张力的影响容易控制，当以螺旋方式进入束管时，由于光纤带绞体绞合旋转方式的影响，该如何保持放线张力的恒定、如何进行放线张力的测量与控制是最关键的。中国电子科技集团公司第八研究所赖继红女士提出了这样一种设计方案并在生产实际中得到验证，效果很好。其设计采用张力传感器、PLC 及工业控制计算机联合技术来控制放线张力，实现张力在线调节、主屏显示的功能

采用 12 只光纤张力传感器同步控制。光纤带绞体对传感器的要求很高，首先，要求光纤张力传感器抗干扰能力强，12 只光纤张力传感器同步工作时，要互不干扰；其次，受力方向要单一，在生产过程中，各放线头要随着绞体转动，安装在绞体上的张力传感器的运动状况较复杂，在此过程中，为了保证光纤带能恒张力放出，传感器必须只对光纤带受力方向的张力做出反应，而对其他任何方向的干扰力应作最大限度的屏蔽；第三，传感器应有较大的过载系数，过载系数大的传感器能承受较大的载荷而不损坏，在生产过程中，可避免因瞬时过载造成传感器损坏。一般选用 MCL-T3 型高精度张力传感器，其量程从 $0\sim20N$，标准信号输出 $4\sim20mA$，过载能力达到 30N。

（3）松套工艺主要控制参数

① 光纤传输性能　光纤光缆制造中的每一道工序都应该尽量减少光纤的附加损耗，应尽量保持光纤原有的传输特性。由于套塑为中间环节，光纤在入厂时已进行了全面、系统地检验，而且在出厂时还会进行全面的质量检验，所以在套塑时一般只考察衰减一项指标参数。

② 套管的几何尺寸　包括：外径、内径、同心度、壁厚、不圆度。套管表面要求光洁、平整、无包块。2~12 芯套管外径一般在 $1.8\sim3.0mm$，根据不同的芯数确定外径。一定芯数情况下外径越大，套管与光纤间隙越大，无疑会有良好的物理、力学性能，但原料耗用也会相应增加，应根据光缆的结构及使用情况，在保证光缆的性能的前提下，尽量缩小外径。对外径为 $1.8\sim3.0mm$ 的套管，其壁厚一般控制在 $0.3\sim0.5mm$ 范围，在保证套管机械强度的情况下，应尽量减少壁厚以保证套管与光纤的间隙。套管壁厚应均匀一致。对于多芯（$n>48$）时，可采用光纤带套塑工艺。

③ 光纤余长　光纤余长大小的确定是套塑工艺控制的关键。在不同的光缆结构中，要求光纤或光纤带在束管中有不同的余长值。光纤余长在工艺上的形成一般有两种方法：热松弛法，又称温差法和弹性拉伸法。

热松弛法　其实质是利用冷却水温与材料玻璃化温度的差异，使材料产生收缩变化得到光纤余长的一种方法。光纤或光纤带从光纤放线盘上放出，经挤压机机头挤上 PBT 塑料束管，并在束管中充以油膏，由余长牵引轮进行牵引，光纤或带纤在轮式余长牵引轮上得到锁定。光纤带在余长牵引轮上会形成一定的负余长。束管在热水槽和余长牵引轮区间，PBT 束管温度在 45~75℃，其高于 PBT 材料的玻璃化温度（40~45℃），基本上不会产生收缩，不产生余长。进入冷却水槽后（14~20℃），PBT 会产生较大的收缩，这一收缩不仅补偿了

其在余长牵引轮上的负余长，而且得到了所需的正余长。此时，要求主牵引的牵引张力很低，使束管得到充分的热松弛。

主牵引的线速度低于余长牵引轮的线速度，其速度差的调整和确定决定了所得的余长值，这样得到的具有光纤正余长的束管在离开主牵引到收线盘时，基本上没有内应力，从而得到一个稳定的光纤束管和设计的光纤正余长值。

④ 阻水油膏的填充　在光纤套塑生产中，松套管与光纤间的间隙采用一种轻而较软的触变性化合物来充填保护，这种化合物在光纤的工作温度范围内不产生滴流、蒸发、不凝固，称此种化合物为光纤防水石油膏或光纤阻水油膏，简称为纤膏。光纤阻水油膏在二次套塑中的形状以及其成缆后在松套管中对光纤或带纤的机械保护在很大程度上与油膏的触变性有关。光纤油膏的黏度随着温度的增加而下降，因此可以在二次套塑工艺中对光纤油膏加热降低其黏度。这样更有利于油膏的填充。同时，在二次套塑中，光纤油膏在出模口充入松套管，到主牵引这一阶段，是松套管中光纤余长形成过程，无论采用哪种余长形成方式，都要求光纤或光纤带在松套管内必须产生相对滑动，因此，在这一过程中，光纤油膏必须具有足够的流动性，亦具有较低的黏度，从而不会因为黏度过大限制光纤或带纤的滑动。因此，要求光纤油膏的黏稠性恢复时间，即工艺窗口，必须大于二次塑套中光纤余长最终形成的时间。工艺窗口的控制可以通过光纤油膏和操作工艺实现。挤塑机机头内填充油膏模具的设计和选用，必须保证油膏通路顺畅，充膏均匀平稳，充满无气泡。充膏力不能过大，如果充膏压力过大，而油膏黏度又较大时，在出模口处，油膏会对进入松套管的光纤产生剪切牵引作用，使光纤余长不可控的增大，这是必须要严格避免的问题。

⑤ 颜色套管的生产　在层绞式光缆结构中，由于围绕在中心加强件周围的松套光纤数量及层数随着光纤芯数的增加而越来越多，为了便于识别和维护，生产中经常使用各种颜色的松套管进行识别，那么如何得到具有色彩的松套管呢？方法非常简单，在PBT母料中添加不影响松套管性能的颜料，共同挤成松套管。对于颜色套管的质量要求是色泽鲜明，在整个制造长度上颜色均匀，颜料必须与PBT材料、油膏有很好的相容性。

⑥ 松套光纤芯数的要求　在普通的光纤套塑工艺中，松套管内光纤芯数一般为2～12行，若要生产24、36、48等芯数的松套光纤，可以利用光纤束纤机实现：以12芯光纤为一个单元包括色别标识带2、3或4个单元经绞合机绞合后送入松套管中，这时松套管的外径将增大很多，如48芯，其外径达到6.0mm。当芯数大于48芯时，应采用带纤套塑工艺实现。

二、塑料光纤的制备技术

塑料光纤的制造工艺主要有两种：挤压法和界面凝胶法。

（1）挤压法　主要用于制造阶跃折射率分布的塑料光纤（SI）。其工艺流程如下：首先，作为纤芯的聚甲基丙烯酸甲酯的单体甲基丙烯酸甲酯通过减压蒸馏提纯后，连同聚合引发剂和转移剂一并送入聚合器中。接着，再将该容器放入电烘箱中加热，放置一定时间让单体完全聚合。最后，将盛有完全聚合的聚甲基丙烯酸甲酯的容器加温至拉丝温度，并用干燥的氮气从容器的上端对已熔融的聚合物加压，该容器底部小嘴便挤出一根塑料纤芯，同时使挤压的纤芯再包覆一层低折射率的聚合物，就制成了阶跃折射率塑料光纤。

（2）界面凝胶法　用于梯度折射率分布的塑料光纤（GI）制造。其工艺流程如下：首先将高折射率掺杂剂置于芯单体中制成芯混合溶液，然后把控制聚合速度、聚合物相对分子质量大小的引发剂和链转移剂放入芯混合溶液，将该溶液投入一根选作包层材料的聚甲基丙烯酸甲酯（PMMA）空心管内，再将装有芯混合溶液的 PMMA 管子放入烘箱内，在一定的温度和条件下聚合。在聚合过程中，PMMA 管内逐渐被混合溶液溶胀，从而在 PMMA 管内壁形成凝胶相，凝胶相分子运动速度减慢，聚合反应由于"凝胶作用"而加速，聚合物的厚度逐渐增厚，聚合终止于 PMMA 管子中心，从而获得一根折射率沿径向呈梯度分布的光纤预制棒。最后，将塑料光纤预制棒送入加热炉内加温拉制成梯度折射率分布的塑料光纤。

三、晶体光纤的生长技术

单晶光纤的生长方法很多，分类也各不同，但最常用的有导模法、毛细管固化法和基座法 3 类。

1. 导模法

导模法一般都有一个容器，原料放入容器后加热熔化，熔体从一个带有小孔的模子中引出，馈入籽晶后进行定向生长。调整模子的孔径、温度梯度、生长速率等参数，可以控制光纤的直径，其基本原理如图 2-19 所示。

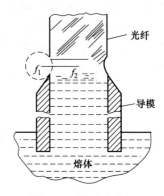

图 2-19　导模法生长
单晶光纤的基本原理示意图

随着光纤生长的需要，人们不断地对这类方法进行改进。上面提到的加压毛细管馈送法和毛细管连续引出法，后来的 μ-CZ 法以及最近报道的一些新方法等，主要是在熔体的引出途径、模子的形状等方面做了改进，归根到底，它们仍属于导模法。

这类方法的主要优点是能连续生长光纤，并能改变模子的形状生长出特殊截面的光纤，是目前生长单晶光纤的主要方法之一。但它受容器材料的限制，难以生长熔点超过 2100℃ 的晶体光纤，而且难以避免污染问题。

2. 毛细管固化法

毛细管固化法的基本原理是将很细的毛细管捆成一束，一端插入熔化的材料中，利用毛细现象使溶液充满毛细管中，然后在温场中通过改变温度梯度使溶液单方向结晶而固化成单晶光纤。

这类方法的主要技术要点是毛细管的选取及温场的设计。其优点是技术简单，可以制备细直径乃至单晶光纤，一次可获得多根光纤。然而它只能制成短的光纤，无法连续生长，而且纤芯的熔点受毛细管的限制，所以这类方法只适用于生长某些有机非线性晶体光纤。

3. 基座法

基座法也叫浮区熔区法，是将块状晶体加工或用粉末晶体压制成小棒，称作源棒。源棒竖直安装在送料装置上，顶端通过局部加热形成小的熔区，浮在源棒顶端，馈入籽晶后定向提拉而成为单晶光纤。加热方式有电阻加热、感应加热、电火花加热和激光加热等。

最常用的方法是激光加热基座法（LHPG），图 2-20 所示为该法生长单晶光纤的示意图。其优点是：①激光直接照射熔区，而且熔区温度可以很高，这样既无污染问题，又能生长出高温光纤；②熔区小，温

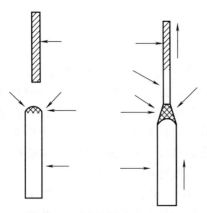

图 2-20　激光加热基座法生长
单晶光纤示意图

度梯度大，故生长速度快；③用料少，成本低，是探索新晶体的方便、经济而快速的手段；④整个过程可以采用计算机控制，自动化程度高。

除了这 3 类生长方法外，还有气相生长法、气相-液相-固相生长法、溶液生长法等，但这些方法目前使用较少，在此不 一一介绍。

第四节　光纤的应用

一、用于核心网干线的低衰减、中等色散和大有效面积光纤

现在核心网仍然采用由 G.652＋DCF 组成的色散管理传输线路来进行长途的 DWDM 传输。为了实现 40Gbit/s 的 DWDM 长途传输，需要解决传输线路中每个跨距的最大累计色散问题。为此，日本古河公司提出以正中等色散光纤（P-MDF）加负中等色散光纤（N-MDF）组成色散管理传输线路进行 40Gbit/s 的 DWDM 长途传输。研究发现，构成色散管理传输线路的最佳光纤应该是低衰减、中等色散和大有效面积的光纤。

众所周知，光纤的衰减、色散和大有效面积的调整既取决于纤芯的折射率分布，又与所选择的掺杂剂种类和光纤制造工艺有关。因此，在正、负中等色散光纤的设计中重点解决了 2 个关键问题。

① 采用环形芯折射率分布来扩大纤芯的有效面积（＞$100\mu m^2$）和保持色散系数为中等大小 ［＜13.5ps/(nm・km)］。

② 以掺氟包层来降低光纤的衰减系数（＜0.21dB/km）。

表 2-10 和表 2-11 分别给出了 P-MDF 和 N-MDF 的性能特点，以及由 P-MDF 与 N-MDF 构成的色散管理传输线路的总线路传输特性。

由表 2-11 可以看出，通过优化 N-MDF 的折射率分布结构，使其大约为-13ps/(nm・km) 的色散系数，以完全补偿由 P-MDF-1 或 P-MDF-2 产生的色散系数，从而使 P-MDF 与 N-MDF 组成的传输线路的总色散系数为零。另外，将 N-MDF 的色散斜率提高到-0.070ps/(nm^2・km)，这样可以在宽的工作波带范围内获得十分平坦的总传输线路色散。因此，未来的长途干线、高速率的 DWDM 传输可以选用 P-MDF＋N-MDF 传输线路方案。

表 2-10　P-MDF 和 N-MDF 的性能特点（1550nm）

光纤品种	衰减 /(dB/km)	色散系数 /［ps/(nm・km)］	色散斜率 /［ps/(nm^2・km)］	有效面积 /μm^2	偏振模色散 /(ps/$km^{1/2}$)	弯曲损耗 /(dB/m)
P-MDF-1	0.210	13.5	0.068	125	0.05	6
P-MDF-2	0.180	12.9	0.068	95	0.05	10
N-MDF	0.220	—13.0	—0.070	35	0.05	5

注：1.P-MDF-1 为非掺氟包层的环形芯折射率分布光纤。

2.P-MDF-2 为掺氟包层的环形芯折射率分布光纤。

表 2-11　P-MDF 与 N-MDF 组成线路的总传输性能（1550nm）

光纤品种	衰减 /(dB/km)	色散系数 /［ps/(nm・km)］	色散斜率 /［ps/(nm^2・km)］	有效面积 /μm^2	偏振模色散 /(ps/$km^{1/2}$)
P-MDF-1＋N-MDF	0.215	0.0	—0.002	77	0.05
P-MDF-2＋ N-MDF	0.201	0.0	—0.001	65	0.55

二、用于城域网的负色散平坦光纤

由于全世界因特网高速通信的需要，城域网已经变得越来越重要。城域网的特点是传输容量大、传输距离短和业务种类多等，因此城域网光纤的研究重点是工作波长宽、色散系数小等。为了减少城域网建设投资，城域网系统使用的光源是价格便宜的直接调制激光器（DML）。但是，DML 会因载波引起模折射率变化而产生大的"啁啾"，从而限制了系统的传输距离。解决 DML 产生大的"啁啾"问题的具体方法如下。

① 改善 DML 的结构。

② 利用负色散系数的传输光纤（N-MDF）来消除 DML 产生的大的"啁啾"。

在 N-MDF 与 DML 组成的传输线路中实现了 C 带 10Gbit/s、100km 的传输。在低水峰非零色散位移光纤（WPS-NZDSF）上分别成功地进行了 10Gbit/s、28.5km（O 带）和 10Gbit/s、12km（C 带）的传输。

因为 N-MDF 在 O 带具有大的色散系数，限制了其传输距离，而 WPS-NZDSF 在 C 带和 L 带具有正色散，要使 10Gbit/s 系统传输距离超过 20km 是困难的。为了解决 N-MDF 和 WPS-NZDSF 所存在的问题，日本研究出了一种专门供城域网用的新的负色散平坦光纤（NDFF）。NDFF 在整个通信用的 O 带～L 带，色散系数几乎恒定在 -8ps/(nm·km)。在 O 带和 C 带的无色散补偿的情况下，NDFF＋DML 系统成功地进行了 10Gbit/s、51km 的传输试验。表 2-12 给出了两种 NDFF 与 N-MDF、G.652 光纤的性能比较。

表 2-12　NDFF 与 N-MDF、G.652 光纤的性能比较

光纤	衰减系数 /(dB/km)		色散系数 /[ps/(nm·km)]		色散斜率 /[ps/(nm²·km)]	有效面积 /μm²	PMD /(ps/km^{1/2})
	1310nm	1550nm	1310nm	1550nm	1550nm		
G.652	0.33	0.190	−0.08	16.4	0.056	80	0.02
N-MDF	0.35	0.215	−29.6	−7.9	0.091	57	0.11
NDFF-1	0.44	0.224	−6.9	−6.7	−0.043	36.1	0.03
NDFF-2	0.46	0.214	−8.7	−8.3	−0.020	43.6	0.02

为了评价 NDFF 的性能，分别完成了在 1310nm、1550nm 波长的 10Gbit/s 无色散补偿直接调制条件下传输 51km 的试验，在低衰减波长的 C 带甚至实现了传输距离超过 80km 的试验。由于在 1250～1650nm 的整个通信波带，NDFF 负色散系数恒定在 -8ps/(nm·km)，所以传输试验结果证明了 NDFF 能以全波的工作方式用于城域网。

三、用于局域网的塑料光纤

与石英玻璃光纤相比，塑料光纤（POF）以其芯径大、制造简单、连接方便、可用便宜光源等优点正在受到宽带局域网建设者的青睐。

在局域网工程中应用的 POF 是以全氟化的聚合物为基本成分组成的 PF-POF。众所周知，PF-POF 的研究要点为衰减、带宽和制造方法等方面。

最早的 POF 是用聚甲基丙烯酸甲酯（PMMA）材料制成的。由于 PMMA 材料中存在着大量的 C—H 键，谐振会引起很大的光吸收，所以 PMMA-POF 在 650nm 的衰减系数高达 160dB/km 以上。采用全氟化的聚合物材料为基本成分制造出了在 850nm 和 1300nm 的衰减系数小于 20dB/km 和 PF-POF。

因此，为了提高 POF 带宽和减小模间色散，POF 都采用梯度折射率分布结构，再通过选择小的色散材料，提高模耦合效率和减小差分模衰减等措施，可以达到提高 POF 带宽的目的。表 2-13 列出了当前 PMMA-POF、PF-POF 和挤塑 PF-POF 的性能及应用的最高水平。

表 2-13　PMMA-POF、PF-POF 和挤塑 PF-POF 性能及应用的最高水平

性能	PMMA-POF	PF-POF	挤塑 PF-POF
衰减	650nm，160dB/km 850nm 和 1310nm，>1000dB/km	650～1310nm，<40dB/km 1210nm，10dB/km	850nm，<25dB/km
带宽-距离乘积	650nm，2GHz·km	10GHz·km	850nm，400MHz·km
实现的传输距离	2.5bit/s，200m	2.5bit/s，550m	—

长期以来，POF 的生产采用的是界面凝胶工艺。该工艺利用作为包层的塑料管与塑料管内作为纤芯的混合液体之间发生的界面凝胶作用来形成 POF 的梯度折射率分布结构。但是，采用界面凝胶工艺生产 PF-POF 界面凝胶反应需要很长的时间，所以该工艺的生产成本比较高。为了进一步降低 POF 的制造成本，美国开发出了一种简单挤塑工艺来生产 PF-POF。这种挤塑工艺是借助 2 台挤塑机分别挤出芯和包层材料熔体，然后两种材料熔体在挤塑机头处合为一体，形成一个同心的熔体流，掺杂材料位于熔体的中心。在挤塑机头后，这些熔体材料流过一个长加热扩散管，从而允许来自熔体中心的小分子掺杂剂扩散到包层材料熔体中。通过控制温度、停留时间和芯/包层材料的相对流速，人们就可以制造出各种折射率分布结构和芯/包尺寸的 PF-POF。

四、用于室内布线的弯曲不敏感和小接头损耗光纤

日本正在积极推进光纤进入家庭（FT-TH），而在 FT-TH 中大多数使用的是常规的 G.652 光纤。然而，人们在光纤进入家庭（FT-TH）中发现光纤在墙角、管道或存储多余光纤的光纤交接箱中会受到强烈弯曲作用，故应该特别关注其在室内布线的弯曲和接头损耗。与此同时，为了简化现场接续操作和减小通过机械或连接器连接的接头损耗，FT-TH 用的光纤也应该具有良好的接续特性。

通常，降低光纤弯曲损耗的方法是减小光纤的模场直径（MFD），然而这样做会造成小模场直径的新光纤与常规的 G.652 光纤之间的接头损耗增加。为了获得同时兼顾小弯曲损耗和小接头损耗的室内布线用光纤，日本通过将常规的 G.652 光纤的一个匹配包层折射率分布结构改变为具有一个匹配内包层、一个下陷槽包层和一个匹配外包层的折射率分布结构（简称为下陷槽包层光纤），研究出了一种新的更小弯曲损耗和小接头损耗的室内布线用光纤。

下陷槽包层光纤（TF）的性能优于匹配包层 G.652 光纤。换言之，在相同的 MFD 条件下，TF 的弯曲损耗比 G.652 光纤的弯曲损耗要小得多；而在相同的弯曲损耗的条件下，TF 的 MFD 比 G.652 光纤的 MFD 要大得多。TF 的这个特征对降低光纤接头损耗具有十分重要的价值。他们研制的 TF，在弯曲直径为 20mm 情况下，在 1650nm 处测量的弯曲损耗为 0.1dB/turn，在 1310nm 处测得的 MFD 是 8.1m。为了验证 TF 的接头损耗，分别测量了 TF-TF 和 TF-常规 G.652 光纤之间的机械接头损耗。在没有采用任何特殊设备的条件下，所获得的 TF-TF 的机械接头损耗是 0.07dB，而 TF-常规 G.652 光纤之间的机械接头损耗则为 0.15dB。因此，可以得出一个结论：TF 具有的小弯曲损耗和小接头损耗非常适合用于 FT-TH 的室内布线。

第三章

玻 璃 光 纤

玻璃光纤主要有石英玻璃光纤、氟化物玻璃光纤和硫系玻璃光纤等，是目前性能良好，适用性强，用量最大的光纤品种。

第一节　石英玻璃光纤

一、纯石英玻璃光纤

（一）简介

随着光纤在通信、传感、过程控制、光谱分析及激光传送等各个领域中的广泛应用，各类光纤制品已走进我们生活、工作的各个方面。在形形色色的光纤制品中，纯石英玻璃光纤以其性能良好、适用性广而在光纤制品中独占鳌头。因此，要想了解光纤的特点及其制品的应用，就不应该错过纯石英玻璃光纤。

1. 纯石英玻璃光纤的特点

（1）易与光源耦合　光纤的数值孔径（NA）定义如下：

$$NA = \sin\theta = \sqrt{n_1^2 - n_2^2} \tag{3-1}$$

式中　θ——光纤接收光锥的半角；

　　　n_1——光纤芯材的折射率；

　　　n_2——光纤皮材的折射率。

由式（3-1）可看出，光纤的数值孔径（NA）决定了光的最大入射角（光纤的接收角），也就是大数值孔径的光纤能接收更多的光。这对任何光纤系统都很关键，因数值孔径由特定波长下纤芯与包层材料的折射率而定。由式（3-1）还可看出，光纤芯材与包层的折射率差越大，其数值孔径也就越大。一般通信用光纤芯材为石英掺杂材料，包层为石英，其折射率差不可能做得很大，故数值孔径较小，一般在 0.10～0.22。而纯石英玻璃光纤的包层材料可选择折射率比石英小的塑料或聚合物，故数值孔径可达 0.37～0.48。纯石英玻璃光纤的数值孔径远大于通信光纤，所以它的集光能力比通信光纤强，与光耦合就比通信光纤容易。

决定光纤与光源耦合率的另一个因素是光纤接收面的大小。光纤接收面与光源的关系是：光的接收面越大，其接收的光越多，光纤与光源的耦合效率越高；反之，光接收面越小，则接收的光就越少，光纤与光源的耦合效率就越低。因为纯石英玻璃光纤多用于短距离光传输，所以光纤芯径可达 0.1～1.0mm，而通信光纤由于所载信息的需要，通常光纤芯径须为 0.008～0.050mm。

由于纯石英玻璃光纤的数值孔径大、纤芯大，很容易与光源耦合，所以在传感、光谱分析、过程控制及激光传输等领域的应用中性能极佳。

（2）有效波长范围宽 光纤传输的波长范围取决于纤芯和包层所用的材料。多组分玻璃光纤是由光学玻璃制成的，其传输的波长范围为 400～1000nm。一般塑料光纤是由聚甲基丙烯酸甲酯塑料制成的，其传输的波长范围为 400～700nm 的可见光。故这两种光纤对紫外光（400nm 以下）和近红外光（1000～2000nm）的传输效率极差。纯石英玻璃传输的范围波长为 250～2400nm，这就决定了以纯石英玻璃为原料制成的纯石英光纤，其传输光的波长也在这一范围。基于纯石英玻璃光纤的这一特性，决定了它既可以用于传输紫外光，如用于刑侦的指纹识别机、传递准分子激光，也可以用于传输近红外光，如 YAC 激光（1060nm）及从紫外到近红外的光谱分析。

（3）传输效率高 使用何种光纤，首先要考虑的是该光纤的传输效率的高低。作为使用者，当然要根据设备和使用的需要，选择传输效率高的光纤。当光通过光纤时都会产生损耗，损耗越大，光纤的传输效率就越低。光损耗可分为两大类：一类是吸收损耗，这是由于材料本身不纯，特别是混入迁移金属离子而引起的；另一类是散射损耗，这是由于气泡、尘土或材料不均匀等因素引起的。就光吸收损耗而言，通常混入的迁移金属离子达到 10^{-9} 的数量级，光纤的损耗就非常大。用目前的技术来提高光纤的提纯，成本相当高，惟有石英玻璃的提纯比较容易，成本也比较低，所以很容易得到传输效率高的纯石英玻璃光纤。

另外，要提高光纤的传输效率，还可以采取缩短光纤长度的办法。作为与激光器、医疗仪器、测量传感器械和光谱分析仪器配套使用的光纤，其长度一般不超过几十米，在这样短的距离内，纯石英玻璃光纤的光损耗是很小的，加之这类器械所需光纤芯径较大，所以设计者放弃使用传输效率更高而芯径较细、耦合困难且造价高的通信光纤，而选择了纯石英玻璃光纤。

2. 纯石英玻璃光纤的制备

纯石英玻璃光纤的制备过程依次为预制棒的制作、光纤拉制和光纤套塑。目前，玻璃包层纯石英玻璃光纤的预制棒的制作方法可分为使用衬管和不使用衬管两大类，而软硅酮包层纯石英玻璃光纤和硬聚氯包层纯石英玻璃光纤的预制棒，则是采用"气炼、电熔"两步法制造的。光纤的拉制分为棒拉法和棒管法 2 种。光纤套塑采用特制的挤塑机在光纤外面挤塑一层塑料护套，借护套保护光纤。

要想将拉制成的光纤投入实际使用，还必须将光纤做成符合各类仪器设备专门要求的专用制品，其中最关键的工艺是光纤输入和输出端的设计。对单根光纤而言，如何选择光纤的芯径是设计的关键。为了使传输性能达到最佳，选择光纤芯径一般应大于输入光斑直径的20％以上，或根据对输出光斑直径的要求来选择光纤芯径。

确定了光纤的芯径后，还需要设计出光纤耦合器。光通信中的耦合器一般价格较高，难以推广使用。目前，已成功地设计出"一步对中法"，不仅耦合器的制造成本降低了75％，而且大大简化了操作程序。对于多根组合的光纤束，可根据光源形状特点来设计其输入端，一般光束输入端面与光源相当或略大，而输出端都根据不同的使用场合而设计成不同的形状。

3. 纯石英玻璃光纤的应用

根据不同的用途，纯石英玻璃光纤可应用在以下几个方面。

（1）工业用光纤　纯石英玻璃光纤与工业激光器配套，用于热处理、打孔、切割、焊接等。由于激光功率较大，所以需要使用单根纯石英玻璃光纤，并要求芯径不小于$300\mu m$，传输光功率在$100\sim150W$之间，光纤的端部需要经特殊的耐高温处理。纯石英玻璃光纤为工业激光提供了灵活方便的光能传输手段。

（2）医用光纤　光纤已成为许多医学诊断和治疗器械中的关键组成部分。由于纯石英玻璃光纤具有价格低、激光损坏阈值超过其他光纤、强度和可靠性高等优点，已成为医学领域的首选光纤。特别是在激光传递系统中，更是非他莫属。用它可以制成内窥镜中的激光手术刀，它的纤细灵巧，可以使医生方便准确地对人体内部进行治疗。在体外的激光治疗上，为了人身安全，要求治疗时激光器远离人体，纯石英玻璃光纤在这里也有了施展自己绝技的舞台。

（3）测量传感用光纤　由于纯石英玻璃光纤具有直径细、质量轻、可以弯曲、抗电磁干扰、耐高温和辐射、电绝缘性能优良等优点，所以在测量传感上的用途非常广泛。这类纯石英玻璃光纤制品可由单根或多根（一束）纯石英玻璃光纤制作而成。多根组合的光纤束其结构随应用场合不同而变化，端面通常排列成圆形、矩形或线形等几何形状。

（4）光谱分析用光纤　近几年来，光纤在实验室中也大显身手。由于纯石英玻璃光纤允许信息从紫外到近红外很宽的谱区内通过，非常适合于光谱测量中的无限测量法，如吸收、发射、发散、受激发射、拉曼散射等。这类纯石英玻璃光纤制品通常是用一根单独的石英玻璃光纤发送激光或其他光到测试样品上，一根或几根石英玻璃光纤收集反射、辐射或激发的荧光，把光返回到探测器来进行分析。这类测量技术为许多化学分析提供了依据。

（二）纯硅芯石英玻璃光纤

1. 简介

众所周知，纯硅芯石英玻璃光纤以其独特的性能，如耐辐射、高机械强度和优良的化学稳定性等被广泛用于通信、工业、医疗以及具有放射性环境的场合。

由玻璃与电磁辐射作用机理可知，辐射线能使玻璃产生着色现象，这是因为在玻璃中存在电子和空穴捕获中心。这种辐射线作用所生成的电子捕获玻璃中的空穴，从而在玻璃中产生着色中心，且在紫外区域产生吸收带，这种吸收损失一般随玻璃中杂质含量的减少而降低。由此可知，纯硅芯石英玻璃光纤较之芯中掺杂锗的石英玻璃光纤的耐辐射性能更好。

另外，从石英玻璃光纤的微观结构来看，纯硅芯石英玻璃光纤芯材中不含任何掺杂元素，其组成玻璃的网络生成体为硅氧四面体（SiO_4），这是典型的极性共价键化合物，而掺杂锗元素的普通石英玻璃光纤芯材中主要是共价键化合物。由于振动光谱主要取决于构成玻璃的网络生成体的机理可知，石英玻璃光纤芯材中掺杂或不掺杂时其光谱特性如红外吸收、紫外吸收、拉曼光谱等差异很大。纯硅芯石英玻璃光纤内部结构是由SiO_4构成的网络，网络结构规整，其光谱特性好且具有良好的耐辐射性能。正因为纯硅芯石英玻璃光纤具有优良的耐辐射性能，故常将其用作核辐射环境如核电站、核试验中的信号传输介质。

2. 制备方法

此类光纤的制备方法有 OVD、MCVD 和 PCVD 等，现仅对 PCVD 技术做一介绍。

（1）工艺过程　纯硅芯石英玻璃光纤样品制备过程可概括为以下具体步骤：首先将清洗烘干后的波导级石英管架到 PCVD 熔炼车床上，在 1200℃ 左右用含 CCl_2F_2 和高纯氧气的等离子体进行抛光；接着按预先编好的计算机程序沉积掺氟包层和纯硅芯层，将沉积后的反应管移至另一台玻璃车床上熔缩成棒；最后再将经预制棒分析仪测试合格的预制棒置入温度高于 2100℃ 的石墨电阻炉内按要求拉制成不同外径的光纤。图 3-1 所示为用 PCVD 制备纯硅芯石英玻璃光纤的工艺流程框图。

（2）工艺分析

① 光纤结构设计。在分析了国外纯硅芯石英玻璃光纤剖面结构及性能的基础上，研究设计的光纤剖面结构参数有：芯径/外径＝$62.5\mu m/125\mu m$ 或 $100\mu m/140\mu m$，数值孔径 $NA \geqslant 0.18$。

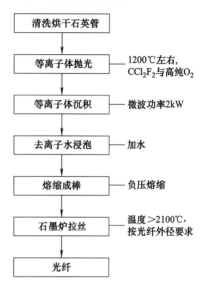

图 3-1　PCVD 工艺制备纯硅芯石英玻璃光纤的工艺流程

② 预制棒制备工艺。与 MCVD 工艺的沉积机理不同，在 PCVD 工艺中，微波功率直接耦合到反应物等离子体中，这样在石英管内的沉积反应中所获得的产物是透明的二氧化硅玻璃。通过延长沉积时间等方法，PCVD 工艺能够制得性能良好的大芯径、大数值孔径纯硅芯预制棒。

③ 拉丝工艺。预制棒芯包层界面处的折射率差 Δn 骤变是由该界面组成的突变所致，这样可推断，界面处的热膨胀系数与芯层的热膨胀系数相差悬殊，要消除因热膨胀系数差异造成的界面应力所带来的附加损耗，必须适当地提高拉丝温度。

过大的拉丝张力会导致纯硅芯石英玻璃光纤中结构单元（SiO_4）无序化程度增大，产生更多的本征缺陷，从而降低该光纤的耐辐射性能。为此，应该以提高拉丝温度的方法来达到改善纯硅芯石英玻璃光纤衰减系数的目的。经反复试验摸索出的最佳拉丝参数为：拉丝温度 2100～2280℃，拉丝速度为 15～35m/min。

3. 性能

（1）光纤性能　由表 3-1 所列的数据得知，国内研制的纯硅芯石英玻璃光纤在 $0.85\mu m$ 短波长窗口的衰减系数、带宽和数值孔径等性能与美国康宁公司 CPC3 同类产品水平接近，这说明国内研制的纯硅芯石英玻璃光纤是成功的。

表 3-1　纯硅芯石英玻璃光纤某些性能的测试数据

试样序号	芯径(μm)/外径(μm)	数值孔径 NA	衰减系数 $\alpha(0.85\mu m)/(dB/km)$	带宽/(MHz·km)
1	62.5/125	0.18	3.11	—
2	62.5/125	0.18	4.10	—
3	62.5/125	0.20	3.66	52.5
4	100/140	0.21	7.00	52.5
5	100/140	0.21	6.04	50
康宁 CPC3	62.5/125	0.275 ± 0.015	$\leqslant 3.0$	$\geqslant 160$

（2）力学性能

① 应力分析。从实用的角度考虑，光纤既需传输光信号，又要在实际应用中承受常见的机械应力和化学作用时不致损坏。石英玻璃光纤应有足够的强度，才能经受住光纤安装和应用中常见的机械作用，如张力、宏弯和微弯的影响。在一般使用条件下，光纤要承受张力（如在光缆中）、均匀弯曲（如在成盘光纤中）或在平行夹板间形成的两点弯曲（如在接头时）。在上述情况下，光纤所受应力与特定的结构有关。最常见的机械力是轴向拉力，其相应的应力 σ 是单位截面上所受的力：

$$\sigma = \frac{F}{A} \tag{3-2}$$

式中　F——光纤所受的力；

　　　A——光纤截面积。

表 3-2 为光纤在实际使用条件下所对应的应力。

表 3-2　使用条件所对应的应力

使用条件	应力	使用条件	应力
轴向拉力 两点弯曲	F/A $1.198E[d_F/(d-d_C)]$	均匀弯性（圆棒上卷绕）	$d_F E/(d_M+d_C)$

注：F 为施加于光纤的力；A 为石英的横截面积；E 为石英的杨氏模数（71.9GPa）；d_F 为光纤的直径；d 为板极或表面之间的距离；d_C 为聚合物涂层的径向厚度；d_M 为光纤弯曲半径。应力 σ 的单位为 GPa（1GPa＝145kpsi＝145klbf/in^2，1in＝0.0254m）。

受力时，石英玻璃光纤像脆性材料（如块状玻璃）、弹性材料（如橡胶），而不像塑性材料（如黏土）和韧性材料（如铜）。施加应力时材料的变化（形变）ε，称为应变。应变 ε 由式（3-3）决定：

$$\varepsilon = \frac{\Delta U}{U_0} \tag{3-3}$$

式中　U_0——未受力时尺寸。

如图 3-2 所示，像石英玻璃光纤这样的脆性材料在受应力时会不断地发生弹性形变，直到断裂或碎为两块或多块，光纤的力学强度就是使其裂为两段或多段所需施加的应力。断裂会使信息无法传输，因此光纤的力学强度和可靠性均极为重要。

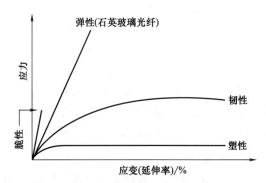

图 3-2　应力与应变关系图

对于以光纤为基础的系统来说，系统故障的一个主要原因是光缆的断裂。这种问题很少是由光纤本身引起的，大多是由外界原因造成的，如因火灾而在光缆附近进行挖掘造成的意外断裂。尽管因自身力学强度造成故障的可能性很小，但由于光纤维修或更换的费用很高，相应的经济风险会很大，这就要求最大限度地减少使用中可能发生的因自身力学性能造成的故障，提高光纤产品的可靠性。

② 机械强度。石英玻璃光纤的机械强度和可靠性，可从短期效应和长期效应来考虑。短期效应取决于制造光纤时影响其机械强度的那些因素，长期效应则包括随着时间推移使光纤机械强度下降的因素。

a. 短期效应。短期效应是由石英的脆性造成的。脆性材料的力学强度取决于其表面裂纹和存在的杂质。光纤强度 σ_c 和裂纹大小 c 之间的关系可用格里菲斯（Griffith）公式表示：

$$\sigma_c = \left(\frac{2E_r}{\pi c^2}\right)^{\frac{1}{2}} \tag{3-4}$$

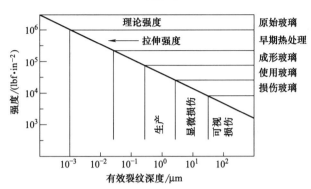

图 3-3　用不同方法生产的石英玻璃的强度与裂纹大小之间的关系

　　格里菲斯公式表明，石英力学强度的变化与裂纹大小的平方根成反比，力学强度随裂纹的增大而降低。图 3-3 所示说明了用不同方法生产的石英玻璃的强度与裂纹大小之间的关系。

　　上述的格里菲斯公式实际上是"临界"条件，即在达到施加应力的临界值之前裂纹不扩展或生长。一旦裂纹开始扩展，其生长速度加快直到接近石英中声波的速度（每秒钟数百米），使其裂为两块或多块。脆性破裂常见的特征之一是断裂发生时施加应力明显小于材料的理论抗拉强度。观测到的断裂应力与理论强度不一致是由裂纹或杂质引起的，它们使应力增高而形成应力集中点。因此，在裂纹或杂质处的局部应力可能超过所施加的应力，其值由裂纹或杂质的几何形状确定。

　　裂纹和杂质的大小及分布完全是随机的，故石英玻璃光纤的强度从根本上讲服从统计规律，与光纤的使用和制造工艺密切相关。受力状态下的一段石英玻璃光纤，将在其最弱点或最大裂纹处断裂。随着光纤长度的增加，在特定应力下出现具有临界尺寸裂纹的可能性也同样增加。光纤强度与长度的关系，可采用韦伯尔（Weibull）分布函数来描述其统计特性：

$$F(\sigma) = 1 - \exp\left[-\frac{l}{l_0}\left(\frac{\sigma}{\sigma_0}\right)^{\infty}\right] \tag{3-5}$$

　　经代数变换，韦伯尔分布函数可用截距和斜率 m 改写为线性方程：

$$\ln\left[\ln\left(\frac{1}{1-F(\sigma)}\right)\right] = m\ln\sigma + 常数 \tag{3-6}$$

　　韦伯尔方程为绘制光纤强度数据图提供了常用的方法。这些曲线称为韦伯尔曲线，给出了断裂的概率，称为韦伯尔模量的斜率，是衡量强度分布宽度或强度均匀性的尺度。强度分布窄，表明光纤有特定的断裂强度。当施加的应力接近特定值时，断裂概率值才明显。另一方面，韦伯尔模量低时，几乎在任何应力下的断裂概率都很大。由于光纤制造环境和工艺大多较差，光纤的韦伯尔模量低，其机械可靠性相应也低。

　　确保光纤强度分布下限的一般方法是筛选试验，此时光纤连续地在其长度上经受一定应力作用，根据格里菲斯关系式，筛选试验应力决定了裂纹的临界尺寸，把大于临界尺寸的裂纹筛选掉了。对一般的通信用光纤，筛选试验应力为 0.34GPa（50klbf/in²）时，相当于把所有大于 2.7μm 的裂纹都筛掉；筛选试验应力为 0.69GPa（100klbf/in²）时，可确保筛除

大于 $0.7\mu m$ 的所有裂纹，许多情况下筛选值更高。筛选试验的作用是改善强度分布。

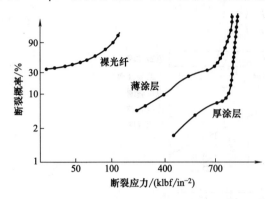

图 3-4　光纤涂层与光纤短期强度的关系

光纤的短期强度会受聚合物保护涂层厚度的影响。与薄涂层相比，厚涂层抗外力损伤而形成裂纹的能力强得多。如图 3-4 所示，同样，表面磨损和长期效应，裸光纤或未涂覆光纤因受外力作用造成裂纹后，会使其强度明显降低，与石英理论值不能相比。涂层对石英玻璃光纤的黏附会影响光纤的强度，涂层越厚，保护就越好。

b. 长期效应。石英玻璃光纤的强度也受到施加应力的时间或持续时间的影响。如果石英玻璃光纤短时间承受一定的负荷，观察到的强度相对较高。反之，长时间承受相同负荷的光纤，其强度相对较低。在恒定负荷下，石英的力学强度随时间发生的变化的现象称为静态疲劳。

施加应力的速度（如 GPa/min）同样影响石英玻璃光纤的力学强度，以极高速度加载的光纤，其强度相对较高；以极低速度加载的光纤，其强度则相对较低。这种依赖关系称为动态疲劳。静态疲劳和动态疲劳机理相同，都是由外界水或水蒸气对受力石英晶格的侵蚀作用造成的。

疲劳机理直接影响光纤的长期力学可靠性，但与影响光纤短期强度的因素不同，影响长期强度的因素是光纤所受的化学作用，化学作用严重时，可使接近临界值的裂纹增大到临界尺寸。水对受力石英晶格造成的化学侵蚀使现有裂纹迅速增大，在接近临界尺寸的裂纹达到临界值时，导致突然断裂。侵蚀的程度取决于施加应力的大小和外界水的多少或相对湿度的高低。

有几种方法可使实际使用过程中的光纤疲劳减至最小，并由此提高光纤的长期力学可靠性。防护涂层材料的化学性质在所有的方法中起着直接作用，包括无机密封涂层、疏水性聚合物涂层或亲水性（阳离子或吸收电子）聚合物涂层。尽管无机密封涂层可以阻止渗入水汽，为石英玻璃光纤提供良好的保护，但经密封涂覆的光纤一般制造强度和韦伯尔模量较低，这对石英玻璃光纤的长期可靠性的可信度会产生不良的影响。

③ 光纤寿命预测和 N 参数。长期力学可靠性可归结为接近临界尺寸的裂纹生长和临界尺寸裂纹的生长速度问题。这一速度取决于力学作用或使用条件引起的应力和使用条件的化学环境，无论环境对石英是有益还是有害的。接近临界尺寸裂纹生产的模型有几种，最普遍使用的是 Weiderhorn 模型，这一模型假定裂纹生长速度由应力的功率函数来描述。在临界裂纹生长的 Weiderhorn 模型中，裂纹生长速度 dc/dt 为：

$$\frac{dc}{dt} = AK^N \tag{3-7}$$

式中　A——常数；

　　　　K——应力强度因数，熔融石英的临界值为 $0.75 MPa \cdot m^{1/2}$；

　　　　N——耐应力参数、耐疲劳参数或称为 N 参数。对石英和大多数玻璃来说，该参数值大于 10。由于应力强度因数总是小于 1，N 越大裂纹生长越慢，所以光纤强度随时间下降就慢。

根据 Weiderhorn 模型，在恒定拉伸应力 σ 下的断裂时间 t_f 可以由式（3-8）决定：

$$t_f = B \cdot S_{Int}^{N-2} \cdot \sigma^{-N} \tag{3-8}$$

式中　B——裂纹生长参数；

　　　S_{Int}——固有强度。

因此，为了确定光纤的寿命，必须求得裂纹生长参数 B 和初始固有强度分布或整个光纤长度的最大裂纹分布。但是，对于一给定光纤，在 B 和 S_{Int} 都不知道的情况下，很难预测光纤寿命，并且从根本上说是无法确定的。裂纹生长参数对使用中的化学环境非常敏感，因此其变化很大。对短段裸光纤在液氮或真空条件下进行测量，测得固有强度为 $9\sim14GPa$。不过，通过筛选还是可获得光纤最小初始强度的最佳近似值。此外，还可看出，最短寿命是随 N 次幂而变化，这里的 N 是筛选应力与施加应力之比的耐疲劳参数。这种方法的优点在于可在使用应力下引出特定的筛选值，在此筛选值下可确保最小寿命值。例如，在这种计算方法中，当 $N>20$ 时，2 倍于使用应力的筛选试验应力足以确保光纤寿命大于 10 年。

作为光纤长期可靠性和使用性能的质量因数，业已得出在给定的一组试验条件下测得的 N 值的相关量值。测得的 N 值小（如 $N<20$），表明在给定的环境下强度下降得快；测得的 N 值大，则表明强度下降得较慢。图 3-5 所示说明了不同 N 值的承受负荷时间与强度关系。对于一定的负荷，具有大 N 值的光纤与具有小 N 值的光纤相比，前者承受负荷的时间明显比后者长，即 N 值大的光纤比 N 值小的光纤寿命长。

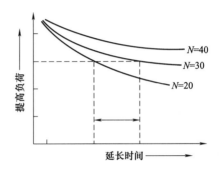

图 3-5　不同 N 值的承受负荷时间与强度关系

④ 强度描述。根据以上的讨论，光纤的力学性能可有下述含义。ⓐ强度，即产生断裂所需的应力；ⓑ强度分布；ⓒ与强度下降有关的疲劳或时间。这 3 点是确定光纤长期力学可靠性的关键。

有几种方法可用于光纤强度的表述，这些方法包括单轴张力、两点弯曲、四点弯曲和心轴卷绕。由于所有这些方法都使光纤承受足以导致断裂的应力，所以这些方法从本质上说都是具有破坏性的。

表 3-3 给出了不同光纤强度表述方法的比较，这些方法适用于静态疲劳和动态疲劳强度的测量。其中，测量动态疲劳强度的最基本方法，主要是测量光纤产品质量控制中的强度和强度分布；测量静态疲劳强度的方法，主要是测量光纤的耐疲劳参数。

表 3-3　不同光纤强度表述方法比较

动态疲劳强度	轴向张力	两点弯曲	静态疲劳强度	轴向负荷	两点弯曲	心轴卷绕
计量长度	≥1m	30mm	计量长度	约 1m	80mm	1m
样品长度	≥1m	30mm	（有效）样品长度	约 1m	$2\mu m$	约 1mm
加载速度	<1GPa/s	<1GPa/s	断裂周期	数秒至数月	数秒至数年	数分至数年
每次断裂负荷周期	<1min	<1min	环境试验	有问题	比较容易	比较容易

尽管可通过测量一系列不同应变速率的断裂应力这一动态疲劳强度方法来确定 N 值，但动态疲劳强度的测量作为一种判别试验方法，仍然极为有效地用于光纤生产中。借助于韦伯尔曲线，这种方法可对光纤强度和强度分布作出评价。

测量静态疲劳强度的主要用途是确定 N 值，由此评价某一化学环境下光纤强度的下降。一般是通过记录一已知恒定应力下数根光纤的断裂周期来测量静态疲劳强度。由于用来推断断裂周期数据的负荷周期可从数分钟至数月，并且这取决于施加的应力，所以只能对那些进行过筛选试验和具有单峰韦伯尔曲线的光纤进行静态疲劳强度的测量。

（3）紫外激光传输特性分析

① 光纤的损耗特性。不考虑非线性损耗时，一束强度为 I_0 的入射光，经长度为 L 的光纤后，光强衰减为 I：

$$I = I_0 \exp(-a_0 L) \tag{3-9}$$

式中　a_0——衰减系数。

一般以 dB/m（或 dB/km）表示光纤的损耗 a，即

$$a = \frac{10}{L_2 - L_1} \lg \frac{I(L_1)}{I(L_2)} \tag{3-10}$$

式中　$I(L_1)$、$I(L_2)$——从长度为 L_1、L_2 的光纤输出的能量。

光纤的损耗 a_0 是波长的函数，如果不考虑红外级和紫外级的本征吸收，则有：

$$a_0 = \frac{A}{\lambda^4} + B(\lambda) + C \tag{3-11}$$

式中　第一项——瑞利散射；

　　　第二项——杂质吸收；

　　　C——与波长无关的结构损耗；

　　　A——常数。

实验中，光纤损耗的测量采用折断法，被测光纤的长度为 $2 \sim 5m$。为了减少测量误差，对同一型号和尺寸的光纤进行多次测量计算平均值。

表 3-4 为各种芯径的市售石英玻璃光纤和实验室研制的紫外级石英玻璃光纤的损耗测量结果。

表 3-4　各种石英玻璃光纤在激光器 308nmXeCl 激光下的损耗测量结果

光纤型号	芯径/μm	数值孔径 NA	衰减分数/(dB/m)	2m 透过率/%
pcs-1-1	600	0.39	0.97	64
pcs-1-1	800	0.39	1.00	62
pcs-1-1	900	0.39	1.00	62
pcs-1-2	500	0.39	0.90	66
pcs-1-2	750	0.39	1.30	55
pcs-2-1	720	0.39	0.33	86
pcs-2-1	750	0.39	0.45	81
pcs-2-1	790	0.39	0.50	78

注：pcs-1-1，pcs-1-2：市售石英玻璃光纤；pcs-2-1：紫外级石英玻璃光纤。

由表 3-4 可见，紫外级石英玻璃光纤比普通市售石英玻璃光纤的损耗小很多，这主要是由于紫外级石英玻璃光纤的预制棒是采用化学气相沉积工艺合成（普通石英玻璃光纤采用气炼法）的，其均匀性好，无气泡线，而且杂质含量也较低，因而材料的散射和吸收较小。

表 3-5 列出了不同工艺的普通石英玻璃光纤和紫外级石英玻璃光纤预制棒中的杂质含量。

表 3-5　两种工艺生产的光纤杂质含量对比

产品编号	杂质 $\times 10^{-6}$											
	Al	Fe	Ca	Mg	Ti	Mn	Sn	Ni	Cu	K	Na	B
1	16.04	0.67	0.47	0.11	0.58	0.19	0.3	0.1	0.08	0.04	1.07	0.04
2	0.38	0.11	0.5	0.05	0.11	0.05	1.0	0.03	0.03	0.3	0.4	0.035

注：1 号　可见及红外级光纤（pcs-1-2）；2 号　紫外级光纤（pcs-2-1）。

由表 3-5 可见，紫外级光纤的杂质含量明显低于普通石英玻璃光纤，因而其吸收损耗较小。

图 3-6 所示为两种过渡金属离子的吸收性能。Fe^{3+}、Ni^{3+} 等过渡金属离子在紫外区有很强的吸收带，对光纤的损耗影响很大。

另外，实验中也发现，普通市售石英玻璃光纤在传输 XeCl 高功率紫外激光时，在光纤的侧面可观察到较强的散射光，而紫外级石英玻璃光纤的散射光的强度则大为减弱。由此可见，紫外级石英玻璃光纤散射也比较小。

② 光纤的破坏特性。已观察到的光纤破坏有两种形式，一种是光纤入射表面的破坏，另一种是体内破坏。体内破坏多发生在靠近光纤输入端。光纤的体内破坏阈值一般比表面破坏阈值高几倍，甚至十几

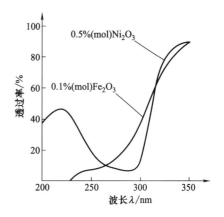

图 3-6　两种过渡金属离子的吸收性能

倍。在阶跃型纯石英玻璃光纤中，大多数破坏均为表面破坏。光纤表面的破坏阈值与表面状态有关，同时还与准分子激光的波长及脉冲宽度有密切的关系。

光纤表面的破坏一般分 3 个阶段　当入射光至光纤表面的能量密度增加时，开始出现局部的点状破坏，这时即使是重复入射，其表面微小的点状破坏引起的透过率下降仍很小；随着输入能量的增加，点状破坏的数目也增加，并出现第一次火花，此时可产生表面局部区域的熔化，但是其透过率的下降仍不十分严重；继续增加光的输入能量时，光纤端面不仅出现火花，而且伴随有"噼噼"的响声，此时透过率严重下降，不能使用。

表面破坏阈值的定义不同，其破坏阈值也不同，本文定义光纤端面出现第一次火花时入射光的能量密度为其破坏阈值。光纤的破坏是一种概率过程，由于表面状态的差异、准分子激光器的能量起伏等因素都会使测量结果产生误差，所以多次实验计平均值是必要的。

表 3-6 列出了几种光纤的测量结果。由表可见，端面处理的工艺不同，其破坏阈值也不同；切割端面的破坏阈值明显高于抛光端面，这可能是由于抛光处理的光纤的表面缺陷及污染等因素造成；对于芯径较大的光纤，其抛光表面的光洁度不如小芯径光纤，而且其表面污染的可能性也较大，因而其破坏阈值稍低；对于相同的端面处理工艺，普通市售石英玻璃光纤与紫外级石英玻璃光纤的破坏阈值基本相同。

表 3-6　几种光纤的表面破坏阈值

光纤型号	芯径/μm	破坏阈值/(J/cm^2)	表面处理
pcs-1-1	600	10	切割
pcs-1-1	500	6	抛光
pcs-1-1	900	4.5	抛光
pcs-1-2	600	9	切割
pcs-2-1	790	7	切割
pcs-2-1	750	7	切割
pcs-2-1	720	8.5	切割

③ 光纤的弯曲损耗和弯曲断裂强度。光纤可以弯曲，这是光纤传输的一个优点。但是当弯曲半径较小时，会影响其传输模式，并产生损耗。对于阶跃型光纤，弯曲引起的损耗系

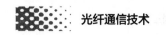

数 a_c 为：

$$a_c = \left(\frac{C_1}{R^{1/2}}\right)\exp(-C_2 R) \tag{3-12}$$

式中 R——弯曲半径；

C_1、C_2——与纤芯直径、纤芯和包层的折射率及光波导参数有关的系数。

对于长度为 L 的光纤，考虑弯曲损耗时，其总的透过率为：

$$T_o = \frac{P_{otd}}{P_{in}} = \exp[-a_0 L - a_c 2\pi R] \tag{3-13}$$

因此，光纤弯曲的归一化透过率为：

$$T_c = \exp(-a_c 2\pi R) \tag{3-14}$$

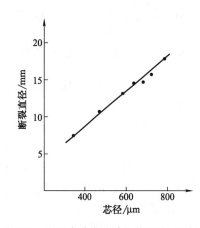

图 3-7 光纤弯曲断裂直径与芯径的关系

用输出功率为 50mW 的 He-Ne 激光测量紫外级阶跃型石英光纤的弯曲损耗，结果证明，当弯曲半径减小时，弯曲引起的透过率下降速度逐渐加大；当弯曲半径较小时，其透过率急剧下降。对相同的弯曲半径，大芯径光纤的弯曲损耗比小芯径光纤大。由于石英玻璃光纤在紫外级色散比较大，估计对于相同的弯曲半径，波长为 308nm 的紫外激光的弯曲损耗可能比 He-Ne 激光要小些。

当弯曲半径继续缩小时，光纤还会出现断裂。测量紫外级的高纯石英玻璃光纤的芯径与弯曲断裂的直径关系，结果如图 3-7 所示。由图可见，断裂直径与光纤芯径的关系基本上为一常数，其比值约为 22。实验表明，紫外级石英玻璃光纤的弯曲损耗和弯曲断裂特性与市售石英玻璃光纤相近。

（三）塑料包层纯石英玻璃光纤

1. 简介

石英材料在紫外波段具有优良的透过性能，但是损耗比目前通信上使用的红外波段高 3 个数量级。紫外光纤（塑料包层纯石英玻璃光纤）主要用光能量传输，一般使用长度仅几米，且要求直径较粗，达到 $500 \sim 1000 \mu m$，甚至大于 1mm。

塑料包层纯石英玻璃光纤具有制作简单、成本低、导光芯大等优点，是传输中长波段紫外光的良好材料。

2. 制备方法

（1）芯棒选择 紫外光的传输要求预制棒玻璃均匀性好，无气泡线，杂质含量低，具有适量的羟基。目前，采用 CVD 工艺合成的石英棒能较好地满足这一要求。另一种是气炼石英棒，它的羟基含量较低，杂质含量较高。本节采用这两种石英棒拉制光纤，以比较它们的紫外传输性能。

（2）光纤拉制 首先将规格为 $\phi12mm \times 800mm$ 的预制棒在玻璃车床上用氢氧焰在 2000℃下进行高温抛光，以消除表面裂纹，提高光纤强度。然后拉制成 $\phi500 \sim \phi800\mu m$ 的光纤，纤径波动 $\pm5\mu m$，采用硅酮树脂（折射率为 1.42）涂覆。为了增加光纤强度，将涂覆后的光纤套上聚丙烯塑料层。

3. 性能分析

（1）测试装置与方法

① 光纤损耗及破坏阈值的测试。采用波长为 308nm 的 XeCl 准分子激光器测试光纤的损耗及破坏阈值，激光脉宽为 60ns，重复频率为 1 次/s，测试装置简图如图 3-8 所示。

图 3-8　光纤损耗及破坏阀值测试装置

② 光纤在紫外区谱损耗的测试（透过率）。对日立公司产的 650-10S 型荧光光谱仪进行了改造，增加了光纤输入、输出耦合系统，光源为 150W 氙灯，探测器为光电倍增管，采用光栅滤光测试原理测量光纤在紫外区谱损耗，如图 3-9 所示。

图 3-9　紫外区谱损耗测试装置

③ 光纤弯曲强度。将光纤绕在不同直径组成的圆柱台上，卷绕直径由大到小直到光纤断裂，光纤断裂时圆柱台的直径即为光纤的最小弯曲断裂直径。

（2）光纤的损耗及破坏阈值　测试结果见表 3-7。

表 3-7　光纤损耗及破坏阈值

编号	损耗/(dB/m)	破坏阈值/(mJ/mm²)
1	1.3	—
2	0.3	60～70

1 号为气炼石英棒拉制的光纤，2 号为 CVD 石英棒拉制的光纤。因 1 号光纤损耗较大，没进行破坏阈值测试。

在高功率紫外激光传输中，光纤主要的损耗是瑞利散射、拉曼散射及波导散射。对于瑞利散射，Pinnow 给出了单组分玻璃的计算式：

$$a = \frac{8\pi^3}{3\lambda^4}(n^8 P^2)(KT)\beta_T \tag{3-15}$$

式中　λ——光波长；

$\quad\quad n$——折射率；

$\quad\quad P$——光弹性系数；

$\quad\quad K$——Boltt Tamnann 常数；

$\quad\quad T$——热力学温度；

$\quad\quad \beta_T$——等温压缩率。

瑞利散射主要是由材料密度波动引起的。根据上式计算，石英玻璃光纤在 308nm 波长处瑞利散射损耗为 0.1dB/m。

受激拉曼散射在小功率传输时比较微弱，但是当传输高功率紫外激光时，拉曼频移频率的光增益系数增大，增益系数 g 与微分拉曼散射截面 σ 成正比，由式（5-16）表示。

$$g = \frac{\sigma\lambda_g^3}{H\varepsilon(n+1)} \tag{3-16}$$

式中 λ_g——Stokes 波长；

H——Planks 常数；

ε——光波长等于 λ_g 时材料介电常数；

n——振动模式的 Bose-Einstein 分布因子。

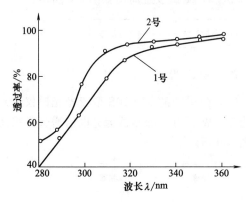

图 3-10　光纤透过率与波长关系

σ 正比于 λ^{-4}，所以拉曼增益随着受激光频率增加而增大。拉曼散射将使光纤中传输的光能衰减，同时产生新频率的光。

波导散射是由光纤芯与包层界面不完整或沿传输方向的结构不均匀造成的，通过改进拉丝涂覆工艺技术可以减少由波导散射产生的损耗。

（3）光纤在紫外区谱损耗（透过率）　两种光纤在 $280 \sim 360nm$ 的波段每米透过率如图 3-10 所示。这两种光纤在 330nm 以前，透过率相差较大；在 310nm 外，2 号光纤比 1 号光纤透过率高 16%；在 340nm 以上，两者基本相同。这种在较短紫外波长透过率的差别是由于玻璃熔化均匀性、结构缺陷及杂质含量不同所致。随着波长的减少，瑞利散射剧增（因瑞利散射损耗与波长的四次方成反比）。2 号光纤是由 CVD 石英棒拉制的，它的均匀性比气炼棒拉制的 1 号光纤好，羟基含量高，结构缺陷少，且杂质含量低，所以 CVD 石英棒拉制的光纤更适合于传输紫外光。

（4）光纤预制棒纯度及羟基含量　由于两种预制棒所用原料不同，生产工艺也不同，它们的金属离子及羟基含量有很大差别，分析结果见表 3-8。

表 3-8　光纤预制棒中杂质及羟基含量（$\times 10^{-6}$）

元素 编号	Al	Fe	Ca	Mg	Ti	Mn	Sn	Ni	Cu	K	Na	B	Σ	羟基
1	16.04	0.67	0.47	0.11	0.58	0.19	<0.3P	0.1	0.08	0.04	1.07	0.04	19.53	192
2	0.38	0.11	0.5	0.05	0.11	0.05	<1.0	0.03	0.03	0.3	0.4	0.035	2.99	1246

从表 3-8 可以看出，两者金属离子及羟基含量相差 6 倍，这是造成两种光纤损耗不同的主要原因。

在紫外区，对光纤损耗有影响的主要是过渡金属离子，存在着明显的吸收带。Fe^{3+}、Ni^{3+}、Ti^{4+} 等在紫外区产生很强的吸收带，对透过率影响很大，因此 1 号光纤透过率低。

气炼石英玻璃和 CVD 石英玻璃从紫外至红外透过率曲线如图 3-11 所示，测试样品厚度为 20mm。

从图 3-11 所示可以看出，气炼石英玻璃在紫外区透过率比 CVD 石英玻璃差得多。

研究表明，在石英玻璃中，存在着大量氧缺陷，羟基离子与氧离子有着相似的特性，可以填充氧缺陷，从而降低了缺陷浓度，使紫外区的透过率提高。气炼石英玻璃羟基含量低，金属离子含量高，氧缺陷俘获金属离子的电子，形成电子跃迁吸收，峰值位于 245nm，使紫外区透过率大大下降。

羟基对于紫外光纤是非常重要的，较高的羟基含量可以改善 245nm 紫外纤芯的形成，使光纤在紫外区损耗降低，从而提高破坏阈值。

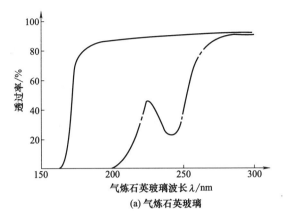
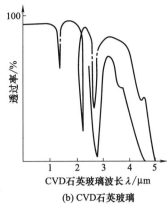

(a) 气炼石英玻璃　(b) CVD石英玻璃

图 3-11　气炼和 CVD 石英玻璃透过率曲线图

　　石英玻璃在紫外光激发下产生荧光。如图 3-12 所示，曲线 1 是气炼石英玻璃，曲线 2 是 CVD 石英玻璃。荧光峰值分别为 280nm 和 396nm，气炼石英玻璃的荧光强度比 CVD 石英玻璃荧光强度高得多。荧光的产生主要是氧缺陷所致，CVD 工艺生产的石英玻璃具有较低的氧缺陷和较高的羟基含量，所以在紫外光照射下产生很弱的荧光。因此，2 号光纤具有较低的损耗值。

　　（5）光纤的弯曲断裂强度　紫外激光传输光纤一般是直径（$500\sim1000\mu m$）较大的粗光纤，有时需要大于 1mm。粗光纤的弯曲断裂强度比细光纤小得多，所以给出不同直径光纤的弯曲断裂直径对于使用是非常有意义的。图 3-13 所示是光纤的直径与弯曲断裂直径的关系。从图中可知，断裂直径与光纤直径之比基本是一个常数，约等于 22。这说明光纤越粗，弯曲断裂直径越大，柔性越差。

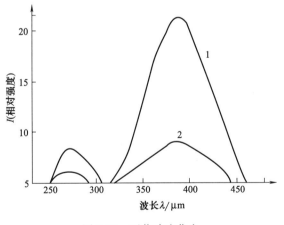

图 3-12　石英玻璃荧光

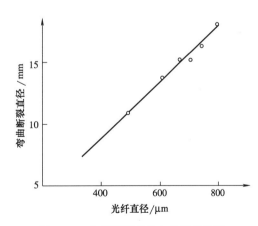

图 3-13　光纤断裂直径与芯径的关系

（四）涂碳石英玻璃光纤

1. 简介

　　普通石英玻璃光纤，由于氢气扩散进石英体内而使传输损耗增加，且石英表面的缺陷与潮气产生反应，在长期效应下使普通石英玻璃光纤断裂。为了解决这两个问题，开发出一种新的光纤制造技术，即在石英表面涂覆一层致密的碳膜，从而在传输特性方面获得了独特的

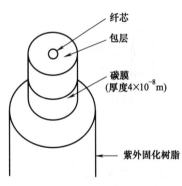

图 3-14　涂碳石英玻璃光纤的结构

强度和优良的长期可靠性。

标准光纤的包层表面有一层 $3 \times 10^{-8} \sim 5 \times 10^{-8}$ m 致密的碳膜，然后再涂覆一层紫外固化树脂，其结构如图 3-14 所示。

2. 制备方法

图 3-15 所示为在涂碳石英玻璃光纤制造中所用的涂覆设备，施加碳涂料的热 CVD 反应器直接放置在拉丝炉下面。在热 CVD 反应器中引入烃类气体，热的烃类气体经过反复聚合和脱水后作为碳沉积在刚拉出的洁净光纤的表面。从热 CVD 反应器出来的光纤经施加外护层（如聚氨酯丙烯酸酯）后移到紫外固化炉，最后缠绕在线盘上。

涂碳石英玻璃光纤制造过程中确保质量的重点是要保证在整个光纤长度上的碳膜厚度不变。因此，根据在导体与交流磁铁间加一导电物体能产生涡流的原理，研制出在线碳膜测厚仪，并把它安装在生产线上。纵向长度小于 50mm 时，该测厚仪的分辨率为 $\pm 10^{-9}$ m。此外，测厚仪还可在树脂薄膜上测量碳膜厚度。实验中，在线测量了一根长约 70km 光纤上的电导率，从而得到薄膜厚度值。

在制造过程中控制烃类气体的密度，使整个光纤长度上的碳膜厚度均匀。每隔 10km 取光纤试样，并证实了其均匀度，50% 的光纤强度为 $(6.2 \pm 0.2) \times 9.8$N，疲劳系数（n 值）都在 200 以上。即使在 80℃、101MPa 氢气压力下，在经受 24h 试验后，整个光纤长度上的传输损耗无上升，传输性能也令人满意。因此，这种制造技术已发展到能制造高可靠的涂碳光纤，并且有良好的再制性。

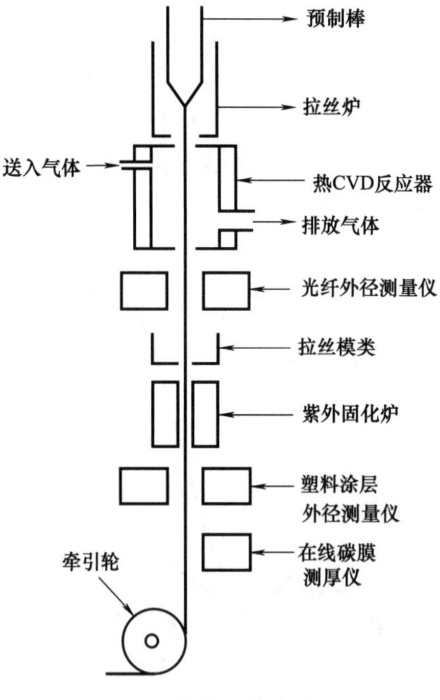

3. 性能分析

（1）碳膜的晶体结构　光纤表面的碳晶体的结构模型中，碳的六方晶格呈一小段一小段无定形的堆积，并与光纤表面平行。施加拉力时，这种结构会有层-层间的滑移，即使是几乎无弹性的碳膜也将使光纤伸长但不会引起断裂。它还具有致密的结构，能够防止水分子和氢分子渗透到光纤中心。因此，涂碳光纤的原始强度相当于普通光纤的原始强度，且具有优良的抗疲劳性能和抗氢分子的性能。

光纤表面碳膜的晶体结构与其形成条件密切相关。可以认为，是根据重复聚合和脱水条件下六方晶格的形成将碳膜涂覆在光纤表面的，整个涂碳工艺有待进一步研究。

（2）强度特性和疲劳特性　光纤的强度是由光纤尺寸和玻璃表面可能存在的小缺陷决定的，通常是通过张力测试来加以评价的。涂碳光纤 50% 的断裂强度为 5.0GPa，与不涂碳的普通光纤的断裂强度差不多，断裂强度的分布亦良好；50% 以下的断裂率无记录。

图 3-15　涂碳石英玻璃光纤制造中用的涂覆设备

正如已经提到的那样，给光纤涂碳大大提高了光纤的疲劳特性。图 3-16 所示为涂碳光纤和不涂碳光纤浸水 5 天后进行张力测试所得的动态疲劳特性的比较。由图可见，涂碳光纤强度高，并与应变率无关，疲劳系数（n 值）极高（＞200）。

图 3-17 所示比较了涂碳光纤和不涂碳光纤的静态疲劳特性。即使在 3 个月后，也没有一根涂碳光纤出现断裂，因此不能计算出 n 值。这些结果表明，光纤表面的碳膜几乎完全阻止了水分子的渗透。

（3）氢扩散的防止　　如果把光纤置于氢气中，则氢分子易于扩散到光纤中。氢不仅在光

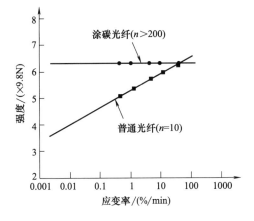

图 3-16　两种光纤浸水 5 天（25℃）后的动态
疲劳特性比较（光纤长度 40cm，试样号 20）

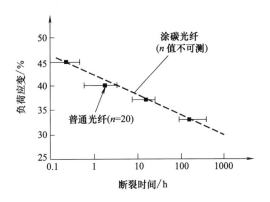

图 3-17　两种光纤在 1.5～2.0mm 弯曲半径时的
静态疲劳特性比较（光纤长度 2m，试样号 20）

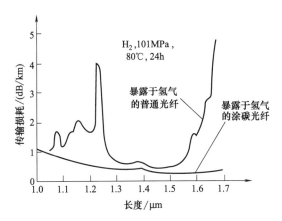

图 3-18　两种光纤暴露于氢气前后的传输损耗光谱

纤通信用的频率附近有大的吸收峰，而且扩散到光纤中的氢分子与玻璃中的缺陷发生反应后产生 OH^-，从而使光纤的传输特性之——长期可靠性大大降低。自 1982 年发现"氢损耗增加"这个问题后，人们做了大量测试工作来提高涂覆树脂和光缆材料（均为氢源）的质量，使该问题减小到可忽略的程度。但从进一步提高光缆可靠性的观点来看，光纤本身所起的作用也是重要的，涂碳光纤已使之成为现实。

图 3-18 所示为涂碳光纤和普通光纤暴露于 80℃、101MPa 氢气压力前后的光传

输损耗光谱。不涂碳光纤的氢吸收峰在 1.08μm、1.24μm 和 1.59μm，而且 24h 内玻璃中的氢几乎完全饱和。在涂碳光纤中，根本没有因氢扩散而引起损耗增加的迹象。

研究人员把渗透到碳膜并扩散进玻璃的氢分子浓度近似为：

$$\frac{(C-C_i)}{(C_t-C_i)}=\frac{t}{\tau_f} \tag{3-17}$$

式中　C——时间 t 以后玻璃中的氢浓度；

　　　C_i——氢的原始浓度；

　　　C_t——氢的饱和浓度。

涂碳光纤中氢达到饱和所需的时间 τ 表示为：

$$\tau = \frac{r\delta K_s}{2D_c K_c} \qquad (3\text{-}18)$$

式中　　δ——碳膜的厚度；

　　　　D_c——碳膜中氢气的扩散系数；

　　　　r——光纤直径；

　　　　K_s——玻璃中氢气的溶解度；

　　　　K_c——碳膜中氢气的溶解度。

图 3-19 所示为涂碳光纤经受高温氢气的测试后在 $1.24\mu m$ 处的损耗增量。

（4）敷设后试样光缆的分析　用涂碳光纤制作了试样光缆，并对敷设后的试样光缆进行了测试，以评价其可靠性。图 3-20 所示为被测光缆的结构，它是一种简单的骨架叠带结构，所用的光纤是经过 0.7% 筛选的 $\phi0.25mm$ 的单模紫外光纤，抗张元件是一根 1.4mm 的钢线，1 个骨架内有 2 根 4 芯普通光纤间隔开的 3 根 4 芯涂碳光纤带，其余 4 个骨架是空的。骨架外包有一层非编织物，并被覆一层 LAP 护套。成品缆的外径为 13mm，质量为 170kg/km。

图 3-21 所示和表 3-9 为 $1.31\mu m$ 处测得的涂碳光纤的温度特性和力学特性。由图 3-21 和表 3-9 可见，由涂碳光纤构成的光缆，其温度特性和力学特性与普通光纤构成的光缆相同。

把试样光缆的一端强行引入水，并施加氢气达 24h，使水沿光缆均匀地蔓延，然后在应力约 0.3% 的张力下架空安装该光缆，并在 1 年内测量其传输损耗的变化。图 3-22 所示为已

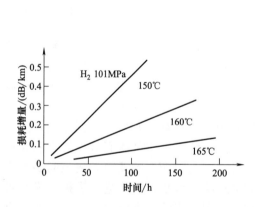

图 3-19　高温氢气测试后涂碳光纤在
$1.24\mu m$ 处的损耗增量

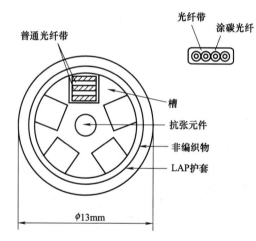

图 3-20　涂碳光缆结构

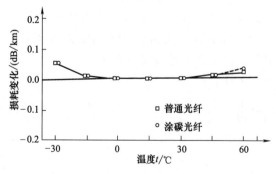

图 3-21　$1.31\mu m$ 处光纤损耗与温度的关系

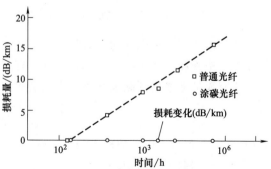

图 3-22　已敷设的光缆在 $1.24\mu m$ 处的损耗变化

敷设的光缆在 $1.24\mu m$ 处的损耗变化。普通光纤的传输损耗很大，这是由于在这种光缆中水与 LAP 护套中的铝和抗张元件中的钢起反应后产生氢的缘故。经估计，试样光缆敷设一年后，内部的压力约达 0.20MPa，而把涂碳光纤暴露于同样苛刻的环境下，它们的损耗却毫无增加，而且没有一根涂碳光纤断裂。从而证实：即使涂碳光纤在高温环境下承受应力，其强度也不会下降。

表 3-9　$1.31\mu m$ 处测得的涂碳光纤的力学性能

性能	条件	结果	性能	条件	结果
弯曲	弯曲半径为 $10D$ 时，弯曲 10 次 弯曲半径为 $6D$ 时，弯曲 1 次 D＝光缆外径	损耗无增加 护套无故障	扭绞	＋180/2m 力：196N	损耗无增加
			挤压	拉伸夹具 r＝600mm 以 50kg 和 100kg 的张力 各挤压 2 次	损耗无增加 最大应变 0.29％
侧压	50mm 平板 负荷：100kg，时间为 1min	损耗无增加	耐冲击	从 1mm 的高度跌落 ϕ25mm、重 1kg 的圆柱体	损耗无增加

二、稀土掺杂石英玻璃光纤

（一）简介

1. 需求

随着集成光学和光纤通信的发展，需要有微型的激光器和放大器。20 世纪 90 年代起，信息高速公路对信息的传输提出了更高的要求，多媒体技术要求能同时传送图、文、声、像，而且是高度清晰的声、像。信息高速公路要求高速传输，但一般的光纤通信技术传送信息的速度与这种要求相差甚远。以超高速、超长距离方式传送信息需要跨越许多技术上的障碍，其中之一就是如何补充在长距离传送过程中光能量的衰减。所以，光信号直接放大就成为一个至关重要的课题。掺稀土光纤放大器直接放大光信号，有利于大容量、长距离通信，将使光纤通信取得更加长足的发展。

2. 常用稀土掺杂剂及其特性

（1）常用的稀土掺杂剂　在石英光纤掺杂改性中，常用的掺杂剂有：镱（Yb）、铒（Er）、钕（Nd）、铥（Tm）、铈（Ce）、镨（Pr）、钐（Sm）、铕（Eu）、铽（Tb）、钬（Ho）、镧（La）等稀土元素。

（2）稀土元素的光学特性分析　稀土离子在光场和磁场方面的应用有很长的历史。稀土离子有着不同于其他光活性离子的重要性质，其发射或吸收的光波长范围很窄，发射和吸收跃迁的波长与材料的关系不大，跃迁的强度很弱，亚稳态的寿命较长，量子效率高。这些性质使稀土离子在许多光应用方面有着特别重要的作用。

从原子结构上看，稀土元素都具有相同的外电子壳层结构，即 $5s^2 5p^6 6s^2$，属满壳层结构。稀土离子通常是以三价电离态出现，其电子结构为 $[Xe]4f^{N-1}5s^2 5p^6 6s^0$，它们都是 4f和 6s 分别失去 1 个和 2 个电子，而 $5s^2$ 与 $5p^6$ 均未发生任何变化。由于剩余的 $N-1$ 个内层4f 电子受到 5s、5p 形成的外壳层屏蔽作用，使得 f→4f 跃迁的光谱特性（如荧光特性与吸收特性）不易受到宿主玻璃外场的影响，因此掺稀土元素的固态激光材料 f→4f 跃迁产生的激光线形极其尖锐。掺杂的稀土离子在宿主玻璃中由于受到晶格电场的束缚而形成了稀土离子能级的 Stark 分裂，同时在这些分裂能级之间由于声子的产生与湮灭引起能量交换，从而导致这些能级的均匀或非均匀展宽。当粒子被激发到泵浦带后，会以非辐射跃迁的方式转移到泵浦带与基态能级之间的某一能级上，并在该能级上停留较长的时间，形成激光系统粒子数分布反转。这一能级即为激光上能级，也称亚稳态能级。激光上能级的寿命比其他高能级的非辐射寿命长几个数量级。

在激光放大领域中多数选择玻璃作为掺杂的宿主基质，这主要的原因是对于高能量、高功率激光放大的输出要求。目前，大多数掺杂光纤与通信光纤使用的光纤材料相同，都是石英玻璃材料，可以采用成熟的光纤制造技术来生产掺杂玻璃光纤，同时生产过程中允许严格控制其掺杂浓度，因此掺杂玻璃的应用和研究得到很大程度的推广。从物理角度分析，玻璃是一种热熔体冷却生成的非晶态产物；从价格原子尺度来看，其结构是规则的；从整体来看，它是非周期、非对称的。玻璃的种类随着其中所含的成形子、改性子及它们之间相对组分比例的不同而变化，因此作为稀土离子掺杂宿主的玻璃基质种类繁杂。通常可以将用于激光介质的玻璃分为 4 类：氧化物玻璃、卤化物玻璃、卤氧化物玻璃及硫属化合物玻璃。

3. 制备方法

（1）气相沉积法　与普通光纤的气相沉积法相比，将稀土离子掺入到光纤需采用"开拓的 MCVD 法"。以稀土元素卤化物作为掺杂源，可制备芯部含稀土离子高达 0.25%（质量分数）的单模和多模光纤。图 3-23 所示为开拓的 MCVD 法工艺流程示意图。

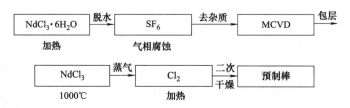

图 3-23　开拓的 MCVD 法工艺流程示意图

将掺杂物掺入芯部，需在正常沉积之前将掺杂剂如 $NdCl_3 \cdot 6H_2O$（纯度 99.9%，熔点 $758℃$）装入载掺杂剂的容器中，并使之在氯气氛下加热，这一步骤是使 $NdCl_3$ 脱水并熔化成无水晶体黏附到容器壁上，以防止在后继沉积玻璃时形成气泡。第二步是在沉积管内利用 SF_6 进行气相腐蚀处理，去除杂质，以通常的方法沉积包层玻璃。在沉积芯部过程中，加热掺杂剂容器（$1000℃$），产生一微量的 $NdCl_3$ 蒸气，并使之氧化为 Nd_2O_3 掺入芯部。但需要注意的是，脱水过程未能使 $NdCl_3$ 充分脱水，若要保证光纤的低损耗，必须进行二次干燥处理，在未熔化的低温下沉积的 SiO_2、GeO_2 和少量的 Nd_2O_3，芯层通过加热的氯气，然后熔化成无孔的玻璃层，最终收缩成实棒。

采用气相沉积法，无论是掺 Nd^{3+} 还是掺其他稀土离子光纤，在可见光和近红外区有很高的损耗（大于 $3000dB/km$），而在 $1300nm$ 附近的通信窗口处维持低的损耗（小于 $2dB/km$）。

（2）溶液掺杂法　溶液掺杂法可克服气相沉积法难以精确控制掺杂浓度的缺点，并满足高亮度激光器件的需要。稀土离子从溶液掺入到光纤中，要经历如下步骤。

① 沉积包层。

② 降温沉积芯层，形成一未烧结的多孔粉层，并将管子从车床上取下。

③ 放在包含稀土离子的溶液中浸泡，一般溶液浓度为 $0.1mol/L$。

④ 清洗后的管子重新置于车床上，预制棒加热到 $600℃$，通入氯气，脱水干燥。

⑤ 烧结芯层，常规法收缩预制棒。

溶液掺杂法存在的一个主要问题是多水性，且降低光纤中的 OH^- 含量，需进行充分的干燥脱水处理。影响脱水效果有 3 个因素：温度、干燥气体和干燥时间。实验表明，1000℃时氯气能给予最佳的脱水条件，但这一温度会导致稀土掺杂物的挥发。在脱水温度为 600℃时，脱水时间超过 30min，OH^- 含量将在 $1×10^{-4}$% 以下。

采用溶液掺杂技术制备的特种光纤，尽管掺杂浓度很高，但能保证在 $1.0\mu m$ 和 $1.5\mu m$ 之间的损耗低于 70dB/km。光纤激光器所需光纤长度约 20cm，所以在激光波长 $1.09\mu m$ 处的损耗可忽略不计，因此溶液掺杂法具有很高的实用价值。

4. 应用

掺稀土离子光纤具有很好的激光特性，通过不同的掺杂，可控制低损耗窗口的波长位置，提供新的光通信波长。掺稀土离子激光器具有阈值功率低、增益高、泵浦只需简单的半导体激光器和工作时无需冷却的优点，用它制成的光学放大器和波长可调的激光器，是目前半导体激光器件不可比拟的。掺 Er^{3+} 的光纤激光器具有双稳态现象，可制成光学储存、开关及放大器件。光纤激光器在测试领域能发挥很大的作用，它可作为 OTDR 测量中高功率可调波长的信号源，以及光纤陀螺仪中的带宽源和色散能量仪的可调光源。

掺稀土离子光纤还可用于制备光纤传感器和滤波器，利用它的光吸收与温度呈线性关系的特点，制成分布型温度传感器；掺稀土离子光纤吸收带十分陡，稍微偏离即进入低损耗区，可制成小型、低损耗、具有极高抑制能力的滤波器。

掺稀土离子光纤还可制作非线性光纤器件，以及环形共振器、偏振器等十分有用的光纤器件。

（二）掺杂镧元素的石英玻璃光纤

1. 简单梯度掺 Yb^{3+} 单模石英玻璃光纤

（1）简介

当前，掺 Yb^{3+} 石英玻璃光纤及其激光器、放大器的研究，已引起国际上极大的关注，并且取得很大的进展，但我国在这方面的研究才刚刚起步。

掺 Yb^{3+} 单模石英玻璃光纤具有宽增益带宽、长上能级荧光寿命、高量子效率和无浓度猝灭、无激发态吸收等特点，激光输出波长在 $1.01\sim1.162\mu m$ 范围可调谐，可用于高功率激光系统和泵浦 $1.3\mu m$ 掺 Pr^{3+} 光纤放大器、掺 Tm^{3+} 上转换光纤激光器等。掺 Yb^{3+} 光纤放大器可以实现功率放大和小信号放大，因而可用于光纤传感器、自由空间激光通信和超短脉冲放大等领域。采用半导体泵浦、自调 Q，在掺 Yb^{3+} 单模石英玻璃光纤中已实现 10kW 峰值功率和 2ns 脉宽的激光输出。

掺 Yb^{3+} 石英玻璃光纤的激光输出波长在 $1.01\sim1.162\mu m$ 范围可调谐，因此在掺 Yb^{3+} 单模石英玻璃光纤的光学性能指标方面，主要解决 3 方面的技术问题：一要保证掺 Yb^{3+} 石英玻璃光纤的截止波长小于 980nm，保证激光在光纤中为单模运行；二要保证 Yb^{3+} 均匀地掺入纤芯，保证光纤在长度上具有增益均匀的特性，掺杂浓度要高；三要使泵浦光功率比较容易耦合进掺 Yb^{3+} 石英玻璃光纤中。在掺 Yb^{3+} 石英光纤预制棒的研制工作中，主要通过调整 $GeCl_4$、$SiCl_4$ 等原料的流量大小和配比来控制光纤芯径和折射率的大小，达到控制光纤的截止波长的目的。

在纤芯掺入 Yb^{3+} 的研究中，主要解决了 Yb^{3+} 均匀地掺入的问题。实验研究表明：采用液相法在石英玻璃光纤中掺入 Yb^{3+}，关键是要控制好溶液的酸碱性，而在纤芯玻璃致密化的后处理阶段要控制好气体的成分。在研究的掺 Yb^{3+} 石英玻璃光纤中，没有发现析晶、分相的出现，吸收光谱测试表明 Yb^{3+} 均匀地掺入了纤芯。同时，研究表明：由于纤芯中锗含量的变化不大，对 Yb^{3+} 光谱性能的影响不明显。

为了要在掺 Yb^{3+} 石英玻璃光纤中获得高的激光输出，必须保证泵浦光功率比较容易耦合进光纤。为此，人们研制了简单梯度掺 Yb^{3+} 单模石英玻璃光纤和双包层掺 Yb^{3+} 多模石英玻璃光纤。

（2）制备方法

采用 MCVD 工艺及溶液掺杂法制备掺 Yb^{3+} 双包层结构石英玻璃光纤，其工艺流程如图 3-24 所示。

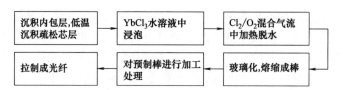

图 3-24　制备掺 Yb^{3+} 双包层结构石英玻璃光纤的工艺流程图

① 首先用 MCVD 工艺制作光纤的内包层和疏松芯层。由高纯 O_2 携带 $SiCl_4$、$GeCl_4$ 等原料进入不断旋转的高纯石英基质反应管中，用氢氧焰高温加热反应管，使原料在高温下发生氧化反应而均匀地沉积在石英管上，形成含 SiO_2-P_2O_5-F 的光纤内包层，然后在较低的温度下沉积疏松芯层，组分为：SiO_2-GeO_2-P_2O_5。

② 溶液掺杂时取下反应管，将其放入事先已配制好的 $YbCl_3$ 溶液中浸泡 1h 左右，使 Yb^{3+} 均匀地吸附在疏松芯层上。

③ 取出已浸泡好的反应管，重新接到车床上，在适宜的温度下通入高纯 Cl_2、O_2 的混合气体进行干燥脱水处理约 0.5h。

④ 将经过脱水干燥的反应管在高温下熔缩成透明的具有掺 Yb^{3+} 芯层的预制棒。

⑤ 将预制棒加工处理成所需的内包层结构，然后拉制成所需的掺 Yb^{3+} 双包层结构石英玻璃光纤，并进行性能参数测试。

（3）性能分析

① 基本性能　简单梯度掺 Yb^{3+} 单模石英玻璃光纤的技术指标见表 3-10。

表 3-10　简单梯度掺 Yb^{3+} 单模石英玻璃光纤的技术指标

芯径 /μm	外径 /μm	数值孔径 NA	模场直径 /μm	截止波长 /nm	吸收系数 （920nm）	基底损耗 （1.3μm）
6±0.5	125±0.5	0.17±0.2	5～7	860～980	3～8dB/m	<1dB/km

② 光谱特性　掺 Yb^{3+} 光纤的玻璃基质包括石英和氟化物玻璃等，而对于大多数应用而言，掺 Yb^{3+} 石英玻璃光纤是最理想的玻璃基质。在稀土离子中，Yb^{3+} 的能级结构简单，仅由基态能级 $^2F_{1/2}$ 和一个激发态能级 $^2F_{5/2}$ 组成，在玻璃基质晶体场作用下，上、下能级产生 Stark 分裂，可分裂成相应的 3 个和 4 个子能级。激光跃迁包括准四能级跃迁和三能级跃迁，即从激发态能级 $^2F_{5/2}$ 中最低的子能级到基态能级 $^2F_{1/2}$ 中的较低或较高子能级的跃迁。由于在室温下的波尔兹曼热效应和玻璃基质造成的光谱非均匀宽化，使得 Yb^{3+} 的各个子能级间的跃迁不可确定。从硅、锗玻璃中的 Yb^{3+} 吸收和荧光光谱图中可以看出，掺 Yb^{3+} 石英玻璃光纤的泵浦源可选范围比较大，泵浦源波长从 $0.86\mu m$ 到 $1.06\mu m$ 均可，激光输出波长在

$1.01\sim1.162\mu m$ 范围可调谐。

值得注意的是，玻璃基质的成分对 Yb^{3+} 的光谱特性影响较大。例如，在掺 Yb^{3+} 石英玻璃光纤中，随着纤芯中锗含量的提高，Yb^{3+} 的吸收和发射截面积增大，上能级荧光寿命变短。

在高浓度的掺 Yb^{3+} 光纤中，存在着 Yb^{3+} 合作发光的现象，即两个邻近的激发态 Yb^{3+} 合作发射出能量为两者之和的光子，该光子的波长在绿色光波区。由于 Yb^{3+} 合作发光的概率非常小，对掺 Yb^{3+} 石英玻璃光纤增益的影响很小。

由于 Yb^{3+} 仅有一个激发态，因此掺 Yb^{3+} 石英玻璃光纤不存在浓度猝灭效应，但激发态 Yb^{3+} 的掺量极易转移到别的稀土离子上，所以掺杂用的 Yb^{3+} 化合物纯度要求很高。在掺 Yb^{3+} 石英光纤中还存在着荧光捕获效应，即在 Yb^{3+} 间存在着能量转移，但对激光增益效率没有影响。

2. 掺镱双包层结构单模石英玻璃光纤

（1）简介 由于单模光纤纤芯直径较小，高的泵浦光功率较难有效地耦合到纤芯中，而且单模光纤对泵浦光模的要求较为严格，因此光纤激光器通常被认为是一种低功率器件。受此"瓶颈"的影响，光纤激光器在医学、航天航空、材料加工等需要高平均功率输出（几十到上百瓦）或高脉冲能量等领域的应用受到很大的限制。

"双包层结构光纤"与"包层泵浦方式"的出现，对大功率光纤激光器和放大器来说是一个具有重大意义的技术突破，它改变了人们通常认为光纤激光器属小功率器件的印象，可以说是光纤激光器发展的一个里程碑。所谓的双包层结构光纤与传统意义上的光纤的区别在于：通过采用新的光纤结构设计和选择合适的材料，在掺稀土离子的单模纤芯外层形成了一个可以传输多模泵浦光的区域——内包层，内包层的模截面尺寸和数值孔径大于纤芯，对于所产生的激光波长，内包层与掺稀土离子的纤芯构成了完善的单模光波导。同时，它又与外包层构成了传输泵浦光功率的多模光波导，这样可以将大功率多模泵浦光耦合进入内包层，多模泵浦光在沿光纤传输的过程中多次穿过纤芯并被吸收，从而产生较大功率信号的激光输出。现已设计出各种几何结构的内包层，这种结构能与作为泵源的激光二极管更好地匹配，使多模泵浦光更有效地耦合，将连续激光输出功率提高到上百瓦的量级。利用调 Q、锁模技术可获得极高峰值功率的脉冲输出。双包层结构光纤与包层泵浦技术的出现使光纤激光器输出功率大大提高，具有极为广阔的应用前景。掺 Yb^{3+} 双包层光纤激光器具有高的输出功率、转换效率和极好的光束质量，它在光通信、材料加工与处理、医学、印刷等领域得到应用。尤其是掺镱双包层光纤激光器作为拉曼光纤放大器的泵浦源，使光通信的带宽大大扩展，因此对掺 Yb^{3+} 双包层光纤的研究引起了人们的极大关注。

（2）掺镱双包层结构单模石英玻璃光纤的设计

① Yb^{3+} 在硅质玻璃中的光学特性 Yb^{3+} 在硅质玻璃中的能级系统是非常简单的，除了基态 $^4F_{9/2}$ 外，只有一个能级 $^4F_{7/2}$，其吸收和荧光图谱如图 3-25 所示。其中，吸收谱是在光纤中测量的，荧光谱是在 910nm 激发预制棒切成的薄片中测得的。

宽的荧光带允许产生的激光范围在 $1.02\sim1.2\mu m$，可以在 910nm（准四能级系统）及

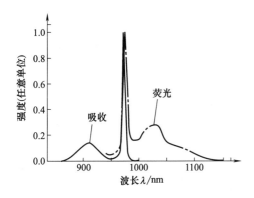

图 3-25 Yb^{3+} 在硅质玻璃中的吸收和荧光图谱

976～980nm（准三能级系统）实现泵浦。泵浦波长和发射波长稍有不同就可以产生高效率的激光，因此在978nm泵浦、1060nm激光器中的效率可达90%。

需要注意的是，掺Yb^{3+}光纤的一个重要优点是在可见光谱范围内能级的缺乏，它防止了激发态吸收和共同向上逆转换结果的产生，这说明在掺杂光纤中允许掺杂Yb^{3+}浓度的上限由Yb^{3+}在硅玻璃中的溶解度来决定。

② 光纤芯部元素组成的选择　掺稀土离子光纤的制备大多采用气相掺杂法和溶液掺杂法。气相掺杂法是最早采用的方法，主要缺点是掺杂浓度不易控制及沿纵向均匀性差。随着掺杂技术的发展，溶液掺杂法被广泛采用。采用溶液掺杂法易于操作、掺杂控制精度高、可研制高掺杂浓度的光纤。采用MCVD工艺及溶液掺杂法制备掺Yb^{3+}双包层结构石英玻璃光纤，芯部掺杂GeO_2、P_2O_5，其目的是为了增加芯部的折射率，光纤预制棒的组分及Yb^{3+}浓度的选择以光纤芯部得到最小的基底损耗并使光纤激光器的长度尽可能短为目的。

③ 内包层的优化　掺镱双包层结构单模石英玻璃光纤的内包层的主要作用是提供尽可能小的基底损耗和使泵浦功率在芯部被Yb^{3+}有效吸收，高纯度的石英管及有效的隔离层厚度可有效降低基底损耗。内包层结构具有很多种，包括圆形、矩形、椭圆形、D形、六边形等。合理的内包层结构能使泵浦功率在芯部被Yb^{3+}有效吸收，从而可大大提高耦合效率。因此选择合适的内包层结构是非常重要的。为了使包层模和芯有效地耦合，应使光纤有非圆形几何尺寸的内包层。因为圆形结构内包层光纤在使用过程中的弯曲会导致光纤损耗的大大增加，而非圆形结构的内包层光纤在使用过程中的弯曲却不会使损耗增加。根据激光器泵浦源的光束要求及加工方面的原因，宜选择D形和矩形结构的内包层。

④ 外包层的选择　外包层的作用是提供足够大的内、外包层折射率差，同时还需有好的力学性能。国际上目前普遍采用硅橡胶和杜邦公司制造的AF聚四氟乙烯。

硅橡胶广泛应用于双包层光纤，它提供的折射率差在0.38～0.4之间，它使光纤有更好的力学性能且价格便宜。AF聚四氟乙烯在244nm是透明的，可以允许不需要剥除涂覆即可制作布拉格光栅，且可提供内、外包层间的数值孔径高达0.60，具有很好的性能，但其价格昂贵。

(3) 掺镱双包层结构单模石英玻璃光纤的制备　采用MCVD工艺及溶液掺杂法制备掺Yb^{3+}双包层结构单模石英玻璃光纤的具体过程如下。

① 制作内包层和疏松芯层　首先用MCVD工艺制作光纤的内包层和疏松芯层。疏松芯层的沉积如图3-26所示，由高纯O_2携带$SiCl_4$、$GeCl_4$等原料进入不断旋转的高纯石英基质反应管中，下面用氢氧焰高温加热反应管，使原料在高温下发生氧化反应而均匀地沉积在石英管上，形成含SiO_2-P_2O_5-F的光纤内包层，然后在较低的温度下沉积疏松芯层，组分为：SiO_2-GeO_2-P_2O_5。

② 溶液掺杂　取下反应管，放入事先已配制好的$YbCl_3$溶液中浸泡1h左右，使Yb^{3+}均匀地吸附在疏松芯层上，如图3-27所示。

③ 脱水　取出已浸泡好的反应管，重新接到车床上，在适宜的温度下通入高纯Cl_2、O_2的混合气体进行干燥脱水处理约0.5h，如图3-28所示。

④ 缩棒　将经过脱水干燥的反应管在高温下熔缩成透明的具有掺Yb^{3+}芯层的透明预制棒，如图3-29所示。

⑤ 性能参数测试　将预制棒进行加工，处理成所需的内包层结构，然后拉制成所需的掺Yb^{3+}双包层结构单模石英玻璃光纤，并进行性能参数测试。

(4) 性能分析　用MCVD工艺及溶液掺杂法制备掺Yb^{3+}双包层结构单模石英玻璃光

纤，最主要的问题是光纤预制棒芯部的析晶。要保证 Yb^{3+} 均匀地掺入纤芯，保证光纤在长度上具有均匀的增益，通过以下方法来解决这一问题。

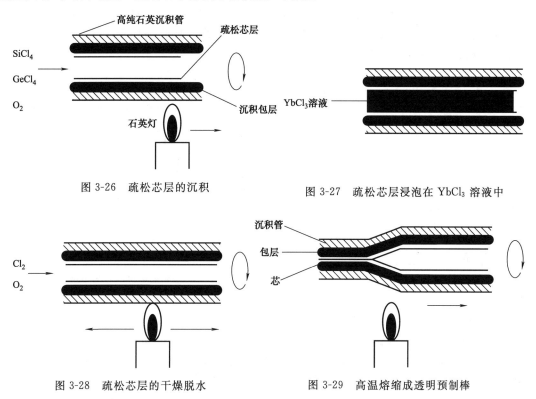

图 3-26　疏松芯层的沉积　　　　　　图 3-27　疏松芯层浸泡在 $YbCl_3$ 溶液中

图 3-28　疏松芯层的干燥脱水　　　　图 3-29　高温熔缩成透明预制棒

① 控制疏松层的致密度　光纤芯部掺入稀土元素的量与掺杂液浓度成正比，与沉积层致密度成反比，控制制作疏松层的温度使之保持恒定，可保证制作出致密度均匀的疏松芯层。另外，石英反应管的几何尺寸非常关键，高几何精度的石英管也是制作出致密度均匀的疏松芯层的重要保证。同时，合理设计 $O_2/SiCl_4$（O_2）流量比可保证掺杂过程的顺利进行。

② 控制浸泡时间及脱水温度和时间来保证溶液掺杂的均匀性　脱水时间以 0.5h 为宜，时间过长、温度过高，会导致大量 Yb^{3+} 被氯化而流失。

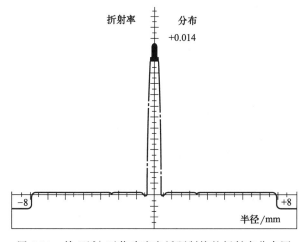

图 3-30　掺 Yb^{3+} 石英玻璃光纤预制棒的折射率分布图

③ 提高石英灯控制的精度　石英灯的失控会影响沉积温度，从而间接影响掺杂浓度的均匀性。

通过在制作过程中严格控制以上因素，可以有效地解决溶液掺杂的均匀性问题。实验证明，在 0.15g（Yb^{3+}）/ $50mL H_2O$（$YbCl_3$）的高掺杂情况下可避免析晶。

通过调整 $SiCl_4$、$GeCl_4$ 等原料的流量大小和配比可以很好地控制光纤芯径的大小和折射率的高低，从而较好地控制了光纤的截止波长。使用 P-104 光纤预制棒折射率分析仪测得掺

Yb^{3+}石英玻璃光纤预制棒的典型折射率分布如图 3-30 所示。

使用 FOA-2000 光纤综合测试仪截断法测量掺 Yb^{3+} 双包层单模石英玻璃光纤的损耗谱。由于光纤 Yb^{3+} 吸收峰处吸收损耗很高，其他类型的损耗与吸收损耗相比可忽略，所以其损耗谱可以视为吸收谱。掺 Yb^{3+} 双包层单模石英玻璃光纤的吸收谱如图 3-31 所示。经过试验，测得所制作的掺 Yb^{3+} 双包层单模光纤的参数见表 3-11。

表 3-11　掺 Yb^{3+} 双包层单模光纤的参数

参　数	数　值
芯径/μm	5±1
外径/μm	250±2
内包层直径/μm	125±1
芯数值孔径	0.17±0.02
截止波长/nm	800~980
吸收系数(976nm)/(dB/m)	2~10
基底损耗(1.3μm)/(dB/km)	<10
模场直径/μm	5±1
内包层数值孔径	0.36±0.01

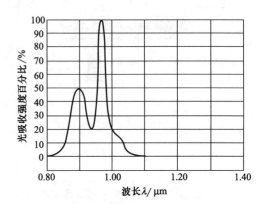

图 3-31　掺 Yb^{3+} 双包层单模石英玻璃光纤的吸收谱

3. 采用气相沉积法制备矩形内包层掺镱石英玻璃光纤

（1）简介　利用改进的化学气相沉积工艺加溶液掺杂法配合光学加工技术设计并研制出内包层为矩形等新颖结构的掺 Yb^{3+} 双包层石英玻璃光纤，实现了光纤的包层抽运激光器的成功运转。矩形光纤在 1075.6nm 波长处获得 84mW 的最大激光输出功率，斜率效率达 77%。

（2）光纤的制备　采用改进的化学气相沉积（MCVI）工艺加溶液掺杂法制作的芯部掺 Yb^{3+}、包层为 SiO_2 的圆形单模光纤预制棒；外径为 20.3μm，掺 Yb^{3+} 芯径为 0.65μm。从棒上截取相邻的两段，进行研磨与抛光，经加工后棒的截面形状为矩形和正方形，几何尺寸分别为 16.82μm×11.34μm 和 14.26μm×14.26μm，其中矩形截面的边长比控制在约 3∶2。

在通用拉丝塔上拉丝并在线涂覆聚合物外包层与保护层。为了减小预制棒在高温熔融状态下发生的形变，整个拉丝工艺应在低温、低速的条件下进行。通常控制熔棒温度低于 2000℃，拉丝速度低于 20m/min。在拉制正方形光纤的过程中，熔棒温度偏高，造成了光纤截面的变形。在随后进行的矩形光纤拉制中，将熔棒温度降低了 30℃，未发现光纤截面变形。选用一种折射率低于石英的紫外光固化涂料做外包层，$n=1.42$，使内、外包层之间的理论数值孔径约为 0.36，内包层成为传输抽运光的多模通道，最外面的保护涂层是高模量、高折射率（$n=1.52$）的紫外光固化涂料。图 3-32 所示为矩形和正方形内包层光纤的示意图。两种光纤的参数如下：内包层几何尺寸分别为 100μm×70μm 和 85μm×85μm。通过截断法测出 976nm 波长下抽运光在内包层中的传输损耗分别为 73dB/km、65dB/km。

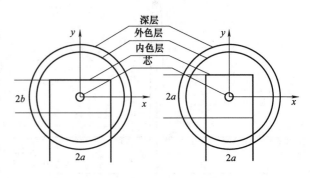

图 3-32　矩形和正方形内包层光纤示意图

在矩形光纤中相互垂直的两个方向上，数值孔径分别为 0.360、0.343。正方形光纤的数值孔径为 0.358。单模芯子的掺 Yb^{3+} 的质量分数为 0.24%，模场直径为 (5.0 ± 0.5) μm，截止波长约 900nm，能够保证波长大于 1000nm 的激光单模传输。这种掺 Yb^{3+} 双包层石英玻璃光纤具有大的几何尺寸、大的数值孔径且内包层形状新颖的特点。

（3）性能分析　图 3-33 所示为矩形内包层光纤激光器的光谱特性，激光的中心波长为 1075.6nm，谱宽（FWHM）很窄，小于 2nm，空间模式为基横模，图中未发现剩余抽运光。

以同样步骤对 20m 正方形内包层的光纤进行了观测。图 3-34 所示为正方形内包层光纤激光器的光谱特性，激光中心波长为 1077.6nm，谱宽约 2nm，基横模输出。经过 20m 光纤的吸收之后，图中仍存在剩余抽运光。

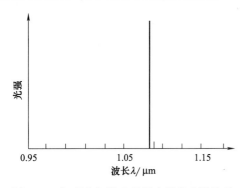

图 3-33　矩形内包层光纤激光器的光谱特性

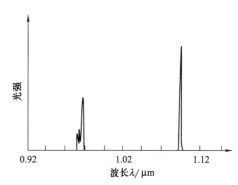

图 3-34　正方形内包层光纤激光器的光谱特性

多模抽运光在矩形内包层中传输时，不会产生螺旋光。只要光纤足够长，绝大部分抽运光迟早会穿越纤芯，并被其中的 Yb^{3+} 所吸收。因此，与传统圆形内包层相比，矩形的内包层大大地提高了对注入抽运光的吸收效率，使其在较低的抽运功率下即可达到阈值。例如，22m 长圆形内包层光纤的激光阈值对应抽运源工作电流为 1500mA，而矩形内包层光纤的相应值为 850mA，下降了 43%。虽然两次实验所用光纤的参数不完全相同，但从数量级上仍可说明这一问题。

正方形是矩形在 $a=b$ 时的特例。从理论上分析，两者在抽运光传输和激光特性上的差别应该不大。但是从实验结果来看，矩形与正方形光纤激光器在阈值、最大输出激光功率、斜率效率上存在较大差距。其主要原因是：在正方形光纤拉丝的工艺过程中，熔棒温度偏高，造成了截面形状的变形。在几何尺寸测量中已观察到正方形的四角变钝，四条边呈曲率而非直线。从近似于一个圆形来考虑，其中必然会存在大量的不经过纤芯的螺旋光不能够被吸收，如图 3-34 所示。经过 20m 光纤的吸收后，正方形光纤中仍存在一定数量的剩余抽运光，从而降低了纤芯 Yb^{3+} 对注入抽运光的吸收效率，导致阈值升高、最大激光输出功率与斜率效率降低。

总之，用改进的化学气相沉积工艺加溶液掺杂技术制作的掺 Yb^{3+} 石英玻璃光纤预制棒经光学加工后，拉制出内包层形状为矩形和正方形的掺 Yb^{3+} 双包层光纤，利用这两种光纤进行了包层抽运光纤激光器的实验，其中矩形与正方形光纤激光器的斜率效率分别达到 77% 和 58%。比较而言，矩形内包层光纤在对抽运光的转换效率上更具优越性，是包层抽运激光器的理想选择。

（三）掺铒石英玻璃光纤

1. 改性气相沉积法制备的掺铒石英玻璃光纤

（1）简介　掺铒石英玻璃光纤在 $1.54\mu m$ 波长处的荧光发射与正在开发的光纤通信第三传输窗口相匹配，掺铒光纤放大器用于补偿长距离光纤通信的传输损耗，以实现全光纤通信，对未来通信的发展起着极其重要的作用。

MCVD 工艺和溶液掺杂技术是制备掺铒石英玻璃光纤的重要手段，引入 Al_2O_3 可以改善光纤的光学特性。光纤放大器的实验结果表明：在 514.5nm 和 532nm 波长激光泵浦下，可分别获得 20dB 和 30dB 的放大增益。

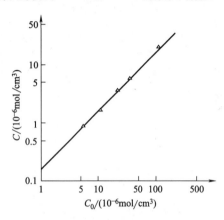

图 3-35　光纤中铒离子含量（C）和掺杂溶液浓度（C_0）的关系

（2）光纤制备方法　光纤预制棒采用 MCVD 法制备，铒离子掺杂采用溶液浸渍技术。具体制备方法：在石英管内沉积低折射率包层（SiO_2/P_2O_5/F 玻璃）后，在 1100℃下沉积 SiO_2-GeO_2 芯层，使芯层形成多孔疏松层，置于铒离子溶液中浸渍 1h，经自然干燥后在 600℃温度下通氯气干燥 1h，最后烧结芯层熔缩成预制棒。部分光纤芯层引入了铝离子。预制棒采用通信光纤拉制法在拉丝机上拉制成光纤。

（3）性能分析

① 光纤中铒离子含量与掺杂溶液浓度　图 3-35 所示为光纤中铒离子含量（C）与掺杂溶液浓度（C_0）的实验结果。由图可见，拟合直线的斜率为 1，这说明 C 和 C_0 两者呈简单线性关系。这一规律适应范围较宽，为控制光纤中铒离子的掺杂含量提供了重要依据。

② 光纤折射率特性　Al_2O_3-SiO_2 系光纤折射率分布特性与 GeO_2-SiO_2 系光纤具有显著区别。如图 3-36 所示，GeO_2-SiO_2 系光纤存在中心凹陷，其原因在于预制棒熔缩过程中，锗在高温下挥发，使稀土离子无法集中于光纤中心，破坏了稀土离子沿光纤径向的高斯分布。无论从泵浦效率还是受激发光看，这都是不利因素。铝离子的引入有效地克服了光纤的中心凹陷，同时有利于稀土离子在石英玻璃光纤中溶解度的提高和光纤受激发光特性的改善。

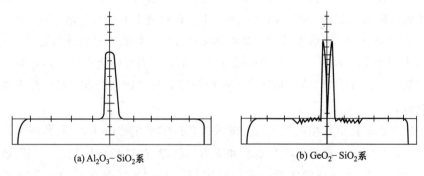

(a) Al_2O_3-SiO_2系　　　　　(b) GeO_2-SiO_2系

图 3-36　掺铒石英玻璃光纤的折射率剖面结构

③ 掺铒石英玻璃光纤的吸收光谱特性　图 3-37（a）所示为典型的掺铒石英玻璃光纤的

光谱损耗曲线。图中，660nm、800nm、980nm 和 1540nm 波长处的吸收峰属于 Er^{3+} f^{11} 电子层中 $^4I_{13/2}$ 到 $^4F_{9/2}$ 和 $^4I_{11/2}$ 各能级间的电子跃迁。对应于铒含量为 $20 \times 10^{-6} \sim 3000 \times 10^{-6}$ 的石英玻璃光纤，$^4I_{15/2} \rightarrow ^4I_{13/2}$ 能级跃迁的吸收水平约为 $5 \times 10^2 \sim 8 \times 10^4$ dB/km。在 1200nm 区段，光纤的吸收水平为 30dB/km。1390nm 波长处吸收峰属于羟基（Si—OH）振动的倍频吸收峰，羟基的存在不利于半导体激光泵浦能量的转换。

值得注意的是，掺铒石英玻璃光纤引入铝离子后，吸收峰展宽并向短波方向位移，如图 3-37（b）所示，相应的荧光光谱亦有类似的性质。这是因为在硅、锗玻璃结构网络中，铝离子的存在干扰了硅氧原子团［SiO_3］对 Er^{3+} 的极化作用，使 Er^{3+} 与配位体之间共价键成分降低，造成谱线向短波方向位移。同时，增加了各离子的能级相对差异，各离子的配位场情况不完全等价，造成谱线增宽。在 1540nm 波长处，吸收峰的位移和展宽有利于半导体泵浦（1480nm）能量的转换。

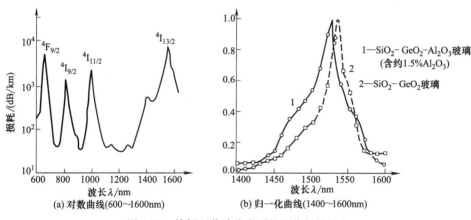

图 3-37 掺铒石英玻璃光纤的吸收损耗曲线

2. 溶胶-凝胶法制备稀土掺杂低损耗单模石英玻璃光纤

（1）简介 采用溶胶-凝胶法（sol-gel 法）进行稀土离子掺杂，在 Er^{3+} 掺杂的 Al_2O_3-SiO_2 玻璃单模光纤中重复性地获得 1.15μm 波长区小于 2dB/km 的最低光损耗，以该技术成功地在光纤中进行了宽浓度范围的稀土掺杂。已发现，以 sol-gel 法浸渍涂覆厚膜制取低损耗光纤，关键在于能够制成始终无裂纹膜的工艺技术。

（2）制备方法

① 工艺过程简介 在制造稀土离子掺杂光纤的 sol-gel 法基础上，以 sol-gel 法浸渍涂覆形成预制棒的芯部，即以浸渍涂覆方式在高质量的 SiO_2 管内壁淀积 sol-gel 膜。在制备溶胶时加入稀土离子以及提高折射率的掺杂剂如 Al_2O_3 或 GeO_2，并控制掺杂浓度，然后把浸渍涂覆的样品放在操作箱内，使样品在 60℃温度暴露于高湿度条件下若干小时。在加热初期，使各种有机物都灼烧掉，然后对样品进行干燥处理以消除 OH^-，最后在 MCVD 车床上以制作高 SiO_2 预制棒的典型方式进行高温烧结和熔缩，其工艺流程如图 3-38 所示。

② 溶胶制备 本研究中选用 Al_2O_3 作为芯部 SiO_2 玻璃折射率的调节剂。Al_2O_3 可防止

图 3-38 sol-gel 浸渍涂覆法制作稀土掺杂 SiO_2 光纤的工艺流程图

SiO_2 中稀土簇集，可进行高浓度稀土掺杂而不发生失透，所以人们制备了 Al_2O_3-SiO_2 系溶胶。为了在芯部与包层之间得到平整的界面，制备均匀的膜是基本要求，本研究中的许多工作就是为了研究制备溶胶的方法。该溶胶可以一次浸涂就获得 $3\sim5\mu m$ 厚均匀的无裂纹膜。该厚度适用于典型商品 SiO_2 管的要求，例如 $16mm\times20mm$ 管，以便达到适当的包层/芯径之比，可拉成外径为 $125\mu m$ 的单模光纤。对于厚度大的膜，其开裂一般是由膜沿着衬底与膜之间界面的收缩引起的。因为衬底是刚性的，当膜收缩时使衬底上产生压应力；反之，衬底使膜受到张力。若膜收缩过多，必然开裂。为了减少 sol-gel 膜干燥产生的收缩量，必须增加溶胶中固态物质的浓度。遵循这一途径，制备了无溶剂的低含水量的溶胶。表 3-12 列出掺铒溶胶的典型配方。

表 3-12　含铒溶胶的配方

$Si(OC_2H_5)_4$	50mL	$AlCl_3 \cdot 6H_2O$	10g	$ErCl_3 \cdot 6H_2O$	0.02g

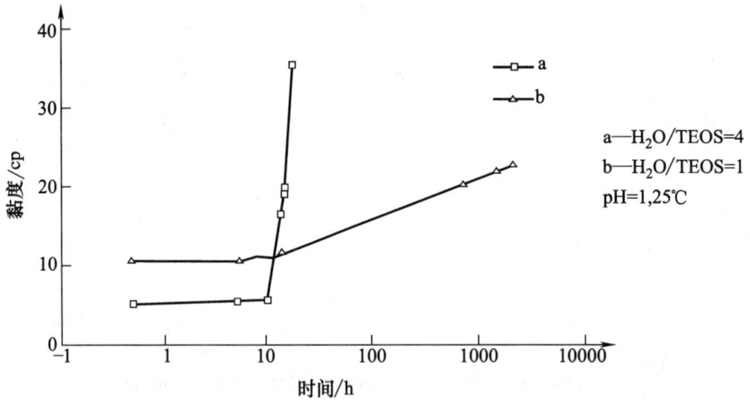

图 3-39　不同 H_2O/TEOS 比值的样品之成胶特性

配制方法　将正硅酸乙酯与三氯化铝、三氯化铒的混合物加热到 70℃，反应若干小时后得到均匀透明的产物。预期正硅酸乙酯首先水解形成一些 Si—OH 基团，然后按以下反应进行聚合：

$$2-Si-OH \longrightarrow Si-O-Si + H_2O$$

除以上反应之外，系统中也可能有相当数量的氯化铝发生部分的溶剂分解作用。限制含水量是为了控制 sol-gel 系统的水解与聚合程度，因为含水量低（H_2O 与 TEOS 之比小于1），其成胶时间长达数月，若将溶胶封存于容器中，则不会发生成胶，如图 3-39 所示。这对于 sol-gel 法涂膜工艺的实际应用是很重要的，该溶胶可重复使用，几乎没有储存期限。浸渍之后，sol-gel 膜接着在 60℃温度、有水的密封箱内进行水解。

③ **膜的形成**　为了防止膜开裂，要求溶胶中固态物质的浓度不超过一定的上限，并且膜中微粒的堆积方式也是很重要的。已发现，为在刚性衬底上得到无裂纹的膜，所用溶胶的反应时间应适当长，这一点很关键。一般认为，短聚合长度的小微粒可望在干燥中达到密集堆积态。为得到良好的膜，微粒应当以密集堆积态集聚，成胶之后没有明显的局部裂纹，这样在烘焙处理之后将不会再产生有影响的收缩或开裂。已发现，以上述工艺制备的 SiO_2 基膜有足够的强度经受住随后的烘焙处理，用光学显微镜测得典型膜厚为 $5\sim10\mu m$。

通常，局部开裂是由于膜在干燥过程中的结块作用引起的。为减少结块效应，在溶胶中加入少量的表面活性剂，使之易于达到密集堆积态，形成坚实的膜。

④ **干燥、烧结和熔缩**　首先，把样品在炉内空气气氛中预热到 800℃，升温速度为 60℃/h，把残存有机物灼烧掉。然后，在 MCVD 车床上，1000℃时通入 Cl_2，时间为 2h，

典型流量为 80mL/min。氯气处理之后，在相同温度的纯氧气氛中去氯 0.5h，氧流量为 1000mL/min。最后，在 He 和 O_2 气氛中对 sol-gel 法产生的疏松膜进行烧结。由于 sol-gel 膜较厚（大于 $5\mu m$），烧结中必须用 He 气，并且 He/O_2 比不应小于 1∶2，否则在预制棒的芯部会遗留很多气泡。熔缩成棒及拉制光纤都用常规方法，此处不再讨论。

（3）性能分析

① 性能结果　用 sol-gel 掺杂法制备各种稀土离子掺杂的多种单模和多模光纤，通常光纤的数值孔径范围为 $0.12\sim0.25\mu m$。该技术可有重复性地控制稀土掺杂浓度。Er^{3+} 掺杂的 sol-gel 法制作的预制棒典型折射率分布如图 3-40 所示，相应的单模光纤的衰减谱如图 3-41 所示，最低损耗在 $1.15\mu m$ 波长区低于 2dB/km。掺 Er^{3+} 样品的荧光谱如图 3-42 所示，泵浦波长为 $0.8\mu m$。该荧光谱与用其他技术制造的（相同的基质玻璃）样品所测实质上是一致的，荧光寿命为 9.9ms。从 $1.38\mu m$ 与 $1.25\mu m$ 的谐波吸收峰可判断，目

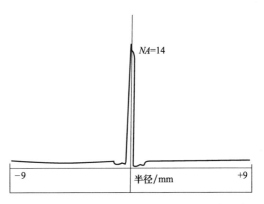

图 3-40　用 sol-gel 法制作的预制棒折射率分布

前光纤中仍含 $(5\sim10)\times10^{-6}$ 的 OH^-，延长氯气处理时间将能进一步降低这些吸收峰。

② 分析　由于 sol-gel 工艺制作的膜厚度一般大于 $5\mu m$，有时甚至厚达 $10\mu m$，往往难于得到无气泡的预制棒。为改善烧结，可采取多种措施。首先，烧结温度应尽可能高，在 MCVD 工艺中一般用外部火焰加热。由于石英管的壁厚造成温度梯度，其管内的温度常常过低，不足以得到好的烧结结果，最好采用 PCVD 加热设备以取得更好的烧结结果。其次，也可增加 sol-gel 膜的比表面积，以低 pH 值溶胶制备的膜比高 pH 值溶胶制备的膜易于烧结。最后，在烧结时通入 PCl_3 也是很有帮助的，因为磷可较大地降低 SiO_2 玻璃的黏度。

为使光纤降到可能的最低损耗，应满足以下条件：芯与包层间界面平整；杂质浓度低；均匀的玻璃基质；均匀的稀土掺杂。一般情况下，消除杂质不是难题，在适当温度下用 Cl_2 处理样品，可以除去水及其他杂质。研究中人们发现，在 $1.06\mu m$ 和 $1.21\mu m$ 附近还有两个不明吸收峰，有 10dB/km 的吸收。这些波长与任何过渡金属或稀土离子的吸收峰都不对应，不认为这些意外的峰是由模式转换引起的，因为光纤的截止波长是 $0.8\mu m$。

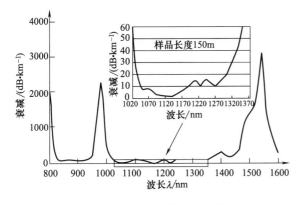

图 3-41　用 sol-gel 法制造的掺铒 SiO_2
单模光纤的衰减谱

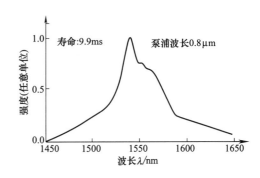

图 3-42　sol-gel 法制出的 SiO_2
玻璃中铒的荧光谱

（四）掺 Tm^{3+} 的单模石英玻璃光纤

1. 简介

掺 Tm^{3+} 单模石英玻璃光纤可提供 $2\mu m$ 左右的长波激光振荡，激光可调谐范围较宽，达 $1.65\sim2.05\mu m$，且其最高吸收峰落在 $0.8\mu m$，可采用商用 GaAlAs 半导体激光器泵浦实现全固化，在医学、超快光学、眼睛安全的近距离遥感等方面具有重要的应用价值。而且，利用频率转换技术（frequency upconversion）产生可见光，在蓝、绿激光方面的研究及应用前景极为诱人。因而，掺 Tm^{3+} 单模石英玻璃光纤目前已受到越来越多的关注。

2. 光纤制备工艺

目前，掺稀土元素石英玻璃光纤的制备一般是在普通石英玻璃光纤的制作工艺的基础上加少许改进。本部分介绍的掺 Tm^{3+} 单模石英玻璃光纤是基于改进的化学气相沉积技术（MCVD），结合溶液掺杂法。稀土离子掺入石英玻璃光纤芯部的方法较多，主要有溶液掺杂法、气相掺杂法、气溶胶法、溶胶-凝胶法。其中，后几种方法是近几年采用的新方法，尤其是在制作高掺杂浓度的稀土光纤等方面具有优势，但工艺复杂，较难开发。在此采用的溶液掺杂法属开发较早的方法，特点是工艺相对易于掌握，对设备要求不高，对稀土离子的通用性较好，且可方便地共掺多种离子，各种参数易于控制，成本低。

光纤制备工艺过程如下：采用常规的 MCVD 工艺沉积反应管的隔离层，而后低温沉积 SiO_2-GeO_2-P_2O_5 芯层，此时未烧结的芯层不透明，呈疏松多孔状。将反应管自玻璃车床取下，浸入预先配制的一定浓度的 $TmCl_3$ 水溶液中，浸泡数十分钟至数小时，使 Tm^{3+} 充分均匀地吸附在疏松芯层中。再将反应管重新置于玻璃车床上，在一定温度下通入 Cl_2/O_2 混合气流脱水一定时间，以

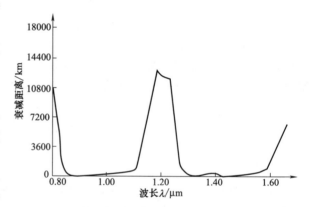

图 3-43　掺 Tm^{3+} 单模石英玻璃光纤吸收谱

除去浸泡过程中引入的水分子。最后，以常规的 MCVD 工艺将疏松芯层烧结成棒，再将预制棒拉制成丝。

3. 性能分析

图 3-43 所示为利用 FOA-2000 光纤综合测试仪测得的一段掺 Tm^{3+} 光纤的吸收谱。由于 $0.80\mu m$ 是仪器测量波长范围的下限，所以图中 Tm^{3+} 在此波长的吸收峰仅见一部分，实际应为最高吸收峰。$1.20\mu m$ 处的吸收峰完整，且达到 13dB/m，反映了较高的 Tm^{3+} 掺杂浓度。

（1）Tm^{3+} 掺杂浓度的控制　用于激光器的稀土离子石英玻璃光纤存在一最佳掺杂浓度。若掺杂浓度过低，在掺杂离子总有效数低于入射光子的区域，基态有可能耗尽倒空，增益作用被终止；若掺杂浓度过高，则可能出现浓度抑制问题，即高掺杂导致相邻能级的无辐射交叉弛豫，使激光上能级的有效粒子数降低，激光过程受到限制。在此认为最佳掺杂浓度在几百毫克每千克量级。

国外使用的掺 Tm^{3+} 石英玻璃光纤浓度差异较大。1990 年，英国南安普顿大学的 D. C Hanna 小组分别使用 $840\mu g/g$ 和 $3000\mu g/g$ 的掺 Tm^{3+} 石英玻璃光纤，均获得了较好的激光特性。从目前看，用户趋向于使用较高掺杂浓度（大于 $1000\mu g/g$）的掺 Tm^{3+} 石英玻璃光纤，尤其在进行频率转换产生可见光的研究中，可以看到高浓度时转换效应的要求更为强烈。

从溶液掺杂法制备掺 Tm^{3+} 石英玻璃光纤的工艺角度讲，在实现较高浓度掺杂时，如何避免芯部析晶的出现确实是一个技术难题。作为基质的石英玻璃是由硅氧四面体［SiO_4］相互连接构成的三度空间网络，稀土金属离子通常作为改善粒子填隙于网络中，稍高浓度时，稀土离子便形成原子簇以分享非桥氧；较高浓度时，则出现晶线相，这种情况下，预制棒的芯部呈现不同程度的白色不透明状态。

疏松芯层呈多孔状，控制孔径大小在一定范围并保持较好的均匀性，有利于均匀地吸附 Tm^{3+}，不至于发生浓度偏析而直接导致后来的芯部析晶。实验初步表明，在 1000℃ 左右沉积的疏松层，其结构具有较好效果。在芯层组分方面，引入了高掺磷工艺，P_2O_5 对 Tm^{3+} 在石英玻璃基质中的溶解性确有改善，但其机理尚不是很清楚，可能与五价磷离子的高价态及配位四面体［PO_4］的作用有关。实验中应不断调整芯层 $SiO-GeO_2-P_2O_5$ 各组分的比例，摸索最佳配比，以达到最大的溶解度。

目前获得的掺 Tm^{3+} 浓度可以达到 $1500\mu g/g$（占芯部质量比），浓度测量是通过电感耦合等离子体发射光谱（ICP-AES）的化学分析方法对预制棒切片进行的。P_2O_5 引入的一个负面效应是增大了激光发射波长处的吸收损耗，因为 $2\mu m$ 已进入了 P_2O_5 的红外吸收区。另外，P_2O_5 的加入改变了 Tm^{3+} 所处的基质环境，可能使激光输出谱线向短波长方向移动，这种现象在掺 Nd^{3+} 石英玻璃光纤中曾有报道。

此外，配制的 $TmCl_3$ 水溶液的浓度及浸泡时间、脱水过程中气体对 Tm^{3+} 的携带作用、高温收棒过程中 Tm^{3+} 的挥发等均是影响 Tm^{3+} 掺杂浓度的重要因素。严格控制这些工艺环节，有利于获得较高掺杂浓度。

（2）配液及脱水过程的影响　掺稀土离子光纤用于光纤激光器，要求泵浦波长处尽可能高的稀土离子吸收，而在激光发射波长有尽可能低的本底吸收损耗，以减少激光的吸收损失。所以，在稀土离子溶液配制过程中，应严格控制，以避免引入杂质，尤其是 F、Co、Ni 等有较大吸收损耗的金属离子。配液原料中，Tm_2O_3 粉末以光谱纯为宜，应使用优级纯盐酸及高电阻率的去离子水。溶液掺杂法不可避免地引入了 OH^-，为尽可能地予以去除而引入了脱水工艺。制备工艺中，选择的脱水气体为氯气、氧气混合气体。实验初步表明，脱水温度在 900～950℃、脱水时间为 20～30min 时，取得的脱水效果较好。若温度过高，时间过长，Tm^{3+} 随脱水气体流失的现象变得显著。为获得最佳脱水效果，又不致使 Tm^{3+} 损失过多，脱水工艺仍需完善。在光纤的吸收谱中，$1.39\mu m$ 处羟基吸收峰可以衡量脱水效果。

（3）Tm^{3+} 掺杂分布的控制　在光纤激光器中，泵浦光束沿光纤芯部剖面的光功率强度呈非均匀分布。因而，为获得最佳的泵浦效果，Tm^{3+} 沿光纤剖面理想的浓度分布应与泵浦光束的光强度匹配。

在实际的溶液掺杂工艺条件下，实现上述的理想分布尚较为困难。目前，可行的工艺设计是考虑将 Tm^{3+} 集中掺杂在纤芯的中央区域。因为一般纤芯的中央区域泵浦光强度最高，这与在泵浦光呈单模传输时，光强度沿纤芯剖面呈高斯分布相符合。

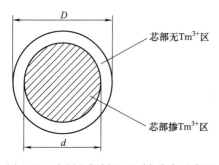

图 3-44　光纤芯部剖面 Tm^{3+} 分布示意图

这样，可避免光强较弱的边缘部分因 Tm^{3+} 未被充分激励而成为吸收体，使增益下降，同时可使中央区域的 Tm^{3+} 得到充分激励。实际获得的光纤芯部的 Tm^{3+} 分布近似图 3-44 所示，其中阴影部分为掺 Tm^{3+} 区域，直径 d 约为芯径 D 的 $50\%\sim75\%$。考虑到高温收棒时 Tm^{3+} 的挥发，芯中心处 Tm^{3+} 浓度应略低。

4. 光纤设计参数分析

(1) 光纤芯径　显然，对于一定的入纤泵浦光功率，芯径 D 越小，则有效传光面积越小，纤芯内泵浦光功率密度越高，从而提高了泵浦效率。实际上，从光纤制作工艺角度讲，若采用预制棒外套石英管技术，增大芯径比，芯径做到 $3.0\sim5.0\mu m$ 是完全可以的。但是，小芯径带来的主要问题是，泵浦光进入纤芯变得困难，在与普通石英玻璃光纤连接时，由于模场直径失配，也造成较大连接损耗。另一方面，在采用外套管技术降低芯径时，实际上同时也降低了单位长度光纤的稀土离子浓度。目前，一般控制掺 Tm^{3+} 光纤芯径在 $(7.0\pm0.5)\mu m$。

(2) 数值孔径与截止波长　提高芯包层折射率差，增大数值孔径，显然有利于泵浦光进入纤芯及信号光的取出。掺 Tm^{3+} 石英玻璃光纤的泵浦波长一般在 $0.66\mu m$、$0.80\mu m$、$1.06\mu m$，适当降低光纤 LP_{11} 模的截止波长，使泵浦光与信号光均呈单模传输，即所谓的双基模工作状态，有利于两者间场的重合，提高泵浦效率。但这里主要的制约因素是光纤数值孔径 NA、截止波长 λ 及芯径 D 满足公式 $\lambda=2\pi D\cdot NA/V$。其中，V 为归一化频率，对单模光纤 $V<2.405$。显然，数值孔径的增大将引起截止波长的上升，而且工艺上数值孔径增大到一定值后，也难于继续提高。一般设计 $NA<0.25$，而 λ 最低为 $1.0\mu m$，此时在 $1.06\mu m$ 波长处泵浦为双基模状态。

（五）稀土元素共掺杂石英玻璃光纤

1. 用于光纤放大器的 Er^{3+}-Yb^{3+} 共掺双包层石英玻璃光纤

(1) 简介　适用于光纤放大器的 Er^{3+}-Yb^{3+} 共掺双包层光纤（EYDCF）在 980nm 和 1530nm 处的吸收分别达到 16.8dB/m 和 20.6dB/m，980nm 处吸收带半高宽达到 200nm。在波长为 980nm、泵浦功率为 2W 的条件下，可以得到 28.8dBm（760mW）的输出，相比掺 Er^{3+} 光纤 （EDF），EYDCF 的增益高，所需光纤长度短，所以非线性效应受到抑制。

(2) 光纤设计　在纤芯中掺入 Al 可以增加 Er^{3+} 的浓度，平坦增益，但是 Al 的浓度不能太高。首先，Er^{3+} 的浓度太大会发生浓度猝灭；其次，Al 浓度的增加，不可避免地会降低 SiO_2 基质的宏观性能；最后，对于 EYDCF，考虑到光纤的非线性效应，在保证截止波长的情况下，应降低掺 Al 量。因此，掺 Al 浓度控制在最佳量，EYDCF 性能才能得到优化。

掺 Yb^{3+} 的浓度同样需要优化，如果 Yb^{3+} 浓度过小，Yb^{3+} 对 Er^{3+} 的敏化作用不明显，对 Er^{3+} 团聚的隔离作用也会大大削减；如果 Yb^{3+} 浓度过高，发射谱会产生较大变形，泵浦阈值也会随之增大，Yb^{3+} 浓度对光纤的 ASE 噪声也会产生影响。综合各种考虑，一般 Yb^{3+} 与 Er^{3+} 的浓度比 $C_{Yb^{3+}}/C_{Er^{3+}}=10\sim20$。

一方面，随着 WDM 系统单个信道功率的增加，以及信道间距越来越窄，EDFA 中四波混频（FWM）、交叉相位调制（XPM）等非线性效应受到重视；另一方面，L 波段 ED-FA 的广泛使用，其使用的 EDF 相比 C 波段 EDF 增益小，需要的长度更长，这也会加剧非线性效应。EDF 中由非线性效应引起的信号串扰方程如下。

$$kP_0L_{\text{eff}}=\frac{kP_0}{g}[\exp(gL)-1]=\frac{2\pi}{\lambda}\frac{n_2P_0}{A_{\text{eff}}g}[\exp(gL)-1] \qquad (3\text{-}19)$$

式中　　k——非线性系数；

　　　L_{eff}——光纤有效长度；

　　　n_2——非线性折射率；

　　　A_{eff}——纤芯的有效面积；

　　　P_0——每个信道的平均输入功率；

　　　g——增益系数；

　　　L——EDF 的长度。

可以看出，在 P_0 和 $G\left[=\exp(gL)\right]$ 由所应用的 ED-FA 所确定时，增大 g 和 A_{eff} 可有效抑制非线性效应的发生，EYDCF 的高掺杂浓度和高量子转换效率（QCE）保证了光纤具有高增益，而增大 A_{eff} 需要对纤芯的几何尺寸和数值孔径进行设计，它们由归一化频率公式联系在一起，有：

$$V=\frac{\pi d NA_{core}}{\lambda_c}<2.045 \tag{3-20}$$

式中　　d——纤芯的直径；

　　　NA_{core}——纤芯的数值孔径。

一方面，在截止波长一定时，增大光纤芯径，也就是在增大 A_{eff} 的同时，必须要减小光纤的数值孔径。

另一方面，它们对 QCE 产生影响。如果使用较高的泵浦功率（500mW），具有更大截止波长和更小数值孔径的光纤会得到更大的 QCE；而在较低的泵浦功率条件下（100mW），数值孔径则起到相反的作用。这时，光纤的截止波长具有一个最佳值。此时，像 EDF 一样，应将 Er^{3+}-Yb^{3+} 限制在纤芯轴线附近以改善泵浦功率。

内包层的设计主要集中在 3 点：包层形状、几何尺寸和数值孔径。为了提高泵浦效率，包层形状设计时应考虑光纤的用途及泵浦条件，小芯径光纤的设计还应考虑泵浦光耦合、连接损耗等问题，同时应避免包层形状中出现尖锐的曲线，避免降低光纤的强度。对于一定的泵浦光，增大内包层几何尺寸和数值孔径有利于其耦合和传输，特别是增大数值孔径，内包层可传输泵浦功率将以几何量级增长。但是，无论内包层形状如何设计，增加其横截面积，也就是减小纤芯和内包层的面积比终究会减少对泵浦光的吸收，降低泵浦效率，同时对光纤的泵浦波段 ASE 噪声会产生很大影响。

针对光纤放大器的应用要求，对 EYDCF 结构参数和掺杂成分进行了设计，见表 3-13。

表 3-13　EYDCF 设计参数

纤芯组成	SiO_2-Al_2O_3-Er_2O_3-Yb_2O_3	纤芯组成	SiO_2-Al_2O_3-Er_2O_3-Yb_2O_3
芯径/μm	10	包层数值孔径	0.38
芯数值孔径	0.18	包层几何形状	D
包层直径/μm	125		

（3）制备方法　用改进的化学气相沉积法（MCVD）进行预制棒的沉积和烧结，采用溶液掺杂法掺入 Er^{3+} 与 Yb^{3+}，Al^{3+}、Er^{3+} 和 Yb^{3+} 试剂都采用光谱纯，内包层外形采用机构加工的方法加工，涂覆时选用折射率达到 1.41 的聚合物材料。

（4）性能分析　在光通信窗口对 EYDCF 的吸收谱进行了测试，结果如图 3-45 所示，与之相对应的是制备的常规 EDF。从图中可以看出，EYDCF 的吸收谱线相对于 EDF 在980nm 吸收带内有了很大变化。常规 EDF 只在 970～1000nm 有明显的吸收，吸收峰值只有

6.5dB/m，而 EYDCF 在 850~1050nm 都有较大吸收，在 975nm 的峰值吸收达到 16.8dB/m。在 1530nm 吸收带，由于 EYDCF 中 Er^{3+} 浓度大幅度提高，其吸收谱线相比 EDF 有了全面的提升，相比 EDF 在 1530nm 处的峰值吸收 8.8dB/m，EYDCF 的峰值吸收达到了 20.6dB/m。

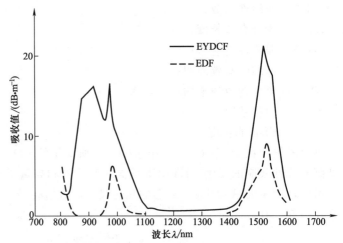

图 3-45　常规 EDF 与 EYDCF 的吸收谱比较

对 EYDCF 的放大性能进行了测试，图 3-46 所示是其放大性能测试示意图。采用单级前向泵浦方式，泵浦源采用 980nm 多模激光二极管，泵浦功率为 2W。考虑到光纤的双包层结构，连接光纤采用普通单模光纤，EYDCF 长度为 8.5m。不同信号输入功率条件下的输出信号功率如图 3-47 所示，最大输出信号功率达到了 28.8dBm（760mW），而常规 EDF 的最大输出信号功率只有 22dBm（160mW）。光纤长度将达到 60~70m，这种长度差异对 FWM 的产生也会有极大的影响。信号输入功率为 3dBm 时得到的输出信号功率如图 3-48 所示。可以看出，EYDCF 对于 mW 级输入信号功率，在 1535~1565nm 波长范围内都能得到很大的输出。

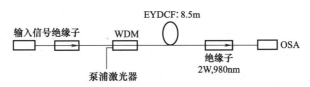

图 3-46　EYDCF 放大性能测试示意图

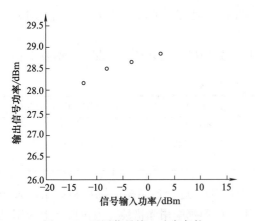

图 3-47　不同信号输入功率条件下的输出信号功率

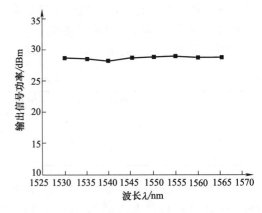

图 3-48　EYDCF 信号输入功率为 3dBm 在 980nm 泵浦的输出信号功率

2. 掺钕、铒石英玻璃光纤

（1）简介　掺钕（Nd）石英玻璃光纤中，由 $^4F_{3/2} \rightarrow {}^4I_{9/2}$、$^4I_{11/2}$ 和 $^4I_{13/2}$ 3 个跃迁产生的

峰值分别在 910nm、1080nm 和 1360nm 3 个发射带。从荧光特性看，1080nm 处的荧光最强，在光纤中的增益也最大，所以最容易产生激光和超荧光；在 910nm 和 1360nm 处增益较小，要产生激光和超荧光相对要困难一些。但这两个波段的激光在光通信和光谱学研究方面有着广泛的应用前景。掺铒石英玻璃光纤在 1.54μm 波长处的荧光发射与正在开发的光纤通信第三传输窗口相匹配，掺铒光纤放大器用于补偿长距离光纤通信的传输损耗，以实现全光纤通信，对于未来通信的发展有着极其重要的作用。因此，近年来关于掺铒光纤及放大器的研究工作已受到国际上的普遍重视。

（2）光纤制备　光纤预制棒采用 MCVD 工艺。首先在石英玻璃管内沉积 SiO_2-P_2O_5-F 次包层，经 1100℃左右低温沉积 SiO_2-GeO_2 疏松层后，置于钕或铒的氯化物掺杂水溶液中浸渍 0.5h，在自然干燥后于 600℃温度下通氯气干燥 0.5h，最后烧结芯层熔缩成预制棒。

预制棒在拉丝机上按常规方法拉制成光纤。

（3）性能分析

① 结果分析　预制棒的折射率分布在 P101 型（英·约克公司）折射率测试仪上测试。光纤的数值孔径（NA）根据芯层（n_1）和包层（n_2）折射率按下式计算：

$$NA = \sqrt{n_1^2 - n_2^2} \tag{3-21}$$

光纤在 0.6～1.6μm 波段的损耗采用多次剪断法在光谱损耗仪（日本安藤公司）上测试，误差列于表 3-14 中。

表 3-14　光纤损耗测试误差

损耗测试范围/(dB/km)	误差/(dB/km)	光纤长度/m	损耗测试范围/(dB/km)	误差/(dB/km)	光纤长度/m
0～400	±50	15～20	1000～10000	±400	0.5
400～1000	±200	1	>10000	±1000	0.2

光纤截止波长 $\lambda_c = 2.4$，V 按如下公式计算：

$$V = 2a\pi\sqrt{\frac{n_1^2 - n_2^2}{\lambda_c}}, \lambda_c = 2a\pi\sqrt{\frac{n_1^2 - n_2^2}{2.4}} \tag{3-22}$$

② 掺杂浓度与玻璃化分析　溶液掺杂技术的优点之一在于它比气相掺杂浓度高。从理论上分析，掺杂稀土离子浓度为 1% 是可能的。然而，稀土离子在石英玻璃中的溶解度很低，严重的相分离作用限制了稀土石英的玻璃化程度。为获得高浓度稀土掺杂光纤，本研究选用 SiO_2-GeO_2 二元成分作为基质玻璃试验掺杂液中稀土离子浓度（C）对光纤预制棒玻璃化程度的影响，结果见表 3-15。

表 3-15　掺杂液中稀土离子浓度（C）与预制棒玻璃化程度的影响

预制棒数/支　玻璃化程度	C/(mol/L) 0.20	0.14	0.10	0.09	0.08	0.07	0.035	0.014
失透	1	4	2	—	—	—	—	—
半透明	—	2	—	1	2	2	—	—
透明	—	—	—	—	—	9	2	1
透明棒比例 G/%	0	14	0	50	0	81	100	100

由表 3-15 结果可见，预制棒玻璃化程度随掺杂浓度的增加而降低。为了避免玻璃分相

引起散射而增加光纤的附加损耗，制备均质透明的预制棒是必需的。此时，掺杂液中稀土离子的浓度应控制在 0.1mol/L 以内，即对于锗硅酸盐玻璃芯层稀土离子含量小于 4×10^{-3} 较为合适。

③ 掺杂液浓度、光纤中稀土离子含量与吸收损耗分析　吸收带损耗是光放大器与激光器选择泵浦源的依据，通常要求泵浦波长具有高损耗值，以达到激励的目的。光纤的吸收损耗主要取决于稀土离子的含量，即掺杂液的浓度。在测试范围内，掺钕光纤的主要吸收值与掺杂液浓度见表 3-16，掺铒/镱光纤的主要吸收值与掺杂浓度见表 3-17。

表 3-16　掺钕溶液浓度与光纤吸收损耗值

编号	掺杂液(Nd)浓度	吸收带损耗 a/(dB/km)			荧光带损耗/(dB/km)	Nd^{3+} 含量/(mol/L)
	mol/L	740nm	810nm	1390nm	1088nm	$\times 10^{-6}$
N-143	0.14	7.5×10^3	3.2×10^4	1.4×10^2	1.2×10^2	~1300
N-144	0.14	2.7×10^4	3.1×10^4	—	5.8×10^1	~1200
N-71	0.07	2.3×10^4	5.4×10^4	2.8×10^3	1.8×10^2	~2700
N-72	0.07	3.1×10^4	3.6×10^4	1.1×10^2	1.8×10^2	~1600
N-353	0.035	1.5×10^4	1.9×10^4	3.5×10^2	2.3×10^2	~1000
N-141	0.014	2.4×10^3	2.8×10^3	4.4×10^2	4.8×10^2	~150
H-0	0	3.1×10^1	3.0×10^1	1.5×10^2	2.3×10^1	0

表 3-17　掺铒/镱溶液浓度与光纤吸收损耗值

编号	掺杂液浓度/(mol/L)		吸收带损耗 a/(dB/km)						Er^{3+} 含量/(mol/L)
	Er^{3+}	Yb^{3+}	670nm	807nm	910nm	970nm	1540nm	1390nm	$\times 10^{-6}$
E-101	0.1	0.1	3.0×10^4	1.4×10^4	9.1×10^4	4.8×10^4	1.0×10^4	1.3×10^3	~2900
E-32	0.03	0.1	8.1×10^3	3.0×10^3	3.1×10^4	6.3×10^4	6.3×10^3	5.7×10^2	~560
E-21	0.02	0.06	2.3×10^4	1.2×10^4	7.7×10^4	1.1×10^5	2.8×10^5	3.1×10^2	~2000
E-11	0.01	0.08	1.9×10^3	2.3×10^3	1.2×10^4	7.4×10^3	5.4×10^3	3.3×10^2	~100
H-0	0	0	2.4×10^1	3.0×10^1	3.0×10^1	3.9×10^1	—	1.5×10^2	0

④ 长波长的附加损耗　钕和铒掺杂光纤的发光中心波长分别位于 $1.088\mu m$ 和 $1.53\mu m$。这一波区造成附加损耗的因素有：Fe^{2+}（$1.06\mu m$），羟基（$0.94\mu m$、$1.39\mu m$），稀土杂质离子 Pr^{3+}（$1.43\mu m$）、Sm^{3+}（$1.05\mu m$、$1.26\mu m$、$1.48\mu m$、$1.56\mu m$）以及光纤组分不均和分相引起的瑞利散射。

在相同条件下，对于不加稀土离子的溶液浸渍工艺进行试验，结果表明水溶液浸渍工艺本身带来的附加损耗为 30dB/km 左右。当采用氯气脱羟措施后，在 $1.39\mu m$ 处的损耗可以从 600~700dB/km 降到 150~200dB/km，在 $1.088\mu m$ 处的损耗可降到小于 200dB/km，最低值可达到 60dB/km。进一步降低长波长损耗，则应考虑降低钕、铒氯化物中镨、钐杂质离子的含量，应采用纯度大于 99.95% 的原料。至于 Er^{3+} 离子在 $1.54\mu m$ 的吸收峰与 $1.53\mu m$ 的发光峰这对矛盾，只能通过降低 Er^{3+} 离子含量和敏化发光途径来解决。

⑤ 光纤结构　制备稀土掺杂单模光纤，采用非匹配型折射率结构。设计次包层（d）的目的在于降低损耗，在工艺上是通过沉积 SiO_2-P_2O_5-F 系玻璃来实现的。

光纤的外径 $2d$ 基本上采用通常通信光纤规格（$125\mu m$），只是在控制芯径时才作调整。为耦合方便，光纤芯径定在 6~8μm 范围内，根据截止波长 λ_c（$1.0\mu m$ 和 $1.45\mu m$）而定。

⑥ 折射率差（Δn）　在光纤芯径、截止波长设定后，折射率差必须满足单模光纤 $V \leqslant 2.4$ 的条件，此时 Δn 值应控制在 $0.6\% \sim 0.7\%$ 左右。芯层折射率 n_1 是通过锗含量实现的。由于溶液掺杂技术的特殊要求，芯层必须先形成能吸收稀土离子的疏松层，试验中应用低温沉积，1100℃ 为适宜温度，此时 $GeCl_4$ 转化为 GeO_2 的数量明显比通信光纤 1400℃ 高温沉积要高。为此，需试验低温下沉积参数与锗含量、折射率差之间的关系。锗含量根据 $n = nSiO_2 + 0.00146GeO_2$ 算出，实验结果见表 3-18 和图 3-49 所示。结果表明，锗、硅氯化物载流量比、光纤芯层锗含量与折射率差之间呈线性关系。当芯层折射率设定后，为获得确定的锗含量而选定沉积参数提供依据。

表 3-18　载流量比、锗含量与折射率差

载流量比（$GeCl_4/SiCl_4$）	0.385	0.46	0.5	0.535	0.77	1.0
GeO_2 含量/%	2.74	4.25	4.39	5.55	8.56	10.75
Δn/%	0.40	0.62	0.64	0.81	1.25	1.57

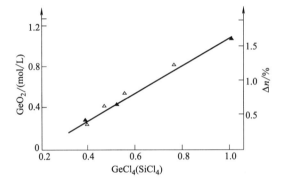

图 3-49　载流量比、锗含量与折射率差值间的关系（料温 20℃，沉积温度 1100℃）

⑦ 光纤的中心凹陷　光纤芯层的中心凹陷是 SiO-GeO 系玻璃缩棒过程中锗的挥发所致，这对于溶液掺杂技术影响更为严重。中心凹陷的存在将使稀土离子无法集中于中心，破坏稀土离子沿光纤径向的高斯分布，无论对泵浦效率还是受激振荡发光都是不利因素。缩棒时曾采用锗补芯的措施，但收效不大，为此试验了掺铝的途径。图 3-50 对比了 SiO_2-Al_2O_3-Nd_2O_3 与 SiO_2-GeO_2-Nd_2O_3 系光纤的折射率剖面结构。图 3-50（a）所示清楚地显示了铝在缩棒温度的稳定性，有效地克服了中心凹陷，同时 Al^{3+} 离子的引入提高了稀土离子在石英玻璃中的溶解度，有助于预制棒玻化程度的改善、光纤散射损耗的降低以及稀土离子掺杂浓度的提高，然而铝的掺杂纯度有待进一步解决。

⑧ 掺钕、铒/镱光纤的性能　研制典型的稀土掺杂石英玻璃光纤，基本性能参数见表 3-19。

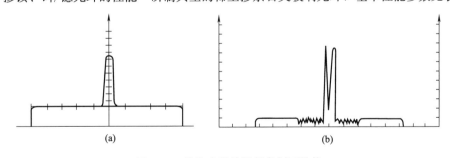

(a)　　　　　　　　　　(b)

图 3-50　掺钕光纤的折射率剖面结构

3. 掺铈、镨、钐、铕、铽、钬、镱、钕和铒离子石英玻璃光纤

（1）简介　通过氢氧焰熔制、升华或溶液浸渍的气相沉积工艺制备铈、镨、钐、铕、铽、钬、镱、钕和铒离子掺杂的稀土石英玻璃光纤，掺杂浓度在 $50 \times 10^{-6} \sim 5000 \times 10^{-6}$ 范围内。对光纤的光谱损耗、激发和荧光特性研究的结果表明：前 5 种光纤具有紫外激发荧光

效应，为紫外传感器提供了功能光纤。钕和铒掺杂光纤在氢离子激光激励下获得 $0.94\mu m$、$1.08\mu m$ 和 $1.53\mu m$ 的红外荧光。

表 3-19 掺钕、铒/镱光纤的基本参数

光纤编号	掺杂浓度				芯径	数值孔径	截止波长	发光带损耗	折射率差
	溶液/(mol/L)		离子/($\times 10^{-6}$)		$2a$	NA	λ_c	a	Δn
	Nd^{3+}	Er^{3+}/Yb^{3+}	Nd^{3+}	Er^{3+}	μm	—	nm	dB/km	%
N-71	0.07	—	~2700	—	6.9	0.10	800	60	0.37
N-144	0.14	—	~1200	—	6.7	0.11	970	200	0.42
E-32	—	0.03/0.09	—	~560	6.8	0.15	1360	6.3×10^3	0.8
E-10	—	0.1/0.1	—	~2900	6.6	0.12	1020	10^4	0.48

（2）制备方法

① 光纤预制棒制备 铈、镨、钐、铕、铽和钕掺杂石英光纤采用氢氧焰熔制预制棒，掺杂离子含量为 $50\times10^{-6}\sim5000\times10^{-6}$。光纤中含有小于 50×10^{-6} 的其他杂质离子，主要是水晶原料中引入的铝。钕、镱和铒离子掺杂的光纤预制棒采用化学气相沉积工艺，稀土离子以氯化物升华或溶液浸渍法掺入。

② 光纤拉制 预制棒在 2000℃高温的石墨炉中加热，以 20～40m/min 的速度拉制成直径 125～300μm 的光纤，采用硅橡胶作涂敷保护层。

（3）性能分析

① 光谱损耗特性 铈、镨和铽离子掺杂光纤的电子跃迁吸收带位于检测仪测试波长以外的紫外区。因而在图 3-51 所示的光谱损耗曲线中只能看到 $0.94\mu m$ 和 $1.39\mu m$ 波长处 0.5～3dB/m 的羟基倍频吸收带，相当于光纤中含有 0.014%～0.02% 的羟基，这是氢氧焰熔制工艺决定的。

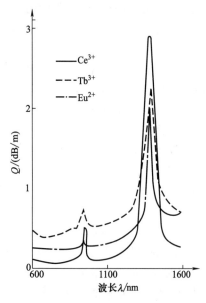

图 3-51 铈、镨、铽掺杂光纤的光谱损耗曲线

钐离子掺杂石英玻璃光纤的光谱损耗曲线如图 3-52（a）所示，图中呈现一组 10～35dB/m 的强吸收峰，属于 Sm^{3+} 离子 f^5 电子层基态 $^6H_{5/2}$ 到 $^6F_{n/2}$ 各能级间的电子跃迁。

Pr^{3+} 镨离子在石英玻璃光纤中 595μm 和 1430nm 波长处的吸收为 $4F^2$ 电子层中 $^3H_4$ 到 $^1D_2$ 和 $^3F_4$ 能级间的电子跃迁带，如图 3-52（b）所示。

铽离子掺杂石英玻璃光纤在波长 648nm 处微弱的吸收带如图 3-52（b）所示，属于 F^{10} 电子层中 $^5I_8$ 到 $^5I_5$ 能级间的电子跃迁吸收。

钕石英玻璃光纤光谱损耗曲线如图 3-53 所示。图中可见一组强度从 10～50dB/m 的吸收带，它属于 Nd^{3+} f^3 电子层中基态 $^4I_{9/2}$ 到 $^2G_{5/2}$ 和 $^4F_{0/2}$ 各能级间的电子跃迁。

铒和镱双掺杂石英玻璃光纤的谱损耗曲线如图 3-54 所示。图中 910nm 和 970nm 波长处的吸收属于 Yb^{3+} f^{13} 电子层中 $^2F_{7/2}$ 到 $^2F_{5/2}$ 能级间的电子跃迁。650nm、990nm 和 1540nm 波长处吸收峰则归于 Er^{2+} f^{11} 电子层中 $^4I_{15/2}$ GC^{4}I $[n/2]$ 各能级间的电子跃迁。Yb^{3+} 加入掺 Er^{3+} 光纤有利于敏化发光效应，910nm 处强烈的损耗带将使半导体激光泵浦获得受激发光。

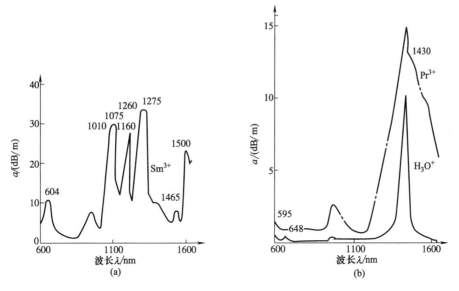

图 3-52 钐、镨和钬掺杂石英玻璃光纤的光谱损耗曲线

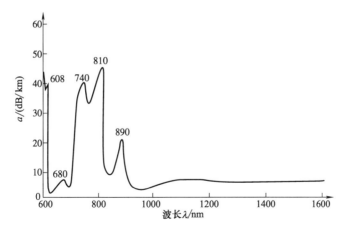

图 3-53 钕石英玻璃光纤光谱损耗曲线

几种稀土离子在石英玻璃光纤中的光吸收损耗性能见表 3-20。

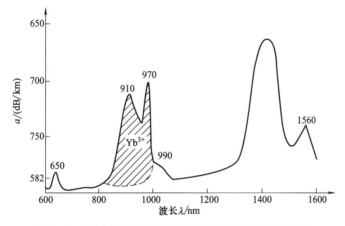

图 3-54 铒和镱双掺杂石英玻璃光纤的光谱损耗曲线

表 3-20　几种稀土离子在石英玻璃光纤中的光吸收损耗性能

离子		Ce^{3+}	Pr^{3+}	Nd^{3+}
电子层		f^1	f^2	f^3
能带	基态	$^2F_{5/2}$	$^3H_4$	$^4I_{9/2}$
能带	能级	$^2D(5d)$	$^1D_2$ $^3F_4$	$^2G_{5/2}$、$^4F_{9/2}$、$^4F_{7/2}$、$^4F_{5/2}$、$^4F_{3/2}$
吸收峰/nm		紫外区	595 1430	608、680、740、810、897

离子		Sm^{3+}	Eu^{2+}	Tb^{3+}	Ho^{3+}	Er^{3+}	Yb^{3+}
电子层		f^5	f^7	f^8	f^{10}	f^{11}	f^{13}
能带	基态	$^6h_{5/2}$	f^7	—	$^5I_8$	$^4I_{15/2}$	$^2F_{7/2}$
能带	能级	—、$^6F_{11/2}$、$^6F_{9/2}$、—、$^6F_{7/2}$、$^6F_{5/2}$、$^6F_{15/2}$	$4f^65d$	—	$^5I_5$	$^4I_{9/2}$、$^4I_{11/2}$、$^4I_{3/2}$	—、$^2F_{5/2}$
吸收峰/nm		604、940、1040～1075、1160、1260～1275、1485、1565	紫外区		648	650、990、1540	910、970

② 荧光特性

a. 紫外激发荧光。在铈、铕和钐掺杂的石英玻璃光纤中，它们主要以 Ce^{3+}、Eu^{2+} 和 Sm^{2+} 低价离子形态存在，当采用 254nm 波长紫外光激发时在可见光谱区产生蓝色荧光，它是 4f～5d 轨道能级间的电子跃迁。高价钐离子（Sm^{3+}）产生的红色荧光则归于 $4f^5$ 电子层中 ^6D_n-^6F_n 能级间的电子跃迁。由于它位于仪器接收波段的低值区，这一荧光带通常为低价钐（Sm^{2+}）离子的荧光谱所掩盖。

镨离子（Pr^{3+}）掺杂光纤在 254nm 波激发下形成蓝、红两色荧光带，它们分别属于 $4f^2$ 电子层中 4f5d 到 $4f^2$ 和 ^3P_o 到 ^3H_n 和 $3F_2$ 能级的电子跃迁。

铽离子（Tb^{3+}）掺杂石英玻璃光纤在波长 254nm 紫外光激发下产生绿色荧光，这是一组窄而陡的发光峰，属于 $4f^8$ 电子层中 ^5D_n-^7F_n 各能级间的电子跃迁。

上述 5 种离子掺杂石英玻璃光纤的荧光性能见表 3-21。

表 3-21　几种稀土离子在石英玻璃光纤中的荧光性能

离子		Ce^{3+}	Pr^{3+}	Sm^{3+}	Eu^{3+}	Tb^{3+}	Nd^{3+}	Er^{3+}
电子层		$4f^1$	$4f^2$	$4f^6$	$4f^7$	$4f^8$	$4f^3$	$4f^{11}$
能级	起始	^2D	4f5d、^3P_o	$4f^55d$	$4f^65d$	$^5D_3$、$^5D_3$、$^5D_3$、$^5D_3$、$^5D_3$、$^5D_4$、$^5D_4$	$^4F_{3/2}$	$I_{13/2}$
能级	终态	$2F_{5/2}$	$4f^2$、^3H_n、$^3F_2$	$4f^6$	$4f^7$	$^4F_8$、$^7F_6$、$^7F_4$、$^7F_3$、$^7F_7$、$^7F_5$、$^7F_6$	$^4F_{9/2}$、$^4F_{11/2}$	$^4I_{15/2}$
荧光	激光波/nm	325	254	307	304	254	514.5 激光	
荧光	颜色	蓝	紫、红	蓝	蓝	绿	红外	
荧光	波区/nm	340～620	250～700	320～580	320～600	280～600	900～1170	1470～1620
荧光	峰值/nm	437	295、570	425	420	377、413、436、456、484、540、586	940、1080	1530

b. 氢离子激光的激发荧光。掺钕和铒石英玻璃光纤的荧光谱测试装置如图 3-55 所示，激发光源为氢离子激光器（514.5nm），激光束从端面输入光纤，掺杂离子受激后产生很强的荧光。通过单色仪、光电倍增管或光功率计测得荧光光谱如图 3-56 所示。在图中峰值位于 940nm 和 1088nm 波长处的荧光是 Nd^{3+} $4f^2$ 电子层中亚稳态 $^4f_{3/2}$ 到基态 $^4F_{11/2}$ 和 $^4F_{9/2}$ 能级

间的电子跃迁。值得注意的是，1088nm 处荧光峰比通常的硅酸盐玻璃 1064nm 峰向长波方向位移24nm，反映出 Nd^{3+} 离子与配位体之间共价键成分的增加，即光纤基质硅、锗玻璃网络配位体（$\equiv Si-O-Ge\equiv$）对 Nd^{3+} 离子极化作用的增加，配位场负电性差的下降导致荧光峰向长波移动，然而更重要的因素可能是 1088nm 处荧光的选择激发所致。至于 $Nd^{3+}\ ^4F_{3/2}$ 到 $^4F_{15/2}$ 能级间电子跃迁产生 1370nm 的荧光带限于光电倍增管的检测波长未能测出。

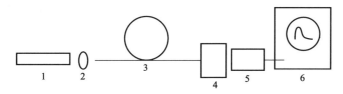

图 3-55　光纤荧光测试装置

1—氩离子激光器；2—聚焦透镜；3—掺钕光纤；4—光栅单色仪；5—光电倍增管；6—示波器

掺铒光纤 1530nm 峰值的荧光谱（图 3-57）属于 Er^{3+} 离子 $4f^1$ 电子层中亚稳态 $^4I_{13/2}$ 到基态 $^4I_{15/2}$ 能级间的电子跃迁。这一荧光是通过氩离子受激发光后 1520nm 波长的氦氖激光信号放大获得的。

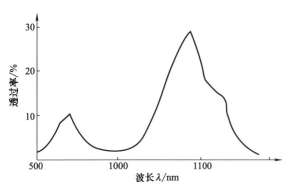

图 3-56　掺钕光纤的荧光光谱

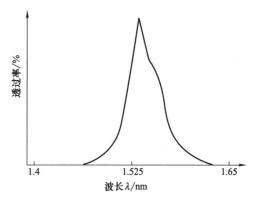

图 3-57　掺铒光纤的荧光光谱

4. 掺 Er^{3+} 与 Er^{3+}/Yb^{3+} 石英有源光纤

（1）简介　掺稀土离子石英玻璃光纤放大器和激光器因体积小、光束稳定、功耗低而得到广泛应用。掺 Er^{3+} 光纤放大器（EDFA）在 $1.5\mu m$ 波长具有较高的增益和饱和输出特性，可用于光通信。通过 $1.53\sim1.56\mu m$ 波段内几种波长信号的复用，EDFA 可用于高速、大容量、长距离传输和有线电视（CATV）系统。Er^{3+}/Yb^{3+} 共掺杂的光纤激光器具有价廉、激光性能好和在整个 Er^{3+} 光谱内可调谐的特点，是目前高性能激光光源的研究热点之一。

（2）制备方法

① MVCD 法（改进的化学气相沉积法）制作掺 Er^{3+} 石英有源光纤

a. MCVD 法与气相掺杂法相结合。气相掺杂法的特点是能够制作低掺杂浓度、长交互长度、超低本征损耗的单模和多模光纤。稀土卤化物由于具有高熔点（大于 580℃），在光纤制作反应物运输系统所处温度下，呈现超低蒸气压，因而通常作为掺杂剂的初始材料。1985 年，英国学者采用 MCVD 法与气相掺杂法相结合，制作了掺 Er^{3+} 等稀土离子石英有源光纤。制作过程如下：在采用 MCVD 技术制作光纤预制棒前，首先将掺杂剂放入沉积管前端的掺杂剂载气室内，掺杂剂载气室在氯气气氛中加热干燥，同时将无水稀土卤化物晶体熔融在载气室壁上，这样就大大阻止了卤化物晶体进入沉积管后在芯层沉积时形成气泡。在沉积管内采用 SF_6 彻底去除干燥过程中沉积的掺杂剂，然后用常规方式沉积包层。在纤芯沉积过程中，掺杂剂载气室通过辅助炉加热，产生少量 $ErCl_3$ 蒸气，该蒸气由反应物带至沉积炉形成热区，被氧化成 Er_2O_3 并掺入纤芯中。沉积管内的多孔芯层在氯气气氛中加热、干燥，然后被熔化成无孔层，再熔缩沉积管形成实心预制棒，最后拉制成光纤。采用以上工艺制作的光纤，掺 Er^{3+} 浓度为 0.25％（质量），测得 50dB/m 的吸收峰及小于 40dB/km 的损耗窗口。

b. MCVD 法与溶液掺杂法相结合。溶液掺杂法制作掺稀土离子石英有源光纤的特点是可以精确控制掺杂浓度，可较高浓度掺杂，可用于制作单掺和共掺稀土离子的有源光纤，适用于制作单模和多模以及高双折射"领结"型有源光纤。英国南安普敦大学采用 MCVD 法与溶液掺杂法相结合的方法制作了掺 Er^{3+} 等稀土离子石英有源光纤。制作过程如下：首先采用 MCVD 工艺在沉积管内沉积包层（一般为 $SiO_2/P_2O_5/F$ 玻璃），然后以降低的温度进行沉积纤芯层，以便形成未烧结多孔粉尘，接着将沉积管从车床上取下放入掺杂剂溶液［浓度一般为 0.1％（物质的量），作者采用的掺杂剂为稀土卤化物］中浸泡 1h，浸泡后用丙酮清洗沉积管，去除水分后放回车床上。由于掺杂溶液中含有水，必须采用干燥工艺，以降低光纤损耗。用横向加热炉在约 600℃ 下加热预制棒，纤芯层烧结后熔缩沉积管，将预制棒拉制成光纤。制作的光纤掺 Er^{3+} 浓度为 1×10^{-4}％～0.43％。在溶液掺杂法制作过程中，OH^- 浓度是一个不容忽视的问题，它影响到光纤的损耗，但只要干燥时间超过 30min，就可使 OH^- 浓度小于 10^{-4}％。1990 年，日本学者采用溶液掺杂法首次制作了掺 Er^{3+} 单偏振光纤，纤芯掺杂浓度为 2.5×10^{-3}％，纤芯材料为 SiO_2，内、外包层材料为 F、SiO_2，施加应力部分（SAP）材料为 GeO_2、B_2O_3、SiO_2。光纤为一凹陷包层结构，SAP 位于内、外包层之间，其折射率介于纤芯与外包层折射率之间。表 3-22 为单偏振光纤的结构参数。制作的单偏振光纤在 $1.535\mu m$ 波长范围内仅传输 X 偏振模，在 $1.485\mu m$ 波长处保持两个基本主模。27m 长的该光纤 X 偏振模具有 14dB 净增益。

表 3-22 单偏振光纤的结构参数

参　　数	数值	参　　数	数值
芯径 $2a/\mu m$	6	模双折射率 B	4×10^{-4}
内包层直径 $2c/\mu m$	40	纤芯与 SAP 之间相对折射率差 Δ^+	0.3
外包层直径 $2b/\mu m$	135	纤芯与 SAP 之间相对折射率差 Δ^+	2.5×10^{-3}
SAP 之间标准距离 r/a	1.5	掺 Er^{3+} 浓度/％	0.3
SAP 直径 $d/\mu m$	35		

c. MCVD 法与悬浮微粒法相结合。1991 年，美国布朗大学用 MCVD 法与悬浮微粒法相结合的方法，制作了光纤激光器用的掺 Er^{3+} 石英玻璃光纤。该技术的特点是易控制掺杂剂径向分布。1999 年，韩国 Kwangju 科学技术研究所采用该方法制作了掺 Er^{3+} 的 Ta_2O_5-Al_2O_3-SiO_2 光纤。光纤预制棒是衬底管直径为 27mm、厚为 1.54nm、长为 457mm 的 Haraeus 石英管。为制作匹配的包层，在纤芯层沉积前，含有 P_2O_5 和 F 的 12 层缓冲层采用传统的 MCVD 法沉积，SiO_2、Al_2O_3、Ta_2O_5 和 Er_2O_3 氧化物玻璃的前驱物为有机金属基溶液。衬底管在 2000℃ 下、氧气和氯气气氛中熔缩成实心预制棒，预制棒被拉成芯径为 $10\mu m$、包层直径为 $123.5\mu m$ 和折射率 Δn 为 0.0061 的光纤。光纤中 Er_2O_3 浓度约为 0.066％（物质的量），Ta_2O_5 和 Al_2O_3 浓度分别约为 0.3％（物质的量）和 1.5％（物质的量）。

② MCVD 法制作掺 Er^{3+}/Yb^{3+} 石英有源光纤　1987 年，英国南安普敦大学采用

MCVD 法与溶液掺杂法相结合的方法，制作了掺 Er^{3+}/Yb^{3+} 石英预制棒。掺杂溶液中 $ErCl_3/YbCl_3$ 之比为 1/4，浸泡和干燥条件与上面所述相同。1997 年，英国南安普敦大学采用同样方法制作了 B/Be 高光敏包层掺 Er^{3+}/Yb^{3+} 石英有源光纤。首先沉积折射率与石英衬底匹配的两层掺 B/Be 石英，$ErCl_3$、$YbCl_3$ 和 $AlCl_3$ 的甲醇溶液作为掺杂溶液，纤芯烧结前干燥 30min。通过掺 Er^{3+}/Yb^{3+} 纤芯与光敏区分离，避免干扰 Er^{3+} 与 Yb^{3+} 之间有效能量的传递，保证了单位长度光纤的最大泵浦吸收和增益。已证实掺 B/Be 石英光纤光诱导折射率变化为 2×10^{-3}，这说明减小导光场与光敏区的重叠，对于 V 值为 1.5～2.4 的光纤，有效折射率变化可大于 10^{-4}，足以满足制作短、强 Bragg 光栅的要求。典型的掺 Er^{3+}/Yb^{3+} 磷硅酸盐纤芯在 980nm 处具有约 230dB/m 的小信号吸收，在 1535nm 处 Er^{3+} 吸收约为 25dB/m，截止波长为 1470nm，数值孔径（NA）为 0.18。

（3）性能分析

① 掺 Er^{3+} 石英有源光纤的特性

a. 吸收光谱和荧光光谱。英国电信研究实验室的 B. J. Ainslie 等人研究了掺 Er^{3+} 等稀土离子光纤中稀土离子的吸收光谱和荧光光谱。由于 Er^{3+} 在吸收光谱中有较强的吸收，因此 Er^{3+} 最适用于半导体激光二极管泵浦。Er^{3+} 在荧光光谱中仅有一个 1553nm 发射带，这是 Er^{3+} 的电子从最低的激发态 $^4I_{13/2}$ 跃迁至基态 $^4I_{15/2}$ 所致。由于光谱中缺少较高能级 $^4I_{9/2}$ 荧光，说明虽然这是一个三能级系统，但是用半导体激光二极管泵浦能够有效保证 $^4I_{13/2}$ 粒子数反转，在小芯径单模光纤中可以获得较大的功率密度，这为掺 Er^{3+} 石英玻璃光纤用作 $1.55\mu m$ 第三通信窗口光源提供了理论依据。

b. 频率上转换特性。掺稀土离子石英光纤在频率上的转换已经证明，它是用近红外光泵浦产生强可见光的一种有效方法。巴西学者用 $1.319\mu m$ 的 Nd：YAG 激光脉冲泵浦掺 Er^{3+} 锗硅酸盐单模光纤，通过放大自发发射（ASE）获得波长 525nm 的强绿光。绿光产生过程为：第一步，两共振光子吸收，即 $^4I_{15/2}\rightarrow{}^4F_{9/2}$，$^4F_{9/2}$ 快速非辐射弛豫至 $^4M_{9/2}$ 激发态；第二步，$^4I_{9/2}$ 激发态吸收一光子至 $^4F_{7/2}$，然后超快速非辐射弛豫到 $^2H_{11/2}$ 和 $^4S_{3/2}$ 激发态，525nm 绿光的产生对应于 $^2H_{11/2}\rightarrow{}^4I_{15/2}$ 跃迁。

800nm 泵浦对 EDFA 的激发态吸收（ESA）有着较大影响。800nm 泵浦光子能激发 Er^{3+} 从基态 $^4I_{15/2}$ 跃迁到 $^4I_{9/2}$ 能级，从 $^4I_{9/2}$ 能级又非辐射弛豫到亚稳态 $^4I_{13/2}$ 并建立粒子数反转，相当长寿命的亚稳态 $^4I_{13/2}$ 将诱导 ESA，即 $^4I_{13/2}\rightarrow{}^4S_{3/2}$、$^2H_{11/2}$，吸收的这部分泵浦光子被转换成上转换频率，即 $^4S_{3/2}\rightarrow{}^4I_{15/2}$、$^2H_{11/2}\rightarrow{}^4I_{15/2}$ 的跃迁，以及希望得到的 $1.55\mu m$ 波长的 $^4I_{13/2}\rightarrow{}^4I_{15/2}$ 跃迁。因此，800nm 的最佳泵浦波长不是简单地由基态吸收（GSA）$^4I_{15/2}\rightarrow{}^4I_{9/2}$ 横截面强度测定，而是由 GSA/ESA 横截面比测定。1999 年，韩国科学技术研究所测量了 GeO_2-Al_2O_3-SiO_2 光纤反向 ASE 泵浦的转换效率，以及在 77K 和 300K 温度下，780～820nm 调谐泵浦波长上的转换荧光，发现室温下 820nm 泵浦波长对于 ASE 转换最佳，转换效率为 2.5%，上转换强度最小。由于 ASE 转换最佳泵浦波长时的 GSA/ESA 之比最大，因而在 820nm、300K 时的 GSA/ESA 之比最大。上转换减小表明，该波长的泵浦 ESA 横截面减小了。由于 GSA 和 ESA 两者的变化，当光纤被冷却至 77K 时，还观察到了转换效率有较大的改变，特别是对于 810nm 泵浦波长，转换效率增加 8 倍。当光纤从 300K 冷却至 77K 时，发现最佳泵浦波长向短波长转移，即从 820nm 至 805nm。805nm 的 ASE 转换效率为 4.2%。77K 最佳泵浦波长的转移和转化效率的增加表明，温度使 ESA 和 GSA 光谱发生变化。

② 掺 Er^{3+}/Yb^{3+} 石英有源光纤的特性　在掺 Er^{3+}/Yb^{3+} 石英光纤中，Yb^{3+} 吸收泵浦光子能量后，把能量传递给 Er^{3+}，Yb^{3+} 并不直接发生能级跃迁而产生激光，仅仅作为能量

传递工具。石英光纤中 Er^{3+}/Yb^{3+} 能级图中 Yb^{3+} 吸收泵浦光子后从基态 $^2F_{7/2}$ 跃迁到 $^2F_{5/2}$，在该能级将能量传递给 Er^{3+}，使 Er^{3+} 跃迁到 $^4I_{11/2}$ 能级，并且非辐射到激发态 $^4I_{13/2}$。

掺 Er^{3+}/Yb^{3+} 光纤可制作成高效短腔单频光纤激光器，在通信和传感应用中将发挥重要作用。掺 Er^{3+}/Yb^{3+} 单模超荧光光纤光源的研制成功，为其光纤开辟了新的应用领域。

尽管在掺 Er^{3+} 及掺 Er^{3+}/Yb^{3+} 石英有源光纤放大器和激光器的研究中取得了长足的进展，但这两种光纤在传感器领域的应用还刚刚开展，有待进一步深入研究。

5. Er-La 共掺杂石英玻璃光纤

（1）简介　采用纤芯 Er^{3+}、La^{3+} 及 Al^{3+} 共掺的方法，制备了高掺杂浓度的 Er-La 共掺杂石英玻璃光纤（ELDF），其吸收谱和发射谱比常规 Er-Al 光纤都有明显的展宽。测试其在 C 波段超短长度实现了 9.0dB/m 的增益，NF 小于 5dB；L 波段输出功率大于 17.5dB/m，NF 小于 5.5dB。ELDF 放大器（ELDFA）产生的四波混频（FWM）等非线性效应比常规掺 Er^{3+} 光纤放大器（EDFA）有较大改善，实现了高输出功率、低 NF 和低非线等。

（2）制备方法　该石英玻璃光纤采用 MCVD＋气液混合法制备。Al^{3+} 由气相法掺入，Er^{3+} 与 La^{3+} 由溶液法掺入。

（3）性能分析

① ELDF 特性　由于 Er^{3+} 在 SiO_2 中的溶解度极低，Er^{3+} 的掺杂浓度稍高就会发生浓度猝灭，使得功率转换效率、放大特性下降。另外，浓度猝灭的程度与基质玻璃成分和制造工艺有关，故 Er^{3+} 的掺杂浓度受到一定限制。SiO_2-GeO_2-Er 光纤中 Er^{3+} 的掺杂浓度一般不超过 10^{18} 个/cm^3。在 SiO_2-GeO_2-Er 或 SiO_2-Er 中加入 Al_2O_3 可以提高 Er^{3+} 的浓度，并促使 Er^{3+} 能级进一步形成斯塔克分裂，使 EDF 的吸收截面和发射截面展宽。加入 P，对提高 Al^{3+} 和 Er^{3+} 的溶解度也有益。但由于易析晶的原因，Al^{3+} 和 P 的高掺杂受到限制。

采用的方法是 Er^{3+}、La^{3+} 和 Al^{3+} 共掺，实现高浓度掺杂。选择 La^{3+} 作为共掺杂剂，是由于其作为镧系元素中相对分子质量最小的元素，其 4f 电子层没有电子。因此，La^{3+} 在光学上不活泼，在光通信波段没有吸收峰，对 Er^{3+} 的吸收截面和发射截面几乎不产生影响，同时 La^{3+} 对提高折射率有一定贡献。Er-La 共掺光纤在 1550nm 仍然是 $^4I_{13/2} \rightarrow ^4I_{15/2}$ 能级间跃迁。La^{3+} 在 ELDF 玻璃中与其他稀土元素一样，占据 Si 网络体中间隙位置。当将 Er^{3+} 和 La^{3+} 一起掺杂进光纤芯层后，如果 La^{3+} 的数量足够多，则 n 个 La^{3+} 包围在 1 个 Er^{3+} 四周，增大 Er^{3+} 与周围 Er^{3+} 之间的间距，避免 Er^{3+} 发生团聚现象，从而实现 Er^{3+} 高浓度掺杂，Er^{3+} 掺杂浓度可以达到 2.5×10^{19} 个/cm^3。

选择的光纤结构参数和掺杂成分见表 3-23。

表 3-23　ELDF 部分参数

性能	参数值	性能	参数值
纤芯直径/μm	3.2	组成	Er_2O_3-La_2O_3-Al_2O_3-SiO_2
切割/nm	955	背景损耗 1200/dB·km^{-1}	8.0
NA	0.25	接头损耗/dB	<0.1
掺杂后	部分掺杂 r/a① 约 0.5		

① r 是掺 Er^{3+} 直径，a 是芯径。

ELDF 预制棒制备采用 MCVD＋气液混合法，Al^{3+} 由气相法掺入，Er^{3+} 和 La^{3+} 由溶液法掺入，Al^{3+}、Er^{3+} 和 La^{3+} 试剂都采用光谱纯，Er^{3+}/La^{3+} 掺杂比例小于 1。常规 Er-Al 光纤和 ELDF 的光通信窗口吸收谱如图 3-58 所示。从图可以看出，其光纤的吸收谱谱线与常规 Er-Al 光纤基本相似，其吸收峰都位于 800nm、980nm 和 1530nm 附近，980nm 和

1530nm 的吸收值为 10.3dB/m 和 18.4dB/m。在 1530nm 的谱线半高宽达到 95nm，并且 1530nm 附近长波长方向的吸收值增加较大。图 3-59 所示为常规 Er-Al 光纤和 ELDF 在 C 波段的发射光谱。由该图能更明显地看到，掺镧后发射光谱的展宽。

② 放大性能分析 分别测试了 ELDF 放大器（ELDFA）在 C 波段和 L 波段的放大性能。图 3-60 所示为 ELDFA 的 C 波段多波长放大性能测试模块示意图，用光谱仪（OSA）检测输出功率光谱。

采用单级前向 980nm 泵浦方式，信号输入功率在 −21dB/m 附近，泵浦功率分别为 105mW 和 135mW，ELDF 的长度为 3.5m，未加滤波器得到的增益如图 3-61 所示。

测试 L 波段的放大性能采用单级双向 1480nm 泵浦方式、单波长信号输入，每 5nm 测一个输出功率，信号输入功率为 0dB/m，泵浦功率为 180mW，ELDF 的长度为 25m。图 3-62 为 1570～1610nm 测得的输出功率。

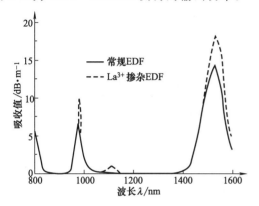

图 3-58　EDF 与 ELDF 吸收光谱比较

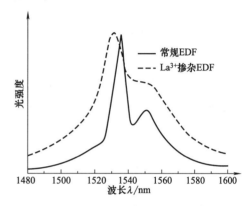

图 3-59　常规 Er-Al 光纤和 ELDF 发射光谱比较

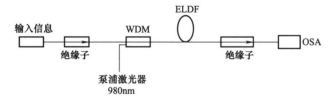

图 3-60　ELDFA 的 C 波段多波长放大性能测试模块示意图

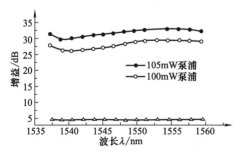

图 3-61　ELDF 在 980nm 泵浦时
C 波段增益和噪声

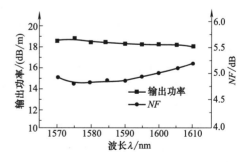

图 3-62　ELDF 在 1480nm 泵浦时
L 波段输出功率和噪声

C 波段 135mW 泵浦时，超短长度实现了 9.0dB/m 的增益，而 NF 并没有增大，仍小于 5dB，1535～1560nm 波段增益平坦度小于 3dB。由于 ELDF 纤芯中掺入了 La^{3+} 和 Al^{3+}，使整个 C 波段的增益平坦度比普通 EDF 有较大改善。在 L 波段上，ELDF 使用的光纤长度 L 比常规 EDF 更短，其输出功率大于 17.5dB/m，NF 小于 5.5。

③ 非线性效应分析　在 DWDM 系统中，由于信道间距 $\Delta\lambda$ 越来越窄，EDFA 的非线性过程非常重要。L 波段 EDFA FWM 和 XPM 的串扰水平明显超过 C 波段，主要原因是 L 波段的 EDFA 使用 EDF 长度更长。FWM 效率 η_{FWM} 与 EDF 长度的平方成正比，η_{FWM} 值越大，引起信道间串扰越严重。EDFA 中的 XPM 效应甚至比传输光纤严重，L 波段 XPM 效应比 C 波段大很多，XPM 相互作用引起主信号强度干涉。

为了比较 ELDF 和常规掺杂浓度的 EDF 非线性效应的差别，对 L 波段的 FWM 效应进行了测试。使用 2 个 TLS 作为输入信号光源，信道间隔 $\Delta\lambda$ 为 1nm，分别为 1580nm 和 1581nm，输入功率均为 0dB/m。实验装置与图 3-60 所示类似，泵浦波长为 1480nm，功率为 180mW，EDF 用 OSA 测试输出后的光谱，得到的测试结果见表 3-24。FWM 效率为：

$$\eta_{FWM} = P_{FWM} - 2P_2 - P_1/dB \tag{3-23}$$

式中　P_{FWM}——FWM 信号功率；

P_1 和 P_2——分别为 1580nm 和 1581nm 的信号输出功率。

表 3-24　L 波段 ELDFA 和常规 EDFA 的输出功率与 FMW 功率比较

功率	ELDFA	EDFA	功率	ELDFA	EDFA
光纤长度	25	60	$P_{FWM}/(dB/m)$	-32.5	-25.0
$P_1/(dB/m)$	18.40	17.68	η_{FWM}/dB	-87.62	-77.86
$P_2/(dB/m)$	18.36	17.59			

FWM 信号功率测试结果显示：ELDFA 比常规 EDFA 小 7.5dB/m，η_{FWM} 则小约 10dB。DWDM 系统中使用 ELDFA 比常规 EDFA 具有较大的优势，对非线性效应有明显改善，能够有效提高整个系统的传输距离和容量。FWM 效应还可以通过 ELDFA 的优化设计来进一步改善，如使用更大有效面积、更短长度的光纤以及提高相关光器件的性能等。

三、掺氟石英玻璃光纤

（一）简介

1. 掺氟的目的与作用

为了导光，光纤纤芯的折射率要高于包层折射率，因此芯层或包层必须掺杂。常用的掺杂剂有 GeO_2、P_2O_5、B_2O_3，前两种掺杂剂增大折射率，后一种掺杂剂降低折射率。这些掺杂剂有如下缺陷：①锗的掺入增大了材料的应力；②P_2O_5、GeO_2 的掺入使光纤在缩棒过程中易产生中心凹陷；③B_2O_3、P_2O_5 和 GeO_2 的掺入产生结构缺陷，大大降低了光纤的射线辐照稳定性；④增加 B_2O_3 的含量，折射率降低有限。

在石英玻璃光纤中掺氟是解决上述问题的有效途径，因此引起了人们的广泛兴趣。以氟作为辅助掺入剂采用气相沉积（MCVD、PCVD、VAD）工艺制备的低损耗、高质量的光导纤维已得到普遍使用。然而氟在高温下形成的 SiF_4 易于挥发，这是用氟作为主掺杂剂的一大难题。溶胶-凝胶法具有低温合成的特点，用作掺氟石英玻璃的制备工艺引起了人们的关注，在实验室中已获得较好进展。

2. 掺氟石英玻璃光纤制备方法

（1）气相沉积工艺　目前应用的气相沉积工艺主要有 MCVD、PCVD、OVD 和 VAD

工艺，使用的掺氟剂主要是 CCl_2F_2、C_2F_2、CF_4、SiF_4 和 SiF_6。氟利昂（CCl_2F_2）具有无毒、无腐蚀、不易燃、价廉和易得等优点，已成为应用最广泛的掺氟剂。利用不同的气相沉积工艺制备的掺氟石英玻璃光纤，其最高氟含量列于表 3-25。

表 3-25　掺氟石英玻璃光纤的氟含量

制备工艺	MCVD	PCVD	VAD
氟含量/%	1.4	4	1.2

等离子气相沉积工艺（PCVD）的反应在离子之间进行。化学气相沉积（MCVD）在较低温度（约 1100℃）进行，形成的挥发性 SiF_4 较少，氟易于掺杂，可形成较高含氟量的石英玻璃，从而可有效地降低光纤包层折射率。VAD 法由于氢-氧焰直接接触沉积颗粒，羟基易取代氟，氟的掺入更为困难。

（2）溶胶-凝胶工艺　用溶胶-凝胶工艺制备掺氟石英玻璃光纤时，所采用的掺氟剂主要有 $Si(OC_2H_5)_3F$、NH_4F、HF。国内外已制备的掺氟石英玻璃光纤氟含量皆为 2% 左右。如果在烧结过程中通入气体掺氟剂，氟含量将进一步提高。

用溶胶-凝胶工艺研制掺氟石英玻璃光纤有以下优点。

① 溶胶-凝胶技术是在室温下反应成键的，而且高温下仍保持这种键性，在溶胶体中加入掺氟剂，反应后形成含 Si-F 键的干凝胶体，在玻化热处理时 Si-F 键将最大限度地保留在石英玻璃中。

② 用溶胶-凝胶技术制作多孔干凝胶，其比表面积大，当在高温烧结干凝胶时，通入气体掺氟剂可进一步掺氟。

3. 掺氟石英玻璃光纤的结构和物理性能

（1）结构　红外光谱显示在 $935cm^{-1}$ 处有一 Si—F 振动峰。拉曼光谱分析表明。

① 在 $935cm^{-1}$ 处有一 Si—F 振动峰，振动峰强度随氟含量增加而增强。

② 在 $490cm^{-1}$、$604cm^{-1}$ 处有 2 个缺陷峰，缺陷峰强度随氟含量增加而降低。

③ 在 $800cm^{-1}$、$1060cm^{-1}$、$1200cm^{-1}$ 处的 Si—O 峰强度和频率位置没有任何变化。计算分析得出氟是以 $[SiO_3F]$ 配位结构形式进入玻璃网络的，且氟优先进入硅氧网络的缺陷位置。

（2）物理性能　随着氟含量的增加，掺氟石英玻璃光纤的密度和折射率降低（呈线性关系）。实验结果获得氟含量（C_F）与折射率（Δn）的关系式为：

$$\Delta n / C_F = 0.47 \tag{3-24}$$

对氟含量相同的石英玻璃光纤，在不同的入射波长下，其折射率的变化列于表 3-26 中，这些数据为不同条件下使用的光纤设计提供了依据。

表 3-26　掺氟石英玻璃光纤的折射率与入射波长的关系

$\lambda/\mu m$	n		
	1%F	2%F	SiO_2
0.365015	1.46941	1.46485	1.47486
0.404656	1.46458	1.46009	1.46994
0.435835	1.46174	1.45726	1.46701
0.479991	1.45855	1.45414	1.46382
0.508582	1.45694	1.45257	1.46218
0.546074	1.45521	1.45083	1.46040
0.578012	1.45395	1.44962	1.45913
0.587561	1.45363	1.44924	1.45878

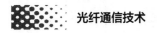
续表

$\lambda/\mu m$	n		
	1%F	2%F	SiO₂
0.589262	1.45357	1.44916	1.45872
0.643847	1.45187	—	1.45702
0.852110	1.44767	1.44344	1.45279
0.894350	1.44704	1.44282	1.45216
1.0074	1.44560	1.44137	—
1.01398	1.44555	1.44132	1.45056
1.08297	1.44470	1.44050	1.44973
1.12866	1.44420	1.43999	1.44919
1.19382	1.44346	—	—
1.3589	1.44158	—	—
1.3622	1.44158	1.43743	1.44653
1.4695	1.44029	1.44530	—
1.52952	1.43973	1.44459	—
1.6932	1.43761	1.43344	1.44258
1.9700	1.43400	1.43884	—
2.3253	1.42852	1.43325	—

（3）SM 光纤的结构与特性　表 3-27 列出了实验性单模光纤典型的折射率分布设计的比较，折射率的提高是通过掺锗实现的，折射率的下降则是通过掺氟实现的。

表 3-27　SM 光纤折射率分布设计的比较

折射率偏差 ＼ 编号	a	b	c
$\Delta^+/\%$	−0.1	0	0.1
$\Delta^-/\%$	0.5	0.4	0.3
$\Delta/\%$	0.4	0.4	0.4

表 3-28 为 SM 光纤的传输性能。

表 3-28　SM 光纤的传输性能

损耗 ＼ 编号	a	b	c
$a(1.3)/[dB/km]$	0.335	0.350	0.365
$a(1.55)/[dB/km]$	0.185	0.220	0.210

从表 3-28 可看出，虽然光纤 a～c 的折射率水平是相同的，但光纤 a 的损耗最低，这是由于全掺氟光纤 a 芯层和包层玻璃特性的匹配优于光纤 b 和光纤 c。最好的全掺氟光纤损耗可降至：$a(1.3)=0.32dB/km$；$a(1.55)=0.560dB/km$。

表 3-29 给出了全掺氟单膜光纤（FFSM）的传输损耗与成品率。在这种全掺氟光纤中，因为没有使用锗，纤芯与包层之间的折射率差的增加不会导致瑞利散射损耗的增加。

表 3-29　全掺氟单模光纤（FFSM）的传输损耗与成品率

传输损耗/(dB/km)	0.165～0.170	0.170～0.175	0.175～0.180	0.180～0.185
成品率/%	5	5	10	30
传输损耗/(dB/km)	0.185～0.190	0.190～0.195	0.195～0.200	0.200～0.205
成品率/%	20	15	5	5

对不同参数的全掺氟光纤的弯曲性能进行实验，并采用增加折射率差的方法进一步证实了全掺氟光纤有较低的弯曲灵敏度，即弯曲附加损耗低。增加折射率差达到 0.35% 时，证实了全掺氟光纤在 $1.55\mu m$ 上的弯曲性能比常规 SM 光纤在 $1.3\mu m$ 的弯曲性能更好。

在射线辐照下，以低折射率掺氟石英玻璃作包层、纯石英玻璃作芯层的光纤损耗恢复很快，且很稳定。表 3-30 给出这种光纤和普通 GeO_2-SiO_2 芯光纤在用 $10^5 rad/h$ 剂量率的 γ 射线辐射 1h 的过程中，在 $1.3\mu m$ 波长处的感应损耗及辐射之后感应损耗的恢复情况。

表 3-30　光纤在 γ 射线辐照下的感应损耗（25℃，在 $1.3\mu m$ 波长处）

感应损耗/(dB/km)　　时间/min　　　光纤型号	在辐射条件下					辐射之后		
	10	20	40	50	60	70	90	120
GeO_2-SiO_2 芯	4	7	10	13	14	13	12.5	11
纯 SiO_2	3	4	5	5.5	5.6	2	1	0.8

观测到该光纤在 $10^5 rad/h$ 剂量率下引起的损耗增加小于 6dB/km，即不到普通 GeO_2-SiO_2 芯光纤的一半。辐照中止后，在 1h 内，这种感应损耗迅速恢复到 1dB/km 以下，不到 GeO_2-SiO_2 芯光纤的 1/10。在辐照过程中，由于恢复作用同时存在，掺氟石英包层纯石英芯光纤感应损耗的迅速恢复表明了它在低剂量率环境下的可靠性。这一特性充分体现了掺氟石英包层和纯石英芯层具有低结构缺陷和色芯存在。

在低温条件下，掺氟石英包层纯石英芯光纤显示出更好的特性。表 3-31 给出了以 $10^6 rad/h$ 的剂量率辐照 0.4h，光纤在波长 $1.3\mu m$ 处的损耗增加随温度的变化。对掺氟石英包层纯石英芯光纤来说，低于室温时的损耗增加相当少，而掺 GeO_2 光纤则损耗增加急剧。

表 3-31　由 γ 射线辐照造成的损耗增加与温度的关系

感应损耗/(dB/km)　　温度/℃　　　光纤型号	0	30	70
GeO_2-SiO_2 芯	63	17	11
纯 SiO_2	14	11	7

掺氟包层光纤不仅具有传输损耗小、弯曲损耗低的性能，而且还有抗辐照、对氢稳定、易于控制零色散波长等优良特性。

（二）氟利昂掺杂石英玻璃光纤

1. 简介

氟具有显著降低玻璃折射率而不致引起损耗增加的特性在光纤界得到广泛关注。氟利昂无毒、不易燃、价格低，常压下呈气体状态，因此是制备光导纤维优良的掺氟原料。

研究氟利昂在高温下的化学反应对玻璃中氟含量的提高具有指导作用，氟利昂通入量与折射率降低值的关系对掺氟光导纤维的制备具有重要的实用价值。

2. 制备方法

（1）采用改进的化学气相沉积工艺　其工艺条件如下。

料温　　(20±2)℃

$SiCl_4$ 载气氧流量　60～400mL/min

CCl_2F_2　0～50mL/min

反应氧气　800mL/min

沉积温度　1400℃

缩棒温度　1950～2100℃

石英管直径　20mm

管壁厚　1.5mm

灯速　100mm/min

沉积床转速　80r/min

(2) 氟进入玻璃网络的反应过程　在高于1000℃氟利昂的条件下发生下列反应。

$$CCl_2F_2 \longrightarrow C + Cl_2 + F_2$$

在通入氧气情况下碳反应成 CO 和 CO_2，因此氟利昂分解成 F_2 的可能反应如下。

大量氧气　　　　　$CCl_2F_2 + O_2 \longrightarrow CO_2 + Cl_2 + F_2$

少量氧气　　　　　$2CCl_2F_2 + O_2 \longrightarrow 2CO + 2Cl_2 + F_2$

通入 $SiCl_4$ 发生下列反应。

$$SiCl_4 + O_2 \xrightarrow{>1200℃} SiO_2 + 2Cl_2$$

拉曼和 IR 光谱已证明掺氟石英玻璃中的氟以 Si-F 即 $Si_2O_3F_2$ 结构形式存在，因此将有反应。

$$4SiO_2 + 2F_2 \longrightarrow 2Si_2O_3F_2 + O_2$$

或依照 Marshall 和 Hallan 将有反应。

$$3SiO_2 + SiF_4 \longrightarrow 2Si_2O_3F_2$$

SiF_4 可由下列反应形成

$$SiO_2 + 2F_2 \longrightarrow SiF_4 + O_2$$

SiF_4 的产生随温度升高而增加。

从以上的反应可知，在大量氧气存在情况下反应如下。

$$4SiCl_4 + 4O_2 + 2CCl_2F_2 \longrightarrow 2Si_2O_3F_2(s) + 10Cl_2 + 2CO$$

在少量氧气存在情况下反应如下。

$$2SiCl_4 + 2O_2 + CCl_2F_2 \longrightarrow Si_2O_3F_2(s) + 5Cl_2 + CO$$

上述两反应式是形成 $Si_2O_3F_2$ 的基本反应，由于最终测得的氟含量并不高，因此这两个反应并不强烈，或可能已形成的 $Si_2O_3F_2$ 又以 SiF_4 形式挥发掉。

$$2Si_2O_3F_2 \longrightarrow SiF_4(g) + 3SiO_2(s)$$

对于前述 SiF_4 形成的反应式，若要产生较大量的 SiF_4，则需消耗相当量的 SiO_2，从而降低了 SiO_2 的沉积效率，实验也证实了这一点。现有两种形成 SiF_4 的反应。

大量氧气　　　　$SiCl_4 + 2O_2 + 2CCl_2F_2 \longrightarrow SiF_4(g) + 4Cl_2 + 2CO_2$

少量氧气　　　　$SiCl_4 + O_2 + 2CCl_2F_2 \longrightarrow SiF_4(g) + 4Cl_2 + 2CO$

3. 掺氟光纤预制棒的特性分析

(1) 掺氟光纤包层的最低折射率　图 3-63 所示为掺氟预制棒折射率分布，$\Delta n^- = 0.75\%$。光纤纤芯中未通入氟利昂，其折射率降低值不为零的原因如下。

① 在中心层沉积和缩棒过程中，已掺入氟的包层中氟对芯层具有热扩散作用。

② 在高温下掺氟包层中产生的 SiF_4 对芯层形成一个掺氟源。

（2）氟利昂通入量与折射率之间的关系　图 3-64 所示为折射率降低，每个台阶对应于相同氟利昂通入量的四次沉积；图 3-65 所示为折射率降低，每个台阶对应于相同氟利昂通入量的 6 次沉积。不同台阶是由于不同通入量的 CCl_2F_2 造成的。不同台阶对应的氟利昂通入量见表 3-32。

由图 3-64、图 3-65 和表 3-32 得图 3-66。

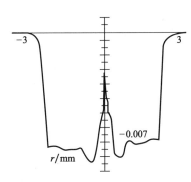

图 3-63　掺氟石英玻璃光纤预制棒折射率分布图

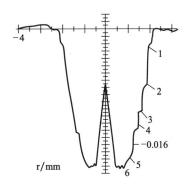

图 3-64　掺氟石英预制棒（1#）折射率分布图

对数函数对图 3-66 所示曲线拟合后得关系式

"△" 曲线：
$$y_\triangle = 7.416 + 7.157 \ln x_\triangle \tag{3-25}$$

"○" 曲线：
$$y_\bigcirc = 6.139 + 6.578 \ln x_\triangle \tag{3-26}$$

表 3-32　不同台阶对应的氟利昂通入量

台阶号 $CCl_2F_2 / SiCl_4 \times 10^2$ 棒号	1	2	3	4	5	6
1#	0.5	1.0	2.0	3.0	4.0	5.0
2#	2.5	5.0	7.5	10.0	12.5	—

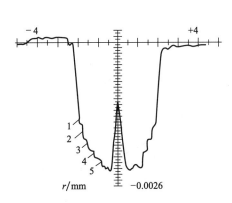

图 3-65　掺氟石英预制棒（2#）折射率分布

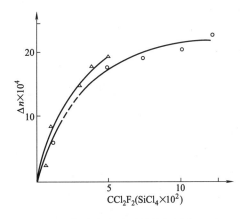

图 3-66　石英玻璃光纤预制棒包层中 CCl_2F_2
通入量与折射率之间的关系

y 与 $\ln x$ 的线性关系系数为：$y_\triangle = 0.998$，$y_\circ = 0.999$。由 y 与 $\ln x$ 作图如图 3-67 所示，拟合的两关系式与实验值相吻合。"$\triangle$"直线的斜率为 7.157，"$\circ$"直线的斜率为 6.578，前者斜率略大，表明当通入少量 CCl_2F_2 时，相对掺氟程度大于通入大量的 CCl_2F_2。

总之，在石英玻璃光纤包层中通入氟利昂与掺氟包层折射率降低成对数关系，通入的氟利昂量越多，氟进入玻璃网络中的数量越少，掺氟光纤预制棒包层折射率降低值可达 0.75%。

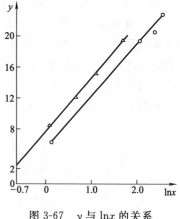

图 3-67 y 与 $\ln x$ 的关系

四、掺氮石英玻璃光纤

1. 简介

众所周知，在石英基光纤中辐射感生色心主要归因于掺杂剂和杂质。尽管现代化学气相沉积（CVD）过程能够产生出非常纯的石英，但必须在纤芯或包层中采用一种掺杂剂以形成光波导结构。作为标准电信光纤的掺杂剂，锗是辐射感生色心的主要原因之一。在以硅化锗光纤为基础的远程传输系统中，使用 20 年后，普通陆上辐射背景将感生仅几百分贝的损耗。然而硅化锗光纤的低辐射性不能用于苛刻的辐射环境，如不能被外层空间或原子核动力场的光电系统所接受，而具有比硅化锗光纤更低辐射感生损耗的纯石英包层光纤被认为是用于上述系统的最佳替代品。

然而，纯石英芯掺氟石英包层的固有缺点是凹陷包层且数值孔径小（难以把足够的氟掺入石英中），故提出了掺氟石英光纤。

2. 制备方法

所用原材料为 $SiCl_4$、O_2 和 N_2，采用无氢减压等离子化学气相沉积法（SPCVD）制成。

3. 性能分析

所用试验光纤为纤芯和包层的折射率差 $\Delta n = n_{纤芯} - n_{包层} = 0.01$，芯径为 $30\mu m$ 的多模光纤。这种光纤具有低 NH^- 和 OH^- 含量以及低的初始损耗。采用剂量 10kGy 的 ^{60}Co 源以 8.8Gy/s 的剂量率在室温下 γ 射线辐射光纤。

图 3-68 所示为辐射前以及辐射后 1~2h、5d 和 35d 测得的总损耗谱。经证实，电信谱窗口中辐射前的损耗相当低，且辐射感生色心显示出热衰减的倾向。

图 3-69 所示为研究中的掺氮石英芯光纤和另外两种 MCVD 法制得的光纤辐射后 1~2h 测得的辐射感生损耗谱进行的比较。

所有这些光纤在相同光源下，

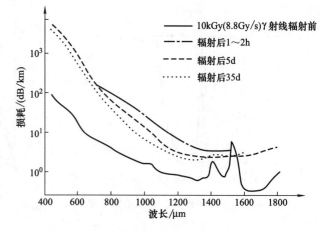

图 3-68 掺氮石英芯光纤的总损耗谱

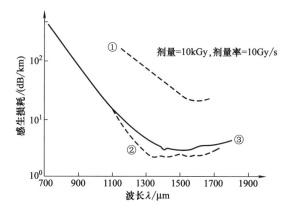

图 3-69 在 γ 射线辐射条件和试验条件相同的
情况下，3 种不同光纤的感生损耗谱

①—改进化学气相沉积法（MCVD）制得的单模掺锗石英芯掺氟
石英包层光纤：纤芯中 GeO_2 的含量 $=3.2\%$（物质的量），包层中
F 的含量 $=1\%$（atm），$\Delta n=0.08$，OH 基含量 $=$ 约 $0.2mg/kg$；
②—MCVD 法制得的单模纯石英芯掺氟石英包层光纤：包层中 F 的
含量 $=1\%$（atm）；$\Delta n=0.0041$，OH 基含量 $=$ 约 $0.5mg/kg$；
③—研究中的掺氮石英芯光纤。

以相同剂量和几乎相同的剂量率辐射，掺氮石英芯光纤中的感生损耗略超过 MCVD 法制得的纯石英芯掺氟石英光纤，并被证明低于掺锗石英芯掺氟石英包层光纤（后者中的 Ge 含量很低）。在 $1300\sim1600nm$ 波长区，上述石英芯光纤显示出最低辐射后感生损耗。

因此，可以看出掺氮石英并未导致其耐辐射性有任何显著地降低，证明氮将是增加石英折射率且辐射后发现没有引起额外色心的唯一的已知掺杂剂。

掺氮石英芯纯石英包层光纤具有明显优于纯石英芯掺氮石英包层光纤之处，因其包层匹配且 Δn 值可大约为 0.04，这是纯石英芯掺氮石英光纤所不能达到的。因此，掺氮石英芯光纤提供了解决弯曲损耗问题的办法，且具有比纯石英芯光纤大得多的 Δn 值，因为前者的含氮量仅为 0.8%（atm）。

总之，掺氮石英芯纯石英包层光纤具有强耐辐射特性，经 $10kGy\gamma$ 射线辐射 $1\sim2h$ 后，在 $1300\sim1600nm$ 间测得的感生损耗证明与纯石英芯光纤的最佳结果非常相近。因其波导性能，掺氮石英芯光纤比纯石英芯掺氟石英包层光纤更为可取，故掺氮石英芯光纤预计在 $1.3\mu m$ 或 $1.55\mu m$ 波长的辐射环境的光电系统中有更广泛的用途。

五、P_2O_5 掺杂石英单模光纤

1. 简介

随着光通信事业的发展，人们利用掺锗（Ge）、铒（Er）、镱（Yb）、铥（Tm）等元素的光纤作光纤激光器及其他光纤元器件。掺磷（P_2O_5）光纤的频移比掺锗（GeO_2）光纤的频移大 2 倍，使实现 $1.3\mu m$ 和 $1.55\mu m$ 波长光纤激光器和放大器所需泵浦光源的 $1.24\mu m$ 和 $1.48\mu m$ 波长光源变得简单，减少了激光器的级联数目，节省了费用并缩小了体积。

用 MCVD 法制作掺 P_2O_5 光纤同掺 GeO_2 光纤比较，制作过程没有本质区别，但从制作工艺条件看可大不一样。在掺杂量相同的条件下，掺 P_2O_5 与掺 GeO_2 相比有较低的玻璃转变温度，相应的黏度也低；有较高的挥发度和热扩散速度；较低的折射率和较高的热膨胀系数。

用掺 P_2O_5 光纤制作拉曼光纤激光器或放大器，一般要求掺 P_2O_5 的浓度大于 10%（物质的量），国外最高做到 17%（物质的量）。目前，我国已经试制出掺 P_2O_5 浓度为 14.7%（物质的量）光纤预制棒，拉制的光纤在 $1.06\mu m$、$1.24\mu m$ 和 $1.48\mu m$ 波长下的典型损耗分别为 $3.10dB/km$、$2.02dB/km$ 和 $1.97dB/km$。

2. 制备方法与注意事项

针对 P_2O_5 掺杂剂易挥发的特点，在试制初期采取较低的温度沉积，以提高 P_2O_5 的收率，但在沉积过程中发现没有得到像掺 GeO_2 或 B_2O_3 那样浓的沉积区，这说明沉积温度较低时，反应区与沉积区的温差小，沉积收率降低了很多，没有达到目的。在收棒过程中发现芯部有类似鱼鳞状的气泡产生。收棒之后，预制棒出现芯径大小不均、圆整度不均、气泡很多的现象。经分析，偏低温度的沉积由于反应的生成物 SiO_2-P_2O_5 不能充分地混合均匀，故收率低。在高温收棒过程中大的 P_2O_5 粉末聚团挥发（它的蒸气压较大）造成严重的玻璃分相现象，使芯部的折射率分布极差，光纤的损耗也急剧增大。当把沉积温度升高时，发现反应沉积很均匀。当然，在下一层的沉积过程中，上一层 P_2O_5 的挥发也增大了。

由于 P_2O_5 易挥发，把预制棒芯径做大较容易得到高掺杂的光纤。但是，用这种预制棒拉成包层直径标准的光纤就得多次加套，使试验工作周期加长，投入加大，很不经济。

要做出拉曼光纤激光器用的掺 P_2O_5 光纤（$\Delta n = 0.012 \sim 0.015$），初始单模母棒的芯径要达到 $1.5 \sim 2.0mm$。

利用较灵活的 MCVD 工艺系统，改变原工艺条件：一是提高反应的沉积温度，使 P_2O_5 的收率尽量提高。收率应大于挥发，在下一层沉积过程中即使有一部分 P_2O_5 挥发，还有较多留下。二是在收棒过程中尽量使反应管收缩，内径留得越小越好。收棒时温度应控制得较低，采取拖尾的方法收棒，灯速应控制在使反应管的内径只要能收实的程度即可，这样做的目的是尽量减少收棒过程因高温对 P_2O_5 造成的挥发。人们采取上述措施试制出了直径为 $11.36mm$、芯径为 $1.02mm$ 的掺 P_2O_5 单模光纤母棒，经过一次加套后拉成包层直径为 $125\mu m$ 的单模光纤。因 P_2O_5 有较高的热扩散速度，所以在拉丝过程中拉丝条件非常重要，小张力拉丝会使芯部的 P_2O_5 向周围扩散，达不到预期的数值孔径，也会影响截止波长和模场直径，损耗也会增加；而过大的张力拉丝会使光纤强度受到影响。

3. 性能

典型的掺 P_2O_5 石英玻璃光纤的性能见表 3-33。

表 3-33　典型的 P_2O_5 掺杂石英玻璃光纤的性能

光纤编号	长度 /m	截止波长 /μm	模场直径 /μm	损耗/(dB/km)			数值孔径	包层直径 /μm
				$1.06\mu m$	$1.24\mu m$	$1.48\mu m$		
PDF08-1	480	1.0982	未测	5.12	2.44	3.20	0.134	101
PDF08-2	500	0.9780	未测	3.50	2.24	2.20	0.159	125
PDF08-3	2186	0.9782	5.79	3.10	2.02	1.97	0.158	125
PDF08-4	1350	0.9703	5.76	3.15	2.04	2.03	0.158	125
PDF08-5	2020	0.9999	5.86	3.38	2.18	2.04	0.163	125

六、大功率 Nd-YAG 激光传输石英玻璃光纤

1. 简介

光纤在激光医疗、切割、焊接等领域逐渐成为关键元件。它的小尺寸、柔软性、可长距离传输而不改变激光质量等特性，为激光的应用拓宽了范围，在医疗领域，可把激光引入人体内腔，进行诊断与治疗；在材料加工领域，采用光纤可将激光器和工作点分开，并可将激

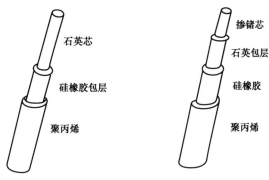

光传输到狭窄、复杂的区域，解决在这些区域中材料加工的困难；一组光纤可使一个光源同时提供多种用途，提高激光器的利用率及材料加工的自动化水平。

Nd-YAG 激光（1.06μm）是较早应用于医疗和材料加工领域的，它的优点是波长在近红外区，容易实现光纤传输。

下面制备两种高功率激光传输光纤。

① 石英棒作导光芯，低折射率硅橡胶作包层。

② 石英管内沉积 SiO_2-GeO_2 作导光芯，纯石英作包层。

两种光纤的外形结构如图 3-70 所示。

图 3-70　两种光纤的外形结构

2. 光纤纤芯材料的选择与制备

（1）纤芯材料的选择　光纤纤芯是光传播的介质，纤芯材料质量的好坏直接影响光的传输。纤芯材料中的过渡金属杂质离子和羟基是引起光纤损耗的重要因素之一，过渡金属离子主要是指铁、铜、锰、镍。图 3-71 所示为在纯 SiO_2 中分别掺进各过渡金属离子后得出的损耗曲线，图 3-72 所示为石英玻璃中由水引起的红外吸收损耗。

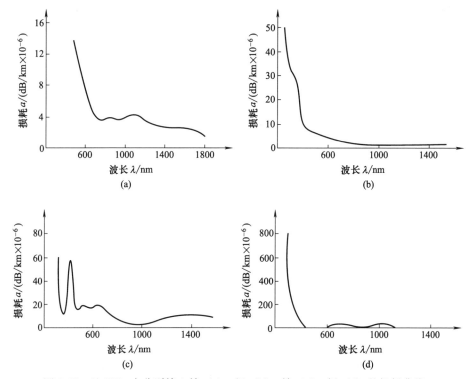

图 3-71　纯 SiO_2 中分别掺入铁（a）、锰（b）、镍（c）、铜（d）的损耗曲线

由图 3-71 和图 3-72 所示可知，过渡金属离子和羟基对光有强烈的吸收，因此作为纤芯材料的石英玻璃应有低含量的过渡金属离子和羟基。目前，国内有两种优质石英玻璃可供使用，一种是气炼两步法生产的石英玻璃，另一种是四氯化硅合成的石英玻璃。这两种石英玻

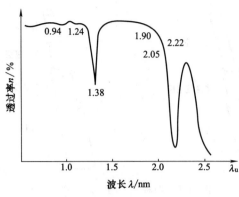

图 3-72　石英玻璃中由水引起的红外吸收损耗

璃的杂质含量见表 3-34。

从表 3-34 可知，气炼石英玻璃金属杂质含量远高于四氯化硅合成的石英玻璃，特别是铁离子含量高达近 6 倍。当用气炼石英玻璃作纤芯材料制备光纤时，在 $1.06\mu m$ 处损耗大于 $0.1dB/m$。四氯化硅合成石英玻璃有较高的羟基含量，从图 3-72 可知，羟基在 $1.06\mu m$ 处的吸收不太大，且此种石英玻璃具有低的金属杂质含量、良好的光学均匀性，用它做纤芯材料制成的光纤在 $1.06\mu m$ 处损耗一般在 $0.05dB/m$ 左右，最低可小于 $0.03dB/m$。因此，选用四氯化硅合成石英玻璃作为研制 Ⅰ 型大功率激光传输光纤的纤芯材料。

表 3-34　气炼（1 号）和四氯化硅合成（2 号）石英玻璃杂质含量　　　单位：mg/kg

编号	Al	Fe	Ca	Mg	Ti	Mn	Sn	Cu	K	Na	Ni	B	OH⁻
1	16.04	0.67	0.47	0.11	0.58	0.19	0.3	0.08	0.04	1.07	0.1	0.04	192
2	0.38	0.11	0.50	0.05	0.11	0.05	1.0	0.03	0.3	0.4	0.03	0.035	1246

Ⅱ 型光纤的纤芯是由在纯石英中加进用以增大折射率的 GeO_2 制成的，同时加入百分之几的 P_2O_5 以降低石英玻璃的熔融温度。若各组分以氯化物为原料，以气相沉积工艺合成，当玻璃中杂质含量小于几十亿分之一时，可制成损耗小于 $0.01dB/m$ 的光纤。

（2）四氯化硅合成石英玻璃棒的制备　四氯化硅合成石英玻璃与普通石英玻璃的制备工艺不同，四氯化硅合成石英玻璃所用的原料是经过物理和化学方法提纯的卤化硅。这里采用的是四氯化硅，用气炼法在高温下制成二氧化硅。

首先采用卧式 CVD 制坨工艺制成重约 20kg 的石英坨，其熔制状态与煅烧器、板面温度、灯距、灯角、转速等有关。制好的石英坨在冷加工车间进行表面抛光，然后采用无接触吊拉法制成石英棒。此法制成的石英棒等径度好、表面光滑。最后选用优质石英棒在玻璃沉积床上，用氢氧焰在 2000℃ 以上高温抛光 3 次，以提高石英棒表面质量。合成石英棒制备工艺流程如图 3-73 所示。

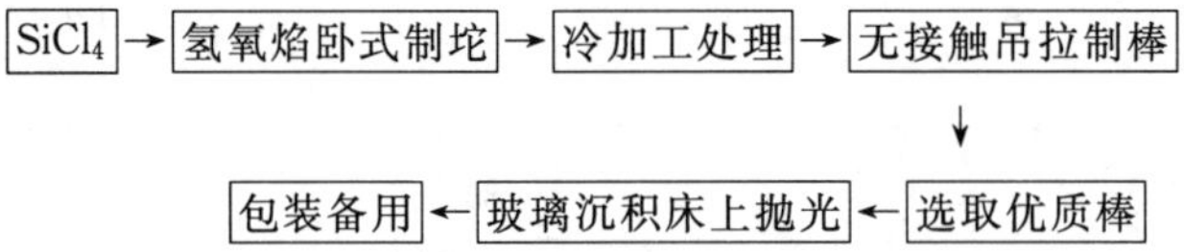

```
┌──────┐   ┌──────────┐   ┌────────┐   ┌──────────┐
│ SiCl₄│→  │氢氧焰卧式制坨│→ │冷加工处理│→ │无接触吊拉制棒│
└──────┘   └──────────┘   └────────┘   └──────────┘
                                              │
                                              ↓
┌──────┐   ┌──────────┐   ┌────────┐
│包装备用│← │玻璃沉积床上抛光│← │选取优质棒│
└──────┘   └──────────┘   └────────┘
```

图 3-73　合成石英玻璃棒制备工艺流程图

（3）SiO_2-GeO_2 光纤芯棒的制备

图 3-74 所示是制备 SiO_2-GeO_2 光纤芯棒的装置。用 D08-1/2M 质量流量控制器分别控

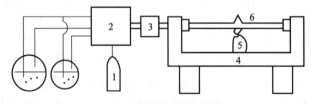

图 3-74　MCVD 工艺装置

1—氟氯烷（F_{12}）；2—控制器；3—旋转连接；4—玻璃车床；5—燃烧器；6—石英管

制参与反应的气体 O_2、$SiCl_4$、He、$PoCl_3$，控制精度为 $\pm 2\%$。将这些混合气体通入反应管中，在氢氧焰的高温作用下发生化学反应。在热迁移力作用下，反应形成的固体微粒沉积在热区下游的内管壁上，随氢氧焰的移动熔化成透明玻璃，最后高温缩制成棒。此种工艺制成的超纯棒微观结构均匀，光纤纤芯与包层界面光滑。

3. 光纤制备

（1）Ⅰ型光纤的制备　选优质四氯化硅合成石英棒在玻璃沉积床上抛光 3 次（2000℃），以消除表面缺陷。再在 10m 高的光纤拉丝机上拉制成光纤，拉制过程中同时涂低折射率硅橡胶 2 次作反射层，拉丝速度为 4～20m/min。最后，在套塑机上套塑。制成的光纤数值孔径为 0.38，$1000\mu m$ 纤径的弯曲半径小于 25mm。

（2）Ⅱ型光纤的制备　先在石英管内壁大料量地沉积掺锗石英玻璃 70～100 层，然后缩棒 3 次制成预制棒，最后拉丝、涂覆高折射率硅橡胶并套塑。制成的数值孔径为 0.16～0.22。光纤棒制备工艺参数见表 3-35，表内参数是经过近 100 次的实验得出的最佳参数，沉积温度以 1400℃为宜，温度过高，石英管易变形，且石英管易缩合以至于不能达到足够的沉积层次；温度过低，沉积过程中易在管内壁上产生生料点以及微小气泡。此工艺参数制成的光纤棒的数值孔径约为 0.20。若再进一步提高 GeO_2 含量，数值孔径还可增大。但大量 GeO_2 的存在使沉积在管内壁上的玻璃膨胀系数与石英管的膨胀系数差别增大，增大了内部应力，易造成在制备过程中或成棒后炸裂，从而降低成品率。

表 3-35　光纤棒制备工艺参数（沉积管直径 20mm，壁厚 2mm）

流量/(mL/min) 原料 层次		$GeCl_4$	$SiCl_4$	P_2O_5	He	O_2	温度/℃
	1～2	350					
	3～5	400	300	20	150	1600	1400
	6～9	425					
	10～100	500					
缩棒	1	35	—			1200	1800
	2	20				—	2000
	3	20				—	

4. 光纤性能

（1）光纤损耗　光纤在 960～1200nm 波长的吸收损耗采用多次剪断法在光纤谱损耗特性测试仪上测试。Ⅰ、Ⅱ型光纤损耗谱如图 3-75 及图 3-76 所示。在 $1.06\mu m$ 处，Ⅰ型光纤

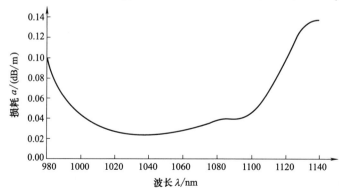

图 3-75　Ⅰ型光纤损耗谱（光纤芯径为 $300\mu m$）

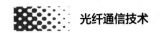

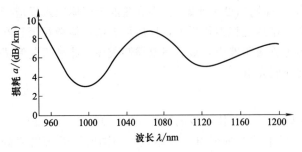

图 3-76 Ⅱ型光纤损耗谱

（光纤芯径为 480μm）

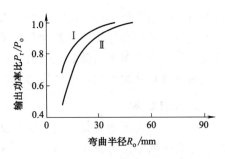

图 3-77 弯曲半径对激光输出的影响

（氦-氖激光，λ＝6328mm）

损耗为 0.028dB/m，Ⅱ型光纤损耗为 0.008dB/m。

（2）光纤弯曲性能　图 3-77 所示是两种光纤弯曲对氦-氖激光输出的影响，R 为弯曲半径，P_r/P_o 为光纤弯曲时的输出功率与光纤未弯曲时的输出功率之比。Ⅰ型光纤弯曲性能优于Ⅱ型光纤弯曲性能，但当弯曲半径大于 60mm 时，两种光纤的弯曲性能已没有区别。

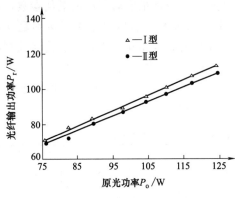

圈 3-78　光纤传输功率

表 3-36、图 3-78 所示为光纤传输 Nd-YAG 激光时的耦合效率和光纤输出功率，透镜焦距 $f＝24.21$mm，Ⅰ型光纤直径为 800μm，Ⅱ型光纤芯径为 480μm、外径为 700μm，光纤长度均为 3m。

从表 3-36、图 3-78 可以看出，光纤输出功率是原光功率的 90%，且输出功率与原光功率呈线性关系。对芯径 480μm 的Ⅱ型光纤还试验了原光功率 140W 和 160W，其结果是输出功率分别为 126W 及 135W。

表 3-36　光纤传输激光的耦合效率[①]

原光功率 /W	输出功率/W		耦合效率/%	
	800μm	480/700μm	800μm	480/700μm
75	69.3	69.7	92.4	92.9
82	78.6	72	95.9	87.8
89	83	80.7	93.3	90.7
97	88	87.3	90.7	90.0
104	95	93.7	91.3	90.1
110	101	97.9	91.8	89.0
118	108.5	105	91.9	89.0
124	112.8	109	91.0	87.9

① 指耦合与传输效率。

5. 两种光纤比较

采用两种不同工艺，批量制备了两种光纤，以满足不同用户的使用要求。表 3-37 为这两种光纤的比较。

表 3-37　两种光纤的比较

参　数	Ⅰ型	Ⅱ型
数值孔径	0.38	0.16～0.22
芯径/μm	200～1000	200～600
芯径比	—	1：(1.2～1.7)
损耗(1.06μm)/dB/m	0.028	0.008
弯曲损耗	小	略大
价格	低	高
最小弯曲半径	<25r	<25r
耐温性	<300℃	<1500℃
传输功率	低	高
其他	—	光纤端部可与石英等材料焊接

Ⅰ型光纤制备简单，价格低，特别适用于100W以下激光医疗领域；Ⅱ型光纤杂质含量低，光学均匀性好，包层为石英材质，纤芯与包层界面光滑，能传输较大功率的激光，适合应用于激光切割和焊接领域。

第二节　氟化物玻璃光纤

一、简介

（一）基本概念与主要品种

所谓氟化物玻璃光纤，主要是指由重金属氟化物玻璃熔融拉制的光纤。这种光纤在 1.6～5.0μm 红外光谱范围内有低达 $10^{-2}～10^{-3}$ dB/km 的潜在超低本征衰耗特性。目前，研制的 ZBLAN（为 $ZrF_4 \cdot BaF_2 \cdot LaF_3 \cdot AlF_2 \cdot NaF$ 组分的字头）多组分氟化物玻璃光纤最低衰耗在 2.55μm 附近为 0.03dB/km，比 1.55μm 石英玻璃光纤衰耗小约7倍，它将为超长距离长途通信系统提供更为理想的传输介质。

（二）需求与发展

在石英玻璃光纤中，材料的传输损耗主要来自于 3d 元素和 OH^- 等杂质离子吸收引起的非本征损耗，以及由材料本身紫外电子跃迁、红外多声子吸收及瑞利散射等产生的本征损耗。本征损耗的极小值通常位于瑞利散射曲线和多声子损耗曲线的交点。石英玻璃光纤中因受 Si—O 键多声子吸收的限制，它的最低损耗波长位于 1.6μm 附近，理论损耗为 0.1dB/km 左右。目前，国内外制造的石英玻璃光纤已达到或接近这一目标，要进一步降低光纤损耗，实现远距离无中继站通信，必须寻找新的通信光纤材料，使材料的最低损耗波长尽可能移向长波段。

自20世纪70年代中期起，为寻找超长波段通信光纤材料，国内外对卤化物晶体光纤和各种红外玻璃光纤进行了大量的理论分析和实验研究。卤化物晶体光纤透红外性能好，理论损耗小，但单晶光纤因受生长速度的限制，多晶光纤中晶界的散射损耗使它们很难应用于通信领域。人们已在玻璃光纤方面进行了大量的工作，并获得在 $2\mu m$ 处损耗为 4dB/km 的掺锑二氧化锗玻璃光纤和 $2.44\mu m$ 处损耗为 35dB/km 的硫化砷玻璃光纤。但氧化物玻璃中 M—O 键多声子吸收波长短，限制了光纤的最低损耗波长向长波段位移，而硫属氧化物玻璃中弱的吸收边和 SH、SeH 等杂质吸收也阻碍了损耗的继续下降。

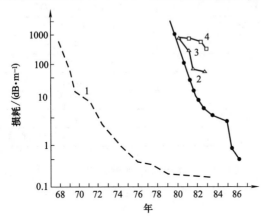

图 3-79　各类光纤损耗逐年下降图
1—石英玻璃光纤；2—氟化物玻璃光纤；
3—硫属氧化物玻璃光纤；4—晶体光纤

以氟锆酸盐玻璃为代表的重金属氟化物玻璃是在 20 世纪 70 年代中期发现的，由此也就迅速发展了新型透红外玻璃。它以从紫外到中红外极宽的透光范围、无毒及较好的物理、化学性质得到人们的普遍重视，特别是它有可能在 $2.5\sim3.5\mu m$ 范围内制得损耗约为 10^{-3} dB/km 的光纤，成为最有希望的超长波段通信光纤材料。从此，氟化物玻璃光纤的损耗也以极快的速度逐年下降，如图 3-79 所示。美国海军实验室和日本电报电话公司已相继制得损耗小于 1dB/km 的氟锆酸盐玻璃光纤。

此外，随着损耗为每千米几十分贝的氟化物玻璃光纤制造技术的日趋成熟，氟化物玻璃光纤在测温、气体和液体的分析等传感方面，传输 $2.94\mu m$ Er-YAG 激光和 $3.8\mu m$ 的 DF 激光等高能激光方面的应用也不断地被开拓，掺有不同稀土的氟化物玻璃光纤也相继获得了波长从 $1.05\sim2.8\mu m$ 的激光输出。此外，在红外图像传递方面也有望得到实际应用。

（三）制备工艺

1. 氟化物纯化技术

（1）过渡金属离子杂质的去除　在 $2.55\mu m$ 区产生杂质吸收的金属元素主要有 Fe、Co、Ni、Cu 和 Nd 等，其中 Fe 和 Cu 是最普遍也是最有害的杂质。为了获得低于 0.01dB/km 的损耗，这些杂质含量必须降到如下的 10^{-10} 数量级：Fe(0.3)，Co(0.3)，Ni(3.0)，Cu(100)，Nd(0.5)。该杂质含量比石英玻璃的杂质含量要求还要小约一个数量级。对于如此低的杂质含量，采用传统提纯石英玻璃的方法是不够的，需要研究出更好的提纯技术，并且对分析技术也提出严峻挑战，因为如果没有一个准确有效的化学分析方法，提纯技术是很难得到进步的。下面将迄今为止所研究出来的提纯技术和使用的化学分析方法列于表 3-38。

表 3-38　已研究出来的提纯方法和化学分析方法

提纯方法		化学分析方法
湿法	重结晶法 溶剂萃取法 氧化反应法	发射光谱化学分析法 原子吸收光谱化学分析法
干法	化学气相沉积法 蒸馏法 升华法	

① 重结晶法　通常用下列程序制备 ZrF_4：$Zr(CO_3)_2 \rightarrow ZrOCl_2 \rightarrow Zr(OH)_4 \rightarrow (NH_4)_3ZrF_7 \rightarrow ZrF_4$。在这些化合物中，$ZrOCl_2$ 和 $(NH_4)_3ZrF_7$ 可溶于水并且容易结晶，而 $Zr(OH)_4$ 趋向于晶态，ZrF_4 几乎不溶于水。用该方法可以使 ZrF_4 的 Fe 含量限制在 $0.1\sim1\text{mg/kg}$，但距要求的杂质浓度相差还很远，因此该方法只能作为预提纯方法。

② 溶剂萃取法　把 ZrF_4、BaF_2、GdF_3 和 AlF_3 等分别放在萃取器中，用蒸馏过的12% 盐酸反复萃取过渡金属杂质4h。由于过渡金属杂质氟化物远比上述4种化合物更易溶于盐酸溶液中，因而更能够提取出原料中的杂质。但用盐酸溶液处理过的氟化物也部分受到水合作用，使氟化物混入 OH^- 杂质，导致衰耗增加，因而该方法对于容易发生水合作用的材料 ZrF_4 无效。

③ 化学气相沉积法　把 $Zr(OC_4H_9)_4$ 和 $Ba(C_{10}H_{19}O_2)_2$ 液体分别在127℃和146℃蒸发，并与干 HF 气体混合发生反应，产生 ZrF_4 精细颗粒。由于该方法产量较低，而且在沸腾温度下不稳定，因此常不被采用。

④ 蒸馏法　在 3mmHg 压力的干氩气中，分别在128℃和1180℃温度下熔化置于石英管中的铂盘内的 BaF_2 和 GdF_3，但直到石英管变形，才观察到 BaF_2 和 GdF_3 沸腾。如果有一种耐高温并保证足够纯度的耐氟化物侵蚀的容器，就可用该方法提纯氟化物。

⑤ 升华法　将原料 ZrF_4、AlF_3 和 $NH_4F \cdot HF$ 分别装在铂盘中，ZrF_4 在 $1\sim3\text{mmHg}$ 的干氩气中用 900℃ 温度进行升华；在 1000℃ 时 AlF_3 被升华；氟化剂 $NH_4F \cdot HF$ 在 200℃、3mmHg 的干燥氩气中升华；对于别的原料，分别在不同的温度和压力下升华。该方法可使过渡金属杂质含量降到 0.1mg/kg 以下。因此，升华是制作低杂质氟化物材料最有希望的提纯方法，用升华法提纯的氟化物材料制作的光纤在 $2.12\mu\text{m}$ 处可得到 8.5dB/km 的低衰耗值。

⑥ 氧化反应法　该方法是改变杂质的氧化状态，把吸收峰移至 $2.55\mu\text{m}$ 窗口之外的方法。在氟化物中的 Fe 可能同时存在 Fe^{2+} 和 Fe^{3+}，Fe^{2+} 占有较大的比例，而且在 $2\sim4\mu\text{m}$ 产生吸收峰，而 Fe^{3+} 占的比例较小，其吸收峰在 $0.2\sim0.7\mu\text{m}$ 区。在 NF_3 气氛中制作玻璃可以使玻璃中的 Fe^{2+} 氧化成 Fe^{3+}。用这种方法，即使玻璃中的铁含量保持在 10^{-6} 的浓度，仍可使其在 $2.5\sim3.5\mu\text{m}$ 区内由铁离子所引起的吸收衰耗降至 10^{-3}dB/km 以下。

（2）脱水技术　实验证明，ZrF_4 基氟化物玻璃在 $2.87\mu\text{m}$ 处有高达几千分贝每千米的 OH^- 基波吸收衰耗峰，该吸收峰的延伸及其谐波严重影响 $2.55\mu\text{m}$ 工作窗口的低衰耗特性。OH^- 杂质来源于光纤制造工艺有关的所有途径，主要包括来自于材料本身及周围环境空气的污染。其中，来自于空气的污染是由熔融、浇注、抛光、拉丝和纤维存放的所有阶段造成的。在抛光和拉丝及纤维存放过程中，OH^- 杂质只进入光纤表面，在最坏情况下也不进入芯部。因此，最大可能的 OH^- 杂质污染源是在熔融和浇注阶段，在这些阶段除掉 OH^- 的方法主要有干燥气氛法和反应气氛法。

① 干燥气氛法　在熔融、浇注时，为了避免 OH^- 杂质混入，用石英制成的干燥箱来控制熔融和浇注的环境湿度。先把用升华法提纯的按比例配好的原料装在金坩埚内，然后放在加热器中。将这些混合物在氩气流中以 400℃ 的温度用纯化的 $NH_4 \cdot HF$ 处理 1h，当 $NH_4F \cdot HF$ 分解成 NH_3 和 HF 的时候，打开干燥箱的一个分支出口，使废气排出，然后关闭出口，以 900℃ 的温度熔化 2h 后，把纤芯玻璃和包层玻璃熔料转移到浇注部分，用浇注法制成预制棒。用这种方法制作的光纤可把由 OH^- 吸收引起的衰耗在 $3\mu\text{m}$ 处降到 28dB/km，是采用干燥箱的普通方法制作光纤衰耗的1%。这种方法没有使用脱水剂，不会形成由氧化物微粒引起的散射衰耗。

② 反应气氛法　该工艺可用 Cl_2、CCl_4、HF、SF_6 等作试剂来实现，但这些试剂虽然

降低了 OH^- 杂质，却引起散射衰耗增加。改进办法是用 NF_3 作试剂，它在 $500℃$ 的温度就会热解形成非常活泼的初生态氟，使氟化物分解。在玻璃中产生的氧化物与 NF_3 反应，可以消除由氧化物微粒引起的散射衰耗增加。

另外，用 NF_3 处理法还可以有效地除掉在原料中混入的 NH_4^-、CO_3^{2-}、NO_3^-、SO_4^{2-} 和 PO_4^{3-} 等离子团。

2. 氟化物玻璃光纤的制备方法

在预制棒制作和拉丝过程中，由于不适当的热处理设计和制造工艺，使光纤纤芯内芯到包界面处及光纤表面产生不同程度的缺陷、大小不等的微晶和气泡，因而形成不同程度的散射。实验证明，ZrF_4 基氟化物玻璃光纤中以 ZrF_4 和 ZrO_2 微粒引起的散射为主，并且由 ZrO_2 微粒引起的散射衰耗比同样大小的 ZrF_4 粒子要高 2 个数量级。另外，散射衰耗与粒子的大小有很大关系。当粒子的直径为 $10\mu m$ 时，引起的散射衰耗与波长无关；当直径为 $1\mu m$ 时，散射衰耗与波长成 $1/\lambda^2$ 关系；当微晶直径减小到小于 $0.2\mu m$ 时才表现为 $1/\lambda^4$ 的熔剂散射特性。另外，微晶也使光纤强度受到影响，必须通过改进工艺才能拉制出不析晶的、非常均匀的光纤。到目前为止，报道的制造方法主要有浇注法、双坩埚法、VAD 法及 sol-gel 法等。下面分别予以介绍。

(1) 浇注法　把 ZrF_4 等金属氟化物按纤芯和包层的配比混合，在 $400℃$ 的 $NH_4F \cdot HF$ 中处理 $30min$，并在金坩埚中加热到 $900℃$ 熔化 $2h$。将包层玻璃熔料浇注到预先加热至接近玻璃转变温度（约 $300℃$）的由碳素或黄铜制作的铸件中，经加热和旋转，然后倒出在铸型中心部分的熔料形成具有一定厚度的包层。最后，把纤芯玻璃熔料浇注到中心部分，经退火得到具有纤芯和包层的预制棒。

(2) 双坩埚法　将包层和纤芯原料分倒在两个密封在石墨容器中的金坩埚内熔化，然后将熔料借助于气压通过金管分别注入预热至约 $305℃$ 的双坩埚内。将双坩埚的温度调节到拉丝温度（约 $320℃$）之后，即可拉制出具有一定芯径的光纤（调节拉制速度为 $1.5m/min$）。

(3) VAD 法　将所需要的金属或金属化合物在饱和器内加热并气化成气流，用 Ar 作载运体引导至火焰，这时从钢瓶流出的 H_2 和 F_2 也分别流到火焰，对金属化合物进行氟化，产生相应的金属氟化物微粒沉积在旋转并上升的种子棒上，制成多孔氟化物玻璃预制棒，最后透明化制成拉丝棒。

(4) sol-gel 法　在制造石英玻璃预制棒中，又出现了一种新工艺——溶胶-凝胶法。由于这种制造方法节省原料和时间，使光纤成本大大下降，因而也完全适用于氟化物玻璃预制棒的制造。它是先将纯化的原料与纯水或氨水发生水解形成均匀溶胶溶液，把溶胶注入模具中，在 $60\sim70℃$ 时固化成湿凝胶，在 $60\sim120℃$ 的温度范围内干燥，最后在含有 SF_6 的 He 气氛、$1300\sim1500℃$ 的温度下烧结形成透明玻璃棒。通过适当选择溶胶成分、凝胶温度和时间，控制凝胶体的比表面积来控制 OH^-。该方法的用料仅是 VAD 法沉积的 $1/4$，预计成本可降到 VAD 法的 $1/10$。但此工艺尚不成熟，还处于基础研究阶段。

3. 氟化物玻璃光纤的设计

通过上述对光纤制作工艺的改进，可以把本征和非本征衰耗降至最小。但对敷设的光缆线路，除这些衰耗外，还会产生由微弯、宏观弯曲、连接和涂覆材料等引起的附加衰耗，对光纤结构和参数的合理设计是降低这些附加衰耗的必要措施。

微弯衰耗特性与光纤芯径、外径和折射率差都有关系。如果芯径、折射率差都一定，并且保证单模工作，增加光纤外径对降低微弯衰耗是有利的。连接衰耗的降低，除光纤要求有良好的同心度外，光纤芯径和外径的增加对减小横向偏差，从而降低连接衰耗也是有利的。光纤的宏观弯曲与光纤芯径和折射率差无关，但光纤外径大时对扭绞衰耗的降低不利，通过增加扭绞节距可以使该衰耗降低。另外，在单模光纤传输中总是有一部分单模场穿过包层透入涂层材料传播，由涂层引起的附加衰耗仍随芯径和外径的增加而降低。但从制作光纤所需的材料和时间来看，则要求光纤外径尽量小。从光学特性和成本两者折中考虑，把光纤外径设计成 $150\sim200\mu m$ 为宜。另外，从光纤色散特性看，阶跃匹配包层型氟化物单模光纤难以在 $2.55\mu m$ 附近实现零色散和最低衰耗特性，需要设计其他结构形式。例如，包层凹陷型单模光纤，可以使它在 $1.6\mu m$ 和 $2.55\mu m$ 处特性最佳化，使光纤能适合于目前实用的 GaInAs/Inp 光电器件工作，预计可比 $1.55\mu m$ 石英玻璃光纤衰耗小约 4 倍。

4. 氟化物玻璃光纤的制造难点

氟化物玻璃光纤的光学特性、机械特性和拉丝长度限制都与光纤制造过程中产生的微晶有关。因此，要用特殊技术拉出无结晶的均匀光纤，要找到稳定的玻璃组分，要找出在制棒和拉丝时热处理过程中温度、时间和空间对微晶分布的关系，从而设计出最佳光纤制造过程。H. W. Scheider 计算出用旋转浇注法制得的预制棒散射衰耗特性，与测得的微晶分布相吻合。结果表明，散射衰耗随预制棒芯径的增加而增加，并且还随芯包比而变化，在约 50％的芯包比时表现为最大的散射衰耗。这就说明了由于在浇注时包层的重新加热，使靠近包层的纤芯区表现为较大的散射特性。对于小的芯径或者小的包层尺寸，由于纤芯区较低的热量和有效的包层淬火对结晶和晶核形成都是不利的，故对较大和较小的芯包比的光纤表现为较低的散射衰耗。从微晶的分布情况看，也说明了这一结论。在光纤中表现有 3 个微晶区：一是外层结晶区，是在包层管浇注过程中出现的，微晶体百分比较小；二是表现微晶百分比最强但范围较窄的芯包接界处；三是微晶百分比次强的纤芯区。这些观察和计算结果都说明散射性衰耗对材料热处理条件的紧密依赖关系，并且与制造工艺有直接关系，因而也必须对制棒和拉丝工艺重新考虑和研究。总之，需要在材料选择、热处理条件、制造工艺各环节考虑到氟化物玻璃的易结晶特性。

氟化物玻璃的另外一个致命的弱点是强度差。虽然通过解决结晶问题也同时改善了强度特性，但氟化物玻璃本身只能达到约 $80\sim90Pa$ 的纤维强度，距海底光纤所需要的 13.8MPa 强度相差甚远，因此解决光纤强度问题仍是很重要的课题。

（四）　性能分析

1. 衰耗机理和玻璃组分分析

中红外光纤的衰耗机理包括本征衰耗、非本征衰耗和附加衰耗。本征因素来自于散射和红外吸收。对于无结晶沉积的均匀光纤，其衰耗呈现随波长四次方降低的瑞利散射特性。在较长波长边上，由于晶格振动跃迁引起吸收，通过用重金属氟化物替换玻璃组分将影响振动频率，并且使红外吸收边缘朝向更长的波长移动，因此随波长衰变的瑞利散射衰耗曲线与增加的红外吸收曲线之交叉点将移向更长的波长处，并且表现出更低的衰耗特性。非本征衰耗的衰耗机理包括杂质吸收和粒子散射。杂质吸收主要表现为 Fe 和 Cu 过渡金属离子和 OH^- 的吸收。非本征散射衰耗主要来自于在光纤预制棒制作和拉丝中由于热处理过程产生尺寸不等的结晶微粒，这些微晶对玻璃透光性和抗拉强度都引起不良影响。另外，敷设的光缆线路还会产生微弯衰耗、宏观弯曲衰耗、连接衰耗和涂覆层等引起的附加衰耗。这些附加衰耗虽然很小，但对超低衰耗的氟化物玻璃光纤却有较大影响。

为实现预计的超低衰耗特性，材料的稳定性是对玻璃组分的起码要求。目前，ZBLAN

组分是最稳定的重金属氟化物玻璃，其稳定性能又与组分的含量及热处理条件有紧密关系。通常是由含 $50\%\sim60\%$ 物质的量作为基本组分的 FrF_4、约 $20\%\sim30\%$ 物质的量作为网状分子结构改善用的 BaF_2 以及用于改善玻璃形成区和拉丝范围的 $3\%\sim5\%$ 物质的量的 GdF_3 或其他稀土氟化物等组分组成。用 ThF_4 或 LaF_3 等稀土氟化物可代替 GdF_3。掺入一定比例的 AlF_3、PbF_2、LiF 或 NaF 之类的碱金属氟化物，可改善玻璃稳定性、减缓其结晶速度，以改善在拉丝中引起的失透明性。另外，掺入少量的 PbF_2 或 ThF_2 可使折射率增加，掺入 HfF_4 或 AlF_3 可使折射率降低。表 3-39 列出了所报道的 ZrF_4 基氟化物玻璃组分。

表 3-39 ZrF_4 基氟化物玻璃组分

玻　璃	组　　分
Zr-Ba-Gd-Al	$61ZrF_4$-$32BaF_2$-$39GdE_3$-$31AlF_3$
Zr-Ba-La-Al-Li	$53ZrF_4$-$19BaF_2$-$5LaF_3$-$3AlF_3$-$20LiF$
Zr-Ba-La-Al-Na	$53ZrF_4$-$20BaF_2$-$4LaF_3$-$20NaF$
Zr-Ba-La-Al-Na	$55ZrF_4$-$31BaF_2$-$5LaF_3$-$5AlF_3$-$4NaF$
Zr-Ba-La-Al-Na-In	$54.9ZrF_4$-$22.5BaF_2$-$3.9LaF_3$-$14.7NaF$-$3.8AlF_3$-$0.19InF_3$

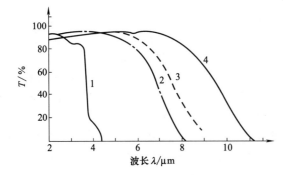

图 3-80　几种氟化物玻璃的红外透射光谱

1—石英玻璃，厚 10mm；2—氟铝酸盐玻璃，厚 2mm；
3—氟锆酸盐玻璃，厚 2mm；4—氟化钍系玻璃，厚 2mm

为了研制出高稳定性光学和力学性能的玻璃组分，需要对材料的光学性能和热力学特性进行认真研究，并且要有对其进行有效测量的新方法，找出最佳热处理条件，作为将来批量生产的基础。

2. 基本特性

在超长波段通信光纤中有应用前景的氟化物玻璃主要有：以 ZrF_4（HfF_4）为主要组成的氟锆（铪）酸盐玻璃，以 AlF_3 为主要组成的氟铝酸盐玻璃，以氟化钍和稀土氟化物为主要组成的玻璃，以及混合系统的氟化物玻璃等，表 3-40 所示为它们的典型化学组成和主要的物理、化学性能。这些玻璃红外透射光谱如图 3-80 所示。为便于比较，表 3-40 和图 3-80 中也分别给出了熔石英玻璃的相应性能。

表 3-40　若干氟化物玻璃的物理化学性能

性　　能	$57ZrF_4$ $34BaF_2$ $5LaF_3$ $4AlF_3$	$35AlF_3$ $15YF_3$ $50RF_2$	$28.3ThF_4$ $28.3YbF_3$ $28.3ZnF_2$ $15BaF_2$	SiO_2
透光范围/μm	$0.24\sim7.5$	$0.23\sim7.0$	$0.3\sim9$	$0.22\sim3.5$
密度/(g·cm^{-3})	4.62	3.87	6.43	2.20
转变温度/℃	300	425	344	1190
熔点/℃	512	438	665	1710
折射率 n_D	1.519	1.427	1.54	1.458
线胀系数/($\times10^{-7}K^{-1}$)	157	149	151	5.5
零色散波长/μm	1.7	—	1.8	1.3
化学稳定性	好	更好	更好	非常好

在众多的玻璃中，氟锆酸盐玻璃被认为是最有前途的超长波段通信光纤材料，也是研究最深入的重金属氟化物玻璃。这是由于在上述氟化物玻璃形成系统中，能形成稳定玻璃光纤

的组成范围均很窄，并要采用较严格的制备工艺才能获得无失透的玻璃。因此，在选择光纤芯、皮材组成时，除考虑玻璃的光学、热学等性能的匹配外，更重要的还应考虑超低损耗玻璃和光纤的制造工艺及其有关的物理、化学性能。氟锆酸盐玻璃是目前最稳定的重金属氟化物玻璃，其中又以 $ZrF_4(HfF_4)$-BaF_2-$LaF_3(YF_3)$-AlF_3-$NaF(LiF)$ 系统玻璃为最佳，容易实现无失透。同时，碱金属氟化物的存在使玻璃在软化温度区有较低的黏滞活功能，增加了拉丝工作的温度范围。目前，大多数氟化物玻璃光纤都采用这一系统的玻璃，并获得了损耗低于 1dB/km 的光纤。表 3-41 列出了几种典型氟锆酸盐玻璃光纤纤芯、皮材的化学组成。氟锆酸盐玻璃的弱点是经受不了液态水的侵蚀，力学强度也较差，碱金属氟化物的引入使其化学稳定性变得更差，这些都有待于进一步改进。

表 3-41　典型的氟化物玻璃光纤纤芯、皮材组成

玻璃		组成（物质的量）分数/%										n_D
		ZrF_4	HfF_4	BaF_2	PbF_2	GdF_3	LaF_3	YF_3	AlF_3	LiF	NaF	
ZBGA	芯材	61	—	32	—	4	—	—	3	—	—	1.5162
	皮材	59.6	—	31.2	—	3.8	—	—	5.4	—	—	1.5132
ZBLYAL	芯材	49	—	25	—	—	3.5	2	2.5	18	—	1.5095
	皮材	47.5	—	23.5	—	—	2.5	2	4.5	20	—	1.4952
Z(H)BLYAN	芯材	49	—	25	—	—	3.5	2	2.5	—	18	1.5009
	皮材	23.7	23.8	23.5	—	—	2.5	2	4.5	—	20	1.4890
ZB(P)LAN	芯材	51	—	16	5	—	5	—	3	—	20	1.5224
	皮材	53	—	19	—	—	5	—	3	—	20	1.5086
Z(H)BLAN	芯材	53	—	20	—	—	4	—	3	—	20	1.4991
	皮材	39.7	13.3	18	—	—	4	—	3	—	22	1.4925

以氟化铝为基础的氟化物玻璃早在 20 世纪 40 年代就被发现，但直到 80 年代才被人们所重视，并显现出它的应用前景。国内在研究 RF_2-AlF_3-YF_3 系统玻璃的形成和玻璃的物理性质后指出，氟铝酸盐玻璃具有从紫外 $0.23\mu m$ 到中红外 $7\mu m$ 极宽的透光范围，较氟锆酸盐玻璃有好得多的化学稳定性，具有较高的转变温度、较低的折射率和色散、较高的弹性模量等优异的物理、化学性质，如图 3-81 所示。进一步的研究表明，YF_3 和 YbF_3 等稀土氟化物的引入将明显改善氟铝酸盐玻璃的抗失透性能，并能在大幅度提高玻璃折射率的同时对玻璃的黏度和温度特性不产生明显的影响，这样就可在氟铝酸盐玻璃系统中获得数值孔径大，并具有较高力学强度和较好化学稳定性的光纤。若能进一

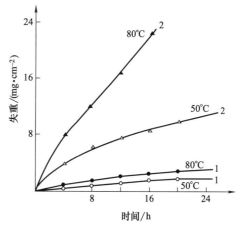

图 3-81　氟化物玻璃在水中的
失重与温度、时间的关系
1—氟锆酸盐玻璃；2—氟铝酸盐玻璃

步改善玻璃的抗失透性能，则氟铝酸盐玻璃在通信光纤方面的应用前景可与氟锆酸盐玻璃相媲美，甚至更好。

与上述两类氟化物玻璃相比，以氟化钍和稀土氟化物为基础的玻璃是一种更轻的重金属氟化物玻璃，其特点是透红外性能更好，可达 $8\sim9\mu m$；化学稳定性好，与氟铝酸盐玻璃相类似，甚至优于氟铝酸盐玻璃；其典型的系统有 BaF_2-ZnF_2-YbF_3-ThF_3 和 BaF_2-ZnF_2-InF_3-

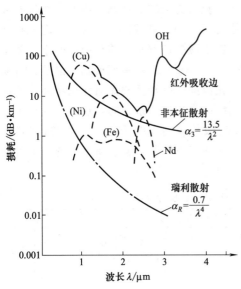

图 3-82 氟锆酸盐玻璃光纤的损耗与波长关系

YbF_3-ThF_4 等。但较高的失透倾向和含钍玻璃的放射性给这类玻璃和光纤的制备及应用带来较大的困难。

除了以上几类玻璃外，人们最近对以氟化铍为基础的氟铍酸盐玻璃作为超长波段通信光纤材料也发生了兴趣。氟铍酸盐玻璃的抗失透性能远较上述几类氟化物玻璃好，可采用化学气相沉积等工艺制备超纯的玻璃光纤预制棒。但含铍玻璃的剧毒及化学稳定性较差，仍会对氟铍酸盐玻璃光纤的制造和应用带来麻烦。

3. 氟化物玻璃光纤中的损耗特性

典型的氟化物玻璃光纤损耗 $\alpha(\lambda)$ 与波长的关系如图 3-82 所示。它包括材料的本征损耗 $\alpha_{1N}(\lambda)$，杂质吸收损耗 $\sum_i \alpha_i(\lambda)$ 和由光纤中缺陷引起的散射损耗 $\alpha_s(\lambda)$，即：

$$\alpha(\lambda) = \alpha_{1N}(\lambda) + \sum_i \alpha_i(\lambda) + \alpha_s(\lambda) \tag{3-27}$$

材料的本征损耗 $\alpha_{1N}(\lambda)$ 是由材料紫外电子跃迁产生的吸收损耗 $\alpha_{UN}(\lambda)$、多声子吸收损耗 $\alpha_{1R}(\lambda)$ 和瑞利散射 $\alpha_{RS}(\lambda)$ 所产生。紫外吸收损耗对红外区影响很小，因此材料本征损耗的最低点通常位于瑞利散射曲线和多声子吸收曲线的交点，其值约等于瑞利散射 $\alpha_{RS}(\lambda)$ 和多声子吸收 $\alpha_{1R}(\lambda)$ 之和，即：

$$\alpha_{1N}(\lambda) = \alpha_{RS}(\lambda) + \alpha_{1R}(\lambda) \tag{3-28}$$

玻璃中由密度起伏而引起的瑞利散射 $\alpha_{RS}(\lambda)$ 可用下式来估算：

$$\alpha_{RS}(\lambda) = \frac{8}{3}\pi^3 n^8 p^2 \beta_T K_B T_g \lambda^{-4} = A_{RS}\lambda^{-4} \tag{3-29}$$

式中　n——折射率；

　　　p——平均光弹系数；

　　　β_T——绝热压缩系数；

　　　K_B——玻尔兹曼常数；

　　　T_g——玻璃化转变温度；

　　　λ——光波长。

近几年来，许多学者对氟锆酸盐玻璃中的瑞利散射进行了研究。Lines 得到 A_{RS} 的理论估算值为 $0.336\mu m \cdot dB/km$，即在氟锆酸盐玻璃最低损耗波长 $2.55\mu m$ 处产生的瑞利散射约为 $7.8\times10^{-3}dB/km$。Tran、Schroeder 等人得到的 A_{RS} 测定值为 $0.1\sim0.7\mu m \cdot dB/km$，基本上与理论估算值相符。

玻璃中多声子吸收决定于玻璃的振动光谱，在氟化物玻璃中它主要取决于 Zr^{4+}、Hf^{4+}、Al^{3+} 等金属离子与 F^- 离子键振动带的波长和振子强度。对各种氟化物玻璃的振动光谱和多声子吸收已进行了大量的研究，Rupprecht 认为，玻璃中红外多声子吸收系数可近似地用下式估算：

$$\alpha_{1R}(\lambda) = Ae^{-B\omega} \tag{3-30}$$

式中 $\alpha_{1R}(\lambda)$——多声子吸收系数，dB/km；

$\quad\quad\quad \omega$——波数，cm^{-1}；

$\quad A$ 和 B——与材料性质有关的常数。

France 等人根据块状 ZrF_4-BaF_2-LaF_3-AlF_3-NaF 玻璃的红外吸收特性求得 $2.50\mu m$ 处多声子吸收为 $3.1\times10^{-3}dB/km$，则根据式（3-4）可得这种玻璃的最低本征损耗约为 $1.1\times10^{-2}dB/km$。

氟化物玻璃中杂质吸收损耗的主要来源是 3d 过渡金属离子、稀土离子，以及 OH^- 等阴离子杂质。3d 过渡金属离子是最常见的杂质离子，它们来自原料、操作工具、炉内耐火材料，微量的 3d 杂质离子甚至可从各种气体中带入。3d 过渡金属离子引起的吸收通常位于光谱的近紫外到近红外波段，当波长大于 $2\mu m$ 时其吸收系数明显下降，因此它们对中红外波段工作的氟化物玻璃光纤损耗的影响要比对石英玻璃光纤的影响小很多。同时，其吸收带的位置和强度随离子价态发生明显变化，并受到配位场的影响。在 $2\sim3\mu m$ 波段仍有较大吸收的 3d 离子，包括 Fe^{2+}、Co^{2+}、Ni^{2+} 和 Cu^{2+} 等。其在氟化物玻璃中的吸收光谱如图 3-83 所示，图中也给出了在 $>2\mu m$ 波段几乎没有吸收的 Fe^{3+} 在氟化物玻璃中的吸收光谱。表 3-42 中列出了这些过渡金属离子在 $2.55\mu m$ 处的比吸收系数及为获得损耗为 $10^{-3}dB/km$ 光纤所允许的最高杂质含量。

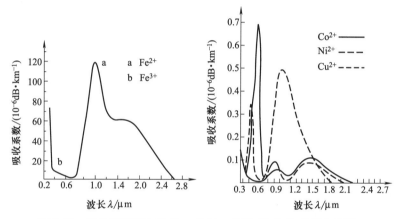

图 3-83 氟化物玻璃中 Fe^{2+}、Co^{2+}、Ni^{2+} 和 Cu^{2+} 的吸收光谱

表 3-42 各种杂质离子在 $2.55\mu m$ 处产生的损耗及允许浓度

杂质离子	$2.55\mu m$ 处比吸收系数/$10^{-6}dB\cdot km^{-1}$	希望达到的物质的量浓度/$(10^{-6}mol/L)$	相应损耗/$(10^{-3}dB\cdot km^{-1})$	杂质离子	$2.55\mu m$ 处比吸收系数/$10^{-6}dB\cdot km^{-1}$	希望达到的物质的量浓度/$(10^{-6}mol/L)$	相应损耗/$(10^{-3}dB\cdot km^{-1})$
OH^-	<1.0	2.0	<1.0	Sm^{3+}	3.3	0.3	1.0
Fe^{2+}	15.0	$10Fe=0.1Fe^{2+}$	1.5	Eu^{3+}	2.5	0.3	0.7
Cu^{2+}	3.0	2.0	6.0	Tb^{3+}	0.2	0.3	—
Co^{2+}	17.0	0.1	1.7	Dy^{3+}	1.6	0.3	0.5
Ni^{2+}	2.4	0.3	0.7		1.6	0.3	0.5
Ce^{3+}	—	5.0	—	瑞利散射			7.9
Pr^{3+}	0.01	0.3	0.3	红外吸收边			3.1
Nd^{3+}	22.0	0.3	6.6	总损耗			31.0

稀土离子是不常见的杂质离子，但在重金属氟化物玻璃中为提高玻璃的抗失透能力，往往引入一定量的诸如 LaF_3 或 YF_3 等稀土氟化物，这就使一些有害的稀土离子进入玻璃中的

可能性大大增加。其中，对 $2.55\mu m$ 处损耗影响最大的是 Nd^{3+} 离子，它在 $2.51\mu m$ 附近还有较强的吸收带，归因于 $4I_{9/1} \sim 4I_{13/2}$ 跃迁。此外，还有 Pr^{3+}、Sm^{3+}、Eu^{3+}、Tb^{3+} 和 Dy^{3+} 等。它们在该波长的比吸收系数列于表 3-42 中。某些稀土离子在氟化物玻璃中的吸收光谱如图 3-84 所示。

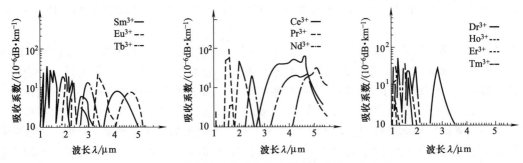

图 3-84　某些稀土离子在氟化物玻璃中的吸收光谱

降低阳离子杂质吸收损耗的途径是提高原料纯度和严格工艺操作。常用的提纯方法有升华-凝华、区熔、重结晶、液相萃取和离子交换等方法。将 ZrF_4 用升华-凝华法提纯，可除去其中的含氧杂质和 OH^- 基团，过渡金属离子的含量也可明显下降；区熔法适宜于去除 BaF_2、LaF_3 等原料中的过渡金属元素；重结晶和液相萃取法则是一种简单有效的去除过渡金属杂质的方法，对降低铁含量特别有效，这两种方法相结合已制得含 $Fe < 1 \times 10^{-9} g/g$、含 Cu 约为 $3 \times 10^{-9} g/g$ 的氟化锆，中间产品 $ZrOCl_2$ 中的铁含量甚至可低于 $10 \times 10^{-12} g/g$。

OH^- 是氟化物玻璃光纤中最有害的阴离子杂质。在氟锆酸盐玻璃中，其伸缩振动引起的主吸收带位于 $2.87\mu m$ 附近，在短波方向还有两个由复合振动引起的吸收，分别位于 $2.42\mu m$ 和 $2.24\mu m$，如图 3-85 所示。这些吸收带位置与光纤最低损耗波长非常接近，对光纤损耗影响极大，并使光纤最低损耗波长移向短波段。氟化物玻璃中 OH^- 主要来自氟化物原料中的吸附水、制备时周围环境中水汽的污染，以及制备氟化物玻璃时的反应产物。采用无水氟化物做原料在极干燥环境下制备玻璃和拉制光纤，或采用反应气氛法熔制玻璃及适当提高熔制温度，可使玻璃中 OH^- 含量明显下降。

光纤中由缺陷引起的散射损耗主要有两种：一种是米氏散射，是由尺寸与光波长相近的缺陷所引起，其值与光波长的平方成反比；另一种散射与光波长无关，是由尺寸更大的缺陷所引起。氟化物玻璃光纤中的缺陷主要有微小的析晶、分相、未熔的氧化物等固体夹杂物、气泡。在氟锆酸盐玻璃光纤中常见的固体夹杂物有 β-Ba-ZrF$_6$、LaF_3、AlF_3、ZrF_4 和 ZrO_2 等晶体，也发现有从坩埚侵蚀下来的铂颗粒等。这些缺陷产生的散射与它们的大小、玻璃折射率的差值、光纤的芯径等参数有关，通常缺陷与基础玻璃的折射率差愈大，则产生的散射损耗也愈高。Moore 等人认为，为达到损耗为 $10^{-2} dB/km$ 的目标，光纤中允许存在少量与玻璃折射率差较小的微晶，如 β-Ba-ZrF$_6$ 等，数量为每千米几个。对于那些与玻璃折射率差较大的光纤制备工艺中所经历的冷却→再加热→冷却的热加工过程，使光纤中极易出现由析晶产生的散射中心，以及氟化物在高温下容易与大气中水汽作用，形成难熔的氧化物或氧氟化物，这也是光纤中 ZrO_2 微晶的主要来源。这两种非本征损耗成为目前氟化物玻璃光纤损耗的主要来源之一，也是阻碍氟化物玻璃光纤损耗进一步下降的主要原因。

降低和消除非本征散射损耗的根本途径是选择抗失透性能好的玻璃组成和采用合理的玻璃制备和光纤拉制工艺。在抗失透性能较好的氟锆酸盐玻璃光纤中，散射损耗主要是由原料中带入的或在熔制过程中配合料与环境中水汽反应形成的氧化物所引起。鉴于 Zr^{4+} 高的场强，氟化物玻璃中的氧往往首先与 Zr^{4+} 结合形成 ZrO_2，从而证明了散射损耗是由 ZrO_2 等氧化物微晶所引起的。氟锆酸盐玻璃光纤中散射损耗与玻璃含氧量的关系如图 3-86 所示。因此，降低氟化物原料中含氧杂质的含量和炉内气氛中的水含量，将有助于光纤散射损耗的降低。Nakai 等人指出，适当延长玻璃的熔化时间也有助于减少散射强度，如图 3-87 所示。从图中也可发现，随熔化时间的增加，散射强度与波长的关系也由与波长的平方成反比转为与波长的四次方成反比，即由米氏散射转变为瑞利散射。

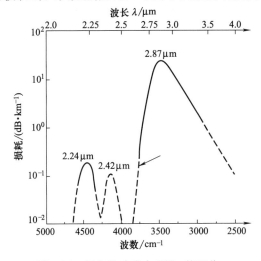

图 3-85 氟化物玻璃中 OH^- 的吸收

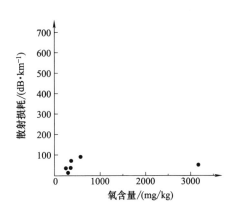

图 3-86 氟锆酸盐玻璃光纤中
散射损耗与玻璃中含氧量的关系

（五）氟化物玻璃光纤的应用

氟化物玻璃光纤在可见光到中红外波段具有极高的透过性，它在 $3\mu m$ 左右的理论损耗可降至 10^{-3} dB/km，是实现远距离无中继站通信最有希望的超低损耗光纤材料。近十年来，各国相继开展了超低损耗氟化物玻璃光纤的研制，使光纤最低损耗降至 0.7dB/km（长度 30m），长度数百米、最低损耗为 10dB/km 左右的氟化物玻璃光纤的制备技术已趋成熟。这些氟化物玻璃光纤有其独特的性能，虽无法直接用于光通信系统，但在光纤传感器、纤维激光器、能量传输、图像传递等方面得到广泛应用。因此，法、美、日等国学者近年来开始进行氟化物玻璃光纤在非通信领域的应用研究，并取得了一定的成果。

1. 高功率激光传输

氟化物玻璃优异的透光性能和低的非线性折射率，使氟化物玻璃光纤成为传输高能激光的较理想的介质。氟锆酸盐玻璃光纤可用于短距离传输 Er：YAG、HF、DF 等激光器产生的 $2\sim4\mu m$ 波长范围的激光。某些透红外性能更好的，如以 ThF_4 和稀土氟化物为基础的氟化物玻璃甚至有可能用于传输 $5.3\mu m$ 的 CO 激光。它们在外科手术、医学内科诊断、工业材料加工等方面得到应用。

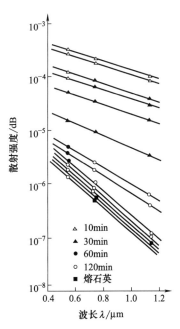

图 3-87 BLAN 玻璃散射特性与
熔化时间的关系

据法国氟化物玻璃公司报道，工业氟化物玻璃光纤（IRGUIDE 150/200）已用于传输DF激光器 $3.8\mu m$ 的激光，在纤维输出端接收到的功率为8W，纤维输入端的相应功率密度达到 $50kW/cm^2$，反复使用后纤维没有任何损坏。

英国通信研究所用数值孔径为 $0.21\mu m$、光纤芯径为 $150\mu m$ 并涂有环氧丙烯酸盐聚合物涂层的氟化物光纤成功地传输了 Er：YAG 激光器产生的波长为 $2.94\mu m$ 的激光，其重复频率为15Hz，每个脉冲输出为150mJ，输出功率密度达 $12kW/cm^2$。这一波长正好与 OH^- 固有吸收相近，可以很好地被身体细胞组织吸收，因此在激光外科医学上有广泛的应用。初步结果表明，这种激光手术刀在潮湿或干燥场合下对切除细胞组织、主动脉中斑点和骨状物都是成功的。

2. 光纤传感器

光纤传感器体积小、重量轻，可在高温、强电磁干扰、有毒等恶劣条件下进行工作，并已得到广泛的应用。氟化物玻璃光纤在 $0.5\sim4.5\mu m$ 光谱范围内有高透过性，特别是在 $>2\mu m$ 的中红外范围，氟化物玻璃光纤的高透过性在传感器领域有着广阔的应用前景。

3. 测温

用石英和硫系玻璃光纤传感器进行温度的测量，已在工业、军事、医学、生物学等方面得到广泛的应用，但因受到玻璃透光性的限制，目前的光纤温度传感器大多适合于高温测定，如 As-S 玻璃光纤最低温度探测极限为200℃。氟化物玻璃光纤透光范围宽，使测温的下限可降至室温。法国氟化物玻璃公司用长为2m、数值孔径0.2的氟锆酸盐玻璃光纤，配以 InSb 作探测器，用于 $23\sim250$℃范围的温度测定，测定精度为 ±0.1℃，并声称当温度波动足够慢时，甚至可用于测定20℃或更低的温度。日本古河电气公司用长5m的氟塑料包皮的氟锆酸盐玻璃光纤和最大灵敏度为 $2\mu m$ 的 PbS 作探测器制成的辐射温度计，可测得的最低温度为90℃，误差为 ±1℃，并在工业上得到应用。

4. 气体和液体分析

对气体、液体浓度的连续测定往往是很有用的，如工业上有害、有毒空气污染的监视，有潜在爆炸危险的地方如矿井中气体浓度的测定，麻醉剂的监测等。目前，傅里叶转换红外光谱技术已证明是一种分析气体和液体组成的非常有效的方法，但由于仪器价格昂贵和需将被测样品放在光谱仪内或光谱仪附近，使该技术还局限于实验室阶段。氟化物玻璃光纤在 $0.5\sim4.5\mu m$ 有很高的透过性，许多气体和液体分子振动和转动引起的吸收位于该波段范围，应用氟化物玻璃光纤可使傅里叶转换红外光谱远离测定现场，实现对液体和气体浓度的远距离检测。其主要测定技术有两种：一种是将气体吸收池与氟化物玻璃光纤直接耦合，它对 $1\sim5\mu m$ 有吸收的气体，如 CO_2、CO、CH_4 等非常有效。改进吸收池的设计，提高光纤的耦合效率，有助于检测灵敏度的提高。另一种是利用瞬息波光谱学技术，将光学包皮极薄的光纤放在被测的气体和液体中，这时部分瞬息波就在光纤的外侧传播。研究人员用该技术检测在 $3.4\mu m$ 有吸收的甲烷，证实可用氟化物玻璃光纤检测在 $2\sim4.6\mu m$ 波长范围内有吸收的化学品。

罗彻斯大学已经使用氟化物玻璃光纤连接傅里叶转换红外光谱仪，进行一些液体和气体的高分辨率、宽波段范围内的远红外测量实验，但氟化物玻璃光纤的化学稳定性有待进一步提高。

5. 其他

氟化物玻璃可掺入大量的稀土元素，许多过渡金属氟化物也可作为氟化物玻璃的主要组成，因此有可能利用稀土离子或过渡金属离子的磁学特性，制成具有费尔德常数高的法拉第旋转光纤用于磁场测定。目前，掺 Ce^{3+} 或 Tb^{3+} 的锆钡镧铝钠基氟化物玻璃光纤用于磁场测定已见报道。同时，利用材料的非线性光学性能和光纤作用长度长等特点，也有可能制成非线性纤维光学元件。

6. 光纤维激光器

光纤维激光器结构简单、体积小、质量轻，并具有阈值能量低、效率高、稳定性好等特点，在单模光纤中还可获得高斯光束，因此近年来光纤维激光器在降低阈值、扩大振荡波长范围和可调谐方面取得了不少的进展。目前，数米长的硅酸玻璃纤维激光器已能批量生产，用氟化物玻璃光纤制成类似长度的纤维激光器也应该是可能的。

氟化物玻璃具有较强的离子性，基质对发光中心的作用较小，发光的量子效率高，稀土和过渡金属离子在氟化物玻璃中的光谱和发光特性与离子晶体较接近，同时从紫外到中红外极宽的透射范围又有各种掺杂离子，特别是其为激发波长和发光波长在近紫外和中红外的掺杂离子的发光和多掺杂敏化发光创造了极好的条件。目前，在多种稀有掺杂的氟锆酸盐玻璃光纤中已获得激光作用，主要性能见表 3-43。从表中可见，掺 Nd^{3+} 的氟化物玻璃光纤在 $1.35\mu m$ 处产生激光作用，而在石英玻璃光纤和氟化物玻璃光纤中这个谱线至今没有激光作用。

表 3-43 氟化物玻璃光纤的激光特性

掺杂剂	激光波长/μm	光泵波长/nm	阈值/mW	效率/%
Nb^{3+}	1.05	514	33	16.8
	1.35		84	3.2
Er^{3+}	1.56	488	230	0.5
	2.78			
Ho^{3+}	1.38	488	1120	0.3
	2.08		163	

应该指出，表 3-43 中掺杂光纤基质均为锆钡镧铝钠基氟化物玻璃多模光纤，如采用单模光纤，其阈值能量会大幅度下降。用半导体二极管作光泵源、激光二极管泵浦的单模氟化物玻璃纤维激光器，可成为廉价耐用、波长精确的新光源，在军事、工业、医学等方面得到广泛应用。石英光纤通信系统的通信波长为 $1.35\mu m$ 和 $1.55\mu m$，而掺 Nd^{3+} 和掺 Er^{3+} 的氟化物玻璃光纤激光器的输出波长正好在此波段，有可能成为光时域反射仪的光源和纤维光放大元件；波长 $1.55\mu m$ 的掺 Er^{3+} 纤维激光器可作为对人眼安全的测距仪和目标指示器的光源；激光波长为 $3\mu m$ 附近的掺 Er^{3+} 氟化物玻璃激光器在医学上可用于切除细胞组织。红外纤维激光器在医学上的应用还包括诊断和治疗，如葡萄糖对 $2.2\mu m$ 光有很强的吸收，这一波长范围的激光为活有机体血液中的葡萄糖含量进行无伤害测定奠定了基础。此外，利用激光与材料相互作用产生的受激拉曼散射、受激布里渊散射、自相位调制等非线性效应，还可获得波长可调范围更宽的非线性光纤激光器。

7. 红外成像

大气传输窗口位于 $3\sim5\mu m$，用氟锆酸盐玻璃光纤作耦合是非常合适的。大尺寸红外检测仪价格尤为昂贵，因此获得直接的红外成像很困难。但用氟化物光纤相干束或相干带组成的一个扫描系统对黑体热源进行扫描和成像，可减小成本。据报道，英国通信研究所现在已利用 100 根光纤线性列阵制成了一个演示系统，该系统用 Hg、Cd、Te 制作检测仪，并已证明这种应用的可行性。

二、纯氟化物玻璃光纤

（一）氟锆酸盐玻璃红外光纤

1. 简介

以氟锆酸盐玻璃为代表的重金属氟化物玻璃是 1975 年法国雷恩大学 Poulain 等人发现的，然后氟锆酸盐玻璃迅速发展成为新型透红外玻璃。它以从紫外到中红外极宽的透光范围、无毒及较好的物理化学性质得到人们的普遍重视，特别是它有可能在 $2.5\sim3.5\mu m$ 范围内制得损耗约为 $10^{-3}dB/km$ 的光纤，成为最有希望的超大波段通信光纤材料。

近年来，随着损耗为每千米几十分贝的氟化物玻璃光纤制造技术的日趋成熟，氟化物玻璃红外光纤在测温、气体和液体的分析等传感方面，传输 $2.94\mu m$ 的 Er：YAG 激光和 $3.8\mu m$ 的 DF 激光等高能激光方面的应用也不断地被开拓，掺有不同稀土的氟化物玻璃光纤也相继获得波长为 $0.45\sim2.8\mu m$ 的激光输出。此外，在红外图像传递方面也可望得到实际应用。

聚全氟乙丙烯包皮的 ZrF_4 基玻璃光纤的研制结果和氟化物红外玻璃光纤在通信、红外纤维激光器和光放大器、红外传感传能等领域有广阔应用前景。

2. 制备方法

用熔制-浇注法制备氟化物玻璃光纤预制棒，然后用预制棒拉制成光纤。预制棒制备全过程为配料、熔剂、成型、退火，均在充有干燥空气的手套操作箱中进行。

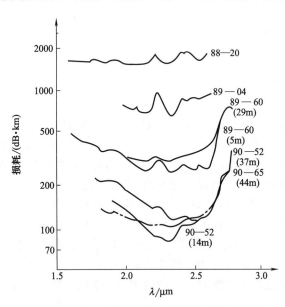

图 3-88　氟锆酸盐光玻璃纤维的损耗

光学玻璃化学组成为 $53ZrF_4$ · $20BaF_2$ · $4LaF_3$ · $3AlF_3$ · $20NaF$（ZBLAN）（mol%），原料采用含铁量约 $1\sim2mg/kg$ 的高纯无水氟化物。配合料放在铂金坩埚内熔制，熔化温度约为 $900℃$。在此温度下保持一定时间后降温至 $650℃$ 左右，将玻璃液浇注在预热过的圆柱形金属模中，退火后可得 $\phi10mm\times200mm$ 的玻璃棒。玻璃棒再经化学抛光，配上上海塑料研究所生产的通用型聚全氟乙丙烯管（teflon FEP）作包皮，在干燥的氮气下拉制成光纤。

3. 性能分析

（1）透光范围宽　氟化物玻璃中阴离子 F^- 比氧化物玻璃中 O^{2-} 离子的原子量大，玻璃网络中正负离子间键力常数小，因此氟化物玻璃光纤的透红外性能较氧化物玻璃好，透光范围为 $0.05\sim0.4\mu m$。

（2）理论损耗低　光纤的最低损耗波长通常位于瑞利散射和多声子吸收谱的交点，随氟化物玻璃多声子吸收边向长波段移动，这类光纤的最低损耗波长也较氧化物玻璃长，理论损耗为 $10^{-2}\sim10^{-3}dB/km$，较石英玻璃光纤低 100 倍。

目前，氟化物玻璃光纤的最低损耗为 $0.65dB/km$。图 3-88 所示为我国目前获得的氟塑料包皮的氟锆酸盐玻璃光纤的损耗曲线，其最低损耗为 75dB/km。

（3）光纤的性质可按设计要求改变　玻璃中各组分间没有严格的化学配比，光纤的折射率和色散等性质可根据设计要求通过玻璃化学组成的调整在较大范围内变化。氟化物玻璃的折射率介于 $1.3\sim1.6$ 之间，阿贝数为 $60\sim106$。研制的 ZBLAN 玻璃的物理性能见表 3-44。

表 3-44　ZBLAN 玻璃的物理性能

透光范围/μm	$0.24\sim0.75$	密度/$(g\cdot cm^{-3})$	4.36
折射率 n_D	1.499	硬度/Pa	3.33×10^9
转变温度/℃	265	弹性模量/Pa	5.39×10^{10}
软化温度/℃	277	热膨胀系数/℃$^{-1}$	182×10^{-7}

（二）低损耗氟化物玻璃光纤

1. 简介

氟化物玻璃光纤的损耗从 1000dB/km 迅速降至 1dB/km 左右。目前，长度为 100m 以上的多模氟化物玻璃光纤损耗已降至 0.6dB/km，单模光纤为 10dB/km。用这些光纤进行信号传输试验，速率达 400Mbit/s，证明用氟化物玻璃光纤进行大容量光通信是可能的。

2. 制备方法

（1）高纯无水氟化物原料的制备

① ZrF_4、BaF_2、NaF 的制备。ZrF_4 是氟化物光纤的主要原料，以 ZrO_2 为原料与 HF 和 NH_4F 反应生成 $(NH_4)_3ZrF_7$，经重结晶 $1\sim2$ 次后，先用 DDTC-CH_3Cl 萃取，以降低 Fe^{2+}、Fe^{3+}、Co^{2+}、Ni^{2+}、Cu^{2+} 的含量。再用 4,7 二苯基-1,10 菲咯啉和醋酸异戊酯，并加入还原剂盐酸羟胺，对残余的 Fe^{2+} 作进一步萃取。提纯后的 $(NH_4)_3ZrF_7$ 经灼烧、真空升华-凝华可获得高纯 γ-ZrF_4 晶体。其杂质含量经原子吸收光谱分析：Fe 为 0.5%，Co 为 0.08%，Ni<0.1%，Cu<10^{-7}%。

以相应的醋酸盐为原料，经 DDTC 和 4,7 二苯基-1,10 菲咯啉萃取剂提纯，最后与高纯 HF 溶液反应，获得 BaF_2 和 NaF。

② AlF_3、LaF_3 的制备。用 $AlCl_3$ 做原料，经 DDTC 和 4,7 二苯基-1,10 菲咯啉萃取剂萃取提纯后加入高纯氨水，使 $Al(OH)_3$ 完全沉淀，再将 $Al(OH)_3$ 与高纯 HF 溶液及氨水反应获得 $(NH_4)_3AlF_6$，然后经灼烧制得无水 AlF_3。

以高纯（5N）氧化镧与适量高纯 NH_4HF 反应，将反应物灼烧制得 LaF_3。

（2）氟化物玻璃光纤的制备　用熔制浇注法制备光纤预制棒，然后将预制棒拉制成光纤。氟化物玻璃的化学组成为：$53ZrF_4\cdot20BaF_2\cdot4LaF_3\cdot3AlF_3\cdot20NaF$(mol%)。用自制的无水氟化物为原料，称 80g 配合料放在铂金坩埚内，在电加热炉内熔制，熔化温度约为 900℃。在此温度下保持一定时间后降温到 650℃ 左右，将玻璃液浇注在预热过的金属模内，退火后制得 $\phi10mm\times200mm$ 的玻璃棒。上述预制棒制备全过程均在干燥空气循环的手套操作箱中进行。

玻璃棒经化学抛光，套上上海塑料研究所生产的通用型聚全氟乙丙烯管（Teflon FEP）作包皮，在干燥的氮气下拉制成光纤。

3. 性能分析

氟锆酸盐玻璃光纤芯材玻璃和氟塑料包皮的物理性能见表 3-45。

表 3-45　ZBLAN 玻璃和 FEP 氟塑料的物理性能

性质	ZBLAN 玻璃	FEP 氟塑料	性质	ZBLAN 玻璃	FEP 氟塑料
密度/(g/cm³)	4.36	2.14～2.17	软化温度/℃	277	
折射率	1.499	1.338	流动温度/℃	—	270±20
转变温度/℃	265	—	热膨胀系数/(10^{-7}℃$^{-1}$)	162	

氟化物玻璃光纤中的外来损耗有吸收损耗和非固有的散射损耗。吸收损耗主要由过渡金属元素（如 Fe、Co、Ni 和 Cu）和 OH$^-$ 基团，以及各种有害的稀土离子（如 Ce^{3+}、Pr^{3+}、Nd^{3+}、Sm^{3+}、Eu^{3+} 和 Dy^{3+}）引起。因此，超纯无水氟化物原料的获得是制备低损耗氟化物玻璃光纤的前提。几种无水氟化物原料的铁含量见表 3-46。分析和使用表明，此精制的高纯氟化物原料无结晶水，氟化完全。

表 3-46　几种氟化物原料的铁含量（10^{-6}）

原料来源	ZrF_4	BaF_2	AlF_3	NaF
实验室合成	0.5	0.3～0.5	0.7	0.2
英国 BDH 公司	0.5	0.5	0.5	0.1

非固有散射主要来自于各种散射源，如光纤中的气泡、条纹、结石和以微量氧化物、氧氟化物以及难熔氟化物为核心的微晶等。这些散射源的形成与氟化物玻璃光纤预制棒制备过程中玻璃熔制时间和温度、熔制时环境中的水含量和气氛，以及光纤拉制过程中的温度控制、气氛保护和环境中的水含量有密切关系。因此，预制棒和光纤的制备工艺是制备低损耗氟化物玻璃光纤的关键。

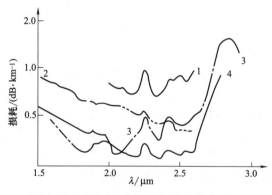

图 3-89　不同工艺制备的光纤的损耗比较

图 3-89 所示为用不同原料和工艺制得的氟锆酸盐玻璃光纤的损耗比较。其中，光纤 1 是用高纯原料和常用工艺制得的，其余的光纤均采用精制原料和改进后的工艺制得；光纤 2 和 3 是用经真空升华提纯后的 ZrF_4 做原料；光纤 4 是用 $ZrF_4 \cdot H_2O$ 作引入 ZrF_4 的原料，在工艺上采用了更严格的除水措施。由图 3-89 所示可见，采用精制原料和改进后的工艺制得的光纤损耗均可降至 0.3dB/m 左右，最低已达 0.24dB/m，但光纤 4 损耗谱中羟基基团引起的吸收带强度仍明显高于其他光纤，最低损耗波长也由 2.32μm 移至 2.05μm 附近，这说明 $ZrF_4 \cdot H_2O$ 原料中的 H_2O 会给玻璃中基团的去除带来新的问题。

图 3-90 所示为原料经提纯和制备工艺经改进后光纤损耗逐年下降的情况。长度约 40m 光纤的损耗已降至 100dB/km 左右，其中长度 14m 光纤的最低损耗已降至 75dB/km，它们是用铁含量为 0.5mg/kg 左右的自制无水氟化物为原料，在含水量小于 10mg/kg 手套箱中

采用改进后的工艺制得的，光纤直径约为 $300\mu m$，芯径约为 $250\mu m$。从图 3-90 所示可见，随着工艺的改进，光纤中 $2.24\mu m$ 和 $2.42\mu m$ 附近 OH^- 吸收带明显下降；$2.52\mu m$ 处的 Nd^{3+} 吸收带和 $2\mu m$ 附近的 Pr^{3+} 吸收带也随原料纯度的提高而减小。从光纤损耗与波长的关系可见，光纤中的主要散射由尺寸比光波长长得多的大颗粒散射变为尺寸与光波长相近的米氏散射和组分不均匀引起的瑞利散射。据光纤散射初步测定和分析，散射损耗约占总损耗的 $20\%\sim30\%$，主要由光纤中固体和气体夹杂物、氟塑料包皮和玻璃间界面的不平整，以及玻璃内部光学不均匀所引起；吸收损耗占总损耗的 $70\%\sim80\%$，主要来源于玻璃中过渡金属离子、稀土离子及 OH^- 的吸收。目前，玻璃中铁含量约为

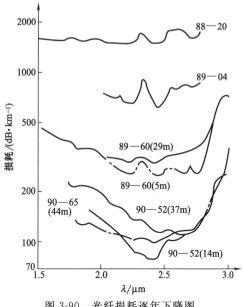

图 3-90　光纤损耗逐年下降图

$0.6mg/kg$ 左右，钴、镍、铜约在 $0.1mg/kg$ 数量级。此外，现有光纤的数值孔径较大、光纤结构不合理也使光纤总损耗增加。

4. 效果评价

① 采用重结晶、液相萃取及升华等方法可制得含铁量为 $0.5mg/kg$ 左右高纯无水氟化物。分析和使用结果表明，制得的氟化物中阳离子杂质含量低，适宜于数百克批量的制备。

② 获得损耗约为 $100dB/km$ 的聚全氟乙丙烯塑料包皮的氟锆酸盐玻璃光纤，长度为 $14m$ 的光纤损耗已降至 $75dB/km$。

（三）高强度氟化物玻璃光纤

1. 简介

氟化物玻璃光纤可用于激光基质材料、光纤激光器和光纤放大器、激光窗口材料、UV-IR 光学元件、IR 整流罩以及一些传感传能系统等许多领域，因此研究开发这类先进材料并使之能投入实际应用一直是新材料领域中的重要研究课题。因其自身性质决定了氟化物玻璃光纤的力学强度比传统的氧化物玻璃光纤低得多，尽管其他性能均能满足要求，但这一缺点却大大阻碍了氟化物玻璃光纤的实际应用。T. Miyachita 等人提出，氟化物玻璃光纤用于短程传输时，其损耗值低于 $0.3dB/m$ 是可以满足要求的。现有的工艺方法制备出低于这一损耗的氟化物玻璃光纤并不困难，因此改进和提高氟化物玻璃光纤的力学强度对于其能否投入使用非常重要。

影响光纤强度的因素较多，如光纤表面状况、芯皮层界面间隙以及光纤内存在的微晶、气泡等都对其强度有很大的影响，而这些缺陷主要是由玻璃及光纤的制备工艺条件所控制的。因此，研究改进有关工艺条件是提高氟化物玻璃光纤强度的关键。为了制备出能满足短程应用要求的氟化物光纤，研究者研究了各种新的方法来提高光纤强度并降低光纤损耗，如预制棒的化学刻蚀法、N_2/NF_3 混合气氛处理法等。对不同的制棒方法及拉丝条件也进行了

研究，以减少光纤中的微析晶并改进芯皮层界面和光纤表面状况。

2. 制备方法

（1）玻璃制备　氟化物玻璃的基本组成为 $0.53ZrF_4$-$0.20BaF_2$-$0.04LaF_3$-$0.03AlF_3$-$0.20NaF$（mol%），所有的原料均为自制的高纯无水氟化物，其过渡金属杂质含量在mg/kg量级。在干燥的 Ar 气流保护下，玻璃投料在与手套操作箱密封连接的熔炼炉中于 $800\sim900℃$ 温度下熔制 $2\sim3h$，然后浇注于金属模具中得到氟化物玻璃块样或碎片。

（2）预制棒及光纤制备　在干燥气氛保护下，将玻璃碎片于 $750\sim800℃$ 温度下进行二次重熔约 1h，逐渐冷却到适当温度后浇注于预热到约230℃的铜模中并进行退火处理。光纤拉丝温度为380℃左右，拉丝时用石墨作为发热体，采用 Ar 气流保护。

几类典型的制备条件如下。

A 类　玻璃棒表面经抛光清洗干净后，将其紧密套入 TEFLON-FEP 套中。拉丝加热区长约 12mm，拉丝速度为 7m/min。

B 类　先将 TEFLON-FEP 管置于铜模里并预热，然后将玻璃熔体浇注于其中并退火，得到光纤预制棒，拉丝条件同 A。

C 类　光纤预制棒的制备过程同 B，拉丝时加热区长度约 40mm，拉丝引力为 50g。

3. 性能分析

由于光纤包层材料的选择是由 ZBLAN 玻璃的性质所决定的，其热力学性能必须尽可能地与纤芯玻璃相匹配，为此选择了国产的透明聚全氟乙丙烯塑料（TEFLON-FEP）。这种套层有双重作用，既作为光纤的皮层材料构成光纤的芯皮结构，又作为光纤的外层保护层而无需再进行涂覆保护。根据公式（3-5）可计算出此种光纤的数值孔径（NA）理论数值为 0.67。

$$NA = \sqrt{n_1^2 - n_2^2} \tag{3-31}$$

式中　n_1、n_2——分别为光纤芯、皮层材料的折射率。

光纤传输的耦合效率 η 与光纤的数值孔径的平方成正比，即

$$\eta \propto NA^2 \tag{3-32}$$

NA 越大，则 η 越大，色散也增加。但对于短程光纤传输，系统主要受功率限制，色散的影响就显得不那么重要。因此，从光纤的耦合效率来看，大的数值孔径对光纤在短程传输系统中的应用是有利的。

光纤中微晶和气泡等缺陷对光纤的机械强度和传输损耗是非常有害的。为了消除上述缺陷，在纤芯玻璃经过初次熔制后，采用碎玻璃二次重熔的方法来制备预制棒及光纤。用 He-Ne 激光照射及显微镜观察的结果表明：经二次重熔后，玻璃及光纤中上述缺陷的大小及数量得到了明显控制。这是因为二次重熔是在较低温度下进行的，一方面能防止 ZrF_4 组分的挥发以及由此而引起的析晶和玻璃组成的偏离，并继续消除玻璃中的残余气泡；另一方面，在初次熔制玻璃时，由于 AlF_3、LaF_3 组分的熔点很高，很难消除这些组分的局部不均匀性，经二次重熔则有助于这些组分的进一步溶解，进而提高玻璃的均匀性，减少由于其局部不均匀性引起的缺陷。

表 3-47 为在几种不同工艺条件下所得的预制棒和光纤的几何参数以及光纤的抗弯曲强度和损耗数据。从表中可以看出，采用改进的工艺过程及条件对提高氟化物玻璃光纤强度、降低光纤损耗是非常明显的。

表 3-47　预制棒和光纤的几何参数及光纤抗弯曲强度和损耗

条件类别	预制棒直径/mm		光纤外径 /μm	最小弯曲 直径/mm	强度 /MPa	损耗 /(dB·m^{-1})
	芯	皮				
A	10	12	160	20	490	>1
B	8	10	160	14	700	～0.52
C	8	10	220	12	1130	～0.25

首先，将 TEFLON-FEP 套层置于金属模具中再浇注纤芯玻璃，可改善浇注时系统的传热速度，因此可明显地消除预制棒纤芯玻璃中的气泡，包括夹杂气泡和真空气泡，而且在适合的浇注温度条件下又不增加玻璃的微析晶（相对于无 FEP 时的浇注情况）。其次，因为氟化物玻璃极易受到 H_2O 和 O_2 的侵蚀，进而产生一些氧化物微晶，而这些氧化物微晶有较高的折射率，对氟化物玻璃光纤的机械强度和光传输性能是致命的。这种直接浇注法则可以完全避免在浇注时来自环境中的湿气和 O_2 对纤芯玻璃表面的侵蚀作用，并较好地消除芯、皮层的间隙，使预制棒及光纤的芯皮界面状况大为改善，因此可显著地提高光纤的抗弯曲强度并降低光纤损耗。

比较制备条件 B 类和 C 类可以看出，光纤的拉丝条件对光纤强度的影响也是很大的，选择合适的拉丝加热区长度和拉丝速度是很重要的。Sakaguchi 等人认为，较长的加热区（>40mm）对氟化物玻璃光纤的拉制是有利的。但结果表明，较长的拉制加热区容易引起纤芯玻璃的重新析晶，进而降低光纤强度。这是因为氟化物玻璃不像 SiO_2 玻璃在拉丝温度附近有较宽的黏度-温度范围，其拉丝温度接近 ZBLAN 玻璃的析晶温度，在此温度下玻璃极易析晶。如果加热区过长，则拉丝区具有较平缓的温度梯度和较长的高温区，使玻璃有足够的时间形成晶核并长大，因此必将大大地增加光纤中的微晶数。如果加热区过短（见制备条件 A 类），拉丝区的温度梯度太陡，光纤冷却速度很快，虽能防止玻璃析晶，但其内应力尚未较好地消除，这也对光纤不利。因此，对于锆系氟化物玻璃光纤，较合适的拉丝加热区长度为 20～40mm 范围。同样，拉丝速度或牵引力明显地控制着光纤的内部张力，高拉丝速度或牵引力不仅增加光纤的内部张力，且 ZBLAN 玻璃与 TEFLON-FEP 塑料的凝固收缩速度不一致，还会导致光纤包皮层的严重破裂。

有人曾经采用光纤预制棒的机械抛光和化学抛光的方法来增加氟化物玻璃光纤的机械强度，其效果是明显的，所得到的光纤最小弯曲直径不大于 30mm（光纤直径为 160μm）。采用直接浇注的制备工艺制棒，在类似的拉丝条件下拉制出的氟化物光纤的强度则进一步提高，所得光纤直径为 220μm，最小弯曲直径不大于 12mm，抗弯曲强度大于 1130MPa。上述结果表明，光纤预制棒的制备条件和拉丝工艺对氟化物光纤的抗弯曲强度有非常明显的影响。而且在合适的拉丝条件下，光纤预制棒的制备方法对光纤强度的影响更为突出。

同样的，光纤预制棒的制备方法及拉丝条件对光纤的损耗亦有显著的影响。用截断法测得光纤损耗的结果（见表 3-10）表明，采用改进的制备方法制备出的氟化物玻璃光纤，其光损耗降低约 50％，典型的损耗值在 0.2～0.25dB/m 范围。严格地控制工艺条件，还可使光纤损耗进一步下降。

4. 效果评价

以高纯无水氟化物为原料，采用直接浇注的新方法可制备出以 ZBLAN 氟化物玻璃为芯层，TEFLON-FEP 为皮层的光纤预制棒，拉制出有较高抗弯曲强度、中等损耗的氟化物玻璃光纤。制备出的氟化物玻璃光纤抗弯曲强度高于 1100MPa，损耗低于 0.25dB/km。该光纤可应用于一些短程光纤传输系统。继续完善有关工艺条件，并在拉丝时采用在线涂覆紫外固化涂料，还可以进一步提高氟化物光纤强度，降低损耗。

三、稀土掺杂氟化物玻璃光纤

(一) 掺钕（Nd^{3+}）氟锆酸盐玻璃光纤

1. 简介

氟化物玻璃具有离子性强、声子能量低、非线性折射率小、从近紫外到中红外有高的透过率的特点，为实现多波段激光创造了条件。近几年来，国外已在掺 Nd^{3+}、Pr^{3+} 或 Er^{3+}

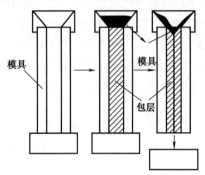

图 3-91 连续浇注底部抽漏法示意图

的氟锆酸盐玻璃光纤中，相继在室温下实现连续激光输出，波长从蓝光波段到红外波段，输出功率达百毫瓦以上。随着光通信的迅速发展，对 $1.3\mu m$ 波段高增益的光纤放大器的研究也进展很快。目前，国外掺 Pr^{3+} 氟锆酸盐玻璃光纤放大器 $1.3\mu m$ 波段的增益已达 40dB。

2. 光纤制备

纤芯玻璃掺 Nd^{3+} 和各包层玻璃的组成系统和性质见表 3-48。芯、皮材玻璃分别同时进行熔制，然后按图 3-91 所示方法，先制成具有一层玻璃包皮的掺 Nd^{3+} 的玻璃预制棒。具体方法是先把熔制好的皮材玻璃熔体（第一层包皮）注入模具中，紧接着把熔制好的纤芯玻璃熔体（含 Nd^{3+}）注在皮材玻璃熔体上，采用底部抽漏法，控制熔体黏度和抽漏时间，制得具有一定芯径的预制棒。管子（第二包层玻璃）制备方法与预制棒相似，只是不注入纤芯玻璃。

芯径小于 $10\mu m$ 掺 Nd^{3+} 玻璃双包层氟锆酸盐玻璃光纤是采用"棒管法"制成。具体方法是先在拉丝机上把预制棒伸长成所要求芯径的细棒，并与管子（第二包层）一起进行表面处理，然后把细预制棒插入管内，套上氟塑料管（最外层包皮），在拉丝机上拉成外径为 $\phi200\mu m$ 的光纤。可获得芯径小于 $10\mu m$ 的掺 Nd^{3+} 玻璃双包层氟锆酸盐玻璃光纤。

表 3-48 光纤[①]芯、皮材玻璃组成系统和性质

包层	等级体系	$D/(g \cdot cm^{-3})$	n_c	$T_g/℃$	$T_f/℃$	$T_1/℃$	$a \times 10^7/℃^{-1}$
纤芯	Nd^{3+}-ZBLANPb		1.520	272	297	—	184
第一层	HfZBLAN	4.57	1.496	263	273	—	117
第二层	ZBLAN	4.36	1.499	265	277	—	162
第三层	FEP	2.14~2.17	—	—	—	270±10	—

① 纤套层选用国产的透明聚全氟乙丙烯塑料。

3. 性能分析

（1）光纤的损耗和结构 图 3-92 所示为不掺 Nd^{3+} 的氟锆酸盐玻璃光纤的损耗曲线。光纤中的损耗主要来源于引入玻璃组成原料中的杂质离子（主要是 Fe^{2+}、Fe^{3+}）、熔制过程中环境中的水分和玻璃中的缺陷（主要是微小、不均匀的颗粒）。掺 Nd^{3+} 的氟锆酸盐玻璃光纤，由于芯径小，测量误差大，损耗一般在 $500\sim800dB/km$，比不掺 Nd^{3+} 的光纤大得多。这主要是因为掺 Nd^{3+} 的光纤是用棒管法制成的，经过二次控制后，玻璃中微小、不均匀颗粒急剧增大和增多，使损耗增加。图 3-93 所示为掺 Nd^{3+} 的氟锆酸盐玻璃光纤的截面结构。

根据表 3-47 可知，芯、皮材玻璃折射率分布为 $n_{c1}<n_{c0}<n_{c2}$，纤芯玻璃与第一包层玻

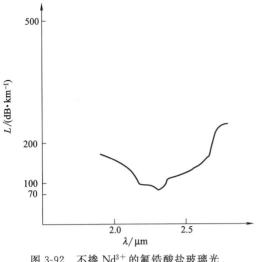

图 3-92 不掺 Nd^{3+} 的氟锆酸盐玻璃光
纤损耗曲线

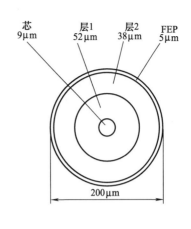

圈 3-93 掺 Nd^{3+} 的氟锆酸盐玻璃光纤
截面结构

璃的折射率差 $\Delta n = n_{c0} - n_{c1} = 0.024$，光纤数值孔径为 0.269。光纤数值孔径可以影响和决定光纤放大器单模传输的截止波长和放大器的增益量，数值孔径大，发射进入光纤纤芯中的光也越多。为了保证光纤的单模传输和高增益量，光纤的芯径必须细，数值孔径必须大，这对光纤制备工艺带来一定的困难，所以要综合考虑。

（2）光纤的激光性质和放大性质　图 3-94 所示为掺 Nd^{3+} 氟锆酸盐玻璃光纤激光器在室温下 $1.05\mu m$ 激光的输出特性。从图中可知，阈值功率为 127mW，斜率效率为 20%，最大输出功率为 11.1mW。虽然提高了光纤的数值孔径，缩小了光纤芯径或提高了泵浦能量的利用和降低激光阈值功率，但对光的耦合带来一定的困难。本实验中的光耦合效率在 20% 左右，所以提高耦合效率可进一步增加斜率效率和激光输出功率。

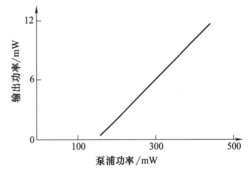

图 3-94 掺 Nd^{3+} 氟锆酸盐玻璃光纤激光器
$1.05\mu m$ 激光的输出特性

（3）掺 Nd^{3+} 氟锆酸盐玻璃光纤的放大特性

从掺 Nd^{3+} 氟锆酸盐玻璃光纤在光纤放大器上测定的放大特性照片中可见，当泵浦光为零、信号源输出功率为几微瓦时，示波器测定信号为 1.5mV；加入泵浦光至 150mV 时，示波器测定信号增大到 4.0mV，计算出的增益为 8.5dB。由于光纤损耗较大，影响了光泵浦功率的进一步提高。对光纤放大器而言，光纤的芯径越细，增益量就越高。但芯径越细，就要求光纤的数值孔径要越大，这才能提高光泵浦的利用率。本实验中同样存在着光的耦合效率比较低的问题，所以提高耦合效率是一个关键。

4. 效果评价

① 用连续浇注底部抽漏法制备预制棒，用棒管法拉制光纤可获得芯径为 $9\mu m$、外径为 $200\mu m$ 的双层玻璃包皮的氟锆酸盐玻璃光纤。

② 芯径为 $9\mu m$ 的掺 Nd^{3+} 氟锆酸盐玻璃光纤在室温下已获得 $1.05\mu m$ 的连续激光输出，最大输出功率为 11mW，斜率效率为 20%，在 $1.30\mu m$ 放大器上已获得 8.5dB 的增益。

（二）Yb³⁺：Er³⁺ 共掺氟磷酸盐玻璃光纤

1. 简介

稀土掺杂氟磷酸盐玻璃是可以满足波分复用系统及超短脉冲系统对带宽和平坦增益要求的激光材料之一。Yb^{3+}：Er^{3+} 共掺氟磷酸盐玻璃在 1530～1538nm 之间有一平坦的有效增益截面谱线，其宽带特性明显优于掺铒磷酸盐玻璃。对 Yb^{3+} 离子敏化效率的研究显示，在 Yb^{3+}：Er^{3+} 摩尔比为 10：1 时，Er^{3+} 离子的吸收截面和发射截面达最大值，分别为 $0.6601pm^2$ 和 $0.7325pm^2$，表明此比值下 Yb^{3+} 对 Er^{3+} 的能量传递效率最高。Yb：Er 氟磷酸盐玻璃可满足宽带宽、平坦增益的要求，是实现高能输出的激光器和光纤放大器的基质玻璃材料。

2. 制备方法

玻璃制备所用原料为化学纯氟化物及磷酸二氢盐，其中 YbF_3 为光学纯。称取 50g 原料，充分混合后置于 100mL 铂金坩埚中，在温度控制精度为 ±2℃ 的硅碳棒电炉中熔融 10min，通氮气 2min，澄清 30min 后降温出炉，浇铸入铁模，于 T_g 温度下保温 3h 后以 10℃/h 的速率冷却到室温。将样品加工成尺寸为 10mm×20mm×1mm 的薄片，用于光谱性质测量。

3. 性能分析

（1）发光光谱性质　图 3-95 所示为 Yb^{3+}：Er^{3+} 共掺氟磷酸盐玻璃及单掺 Er^{3+} 磷酸盐玻璃的发射光谱的比较。一般用半峰全宽（FWHM）来表示 Er^{3+} 离子发射带宽的大小。可以看出，Er^{3+} 离子在氟磷玻璃基质中的谱线要明显宽于在磷酸盐玻璃基质中的谱线。计算得出 Er^{3+} 在氟磷酸盐玻璃中的半峰全宽为 51nm，明显大于其在磷酸盐玻璃中的 26nm。根据 Yb^{3+} 掺杂浓度对 Er^{3+} 发光光谱影响的研究，表明 Er^{3+} 离子的半峰全宽并不随 Yb^{3+} 掺杂浓度的增加而变化，但发光强度却随 Yb^{3+} 浓度的增加而明显增加，说明 Yb^{3+} 大大提高了对抽运光的吸收效率。Philipps 曾对 Er^{3+} 在商业 QX 玻璃及氟磷玻璃中的发射截面谱线宽度做过比较，也得出类似结论。这是由于氟磷玻璃中 Er^{3+} 周围具有较大的配位场变化，从而引起较大的 Er^{3+} 发光光谱的非均匀展宽。因此，相比于硅酸盐和磷酸盐玻璃而言，氟磷玻璃更有利于放大器对带宽的要求。

图 3-96 所示为 Yb^{3+}：Er^{3+} 共掺氟磷酸盐光纤中 Er^{3+} 的上转换荧光光谱，中心位于 525nm、545nm 及 656nm 附近的 3 个发光带分别对应于由激发态 $^4H_{11/2}$、$^4S_{13/2}$ 及 $^4F_{9/2}$ 向基态 $^4I_{15/2}$ 能级的跃迁。Er^{3+} 的多能级特点使它容易发生上转换现象，尤其是激光上能级 $^4I_{11/2}$

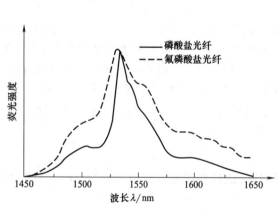

图 3-95　Er^{3+}：Yb^{3+} 共掺氟磷酸盐光纤与
单掺 Er^{3+} 磷酸盐光纤的发射光谱

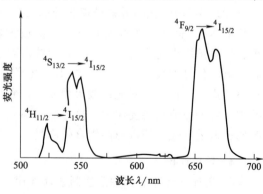

图 3-96　Yb^{3+}：Er^{3+} 共掺氟磷酸盐光纤中 Er^{3+}
的上转换荧光光谱

与中间能级 $^4I_{13/2}$ 之间的较大能量（3600cm^{-1}）间隔导致 Er^{3+} 在上能级的寿命长，因此 $^4I_{11/2}$ 上的粒子易发生上转换发光。其上转换机制有两种：一是 $^4I_{11/2}$ 能级上的部分粒子吸收 980nm 抽运光，产生激发态吸收而跃迁到 $^4I_{7/2}$ 能级；二是两个 $^4I_{11/2}$ 能级的粒子相互作用而产生向上能级 $^4I_{7/2}$ 和下能级 $^4I_{15/2}$ 的跃迁。这两种机制都导致上转换发光现象，对介质的增益特性和抽运效率都有很不利的影响，要尽量抑制。

（2）Yb^{3+} 对 Er^{3+} 发光性能的影响　表 3-49 列出了 ErF$_3$ 为 0.001mol 时，Yb^{3+} 含量对 Er^{3+} 吸收和发射截面的影响以及 YbF$_3$ 为 0.01mol 时吸收和发射截面随 ErF$_3$ 浓度的变化。图 3-97 所示为 Er^{3+} 离子的吸收和发射截面在不同 Yb^{3+}：Er^{3+} 掺杂比例条件下的改变。从表 3-49 中可以看出，YbF$_3$ 的加入会明显改善 Er^{3+} 的光谱性能，吸收截面和发射截面从不掺 Yb^{3+} 时的 0.5192pm^2 和 0.5723pm^2 提高到 YbF$_3$ 掺杂量为 0.01mol 时的 0.6601pm^2 和 0.7325pm^2。但随着

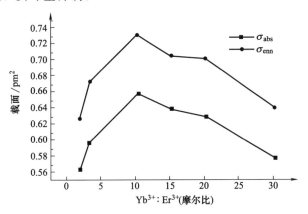

图 3-97　不同 Yb^{3+}：Er^{3+} 掺杂条件下 Er^{3+} 的吸收和发射截面

YbF$_3$ 含量的继续增加，吸收和发射截面值均下降，这表明 Yb^{3+} 对 Er^{3+} 敏化效率的降低，即出现了能量逆向传递（能量从 Er^{3+} 传递给 Yb^{3+}）的现象。当 YbF$_3$ 浓度固定时，ErF$_3$ 浓度的提高并未带来单掺 Er^{3+} 时所有的吸收和发射截面增大的现象，其原因也是不同 Yb^{3+}：Er^{3+}（摩尔比）带来的能量转移效率的差异。图 3-96 所示为吸收和发射截面随不同 Yb^{3+}：Er^{3+} 摩尔比变化的趋势，表明在 Yb^{3+}：Er^{3+} 摩尔比值为 10：1 时具有最高的敏化效率，即在该比值情况下 Yb^{3+} 对 Er^{3+} 的能量传递最为有效。

表 3-49　ErF$_3$ 掺杂氟磷酸盐玻璃光纤的吸收和发射截面

YbF$_3$/mol	ErF$_3$/mol	σ_{abs}/pm^2	σ_{enn}/pm^2
0.00	0.001	0.5192	0.5723
0.01	0.001	0.6601	0.7325
0.02	0.001	0.6322	0.7030
0.03	0.001	0.5818	0.6454
0.01	0.003	0.5961	0.6705
0.01	0.004	0.5554	0.6211
0.01	0.005	0.5606	0.6245

（3）有效增益截面　图 3-98 所示为上能级相对粒子数 β 分别为 0.4、0.5、0.6、0.7 时 Yb^{3+}：Er^{3+} 共掺氟磷酸盐玻璃和磷酸盐玻璃有效增益截面 σ_g（β）的谱图。图中显示 Yb^{3+}：Er^{3+} 共掺氟磷酸盐玻璃在 1530～1580nm 的范围内有一个平坦的增益波形，而磷酸盐玻璃只是在 1535nm 处出现一个峰值，谱线较陡。这进一步说明，掺 Yb^{3+}：Er^{3+} 氟磷酸盐玻璃具有明显优于磷酸盐玻璃的宽带输出及放大的性能。

4. 效果评价

通过对 Yb^{3+}：Er^{3+} 共掺氟磷酸盐玻璃和单掺 Er 磷酸盐玻璃的吸收截面和发射截面以及衡量激光输出波长特性的有效增益截面的研究，表明在实现宽带放大和平坦增益上 Yb^{3+}：Er^{3+} 共掺氟磷酸盐玻璃明显优于掺铒磷酸盐玻璃，Yb^{3+} 对 Er^{3+} 的敏化效率在

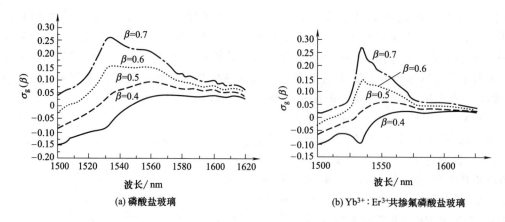

图 3-98　Yb^{3+}：Er^{3+} 共掺氟磷酸盐和磷酸盐玻璃的有效增益截面的谱图

Yb^{3+}：Er^{3+}（摩尔比）为 10：1 时为最高，此时 Er^{3+} 的吸收和发射截面可从单掺 Er^{3+} 时的 $0.5192pm^2$ 和 $0.5723pm^2$ 提高到 $0.6601pm^2$ 和 $0.7325pm^2$，表明此比值时 Yb^{3+} 对 Er^{3+} 的能量转移效率最高。该类稀土掺杂氟磷酸盐玻璃有望成为宽带宽、平坦增益及可实现高能输出的掺铒光纤放大器的基质玻璃材料。

（三）Pr^{3+}/Yb^{3+} 共掺杂 1.3μm 氟化物玻璃光纤

1. 简介

目前工作波长于 1.5μm 的掺铒光纤放大器已进入实用阶段，然而工作于 1.3μm 的光纤放大器仍处于研究阶段。为了适应国内现有的 980nmLD 泵浦源，并改善 Pr^{3+} 在高浓度掺杂下的浓度猝灭效应，引入 Yb^{3+} 离子来改进掺镨光纤放大器的性能，制作了 Pr^{3+}/Yb^{3+} 共掺 1.3μm 氟化物玻璃光纤，并测试其有关参数。

2. 氟化物玻璃光纤的制造工艺

（1）重金属氟化物玻璃的熔制　重金属氟化物玻璃的主要熔制工艺如下。

① 无水氟化物直接熔化法。将无水氟化物配制的配合料放置在能耐氟化物熔体侵蚀的铂金坩埚中，加热至 800~850℃ 左右使其熔化，然后将熔体冷却、浇注成形。用此方法，在高温下，重金属离子易重新被氧化，造成玻璃的析晶现象，但 OH^- 的浓度低。

② 氟化氢铵法。它是使氧化物引入一部分阳离子而使氧化物氟化，同时引入过量氟化氢铵使它们在 300℃ 左右发生氟化反应，再升至高温熔制。采用此法，重金属离子不易被氧化，但 OH^- 的浓度高。

③ 反应气氛法。主要的反应气体有 CCl_4、SF_6、NF_3 等，它是将能与配合料中 OH^- 基团发生反应的气体在高温下引入炉内或直接通入玻璃液中，而使熔体中 OH^- 含量明显减少。

为取得好的玻璃，本实验集合以上各法的优点，采用综合方法。首先采用氟化氢铵法合成原料，即对购买的原料分别通过萃取、重结晶、离子交换或升华等方法进行提纯。再将一定数量的 ZrO_2 或 La_2O_3 等分别与过量 2~3 倍的 NH_4HF_2 一起研磨，混合均匀后盛于铂金坩埚，在马弗炉中于 350~400℃保持 1h 以上，升温到 600℃ 左右恒温 1h，取出铂金坩埚冷却后倒出产物 ZrF_4、LaF_3 等。然后用无水氟化物采用直接熔化法制作块状玻璃，即对合成的 ZrF_4、BaF_2、LaF_3、AlF_3、NaF 按一定的比例混合并加入一定量的 NH_4HF_2 后在 200℃ 真空干燥箱中干燥 10h 以上，原料由白色粉末变成灰色块状物。取出放入干燥器中自然冷却后，在干燥的操作箱中，将原料加适量的氟化氢铵研细、混合均匀，倒入铂金坩埚中，加铂盖放入密封的石英炉中加热，同时通入保护性气体氮气和氩气，防止 ZrF_4 被重新氧化。在 300℃ 时恒温半小时，使低温下的氧化物杂质重新被氟化，然后升温 850℃ 恒温 80min，待配料完全熔化后再降温到 800℃ 恒温 30min，使玻璃液澄清。在高温下，NH_4HF_2 分解，保持密封炉内的氟化气氛。最后在 650℃ 时出炉，注入模具中。第一次成玻璃时不必经过退火处理。用同样的步骤进行二次回炉，出炉后用 220℃ 的恒温箱退火，退火时间 2h 以上，让其在箱内自然冷却。

以上是皮材的制造工艺，芯材的工艺与此相同，只是所用成分不同。整个制造过程应保持极度干燥，否则该玻璃将会存在严重的非本征水峰吸收损耗。

（2）光纤预制棒的制作　氟化玻璃熔体的黏度极小，光纤通常用预制棒法在高于玻璃软化温度下拉制。Mitachi 等人提出制造包皮氟化物玻璃预制棒的方法：第一步，将皮材玻璃注入预热的模具中；第二步，待玻璃液部分凝固后倒出中心部分的玻璃熔体，再注入芯材玻璃熔体，退火后可得所需的预制棒。

为了改进上述工艺，将皮材玻璃熔体注入预热的模具中，然后将模具以 50r/s 的速度高速转动，借助离心力得到厚度均匀、同心度极好的皮材玻璃管。冷却成形后，二次升温，再注入芯材玻璃熔体，退火后就可获得折射率分布均匀的光纤预制棒。皮材层的厚度可通过旋转时间的长短得到控制。恰当的包层与芯径的比例，是制成单模光纤预制棒的关键。

但要注意到，上述两种工艺制备预制棒过程中，皮材玻璃经历了冷却→加热→冷却的过程，容易在芯、皮材界面出现微小析晶。二次浇注法由于皮材与芯材浇注的温差太大，皮材管极易炸裂。所以，在实验中采用同时浇注的方法。650℃ 左右出炉后，在干燥的操作箱中将皮材注入预热到 280℃ 左右的模具内，高速转出筒状，马上将芯材注入筒内，再经过退火处理。这样处理的预制棒无裂纹，但棒内散热不及时，温度高，黏度小，玻璃液在冷却时会因收缩而产生真空气泡。气泡的大小、多少与芯材注入筒内时的黏稠度、速度有关。最后将光纤预制棒加套氟塑料套管，预热 270℃ 左右，再次经过退火处理。根据热差分析得到玻璃的特征温度，选定拉丝的温度应控制在 300℃ 左右。

3. 性能分析

（1）氟化物玻璃光纤化学组成的分析　在氟化物成玻体系的四大类中，ZrF_4 系作为超低损耗光纤材料一直备受关注，而 ZrF_4 系玻璃中的 ZBLAN（$ZrF_4 \cdot BaF_2 \cdot LaF_3 \cdot AlF_3 \cdot NaF$）又是较理想的成玻体系，容易实现无失透，同时碱金属氟化物的存在使玻璃在软化温度区有较低的黏滞活化能，增加了拉丝工作的温度范围。为此，人们以 ZBLAN 体系为基础，掺入 Pr^{3+}/Yb^{3+} 制备氟化物玻璃光纤。

根据掺镨氟化物光纤的理论模型，以往单纯掺 Pr^{3+}，浓度超过 10^{-3} 后发光特性反而减弱，因此人们引入 Yb^{3+} 作 Pr^{3+} 的敏化剂。Yb^{3+} 被 980nm 光源泵浦后，通过能量交换把能量传递给 Pr^{3+} 的激光上能级 $^1G_4$，从而达到粒子数反转而形成光放大，如图 3-99 所示。另外，$^1G_4$ 能级上的 Pr^{3+} 还可吸收 Yb^{3+} 的能量而被激发到更高的能态 $^3P_0$，引起上转换效应。上转换效应对 $1.3\mu m$ 波长处的光放大不利，但利用此效应可形成频率上转换激光。

Yb^{3+} 因具有以下特性而是一种良好的敏化粒子。

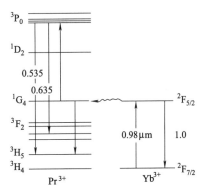

图 3-99　Pr^{3+}/Yb^{3+} 共掺能级图

① Yb^{3+} 是一个简单的二能级系统，这样在 Yb^{3+} 之间没有上转换发生，因而其激发态能有效地把能量传给 Pr^{3+}。

② Yb^{3+} 离子半径同 Pr^{3+} 的离子半径相近，使得每个 Pr^{3+} 周围可以被几个 Yb^{3+} 包围，从而使能量转换具有更好的效率。

③ Yb^{3+} 同 Pr^{3+} 一样有聚集的趋势。因为离子是相似的，所以在共掺条件下不会出现两个或多个 Pr^{3+} 聚集的情况，而是一个 Pr^{3+} 与多个 Yb^{3+} 发生聚集，从而可减轻浓度猝灭效应。

通过多次实验，选取皮材的最佳成玻璃组分 $Zr:Ba:La:Al:Na=54:20:3.5:3:19.5$；芯材是在皮材的组分中掺入适量的 PbF_2、YbF_3、PrF_3，其比例为 $Zr:Ba:Pb:La:Yb:Al:Na=54.8:23.3:5:3.5:1:2.5:9.4$。

（2）实验与结果分析　人们制作了掺 Pr^{3+} 的浓度为 $1g/kg$ 的玻璃样品，Yb^{3+} 的浓度是 Pr^{3+} 的 10 倍。样品进行抛光后，在 UV-3400 分光光度仪上测量玻璃在室温下 $400\sim2600nm$ 的吸收光谱，在 $1000nm$ 处的吸收峰应是 $Yb^{3+}\,^2F_{5/2}$ 能级吸收峰与 $Pr^{3+}\,^1G_4$，能级吸收峰的叠加，与不掺 Yb^{3+} 的吸收谱比较，可近似认为 $1000nm$ 左右的吸收峰几乎全部被 Yb^{3+} 所吸收。

用 $980nm$ 的光源泵浦拉好的光纤，在 $1.3\mu m$ 处测到有荧光出现，所测到的荧光峰值在 $1.32\mu m$ 附近，半高宽约 $80nm$，而用 $980nm$ 的光源直接泵浦单纯掺 Pr^{3+} 的光纤，在 $1.3\mu m$ 处几乎没有荧光出现。这说明 Yb^{3+} 的引入起到了很好的效果。同时，被泵浦的光纤发出很强的绿光 $^3P_0\rightarrow^3H_5$，这是由于上转换效应造成的。

4. 效果评价

通过对锆系氟化物玻璃光纤制造工艺的改进，已在实验室内成功地制成了力学性能良好的光纤。此外，Yb^{3+} 的引入确实提高了掺 Pr^{3+} 光纤的泵浦效率，并把泵浦光源从 $1.017\mu m$ 移至 $0.98\mu m$。

第三节　硫系玻璃光纤

一、简介

（一）基本概念与进展

所谓硫系玻璃，是指以元素周期表中第六主族的硫、硒、碲三元素为主要成分的玻璃。除硫系单质本身或硫系单质之间相互结合组成玻璃外，硫系元素还与 As、Ge、P、Sb、Ga、Al、Si 等元素构成两组分或多组分玻璃，这种玻璃与硫系单质或相互之间形成的玻璃相比具有一系列重要的性能。

另外，硫系单质还可以和卤素结合形成硫卤素玻璃，或在硫系玻璃中掺入稀土类元素（如 Pr^{3+}、Er^{3+}、Nd^{3+}）制造出功能性玻璃。用上述硫系玻璃拉制的光纤称为硫系玻璃光纤。

硫系玻璃拉成的光纤与其他透红外的玻璃如卤化物玻璃、多晶玻璃等制成的红外光纤相比，硫系玻璃具有透红外性能好、力学强度高、耐化学性能好、生产成本低的特点。

进入 20 世纪 80 年代以来，日本和美国就进行了广泛的研究，具有代表性的有日本非氧化物玻璃研究开发株式会社、HOYA 公司和美国无定形材料公司（Amorphous Materials Inc）、美国海军实验室（NRL）等，我国北京玻璃研究院也进行了相应的研究。其中，以日本非氧化物玻璃研究开发株式会社西井隼治为首的研究小组对硫系玻璃的提纯及光纤制备做了大量的研究，申请了一大批专利；美国无定形材料公司已批量生产出一些硫系玻璃光纤产品并投放市场。

（二）硫系玻璃的种类

硫系玻璃按构成基础玻璃来分，可分为 3 类。

S 玻璃　As-S、As-S-Se、Ge-S-P、Ge-S、Ge-As-S-Se 及 Ge-Sb-S 等；

Se 玻璃　As-Se、Ge-Se、Ge-As-Se、Ge-Sb-Se、Ge-Se-P、Ge-Se-Te 等；

Te 玻璃　Ge-Se-Te-Sb-Ti、Ge-Se-Te、As-Se-Te 等。

一种光学材料从实验室研究到批量生产要付出大量努力，必须先仔细测定这些材料的许多物理和光学参数后才能做出决定，因此上述的硫系玻璃成分能进行批量生产的很少。据报道，目前在美国只有 As_2S_3、$Ge_{33}As_{12}Se_{55}$ 及 $Ge_{28}Sb_{12}Se_{60}$ 的玻璃生产达到了成吨规模。

二、光纤制备工艺

（一）硫系玻璃原料的提纯

硫系玻璃相对于硅氧玻璃，熔化温度较低，为提高玻璃的透光率，应尽量避免外来杂质引起的吸收损耗。其总的原则是会影响红外传输性能以及易析晶的成分不能引入，如碱金属、碱土金属等。对于不同的单质原料，可以采用不同的提纯方法，如对 Ge 锭和 As 块表面的氧化层先可以简单地用 HNO_3 化学侵蚀法以及 H_2 还原法去除，但是这些经过处理的原料如果暴露在空气中又会再形成一定的氧化层。

通常采用下列几种方法提纯硫系玻璃原料，有些硫系玻璃原料的提纯和熔制是同时进行的。

1. 蒸馏提纯法

硫系单质在真空下易挥发，采用蒸馏法可以去除一些杂质。所谓蒸馏法，是指利用硫系单质的蒸气压与杂质的蒸气压不同，通过蒸馏去除氧化杂质的方法，两者蒸气压差越大，其效果越好。对于 S 和 Se 原料单质以及他们构成的玻璃可以采用这种方法去除 Te、Ni、Cr 以及化学表面杂质。为同时去除蒸气压高和蒸气压低的杂质，也可以采用一个特殊的容器，这种容器具有两室即蒸馏室和收集室，它们相互连通。该方法不是封闭抽真空，而是一边加热、一边抽真空，蒸气压低的在蒸馏室中残留，蒸气压高的被抽到真空中，不含杂质的提纯原料在收集室中被收集，这样就可以同时去除蒸气压高的 SeO_2、H_2O、H_2 及 Te，以及蒸气压低的 TeO_2、C 及 Cl 等。

2. 氧吸收剂法

所谓氧吸收剂法，就是在真空或惰性气体保护下的安瓿瓶中制备硫系玻璃时，非接触式地放入一些如 Al、Zr、Mg 等至少一种元素单质原料。这些原料比硫系玻璃元素更易形成氧化物，而且蒸气压低。在硫系玻璃中加入微量的这些单质可以去除硫系玻璃中的氧化杂质，其用量为硫系玻璃质量的 0.00001% 以上，用量太少，不能充分去除硫系玻璃中的氧元素。为防止氧吸收剂混入玻璃中易引起玻璃结晶，从而使玻璃拉丝时失透，应单独将其放入内置

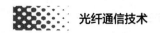
的陶瓷坩埚或碳坩埚中。其原理如下，如在 Ge-Te-As-Se 玻璃系中，有下列氧化物平衡存在。

$$GeO_2 \Longleftrightarrow TeO_2 \approx As_2O_3 \approx SeO_2$$

热稳定性 ↔ 蒸气压

其中，SeO_2 和 As_2O_3 的蒸气压高，气化后的 SeO_2 和 As_2O_3 以融液溢出，在高温下与氧吸收剂反应，还原成 Se 和 As。这种反应的结果使硫系玻璃中 GeO_2 的浓度慢慢地下降，这样就可以得到高纯度的硫系玻璃。

3. 带状熔融法

所谓带状熔融法，就是在水平状态的真空石英容器内将硫系原料分布成带状，用小型电炉加热原料，使之熔融后又凝固的方法。小电炉以非常缓慢的速度（5mm/h 以下）沿石英容器的一端移向另一端进行加热，加热温度通常比原料熔点高出 150℃ 左右。温度太低，原料不能蒸发；温度太高，原料蒸发太快，其提纯效率就降低。电炉加热之外的石英容器全部在减压状况下保持在另一温度之下，该温度设在杂质的沸点之上、硫系玻璃的熔点之下，这样既保证水分及 SeO_2 之类的杂质能被排出，不会在石英容器内发生再次凝集，同时又能保证硫系原料不会因为温度太高而被排出石英容器。加热的玻璃原料以非常慢的速度蒸发后向加热带的两侧凝集，原料中的 H_2O、H_2Se、SeO_2 及卤素等低熔点的杂质在蒸发的同时被排出石英容器之外。这种方法和氧吸收剂法配合一起使用，以去除氧化杂质，其中去氧剂的加入量为 0.002%～0.05%。本方法对硫系原料中 Te 成分的提纯十分有效，通过提纯后 Te 易形成单质结晶，其纯度很高。

4. 反应气氛法

本方法是将硫系玻璃的 S 或 Se 原料放入无水石英容器内，该容器内部在通入混有卤素气体的氮气或惰性气体中进行置换一定时间后继续通入混合气体，在停止通入后将原料加热到熔点以上，一边加热，一边进行真空排气。本方法适用于去除那些通过反复蒸馏和精馏不易去除的 S—H、Se—H 等氢化物以及水分（OH$^-$）之类的杂质。

硫系玻璃或原料中存在的 S—H、Se—H 及 OH$^-$ 等以及和 H 原子有关的杂质与卤素（以 X 表示）气体，在该原料的熔点以上进行反应，生成 HX 被抽真空去除。惰性气体以氩气为佳，硫系原料的纯度不同，卤素气体混入惰性气体的比例不同。对于纯度在 99.999% 以上的原料，其混入体积比例最好在 0.01%～0.5%。混入浓度太低，H 的杂质不能充分去除；混入浓度太高，会在硫系玻璃原料内残留 S_2Cl_2、Se_2Cl_2，从而降低玻璃的耐候性及力学强度。该方法特别适用于波长 $1\sim5\mu m$ 以上，因 S—H、Se—H、OH$^-$ 存在而发生吸收的硫系玻璃原料的提纯。

（二）玻璃的熔制

硫系玻璃的原料应选用纯度为 99.9999% 以上的单质元素。硫系玻璃原料的称量和混合应在手套箱中进行，以避免周围大气物质杂质混入原料中。玻璃的熔制应在减压、封闭的无水干燥的石英容器中进行。石英容器要进行预处理，其内部用 HF 溶液浸蚀后，用蒸馏水漂洗，再进行烧干后才能使用。

硫系玻璃混合料装入石英容器中，将该石英容器内部抽真空至 $2.6\times10^{-5}Pa$ 后，用煤气枪封口，放入电摇摆炉内慢慢加热到 400℃ 左右并保持 24h，再慢慢升到 800℃ 以上熔化原料。在加热熔化的过程中，每 30s 摇动一次反应容器使玻璃均化，然后慢慢降到 550℃ 左右并不断摇动 1h，最后将玻璃急冷放入 180℃的退火炉内，6h 左右退火到室温。玻璃之所以要急冷，是为了防止在冷却过程中产生气泡而失透。

皮层管的制备是在圆筒形的真空密封器内放入硫系玻璃，以长轴方向为中心旋转，以比硫系玻璃原料软化点高的温度进行加热，并保持一定时间，通常在 2h 以上。加热温度最好在玻璃黏度 $10\sim10^4$ Pa·s 的温度区域内，如果加热温度过低，玻璃液体在离心力的作用下不能均匀分布，生产出的玻璃管壁厚不均匀。保持玻璃容器继续旋转，降低温度至玻璃的退火点温度，该退火点温度为玻璃黏度的 10^{12} Pa·s 以上，如果高于这个温度，当容器停止旋转时，玻璃会流动，产生壁厚不均匀的现象。为防止玻璃在冷却过程中失透，冷却速度在 $60\sim300$℃/min，速度太慢，玻璃易失透；速度太快，玻璃流体于圆筒形容器内壁在离心力作用下形成均匀薄壁前玻璃就冻结起来，造成壁厚不一致。容器沿长轴方向旋转，速度一般在 20r/min 以上。

（三）硫系玻璃光纤制备方法

硫系玻璃光纤的制备主要有棒管法、坩埚法和复合棒管-坩埚法。此外，还有气相沉积法，即 MCVD 法。

1. 棒管法

棒管法作为拉制 SiO_2 光纤的传统方法，也可用于拉制硫系玻璃光纤。这种方法可以直接拉制硫系玻璃裸光纤，也可拉制以氟树脂或以硫系玻璃为皮层具有芯皮结构的光纤。以不同成分的硫系玻璃为芯皮结构的光纤具有非常好的性能，下面主要叙述这种光纤的生产方法。将硫系玻璃芯棒置于皮层管后垂直放置在石英管或管式炉中，石英管内通入惰性气体保护，预制棒的下方设置保持夹具进行支撑，用一个盖体从下方封闭石英管，将芯棒和皮层管之间进行抽真空减压，同时对石英管内的皮层管周围空间加压到 1.96×10^4 Pa 以上。在石英管外侧设有上下两组加热器，上加热器的温度设定在硫系玻璃 T_g 温度以下，下加热器设定为硫系玻璃的软化点以上。加热器在升降装置的驱动下，上升加热芯棒和皮层管，使芯棒和皮层管融合成一体后，将加热器复位，去除预制棒下方的支撑夹具和盖体，同时继续通一定量的保护气体来防止皮层管的外侧氧化，加热器以一定速度上移加热进行拉丝。如图 3-100 所示，将以 $Ge_{25}As_{20}Se_{25}Te_{30}$ 为成分的芯棒 3 和以 $Ge_{20}As_{30}Se_{30}Te_{20}$ 为成分的皮层管 4 组成的预制棒放入石英管本体 1 中，芯棒和皮层管之间的压力减到 3Pa 以下，而皮层管周围用惰性气体加压到 1.47×10^5 Pa 上。下方加热器 7、7′设定为 240℃，中间加热器 8 设定为 500℃，加热器上移加热使芯棒和皮层管融合成预制棒。拉丝开始时，7 及 7′加热器复位，去除下方的盖体 9 及支撑棒 10，继续以 100mL/min 流量通惰性气体保护，保持 7 及 7′加热器温度不变，加热器 8 升温至 530℃，以 1mm/min 的速度上移，将预制棒拉成芯径为 $340\mu m$、外径为 $450\mu m$ 的光纤。在这过程中，从导入口 6 不断通入惰性气体以防皮层管的侧面

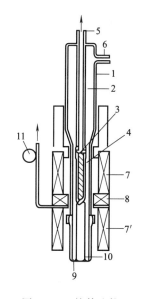

图 3-100　棒管法拉丝

1—石英管；2—预制棒；3—芯棒；
4—皮层管；5—导气管；6—导入口；
7,7′—上下加热器；8—中间加热器；
9—盖体；10—支撑棒；11—牵引轮

氧化。实验测得该光纤在波长 $6.2\mu m$ 处透光损失为 $0.2dB/m$，纤维的最小弯曲半径为 15mm 以下。

2. 双坩埚法

所谓双坩埚法，就是将不同组成的芯材和皮材分别置于内外层的坩埚中进行拉丝的方法，传统的双坩埚拉制 SiO_2 玻璃光纤时，需不断往坩埚内加入芯材和皮材，以保持熔融玻璃液的高度，从而确保光纤芯径的稳定。这种方法不能适用于硫系玻璃光纤的拉制，拉制硫系光纤的双坩埚采用圆筒形的玻璃管。日本非氧化物玻璃研究开发株式会社采用大小不同直径的玻璃管作坩埚，内侧坩埚内放入芯棒，外侧坩埚放入折射率低的皮层管，坩埚的外部通入保护性气体。为降低拉丝温度，内、外侧坩埚用惰性气体加压，而且坩埚内芯棒和皮层管的上端分别设置负荷，图 3-101 所示将组成 $Ge_{25}Se_{13}Te_{60}Ti_2$ 的直径为 9.5mm、长度为 120mm 的芯棒 3 和组成 $Ge_{24}Se_{16}Te_{60}$ 的内径为 13mm、外径为 17.5mm、长为 120mm 的皮层管 4 各自垂直插入底部有拉丝漏嘴的具有双层结构的内坩埚 1 和外坩埚 2 中，在芯棒上加 $5kg/cm^2$ 负荷，

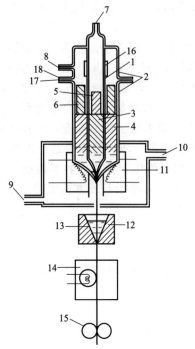

图 3-101 双坩埚法拉丝

1—内坩埚；2—外坩埚；3—芯棒；4—皮层管；5,6—负荷；7—预制棒；8,17,18—气口；9—送气口；10—排气口；11—加热器；12—涂覆器；13—树脂；14—检测仪；15—牵引轮；16—热丝炉

皮层管上加 $20kg/cm^2$ 负荷，将双坩埚的内外部空间用惰性气体（氩气）充分置换后，用加热器将拉丝漏嘴部分慢慢加热到 285℃。在坩埚内玻璃液开始流动后，将内侧坩埚 1 加压到 $4.9\times10^4 Pa$，外侧坩埚 2 加压到 $7.8\times10^4 Pa$，待芯材和皮材从坩埚底部漏嘴中流出后进行拉丝作业，并在涂覆器 12 上涂紫外树脂 13 后固化，制成芯径为 $420\mu m$、皮径为 $550\mu m$、树脂涂层厚为 $30\mu m$、长度为 20m 的硫系玻璃光纤。实验测得该光纤在 $9.5\mu m$ 波长区域上最低损失为 $0.6dB/m$。

北京玻璃研究院设计出一种硬质 Pyrex 玻璃的双坩埚，芯材管插入皮层料管，下方漏嘴设有同心管，将用真空摇摆炉生产出的 As-S 芯材和皮材分别加入玻璃双坩埚的芯材管和皮材管中，在惰性气体的保护下，用上部、下部加热体分别加热，待玻璃全部熔化流入同心管后，调整芯管和皮管的不同氩气压力，即可以拉出不同芯径和芯皮比的 As-S 玻璃光纤。

3. 复合棒管-坩埚法

所谓复合棒管-坩埚法，就是将芯棒插入皮层管组成的预制棒垂直插入一个圆柱形的坩埚中进行拉丝的方法。日本非氧化物玻璃研究开发株式会社采用这种方法进行拉丝。在圆柱形的坩埚下设有漏嘴，只加热坩埚的漏嘴部分，坩埚部分通惰性气体（氩气）保护，其气压高于周围大气压，目的主要是防止大气中的氧与硫系玻璃反应。压力控制在 $4.9\times10^4 \sim 1.96\times10^6 Pa$ 之间，如果压力过低，玻璃液不易从漏嘴流出；如果压力过高，拉丝时除不易控制光纤芯径外，光纤的机械强度也会下降。坩埚底部的漏嘴内径不小于 $500\mu m$，大多数

在 1.5mm 以上，如果漏嘴内径小于 $500\mu m$，则拉丝速度很慢，玻璃在漏嘴附近被过分加热易形成析晶失透。漏嘴内径 R_1 和预制棒直径 R_2 之比的上限值为 0.95，大多数在 0.8 以下。如果漏嘴内径 R_1 和预制棒直径 R_2 之比值大于 0.95，则预制棒和坩埚的内表面黏合区会变窄，不可能通过加压来获得较高的拉丝速度；如果过分加压，会在黏合处形成通孔，引起惰性气体的泄漏，从而使生产中断。此外，预制棒与坩埚内的间隙至少为 2%，最好在 10% 以上，小于 2% 时，预制棒在坩埚内不能顺利移动，从而可能拉出椭圆形光纤，或在漏嘴附近的加热区形成通孔，也会引起惰性气体的泄漏，使生产中断。图 3-102 所示将组成 $Ge_{25}As_{20}Se_{25}Te_{30}$ 的直径为 8.8mm、长度为 150mm 的芯棒 1 插入组成 $G_{20}ASe_{30}Se_{30}Te_{20}$ 的内径为 9mm、外径为 12.5mm、长为 160mm 的皮层管 2 中组成预制棒，该预制棒被垂直放入含直径为 13mm、底部直径为 2mm 的漏嘴 17 的坩埚 7 内。在拉丝前，以 300mL/min 的流量使惰性气体通过拉丝装置，时间为 30min。接着加热坩埚底部部分，使皮层玻璃 2 全部熔融并均匀地黏合到芯棒 1 上，此时玻璃的黏度大约为 $10^5 Pa\cdot s$，然后在皮层管外侧加压到 $1.47\times10^5 Pa$，而在芯棒和皮层管之间减压到 3Pa。加热器 15 加热皮芯黏合在一起的预制棒，

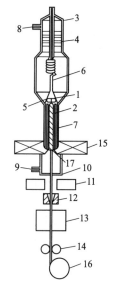

图 3-102　复合棒管-坩埚法 1

1—芯棒　2—皮层管；3—棒管；4—石英管；5—皮层管与芯棒间隙；6—悬挂装置；7—坩埚；8,9—导气孔；10—拉丝装置；11—检测仪；12—涂覆器；13—固化炉；14—导轮；15—加热器；16—牵引轮；17—漏嘴

从漏嘴 17 处以 1m/min 的速度连续拉成芯径为 $300\mu m$、皮径为 $420\mu m$ 的光纤，再涂上紫外固化树脂增加强度。所得光纤测得在 $8.5\mu m$ 波长区域的传输损失为 0.6dB/m，最小弯曲半径不超过 15mm。

日本 HOYA 公司将装有芯棒和皮层管的预制棒置于封闭的石英玻璃管中，石英玻璃管下方设有一个漏嘴，漏嘴的内径比皮层玻璃管的直径小，用加压泵在皮层管和石英玻璃之间通微量的氩气进行加压，用真空泵将芯棒和皮层管进行减压，在皮层管下方悬挂一个重物以增加光纤的产量并保证纤维的稳定。如图 3-103 所示将组成 $Ge_5As_{42}S_{53}$ 的直径为 9.5mm 的芯棒 2 插入组成为 $Ge_5As_{40}S_{55}$ 的内径为 10.5mm 的皮层管 3 中，再放入石英管 1 中，将石英管 1 下方的漏嘴 5 的孔径调整到 9mm。通过减压管 10 将芯棒 2 和皮层管 3 之间的空间 9 减压至 1.5Pa，在漏嘴 5 的附近用环形加热器 13 加热至 300℃，皮层管 3 软化与漏嘴 5 紧密接触后，以通过 $2\sim8\times10^5 Pa$ 加压管 7 加压皮层管 3 和石英管 1 之间的空间，当预制棒的顶端 14 从漏嘴 5 挤出后，在其下方悬置一个 100g 的重物，以 4mm/min 的速度拉制成外径为 6mm 的预制棒 11。最后在预制棒 11 的外周套上 Teflon 热缩管后加热至 390℃就可拉成具有 3 层结构的光纤。实验测得该光纤在 $2.4\mu m$ 波长范围的损耗为 0.1dB/m。

4. 气相沉积法（MVCD 法）

日本 OLYMPUS 公司采用石英玻璃光纤常用的生产方法——气相沉积法（MVCD 法）来生产硫系玻璃光纤。用高纯度不含氧的经过纯化装置处理的惰性气体作为介质气体，在设定的温度下和不含氧硫单质的有机金属化合物一起送入圆筒状的玻璃反应管中，反应管以一定的速度（30~100r/min）旋转，使反应管径向温度均匀。通过电炉用适宜的温度加热，该温度设定在硫系玻璃膜的蒸发温度以下，有机金属化合物发生等离子体反应，在玻璃管的内

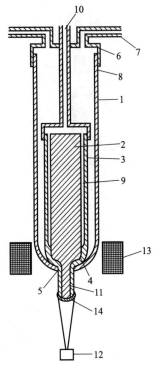

图 3-103　复合棒管-坩埚法 2

1—石英管；2—芯棒；3—皮层管；4—石英管与预制棒黏合区；5—漏嘴；6—盖体；7—加压管；8—皮层管与石英管间隙；9—芯棒与皮层管间隙；10—减压管；11—预制棒；12—100g 重物；13—环形加热器；14—预制棒顶端

侧低温部分形成硫系玻璃堆积物，反复加热后形成中空的预制棒，再用该棒进行拉丝。对于硫系玻璃的原料，不限于硫系有机金属化合物如 $Ge(SC_2H_5)_4$、$Ge(SeC_2H_5)_4$、$Ge(TeC_2H_5)_4$，也可以是不含氧的氢化物如 H_2Se、H_2Te、H_2S 等。

（四）光纤传像束

将拉制成的硫系玻璃光纤进行有序排列，可以制成光纤传像束，用于传输红外图像。目前，制造硫系光纤传像束的方法大体有复丝法及叠片法两种。

1. 复丝法

日本 Horiba 公司首先将硫系玻璃棒插入第一热缩管中，在真空状态下加热拉成第一树脂管紧包玻璃棒的复合丝，将一定数量这种复合丝放入第二树脂管中，加热第二树脂管使复合丝合成一束来生产束预制棒。将这种束预制棒再加热就生产出具有多个玻璃芯，以第一树脂和第二树脂管为皮层的红外传像束。树脂管为四氟树脂或四氟树脂、六氟树脂之类的合成树脂管。

日本 HOYA 公司以透红外玻璃作芯材，以透红外树脂作第一皮层，以可溶解去除的玻璃作第二皮层，拉丝制得像元素光纤。将一定数量这种光纤充填在两端开口的可溶解去除的玻璃管中，用盖子封闭一端，在另一端安装夹具，对玻璃管进行减压以保持真空度。将填充了像元素光纤的玻璃管加热，像元素光纤和玻璃管相互融合，制成像元素光纤集在一起的预制棒，将这根预制棒拉丝而成传像束。除两端之外，用特定的溶液处理，将第二皮层和玻璃管溶解去除，就得到一根柔软的硫系玻璃光纤传像束。

日本非氧化物玻璃研究开发公司将用上述复合棒管-坩埚法生产出的具有芯皮结构的一定数量的光纤纤芯插入玻璃管中作为预制棒，再将该预制棒垂直放入下端具有漏嘴的坩埚中，该坩埚也只在漏嘴部分局部加热，将预制棒加热连续拉丝成光纤传像束。实例：以 $As_{40}Se_2S_{58}$ 为芯玻璃成分，以 $As_{38}S_{62}$ 为皮玻璃成分，将上述成分的预制棒拉成芯径为 $150\mu m$、皮径为 $200\mu m$ 的红外光纤，再将截成长 150mm 的光纤 1500 根放入内径为 9mm、外径为 12.5mm、长为 160mm 的玻璃管中（玻璃管的成分 $As_{38}S_{62}$）并垂直放置在上述装置中就可以制成外径为 $800\mu m$ 传像束。实验测得，该传像束最小弯曲半径在 50mm 以下，在波长 $2.5\mu m$ 处的损耗为 0.5dB/m。

2. 叠片法

北京玻璃研究院采用双坩埚法拉成 As-S 芯皮包层的光纤，使用排丝设备将直径为 $60\mu m$ 的 As-S 光纤密绕在可拆卸拼装的收丝鼓轮上，制成圈数为 100 匝的单层丝片，然后遴选出 100 片丝片叠排在夹具内，制成带一段胶合体的圆环，沿着圆环的法线方向切开胶合体，并铠装于金属皮管中，对两端头进行研磨抛光处理制得传像束。由于光纤中间是松散的，因此该传像束具有良好的弯曲性能。

美国无定形材料公司（AMI）用叠片法先后生产出 C_1（As-Se-Te）、C_2（As_2S_3）、C_4（As-Se)材料的光纤传像束。光纤的生产不采用棒管法工艺，而是将圆柱形棒料置于加热、加压的不锈钢室内。该室下方开有一个孔，用 HeNe 激光丝径控制仪来检测光纤芯径。通过调节温度、压力、拉丝速度来获得所需光纤的芯径，再分别涂上皮层玻璃和保护塑料层后，用胶带粘到鼓轮上进行收丝。AMI 公司现在有 3 种直径的鼓轮，其圆周长度分别为 1m、2m 和 10m。用计算机来精确控制光纤芯径间及层片间的间隔，使所有的光纤层片必须在同一方向上环绕。光纤层片在从鼓轮上取下前，用环氧胶之类胶黏剂来固化一小部分。在层叠前要小心且不能将它们翻转 180°。在叠片达到尺寸要求后，从固化处切下来，就得到相干的光纤传像束。

三、性能特性

（一）一般性能

（1）硫系玻璃的红外吸收　玻璃的红外吸收主要是由红外光的频率与玻璃中分子振动的本征频率相同或相近引起共振吸收而产生的。其中，物质的频率（本征频率）决定于力常数和相对分子质量的大小，与力常数成正比，与相对分子质量成反比。硫系单质的相对原子质量比氧化物大，力常数小，因此它们形成的硫系玻璃的红外吸收极限波长超过氧化物玻璃（SiO_2 的极限波长为 $2.2\mu m$），而且硫系玻璃中随着硫系单质相对原子质量的增大，其红外极限波长向长波方向位移。一般情况下，S 玻璃的透过波长区域为 $1\sim7\mu m$，Se 玻璃的透过波长区域为 $3\sim9\mu m$，Te 玻璃的透过波长区域为 $5\sim12\mu m$。

图 3-104 和图 3-105 所示是美国 AMI 公司推出的两种玻璃光纤透过率曲线。

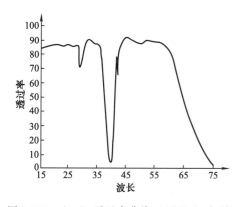

图 3-104　As_2S_3 透过率曲线（AMI C2 光纤）

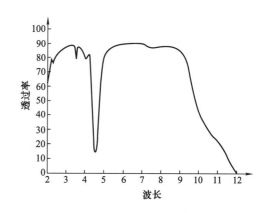

图 3-105　As-Se-Te 透过率曲线（AMI C1 光纤）

（2）杂质吸收　硫系玻璃特定波长的杂质吸收分为固有吸收和外来吸收。普遍的杂质包括氧、氢或水，这些杂质在玻璃晶格中形成 R—O 键和 R—H 键（R 为硫系元素或周期表中 4B/5B 元素），其代表性吸收峰有：Ge—O 吸收峰在 $7.8\mu m$、$12.5\mu m$；S—H、Se—H 吸收峰在 $2.55\sim4.03\mu m$ 以及 $4.47\mu m$；OH—吸收峰在 $2.78\sim2.92\mu m$；As—OH 吸收峰在 $5.48\mu m$ 以及 $10.8\mu m$；CO 吸收峰在 $4.99\mu m$；H_2O 吸收峰在 $2.77\mu m$ 以及 $6.32\mu m$。这些杂质影响硫系玻璃在红外波长区域上的透过率。

（3）物理特性　目前，人们研究硫系玻璃物理特性主要是玻璃的转变温度和析晶性能，还没有足够的光学和力学性能数据用于指导和设计理想的芯材和皮材玻璃成分。主要硫系玻璃的物理性能见表 3-50。

表 3-50　主要硫系玻璃的物理性能

成　　分	$Ge_{33}As_{12}Se_{55}$	$Ge_{28}Sb_{12}Se_{60}$	$As_{40}S_{60}$
密度/(g/cm³)	4.40	4.67	3.20
热膨胀系数/(×10⁶℃⁻¹)	12	13.5	21.4
布氏硬度/HB	170	150	109
杨氏模量/MPa	22067	21377	15861
剪切模量/MPa	8965	8413	8896
泊松比	0.27	0.26	0.24
热导率/[W/(m·K)]	0.25	0.22	0.16
比热容/[J/(kg·K)]	291	274	453
最高使用温度/℃	300	200	150
玻璃 T_g/℃	362	278	180
退火温度/℃	370	285	170

（二）光纤的传输损耗特性

1. 硫系玻璃光纤的传输损耗

硫系玻璃光纤的传输损耗是吸收损耗和散射损耗的总和。

$$吸收损耗 = A_0 \exp^{(A/\lambda)} + B_0 \exp^{(-B/\lambda)} + \sum c_i C_i + D_0 \exp^{(D/\lambda)} \tag{3-33}$$

$$散射损耗 = E/\lambda^4 - F/\lambda^4 + G/\lambda^2 + H \tag{3-34}$$

式（3-33）中前两项分别表示本征电子和多声子吸收，第三项代表由诸如 OH、稀土离子、过渡金属离子、氧化物、H—S 和 H—Se 等杂质引起的非本征吸收，第四项代表由玻璃中无序、缺陷和杂质引起的弱吸收尾（WAT）。目前尚不清楚 WAT 究竟属于本征还是非本征。非本征吸收损耗可由氧化物吸收（如尿素和铝），实验中采用非常纯的试剂和在惰性气氛中拉丝得以消除。式（3-34）中第一项表示由于密度和组分波动引起的本征瑞利散射损耗，其余各项表示由于缺陷和杂质引起的非本征散射损耗。

2. 温度对硫系玻璃红外光纤传输损耗的影响

（1）温度对吸收损耗的影响　研究温度对硫系玻璃红外光纤吸收损耗的影响发现，在 $2.5 \sim 6.7\mu m$ 波长范围内，温度对 $As_{40}S_{50}$ 光纤吸收损耗的影响很小；在 $2 \sim 11\mu m$ 波长范围内，温度对 $Ge_{20}As_{30}Se_{50}$ 光纤吸收损耗的影响很小；在 $2 \sim 12\mu m$ 波长范围内，$Ge_{25}As_{20}Se_{25}Te_{30}$ 和 $Ge_{32.5}Se_{22.5}Te_{45}$ 光纤的吸收损耗随温度升高而明显增加。这种现象在所有含 Te 玻璃光纤中都可观察到，随 Te 含量增加，温度对光纤传输损耗的影响增大。在较高温度下，含 Te 硫系玻璃光纤吸收损耗的增加主要是由热激发自由载流子引起的吸收造成的。含 Te 硫系玻璃光纤只能传输低功率 CO_2 激光的主要原因就是在 CO_2 激光波长处，温度对吸收损耗有强烈的影响，因而含 Te 硫系玻璃光纤基本不适合红外激光功率传输。V. Q. Nguyen 等人研究了温度对硫化物和碲化物玻璃红外光纤吸收损耗的影响，实验结果见表 3-51。

表 3-51　温度对硫化物和碲化物玻璃光纤吸收损耗的影响

光纤类型	波长 $\lambda/\mu m$	$\dfrac{d(\Delta\alpha)}{dT}/(dB \cdot m^{-1} \cdot \text{℃}^{-1})$
硫化物	2.0	1.9×10^{-4}
	4.5	1.4×10^{-4}
	6.5	4.3×10^{-3}
碲化物	4.1	4.4×10^{-2}
	8.0	2.0×10^{-3}
	10.6	1.9×10^{-2}

　　研究中发现，在 $2\mu m$ 和 $4.5\mu m$ 波长处，$-90\sim60℃$ 之间硫化物光纤吸收损耗与室温时的损耗相比变化很小，这是由于硫化物光纤具有的光学带隙大（22℃时为 2.25eV），且自由载流子吸收和多声子吸收可以忽略不计；在 $6.5\mu m$ 波长处，硫化物光纤损耗比室温时的损耗大，这是由于多声子吸收引起的。考虑到硫化物光纤在 $4.5\mu m$ 波长处温度对损耗的影响较小，因而认为硫化物光纤适用于传输 $5.4\mu m$ 处 CO 激光。在电子边区（$\lambda=4.1\mu m$），$-40℃\leqslant T\leqslant60℃$ 范围内，观察到了碲化物光纤的损耗与室温时的损耗相比，存在较大的损耗变化（与 $\lambda=8.0\mu m$、$10.6\mu m$ 相比），这是由于碲化物光纤具有较小的光学带隙（22℃时为 1.17eV），因而容易产生电子和自由载流子吸收。在 $\lambda=4.1\mu m$ 波长处，$T\leqslant-40℃$ 时损耗明显减小，这可能是随着温度降低光学带隙变宽或者自由载流子吸收很小造成的。在最小的损耗区（$\lambda=8.0\mu m$），碲化物光纤的损耗比室温时的损耗增加较少。在多声子边区（$\lambda=10.6\mu m$），随着温度从 $-60℃$ 增加到 40℃，热振动和 IR（红外）有源电子和光子之间非间谐相互作用增加与 IR 吸收的耦合，导致损耗的迅速增加。当 $T\geqslant60℃$，损耗为较小的自由载流子吸收和较大的多声子吸收的叠加。在 $10.6\mu m$ 处，温度对碲化物光纤损耗影响较大，从而限制了碲化物光纤传输 CO_2 激光的光纤长度，而在 $6\sim9\mu m$ 波长范围用于化学传感可实现最小损耗变化。还发现 $T\geqslant30℃$ 时，碲化物光纤最低损耗区（$\lambda=8.0\mu m$）的损耗比硫化物光纤最低损耗区（$\lambda=4.5\mu m$）的损耗有较大增加，这是由于碲化物光纤中与较高自由载流子浓度相关的较高自由载流子吸收引起的。因此，碲化物光纤用于化学传感的合适温度应低于 30℃。

　　(2) 温度对瑞利散射损耗的影响　温度对硫化物和碲化物玻璃红外光纤瑞利散射损耗的影响结果见表 3-52。

表 3-52　温度对硫化物和碲化物玻璃红外光纤瑞利散射损耗的影响

光纤类型	$\dfrac{d(\alpha_{RS})}{dT}/(dB \cdot m^{-1} \cdot K^{-1})$
硫化物	$1.8 \times 10^{-11}/\lambda^4$
碲化物	$7.6 \times 10^{-10}/\lambda^4$

　　$T=70℃$ 时，由表 3-52 中数据计算出长 5m 硫化物红外光纤在 $1\sim5\mu m$ 波长范围内的瑞利散射损耗变化 $\dfrac{d(\alpha_{RS})}{dT}$ 小于 $3.0\times10^{-8}dB$；$T=60℃$ 时，计算出长 5m 碲化物红外光纤在 $5\sim9\mu m$ 波长范围内的 $\dfrac{d(\alpha_{RS})}{dT}$ 小于 $2\times10^{-9}dB$。因此，温度对硫化物和碲化物红外光纤中瑞利散射损耗的影响很小，可以忽略不计。

3. 硫系玻璃红外光纤的热学特性和折射率与温度的关系

某些硫系玻璃的热学特性和折射率与温度的关系见表 3-53。

表 3-53　某些硫系玻璃的热学特性和折射率与温度的关系

种　　类	玻璃转变温度 $T_g/℃$	放热峰温度 $T_1/℃$	玻璃软化温度 $T_5/℃$	热膨胀系数/ $(10^{-7}℃^{-1})$	折射率 n	$\dfrac{dn}{dT}$ /$(10^{-2}℃^{-1})$
$As_{40}S_{60}$	204	—	221	235	2.41	≤1
$Ge_{20}As_{30}Se_{50}$	290	—	334	164	2.58	3
$Ge_{25}As_{20}Se_{25}Te_{30}$	248	—	272	146	2.95	9
$Ge_{32.5}As_{22.5}Te_{45}$	244	360	249	162	2.90	8

由表 3-53 中 dn/dT 数据可知，温度对硫化物红外光纤折射率的影响很小，因而硫化物光纤在传输大功率激光时热聚焦产生的可能性很小，而温度对硒化物和碲化物光纤折射率的影响较大，易于产生热聚焦现象，大功率激光传输时容易破坏光纤纤芯。

（三）色散特性

1. 简介

使用基于干涉的相移法，测量国内拉制的硫系单模光纤色散。实验所使用光纤的损耗约为 3dB/m，长度为 0.77m，测出的色散值为 $-39ps/(nm·km)$（$\lambda=155\mu m$）。

若在波长 λ 下，单位长度的群时延为 $r(\lambda)$，则物质的色散可以写成：

$$S=\frac{dr(\lambda)}{d\lambda}[ps/(km·nm)] \tag{3-35}$$

色散的测量按光强度调制的波形来划分有两类方法：相移法（正弦信号调制）和脉冲时延法（脉冲调制）。相移法是通过测量不同波长下同一正弦调制信号的相移得出群时延与波长的关系，进而算出色散系数的一种方法。脉冲时延法是通过测定不同波长的窄光脉冲经光纤传输后的时延差，直接由（3-35）式得出光纤色散系数的一种方法。

2. 实验原理和装置

实验采用基于干涉的相移法，即利用硫系光纤中的光与参考光纤中的光相干所得到的信号来测量硫系光纤的色散。光纤色散测量装置示意图如图 3-106 所示。图中的可调谐激光器分辨率为 0.1nm，所使用的功率计的型号为 FTM-200，3 个耦合器均工作在 $1.55\mu m$ 处。

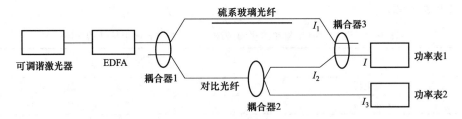

图 3-106　光纤色散测量装置示意图

可调谐激光器发出的光，经过掺铒光纤放大器放大后，送入耦合器 1，由它分束后分别进入硫系光纤和参考石英光纤（对比光纤）中。参考石英光纤中的光经过 1×2 的耦合器 2 后分为两路，一路与硫系光纤中的光相干后，合光通过 2×2 的耦合器 3，并进入功率计 1；另一路光直接进入功率计 2，作为参考信号。为了叙述方便，我们将光经过耦合器 1、硫系光纤、耦合器 3 的这一路光称为光路 1；将光经过耦合器 1、石英光纤、耦合器 2、耦合器 3 的这一路光称为光路 2。

实验时通过可调谐激光器输出一连串波长不同的光，测量这些波长下的光强，由

$$I = I_1 + I_2 + 2\sqrt{I_1 I_2}\cos\varphi \tag{3-36}$$

可得到两路光的相位差 φ，进而计算出光纤的色散值。

3. 实验要点

实验中需要考虑以下几点。

（1）光路的相干性　为了使两束光能够相干，除了这两束光之间频率相同、相位差恒定外，它们之间的光程差必须小于光源的相干长度。光源的相干长度 L 为：

$$L = \frac{\lambda^2}{\Delta\lambda} = \frac{c}{\Delta f} \tag{3-37}$$

由于所使用的可调谐激光器的线宽 $\Delta f = 60\sim100\text{kHz}$，则相干长度 $L = 3\sim5\text{km}$，因此光程差小于光源相干长度的条件可以满足。

（2）光路的对比度　为了得到清晰的干涉条纹，还要求干涉光束的对比度要高，即相干的两束光的光强要基本一样。由于光路1使用了两组微调架，光的衰减比较大。因而光路2的光强也要做相应的衰减。由于光路2是用活动接头相连接，只要将活动接头不完全拧紧，就可以形成一个简单的衰减器（注意要固定不完全拧紧的活动头，以免造成光路的不稳定），从而使两路光的光强基本一致。

（3）两路光的相位差 φ 主值的选取　通过式（3-38）可以得到 $\cos\varphi$，进而得到相位差 φ 主值。但为了得到相位差 φ，还应知道相邻数据点间相位差 φ 的差值，此值可估算如下。

设光路1中硫系光纤的折射率为 n_1，长度为 l_1。光路1中也有石英光纤，设石英光纤的折射率为 n_2，长度为 l_2；在光路2中，设石英光纤的长度为 l_3，则两光路的相位差如下。

$$\varphi = \frac{2\pi(n_1 l_1 + n_2 l_2 - n_2 l_3)}{\lambda} = \frac{2\pi\Delta(nl)}{\lambda} \tag{3-38}$$

从而相位差的变化为：

$$\Delta\varphi = -\frac{2\pi\Delta(nl)}{\lambda^2}\Delta\lambda \tag{3-39}$$

上式忽略了光程差 $\Delta(nl)$ 对 λ 的变化。若光程差 $\Delta(nl) = 1\text{cm}$，$\lambda = 1550\text{nm}$，$\Delta\lambda = 0.2\text{nm}$，则 $\Delta\varphi = 1.66\pi = 5.2\text{rad}$，即相邻数据点间的 φ 相差 1.66π。由此可见，为了使数据点可信，光程差至少需要在厘米量级。显然，实验中用普通的测量尺就可以达到这个要求。注意在测量光程时，不但要测量光路中的石英光纤和硫系光纤的长度，而且要测量光路中耦合器中的光纤长度。实验中所用的耦合器是直接拉锥后经简单封装而得的，可以直接测量耦合器各臂的长度。

四、应用与关键技术

（一）应用

1. 用于激光传输

（1）硫系玻璃红外光纤用于传输脉冲激光　掺硒的 $As_{40}S_{60}$ 玻璃红外光纤可远距离传输 $2.94\mu m$ 波长的高级 Er：YAG 激光，用于激光外科。人们研究了硫化物光纤用于高能量密度源掺铬铥钬钇铝石榴石（CTH：YAG）激光器、磷酸氧钛钾光学参量振荡器（KTP OPO）、掺钬氟化钇锂（Ho：YLF）光源和 ZnGeP 光学参量振荡器（ZnGeP OPO）的脉冲激光传输，实验结果见表3-54。

表 3-54　硫化物光纤传输脉冲激光实验数据

激光器	波长 λ /μm	脉冲宽度 Δω /ns	重复频率 f /Hz	最大输入能量密度 D_1 /(J·cm^{-2})	最大功率密度 D_2 /(MW·cm^{-2})
CTH：YAG	2	50	1	1.3$^+$	26[1]
KTP OPO	3.3	5	10	4$^+$	>500[1]
Ho：YLF	2	15	1×10^4	0.75[2]	50*
ZnGeP OPO	3～4	15	1×10^4	0.18[2]	9*

①为几百个脉冲后观察到了破坏。②为未观察到破坏，该数值为最大激光输出限制的功率密度。

（2）硫系玻璃红外光纤用于传输连续波 CO 激光　硫化物玻璃光纤传输大功率、高强度 CO 激光可用于激光医疗、远距离切割和焊接等。表 3-55 列举了一些硫化物光纤传输 CO 激光的实验数据。

表 3-55　硫化物玻璃红外光纤传输 CO 激光实验数据

研究机构	光纤结构	抗反射涂层	芯径 d/μm	光纤长度 l/cm	输入功率 P_1/W	传输功率 P_2/W	传输效率 η/%	输出强度/(kW·cm^2)
俄罗斯科学院普通物理研究室	光缆	—	500～800	100～150	—	6～7	—	—
日本国防医学院	As$_2$S$_3$/无包层	无	200	12.8	—	4.01	—	12.8
日本 Keio 大学	AsS/无包层	无	1000	420	—	39	—	5.0
日本 Keio 大学	As$_2$S$_3$/TEFLON FEP	无	700	55	100	62	62	16
日本研究和创新研究所	As$_{40}$S$_{60}$	无	1000	100	415	226	54.5	29
	TEFLON FEP	PbF$_2$	700	100	131	100	76.3	26
	Ge$_{20}$As$_{30}$S$_{60}$	无	1000	100	350	180	51.4	23
	TEFLON FEP	PbF$_2$	700	100	154	105	68.2	27

2. 用于热成像

红外成像导引（ⅡG）器件不仅可用于工业，同时它还可用于生物领域。国外有人制作了由 200～1000 根 As-S 玻璃红外光纤形成的光纤束在 2～6μm 光谱范围传输的红外成像导引器件，可以清晰地绘出远距离或处于不利位置物体的温度分布。

3. 用于制作传感器

（1）硫系玻璃红外光纤用于制作温度传感器　红外光纤温度传感器可用于光纤远距离温度传感。硫系玻璃红外光纤制作的辐射计在室温到 823K 的温度范围内灵敏度较高，辐射计可分辨的最小温度为 0.1K。

（2）硫系玻璃红外光纤用于制作锥形透光计用红外反射传感器　锥形透光计用光纤耦合中红外反射传感器与成缆的硫系玻璃红外光纤连接，可以实现 20m 以上远距离检测土壤中许多挥发和不挥发的有机化合物。它补充了锥形透光计光谱法、激光诱导荧光法，并扩展了锥形透光计用于测定污染物的范围。

（3）硫系玻璃红外光纤用于制作红外损耗波传感器　Ce$_{30}$As$_{10}$Se$_{30}$Te$_{30}$ 光纤的传输范围为 3～12μm，该光谱范围可覆盖各种分子形式的特征振动谱。采用这种光纤制作了损耗波传感器，用于检测有毒的氯化烃和苯及其衍生物，最低检出限可达到 mg/kg 级。采用该方法可克服取样分析技术的缺点，可远距离检测环境中的有害物质。

4. 用于制作熔锥红外光纤耦合器

光纤耦合器是复杂光纤系统的基本构成元件之一。利用光纤耦合器制作的红外光纤器件可用于化学传感、数据传输和红外光谱仪。研究人员采用熔融技术制作了硫系玻璃多模光纤耦合器，最高耦合效率为 3.3：1，插入损耗约为 0.27dB，耦合器的整体长度约为 8mm。该技术同样适用于单模光纤和任何芯、包层结构的硫系玻璃红外光纤。

5. 用于制作放大器的激光器

稀土掺杂硫系玻璃可用于制作光纤放大器和激光器，这是由于硫系玻璃的折射率很高（$n>2$)，因而受激发射截面大；它们具有非常低的声子能量（约 $350cm^{-1}$），因而非辐射跃迁速率低，激发态的寿命长，量子效率高。目前的研究发现，Nd^{3+}、Pr^{3+}、Ho^{3+}、Er^{3+}、Dy^{3+}、Tm^{3+} 等稀土离子可以作为近红外、中红外（$1\sim4\mu m$）区的辐射源。

6. 用于制作光学计算机的光学系统部件

光学计算机的最大优点之一是对于平行处理的适用性。在平行数据处理的红外光学系统中，特别是在投影光学系统中，存在着光束大角度的发散，需要用大直径透镜聚焦光束，用红外传输材料制作大直径透镜十分困难，使用 As_2S_3 光纤束导引平行信号束到红外电荷耦合器件（CCD）摄像机监测光输出，在该光学系统中可进行 9 个二进制数据平行处理，并成功地显示了 16 个逻辑运算。

7. 在军事上的应用

硫系玻璃红外光纤在军事上有着很多重要的应用。由于掺硒的 $As_{40}S_{60}$ 硫系玻璃红外光纤工作在 $2\sim5\mu m$ 大气窗口，因而可以用于红外对抗（IRCM）系统，引导红外激光器输出的光到光束导引系统，提高飞机的生存能力，还可以用于工作在 $2\sim5\mu m$ 波长范围的激光预警系统。硫系玻璃红外光纤可以用于远距离焦平面阵列；用于热成像可以探测火箭和坦克尾气。美国通用动力公司研究了对干扰和非目标具有识别能力的双色红外寻导引头，这种寻导引头跟踪运动的装甲车，截获概率非常高，即使在装甲车静止不动或慢开的情况下，截获概率也很高。As_2S_3 应用于制作 $3\sim5\mu m$ 波段寻导引头，其在宽频带红外（$3\sim14\mu m$）中的应用也正在研究，这种寻导引头如果与毫米波导引头结合在一起，将具有最佳作战性能。

（二）关键技术

1. 低损耗单模硫化物光纤的拉制工艺

拉制性能优良的单模硫化物光纤是该类光纤实用化的前提条件，目前普遍采用的方法是棒管法。由于硫化物玻璃材料的热稳定性差，在棒管法的拉丝过程中，包括许多拉伸、外层涂覆等工艺都无法使用。为此，北京玻璃研究院提出了双坩埚法拉制硫化物光纤。拉丝系统由内外两层精密对中的石英坩埚组成，每一个坩埚有自身独立的惰性气体源、流量计、压力控制及计量设备，使得光纤芯径、外径可分别控制。采用这一方法可拉制出芯径为 $2\sim400\mu m$、包层直径为 $50\sim500\mu m$ 的光纤。此外，美国一家机构也报道了成功拉制出长度 $>150m$，于 $2.7\mu m$ 波长处损耗为 1dB/m 的单模硫化物光纤。目前，多模硫化物光纤的损耗最低值为 30dB/km，北京玻璃研究院所拉制的单模硫化物光纤的损耗为 3dB/m、多模光纤低于 1dB/m。可以预计，在硫化物光纤材料和工艺进一步提高的基础上，单模硫化物光纤的损耗指标将会有较大突破。

2. 硫化物光纤耦合器及硫化物光纤与普通光纤的接合技术

硫化物光纤具有软化温度低、质脆等特点，以往的光纤熔接技术无法使用，所以至今未见实用的硫化物光纤元件，这正是一直缺乏中红外光纤器件的重要原因。

光纤耦合器是构成复杂光纤系统的最基本元件之一。随着高质量硫化物光纤的拉制成功，使其有可能制作中红外光纤器件，现有的实验已显现硫化物光纤器件的许多性能远远优于石英光纤。据报道，采用特殊处理的光纤端面、稳定的夹具结构和惰性环境已制成的硫化物光纤耦合器的最高耦合效率为 3.3∶1，插入损耗为 0.27dB，耦合器的整体长度为 8mm。

热熔融膨胀芯技术是目前解决硫化物光纤与石英光纤耦合的一种有效方法。硫化物光纤与石英光纤热性能的巨大差异使得以往的熔接技术无法使用，但热熔融膨胀芯技术通过局部扩张石英单模光纤的模场直径，使之与相结合的硫化物光纤的模场直径匹配，随后采用机械对接耦合，可使插入损耗降至目前的最低值（0.5dB）。

3. 硫化物光纤光栅技术

兼顾硫化物光纤突出的非线性特性和光纤光栅独有的诸多优点，在硫化物光纤中用可见光可方便地写入光栅。在硫化物光纤中采用横向全息法写入 FBG 光栅，其反射率大于 99%（中心波长 $1.55\mu m$）。硫化物光纤光栅的潜在应用领域遍及光通信领域，包括色散补偿、高速光开关等。

4. 硫化物光纤光敏机理

对于硫化物光纤的光敏性机理目前尚无统一的解释。有两种比较常见的观点：一种观点认为光敏性是由非晶态的硫化物材料中硫族元素原子结构所致，而光敏变化的一个必要条件就是半导体材料中的原子能隙正好与光致结构变化所需能量相当；另一种观点从非晶态半导体物理的角度将光敏现象解释为双相位非晶体结构的原因，即由于材料中存在能被可见光波段光子能量激发的电子所致。至今，光敏机理尚没有统一而明确的解释。

五、几种硫系光纤

（一）Sb-Ge-Se 红外玻璃光纤

1. 简介

$8\sim14\mu m$ 波段是材料一个非常重要的红外透射窗口，探测物体在室温下发射的辐射在 $10\mu m$ 外最为灵敏。目前，在红外激光传输、遥感、红外信息传输、非线性光学等领域迫切需要有合适的光纤。为此，开发新红外光纤材料已成为亟待解决的课题。常用的 As-Ge-Se 系玻璃有很低的析晶倾向，转变温度较高，玻璃料性能也较好，适宜于拉制红外光纤。但是由于元素砷、锗与氧有较大的亲和力，很易氧化，熔制所得玻璃必须进行去氧后处理工艺，以消除 $12.6\mu m$ 附近由 As—O、Ge—O 键伸缩振动所引起的红外吸收。同时，长期研究表明，As—Ge—Se 系玻璃在 $10.6\mu m$ 处的损耗难以降低到 1dB/m 以下。因此，以 Sb 取代 As—Ge—Se 系玻璃中的 As 或 Ge，使多声子吸收往长波方向位移，并研究新型玻璃性质、结构与组成间的关系，探讨这类新型玻璃用于红外光纤材料的前景。

2. 制备方法

应用高纯（99.9999%）原料制备玻璃，原料颗粒度要求小于 3mm。经精确称量，将各种原料依次放入 30mL 的熔石英安瓿瓶中并进行混合，抽真空后将安瓿瓶封接。然后置于摇摆式电炉中，逐步升温至 800℃ 左右，熔制周期约为 24h。等到熔制结束，将盛有熔融玻璃的熔石英安瓿瓶迅速从电炉中取出，置于空气中冷却。试样经退火后，即从安瓿瓶中取出。

3. 性能分析

采用的玻璃组成在 $As_{10}Ge_{30}Se_{60}$ 基础上向 $As_{10-x}Sb_xGe_{30}Se_{60}$ 转变，当原子分数 $x=$

10％后再向 $Sb_{10+y}Ge_{30-y}Se_{60}$ 转变。原子分数 x 分别为0％、2.5％、5％、7.5％与10％，y 分别为0％、2％、4％与6％。对合成的玻璃进行系统的性质测定表明，Sb 逐渐取代 As 后，热膨胀系数由 $130\times10^{-7}℃^{-1}$ 增加至 $135\times10^{-7}℃^{-1}$，而转变温度由 354℃ 下降至 310℃，软化温度由 382℃ 下降至 308℃。随着 Sb 含量的增加，玻璃析晶倾向有所上升。值得指出的是，Sb—Ge—Se 系的蒸气压相对 As—Ge—Se 系大为降低，在 500℃ 时几乎无挥发，这可由玻璃的失重在上述温度下几乎接近零加以证实。

以 Sb 取代 Ge 时，玻璃的性质变化趋势为：热膨胀系数增加，转变温度、软化温度、屈点均下降，析晶倾向增大。实践证明，熔制温度随 Sb 含量增加而有所降低。

$As_{10-x}Sb_xGe_{30}Se_{60}$ 与 $Sb_{10+y}Ge_{30-y}Se_{60}$ 系玻璃的折射率为 2.24～2.35，红外透过率为 62％～71％，断裂韧性为 0.205～0.320MN·$m^{-3/2}$，显微硬度为 175～203kg/mm² (1750～2030MPa)。值得注意的是，当真空度超过 $10^{-4}Pa$ 时，加入 Sb 后的玻璃在 10.6μm 处的吸收峰，在不加入去氧剂的情况下可以接近消除（图 3-107），多声子吸收往长波方向有所位移，玻璃成纤能力较好，化学稳定性优良，不被潮气、水或各类弱酸所侵蚀。

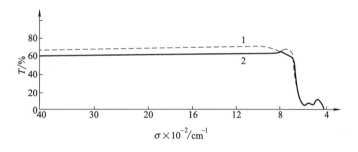

图 3-107　$As_5Sb_5Ge_{30}Se_{60}$ 与 $Sb_{10}Ge_{30}Se_{60}$ 玻璃的红外透射光谱

1—$As_5Sb_5Ge_{30}Se_{60}$；2—$Sb_{10}Ge_{30}Se_{60}$

如图 3-108 所示，$As_{10-n}Sb_nGe_{30}Se_{60}$ 系玻璃中以 Sb 取代 As 时导致 T_g 逐渐向低温段位移。当摩尔分数 $n=10$％ 时，T_g 可降低 60℃，这说明 Sb—Se 键较 As—Se 键弱。当 $Sb_{10+n}Ge_{30-n}Se_{60}$ 系玻璃中 Ge 被 Sb 取代时可以取得类似的结果。当摩尔分数 $n=6$％ 时，T_g 可下降 35℃（图 3-109）。上述所有三元或四元系玻璃经热处理后析出的晶相均为 $GeSe_2$，因此 $As_{10-n}Sb_nGe_{30}Se_{60}$ 系玻璃结构可以视为以 $GeSe_4$ 四面体构成的三度空间网络为基础。

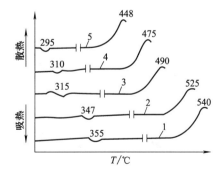

图 3-108　$As_{10-n}Sb_nGe_{30}Se_{60}$ 系的 DTA 曲线

1—$n=0$；2—$n=2.5$；3—$n=5$；

4—$n=7.5$；5—$n=10$

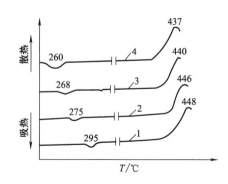

图 3-109　$Sb_{10+n}Ge_{30-n}Se_{60}$ 系玻璃的 DTA 曲线

1—$n=0$；2—$n=2$；

3—$n=4$；4—$n=6$

As$_x$Sb$_y$Ge$_z$Se$_{60}$（$x=0\sim10$，$y=0\sim14$，$z=26\sim30$）系玻璃的红外反射光谱如图 3-110 所示。由图可见，252cm^{-1} 左右出现的较强红外反射峰可归因于 GeSe$_4$ 的 Ge—Se 键伸缩振动。当 As 被 Sb 取代时，该峰向低波段位移。As$_x$Sb$_y$Ge$_z$Se$_{60}$ 的拉曼光谱如图 3-111 所示。GeSe$_4$ 键的伸缩振动所引起在 207cm^{-1} 附近的拉曼位移随着 Sb 的引入向低频方向位移。在 265cm^{-1} 附近的拉曼峰随 As 含量的增加而增加，当 As 不引入时，该峰消失，这是由于 AsSe$_3$ 或 As$_2$Se$_4$ 结构单元中 As—Se 键伸缩振动所引起的。在含锑的硫系玻璃中，220cm^{-1} 左右出现的拉曼峰则由 SbSe$_3$ 或 Sb$_2$Se$_4$ 结构单元中的 Sb—Se 键伸缩振动所引起。As$_{10}$Ge$_{30}$Se$_{60}$ 玻璃的熔体冷却至室温甚至在一定温度下再进行热处理，从未观察到分相现象，而 Sb 取代 As 后，熔体冷却到室温时即可观察到分相现象，这可解释为 Sb—Se 键的金属性较 As—Se 键为强。Sb-Ge-Se 系玻璃分相后可以形成不同组成的两组：一组是以 Ge—Se 键构成网络的玻璃为主，另一组则是富含 Sb—Se 键构成网络的玻璃。图 3-112 所示为 Sb$_{14}$Ge$_{26}$Se$_{60}$ 玻璃经热处理以后的电镜照片。由图可见，存在分相现象，由于分相区较小，一般不影响 10μm 左右的透过率。在晶化温度下保温析出的初晶相经 X 射线衍射分析表明为 GeSe$_2$。

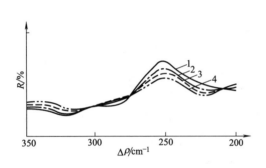

图 3-110　不同组成玻璃的红外反射光谱
1—As$_{10}$Ge$_{30}$Se$_{60}$；2—As$_5$Sb$_5$Ge$_{30}$Se$_{60}$；
3—Sb$_{10}$Ge$_{30}$Se$_{60}$；4—Sb$_{14}$Ge$_{26}$Se$_{60}$

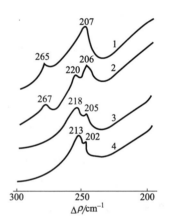

图 3-111　不同组成玻璃的拉曼光谱
1—As$_{10}$Ge$_{30}$Se$_{60}$；2—As$_5$Sb$_5$Ge$_{30}$Se$_{60}$；
3—Sb$_{10}$Ge$_{30}$Se$_{60}$；4—Sb$_{14}$Ge$_{26}$Se$_{60}$

图 3-113 所示为 Sb-Ge-Se 系玻璃的结构模型。

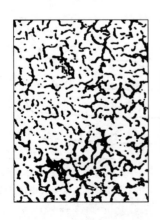

图 3-112　Sb$_{14}$Ge$_{26}$Se$_{60}$ 玻璃经热处理后的电镜照片

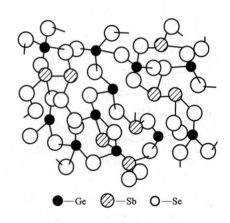

●—Ge　▨—Sb　○—Se

图 3-113　Sb-Ge-Se 系玻璃结构模型示意图

4. 效果评价

以 Sb 取代 As-Ge-Se 系玻璃中的 Ge 或 As 后，通过系统的性质测定与结构研究，以新型 Sb-Ge-Se 系为基础的玻璃可以用作红外光纤材料。

（二）碲卤系红外玻璃光纤

1. 简介

碲卤系玻璃（TeX）是一种新型透射中远红外光波的窗口材料。该玻璃系统包括 Te-Cl、Te-Br 二元系和 Te-Se(S)-X（X＝Cl、Br、I）三元系。特别是由重元素 Te、Se、X（X＝Br、I）组成的玻璃，除了具有优良的抗析晶性能和良好的化学稳定性之外，还有长约 $20\mu m$ 的红外吸收边，尤其在 $10.6\mu m$ 光波长附近有超低玻璃损耗，因而可能用该系统玻璃制备出传输 $10.6\mu m$ 激光和 $8\sim12\mu m$ 红外图像的光纤。

获得高中远红外透光率的玻璃及光纤的关键在于制备出高纯玻璃，一般采用高真空熔制技术。由于制备碲卤系玻璃要使用易挥发的卤素单质，而用传统的高真空熔制方法会因卤素的大量挥发而使实际组成与玻璃设计成分相差较大，同时易挥发物质的存在也不利于获得高真空。

2. 制备方法

玻璃样品的组成选用两个典型的配比：$Te_4Se_3Br_3$ 和 $Te_3Se_4I_3$，因为它们都处于易于拉制玻璃光纤的组成区域。

玻璃原料为高纯碲（99.9999％）、高纯硒（99.999％）和由分析纯的溴、碘（其中都加 P_2O_5 粉末吸收水分）经蒸馏或升华提纯后的产物。用氢溴酸对碲、硒原料进行预处理，以除去表面的氧化膜。装配合料的玻璃反应管（容量约为 10mL）事先清洗干净，并用高纯氮（纯度为 99.999％）冲洗 15min，然后把粉末原料按上述配比混合并加入到 Pyrex 玻璃反应管（内为高纯 N_2 气氛）中，封好管口后放入摇摆炉中在 300℃ 下熔制 12h，取出在室温下冷却并退火，即可获得该系统直径约为 $8\sim10mm$、长度约为 $20\sim40mm$ 的玻璃棒，该棒可作为拉制光纤的预制棒。

采用预制棒法拉制 $Te_4Br_3Se_3$ 和 $Te_3I_3Se_4$ 玻璃纤维，它们的拉丝温度分别为 160℃ 和 120℃。拉丝过程中，在拉丝炉中的高纯氮保护气氛保持微正压。所得的 $Te_4Br_3Se_3$ 玻璃纤维因出现拉丝诱导的表面缺陷而导致玻璃纤维不均匀，而 $Te_3I_3Se_4$ 玻璃纤维则均匀性很好，因此这里只表征 $Te_3I_3Se_4$ 玻璃纤维的最小抗弯曲半径。

3. 性能分析

样品的 X 射线粉末衍射研究结果表明无晶峰出现，样品均为玻璃态。玻璃样品的差热分析（DTA）曲线上均无析晶峰产生，并从 DTA 曲线得出 $Te_4Br_3Se_3$ 和 $Te_3I_3Se_4$ 玻璃化转变温度 T_g 分别为 75℃ 和 62℃（升温速率为 10℃/min）。

把 N_2 气氛封管法与硫系玻璃制备的传统技术——真空封管法用于制备同一组成的 TeX 系玻璃棒，发现用真空封管法制得的玻璃棒在冷却过程中会从中间断开，而用 N_2 气氛封管法制得的玻璃棒则不会发生这种情况。其原因可能是充入 N_2 气氛熔会导致玻璃棒中渗入微量的 N，从而改善其力学性能，但这还需要进一步测试和分析。由于管内充有氮气，在高温熔制时会使内压增大，有利于抑制反应管中易挥发物质（如卤素）的蒸气量，也有利于传热和玻璃的熔制。

玻璃中的氧化物和氢化物是影响 TeX 系玻璃中远红外透过性能的主要因素。在制备玻璃时，要注意使玻璃反应管内始终处于高纯 N_2 气氛状态，不能让空气尤其是湿气进入，因

OH$^-$ 在 $6.3\mu m$ 光波长处存在强烈的吸收。把 N_2 气体作为惰性气氛封在管内，即使熔制温度较高时也不会与原料反应，但可能会以某种形式溶解在玻璃中。由于 N_2 是非红外活性物质，因而不会影响玻璃的红外透过性能，这可从所得玻璃的红外吸收光谱上看出。用 FTIR 光谱仪对以上两个组成的玻璃样品进行的红外吸收光谱测试的结果如图 3-114 所示。在 $Te_4Br_3Se_3$ 样品的红外光谱图中，在 $1400cm^{-1}$（$7.2\mu m$）出现 O-Te 二次谐波吸收峰，玻璃在 $10.6\mu m$ 光波长处的透过率达到 56%。$Te_3I_3Se_4$ 块样的吸收曲线表明其具有 40% 的透过率。图 3-115 所示为 $Te_3I_3Se_4$ 玻璃由预制棒法拉制得到的裸光纤的光损耗谱，光纤在 $8\sim12\mu m$ 的光波长范围内光损耗约为 10dB/m。这些结果显示了用 N_2 气氛保护封管法可制出较好性能的 TeX 玻璃红外光导纤维。

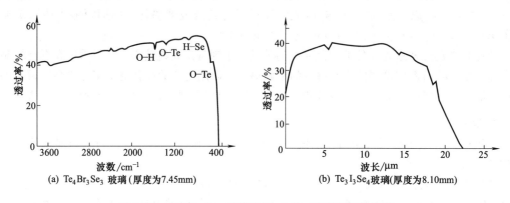

图 3-114　$Te_4Br_3Se_3$ 玻璃和 $Te_3I_3Se_4$ 玻璃的红外光谱

光纤的弯曲性能是其主要力学性能之一。由于玻璃纤维是脆性材料，容易弯断，需要对其进行外层包覆。光纤的弯曲性能是由光纤的最小弯曲半径或称抗弯曲半径 R_{min} 来表征的，R_{min} 是指玻璃纤维弯曲而不发生折断的最小曲率半径。大量不同半径的 $Te_3I_3Se_4$ 玻璃纤维（非原生丝）的直径与抗弯半径的关系如图 3-116 所示，玻璃纤维的 R_{min} 基本上随玻璃纤维的直径呈线性变化。由于 $Te_3I_3Se_4$ 玻璃纤维的质量较好，因而实测结果能较好地呈线性关系。

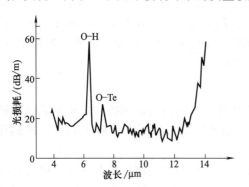

图 3-115　$Te_3I_3Se_4$ 玻璃裸光纤
的光损耗谱

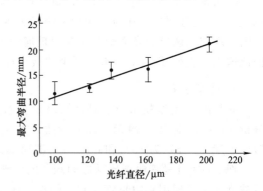

图 3-116　$Te_3I_3Se_4$ 玻璃纤维的直径与
抗弯半径的关系

4. 效果评价

① 用高纯 N_2 气氛保护法制出了中远红外透过率高的碲卤系红外玻璃，玻璃的透过率达56%，由预制棒法拉制的 $Te_3I_3Se_4$ 玻璃光纤的光损耗在 $10.6\mu m$ 附近达到 10dB/m。

② $Te_3I_3Se_4$ 玻璃光纤的抗弯半径随纤维半径的变化已测出，由于 $Te_3I_3Se_4$ 玻璃光纤表面的缺陷很少，因而显示玻璃纤维的抗弯半径随纤维半径呈线性变化。

（三）低损耗红外传输 $Ge_{30}As_{10}Se_{30}Te_{30}$ 玻璃光纤

1. 简介

由于电气性能和光学性能的缘故，硫化物、硒化物和碲化物之类的薄膜和块状硫族化合物玻璃在过去几年中已受到人们广泛的关注。然而，人们近来的兴趣已集中在光纤的各种应用，包括远距离化学物质传感、热成像、焦平面阵列遥测和激光器功率传输等。正如对光纤需求增加一样，对降低光纤衰减的要求也在提高。降低光纤衰减可提高信噪比和增长有效光纤的长度，从而带来潜在的新的实际应用价值。

已对二氧化硅和卤化物玻璃体系和硫化物与硒化物二元玻璃的最低损耗做过理论计算，但对含碲的玻璃纤维尚未做过这类计算。研究含碲玻璃纤维的实用价值会有些令人吃惊，因为这些玻璃能传输 $2\sim12\mu m$ 之间的光。最近，无包层掺碲光纤（按原子百分比分别为 $Ge_{25}As_{20}Se_{25}Te_{30}$）所报道的最低损耗在 $8.5\mu m$ 时大约为 $0.6dB/m$，而芯/包掺碲光纤所报道的最低损耗在 $8.5\mu m$ 时为 $0.3dB/m$。可惜的是，除芯玻璃和包层玻璃分别为 GeSeTe 和 GeAsSeTe 之外，芯/包玻璃的实际组分还没有规定。虽然没有作过测量，但可以预言，无包层芯光纤的损耗必然不会超过 $0.3dB/m$。无包层芯光纤的实际损耗看来非常重要，因为这将确定芯/包光纤可获得的最小损耗。

现已得到的一致结论是：最低损耗为 $0.1dB/m$ 是可能的，但低于 $0.01dB/m$ 的更低损耗是不可能的，这是由于这些玻璃的半导电性质会在间隙中产生吸收态，如扩展进红外区的弱吸收尾，且在其他硫族化合物玻璃中已作过预先假定。已知含碲玻璃光纤的最小衰减为 $0.11dB/m$，这是目前所知的这种玻璃光纤的最低值。

2. 组成与制备方法

玻璃成分接近 $Ge_{30}As_{10}Se_{30}Te_{30}$ 的常规成分（原子百分比），见表 3-56 其中列出了所用元素原料的来源和纯度。除了化学物质所要求的高纯度外，它们含有制造商提供的化学分析中所没有包含的氧化杂质。此外，如果不采取预防措施，如惰性气体或真空处理，那么化学物质就易受表面氧化。如果这些氧化杂质在玻璃中的浓度超过极限的话，不但会引起光的散射，而且会导致红外区的非固有吸收。因此，为去除化学材料和玻璃中的氧化物，必须对其进一步纯化。

表 3-56　元素原料的来源和纯度

元素	来源	纯度/%	元素	来源	纯度/%
Ge	United Mineral & Chemical Corp	99.9999	Se	Sogem Afrimet Inc	99.9999
As	All Chemie	99.999	Te	United Mineral & Chemical Corp	99.9999

制备 3 种玻璃，第一种用化学原料直接制得；第二种用部分纯化的化学原料制得；第三种用蒸馏玻璃制得。玻璃熔融过程在所有情况下都是相同的，将化学材料以 10g 一次分批投入层流干燥箱的（<1mg/kg 潮气和氧气）用氮气保护的石英管中。石英管预先用去离子水、浓硝酸清洗，在氢氟酸中酸洗，再用去离子水清洗，然后在真空中将物理性吸附的水和化学性吸附的水烘干。将包含玻璃配料的石英管抽真空到约 $133.3\times10^{-5}Pa$ 并保持 1h，再用甲烷氧气灯密封石英管，再把石英管放置在转炉内，在大约 $900℃$ 温度熔融 8h。在转炉中高温混炼，然后把熔体冷却，并在玻璃转移温度（265℃）附近退火，制得直径为 6mm、长约 10cm 的棒，这些棒均以一种坯料方式获得且无任何裂纹。同样的工艺也已用来制造出重

约 50g、直径达 10mm 的粗棒。

1 号玻璃是由表 3-56 所列的化学原料直接制得的。2 号玻璃是由纯化过的 As、Se、Te 与未处理过的 Ge 制得的。纯化过程是在真空条件下以 450℃对 As，275℃对 Se，475℃对 Te 进行热处理，以去除 As_2O_3、As_2O_5、SeO_2、SeO_3、Se_2O_3、TeO 和 TeO_3。因这些氧化物比元素原料更易挥发，所以很容易去除。纯化过的化学材料以及没有处理过的玻璃按同样方法配料并熔融。3 号玻璃是由 2 号玻璃所用的纯化过的化学原料再加作为氧化清除剂的 10mg/kgAl 制成，玻璃初次熔融后在 750℃蒸馏，然后再熔融、冷却，并照前面同样的方法退火。

采用专门的设计将玻璃棒放置在 100 级超净房中的拉丝炉或拉丝塔内，玻璃棒悬挂在窄热区拉丝炉中，并在拉丝之前和拉丝过程中均用干燥氮气吹洗，将其拉成光纤。

光纤拉制的控制温度为 400℃左右，拉制速度约为 0.5～2m/min，具体速度要视所要求的光纤直径而定。虽然也拉制了 UV 固化的丙烯酸被覆光纤，但在本研究中只利用无被覆的光纤，这是因为丙烯酸被覆层在红外区会产生强吸收带。光纤衰减是采用截断法在 FTIR 分光仪上对 200μm 直径的光纤测得的。该方法与 Driver 所用方法相似，设备由辉光棒光源、KBr 分光镜和液氮冷却的 MCT 检测器组成。我们还用 Analect、Diamond 公司的一种新的 20FTIR 分光仪，用 NiCrW 灯丝作光源，重新测试了光纤衰减。

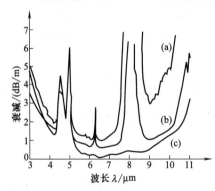

图 3-117　1 号（a）、2 号（b）和 3 号（c）光纤的衰减曲线

3. 性能分析

图 3-117 所示为 1 号、2 号、3 号光纤的衰减曲线，显然衰减随化学原料、玻璃的纯化和加工工艺的改进而下降。这 3 种光纤的最小损耗在 6.6μm 附近分别为 1.07dB/m、0.67dB/m 和 0.11dB/m。在 4.55μm、5.0μm、6.31μm 和 7.91μm 有 4 个主带和几个次带。表 3-57 列出了碲玻璃光纤中杂质吸收带峰值位置和吸收带的成因以及损耗峰值。上述主带被认为是分别由 H—Se、Ge—H、H—O—H 基和 Ge—O 所造成的。H—Se 带在 4.55μm、4.05μm 和 3.52μm 的峰值强度比大约为 20∶1∶1。由于峰值和基值难以分辨，所以 1 号光纤和 2 号光纤在 9.5μm 处的吸收带的峰值强度不可能研究。该吸收带暂时归因于 Si—O 和（或）As_4O_6 的振动。

表 3-57　碲玻璃光纤中杂质吸收带的峰值位置、吸收带的成因和损耗峰值

峰值位置/μm	带的成因	损耗峰值/(dB/m)		
		1 号光纤	2 号光纤	3 号光纤
3.52	H—Se 组合物	0.11	0.09	0.18
3.71	组合物/稀土	0.16	0.18	0.18
4.05	H—Se 组合物	0.13	0.07	0.16
4.55	H—Se 拉伸	2.49	2.20	3.56
5.0	Ge—H 拉伸	4.20	3.67	5.40
6.31	H—O—H 基	1.73	1.18	0.09
7.91	Ge—O 组合物	269.00	15.00	0.16
9.5	Si—O 拉伸/As_4O_6	—	—	0.04

这几种光纤在 10.6μm 的衰减也随化学原料纯度的提高而下降。例如，1 号、2 号和 3 号光纤在 10.6μm 的损耗分别为 78.9dB/m、3.82dB/m 和 1.88dB/m。1 号光纤的损耗，表示采用 CO_2 激光器量热法对 3cm 长块状玻璃试样的吸收系数测量值，而实际光纤的衰减在 10.6μm 波长处太高无法测量。

这 3 种光纤在 3.71μm 吸收带的峰值强度没有多大差异。该吸收带的起因尚不清楚，也许与 Ge—H 组合吸收带有关，或者由稀土杂质引起，因稀土杂质在 3～5μm 区有强吸收。不同光纤在 3～4μm 之间损耗的变化可直接证实稀土离子的存在，如 3 号光纤超过 5.25μm 时具有最低损耗，但在 3～4μm 区域只具有中等损耗。

图 3-118 所示比较了低损耗碲光纤与所报道的最低损耗无被覆碲光纤的衰减。NOGR&D 有限公司的光纤与试验的光纤的组分类似，两根曲线在整个波长范围具有类似的形状，只是试验的光纤在红外区具有最低损耗。

从图 3-118 所示可知，纯化是获得低损耗碲光纤的先决条件。已用试验的加工工艺制得在 6.6μm 最低损耗为 0.11dB/m 的低损耗光纤，这是目前任何碲光纤的最低损耗，而且该光纤在 5.25μm 和 9.5μm 之间的损耗低于 1dB/m。此外，还明显降低了由于水（6.31μm）和氧化物（7.91μm）之类杂质引起的非固有吸收带。这种低损耗光纤的成功研

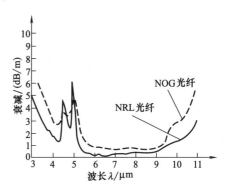

图 3-118　试验低损耗光纤与 NOGR&D 公司光纤的比较

制归因于化学原料纯度的提高和采用层流干燥箱系统及净化房加工，这些预防措施有助于减少外来粒子的污染，否则这些粒子会在光纤中引起非固有的散射。由图 3-118 所示已表明，与波长无关的散射可能是 NOGR&D 有限公司的光纤损耗较高的原因。

采用已知光纤的消光系数可以确定光纤中 H—Se、氧化物和水之类的杂质含量，其结果列于表 3-58 中。例如，在 As_2Se_3 玻璃中，每 10^{-6} H—Se 的消光系数为 1.103dB/m，该值在玻璃基料中不会有很大变化，这是因为玻璃性质相同之故。因此，根据 H—Se 吸收带 2～3dB/m 的损耗影响，光纤中的 H—Se 含量约为 $(2～3) \times 10^{-6}$。实际上这 3 种光纤的吸收带强度保持恒定。然而，期望诸如化学原料和玻璃的动态蒸馏和添加氢清除剂之类的处理来降低 H—Se 峰值强度，这项工作目前正在进行之中。

表 3-58　在 $Ge_{30}As_{10}Se_{30}Te_{30}$ 玻璃光纤中估计的杂质含量

光纤号	杂质	损耗/(dB/m)	含量/（质量分数为 $\times 10^{-6}$）
1	H—Se	2.49	2.26
	氧化物	269.00	103.07
	水	1.73	0.05
2	H—Se	2.20	2.00
	氧化物	15.00	5.75
	水	1.18	0.04
3	H—Se	3.56	3.23
	氧化物	0.16	0.06
	水	0.07	<0.01

对掺氧化碲玻璃做了测量，测得 Ge—O 组合吸收带在 7.91μm 波长时每 10^{-6} 氧化物的消光系数为 2.61dB/m。由这些值我们得出结论：在光纤中，对化学原料和玻璃采取纯化措施，氧化物的含量可从 103×10^{-6} 降到 0.06×10^{-6}。此外，还对基本的 Ge—O 在 12.9μm 波长时的拉伸振动进行测量，测得每 10^{-6} 氧化物的消光系数为 99.18dB/m。这表明，Ge—

O 吸收带在 $12.9\mu m$ 波长时的损耗，1 号光纤为 10220dB/m，2 号光纤为 570dB/m，3 号光纤为 6dB/m。因此，1 号光纤的长波长损耗在 $12.9\mu m$ 波长时锐增到约 10220dB/m。3 号光纤在较长波长具有最低损耗，因为在 $12.9\mu m$ 峰值高度预计只比固有多声子吸收高出约 6dB/m。然而，预计随着加工条件的改善，这种损耗将接近真正的固有多声子吸收。

至今还没有报道过关于碲化物玻璃在 $6.3\mu m$ 水带消光系数的数据。事实上，即使是其他玻璃体系，数据也是非常有限的。

计算在 $Ge_{30}As_{10}Se_{30}Te_{30}$ 玻璃光纤中为获得 0.1dB/m 低损耗所允许的最大杂质含量，见表 3-59。试验结果表明：H—Se 量和氧化物量必须分别减少到 1/36 和 1/15，而水的影响始终低于 0.1dB/m。可以相信，通过加工工艺的最佳化将完全消除氧化物和水杂质的吸收带，并且经动态真空蒸馏处理将降低 H—Se 杂质吸收带。此外，受控的玻璃蒸馏，由于消除了剩余 Al_{25} 粒子的飞溅而降低了色散。如果过分蒸馏，玻璃配料中 Al 和氧化物之间会产生反应，生成 Al_2O_3 粒子，并会进入蒸馏物中。预计层流干燥箱和绝对清洁室加工的连续采用和更有效的监控，将会使光纤的色散更低，并且加工工艺的最佳化将会使氧化物含量更低。因此，在 $8\mu m$ 附近和较长波长时损耗较低。

表 3-59　在 $Ge_{30}As_{10}Se_{30}Te_{30}$ 玻璃光纤中为获得 0.1dB/m 的低损耗所允许的最大杂质含量

杂质	最大含量/(mg/kg)	杂质	最大含量/(mg/kg)
H—Se	0.09	水	<0.01
氧化物	0.04		

由光纤构成的吸收型光电元件或渐逝型光电元件可以检测许多化学物质，这是因为许多化学物在 $2\sim12\mu m$ 波长区有分子振动。但石英光纤不能传输 $2\mu m$ 以上的光，卤化物光纤在化学上又不稳定，而碲光纤却可作为化学传感器用的候选材料，因为其化学性能稳定并能用于传输 $2\sim12\mu m$ 波长的光。图 3-119 所示为采用一根 1.5m 长的无被覆碲光纤（其中有 18cm 长的光纤固定在玻璃容器内）在室温下获得的水渐逝光谱。采用可变全内反射光谱仪记录了这种参考光谱，然后在容器内注入水并使水面超过光纤，再记录下试样的光谱，并把它归一化到参考光谱。

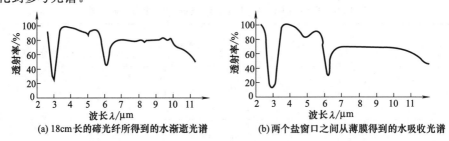

(a) 18cm 长的碲光纤所得到的水渐逝光谱　　(b) 两个盐窗口之间从薄膜得到的水吸收光谱

图 3-119　碲光纤反射光谱

4. 效果评价

化学物质和玻璃的净化可降低光纤中水和氧化物的含量，并降低 $Ge_{30}As_{10}Se_{30}Te_{30}$ 玻璃光纤的衰减。此外，采用层流干燥箱和绝对清洁室加工可降低色散损耗。已采用这些工艺措施制成碲玻璃光纤，在 $6.6\mu m$ 波长的最小损耗为 0.11dB/m，这是目前任何碲玻璃光纤所报道的最低损耗。另外，这些光纤在 $5.25\mu m$ 和 $9.5\mu m$ 之间的损耗低于 1dB，在 $10.6\mu m$ 的损耗低于 1.88dB/m。

第四章

塑料光纤

第一节　概　　述

一、简介

1. 基本概念

塑料光纤也称聚合物光纤，缩写为 POF，它是由导光芯材与包层包覆成的高技术纤维。POF 是 20 世纪 60 年代后期由美国杜邦公司开始进行研究的。因为 POF 对光的传输损耗比玻璃光纤大，故一般不能用作远距离光信号传输，但可在 100m 近距离内使用。由于 POF 芯径较粗，数值孔径大，可挠性好，能弯曲成各种形状，质量轻，易加工，连接容易，故应用范围日趋广泛。POF 过去仅用作汽车上传光、路标指示、机器内或机械之间数据传输等，目前，由于制造 POF 材料的优化、传输损耗降低技术的进步，POF 可适用机关、企事业办公区域光通信网络的配线，称作 LAN 体系，英文为 Local Area Network。下面就 POF 的种类、POF 的开发简史、降低传输损耗技术、生产方法及国内外部分单 POF 开发应用动向作简单介绍，以供读者参考。

2. POF 的种类

（1）按制造 POF 所用的材料分　POF 可分为聚甲基丙烯酸甲酯（PMMA）、重氢化聚甲基丙烯酸甲酯、氟聚合物、聚苯乙烯（PS）、聚碳酸酯（PC）等。其中，最有开发前途的是重氢化聚甲基丙烯酸甲酯和全氟化聚合物的 POF。

（2）按折射率分布形式分　POF 可分为阶跃型（突变型、SI 型）与渐变型（GI 型），如图 4-1 所示。

SI 型 POF 拥有折射率均匀的纤芯，在该纤芯与外包层的界面上通过全反射传输光信号。由于光信号在纤芯与包层界面处折射率发生阶跃状态变化，光信号通过多模传输，故传输模分散性大。在 100mm 传输距离之内，传输速度约为 100Mb/s。

GI 型 POF 在与光纤轴垂直的截面上折射率是逐渐变化的，形成抛物线形的折射率分布，光的传输速度在折射率较低的部分较快，在折射率较高的部分较慢，光信号射出的时间

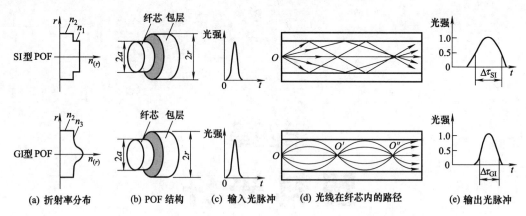

图 4-1　SI 型 POF 和 GI 型 POF 的折射率分布及传光特性

较少发生差异，传输模分散极小。在 200m 传输距离内，传输速度可达2.5Gb/s。今后，面向 21 世纪光纤通信网络的发展，GI 型 POF 是 LAN 体系不可缺少的材料。

（3）按用途不同分

① 通信用 POF。其特点是损耗低、频带宽。主要用于短距离通信传输、光纤局域网及多媒体通信。

② 耐热 POF。其特点是能耐较高温度。为了适应多媒体技术的发展和应用，在许多短距离通信系统和移动体通信中如汽车、舰船及飞机等的机舱、驾驶室内，由于电动机或发动机的高速运转，要求 POF 能耐 120～150℃高温。

③ 照明显示用粗径 POF。

④ 像束光纤。主要用于制作医用内窥镜。

（4）按芯材的不同分　可将 POF 分为三类：一是以聚甲基丙烯酸甲酯（PMMA）为芯材的光导纤维；二是以聚苯乙烯为芯材的光导纤维；三是以重氢化聚甲基丙烯酸甲酯（PMMA-d_8）为芯材的光导纤维。

3. 工作原理

塑料光纤的工作原理为：当光线以一定角度从光密介质射向光疏介质时，就会发生光线在界面上的全反射，光线重新折回光密介质中，光纤就是利用全反射的原理将光从一端传至另一端的。构成塑料光纤的材料有两种，即高折射率和低折射率的两种透明聚合物，而且低折射率的材料必须完整地包覆住高折射率的材料，即皮材必须包覆住芯材，其具体结构如图 4-2 所示。

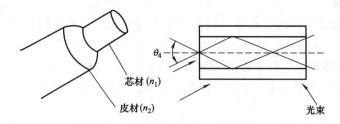

图 4-2　塑料光纤的结构示意图

塑料光纤的芯材和皮材必须满足以下几个条件：①两者均为透明的无定型聚合物，具有耐高温性和强韧性；②两者的折射率之差应满足 n_1（芯）$-n_2$（皮）$\geqslant 0.05$ 的条件，以确保有一定的受光角；③两者具有良好的匹配性，界面黏结性良好。

4. 塑料光纤的制造方法

（1）**棒管法** 将塑料光纤的芯材和皮材分别制成严格匹配的棒和管，在加热和抽真空情况下将两者紧紧复合在一起而拉制成丝。

（2）**挤出法** 挤出法又分为螺杆挤出法和柱塞熔融挤出法。螺杆挤出法是将芯材单体经提纯聚合后粉碎成粒，在普通螺杆中挤出，通过共挤或涂覆工艺形成光纤；柱塞熔融挤出法是将芯材单体精馏提纯，在加入引发剂和链转移剂后，加压成预制棒材，然后在柱塞式挤出机中加热加压挤出芯材，通过与皮材的共挤或涂覆而形成光纤。

将芯材和皮材从不同的挤出机械中同时挤出一次成型光纤的工艺称为共挤法，共挤法的工艺流程如图 4-3 所示。

图 4-3 共挤法工艺流程图

共挤法由于杜绝了空气的污染，因而成品具有较好的透明度。该制造方法工艺简单，成本低，生产效率高，正被广泛使用。

涂覆法是将挤出的纤芯通过皮材的溶液，去除溶剂后，皮材包覆于芯材而成光纤的方法，其工艺流程如图 4-4 所示。

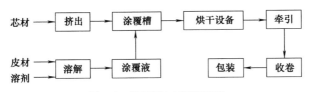

图 4-4 涂覆法工艺流程图

由于涂覆法需要附加各类溶剂，这些溶剂对芯材不可能完全不溶，造成芯材界面的不平滑，易引起损耗。更重要的是芯材在包覆皮材之前暴露在空气中，空气中的灰尘、微粒容易对其造成污染，从而增加光损耗，这是涂覆法不可克服的缺点。

（3）**连续聚合纺丝法** 连续聚合纺丝法是目前最先进的光纤拉丝工艺，其先进性在于从单体聚合到纺丝成型全部在密封系统内进行，大大减少了外界环境对其的污染，从而使光纤的透光率得以大幅度提高，其工艺流程如图 4-5 所示。

连续聚合纺丝法流程长，工艺复杂，控制精度高，由于其杜绝外界环境的污染，再加以改性的单体，该工艺生产的塑料光纤损耗可 $<100dB \cdot km^{-1}$，甚至可达二十几分贝每千米，

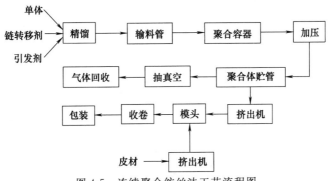

图 4-5 连续聚合纺丝法工艺流程图

大大拓展了塑料光纤的应用空间。

塑料光纤的制造方法还有离心模塑法、气相扩散共聚法、界面凝胶法等，可采用不同工艺生产塑料光纤，从而满足不同行业的需求。

5. 塑料光纤的发展

塑料光纤是 20 世纪 60 年代中期进入实用阶段的。1966 年，美国杜邦公司和光学联合物（Polyoptics）公司首先出售全反射型的塑料光纤，其后 2~3 年，日本旭化成、东丽及三菱人造丝等公司也相继研制出塑料光纤。1972 年，杜邦公司又研究成功能传导红外光的"Crofon—RX"塑料光纤，20 世纪 70 年代末，该公司又开发了 PFX 塑料光纤，使光导距离比以往的塑料光纤提高 1 倍，与此同时，日本则研究出渐变指数型塑料光纤。20 世纪 80 年代，塑料光纤又有新的发展，美国、日本等国先后又研制出新的塑料光纤，使其性能进一步提高。我国南京、北京等地也研制出塑料光纤，并已投放市场。表 4-1 为 POF 的发展历史。

表 4-1　POF 的发展历史

纤芯材料	类型	最低损耗/(dB·km^{-1})	波长/nm	时间/年	机构	性能
PMMA	SI	500	650	1968	Du Pont	
PS	SI	1100	670	1972	Toray	
PMMA-d$_8$	SI	180	790	1977	Du Pont	
PMMA	SI	300	650	1978	Mitsubushi Rayon	
PMMA	SI	55	568	1982	NTT	—
PS	SI	114	670	1982	NTT	
P(MMA-VPAc)	GI	1070	670	1982	Keio Univ.	
PMMA-d$_8$	SI	20	650	1983	NTT	
PMMA	SI	110	570	1983	Mitsubushi Rayon	
PMMA	SI	80	570	1985	Asashi Chemical	—
PC	SI	450	770	1986	Fujitsu	高耐热性
P(5F3DSt)	SI	178	850	1986	NTT	—
P(MMA-VPAc)	GI	312	596	1987	Keio Univ.	
热固性树脂	SI	600	650	1987	Hitachi	高耐热性
P(MMA-VPAc)	GI	180	660	1988	Keio Univ.	—
P(MMA-VB)	GI	134	652	1990	Keio Univ.	高带宽
PMMA-d	GI	56	688	1992	Keio Univ.	带宽 2GHz/km

注：PMMA-d$_8$，重氢化 PMMA；P(MMA-VPAc)，MMA 与乙酸乙烯基苯酯的共聚物；P(5F3DSt)，五氟化三氘苯乙烯聚合物；P(MMA-VB)，MMA 与苯甲酸乙烯酯的共聚物；SI，突变型折射率；GI，渐变型折射率。

二、塑料光纤纤芯材料

1. 优良纤芯材料的选择标准

（1）降低传输损耗是纤芯材料选择的重要标准之一　与石英光纤一样，POF 的损耗（透射损耗、散射损耗和吸收损耗）是人们关注的焦点。就透射损耗而言，它们的损耗机制一样，只是程度有所差别。表 4-2 为 POF 的主要损耗因素，供选购时参考。

表 4-2　POF 的主要损耗因素

损耗	内在因素	外部因素	损耗	内在因素	外部因素
吸收	C—H 键高谐振波振动吸收（α_v） 电子跃迁吸收（α_e）	过渡金属 有机杂质	散射	瑞利散射（α_R）	灰尘和微孔 纤芯半径不均匀 纤芯与包层界面的不完美 定向以折射（α_i）

重氢化对于改善 POF 的 C—H 键振动吸收所致的可见光区的衰减损耗是有效的方法。同样，氟化也是降低 C—H 键振动吸收所致的损耗的有效方法。且氟化后振动基频红移，使 POF 的光学窗口红移，从而可降低瑞利散射所导致的损耗。此外，氟化高分子还可降低 POF 对水蒸气的吸附，并可阻止湿气在高分子里渗透，如 5F3DSt 在高湿度环境（90%RH，45℃）下放置 2 天后仍不呈现 C—H 键振动吸收，可在高湿度环境下使用。

氟化材料的采用意味着 POF 技术的一大进步。氟化 POF 一方面可在长途通信（波长 850nm、1300nm 和 1550nm）上工作，充分利用专为大容量长途通信开发经济的高性能元件；另一方面还可在较宽的波长范围内工作，衰减也只有几分贝每千米，从而可制成传输速度大于 3Gb/s 的大芯径耐用光纤。

（2）渐变型折射率是衡量塑料光纤传播效果的重要标志　光纤的散射分为 3 部分：模式散射、材料散射、波导散射。在多模 SI POF 中，模式散射较大，以致其他两种散射可以忽略不计。现在所有商业用的 POF 都是阶跃型，它的信号传输带宽在 100m 范围内仅仅为 50MHz，而在短程信息传输系统中 POF 的应用要求必须是高带宽、低损耗。渐变型折射率聚合物光纤（GI POF）的研制成功，克服了 POF 的模式扩散，解决了带宽低的问题，使信号传输的带宽在 100m 范围内达到 2.5Gb/s，比传统商业用的 SI POF 要高上数十倍，为全光局域网络的实现提供了可实用的传输介质。

渐变型光纤是为了克服阶跃型光纤色散的缺点而设计的一种多模光纤，它的纤芯折射率分布不是均匀的，中心为最大，随着半径的增大而逐渐减小。这种光纤具有聚焦性能，能对进入纤芯内的有效光进行聚焦，迫使光在纤芯中传播，逐渐自动地向轴线方向折回靠拢，形成一个近似于正弦曲线的轨迹，如图 4-6 所示。

GI POF 的折射率分布具有抛物线形状，如图 4-7 所示。

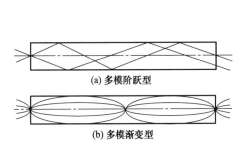

图 4-6　两种塑料光纤的光传播情况

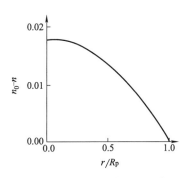

图 4-7　GI POF 折射率分布示意图

GI POF 的折射率在轴心最大，向外随着半径的增大而逐渐变小，通过调整折射率的分布，带宽可以达到最大化。折射率分布常用以下方程表示：

$$n(r) = n_0 \left[1 - 2 \left(\frac{r}{R} \right)^g \delta \right]^{1/2} \tag{4-1}$$

式中　$n(r)$——在半径为 r 时的折射率；

　　　n_0——材料在光学轴上的折射率；

　　　g——指数因子；

　　　R——光纤的半径。

经过理论分析，当 g 约为 2 时，带宽达到最大。

（3）纤芯材料的耐热性是选材过程中必须考虑的重要因素　当前塑料光纤用的纤芯材料

多采用聚甲基丙烯酸甲酯（PMMA），这种塑料具有优异的光透过性和成纤性能，但其最大的缺陷是玻璃化温度低（$T_g=105℃$）。利用 PMMA 制备的塑料光纤耐热性较差，在环境温度较高的场合（如车、船、航天或工厂车间等）使用时，存在着信号衰减、极易老化等严重问题，限制了塑料光纤应用范围的进一步扩大。而采用聚碳酸酯或聚硅烷作光纤纤芯材料，尽管其耐热性有所提高，但光损耗较大，材料成本增加，尤其是上述两种材料在合成中单体聚合反应不易控制，在制备塑料光纤时比较困难，根据上述因素，在选材时应予以高度重视。

（4）简单易行的制备工艺是塑料光纤应用的技术保障　目前制约新材料应用的关键技术是制造技术，塑料光纤也一样，任何性能再好的材料加工不成制品也没用。塑料光纤属高新技术产品，其加工工艺较为复杂，研制或选择简便易行的生产工艺是选材时务必考虑的重点。

（5）塑料光纤用聚合物的性能特点是选材的根本　塑料光纤用聚合物的基本条件是透明性好、折射率高、纤芯材料与包层附着性优良以及成型工艺性好，且所制得的纤维力学性能亦佳。另外，选材中还要考虑用于包层的聚合物的折射率必须小于芯材聚合物折射率的 $2\%\sim3\%$。以聚甲基丙烯酸甲酯为例，用其作为芯材时，最好选用折射率在 1.4 左右的含氟聚合物作包层材料。表 4-3 给出了塑料光纤纤芯材料和包层材料的性能。

表 4-3　塑料光纤纤芯材料和包层材料的性能

	聚合物	折射率	色散	透明度/%	耐热性/℃	线胀系数/$(10^{-6}℃^{-1})$
纤芯材料	聚甲基丙烯酸甲酯	1.491	55.3	90	80	63
	聚苯乙烯	1.590	30.9	88	79	80
	聚碳酸酯	1.586	30.3	89	120	70
	苯乙烯/丙烯腈	1.579	—	90	90	70
	双烯丙基二甘醇	1.504	—	90	100	90
	聚 4-甲基-4 戊烯	1.466	—	90	80	117
包层材料	聚四氟乙烯	1.316	35.6			
	聚甲基丙烯酸三氟异丙酯	1.417	65.8	—	—	—

2. 塑料光纤常用聚合物

（1）简介　聚甲基丙烯酸甲酯（PMMA）和聚苯乙烯（PS）是常用的纤芯材料，因为这些高分子容易在单体状况下被纯化，且聚合后没有影响其透明性的副产物产生，从而具有良好的光学透明性。聚碳酸酯（PC）具有较高的无定形特征和耐热性，是解决 POF 的耐热性、提高其工作温度范围的理想材料。但由于其在缩合过程中的副产物难以除去而使透明度下降，这是目前在解决提高 POF 工作温度范围时急需解决的问题之一。

（2）聚甲基丙烯酸甲酯（PMMA）　PMMA 是由自由基引发制得的无规立构聚合物，其相对分子质量约为 $50\sim10\times10^5$；而阴离子引发聚合的 PMMA 为有规立构、全同立构、间同立构，其相对分子质量约为 6×10^5，PMMA 聚合方法有本体、悬浮、溶液和乳液聚合法等。

PMMA 是最重要的光纤芯材材料，也是优良的光学塑料，它具有优良的综合性能、优异的光学性能和耐候性。

① 优异的透明性。透明性高，可与光学玻璃媲美，无颜色，几乎不吸收可见光的全波段光；紫外线可以透过至 270nm，这是作为光纤纤芯材料的最重要的特性。但通常的市售商品因加有紫外线吸收剂，多数至 360nm 时就不能透过了。

② 色调多彩。PMMA 着色性特别好，从透明、半透明到不透明，从浅色到深色可得到无数种色调，而且加热或自然暴露几乎不发生变色、退色现象。

③ 表面光泽好。折射率为 1.49，表面反射率不大于 4％。

④ 轻而强韧。相对密度为 1.19，为无机玻璃的一半，且具强韧性，与无机强化玻璃相当。

⑤ 成型加工性良好。具有热可塑性，几乎可加工成任何形状，纤维成型性亦佳。在成型材中，具有流动性与耐热性相结合的数种等级。而且可进行切断、车削、穿孔、雕刻、研磨等机械加工。另外，适宜于进行黏结、涂装、印刷、染色、热印（压花）、金属蒸镀等各种加工。

⑥ 耐化学药品性好。耐强酸、强碱，几乎不受无机盐类侵蚀，且耐受有机盐类、油脂类、脂肪族碳氢化合物等。

⑦ 耐气候性优良。在塑料中，丙烯酸类树脂的耐候性是极优良的。PMMA 可在室外长期暴露使用，其物理、力学性能几乎不下降。

⑧ PMMA 的力学强度中等。通过拉伸定向得到双轴定向片材，其力学性能有较大提高。如提高耐应力开裂性和冲击强度，降低缺口敏感性，增加断裂伸长率。

PMMA 的不足之处如下。

① 表面硬度低，易划伤。为了改良 PMMA 表面易划伤的缺点，可在其板材或制品表面涂层，以提高表面硬度，增加耐磨、耐划伤性。

② 静电性强。PMMA 电绝缘性高，易带电、吸尘，影响美观。

③ 受热或吸水易膨胀。PMMA 的线胀系数约为金属的 10 倍，平衡吸水率约为 2％，吸湿线胀系数为 0.4％，因此温度、湿度引起的伸缩变化大。

④ 弹性模量小。弹性模量仅为铁的 1/70。

⑤ 缺口敏感性高。PMMA 均聚物对缺口敏感，在应力作用下易开裂。为此，多用橡胶作为 PMMA 的改性剂，赋予其耐冲击性。

⑥ 易被某些有机溶剂侵蚀。如在酮、氯代烃、芳烃、酯类中易被溶解侵蚀；在醇、氯代烃中溶胀，当与上述溶剂接触时，易产生龟裂。

⑦ 可燃性。PMMA 是可燃的，发火点为 400℃，发火后缓慢燃烧。

常用 PMMA 的一般性能见表 4-4。

表 4-4　PMMA 的一般性能

性　能	指　标	性　能	指　标
密度/(g·cm^{-3})	1.17～1.20	压缩变形/％	
折射率	1.4893	13.8MPa,50℃,24h	0.2
透光率/％	＞91	27.6MPa,50℃,24h	0.5
拉伸强度/MPa	49～77	简支梁冲击强度/(kJ·m^{-2})	14.7
拉伸弹性模量/GPa	2.7～3.2	悬臂梁冲击强度(缺口)/(J·m^{-1})	16
断裂伸长率/％	2～7	硬度/HRC	85～105
弯曲强度/MPa	91～130	玻璃化温度/℃	105
弯曲弹性模量/GPa	3.103	维卡软化点/℃	113
氧指数	17.3	热变形温度/℃(弯曲应力1.82MPa)	60～102
燃烧速度(mm·min^{-1}),3mm 厚	30	脆化温度/℃	90
发火温度/℃	400	最高使用温度/℃	65～95(随条件)
燃烧热/(MJ·kg^{-1})	26	线胀系数/(×10^{-5}K^{-1})	4.5～7
介电强度/(kV·mm^{-1}),60Hz	18～22	热导率/[W·(m·K)$^{-1}$]	(2～3)×10^{-2}
压缩屈服强度/MPa	124	比热容/[J·(kg·K)$^{-1}$]	(1.37～1.47)×10^3
压缩弹性模量/GPa	3.104	相对介电常数	
		60Hz	3.5～4.5
		1kHz	3.3

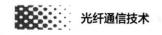

续表

性　　　能	指　　标	性　　　能	指　　标
1MHz	2.2～2.5	介电损耗因数	
1GHz	2.5	60Hz	$(5～6)×10^{-2}$
体积电阻率/Ω·cm	$>10^{15}$	1kHz	$(3～4)×10^{-2}$
表面电阻率/Ω	$2×10^{18}$	1MHz	$(3～4)×10^{-2}$
功率因数		耐电弧性	不漏电
60Hz	$(4.5～5.3)×10^{-2}$	模塑收缩率/%	0.3
1kHz	$(3.1～3.9)×10^{-2}$	吸水性/%	0.4
1MHz	$(2.8～3.2)×10^{-2}$		

耐热级 PMMA 不含增塑剂，其热变形温度为 100～115℃，比普通级 PMMA 高 10℃ 以上。由于不含增塑剂，所以抗龟裂性较强，但韧性不及普通 PMMA，其他性能与普通 PMMA基本相同。

(3) 聚苯乙烯(PS)　PS 可由苯乙烯通过自由基聚合或离子型聚合而制得。聚合方法有 4 种：本体聚合法、溶液聚合法、悬浮聚合法和乳液聚合法。现在工业化生产主要采用悬浮聚合法和本体聚合法。

通用级 PS 的平均相对分子质量在 $(20～30)×10^4$ 之间，它是透明有光泽的热塑性塑料，透明度达 88%～92%，折射率为 1.59～1.60。在应力作用下，产生双折射，即应力-光学效应。

PS 无色、无味、易着色，具有刚性、无毒、不致菌性能。PS 易加工成型，流动性好，吸湿性小（仅为 0.02%），在潮湿的环境中能保持力学性能和尺寸稳定性，但透湿性大于 PE。

PS 的热变形温度为 70～100℃，连续使用温度为 60～80℃。在低于热变形温度 5～6℃ 下进行退火处理可消除应力，提高热变形温度。PS 的热导率不随温度变化而变化，因而可制成良好的冷冻绝热材料。在聚合时，掺入少量 α-甲基苯乙烯，可制成耐热型通用级 PS。

PS 电绝缘性能优良，体积电阻率和表面电阻率很高，功率因数接近于零，且不受温度、湿度变化及电晕放电等影响，是常用的电工、电子设备材料。在高频下，功率因数很低，是良好的高频绝缘材料。PS 在 300℃ 以上能解聚放出单体，可防止表面炭化，因而有良好的耐电弧性，并且是耐辐射极好的聚合物之一。

PS 耐化学性尚好，可耐某些矿物油、有机酸、碱、盐、低级醇的作用，但不耐烃类、酮类、高级脂肪酯的侵蚀，溶于芳烃、氯代烃。

PS 的不足之处是耐热性差，不耐沸水，性脆，冲击强度较低，制品存在内应力而易自行开裂。国产聚苯乙烯的基本性能见表 4-5。

表 4-5　国产聚苯乙烯的基本性能

性　　　能	指　　标	性　　　能	指　　标
清洁度/颗(每 10g 树脂中的杂质黑点含量)	<2	马丁耐热/℃	68
水分/%	0.2	冲击强度/(kJ·m^{-2})	16
挥发分/%	1.0	弯曲强度/MPa	80
粒度/%(650～2600μm)	75	相对介电常数(1MHz)	2.7
黏度比	1.8～2.3	介电损耗因数(1MHz)	$5×10^{-4}$
透光率/%	80	体积电阻率/Ω·cm	$1.0×10^{16}$

(4) 苯乙烯-丙烯腈(S/AN)　S/AN 以苯乙烯和丙烯腈为原料，以过氧化苯甲酰为引发剂，最佳合成工艺是本体游离基聚合。虽然也可以采用乳液聚合和悬浮聚合，但由于丙烯腈在

水中溶解度高达百分之几，两相组成不断改变，造成分子量分布很宽，产品性能受到影响。

为了使共聚物的组成尽量均匀，相对分子质量分布尽量狭窄，得到热学性能均匀、易加工、透明、不易开裂的产品，必须控制原料配比。如在 60℃ 聚合时，配料中苯乙烯应占 76%（质量分数）；在 (150±30)℃ 聚合时，苯乙烯应占 78%（质量分数），方能进行恒比共聚合，得到组成均匀的共聚物。实际上，共聚物中含 30%AN（质量分数）时，其透明性、冲击强度、拉伸强度、弯曲强度都较好。为得到这样的共聚物，起始原料比中苯乙烯的质量分数应为 0.65 左右（相当摩尔分数为 0.55），并控制转化率为 80%。由于 S/AN 的软化点高，聚合温度一般在 (150±30)℃ 或加入惰性溶剂。

S/AN 树脂是为了改善 PS 树脂的耐热性、耐油性、耐冲击性而开发的品种。S/AN 树脂为非晶态，相对密度为 1.07~1.10。它是坚固、刚性、略带黄色透明或半透明的珠粒或颗粒。S/AN 树脂模塑收缩率小，有良好的尺寸稳定性、耐候性、抗振动性、耐化学药品性。与 PS 相比，由于引入有极性的氰基，有更高的冲击强度和优良的耐热性、刚性、耐油性、耐水、酸、碱、洗涤剂、氯代烃溶剂等，但可溶于酮类。加工流动性、热稳定性比 PS 稍低，吸湿性略超过 PS。S/AN 树脂有优良的电绝缘性能、优良的二次加工性（涂覆、黏结等）。

上海高桥化工厂开发的 α-甲基苯乙烯-丙烯腈共聚物（α-SAN），其主要性能的冲击强度为 20kJ/m²，热变形温度 ≥85℃，有一定透明性。

S/AN 树脂的典型性能见表 4-6。

表 4-6　苯乙烯-丙烯腈共聚物（S/AN）的典型性能

项　目	指　标	项　目	指　标
密度/(g·cm⁻³)	1.07	热变形温度/℃	94
拉伸强度/MPa	80	吸水性/%	0.2
伸长率/%	3	模塑收缩率/%	0.2~0.6
弯曲弹性模量/MPa	3800	透光率/%	90
悬臂梁冲击强度(缺口)/(J·m⁻¹)	20	折射率/%	1.565
硬度/HRC	90		

（5）聚-4-甲基-1-戊烯(TPX)　TPX 是等规聚合物，结晶度为 40%~65%。它是所有塑料中最轻的一种，相对密度为 0.83，对水蒸气的渗透率为 PE 的 10 倍。TPX 的透光率可达 90%，对紫外线的透光率比玻璃以及其他透明树脂更为优良。TPX 在远红外区的光学性能优异。

TPX 刚性大，在 100℃ 以上，刚性超过 PP；在 150℃ 以上，刚性超过聚碳酸酯。TPX 熔点为 235~240℃，在 1.86MPa 应力下的热变形温度达 200℃，维卡软化点为 179℃，热老化特性极好，在 125℃ 下可使用一年。它具有优良的介电性能，在合成树脂中，显示最小的介电常数，可与聚四氟乙烯和电线电缆级 LDPE 媲美。TPX 耐化学腐蚀性好，即使在 160℃ 以下，仍耐大多数化学药品，但不耐氧化剂、芳烃和氯化烃。TPX 的抗蠕变性能优于 PP，无毒性。日本三井石油化学公司 TPX 产品性能见表 4-7。

TPX 的缺点是耐应力开裂性差、耐紫外线较差、冲击强度较低（在常温和低温条件下）、透气性较大。上述缺点可通过与其他 α-烯烃共聚和加入添加剂等方法予以补救。

（6）聚碳酸酯(PC)　PC 树脂通常采用酯交换法和光气法生产。其特征为透明、呈微黄色、刚性大且具有韧性；慢燃，且离火后慢熄，火焰呈黄色、黑烟碳束；燃烧后塑料熔融、起泡，并发出特殊臭味。

聚碳酸酯是一种性能优良的工程塑料，具有综合均衡的力学、热学及介电性能，特别是耐冲击韧性为一般热塑性塑料之首，透明度高，耐蠕变，且尺寸稳定性好。

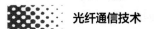

表 4-7　日本三井石油化学公司 TPX 产品性能

项目	试验方法	RT-18	RT-20	DX-810	DX-845	RO-15	DX-830	DX-836
外观		无色透明	无色透明	无色透明	无色透明	白色不透明	白色不透明	白色不透明
密度/(g·cm^{-3})	ASTM D1505 —2003	0.835	0.840	0.830	0.835	0.835	0.840	0.845
熔点/℃		235	230	235	235	235	240	240
熔体质量流动速率/[g·(10min)$^{-1}$]	260℃　50N	26	26	70	8	26	26	8
拉伸强度/MPa		25	22	26	26	25	24	24
拉伸断裂强度/MPa		17	16	20	23	18	21	22
断裂伸长率/%		40	55	10	30	30	10	15
弯曲强度/MPa		40	30	46	43	40	34	42
弯曲弹性模量/MPa		1300	800	1700	1500	1410	1800	1800
悬臂梁冲击强度(缺口)/(J·m^{-1})		30	30	20	50	40	50	60
硬度/HRC		80	70	90	85	85	90	85
透光率/%	ASTM D1746—62T	90	90	90	90	—	—	—
雾度/%	ASTM D1746	1.5	2	4.0	2	—	—	—
折射率		1.463	1.463	1.463	1.463	—	—	—
线胀系数/(×10^{-5}K^{-1})	ASTM D696—2003	11.7	11.7	11.7	11.7	11.7	11.7	11.7
热导率/[W·(m·K)$^{-1}$]	BS874A	0.1675	0.1675	0.1675	0.1675	0.1675	0.1675	0.1675
比热容/[J·(g·K)$^{-1}$]	C351-61	1.97	1.97	1.97	1.97	1.97	1.97	1.97
热变形温度/℃(0.46MPa)		100	105	140	100	100	100	100
燃烧速度/(cm·min^{-1})	ASTM D635—2003	2.54	2.54	2.54	2.54	2.54	2.5	2.45
模塑收缩率/%		1.5~3.0	1.5~3.0	1.5~3.0	1.5~3.0	1.5~3.0	1.5~3.0	1.5~3.0
相对介电常数(0.1k~1MHz)	ASTM D150—1998	2.12	2.12	2.12	2.12			
体积电阻率/Ω·cm	ASTM D257—1999	>10^{16}	>10^{16}	>10^{16}	>10^{16}	—	—	—
介电强度/(kV·mm^{-1})	ASTM D149—55T—1997	27.6	27.6	27.6	27.6	—	—	—
吸水率/%	ASTM C570	0.01	0.01	0.01	0.01	0.01	0.01	0.01

　　聚碳酸酯的耐热性好，可在−60~120℃下长期使用，自熄性好，吸水性小，介电性能好，耐酸和耐油性亦佳。国产 PC 树脂的性能见表 4-8。

　　(7) 聚四氟乙烯(PTFE)　聚四氟乙烯是无极性直链型结晶性聚合物，该聚合物为白色、无臭、无味、无毒的粉状物，浓缩分散液为乳状液体。一般制品结晶度为 55%~75%，温度升到 327℃以上时，结晶消失变成完全透明状态，不受氧或紫外光的作用，不吸水，耐候性极佳，且具有不燃性。

PTFE耐高低温性能好，可在−250～260℃温度内长期使用；耐磨性好，静摩擦因数是塑料中最小的，自润滑性能优良；电绝缘性能优异，并且不受工作环境、湿度、温度和频率的影响，具有良好的耐电弧性；耐化学腐蚀性优良，除在高温、高压下氟元素和熔融状态的碱金属对它有侵蚀作用、某些卤化胺或芳香烃使其有轻微的膨胀外，其他诸如强酸、强碱、强氧化剂、油脂、酮、醚、醇等即使在高温下对它也不起作用；有突出的表面不黏性，且对光辐射有很高的反射率，但经射线辐照后易分解放出CF_4，使相对分子质量降低，性能变差，如经γ射线辐照后变脆，剂量达10^8Gy时就成为粉末；在连续负荷作用下易发生塑性变形，回弹性差，弯曲和压缩强度低，有极高熔体黏度，难以用普通热塑性塑料加工方法加工。国外生产的聚四氟乙烯性能见表4-9。

表 4-8　国产 PC 树脂的性能

项　　目	测试方法	T-1230	T-1260	T-1290	TX-1005
相对密度	GB/T 1033—1986	1.2	1.2	1.2	1.2
吸水率/%	GB/T 1034—1998	0.2～0.3	0.2～0.3	0.2～0.3	0.2～0.3
屈服拉伸强度/MPa	GB/T 1040—1992	60	60	60	58
断裂拉伸强度/MPa	GB/T 1040—1992	58	58	58	50
伸长率/%	GB/T 1040—1992	70～120	70～120	70～120	60～120
弯曲强度/MPa	GB/T 9341—2000	91	91	91	90
拉伸弹性模量/GPa	GB/T 1040—1992	2.2	2.2	2.2	2.1
弯曲弹性模量/GPa		1.6	1.7	1.7	—
压缩强度/MPa	GB/T 1041—1992	70～80	70～80	70～80	60～75
剪切强度/MPa		50	50	50	50
冲击强度/(kJ·m^{-2})	GB/T 1043—1992				
无缺口		不断	不断	不断	
缺口		45	50	50	60
硬度/HB		95	95	95	90
泰伯磨耗/[mg·(1000r)$^{-1}$]		10～13	10～13	10～13	
热变形温度/℃	GB/T 1035—1970	126～135	126～135	126～135	115～125
马丁耐热/℃		115	115	105	
模塑收缩率/%		0.5～0.8	0.5～0.8	0.5～0.8	0.5～0.8
长期使用温度/℃		−60～120	−60～120	−60～120	—
脆化温度/℃	GB/T 5470—1985	−100	−100	−100	
熔点/℃		220～230	220～230	—	
玻璃化温度/℃		145～150	145～150	145～150	
热导率/[W·(m·K)$^{-1}$]		0.142	0.142	0.142	
比热容/[kJ·(kg·K)$^{-1}$]		1.09～1.26	1.09～1.26	1.09～1.26	
线胀系数/(×10^{-5}K^{-1})	GB/T 1036—1989	5～7	5～7	5～7	5～7
光线透过率/%		85～90	85～90	85～90	
折射率		1.5872	1.5872	1.5872	
耐辐射/[7.74×10^{-4}·(Ci·kg)$^{-1}$]		变棕红	变棕红	变棕红	—
耐电弧性/s		10～120	10～120	10～120	10～120
介电强度/(kV·mm^{-1})	GB/T 1408.1—1999	18～22	18～22	18～22	18～22
体积电阻率/Ω·cm	GB/T 1410—1989	5×10^{16}	5×10^{16}	5×10^{16}	5×10^{16}
相对介电常数(1MHz)	GB/T 1409—1989	2.8～3.1	2.8～3.1	2.8～3.1	2.8～3.1
介电损耗因数(1MHz)	GB/T 1409—1989	1×10^{-2}	1×10^{-2}	1×10^{-2}	1×10^{-2}
自熄性		自熄	自熄	自熄	自熄

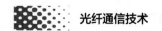

表 4-9　国外生产的聚四氟乙烯的性能

项　　目	测试方法（ASTM）	美国联合化学公司 Halon TFE G80—G83	美国杜邦公司 Teflon TFE	法国于吉内居尔芒公司 Soreflon
模塑收缩率/%	D955—2000		3～7	3～4
熔融温度/℃		331	327	
相对密度	D792—2000	2.14～2.20	2.14～2.20	2.15～2.18
吸水率/%	D570—1998			
方法 A		—	<0.01	<0.01
折射率	D542—2000	1.35	1.35	1.375
拉伸屈服强度/MPa	D638—2002	2.76～44.8	13.8～34.5	17.2～20.7
屈服伸长率/%	D638—2002	300～450	200～400	200～300
拉伸弹性模量/MPa	D638—2002	400	400	400
弯曲弹性模量/MPa	D790—2003	483	345	483
压缩屈服强度/MPa	D695—2002	11.7	11.7	11.7
压缩弹性模量/MPa	D695—2002	—	414～621	—
硬度/HRC		50～65	50～55	50～60
悬臂梁冲击强度/(J·m^{-1})	D256—2002			
缺口 3.2mm		107～160	160	160
荷重形变/%				
13.8MPa,50℃		9～11	—	9～11
热变形温度/℃	D648—2001			
0.46MPa		121	121	121
1.82MPa		48.9	55.6	48.9
最高使用温度/℃				
间断		260	288	299
连续		232	260	249
线胀系数/(×10^{-5}K^{-1})	D696—2003	9.9	9.9	9.9
热导率/[W·(m·K)$^{-1}$]		0.27	0.25	0.25
燃烧性(氧指数)/%	D2863—2000	—	>95	>95
相对介电常数	D150—1998			
60Hz		2.1	2.1	2.0～2.1
1MHz		2.1	2.1	2.0～2.1
介电损耗因数				
60Hz		<3×10^{-4}	<2×10^{-4}	<3×10^{-4}
1MHz		<3×10^{-4}	<2×10^{-4}	<3×10^{-4}
体积电阻率/Ω·cm	D257—1997	10^{17}	>10^{18}	>10^{18}
耐电弧性/s	D495-55T—1999	不耐电弧	>300	>420

　　(8) 聚硅氧烷（PSR）类　PSR 可挠性极佳，可制成大口径、大容量塑料光纤，且具有耐高温、耐湿、耐寒、耐热水、耐放射性等性能。

　　(9) 其他类型　聚酯、氮杂环聚合物也可用作塑料光纤芯材，但制造、提纯方法及工艺都很复杂，综合性能控制很困难。

3. 皮材

　　皮材对光纤的性能影响较大。一般 PMMA 及其共聚物芯材（折射率约为 1.5）多选用含氟聚合物或共聚物为皮材，使用最广泛的是聚甲基丙烯酸氟代烷基酯，并引入丙烯酸链段以增强对芯材的黏附力。皮材还包括聚偏氟乙烯（折射率为 1.42）、偏氟乙烯与四氟乙烯共聚物（折射率为 1.39～1.42）等。

三、塑料光纤制备技术

(一) 光纤聚合物聚合方法

　　塑料光纤的制造工艺通常包括两大步骤：第一步是将单体聚合成液态、颗粒或棒状聚合物；第二步是将聚合物加工成纤维。

制造光学高度透明的高聚物的常用生产方法有本体聚合、界面凝胶聚合等。

1. 本体聚合法

本体聚合法生产工艺流程如图 4-8 所示。通常本体聚合前都要对单体进行精制，除去阻聚剂，将精制的单体以及引发剂、链转移剂立即直接投入聚合槽以保证高纯性。聚合时需要控制投料量、投料比例、反应时间和温度等工艺参数，以保证反应的稳定性。因为，这种聚合工艺引入杂质少，产品纯净，相对分子质量分布窄且易控制，折射率、密度均匀，适宜制备低损耗光纤。例如，日本的桥石、住友等公司均用本体聚合法制备塑料光纤芯材聚合物。

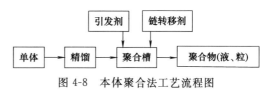

图 4-8　本体聚合法工艺流程图

2. 界面凝胶聚合法

（1）适用性

① 多模预制棒。采用界面凝胶聚合法的"凝胶效应"可制得折射率连续变化的多模光纤预制棒。其具体方法是选用甲基丙烯酸甲酯（MMA）作 M_1 单体时，M_2 单体就应选用苯甲酸乙烯酯（VB）、乙烯乙酸苯酯（VPAC）、丙烯酸苯酯（BSA）、苯基异丁烯酸酯（PHMA）、苯甲基异丁烯酯（BSMA）等。

在界面凝胶聚合中，将 M_1 和 M_2 单体混合物连同规定量的精制引发剂如过氧化苯甲酰（BPO），以及相对分子质量调节剂如正丁基硫醇（NBM）置于一支纯聚甲基丙烯酸甲酯（PMMA）管中，放置于温度为 $60\sim80℃$ 的炉中进行聚合，开始时由于单体的浸润在 PMMA 管的内壁表面形成凝胶，单体在凝胶相中的反应速度远远大于单体中的反应速度，首先在 PMMA 管的内壁发生聚合，聚合过程中分子尺寸较小的 M_1 单体比分子尺寸较大的单体 M_2 容易扩散到凝胶相中。因此，比 M_1 单体折射率高的 M_2 单体按一定浓度梯度逐渐聚焦在管中心，最后得到一个折射率径向梯度变化的预制棒（$D=15\sim22mm$）。

② 单模预制棒。采用界面凝胶聚合的原理同样可以制得单模光纤预制棒，经热处理完成聚合作用，在 $200℃$ 的拉丝炉中拉丝，即得到单模塑料光纤。这种一步法已成功制得芯径为 $3\sim15\mu m$，在 $0.652\mu m$ 波长时损耗为 $200dB/km$ 的塑料光纤。

当芯径大于单模光纤直径时，将所得光纤放于 PMMA 管中心，用甲基丙烯酸甲酯（MMA）单体充填空隙，再进行聚合，将第二次聚合的预制棒在炉中拉丝，从而得到满意的单模塑料光纤。

（2）界面凝胶聚合方法与过程

① 界面凝胶共聚法。界面凝胶共聚法（interfacial-gel copolymerization）是当前研究最多且用途最为广泛的 GI 型 POF 的最新制备方法。为了得到折射率从中心轴到包层逐渐变化的材料，通常采用两种不同折射率和反应活性的单体 M_1 和 M_2 共聚（$n_1<n_2$，$r_1<r_2$，n_1、n_2 分别为单体 M_1 和单体 M_2 的折射率，r_1、r_2 分别是两共聚单体的竞聚率）。以 MMA 和 VPAC 为例，在共聚前单体应被很好地纯化：用 $0.5mol/L$ 的 NaOH 溶液洗涤除去单体中的抑制剂，再用蒸馏水反复将剩余的 NaOH 洗净，然后经无水 Na_2SO_4 干燥后减压蒸馏，过滤。以过氧化苯甲酰（BPO）和 n-丁基硫醇（nBN）作聚合引发剂和链转移剂，在 PMMA 管（$d_内=8mm$，$d_外=10mm$）内于 $60\sim80℃$ 条件的箱式电炉中反应，在管内壁附近形成凝胶层（内壁溶解于单体而形成）。由于在凝胶相中的聚合速度比单体液相快得多，所以聚合

反应将从管内壁处开始，并且主要是 MMA 的聚合，故在包层附近折射率较低。随着共聚相逐渐加厚，单体相中聚合物含量也会慢慢增加。由于 M_1 优先反应，所以单体相中 M_1 的含量将不断降低。结果，随着反应的不断进行，折射率将不断增加，从而出现从包层到中心轴折射率逐渐增大的分布。然后，取得的实芯棒在 0.2mmHg（26.7Pa）压力下热处理 8h，再在 230～280℃温度下拉成纤维即可得到 GI 型的 POF。

1988 年，Koike 等首先提出用界面-凝胶共聚合的方法来制备具有 GI 分布的聚合物光学材料。其基本原理是：将单体 M_1 和 M_2 的混合溶液（$n_1 < n_2$，$r_{12} > 1$ 和 $r_{21} < 1$）装入一支用 M_1 均聚物（如 PMMA，但其溶解度参数要和单体混合物的溶解度参数相近）做成的小试管中（外径约为 100mm，内径为 8mm），升温使之发生聚合。反应初期，由于两者的溶解度参数相近，混合单体对聚合物表面的溶胀作用使得试管内表面生成一层薄的凝胶层。由于凝胶效应，在凝胶层内单体的共聚合反应速率比凝胶层外液态单体的共聚合速率快得多，共聚物相从"试管"内壁的凝胶层向轴心逐渐形成。早期形成的共聚物中，单体 M_1 的含量高，因此形成的共聚物的折射率较小。随着共聚反应的逐渐进行，共聚物中 M_1 单体的浓度越来越小，而 M_2 单体的浓度则愈来愈大，因此生成的共聚物折射率逐渐增大呈梯度型分布。例如，采用界面-凝胶共聚的方法，选取 MMA 和苯甲酸乙烯酯（VB）4/1（质量比）为共聚单体置于 PMMA 试管中于 70℃聚合 16h 后，将其置于 26Pa 真空中于 80℃聚合 8h，得到预制棒，再拉伸（拉伸比为 100～200）得到的 GI 型 POF 具有高带宽特性［260MHz（km）］，光学损耗只有 134dB/km（波长 652nm）。Ishigure 等采用相同的原理，利用具有大折射率却不参加共聚合的惰性组分（如溴苯 BB）作为第二单体 M_2 所制备的塑料光纤具有更大的数值孔径和带宽。Ishigure 等最近又报道说，利用界面-凝胶共聚的方法可制备出带宽为 2000MHz（km）、光损耗仅为 56dB/km（668nm 波长）的 GI 型 POF。值得注意的是，Koike 利用 BzMA-VAc-VPAc 三元混合体系得到的预制棒的折射率分布为"W"型，用该预制棒制得不用皮层进一步包覆处理的 POF。在界面-凝胶共聚合制备 GI-POF 方法中，引发剂的浓度、链转移剂、反应温度是影响预制棒光学特性的主要因素。在引发剂质量分数较大（1.0%）、链转移剂量较多（500×10^{-6}～1000×10^{-6}）、反应温度控制在 70℃以下时，制备的 GI 型预制棒具有较好的折射率分布和较少的物理缺陷。

② 两步共聚合法。早在 20 世纪 70 年代，Ohtsuka 就利用间苯二甲酸烯丙酯（DAIP）或双（烯丙基碳酸）乙二醇酯（DGBA）作单体 M_1，MMA、nBMA 或 MA 作单体 M_2 采用两步共聚的方法制备出折射率分布近似于抛物线形的塑料导光棒。其步骤是，先制备间苯二甲酸二烯丙酯（$n = 1.570$）的预聚物棒，控制反应转化率，使其含有 >60%（质量分数）未反应的间苯二甲酸二烯丙酯单体，呈溶胀的凝胶状。然后，将该棒浸浴在含有 2.91%（质量分数）BPO 引发剂的 MMA（$n = 1.490$）单体溶液中 5min，于 80℃聚合 2h 使其完全聚合。在第二步共聚合中，MMA 单体通过扩散作用从外向内形成浓度梯度分布，同时 MMA 单体同 DAIP 单体发生共聚，所得光纤棒中 MMA 组分浓度由外向里逐渐减小，从而导致导光棒的折射率由轴芯向外降低，形成近似于抛物线形分布。但是，该导光棒的传输损耗高达 $1000 \text{dB} \cdot \text{km}^{-1}$，且有三维网络结构，因此难以成纤。Kimura.M 利用共聚单体的沸点差异，采用两步共聚的方法于第二步聚合前将沸点较低的未反应的单体除去，然后再行聚合完全。选用甲基丙烯酸二乙二醇与甲基丙烯酸苯甲基酯作为共聚单体，得到的 GI 型 POF 芯皮层折射率差约为 0.03，且具有高耐温性（维卡软化点温度为 144℃）。Canon 利用扩散原理，采用具有不同反应速率的单体共聚合一段时间后，在真空下除去部分反应速率较低的

单体，然后进一步使之完全聚合，得到 GI 型 POF 的预制棒。在内径为 10mm、长为 200mm 的聚丙烯试管中，以 30/20/50 质量比的二甲基丙烯酸乙二醇酯（EGMA）/甲基丙烯酸异丁酯（iBMA）/苯乙烯为共聚合体系，以 2%（质量分数）的 BPO 作引发剂，先于 45℃ 下聚合 3h，将共聚物取出，置于 1mmHg（133.3Pa）的真空下于 60℃ 保持 10min，使得未反应的苯乙烯单体发生扩散以便形成浓度梯度分布，再将其在 0.04MPa、60℃ 氮气环境下聚合 5h，得到的 GI 型 POF 预制棒可拉制成纤。

③ 光控制引发共聚合反应法。20 世纪 80 年代初，Ohtsuka 等采用光控制引发共聚合的方法制备出 GI 型 POF 预制棒。所选用的共聚单体应满足以下条件：$n_1 < n_2$，$r_2 > 1$，$r_1 < 1$。具体方法是：在一支玻璃试管中装入一定组成的混合单体和光引发剂，使其绕轴线按一定速度旋转，从试管侧面（垂直于试管旋转轴）间歇式施以光照，使共聚反应从外到里逐渐进行。随共聚合反应的不断进行，折射率大而共聚反应竞聚率小的单体 M_2 的浓度逐渐向轴心递增形成梯度分布。选取表 4-10 中三组单体，以安息香（BN）、安息香甲醚（BME）、过氧化苯甲酰（BPO）为引发剂，制备出预制棒。研究各种共聚合条件对导光材料折射率分布特性的影响，结果表明，以 3%（质量分数）的 BME 为光引发剂，MMA-VPAc（4/1，质量比）共聚合所制备的预制棒具有较好的折射率分布和最小光损耗。然而，事实上用这种方法制备的导光棒其折射率分布并不像预测的那样呈抛物线形（或符合平方率）分布。Kimura 等采用类似的控制变量为某单体的浓度或者引发聚合的光强或热源的共聚方法，可制备出 GI 预制棒。

表 4-10 光控制聚合 GI-POF 的制备

M_1	M_2	r_1	r_2	M_1	M_2	r_1	r_2
MMA(1.490)	VPAc(1.567)	22.5	0.005	MMA(1.490)	VCB(1.592)	1.32	0.084
MMA(1.490)	VB(1.578)	8.52	0.07				

利用计算机模拟的方法提出适合制备 GI 型预制棒的多组分共聚体系的一般条件。以三组分共聚物体系为例，三种单体的均聚物之间要有很好的相容性，以满足共聚物透明性。为了形成折射率梯度分布，则需选三种单体，其折射率 $n_1 < n_2 < n_3$，$r_{12} > 1$，$r_{21} < 1$，$r_{13} > 1$，$r_{31} < 1$，$r_{23} > 1$，$r_{32} < 1$。他们利用光控制引发共聚合的方法，考察了表 4-10 中的几种类型的三组分共聚物体系，成功地制得折射率具有不同类型分布的 GI 型 POF 预制棒。

④ 引发剂扩散控制法。采用引发剂扩散控制法来制备 GI 型 POF，其折射率沿光纤径向呈抛物线形分布。Yang 使用 BPO 与 N,N′-二甲基苯胺（DMA）作复合氧化还原引发剂，以便适用于在较低的温度下聚合，如 40℃，从而可避免在较高温度下（如 80℃）聚合过快而引起较大的体积收缩。所得到的预制棒的折射率分布与聚合温度、热处理过程、引发剂浓度有关。其具体过程如下：将 10g 含质量分数为 3% 过氧化苯甲酰 BPO 溶解于质量分数为 30%PMMA 的 MMA 溶液，倒入一支内径和外径分别为 11mm 和 15mm，长为 28.7cm 的 PMMA 试管中（其一端用硅橡胶密封）。将试管以 90r/min 的速度旋转，使其内壁形成厚约 0.5~1.0mm 的凝胶层，然后将 20mL MMA、5mL BzMA、0.43%N 和 N′-二甲基苯胺（DMA）的混合溶液倒入该试管中，在 40℃ 聚合 8h。由于 MMA 分子比 BzMA 分子小，因而 MMA 分子优先扩散进入凝胶相中，引发剂同时通过扩散作用而引发聚合反应发生。随着反应的进行，BzMA 在共聚物相中的浓度由外到里逐渐增加，形成折射率梯度分布。将预制棒置于真空箱式电阻炉中在 100℃ 条件下再聚合 8h 使其聚合完全，得到的预制棒具有抛物线形折射率分布（$n = 0.014$）。在同样的条件下，采用界面-凝胶共聚合方法制备的预制棒

容易产生气泡，而用引发剂扩散控制的方法进行共聚合则可以有效地避免类似的现象发生。

（二）光纤制备技术

针对塑料光纤的传输模式、折射率分布形式及所用纤芯材料的种类、成型工艺等特点，已研制出的塑料光纤成丝方法如下：

1. 气体挤压法

在聚合反应槽中，加入已精制纯化的 MMA 单体，如图 4-9 所示。加入引发剂（0.01mol/L 的偶氮叔丁烷）和相对分子质量调节剂（0.03mol/L 的正丁基硫醇），混合均匀

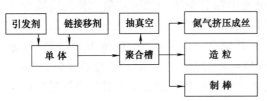

后，加热引发聚合，聚合槽通氮气保护并控温，再抽真空以消除溶解的空气。该槽在电热炉内加热到 135℃ 并保持 12h，使聚合完全。

聚合槽被加热到纤维拉丝温度，熔融聚合物被来自聚合槽顶部的干燥氮气从底部的模具中挤出，挤出的光纤直径可通过调整挤

图 4-9 氮气挤压法工艺流程图

出温度、气压和牵引速度来控制。最后，给刚挤出的光纤迅速地涂覆熔融的包层材料，如室温硅橡胶或氟聚合物。

2. 预制棒拉法

塑料光纤预制棒拉法是沿用多组分玻璃光纤和石英光纤的预制棒拉制工艺。其步骤为：

① 将热塑性树脂制成一定直径和规格的预制棒，然后将棒的一端熔融密封，另一端抽真空，将熔融封闭端送入具有特殊温度场分布的棒管炉中，并通入保护性气体；

② 预制棒受热熔融；

③ 通过控制送棒速度和对轮牵引收卷速度，可拉制出一定规格的塑料光纤。

预制棒拉法为间歇式生产工艺，既可拉制 SI-POF，又可拉制 GI-POF，这与预制棒的制备有关。采用本体聚合法，使经过提纯的单体经热引发或光引发发生自由基聚合，制成一定直径和规格的透明芯棒，这样制备的预制棒其内部折射率不变，拉制后可以成型为 SI-POF。折射率从轴心向边缘呈抛物线分布的预制棒经拉制可以成型为 GI-POF。

制备 GI 预制棒的方法主要有普通共聚法和界面凝胶法。普通共聚法是早期用以制备 GI 预制棒的方法。由于种种技术条件的限制，普通共聚法所制备的 GI-POF 传输损耗较大，其适用性受到限制。目前，界面凝胶共聚法逐渐成为制造 GI-POF 的主要方法。该法是利用聚合反应过程中的凝胶效应以实现折射率的梯度分布。首先制备聚合物包层管，在包层管内加入按一定比例混合的可聚合单体和折射率修正剂，单体将包层管内壁溶胀形成凝胶相并在凝胶相内聚合，使凝胶相增厚，由于折射率修正剂的分子体积大于可聚合单体的分子体积，凝胶相的黏度大于单体溶液的黏度，因此扩散进入凝胶相内的可聚合单体数量大于折射率修正剂的数量，相当于折射率修正剂分子向管中心方向汇集。当聚合过程结束后，折射率修正剂分子沿光纤预制棒径向形成一定的浓度分布，其中心区多，边缘区少，从而形成梯度折射率分布的光纤预制棒。

3. 挤出法

挤出法主要有挤出-涂覆法和共挤出法。

挤出-涂覆法成型 POF 的工艺流程如图 4-10 所示，芯材加入挤出机中，经过挤出机熔

融挤出、牵伸拉制、冷却定型制得纤芯。纤芯进入皮材溶液涂覆器，使纤芯涂覆上一定浓度的皮材溶液，经烘干装置烘干，得到具有芯皮结构的塑料光纤。挤出-涂覆法的优点是：生产过程连续，可以通过调整涂覆器的结构和溶液的配方得到不同结构要求的塑料光纤。缺点是：生产过程不完全封闭，从纤芯到芯皮结构塑料光纤的生产过程中，易受到尘埃、杂质的污染；不易形成包覆均匀的截面，所生产的塑料光纤经常是偏心的，即一边稍厚，一边稍薄，这对降低其光损耗不利。因此，挤出-涂覆法不太适用于加工低损耗、高传输带宽的塑料光纤。

图 4-10　挤出-涂覆法成型 POF 工艺流程示意图

采用共挤出法拉制 POF 使用 2 台挤出机，1 台挤出芯材，1 台挤出皮材，又通过 1 个共挤模头挤出，再经过牵伸拉制、冷却定型制得塑料光纤，其工艺流程如图 4-11 所示。

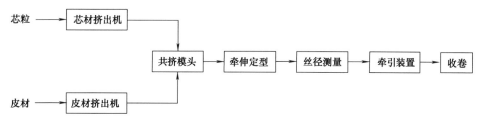

图 4-11　共挤出法成型 POF 工艺流程示意图

共挤出法是目前发展前景较好的塑料光纤成型技术。它的优点是：①为连续式生产工艺，芯、皮材通过挤出机熔融挤出，生产效率较其他生产塑料光纤方法高；②芯、皮材的熔融、包覆都在完全封闭的环境中完成，易于控制环境中污染物的影响，生产的塑料光纤杂质少、纯净度高、光损耗低；③通过改变芯、皮材配方，共挤模头结构参数和工艺参数，既可以生产 SI-POF，也可以加工 GI-POF。共挤出法生产的塑料光纤的性能（如光损耗、丝径均匀性、韧性）都明显优于其他方法生产的产品。

（1）挤出-涂覆法的技术关键　传输损耗是塑料光纤的主要性能指标，包括固有损耗和非固有损耗。固有损耗是由材料的吸收和瑞利散射引起的，与光纤的原材料有关，一旦芯、皮材选定，其固有损耗也就确定。非固有损耗是：羟基、过渡金属和其他杂质引起的吸收损耗；灰尘、气泡、纤径变化以及芯皮界面不完整引起的散射损耗。其中芯径变化与芯皮界面不完整是主要因素。要降低塑料光纤的传输损耗，除考虑原料因素之外，成型时还要尽量降低其非固有损耗。

挤出-涂覆法的材料、设备配置及模头设计如下。

① 芯材挤出机。芯材挤出机是保证芯材聚合物充分塑化、稳定挤出的设备，为适应特定聚合物的挤出工艺，选择挤出机的类型、性能参数及螺杆结构参数是十分重要的。塑料光纤的丝径范围一般为 $0.25\sim3.00$mm，在产量要求不高时，芯材挤出机一般选用直径为 $30\sim65$mm 的单螺杆挤出机即可。因大长径比有利于聚合物塑化，所以挤出机的螺杆长径比宜选为 25 以上，螺杆压缩比选择在 $2\sim4$ 为宜。

② 模头设计。挤出模头是纤芯挤出成型的重要部件，其设计必须保证孔径的尺寸精度和加工精度，同时模头内流道要呈流线形，以防止存在料流停滞区，并且要有较高的表面光洁度。尤其是口模部分，因为它直接关系到纤维表面的光滑性。在设计时还要考虑到模头的

加热问题，以确保其内部受热均匀。

③ 牵伸装置。塑料光纤对尺寸的精度要求很高，通常要求其纤径波动在5％以内，而控制纤径的关键是牵伸速度的控制精度。为了保证塑料光纤纤径波动在要求的范围内，牵伸系统的稳定性必须好，且速度控制要精确，反应要灵敏。一般采用纤径测量仪、测微机、可无级调速的牵伸机组成闭环控制系统，以便对牵伸收卷速度做实时调整。

④ 皮材溶液的配置。单根纤芯以空气为皮层，不能形成稳定的透光率，如灰尘或其他杂质黏附在纤芯上，其透光率将急剧下降，故纤芯拉制出后，必须立即涂覆上一定厚度的皮材溶液，方可形成完整的芯皮结构光纤。生产中要求配置的皮材溶液具有一定的浓度和黏度。黏度太低，在纤芯上形成的皮层很薄，将导致皮材强度不够，甚至出现光纤侧面漏光的现象；黏度太高，将导致皮材溶液不易烘干或皮层出现发白现象，无法形成透明的皮层。此外，要求皮材溶液对纤芯有一定的浸润性，便于涂覆均匀，同时溶剂应不溶解芯材，以免对芯材的光滑表面造成侵蚀，影响芯皮结构的完整性。

（2）共挤出法技术关键

① 挤出机的选择。POF 的纤芯直径多在 $100\mu m$ 以上，而皮层厚度多为 $10\sim20\mu m$，即在同一时间内，芯材挤出机的挤出量比皮材大得多。为了保证挤出机的熔料挤出稳定性好，皮材挤出机的螺杆直径应选择比芯材挤出机螺杆直径小的级别。

② 共挤模具的设计。

a. SI-POF 共挤模具的设计。POF 的芯材和皮材在共挤模具实现分流、包覆形成突变型折射率分布结构并同时挤出，共挤模具是生产的关键，其结构要精心设计。首先，物料流过的共挤模具通道表面光洁度要高，过渡部分呈流线形，收缩角要适当，要消除死角，这样可避免物料在模具表面流速过慢或停滞不前，从而消除物料因长时间受热而降解以及从模具流出时极不稳定的现象；其次，在共挤模具口模处，芯材所流经的通道为圆柱形，而皮材所流经的通道为圆环形，因此芯材流道要有足够的长度，以确保芯皮物料的定型挤出，通常定型长度与流道直径的比值为 8～30。此外，芯材圆柱形流道与皮层环形流道要加工装配好，以确保皮层环形截面均匀地包覆在圆形芯材上。

b. GI-POF 共挤模具的设计。共挤法制备 GI-POF 的工艺为：将均聚物与折射率修正剂按不同比例配制成混合物，其中折射率修正剂在各自聚合物中呈均匀分布，分别于两台挤出机中熔融混合，再于共挤模具中复合，然后在扩散管中内外层聚合物中的折射率修正剂相互扩散，形成浓度的渐变分布，最后共挤出，经牵伸获得 GI-POF。GI-POF 共挤模具的设计除具有 SI-POF 共挤模具的特点外，还包括扩散管的设计。有研究者研究了不同单体在 PM-MA 中的扩散模型，根据单体浓度、扩散管温度、聚合物黏度、扩散管长度等参数可计算出 POF 的折射率分布，进而优化扩散管的设计。

③ 冷却装置和牵伸装置。共挤 POF 的冷却装置和牵伸装置的设计和选择与挤出-涂覆法相同。

4. 直接挤出法制备 GI-POF

通过具有不同折射率单体在聚合物中的相互扩散，用封闭的挤压过程来制备 GI-POF。在实验中用的材料为聚甲基丙烯酸甲酯（PMMA），单体为甲基丙烯酸甲酯（MMA）和甲基丙烯酸苯甲酯（BzMA）。两种单体在光纤内的组成、光学半径 R_c 和分配常数 A 可以通过折射率分布得出。

图 4-12 所示为挤压法制备 GI-POF 的实验装置原理图。其原理如下：容器 1 中含有聚合物 A 和至少一种单体 B（可能包含有另外一种单体 C）混合溶液；容器 2 中含有聚合物 D

和至少另一种单体 E 的混合溶液。这两种溶液于 60℃ 加热后，经转速比为 1：3 的齿轮泵 3 和 4 以不同的体积比（1：3）进入 5 中，然后双层的混合物细丝从模具的喷嘴中挤压出后，进入保持恒温（80℃）的封闭扩散区 6。当经过封闭扩散区时，内层的单体 B、C 和外层的 E 相互扩散，在细丝中产生连续分布的折射率。在扩散区的底部，细丝从一个很小的喷嘴挤出，细丝通过固化区牵拉装置 8 经过紫外灯的照射固化后，即成 GI-POF。

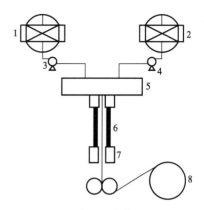

图 4-12　挤压法制备 GI-POF
的实验装置原理图
1、2—原料储备器；3、4—齿轮泵；
5—同正双层喷嘴；6—封闭扩散区；
7—固化区；8—牵拉装置

四、塑料光纤的性能

1. 塑料光纤的基本性能

塑料光纤是一种优良的大容量信号传输介质，它具有质轻、径细、频率宽、柔韧性好、无感应、不串音及节省资源等优点。与石英光纤相比，虽然传输光的距离较短，但易于使用，容易进行配列、黏结及研磨加工，制品使用性能良好，即使 $100\mu m$ 以上的粗径纤维也有良好的挠曲性，可以在具有复杂结构形状（如汽车内配线、医疗器械、装饰用品）的场合使用。

当前主要塑料光纤的性能见表 4-11，日本塑料光纤的性能见表 4-12，塑料光纤与其他光纤的比较见表 4-13。

表 4-11　主要塑料光纤的性能

项目＼类型	低数值孔径塑料光纤	梯度塑料光纤	改进的 PC 塑料光纤	梯度全氟塑料光纤
衰减系数/(dB·m⁻¹)	0.2	0.15	0.3	0.05
带宽/(GHz·km)	0.02	1.25	0.02	2
传输速率/(Gbit·s⁻¹)	0.155	1.25	0.155	1.25
传输距离/m	100	100	100	200
LED 光源波长/nm	660	660	780	1300
耐热温度/℃	85	85	125	—
光纤价格	低	中	中	高
链路投资	中	大	少	大
主要应用	局域网	局域网	车辆通信	车辆通信

表 4-12　日本塑料光纤的性能

商品名(厂家)	旭化成公司	东丽光学纤维(东丽公司)	三菱人造丝公司
芯材包层	聚苯乙烯($n=1.5924$) PMMA($n=1.495$)		PMMA($n=1.495$) 聚偏氟乙烯系树脂($n=1.402$)
数值孔径 NA 受光角/(°)	0.56 68		0.50 60
拉伸强度/GPa	6.865～7.845	6.080～9.316	6.865～12.749
伸长率/%	2.5～5	—	50～80
内部损耗/(dB·m⁻¹)	1.47～3.42	1.27～4.55	1.02～1.93
使用温度范围/℃	－40～80	－30～80	～80

注：n 代表折射率。

表 4-13　塑料光纤与其他光纤的比较

性　能			塑料光纤（芯材/包层）		其他光纤（芯材/包层）		
			PMMA/含氟聚合物	聚苯乙烯/PMMA	玻璃/玻璃	石英/聚合物	石英/玻璃
光导性能	透光率（光损耗）		良	中	中～良	优	优
	透过光的着色		良	差	中～良	良	良
	使用波长范围	紫外	中	差	差	良	良
		可见	良	良	良	良	良
		红外	中	中	良	良	良
物理化学性能	强度、挠曲性等的耐久性		优	中	差	差	差
	耐化学药品及溶剂性		差	差	良	差～中	良
	耐水性		良	中	中	中～良	差～良
	耐热性		中	差	良	良	优
	耐寒性		良	差	良	中～良	—
加工特性	配列、集束、切断		良	良	中	中～良	—
	研磨		良	良	良	中	中～良
	黏结		良	良	良	良	差
使用直径	10～100μm		差	差	良	—	—
	100～1000μm		良	良	差～中	良	良
	1000μm		良	良	差	—	—

2. 耐热性

经分析试验证明，在 IPMI 与 MMA 体系中，IPMI 在低摩尔比范围内（0～0.18mol/mol），若提高 IPMI 投料摩尔比，共聚物的玻璃化温度 T_g 显著增加，由 105℃升至 130℃；而 IPMI 在高摩尔比范围内（0.18～0.36），IPMI 投料摩尔比再增加，对 T_g 的提高作用变小。

为了改善塑料光纤材料的成纤性能，控制高分子材料的相对分子质量是有效措施之一，通常加入适量的链转移剂来达到这一目的。采用正丁基硫醇（n-BM）为链转移剂，实验中发现在聚合液中链转移剂浓度对 IPMI/MMA 共聚物的 T_g 影响非常大，如图 4-13 所示。正丁基硫醇浓度宜选为 0.012～0.016mol/L。

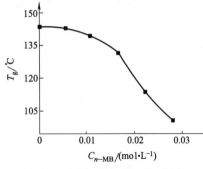

图 4-13　聚合物液中链转移剂浓度对 IPMI/MMA 共聚物 T_g 的影响

3. 折射率

IPMI 的折射率为 1.4733，MMA 的折射率为 1.4120，而共聚物的折射率为 1.5159。试验证明，IPMI/MMA 共聚物体系能够用于制备 GI 型耐温塑料光纤，并且具备如下几个特点。

① 通过控制 IPMI 和链转移剂的浓度，IPMI/MMA 共聚物的 T_g 值比 PMMA 有较大提高，并可在一定范围内调整。

② 因 IPMI 的竞聚率小，塑料光纤在预制棒中呈渐变型分布。

③ 利用 IPMI 相对于 MMA 折射率大，以及呈渐变型分布的特点，采用界面凝胶法制备 GI 型耐温塑料光纤预制棒时，IPMI 可作为掺杂剂使用。

4. 传输损耗性能

塑料光纤在透光率等方面比石英类光纤差。塑料光纤光传输损耗较大是由光纤本身的固有因素及聚合技术或光纤加工技术的外在因素造成的，见表 4-14。表 4-15 列出塑料光纤的损耗极限，其实际损耗与损耗极限有较大差距，这主要是由于结构不规整性及纺丝工艺等因素造成的，随着合成、光纤加工等技术的提高会逐步降低传输损耗的。例如，日本用重氢取代 PMMA 中的氢合成出 PMMA-d_8，用作芯材所制作的塑料光纤大幅度地降低了传输损耗，使光导距离提高到 1.3km，而价格不到玻璃光纤的 1/10。日本三菱人造丝公司为了防止杂质混入，不用助剂，直接把 PMMA 的连续本体聚合工艺与纺丝工艺结合起来，并采用结构不规整性少、耐热性优良的含氟聚合物作包层材料，从而研制出大幅度提高传输性能的新品。日本在自己设计的密闭装置中进行单体精制、聚合和纤维拉伸，成功地排除导致光损耗的杂质和气泡，制得的塑料光纤每千米的光传输损耗降低到 20dB 以下。

表 4-14　塑料光纤的损耗因素

固有因素	吸收损耗	红外振动吸收的高频波 电子迁移引起的瑞利散射	外在因素	散射损耗	结构不规整性	杂质(灰尘、气泡等) 芯材-包层的界面不规整 芯径的变动 微弯曲 定向双折射
	散射损耗	由密度、浓度波动引起的紫外吸收				
	吸收损耗	迁移金属 羟基 其他杂质				

表 4-15　塑料光纤的损耗极限

	芯材	PS		PMMA		重氢化 PMMA		
	波长/nm	580	670	570	650	680	780	850
	达到的损耗/(dB·km⁻¹)	138	114	55	128	20	25	50
损耗因素	吸收损耗/(dB·km⁻¹)	15	26	7	88	0	9	36
	瑞利散射/(dB·km⁻¹)	78	43	20	12	10	6	4
	结构不规则性/(dB·km⁻¹)	45		28		10		
	极限损耗/(dB·km⁻¹)	93	69	27	100	10	15	40

5. POF 的缺点

尽管 POF 具有众多的优点，但也存在一些缺点。由于 POF 的衰减主要由芯包塑料材料的吸收损耗和色散损耗形成，因此造成 POF 的衰减过大。在通信过程中，环境温度对塑料光纤性能的影响很大，导致 POF 耐温性差。而且 POF 是由塑料材料制成的，具有较好的延展性，因此在实际施工过程中，非正常的工程操作会导致 POF 弯曲、拉伸，使其衰减程度增大，影响正常传输指标。

五、塑料光纤的应用

塑料光纤于 20 世纪 60 年代问世，初期由于受当时技术条件的限制，塑料光纤的损耗较大、寿命较短、传输性能和物理化学性能等也不够稳定，仅限于传光、传像、照明等一般性应用。随着光纤新材料、新型光纤结构以及新理论、新技术等的不断开发及应用，塑料光纤的传输损耗不断降低，带宽和传输距离也大幅度提高，短距离数据传输系统已成为塑料光纤最具增长潜力的应用领域。

目前，塑料光纤作为短距离通信网络的理想传输介质，可以实现智能家电的联网，如家用 PC、HDTV、电话、数字成像设备、家庭安全设备、空调、冰箱、音响系统、厨用电器等联网，达到家庭自动化和远程控制管理，提高生活质量；可实现办公设备的联网，如计算机联网，可以实现计算机并行处理、办公设备间数据的高速传输，可大大提高工作效率，实

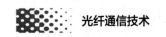

现远程办公等。

在低速局域网中，用 SI-POF 可实现速率小于 100Mb/s、100m 范围内的数据传输；用小数值孔径 POF 可实现速率为 150Mb/s、50m 范围内的数据传输。

塑料光纤在制造工业中可得到广泛的应用，通过转换器，POF 可以与 RS232、RS422、100Mb/s 以太网以及令牌网等标准协议接口相连，从而在恶劣的工业制造环境中提供稳定、可靠的通信线路；能够高速传输工业控制信号和指令，避免因使用金属电缆线路时受电磁干扰而导致通信传输中断的危险。

塑料光纤质量轻且耐用，可以将车载、机载通信系统和控制系统组成网络，将微型计算机、卫星导航设备、移动电话、传真等外部设备纳入机车整体设计中，旅客还可通过塑料光纤网络在座位上享受音乐、电影、视频游戏、购物以及 Internet 等服务。

在军事通信上，塑料光纤正在被开发用于高速传输大量的保密信息，如利用塑料光纤质量轻、可挠性好、连接快捷、适用于随身携带的特点，用于士兵穿戴式的轻型计算机系统，并能够插入通信网络下载、存储、发送、接收重要任务信息，并在头盔显示器中显示。

第二节　聚甲基丙烯酸甲酯（PMMA）光纤

一、简介

1. 基本特点

塑料光纤具有加工容易、纤维直径大（1～3mm）、轻而柔软、数值孔径大、抗挠曲、抗冲击、耦合容易、耐辐射及价格低廉等特点，加之近年来传输损耗的不断降低，各方面的性能日益提高，使其在装饰、汽车、短距离光信息传输、图像传输、医疗器械和显示等领域得到广泛的应用。

塑料光纤和石英系光纤相似，主要由两部分组成，一是高透光性的有机高分子芯材，如聚甲基丙烯酸甲酯、聚苯乙烯和聚碳酸酯类等；二是包层材料，其折射率低于芯材，以满足光线在芯皮界面实现全反射。一般可以采用含氟烯烃聚合物、含氟甲基丙烯酸酯类以及有机硅树脂等。

2. SI 型 POF 颗粒料的制备工艺

PMMA 是由甲基丙烯酸甲酯（MMA）、引发剂、链转移剂等在一定条件下反应制得的，根据 SIPOF 制备工艺流程（图 4-14），此工艺可分 3 部分

$$单体＋引发剂＋链转移剂 \rightarrow \boxed{提纯} \rightarrow \boxed{预聚} \rightarrow \boxed{聚合} \rightarrow \boxed{切粒成型}$$

图 4-14　PMMA 颗粒料制备工艺流程

（1）原材料的提纯工艺　市售的 MMA 单体含有阻聚剂等有机物杂质、水分、过渡金属离子和不溶性固体杂质等，所以使用时需进行减压精馏提纯，一般经过二次蒸馏才能使用。

① MMA 及 BA（丙烯酸丁酯）、EA（丙烯酸乙酯）采用减压蒸馏法提纯，真空度控制在 -0.086MPa，温度在 60℃左右。

② 对于引发剂过氧化二苯甲酰（BPO）、偶氮二异丁腈（AIBN）等采用重结晶法进行提纯。将 BPO 溶于氯仿中，配成 BPO 的饱和溶液，然后过滤，去除固体杂质，再将混和溶液滴

入乙醇中慢慢析出。结晶体在室温下晾干并真空干燥，放入棕色玻璃瓶中密封保存待用。

（2）预聚工艺　将提纯后的 MMA 单体、改性单体 BA、EA 和 BPO、正丁硫醇（n-BM）等加入到反应容器里，反复通氮气以排除反应器内部的空气，然后用搅拌桨搅拌均匀，在一定的温度下开始反应，注意用真空泵减压，蒸发掉一部分 MMA，之后降低反应温度，继续保温一定时间，待 MMA 的反应转化率达到 10%～20% 时，体系物料极为黏稠，双基终止困难，反应速度仍然较快，此时可通过循环装置回收利用已经抽走的单体（主要成分 MMA）。

（3）聚合成型工艺　通过泵将聚合后黏度较大的物料送入挤出机里密封，反复抽真空、通氮气，在一定的真空度下，使聚合物中的单体进一步聚合（MMA 转化率达到 95% 以上），同时在高纯氮气下，通过控制系统来控制芯材挤出速度和切料机速度，以均匀切出 PMMA 颗粒料。

3. 生产设备总体结构和反应流程图

根据工艺流程以及快速聚合工艺的要求，连续反应法制备 PMMA 颗粒料的生产设备分成 4 部分：蒸馏装置、合成反应装置、循环装置和聚合成型装置。PMMA 颗粒料生产设备总流程如图 4-15 所示。

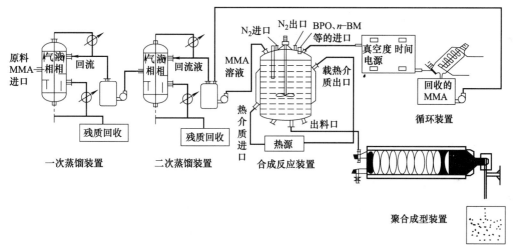

图 4-15　PMMA 颗粒料生产设备总流程图

由于 MMA 中含有杂质，故需对其进行减压精馏提纯。精馏装置主体部件是精馏塔和换热器以及一些附件。为了提高原料的纯度，采用一次精馏和二次精馏，主要是通过去除小分子物质和大分子物质而保留大部分中间产品来提纯 MMA。MMA 以一定的给料速度通过进料口加入精馏塔，塔顶馏出物通过冷凝器储存，然后再由泵送入二次精馏装置，最后把产品存放在储罐里。

合成反应装置主体部分是一个反应器，还包括一些附件，如泵、电机、换热设备等。将处理好的 MMA、引发剂和链转移剂等按一定的配比加入反应器中，采用夹套反应器，同时为了保持物料均匀，控制搅拌轴的转速对物料进行搅拌，在一定的聚合条件下，单体开始聚合。

当黏度增大到一定程度时，通过循环装置进行控制。循环装置应该包括真空系统和循环冷凝系统。应严格控制反应温度、真空度和抽真空时间，并及时将抽出的单体通过冷凝系统冷却，循环利用抽走的 MMA 单体。

反应进一步进行，在黏度增大后，将反应物料送入聚合成型装置。此装置主要是反应式挤出部分和切料成形部分。反应式挤出部分除使聚合物熔化、混合均匀外，还应有与排气式挤出机相同的排气机构，以充分除去游离单体。本实验选用同方向旋转、啮合型的双螺杆式反应式挤出机（ZSK30），其螺杆直径为 30mm，长径比为 33。物料在挤出机里面进一步聚合，可以使 MMA 的转化率达到 95％以上，最后挤出 PMMA 时，通过切料机用自动控制机构控制切料速度，从而均匀地切出颗粒料产品。

总之，在用连续反应法制备 PMMA 的整个工艺过程中，对于温度控制的要求非常高，因此选择精度高、反应灵敏的温度传感器控制整个反应过程的温度至关重要。另外，为了保证产品的质量，反应的各个环节应该尽量避免杂质的混入。

连续反应挤出制备 PMMA 颗粒的发展趋势是在反应式挤出机中将芯材单体直接合成芯材聚合物，切料成型。该方法可减少中间环节对芯材的污染，必将使所拉制的 POF 的性能更加优异。用反应式挤出机实现 PMMA 的聚合是一个新的工艺，需要进一步的研究和探索。

二、PMMA 芯/氟树脂包层塑料光纤

1. 简介

以 PMMA 为纤芯、比纤芯折射率低的氟树脂为包层，用聚合-纺丝连续装置通过单体的精制、聚合、芯层和包层的共挤出纺丝，制成塑料光纤。所制光纤的直径为 0.25～1.00mm，在可见光区具有良好的导光性能，光传导损失为 200～400dB/km（650nm），最佳情况下为 92dB/km（590nm）。对影响光纤质量的因素，如芯材的聚合工艺、共挤出纺丝工艺等进行了讨论，结果表明，芯材的聚合过程越平稳，所制得光纤的光传导性能越好；纺丝温度、挤出压力和卷绕速度等工艺条件的合理控制是制得直径均一、截面圆整及无内部缺陷塑料光纤的关键。

2. 制备方法

单体甲基丙烯酸甲酯经氢氧化钠水溶液洗涤脱除阻聚剂，水洗至中性，用无水硫酸钠和氢化钙干燥，在减压下精馏得到纯净的单体。异体聚合用引发剂和链转移剂分别采用偶氮二异丁腈（AIBN）和硫醇（十二碳硫醇），均经重结晶和蒸馏精制。

本体聚合在图 4-16 所示的聚合-纺丝连续装置中的聚合釜内进行，该聚合釜可程序控温，釜内测温元件与外部记录仪连接，连续记录体系温度的变化。聚合结束后，聚合物进入釜下部的共挤出喷丝组件，直接熔融纺制成塑料光纤。

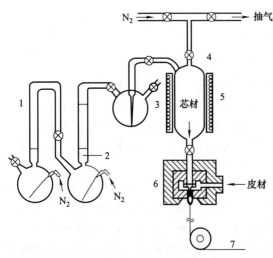

图 4-16　聚合-纺丝连续装置示意图
1——级精馏装置；2—二级精馏装置；
3—配料瓶；4—聚合釜；5—加热器；
6—共挤出喷丝组件；7—卷绕装置

3. 性能与影响因素分析

（1）聚合工艺对光纤传光性能的影响

单体甲基丙烯酸甲酯的本体聚合属于自由基聚合反应，控制聚合反应速度和自加速程度是平稳聚合过程、制备内部均一 PMMA 芯材的关键。表 4-16 中列出了单体配比相同而聚合升温工艺及散热条件不同对聚合过程参数及其最终光纤光损耗的影响。表 4-16 中各

工艺条件对应的聚合体系升温曲线如图 4-17 所示。

表 4-16　单体配比相同而聚合升温工艺不同的聚合过程数据及所得光纤光损耗

工艺序号	加热程序	1 区控温/℃	2 区控温/℃	3 区控温/℃	控温时间/h	到达自加速期所需总时间/h	自加速期体系达到的最高温度/℃	最终纺制的纤维光损耗/(dB/km)（在 650nm 条件下）
1#	1	$T+5$	$T+5$	$T+5$	1.5	5.1	148	2500
	2	$T-5$	$T-5$	$T-5$	2.3			
	3	—	T	T	1.3			
2#	1	—	T	T	6.5	6.5	140	1900
3#	1	—	$T+2$	$T-5$	8.5	8.5	140	550
4#	1	—	$T-15$	—	3	12	132	440
	2	—	$T+7$	—	9			
5#	1	—	$T+2$	—	11	11	128	313

注："T"表示某一温度值，"—"表示不控温。

由表 4-16 可见，在相同的单体配比条件下，由于控温工艺及聚合体系散热效果的不同，聚合过程可大不相同。众所周知，自由基聚合反应的自加速现象常常无法避免。若要聚合过程平稳，则应尽量推迟自加速的到来并减少自加速阶段集中放热程度。工艺序号从 1#～5#，自加速现象依次推迟，自加速阶段体系的温度上升也依次减少。图 4-17 所示表明，工艺序号从 1#～5#，自加速阶段体系升温峰的面积依次减小，集中放热程度降低，表征聚合过程依次更趋平稳。从表 4-16 的光损数据可见，工艺序号从 1#～5# 依次降低，说明平稳的聚合工艺保证最终聚合物材质均一、相对分子质量分布较窄，减少由聚合物内部密度和微观结构不均匀带来的散射光损耗，是得到具有良好透光性能光纤芯材的重要途径。

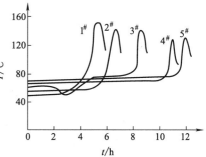

图 4-17　表 4-16 所列各工艺条件下的聚合过程体系温度曲线

在保证 PMMA 合适相对分子质量的前提下，引发剂的用量应尽量降低。因减少引发剂用量可以缓解自加速阶段中体系的集中放热程度，而适当增加链转移剂用量则可调节聚合温度，以控制最终聚合物的相对分子质量及其分布，达到平稳聚合过程的目的。

（2）PMMA 熔体指数（MI）与可纺温度的关系　为摸索 PMMA 材料的熔融纺丝工艺，在图 4-18 所示的柱塞挤出机中对不同熔体指数的 PMMA 棒材在不同温度条件下进行挤出纺丝试验，得到熔体指数与最低可纺温度的关系如图 4-19 所示。由图可见，随着 MI 值的增加，可纺温度越来越低，表明可纺温度范围变宽。

可纺温度的上限，主要与 PMMA 材料的耐热性以及聚合物中未反应单体和其他挥发性组分含量相关。因为在较高的纺丝温度下，聚合物的热分解或未反应单体和挥发性组分的汽化，将形成气泡丝。

（3）纺丝工艺对光纤性能的影响　塑料光纤的纺制是在图 4-16 所示的聚合-纺丝连续装置中进行的，具体的工艺流程是：完成聚合反应后，聚合釜减压除去 PMMA 中残留的未反应单体和其他挥发性组分，控制合适的纺丝温度，将 PMMA 和氟树脂皮材同时加压送入共挤出喷丝组件，经卷绕得到皮芯结构的塑料光纤。

由于光导纤维是利用光线在纤维的芯皮界面多次发生全反射来实现光的传送的，因此在要求成纤材料具有高度透光性的同时，还必须确保成纤后，芯材纤维的截面圆整、芯皮界面清晰光滑、纤维直径均一和无内部缺陷等性能指标。

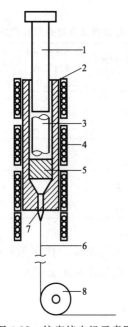

图 4-18　柱塞挤出机示意图

1—柱塞；2—料筒；3—棒材；

4—加热器；5—静态混合器；

6—纤维；7—喷丝板；8—卷绕装置

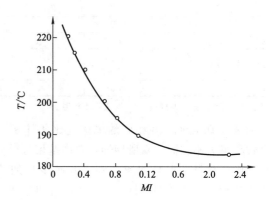

图 4-19　熔体指数对最低可纺温度的影响

MI 为 200℃、2.160kg 负荷下

每分钟从模口挤出料的克数

具体的纺丝温度、挤出压力和卷绕速度对光纤性能的影响详述如下。

① 纺丝温度。PMMA 具有熔体黏度大、在高温下易分解等特点，若纺丝温度过低，挤出就十分困难，较大的挤出压力会导致明显的熔体破裂，以至形成表面粗糙的竹节丝，使纤维内部均一性变差，光散射现象明显。但纺丝温度偏高时，聚合物受热分解导致单体气化，在纤维中形成微气泡，故一般 PMMA 的可纺温度范围为 190～240℃。

作为皮材的含氟聚合物，熔体流动性较好。因此在选择纺丝温度时，还需考虑皮、芯两种材料的流动性差异，保证两者在烘料上的匹配。

为保证芯材纤维的圆整度，防止在喷丝板上同时挤出皮、芯材料时皮层破坏芯材纤维的圆整度和表面光洁度，要求在纺丝温度下，芯材的熔体黏度应远大于皮材。

② 纺丝挤出压力和卷绕速度。通过控制挤出压力和卷绕速度可调节最终成品纤维的直径和纤维的取向度。但是单靠提高挤出压力来增加供料，容易出现熔体破裂现象，影响纤维质量。卷绕速度的提高也是有限度的，随着卷绕速度加快，纤维的拉伸比增加，超过某一临界值时会出现拉伸共振现象，此时拉伸点位置不固定，上下起伏，得到的纤维直径波动很大。

卷绕速度过快会引起典型拉伸共振现象，导致纤维直径波动的情况见表 4-17。可见，随着卷绕速度的增加，直径起伏明显增大。

如果合理控制纺丝温度、通道温度及其分布，选择合适的喷丝板孔径，可以提高拉伸共振现象的临界拉伸比，有利于缓解或消除拉伸共振现象。

表 4-17　典型拉伸共振现象造成纤维直径波动的情况（纺丝温度、挤出压力一定条件下）

卷绕电压/V	30	50	75	100	125	150	175
直径波动/%	5.6	11.9	17.9	31.2	42.6	99.8	128.5

在其他纺丝工艺一定的条件下，卷绕速度的提高对塑料光纤的取向度及其光损耗的影响列于表 4-18。无论是纤维的双折射 Δn，还是声速取向因子 f_n 都随卷绕速度的增加而增大，表明纤维中分子链段和大分子链整体的取向程度都有所提高。光纤的光损耗随纤维取向度的提高也有所增加。当然，随着卷绕速度加快，纤维直径的波动增加，这也是造成纤维光损耗增加的一个原因。作为光导纤维，其中大分子及其链段的取向程度越低越有利于光传导，在表 4-18 所列的光纤取向度变化范围内，光纤的光损耗变化不明显，这样可利用适量的取向来提高塑料光纤的力学性能。

表 4-18　卷绕速度对塑料光纤的取向度及其光损耗的影响（纺丝温度及压力一定条件下）

性能		卷绕电压/V							
		15	30	50	75	100	125	175	185
取向度	$\Delta n \times 10^5$	1.086	2.589	3.866	8.836	9.997	17.456	29.507	31.519
	f_n	0.0240	0.0621	0.0910	0.0971	0.1343	0.1941	—	—
直径波动/%		—	—	5.2	—	7.6	—	—	12.3
纤维光损耗[①] /(dB/km)		—	—	274	—	296	—	—	361

① 测光损耗用波长为 650nm。

③ 共挤出喷丝板。喷丝板的横截面示意图如图 4-20 所示，要得到圆整光滑的芯材纤维，要求芯材纤维喷丝孔内壁光滑且圆整度好。芯材喷丝孔直径主要依据最终成品纤维直径来确定，以保证在纺丝过程中拉伸比不至于过大，从而避免出现拉伸共振现象。皮材流经的环形孔厚度由皮材的流动性和最终要求皮层的厚度来决定。

（4）光纤的传光性能　所研制的 PMMA/氟树脂塑料光纤，直径为 $0.25 \sim 1.00 \text{mm}$，用不同波长测试其光损耗，从其光纤谱损图可见，该塑料光纤在可见光谱区光损耗较低，与有关文献报道相比较，已将 PMMA 系光纤的主要传光窗口 590nm 和 650nm 显现出来，表明该塑料光纤已具有较好的光学性能。在最佳工艺条件下，制得光纤的最小光损为 192dB/km（590nm）。

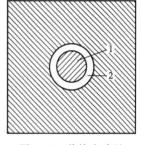

图 4-20　共挤出喷丝
板横截面示意图
1—芯材挤出机；
2—皮材挤出环形孔

4. 效果评价

以本体聚合的 PMMA 为芯材、氟树脂为包层制成的塑料光纤，纤径为 $0.25 \sim 1.00 \text{mm}$，光损耗小于 400dB/km，最佳值为 192dB/km（590nm）。使用聚合-纺丝连续装置，从单体的精制、聚合到纺丝均处于密封体系中，减少了外界环境对材料的污染。同时，采用共挤出的纺丝手段，避免纺丝过程中外界对芯材纤维表面的污染，有利于制备高光传导性塑料光纤。以上研制的低光损耗塑料光纤，在装饰照明、短距离数据和图像传输、传感器和显示等领域有着广阔的应用前景。

三、共挤法制备突变型 PMMA 塑料光纤

1. 简介

根据结构的不同，POF 可分为单模和多模两种基本类型。其中，多模光纤又可分为突变型（SI）多模光纤和渐变型（GI）多模光纤。突变型 POF 的芯材普遍采用聚苯乙烯

（PS）或聚甲基丙烯酸甲酯（PMMA）。由于在 PS 的热引发连续本体聚合过程中，相对分子质量受温度的影响很大，为了保证成品的重均相对分子质量为 187000，聚合温度从 80℃ 变化到 200℃，导致成品相对分子质量分布很宽，引起物料密度的不均匀。由这种材料制成的塑料光纤光散射损耗很大；再者，由于 PS 的抗老化性能较差，在聚合过程中需加入抗老化剂，引起光吸收损耗变大。由 PS 制备的塑料光纤损耗一般大于 1000dB/km，而 PMMA 塑料光纤的制备过程不存在上述问题，其产品光损耗已基本接近实验室水平，光损耗低于 200dB/km，使用范围为 50～100m。同时，PMMA 塑料光纤以氟树脂为包层，具有很好的力学性能和抗老化性能。

2. 制备方法

（1）工艺流程　共挤法生产 POF 工艺，就是在生产 POF 过程中使用两台挤出机，一台用于熔融塑化芯材，另一台用于熔融塑化包层材料。两台挤出机通过一个共挤模具连接，熔融挤出具有芯包层结构的挤出物，经牵引、冷却定型、收线，即得到突变型 POF。共挤法生产 POF 工艺流程如图 4-21 所示。

芯材预处理 → 芯材挤出机 →｜共挤模具 → 牵引 → 冷却定型 → 激光控制 → 收线
皮材预处理 → 包层挤出机 →｜

图 4-21　共挤法生产 POF 工艺流程图

从工艺流程可知，POF 在共挤模具内实现分流、包覆，形成突变型的折射率分布结构并同时挤出，其中共挤模具是生产的关键，需自行设计。同时，严格控制挤出机的挤出温度、速度及其挤出稳定性；控制牵引、收线的稳定性，以得到外径均匀的塑料光纤，减少因结构不完整而引起的损耗。

（2）材料选择　PMMA 是由甲基丙烯酸甲酯（PMMA）单体本体聚合而成的。高度无定型透明聚合物 PMMA 是一种特殊的合成树脂，性能稳定、拉伸强度好、密度小、对太阳光性能稳定、易机械加工，其玻璃化温度 T_g 为 105℃ 左右，自然光透过率可达 92%，比一般的光学玻璃好，折射率为 1.49，且由于其瑞利散射比 PS 要小，成为目前制备 POF 的首选材料。

包层材料对光纤的性能影响较大。包层材料不仅要求透明，折射率要比芯材小 1%～5%，或者芯包层折射率相差 0.03 以上，而且要求具有良好的成形性、耐磨性、耐弯曲性、耐热性以及与芯材的良好相容性。根据以上要求，选择一种折射率为 1.42 的氟树脂作为包层材料。所选用的 PMMA 和氟树脂的性能指标见表 4-19。

表 4-19　芯材 PMMA 和包层材料氟树脂性能指标

性能指标	测试方法	PMMA	氟树脂	性能指标	测试方法	PMMA	氟树脂
折射率	ASTMD-542	1.49	1.42	玻璃化温度/℃	ASTMD-3418	105	—
熔体流动速率/(g·10mm^{-1})	ASTMD-1238	2～3	6.0～14	拉伸强度/MPa	ASTMD-638	70	37.9
自然光透光率/%	ASTMD-1003	92	94	伸长率/%	ASTMD-830	2	250
维卡软化点/℃	ASTMD-1525	112	160	吸水率/%	ASTMD-570	0.45	0.1
热变形温度/℃	ASTMD-648	80	150				

利用共挤法制备 POF 时，PMMA 和氟树脂这两种材料在光学性能、热学性能、力学性能以及加工性能方面是匹配的。

① 光学性能。PMMA 和氟树脂的折射率差 $\Delta n = 0.07$，满足芯包层折射率相差 0.03 以上，这样构成的芯包层结构可达到传输光信号要求。同时，由于光纤的数值孔

径同芯包层折射率相关，两者差值越大，POF 的 NA 越大，其受光角 θ 也越大。

② 热学性能。共挤工艺要求 PMMA 与氟树脂应具有相近的熔融温度和加工温度，故选用 PMMA 的加工温度为 $180\sim270℃$，而氟树脂的加工温度为 $180\sim300℃$，两者具有相近的加工温度。

③ 加工性能。POF 构成材料应符合大批量生产和高速成型要求，即 PMMA/氟树脂挤出性能要良好。实际生产中发现 PMMA 与氟树脂之间具有较好的黏附性能，这样就避免了光纤芯包层界面的不完善，减少了非固有散射损耗，提高了光纤的光传输性能。同时，由于氟树脂的熔体流动速率大于 PMMA 的熔体流动速率，有利于牵引成型。

④ 力学性能。因 PMMA 的拉伸强度较大，而氟树脂的伸长率也较大，这样生产出的塑料光纤既能保证拉伸强度又能保证伸长率，力学性能满足产品的要求。

（3）生产设备与工艺　突变型 POF 由芯材与包层组成，其纤径多为 $0.5\sim3mm$，而包层厚度多在 $10\sim20\mu m$ 范围内。相对芯材而言，包层厚度极薄，也就是说在同一时间内，芯材挤出机的挤出量比包层材料大得多。为了保证挤出机在流动稳定性好的区域内挤出，包层挤出机的螺杆直径应选择比芯材小的级别，如芯材选用螺杆为 $\phi30mm$ 的挤出机，则包层挤出机可选用螺杆为 $\phi20mm$ 的挤出机。挤出机采用不锈钢电阻加热器加热，根据经验，当各区温度相差不大时，挤出效果相对较好。因此，加热控制采用高精度的可控硅控制系统，控制精度在 $\pm0.5℃$。

共挤模具是共挤出的关键，其结构需要精心设计，应考虑易于安装拆卸、易于安装加热圈和热电偶。由于氟树脂包层具有腐蚀性，模具必须用耐腐蚀的特种材料。材料流过共挤模具的通道表面光洁度要高，过滤部分应呈流线形，收缩角要适当，以消除死角，这样可避免材料在模具表面流速过慢或停滞不前，从而消除材料长时间受热降解和变黄，以及消除在模具流动中的极不稳定现象。

根据实际需要设计的共挤模具，保证了 POF 塑化、挤出、成形的稳定性，采用牵引收线一体化装置保证了恒定的牵引速度和牵引张力，从而解决了成形工艺的物料平衡。在实验工业化生产中，应首先选择合适的挤出主辅设备，再对由此建立的 POF 生产线进行调试，确定工艺参数，以保证 POF 产品具有较高的光透过率及光纤直径的均匀性。

研究和实际生产表明，温度是共挤法生产工艺的关键参数，它一方面决定材料流动特性和塑化效果，另一方面，对 POF 光学及力学性能也有明显的影响。挤出机机身温度参数取决于芯、包层材料的熔体流动速率、玻璃化温度及加工温度，而模具温度不但关系到成型质量，而且与挤出速度有关。在实际生产中，以透过率、光纤直径均匀性、力学强度等为主要检测指标，在合适的加工温度下，调整其他相关参数以获得最佳生产工艺参数。表 4-20 是挤出机各区段和共挤模具的温度参数。

表 4-20　挤出机各区段和共挤模具的温度参数　　　　　　　　　（℃）

参数	I	II	III	IV	V
芯材挤出机温度	$180\sim200$	$200\sim215$	$210\sim220$	$210\sim220$	$210\sim230$
包层挤出机温度	$190\sim200$	$200\sim220$	$210\sim230$	$210\sim230$	$220\sim240$
共挤模具温度	$210\sim230$				

3. 性能分析

用共挤法生产的突变型 PMMA 塑料光纤经测试，其光损耗为 $200\sim800dB/km$，光传输效果大大超过 PS/PMMA 型光纤。通过光纤断裂伸长率的测试，表明 PMMA/氟树脂型光纤的柔韧性优于 PS/PMMA 型光纤。另经极端弯曲实验证明，该光纤可挠性优于 PS/PMMA 型光纤。

共挤法生产能有效抑制各种扰动，实现 POF 高效稳定的工业化生产，经过研究和实践，总结出影响塑料光纤性能的主要因素如下：

（1）材料　材料决定光纤的固有损耗和工艺生产的可行性。只有获得符合要求的纤芯和包层匹配的材料，才具备制作优质塑料光纤的基础。当前所用的 PMMA 是从市场购买获得，材料含有少量杂质，这势必增加光纤的损耗。下阶段利用甲基丙烯酸甲酯（MMA）单体经过蒸馏提纯，直接制备高纯 PMMA 原料。

（2）材料预处理　PMMA 和氟树脂具有吸湿性，其吸水率分别为 0.45% 和 0.1%，因此材料在挤出之前需要干燥处理。根据资料和干燥处理经验，烘箱干燥温度设定为 100℃，干燥周期为 4~5h；料斗式干燥机干燥温度设定为 80℃，干燥周期为 4~6h。注意干燥温度及时间要适当，温度过高、时间过长会产生热降解；温度过低又达不到干燥的目的，影响挤出效果和光纤性能。同时，应减少外部杂质的影响，保持局部环境洁净。

（3）工艺方法和工艺参数　与溶液涂覆法制备突变型塑料光纤工艺不同，共挤法的优越性是在模具内部实现 POF 的光学结构，即形成光纤折射率的阶跃分布，不存在如采用溶液涂覆法因溶剂的挥发而造成塑料光纤芯材与包层之间有微小气隙、涂覆不均匀等现象，最终导致光纤的散射与漏光等包覆质量的问题。同时，由于采用连续化的工艺方法，在物料控制方面可以采用密闭式的自动加料方式，从而避免环境因素（如灰尘）对光纤生产质量造成的影响。生产中，合适的工艺参数是共挤法中物料进出平衡的保证。不合适的温度、速度等对光纤质量的影响是致命的，如高温将会影响挤出效果，产生发泡现象，进而影响 POF 力学性能（尤其是弯曲性能）与损耗性能；温度过低将影响挤出效果，降低 POF 的光学性能。在同等挤出量的情况下，收线牵引速度的高低，决定了光纤直径的粗细；收线牵引速度的变化与波动，对光纤直径的影响特别大。因此，螺杆挤出速度、收线速度和牵引速度应由同一控制系统控制，即采取联动控制，以保证塑料光纤直径的均匀性。

（4）共挤模具设计　共挤模是 POF 包覆成形并获得所需尺寸的关键组件，其设计合理性和加工组装精度决定了光纤的最终性能，尤其在包覆质量、包覆厚度、偏心度、光纤直径均匀性等指标上最为明显，同时也影响光纤的力学性能。因此，我们应对模具进行精心设计，从模具材料的选择到模具加工精度的控制都作了严格把关。

4. 效果评价

共挤法生产的突变型 PMMA 塑料光纤，属于新型塑料光纤。这种光纤光损耗小，柔韧性好。从测试情况看，光纤塑化情况良好，径向尺寸稳定，导光性能好，弯曲强度、拉伸强度均达到标准要求。但是，光纤的成形工艺及配方有待于继续研究改进，需要进一步提高光纤的光传输性能及柔软性。

共挤法发展的趋势是在反应式挤出机中将芯材单体直接合成芯材聚合物，并同包层材料一道熔融共挤而拉制成 POF，该方法减少中间环节对芯、包层材料造成的污染，这必将使所拉制的 POF 性能更加优异。用反应式挤出机实现共挤法是今后的方向。

四、含氟自由基引发聚合 PMMA 塑料光纤

1. 简介

塑料光纤（POF）和石英系光纤相比，有原料价格低、工艺简单、纤径大、可挠性好等

优点，在计算机局域网及汽车、医用等方面具有广泛的应用前景。但是塑料光纤的最大缺点是损耗大，限制了塑料光纤更广泛的应用。目前，实用塑料光纤的损耗大约在几百分贝每千米。国外有采用氘代甲基丙烯酸甲酯制作光纤纤芯来降低塑料光纤的损耗的，其理论损耗下限为 20dB/km，但这种原料的处理是非常昂贵的，还处于实验阶段。还有采用全氟代甲基丙烯酸酯类化合物作为纤芯材料来降低塑料光纤损耗的，其理论损耗下限为 40～50dB/km，但因为全氟代甲基丙烯酸酯类化合物的链段缺乏柔软性，无法用一般方法进行拉丝或挤出操作，故一般多采用氟代甲基丙烯酸酯类化合物制作光纤纤芯材料。基于光纤包层材料的折射率必须比纤芯材料的折射率低，因 C—F 基团的存在，氟代甲基丙烯酸酯类化合物本身的折射率相当低，致使采用氟代甲基丙烯酸酯类化合物作为光纤纤芯材料的光纤寻找包层材料较困难，限制了氟代方法应用的推广。上述方法的塑料光纤纤芯材料的本征损耗主要是由 C—H 键引起的，用氘或氟等原子代替氢原子可以使谐波吸收移向更高的频段，从而降低光纤的损耗。有学者从实验的角度认为除 C—H 键引起的本征吸收之外，聚合反应中采用的引发剂使得在大分子链端带入的端基也造成不小的损耗。

塑料光纤纤芯一般取 3 种材料：聚苯乙烯（PS）、聚碳酸酯（PC）、聚甲基丙烯酸甲酯（PMMA）。因为聚甲基丙烯酸甲酯的损耗比较低，故在要求衰减低的场合下大多使用聚甲基丙烯酸甲酯。为降低损耗，由单体甲基丙烯酸甲酯（MMA）采用本体聚合法制造聚甲基丙烯酸甲酯，其引发剂一般用偶氮化合物（如 $2,2'$偶氮二异丁腈）、过氧化物（如过氧化苯甲酰）等。以偶氮二异丁腈引发甲基丙烯酸甲酯为例，其化学反应式为：

偶氮二异丁腈遇热分解形成自由基：

$$CH_3-\underset{\underset{CN}{|}}{\overset{\overset{CH_3}{|}}{C}}-N{=}N-\underset{\underset{CN}{|}}{\overset{\overset{CH_3}{|}}{C}}-CH_3 \longrightarrow 2CH_3-\underset{\underset{CN}{|}}{\overset{\overset{CH_3}{|}}{C}}{\cdot}+N_2\uparrow$$

自由基引发甲基丙烯酸甲酯单体聚合：

$$CH_3-\underset{\underset{CN}{|}}{\overset{\overset{CH_3}{|}}{C}}{\cdot}+nMMA \longrightarrow CH_3-\underset{\underset{CN}{|}}{\overset{\overset{CH_3}{|}}{C}}-(-CH_2-\underset{\underset{COOCH_3}{|}}{\overset{\overset{CH_3}{|}}{C}})_{n-1}CH_2-\underset{\underset{COOCH_3}{|}}{\overset{\overset{CH_3}{|}}{C}}{\cdot}$$

从上述反应式来看，使用一般的引发剂不可避免地要在大分子链端引入可能引起不期望光吸收的端基，从而增大聚甲基丙烯酸甲酯的光纤损耗。

2. 制备方法

实验采用含氟自由基作为引发剂，以本体法聚合甲基丙烯酸甲酯，得到大分子链端不含引发剂端基的聚甲基丙烯酸甲酯，从而在以此为纤芯材料的塑料光纤中避免了端基所引起的光学损耗。

实验中 A 试样以 0.01mol/L 的偶氮二异丁腈作为引发剂，B 试样则以 0.1mol/L 的含氟自由基作为引发剂，分别引发甲基丙烯酸甲酯聚合得到聚甲基丙烯酸甲酯，然后分别拉制成塑料光纤，并用截断法测量各试样在氦氖激光器光源 632.8nm 波长下的光学衰减。反应所采用的甲基丙烯酸甲酯单体经过精馏、过滤，加入相对分子质量调节剂，于 100℃下在恒温水浴中反应完全，制得聚甲基丙烯酸甲酯光学纤芯预制棒，再拉制成纤芯直径为 0.6mm 的塑料光纤。

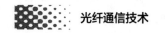

3. 性能分析

含氟自由基引发甲基丙烯酸甲酯的化学反应式如下：过氧化含氟自由基在氮气作用下转换为含氟自由基，即 $RFOO\cdot \xrightarrow{N_2} RF\cdot$。

含氟自由基与甲基丙烯酸甲酯形成电荷转移络合物（CTC）：

$$RF\cdot + \overset{|}{\underset{|}{C}}{=}\overset{|}{\underset{|}{C} \longrightarrow RF^-\cdot + {}^+\overset{|}{\underset{|}{C}}{-}\overset{|}{\underset{|}{C}}\cdot$$

或

$$RF\cdot + \overset{|}{\underset{|}{C}}{=}\overset{|}{\underset{|}{C} \longrightarrow RF^-\cdot + \overset{|}{\underset{|}{C}}{-}\overset{|}{\underset{|}{C}}\cdot$$

CTC 分解而成的引发自由基引发单体的聚合反应：

$$M\cdot + MMA \longrightarrow PMMA$$

从上述反应式和偶氮二异丁腈引发甲基丙烯酸甲酯的反应式可以看到，偶氮二异丁腈引发甲基丙烯酸甲酯聚合反应时，最终大分子链端存在 $CH_3{-}\overset{\overset{\displaystyle CH_3}{|}}{\underset{\underset{\displaystyle CN}{|}}{C}}{-}$ 端基，而含氟自由基引发甲基丙烯酸甲酯聚合反应时，大分子链端则不存在引发剂端基。B 试样聚甲基丙烯酸甲酯预制棒末端上析出含氟自由基的实验现象，也可以证明这一点。正是 A 试样和 B 试样化学结构上的不同引起光纤衰减的差异。

4. 效果评价

含氟自由基是用电子加速器加速电子于室温下照射全氟有机化合物，其典型代表为全氟烷烃。含氟自由基在室温下可以长期保持活性，而且引发聚合后沉淀于反应容器底部，可以反复使用，是一种比较有应用前景的新型自由基。用含氟自由基作为引发剂，引发甲基丙烯酸甲酯制作塑料光纤，在国内外文献中尚未见报道，作为一种降低塑料光纤损耗的方法，该方法具有工艺简单、成本低廉的优点。

五、光缆用甲基丙烯酸改性 PMMA 耐热性光纤

1. 简介

光缆用玻璃光纤纤径细（几微米）、接口技术等要求高且昂贵，而塑料光纤具有直径大、质量轻、柔软、易加工、成本低、耦合效率高、耐辐射性能优异等玻璃光纤无法比拟的优点。PMMA 是最早用于制备 POF 的材料之一，它透光性优异，不足之处是使用温度低，常规 PMMA 芯 POF 的耐温性仅有 80℃ 左右，但采用甲基丙烯酸对 PMMA 改性可提高 PMMA 的耐热性，以满足光缆的应用。

2. 制备方法

（1）原料及其处理　甲基丙烯酸甲酯（MMA）与甲基丙烯酸（MAA），分析纯；偶氮二异丁腈（AIBN），分析纯；MMA 和 MAA 经减压蒸馏后在冰箱里储存，将 AIBN 于 50℃用乙醇（10g AIBN 用 100mL 乙醇）重结晶提纯。

（2）材料的制备　定量的 MMA、MAA 和 AIBN 在干燥的三颈瓶中，于氮气保护下反应至黏度与甘油相当时迅速冷却至室温，倒在两块洁净的玻璃板中，于烘箱中继续聚合，在

不同的温度聚合一段时间后升温至100℃反应2～3h，使其固化完全，逐渐冷却至室温，脱模。

3. 性能分析

（1）共聚材料的透光率　从图4-22所示可知共聚物的透光率在可见光区与PMMA相当，只是在靠近紫外光区有所下降。其中，PMMA POF的传输窗口（即在该波长处塑料光纤的损耗最小）为516nm、568nm、650nm，可见共聚改性PMMA芯塑料光纤（POF）的传输窗口处透光率仍达92％～93％。

（2）共聚材料的维卡软化点　由图4-23所示可知加入甲基丙烯酸可显著提高PMMA的耐热性，其维卡软化点由118℃增加至141℃。

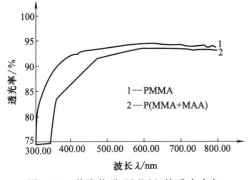

图4-22　共聚物及PMMA的透光率与入射光波长的关系

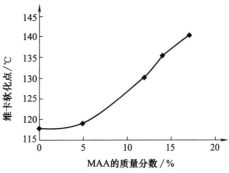

图4-23　共聚材料的维卡软化点与MAA含量的关系

4. 共聚材料的抗冲击性能

从图4-24所示可看出，随着MAA含量增加，材料的抗冲击性能开始几乎不变，至15％以上才急剧下降。

5. 效果评价

用甲基丙烯酸改性的PMMA透光率达92％，与PMMA接近；维卡软化点为140℃，比PMMA（118℃）有所提高；在甲基丙烯酸的含量低于15％时共聚物的抗冲击性能与PMMA相当。

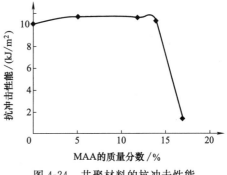

图4-24　共聚材料的抗冲击性能与MAA含量的关系

六、提高PMMA光纤芯材耐热性的措施

1. 必要性

与玻璃光纤相比，塑料光纤（POF）具有直径大、密度小、柔软性好、易加工、成本低、耦合效率高、耐辐射等优点，不足之处有损耗高、耐热性较差、耐环境性较差，这限制了它的应用范围。

用作有机光纤的材料都要求透光率大于90％以上，可用的材料有聚苯乙烯、聚甲基丙烯酸甲酯、聚碳酸酯、耐热Arton树脂、氟塑料以及氘化聚合物等。聚甲基丙烯酸甲酯（PMMA）是最早用于制备POF的材料之一，这归因于其具有优异的光透过率；在很高的频率范围内，它的功率因数随频率升高而降低，有良好的耐电弧性和不漏电性；能透过X

射线和 γ 射线，其薄片能透过 α 射线和 β 射线，可吸收中子线。但 PMMA 的缺点有使用温度低，耐磨性差，易吸湿变形，不耐有机溶剂，抗银纹性、线胀系数稳定性均不佳等。

通常长时间耐 100℃ 以上温度的 POF 称为耐热 POF，而普通 PMMA 芯 POF 的长期使用温度低于 80℃。实验表明将一定长度的普通 PMMA 芯 POF 放置在 120℃ 环境中几秒钟，其长度将收缩至原来的 50%，因而必须加强其耐热性研究。提高 POF 的耐热性有两种途径，一种是提高 PMMA 的耐热性；二是采用较高 T_g 的聚合物作为护套。

PMMA 是典型的无定型高分子材料，改善其耐热性的最有效方法是使大分子链段活动性减小，即增加链段刚性，使体系交联成网状结构。

2. 增加链段刚性

在 PMMA 主链上引入大体积基团（环状结构或大单体）的刚性侧链，可提高其耐热性。常用的大单体有甲基丙烯酸多环降冰片烯酯（NMA）、甲基丙烯酸环己酯、甲基丙烯酸双环戊烯酯、甲基丙烯酸苯甲酯、甲基丙烯酸对氯苯甲酯、甲基丙烯酸金刚烷酯（AdMA）和甲基丙烯酸异冰片酯（IBMA）等。少量大单体与 MMA 共聚可得耐热有机玻璃，并保持 PMMA 优良的光学性能。但用量不能太大，否则会显著降低有机玻璃的抗冲击性能。例如，在 PMMA 中引入 20% 的 MMA 时，共聚物 T_g 就可以提高到 125℃，其性能优良，可见透光率光弹性系数或双折射等方面都可与 PMMA 相媲美，且吸湿性低于 PMMA，密度比 PMMA 低 10%。

与庞大的侧基相比，主链中引入环状结构既能显著提高有机玻璃的耐热性，又不会明显降低其力学性能，是提高有机玻璃耐热性的较好方法。MMA 与马来酸酐（MAn）、N-取代马来酰亚胺等环状结构的化合物共聚均可在 PMMA 主链上引入环状结构。环状结构还可经高分子侧链反应引入，该法比与 MMA 和环状单体共聚可引入更多的环状结构。

3. 加入交联剂

加入交联剂可提高有机玻璃的耐热性、机械强度和表面耐磨性。可用的交联剂有甲基丙烯酸丙烯酯、乙二醇二丙烯酯、丁二醇二丙烯酯等丙烯酯类，二乙烯基苯、二乙烯基醚等二乙烯基类以及甲基丙烯酸封端的聚酯、聚醚、聚醚砜等。加入交联剂虽然可使有机玻璃的耐热性有所提高，硬度也增加，但会降低冲击强度，使成形加工变得困难，故加入量要适量。

4. 增强高分子链间相互作用力

利用副价交联可提高有机玻璃的耐热性，当 MMA 与具有活泼氢原子的单体共聚时，活泼氢原子便与 MMA 羰基上的氧原子形成氢键，从而能提高其耐热性。这类单体主要有丙烯酸、甲基丙烯酸、丁烯酸、顺丁烯二酸、α-氯丙烯酸、丙烯酰胺、甲基丙烯酰胺等。由于分子链中引入亲水基团，因此有机玻璃的吸湿性明显增大。采用 N-芳基取代的甲基丙烯酰胺可增进其耐水性，如 10% N-苯基甲基丙烯酰胺与 MMA 共聚，共聚物软化点温度提高到 154℃。

另外，日本合成橡胶公司开发的高透明 Arton 树脂，其主要单体为双环戊二烯，T_g 为 171℃，在短波长处吸收小，在紫外光和可见光区有优异的透光率，其透光率高达 92%。5%～20% 的 α 氟代甲基丙烯酸甲酯与 MMA 的共聚物软化点为 138℃。甲基丙烯酸金属盐（锡、铅、钡、镉、镝、钆等）与 MMA 共聚，可在高分子链中引入金属元素，形成二维甚至三维交联，从而提高材料的玻璃化转变温度、表面硬度、机械强度及折射率。例如，含钆2.5%～10%（质量）的有机钆玻璃的透光率与纯 PMMA 材料相当，有很强的耐溶剂性、热稳定性；含钆 10% 的有机钆玻璃 T_g 为 133℃，且透光性能良好。

第三节　聚苯乙烯（PS）光纤

一、光纤用 PS 特性与合成

1. 简介

PS 芯聚合物光纤（POF）具有较好的耐湿性和耐电子辐射性，最高使用温度在 80℃ 以下，其性能主要由 PS 芯材决定。分析在 PS 聚合过程中苯乙烯单体纯度、聚合温度、所用引发剂浓度及链转移剂浓度等因素对 PS 芯 POF 的影响，St 和 MMA 的共聚物改善了 PS 的脆性，但不能获得低损耗特征，PS 芯 POF 的 PS 数均相对分子质量在 $2.2\times10^4\sim4.6\times10^4$ 之间为佳。

2. PS 的特性

聚苯乙烯于 1930 年就开始生产了，其英文名为 Polystyrene，简称 PS。德国 BASF 公司是历史上第一家生产 PS 的公司，PS 分子式为 $(C_8H_8)_n$，其结构如下：

我国于 1960 年自行设计出一套 500t/a 悬浮法常规通用型（GP）PS 生产装置，现今 PS 制备工艺已淘汰了悬浮法，多采用连续本体法。采用连续本体法聚合的 PS，其杂质含量最低、最透明。

PS 是最常用的透明塑料之一，为非晶态无定形结构，透光率不低于 90%，常简称为透苯。尽管国内从不同公司引进了多条连续本体法制备 PS 的生产线，但国内生产的 PS 并不能满足制备 PS 芯 POF 的要求，估计是苯乙烯单体的纯度以及所选用的添加剂所带来的问题，因而 POF 用的 PS 多依赖进口。GP PS 的光学性能见表 4-21，其他性能见表 4-22。

表 4-21　GP PS 的光学性能

性　能	PMMA	PS	性　能	PMMA	PS
透光率/%	93	90	折射率温度系数（$dn/dT\times10^{-5}$℃$^{-1}$）	-12	-15
UV 照射 200h 的透光率/%	91～92	60～71	折射率	1.49	1.591
雾度/%	0.2	0.1～1.2	反射率/%	3.87	5.20
Abb 数	57.2	30.8			

表 4-22　透明 GP PS 的一般性能

性　能	测试方法 ASTM	日本 Asahi 化学公司		韩国 LG 公司		测试条件
		666	685	15NF	258D	
密度/(g·cm^{-3})	D792	1.05	1.05	1.05		23℃
收缩率/(mm/mm)	D955		0.4～0.8			—
拉伸强度/MPa	D638	50	54	43.1	46	
伸长率/%	D638	2.2	2.5	4	4	
Izod 冲击强度/(J·m^{-1})	D256	12	13	10.8	12.7	

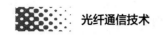

续表

性　能	测试方法 ASTM	日本 Asahi 化学公司		韩国 LG 公司		测试条件
		666	685	15NF	258D	
弯曲强度/MPa	D790	72	95	84.3	93.1	—
弯曲模量/MPa	D790	3300	3350	3087	3087	—
硬度/HRC	D785	84	84	119	120	Asahi 公司,M 标尺 LG 公司,R 标尺
热变形温度/℃	D648	82	87	79	83	LG 公司,1.81N/mm², 未退火
维卡软化点/℃	D1525	100	106	98	103	LG 公司,负荷 1kg
MFR/(g/10min)	D1238	7.5	2.1	10	3.3	200℃,5kg

其中，Asahi 化学公司的拉伸强度、伸长率、维卡软化温度试验片厚度为 3.2mm，MFR 试验原料为粒料，其他项目试验片厚度均为 6.4mm，皆不退火处理。

PS 是最耐辐射的聚合物之一，要使其性能发生变化，必须施加很大剂量的辐射。经辐射的结果是，聚苯乙烯放出 H_2，发生交联而变脆。当聚苯乙烯薄片在真空中置于波长为 253.7nm 的紫外线中辐射时，放出 H_2 发生交联。

PS 的光学稳定性和耐紫外辐射性都不及 PMMA。PS 在太阳光和荧光照射下或长期存放会出现变浊和发黄现象。当 PS 暴露在阳光下时，就开始泛黄，引起物理和光学性能下降，透光率降低。PS 老化时，还会稍微变脆，从而导致 PS 芯 POF 产生应力微裂纹，导致 PS 芯 POF 断丝。

3. PS 芯 POF 的特性

由于 POF 对芯材的要求高，因此宜选用连续本体法合成的 PS 作为 POF 芯材，其折射率为 1.59，属于材料折射率较高的一种透明材料。其皮材的选择有较充裕的范围，一般折射率只要低于 1.55，属于非结晶或结晶度低的透明聚合物材料即可。此材料多为 PMMA、改性 PMMA、EVA 和硅树脂等，其中改性 PMMA 包括 MMA 和 St 的二元共聚物以及 MMA、St 和丙烯酸酯的三元共聚物，其最低损耗为 69dB/km，因此在可见光红光区 670nm 处，可以选用红色磷化镓 GaP 发光二极管作光源。这种突变型 PS 芯 POF 在可见光范围内的损耗见表 4-23。

表 4-23　突变型 PS 芯 POF 的传输损耗　　　　单位：(dB/km)

波长/nm	552	580	624	672	734	784
总损耗	162	138	129	114	466	445
振动吸收损耗	0	4	22	24	390	377
紫外吸收损耗	22	11	4	2	1	0
瑞利散射损耗	95	78	58	43	30	23
结构缺陷损耗	45	45	45	45	45	45

其中，总损耗为振动吸收损耗、紫外（UV）吸收损耗、瑞利散射损耗和结构缺陷损耗之和。

一般可采用溶液涂覆法、熔融包覆法或芯皮材熔融共挤法拉制 PS 芯 POF 皮材。采用溶液涂覆法拉制 PS 芯 POF 皮材的一般性能见表 4-24。

表 4-24 溶液涂覆法拉制 PS 芯 POF 皮材的一般性能

特性	MMA 和 St 的共聚物	MMA 和 MA 的共聚物	测试标准
密度/(g·cm⁻³)	1.16	1.18	—
透光率/%	≥90	≥91	GB 2410
MFI/(g/10min)	≥0.8	≥0.8	GB 3682
吸水率/%	≤0.2	≤0.2	—
成形收缩率/%	≤0.5	≤0.5	—
拉伸断裂强度/MPa	≥55	≥78	—
维卡耐热温度/℃	≥95	≥95	GB 1633
抗弯曲强度/MPa	≥100	≥117	GB 1042

从 PMMA 芯 POF 和 PS 芯 POF 的光谱损耗图可以看出，在 600nm 以下，PMMA 芯 POF 的传输损耗远低于 PS 芯 POF；在 600~700nm 之间，PS 芯 POF 的整体损耗低于 PM-MA 芯 POF；在 700~800nm 之间，PS 芯 POF 有两个最低损耗处，损耗值远低于 PMMA 芯 POF。因此，对于 600nm 以上的波长，PS 芯 POF 的整体传光性能优于 PMMA 芯 POF。

南京玻璃纤维研究设计院生产的 N-1 型 PS 芯 POF，由其传输损耗图谱可见，传输损耗在 580nm 处为 646dB/km；在 680nm 处为 498dB/km。

4. PS 的合成

PS 作为 POF 芯材，对其单体纯度以及聚合有特殊的要求。在进行苯乙烯 St 本体聚合过程中，必须考虑到单体纯度、引发剂、链转移剂和聚合剂反应温度对 PS 纯度、相对分子质量及其分布的影响。

(1) 单体苯乙烯 St 纯度　PS 的合成方法有 4 种，以苯乙烯 St 的本体聚合为保证 PS 形成高透明材料的主要手段。另一方面，鉴于光纤对芯材纯度要求较高，表 4-25 列出不同苯乙烯 St 单体纯度对所制备的 PS 芯 POF 光损耗的影响。

表 4-25 单体苯乙烯 St 纯度对 PS 芯 POF 光损耗的影响

苯乙烯纯度/%	光损耗/(dB·km⁻¹)	苯乙烯纯度/%	光损耗/(dB·km⁻¹)
99.97	300~400	99.61	1100~1200
99.94	600	99.48	1600~2000
99.87	800		

由上表可知，即使单体苯乙烯 St 纯度达到 99.48%，拉制的 PS 芯 POF 的光损耗仍高达 1600~2000dB/km；在单体苯乙烯 St 纯度达 99.97% 时，PS 芯 POF 的光损耗才降至 300~400dB/km。若要求 POF 传输性能优异，对芯材单体纯度的要求就极为苛刻。苯乙烯 St 的提纯工艺为：单体苯乙烯 St 采用 NaOH 水溶液清洗以清除阻聚剂，然后水洗至中性，再用无水 NaSO₄ 或分子筛干燥，在氮气减压下精馏。经气相色谱法分析，其纯度大于 99%，所用链转移剂十二碳硫醇亦经提纯备用，引发剂偶氮二异丁腈经甲醇重结晶再用。

(2) 引发剂　选用偶氮二异丁腈（AIBN）为苯乙烯 St 反应引发剂，在反应转化率低于 50% 时，聚合反应速度 v 遵循以下公式：

$$v = k[M]^3[I]^{0.5} \qquad (4-2)$$

式中　[I]——引发剂浓度，mol/L；

　　　[M]——单体苯乙烯 St 的浓度，mol/L。

可见，PS 的聚合反应速率同单体苯乙烯 St 的浓度三次方成正比，同引发剂浓度 [I] 的 0.5 次方成正比，但当转化率高于 5％时，PS 聚合反应将不再遵循上述公式。

苯乙烯 St 热聚合时，采用 Arrhenius 方程式可以求得无引发剂时苯乙烯 St 聚合反应的活化能 E_a＝110.5kJ/mol，而当加入 0.2mol/L 的 AIBN 时，苯乙烯 St 聚合反应的活化能为 E'_a＝65.3kJ/mol，而且随着引发剂浓度的增加，聚合反应速率还常会随着引发剂浓度 [I]$^{0.5}$ 呈线性增加，即随引发剂浓度逐渐增加，聚合反应的活化能明显降低。当聚合反应温度为 80℃时，不同 AIBN 的浓度对所合成的 PS 相对分子质量的影响见表 4-26。

表 4-26　不同 AIBN 浓度对苯乙烯聚合物（PS）相对分子质量的影响

AIBN 浓度/mol/L	聚合反应时间/min	相对分子质量/（×10^5）			相对分子质量分布 D
		M_n	M_w	M_z	
0.05	180	0.785	1.61	2.97	2.05
	240	0.869	1.79	3.34	2.06
	300	1.07	2.60	5.42	2.43
	360	7.51	2.18	6.12	2.90
0.1	120	0.103	0.640	1.72	6.22
	180	0.403	0.895	1.65	2.22
	240	0.438	0.991	1.88	2.26
	300	0.504	1.08	1.99	2.15
	360	0.448	1.36	3.19	3.04
0.5	60	0.0714	0.447	1.26	6.26
	120	0.118	0.703	1.81	5.95
	240	0.0902	0.763	2.10	8.46
	300	0.137	1.33	4.09	9.74

从表 4-26 可以看出，当聚合温度为 80℃、反应时间为 240min，引发剂浓度从 0.05mol/L 增加到 0.1mol/L 和 0.5mol/L 时，PS 的 M_n 分别为 86900、43800 和 9020，相对分子质量分布 D 分别为 2.06、2.26 和 8.46。由此可以看出，当 AIBN 用量增加时，PS 的相对分子质量明显降低，其相对分子质量分布 D 值亦变大。

（3）聚合温度　不同的聚合反应温度对聚合反应速率、聚合产物相对分子质量及其相对分子质量分布有不同的影响，温度对聚合反应的影响程度同聚合总活化能有关。当聚合反应总活化能的值较低时，提高聚合反应温度可明显提高反应速度，但一般是提高链转移常数，降低聚合物相对分子质量。表 4-27 列出聚合温度对 PS 黏均相对分子质量的影响。

表 4-27　聚合温度对 PS 黏均相对分子质量的影响

反应温度/℃	聚合反应时间/min	黏均相对分子质量/（×10^5）	反应温度/℃	聚合反应时间/min	黏均相对分子质量/（×10^5）
80	180	4.46	100	120	4.30
	300	4.50		180	5.02
	420	4.67		240	5.31
	540	5.05		300	5.56
				360	5.92

反应温度/℃	聚合反应时间/min	黏均相对分子质量/(×10⁵)	反应温度/℃	聚合反应时间/min	黏均相对分子质量/(×10⁵)
120	60	3.23	130	60	2.39
	120	3.32		90	2.50
	180	3.41		120	2.59
	240	3.46		150	2.66
	300	3.49		180	2.74

从上表可以看出，当聚合反应时间为 180min、温度从 80℃升到 100℃、120℃和 130℃时，PS 的黏均相对分子质量分别为 $4.46×10^5$、$5.02×10^5$、$3.41×10^5$ 和 $2.74×10^5$，聚合相对分子质量明显呈下降趋势。这是由于在较低的反应温度下形成的游离基比较稳定，受其他因素干扰少，链增长速度较为稳定，黏均相对分子质量较高。

（4）链转移剂 链转移剂是用来调节聚合反应产物相对分子质量的。一般来讲，链转移剂增加，其合成的聚合物相对分子质量将降低，其相对分子质量分布范围将变大。表 4-28 列举出聚合反应温度为 80℃、引发剂 AIBN 浓度为 0.2mol/L 时，添加不同浓度的十二烷基硫醇（$C_{12}H_{26}S$）链转移剂对聚合反应 PS 相对分子质量及其分布的影响。$C_{12}H_{26}S$ 的英文名为 n-Dodecanethil，其相对分子质量为 202.41，密度 d_4^{20} 为 0.841～0.844，折射率为 1.457～1.459。

表 4-28 十二烷基硫醇浓度对 PS 相对分子质量及其分布的影响

链转移剂浓度/(mol/L)	聚合反应时间/min	相对分子质量/(×10⁵)			D
		M_n	M_w	M_z	
0.2	180	0.112	0.436	1.01	3.88
	240	0.135	0.543	1.28	4.02
	300	0.136	0.677	1.84	4.97
	360	0.176	0.915	2.37	5.19
	420	0.241	1.24	3.41	5.17
0.5	180	0.0832	0.376	0.949	4.52
	240	0.0823	0.448	1.15	5.44
	300	0.0898	0.581	1.61	6.47
	360	0.0816	0.731	1.99	6.16
	420	0.0782	0.799	2.40	10.2
1	120	0.0417	0.209	0.635	5
	240	0.0394	0.210	0.636	5.32
	300	0.0550	0.460	1.32	8.36
	360	0.0317	0.585	2.28	18.43

从该表可以看出，当聚合反应时间为 240min、链转移剂浓度从 0.2mol/L 增加到 0.5mol/L 和 1.0mol/L 时，其数均相对分子质量 M_n 分别为 13500、8230 和 3940，其相对分子质量分布 D 分别为 4.02、5.44 和 5.32，而且当链转移剂浓度超过 0.2mol/L 时，其聚合反应速度将降低。因而在实际应用过程中，十二烷基硫醇的浓度应低于 0.2mol/L。链转移剂也可用正丁硫醇，其用量为 0.02mol/L。

（5）共聚单体 当苯乙烯 St 进行改性并同单体甲基丙烯酸甲酯 MMA 共聚合时，尽管这种共聚物芯 POF 的抗拉伸强度及其脆性可得以改善，但共聚物芯 POF 的损耗比纯 PS 芯 POF 的损耗大得多，这是由于两种单体材料的折射率等性能相差较大所致。表 4-29 列出了 St 和 MMA 共聚物的组成对光纤性能的影响，表 4-30 列出了 St 和 MMA 单体的性能差异。

表 4-29　St 和 MMA 共聚物的组成对光纤性能的影响

编号	St∶MMA(物质的量比)	AIBN/%	C₁₂H₂₅SH/%	损耗/(dB·km⁻¹)
1	91∶9	—	0.08	1000
2	89∶11	—	0.07	860~1000
3	88∶12	微量	0.06	520~600
4	76∶24	微量	0.09	1500
5	52∶48	0.036	0.10	>1000
6	100∶0	—	0.10	350~500

表 4-30　单体 MMA 和 St 的性能差异

单体	极性 e	活性 Q	竞聚率(60℃)	折射率 n_D^{25}
MMA	0.4	0.74	0.46	1.42
St	−0.8	1	0.52	1.5441

由表 4-30 可以看出，单体 MMA 和 St 的共聚物并不能获得各向同性的特性，故纯 PS 芯 POF 的传输损耗较低。

芯材相对分子质量及其相对分子质量的分布会影响拉制成形的 POF 的性能。如果 PS 的相对分子质量过高，即 PS 在本体聚合过程中未添加链转移剂，则在常规温度下的流动性较差，需提高温度至 220℃方能进行拉丝；当链转移剂过多且 PS 数均相对分子质量 M_w 低于 $2×10^5$ 时，PS 流动性好，易于拉制 POF，但 POF 强度不佳，脆性大。经试验表明，PS 的相对分子质量必须有一定的控制，M_w 在 $2×10^5~2.5×10^5$ 之间为佳，M_z 在 $4×10^6~6×10^6$ 之间为佳，M_n 在 $2.2×10^4~4.6×10^4$ 之间为佳。

二、PS 光纤的涂覆工艺技术

(一) 简介

我国每年生产的数千吨聚合物光纤（POF）中大多数是聚苯乙烯（PS）芯 POF，其生产工艺有多种，涂覆工艺是其中之一。涂覆工艺又分成溶液涂覆工艺和熔融涂覆工艺，我国生产厂家大多采用溶液涂覆工艺来制备 PS 芯 POF。溶液涂覆工艺的流程为：芯材加进挤出机料斗中，经挤出机送料段、熔化段以及计量段，芯材粒子熔融塑化变为熔融流体，然后经过挤出机分流板进入模头，从模头口模中挤出，经牵伸冷却定形成为芯材纤维。芯材纤维进入皮材溶液涂覆器，均匀地涂覆上一定浓度的皮材溶液，涂覆有皮材溶液的芯材纤维再经过烘干装置，在高温下皮材溶液溶剂挥发，留下固态皮材包覆在芯材纤维上，这样就形成具有芯皮结构的 POF，即可收卷、切割、包装、称量、检验和入库。另外，溶液涂覆法形成皮层也可采用紫外固化工艺，其工艺过程与上述溶液涂覆工艺流程基本相同，只是皮材溶液中含有的是皮材单体反应物或皮材预聚物，涂有皮材单体反应物或皮材预聚物的芯材纤维，经紫外光固化后，也可形成芯皮结构的 POF。

(二) 溶液涂覆法制作 PS 芯 POF 工艺

采用溶液涂覆工艺制作 PS 芯 POF，必须重视以下关键工艺。

1. 芯材挤出机的选择

挤出机是保证芯材聚合物充分塑化并挤出芯材纤维的设备，对于某一种聚合物而言，挤出机的选择涉及挤出机的螺杆直径、螺杆长径比、螺杆压缩比和螺杆类型等。PS 芯 POF 纤

径 D 一般为 $0.15 \sim 2.00mm$，所需的挤出机出料量不大，可利用挤出机平稳挤出的特性，螺杆直径宜选用 20mm、30mm、45mm、60mm。所用挤出机应为单螺杆挤出机，不用或少用双螺杆挤出机和柱塞式挤出机。螺杆长径比可选 20、25、30 等，通常较大的长径比更有利于聚合物的塑化。挤出 PS 时，螺杆压缩比以 $2 \sim 4$ 较为适宜。

2. 模头设计

挤出机模头是 POF 芯材纤维挤出成形的关键部件，它决定芯材纤维成形的好坏。涂覆模头可设计成 1 孔、4 孔、6 孔、8 孔、12 孔、18 孔、24 孔、36 孔等。对于多孔模头，模头各孔须有相同的加工尺寸和加工精度，以保证各孔挤出成形的芯材纤维具有相同或极相近的尺寸，并保证 POF 纤径的均匀性。同时模头内流道要呈流线形，防止有死角（料流停滞区），并且有较高的表面光洁度，尤其是口模部分，因为它直接关系到芯材纤维表面的光滑性。此外，模头设计要对称，便于模头内部和各流道的均匀受热，保证模头各孔中熔融 PS 有相同的特性，使模头各孔有相同的挤出特性。

3. 芯材的选择

芯材的特征很大程度上决定 POF 的特性，商品化 PS 芯 POF 所选用的 PS 是工业化生产的。为保证 POF 有较高的光透射率，多选用本体法聚合的 PS，而不选用悬浮法聚合的 PS。因为，本体法聚合的无定形 PS 光透射率一般大于 90%，甚至可达 92% 以上。同时也不宜选用增韧或抗冲击类的 PS，因为这两种 PS 的光透射率较低。用商品化 PS 作为 POF 芯材，所拉制的 PS 芯 POF 光透射率可在 $63.1\% \sim 79.4\%$ 之间，损耗为 $1000 \sim 2000dB/km$。

4. 皮材的选择

采用溶液涂覆工艺制作 PS 芯 POF，皮材折射率至少要小于芯材折射率 0.03，要求皮材溶液有优异的透明性，皮材溶液包覆在芯材表面，经烘干后要求形成透明的皮层。同时要求皮材既要有一定的强度，又要有一定的柔韧性，还要有较低的吸水性和较好的耐老化性能。

5. 皮材溶液的配制

单根芯材纤维以空气为包层并不能形成稳定的透射率，单根芯材纤维一开始透射率很好，但灰尘或其他杂质黏附在芯材纤维上后，其透射率将急剧下降，故芯材纤维拉制出来后，必须立即涂覆上一定厚度的皮材溶液，方可形成完整的芯皮结构光纤。为了便于皮材溶液的配制，通常选用由悬浮法制备的皮材粉末，这样使皮材有更大的表面积，以利于溶解，而且所选溶剂的溶解度参数宜与皮材溶剂的溶解度参数相同或相近为佳。所用溶剂并不一定是单一的纯溶剂，也可以是混合物，而且混合溶剂有利于调整其溶解度参数。但芯材的溶解度参数必须与皮材溶剂的溶解度参数有一定的差异，这可避免皮材溶剂对芯材光滑表面的侵蚀，影响芯皮结构的完善性，增大 POF 的传输损耗。皮材溶液还要有一定的浓度和黏度，以保证在涂覆器中的流动性能和浸润性能。皮材溶液浓度不能太低，即黏度不能太低，否则在芯材纤维上形成的皮层将很薄，导致皮层强度不够，甚至出现光纤侧面漏光的现象，导致 POF 的传光性不佳；但皮材溶液浓度亦不能太高，即黏度不能太高，否则皮材溶液将不易烘干或者出现皮层发白的现象，无法形成透明的皮层，并使 POF 的传输损耗增大。因而必须保证 PS 芯材纤维均匀涂覆，且易烘干，形成一定的皮层厚度，以保证 POF 的传光特性。通常皮材溶液浓度为质量分数 $5\% \sim 30\%$ 的透明溶液，皮材溶剂以不易燃易爆品为佳，以利于安全生产和管理。涂覆工艺也是 PS 芯 POF 生产工艺的关键之一，要求涂覆装置能均匀地涂覆芯材纤维表面，而且能均匀涂覆每一根芯材纤维。

皮材溶液除了采用溶剂溶解皮材溶质来配制外，亦可采用溶液聚合法合成，所合成的皮材涂覆液要求有合适的浓度。为了确保皮材涂覆液有较好的成膜特性和成膜强度，必须使合成的聚合物皮材有合适的相对分子质量及相对分子质量分布。

6. 烘干装置

PS芯POF的烘干装置必须要使烘道保持一定的温度和长度，这样才能保证皮材充分烘干。若皮层未完全烘干，易使表面发白，不能形成透明的皮层表面，并会导致不完善的芯皮界面的产生，降低POF的光透射率，增大POF的损耗。若烘道温度过高，有可能使芯材纤维或POF进一步受热扭曲变形，不能正常拉丝，甚至拉断。通常烘道的温度不宜高于芯材的玻璃化转变温度。由于一年四季环境温度不同，宜采用温度控制装置，调整风量和加热量，保证烘道中温度的恒定。

7. 牵伸收卷装置

当PS芯材纤维从模头挤出牵伸后，经皮材溶液涂覆、烘干装置烘干后，即形成具有芯皮结构的POF。此时即可收卷，然后进行切割、包装、称量、质检、入库工作。牵伸收卷速度与模头口模孔径、挤出速度、加工温度等共同决定光纤的纤径。当其他条件不变、牵伸收卷速度增大时，可使纤径变细；而牵伸收卷速度变慢，可使纤径变粗。但仅通过调整牵伸收卷速度并不能保证获得纤径均匀的POF，每一种规格的POF通常都要有合适的牵伸比，才能保证其有稳定的直径和较高的光透射率。当然，牵伸工艺可提高纤维的力学性能，但较大的牵伸力会提高材料的双折射，使POF纤径波动增大，散射损耗增大，从而使POF的传输损耗增大。因而在制作POF过程中必须合理选择POF的口模尺寸，使POF的拉伸比控制在一定的范围内。

综上所述，只有综合调整挤出机各区温度、模头直径、挤出速度以及牵伸速度，才能拉制出高质量的PS芯POF。

溶液涂覆法制作POF工艺必须将皮材颗粒配成皮材溶液，而皮材溶液又必须经过烘干后方可在芯材纤维表面形成包层，其中最大的问题在于溶剂的浪费。溶剂经过烘干后难以回收，通常排入大气而产生大气污染。同时，为了及时排除溶剂，促进溶剂的挥发，生产车间还必须增加抽风装置。因此，从某一角度而言，这一工艺必须配置皮材溶液配制装置、烘干装置以及排风装置等。另外，还必须购买溶剂，倘若溶剂价格高，则会增大POF的成本预算。相对而言，熔融涂覆工艺的可行性较好，而且成本较低，不需要烘干装置、排风装置以及皮材溶液配制装置，没有环境污染和浪费，只需要设计精巧的涂覆装置，使熔融态皮材均匀包覆在芯材纤维上即可。熔融涂覆工艺流程可简述为芯材经挤出机及模头熔融挤出后，通过皮材熔融涂覆器，经空气冷却，即形成具有芯皮结构的POF。

(三) 皮材的紫外光固化工艺

POF皮层不仅可以采用皮材溶液涂覆烘干和皮材熔融包覆形成，而且还可以通过皮材单体混合物或预聚物紫外固化形成，此时皮材的光固化时间较短，芯皮材料中无残留热应力，POF的性能提高。其原理是在皮材单体混合物或皮材预聚物中加入紫外光引发剂，这种引发剂受紫外光照射后，会分解成活性自由基，而快速引发皮材单体链增长聚合反应形成皮材。可作为光敏引发剂的材料有：偶氮二异丁腈（AIBN）、甲基乙烯基甲酮、安息香乙醚和二苯甲酮等。最常用的紫外光源为高压汞灯，如光波长范围为186~

1000nm 的石英汞灯，经分色仪或滤光片可选取某一波段的紫外光。另一方面，丙烯酸酯单体也比较容易光聚合，而且丙烯酸酯聚合物的折射率相对 PS 较低，丙烯酸酯类聚合物的硬度、韧性还可以通过不同丙烯酸酯单体的共聚配比调节，因而丙烯酸酯类聚合物是较为理想的 PS 芯 POF 的皮材。当选用安息香乙醚作光引发剂时，其吸收紫外光能量后，可分解为两种自由基：

$$C_6H_5{-}CO{-}CHOC_2H_5 \longrightarrow C_6H_5 \longrightarrow C_6H_5{-}CO\cdot + C_6H_5{-}H(OC_2H_5)C\cdot$$

这两种活性单体皆可引发丙烯酸酯类单体，如甲基丙烯酸甲酯（MMA）形成 MMA 活性链自由基，实现链增长，从而完成皮层的聚合反应。

紫外光引发剂的用量对紫外固化反应及皮层性能有一定影响。

① 引发剂在低浓度范围内，如低于质量分数 1% 时，引发剂的用量对聚合反应的速率影响很大，引发剂用量的稍微改变，即可使聚合反应速率增加或降低。而当引发剂浓度增加至一定程度后，其量的增减对聚合反应的速率改变极小。因而在皮材单体紫外聚合过程中，引发剂浓度的选择极为重要。图 4-25 所示为 MMA 单体和丙烯酸甲酯（MA）单体选用安息香乙醚作引发剂时，引发剂浓度与聚合反应时间 T 的关系。从该图可以看出，当光引发剂安息香乙醚的浓度高于质量分数 2% 时，聚合反应的时间减少得较缓慢，而且在相同浓度的光引发剂条件下，MA 单体的聚合时间比 MMA 单体的聚合时间短。

② MMA 和 MA 单体光引发聚合速度比热引发聚合速度快，若想进一步提高光固化速率（聚合反应速率），可采用以下措施：一是在紫外光照射区通入氮气，尽量消除溶解于反应单体混合溶液中的氧气，因为氧气是一种阻聚剂，这样可适当提高聚合反应速率；二是将皮材单体混合物预聚至一定程度，如单体转化率达 10% 左右，使皮材单体混合物达到一定黏度后涂覆在芯材纤维上，从而缩短聚合反应时间，加快皮材固化反应速率，如图 4-26 所示。

③ 尽管随着光引发剂浓度的增加，聚合反应速率明显加快，但这将导致光固化皮材的可见光透射率明显降低。从图 4-27 所示就可以看出，当引发剂浓度从质量分数 1% 增至 7% 时，50mm 厚的皮材在 632.8nm 波长处（光源为氦氖激光器）的透射率从 96% 下降至 78% 左右。而从图 4-28 所示可以看出，当引发剂浓度从质量分数 1% 增至 7% 时，在 632.8nm 波长处 PMMA 皮 PS 芯的 POF 传输损耗从 182dB/km 升至 186dB/km，PMA 皮 PS 芯的 POF 传输损耗则从 193dB/km 升至 197dB/km。尽管传输损耗的增加量不大，但有增加的趋势。出现这一现象的原因在于当光引发剂浓度增加时，引发效率将降低，皮材中残留物将增大，而且皮材中大分子链引发剂端基亦增加，从而导致材料结构的不均一性，造成皮层光透射率下降，光传输损耗增加。

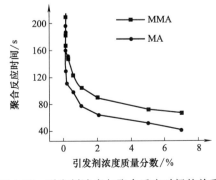

图 4-25 引发剂浓度与聚合反应时间的关系

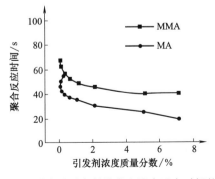

图 4-26 经预聚后引发剂浓度和聚合反应时间的关系

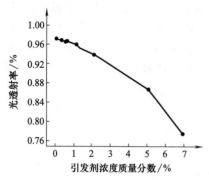

图 4-27　引发剂浓度和皮材光透射率的关系

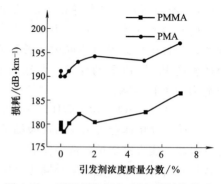

图 4-28　引发剂浓度和 POF 损耗的关系

（四）皮材的溶液聚合工艺

与采用本体法或悬浮法制得的皮材粒料或粉料再经特定溶剂制得皮材溶液相比，直接采用溶液聚合方法合成的皮材溶液具有工艺过程简单、节能等特点。而且溶液本身具有易混合、传热快、聚合温度易控制和聚合体系黏度低等特点，是值得推广的配制皮材溶液的方法。

1. 皮材单体

PS 芯 POF 的皮材单体多为丙烯酸酯类，其中最重要的是 MMA。用 MMA 与其他单体（如丙烯酸酯）共聚，可以调节共聚物的玻璃化转变温度 T_g、折射率 n_D^{25} 及皮材的柔软性。丙烯酸酯类聚合物共同的特点是折射率在 $1.40 \sim 1.50$ 之间，但其 T_g 值有很大的不同，部分芯皮材料及单体的物理性质见表 4-31。皮材柔软性与 T_g 值相关，一般 T_g 愈高，常温下的涂覆层硬度及抗张强度就越高，但柔软性及抗冲击性能下降。通常，同 PS 芯 POF 相匹配的皮材 T_g 在 $40 \sim 90℃$ 之间为宜。理论上，采用共聚法合成聚合物的 T_g 可由下式计算：

$$\frac{1}{T_g} = \frac{W_1}{T_{g1}} + \frac{W_2}{T_{g2}} + \cdots + \frac{W_i}{T_{gi}} \tag{4-3}$$

式中　T_{gi}——第 i 组分均聚物的 T_g；

　　　W_i——第 i 组分均聚物的质量分数。

当采用 MMA 质量分数为 $80\% \sim 90\%$，丙烯酸乙酯质量分数为 $5\% \sim 10\%$，丙烯酸丁酯质量分数为 $5\% \sim 10\%$，苯乙烯质量分数为 $0.5\% \sim 5\%$ 时，所得涂覆液皮材的 T_g 理论值为 $40 \sim 50℃$，采用液相色潜法测得所得皮材相对分子质量为 1.2×10^5，皮材折射率为 1.472。其中，添加苯乙烯的目的是保证芯皮间黏附性更佳。

表 4-31　部分芯皮材料及其单体的物理性质

聚合物	单体折射率 n	T_g/K	溶解度参数 δ /$(J \cdot cm^{-3})^{1/2}$	密度 /$(g \cdot cm^{-3})$	抗张强度 /MPa	延伸率 /%	硬度	吸水率
PMMA	1.4130	378	18.92	1.17	60.27	4	较硬	微
聚丙烯酸乙酯	1.4050	249	19.23	1.12	0.226	1800	软	微
聚丙烯酸丁酯	1.4185	218	17.39	1.08	—	2000	极软	很小
PS	1.5470	373	18.20	1.13	—	—	硬	不吸

2. 溶剂

采用溶液聚合合成皮材溶液时，必须考虑到皮材的如下特性。

① 一般而言，非晶态皮材溶剂的溶解度参数 δ 采用接近皮材的 δ，并与芯材的 δ 有一定

差异，以不易溶解芯材为佳。而当一种溶剂的 δ 同皮材有一定差异时，可选用两种或多种溶剂按一定配比混合，形成混合溶剂，以使混合溶剂的 δ 与皮材的 δ 相近。混合溶剂对聚合物的溶解能力甚至比使用单一溶剂还要好，混合溶剂的 δ 可采用如下公式计算。

$$\delta_{混} = \phi_1 \delta_1 + \phi_2 \delta_2 \tag{4-4}$$

式中　ϕ_1 和 ϕ_2——分别表示两种纯溶剂的体积分数；

δ_1 和 δ_2——分别为两种纯溶剂的溶解度参数。

表 4-32 列出了一些纯溶剂的 δ 和 n_D^{20}。

表 4-32　一些纯溶剂的性能

纯溶剂	沸点/℃	δ /(J·cm^{-3})$^{1/2}$	n_D^{20}	纯溶剂	沸点/℃	δ /(J·cm^{-3})$^{1/2}$	n_D^{20}
乙酸乙酯	77.0	18.6	1.3719	水	100.0	47.4	1.3329
2-丁酮	79.6	19.0	1.3814(15℃)	甲醇	65.0	29.6	1.3292
乙酸	117.9	25.7	1.3718	丙酮	56.1	20.4	1.3591
乙醇	78.3	26.0	1.3614	三氯甲烷	61.7	19.0	1.4476

② 溶剂或混合溶剂要易于挥发，其沸点也以不高于烘道温度为宜，而烘道温度取决于芯材纤维的 T_g 及 POF 的拉丝速度。

③ 当采用溶液聚合时，溶剂对皮材的相对分子质量有一定影响，而对聚合物聚合反应速率可能无影响。为了降低溶剂对聚合物相对分子质量的影响，通常要求溶剂的链转移常数尽量小，以防止聚合物相对分子质量的降低。下式列出了溶剂对皮材聚合物相对分子质量的影响。

$$\frac{1}{p} = \frac{1}{p_0} = C_s \frac{S}{M} \tag{4-5}$$

式中　p——有溶剂时聚合物的聚合度；

p_0——无溶剂时的聚合度；

S——溶剂的物质的量浓度；

M——单体的物质的量浓度；

C_s——溶剂的链转移常数。

当聚合温度提高时，C_s 值将提高；当 S 和 C_s 增加时，将导致聚合度 p 下降，即相对分子质量降低。表 4-33 列出了不同溶剂在不同单体中的链转移常数 C_s。在制备 PS 芯 POF 的皮材溶液时，可首先将溶剂的浓度控制在质量分数 40%～50% 范围内。随着聚合物的生成、反应体系黏度的增加，可不断补充溶剂，使反应物的黏度稳定在一个合适的范围内。

表 4-33　不同溶剂在不同单体中的链转移常数 C_s

溶剂	苯乙烯		MMA(80℃)	醋酸乙烯酯(60℃)
	60℃	80℃		
苯	2.3×10^2	5.9×10^2	7.5×10^2	1.2×10^4
丙酮	—	4×10^3		1.17×10^5
乙酸	—	4×10^3		1.1×10^4
三氯甲烷	5×10^3	9×10^3	1.4×10^4	1.5×10^6
正丁硫醇	2.1×10^9	—		4.8×10^8
环己烷	3.1×10^2	6.6×10^2	1.0×10^3	7.0×10^4

3. 引发剂

聚合反应的引发剂种类多为偶氮类、有机过氧化物类、无机过氧化物类和氧化还原引发体系类等。其中，无机过氧化物类引发剂多用于乳液聚合和水溶液聚合；氧化还原引发体系类多用于乳液聚合；偶氮类和有机过氧化物类引发剂属于油溶剂引发剂，常用于本体聚合、悬浮聚合和溶液聚合中。在制备 PS 芯 POF 的皮材溶液过程中，选用偶氮类引发剂（如 AIBN）较为合适，因为聚合物分子链端基多是引发剂产生的活性自由基，端基的热稳定性直接影响整个聚合物分子链的热稳定性。有机过氧化物类引发剂，如过氧化苯甲酰（BPO）和 AIBN 相比，AIBN 端基的热稳定性更好，它们作为引发剂，其自由分解式如下。

BPO 分解式：

$$C_6H_5CO—O—O—COC_6H_5 \longrightarrow 2C_6H_5COO \cdot \longrightarrow 2C_6H_5 \cdot + 2CO_2\uparrow$$

AIBN 分解式：

$$(CH_3)_2C(CN)—N=N—C(CN)(CH_3)_2 \longrightarrow 2(CH_3)_2C(CN) \cdot + N_2\uparrow$$

对于 BPO 来说，分解所产生的活性自由基 $C_6H_5COO \cdot$ 和 $C_6H_5 \cdot$ 成为聚合物分子链端基时，在光热等老化条件下易使聚合物降解，而 AIBN 活性自由基 $(CH_3)_2C(CN) \cdot$ 成为聚合物链端基时，聚合物的热稳定性优良。

下式列出引发剂的用量对聚合反应速率及聚合物相对分子质量的影响：

$$R_p = k_p \left(\frac{fk_d}{k_t} \right)^{1/2} [I]^{1/2}[M] \tag{4-6}$$

$$V_p = \frac{k_p}{2(fk_dk_t)1/2} \times \frac{[M]}{[I]^{1/2}} \tag{4-7}$$

式中　　R_p——聚合反应速度；

　　　　V_p——动力学聚合物分子链长；

　　　　f——引发剂效率；

k_d、k_p、k_t——分别为引发速率常数、链增长速率常数和链终止速率常数；

　　$[M]$——单体物质的量浓度；

　　$[I]$——引发剂浓度。

从式（4-6）和（4-7）可以看出，增加引发剂浓度 $[I]$，可以降低聚合物相对分子质量，增大聚合物反应速率。在丙烯酸酯类溶液共聚物作为 PS 芯 POF 的皮材时，引发剂浓度以控制在质量分数 $0.4\% \sim 0.5\%$ 为佳。

4. 聚合反应温度和相对分子质量

式（4-6）和式（4-7）可简化为：

$$R_p = K_R[M][I]^{1/2} \tag{4-8}$$

$$V_p = K_V[M][I]^{-1/2} \tag{4-9}$$

式中，聚合反应速率常数 K_R、聚合物分子链长（聚合度常数 K_V）与聚合反应温度一般都遵循 Arrhenius 方程式。

$$K = Ae^{-E/RT} \tag{4-10}$$

对于聚合反应速度 R_p 而言，E'_p（影响聚合反应速率的综合活化能）有：

$$E'_p = \frac{1}{2}(E_d - E_t) + E_p \tag{4-11}$$

式中　E_d、E_t、E_p——分别为引发反应、链终止反应和链增长反应的活化能。

E'_p 一般大于 0，故温度 T 升高，$-E'_p/RT$ 增大，K_R 则上升，因而 R_p 增加，即温度升高，聚合反应速率增加。

对于聚合物分子链长 V_p 而言，E_V（影响聚合物分子链长的综合活化能）有：

$$E_V = E_p - \frac{1}{2}(E_t + E_d) \tag{4-12}$$

式中，E_V 一般小于零，故温度 T 升高，$-E_V/RT$ 降低，K_V 值下降，从而聚合物分子链长 V_p 降低，聚合物分子量降低。

因此，升高聚合反应温度，可提高反应速率，降低聚合物的相对分子质量。由式（4-10）和式（4-11）可看出，提高反应单体的浓度，可提高聚合反应速率和聚合物的相对分子质量。提高引发剂浓度，可提高聚合反应速率，降低聚合物的相对分子质量，这与提高聚合反应温度有相同的效果。

聚合物相对分子质量的大小直接关系到包覆在 PS 芯材纤维外的皮材强度。一般皮材聚合相对分子质量越小，皮材溶液黏度就小，皮材强度就越低。这种相对分子质量皮材的 PS 芯 POF 在使用过程中就易于磨损，使光纤的传光性能下降。皮材相对分子质量越大，其机械性能和应用性能就越好，形成的包覆皮材强度就越高，皮层不易磨损。这是因为随着相对分子质量的增加，分子链增长，分子间作用力增大，皮层膜的致密性就提高，因而皮层的韧性和耐老化性能就得到加强。尤其是采用溶液涂覆法制备 PS 芯 POF 时，其皮层厚多在 $2\sim5\mu m$，因而皮材在聚合反应过程中，其相对分子质量的控制极为重要。

空气中的 O_2 对溶液聚合反应具有阻聚作用，因为 O_2 同聚合反应自由基形成不活泼的过氧自由基，这种过氧自由基容易自身或同其他自由基发生耦合或歧化终止，从而降低聚合反应速率和聚合相对分子质量。因而，皮材溶液的聚合反应宜在无 O_2 而充满 N_2 或惰性气体的气氛下进行，而且在 N_2 气氛下聚合的皮材溶液比在有 O_2 情况下聚合的皮材溶液更透明。

总之，采用溶液涂覆法生产 PS 芯 POF，须选用本体法聚合的高透明 PS，配用合适的芯材用挤出机和挤出模头，并注重 PS 芯 POF 用皮材的选择。POF 皮材包覆到芯材纤维上可采用溶液涂覆法，这种溶液涂覆法可采用烘干工艺，也可采用紫外固化工艺。皮材溶剂的溶解度参数以接近皮材的溶解度参数为佳，并要控制溶剂的用量。皮层厚度多在 $2\sim5\mu m$。升高皮材聚合反应温度和提高引发剂浓度，可提高聚合反应速度，降低皮材聚合物的相对分子质量。提高反应单体的浓度，既可以提高皮材聚合反应速度，亦可提高皮材聚合物的相对分子质量。引发剂浓度以控制在质量分数 $0.4\%\sim0.5\%$ 为佳。皮材在聚合反应过程中，需控制皮材相对分子质量及其分布。商品化溶液涂覆法生产的 PS 芯 POF 可见光透射率为 $63.1\%\sim79.4\%$，损耗为 $1000\sim2000dB/km$。

三、PS 光纤共挤拉制工艺技术

（一）共挤法拉制 POF 对芯、皮材的要求

① 芯、皮材必须为高透明无定型聚合物。共挤法拉制 POF，选用的芯材为聚苯乙烯，皮材为聚甲基丙烯酸甲酯（PMMA），这两种聚合物的自然光透过率皆在 90% 以上，因其主链上皆有侧基，如对于 PS，其侧基为苯基；对于 PMMA，其侧基为甲基及酯甲基，使聚合的链刚性增强，呈无结晶趋向，为无定形聚合物。

② 芯材折射率 n_1 必须大于皮材折射率 n_2 一般要求为：$n_1/n_2 > 1.01$ 或 $n_1-n_2 \geqslant 0.03$，这样的芯、皮材组成的 POF 才能传光。通常，POF 的入射角或发射角可用 $\theta=2\arcsin\sqrt{n_1^2-n_2^2}$ 计算，对于 PS 芯 PMMA 皮的 POF，$n_1=1.59$，$n_2=1.49$，故 $\theta=67.4°$，而芯材取 PS，皮材取折射率比芯材 PS 低 0.03 的某种材料为宜，则这种 POF 的入射角为 $10.8°$。

③ 采用共挤法拉制 POF，要求在同一模头温度下两者有相近的加工黏度，最好芯材的黏度稍大于皮材的黏度，倘若两者黏度相差太大，则无法保证芯皮结构的圆整性而产生较大

的非固有损耗。选择在同一模头温度下皮材黏度稍小于芯材时，可使芯皮间无间隙，包覆圆整性好，产生的非固有散射损耗小，POF 的透光性优异。

④ 对于芯、皮材聚合物本身，要求添加剂少，聚合单体纯度高，聚合没有副产物或副产物极少或易剔除，且要求聚合物分子量分布窄。如果聚合物吸水率较高，则必须进行预烘干处理，以防在芯、皮材中或两者之间的界面上出现气泡，导致 POF 牵伸不均而纤径变化显著，甚至在挤出时 POF 出现发白现象。对于 PS，吸水率为 0.02%，不必进行预烘干处理；PMMA 的吸水率为 0.2%，则必须进行烘干处理。采用烘箱烘干 PMMA，烘箱温度取 100℃，干燥周期为 2～4h，若采用料斗式烘干机烘干 PMMA，控制温度为 80℃，干燥周期为 4～6h。

（二）共挤设备

1. 挤出机选择

POF 是由芯材和皮层组成的，芯材直径多在 100～1000μm，皮层厚度多在 10～20μm 范围内，故相对芯材而言，皮层极薄，也就是说在同一时间内，芯材挤出机的挤出量比皮材大得多。为了保证挤出机在稳定性好的区域内挤出，故皮材挤出机的螺杆直径应选择比芯材小的级别，如芯材选用螺杆为 ϕ60mm 的挤出机，则皮材可选用螺杆为 ϕ45mm 或 ϕ30mm 的挤出机。

2. 挤出机螺杆长径比及压缩比的确定

挤出机螺杆长径比的增大有助于物料的充分塑化，其规格有 20、25、28、30，对于共挤塑料光纤而言，选取长径比为 25 即可。一般选用常规渐变型螺杆即可加工无定形聚合物 PS 及 PMMA。压缩比规格有 2.4、2.8、3.2、3.5，根据需要可选用适当的压缩比。

3. 共挤模头的设计

采用共挤法拉制 POF，其共挤出方式有两种：两挤出机呈一字形挤出和两挤出机呈直角形挤出。在此选用的是直角形挤出方式，尽管两种模头结构设计不同，在设计中都要考虑如下几点。

① 因采用两台挤出机共挤，故其模头设计相对于涂覆法模头设计显得复杂得多。共挤模头的孔数多为 2、4、6、8、10、12、18 等，必须保证芯、皮材在共挤模头中能均匀合理分配，设计时同时要考虑易于安装、拆卸，并易于安装加热圈和热电偶。

② 物料流过的共挤模头通道要求表面光洁度高，过渡部分呈流线形，收缩角适当，消除死角，这样可避免物料在模头表面流速过慢或停滞不前，从而消除物料长时间受热降解以及从模头流出时极不稳定的情况。

③ 口模决定 POF 的外形和结构。在共挤模头口模处，芯材所流经的通道为圆柱形，而皮材所流经的通道为圆环形。芯、皮材流道要有足够的长度，以确保芯、皮材的定型挤出。通常定型长度同流道直径的比值在 8～30，还须强调的是要求口模通道的光洁度高，各口模之间加工误差极小，否则在同一牵引条件下各口模之间所拉制的 POF 纤径差异大。不仅如此，芯材圆柱形通道和皮层环形通道要加工装配好，以确保芯材截面的圆整性以及皮层环形截面均匀地包覆在圆形芯材上。

④ 模头加热系统一般采用电阻丝加热装置即可，其加热功率通常选取 2～4W/cm²，加热控制系统最好采用精度高的可控硅控制系统，控制精度在 ±0.5℃ 以内为佳。

（三）共挤法拉丝工艺

1. 加工成形的温度控制

在确定原料挤出成形温度之前，首先要找出原料的分解温度 T_f 和玻璃化温度 T_g，最好能查出原料熔化温度 T_m 或熔融范围，再经过几次调整试验，即可找出合理的挤出塑化温度。对于 PS、PMMA 的确定是比较容易的，它们的 T_g、T_f 分别为 100℃、105℃和 238℃、364℃。所选择的拉丝温度见表 4-34，其中Ⅰ区为挤出机加料段，Ⅱ区为挤出机压缩段，Ⅲ区为挤出机计量段，Ⅳ区、Ⅴ区为共挤模头部分。

表 4-34 共挤工艺拉丝温度控制

芯、皮材	Ⅰ区/℃	Ⅱ区/℃	Ⅲ区/℃	Ⅳ区/℃	Ⅴ区/℃
PS	130～180	170～210	170～210	180～230	180～220
PMMA	140～190	180～230	180～230	180～230	180～220

2. POF 的冷却方法

芯、皮材共挤出后，经充分冷却，方可收卷在卷筒上，其冷却介质通常为液体和气体。由于 PMMA、PS 的热扩散系数小，故对 POF 拉丝过程中的冷却不利。处于玻璃态的 PMMA、PS，其热扩散系数分别为 $1.1 \times 10^{-7} \mathrm{m^2/s}$、$1.0 \times 10^{-7} \mathrm{m^2/s}$，而聚合物从玻璃态至熔融态，其热扩散系数还要下降。而 POF 的皮层直接同空气接触，冷却较快，尽管皮层厚度只有 $10 \sim 20 \mu m$，但芯皮间的热传递并不快，致使 POF 在边拉伸边冷却时，皮材已降至玻璃化温度以下，而芯材只是部分冷却至玻璃化温度以下，且因 PMMA、PS 又有一定的收缩率，易使芯皮间产生内应力，使 POF 弯曲强度降低。尤其是拉制直径稍大的 POF，其脆性显得比涂覆法所拉制的大得多。其原因在于涂覆法拉制的芯材单丝经充分冷却至玻璃化温度以下涂覆皮材溶液，再予以烘干，故芯皮材间并不存在内应力或者其值极小。因此，为避免PMMA 皮材冷却过快，可在模头出口处设置热成形区，这样有利于 POF 的冷却，适当提高共挤法拉制 POF 的韧性。

3. POF 的牵伸收卷控制

牵伸收卷控制系统是 POF 拉丝成形的必不可少的设备，多采用单机筒微收卷。而采用双机筒收卷，则可减少单机筒在下筒子时所造成的浪费。所谓双机筒拉丝，其收卷过程为：当一收卷筒收卷至某一程度时，将 POF 牵伸移至另一已转动的收卷筒上，然后将前一收卷筒停车、切割、下丝，如此循环往复，可提高生产效率、降低劳动强度。在收卷过程中，当角速度保持不变时，随着收卷厚度的增加，必将使线速度增加，而使拉丝速度变大，故必须采取如下对策：其一，增加下筒次数，当拉至 $1 \sim 2\mathrm{kg}$ 时，即切割下丝；其二，设置恒牵伸系统，间隔一段时间，微调低收卷角速度；其三，设置微机控制系统，设定参数，使收卷线速度恒定。这 3 种措施都有利于 POF 牵伸收卷控制的稳定性，使 POF 纤径稳定性好。

（四）共挤法同其他方法生产 POF 的对比

1. 棒管法

棒管法生产 POF 先制得折射率高的透明芯棒和折射率低的透明套管，再将芯棒置于套管中，一端密封，另一端抽真空，然后将其缓缓送至能控制温度的加热炉中熔融牵伸，拉制成所需规格的 POF。故棒管法是一种非连续工艺，要求有制作芯棒及套管的设备，不利于大规模生产，但可作为研制 POF 的一种手段。用棒管法亦可将渐变型折射率塑料光纤预

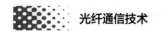

制棒熔融拉伸成所需规格的 POF，这种工艺方法还可适用于制作 POF 传像束。

2. 涂覆法

涂覆法工艺流程：将芯材加进挤出机料斗中，经挤出机加料段、熔化段、计量段和涂覆模头挤出，然后将芯材纤维牵伸至一定的规格，再经一装有皮材溶液的涂覆器，由一烘干装置烘干皮材，这样在芯材纤维上形成皮包层后即可收卷。涂覆法的优点是：模头加工相对简单，投资见效快。缺点是：拉制 POF 受环境条件影响大，芯材纤维在挤出后和涂覆前暴露在环境中，若环境条件差、灰尘多，芯材纤维因静电在涂覆前就吸附一些灰尘，使 POF 的损耗增大；采用涂覆法拉制 POF，对环境产生一定污染，因为皮材溶液的质量浓度在 5%～50% 之间，在烘干形成芯材纤维的皮材时，溶剂将大量挥发，对工作环境及设备等有一定的污染和侵蚀作用，不利于环境保护；POF 的质量受人为控制的涂覆过程所影响，劳动强度大。

3. 共挤法

对于共挤法，最重要的在于模头设计和原料选择，其设备投资相对大一些，但不必有烘干和排风系统，生产操作反显得简单，生产者劳动强度下降，POF 质量控制环节减少，且不存在环境污染，工作环境条件明显优于涂覆法。两者的最大共同点是能连续生产出 POF。

总之，对于共挤法拉丝工艺，由于芯、皮材在其造粒、运输、存放以及再次使用过程中，不可避免地受到污染，故共挤法拉制的 POF 的损耗通常在 $1.0～1.5dB/m$ 之间，只要控制好芯、皮材的挤出温度、挤出速度及收卷工艺，正确选择芯、皮材，共挤法 POF 的质量是相当稳定的，且生产效率高。多次试验证明，共挤法 POF 的性能如数值孔径、透过率、纤径均匀性、韧性、耐热性等，主要取决于芯、皮材性质以及模头设计，共挤法工艺明显优于涂覆法工艺。

共挤法发展的趋势是在反应式挤出机中将芯材单体直接合成芯材聚合物，并同皮材一道熔融共挤出拉制成 POF。该方法减少因中间环节造成的对芯、皮材的污染，这必然使所拉制的 POF 性能更加优异。尤其是当选用 PMMA 等其他性能更加优异的材料作芯材、含氟等其他材料作皮材时，那么这些新品种共挤法 POF 性能将超过 PS 芯 PMMA 皮 POF 的性能。

第四节　聚碳酸酯（PC）光纤

一、简介

与玻璃光纤（GOF）相比，POF 的主要缺点是工作温度范围小，通常在 150℃ 以下使用。在应用于工作温度低于 80℃ 时，POF 通常采用聚甲基丙烯酸甲酯（PMMA）和聚苯乙烯为纤芯。在应用温度高达 125℃ 时，如汽车数据系统和传感器，聚碳酸酯（PC）似乎是最适宜的纤芯材料。业已开发出如下几种 PC 光纤：BayerAG 生产的 Optipol、三菱人造丝的 FH、富士通的 PC 纤芯光纤以及朝日生产的 HMC。利用不同于 PC 的聚合物，业已开发出能耐 150℃ 温度的高温 POF。

除了较宽的温度范围外，PC 光纤的红外吸收也比 PMMA 和 PS（聚苯乙烯）光纤低

（集中在 780～820nm 带）。因此，以 PC 为纤芯的光纤更适用于含有固态发射机和检测器的场合，在这些波长下它比在 PMMA 和 PS 光纤所在的 660nm 传输窗口处工作的器件效率更高。

二、PC 光纤的机械与光学性试验

人们对 Bayer AG 开发的聚碳酸酯光纤（Optipol）进行机械和光学性试验，试验采用新试样和热处理试样来说明老化效应。另外，对一系列湿度循环试样进行试验，以检验其耐环境性能。对 Optipol 光纤进行表征，以便将其用作汽车光纤传感器中的光导，并由此选择热条件以满足机罩下的应用。

1. 实验步骤

（1）拉伸试验　在不同温度下进行同轴抗拉试验，以测定应力/应变曲线。分别对新试样及各种热处理后的试样进行试验。同轴抗拉试验中采用的试样见表 4-35。

表 4-35　同轴抗拉试验中采用的试样

试样	试验温度/℃	热处理
V/20	20	无（新试样）
V/85	85	无（新试样）
V/115	115	无（新试样）
T[−40]/20	20	−40℃下处理 500h
T[85]/20	20	+85℃下处理 500h
T[115]/20	20	+115℃下处理 500h
T[HC]/20	20	热处理（图 6-29）
T[HMC]/20	20	热-湿度处理（图 6-30）

所有 V 试样均为未经任何热处理的新光纤。在 20℃、85℃ 和 115℃（试样分别为 V/20、V/85 和 V/115）3 种不同温度下对该组光纤进行试验。试验前，在不同条件下对 T 试样进行处理并在 20℃ 下进行测量。将试样 T[−40]/20、T[85]/20 和 T[115]/20 分别在−40℃、+85℃ 和+115℃ 下处理 500h。对 T[HC]/20 试样进行持续 35 周期（315h）的循环热处理（图 4-29）。最后，将 T[HMC]/20 试样在气候箱中进行 5 周期（90h）的热-湿度循环处理，如图 4-30 所示。

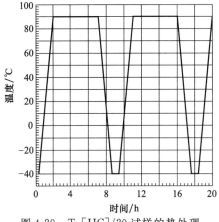

图 4-29　T[HC]/20 试样的热处理
35 周期：315h

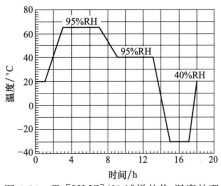

图 4-30　T[HMC]/20 试样的热-湿度处理
5 周期：90h

　　试样为 φ1mm、长 850mm±10mm 的无护套光纤。将光纤卷入两个特殊设计的螺旋状夹具上，通过摩擦力逐渐固定。试验开始前，将夹具相距 100mm 放置。所有试验在以 100mm/min 速度恒定拉伸的伺服液压传动机（Instrom 8501）上进行。用分辨率为 1N 的 5kN 计力传感器测量负荷，并用计量长度为 20mm、分辨率为 2μm 的感应伸长计测量光纤的伸长。为了将伸长计固定到光纤上，设计出带有重量补偿的特殊系统，与光纤相接触的部位用橡胶制成，以免损伤光纤，并缓冲由泊松效应引起的光纤收缩。一旦达到峰值负荷，就可根据夹具间的距离对光纤伸长进行测量。在温度控制精度为 ±1℃ 的气候箱中进行 +85℃ 和 +115℃ 条件下的试验。为了在 30~40min 内达到规定温度，以 3℃/min 的恒定速率加热气候箱，从而避免对光纤产生热冲击。当试样断裂或伸长达 150% 时，结束所有试验。

　　（2）传输试验　对 Optipol 光纤新试样进行传输速率与光纤伸长的测量，试样的护套为 φ2.2mm，纤芯和包层为 φ1mm，采用与图 4-31 所示类似的装置进行试验。将 660nm LED（Photodyne—3M，1700 型）发出的光射入带有光学接头的光纤中，接头的一条分支用作参考光纤，并与功率计（Hewlett-Pakard 8152A）的一支光端相连；另一条分支用折射率高于 POF 包层折射率的环氧树脂覆盖一段光纤进行模式剥离。模式剥离器确保去除所有辐射模，从而使与光纤长度无关装置的模分布成为可能。因此，可以采用较短的光纤进行试验。模式剥离器通过 SMA 连接器与试验光纤相连接，试验光纤置于两个特别设计的橡胶压制夹具间，用以固定光纤但不损伤光纤。固定其中一个夹具，以 100m/min 的恒定速率移动另一个夹具。夹具间的初始距离为 100m，光纤的长度为 3m。通过一台控制所有仪器的计算机，对传输速率和伸长进行测量。

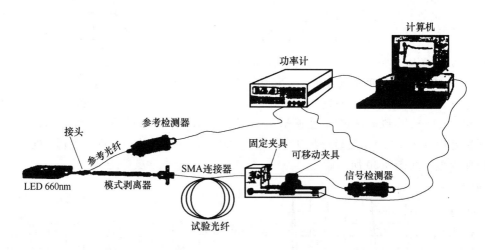

图 4-31　测量传输速率与伸长关系曲线的试验装置

2. 性能分析

　　（1）拉伸性能　表 4-36 列出同轴抗拉试验的相关结果：试验温度 T（℃）、试样数量、峰值应力 $\sigma_{峰}$（MPa）、弹性模量 E（MPa）、峰值应变 $\varepsilon_{峰}$（%）以及极限应变 $\varepsilon_{极限}$（%）。图 4-32~图 4-34 所示为相应的应力-应变曲线。

　　如图 4-32~图 4-34 所示，光纤的力学性能受高温的影响显著。在等于或高于 85℃ 温度下处理后，光纤（T［85］/20、T［15］/20 和 T［HC］/20）变得更脆，而且在应变低达 3%~4% 的峰值负荷下会突然断裂（图 4-33）。

表 4-36 不同温度下同轴抗拉试验的结果

试样	试样次数	$T/℃$	$\sigma_{峰}/MPa$	E/MPa	$\varepsilon_{峰}/\%$	$\varepsilon_{极限}/\%$
V/20	4	20	58.7±0.9	1550±50	5.6±0.2	>150
V/85	4	85	38.0±1.0	1940±150	2.9±0.2	>150
V/115	2	115	26.9±0.9	1960±20	1.7±0.1	120±3
T[−40]/20	2	20	59.5±0.1	1740±10	5.2±0.1	>150
T[85]/20	3	20	65.0±1.0	2260±160	3.5±0.1	3.5±0.1
T[115]/20	4	20	72.7±0.4	2280±260	3.1±0.1	3.1±0.1
T[HC]/20	4	20	61.6±0.4	2300±80	3.3±0.3	3.3±0.3
T[HMC]/20	3	20	61.1±0.9	2550±330	3.3±0.3	>150

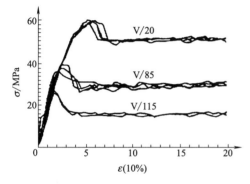

图 4-32　新试样 V/20、V/85 和 V/115 的
应力-应变曲线

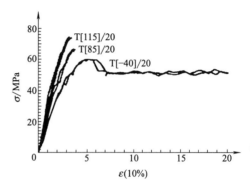

图 4-33　分别将试样 T［−40］/20、T［85］/20
和 T［115］/20 在−40℃、85℃、115℃
下热处理 500h 后，在 20℃下测得试样的
应力-应变曲线

从一根光纤的照片中可看到引起大部分不能恢复应变的小颈缩。另一方面，低温（−40℃）对光纤的性能无明显影响。试样 V/20 和 T［−40］/20 的应变-应力曲线十分相似，具有热-湿度的光纤也表现出相似的特性（图 4-34），这表明：低于 70℃的热处理对光纤无明显影响。所有这些试样（V/20、T［−40］/20 和 T［HMC］/20）显示出相同的断裂图像，具有定期包层去除且极限应变达 150%以上。

就试验温度而言（V/20、V/85 和 V/115），图 4-32 所示表明：温度升高时，峰值负荷和峰值应变持续下降，而极限应变却大体相同，总是超过 100%，还显示出温度高于 85℃时包层被完全去除。这可能会对光传输性能产生重要影响。同时也表明纤芯和包层的热性能不同。从制造商那里不可能得到有关包层材料的信息，但从机械方面看，由于纤芯直径（990μm）比包层（厚 5μm）间大得多，包层对试验结果的影响几乎可以忽略。

（2）传输试验　图 4-35 所示为在室温下两根新光纤的传输速率与伸长的关系曲线。两条曲线中，应变 5%以内的传输几乎保持恒定。在与光纤最大负荷（表 4-36）对应的点，传输速率突然减弱。这一传输速率减弱对应于光纤塑性特性的起点，在光纤中形成颈缩，同时产生高阶模泄漏。一旦收缩沿光纤传输，则传输速率变化更缓慢，直至达到 75%的应变。在该值处，由于包层去除增加通过该段光纤的高阶模传输，传输速率部分地恢复。最后，当纤芯断裂时，传输减弱到接近 0，伸长为 110%。

3. 效果评价

对 Bayer AG 开发的聚碳酸酯光纤（optipol）进行同轴抗拉试验，在室温下进行试验时，光纤表现出完全的塑性特性，承受高达 150％的应变。在约 5％应变下出现峰值负荷后，传输速率突然减弱，在 110％应变附近降至零，很可能对应于纤芯断裂。

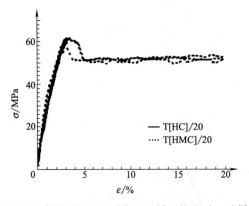

图 4-34　按照图 6-29 和图 6-30 循环处理后，试样 T［HC］/20 和 T［HMC］/20 的应力-应变曲线

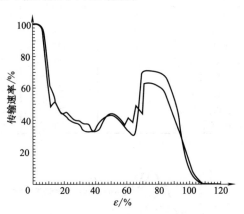

图 4-35　两根光纤新试样的传输速率与伸长之间的关系曲线

　　低于 85℃温度的热处理对光纤性能无明显影响，即使在非常低的温度（－40℃）或与湿度循环相结合也是如此。在 85℃以上进行处理时，光纤变脆，在 3％应变处有一突然断裂点。

　　在高于环境湿度的更高温度（＋85℃和＋115℃）下的试验表明：峰值负荷明显减小，峰值应变无明显变化，始终具有塑性特性。

　　在新光纤中，峰值负荷前的光传输几乎保持恒定。峰值负荷后，传输突然减弱并近似恒定直至达到 75％应变，此后再次增强，最后在大约 110％应变处降至零。

三、抗辐照性能分析

1. 塑料光纤的抗辐照机理

　　有机塑料光纤属于一种高分子聚合物，它的辐照特性基本上由聚合物本身材料决定，而与辐照类型关系不大。在受辐照的对象中，主要产生的变化为辐射降解（大分子主链断裂并使平均相对分子质量下降）和辐射交联（分子链之间形成化学键）。通过大量实验可以归纳出：凡具有 $\left(\!CH_2\!-\!\underset{\ }{\overset{X}{CH_2}}\!\right)_n$ 类型的聚合物优先交联，而且有 $\left(\!CH_2\!-\!\underset{Y}{\overset{X}{CH_2}}\!\right)_n$ 结构的聚合物易于降解，而对杂链聚合物则不一定适用这个规律。对于常用的聚甲基丙烯酸甲酯、聚苯乙烯和聚碳酸酯制作的光纤材料，其中聚苯乙烯和聚碳酸酯的抗辐照性能较好，而聚甲基丙烯酸甲酯就较差。这除了前面所述原因外，还由于前两种聚合物中含有苯环分子结构 C_6H_6，里面的 6 个碳原子形成一个大 π 键。当苯环受辐照时，如果要破坏分子结构，就要破坏整个大 π 键，这相对来说比较困难，所以含苯环分子结构的物质抗辐照性能较强。当经过辐照后，因激发和电离会引起化学变化，如相对分子质量变化等。辐照的最终结果，会使交联为主的聚合物（如聚甲基丙烯，聚氯乙烯等）固化（热固性），其中所有的分子彼此相连；会使以降解为主的聚合物（如聚苯乙烯甲酯）分子变得越来越小，材料可能会失去聚合物的性质。除这两种变化外，还有生成气体等化学变化，由于这些化学变化对光纤性能的影响相对较小，在此不一一介绍。

2. PC 耐辐照性能

PC 的分子式为：

$$\left[O-\bigcirc-\overset{\overset{\displaystyle CH_3}{|}}{\underset{\underset{\displaystyle CH_3}{|}}{C}}-\bigcirc-O-\overset{\overset{\displaystyle O}{\|}}{C} \right]_n$$

PC 光纤为 $\phi 1mm$、长 500mm，对其辐照前后的光谱分布和透过率进行测试，辐照用 γ 射线、电子束和质子束 3 类，其结果见表 4-37。从表中可见：在 γ 射线低剂量 10Gy 照射时，光谱分布曲线和透过率基本不变。当达到限度剂量 1kGy 时，透过率就会下降。另外，经测量发现光纤在 $0.4\sim1.5\mu m$ 的光谱分布曲线也有变化。而对实验中的电子和质子辐照剂量，光纤的透过率、$0.4\sim1.5\mu m$ 的光谱分布曲线均无明显变化。测试 3 根 PC 塑料光纤的辐照后恢复曲线，从这些实验曲线中发现一种有意思的现象，即在 γ 射线低剂量辐照这种光纤时，透过率对初始值非但没有下降，而且有所提高，而剂量提高到一定程度时，透过率对初始值就降低了，如图 4-36 所示。

表 4-37　$\lambda = 0.6328\mu m$ 时辐照光纤透过特性

辐照类型	累计剂量	透过率	辐照类型	累计剂量	透过率
未受辐照时	10^0	0.78	电子辐照(Gy)	10^{12}	0.79
γ-射线辐照	10^1	0.80		10^{14}	0.78
(Gy)	10^3	0.70	质子辐照(Gy)	10^8	0.78
				10^{10}	0.78

注：电子能量　1.1MeV，瞬时通量　$0.1MeV/(cm^2 \cdot s)$；质子能量　8MeV，瞬间通量　$10MeV/(cm^2 \cdot s)$。

由图 4-36 所示可见，辐照剂量为 50Gy 时光纤在受辐照后透过率较以前有大幅上升；辐照剂量增大到 510Gy 时，透过率虽仍有所上升，但上升值已不多。从该两图可以看出，光纤最后的光透过率都稳定在原透过率之上。因此，可得出辐照使光纤透过率有所增加的初步结论。再增加剂量到 4.66kGy 时 [图 4-36 (c)]，光纤已出现明显的透过率下降。即使在辐照停止 15d 后再次测量，仍未恢复到原有的光透过率，这说明光纤已被造成永久性的辐照损伤。由图 4-36 (c) 所示可知，光纤在受辐照后的恢复过程中，明显经历一个由快转慢的过程，图中所列出图中横坐标为 lgt，因此前面大段恢复的曲线虽在图中跨度很大，但所占时间不多。透过率恢复的主要过程发生在辐照停止后靠前的一段时间内。

对于电子和质子辐照，由于辐照剂量较小，没有对光纤的透过率产生明显的伤害，故这样的累积剂量对光纤的透过率没有明显的影响。

PC 光纤和其他塑料光纤相比，具有如下特点。

① 抗弯性能好，有柔性，属软性材料，不发脆。

② 透过率高，和大芯径石英光纤相当。

③ 温度性能好，在 70℃ 条件下保持 12h，光纤无异常，在 $-5\sim100℃$ 范围内多次反复，性能也无改变。

④ 挥发率低，在 20℃ 时小于 $10^{-16}g/s$。

由此可知，在弯度较大、辐照总剂量中等、温度无苛刻要求的情况下，使用 PC 塑料光纤更为有利，因为它的柔软性是石英光纤所无法比拟的。

3. 效果评价

由以上的辐照实验可知，PC 塑料在低剂量辐照时，透过率有较大幅度上升，当剂量逐

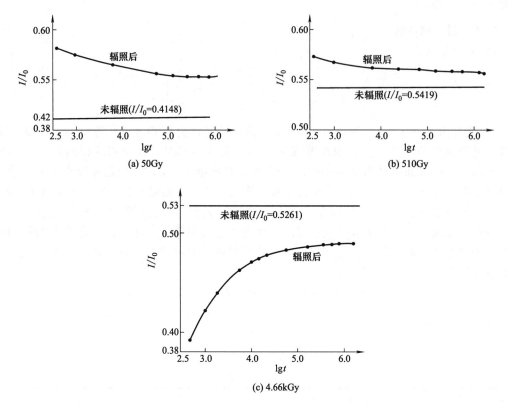

图 4-36　光纤透过特性

步增大时，透过率上升的幅度逐步减小；当辐照总剂量超过临界点之后，受辐照光纤的透过率开始下降；当大剂量照射时，能对光纤的透过率造成永久性损害。在太空中光纤受到的辐照主要为 γ 射线辐照，因此这个辐照实验所得到的实验现象对卫星中应用塑料光纤具有很好的参考作用。由此可联想到，通过低剂量的辐照来增强光纤的透过性能是可行的。低剂量的电子和质子辐照（与太空环境相似），对该塑料光纤的透过率影响很小，因此在太空环境中可主要考虑 γ 射线对光纤透过率的影响。总之，这种光纤的耐辐照上限约为 10^3 Gy，基本可以胜任太空卫星中的信号的传输。

第五节　含氟塑料光纤

一、POF 对氟树脂材料的要求

1. 透明性

POF 要求所用芯、皮材具有高透明性，故作为芯、皮材的氟树脂，亦应具有这一特征。简单来说，氟树脂最好为无定形结构，各向同性，具有均一的折射率。若氟树脂中存在结晶，则要求结晶区和无定形区有相近的折射率和密度，使这种氟树脂具有较好的透明性。否则，结晶处会成为光散射源，导致透明性下降。具有较高结晶性的氟化聚合物，由于其良好的耐热性和合适的折射率，也可用作 POF 的皮材，但并不是理想的皮材。

2. 纯度

POF 要求芯材具有较高的纯度，通常在芯材中不能掺入其他添加剂，如抗静电剂、脱模剂、荧光增白剂和增塑剂等，除非是为某一目的而特殊设计的。因为掺入添加剂，会降低 POF 的传光性能。通常氟树脂纯度越高，透明性越好，氟树脂的透明性同纯度是紧密相关的。

同 POF 芯材相比，皮材在透明性和纯度方面的要求可略低些，最理想的皮材也是高透明无定形聚合物。皮层首先必须有一定的厚度，以防传输光透过皮层而泄漏。选择透明性差或者结晶度高的皮材，必然降低 POF 的透光率，降低 POF 的传光特性。因此，选择 POF 芯、皮材首先要考虑的是材料的非晶态及高透明性，其次才考虑芯、皮材的折射率匹配以及加工性能的匹配。

3. 折射率

对于 POF 而言，通常材料折射率越大，阿贝数（Abb）越小，材料色散越强。光纤芯、皮材的色散是影响 POF 传输带宽和传输速率的重要因素，提高 POF 传输带宽的重要方法之一就是降低光纤的材料色散。透明性好的氟树脂，其折射率较低，故 Abb 较大，材料色散较小。因此，选用全氟化材料制备短距离通信用 POF 是现今研究的热点之一。

POF 芯、皮材的折射率不仅与材料色散有关，而且还与传输波长、工作温度、聚合物化学结构和透光率等有关。它们之间的相互关系可简单叙述如下。

① 材料折射率随传输波长增加而降低。

② 折射率和透光率是互相制约的，因为折射率较大的物质，较易吸收可见光，则透光率较差。

③ 聚合物中引入氟元素，常可使聚合物折射率 n_D（下标 D 表明折射率 n 是在 589.3nm 波长下测得的）下降，如在 PMMA（聚甲基丙烯酸甲酯）中引入氟原子，分子体积变大，折射率下降，而使 POF 固有损耗下降。

④ 多种单体共聚时可预测共聚物折射率。两种单体共聚物的折射率，可参照下式求得：

$$n = \varphi_1 n_1 + \varphi_2 n_2 \tag{4-13}$$

式中　φ_1、n_1——分别为共聚第一单体的物质的量组成和其对应均聚物的折射率；

φ_2、n_2——分别为共聚第二单体的物质的量组成和其对应均聚物的折射率。

用这种计算方法得到的折射率与实测值较为一致。

⑤ 在芯皮界面上，总有一部分光透射进皮层，其行程只有几个波长。如果没有皮层，光将被纤芯表面的微粒散射而造成损耗，因此用空气作光纤的包层是不合适的，尤其是在空气中含有较多颗粒灰尘时。而液芯光纤，由于液芯无法自身成形，故多选用透明固体材料作为光纤的皮层。当光从一端全反射至另一端时，由于光程比光纤的长度要长，所以传输媒介产生的吸收损耗也就较大。

为保证光在 POF 芯材中的传输，通常要求芯材折射率大于皮材折射率，其差值一般要求在 0.03 以上，或者皮材折射率比芯材折射率低 2%~5%。透明聚合物折射率为 1.5，而氟化聚合物折射率较低、通常为 1.2~1.4，故氟化聚合物多用作 POF 皮材。但亦可用不同折射率的两种氟树脂作为 POF 芯、皮材。

4. 匹配性

POF 芯、皮材的选择除要求折射率匹配外，还要求芯、皮材之间有较好的黏附性能，否则易产生不良的芯皮界面，导致传输光在芯皮界面产生散射，使一部分光从皮层表面泄漏出来，而增大 POF 非固有散射损耗，降低 POF 的光传输效率。POF 芯、皮材还应有相近的热膨胀系数，以提高 POF 的强度、柔软性，以及在不同温度下使用时的光学稳定性。因此，POF 用氟树脂，必须考虑其匹配性，须注意的是常规氟树脂的表面黏附性一般都较差。

二、POF 用氟树脂种类

1. Teflon AF

Teflon AF 是美国 DuPont 公司于 1989 年开发成功的无定形氟化聚合物系列，它不仅具有半结晶性氟塑料的电学、化学和热性能，还具有无定形材料的特性，如光学透明性、机械性能、电性能和耐化学性等。Teflon AF 是由四氟乙烯（TFE）和全氟-2,2-二甲基-1,3-间二氧杂环戊烯（PDD）共聚而成的。

Teflon AF 的化学稳定性与其他 Teflon 材料，如聚四氟乙烯（PTFE）、四氟乙烯-全氟化烷基乙烯醚共聚物（PFA）和聚全氟乙丙烯（FEP）相同。Teflon AF 不仅具有其他氟树脂的优点，如高温稳定性、高耐化学性、低摩擦系数、低吸水性、高阻燃性，还具有自身的特点：不结晶和无定形、溶剂溶解性、高光学透明性、低折射率、改良的电性能、低膨胀系数、较高的耐蠕变性、较高的拉伸模量、高气体透过性。Teflon AF 在高温加工时，需要采用合适的通风设备。表 4-38 所示为 Teflon AF-1600 在空气中的热稳定性。

表 4-38　Teflon AF-1600 在空气中的热稳定性

温度 $T/℃$	质量损失 $w/\%$	时间 t/h	温度 $T/℃$	质量损失 $w/\%$	时间 t/h
260	无	4	400	1.94	1
360	0.29	1	420	8.83	1
380	0.53	1			

Teflon AF 的膨胀系数与温度呈线性关系，其值很低，Teflon AF-1600 和 Teflon AF-2400 的膨胀系数分别为 $2.8 \times 10^{-4}/℃$ 和 $3 \times 10^{-4}/℃$，当温度高于玻璃化转变温度 T_g 时，此值将大幅度增加。

Teflon AF 共聚物的折射率随 PDD 含量的增加而降低（图 4-37），图中 n_D^{25} 表明该折射率是在 25℃、589.3nm 波长下测得的值。其折射率是聚合物中最低的，可低于 1.31，且在 1.29～1.35 内可调，一般 TFE 含量越大，则 T_g 越高，折射率越低。通过调节 TFE/PDD 的配比，就可得到不同的折射率 n。表 4-39 为 Teflon AF 在不同波长下的 n 值。

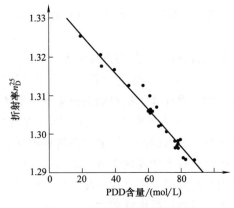

图 4-37　Teflon AF 的折射率与共聚物中 PDD 含量的关系

Teflon AF 在紫外光波段至红外光波段有极高的透光率，在波长大于 2000nm 的红外波段，也有接近 100% 的透光率，其透光率优于 PMMA。从 2.77mm 厚的 Teflon AF-1600 薄膜在波长 200～2000nm 时的透光率曲线图中可以看出 Teflon AF-1600 在这一波段区有极高且均匀一致的透光率。

表 4-39　Teflon AF 在不同波长下的 n 值

波长 λ/nm	Teflon AF-1600		Teflon AF-2400	
	n	标准偏差	n	标准偏差
460	1.3148	1.2×10^{-4}	1.2970	1.4×10^{-4}
510	1.3137	1.0×10^{-4}	1.2960	1.6×10^{-4}
670	1.3107	1.0×10^{-4}	1.2937	1.2×10^{-4}
750	1.3101	0.9×10^{-4}	1.2925	1.3×10^{-4}

注：测试条件温度为 21℃±1℃，相对湿度为 30%～50%。

通过调节 TFE/PDD 的配比，Teflon AF 可获得 80～300℃ 的 T_g，对于 Teflon AF-1600 和 Teflon AF-2400，其 PDD 的含量分别为 64%（mol）和 83%（mol），如图 4-38 所示。

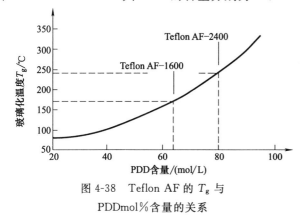

图 4-38　Teflon AF 的 T_g 与 PDDmol% 含量的关系

Teflon AF-1600 和 Teflon AF-2400 的熔融加工温度分别为 240～275℃ 和 340～360℃，若温度超过 360℃，则聚合物容易分解。尽管其吸水率低于 0.01%，但作为 POF 皮材，在挤出加工前宜在 135℃ 下干燥 3～4h，以免在挤出时 POF 皮层有气泡，而使纤径出现大波动。

因 Teflon AF 是一种粉末材料，不溶于水和一般的有机溶剂，若选用特殊的全氟溶剂，亦可溶于其中，故可采用 Teflon AF 溶液涂覆 POF 芯材的方法拉制 POF，这些特殊溶剂见表 4-40。Teflon AF 溶解于 Fluorinert、Hostinert、Flutec 和 Galden 等含氟溶剂。Fluorinetr FC-75 沸点为 102℃，是测定相对分子质量和黏度非常有用的溶剂；Teflon AF-1600 在 FC-75 中的溶解度是 8%～10%，而 Teflon AF-2400 因 PDD 含量高，溶解度仅为 2%～3%。通常溶解度随 PDD 含量和相对分子质量的增加而降低。Teflon AF 能在 FC-75 中形成真溶液，且大部分能通过 0.2μm 的过滤器。

表 4-40　Teflon AF 的溶剂

生产厂家	溶剂牌号	沸点 T/℃	生产厂家	溶剂牌号	沸点 T/℃
美国 3M 公司	Fluorinert FC-72	56	Phone-poulenc 公司	Flutec PP6	142
	Fluorinert FC-77	92		Galden HT110	110
	Fluorinert FC-75	102	意大利 Ausimont 公司	Galden HT135	135～230
Phone-poulenc 公司	Flutec PP50	29		D02,D20—TS,D03,D05	—
	Flutec PP2	76			

为了提高 Teflon AF 对 POF 芯材的涂覆黏附性，通常在纤芯表面温度高于 Teflon AF 的 T_g 温度时进行涂覆，这样还可保证涂覆层的光滑性，即芯皮界面的光滑性。由于目前透明性优异而材料折射率相对较高的无定形聚合物的 T_g 多在 150℃ 以下，故 Teflon AF-1600 是耐热 POF 的最优皮材之一。随着 T_g 大于 200℃ 的高透明、高折射率无定形聚合物 Teflon AF-2400 的研制成功，理想的皮材又多了一种，这样就可采用共挤出法或者涂覆法研制出耐温达 200℃ 以上的新型耐热 POF，有利于 POF 应用的进一步扩展。

Teflon AF 还有较高的 Abb，是难得的 POF 皮材，用它制备的 POF 将具有优异的耐老化和耐化学性能，其主要性能指标见表 4-41。

另外，Teflon AF 在高达 300℃ 的温度下，仍具有优良的物理机械性能，抗张强度高，与 PTFE 相比，制品具有良好的尺寸稳定性，较低的模塑收缩率，在拉伸和压缩负荷作用下，Teflon AF 不发生明显的蠕变。且在 40～260℃，其热膨胀系数基本保持在 3×10^{-4}/℃，而 PFA 的膨胀系数则从 4×10^{-4}/℃ 增大至 1.1×10^{-3}/℃。Teflon AF 的介电常数在所有已知的固体聚合物中是最低的，在 1.89～1.93 范围内，是理想的电解质材料。增加共聚物中 PDD 的含量和提高温度可以降低共聚物的介电常数。

表 4-41 Teflon AF 的材料特性

性能项目	测试法 ASTM	Teflon AF-1600	Teflon AF-2400	备注
透光率/%	D1003	＞95	＞95	25℃、589.3nm
折射率 n_D^{25}	D542	1.34	1.29	
Abb	—	92	113	
T_g/℃	D3418	160±5	240±10	
密度/(g·cm^{-3})	792	1.78	2.67	
热变形温度/℃	D648	156	200	
		154	174	
熔融黏度/Pa·s	D3835	2657(250℃,100s)	540(350℃,100s)	0.449MPa
热膨胀系数	EB31	2.60×10^{-4}	3.01×10^{-4}	1.82MPa
拉伸强度/MPa	D638	26.9±1.5	26.4±1.9	
拉伸断后伸长率/%	D638	17.1±5.0	7.9±2.3	23℃
弯曲模量/GPa	D790	1.8±0.1	1.6±0.1	23℃
拉伸模量/GPa	D638	1.6	1.5	23℃
介电常数	D150	1.934	1.904	
介质损耗角正切	D150	1.2×10^{-4}	1.2×10^{-4}	
与水接触角/(°)	—	104	105	1MHz
吸水率/%	D570	＜0.01	＜0.01	1MHz

2. THV 氟塑料

THV 最初是由德国 Hoechst（赫思特）公司于 20 世纪 80 年代初开发的，其原商品名为 Hostaflon™ TFB.X，1993 年，Hoechst 公司将该技术和市场转让给美国 3M 公司，其商品名改为 3M™ THV，1996 年美国 3M 公司和 Hoechst 公司合资组成 Dyneon 公司，因而该产品现称为 Dyneon™ THV。THV 系列氟塑料主要是由四氟乙烯（TFE）、六氟丙烯（HFD）和偏氟乙烯（VDF）等采用乳液共聚法制备而成的，THV 就是以这 3 种单体的第一个英文字母命名的。

THV 氟塑料同常规氟塑料相比有以下不同之处。

① 它可熔融加工，加工温度相对较低，而且 THV 有优异的稳定性，其加工用设备并不需要特别处理。THV 氟塑料所用挤出机可选用常规塑料用挤出机，料筒、螺杆和模头等并不需要特别耐腐蚀的镍基合金钢或特殊双金属材料，只需用常规的 38CrMo AIA 钢材即可。通常 THV 通过挤出机加工时，加工温度与一般聚烯烃相似，进料口温度为 160～180℃，模头温度为 230～250℃，挤出机螺杆长径比可选用 23:1，压缩比为 2:1～3:1。由于 THV 是用作 POF 皮材，挤出量相对较低，故所用挤出机螺杆直径在 15～30mm 之间即可。但加工 THV 同样不能让物料长期滞留在设备内，操作中要注意适当通风，操作完后必须及时清洗设备。

② THV 氟塑料无需表面处理（如化学蚀刻或电晕处理）就能与其他材料很好地黏合，

具有较好的黏附性能，也容易与其他材料黏结，这与许多其他的氟塑料不同。

③ 易与常规塑料及弹性体同时加工，如可共挤出或十字头串联挤出，这一特性有助于选用 THV 氟塑料作为 POF 皮材，保证芯皮界面有较好的黏附性，降低因芯皮界面的缺陷而产生的散射损耗。

④ THV 氟塑料有较高的柔软性能，因此制备的粗直径 POF 也具有较好的柔软性。

⑤ THV 具有优异的透明性，从紫外光区至近红外区都有较好的透光率，如在 $300\sim840nm$ 波长内，透光率大于 90%，而且折射率较低，约为 1.355，这两点是作为 POF 皮材最重要的条件。从图 4-39 和图 4-40 所示的薄膜透光率曲线可以看出，厚度为 $100\mu m$ 的 THV-220 薄膜的透光率高达 70%，且 THV-220 在紫外光区的透光率更为优异，图中两者在 $380\sim800nm$ 波长范围内透光率均大于 90%，并有增加的趋势。在图 4-39 所示的透光率曲线中，还绘出厚度为 $250\mu m$ 薄膜的透光率曲线，其在 $500nm$ 波长以上的透光率大于 90%。

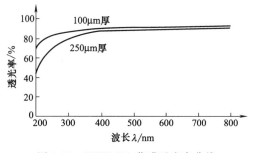

图 4-39　THV-220 薄膜透光率曲线　　　　图 4-40　THV-500 薄膜透光率曲线

⑥ THV 氟塑料可溶于常规溶剂，如 THV-200 能大量溶于丙酮、甲基乙基酮和乙酸乙酯，故可用 THV-200 溶液作为皮材涂覆料涂覆 POF 芯材。

THV 氟塑料不仅有 25kg 袋装塑料、袋装粉末料，而且有桶装乳液，因而采用 THV 氟塑料作为 POF 皮材时，既可用 THV 粒料采用共挤法拉制 POF，亦可选用粉末粒料，选用合适的溶剂溶解或直接选用一定浓度的乳液，采用涂覆法拉制 POF。THV 氟塑料的特性见表 4-42，其工作温度在 $-200\sim140℃$ 之间。另外，由于 THV-220 氟塑料中 TFE 含量最少（20%左右），故其黏附性最好，结晶度较低，熔融加工温度最低。而 THV-500 氟塑料中，TFE 含量最高（达 30%以上），故结晶度亦最高，熔融加工温度最高，可加工成各种制品。THV 具有优异的耐化学性，使用温度高达 125℃，典型的 THV-220G 和 THV-500G 的加工特性见表 4-43。

表 4-42　THV 氟塑料的特性

性　能　项　目	ASTM 测试法	THV-220	THV-400	THV-500
折射率	JISK7105	1.364	—	1.359
透光率(100μm 膜)	300nm	87.4	88.9	88.7
	600nm	91.1	93.3	92.9
维卡软化点/℃	D1525	83.6	—	116
密度/(g·cm^{-3})	D792	1.95	1.97	1.98
流动速率/[g·(10min)$^{-1}$]	D1238(260℃,5kg)	20	10	10
吸水率/%	D570(23℃,24h)	0.008	—	0.004
断后伸长率/%	D638	600	500	500
断裂强度/MPa	D638	29.0	28.3	28.3
弯曲模量/MPa	D790	82.7		206.7

性　能　项　目	ASTM 测试法	THV-220	THV-400	THV-500
硬度/HD	D2240	44	53	54
相对介电常数(ε_r)	D150(23℃,100kHz)	6.6	5.9	5.6
空气热分解温度/℃	TGA	420	430	440
氧指数/%	D2863	65	—	75
熔融温度范围/℃	D3418	110～130	150～160	160～175

表 4-43　THV-220G 和 THV-500G 的加工特性

牌　号	螺杆转速/(r·min^{-1})	模头压力/MPa	Ⅰ区温度/℃	Ⅱ区温度/℃	Ⅲ区温度/℃	模头温度/℃
THV-220G	3.7	3.03	205	210	215	215
THV-500G	6.1	6.13	200	230	235	240

3. 聚全氟乙丙烯（FEP）

FEP 又称 F46，1958 年美国 Dupont 公司首次实现 FEP 工业化。它可熔融加工，具有优异的电性能，绝缘性好，在通常环境下具有不可燃性，且透明、柔软并富有弹性，长时间暴露于室外不会改变其力学性能，可在 -200～+200℃ 的环境下连续使用，但一般刚聚合完毕的 FEP 结晶度为 70%，市售粒状树脂的结晶度为 50%。若可进一步降低 FEP 结晶度，则可获得更好的柔软性、弹性、少开裂特性和耐老化性，因而在加工过程中应采取措施降低其结晶度。

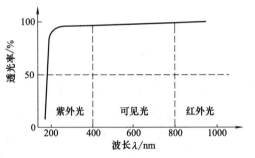

图 4-41　日本 Daikin 公司生产的 $25\mu m$ 厚 FEP 薄膜透光率曲线

经 ASTM D1003 方法测量，美国 DuPont 公司生产的 FEP 雾度为 4%，透光率小于 90%。日本 Daikin 公司生产的 $25\mu m$ 厚 FEP 薄膜透光率曲线如图 4-41 所示。图中 FEP 在紫外光波长区到红外光波长区有较好的透光率，尤其是在波长大于 250nm 的区域，透光率还略有增加的趋势。美国 DuPont 公司生产的 FEP 和日本 Daikin 公司生产的 NEOFLON FEP 的性能见表 4-44。

表 4-44　FEP 的性能

特性项目	测试方法 ASTM	NEOFLON FEP[1]	DuPont FEP[2]	特性项目	测试方法 ASTM	NEOFLON FEP[1]	DuPont FEP[2]
密度/(g·cm^{-3})	D792	2.12～2.17	2.12～2.17	拉伸强度/MPa	JIS K6891	19.6～34.3	20～29(D638)
折射率 n	D542	1.338	1.34	拉伸率/%	JIS K6891	300～400	300(D638)
吸水率/%	D570	<0.01	<0.01	弹性模量/MPa	D638	$(4.5～5.5)×10^2$	—
熔点/℃	DSC	265～275	260～282	弯曲模量/MPa	D790	$(5.5～6.5)×10^2$	655
降解温度 T_t/℃	—	420	—	硬度/HD	D2240	55～65	55～60
氧指数/%	D2863	>95	>95	可燃性	UL94		V-0

① 日本 Daikin 公司的 NEOFLON FEP NP-20（加工管材内径为 8mm，外径为 10mm）。
② 美国 DuPont 公司的 TEFLON—140FEP。

当 FEP 采用挤出机加工时，它具有一般氟塑料的加工特性，加工温度较高，一般在 300～400℃ 之间；熔融塑化加工时，同 FEP 相接触的螺杆、料筒以及与之接触的法兰、喷丝板、模头、口模等所用的材料宜选用我国生产的新 3 号钢（GH113），其模头或口模亦可采用 45 号钢或 60 号钢，然后进行热处理 R40-60，再磨光镀铬或镀镍，其加工温度见表

4-45。

表 4-45　FEP 的加工温度　　　　　　　　　　　　　　　　　　　　单位：℃

Ⅰ区温度	Ⅱ区温度	机头温度	口模温度	Ⅰ区温度	Ⅱ区温度	机头温度	口模温度
250~270	290~300	280~300	280~300	320	350	360	370

熔融加工 NEOFLON FEP 时，温度超过 230℃就会分解产生微量气体；温度超过 300℃时，气体量增加，因此室内必须充分地通风。

FEP 作为 POF 皮材是基于它的低折射率、柔软性以及透明性，但因其有高达 50％以上的结晶度，以及加工温度较高，故在 POF 中的应用受到限制。一般可以制备液芯光纤、耐热型 POF 和侧面发光 POF，亦可将 FEP 用于制备 POF 套塑层。

4. 氟化丙烯酸酯类聚合物

PMMA 透光性优异，在 250~295nm 紫外光波段的透光率可达 75％，比一般光学玻璃好得多，在 360~780nm 波段的透光率则达 92％。由于 PMMA 的光弹系数小，故双折射小，Abb 值高。PMMA 具有优异的耐候性和实用的力学性能，是最早用于制备 POF 的材料之一，因而氟化丙烯酸酯类聚合物也是较早用于 POF 的材料。

一些氟化甲基丙酸酯类均聚合物或共聚物的折射率低、透明度好、T_g 在 65~95℃之间，可作为 POF 的皮材（表 4-46）。但某些丙烯酸氟化酯或甲基丙烯酸氟化酯（尤其是氟化酯基碳原子数大于 4 的戊酯、己酯等），尽管折射率低、透明度高，但因其 T_g 太低（如低于 60℃），所以在常温下因稳定性受到限制而不宜使用，表 4-47 列举了几种不同 T_g 丙烯酸氟化酯单体及均聚物特性。表 4-48 列举了甲基丙烯酸三氟乙酯同另一单体共聚物（二元共聚物）的特性。表 4-49 则列举了甲基丙烯酸甲酯（MMA）、丙烯酸甲酯（MA）及另一共聚单体（甲基）丙烯酸氟化酯的三元共聚物的特性。另外，还有一些氟化聚合物可作为 POF 芯材，氟化聚合物芯材 POF 的特性是明显降低 POF 在近红外区的光损耗，并且其光学窗口移向长波长区。这些氟化聚合物包括聚三氟乙烯基苯、聚五氟乙烯基苯、聚甲基丙烯酸六氟丁酯（F6BMA）、聚五氟甲基丙烯酸甲酯以及表 4-50 所示的 α 氟化丙烯酸酯类聚合物。

表 4-46　氟化甲基丙烯酸酯类均聚物特性

PMMA 芯 POF 皮材名称	折射率 n	$T_g/℃$
聚甲基丙烯酸-3,3,3-四氟丙酯	1.38	79
聚甲基丙烯酸-2-三氟甲基-2,3,3,3-四氟丙酯	1.38	79
聚甲基丙烯酸六氟异丙酯	—	91
聚甲基丙烯酸-2-三氟甲基-3,3,3-三氟丙酯	1.392	75
聚甲基丙烯酸-2,2,3,3,3-五氟丙酯	1.395	72
聚甲基丙烯酸-1,1,2,2-四氢全氟癸酯	1.367	89.5
聚甲基丙烯酸-1,1,2,2-四氢-1-氟甲基全氟癸酯	1.365	81.5
聚甲基丙烯酸-1,1-二甲基-2,2,3,3-四氟丙酯	1.420	93
聚甲基丙烯酸-1,1-二甲基-2,2,3,4,4,4-六氟丁酯	1.4008	83
聚甲基丙烯酸-1-乙基-2,2,3,4,4,4-六氟丁酯	1.40	65

表 4-47 （甲基）丙烯酸氟化酯单体及均聚物特性

丙烯酸氟化酯类单体名称	单体			均聚物	
	沸点/℃	25℃黏度/Pa·s	折射率 n_1	T_g/℃	折射率 n_2
丙烯酸-2,2,2-三氟乙酯(3FEA)	91～92	$1.1×10^{-3}$	1.347	10	—
甲基丙烯酸八氟戊酯	179.6	$3.1×10^{-3}$	1.3559	36	1.397
甲基丙烯酸-2,2,2-三氟乙酯(3FEM)	115	$1.0×10^{-3}$	1.3590	81	1.413
甲基丙烯酸-2,2,3,3-四氟丙酯(4FRM)	147.5	$2.0×10^{-3}$	1.3738	75	1.423
甲基丙烯酸-2,2,3,4,4,4-六氟丁酯	76[1]	—	—	50	—

① 在 5332.88Pa（40mmHg）下所测得值。

表 4-48 二元共聚物特性

第二共聚物单体名称	含量/(mol/L)	折射率 n	T_g/℃	重均相对分子质量(M_w)	熔体流动速率 MFR[1]/[g·(10min)$^{-1}$]	外观(240℃,1h热处理后)
丙烯酸-2,2,2-三氟乙酯	3	1.41	72	$8.3×10^5$	85	无色,透明
丙烯酸-2,2,3,3-四氟丙酯	3	1.41	72	$9.2×10^5$	73	无色,透明
丙烯酸-2,2,3,3,3-五氟丙酯	3	1.41	73	$8.7×10^5$	67	无色,透明
丙烯酸-2,2,3,4,4,4-六氟丁酯	3	1.41	70	$8.7×10^5$	66	无色,透明
丙烯酸-1,1-二甲基-2,2,3,3-四氟丙酯	3	1.41	75	$8.7×10^5$	86	无色,透明
丙烯酸-1-甲基-2,2,3,4,4,4-六氟丁酯	3	1.41	73	$9.2×10^5$	70	无色,透明

① MFR 测试按标准 ASTMD-1238，温度为 230℃，压力为 98N，喷嘴直径为 $2\mu m$，长度为 8mm，测试时间为 10min。

表 4-49 三元共聚物特性

三元共聚物配比				折射率 n	T_g/℃
甲基丙烯酸氟化烷基酯/%[1]		MMA/%[1]	MA/%[1]		
甲基丙烯酸三氟乙酯	90(物质的量)	8(物质的量)	2(物质的量)	1.43	—
甲基丙烯酸-2,2,3,3-四氟丙酯	99	0	1	1.42	76
甲基丙烯酸-2,2,2-三氟丙酯	95	0	5	1.414	76
甲基丙烯酸-2,3,3,3-四氟丙酯	75	21	4	1.42	75
甲基丙烯酸-1-乙基-2,2,3,3,3-五氟丁酯	80	16	4	1.418	70
甲基丙烯酸-2-氟甲基-3,3,3-三氟丙酯	72	25	3	1.420	83
甲基丙烯酸-2-氟甲基-1,3,3,3-四氟丙酯	70	26	4	1.416	87
甲基丙烯酸-1,1,2,2-四氢全氟癸酯	65	29	4	1.415	76
甲基丙烯酸-2,2,3,3,4,4,4-七氟丁酯	75	21	4	1.42	74
甲基丙烯酸-2,2,3,3,3-五氟丙酯	90	8	2	1.43	—
丙烯酸-2,2,3,3,3-五氟丙酯	50	47	3	1.45	—

① 除特别标注外，其他共聚物组成为质量分数比。

表 4-50 α氟化丙烯酸酯类聚合物的特性

POF 芯材	折射率 n	T_g/℃
α氟化丙烯酸-1,1,1,3,3,3-六氟异丙酯	1.356	103
α氟化丙烯酸-2,2,2-三氟乙酯和α氟化丙烯酸氟化甲酯共聚物(80%：20%,物质的量比)	1.403	104
α氟化丙烯酸-2,2,2-三氟乙酯和α氟化丙烯酸-1,1,1,3,3,3-六氟丙酯共聚物(70%：30%,物质的量比)	1.375	103
甲基丙烯酸甲酯和甲基丙烯酸三氟乙酯共聚物(30%：70%,物质的量比)	1.424	96
α氟化丙烯酸-2,2,2-三氟乙酯和丙烯酸α氟化乙烯酯共聚物(70%：30%,物质的量比)	1.403	104
α氟化丙烯酸-2,2,2-三氟乙酯和α氟化丙烯酸-2,2,3,3,3-五氟丙酯共聚物(70%：30%,物质的量比)	1.385	105

5. CYTOP

1984 年，日本旭硝子公司在以非结晶型全氟树脂为基础开发全氟离子膜过程中，研制出非结晶型环状聚合物，并于 1988 年向市场推出全氟化、完全非结晶的透明聚合物 CY-TOP。它的单体为非对称二烯类氟单体-全氟丁烯基乙烯基醚，常压下该单体环化聚合而成 CYTOP。

CYTOP 具有耐热和耐化学药品等氟树脂的特性，它还可溶于特殊的氟系溶剂，从而可通过纤维端面溶解的方法连接。同时，它又是热塑性材料，可采用挤出的方法制作 POF。从厚 $200\mu m$ 的 CYTOP 和 PMMA 薄膜在 $200\sim700nm$ 波长的透光率曲线可以看出，厚度为 $200\mu m$ 的 CYTOP 薄膜在紫外光区的透光率远优于相同厚度的 PMMA 薄膜。在波长小于 400nm 的区域，PMMA 薄膜的透光率急剧下降，而 CYTOP 薄膜在 $200\sim300nm$ 的透光率仅从 90% 下降至 54% 左右，且在 $300\sim700nm$ 波长处，CYTOP 薄膜的透光率大于 PMMA 薄膜的透光率。

CYTOP 与常见氟塑料一样有较好的耐酸、耐碱和耐候性，介电常数为 $2.1\sim2.2$，体积电阻率大于 $10^{17}\Omega\cdot cm$，电绝缘性能与 PTFE 相同，吸水率、耐强酸性、耐强碱性和热稳定性亦与 PTFE 相同，不溶于一般溶剂，仅溶于特殊含氟溶剂，分解温度在 400℃ 以上。CYTOP 的光学性能是极其优异的，可见光的透光率高达 95%，Abb 值高达 90，折射率仅为 1.34，紫外区的透光率达 60%，是优异的 POF 皮材，具体性质见表 4-51。

采用 CYTOP 非结晶型氟化聚合物制成 GI-POF（梯度型塑料光纤）的损耗比普通 PMMA 芯 POF（约 150dB/km）低很多，在 1300nm 波长处的结构缺陷损耗约为 4dB/km，在传输速率为 1.2Gb/s 时的传输距离可以达到 1km。目前，牌号为 Lucina 的 CYTOP 基 GI-POF 的损耗值约为 16dB/km（在 1300nm 波长处）。

表 4-51　CYTOP 的性能

性能项目	CYTOP	PMMA	备注	性能项目	CYTOP	PMMA	备注
折射率 n	1.34p	1.49	Abb 折射仪	断裂伸长率/%	150	$3\sim5$	—
透光率/%	95	93	厚 $200\mu m$，	弹性模量/MPa	1200	2940	—
Abb	90	55	薄膜，可见光	硬度/HD	78	92	—
玻璃化温度 T_g/℃	108	105	Abb 折射仪	与水接触角/(°)	110	80	ASTM
密度/(g·cm^{-3})	1.84	1.19	DSC	临界张力/(N·m^{-1})	1.9	3.9	D2240
吸水率/%	<0.01	0.3	25℃	相对介电常数 ε_r	$2.1\sim2.2$	4	频率
抗拉强度/MPa	39	$65\sim73$	水温 60℃				60Hz～1MHz

理论上，在 850nm 波长，由 CYTOP 制备的 GI-POF 损耗极限值应在 10dB/km 以下，但由于加入折射率调节剂，使密度的不均一性及结构上的不均匀有所增加，导致 POF 的传输损耗大大超过计算值。目前，由 CYTOP 材料制备的 GI-POF 在 70℃、10^5h 以上能保持不出现传输损耗和带宽的恶化，若引入 CF_3 侧链和 CI 等，则可提高 T_g 值。

6. 四氟乙烯-偏二氟乙烯共聚物

四氟乙烯-偏二氟乙烯共聚物简称 F42 或 F24。其主要特点是耐润滑油性好，并具有良好的物理、力学性能和电绝缘性能，热稳定性好，长期在 340℃ 的氧气或空气中不分解，在 275℃ 受热 5h 后失重 0.12%～0.4%，耐化学药品性好，耐强酸、氧化性酸、碱等，但使用温度较低，在 $220\sim240$℃ 模压下可制得无色透明或半透明薄膜，但 F42 溶于丙酮或丁酮，其性能见表 4-52。

7. 氟化聚碳酸酯

聚碳酸酯（PC）是一种性能优异的热塑性工程塑料，它具有优异的综合均衡机械介电性能，耐酸、耐油性，尤其是其耐冲击韧性为一般热塑性塑料之首，耐热性好，可在

−60～＋120℃温度下长期使用，其透明性尚可，透光率一般大于89％，但低于PMMA，这很大程度上是由于其制备工艺决定的。它有较大的光弹系数，故制备出的PC芯POF的损耗较大，为600～800dB/km，但柔软性好，甚至在POF直径达3mm时，也有极佳的柔软性，且因PC芯POF可在125℃长期使用，故PC是制备耐热POF的重要材料之一。现在PC所能达到的性能指标已成为耐热透明材料的衡量标准。

表4-52　F42的性能

性能项目	F42	性能项目	F42
密度/(g·cm⁻³)	1.95	熔点/℃	220～240
拉伸强度/MPa	30～50	最高使用温度/℃	120～130
弯曲强度/MPa	25～33.7	体积电阻率/(Ω·cm)	2.2×10^{11}
冲击强度/(kJ·m⁻²)	137～196	介电强度/(kV·mm⁻¹)	10.6
断后伸长率/%	300～500	介质损耗角正切值	0.2
硬度/HB	45	相对介电常数 ε_r	11.3

氟化PC可由氟化双酚A和光气反应合成，透明氟化PC因其折射率低于PC，故可制备出PC芯氟化PC皮的POF，这种POF在780nm处的损耗为630dB/km，也可用氟化PC作为芯制备POF。

8. 效果评价

POF用氟树脂具有低折射率、低色散、优异的耐老化等性能和高透明无定形结构。氟树脂多用于POF的皮材，并要求与芯材折射率及加工性能等相匹配，如PC芯POF可选用氟化PC为皮材，PMMA芯POF可选用氟化丙烯酸酯树脂、F42、THV或Teflon AF-1600为皮材，FET多用作大芯径POF或液芯光纤的皮材，透明氟树脂可通过透明树脂单体氟化改性聚合或共聚制备。选用合适的氟树脂用作POF芯、皮材，可提高POF的传输带宽，降低POF的传输损耗，并使POF的传输窗口移向长波长区，如采用CYTOP单体制备的GI-POF具有大带宽、低损耗的特征。POF性能的提高得益于POF用氟树脂的研究开发。

三、含氟塑料光纤的制备方法

含氟高分子由于具有较低的折射率，如含氟的丙烯酸酯单体（不含Cl、Br等其他卤素原子）的折射率在1.34～1.37之间；Teflon AF的折射率在1.29～1.31之间。如果用含氟高分子材料作为芯材制备突变型塑料光纤，很难找到折射率更小的包层材料，使生产出的光纤具有令人满意的数值孔径。所以，对于氟聚合物，通常制备成折射率呈抛物线形分布的渐变型光纤。常用的制备方法有以下几种。

1. 界面凝胶法

对于采用本体聚合产率较高的丙烯酸酯类和全氟二甲基1,3-二噁唑来制备塑料光纤，界面凝胶法是合适的方法。将反应聚合物（包括单体、调节折射率用的掺杂剂、链转移剂及引发剂等）置于用相同高分子材料预先制好的管内，在一定的温度条件下进行聚合反应。聚合过程中，首先在管内壁形成凝胶层，由于在凝胶层中聚合反应的速度比在单体相中快得多，所以反应首先从管内壁开始，凝胶层不断增厚。随着反应的进行，单体不断向凝胶相扩散，导致中心掺杂剂的含量逐渐增高，而边缘掺杂剂的浓度逐渐降低，最后得到折射率呈抛物线分布的渐变型光纤预制棒。

2. 旋转扩散法

由于大多数氟高分子材料不能通过本体聚合得到，因此氟聚合物塑料光纤通常采用旋转扩散等方法来制备。旋转扩散法主要步骤如下。

首先，将氟聚合物和掺杂剂溶于特定的溶剂，然后除去溶剂，将得到的高分子与掺杂剂的混合物制成一定尺寸的圆柱。另将不含掺杂剂的相同聚合物熔融制成与圆柱尺寸匹配的圆管。将圆柱放入圆管中，加热至熔融，保持一定时间后逐渐冷却，体系在熔融状态和冷却过程中，保持一定的转速。在熔融状态下，由于整个体系的中间部位与边缘存在着浓度差，掺杂剂便从中间部位向边缘扩散，且旋转所产生的离心力又使密度大的高分子分布在边缘部位，而使掺杂剂尽量分布在中间部位。只要调节掺杂剂的浓度以及旋转速度，就可使掺杂剂的浓度从中央到边缘呈渐变分布，从而得到折射率呈抛物线分布的渐变型光纤预制棒。

3. 浸泡法

将氟聚合物和掺杂剂溶解、混合后除去溶剂，制成分布均匀的圆柱棒。然后将圆柱棒放入适当的溶剂中浸泡，使高分子材料溶胀，而掺杂剂被溶剂所溶解。由于浓度差，掺杂剂由中央向表面扩散。浸泡一段时间后，取出溶胀的圆柱棒，除去溶剂后即得到折射率呈抛物线分布的渐变型光纤预制棒。

4. 热扩散法

将聚合物和掺杂剂按一定比例制得分布均匀的预制棒直接拉制，拉成的光纤直接进入一恒温电炉中，在电炉中用高温热气流冲刷光纤表面，蒸发去一部分掺杂剂，得到折射率呈抛物线分布的渐变型光纤。

以上是制备氟塑料光纤的几种主要方法，由于大多数含氟聚合物如 Teflon AF、CYTOP 等不能通过本体聚合得到，因此对于制备氟塑料光纤，后几种方法为常用方法。此外，还有离心法、共聚法、浸镀法等其他方法，但由于这些方法本身还存在一定的问题或工艺过程过于繁琐而很少被采用。

四、性能与影响因素分析

由于在 $400nm \sim 2.5\mu m$ 的波长范围之内，C—F 键几乎没有明显的吸收，因此可以预见，利用含氟高分子材料所制成的光纤的性能将大大优于传统的塑料光纤，主要表现在以下几个方面。

1. 降低损耗

首先，因为 C—F 键的振动吸收基频在远红外区，而在可见光区到近红外区的范围内吸收很小，使吸收损耗降低（表 4-53）。其次，由于透光窗口的红移同样使瑞利散射导致的损耗降低。此外，含氟高分子材料的表面能很小，可以降低水蒸气在其表面的吸附，防止水蒸气在材料中渗透，也起到降低损耗的作用。

表 4-53 C—H 键与 C—F 键振动吸收频率的比较　　　　　　　　　　单位：nm

振动能级	ν_1	ν_2	ν_3	ν_4	ν_5	ν_6	ν_7	ν_8	ν_9	ν_{10}
C—H 键	3390	1729	1179	901	736	627	549	492	447	—
C—F 键	8000	4016	2688	2024	1626	1361	1171	1029	919	830

2. 与石英光纤的工作波长匹配

氟代后，吸收的红移提高了材料在近红外区的透光性。由图 4-42 所示的全氟聚合物的透光性示意图表明，全氟聚合物在 800～2000nm 的波长范围几乎完全透明，覆盖了石英光纤工作的 850nm、1310nm 和 1550nm 3 个波长窗口，从而解决了塑料光纤与石英光纤工作波长相匹配的问题。

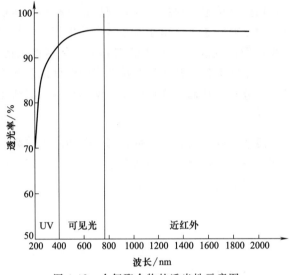

图 4-42　全氟聚合物的透光性示意图

3. 提高耐温性

氟聚合物通常都比较稳定，有较高的玻璃化温度（表 4-54），因此氟代塑料光纤通常具有较好的耐温性。而且，氟聚合物不易老化，从而使氟塑料光纤有较长的使用寿命。

表 4-54　几种氟代丙烯酸酯的玻璃化温度

聚合物	玻璃化温度 T_g/℃	聚合物	玻璃化温度 T_g/℃
$\left(CH_2-CCl\right)_n$ $CO_2C_6F_5$	120	$\left(CH_2-CF\right)_n$ $CO_2CH_2CF_3$	123
$\left(CH_2-CF\right)_n$ $CO_2C_6F_5$	160	$\left(CH_2-CF\right)_n$ $CO_2CH_2CF_2CF_2H$	95
$\left(CH_2-CCl\right)_n$ $CO_2CH_2CCl_3$	140	$\left(CH_2-C(CH_3)\right)_n$ $CO_2CH_2CCl_3$	134
$\left(CH_2-CF\right)_n$ $CO_2CH_2CCl_3$	124	$\left(CH_2-C(CH_3)\right)_n$ $CO_2CH_2CCl_3$	180
$\left(CH_2-C(CH_3)\right)_n$ $CO_2C_6F_5$	125	$\left(CH_2-CF\right)_n$ CO_2CH_3	140
$\left(CH_2-C(CH_3)\right)_n$ $CO_2CHClCCl_3$	165	$\left(CH_2-C(CH_3)\right)_n$ CO_2CH_3	105

4. 适应波分复用（WDM）技术的需要

WDM 技术是适应光纤通信中高带宽传输信号需要所产生的一项新技术。其原理是将多个信道中不同波长、各自载有信息信号的载波耦合到一根光纤中传输，到达终端后再按波长将各个载波分离，然后进入各自信道，解调后使信息再现。在 WDM 系统中，不同波长载波间的强度差不得超过 3dB，同时对于一个透光窗口，波长的分割又不能太密，否则会引起相近波长的载波间的串扰。因此，WDM 要求光纤在各个分波长处均有较低的传输损耗，即传输光纤必须有尽量宽的透光窗口。对于石英光纤，1300nm 窗口的宽度有 110nm，可同时传输 28 路 WDM 信道；1550nm 窗口的宽度为 180nm，可同时传输 45 路信道。

传统的塑料光纤，如 PMMA 光纤，650nm 处窗口的宽度仅为 10nm，只能同时传输 3 路信道，对于 WDM 技术而言，这是远远不够的。氟聚合物尤其是全氟聚合物从整个可见光区到红外区都有很低的透射损耗，其中包括目前石英光纤 850nm、1300nm 和 1550nm 的工作波长，透光范围已不再是一个个的窗口，而是一个很宽的透光区，这对 WDM 技术来说是非常有吸收力的。可以说，氟聚合物塑料光纤能满足光纤通信领域中不断发展的高速度、大容量通信技术的需要，有着广阔的应用前景。

五、含氟塑料光纤的研究方向

采用氟聚合物尤其是全氟聚合物制备的新型塑料光纤，其性能与传统塑料光纤相比得到了很大的提高，各项技术指标有传统塑料光纤无法比拟的优越性，从而使塑料光纤真正进入光通信领域有可能成为现实。然而，塑料光纤要取得全面成功还有许多工作要做，主要是在以下几个方面。

1. 进一步减少光损耗

虽然含氟聚合物已在很大程度上降低塑料光纤的损耗，但是与石英光纤相比，还存在着数量级的差距。散射研究表明，纯净的高分子本体的透射损耗可以达到 1dB/km 甚至更小，但为了调节折射率而引入的掺杂剂使塑料光纤的内在损耗增加到 5～10dB/km。加工工艺的缺陷、杂质的存在会带来 20dB/km 甚至更多的附加外在损耗。当然，随着生产工艺的不断改进，外在损耗会逐步得到消除。

减小内在损耗需要进一步研究新的本体掺杂剂体系。对于氟聚合物塑料光纤，普遍认为局部的组分变化所引起的散射是导致内在损耗的主要原因，还有掺杂剂的吸收损耗也不能忽略。所以，为了减小内在损耗，必须提高掺杂剂分子在本体的溶解性。然而，本体溶解度高的大多是化学性质与聚合物相似的物质，这些物质通常都与高分子本体有着相近的折射率，从这一点上来说，这些物质又不适合作为掺杂剂。因此，减小内在损耗的关键在于开发出有高度相容性而又有较大的折射率差值的聚合物/掺杂剂体系。

2. 降低光纤材料的成本

含氟聚合物尤其是全氟聚合物使塑料光纤的性能得到很大的提高。从上面的讨论和实例可以看出，这些氟聚合物的高分子链的一侧均为五元或六元的杂环结构，这样的结构既可以防止高分子结晶，又可以限制聚合物中高分子链的移动，提高高分子的耐温性。但是，这些材料价格很高，Teflon AF 与 CYTOP 价格高达每克数美元，是目前最昂贵的商业树脂。其他的一些氟聚合物目前还无法从市场上直接买到，若制备起来也需要很高的成本。这样，塑料光纤材料本身高昂的成本便抵消了它在短距离通信体系及局域网中所降低的连接费用。所

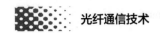

以，如何降低氟聚合物的成本，或者研制出新型低成本、高性能的塑料光纤体系，是使氟聚合物塑料光纤实用化的一个必不可少的条件，也是塑料光纤领域今后的一个研究方向。

3. 提高塑料光纤的稳定性

塑料产品通常容易老化，不具备通信系统所要求的长期耐用性，这也是阻碍塑料光纤取得成功的一个重要原因。虽然氟聚合物具有比一般高分子材料更长的使用寿命，但是渐变型塑料光纤又带来新的问题。因为掺杂剂在光纤中的分布是不均匀的，所以在光纤中存在着掺杂剂从高浓度部位向低浓度部位的缓慢扩散效应，从而引起光纤折射率形状的改变。另外，掺杂剂的存在本身也降低塑料光纤的玻璃化温度，所有这些因素都影响塑料光纤的长期使用性能。因此，要提高塑料光纤的耐用性，必须找到合适的掺杂剂，要求掺杂剂分子在塑料光纤的加工过程中有较强的扩散作用，而在塑料光纤使用和保存的期间，这种扩散作用又要尽可能的小。此外，在添加掺杂剂时，必须掌握合适的浓度，既要保证有较好的调节折射率效果，又要注意不能因为掺杂剂的加入而降低塑料光纤的玻璃化温度。

总之，氟聚合物尤其是全氟聚合物在塑料光纤上的应用大大改善了塑料光纤的性能，从根本上解决了传统塑料光纤所存在的一些重要缺陷，使塑料光纤朝着实用化的方向迈进一大步，但要完全达到实用化仍有大量工作要做。今后的研究应主要集中在进一步降低光损耗、成本以及提高塑料光纤稳定性方面。相信随着这些问题的逐步解决，塑料光纤在通信领域一定有着非常美好的未来。

第六节　耐热塑料光纤

一、简介

1. 研究进展

POF 同玻璃光纤、石英光纤相比，具有许多特殊的优点，但其自身亦有一些缺陷。现今对 POF 的研究主要有 3 大方向，研究目的均为了克服 POF 的自身缺陷，具体包括：提高 POF 的传输带宽，降低 POF 的光损耗，提高 POF 的耐热性。其中，"耐热 POF"是一个研究热点，通常能长时间耐 $100^{\circ}C$ 以上温度的 POF 称为耐热 POF，而普通聚苯乙烯（PS）芯 POF 及聚甲基丙烯酸甲酯（PMMA）芯 POF 的长期使用温度均低于 $80^{\circ}C$，若在高于 $80^{\circ}C$ 的温度下使用，则易氧化、变形，导致 POF 的传输性能及其他性能的降低。实验表明，将一定长度的普通 PMMA 芯 POF 放置在 $120^{\circ}C$ 环境中几秒钟，其长度将收缩到原来的 50%，所以这种 POF 是无法在 $120^{\circ}C$ 的环境中使用的。因此，为了扩展 POF 的应用领域，尤其是耐高温的应用领域，必须加强耐热 POF 的研究力度。据美国汽车协会标准，汽车发动机室内的最高温度为 $125^{\circ}C$，为能将 POF 应用于汽车发动机室中，以监测汽车发动机的状况，所用 POF 的耐热温度至少为 $125^{\circ}C$，而要制备出耐热 POF，可采用保护层法、清洗法以及选用玻璃化温度高的芯、皮材。

1985 年 11 月，日本三菱人造丝公司开始生产耐 $115^{\circ}C$ 的 DH 型光缆，在 650nm 处的损耗为 1200dB/km，芯材为 PMMA，皮材为氟化聚合物。另一产品为耐 $125^{\circ}C$ 的 FH 型光缆，在 770nm 处的损耗低于 1000dB/km，其芯材为某工程塑料。

1986 年日本富士通公司研制成功的 SI 型 PC 芯 POF，皮材为 PMP，在 770nm 处的光损耗为 80dB/km，数值孔径（NA）为 0.61。

1987 年日本日立公司研制成功的 SI 型热固性树脂芯 POF，在 650nm 处的光损耗为 600dB/km。

1990 年德国 Bayer·AG 公司研制成功的高纯度 PC 芯 POF，其外包有聚氨酯保护套塑层，使用温度为 -40℃~125℃。

1994 年日本合成橡胶等公司共同研制成功耐 150℃ 的 POF，牌号为 ARTON。

中国科学院上海有机所研制出耐 100℃ 的 POF，芯材为 CR-39 均聚物或 CR-39-MMA 共聚物，皮材为聚四氟乙烯（PTFE），CR-39 的学名为聚二甘醇二碳酸烯丙基酯，其他耐热 POF 的研究尚未见到有关报道。由此可见，中国耐热 POF 的研究同国外相比的确存在很大的差距，中国的耐热 POF 要赶上世界水平，还有很长的一段路要走。

2. 耐热 POF 对聚合物材料的要求

（1）耐热 POF 对芯、皮材的基本要求　传输损耗是衡量 POF 使用性能的重要指标之一，而 POF 的衰减损耗主要源自芯材，故作为 POF 芯材，通常要求有较高的纯度和透明度，以高度无定型非结晶透明聚合物作芯材为最佳，这能保证 POF 有较低的光损耗。而作为 POF 皮材，若能达到同芯材一样的光学要求，则有利于降低 POF 的光损耗，一般对皮材的要求可比芯材略低。但受到 POF 所用材料的限制，降低 POF 光损耗同提高 POF 的耐热性是一对矛盾，即提高 POF 的耐热性是以提高 POF 的传输损耗为代价的。

（2）耐热 POF 对芯、皮材折射率的要求　作为光纤，芯材的折射率应大于皮材的折射率，其差值一般要求在 0.03 以上，或者说芯材折射率应比皮材折射率高 2%～5%，以这样的芯、皮材组成的塑料光纤才能满足使用的要求。光纤的数值孔径（NA）还同芯、皮材的折射率有关，塑料光纤的 NA 越大，则要求芯、皮材的折射率差值越大。

（3）耐热 POF 对芯、皮材的特殊要求

① 为降低 POF 传输的非固有损耗，通常要求 POF 芯、皮材有较好的黏附性，以尽可能地降低发生在芯、皮层界面上的散射损耗。

② 作为耐热 POF，通常要求 POF 芯、皮材自身有较强的耐温性，即要求 POF 有较高的玻璃化温度（T_g），芯、皮材的 T_g 最好都大于 100℃。

③ 若采用共挤法拉制耐热 POF，要求芯、皮材有相近的加工温度；若采用溶液涂覆法拉制耐热 POF，要求皮材所选用的溶剂以不侵蚀芯材或不影响芯材的传输效果为佳。

④ 要求耐热 POF 芯、皮材有较好的力学性能，如具有较好的柔软性能，同时又具有较高的强度、较低的吸水率和较强的抗老化性能等。

⑤ 若选择第三层保护材料包覆耐热 POF，则要求这种包覆材料有较好的耐热性能和耐老化性能，并且具有一定的强度等。

二、耐热 POF 的制备方法

1. 保护层法

在普通 POF 外层上套塑或涂覆一层保护层，在一定程度上可提高 POF 的耐热性。其原理是阻碍氧气在芯皮界面上的传输，防止芯、皮材在高温下受到氧化侵蚀，并且在一定程度上起到隔热、阻碍 POF 热变形的作用。如可在 POF 外涂覆一层低温固化纤维增强热固性树

脂，亦可采用紫外敏感树脂进行涂覆，或采用热塑性树脂如卤化树脂来涂覆或套塑。卤化树脂可有效地降低芯皮界面上氧的传输，这类树脂包括聚氯乙烯（PVC）、聚偏二氟乙烯（PVDF）、聚偏二氯乙烯（PVDC）等。无论采用的方法是涂覆或套塑，保护层必须有适当的厚度，以保证 POF 有一定的柔软性。有保护层和无保护层的 POF 对比实验见表 4-55。由于这种方法只能在一定程度上提高 POF 的耐热性，故 POF 耐热性的研究重点并不在这一点上。

表 4-55　PMMA 芯、PVDF-TFE 皮 POF 耐热性对比实验

条件　耐热性　保护层	100℃，60min	120℃，60min	条件　耐热性　保护层	100℃，60min	120℃，60min
无保护层	收缩 5%	收缩 40%	紫外敏感树脂保护层，厚 0.12mm	低于 1%	放置在 135℃下，传光性能不降低

注：PVDF-TFE 为偏二氟乙烯-四氟乙烯共聚物。

2. 清洗法

POF 芯、皮材采用特殊溶剂清洗过滤，以消除残余单体、低分子量副产物、灰尘、杂质等，可在一定程度上提高 POF 的耐热性，降低光纤的传输损耗。表 4-56 列出了一些 POF 采用特殊溶剂清洗后的耐热性试验结果，其中芯材全部采用甲醇清洗 30～60min，共混配比为质量比。

若芯材未经过溶剂清洗，所制得的 POF 在同等条件下进行耐热试验，损耗明显增加。故采用这一方法，尚能在一定程度上提高 POF 的耐热性，尽管这还不是效果理想的方法。

表 4-56　一些 POF 采用特殊溶剂清洗后的耐热性试验

芯　材	皮　材	耐热试验
甲基丙烯酸冰片酯-甲基丙烯酸甲酯-丙烯酸甲酯共聚物，配比为 25：70：5	甲基丙烯酸-2,2,3,3-四氟丙酯-甲基丙烯酸甲酯-丙烯酸甲酯共聚物，配比为 87：10：3，折射率为 1.41，正丙醇清洗	120℃×240h，损耗为 220dB/km
共聚物单体同上，其配比为 20：79：1，折射率为 1.49	甲基丙烯酸-2,2,3,3-四氟丙酯-甲基丙烯酸甲酯-丙烯酸甲酯共聚物，配比为 87：10：3，折射率为 1.41，正丙醇清洗	250℃及 90℃时损耗均为 250dB/km
甲基丙烯酸-L-孟酯-甲基丙烯酸甲酯-丙烯酸甲酯共聚物，配比为 30：68：2	甲基丙烯酸-1,1,1,3,3,3-六氟-2-丙酯-丙烯酸甲酯共聚物，配比为 95：5，四氟乙烯清洗	120℃×120h，损耗均为 250dB/km
甲基丙烯酸莳酯-甲基丙烯酸甲酯-丙烯酸甲酯共聚物，其配比为 10：88：2	偏二氟乙烯-四氟乙烯共聚物，石脑油清洗	115℃×120h，损耗为 210dB/km
甲基丙烯酸甲酯-丙烯酸乙酯共聚物，配比为 99：1	α-氟化丙烯酸-2,2,3,3-四氟丙酯-甲基丙烯酸甲酯-丙烯酸甲酯共聚物，其配比为 82：15：3	95℃×240h，损耗为 200dB/km

3. 选用玻璃化温度高的芯、皮材

POF 芯、皮材的玻璃化温度（T_g）是 POF 耐热性的重要衡量指标，在高于玻璃化温度使用 POF 时，会增加 POF 传输的固有损耗和非固有损耗。因此，为研制出耐热性 POF，需选用 T_g，较高的聚合物材料，当然这种材料必须同时满足作为 POF 材料的要求，即要求这

种聚合物有较好的透明性、较高的玻璃化温度，最好是无定型聚合物。若不满足这些条件，则所制得的 POF，要么损耗较高，要么耐热性将不尽如人意。在耐热 POF 研究进程中，POE 耐热性及其损耗通常是对立的，耐热性好的，其损耗较高，而这正是耐热 POF 研究所必须解决的问题——材料问题，典型耐热 POF 的材料选择情况如下。

（1）聚碳酸酯芯 POF　经双电子检测，聚碳酸酯（PC）的链结构是高度无规则的，故该材料具有较好的透明性，且折射率较高。在其固态结构中，结晶和无定形区域折射率波动小，光学散射率低，玻璃化温度为 130℃ 左右，是一种较理想的耐热 POF 芯材。又由于其既含有柔软的碳酸酯链，又含有刚性苯环，是柔软性和刚性相结合的聚合物，故具有较高的强度、耐冲击性及柔软性。由于 PC 合成工艺的限制，使其自然光的透过率不如 PMMA 和 PS 高，这是 PC 芯材的不足之处。通常 PC 的合成方法有光气界面缩聚法和酯交换熔融缩合聚合法。采用光气界面缩聚法生产 PC 时，由于副产物等杂质难以去除，故 PC 的纯度总不令人满意。只有选用合适的工艺合成 PC，提高 PC 的纯度和透光率，才能使 PC 真正成为 POF 的重要芯材。美国专利 USP5002362 介绍了降低 PC 光弹性常数和双折射的方法。日本专利昭和 57—46204 介绍了采用双酚 A 合成的 PC 用作 POF 芯材时的黏均分子量在 $1.4\times10^5\sim2.5\times10^5$ 之间为佳。PC 芯 POF 通常可在 $-60\sim130℃$ 环境下正常使用，其皮材的选用及使用性能见表 4-57。生产 PC 芯 POF 的其他厂家有日本旭化成公司，生产的 PC 芯 POF 在 770nm 波长处的损耗为 600dB/km；日本出光石油化学公司，生产的 PC 芯 POF 在波长 650nm 处的损耗为 560dB/km 等等。也可将改性的 PC 作为芯材，如 1993 年日本古河电气公司研制出耐 145℃ 的 POF，其芯材为改性 PC，这种 POF 在 760nm 处的传输损耗为 380dB/km。

表 4-57　PC 芯 POF 皮材的选用及使用性能

皮　　材	皮材及 POF 等特性
PMMA	折射率虽与芯材匹配,但传输效果不佳
聚甲基丙烯酸五氟丙酯	$T_g = 73℃$,在 100℃、100h 试验条件下,因皮材收缩,光透过率下降 32%～69%
聚甲基戊烯（PMP 或 TPX）	这种 POF 在 125℃ 下长期工作易变色,芯皮层黏附性不佳,日本富士通公司生产的这类 POF 可耐 120℃ 温度,损耗为 800dB/km
甲基戊烯-丙烯酸共聚物	柔软性差,芯皮层的黏附强度不高
采用不饱和酸完全接枝改性的聚甲基戊烯	芯、皮材共挤出温度在 220～250℃
PDD-TFE 共聚物（物质的量比为 62：38）	T_g 为 134℃,在 770nm 处损耗为 620dB/km;经 135℃、200h 后,损耗为 653dB/km
PVDF-TFE 共聚物	芯径为 0.4mm,皮层厚为 0.025mm,紫外保护层厚为 0.15mm,在 120℃ 使用时光纤不收缩,在 140℃ 放置 60min,收缩率低于 1%
氟化 PC	日本帝人化学工业公司生产,耐 120℃ 温度,损耗为 870～950dB/km
PVDF/PMMA 共混物	折射率为 1.445,比 PMMA 的传输性能稳定
紫外固化树脂	见 USP4919514

（2）采用改性共聚物作耐热芯材的 POF　由于 PMMA 具有较优异的光学性能，只是其 T_g 不高，而且 PC 芯 POF 弯曲性能、耐冲击性能均优于 PMMA 芯 POF，故耐热 POF 的另一研究方向是将 PMMA 同其他单体共聚改性，以获得耐热的共聚物。所得改性共聚物同 PMMA 相比，不仅折射率、透光率发生变化，而且力学性能也有所变化，因此必须综合考虑其各方面的性能。据 1985 年 3 月公开的 EP015567 介绍，MMA 同 α-甲基苯乙烯、N-烯丙基马来酸合成的共聚物，可获得较高的耐热性能，但光学、力学和可加工性能通常并不理

想，不宜作为 POF 的耐热芯材。通常同 MMA 共聚的单体宜含有体积较大的侧链或具有环状结构的链节，也就是共聚单体自身的聚合物应有较高的玻璃化温度，或者说共聚单体能与 MMA 产生交联，这些单体包括甲基丙烯酸冰片酯、甲基丙烯酸三环 [5，2，1，0] 癸酯、甲基丙烯酸苯酯、甲基丙烯酸金刚烷基酯、甲基丙烯酸苯乙烯酯、N-甲基二甲基丙烯酰胺、N-苯基马来酰亚胺、甲基丙烯酸缩水甘油酯等。1994 年，日本东丽公司研制出的丙烯酸酯类共聚物芯 POF，耐热强度为 125℃，这种 POF 在 650nm 处的损耗为 218dB/km，共传输损耗低于其他耐热 POF。

（3）采用热固性树脂作为耐热芯材的 POF　固态或液态有机硅、交联聚酯树脂、交联聚丙烯酸酯等均可用作 POF 耐热芯材。热固性树脂是一种不熔、不溶树脂，具有无再加工性、耐热温度高的特点，故可选用合适的聚合物套管，将热固性反应物加进套管中，通过控制一定的反应条件，使管中的反应物完全反应，生成热固性聚合物芯材。通常这种耐热 POF 的芯径不宜太粗，以免使其柔软性降低。1987 年日本日立公司研制成功的 SI 型热固性树脂芯氟树脂皮 POF，在 650nm 处最低损耗为 600dB/km。日本三菱人造丝公司、日本住友电工公司生产的耐 150℃温度的 POF，其芯材为聚三甲基乙烯基硅氧烷，皮材为氟树脂，损耗为 240dB/km，NA 为 0.54。

（4）其他芯材的 POF　当然如果其他一些聚合物有较高的透明度，亦可选用为耐热 POF 的芯材。如日本合成橡胶等公司开发的"ARTON"耐热 POF，其标准直径为 1.0mm，可耐 150℃温度，680nm 处的损耗为 800dB/km，其芯材为聚降冰片烯，含有五元环，为无定形透明聚合物。

Ohmori 等人的专利 EP 0164019（1985—12）还介绍如下材料可用作 POF 芯、皮材，见表 4-58。

表 4-58　其他耐热 POF 芯、皮材

POF 芯材	$T_g/℃$	折射率 N_D	POF 皮材	$T_g/℃$	折射率 N_D
聚甲基丙烯酸苯酯	120	1.57	聚-α 氟化丙烯酸环己酯	130	1.49
聚甲基丙烯酸环己酯	105	1.51	聚-α 氟化丙烯酸异丁酯	129	1.46
聚甲基丙烯酸-3,3,5-三甲基-环己酯	140	1.51	聚-α 氟化丙烯酸-3,3-二甲基-2-丁酯	143	1.47
聚丙烯酸-α 氟化苯酯	160	1.56	聚-α 氟化丙烯酸新戊酯	136	1.46
聚-α 氟化丙烯酸甲酯	138	1.46			

其中，折射率 N_D 大于 1.50 的材料可选作耐热 POF 芯材，N_D 低于 1.50 的材料可作为耐热 POF 皮材。但该专利所介绍的材料的透光率皆不大于 90％，可否通过改进制作工艺以提高材料的透光率，还有待进一步探索。

总而言之，耐热 POF 芯、皮材必须有较高的玻璃化温度和透明度，并具备一定的力学性能，才能保证所制得的耐热 POF 既具有较强的耐热性，又能满足其作为光纤所需具备的光学性能和力学性能的要求。在制备耐热 POF 芯、皮材过程中，保证芯、皮材有较高的纯度，并力求聚合物分子有较窄的相对分子质量分布，也有利于提高 POF 的耐热性。另外，在耐热 POF 外涂覆或包覆一层合适的保护层，还可使其耐热性有一定程度的提高。

三、马来酰亚胺／PMMA 耐热光纤

1. 简介

以 N-环乙基马来酰亚胺（CHMI）和甲基丙烯酸甲酯（MMA）共聚得耐热性透明材

料，讨论共聚产物的透明性和玻璃化温度与 CHMI 含量的关系。以上述材料为基础，应用界面凝胶法制备光纤预制棒，在探讨 CHMI 和 PCHMI 折射率的基础上，分析并测试光纤预制棒的折射率分布，最后拉制成塑料光纤（GI-POF）并测试光纤的光透射窗口。

2. 制备方法

（1）原料 实验所用的主要材料及其处理方法如下：马来酸酐（分析纯）用二甲苯重结晶；环己胺（分析纯）经重蒸；甲基丙烯酸甲酯（分析纯），先经氢氧化钠水溶液洗涤除去阻聚剂，然后用蒸馏水洗至中性，再用无水硫酸镁干燥，后经减压蒸出；苯乙烯（分析纯），处理和甲基丙烯酸甲酯相同；偶氮二异丁腈（分析纯）用甲醇重结晶；正丁基硫醇。

（2）CHMI 的制备 在 500mL 三口瓶中，加入 40g 马来酸酐、200mL 二甲苯，于 55℃下搅拌 0.5h，使马来酸酐完全溶解，在搅拌状况下，向体系中缓缓加入 40g 环己胺，于 55℃下静置 3h，生成 N-环己基马来酸。然后在体系中加入催化剂（由 100g 磷酸和 150g 环己胺反应制备而成），体系升温至 155℃回流 5h，反应中产生的水由水分离器在反应过程中随时分离，产物有机层趁热和催化剂层分离，有机层中二甲苯用旋转蒸发仪蒸出，然后减压蒸馏剩余物，在 10mmHg 压强下收集，于 130～150℃馏分，即得初产品 CHMI，产率可达 63%，再用二甲苯、甲苯二次重结晶得纯净的 CHMI，熔点为 90℃。

（3）共聚合 共聚合采用本体法聚合，引发剂用偶氮二异丁腈（AIBN），链转移剂用正丁基硫醇（n-BuSH），单体在 70℃下反应 48h，并进一步在 100℃下反应 12h，使反应完全。

（4）渐变预制棒的制备 先用离心聚合法制备预制棒的外管，外管的外径为 11mm，内径为 6mm。预制棒的芯部用界面凝胶聚合法制备，首先将外管的一端封住，然后将含有引发剂（AIBN）和正丁基硫醇的 MMA 单体及第二单体混合物灌入，在聚合室中于 70℃条件下反应 48h，在界面凝胶聚合过程中，首先高分子外管的内壁被单体混合物溶胀，这样管的内壁层就变成凝胶相。由于凝胶效应，凝胶相内的聚合反应加速，聚合物优先在凝胶相内形成并逐渐向管中心延伸，整个反应过程是由外向内进行的。固化后的棒进一步在 100℃温度下反应 12h，使反应完全。

3. 性能分析

（1）透明性 由于 CHMI 与 MMA 的共聚性能较差，共聚产物中的残留 CHMI 单体将导致高聚物不透明并且高温变色，通过掺入第三单体苯乙烯的方法予以改性，结果见表 4-59。

表 4-59 共聚产物在不同温度下的颜色

实验号	MMA/mL	CHMI/g	St/mL	25℃	100℃	150℃	200℃
0	10.0	0	0	无色	无色		
1	9.5	0.5	0	无色	无色	无色	无色
2	9.0	0.5	0.5	无色	无色	无色	无色
3	9.0	1.0	0	无色	无色	无色	无色
4	8.0	1.0	1.0	无色	无色	无色	无色
5	8.5	1.5	0	无色	无色	无色	无色
6	7.5	1.5	1.0	无色	无色	无色	无色
7	8.0	2.0	0	无色	无色	黄色	黄色
8	7.0	2.0	1.0	无色	无色	无色	无色
9	7.5	2.5	0	雾状	雾状	黄色	黄色
10	6.5	2.5	1.0	无色	无色	无色	无色
11	7.0	3.0	0	雾状	雾状	黄色	黄色
12	6.0	3.0	1.0	无色	无色	无色	无色

注：在 25℃时的颜色是在长期存放后所体现的，在 100℃、150℃时的颜色是耐受 2h 后所体现的；200℃时的颜色是在耐受 1h 后所体现的。

由实验结果可以看出，当 CHMI 含量不超过 15％时，不用加苯乙烯，所得的共聚物均可以经受 200℃的高温考验，说明只要 CHMI 单体的含量不超过 15％，它和 MMA 共聚是可以的，产物不会产生高温变色；当 CHMI 含量大于 15％时，不加苯乙烯，同等实验条件下所得共聚物均会产生高温变色；当 CHMI 含量为 25％时，甚至在常温下共聚物就会呈雾状。这是由于 CHMI 与 MMA 共聚性不好，致使共聚物中残留相当量 CHMI 单体的缘故。加入苯乙烯，共聚产物则没有变黄这一现象，说明苯乙烯的加入能提高 CHMI 参与共聚的性能，使产物中 CHMI 单体含量大幅度减少，这可以从图 4-43 所示的结构得到解释。

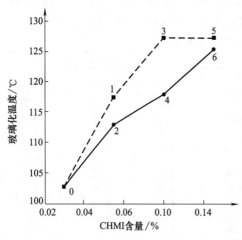

图 4-43　马来酸酐和 N-环己基马来酰亚胺的结构

如图 4-43 所示，马来酸酐、马来酰亚胺类化合物由于结构上具五元刚性环的位阻效应，难以自聚，它们和 MMA 的共聚也难以进行。如图 4-43 （a）所示，马来酸酐由于带有强吸电子基团，表示其单体极性的 e 值较大，为 2.25，而 MMA 也带吸电子基团，e 值为 0.40，均为正值，极性效应相同，故难以共聚。至于 CHMI，如图 4-43 （b）所示，结构上同马来酸酐比较，由于加入推电子的亚胺基团，能使其碳碳双键由缺电子向富电子转变的倾向，使其共聚性能有所提高，考虑到环己基的空间位阻效应，所以推测 CHMI 的共聚性能不会有本质的提高，实验也证明了这一点。在表 4-59 实验号 7 中，CHMI 含量为 20％时，共聚产物就出现高温变色性；实验号 9 中，CHMI 含量为 25％，共聚产物甚至在常温就不透明了，加入苯乙烯，对比实验结果显示，CHMI 单体的残留大幅度减少了；在实验号 8、10、12 中，也可用极性效应来解释：苯乙烯的 e 值为 -0.80，碳碳双键为富电子性，极易和 e 为正值的 CHMI 或 MMA 反应，此时苯乙烯可以起到一个连接作用，使部分 CHMI 单体以三元共聚的形式反应，最终使聚合物中 CHMI 含量大大减少。宏观则表现出，当 CHMI 含量大于 15％时，不加苯乙烯，聚合产物具有高温变色性，加入一定量苯乙烯，则可消除高温变色现象。

（2）玻璃化温度　通过差示扫描量热分析实验（DSC）研究 CHMI 含量对样品的玻璃化温度的影响，结果如图 4-44 所示。

图中，实验号 1、3、5 不含苯乙烯，实验号 2、4、6 含有体积百分比为 10％的苯乙烯，实验号 0 为纯 PMMA。实验表明，加入 CHMI 聚合物的 T_g 有明显提高，且随 CHMI 含量的增加，T_g 也相应提高。这是由于在大分子中引入刚性基团阻碍了大分子链的运动，从而使玻璃化温度提高。加入苯乙烯，T_g 在原有基础上有明显下降。其原因：一方面苯乙烯的苯环作为侧基加入，增加高分子的自由体积，按自由体积理论，这将使聚合物链段运动更自由，从而使其玻璃化温度降低；另一方面，直观的解释是，苯环的加入在一定程度上破坏了大分子链的规整性，使物理联结点降低，从而使链更易移动，结果使玻璃化温度降低。

图 4-44　CHMI 含量对共聚物玻璃化温度的影响

考虑到 MMA/CHMI 体系中 CHMI 含量为 15％时，共聚产物的玻璃化温度较纯 PM-MA 已有较大提高，而在 CHMI 含量超过 1％时，需加入苯乙烯进行调节，苯乙烯的加入又会使玻璃化温度出现降低的趋势，所以在制作光纤预制棒时，均选用 CHMI 含量不超过 15％的体系，而不再加入苯乙烯。

（3）CHMI 折射率和共聚物中 PCHMI 的折射率的估算　基于制备光纤的目的，材料的折射率很重要，对于晶体 CHMI，以 Lorentz-Lorenz 公式计算：

$$\frac{n^2-1}{n^2+2}=\frac{n_1^2-1}{n_1^2+2}V_1+\frac{n_2^2-1}{n_2^2+2}(1-V_1) \tag{4-14}$$

式中　n——CHMI/MMA 共聚物的折射率；

　　　V_1——CHMI 的体积分数。

在 15℃时，用阿贝折射率仪测得纯 MMA 的折射率为 1.4177，溶有 CHMI 体积百分比为 20％的 MMA 溶液的折射率为 1.4304。由此可计算出单体 CHMI 的折射率为 1.4816，比 MMA 大。

聚合后的 CHMI，即 PCHMI 的折射率也用同样的方法计算。将含 CHMI 体积百分率为 7.66％的 MMA 于 70℃温度下反应 48h，并进一步在 100℃温度下反应 12h，使反应完全，于 15℃温度下用阿贝折射率仪测出其折射率为 1.4940，测定于同样条件下反应所得的 PMMA 的折射率为 1.4910，则由式（4-14）可计算出 PCHMI 的折射率为 1.5307。

由上述可得出，单体 CHMI 的折射率大于单体 MMA，而 PCHMI 的折射率大于 PM-MA。

（4）PCHMI 在预制棒中的分布和预制棒的折射率分析　按照竞聚率 $r_{\mathrm{MMA}}=1.35$，$r_{\mathrm{CHMI}}=0.32$，在共聚反应中应 MMA 优先反应，又根据界面凝胶法反应机理，光纤预制棒芯部的聚合反应是沿径向由外而内进行的，由此推测 PCHMI 的分布应是由内而外逐渐降低的抛物线分布。又由上述折射率的讨论，即折射率 CHMI＞MMA、PCHMI＞PMMA，就有可能用这两种单体制出折射率由内向外沿径向逐渐降低呈抛物线分布的光纤预制棒。在实验中，预制棒芯部材料用 MMA，溶解一定比例的 CHMI，应用界面凝胶法聚合，所得 MMA/CHMI 体系预制棒的折射率分布如图 4-45 所示。实验结果正如预测的一样，得到的光纤预制棒芯部折射率由中心向边缘逐渐降低呈抛物线状分布曲线，从而制得折射率渐变型的塑料光纤预制棒。

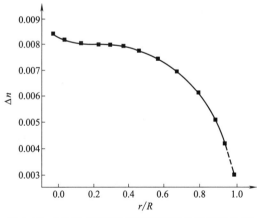

图 4-45　MMA/CHMI 体系预制棒的折射率分布

（5）光纤拉制及光纤的损耗谱图　光纤预制棒在 150～180℃温度下热拉成直径为 1mm 的光纤。由拉制好的光纤经实验室自制的光纤损耗仪所测得的谱图可知，不含 CHMI 的光纤是由只掺杂惰性分子的 PMMA 制成的（称为标准光纤），光透射窗口在 650nm；含有 CHMI 的光纤，光透射窗口则有所红移，大约在 700nm 附近。光透射窗口的红移更有利于制备相应光器件。

4. 效果评价

通过研究 MMA/CHMI 聚合体系的耐热性，认为加入 CHMIA 的聚合物耐热性明显提高。由于折射率 CHMI＞MMA、PCHMI＞PMMA，再利用共聚合的竞聚率 $r_{MMA}=1.35$、$r_{CHMI}=0.32$，应用界面凝胶聚合法，不加惰性掺杂剂就制得折射率渐变分布的光纤预制棒。同时，通过探讨预制棒拉制成光纤及光纤的透射窗口等问题，证实这种体系可以用以制备耐热性的渐变型塑料光纤。

四、N-异丙基马来酰亚胺/MMA 光纤

1. 简介

目前，塑料光纤的芯材多采用聚甲基丙烯酸甲酯（PMMA），它具有优异的透光性和成纤性能，但它的严重缺陷是玻璃化温度低（$T_g=105℃$）。用 PMMA 制成的塑料光纤耐温性能较差，在环境温度较高的场所（如车、船、航天器或工厂车间等）使用时，存在信号衰减大、极易老化等严重问题，限制了其使用范围。采用聚碳酸酯或聚硅烷为光纤基材，虽然耐温性能有所提高，但光损耗较大、材料成本增加，特别是这些材料的单体聚合反应不易控制，很难制备渐变（GI）型塑料光纤。寻找一种可制备 GI 型耐温塑料光纤的高分子材料是塑料光纤研究领域中具有重要意义的课题之一。

N-烷基马来酰亚胺与 MMA 的共聚具有较高的稳定性、透光性和耐温性，同时此类共聚物保持着 PMMA 的良好透光性和成纤性能，可广泛应用于耐温光学器件的研究开发。在 N-烷基马来酰亚胺类化合物中，N-烷基马来酰亚胺（IPMI）综合性能好，产品较易提纯，IPMI-MMA 共聚物无色透明、热稳定性高，适合制备耐温塑料光纤，特别是 IPMI 与 MMA 的单体共聚反应简单易控，可采用界面凝胶共聚法制备 GI 型耐温塑料光纤，证明了 IPMI-MMA 共聚物体系制备 GI 型耐温塑料光纤的可行性。实验中根据塑料光纤对基材的特殊要求，系统研究链转移剂浓度和 IPMI 浓度对玻璃化温度 T_g 的影响，确定出两者最佳浓度范围；测定共聚物的折射率，并估算出 IPMI 在共聚物中的折射率值；采用界面凝胶共聚法制备塑料光纤预制棒，研究 IPMI 的渐变分布及其对预制棒折射率曲线的影响。

2. 制备过程

（1）原材料　甲基丙烯酸酯（分析醇），使用前经减压蒸馏并除去阻聚剂；偶氮二异丁腈（AIBN）（化学纯）；过氧化苯甲酰（BPO）：化学纯，重晶体提纯；马来酸酐（化学纯）；异丙胺：化学纯，提纯后使用；正丁基硫醇（n-BM）（化学纯）等。

（2）聚合方法

① IPMI 单体的合成首先在二甲苯中进行，将马来酸酐与异丙胺在 55℃反应 3h，然后在磷酸和磷酸异丙铵盐催化下，脱水生成 IPMI，粗产品经水洗、减压蒸馏后得纯净单体 IPMI。

② IPMI/MMA 共聚反应。按比例加入 MMA、IPMI/AIBN 和 n-BM，在聚合釜内 70℃下反应 48h，然后在 95℃下反应 48h。

③ 渐变型塑料光纤预制棒的制备。采用界面凝胶聚合法，其中以 BPO 为引发剂制备的预制棒用于 N 元素分析，其他均用 AIBN 为引发剂。

3. 性能与影响因素分析

（1）IPMI 对 T_g 的影响　IPMI 的分子结构如图 4-46 所示。因 IPMI 与 MMA 共聚后，高分子链中引入环状刚性单元，阻碍共聚物高分子链段移动，使 IPMI/MMA 共聚物的玻璃化温度（T_g）比 PMMA 有所提高。

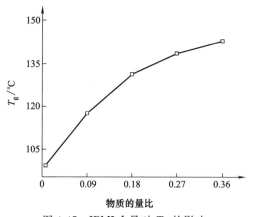

单体聚合液中不同 IPMI 摩尔比对 T_g 的影响结果如图 4-47 所示。当 IPMI 在低物质的量比范围内（0～0.18）时，提高 IPMI 投料物质的量比，共聚物的 T_g 显著增加，同时 T_g 基本上随 IPMI 物质的量比浓度增加呈线性增加；但当 IPMI 在高物质的量比范围内（0.18～0.36mol）时，IPMI 投料物质的量比的增加对 T_g 的提高作用变小。

图 4-46　IPMI 结构

（2）链转移剂对 T_g 的影响　为了改善塑料光纤材料的成纤性能，控制高分子材料的相对分子质量是有效措施之一，通常通过加入适量的链转移剂来达到这一目的。采用正丁基硫醇（n-BM）为链转移剂，实验中发现在聚合液中链转移剂浓度对 IPMI/MMA 共聚物的 T_g 影响非常大，如图 4-48 所示。

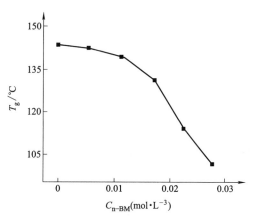

图 4-47　IPMI 含量对 T_g 的影响
（n-BM 含量为 0.015mol/L）

图 4-48　n-BM 含量对 T_g 的影响
（IPMI 含量为 0.18mol/L）

当 n-BM 浓度较高时，IPMI/MMA 共聚物的 T_g 变低，不具备耐温性能。这可能是因为：①高浓度的链转移剂使共聚物的相对分子质量降低，使高分子链中链段的移动变得容易，此时尽管高分子链中存在 IPMI 刚性单元，但其阻碍链段移动的作用不能体现，只有在 n-BM 浓度减小、高分子链增长时，IPMI 刚性单元阻碍链段移动的作用才能显现出来，T_g 相应提高；②由于 IPMI 和 MMA 的自由基活性不同，当 n-BM 浓度增大时，不易生成共聚物，可能会生成均聚物。

一般来说，相对分子质量达到一定程度后，再增加相对分子质量对 T_g 影响不大。从图 4-48 所示也可发现，n-BM 摩尔浓度小于 0.01mol/L 时，曲线较平坦。综合考虑材料耐温性和成纤性能的要求，n-BM 浓度可选在 0.012～0.016mol/L 范围内，使两者都有较好的性能。

（3）共聚物中 IPMI 的折射率　制备 GI 型塑料光纤，首先要测定所用材料的折射率，因为它是影响光纤折射率分布的重要因素。用阿贝折光仪测定出 IPMI 和 MMA 两单体折射率分别为 1.4733 和 1.4120。为了确定共聚物中 IPMI 的折光率，测定出一共聚物样品的折射率为 1.5159。根据 Lorentz-Lorenz 方程（式），可估算出 IPMI 在共聚物中的折射率为 1.5233，大于 PMMA 的折射率。因此，可知 IPMI 的存在将影响共聚物体系的折射率。

$$\frac{n^2-1}{n^2+2}=\frac{n_2^2-1}{n_2^2}V_2+\frac{n_1^2-1}{n_1^2}(1-V_2) \tag{4-15}$$

式中　n_1——PMMA 的折射率值 1.49；

n_2——待测共聚物中 IPMI 的折射率；

n——IPMI/MMA 共聚物折射率的测定值；

V_2——IPMI 的体积分数，0.3。

（4）IPMI 的渐变分布　MMA（M_1）与 IPMI（M_2）共聚反应的竞聚率分别为：$r_1=1.72$，$r_2=0.17$。根据界面凝胶法的机理，用界面凝胶法制备 IPMI/MMA 共聚体系的光纤预制棒时，IPMI 在预制棒中应呈渐变分布。沿光纤预制棒径向不同点的 N 元素分析结果证实了此推测，如图 4-49 所示。其中，横坐标 r/R 中 R 表示预制棒的半径，r 表示距棒中心点的距离。可以看出 N 元素（即 IPMI 分子）沿光纤预制棒的径向由中心向边缘具有抛物线形状的分布。产生这样的分布原因是，在 PMMA 聚合物管的内表面因聚合液的溶解而形成凝胶相，在凝胶效应的作用下，凝胶相内的聚合反应速度大，聚合物首先在凝胶相中产生并逐

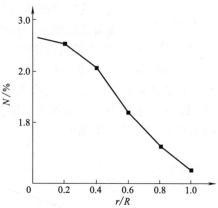

图 4-49　IPMI/MMA 系列 GI 光纤中 N 元素的分布（IPMI 和 n-BM 含量分别为 0.24mol/L 和 0.015mol/L）

步向管中心扩展。同时在此过程中，因为 MMA 的竞聚率大，在凝胶相中优先聚合，而竞聚率较小的 IPMI 趋向于留在聚合液中，所以随着反应的进行，聚合液中 IPMI 的浓度逐渐增加，聚合固化后 IPMI 在塑料光纤预聚棒中沿径向呈渐变分布。

根据上述 IPMI 的渐变分布形式，可断定 IPMI 具有掺杂剂的作用。一般在塑料光纤中加入掺杂剂，将影响塑料光纤的耐温性和稳定性，并且会增加光纤损耗。当使用 IPMI/MMA 共聚物制备塑料光纤时，可以显著地减少掺杂剂的使用量。

（5）IPMI 的掺杂剂作用　渐变型塑料光纤预制棒的折射率呈渐变分布，一般是通过添加掺杂剂获得的。掺杂剂的选择条件是：折射率比 PMMA 大，反应惰性或竞聚率相对于 MMA 较低，与体系的相容性好。根据上面的讨论可知，IPMI 的性质符合掺杂剂的基本条件，即在 IPMI/MMA 共聚体系中 IPMI 折射率较大、竞聚率低和相容性好。测定在没有添加掺杂剂的情况下塑料光纤预聚棒的折射率分布，如图 4-50 所示，纵坐标 $n \cdot n_0$ 中 n_0 表示预制棒中心点的折射率，n 表示距中心点 r 处的折射率。该图表明，IPMI 使预聚棒的折射率分布呈抛物线，符合 GI 型塑料光纤折射率的分布要求。因此可知，在制备 IPMI/MMA 体系的 GI 型塑料光纤预制棒时，IPMI 可替代或部分替代掺杂剂。这样可以提高塑料光纤的透光性，同时惰性掺杂剂用量的降低也将提高塑料光纤玻璃化温度（T_g）。

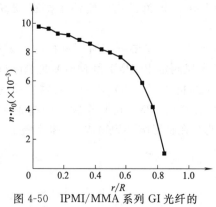

图 4-50　IPMI/MMA 系列 GI 光纤的折射率布布（IPMI 含量为 0.024mol/L）

4. 效果评价

通过以上实验，可确定 IPMI/MMA 共聚物体系能够用于制备 GI 型耐温塑料光纤，并且具备如下几个特点。

① 通过控制 IPMI 和链转移剂的浓度，IPMI/MMA 共聚物的 T_g 比 PMMA 有较大提高，并可在一定范围内调整。

② 因 IPMI 的竞聚率小，其在塑料光纤预制棒中呈渐变型分布。

③ 利用 IPMI 相对于 MMA 折射率大，以及渐变型分布的特点，采用界面凝胶法制备 GI 型耐

温塑料光纤预制棒时，IPMI 可作为掺杂剂使用。

第七节　塑料光纤研究方向与展望

一、重点研究的光纤品种

1. 低损耗塑料光纤

由于 PMMA 中含有大量的 C—H 键，产生高次谐波和电子跃迁损耗，固有损耗主要又取决于分子振动吸收和瑞利散射，故其损耗就不能显著降低。用氘取代 C—H 中的 H 是降低损耗的重要途径，氘化的主要作用是降低分子振动吸收。由于氘化单体的聚合速率较缓慢，聚合物的内应力小，所以氘化也能降低瑞利散射。通常氘代聚合物的力学性能同未氘化的聚合物相近，不但增加相对分子质量，而且其光学窗口移向长波长区。氘化度越高，损耗水平越低。而 St（苯乙烯）的氘化作用不如 PMMA 的氘化作用强，是由于 PS 的结构不完全所致。

在 PMMA 中引入 F 原子，分子体积变大，等温压缩率上升，折射率下降，从而使散射损耗下降。C—F 比 C—D 结合的振动吸收损耗更低。用含氟单体在结构骨架上引入与非晶态聚四氟乙烯相似的环状结构，在波长 600～1300nm 范围内的理论衰减在 25～50dB/km 之间。

近年来，在低损耗塑料光纤的芯材研究方面，研究重点已由氘化转向氘化与氟代相结合，并对含氘、含氟芯材进行了较系统的研究。氘化氟代的 PMMA 是很有前途的低损耗塑料光纤芯材，其损耗值列于表 4-60。

表 4-60　氘化氟代塑料光纤的损耗值

芯　材　名　称	波长/nm	损耗/(dB·km⁻¹)	芯　材　名　称	波长/nm	损耗/(dB·km⁻¹)
聚甲基丙烯酸甲酯	570	55.0	聚八氘甲基丙烯酸甲酯	660	30.0
聚五氟甲基丙烯酸甲酯	650	51.0	聚五氘甲基丙烯酸三氟甲酯	680	20.0
聚五氘甲基丙烯酸甲酯	565	41.0	聚五氘甲基丙烯酸三氘六氟甲酯	768	5.5

2. 耐热塑料光纤

普通塑料光纤耐热性不高，如 PS 和 PMMA 芯的长期使用温度要求在 80℃以下，而无机光纤至少可在 100℃以上温度下使用。因此，提高塑料光纤的耐热性就成了塑料光纤的研究热点之一。通常采用 3 种方法提高塑料光纤的耐热性。

① 保护层法。在塑料光纤外套塑或涂覆一层保护层，阻碍氧气在芯、皮材中传输，防止芯、皮材在高温下氧化，并在一定程度上阻碍塑料光纤的变形；

② 清洗法。芯、皮材采用溶剂清洗，清除残余单体和低相对分子质量副产物等；

③ 选用玻璃化转变温度高的芯、皮材。前 2 种方法都是辅助方法，只有第 3 种方法才是最有效的方法。

为提高 PMMA 的耐热性，可采用以下方法，即引入大侧基，主链引入酰亚胺环，交联引入羧酸盐，添加稳定剂等，通过上述方法，甲基丙烯酸苯酯、甲基丙烯酸金刚烷基酯等都能提高耐热性。MMA/N-甲基二甲基丙烯酰胺共聚物芯光纤在 130℃加热 1000h 后损耗不变；MMA/N-苯基马来酰亚胺共聚物芯光纤在 110℃加热 1 000h 后透光率降低 12％；MMA-甲基丙烯酸-甲基丙烯酸钠共聚物芯光纤在 120℃加热 500h 后透光率下降 20％。近年来，日本在耐热塑料光纤研究上取得了令人瞩目的成绩，日本产耐热塑料光纤的主要技术指标见表 4-61。

表 4-61　日本产耐热塑料光纤的主要技术指标

芯　　材	耐热温度/℃	波长/nm	传输损耗/(dB/km)	芯　　材	耐热温度/℃	波长/nm	传输损耗/(dB/km)
PMMA 共聚物	120	650①	250	热固性 PMMA	150	660	180～1200
PC 树脂	125	770	600	热固性硅树脂	150	660	1200
改性 PC 树脂	145	660①	420	非晶体聚丙烯	150	660	1000
聚降冰片烯树脂	150①	660①	180～1200	交联丙烯树脂	150	650	1000

① LED 光源波长。

3. 耐湿塑料光纤

塑料光纤与无机光纤相比易吸潮，而水能增强芯材聚合物 C—H 的振动吸收，使光纤的损耗增大。将脂肪环、苯环和长链烷基引入芯材聚合物，能提高塑料光纤的耐湿性。如三氯乙烯基五氟代苯/α-三氟甲基三氯丙烯酸三氟甲酯共聚物芯光纤，在 90％相对湿度于 60℃温度下放置 2d，损耗仅增加 9dB/km（658nm）；甲基丙烯酸甲酯-甲基丙烯酸环己酯-丙烯酸甲酯共聚物芯光纤在 95％相对湿度于 70℃温度下放置 1000h，透光率仅下降 1.5％。另外，改善包层或增加包层数也可改善 POF 的耐湿性。

4. 荧光塑料光纤

荧光塑料光纤是在芯材中掺入一定量的荧光剂，其入射端面输入特定波长的光，这种光为荧光剂所吸收，然后发出另一特定波长的光，由塑料光纤出射端面输出。荧光塑料光纤可制成特殊的光纤传感器，也可制作功率放大器。

5. 非线性塑料光纤

采用偶极性有机材料同芯材混合，用垂直机头牵引挤出成型，并在靠近模头处设置高强直流电场，这样处于黏流态聚合物中的偶极性有机物获得电场取向，随着黏流态聚合物的冷却成型，非线性有机材料偶极取向固定，从而获得非线性塑料光纤。这种非线性塑料光纤可制作电光及非线性光学器件，是一种新型的塑料光纤。

二、展望

国际市场对塑料光纤的需求日益骤增，全球范围内对塑料光纤的研究越来越重视且技术竞争越来越剧烈。据报道，日本正在组织多家大公司投入巨额资金，对高带宽多模渐变折射率型（graded index，GI 型）塑料光纤工业化生产技术进行攻关。另外，由于高分子材料在结构上易于修改且可加入到其他光功能材料中，所以塑料光纤容易改性，可以满足将来的光电信号传输的特殊需要，从而使塑料光纤具有相当大的应用潜力。

当前塑料光纤的最大缺点是衰减损耗较大与工作温度较低。在近期一段时间内这两方面的研究已成为主流。预期研究及发展方向如下。

① 更加深入地研究 PMMA 与 PS 体系重原子取代后的光谱行为，特别是廉价重原子取

代后的振动光谱与衰减损耗情况。另外，其他重原子（氘和氟以外的）取代对聚合反应的影响也将是一个新的研究热点。

② 研究新的 GI 型塑料光纤的制备方法，以适应大工业生产的需要，高带宽多模 GI 型塑料光纤的大规模生产可望在近几年内实现。

③ 通过改变不同的反应单体共聚得到新型的塑料光纤，以便提高体系的工作温度范围，这方面的研究工作将成为新的研究热点。

④ 聚碳酸酯体系有较好的耐热性，对其研究将会越来越受到重视。

第五章

晶 体 光 纤

第一节　单晶光纤

一、简介

1. 基本概念

单晶光纤是由单晶材料制成的光学纤维，具有单晶的物理、化学特性和纤维的导光性。通常可用导模法、毛细管固化法和激光加热基座法制备，直径可由几微米到数百微米。品种已扩大到 50 余种，有氧化物、卤化物、磷酸盐等的各种掺杂和不掺杂单晶光纤，分为激光单晶光纤、非线性光学单晶光纤及超导单晶光纤等。常用单晶光纤有 Nd：YAG、Ti：Al_2O_3、Cr：Al_2O_3、Eu：Y_2O_3、$Nd_{0.5}$ $La_{0.5}$ P_5O_{14}、$LiNbO_3$、KBr、BaF_2、$SrSc_2O_4$、Li_2GeO_3、Mn_2SiO_4 等。反映质量的参数有直径、长度、强度等。光学参数有吸收和发射特性及吸收和散射光传导损耗，均与生长条件以及光纤内在和表面缺陷有关。单晶光纤用于制作各种高技术微型晶体器件，广泛应用于光电子、光通信、超导技术领域。

2. 单晶光纤的特点

单晶光纤也称纤维单晶或晶体纤维，是将晶体材料生长成为纤维状的单晶体。它具有晶体和纤维的双重特性，而且在某些特性上表现得更为突出，现介绍如下。

（1）拉伸强度高　晶体和玻璃的根本区别在于分子在晶体中排列有序、结合力强，而在玻璃中则杂乱无章，这就使得单晶光纤有很高的拉伸强度。例如，烧结三氧化二铝的强度在 4964MPa 左右，而将它生长成单晶光纤后，强度则为 13790MPa，这样高的拉伸强度对于实际应用是很重要的。

（2）耐高温　一些氧化物晶体的熔点非常高，如 YAG（约 1700℃）、宝石类晶体（2050℃左右）、氧化锆（高达 2700℃）等。这些晶体光纤能在高温下工作，这是普通光纤无法比拟的。

（3）用途更为广泛　单晶纤维可以从各种不同的晶体材料中生长出来，各自具有不同的功能。激光晶体光纤可以制成晶纤激光器；非线性单晶光纤在非线性光学上有很高的应用价值，如倍频、和频、差频、参量振荡等；光折变晶体光纤可以用于光存储、光学位相共轭等；具有光电效应的单晶光纤在调制器、光开关、传感器等方面大有潜力；高熔点的晶体光纤是高温探测器的核心部件；超导单晶纤维也将会在高温超导的研究中显示出威力。表 5-1 列出了部分单晶光纤的参数及其应用。

表 5-1　部分单晶光纤的参数及其应用

材　　料	熔点/℃	方向	直径/μm	应用
氧化物				
Nd：YAG	约 1940	(111),(100)	6～600	激光器
Al_2O_3	2045	a,c	55～600	测温
Ti：Al_2O_3	2045	c	200～800	激光器
$LiNbO_3$	1268	a,c	10～800	电光
Nd：$NiNbO_3$	1260	c	800	激光器
Li_2GeO_3	1170	a,c	100～600	拉曼器件
$Gd_2(MoO_4)_3$	1157	(110)	200～600	铁电体
$CaSc_2O_4$	2200	a,b,c	100～600	性能评估
Nb：$C_2Sc_2O_4$	2200	c	600	激光器
$SrSc_2O_4$	2200	—	600	性能评估
YIG	1555	(110)	100～600	隔离器
Eu：Y_2O_3	2410	c	500～800	激光光谱
Nb_2O_3	1495	—	700～1700	晶相研究
$BaTiO_3$	1618	c	300～800	铁电体
氟化物				
BaF_2	1280	(110)	200～600	红外传导
CaF_2	1360	(111)	600	红外传导
高熔点金属和半导体				
LaB_6	2715	—	200	阴极灯丝
Nb	2468	—	200	超导体
B_4Si	1850	—	—	热电
B_2C	约 2400	—	200	热电

3. 单晶纤维的发展

由于单晶纤维有着诸多优点，因此激励着人们不断去研究和发展。单晶纤维的研究始于 1922 年，Von Gomperz 发明了导模法生长金属单晶纤维，到 20 世纪 60 年代这种方法已经成熟。1967 年，LaBelle 和 Mlavsky 用改进的射频加热提拉法生长出白宝石光纤，直径为 50～500μm，并且证实单晶纤维的高强度。1972 年，Haggerty 引入激光加热机制，从而使激光加热基座（LHPG）法迅速发展起来，称得上引起单晶纤维的革命性变化。1975 年，Burris 和 Stone 生长了 Nd：YAG 光纤，直径为 50μm，并获得了室温连续激光运转。1977 年，Burris 和 Coldren 成功地制备了白宝石包层的红宝石光纤，于第二年首次实现红宝石光纤激光器的室温连续运转，这可谓是一次成功的尝试。1980 年，Mimura 等采用毛细管连续引出法，生长出 KBS—5 光纤；Bridges 等发明了加压毛细管馈送法，生长出红外光导纤维 AgBr。R. S. Feigelson 在 20 世纪 80 年代中期先后对这些工作系统地进行阐述。此后，各种单晶光纤不断出现，如非线性单晶光纤、光折变单晶光纤、传导单晶光纤、超导和激光单晶光纤等。尤其是各种掺杂的激光单晶光纤更是数不胜数，如 Nd：La 五磷酸盐、Nd：$CaSc_2O_4$、Nd：YAP、Ti：Al_2O_3、Cr：$MgSiO_3$、Tm：YAG 等，其中以 Nd：$CaSc_2O_4$ 最为引人注目。早在 1964 年，人们就用粉末研究过它的性质，但由于其熔点高达 2200℃，一直未能获得晶体。Kway 和 Feigelson 用激光加热基座法只用了 3h 就生长出纤维单晶，并由

Digonnet 等实现 $1.08\mu m$ 的激光输出，这无疑又是一项出色的工作，证明 LHPG 法在生长高熔点单晶光纤方面有巨大优势。1991 年，B. M. Tissue 等用这种方法系统地研究各种掺杂的激光基质材料的生长及其特性。近几年来，随着超导热的兴起，人们对超导单晶纤维也倍加重视，已有不少生长方面的报道。

我国从 20 世纪 80 年代中期开始，先后在清华大学、浙江大学、南开大学、中国科学院安徽光学精密机械研究所开展这方面的研究，主要采用的方法是激光加热基座法。中国科学院福建物质结构研究所也开展一些有机单晶光纤的生长工作。这些单位已经在激光单晶光纤、非线性单晶光纤、超导以及高温单晶光纤等方面做了大量研究工作。其中，清华大学研制的系列掺杂 YAP 光纤以及二极管泵浦的 Nd：YAP 光纤激光器，中国科学院安徽化学精密机械研究所的钛宝石光纤及可调谐钛宝石光纤激光器，还有浙江大学、清华大学的 LBO 单晶光纤和南开大学生长的 BSO 单晶光纤及其传感器的研究等工作都具有较高的学术水平。

4. 单晶光纤的生长方法

单晶光纤的生长方法很多，分类也各有不同，但最常用的有 3 种：导模法、毛细管固化法和基座法。下面分别简单介绍。

（1）导模法　这种方法一般都有一个容器，原料放入容器后加热熔化，熔体从一个带有小孔的模子中引出，馈入籽晶后进行定向生长。调整模子的孔径、温度梯度、生长速率等参数，可以控制光纤的直径。其基本原理如图 5-1 所示。

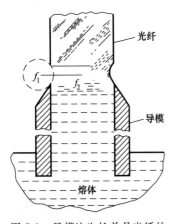

图 5-1　导模法生长单晶光纤的基本原理示意图

随着光纤生长的需要，人们不断地对这种方法进行改进。上面提到的加压毛细管馈送法和毛细管连续引出法、μ-CZ 法以及最近报道的一些新方法等，主要是在熔体的引出途径、模子的形状等方面作了改进，但归根到底，它们仍属于导模法。

这种方法的主要优点是能连续生长光纤，并能改变模子的形状生长出特殊截面的光纤，是目前生长单晶光纤的主要方法之一。但它受容器材料的限制，难以生长熔点超过 2100℃ 的单晶光纤，而且难以避免污染问题。

（2）毛细管固化法　这种方法的基本思想是将很细的毛细管捆成一束，一端插入熔化的材料中，利用毛细现象使溶液充满毛细管，然后在温场中通过改变温度梯度使溶液单方向结晶而固化成单晶光纤。

这种方法的主要技术是毛细管的选取及温场的设计。其优点是技术简单，可以制备细直径乃至单模晶纤，一次可获得多根光纤。然而，它只能制成短的光纤，无法连续生长，而且纤芯的熔点受毛细管的限制，所以这种方法只用于生长某些有机非线性单晶光纤。

（3）基座法　基座法也叫浮区区熔法，是将块状晶体加工或用粉末晶体压制成小棒，称为源棒。源棒竖直安装在送料装置上，顶端通过局部加热形成小的熔区，浮在源棒顶端，馈入籽晶后定向提拉而成为单晶光纤。加热方式有电阻加热、感应加热、电火花加热和激光加热等。

最常用的方法是激光加热基座法（LHPG）。图 5-2 所示为该法生长单晶光纤的示意图。其优点是：①激光直接照射熔区，熔区的温度可以很高，这样既无污染问题，又能生长出高温光纤；②熔区小，温度梯度大，故生长速率高；③用料少，成本低，是探索新晶体方便、经济而快速的手段；④整个过程可以采用计算机控制，自动化程度高。

除了这 3 种方法外，还有气相生长法、气相-液相-固相生长法、溶液生长法等。但这些方法目前使用极少，这里就不一一介绍了。

5. 单晶光纤在激光技术中的应用

单晶光纤的应用范围很广，由于篇幅有限，这里仅就几种主要应用做一简单介绍。

（1）单晶光纤激光器　单晶光纤激光器与普通直腔激光器相比，只是把激光晶体换成单晶光纤。但这样一换，谐振腔就不仅是两个反射镜，而且还有光纤的侧面。图 5-3 所示为外腔式晶纤激光器，如果把膜直接镀在光纤端面上，就成为封闭腔或称为全内腔。

单晶光纤激光器一般都采用激光纵向泵浦方式运转。其主要优点是：①效率高，阈值低，如 Nd：YAG 单晶光纤的斜率效率达 31%，阈值低至 $0.3\sim0.5\text{mW}$；②线宽窄；③易实现单模运转；④能使某些低温晶体在室温下连续运转，如上述红宝石单晶光纤；⑤调谐范围宽，如掺钛宝石、掺铬硅酸镁等；⑥结构紧凑，便于实现微型化和全固化。

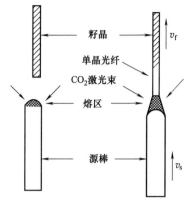

图 5-2　激光加热基座法生长单晶光纤示意图

图 5-3　外腔式晶纤激光器

此外，目前人们正在探索用晶体光纤实现在室温激光上转换的可能性。

（2）单晶光纤倍频器　非线性单晶光纤应用最多的是倍频。由于倍频效率与基波功率密度以及介质生长率的平方成正比，块状晶体中只有焦点处功率密度较高，而单晶光纤则将光封闭传输，在一个相当长的距离内均保持高功率水平，所以其转换效率大大提高。例如，用一根 $\phi25\mu\text{m}\times50\text{mm}$ 的 $LiNbO_3$ 光纤做倍频器，效率比块状晶体大 50 倍，这是非常诱人的。尤其是一些有机单晶光纤，具有很高的非线性系数，对于二极管激光器的蓝绿光倍频很重要，一旦应用，会极大地促进光存储等应用的发展。

（3）全息数据存储　全息数据存储器件对于大容量（超过千兆位）和超高速数据传送（每秒千兆比特以上）的应用极有吸引力。图 5-4 所示为由一个 SBN 单晶光纤列阵构成的全息数据存储系统。存储元件是一组 SBN 单晶光纤列阵。用一束相干光照射空间调制器 SLM，将带有信息的电信号转换成光信号入射到记录介质上，和另一束经过位相编码的参考光叠加在一起。信号光和参考光一起在介质上扫描，于是就记录下带有位相编码的全息图。用高分辨率 CCD 列阵接收，并根据适当位相编码的参考光便可将全息图读出。这一系统具有极高的转换速率，而且是采用电光或声光扫描，装置非常牢固可靠。

光折变单晶光纤的其他应用还有光互联、相光记忆、位相共轭、光纤传感等。

（4）高温探测器　高温单晶光纤可应用于 1800℃ 以上的高温测量，如冶炼中炉温连续测量、飞机及火箭尾气温度的测量等，传统方法是无能为力的，而高温单晶光纤却可以大显身手。图 5-5 所示为光纤高温探测器原理示意图。其核心部件是一根蓝宝石光纤，头部镀有黑体材料，尾部与普通传输光纤相连接。当探头插入高温区后，黑体产生的光辐照经光纤传导送入光电接收及信号处理系统，根据辐照强度或频谱变化即可测出辐照温度。这种方法的

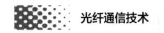

特点是精度高（可达 0.01%）、分辨率高（$0.00002℃$）、响应快、可连续测量等。

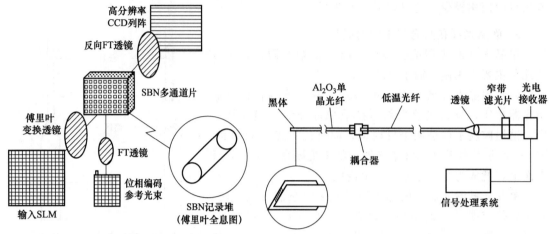

图 5-4　由一个 SBN 单晶光纤列阵构成的
全息数据存储系统

图 5-5　光纤高温探测器原理示意图

（5）红外激光传导　CO_2 激光器在激光加工和激光医疗上有着广泛的应用，但 $10.6\mu m$ 激光的传输却一直靠导光关节进行，体积大，价格高，使用不便。然而，晶体光纤将有可能使这一局面得到彻底改观。一些卤化物，如 $AgBr$、CsI、$CsBt$ 等有良好的红外透过性能，这些晶体光纤的 CO_2 激光传输功率已达几十瓦。值得注意的是，最近兴起的空芯光纤，一些氧化物晶体在 $10.6\mu m$ 处的折射率小于空气，这些空芯光纤具有和可见玻璃光纤类似的性质，既可以传输很高的功率（目前白宝石空芯光纤已达 $800W$），又能传输信息，对于人体内脏的激光医疗和诊断技术将具有重要意义，相信不久将会在这类仪器中出现它们的身影。

单晶光纤及其应用是一个正在蓬勃发展的领域，在诸多方面都已显示出它的优越性。然而，还有很多问题需要人们去研究，如单晶光纤本身质量的提高，单模晶体光纤的制备，以及实用型器件的发展等问题。预计今后的发展趋势是，除了克服上述困难外，还会在新型材料的单晶光纤、特殊形状和结构的单晶光纤、新生长方法的研究、新应用的研究等诸方面不断向前发展。

总之，单晶光纤作为晶体和光学纤维两者的优化组合，将会显示出它的强大生命力。

二、铌酸锂单晶光纤

(一) 铌酸锂（$LiNbO_3$）单晶光纤

1. 简介

单晶光纤能够使材料的性质以及几何形状达到完美的结合，可应用于各种性能优良的器件。如 $2cm$ 长的单模 $LiNbO_3$ 光纤二次谐波（$532nm$）的理论效率可达 $1\%/mW$，要比体块状材料大 3 个数量级。此外，$LiNbO_3$ 的多畴结构对器件的性能不利，通常要采用极化的方法来加以消除，而生长 $LiNbO_3$ 单晶光纤不需要极化过程就能达到单畴结构。如 Stanford 大学材料研究中心实验室用激光加热基座法（LHPG）生长的 c 轴 $LiNbO_5$ 光纤（直径为 $0.7mm$）是单畴结构。

晶体光纤的制备通常可采用激光加热基座法和导模法等。Feigelson 等报道中用激光加热基座法生长的几十种氧化物、氟化物、高熔点金属及半导体单晶光纤。其中，最细的光纤直径只有几微米，材料熔点可以高达 2500℃ 以上。用导模法生长单晶光纤，设备要求低，工艺简单，适用于多种晶体光纤的生长。

2. 生长方法

EFG 法生长装置如图 5-6 所示。用中频（3.5kHz）感应加热铂坩埚，使盛装在铂坩埚内的 $LiNbO_3$ 碎晶块料熔化。熔料在导模顶部形成熔体珠，下降籽晶杆使籽晶与熔体珠相接触，适当调节温度，让籽晶略有回熔，然后以一定的速度向上提拉。

生长 $LiNbO_3$ 单晶光纤所用的铂坩埚尺寸为 $\phi22mm\times26mm$、壁厚为 3mm，铂坩埚上方加铂盖，厚度为 5mm。这种厚壁铂坩埚有利于盛装在内的熔料温度的稳定。导模的内径为 $\phi0.3mm$，外径为 $\phi0.5mm$。温度控制用 DWT—702 型精密温度控制仪，用铂—铂铑热电偶取坩埚底部的温度信号。生长在空气中进行，提拉速度一般为 3～7mm/min。

3. 性能分析

（1）光纤生长　导模法是在 Czochralski 法的基础上发展起来的，所不同的是要在坩埚内放一个模子。坩埚内的料熔化后依靠熔体的表面张力使料通过模子里的毛细管爬升到模子顶部，然后通过引入籽晶使料以模子的形状结晶出来（图 5-7）。所以，用导模法生长晶体必须要选择能与熔体互相浸润的材料作模子。对 $LiNbO_3$ 熔料，经试验铂和钼均适宜于制作模子。但钼需在保护气氛下工作，而铂可以在空气中加热使用。

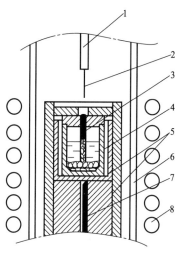

图 5-6　EFG 法生长装置示意图

1—支架；2—籽晶；3—模具；

4—铂坩埚；5—Al_2O_3 屏蔽；

6—SiO_2 管；7—热电耦；8—RF 线圈

根据毛细管理论，坩埚内熔体可能爬升的最大高度 h 为：

$$h=\frac{2\nu\cos\theta}{\rho rg} \tag{5-1}$$

式中　ν——熔体的表面张力；

ρ——熔体的密度；

g——重力加速度；

r——毛细管半径；

θ——接触角。

对于 $LiNbO_3$ 单晶光纤生长，选择铂作坩埚和模子的材料，模子内径为 $\phi0.3mm$，模高为 25mm，足以满足上述方程（5-1），因而熔体完全可以爬升到导模口。

图 5-8 所示为生长成功的 $LiNbO_3$ 单晶光纤，光纤直径与导模口的外径一致，在本实验条件下直径为 $\phi0.5mm$，光纤长度为 160～170mm。生长光纤的原料采用 Czochralski 法生长的 $LiNbO_3$ 单晶经粉碎后加入铂坩埚内。注意下种时温度的调节是十分重要的，温度过高，会造成晶体光纤在拉制过程中脱模；温度偏低，则模顶的熔体珠会凝固而导致实验无法继续进行。

（2）光纤形貌　$LiNbO_3$ 单晶光纤的生长在空气中进行。导模口附近的空气对流对光纤生长带来很大的影响，通常表现为光纤不平直，严重时会使光纤直径变得粗细不均。将生长装置用石英管罩住，并在石英管上下端加强限制空气对流的措施，可明显地减少由于空气对

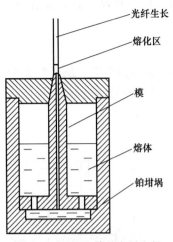

光纤生长

熔化区

模

熔体

铂坩埚

图 5-7　EFG 法单晶光纤生长

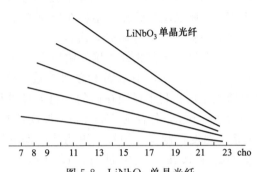

LiNbO₃ 单晶光纤

图 5-8　LiNbO₃ 单晶光纤

流所造成的导模口附近的温度波动，达到 LiNbO₃ 光纤的均匀生长。在 Leitz 大视场显微镜下观察并读数，得到光纤直径波动在 $1\%\sim2\%$ 之间。直径波动的主要原因是由于在光纤表面存在三重对称的生长脊，它贯穿于整根光纤，从两侧面看，一侧直径波动较大，另一侧则相当平直。因此，要使直径变得更均匀，就要设法让生长脊不在光纤的表面显露出来。在偏光下观察 LiNbO₃ 光纤，发现生长完好的光纤仍然存在微细的生长条纹，这是由于温度波动、机械振动或引上速度波动造成的。仔细操作和控制各种生长参数，以保持各种生长参数的稳定，可以减少条纹的浓重程度，但是条纹不能从根本上消失。光纤截面形状与导模口的形状密切相关。新导模在使用前经手工修磨，导模口为圆形，生长出的光纤截面也是圆。导模长期使用后由于导模口变形，光纤截面就变得不规整了，光纤截面的形状与导模口的形变具有相对应的关系。

（3）光纤开裂与光纤强度　在显微镜下观察长成的光纤，发现有些光纤内存在微细裂纹。实验发现，这是生长速度过快造成的。当晶体光纤的引上速度大于某一临界速度 v_c 时，光纤便发生开裂。本实验条件下 c 轴光纤不发生开裂的临界速度较大，v_c 约为 10mm/min，而 a 轴光纤的 v_c 约为 8mm/min，不同的方向具有不同的临界生长速度。

用 Instron-1122 型万能材料试验机测量光纤的拉伸强度，结果列于表 5-2。由表中可见，光纤的强度与光纤取向有关。c 轴光纤拉伸强度最大，未取向的最小，两者相差一倍以上。为了对比，表中还给出了卤化物多晶光纤的拉伸强度。LiNbO₃ 单晶光纤比卤化物多晶光纤拉伸强度高一个数量级。

表 5-2　LiNbO₃ 单晶光纤与卤化物多晶光纤的拉伸强度

材　料	拉伸强度/MPa	材　料	拉伸强度/MPa
LiNbO₃（未取向）	0.8～1.1	KRS-5（TlBr-TlI）	0.4
LiNbO₃（a-ax 轴 is）	1.2～1.7	TlBr	0.2
LiNbO₃（c-ax 轴 is）	1.8～2.6	KCl	0.1
		NaCl	0.1

（4）光纤的畴结构　将未经极化处理的 LiNbO₃ 单晶光纤端面抛光，然后进行腐蚀，在偏光显微镜下观察样品，检查结果发现大部分 c 轴光纤为单畴结构，但也有个别 c 轴光纤表现出不完全的单畴，这可能与生长方向偏差有关。

用激光加热基座法生长的 c 轴 LiNbO₃ 光纤同样不需要极化处理就呈现单畴结构，这种习性与 Czochralski 法生长的 LiNbO₃ 晶体不同。因此，研究人员提出了生长界面附近温度梯度造成的热电场模型，即：

$$E = Q\Delta T \tag{5-2}$$

式中　Q——热电场功率张量；

　　　ΔT——界面附近的温度梯度。

空气中，LiNbO₃ 在接近熔点的温度下 Q 为 0.8mV/℃，生长界面附近的温度梯度＞1000℃，故上式（5-2）中的 E 值为 1V/cm 左右。而 LiNbO₃ 采用 0.4V/cm 的直流电场极化便得到单畴结构，因此用激光加热基座法生长的 c 轴 LiNbO₃ 光纤不需极化就直接具有单畴结构。

生长装置下生长的 c 轴 LiNbO₃ 光纤之所以具有单畴结构，同样可以用 Luh 提出的模型来说明。图 5-9 所示是实验装置的熔区上方温度分布图，图中零位表示导模口的温度。由图可知，导模口与距它 10mm 处的温度差达 600℃以上，越近导模口，温度梯度越大。在导模口附近作曲线的斜率，可求出温度梯度，其值与激光加热基座法有同一数量级，这样由式（5-2）所得的 E 值远大于 0.4V/cm。所以，用导模法生长的 c 轴 LiNbO₃ 光纤是单畴的，这与激光加热基座法生长的 c 轴 LiNbO₃ 光纤具有相同的结果。其原因是因为它们都具有很大的温度梯度，而 Czochralski 法中虽然热电场也具有同样的作用，但是与导模法或激光加热基座法相比温度梯度小得多，不足以达到自极化作用。

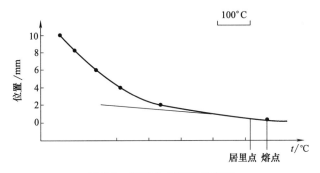

图 5-9　熔区上方温度分布图

（5）LiNbO₃ 单晶光纤的包层　目前有好几种方法可以降低 LiNbO₃ 的折射率，以实现其单晶光纤的包层，如镁离子内扩散法、质子交换法和高能离子法；另一个可能途径是在单晶光纤表面涂上一层可能的材料。在这些方法中，我们认为镁离子内扩散法对 LiNbO₃ 单晶光纤是最为有效的包层法，因为镁离子内法扩散不但降低了 LiNbO₃ 单晶光纤寻常光和非寻常光的折射率以及有效的纤芯直径，而且随着扩散深度的增加，扩散过程自然地增加扩散交界面的平滑度。所以，选用镁离子内扩散法来实现 LiNbO₃ 单晶光纤的包层。

镁离子内扩散法实现 LiNbO₃ 单晶光纤包层包括以下几个过程：第一步是把要包层的单晶光纤在 1050℃的温度下退火处理 3h，以便消除在生长过程中残留在单晶光纤内部的应力和缺陷等；第二步是将退火处理后的单晶光纤侧表面沉积一层 MgO 膜；第三步是进行镁离子内扩散。值得注意的是，第一步和第三步的实验过程必须在富锂气氛中进行，以抑制 LiNbO₃ 单晶光纤表层锂的外扩散。因为 LiNbO₃ 寻常光的折射率是随着氧化锂从体内脱离而增加的，显然这对用镁离子内扩散来降低表层折射率以实现单晶光纤包层是极为不利的，所以必须抑制锂的外扩散。

经镁离子内扩散后的 LiNbO₃ 单晶光纤，其横截面的折射率分布目前还没有比较合适的方法测试，仅通过测量镁的扩散层镁离子浓度来折算。镁的扩散层镁离子浓度分布是用电子探针来测量的，即通常说的电子探针显微测试（EPMA）。在对扩散镁单晶光纤进行电子探针显微分析以前，单晶光纤端面必须进行严格的研磨和抛光，再在抛光端面上喷上一薄层金膜，方可进行 EPMA 测试。

从经镁离子内扩散后 c 轴 $LiNbO_3$ 单晶光纤端面的背散射电子照片上，可清楚地看到镁的扩散层和未扩散纤芯具有清晰的分界线，而且 3 个生长晶棱随着镁离子的内扩散过程已基本消失，并呈现出均匀地分布。从直径为 $60\mu m$ 的 c 轴 $LiNbO_3$ 单晶光纤端面的背散射电子照片上看不出镁扩散层和未扩散的纤芯有什么不同，这是因为扩散层镁离子浓度分布是渐变的，即沿单晶光纤直径方向镁离子已完全扩散到纤芯处，其浓度呈现抛物线分布。

上述这些实验结果表明，扩散层镁离子浓度分布形状是由扩散参数即扩散温度、扩散时间、MgO 膜厚和单晶光纤直径决定的。对于一定的 MgO 膜厚，扩散温度低势必带来很长的扩散时间，甚至还难于扩散进去，而扩散温度高固然可缩短扩散时间，但过高的扩散温度又会退化单晶光纤的光学质量。经过大量的探索实验表明，以 1050～1100℃ 的扩散温度为佳。

对于镁的扩散层折射率分布与扩散物浓度关系有：

$$n = n_0 - AC \tag{5-3}$$

式中　n_0——扩镁前晶纤的折射率；

　　　C——镁离子浓度；

　　　A——特征常数。

（6）包层 $LiNbO_3$ 单晶光纤的传输损耗　为了进一步理解经镁离子内扩散后具有芯-包层波导结构的单晶光纤的特性，对包层单晶光纤的传输损耗进行了测量。图 5-10 所示为单晶光纤传输损耗测量的原理图。

图 5-10　单晶光纤传输损耗测量原理图

由图可见，He-Ne 激光器输出的激光（$x = 0.6328\mu m$）经显微透镜聚入到耦合光纤，由耦合光纤出射的光直接入射到被测的 $LiNbO_3$ 单晶光纤，通过光功率计直接测量出单晶光纤出射的光功率。用作耦合光纤的石英光纤，其纤径为 $16.4\mu m$，远小于单晶光纤的直径，所以在光功率的测量中可以认为耦合光纤输出的光全部入射到 $LiNbO_3$ 单晶光纤内，即把耦合光纤的出射光功率作为单晶光纤的入射光功率进行单晶光纤损耗的计算。

4. 效果评价

① 用导模法可以方便地生长出 $\phi 0.5mm \times 160mm$ 以上的 $LiNbO_3$ 单晶光纤，其直径波动在 1%～2% 之间。观察了光纤的形貌和畴结构，测量了光纤的拉伸强度。实验发现，c 轴 $LiNbO_3$ 单晶光纤具有生长速度快、单畴结构、拉伸强度大等特点，是应该优先选用的生长方法。

② 通过镁离子内扩散法实现了 c 轴向 $LiNbO_3$ 和 a 轴向 Nd：MgO：$LiNbO_3$ 单晶光纤均匀和抛物折射率剖面的芯-包层波导结构。经过大量探索实验得到，单晶光纤包层的折射率分布主要取决于扩散温度、扩散时间、MgO 膜厚和单晶光纤直径的匹配。

③ 利用单晶光纤损耗测量系统，对包层单晶光纤的传输损耗进行测量，得到比镁扩散前单晶光纤损耗降低 10 倍的良好结果。

（二）掺杂铌酸锂单晶光纤

1. 简介

铌酸锂（LiNbO₃）作为一种重要的非线性光学材料，一直受到人们的重视。由于 LiNbO₃：Mg 晶体具有强抗光损伤能力，LiNbO₃：Fe 具有强光折变性能，早在 20 世纪 80 年代就已引起人们的兴趣。下面介绍用激光加热基座法（LHPG 法）生长掺杂铌酸锂单晶光纤（LiNbO₃：Mg，LiNbO₃：Fe，LiNbO₃：Mg＋Ti），并测试 LiNbO₃：Mg＋Ti 单晶光纤的物理性质。

2. 单晶光纤生长

激光加热基座法是生长单晶光纤的理想方法，该方法具有不需要模具、高温下无污染、生长速度快、易生长高熔点单晶光纤等优点。现采用该方法来生长掺杂铌酸锂单晶光纤，其实验装置如图 5-11 所示，单晶光纤的生长示意图如图 5-12 所示。

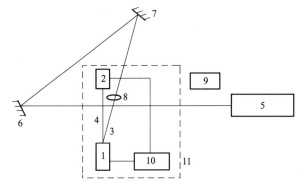

图 5-11　掺杂铌酸锂单晶光纤生长实验装置

1—送料马达；2—提拉马达；3—料棒；4—铂金丝；
5—CO₂ 激光器；6、7—反射镜；8—聚焦镜；
9—He-Ne 激光器；10—电控系统；11—屏蔽装置

图 5-12　单晶光纤生长示意图

单晶光纤生长所需的原料棒是直接从已含掺杂元素的 LiNbO₃ 晶棒（分别是 LiNbO₃：Mg、LiNbO₃：Fe 和 LiNbO₃：Mg＋Ti）上切割下来，加工成直径为 1～2mm 的小圆棒。在生长过程中，作为加热源的激光器是功率为 50～60W 的 CO₂ 连续激光器，所产生的激光按需要经过不同比值的衰减器后由一套光学系统聚焦到待拉的原料棒的顶端，原料棒因吸收激光的能量升温直至熔化，在原料棒的顶端形成一个熔区。当籽晶与熔区接触，且籽晶与原料棒以各自的速率向上提拉或送料时，单晶光纤便逐渐生长。原料棒的进给速率 v_s 与单晶光纤的提拉速率 v_f 之比可根据质量守恒定律计算，即：

$$\frac{v_s}{v_f}=\left(\frac{D_f}{D_s}\right)^2 \tag{5-4}$$

式中　D_f 与 D_s——分别是单晶光纤和原料棒的直径。

为了使单晶光纤的生长在稳定状态下进行，直径缩小比（D_s/D_f）被控制在 3～4 左右。根据原料棒的粗细不同，欲得到一根直径为 200μm 左右的单晶光纤，需反复提拉几次才能达到目的。采用的生长速度为 0.5～1mm/min，以 c 轴为生长方向，成功地生长了纯 LiN-

bO_3，$LiNbO_3$：Mg，$LiNbO_3$：Fe 和 $LiNbO_3$：$Mg＋Ti$ 四种单晶光纤，其直径为 $200 \sim 800 \mu m$，长度可达 $45mm$ 以上。

3. $LiNbO_3$：$Mg＋Ti$ 单晶光纤物理性质的分析

（1）晶体结构 用四圆单晶衍射仪（Enraf-Nomius CAD_4）、电子计算机收集处理数据，对 $LiNbO_3$：$Mg＋Ti$ 单晶光纤进行结构分析，经分析确定，它的空间群为 R3c，晶格常数为 $a＝5.1446$Å，$b＝5.1465$Å，$c＝13.8678$Å，$\alpha＝89.9630°$，$\beta＝89.9640°$，$\gamma＝119.9580°$。实验结果表明，该光纤为单晶光纤，其生长方向为 c 轴方向。

（2）Mg 和 Ti 的分布 用扫描电子显微镜（HitachiS—450）对 $LiNbO_3$：$Mg＋Ti$ 单晶光纤作能谱分析测试微区杂质 Mg 及 Ti 的浓度和分布，结果表明，Mg 的浓度为 5％（物质的量）左右，Ti 的浓度为 2％左右，沿生长方向杂质 Ti 的分布比 Mg 的分布均匀。

（3）畴结构 将未经极化处理的 $LiNbO_3$：$Mg＋Ti$ 单晶光纤端面抛光，然后用 2：1 的 HNO_3 和 HF 混合溶液对其进行化学腐蚀，在偏光显微镜下观察样品，结果表明，沿 c 轴方向生长的 $LiNbO_3$：$Mg＋Ti$ 单晶光纤，当直径小于 $500 \mu m$ 时，为单畴结构，但也有个别的样品表现出不完全的单畴，这可能与生长方向的偏差有关。

用 LHPG 法生长的 c 轴 $LiNbO_3$：$Mg＋Ti$ 单晶光纤不需极化处理就呈现单畴结构，这种单畴结构特征与 Czochralski 法生长的 $LiNbO_3$：$Mg＋Ti$ 大单晶的畴结构不同，这为掺杂铌酸锂单晶光纤制作器件提供了方便。掺杂 $LiNbO_3$ 单晶光纤的这种自极化行为，可用热电场模型解释。

三、蓝宝石单晶光纤

1. 简介

蓝宝石单晶光纤传输波段宽，对可见和近红外（$0.3 \sim 3.5 \mu m$）激光有很高的透过率，可传输石英光纤无法传输的 Er：YAG（$2.91 \mu m$）等医用激光，化学和生物特性稳定，无毒，可直接接触生物组织，熔点高（2045℃），可传输大密度激光能量而不易损伤。因此，在可见和近红外激光的临床医学应用方面，是非常理想的能量传输媒介。但是，在室温下蓝宝石单晶光纤的杨氏模量很大（约是石英光纤的 7 倍），导致大直径蓝宝石单晶光纤非常坚硬，难以弯曲。例如，直径为 $150 \mu m$ 的蓝宝石单晶光纤，其安全弹性弯曲的弯曲半径为 $4mm$；直径 $300 \mu m$ 的蓝宝石单晶光纤，其最小弹性弯曲半径可增加到 $45mm$；直径 $700 \mu m$ 的蓝宝石单晶光纤，其最小弹性弯曲半径可急剧增加到约 $200mm$。因为大直径蓝宝石单晶光纤不易弯曲，在很多需要弯曲蓝宝石单晶光纤的应用中，只好选择小直径的。由于传输截面减小，每根光纤只能传输较少的能量，使其应用范围受到限制。当然，由多根小直径光纤组成光纤束可以提高传输能量，但是在有效传输截面积相等的情况下，单根光纤的输出能量分布比光纤束集中，输入损耗也比光纤束小，而且使用光纤束会增加系统的费用和复杂性。即使如此，弯曲半径有时候还是不能满足要求。鉴于以上这些情况，为了扩大蓝宝石单晶光纤在医用激光传输方面的应用范围，特别是要满足激光牙科手术等需要固定小弯曲半径的情况，现使用 CO_2 激光在高温下对直径为 $550 \mu m$ 和 $750 \mu m$ 的两组蓝宝石单晶光纤进行塑性弯曲，平均弯曲半径为 $3.0mm$。对弯曲光纤的光学特性测量表明，由单次弯曲引起的额外损耗在 $900nm$ 处小于 $0.1dB$，弯曲光纤对脉冲 Nd：YAG 激光（$1.06 \mu m$）能量传输的损伤阈值高于 $30MW/cm^2$。结果表明，塑性弯曲蓝宝石单晶光纤完全满足医用激光传能的要求，并可大大减小输出端弯曲光纤头的体积，增大光纤激光传输应用系统的灵活性，扩大蓝宝石单晶光纤传能系统的应用范围。

2. 蓝宝石单晶光纤的制备

蓝宝石单晶光纤用激光加热基座法（简称 LHPG 法）生长（图 5-2），两束聚焦后的 CO_2 激光熔化蓝宝石单晶源棒的顶部，将籽晶浸入熔区，适当控制籽晶的拉速和源棒的送速，就可以生长出蓝宝石单晶光纤。在稳态生长条件下，熔区的质量保持不变，因此源棒送速与籽晶拉速比可以由式（5-4）计算出来。

一般速比（v_f/v_s）可以取 $2.0 \sim 3.5$，速比过大不利于光纤稳定生长。在近红外传能应用中，要求蓝宝石单晶光纤有一定的柔性，即有一定的弯曲半径。试验表明，直径为 $110\mu m$ 的蓝宝石单晶光纤的弯曲半径可达 10mm，可以充分满足医用激光传输的要求。

在实际应用中，要求蓝宝石单晶光纤具有尽可能低的光学传输损耗。因蓝宝石光纤损耗的主要是吸收损耗，选用高纯源棒、超声源棒面和保持光纤生长室高度清洁，可将吸收损耗与散射损耗两部分减小，且纯蓝宝石单晶的本征吸收很低，因此蓝宝石光纤吸收损耗主要由光纤内部缺陷和杂质引起。由于采用浮区法生长，避免了坩埚的污染，故存在于单晶源棒的杂质、源棒表面污垢、空气中灰尘、水汽和色心使吸收损耗减至极小。实验表明，光纤直径波动是引起散射损耗的主要原因。

引起光纤直径波动的几个因素：光纤生长工艺条件变化，激光加热功率波动，籽晶的拉速和源棒的送速不稳定以及单晶源棒的直径波动，这些都可以引起熔区形状变化，从而直接引起光纤直径的波动。LHPG 法生长蓝宝石单晶光纤时，熔化的 Al_2O_3 熔体具有相当大的表面张力，由它使熔区支承在源棒上。光纤生长速率快慢和 CO_2 激光加热功率大小对光纤质量有明显影响，实验发现，当生长速率较低时，光纤的直径易波动，这是低速生长时机械振动及激光功率波动或生长速率波动的影响所致；当生长速率过高时，光纤中显微空穴等缺陷明显增多，这是由于提拉速率太快使结晶不能充分进行。因此，必须选择合适的生长速率，蓝宝石单晶光纤在空气中就可以生长，其合适的生长速率一般为 $1 \sim 4mm/min$。同样，激光加热功率不足，源棒熔化不充分，生长的单晶光纤内部缺陷增多；加热功率太大，容易造成熔区形状不稳定，生长出来的单晶光纤直径波动增大，因此对加热功率大小也要严格控制。通过对速率的精密控制和对源棒质量的严格挑选，并控制光纤生长工艺条件，使直径波动均方根控制在 2% 以下。

3. 性能分析

（1）蓝宝石单晶光纤的理化特性　蓝宝石单晶的成分为 $\alpha\text{-}Al_2O_3$ 的单晶体，该单晶材料本体透明、无色。其熔点为 2040℃，沸点为 3500℃，密度为 $3.98g/cm^3$（在 25℃时），比热容为 $104.2 \times 10^{-8}J/kg \cdot K$（在 91K 时）和 $758.6 \times 10^{-8}J/kg \cdot K$（在 291K 时）。

单晶属三角晶系，这种结构决定它的热膨胀系数、硬度及折射率表现为各向异性特点，热膨胀系数为 5.4×10^{-6}℃（$\perp c$ 轴）和 6.2×10^{-6}（$//c$ 轴），硬度为 1800 努普硬度（$\perp c$ 轴）和 2200 努普硬度（$//c$ 轴），折射率为 1.769（$\perp c$ 轴）和 1.760（$//c$ 轴）。

单晶光纤具有良好的化学惰性，不溶于任何化学物质，材料本质绝缘，抗电磁干扰。

（2）蓝宝石单晶光纤的折射率　蓝宝石单晶光纤的折射率与通光的波长和温度有关。单晶光纤传感器是用两个波段上的光谱能量来确定温度的，而且测温过程中单晶光纤处于不同温度环境中，所以必须了解折射率与温度和波长的关系，了解其对折射率的影响，即对测温精度的影响。

折射率与波长的关系有如下经验公式：

$$n^2 - 1 = \frac{A_1\lambda^2}{\lambda^2 - \lambda_1^2} + \frac{A_2\lambda^2}{\lambda^2 - \lambda_2^2} + \frac{A_3\lambda^2}{\lambda^2 - \lambda_3^2} \tag{5-5}$$

式中　　　　n——折射率；

　　　　　　λ——波长；

A_1，A_2，A_3——常数；

　λ_1，λ_2，λ_3——常数。

式 (5-5) 适用于室温条件，波长范围为 $0.265\sim5.58\mu m$。用该式求 $0.80\mu m$ 和 $0.95\mu m$ 两波长折射率，分别为 1.7602 和 1.7578，折射率差为 0.0024，差值很小。可见，通光波长对单晶光纤折射率影响很小。

对特定的通光波长，单晶光纤的折射率与温度有关。J. Tapping 和 M. L. Reilly 给出了计算通光波长为 633nm 和 799nm 折射率的经验公式，根据计算结果，两波长的折射率差值在 24℃和 1060℃时分别为 0.0176 和 0.0162，差值很小。

试验还表明，不同波长通过单晶光纤材料时，其相应折射率比值的变化更小。例如，$0.8\mu m$ 和 $0.9\mu m$ 的通光波长，其折射率比值在 24℃时为 1.00136，在 1700℃时为 1.00133，可以忽略不计。所以，应用两波长折射率比值的关系测量温度时，在整个试验过程中不需要考虑温度变化对折射率的影响。

（3）蓝宝石单晶光纤的吸收系数　折射率 n、消失系数 K 或频谱吸收系数 K_λ 是表示材料光学特性的参数。材料的频谱吸收系数 K_λ 对测温精度影响很大。图 5-13 和图 5-14 所示为 A. V. Vanyusiun 和 V. A. Petrov 所做的蓝宝石单晶光纤吸收系数与波长和温度关系的实验结果。

图 5-13 所示表明，对于给定温度，波长 $0.8\mu m$ 和 $0.95\mu m$ 的吸收系数基本相同。随温度升高，两波长的吸收系数仍基本保持不变。图 5-14 所示为接近蓝宝石熔点（2040℃）时的吸收系数频谱分布。从图中可以看出，波长 $0.80\mu m$ 和 $0.95\mu m$ 的吸收系数的比值随温度变化小于 0.1%。这正是单晶光纤传感器所采用的两个波长，且根据两波长波段能量比来确定所测的温度。一般在测温精度要求为 0.05% 左右时，则可不需要考虑吸收系数对测温精度的影响。

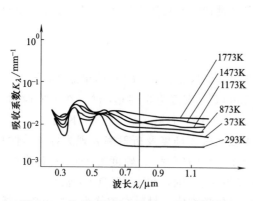

图 5-13　蓝宝石单晶光纤的吸收频谱分布

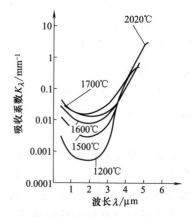

图 5-14　高温下蓝宝石单晶光纤的吸收频谱

（4）蓝宝石单晶光纤的塑性弯曲　从理论上来说，弯曲蓝宝石单晶光纤可以通过直接生长或生长后弯曲得到。但是，在进行了大量的试验和分析后认为，直接生长具有小弯曲半径的高质量蓝宝石单晶光纤是不可行的。首先，生长机构过于复杂，难以保证传动机构在生长过程中始终保持高度稳定；其次，在使用激光加热基座法生长中，依靠熔体表面张力和重力的平衡来维持熔区稳定，而 Al_2O_3 熔体的黏性较小，弯曲生长无法保证光纤直径的均匀性。所以，最后采用生长后塑性弯曲的方法，在室温下蓝宝石单晶光纤是脆性材料，但在一定温度下就会变软而显示出一定的塑性，可以进行塑性弯曲。由于熔融 Al_2O_3 的黏性比玻璃等要小得多，因而在弯曲过程中，为了避免光纤变形和断裂，需要精确控制弯曲条件并仔细操作。

蓝宝石单晶光纤塑性弯曲的实验系统如图 5-15 所示。用两台功率为 80W、光束直径约为 7.5mm 的连续 CO_2 激光器加热蓝宝石单晶光纤，每一台都配备同轴的 He-Ne 激光（扩束到 7.5mm 光束直径）来指示 CO_2 激光路径。A_1 和 A_2 是用于调节 CO_2 激光功率的衰减片，M_1 和 M_2 是镀金反射镜，B_1 和 B_2 是用于准直两种激光的 ZnSe 分束镜。将直接照射到蓝宝石单晶光纤上的 CO_2 激光束作为主加热激光束，另一束 CO_2 激光通过 ZnSe 透镜（对于 $10.6\mu m$ 波长焦距大约为 120mm）扩束后再到达光纤，作为辅助加热激光束。主加热激光束用来加热蓝宝石单晶光纤，使其升温到软化所需高温。辅助加热激光束用来控制温度沿着光纤长度方向的分布，还用来帮助调整弯曲半径。放置在 ZnSe 透镜后面的补偿透镜用于聚焦监视用的 He-Ne 激光，在打开 CO_2 激光以前，补偿透镜必须移开。使用了双色比色高温计来监控弯曲过程中的光纤温度，并用 CCD 成像、计算机图像处理系统来实时监测光纤的弯曲半径和弯曲所需时间。

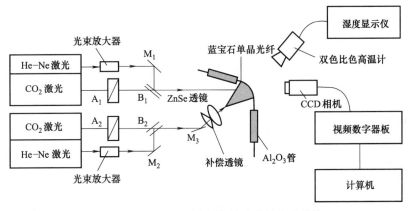

图 5-15 用于蓝宝石光纤塑性弯曲的实验系统

整个弯曲过程如下。第一步，将所需的弯曲半径输入计算机中，设置好辅助加热激光束的焦斑半径以适合所需弯曲半径。光纤上 CO_2 激光的焦斑大小使用可见的 He-Ne 激光加上补偿透镜来模拟。第二步，清洁蓝宝石单晶光纤的表面，以免在弯曲过程中光纤表面被污染，因为所有附着在蓝宝石单晶光纤表面上的非挥发性杂质在高温下都有可能扩散到光纤内部，引起额外的散射损耗。第三步，将蓝宝石单晶光纤安装在弯曲台上，根据光纤直径设置两衰减片的大小。然后，移开补偿透镜，打开 CO_2 激光，缓慢增大激光功率。当双色比色高温计显示加热区域温度升到最佳软化温度时，在与主加热激光束方向垂直的平面内加力弯曲光纤，直到计算机发出信号显示光纤已被弯曲到所需半径。

蓝宝石单晶光纤具有高度的晶体完整性，塑性弯曲蓝宝石单晶光纤肯定会带来不可恢复的损伤。损伤可分为表面损伤和内部损伤，表面损伤是由激光加热引起的，如果弯曲过程加热温度太高，强激光束就可能引起局部熔化，导致光纤表面粗糙；内部损伤是由塑性弯曲带来的，如果弯曲过程加热温度太低，光纤内部就会产生很大的残余应力，表现在光纤断裂面上的剪切变形，这在显微镜下可以清楚看到。这两种损伤都会降低蓝宝石单晶光纤力学强度并增加散射损耗，使光纤力学和光学性能变差。选择合适的弯曲温度和弯曲时间能大大减少损伤。实验结果表明，对于直径为 $1.2 \sim 200 \mu m$ 的蓝宝石单晶光纤，最佳弯曲温度为 $1650 \sim 1950 ℃$，最佳弯曲时间为 $2 \sim 5s$。

实验中使用了 10 根蓝宝石单晶光纤，它们的长度均为 250mm，平均直径分别为 $550 \mu m$ 和 $750 \mu m$，都是使用激光加热基座法生长的，生长速率分别为 $1.7mm/min$（$750 \mu m$ 直径光纤）和 $2.1mm/min$（$550 \mu m$ 直径光纤），根据直径分布分成 2 组，每组 5 根。光纤都是沿 c 轴生长的，截面近似圆形。测试它们的初始损耗以后，将其塑性弯曲成"L"形，弯曲温度为 $1800 \sim 1950 ℃$，弯曲时间为 $2.5 \sim 4.0s$。

（5）蓝宝石单晶光纤的测温　测温的基本原理是普朗克黑体辐射定律。所有物体，由于它的分子热扰动而产生红外辐射，这种扰动随着物体温度的升高和降低而加剧和减弱，其辐射公式为：

$$M(\lambda, T) = C_1 \lambda^{-5} (e^{C_2/\lambda T} - 1)^{-1} \tag{5-6}$$

式中　$M(\lambda, T)$——绝对黑体的光谱发射量；

λ——辐射光波长；

T——物体温度；

C_1——第一辐射系数（$C_1 = 3.7418 \times 10^{-15} W \cdot m^2$）；

C_2——第二辐射系数（$C_2 = 1.438833 \times 10^{-12} m \cdot K$）。

当 $\lambda T \ll C_2$ 时，由维恩近似可得：

$$M(\lambda, T) = C_1 \lambda^{-5} e^{-C_2/\lambda T} \tag{5-7}$$

对于非绝对黑体，式（5-7）应改写为：

$$M(\lambda, T) = \varepsilon(\lambda, T) C_1 \lambda^{-5} e^{-C_2/\lambda T} \tag{5-8}$$

式中　$\varepsilon(\lambda, T)$——辐射数。

理论分析与实验均表明，感温腔的腔长与直径之比越大，腔体的表观发射率越接近于 1。一般来说，当腔长与直径之比大于 10 时，其热辐射就非常接近黑体辐射，$\varepsilon(\lambda, T)$ 值接近于 1，而且是一个稳定值，因此可以把蓝宝石单晶光纤感温腔看作一个光纤黑体腔。例如，对于常用直径为 $700 \mu m$ 的蓝宝石单晶光纤，光纤感温腔的腔长应大于 7mm，该尺寸一般能满足实际应用场合对探头空间分辨率的要求。由于探头的表观发射率 $\varepsilon(\lambda T)$ 接近于 1，而且是一个稳定值，因此蓝宝石单晶光纤传感器具有很高的测温精度。

（6）蓝宝石单晶光纤的能量传输特性　对生长的蓝宝石单晶光纤可以先用显微镜对其外表面进行观察，了解光纤直径波动情况。将蓝宝石单晶光纤两端光学抛光以后用 He-Ne 激光从一端入射观察光线传输情况，初步了解光纤内部是否存在大的散射缺陷，再对光纤进行初选，将品质良好的光纤用单晶光纤损耗测量仪对其损耗进行进一步测试。

单晶光纤损耗测量仪（图 5-16）可以分别测定蓝宝石单晶光纤的吸收损耗和散射损耗。由光源发出的光通过斩波器经单色仪分光入射到参考光纤的一端，透过参考光纤后从另一端输出的光作为被测光纤的入射光强 P_i，透过被测光纤端面的出射光强 P_0 由探测器检测。两个探测器将测到的光强分别转换成电信号加到程控锁相放大器放大。图 5-16 所示的开关 K 用来选择测量光纤的损耗谱或散射位置谱，A/D 转换器将模拟信号转换成数字信号存入计算机，计算机完成数据采集和处理，同时控制步进电机分别带动单色仪转动，使其自动定位及波长扫描或带动积分球沿被测光纤做轴向移动以及控制程控锁相放大器的放大倍数。

表 5-3 所列数据是通过量热法测量的蓝宝石单晶光纤在不同波长的散射损耗和吸收损

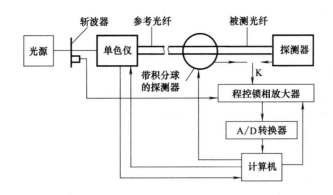

图 5-16 单晶光纤损耗测量仪框图

耗。图 5-17 和图 5-18 所示为蓝宝石单晶光纤的透射谱和散射位置谱。

表 5-3 蓝宝石单晶光纤在不同波长的散射损耗和吸收损耗

项 目	波长/nm					
	458	488	515	633	1064	2936
散射损耗/(dB/m)	0.16±0.03	0.17±0.03	0.16±0.03	0.13±0.03	0.18±0.035	—
吸收损耗/(dB/m)	17.4±0.8	6.30±0.1	4.60±0.15	1.3±0.2	0.28±0.08	1.7±0.2

由表 5-3 可见，在实验精度范围内，整个波段范围内的散射损耗约为 0.16dB/m。由图 5-17 所示可见，蓝宝石单晶光纤在整个近红外波段透过率良好，在可见光区有所下降。图 5-18 所示为一长度为 10cm 的蓝宝石单晶光纤沿轴向的散射位置谱，曲线表明此光纤在 8cm 位置处有一大的散射缺陷存在。由以上实验结果可以看出，在近红外波段，蓝宝石单晶光纤的能量损耗极低，是一种良好的传能波导。

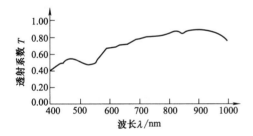

图 5-17 蓝宝石单晶光纤的透射谱

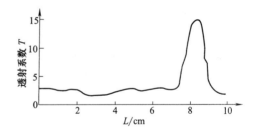

图 5-18 蓝宝石单晶光纤的散射位置谱

（7）塑性弯曲蓝宝石单晶光纤的光学特性

① 弯曲损耗。定义额外弯曲损耗 A_B 为：

$$A_B = A - A_0 \tag{5-9}$$

式中 A_0、A——分别表示光纤在弯曲前和弯曲后的总损耗。

总损耗 A_0 和 A 是在 900nm 处用 TM-1 单晶光纤损耗测量仪测得的，测量结果见表 5-4。

表 5-4 塑性弯曲蓝宝石单晶光纤的光学损耗测量结果

组别编号	平均直径/μm	平均弯曲直径/mm	弯曲前平均损失量/dB	弯曲后平均损失量/dB	平均弯曲损失量/dB
1	550±15	2.9±0.2	0.62	0.65	0.03
2	750±13	3.0±0.3	0.58	0.63	0.05

表 5-4 的结果表明，蓝宝石单晶光纤塑性弯曲带来的额外损耗比原来的光纤损耗要小得多，平均弯曲损耗小于 0.1dB。另外，直径大的光纤弯曲损耗大。这是由于：a. 光纤直径越大，弯曲温度就越高，引起的表面损伤也就越多；b. 光纤直径增加，应力随之增加，内部损伤也增多。

② 损伤阈值。使用 Quanta-Ray DCR-3 型 Nd：YAG 脉冲激光器（Spectra-Physics 公司产品）测量塑性弯曲蓝宝石单晶光纤的损伤阈值（光纤的输入和输出端在测量光损耗前均已使用 $0.5\mu m$ 粒度的金刚石砂纸抛光），测试所用激光波长为 $1.06\mu m$，脉冲宽度为 200ns，脉冲重复频率为 10Hz。缓慢增大激光器的输出功率，直至被测光纤某处出现损伤（此时激光功率计显示的光纤输出功率有明显跃变）。塑性弯曲蓝宝石单晶光纤的激光损伤阈值测量系统如图 5-19 所示。为准确测量光纤的输入功率，在光纤输入端面前使用孔径匹配器（本实验中使用中间带圆形小孔的金属镍片）。对于被测的两组光纤，选用的孔径分别为 $500\mu m$（第一组）和 $700\mu m$（第二组），其测量结果列于表 5-5。

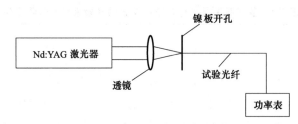

图 5-19　塑性弯曲蓝宝石光纤的激光损伤阈值测量系统

表 5-5　塑性弯曲蓝宝石光纤的激光损伤阈值测量结果

组别编号	平均直径/μm	平均弯曲直径/mm	平均损伤阈值/(MW/cm^2)	损伤位置
1	550 ± 15	2.9 ± 0.2	46	输入表面
2	750 ± 13	3.0 ± 0.3	37	输入表面

测量结果表明，塑性弯曲蓝宝石单晶光纤的激光损伤首先出现在激光输入端面，但弯曲区域即使在 100 倍金相显微镜下也没有找到损伤迹象。对于被测脉冲激光，弯曲区域的损伤阈值要高于 $30MW/cm^2$，比常规医学激光应用所需的典型功率密度（$10\sim10^6 W/cm^2$）高得多。所以，在需要小弯曲半径光纤尖端的 Nd：YAG 和 Er：YAG 激光传输系统中，塑性弯曲大直径蓝宝石单晶光纤能用作末端光纤。

4. 蓝宝石单晶光纤的应用

（1）近红外能量传输　蓝宝石单晶光纤在能量传输领域已有许多应用，其中最为典型的是用于波长为 2936nm 的医用 Er：YAG 脉冲激光传输，所传输的脉冲激光宽度为 $100\mu s$，重复率为 3Hz，总的能量损耗仅为 1dB/m。

（2）光纤激光器　随着光纤通信系统的大规模实用化，以各种光纤作为激光介质的纤维激光，在低阈值化、振荡波长区波长可调性等方面获得了较大发展。蓝宝石单晶光纤由于透射区宽、可挠性好，且熔点高达 2045℃，因而在光纤激光领域独具特色。

（3）高温传感器　图 5-20 所示为由热传感头（光纤黑体腔）、传输光纤、探测器组成的蓝宝石单晶光纤高温传感器。在蓝宝石单晶光纤的一端涂覆一层高发射率的感温介质，并经高温烧结形成微型光纤感温腔。当热传感头深入到热源时，光纤感温腔与周围环境迅速达到热平衡，感温腔辐射的光信号经蓝宝石单晶光纤传输。所用的蓝宝石单晶光纤直径一般为 $600\sim1000\mu m$，长为 $10\sim50cm$，因此需要用一根低温石英光纤或光纤束与蓝宝石单晶光纤

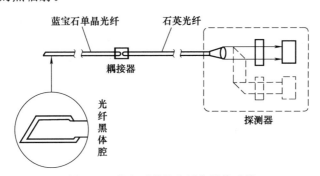

耦接，以传输能量。辐射光信号经透镜分束，再通过两个选定的干涉滤光片后由硅光电池探测接收。当感温腔的轴向尺寸足够小时，则可认为处于热平衡状态下的感温腔是一个等温腔。另外，蓝宝石单晶的吸收系数在很宽的温度范围内为 $10^{-4} \sim 10^{-3} \mathrm{cm}^{-1}$，而光纤芯径只有数百微米，即对热辐射而言，腔内蓝宝石单晶光纤接近全透明，因此光纤感温腔内表面的热辐射相当于空腔的热辐射。

图 5-20　蓝宝石单晶光纤高温传感器

5. 效果评价

蓝宝石单晶光纤在 $0.3 \sim 4.0 \mu m$ 范围内具有良好的透光性，故在近红外能量传输领域独具特点。用蓝宝石单晶光纤制成的高温传感器，具有体积小、响应快、不受电磁感应影响、抗干扰能力强等优点。特别是在有灰尘、烟雾等恶劣环境下，对目标不充满视场的运动或振动物体测温时，其优点更加突出。但它并不是万能的，对它的应用研究仍存在大量亟待解决的难题。

四、掺 Ti^{3+} ：Al_2O_3 单晶光纤

1. 简介

Ti^{3+}：Al_2O_3 是一种重要的可调谐激光晶体，用它制作的激光器无论在功率、调谐范围上都比现有的染料激光器优越。由图 5-21 所示可见，从 $680 \sim 1020nm$ 范围内需 4 种染料才能覆盖，而且输出功率大了 $3 \sim 4$ 倍，因此引起了研究用于光通信上的微型（Ti^{3+}：Al_2O_3 光纤）激光器的兴趣。

Ti^{3+}：Al_2O_3 是掺 Ti 约 0.02%（质量分数）的宝石，属六方晶系。制备优质可调谐光纤激光器要求光纤直径均匀，不含（或少含）生长的微观缺陷，尤为重要的是要求光纤中的 Ti 离子尽可能都以 Ti^{3+} 形态存在，因为 Ti^{3+} 离子的浓度决定激光的特性，而 Ti^{3+} 离子是不稳定的，极易氧化成 Ti^{4+} 离子。

2. 生长技术

（1）单晶光纤的生长　单晶光纤用激光加热基座法（LEPG 法）生长。源棒是用上海光学机械研究所研制的单晶块经切、

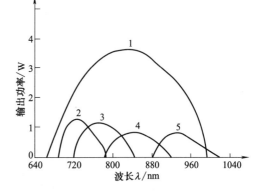

图 5-21　Ti：Al_2O_3 激光器和染料激光器的优劣比较

1—Ti：Al_2O_3 激光器的输出功率

2、3、4、5—分别为 4 种染料激光器的输出功率

磨加工成 $\phi1.8mm$ 的圆棒。参照蓝宝石光纤的生长规律,在固定直径缩比（D/d）为 9/4 的条件下研究最佳提拉速度 $v_{\rm f}^{\rm c}$ 和最佳熔区长度 $l_{\rm c}$（D 为源棒直径、d 为光纤直径）。所谓最佳,是用光纤直径波动（$\Delta d/d$）和显微缺陷数目（M_v）极小来判定的。图 5-22 和图 5-23 所示分别为（$\Delta d/d$）和（M_v）$v_{\rm f}$、l 的关系。由图得出 $v_{\rm f}^{\rm c}\approx2.3mm/min$,$l_{\rm c}\approx1.7mm$。图 5-24 所示为在 $l=l_{\rm c}$ 和 $v_{\rm f}=v_{\rm f}^{\rm c}$ 的条件下,改变拉速（$v_{\rm f}$）与供料速（$v_{\rm s}$）之比（$v_{\rm f}/v_{\rm c}$）得到（$\Delta d/d$）与（D/d）的关系。由图得出一次提拉的直径缩比（D/d）以 2～3 为宜。上述生长规律与研究蓝宝石光纤得到的 $v_{\rm f}^{\rm c}\approx2.2mm/min$、$l_{\rm c}\approx1.8mm$ 和 $D/d\approx3$ 相同,表明少量掺杂离子不影响光纤生长规律,仍可用能量平衡、质量平衡等基本原则去分析光纤生长规律。

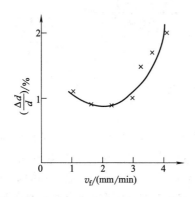

图 5-22　速比一定时,$\Delta d/d$ 与 $v_{\rm f}$ 的关系

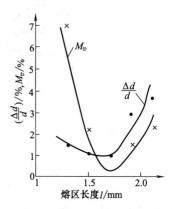

图 5-23　速比一定时,$\Delta d/d$,M_v 与 l 的关系

（2）光纤生长中 Ti 离子的改价　决定 Ti^{3+}：Al_2O_3 光纤的光学品质是内含的 Ti^{3+} 的浓度。R. L. Aggarwal 等研究得出,490nm 波长处的吸收系数可以表征宝石单晶中 Ti^{3+} 的相对含量。研究人员用光纤吸收和荧光谱仪研究了 Ti^{3+} 在光纤生长过程中的改价问题。Ti^{3+} 的外层电子组态 $(3d)^1$ 是不稳定的,极易再失去一个电子而成为 $(3d)^0$ 组态。因此,在氧化气氛下生长会使 Ti^{3+} 大量损失。损失的原因是 Ti^{3+} 跑出晶体与氧结合,还是 Ti^{3+} 与扩散进来的氧相互作用值得探讨。若是后者,则损失的 Ti^{3+} 可通过还原气氛下热处理得到弥补。

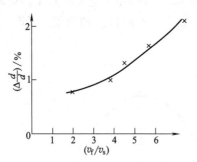

图 5-24　$v_{\rm f}=v_{\rm f}^{\rm c}$ 和 $l=l_{\rm c}$ 时,
$\Delta d/d$ 与 $v_{\rm f}/v_{\rm s}$ 的关系

图 5-25 所示为源棒和各种条件下得到的光纤的吸收谱。图中表明：①常压下拉出的光纤（曲线 4）,Ti^{3+} 几乎完全损失；②在 1atm 的氩气保护下拉出的光纤（曲线 3）,Ti^{3+} 损失减少,但不理想,这可能与保护气氛中尚有氧气有关；③常压下拉出的光纤经 1500℃、流动氢气和氩气气氛保护下热处理后,Ti^{3+} 明显增多（曲线 2）。由此说明,拉制光纤过程中 Ti^{3+} 的损失主要是由于 Ti^{3+} 的改价。

为了证实上述推论,将一块 Ti^{3+}：Al_2O_3 宝石片在 1800℃氧化气氛的火焰中加热 1.5h,测定其吸收谱,随后将处理过的宝石片在流动氢气和氩气气氛保护下于 1500℃的炉中还原处理 3h,再测其吸收谱。图 5-26 所示的曲线 1、2、3 分别为原片、氧化气氛下处理的试片和再经还原气氛处理的试片的吸收谱曲线,表明氧化气氛使 Ti^{3+} 改价为 Ti^{4+},还原处理又使 Ti^{4+} 部分转变为 Ti^{3+}。

上述研究结果表明：Ti^{3+}：Al_2O_3 光纤在生长过程中 Ti^{3+} 易氧化改价为 Ti^{4+}。虽可以通过高温还原气氛下处理使 Ti^{4+} 还原为 Ti^{3+}，但最好在光纤拉制时就在强还原（如氢气）气氛下进行。

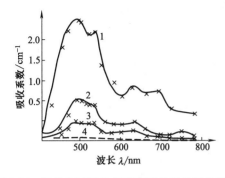

图 5-25　源棒和不同条件下所得光纤的吸收谱
1—源棒；2—经还原处理后的光纤；
3—氩气中所拉光纤；4—空气中所拉光纤

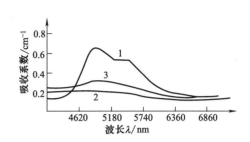

图 5-26　Ti：Al_2O_3 宝石片及其热处理后的吸收谱
1—原样品；2—在氧气氛中灼烧后的样品；
3—灼烧后再经还原的样品

3. 生长过程中影响因素分析

（1）激光功率　在光纤生长过程中，激光功率是至关重要的因素。功率过高，使熔区挥发严重，并在光纤中形成气泡；功率过低，又会使材料不能充分熔化而形成不透明区，故必须严格加以控制。

激光管受环境温度影响，其功率和模式均发生变化，从而引起光纤直径的波动，这一变化量 Δd 可达 0.1cm 或更大。采用上述的功率控制系统，直径波动可以降至 0.01cm。

（2）源棒与籽晶　源棒是用钛宝石晶体切割而成的，一般是截面为 0.6mm×0.6mm 的方棒。源棒截面积的变化（ΔD）同样会引起光纤直径的波动，这点只能在源棒加工时予以克服，使 ΔD 尽可能小。

源棒的浓度对光纤质量也有影响，浓度低较容易控制，然而光纤的钛浓度也会相应降低。要获得高浓度的光纤，就得用高浓度的源棒。

用 X 射线对籽晶的方向进行定向，由于钛宝石的泵浦吸收和红外发射都在 π 偏振方向上取最大值，所以籽晶应按 90°切割。

（3）直径比与拉速　直径比 D/d 与拉速 v_f 和送速 v_s 的关系可表示为 $\dfrac{v_f}{v_s}=\left(\dfrac{D}{d}\right)^2$，可以通过拉速和送速加以调节，最大直径比将受到材料黏滞系数的限制。在实验中，D/d 一般为 2 左右，大于此值时，稳定生长变得越来越困难，直径变化明显增大。

直径比一定时，拉速快，等径度好，但晶纤内部散射增加；拉速慢，光纤透明度增高，但等径度存在变差。为了达到较好的效果，在第一、二次生长过程中提高拉速，保持等径度，而在第三次提拉时降低拉速，以获得较好的光纤质量。

（4）熔区形状　熔区是生长过程的综合反映，可以用成像法来观测。实验中生长的熔区形状有两种：图 5-27（a）所示为近似梯形；图 5-27（b）所示为近似钟形。从辐射亮度上可以看出，近似钟形的温度稍高于近似梯形，光纤与熔区的界面呈凹形，前者比后者明显；近似钟形中光纤的散射比近似梯形弱，在焦点两侧易出现气泡，而且比后者难控制，但在各参数选择适当时；获得的光纤质量较高。

表征熔区的参量主要是生长角 θ 和熔区长度 l。生长角一般不超过 14°，否则会引起熔区

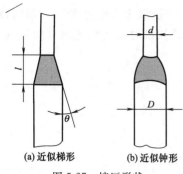

(a) 近似梯形　(b) 近似钟形

图 5-27　熔区形状

不稳定。熔区长度 l 也存在一个最佳值，它与光纤直径 d 和源棒直径 D 的关系为：$l=K(d+D)$。K 为常数，由材料性质决定。l 在大多数实验中与源棒直径 D 相等，并求得钛宝石的 K 常数为 0.63 ± 0.03。

（5）生长气氛　生长钛宝石光纤的主要困难是在晶体光纤中保持钛离子浓度的问题，三价钛离子可能由于分凝、挥发以及变价过程而严重损失掉。为了解决这一点，进行了不同浓度的源棒及各种生长气氛的实验，并通过绿光吸收系数的测量来评估 Ti^{3+} 的浓度，主要结果列于表 5-6 之中。

表 5-6　在不同浓度源棒与各种生长气氛中 $Ti^{3+}：Al_2O_3$ 单晶光纤的吸收系数

编　号	气　　氛	源　　棒	$a_{0.53\mu m}$	$a_{0.8\mu m}$
1	$H_2：Ar(1：6)$	K	1.764	0.27
2	$H_2：Ar(1：11)$	光纤 No.1	2.52	0.17
3	$H_2：Ar(1：24)$	光纤 No.2	3.47	0.47
4	空气	K	0.67	0.07
5	$H_2：Ar(1：6)$	C	0.98	0.16
6	$H_2：Ar(1：6)$	光纤 No.5	1.72	0.41
7	$H_2：Ar(1：6)$	光纤 No.6	1.68	0.74
8	N_2	C	0.714	0.10
9	空气	C	0.48	0.74

在空气中生长的钛宝石晶体光纤，光纤的绿光吸收很小，显微镜下几乎无色，用高频电火花摄谱分析，钛离子浓度无明显降低。所以，我们认为变价过程是三价钛离子减少的主要原因，挥发也比较严重，其主要成分是 Al_2O_3。氮气中生长的晶体光纤，其绿光吸收比在空气中大得多，但表面和内部均有很多黑色的附着物，而且随源棒的浓度增大而增加，这些物质是钛的化合物。氢气是强还原气氛，生长过程中挥发相当严重，使焦点两侧物质损失大、截面不圆，甚至无法检测其吸收系数。氢气和氩气混合物的还原性较弱，可以根据源棒浓度选择配比，实验中其配比选在 $1：30\sim1：6$ 之间，获得了无宏观缺陷的光纤。

采用两种晶体源棒，浓度较高的泡生法晶体，浓度较低的提拉法晶体。相比之下，源棒浓度高，其光纤浓度也高，所以生长好的泡生法棒更具吸引力。在空气或氮气中，生长的光纤中包裹物多，甚至不透明。但在混合气氛中，如果比例适当，便能生长出较好的光纤，而且浓度也较高，绿光吸收系数可达 $3cm^{-1}$。

（6）退火　直接生长出来的光纤存在一定应力，在端面抛光时容易崩边和炸裂。此外，红外残余吸收较大，对激光振荡不利。将它们放入充有还原气氛的炉内，升温到 $1800℃$ 保持足够长时间，获得了满意的结果，崩边和炸裂现象大为好转，测得红外吸收系数低于 $0.05cm^{-1}$。

4. 效果评价

激光加热基座法是生长离子钛宝石光纤最理想的方法。光纤的等径度、包裹物、气泡等缺陷受激光功率、源棒、直径比及拉速等因素的影响，适当控制各参数，使得熔区处于最佳状态，便可生长出较好的光纤。三价钛离子浓度可以用生长气氛加以控制。实验证明，氧化及强还原气氛均不合适，氮气中生长也不理想，只有还原性气氛才比较合适，能得到满意的结果。

五、钇铝石榴石单晶光纤

（一）Er³⁺：YAG 单晶光纤

1. 简介

Er^{3+} 的离子半径（0.1276nm）与钇铝石榴石晶体（YAG）中 Er^{3+} 的离子半径（0.1281nm）非常接近，Er^{3+} 可以无限地取代 Y^{3+}，因而掺杂的 Er^{3+} 可认为是基质晶体 YAG 的组成部分。因此，Er^{3+}：YAG 简写为 YEAG。Er^{3+} 离子有丰富的能级结构，能够在 6 个亚稳态的 11 个跃迁通道上受激辐射，在室温下可产生 $0.86\mu m$、$1.64\mu m$、$1.78\mu m$ 和 $2.94\mu m$ 4 种波长的激光，其中 $1.64\mu m$ 和 $1.78\mu m$ 波长的激光对人眼是安全的；$2.94\mu m$ 波长的激光处于羟基的吸收峰，能够被生物组织强烈吸收。另外，为了减少光纤传导损耗，发展红外光纤，也需要波长大于 $2\mu m$ 的微型激光放大器。因此，YEAG 单晶光纤将在军事、医疗以及通信等领域获得广泛应用。单晶光纤的直径一般为几百到几十微米，甚至十几微米，无法通过加工对其品质进行选择。所以，生长优质的单晶光纤就特别重要。

2. 单晶光纤的生长

采用激光加热基座（LHPG）法生长单晶光纤具有许多优点，利用该方法已通过一次或多次拉制生长出具有不同直径的 YEAG 单晶光纤。

生长 YEAG 光纤的源棒是由上海光学机械研究所研制的大块 YEAG 单晶加工而成的，先将块状晶体切成 1.8mm×1.8mm 的方棒，再把方棒磨成直径为 1.6mm 的圆棒。实验所用 YEAG 源棒中 Er^{3+} 的浓度分别为 30% 和 50%。YEAG 单晶光纤具有与其他单晶光纤相似的生长规律，如光纤直径的波动、生长缺陷的多少都与生长条件有关。但也有不同之处，如 YEAG 单晶光纤允许以较大的速度进行生长，而且源棒中 Er^{3+} 浓度的大小对光纤的生长没有明显的影响。

3. 单晶光纤的性能分析

用 LHPG 法生长单晶光纤时，影响光纤品质的因素有许多，但主要是激光功率的大小（决定熔区长度 l）和提拉籽晶的速度 v_f。为研究方便，选用经过一次提拉而成的直径 $d=0.7$mm 的光纤为研究对象（多次提拉时，情况类似）。

（1）单晶光纤直径均匀性　由显微镜对每根光纤的直径进行测量，通过计算得出该光纤直径的波动情况。图 5-28 所示为熔区长度（l）以及提拉速度（v_f）与光纤直径波动均方根 $\overline{\frac{\Delta d}{d}}$ 的关系曲线。曲线 1 对应的源棒直径、送速（v_s）及拉速相同，而熔区长度（l）不同的情况；曲线 2 对应的源棒直径、激光功率以及 v_f/v_s 相同，而拉速 v_f 不同的情况。

（2）单晶光纤的吸收损耗特性　由光源产生的光进入单色仪，在计算机的控制下出射某特定波长的单色光。该光由参考光纤耦合到被测光纤，由探头测出光强，经过计算机处理便可得到吸收谱或散射谱。该光谱可由打印机输出。

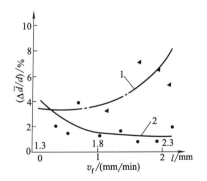

图 5-28　光纤直径波动与
生长条件的关系

1—$(\overline{\Delta d}/d)$% 与拉伸速度 v_f 的光源；
2—$(\overline{\Delta d}/d)$% 与溶区长度 L 的光源

图 5-29 所示为测出在不同生长条件下 YEAG 单晶光纤的吸收光谱，其中实线和虚线分别对应不同生长速度的光纤。

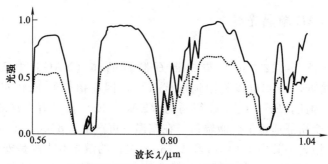

生长速度为0.19mm/min，用 ⋯⋯⋯ 虚线表示；

生长速度为0.58mm/min，用 ——— 实线表示。

图 5-29　在不同生长条件下 YEAG 单晶光纤的吸收光谱

（3）影响因素分析

① 研究 Nd∶TAG 是用 α-Al_2O_3 单晶光纤生长的，不难得出，在形成稳定熔区的条件下，熔区愈短，直径波动愈小；在某一拉速范围内，拉速愈大，直径波动愈小。由图 5-28 所示可知，在实验条件范围内，YEAG 单晶光纤具有与前两例一致的生长规律。YEAG 光纤允许以较大速度生长（如在实验装置的最大拉速 2.3mm/min 时仍能较好生长），而在相同条件下，Nd∶YAG 光纤在拉速大于 1.2mm/min 时就会出现裂纹。其原因可能是掺入 Er^{3+} 引起的 YAG 晶格畸变小，即 YEAG 可以看成是掺杂浓度等于零的基质晶体。

② 单晶光纤的吸收谱特征与源棒的相同，YEAG 单晶光纤也一样，而且 Er^{3+} 含量的不同也不影响吸收谱特征，即吸收峰位置、相对强度及吸收峰宽度等都没有变化。

注意到测量光纤吸收特征的光是从端面入射的，测得的吸收损耗是由于能级跃迁的本征吸收和光在光纤中传播损耗二者叠加的结果。若以 α 表示本征吸收系数，β 表示光纤中传播损耗系数，则从光纤传播出来的光强度 I 可以表示为：

$$I = I_0 \exp[-(\alpha+\beta)l] \qquad (5\text{-}10)$$

式中　I_0——入射光强度；

　　　l——光纤长度。

因为所生长光纤的吸收特征与源棒的一致，而且与 Er^{3+} 的掺杂浓度无关，所以可以假定光纤的本征吸收系数 α 与生长条件无关。据此可得：

$$\frac{I_1}{I_2} = \frac{I_0 \exp[-(\alpha+\beta_1)l]}{I_0 \exp[-(\alpha+\beta_2)l]} = \exp[-(\beta_1-\beta_2)l] \qquad (5\text{-}11)$$

式中　I_1、I_2 以及 β_1、β_2 分别表示在不同的拉速 v_{f1} 和 v_{f2} 条件下所生长单晶光纤的 I 和 β。

在研究的范围内，拉速 v_f 较大时，光纤的直径波动较小（图 5-28）；另一方面，拉速 v_f 较大，光纤的表面缺陷则较少，此时单位长度内所含生长条纹也较少，这些都会减小光的损耗，故可假定有下面经验关系式存在。

$$\beta = \frac{c}{v_f} \qquad (5\text{-}12)$$

式中　c——晶体特性有关的量。

由式（5-12）可得：

$$\ln I - \ln I_1 = cl\left(\frac{v_f - v_{f1}}{v_{f1}v_f}\right) \tag{5-13}$$

式中 I_1 和 I——分别为生长速度 v_{f1} 和 v_f 光纤对应的光强。

图 5-30 所示为透射光强随速度变化的情况，图中曲线是根据式（5-13）画出的，图中"▲"点为实验数据点。可见，YEAG 单晶光纤的光损耗与生长条件有较大关系。

实验数据分散的原因可能是生长缺陷的类型和多少与拉速 v_f 不呈线性关系，以及存在实验误差。如何精确区分和计算不同缺陷对光损耗的影响还在深入研究之中。

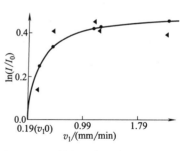

图 5-30 透射光强与速度变化的情况

③ 通过对在不同速度下生长的 YEAG 光纤进行显微分析可知，生长速度对该光纤的生长纹密度和表面粗糙度都有影响，而这些又会影响光的散射。由散射谱可以看出，生长速度较小时，散射强度较大；反之，生长速度较大时，散射强度较小，这与前面的分析是一致的。

4. 效果评价

① 单晶光纤的生长条件是通过直径波动、内部缺陷以及表面质量等因素影响光损耗的。因此，在生长光纤时应注意对光纤的品质进行研究，从而选择适当的生长条件。

② YEAG 单晶光纤比较容易生长。当源棒直径 D 与光纤直径 d 之比为 2.3 时（$d = 0.7\text{mm}$），生长优质 YEAG 单晶光纤的条件是：熔区长度 $l \approx 1.7\text{mm}$，拉速 $v_f \approx 2.0\text{mm/min}$。

（二）Nd：YAG 单晶光纤

1. 简介

自采用激光加热基座法生长出 Nd：YAG 单晶光纤以来，Nd：YAG 单晶光纤被广泛应用于制作光学器件，如 Nd：YAG 脉冲放大器、连续 Nd：YAG 光纤振荡器和 Nd：YAG 光纤温度传感器。其中，Nd：YAG 单晶光纤激光器的研究更为广泛。Burrus 等先后研制出波长为 $1.06\mu\text{m}$ 和 $1.3\mu\text{m}$ 的 Nd：YAG 单晶光纤激光器。Nightingale 和 Byer 也报道了一种整体式 Nd：YAG 光纤激光器。

大块 Nd：YAG 激光工作物质的光学性质研究已有较多报道，可是测定大块 Nd：YAG 晶体吸收光谱、荧光光谱和散射损耗的方法难以用来测定单晶光纤的光学性质。下面采用单晶光纤光学特性专门测量装置测量 Nd：YAG 单晶光纤的吸收谱、荧光光谱及散射位置谱，并分析了激光加热基座法生长引起的散射特性。

2. 制备方法

实验用的 Al_2O_3、Y_2O_3 为 4N 级粉末，Nd_2O_3 和 Er_2O_3 为高纯粉末。把这些粉末分别装在玻璃器皿中干燥 10h，随后按配比称量放在酒精溶液中研磨混合，酒精挥发后模压成 $50\text{mm}\times2\text{mm}\times2\text{mm}$ 的小方棒。小方棒放在 1500K 的炉内焙烧 16h，焙烧后试样密度为 2.38g/cm^3，是晶体密度的 53%。以焙烧过的粉末小方棒为源棒用激光加热基座法拉制成直径为 1mm 的多晶棒，棒的密度为 4.36g/cm^3，是晶体密度的 95%。以多晶棒为第二次源棒用激光加热基座法生长出直径为 0.8mm 左右的单晶光纤，检查表明在合适提拉速度下生长的单晶光纤少含或不含气泡等缺陷，宜做光谱测量。

3. 光谱特性

（1）Nd：YAG 单晶光纤的吸收光谱　图 5-31 所示为常温下 Nd：YAG 单晶光纤的室温吸收光谱，从紫外至近红外波段内有 11 个吸收带，分别对应于基态$^4I_{9/2}$ 向高能级之间的跃迁。表 5-7 为 11 个吸收带处的吸收衰减及其相对应的能级跃迁。其中，中心波长位于 $0.81\mu m$、$0.75\mu m$、$0.58\mu m$ 和 $0.53\mu m$ 的 4 个吸收带吸收较强，说明单晶光纤与大块晶体具有基本一致的吸收光谱。

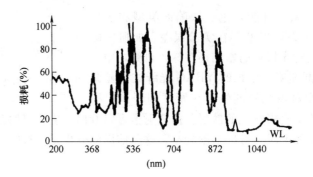

图 5-31　Nd：YAG 单晶光纤的室温吸收光谱

表 5-7　11 个吸收带处的吸收损耗与能级跃迁的结果

波长/μm	吸收损耗/(dB/cm)	能级跃迁	波长/μm	吸收损耗/(dB/cm)	能级跃迁
0.87	0.76	$^4I_{9/2}\rightarrow{}^4F_{3/2}$	0.53	2.1	$^4I_{9/2}\rightarrow{}^2G_{9/2}+K_{13/2}+{}^3G_{7/2}$
0.81	2.52	$^4I_{9/2}\rightarrow{}^4F_{3/2}$	0.48	0.57	$^4I_{9/2}\rightarrow{}^4G_{9/2}+{}^4G_{11/2}$
0.75	3.0	$^4I_{9/2}\rightarrow{}^4F_{7/2}$	0.45	0.54	$^4I_{9/2}\rightarrow{}^2K_{15/2}+{}^2D_{3/2}$
0.68	0.64	$^4I_{9/2}\rightarrow{}^4F_{9/2}$	0.43	0.28	$^4I_{9/2}\rightarrow{}^2P_{1/2}+{}^2D_{5/2}$
0.63	0.29	$^4I_{9/2}\rightarrow{}^2H_{11/2}$	0.36	0.40	$^4I_{9/2}\rightarrow{}^2P_{3/2}+{}^4D_{3/2}$
0.58	2.22	$^4I_{9/2}\rightarrow{}^2G_{7/2}+{}^4G_{5/2}$			

（2）Nd：YAG 单晶光纤的荧光光谱　受激励的 Nd：YAG 晶体中的 Nd^{3+} 无辐射地跃迁至亚稳态$^4F_{3/2}$，亚稳态$^4F_{3/2}$ 向下面$^4I_{9/2}$ 多重态斯塔克能级跃迁产生荧光。图 5-32、图 5-33 所示为常温下由亚稳态$^4F_{3/2}$ 向$^4I_{9/2}$ 和$^4I_{11/2}$ 跃迁的荧光光谱。表 5-8 列出了 Nd：YAG 晶体中 Nd^{3+} 的荧光谱线的波长，为比较起见，表中还列出了块状 Nd：YAG 晶体对应的发射波长。实验表明，单晶光纤具有与块状晶体相同的荧光谱线，并且同样在 $1.06\mu m$ 附近有强的荧光发射。

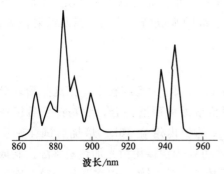

图 5-32　Nd：YAG 单晶光纤中 Nd^{3+} 的
$^4F_{3/2}\rightarrow{}^4I_{9/2}$ 荧光光谱

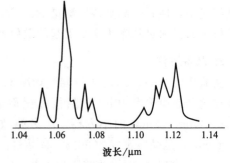

图 5-33　Nd：YAG 单晶光纤中 Nd^{3+} 的
$^4F_{3/2}\rightarrow{}^4I_{11/2}$ 荧光光谱

表 5-8　Nd：YAG 晶体中 Nd^{3+} 的荧光谱线波长

$^4F_{3/2} \to {}^4I_{11/2}$		$^4F_{3/2} \to {}^4I_{9/2}$	
SOF 波长/nm	块状晶体波长/nm	SOF 波长/nm	块状晶体波长/nm
868.8	8688		10618
875.0	8757	1063.9	10638
879.0	8790		10650
884.6	8839 8861	1067.8	10678
		1073.4	10743
890.8	8911 8929	1077.7	10784
900.2	9003	1105.2	11004
938.0	9378	1112.2	11113
945.7	9459	1116.0	11178
1051.8	10515 10546	1122.4	11245

（3）Nd：YAG 单晶光纤散射位置谱　图 5-34 所示为 1$^\sharp$ 与 2$^\sharp$ 光纤沿单晶光纤方向的散射损耗。由图可见，同一根单晶光纤各部分的散射损耗是不同的，并且损耗值相差较大。图中还可见单晶光纤首端散射损耗相对末端要小。

4. 性能分析

（1）晶体不同部位的散射特点　为了弄清单晶光纤散射损耗的来源，在高倍金相显微镜下仔细观察同一根单晶光纤各部分的形貌。从同一根单晶光纤生长首端和末端的金相显微镜照片中可见首端质量明显优于末端，首端光纤透明、无缺陷，而末端中心处有沿生长方向的条纹，并且有少量散射颗粒。同时，可观察到末端单晶光纤直径波动比首端厉害。

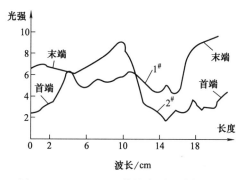

图 5-34　Nd：YAG 单晶光纤的散射损耗

对激光加热基座法生长规律进行了大量研究，指出该法生长的单晶光纤类似于区熔生长过程，对于分凝系数小于 1 的杂质生长过程是一个排杂过程，随着单晶光纤的生长，熔区的杂质浓度越来越大，导致末端单晶光纤中缺陷增多。同时，生长到末端时，系统的抖动也得到放大，导致直径波动也较首端厉害，这就是首端散射损耗比末端小的原因。

（2）散射损耗产生的原因　为了弄清光纤 10cm 附近处的强散射，用金相显微镜观察发现光纤在此处有急剧的直径波动，并且产生了弯曲。这或许是由于拉制过程中，拉速或送速突然变化或激光束位置偏离的调整而造成生长平衡状态被破坏，导致生长不稳，引起直径的变化。

在制作激光器件时，Nd：YAG 单晶光纤的生长缺陷、直径波动引起的散射损耗严重影响光纤激光器的阈值和效率。实际应用单晶光纤制作光学器件时，使用 Nd：YAG 单晶光纤长度只需要 10mm 左右，因此测量散射位置谱有利于选择低损耗、高质量的单晶光纤。

（三）（Ho，Cr）：YAG 单晶光纤

1. 简介

作为激光材料，Ho^{3+} 单晶光纤的一个显著特点，是它的 2.1μm 激光有较大的能量增益

截面和上能级寿命较长，因而有较大的能量存储能力，有较低的振荡阈值和高激光效率。掺多含量 Ho^{3+} 单晶光纤，由于其他掺杂离子的敏化作用和宽吸收峰等原因，可以提高泵浦效率和能量转移效率。

2. 单晶光纤制备

采用激光加热小基座（简称 LHPG）生长系统从粉末烧结棒直接生长光纤，这既能充分发挥 LHPG 法生长单晶的生长速度快等优点，又可以根据研究需要配制不同成分配比的粉末，生长出一些用其他方法不便生长的光纤。以化学配比（原子摩尔比）配制粉末，经过从粉末烧结棒到一次棒（多晶棒），一次棒到二次单晶棒的二次拉制，生长了以下几种光学品质较好的单晶光纤（SCF）。

1 号：2at.％Ho：YAG，长度 l 为 45mm，直径 D 为 $800\mu m$，直径波动小于 3％。

2 号：2at.％Ho：0.9at.％Cr：YAG，长度 l 为 25mm，直径 D 为 $600\mu m$，直径波动小于 5％。

3 号：0.9at％Cr：YAG，长度 l 为 30mm，直径 D 为 $600\mu m$，直径波动小于 5％。

在光纤的生长过程中，激光功率、源棒送速、籽晶拉速以及熔区形状等生长条件对光纤的品质都有一定的影响。在光纤的生长过程中，熔区的稳定性对于光纤的质量是至关重要的，而熔区的长度又直接影响熔区的稳定性，一般用 LHPG 法以晶体作源棒生长光纤时，其熔区长度有一经验公式为：

$$L = c(D + d) \tag{5-14}$$

式中　D——源棒直径；

　　　d——生长光纤的直径；

　　　c——熔区的形状系数。

实验中，根据不同条件下生长出的光纤质量总结得到，对 Ho：YAG 单晶光纤，其最佳熔区形状系数为 0.71。另外，由于单晶光纤的拉速 v_f 不同，所生长的单晶光纤的晶体内部完整性、直径波动等也不同，对 Ho：YAG 单晶光纤得到的最佳生长速率约为 0.7mm/min。

3. 单晶光纤光谱特性

（1）吸收光谱　由白色卤光灯激励单晶光纤，用单晶光谱损耗吸收测量仪测试所生长的各种 SCF 在 500～1000nm 的吸收光谱，如图 5-35 所示。比较这些吸收光谱可以看出，Ho：YAG 在 530nm 附近只有一较窄的吸收峰；Cr：YAG 则有 530～650nm 的宽吸收带；（Ho，Cr）：YAG 的吸收光谱基本上是 Ho：YAG 和 Cr：YAG 的两者吸收光谱的叠加。由于 Cr^{3+} 的掺入，使（Ho，Cr）：YAG 较之单掺的 Ho：YAG 有更宽的吸收峰，从而使（Ho，Cr）：YAG 作为激光晶体时，泵浦源的选择有更大的余地，而且可以提高泵浦效率。

（2）荧光光谱　用倍频 Nd：YAG 的 532nm 激光激发 Ho：YAG 光纤，产生的荧光通过自动扫描的 0.5m 单色仪，用 PbS 光探测器接收，经过 GN-82 型激光能量显示计放大，测定 SCF 在 800～2500nm 附近的荧光光谱。这些谱线的主要部分是 Ho^{3+} 的 $^5I_7 \sim {}^5I_8$ 能级间的跃迁，其波长范围在 1850～2100nm 之间。因 Cr：YAG 和（Ho，Cr）：YAG 的 530～650nm 吸收带的峰值约为 600nm，所以选用由 532nm 激光激发的染料 601nm 激光作激发光，Cr：YAG 的荧光在 710nm 附近，此波长的光可以用光电倍增管接收。为了获得高灵敏度，用光电倍增管作为荧光接收装置，测量 Cr：YAG 在 600～900nm 之间的荧光光谱。图 5-36 所示为各种 SCF 在 800～2500nm 的荧光光谱。

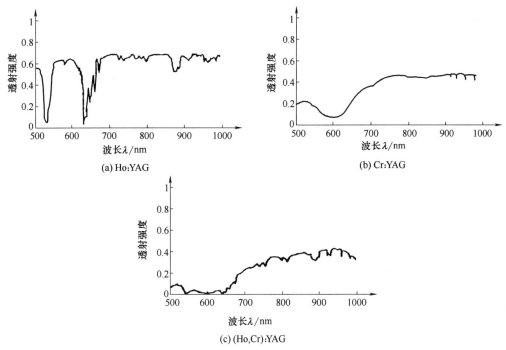

图 5-35　各种 SCF 在 500～1000nm 的吸收光谱

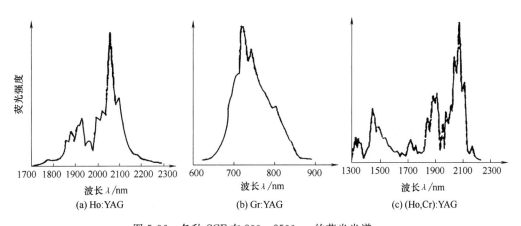

图 5-36　各种 SCF 在 800～2500nm 的荧光光谱

（3）荧光寿命　用 CS-1022 型示波器记录不经过能量放大的从光探测器直接输出的荧光信号，这些信号按时间展开并用照相机记录荧光衰减曲线。PbS 光探测器的时间分辨率为 $20\mu s$，光电探测器的时间分辨率为几微秒，均远小于 Ho^{3+} 和 Cr^{3+} 各离子的能级寿命（ms 量级），因而示波器所示波形可以测量能级的荧光衰减，从测得的荧光衰减曲线可以分析能级的荧光寿命。

从以上衰减曲线仔细逐点读取数据，利用计算机处理，求得各能级的寿命列于表5-9中。

表 5-9　单晶光纤的寿命

SCF	离子	能级	寿命/ms	SCF	离子	能级	寿命/ms
Ho：YAG	Ho	$^5I_7$	7.5	(Ho,Cr)：YAG	Ho	$^5I_7$	6.4
Cr：YAG	Cr	^2E	1.9	(Ho,Cr)：YAG	Cr	^2E	1.3

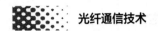

（4）荧光寿命和能量转移分析　从荧光相对强度只能初步了解各离子间的能量转移，为进一步确定它们之间的能量转移和离子间的相互作用，测量 Ho^{3+} 的 $2.09\mu m$ 荧光衰减，分析荧光寿命和能量转移。

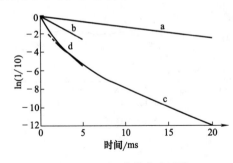

图 5-37　SCF 的荧光衰减线

a—Ho^5I_7 in Ho：YAG；b—Cr^2E in Ho：YAG；

c—Ho^5I_7 in （Ho，Cr）：YAG；

d—Cr^2E in （Ho，Cr）：YAG

对于单掺的晶体，其荧光强度基本上以指数形式衰减，而当掺入其他离子时，由于离子间的相互作用，其衰减不再完全是指数形式，如图 5-37 所示。

Forstet 等人对此做了研究，发现其衰减规律近似遵守下面关系：

$$I=I_0\exp\left(\frac{t}{T}-\Gamma\sqrt{t}\right) \tag{5-15}$$

式中　T——施主离子单掺于基质晶体中的寿命；

Γ——反映施主离子和激活离子间的相互作用。

$$\Gamma=\frac{4}{3}\pi^{3/2}N_A\sqrt{C_{DA}} \tag{5-16}$$

式中　N_A——施主离子的掺杂浓度；

C_{DA}——离子间偶极-偶极相互作用的微观相互作用参数。

而 C_{DA} 还从另一个角度反映多掺离子对激活离子的作用。

另外，能量转移效率和荧光衰减（平均荧光寿命）有下面的关系：

$$\eta=1-\frac{\int f(t)\mathrm{d}t}{I_0\tau_0}=1-\frac{\tau_m}{\tau_0} \tag{5-17}$$

$$\tau_m=\frac{\int f(t)\mathrm{d}t}{I_0}$$

式中　τ_m——掺入的敏化离子的平均荧光寿命；

τ_0——单掺敏化离子时的荧光寿命。

根据 Ho：YAG 和（Ho，Cr）：YAG 中 Ho^{3+} 的 $2.09\mu m$ 荧光和敏化离子 Cr^{3+} 光的衰减曲线，利用式（5-17）计算了荧光平均寿命，并用式（5-16）和式（5-17）分别计算离子间的微观相互作用参数 C_{DA} 和能量转移效率 η，其数值见表 5-10。

表 5-10　（Ho，Cr）：YAG 能级跃迁效率和参数（C_{DA}）

SCF		跃迁效率		C_{DA}
		$\eta/\%$	t/s	$/(s^{-1}\cdot cm^5)$
（Ho,Cr）：YAG	Ho→Cr	14	0.02	1.8×10^{-40}
	Cr→Ho	32	0.24	2.8×10^{-40}

从以上两表可见，双掺晶体的荧光寿命比单掺晶体小，这是由于离子间的能量转移引起的。而且敏化离子 Cr^{3+} 向 Ho^{3+} 的能量转移是主要的，虽然反转移也存在，但转移速率较小。

4. 效果评价

用 LHPG 法由粉末烧结棒直接生长单晶光纤，从对单晶光纤的光谱测试结果及对 Ho：YAG 等光纤的光谱特性及 Cr→Ho 和 Ho→Cr 之间能量转移的分析表明，由于掺入敏化离子，离子的荧光强度有所增加，而且能量转移效率较大。可见，敏化离子的存在，能够提高激光效率。

（四）Cr^{4+}：YAG-Nd^{3+}：YAG 复合型单晶光纤

1. 简介

用激光加热基座法生长高质量的 Cr^{4+}：YAG-Nd^{3+}：YAG 和 Cr^{4+}：YAG-Yb^{3+}：YAG 一体化的单晶光纤，用 3W 半导体激光器作抽运源，实现了调 Q 激光输出。

初步实验结果表明，该单晶光纤完全满足全固化被动调 Q 激光器的要求。对配置两种不同结构的输出镜所对应的输出光束特性进行观测，已实现了脉宽达 9ns、最大平均输出功率达 19mW、频率为 10kHz 的调 Q 激光。

2. 生长方法

用激光加热基座法生长的 Cr^{4+}：YAG-Nd^{3+}：YAG 和 Cr^{4+}：YAG-Yb^{3+}：YAG 复合型单晶光纤，如图 5-38 所示。它们分别用直径为 $0.6\sim1.0mm$ 的 Nd^{3+}：YAG 和 Yb^{3+}：YAG 单晶光纤作籽晶，Cr^{4+}：YAG 单晶光纤作源棒生长而成。其中，单晶光纤的 Yb^{3+}：YAG 和 Cr^{4+}：YAG 部分均用激光加热基座法进行二次生长。在生长过程中，要确保源棒在缓慢地向上移动，这样 CO_2 激光器光束不会聚焦在熔区顶部。一旦籽晶下降至与熔区接触，该部分就与熔区的 Cr^{4+}：YAG 熔合，再缓慢提拉籽晶，长成复合型单晶光纤。为确保理想的光纤质量，提拉速度宜控制在 $0.1\sim0.3mm/min$ 范围内。在生长过程中，重复衔接过程可以提高光纤衔接处的质量，但同时会增大不同掺杂离子部分之间的过渡区。用激光加热基座法生长的十几根复合型光纤中，绝大多数的过渡区都是平滑的。

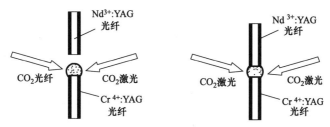

图 5-38　复合型单晶光纤生长过程示意图

激光加热基座法生长的单晶光纤在加工为激光介质之前，在空气中以 1500℃ 的高温退火 2h，因生长过程中 Cr^{4+} 离子的挥发，不同光纤 Cr^{4+} 浓度不完全相同。已长成的光纤长度范围为 $15\sim35mm$，其中掺 Cr^{4+} 部分为 $2\sim5mm$，直径为 $0.6\sim1.0mm$。复合型单晶光纤的透射光谱是增益介质和饱和吸收体透射光谱的结合。

3. 实验与检测

为证实光纤在被动调 Q 激光器中的适用性，用已生长的光纤作激光工作物质，进行被动调 Q 激光器实验，实验装置如图 5-39 所示。

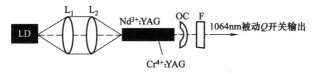

图 5-39　复合型单晶光纤被动调 Q 激光器系统

系统中半导体激光器工作波长为 808nm，出射面积为 $2\mu m\times150\mu m$，最大输出功率为 2.6W。用透镜 L_1、L_2 聚焦光束进行尾端抽运，测量耦合进单晶光纤端面的光束能量，最大耦合效率仅为 50％，此时光纤作为增益介质和饱和吸收体。谐振腔入射镜的一端镀 1064nm 高反膜和 808nm 高透射膜；另一端镀 808nm 反射率达 90％的高反膜和 1064nm 高透射薄膜。OC 为输出镜，1064nm 处透射率为 2％～4％。F 为滤光片，滤去 808nm 抽运光。1064nm 波长的透射率为 75％，总腔长约 10mm。

已实现 5 根光纤调 Q 激光的输出，其中一根 Cr^{4+}：YAG 部分长 3mm 的光纤，OC 在 1064nm 处反射率达 97％，在 1.3W 抽运功率下获得脉宽达 9ns（图 5-40）。重复频率为 10kHz（图 5-41）时，最大平均输出功率为 19mW 的激光输出，每个脉冲的能量约为 1.9μJ。

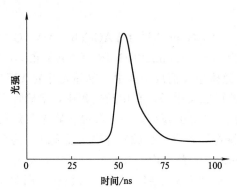

图 5-40 脉宽 9ns 的调 Q 激光脉冲

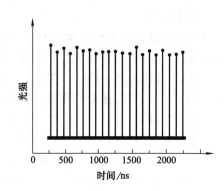

图 5-41 重复频率 10kHz 的调 Q 激光脉冲序列

4. 性能分析与评价

实验结果表明，复合型 YAG 单晶光纤适用于集增益介质和饱和吸收体为一体的全固化微型被动调 Q 激光器。现存的问题主要有两个：一方面是其转换效率过低，原因在于：第一，所选光纤直径为 0.8～1.0mm，没有充分发挥光纤的导模作用，且抽运光束与谐振腔共振的激光模式失谐；第二，光纤存在衍射损耗。实验中仅当输出镜非常靠近 Cr^{4+}：YAG 端面时才能得到激光输出，而当镜面离开端面一定距离（约 3mm）后就不能得到激光输出，分析是因光纤端面有很大的衍射损耗。另一方面，不同光纤 Cr^{4+}：YAG 部分掺杂浓度不完全相同，得到的调 Q 激光脉冲也不同，因此所生长光纤的一致性需要通过改进工艺以获得改善。

为提高激光器转换效率，可以从以下几方面改进：第一，在保证谐振腔腔镜平行的前提下，在光纤两端镀膜直接形成激光器谐振腔，减小光纤端面衍射损耗，更好地运用光纤的导模性并充分利用耦合入光纤的抽运能量；第二，由于实验中的单晶光纤直径较大，可尝试用带尾纤的大功率半导体激光器抽运，增加起作用的增益介质的体积，从而获得更高的输出能量并提高转换效率；第三，在保证光纤质量的前提下，尽量减小所生长的复合型光纤的直径，发挥光纤激光器特有的导模作用。

六、氯化物单晶光纤

（一）氯化银（AgCl）单晶光纤

1. 简介

为克服石英光纤的局限性，红外晶体光纤受到了人们的重视，它可以被用于传输红外光和激光、传感、光通信和功能器件（如光纤放大器和非线性器件等）。原则上红外晶体材料均可以研制成晶体光纤，但实际却不然，主要是受到制造工艺的限制。选择光纤材料的标准是低损耗和低色散、宽窗口、力学性能稳定和无毒等，现还没有一种能满足以上全部要求的材料。目前，只能根据具体用途来选择光纤材料。人们主要选择氧化物和卤化物两类红外晶体材料，氧化物熔点较高，透射窗口较窄（$0.03\sim3.5\mu m$），制备困难；卤化物透射窗口宽（$0.2\sim30\mu m$），熔点较低，容易制备。

红外晶体光纤分为多晶光纤和单晶光纤。由于单晶光纤无晶界散射，理论上比多晶光纤损耗低，但生长单晶光纤工艺较难，目前已经制成的单晶光纤损耗还是大于多晶光纤。

红外晶体光纤的制备不同于块状晶体的生长和石英光纤的拉制。制备方法主要是生长块状晶体方法的改进，单晶光纤的生长近似准一维单晶生长。比较成熟的方法如边界限定薄膜供料法（EFG 法）和激光加热基座法等。美国 Saphikon 公司利用 EFG 法研制出 Al_2O_3 单晶光纤，损耗为 $0.2dB/m$，可以传输 11W 的 YAG 激光。激光加热基座法优点是非接触加热，无污染，从而杂质少。缺点是难以控制光纤直径，仅能生长短光纤（几十厘米）。

现利用直接成型法（DFG 法）技术研制 AgCl 等单晶光纤，光纤直径分别为 $10\mu m$、$150\mu m$ 和 $300\mu m$，长度为 $40\sim105cm$。

2. 制备方法

（1）生长设备　利用 DFG 法生长 AgCl 单晶光纤实验装置如图 5-42 所示。加热炉体采用石英管，外面包陶瓷纤维绝热保温。利用电阻丝加热，功率为 1500W。

AgCl 和其他几种材料性能参数见表 5-11。AgCl 的熔点为 $457℃$，所以炉温被控制在 $460\sim500℃$ 之间。由于加热炉内温度高，热起伏较大，温场的稳定性容易被破坏，控温难度较大。

（2）制备过程　首先对原材料进行活性气体处理（RAP），即利用 RAP 技术进一步提纯。将装有原材料的坩埚放入加热炉中，密闭后升温至 200℃ 左右，通入 CO_2 气体干燥约 1h，继续升温超过熔点约 50℃（即 507℃），再通入 CCl_4/CO_2 约 3h，冷却后从炉中取出待用。

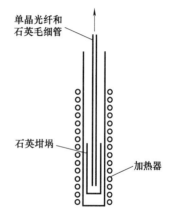

图 5-42　直接成型法生长 AgCl 单晶光纤装置

表 5-11　AgCl 等红外晶体材料性能参数

材料	损耗 /(dB/km)	透射范围 /μm	折射率	熔点 /℃	硬度 /(kg·mm⁻²)	杨氏模量 /GPa	溶解度(水) /(g/100g)
KCl	$1.0\times10^{-4}(5\mu m)$	$0.2\sim20$	$1.47(10.6\mu m)$	776	8	30	34.7
KRS-5	$1\times10^{-2}(10.6\mu m)$	$0.7\sim30$	$2.37(10.6\mu m)$	414	40	45.85	0.05
KRS-13	$3\times10^{-2}(10.6\mu m)$	$3\sim15$	$2.21(10.6\mu m)$	412	15	—	3×10^{-5}
AgCl	$2\times10^{-2}(10.6\mu m)$	$2\sim20$	$1.98(10.6\mu m)$	457	9.5	20	2×10^{-1}
AgBr	$4\times10^{-2}(10.6\mu m)$	$3\sim15$	$2.25(10.6\mu m)$	419	7	—	1.8×10^{-5}
CsI	$5\times10^{-3}(10.6\mu m)$	$0.4\sim40$	$1.74(10.6\mu m)$	621	—	5.3	44
Al_2O_3	$2\times10^{-2}(3\mu m)$	$0.3\sim3.5$	$1.71(3\mu m)$	2040	2000	355	不溶

将装有 AgCl 材料（已经预处理）的石英坩埚放入单晶炉中加热，利用机械泵将熔化的 AgCl 液体加压充入成型坩埚-空芯石英毛细管中，向上提拉石英毛细管通过温度梯度区-结晶区，从而生长出 AgCl 单晶光纤。控制向上提拉石英毛细管的速率，分别生长直径为 $10\mu m$、$150\mu m$ 和 $300\mu m$，长度为 $40\sim105cm$ 的 AgCl 单晶单模和多模光纤。

3. 性能分析

（1）光纤生长速率　通过解热传导方程，可以得到固-液生长界面处温度分布和温度梯度分布，从而得到晶体生长速率。根据热传导连续性方程，晶体生长速率与结晶区温度梯度成正比。比较不同温度梯度和不同过冷度条件下对应的不同晶体生长速率和生长情况，发现在结晶区附近，过冷度为 $100 \sim 200℃$、温度梯度为 $5 \sim 10℃/cm$、生长速率为 $20 \sim 40mm/min$ 时，所生长的单晶光纤较好。以 $30mm/min$ 的生长速率，已生长出高质量的 AgCl 单晶光纤。

（2）光纤生长缺陷　生长的 AgCl 单晶光纤宏观缺陷主要是微裂纹和空洞。光纤产生微裂纹的原因较多，其一是单晶光纤中 OH^- 与石英毛细管壁中 Si 悬键结合成 Si—OH，产生黏附作用，从而有表面应力；其二是单晶光纤退火不当，没有完全消除内应力；其三是生长过程中有机械振动。产生空洞的原因主要是石英毛细管移动速率 u 与单晶光纤生长速率 ν 不匹配，其次是材料固态和液态对气体的溶解度不同。

（3）固-液生长界面　对晶体生长最有利的是平面状固-液界面，这就要求提拉石英毛细管的速率 u 与单晶光纤生长速率 ν 相匹配。若 $u<\nu$，光纤以凸面生长，光纤周边部容易产生空洞，而且有内应力；若 $u>\nu$，光纤以凹面生长，光纤中心部容易产生空洞。

对于单模光纤，其直径为 $10\mu m$，所以熔体与石英毛细管壁之间的界面张力不能忽略。即使光纤静止，其固-液生长界面也非平面，而是形成弯曲液面。若液体不浸润石英毛细管壁，生长界面是凹面（曲率中心在熔体内），此时石英毛细管移动速率 u 应小于光纤生长速率 ν，从而获得平界面生长；若液体浸润石英毛细管壁，生长界面是凸面（曲率中心在晶体内），此时石英毛细管移动速率 u 应大于光纤生长速率 ν，才能获得平界面生长。

（4）光纤损耗　由于制备工艺困难，目前所生长的单晶光纤宏观缺陷比较严重，如空洞和裂纹，这是产生损耗的主要原因；其次是光纤表面不光滑，所以人们又发展了芯壳结构光纤，以减小损耗。另外，光纤的外包层介质也会增加损耗，即裸光纤加包层后损耗增大，故应该选择对所传输光吸收系数小的材料作为光纤包层。

卤化银光纤的主要缺点是光敏感性，尤其是受紫外线照射后会产生胶状银离子，从而增加光损耗。

（5）RAP 提纯技术　光纤的非本征损耗通常远大于其本征损耗。产生非本征损耗的主要原因是生长缺陷——空洞和微裂纹，它可以通过改进生长工艺消除。另外，杂质离子的吸收，主要是过渡族金属离子和 OH^- 的吸收。因过渡族金属离子很少吸收红外光，所以主要应该消除 OH^-。用活性气体处理（RAP）提纯技术是一种有效方法。它的基本原理是利用 CO_2 作为载体输送 CCl_4 进入原材料中，利用 CCl_4 热解产生的 Cl 原子与 OH^- 等阴离子发生置换反应，使之消除。此外，经此法提纯后生长的光纤，其传能阈值和断裂强度得到提高，并且不易潮解。

（6）扩散界面生长　单晶生长是个相变过程，其界面结构决定生长机制，从而就有不同的生长动力学规律。大多数熔体生长是粗糙界面，少部分则为扩散界面。由界面相变熵 $\alpha = Ln/kT_e\nu$ 可以作为判断依据，其中 L 是单个原子的结晶潜热，T_e 是熔点温度，n 是原子在界面处近邻数，ν 是原子在晶体内部近邻数。计算出 AgCl 的 $\alpha = 0.72$，界面原子层数是 13 层，属于扩散界面生长。

4. 效果评价

利用石英毛细管作为成型坩埚（石英毛细管又可作为单晶光纤的外包皮），通过温度梯度区-结晶区可以生长 AgCl 单晶光纤。利用这种生长单晶光纤的直接成型法，以 30mm/min

的生长速率，生长出高质量的 AgCl 单晶光纤。

生长高质量单晶光纤必须做到：生长界面附近晶体温度梯度大于熔体温度梯度；稳定的温场和适宜的温度梯度；提拉坩埚速率与单晶光纤生长速率相匹配；结晶后的光纤需退火；利用 RAP 技术提纯原材料；机械系统性能稳定；空芯石英光纤质量要求高，即内径均匀和内壁光滑。

（二）氯化钾（KCl）单晶光纤

1. 简介

用直接成形法（DFG）研制氯化钾等单晶单模和多模光纤，光纤内径分别为 $10\mu m$、$150\mu m$ 和 $300\mu m$，长度为 $30\sim100cm$。

2. 制备方法

（1）晶体生长装置　生长 KCl 单晶光纤实验装置如图 5-43 所示，包括加热炉、控温系统和机械系统等部分。加热炉体采用石英管，外面包陶瓷纤维绝热保温。利用电阻丝加热，功率为 1500W。

（2）原材料　KCl 和其他几种材料性能参数见表 5-12。KCl 的熔点是 776℃，所以炉温应控制在 $780\sim820℃$ 之间。由于加热炉内温度高，热起伏大，温场的稳定性容易被破坏，控温难度较大。

（3）制备过程　首先对原材料进行活性气体处理（RAP），即利用 RAP 技术进一步提纯。将装有原材料的坩埚放入加热炉中，密闭后升温至 200℃ 左右，通入 CO_2 气体干燥约 1h，然后继续升温超过熔点约 50℃ （即816℃），再通入 CCl_4/CO_2 约 3h，冷却后从炉中取出待用。

将装有 KCl 材料（已经预处理）的石英小坩埚放入单晶炉中加热，然后利用机械泵将熔化的 KCl 液体加压充入成型坩埚-空芯石英毛细管（空芯石英光纤）中，向上提拉石英毛细管通过温度梯度区-结晶区，从而生长出 KCl

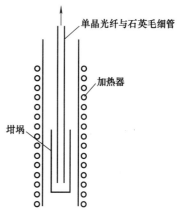

图 5-43　直接成型法生长 KCl 单晶光纤装置图

单晶光纤。控制向上提拉石英毛细管的速率，KCl 单晶光纤典型生长速率是 40mm/min。

表 5-12　KCl 和其他几种材料性能参数

材料	损耗/(dB·km^{-1})(10.6μm)	透射范围/μm	相对指数(10.6μm)	熔点/℃	努普硬度/(kg·mm^{-2})	杨氏模量/GPa	溶解性(水)/(g·100^{-2}g^{-1})
KCL	1.0×10^{-4}(5μm)	0.2~2	1.47	776	8	30	34.7
KRS-5	1×10^{-2}	0.7~30	2.37	414	40	15.83	0.05
KRS-13	3×10^{-2}	3~15	2.21	412	15	—	3×10^{-5}
AgCl	2×10^{-2}	2~20	1.98	457	9.5	20	2×10^{-4}
AgBr	4×10^{-2}	3~15	2.25	419	7	—	1.8×10^{-5}
CsI	5×10^{-3}	0.4~40	1.74	621	—	5.3	44
Al$_2$O$_3$	2×10^{-2}(3μm)	0.3~3.5	1.71(3μm)	2040	2000	355	不溶

3. 性能分析

（1）光纤生长速率　根据热传导连续性方程，晶体生长速率与结晶区温度梯度成正比。

通过解热传导方程，可以得到固-液生长界面处温度分布和温度梯度分布，从而得到晶体生长速率。比较不同温度梯度和不同过冷度条件下对应的不同晶体生长速率和生长情况，发现在结晶区附近，温度梯度为 $5\sim10℃/cm$、过冷度为 $100\sim200℃$、生长速率为 $30\sim60mm/min$ 时，所生长的单晶光纤较好。

（2）固-液生长界面　对晶体生长最有利的是平面状固-液界面，这就要求提拉石英毛细管的速率 u 与单晶光纤生长速率 ν 相匹配。若 $u<\nu$，光纤以凹面生长，光纤中心部容易产生空洞；相反，若 $u>\nu$，光纤以凸面生长，光纤周边部容易产生空洞，而且有内应力。

对于单模光纤，其 $\phi=10\mu m$，所以熔体与石英毛细管壁之间的界面张力不能忽略，即使光纤静止，其固-液生长界面也非平面，而形成弯曲液面。若液体（如 KCl）浸润石英毛细管壁，生长界面是凸面（曲率中心在晶体内），此时石英毛细管移动速率 u 应大于光纤生长速率 ν，从而获得平界面生长；反之，若液体不浸润石英毛细管壁，生长界面是凹面（曲率中心在熔体内），此时石英毛细管移动速率 u 应小于光纤速率 ν，才能获得平界面生长。

（3）生长缺陷　所生长的 KCl 单晶光纤，其宏观缺陷主要是空洞和微裂纹。如前所述，产生空洞的原因主要是石英毛细管移动速率 u 与单晶光纤生长速率 ν 不匹配；其次是材料固态和液态对气体的溶解度不同。光纤产生微裂纹的原因较多，其一是单晶光纤中 OH^- 与石英毛细管壁中 Si 悬键结合成 Si—OH 产生黏附作用，从而有表面应力；其二是单晶光纤退火不当，没有完全消除内应力；其三是生长过程中有机械振动。

（4）活性气体处理（RAP）提纯技术　光纤的非本征损耗往往远大于其本征损耗。产生非本征损耗的原因主要有两个：其一是生长缺陷——空洞和微裂纹，可以通过改进生长工艺消除；其二是杂质离子的吸收，主要是过渡族金属离子和 OH^- 的吸收。前者很少吸收红外光，所以主要应该消除后者。用活性气体处理（RAP）提纯技术是一种有效方法。它的基本原理是利用 CO_2 作为载体输送 CCl_4 进入原材料中，利用 CCl_4 热解产生的 Cl 原子与 OH^- 等阴离子发生置换反应，从而消除之。此外，经此方法提纯后生长的光纤，其传能阈值和断裂强度也有提高，并且不易潮解。

（5）光纤损耗　由于制造工艺困难，目前所生长的单晶光纤宏观缺陷严重，如空洞和裂纹，这是产生损耗的主要原因。其次是光纤表面不光滑，所以又发展了芯壳结构光纤，以减小损耗。另外，光纤的外包层介质也会增加损耗，即裸光纤加包层后损耗增大，故应该选择对所传输光吸收系数小的材料作为光纤包层。

（6）扩散界面生长　单晶生长是个相变过程，其界面结构决定了生长机制，从而就有不同的生长动力学规律。大多数熔体生长是粗糙界面，少部分则为扩散界面。界面相变 α 可以作为判断依据：

$$\alpha=LnkT_e\nu \tag{5-18}$$

式中　L——单个原子的结晶潜热；

$\quad$ T_e——熔点温度；

$\quad$ n——原子在界面处近邻数；

$\quad$ ν——原子在晶体内部近邻数；

$\quad$ k——常数。

可以计算出 KCl 的 $\alpha=1.02$，界面原子层数是 9 层，属于扩散界面生长。

4. 效果评价

为了生长高质量单晶光纤，必须做到以下几点：稳定的温度场和适宜的温度梯度；生长界面附近晶体温度梯度大于熔体温度梯度；提拉坩埚速率与单晶光纤生长速率相匹配；利用 RAP 技术提纯原材料；结晶后的光纤需退火；机械系统性能稳定；空芯石英光纤质量要求高，即内壁光滑和内径均匀。

利用石英毛细管作为成型坩埚，通过温度梯度区-结晶区生长 KCl 单晶光纤，同时石英毛细管又可作为单晶光纤的外包皮，这种生长单晶光纤的直接成型法是切实可行的，能生长出高质量的单晶光纤。

七、硅酸铋单晶光纤

1. 简介

硅酸铋（$Bi_{12}SiO_{20}$，简称 BSO）单晶属立方晶系，23 点群，它同时具有电光效应、磁光效应；光电效应以及其他一些非线性光学效应，光学窗口宽，稳定性好，因此是一种理想的光学晶体，对其进行研究定将产生重要的实际意义。

2. 生长装置

电阻加热式下拉法单晶光纤生长装置如图 5-44 和图 5-45 所示。其中图 5-44 所示为生长装置的方框图，图 5-45 所示为炉体结构剖视图。其特点如下。

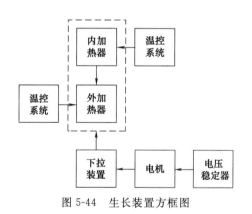

图 5-44　生长装置方框图

图 5-45　炉体结构剖视图

1—内加热器；2—外加热器；3—绝热层；
4—铂金成形器；5—陶瓷支架；6—石英管；
7—籽晶；8—热电耦；9—毛细管

① 3 层炉丝加热，其中内炉两层为串联铂丝电加热，并有一个热电偶控温系统；外炉为一般电炉丝电加热，也备有一个热电偶控温系统。

② 下拉部分包括机械变速传动和直流力矩电机装置。该电机装置由两个力矩电机同轴并联组成，既能提高速度的稳定性，又可以无级变速。

③ 独特的铂模系由一块铂加工而成，上部分为坩埚，下部分为毛细管，管内径为 0.35mm。

3. 性能分析

使用该实验装置已能成功地生长出直径为 0.5～2.0mm、长度大于 9mm 的 BSO 单晶光纤，该单晶光纤具有通光性和显著的磁光效应。选择 4 个有代表性的 BSO 晶体光纤样品进行测试，其几何尺寸见表 5-13。对其中 No.2 样品进行磁光效应测试，测试装置如图 5-46

所示，测试曲线如图 5-47 所示。结果表明，该样品的电（流）-光（强）变换线性相关系数 $\rho=0.98$，因此可用于制作各种单晶光纤磁光器件。

表 5-13　BSO 晶纤样品几何尺寸

试 样	No. 1	No. 2	No. 3	No. 4
长度/mm	21.5	20	20	9
直径/mm	1.65～2.0	1.6～1.8	1.45～1.8	0.35～0.36

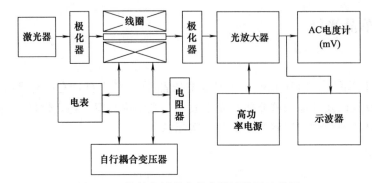

图 5-46　单晶光纤磁光效应测试装置示意图

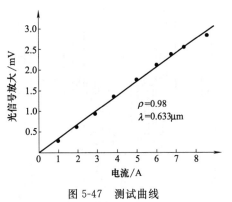

图 5-47　测试曲线

实验发现，由于铂模温度较高，毛细管下方环境温度较低，因此溢流出毛细管口的熔体并不在毛细管下口处形成熔体悬浮区，却出现浸润现象，顺着铂模外表面上爬，而一旦毛细管下方环境温度较高，则溢出毛细管的熔体来不及晶化，使熔体悬浮区恶性扩大，超过熔体表面张力所能承受的限度，造成熔体一泻而下，这些情况的出现均使单晶光纤的生长无法进行。其预防的方法是改进毛细管外形，控制下拉速度和温度梯度（即内外炉温差）。

实验发现，在较大温度梯度和较快下拉速度的情况下生长出的 BSO 单晶光纤呈灰色，甚至为深灰色，透明度很差。虽然这时经 X 射线衍射 Laue 照相验证，单晶光纤仍不失为单晶结构，但由于通光性能差，因而失去实用意义。下拉速率大，意味着从毛细管溢出的熔体多，要让这些熔体及时结晶，则需要有较低的环境温度（即所谓大的温度梯度），自然这种情况下难以得到毫米级的单晶光纤。

实验还发现，在下拉速度小于 1mm/min、内外炉温差小于 60℃ 时，可生长出透明的 BSO 单晶光纤。本装置以下拉生长单晶光纤，其生长固-液界面在毛细管出口处下方一点，这可由显微观察系统直接看到。考虑熔体的重力、表面张力和黏滞力，以及毛细管的特殊作用，再顾及本装置的加热区仍然比较大，因此只能生长出直径为 0.5～2.0mm 的单晶光纤。结晶过程由籽晶引导开始，表面层结晶先于内层，生长固-液界面是下凹界面。在实验条件下，不可能出现凸界面。随着生长的延续，坩埚中的熔体界面下降，熔体的温度也略有下降，熔体重力也随之减小，这样为保持生长条件，必须适当升高内炉温度。总之，必须控制好下拉速度，调整好温度梯度，使毛细管中溢流出的熔体恰好为晶化过程所吸收，或者说保持熔体悬浮区大小不变，这样才能得到等径度好的 BSO 单晶光纤。

八、LiB₃O₅ 单晶光纤

1. 简介

三硼酸锂（LBO）是一种非线性光学晶体材料。该晶体具有足够大的非线性系数，在室温下能实现相位匹配，不潮解，化学性能稳定，硬度适中。尤其是该晶体损伤阈值高，相位匹配允许角大，透光范围宽。由于单晶光纤兼有块状单晶和玻璃光纤的特性，因此 LBO 单晶光纤具有许多优点。例如，在小截面上非线性作用的高密度光信号通过时不至于过热。除具有块状晶体的优异性能外，LBO 晶体纤维还可以避免块状晶体非线性光学器件的走离角问题，使作用距离增加，容易获得长的相干长度；泵浦光密度提高，转换效率提高；用它做成的器件可以与其他材料的光纤（如传光用的普通石英光纤）进行高效率的耦合，降低耦合损耗，提高系统的整体性能。用 LBO 晶体光纤制成的各种器件可在光通信、光纤传感等领域中得到广泛应用。

2. 生长技术

（1）生长方法　单晶光纤的生长方法有多种多样，而激光加热基座法由于其独特的优点而被广泛地应用。使用该方法，生长过程快速简单，生长的光纤范围可控制得很细，并且对同成分或非同成分的熔化材料均能生长。在此就采用激光加热基座法生长的 LBO 单晶纤维简单介绍如下。

图 5-48 所示为生长装置的光学系统示意图。激光束是采用环形聚焦系统聚焦到源棒端头的。激光束经聚焦对中后，照在样品源棒的端头。由于采用激光波长 $\lambda = 10.6\mu m$ 的 CO_2 激光加热，一般样品很容易熔化。待端头熔化后，采用定向籽晶点入熔区，等待熔区稳定后开始提拉。图 5-49 所示为生长 LBO 单晶光纤的熔区部分的示意图。

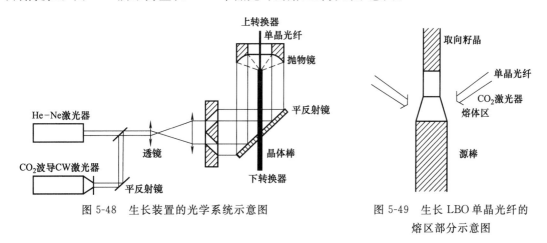

图 5-48　生长装置的光学系统示意图　　　　图 5-49　生长 LBO 单晶光纤的
熔区部分示意图

在实际生长时，除了要保持热量平衡外，还需要做到质量平衡。原料棒供给速度和纤维提拉速度之比可根据简单的数学公式计算得出：

$$\frac{D}{d} = \left(\frac{v_d}{v_D}\right)^{1/2} \tag{5-19}$$

式中　D——源棒直径；

　　　d——光纤直径；

　　　v_D——送料速度；

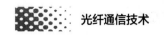

v_d——生长速度。

因此，生长时具有一组稳定的机械系统是必不可少的。根据经验，一般要求在生长时满足：

$$L \approx 3\frac{D+d}{4} \tag{5-20}$$

式中　L——生长时的熔区长度。

（2）生长过程　采用生长出的 LBO 单晶光纤或者具有相同成分的其他原料加工成 $0.4mm \times 0.4mm$ 的方棒（直径为 $0.4mm$ 的圆棒更好）作为生长时的源材棒，利用定向后的 LBO 晶体做籽晶。由于 LBO 晶体在高温下很易分解，所以在生长过程中需要加助熔剂。助熔剂可采用 B_2O_3、LiF、$B_2O_3 + LiB_3O_5$ 等。助熔剂的多少对晶纤的生长至关重要，助熔剂过多，生长过程中过饱和度过小，不能结晶；助熔剂过少，则在生长过程中熔区难以控制，也难生长。

根据 Li_2O-B_2O_3 相图，$Li_2O \cdot 3B_2O_3$ 在 $834℃ \pm 4℃$ 时为非相同成分分解，因此生长时温度应控制在 $834℃$ 以下。由于激光加热基座生长光纤时温度梯度很大，熔区中心到表面温差可达 $100℃$ 以上，这就使某些低熔点的助熔剂进入熔区中心，使熔体从外部开始结晶，拉成的光纤形状呈壳形，固液界面为凹形，生长后光纤应力很大，往往在生长过程中就炸裂。因此，选择合适的助熔剂，调节聚焦点，使径向温度梯度尽量小，对于 LBO 单晶光纤生长是至关重要的。

在生长过程中，单晶光纤的生长速度一般控制在 $0.1 \sim 0.2mm/min$ 之间。生长速度过快，生长的单晶光纤不透明，或生长后容易炸裂；生长速度过慢，由于生长习性的各向异性而使生长出的晶体表面出现不均匀。

3. 性能分析

采用不同的助熔剂和不同方向的定向籽晶，用 LBO 单晶或具有相同成分的其他原料作为源棒，均成功地拉出 LBO 单晶纤维，单晶光纤长为 $10mm$、直径为 $200\mu m$。LBO 单晶光纤的端面经加工抛光后，用 YAG 的 $1.06\mu m$ 激光照射，在 LBO 单晶光纤另一端输出 $0.532\mu m$ 绿光，初步证明具有倍频效应。

第二节　多晶光纤

一、卤化银多晶光纤

1. 简介

卤化银多晶光纤（$AgCl_xBr_{(1-x)}$，$0 \leqslant x \leqslant 1$）是一种传输中红外光谱信号和中红外激光能量性能良好的光纤。它具有传输红外光谱宽（传输范围在 $2 \sim 20\mu m$，其中 $4 \sim 16\mu m$ 为最佳）、无毒、不潮解、柔软性好、弯曲半径小，且传输 $5.3\mu m$ CO 激光、$10.6\mu m$ CO_2 激光损伤阈值高等显著优点，可广泛应用于中红外光谱信号传输、红外传像、红外辐射测温等红外技术领域以及激光医疗领域。

2. 卤化银光纤原料与高真空熔炼提纯

（1）提纯的原因　卤化银多晶光纤在红外工作区域的本征吸收损耗由材料的多声子振动

和材料杂质分子振动引起。卤化银光纤原料中的金属氧化物、氢化物和含氧阴离子杂质浓度将直接影响光纤的传输损耗，所以卤化银多晶光纤原料的提纯技术是制备高品质光纤最重要的环节。整个卤化银光纤原料的提纯有物理提纯和化学提纯两部分，现主要介绍用物理提纯方法来提高光纤原料的纯度。

（2）提纯方法　卤化银多晶光纤的化学组成为 $AgCl_xBr_{(1-x)}$，$0 \leqslant x \leqslant 1$，实验中采用的物理提纯方法为高真空熔炼提纯。图 5-50 所示为卤化银原料制备及高真空熔炼工艺流程。光谱纯级 AgCl 和 Ag-Br 原料是用"MOS"级 HCl（盐酸）、光谱纯级 HBr 与光谱纯级 $AgNO_3$ 进行化学反应后得到的。整个反应中，HCl 和 HBr 是过量的，沉淀的 AgCl 和 AgBr 经过滤和反复数次用高纯去离子水清洗至 pH 值约为 7，而后放入烘箱加热烘干。卤化银光纤原料按设计组分称量、粉碎、混合后，放入石英玻璃安瓿瓶内（考虑安瓿瓶材料的纯度对原料的影响，安瓿瓶采用石英玻璃）进行高真空熔炼，真空熔炼温度最高处为 480～500℃，熔炼数小时，冷却后去除料锭上部杂质后再次提纯。如此循环数次，直至料锭清澈透明为止。图 5-51 所示为高真空熔炼提纯装置示意图，其中图 5-51（b）所示是加热炉的温度分布示意图，光纤原料的提纯质量用 Fourier 红外光谱（型号 NIC-7199C）进行定性分析，采用粉末压片制备测试样品，样品厚度均为 1mm。

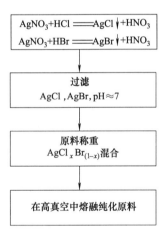

图 5-50　卤化银原料制备及
高真空熔炼工艺流程

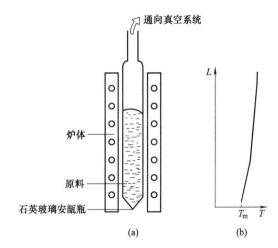

图 5-51　高真空熔炼提纯装置示意图

（3）影响因素分析　光在介质中的吸收损耗与介质的长度呈指数关系，因此制备高品质低损耗的卤化银多晶光纤最重要的环节之一就是制备高纯度的卤化银原料。

除光纤材料的本征吸收损耗外，光纤相当部分的吸收损耗是由杂质离子的吸收造成的。表 5-14 为光谱纯 AgBr 中过渡金属离子的质量分数。光纤材料中杂质离子吸收损耗在可见光和紫外光区域主要是材料中的过渡金属阳离子杂质的电子跃迁造成的，而在中红外区域则是由光纤材料中一些含氧或含氢阴离子杂质或官能团的多声子振动引起的。因此，工作于红外区域的卤化银光纤材料中阴离子杂质浓度对光纤损耗的影响更严重，将决定光纤的透过均匀性以及传输损耗。这些含氧或含氢的阴离子杂质或官能团主要是由原料制备过程中带入的 HNO_3、HCl、H_2O、OH^-、CO_3^{2-} 等。表 5-15 列出在中红外区有吸收的一些官能团，这些杂质在一般高纯试剂中不标其含量，其中以 H_2O、OH^- 的影响最严重。

表 5-14　卤化银原料中金属离子的质量分数　　　　　　　　　单位：%

Al_2O_3	SiO_2	Fe_2O_3	CaO	MgO	NiO	Co_2O_3	CuO	MnO	Cr_2O_3	ZnO
$<5\times10^{-5}$	$<5\times10^{-5}$	$<1\times10^{-5}$	$<9\times10^{-5}$	$<7\times10^{-5}$	$<1\times10^{-5}$	$<1\times10^{-5}$	$<1\times10^{-5}$	$<5\times10^{-6}$	$<1\times10^{-5}$	$<1\times10^{-5}$

表 5-15　官能团在中红外区的吸收

	波长/μm	波光/cm^{-1}	阴离子和官能团	波长/μm	波光/cm^{-1}
OH^-	2.74～3.22	3650～3100	H—O—H	6.28	1590
H—N	2.82～3.22	3.550～3100	CO_3^{2-}	7.16	1396

3. 制备方法

（1）多晶生长和光纤制备　图 5-52 所示为卤化银多晶光纤的工艺流程图。卤化银原料选用光谱纯级 AgCl、AgBr。首先将卤化银原料混合后进行多次高真空熔炼气氛下区域熔融提纯，再在高真空石英安瓿瓶内用 Bridgmam-Stockbarger 法生长卤化银单晶光纤预制棒，最后将卤化银光纤预制棒放入一可加热的特殊挤压模具内，在液压机上挤压成光纤。图 5-53 所示为卤化银多晶光纤挤压装置示意图。光纤的直径根据需要可改变模孔尺寸，在 $\phi=0.8～1.3mm$ 内可选择，挤压温度为 100～170℃，挤压压力为 700～1000MPa，挤压速度为 1～1.5cm/h。挤压成的卤化银多晶光纤被割成 1～2m 长，并套入氟塑料管内。卤化银多晶光纤的波导结构是以卤化银多晶光纤纤芯和氟塑料管间的空气为包层构成的。

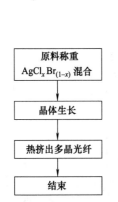

图 5-52　卤化银多晶光纤工艺流程图

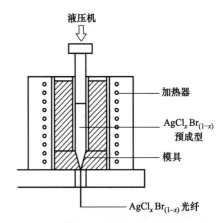

图 5-53　卤化银多晶光纤挤压装置示意图

卤化银光纤预制棒的吸收系数用 CO_2 激光量热计法测量，光纤的传输损耗用截断法测量。

（2）热处理　卤化银多晶光纤由热挤压法制得，光纤的组分为 $AgCl_{0.1}Br_{0.9}$，光纤的直径为 1.0mm，挤压温度为 190℃，挤压速度为 1.5cm/h，挤压压力为 30MPa。将光纤剪成 1cm 长数段放入石英盘内，在电烘箱内进行加热处理，处理温度分别为 170℃、200℃、250℃、300℃，保温 1h（电烘箱型号 101-1，温度控制器型号 WMZK-01）。热处理后的光纤样品进行扫描电镜（AEM）显微结构分析和显微硬度测试分析。光纤扫描电镜的显微结构分析样品的制备，是将光纤的一个端面抛光至光滑、光亮，在光学反光显微镜下观察无明显划痕。然后，用新鲜配制的 $4\%Na_2S_2O_3$ 溶液腐蚀端面数分钟，经超声波清洗后，用扫描电镜分析和观察光纤端面的显微结构（扫描电镜型号 Japan EPMA-8208QH_2）。光纤显微硬度测量样品的制备是将光纤剪成 0.5cm 长的样品，用黄胶把光纤固定在一孔径为 $\phi1.0mm$ 的有机玻璃圆柱体内，样品一端面抛光至平整、光洁、无划痕，制备好的样品连同有机玻璃体置于显微镜下进行显微硬度测试。显微硬度下用负荷维氏硬度试验，维氏硬度是以压痕单位面积上承受的负荷（即应力值）作为硬度计量指标。负荷 10g，用锥面夹角为 136°的金刚石四方锥体的压头压入样品表面，压头完全静止后保持 15s，在样品上获得四方锥形压痕。由于压痕小，压痕对角线长度以微米计量。硬度测量过程在显微镜下进行，通过测量四方锥形压痕的对角线长度 d 来计算硬度值，并用符号 HV 表示：

$$HV = \frac{P}{A} = 0.1891 \frac{P}{d^2} \tag{5-21}$$

式中　P——负荷，N；

　　　A——压痕表面积，mm^2。

在同一样品的不同区域进行硬度测试，取平均值作为该样品的维氏硬度。

4. 性能分析

（1）不同原料配比与光纤晶粒大小的关系　在提纯工艺条件相同、成型工艺略有差异的情况下（因为成型工艺是很难控制得完全相同），制备了 3 种不同 AgCl、AgBr 原料物质的量配比的光纤，发现由此得到的光纤晶粒大小变化较大，从而影响光纤的力学性能。不同的原料配比对光纤性能的影响见表 5-16。

表 5-16　不同的原料配比对光纤性能的影响

配合比例 AgCl：AgBr	平均粒径尺寸 /Å	维氏硬度 /HV
0.5：0.5	1650	166.8
0.3：0.7	1100	202.1
0.1：0.9	1300	196.4

注：硬度测试负荷为 10g。1Å=0.1nm。

从表 5-16 中可知，随着原料配比的变化，光纤的晶粒大小随之改变，光纤的硬度随着晶粒的长大而减小。

从 Tel Aviv 大学所作的系列研究结果来看，Shalem 等人认为应以 $AgCl_{0.49}Br_{0.51}$ 光纤的硬度为所有不同配比的 $AgCl_xBr_{1-x}$ 光纤中最高，随着配比中 AgCl 的减少，光纤的硬度逐渐降低。但是由表 5-16 可以看到，$AgCl_{0.5}Br_{0.5}$ 光纤的硬度较低，Shalem 等人制备光纤的成型工艺与此工艺不同，这说明工艺过程不同，对光纤的结构和性能的影响很大。

（2）多晶光纤热挤压成型特性分析　光纤预制棒成纤（拉丝）技术是光纤制备中关键的技术之一，玻璃光纤可利用温度与黏度的关系，在合适的黏度（温度）下拉丝成光纤。而卤化银多晶光纤的拉丝是利用材料本身的超塑性，在一定的温度和应力及应变速率下挤压成光纤，挤压装置如图 5-54 所示，其挤压成光纤的技术类似于金属材料的超塑性成型。金属材料的超塑性是指某些金属材料在特定的条件下拉伸时能获得特别大的、均匀的塑性伸长，如延伸率达 150%，甚至 >1000%。

① 材料超塑性的基本特征。卤化银多晶光纤是利用模具挤压成纤的，它与金属材料的拉伸成型方式不同，但卤化银多晶光纤的成型与金属材料的超塑性成型在原理上有相同之处。金属材料超塑性基本特征。

a. 变形应在 $0.5 \sim 0.65 T_m$ 温度范围内进行，T_m 为材料熔点。

b. 变形速率应加以控制，通常在 $0.01 \sim 0.0001 mm/mm \cdot s$ 的范围内有助于获得最大的超塑性。

c. 材料在进行超塑性变形的高温下应具有细微的（$\leqslant 10 \mu m$）等轴晶粒组织，这种组织在超塑性变形的过程中能保持稳定,不发生显著的长大。

卤化银材料成型基本特征如下。

a. 挤压温度为 120～250℃,熔点为 420℃,挤压温度最高为 $0.6T_m$。

b. 变形速率为 0.003mm/mm·s。

c. 在 <210℃ 下成型的卤化银多晶光纤晶粒尺寸为 1～2μm,250℃ 时晶粒尺寸为 5～10μm。两者比较结果表明,卤化银多晶光纤的拉丝成型特征基本符合金属材料的超塑性成型的特征。因此,可以利用超塑性的原理来指导和解释光纤拉丝过程中的一些现象,控制光纤的显微结构。

② 卤化银多晶光纤的挤压温度与光纤显微结构的变化。根据超塑性成型的原理,提高变形温度对材料获得较高的超塑性是有利的。图 5-55 所示为一般金属材料超塑性成型应力(拉伸张力)σ 与应变速率 ε 的关系。提高成型温度后,曲线向右移动,说明在相同应力下,应变速率随成型温度的提高而增加,或在相同应变速率下,应力随成型温度的提高而降低。表 5-17 列出了 3 根光纤成形的工艺参数,3 根光纤的变形速率相同,为 0.0033mm/mm·s。从 3 种工艺参数下成型的光纤端面 SEM 照片分析发现,光纤的显微结构基本相同,晶粒尺寸都为 1～2μm。一种是成型温度 $T=120℃$,挤压压力为 18MPa 并在模具内壁涂润滑剂,以减小模具内壁的摩擦阻力,保持变形速率不变,达到既降低挤压温度又降低挤压压力的目的。但润滑剂的加入,引起光纤传输损耗的增加。另一种是不加润滑剂,挤压温度和挤压压力分别为 210℃ 和 30MPa。第三种是将挤压温度提高至 250℃,在相同的变形速率下,挤压压力降低为 22MPa,但晶粒尺寸已为 5～10μm,晶粒已有所长大。由此可见,由于提高了成形温度,使材料获得了较高的超塑性,以达到降低挤压压力或提高变形速率的目的,但却导致光纤的晶粒长大,也影响光纤的传输性能,因此,卤化银多晶光纤的挤压温度应 <210℃。考虑成型速度较慢,光纤长时间处于较高温度加热状态,所以在模具挤压出口处用净化氮气进行冷却,防止晶粒长大。

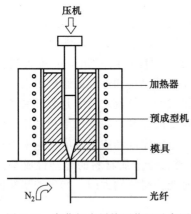

图 5-54 卤化银光纤挤压装置示意图

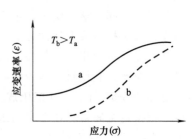

图 5-55 挤压压力(应力 σ)与应变速率 ε 的关系

表 5-17 热挤压成形工艺参数

	1	2	3		1	2	3
温度/℃	120	210	250	晶粒尺寸/μm	1～2	1～2	5～10
压力/MPa	18	30	22	光纤损耗	1	<0.5	3～5
润滑剂	√	—	—				

③ 晶粒尺寸对光纤损耗的影响。光纤与金属材料有不同的应用目的，除力学性能外，光纤的光学性能是应用中最重要的指标。光纤的损耗 $\alpha = \alpha_{吸收} + \alpha_{散射}$，$\alpha_{吸收}$ 由光纤材料的组成和纯度决定，而 $\alpha_{散射}$ 与光纤中的晶体颗粒大小与结构有关。已有一系列实验证明，卤化银多晶光纤的散射损耗与波长 λ^{-2} 成正比，这与众所周知的玻璃光纤中瑞利散射（与波长 λ^{-4} 成正比）

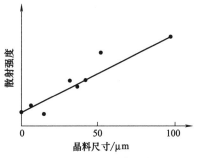

图 5-56　晶粒尺寸与散射强度的关系

不同。Bunimovich 等人将其归结为 Rayleigh-Gans 散射，他们的研究结果表明散射强度与晶粒尺寸的大小相关。图 5-56 所示为在 CO_2 激光（$10.6\mu m$）辐射下的光纤晶粒尺寸与散射强度的关系，结果显示晶粒尺寸在 $20\mu m$ 以下，光纤散射损耗随晶粒尺寸变大而增高。晶粒尺寸＜$100\mu m$，光纤散射损耗与晶粒尺寸的大小呈线性关系。因此，在卤化银多晶光纤成型过程中，挤压温度应尽可能地低，使光纤有较小的晶粒尺寸，从而控制光纤的散射损耗，制备出低损耗的光纤。总之，热挤压成纤特性如下。

a. 采用热挤压法成型的卤化银多晶光纤的成型原理基本与金属材料的超塑性成型原理相符合，挤压温度＜$210℃$，晶粒大小基本不变，晶粒尺寸为 $1\sim2\mu m$。

b. 提高挤压温度，可降低挤压压力，但导致卤化银多晶光纤的晶粒长大，在 $250℃$ 时晶粒尺寸为 $5\sim10\mu m$，引起光纤散射损耗的增高。

c. 模具中加入润滑剂可同时降低挤压压力和挤压温度，但会导致光纤损耗增加。

(3) 吸收损耗与传输损耗特性分析　光在介质中传输，光的能量有一定的损失，即为光纤的传输损耗。光纤传输损耗 $\alpha = \alpha_{吸收} + \alpha_{散射}$，吸收损耗由基质材料的杂质离子含量决定；散射损耗由多晶体的晶粒散射损耗和光纤表面散射损耗等决定。

① 吸收损耗。为了使卤化银多晶光纤有较低的传输损耗，首先必须保证卤化银原料有尽可能低的基质材料吸收损耗。卤化银原料是选用光谱纯级的，虽然其杂质含量已得到一定的控制，但就光纤的要求而言还远远不够。因此，光谱纯级卤化银原料的提纯工艺和单晶预制棒生长工艺是光纤中杂质含量得到控制的关键技术。卤化银原料需经过反复多次高真空熔炼气氛下区域熔融和高真空石英安瓿瓶内单晶生长等特殊的提纯工艺，其目的就是要除去卤化银原料中吸附的 H_2O 及 OH^-、CO_3^{2-}、NO_3^- 等在中红外波段中吸收的阴离子和一些过渡金属阳离子。制成的卤化银多晶光纤预制棒采用激光量热计法测量其吸收系数。图 5-57 所示为 CO_2 激光量热计法测量吸收系数示意图，其中被测卤化银光纤预制棒为 $\phi7mm$，棒长为 $70mm$。卤化银光纤预制棒经抛光清洗处理后，用一尼龙绳挂于隔热的真空容器中央，然后用 CO_2 激光束对其辐射。随着 CO_2 激光辐射的进行，样品的温度开始上升，当辐射后样品浊度稳定时，关闭激光器，待样品温度开始下降时即进行测量。根据热平衡方程，可以导出吸收系数计算公式：

$$\beta = CS\frac{T_{\max} - T_s}{\tau P_0} \tag{5-22}$$

式中　τ——激光器关掉时到样品温度下降时延时时间；

　　S——样品的截面积；

　　C——比热容；

　　P_0——入射激光功率；

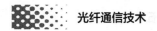

$T_{\max}$——样品稳定时间温度；

T_s——环境浊度。

由此可计算出样品的吸收系数 β。图 5-58 所示为 CO_2 激光量热计法测量吸收系数的实验结果，其中样品 a 提纯 4 次，样品 b 提纯 7 次，样品 b 的吸收系数$<5\times10^{-4}\,cm^{-1}$，样品 a 的吸收系数为 $3.4\times10^{-3}\,cm^{-1}$。显然，适当增加提纯次数对降低光纤预制棒中的杂质离子含量是非常重要的。

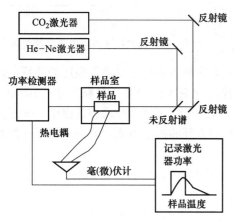

图 5-57　CO_2 激光量热计法测量
吸收系数示意图

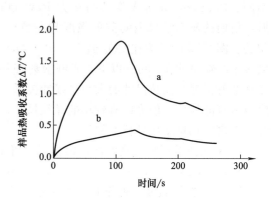

图 5-58　CO_2 激光量热计法测量
吸收系数的实验结果

② 传输损耗。卤化银多晶光纤的传输损耗用截断法测量，图 5-59 所示为光纤在 $10.6\,\mu m$ 处的传输损耗测试装置。图中用一台 CO_2 激光器作为光源，激光束通过焦距 $f=100mm$ 的 ZnSe 透镜聚焦到紧贴在 $\phi=1.0mm$ 的光纤端面为 $\phi0.7mm$ 的光栅上。由于卤化银多晶光纤的长度较短，因此 CO_2 激光器的稳定性和光纤端面抛光的重复性决定了损耗测量的准确性。为了消除这些因素对传输损耗测量的影响，对测量系统和端面处理技术作了改进。由于 CO_2 激光器的输出功率有一定波动，采用增加一路参考光信号来连续监视 CO_2 激光器输出功率的变化，消除由于 CO_2 激光器功率波动对损耗测试的影响。光纤端面的质量是另一个影响损耗测试准确性的因素，对该误差的估计方法是采用同一根光纤用相同的抛光工艺条件分别反复抛光 5~10 次取其平均值。在成熟的工艺条件下，重复抛光后光纤的测量误差$<1\%$。表 5-18 列出了 $\phi=1.0mm$ 光纤的传输损耗测试结果，光纤的传输损耗为 0.3~0.5dB/m，比光纤预制棒的吸收损耗 0.2dB/m（相当于吸收系数$<5\times10^{-4}\,cm^{-1}$）高，这部分增加的附加损耗就是由多晶散射损耗和挤压过程中光纤表面产生的一些缺陷引起的散射损耗。已由实验证明，卤化银多晶光纤的散射损耗几乎与波长 λ^{-2} 成正比，这与石英光纤散射损耗与 λ^{-4} 成正比不同，其对传输损耗的影响更为明显。因此，优化挤压工艺参数，改进挤压模具的结构，提高模具的光洁度，可以降低这部分附加损耗。

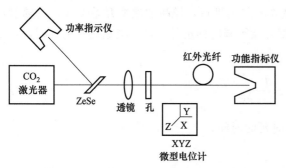

图 5-59　光纤在 $10.6\,\mu m$ 处的传输损耗测量装置

表 5-18　$\phi=1.0mm$ 光纤的传输损耗测试结果

编　　号	长度/m	传输损耗/dB	编　　号	长度/m	传输损耗/dB
1	1.65	0.53	3	1.64	0.30
2	1.58	0.35			

③ 传输高功率 CO_2 激光束。图 5-60 所示为 CO_2 激光束通过卤化银多晶光纤的输出功率与输入功率间的关系，实验用的光纤长度为 1.64m，损耗为 0.3dB/m，直径为 1.0mm。由图 5-60 所示可见，当输入的 CO_2 激光功率为 28W 时，光纤输出功率 >20W，光纤总传输效率约 60% ～ 70%，其中包括两端面的菲涅尔损耗和 CO_2 激光的耦合损耗。

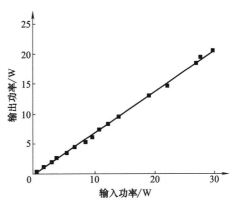

图 5-60　CO_2 激光束通过卤化银多晶光纤的输出功率与输入功率的关系

(4) 热处理效果　用超塑成形工艺制成的卤化银多晶光纤与其他超塑性材料的显微结构特征一样，具有细微晶粒（$\leqslant 10\mu m$）结构。细微晶粒意味着单位体积内存有大量晶界，导致晶体缺陷增多，增加晶体的畸变能，使内能升高，处于热力学上的不稳定状态。如果升高温度，使原子获得足够的活动性，材料将自发地恢复到稳定状态。因此，卤化银多晶光纤经适当温度的热处理是必要的，这可以有效地消除光纤内的残余应力及多晶光纤内的上述缺陷。

① 热处理温度与卤化银多晶光纤的显微结构。用 $AgCl_{0.1}Br_{0.9}$ 的光纤一根，剪成 4 段，分别用 170℃、200℃、250℃、300℃进行热处理，保温时间 1h。从各段温度处理后光纤端面形貌的 SEM 照片中可清晰地看出，经过不同温度的热处理，卤化银多晶光纤的显微结构发生了较大的变化。未经热处理光纤端面的 SEM 照片中，晶粒大小约 $1～2\mu m$，在热处理保温温度为 170℃时，多晶光纤的显微结构没有发生改变，晶粒大小仍为 $1～2\mu m$。随着热处理温度的升高，光纤中开始出现重结晶晶粒，晶粒也逐渐长大，当 $T=200℃$ 时，晶粒尺寸为 $10～20\mu m$；当 $T=250℃$，晶粒尺寸为 $20～30\mu m$；当 $T=300℃$，晶粒尺寸长至 $30～40\mu m$。从上述的变化过程可得出，热处理温度在 >170℃后，多晶光纤的结构开始发生变化，这个变化分为晶体重结晶和晶粒长大两个阶段。在重结晶阶段，高温下的晶粒长大是一种自发过程，它可使晶界减少，能量降低，晶体结构更趋稳定。完成重结晶后，继续升高温度，即进入晶粒长大阶段。晶粒长大是通过大角度晶界的移动，使一些晶粒吞并另一些晶粒，从而使平均晶粒尺寸增加。图 5-61 所示为光纤热处理温度与晶粒尺寸的关系。

② 热处理温度对卤化银多晶光纤显微硬度的影响。将 170℃、200℃、250℃、300℃热处理后的样品进行显微硬度的测量，图 5-62 所示为光纤热处理温度与显微硬度的变化关系。由图 5-62 所示可看出，当热处理温度在 170℃时，多晶光纤硬度与未经热处理的光纤相比没有什么改变，虚线表示未处理的光纤显微硬度，约 20.4MPa；当处理温度高于 170℃后，随温度的升高，光纤的硬度开始下降，这与 SEM 照片中看出的晶粒变化情况相吻合，即热处理温度越高，晶粒尺寸越大，硬度也越低。在 200℃附近时，硬度下降至最低值。因此，从热处理后卤化银多晶光纤的显微结构变化和硬度的变化的分析得出，卤化银多晶光纤的热处理温度应 <170℃。

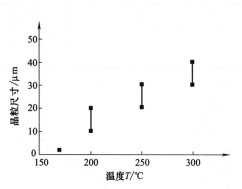

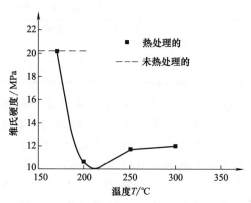

图 5-61　光纤热处理温度与晶粒尺寸的关系　　　　图 5-62　光纤热处理温度与显微硬度的关系

二、KRS-5 多晶光纤

1. 简介

KRS-5 多晶（TlBr＋TlI 混晶）光纤在室温下有很好的柔性，透射光谱范围宽（0.4～40μm）。由本征散射和红外多光子吸收所决定的 V 曲线，谷点处于 7μm 波段，理论最低损耗为 10^{-3} dB/km。在 CO 激光器输出波段（5μm）和 CO_2 激光器输出波段（10.6μm），理论损耗为 10^{-2} dB/km。KRS-5 多晶光纤作为 CO、CO_2 激光的传能光纤，在焊接、切割和热处理等激光加工以及激光手术医疗方面有很好的应用前景。

2. 制备方法

KRS-5 单晶用图 5-63 所示下降法生长，生长速度为 1.5～2.5mm/h，炉内气氛分别用空气、流通 Ar 气体，或用 Ar 作载气、I_2 蒸气作反应气的 Ar＋I_2 混合气体。

多晶光纤用热挤压法压制，压模温度约为 250℃，压力为 400～1000MPa，制得的光纤为 φ0.5～1mm，长为 5m 以上。

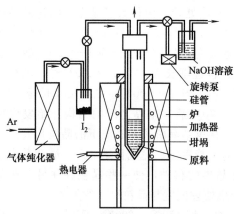

图 5-63　KRS-5 单晶生长装置示意图

3. 性能分析

（1）光纤的稳定性　压制成的 KRS-5 多晶光纤的晶粒尺寸为几微米到几十微米。在较高温度下长期使用或放置，光纤晶粒有长大现象，为了观察光纤在高温下晶粒长大的情况，在 200℃ 温度下退火 1h，光纤晶粒已长大到 200μm。晶粒长大将降低光纤的弯曲强度。

KRS-5 晶体的化学稳定性较好。但是，光纤在空气中，特别是在相对湿度较大环境下长期放置，表面仍将出现可观察到的侵蚀。从长期（半年以上）放置后光纤侧面的显微照相中可见晶粒间界清晰，其透过率降低，损耗增加。

为了提高光纤的长期稳定性，可在光纤表面涂覆保护树脂。光纤经盛有树脂的容器后，涂覆约 0.1mm 厚的保护树脂层，经 200℃ 温度下快速烘干，便获得具有保护涂层的光纤。

（2）光纤在 10.6μm 处的损耗　光纤损耗测量用剪断法。以 6W 单模 CO_2 激光器为光源，用 $LiTaO_3$ 热释电探测器接收。不同生长条件下制备的晶体内散射和光纤损耗列于表 5-19 中。用空气中生长的晶体压制光纤，其损耗＞10dB/m，而用 Ar 或 Ar＋I_2 气氛下生长的晶体，光纤损耗＜2dB/m。

由于光纤的实际损耗远大于本征损耗，因此只讨论光纤的非本征损耗。

高纯金属卤化物的非本征吸收主要是由含氧阴离子团引起的，而晶体中含氧阴离子杂质的一个重要来源是大气中的含氧阴离子在晶体生长过程中混入熔体并最终进入晶体。

Ar 气氛下生长晶体可防止空气中含氧阴离子混入熔体，生长成的晶体氧含量低，可有效地降低光纤损耗。晶体中的氧含量见表 5-20。

表 5-19　不同生长条件下晶体内散射和光纤损耗

生 长 条 件	晶体散射中心	在 $10.6\mu m$ 处光纤衰减/(dB/m)	生 长 条 件	晶体散射中心	在 $10.6\mu m$ 处光纤衰减/(dB/m)
在空气中一次生长	严重	11 ± 0.6	在 Ar 中二次生长	轻微	1.8 ± 0.51
在 Ar 中一次生长	轻微	2 ± 0.6	在 Ar＋I_2 中一次生长	未观察到	1.7 ± 0.5

表 5-20　晶体中的氧含量

晶体	环境气氛	氧含量/($\times10^{-6}$)	晶体	环境气氛	氧含量/($\times10^{-6}$)
KRS-5	Air	11.6	KRS-5	Ar＋I_2	14.0
KRS-5	Ar	9.5	KCl	Ar＋CCl_4	9.7[①]，20.0[②]

① 晶体首部。
② 晶体尾部。

用 Ar 作载气、I_2 蒸气作反应气，则可通过熔体中的含氧阴离子团的还原反应去除含氧阴离子杂质，例如 $SO_4^{2-}+I_2\longrightarrow 2I^-+SO_3+\frac{1}{2}O_2$。但是从表 5-19 和表 5-20 可看出，用 I_2 作反应气的效果不大，甚至相反。这可能是所用 I_2 原料纯度低，在使用温度下 I_2 离化度过小，而且坩埚细长，熔体自由表面积小，反应不充分的缘故。

为了判断结晶提纯的效果，采用重结晶工艺，一次生长完成后，切除金属阳离子杂质富集的尾部，再进行第二次、第三次结晶。用 X 射线荧光法分析了各种工艺条件下晶体内金属杂质相对含量，并与挥发物中杂质相对照，观察到的可能杂质列于表 5-21。从表 5-21 可见，Zr 等杂质可通过生长过程中的蒸发去除，Ba 等杂质可通过结晶提纯去除，而 Pb 等杂质比较特殊，不能通过上述过程去除。由于所有样品内阳离子杂质含量很小，而且差别也很小，可以认为阳离子杂质对光纤损耗的影响不大。

表 5-21　晶体中金属杂质相对含量（$TIL_1=100$ 归一化后峰高）

样品杂质	环境气氛					气化产物
	空气	Ar		Ar＋I_2		
	1通道	1通道	2通道	1通道	2通道	
Zr　Kα	—	—	—	—	—	21.3
Ba　Kα	8.6	4.5	—	4.1	—	
Pb　Lβ	4.3	—	5.7	—	5.9	4.9

对比晶体内散射中心与光纤损耗的关系（表 5-19），可以认为光纤的非本征损耗主要取决于非本征散射损耗。

非本征散射损耗主要由包裹体、表面缺陷、晶界、位错和应力等引起的损耗。就多晶光纤来说，主要是前 3 种。由于 KRS-5 晶体属立方晶系，晶系散射并不重要，因此分析主要是包裹体和表面缺陷引起的散射损耗。

设光纤内存在半径 r、密度 N 的球形包裹，包裹体引起的散射损耗为：

$$\sigma_{sb} = \sigma_s N = 2\pi r^2 N \tag{5-23}$$

式中　$\sigma_s = 2\pi r^2$——包裹体散射截面。

若包裹体体积与光纤体积之比为 0.5×10^{-6}，则 $r = 1\mu m$ 的包裹体散射损耗为 $\sigma_{sb} = 3.3dB/m$。

表面球形缺陷引起的散射损耗为：

$$\alpha_{s\delta} = \gamma N_1 \tag{5-24}$$

式中　$\gamma = \sigma_s / \pi \alpha^2$；

　　　α——光纤半径；

　　　N_1——缺陷密度。

若取 $\alpha = 250\mu m$，$N_1 = 1/100\mu m$，则 $\alpha_{s\delta} = 1.4dB/m$。

由此看出，包裹体和表面缺陷均将造成严重的散射损耗。包裹体密度与晶体质量和成纤工艺有关。长期放置于空气中的 KRS-5 多晶光纤，表面受到侵蚀而形成表面缺陷，晶粒尺寸小于 $100\mu m$，缺陷密度 $N_1 > 1/100\mu m$，可能造成 1dB/m 以上的损耗。另外，由于碱卤化物有很强的腐蚀性，压模材料将玷污光纤表面形成表面缺陷，也将造成附加损耗。

改善晶体生长工艺，消除晶体内散射中心，选取耐腐蚀压模材料和提高压模光洁度以及净化环境等均是降低光纤损耗的重要技术途径。

第三节　光子晶体光纤

一、简介

（一）原理与分类

1. 基本概念

光子晶体光纤（photonic crystal fiber，PCF），也称作多孔光纤（holy fiber）、微结构光纤（micro-structure fiber），最早由 Russell 等人在 1992 年提出。它是一种带有线缺陷的二维光子晶体。光纤包层由规则分布的空气孔排列成三角形或六边形的微结构组成；纤芯由石英或空气孔构成线缺陷，利用其局域光的能力，将光限制在缺陷内传播。由于引入空气孔可以得到传统光纤无法实现的大折射率差，而且改变空气孔的大小和排列可控制其光学特性，因此设计上更加灵活。其导光纤芯可以是低损耗介质（如石英）或空气，它们具有新奇的光学特性并对光纤光学产生深刻的影响。按其纤芯成分的不同，PCF 可以分为实芯 PCF 和空芯 PCF，目前人们认为它们具有不同的导光机制。前者的导光机制是改进的全内反射（modified total internal reflection，MTIR），这与传统光纤相似，也是利用 PCF 包层的有效折射率低于纤芯的折射率而形成的全内反射效应；后者利用的是光子带隙（photonic band gap，PBG）效应，这种光子带隙效应是在光子晶体材料中通过具有合适大小和间距的空气孔形成周期性的排列而产生的，因而这种光纤要求的空气孔的排列比较规则，制作难度也比较大。由于它们的导光机制不同，它们也分别被称为 MTIR 型和 PBG 型光子晶体光纤。

2. 光子晶体光纤的传输机理

与传统光纤只能通过内部的全反射传导不同，光子晶体光纤可以通过两种主要的机制把光限制在一个纤芯中，一种是类全反射，另一种则是全新的物理效应——光子带隙。

（1）类全反射——模筛　这种类型的光传导发生条件是纤芯的有效（平均范围）折射率大于周围包层的折射率。在某种程度上，这与全反射的传输机理有某些相似之处，无限单模光纤即属于此种类型，但是事实上其机理要比全反射要复杂。一束光照射在皮层与纤芯的分界面上产生的经典光线图将说明一部分光可以通过这些"空气孔"之间的空隙逃逸。但是为什么纤芯中的光不会全部漏走呢？这需要用光的波动性质来解释。但在制备工艺上，可以通过几何上的技巧，使基模被限制在纤芯（基模太"大"，无法通过这些"栅"泄漏），同时让高次模挤进带隙以至很快地消散掉。

这个过程很容易让人联想到厨房用的筛子，水（高次模）流出去而谷物（基模）被保留了下来。当孔的直径相对间隙的比率增加时，由于逃逸的路线变窄，连续的高次模也会被束缚在纤芯。对于足够小的孔，光子晶体光纤仍然可以保持各种波长的基模，这就是广为人知的"无限单模光纤"——1996 年这种光子晶体光纤被发现时由发现者而命名。

（2）光子带隙　另外一种传输机制依靠的是光发生连续散射返回纤芯，偶尔到达包层纤芯界面的光被空气孔有力地散射。对于特殊波长和角度的入射光，这种多重散射过程导致光线的结构干涉并返回纤芯。这种建立在光子带隙（PBG）理论上的效应，使光纤可以被制造成空芯——传统概念上这是不可能实现的，因为没有任何一种固体物质的折射率能小于真空。光子带隙理论的特征说明只有特定范围波长的光可以被传输。如果自然光入射到这种光纤，在出射端面上将会呈现多种颜色光混合的现象。

3. 光子晶体光纤的类型

（1）无限单模光纤　无限单模光纤是制备出的第一根光子晶体光纤，其结构如图 5-64 所示。光纤的纤芯为无掺杂的石英玻璃，周围为含有周期性排列小孔阵列的无掺杂石英玻璃的皮层，图中所标区域为光纤的芯区。此光纤的特点为：不论何种波长、何种芯径，均保持其单模特性。相反，传统单模光纤只在一定的波长范围内保持单模特性，过长和弯曲都将导致光泄露。根据这一光纤的独特性质，可将此无限单模光纤制成大模场的传输光纤，用于高能量的传输。

（2）空芯带隙型光纤　空芯带隙型光纤的结构如图 5-65 所示，此光纤为空芯结构，纤芯

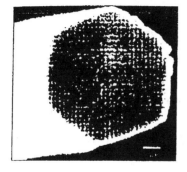

图 5-64　无限单模光纤结构

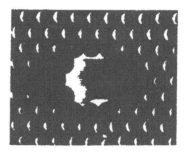

图 5-65　空芯带隙型光纤结构

是由皮层围起的中空通道，周围为含有周期性排列的无掺杂石英玻璃管组成的皮层。光信号在空气中传输，其机理是用光子带隙传输光能，而不是采用全反射原理，因而纤芯的折射率无需比皮层的折射率高。由于用空气为传输介质，此类光纤是真正的低损耗单模波导，但其传输机理与其他传播红外光的空芯光纤有本质的区别。由于用空气为传输介质，完全消除了光学非线性，使非线性功率阈值比普通光纤提高 1000 倍以上。另外，光纤与光纤的连接处无折射率的不连续性，消除了 Fresnel 反射，使连接损耗大为降低。

（3）高非线性光子晶体光纤（high nonlinearilty PCF）　在通常情况下，光纤需保持光学线性，以保证不管传输多大的能量性质均不发生变化。然而，事实并非完全如此，如在光放大和光开关方面，或在激发新波长的光时，非线性亦同等重要。光子晶体光纤（图 5-66）可以通过将光汇聚在一个非常小的纤芯而实现高的非线性。另外，其可在比普通单模光纤更短的波长上实现正色散。由于在可见光或近红外波长可形成光纤孤子，因而可由低能量的皮秒脉冲来产生超连续光。

图 5-66　高非线性光子
晶体光纤结构

（4）保偏光子晶体光纤（polarization maintaining PCF）　短拍光纤在光的偏振态保持方面具有较好的性质，相对于普通光纤的弯曲或形变产生的偏振态（SOP）不可预测的漂移，保偏（PM）光纤使光的偏振性沿优选轴的方向上保持其偏振性。保偏光纤在通信、传感和特定激光设计方面均具有十分重要的作用。在保偏光子晶体光纤中，石英和空气大的折射率差使其产生形状双折射，这种双折射在较长波长时得到加强。已经证明，拍长在 $100\mu m$ 或更短时，保偏光子晶体光纤比现用的熊猫型设计大 1 个数量级。另外，与传统的保偏光纤不同，保偏光子晶体光纤对温度变化和机械变化不明显。

（5）多芯光子晶体光纤（multicore PCF）　在普通光纤中制备多于两芯时非常困难，但在某些情况下单芯光纤显然又不够，运用捆绑制备工艺可制得足够多芯的光子晶体光纤（图 5-67），其工艺与单芯光子晶体光纤的制备同样简单。多芯光子晶体光纤可充分隔离多种信号，使传输信号得以成倍增加，也可离得相当近，以便于有效耦合。纤芯可依据需要而相应排列，可排列成为线形、三角形、四边形、正方形和六边形等。

（二）光子晶体光纤的制备技术

光子晶体光纤的制备技术与传统光纤的制备技术有相似之处，但也存在较大的区别，如图 5-68 所示。

（1）结构设计与材料选择　根据不同的使用要求进行结构设计，然后选择适宜的材料。制备光子晶体光纤所用的材料一般采用无掺杂的石英玻璃，也可根据不同的要求，选择其他的材料，如光学玻璃或聚合物材料等。

（2）单丝的制备　根据不同的要求进行单丝拉制，可以是纯石英玻璃丝或石英玻璃管，或根据其他要求制备的具有芯皮结构的光纤。

（3）捆绑技术　将拉制的单丝排列成光子晶体光纤的放大结构，然后对排列好的单丝进行捆绑黏结，一般捆绑材料为钽丝。

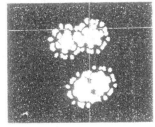

图 5-67　多芯光子晶体光纤的结构

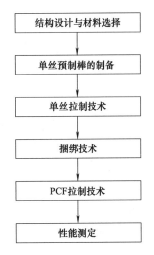

图 5-68　光子晶体光纤的制备工艺

多芯光子晶体光纤中，其中两个
芯分别发生耦合，两组互不干扰

（4）光子晶体光纤拉制　将捆绑好的单丝放入拉丝塔中进行拉制。通常其拉制温度明显低于拉制单丝的温度，以保持单丝形状及捆绑的排列形状和结构，这是拉制光子晶体光纤最关键的一步，也是技术难度较大的一步，既需要有较为精密的拉丝设备，又需要较多的实验技术和经验。

（三）光子晶体光纤的结构与特性

（1）光子晶体光纤的结构　光子晶体光纤（PCF）是基于光子晶体技术的特殊结构的光纤，它在横截面上体现了二维光子晶体的周期性结构，并在纵向上得到伸展。根据纤芯中引入缺陷态的不同，光子晶体光纤可以分为两种：一种是纤芯缺陷为石英的光子晶体光纤，该种光纤传导机制类似于普通的单模光纤，故称为全内反射光子晶体光纤（MTIRPCF），此类光纤对包层中空气孔的形状及周期性无严格要求；另一种是纤芯缺陷为空气的光子晶体光纤，这种光纤对包层空气孔的形状及排列规则有严格的要求，其导光机制完全是利用在光子禁带中引入缺陷态进行的，所以称为光子带隙光子晶体光纤（PBGPCF）。

1996 年，英国 Bath 大学的 ST. J. Russell 等人制出了第一根光子晶体光纤。当时由于制造工艺粗糙。光在该光纤中的损耗很大。后来，人们采用多种方法去制取光子晶体光纤，以堆积法为最多。近期，光子晶体光纤的特性已有较大改进。据日本 Jajima 报道，他们已使光子晶体光纤在 $1.55\mu m$ 处损耗降至 $0.37dB/km$，已接近常规单模光纤的水平。

（2）光子晶体光纤的特性　影响光子晶体光纤性质的特征参数主要有 3 个：空气孔的直径大小 d、空气孔间距 Λ 以及中间纤芯的半径大小 a。光子晶体光纤截面示意图如图 5-69 所示。

由于光子晶体光纤的特殊结构和导光机制，越来越多的研究发现，光子晶体光纤在许多方面有着奇特的性质，在未来的光通信领域将有广阔的应用前景。

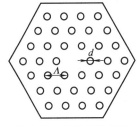

图 5-69　光子晶体光纤
截面示意图

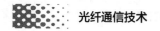

① 无截止单模传输特性。在普通折射率的阶跃性光纤中，传导模式由以下 V 值决定：

$$V = \frac{2\pi a}{\lambda}(n_1^2 - n_2^2)^{1/2} \tag{5-25}$$

式中　n_1 和 n_2——光纤纤芯和包层材料的折射率；

　　　　a——纤芯半径。

只有当 $V < 2.405$ 时，光纤才能维持单模传输，即只维持称为基模的 HE11 模。可以看出，传统光纤存在着一个截止波长 λ_c，只有波长大于此截止波长的光波，才能在光纤中实现单模传输，而波长小于截止波长的光波在光纤中为多模传输。在光子晶体光纤中，n_1 和 n_2 可分别理解为光子晶体光纤纤芯和包层的等效折射率。光子晶体光纤包层的等效折射率 n_2 可以根据包层晶胞的等效数学模型解出，它是光辐射波长的函数。当波长减小时，光束截面随之收缩，光波模式分布向熔融硅区域集中。当 n_2 增大时，n_1 和 n_2 的差减小，这就抵消了波长减小对 V 值的影响，使 V 趋于定值。理论计算及实验表明，当包层空气孔参数满足 $d/\Lambda < 0.15$ 时，光子晶体光纤具有无截止单模特性。而且，这个条件只对 d 与 Λ 的比值提出要求，而与光子晶体光纤的绝对尺寸没有关系。所以，当放大光纤结构尺寸时，光子晶体光纤仍可保持单模传输，从而为实现大模场面积单模光纤提供条件。目前，有的单模光子晶体光纤的模场面积已经可以达到普通光纤的 10 倍以上，具有大模场面积的光子晶体光纤可以大大减小耦合损耗，降低在纤芯中传输的光功率密度，减小非线性效应。

② 色散特性。在光纤通信中，色散是一个不容忽视的效应。现有光纤通信系统中，普通单模光纤在 $1.55\mu m$ 附近具有 $D \approx 16ps/(km \cdot nm)$ 的反常 GVD。要消除该影响，必须采取补偿措施。现在商用的色散补偿光纤（DCF）$D > -100ps/(km \cdot nm)$，一般长 1km 的单模 DCF 只可以补偿 8～10km 普通单模光纤的色散，而光子晶体光纤特殊的色散特性可使它达到远优于普通色散补偿光纤的色散补偿效果。光子晶体光纤的色散可以分为材料色散和波导色散两种，其色散系数为：

$$D = -\frac{\lambda}{c} \times \frac{d^2 n_{\text{eff}}}{d\lambda^2} = D_g + \Gamma(\lambda) * D_m(\lambda) \tag{5-26}$$

式中　n_{eff}——模式有效折射率；

　　　　D_g——波导色散；

　$D_m(\lambda)$——材料色散。

材料色散 $D_m(\lambda)$ 可以通过三阶 sellmeier 方程得到，$\Gamma(\lambda)$ 一般近似取 1，材料色散对总色散的增加影响不大，总色散的增加主要取决于光纤的波导色散 D_g。波导色散对总色散 D 的影响依赖于光纤的设计参数（如纤芯半径 a 和纤芯-包层折射率差 Δ）。普通光纤中，由于 Δ 不可能做得很大，所以波导色散不能有效提高。而在光子晶体光纤中，由于其包层中空气孔的作用，包层中的有效折射率可以做得很小，纤芯-包层折射率之差增大，从而极大地提高了波导色散对总色散的影响。据报道，最新设计的光子晶体光纤的结构参数为：$\Lambda = 0.932\mu m$，$d/\Lambda = 0.893$，$\Lambda - d = 0.1\mu m$，正常色散系数可以达到 $D = -474.5ps/(km \cdot nm)$，近似于普通色散光纤的 5 倍。

而且，通过适当设计光子晶体光纤空气孔的参数，可以得到很宽波段的色散平坦，并且色散曲线的中心波长可移，从而实现宽带范围内的色散补偿。据报道，现在已经可以将 $1.55\mu m$ 中心波长处 263nm 带宽范围内的色散补偿到 $|D| \leqslant 0.05ps/(km \cdot nm)$，零色散波长可移到 $1\mu m$ 以下。

③ 非线性特性。光纤的非线性系数为：

$$\gamma = \frac{n_2 \omega_0}{c A_{\text{eff}}} \tag{5-27}$$

式中　n_2——光纤包层的折射率；

　　　ω_0——光场的中心频率；

　　　A_{eff}——光纤的有效纤芯面积；

　　　c——真空中的光速。

可以看出，光纤的非线性反比于光纤的有效纤芯面积 A_{eff}，而 A_{eff} 依赖于光纤参数，如纤芯半径 a、纤芯-包层折射率差 Δ。在全内反射光子晶体光纤中，增大包层的空气填充比，可以增大光纤的纤芯-包层折射率差，减小光纤的有效纤芯面积，从而极大地提高光纤的非线性系数。普通光纤非线性系数典型值为 $2/(\text{W}\cdot\text{km})$，光子晶体光纤非线性系数可以达到 $50/\text{W}\cdot\text{km}$ 以上。

具有大非线性系数的光纤有利于各种非线性效应的发生，诸如自相位调制（SPM）、交叉相位调制（XPM）、受激拉曼散射（SRS）、受激布里渊散射（SBS）以及四波混频（FWM）等，可以使超短脉冲在很短的距离内就展宽成很宽的光谱，其中一个应用就是产生超连续光谱（宽带"白光"）。2004 年初，Blaze Photonic 公司曾发布了一款新型 PCF，该光纤是针对传统的 Nd^{3+} 微芯片激光器特别优化设计的，可产生超连续光谱。这种光谱可以横跨一个倍频程（octave），可在单模光纤上产生一个宽带输出，光谱亮度超过太阳 10000 倍。

④ 双折射特性。由于纤芯形状和应力导致的各向异性，单模光纤中的模式双折射程度值不是常数，而是随机起伏的，使进入光纤的线偏振光很快变成部分偏振光，造成偏振模色散。通常利用保偏光纤来减小这种影响。在该种光纤中，施加的固有双折射要比由应力和纤芯形状变化引起的随机双折射大得多，结果在整个光纤上其双折射几乎是常数，随机的双折射起伏不会严重影响光的偏振。对于保偏光纤而言，双折射效应越强，拍长越短，越能够保证传输光的偏振态。与传统光纤相比，光子晶体光纤纤芯区与包层之间具有更高的折射率差，并且制作过程中可以灵活地制造各种对称与非对称结构，这为在光子晶体光纤中实现高双折射提供可能。对于全内反射光子晶体光纤，在其包层采用两种尺寸的空气孔，使该光纤具有二重旋转对称性，原来简并的两个正交偏振模不再简并，呈现出很强的双折射。模式双折射比普通的保偏光纤至少高一个量级，而且波长越长，双折射效应越强，即使弯曲和形变，也能很好地保证传输光束的偏振态。分析结果表明，在波长 1540nm 时，其拍长可达 0.4067mm，大约为传统保偏光纤的 1/10，有望成为具有更优异保偏特性的光纤。

另据报道，在具有不完全光子带隙的非均匀结构的光子晶体光纤中也发现了极有价值的新现象。当飞秒激光耦合进如图 5-70 所示非均匀结构的光子晶体光纤中时，因非线性效应首先产生极宽的超连续光谱。

在此超连续光谱的传输过程中，光线强烈的双折射效应使其产生拍频，再加上该光纤结构上的非周期性所形成的不完全光子带隙，在光纤的纵向上呈现出明显的拍频现象。

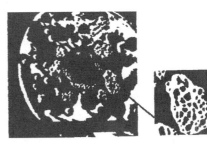

图 5-70　非均匀结构的光子晶体光纤

（四）光子晶体光纤的应用

（1）用于有源器件的制作　光子晶体光纤不仅可以用于制作各种无源器件，还可以用在有源器件的制作中。

带隙可以用于制造低功率的拉曼放大器。英国研究人员以填充氢气的中空光纤制造低功率拉曼放大器，能将普通光纤发出的光轻易地转换至其他波长，这项成果可望实现体积小、价格便宜的紫外光源，应用在诸如肿瘤检测等医学和其他领域中。英国 Bath 大学 Philip Russell 领导的研究小组让光穿过宽为 $50\mu m$、长为 35m 的光子带隙晶体光纤，该光纤的孔洞按蜂巢晶格排列，中心孔洞直径为 $7\mu m$，孔洞中充满氢气。由于该光纤能将一定波长的光局限在光纤中，所以与普通的二极管比较，光子带隙晶体光纤可以产生足够的光子来进行双光子碰撞。当光纤中的光子穿过诸如氢气之类的拉曼气体时，这类气体能通过振动或转动激发吸收光子，然后发出波长较长的光子，新发出的频移光子在另一个激发光子的协助下能在另一个分子上引发拉曼效应，最后便能产生新的光束。如果拉曼气体不吸收而是贡献光子，则可产生波长较短的光。普通光纤要百万瓦的激发功率才能产生可观的拉曼频移光束，而带隙光子晶体光纤只需要 4W 就够了。

全内反射光子晶体光纤可以用于产生超连续光谱（宽带"白光"）。如前面所提到的，2004 年初，Blaze 曾发布一款新型双包层光子晶体光纤，该光纤是针对传统的 Nd^{3+} 微芯片激光器特别优化设计的，可产生超连续光谱。这种光谱可以横跨一个倍频程（octave），可在单模光纤上产生一个宽带输出，光谱亮度超过太阳 10000 倍。Blaze 表示，利用微芯片激光器和 PCF 可获得高性能的光源，将会取代传统的宽带光源，如 Lamp 和超高亮度的 LED。它的应用领域包括光通信设备的光谱响应测试、光相干成像（OCT）、多光子光谱显微镜以及化学传感领域。

另外，由于光子晶体光纤的工作波段和可以达到的高功率水平，尤其是它的极高的光-光转化效率是普通有源单模光纤不可比拟的，所以可以考虑用光子晶体光纤实现高功率、高光束质量输出的单模光纤激光器。目前，主要是在芯层中掺杂 Yb 元素和 Er 元素等，以用于高功率的双包层光子晶体光纤激光器中。丹麦 Crystal Fiber 公司的一种芯层掺 Yb^{3+} 的双包层光子晶体光纤，其包层空气孔直径 $d=2\mu m$，$d/\Lambda=0.18$，芯层直径约为 $28\mu m$，掺杂区域直径约为 $9\mu m$，掺杂浓度 Yb^{3+} 为 0.6%。另外，还掺杂少量 Al 以保证激光活性离子的掺杂浓度和产生激光的效率。当用中心波长 976nm 的二极管激光器双向泵浦长 2.3m 的此种光纤时，光-光转化效率达到 78%，输出功率达 80W，输出光束的 M_2 值为 1.2 ± 0.1。双包层光子晶体光纤的传输损耗极低，目前双包层光子晶体光纤激光器已有望达到千瓦量级。

（2）用于高功率激光的传输　传统单模光纤的纤芯主要成分是熔融硅，它具有材料介质所固有的属性，即本征吸收、瑞利散射、材料色散及材料的非线性等，容易产生很多不利于光传输的效应。而带隙型光子晶体光纤的纤芯为空气，就不会存在这样的问题。因气体的光学损坏阈值远高于固体的光学损坏阈值，所以这种光纤特别适合短脉冲和高功率传送需求，如可以传送波峰功率达数百瓦的 100fs 脉冲，特别适合蓝宝石或 Nd^{3+}：glass 激光器的超短脉冲传输。

Blaze 公司已在中空 PCF 上示范传输的光效率超过 99%，理论研究表明还可以改进到 99.8%，波长范围从可见光拓展到近红外，即从 440nm 拓展到 2000nm。

（3）在量子通信中的应用　量子通信是量子信息的传输，是当前通信领域的前沿，量子密码术、量子远程传态和量子密集编码都显示了量子通信的独特功能。目前，量子通信单元是量子比特，理论指出 n 个量子比特传输的信息量可能达到经典信息的 $2n$ 倍，显示出量子通信一旦实现，带来的信息容量是惊人的。由于量子态的不可克隆性和量子的纠缠性，使任何窃密者都会被发现，因此可以提供绝对保密通信。所以，量子通信在将来的通信领域中具有非常广阔的发展前景。

光子晶体光纤在量子通信中的应用是多方面的。首先，利用光子晶体光纤可以产生关联光子纠缠对。目前，国内外进行的量子通信实验系统中，大多采用关联光子纠缠对，利用微弱光子束通过晶体Ⅱ型参量下转换产生光子纠缠对，实验中主要采用二阶非线性系数较大的BBO晶体。利用这种晶体产生光子对，耦合的效率是比较低的。为了提高光子对的入纤效率，可以考虑利用光纤在三阶非线性作用下，通过四波混频的参量荧光过程产生关联光子纠缠对。由于四波混频产生光子对的增益与光纤的非线性系数成正比，因此利用光子晶体光纤产生关联光子纠缠对，加上它的非线性系数大，会明显优于普通单模光纤。2003年，美国Princeton NEC研究所Dogaria等人已经从实验中证实，可以利用光子晶体光纤产生纠缠对，利用Ti蓝宝石激光器产生波长为831nm的光脉冲为泵浦源。他们利用4m泵浦源、光脉冲脉宽2ps的重复频率为80MHz、入纤功率为8mW，得到信号和闲频光的复合率为106/s。另外，由于光子晶体光纤的零色散点可以在较大的范围内变化，则可以根据需要，在较宽的波长范围内产生关联光子纠缠对。

其次，利用光子晶体光纤可以产生光孤子压缩纠缠态。尽管当前量子通信实验大多利用关联光子对进行，但必须看到单光子的传输和准确的探测都是很困难的。关联光子纠缠对产生的随机性，也对通信中有目的调制带来困难。近年来，人们将关注的眼光转向具有多光子的纠缠光孤子对，它不仅有较强的能量，便于探测，而且可能利用与相位有关的参量放大器进行放大，以便进行较长距离的传输。2001年，德国的Silberhom等人利用保偏光纤的非对称Sagnae干涉仪使光孤子变成压缩态，然后通过偏振分束器分成两个偏振幅压缩态，再利用50/50光分束器使压缩光变成量子纠缠的光孤子对，可以用于量子通信实验。由于双芯光子晶体光纤的偏振效应，也可以用双芯光子晶体光纤制成Sagnac光纤环，在对光子晶体光纤的双折射非线性和长度进行合理设计与制造的前提下，可以得到较大的压缩和纠缠。

再次，合理设计带隙型光子晶体光纤有可能使光孤子在其中实现超低损耗传输。当光孤子压缩态在光纤中传输时，因损耗存在，其压缩性质将退化。曾有人计算过，在普通单模光纤中，当光孤子传输距离为1.6km时，压缩态系数将减少一半。因此，要利用光孤子压缩态进行量子通信，必须利用损耗更小的光纤。对光子晶体光纤的孔隙与包层进行合理设计，从理论上论证，光孤子传输的损耗可能为零，这显然有利于光孤子压缩态的传输。

另外，光子晶体光纤可以用于参量放大器的制作。光孤子压缩态与相位相关，所以对它的放大不能用于与相位无关的掺铒光纤放大器，只能用于与相位有关的参量放大器。与传统光纤相比，合理设计的光子晶体光纤可以达到较大的非线性系数、较小的色散斜率，而非线性系数的增加可以增大参量放大器的增益，色散斜率的减少也有利于增大参量放大器的增益带宽，所以可以利用光子晶体光纤来制作高增益宽带的参量放大器。

二、石英光子晶体光纤

1. 简介

石英（基）光子晶体光纤（silica-based photonic crystal fiber，sPCF）是一种区别于传统单一结构石英通信光纤的光子晶体光纤，20世纪90年代基于光子晶体概念的提出，可以说揭开了光纤发展史新的一页。sPCF的结构特点是：在包层横向截面上隔一定间距就分布有微小气孔，气孔直径在光波长量级并贯穿于整个光纤。与传统单一结构石英通信光纤相比，具有新奇的光学特性，如无截止频率单模传输、灵活可调的群速色散特性、丰富的非线性特性和高双折射特性等。

2001年，澳大利亚光子学联合研究中心、澳大利亚悉尼大学的西蒙·弗莱明（Simon Fleming）教授领导的研究组把sPCF或多孔光纤（holey fiber）思想从玻璃材料推广到聚合物材料，这完全类似于将传统的玻璃通信光纤推广到聚合物光纤（POF）所产生的革命性发明，开拓了一个全新的光纤研究和应用领域。

2. 制备方法

石英的玻璃化温度在2000℃左右，其拉制设备较昂贵。而且石英在拉制温度下的表面张力和黏度特性，使空气孔容易变形，这就对拉制温度的精确控制和稳定性有一定要求。另外，制造方法比较单一，一般采用规则排列一定数量毛细管的方法，其结果基本限定了包层光子晶体结构为正三角形或六角形，很难生产其他几何结构的光子晶体光纤。

3. 性能特性

sPCF的性能主要体现在以下几方面。

（1）材料　除空气孔外只有单一的石英材料，从而消除了纤芯与包层之间由力学与热学带来的不相容性，其最佳工作波长与光通信的$1.31\mu m$或$1.55\mu m$相对应。

（2）传输损耗　sPCF的损耗主要取决于所选的光子晶体包层的几何结构。由于完全光子带隙的存在消除了横向平面内的辐射光损耗，因此可以大大降低它的传输损耗。例如，2004年初丹麦Crystal Fibre A/S公司Nielsen等人报道，sPCF的损耗达0.48dB/km@1550nm，尽管只比低损耗通信光纤高一倍，但加上其不可避免的高成本，显然不可能取代损耗只有0.2dB/km（1550nm）的石英光纤来用作长距离传输光纤。因此，在很长一段时间内，sPCF注定只能在短距离通信和光纤器件等方面应用，其1dB/km量级的传输损耗在"光纤到户"，即"最后100m"的局域网系统中却是非常理想的。

（3）力学性能　sPCF的力学性能表现在弯曲、拉伸、扭转应力引起的衰减变化方面。虽然石英材料较脆，其最小弯曲半径较大，但可以得到较大的空气孔填充率，使得包层的有效折射率非常接近理想的空气情形。现有两类典型的sPCF：实芯受抑全反射型光子晶体光纤和空芯光子带隙（photonic band gap，PBG）型光子晶体光纤，其空气孔填充率非常高。

（4）色散　sPCF相对于传统通信光纤最大的优点之一是它具有异乎寻常的色散性质，但这完全取决于其几何结构的设计，从而灵活地实现大的反常色散或正常色散、正的或负的色散斜率、超平坦色散、零色散波长的大范围移动等。

（5）非线性　尽管石英体材料本身的非线性系数很低，但由于光子带隙效应所带来的强光束禁闭，使sPCF的超连续谱生成、光孤子生成、三次谐波生成等非线性效应极度加强，使其成为广泛应用的重要器件。

4. 应用方向

sPCF除在短距离数据传输领域的中低速光纤通信局域网方面充分展示魅力和应用前景外，其重要的应用价值还在于可以制造PCF激光器、拉曼PCF放大器、电光效应器件、非线性光学活性（有源）光纤等功能器件。

三、聚合物光子晶体光纤（pPCF）

1. 简介

pPCF区别于sPCF的最大特点就来源于如其名称所表现出来的"石英到聚合物"的材

料替换，这种替换为其带来 sPCF 不具备而传统聚合物光纤具有的光学特性，同时也简化了制备技术，降低了成本。因此，其应用又会渗透到传统聚合物光纤领域。

2. 制备技术

目前，典型的 sPCF 制作工艺过程一般分两步：先制棒，后拉丝，即首先按照设计结构制作预制棒。选择合适管径与壁厚的高纯度石英管，在其中规则排列一定数量的毛细管，毛细管尺寸是事先按照设计要求拉制的，而中心可以用实心石英棒，也可以通过抽除几根毛细管作为空气纤芯，然后用普通商用石英光纤拉丝塔在大约 1800～2000℃ 的高温下将预制棒熔化并拉制成光纤，在线涂覆紫外固化保护涂层。

由于 pPCF 具有比较低的拉丝温度，所以总的来讲，制造过程较 sPCF 简单，但仍然无一例外地采用类似 sPCF 的"先制棒，后拉丝"法。近年来报道的 pPCF 的制造工艺真正灵活地体现在聚合物预制棒的制备上，比较直接的制造方法是无结构毛细管密堆积拉丝法。除此之外，还有几种聚合物预制棒制备方法，如挤出法、铸造法、模具内聚合法和浇注成型法等。由这些方法得到的聚合物预制棒具有不同的微结构截面，且具有聚合过程的可控性，包括空气孔可以具有任何想要的不同的形状、大小和孔间距。从聚合物材料的角度讲，尽管拉制前后空气孔的占空比有一定的变化，但其黏度和表面张力特性在玻璃化相变温度附近可以很好地维持空气孔的形状。而且从 PCF 的角度讲，其长度只限于几百米，在方向上的结构均匀性和一致性可得到很好的维持。

2004 年 5 月，Large 等人报道了掺杂红色荧光染料罗丹明的 pPCF（PMMA）制备。罗丹明的掺杂是在乙烯基系 PMMA 预制棒制备完成后进行的，此时预制棒中的空气孔直径在 $250\mu m$ 左右，它允许甲醇/罗丹明混合溶液顺利通过每个小孔。乙烯基系 PMMA 预制棒在甲醇/罗丹明混合溶液中浸泡约 4 天以后，罗丹明染料基本上可以随甲醇渗透到预制棒的"全身"，然后在 90℃ 左右的温度下蒸发掉甲醇。这种预制棒经拉丝后得到的 pPCF 具有类似图 5-71（d）所示的显微结构。经过测量，该 pPCF 的损耗行为与掺杂前几乎没有变化，但荧光行为极为明显，而且荧光谱位置与光纤长度有很大关系。研究认为，本掺杂 pPCF 的制造报道具有非常重要的意义，这种技术思路将为更奇异的 pPCF 激光器、拉曼 pPCF 放大器、非线性光学活性（有源）光纤等功能器件提供各种掺杂（甚至包括无机材料）的pPCF。

3. 结构与性能特性

（1）结构特征　pPCF 的结构特点：在包层横向截面上隔一定间距就分布有微小气孔，气孔直径在光波长量级并贯穿于整个光纤，其骨架结构可以是聚甲基丙烯酸甲酯（PM-MA）、聚苯乙烯（PS）、聚碳酸酯（PC）、氟化聚甲基丙烯酸甲酯（FPMMA）和全氟树脂等多种传统聚合物光纤所用的光学聚合物材料。类似于 sPCF，pPCF 按导光机制可以不严格地分为两种结构。

① 采用改进的全反射型 pPCF。其纤芯材料和空气孔间的骨架是同一种材料，因此没有纤芯和包层的明显界线。图 5-71 所示为近年来报道的主要实芯全反射型 pPCF 显微照片，其中图 5-71（a）所示为澳大利亚悉尼大学的埃克伦伯格等人 2001 年 9 月报道的第一个有历史意义的 PMMA pPCF，其空气孔平均直径 $d=1.3\mu m$，平均孔间距 $\Lambda=2.8\mu m$，芯径可按 $4.3\mu m$ 来表征；图 5-71（b）所示为他们随后在年底报道的环形 PMMA pPCF，结构参数根据图中的标尺确定；图 5-71（c）所示为 Eijkelenborg 等人 2003 年初报道的氟化 PMMA pPCF，其空气孔平均直径为 $1.9\mu m$，平均孔间距 $\Lambda=3.5\mu m$，光纤外径为 $200\mu m$；图 5-71

（d）所示为同时报道的梯度折射率型 PMMA pPCF，它所含的空气孔直径在每个环上都不

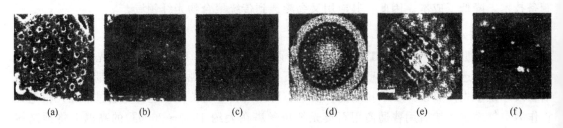

图 5-71　近年来报道的主要实芯全反射型 pPCF 的显微照片

同，总共包含 216 个，光纤外径为 $220\mu m$，内径估计为 $65\mu m$；图 5-71（e）所示为澳大利亚悉尼大学的 Zagari 等人 2004 年初报道的 PMMA pPCF，它的外径为 $570\mu m$，中心区（非芯区）直径为 $180\mu m$，其具意义的微结构区在图中的分辨率下仅见中心的暗点，放大后类似于图 5-71（c）所示的六角结构；图 5-71（f）所示其空气孔平均直径为 $0.53\mu m$，平均孔间距 $\Lambda=1.38\mu m$，芯径是按 $2.23\mu m$ 来表征的。

② PBG 型 pPCF。其导光的纤芯属于周期性结构中的低折射率缺陷（一般为空气），而包层的结构周期性较好。图 5-72 所示为近年来报道的主要空芯 PBG 型 pPCF 的显微照片，其中图 5-72（a）所示为澳大利亚悉尼大学的 Large 等人 2002 年报道的第一个 PBG 型 pPCF；图 5-72（b）所示为埃克伦伯格等人 2003 年初报道的氟化 PMMA pPCF，其空气芯直径为 $12\mu m$，空气孔平均直径为 $1.7\mu m$，平均孔间距 $\Lambda=5\mu m$ 光纤外径为 $200\mu m$；图 5-72（c）所示为澳大利亚悉尼大学的 Padden 等人 2004 年初报道的空气芯＋成对偏实芯结构的 PMMA pPCF，其空气孔平均直径为 $1.8\mu m$，平均孔间距 $\Lambda=4.8\mu m$，成对偏实芯距离为 $9.6\mu m$。

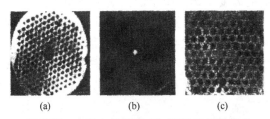

图 5-72　主要空芯 PBG 型 pPCF 的显微照片

（2）光学特性　关于 pPCF 各种特性的物理根源可以这样来定性地理解：pPCF 包层的有效折射率是光波长的函数，使光场在包层中的分布出现新的变化，产生独特的色散特性和非线性特性。

对于改进的全反射型 pPCF，其导光机制和全反射型 sPCF 一样，类似于纤芯为高折射率材料的传统通信光纤，其中空气孔的作用是减小包层区域的有效折射率，因而能够把光限制在折射率较高的实芯区域中。对于常规聚合物光纤，其纤芯的折射率与包层的折射率（来源于不同种类和浓度的掺杂）净差或对比不够大，如常用的 PMMA、PS 和 PC 聚合物光纤的 $n_{芯}/n_{包}$ 分别为 1.492/1.417@538nm、1.592/1.416@570nm 和 1.582/1.305@670nm。由于导波模传播常数 β 的数值范围取决于 $n_{芯}>\beta/k>n_{包}$，所以较大的折射率比能够获得较大的传输波长范围。如果空气孔所占包层区域的比例很大，那么 $n_{包}$ 将非常接近最理想的 1.0，折射率净差将得到史无前例的提高。再考虑光子晶体的结构因素，在某些波长段处会产生光子带隙或赝带隙效应，更会得到独特的色散特性，如可见光区的零色散、超平坦近零

色散、负高色散或正高色散等。

对于 PBG 型空芯 pPCF，周期性排列的包层产生光子带隙，处在带隙中的频率不能在包层中传播。导光的空气纤芯作为周期性结构中的低折射率缺陷，在其中存在一个局域化模，因而可以准确地传播属于这个局域化模频率的激光。由于纤芯的折射率低于周围介质的折射率，如果其包层结构是单一的高折射率材料，则制成传输光纤是不可能的；如果包层具有较好的周期性，如不含空气孔的 Bragg 环形结构或空气孔周期排列的光子晶体形结构，则包层具有的光子禁带结构能确保在空气芯中良好地传输光信号。由此看来，PBG 型空芯 pPCF 的色散主要是波导色散（大多数情况下是反常色散），而且在带宽传输中具有大色散斜率。除此之外，其最大优点自然体现在极低的传输损耗方面，而损耗主要发生在空气芯附近的聚合物骨架上。

到目前为止，报道的 pPCF 基本上是原型性的，使用材料的光学质量并不高，如图 5-71 （a）所示的 pPCF 损耗为 32dB/m@632.8nm；图 5-71 （c）所示的 pPCF 损耗为 4dB/m @855nm，色散为 100ps/(nm·km) @855nm。

4. pPCF 的应用

2004 年 1 月报道的 112 孔（像素）平方阵列 pPCF 成像如图 5-73 （a）所示。该 pPCF 的预制棒是直径为 80mm 的 PMMA 棒，上面用可编程数控机床钻有 112 个空气孔，当拉成的 pPCF 直径为 800μm 时，孔间距为 42μm；当拉成的 pPCF 直径为 250μm 时，孔间距为 15μm。实验中，用白光均匀照射一个匚形金属屏后用小透镜将像投在直径为 250μm、长为 42cm 的 pPCF 一端，则在另一端得到如图 5-73 （b）所示的 CCD 像，即使光纤的弯曲半径为 3mm 时也减弱不明显。不过，要特别注意的是，这里的传光机制属于全反射型，光主要不是在空气孔中传输，主要是在 4 个孔之间的背景材料中传输。尽管如此，用直径为 800μm、长为 20cm pPCF 的针孔实验表明，利用光子带隙效应也实现了空气孔传光（在中空结构的普通光纤中是不可能实现的），因此提高了信号捕获比和分辨率。

(a) 多芯pPCF的　　　(b) 匚形金属屏
显微图像　　　　的CCD像

图 5-73　pPCF 成像

相干光纤束成像的直径通常会达到几毫米，在应用上会受到很大限制。上述实验初步显示 pPCF 在相干光纤束成像领域的应用可能，值得给予足够的重视。

四、光子晶体光纤的分析方法

目前对光子晶体光纤的分析方法主要有 3 种，即有效折射率法、平面波分解法和正交多项式分解法。

（1）有效折射率法　由英国 Bath 大学的 J. C. Knight 等人提出，具体分析方法如下：首先考虑当纤芯缺失时的包层周期性结构，将它扩展为无限大，在此无限大光子晶体包层中的最低模式被称为空间填充基模（Fundamental Space-filling Mode FSM）。解 Maxwell 方程得到空间填充基模的有效折射率：

$$n_{\text{eff·cladding}} = \beta_{\text{FSM}}/k \tag{5-28}$$

然后，将 PCF 粗略地等效为阶跃折射率光纤：

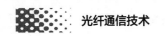

$$n_{芯} = n_{sillica}, n_{cladding} = n_{eff \cdot cladding} \tag{5-29}$$

据此，可以计算出光纤的有效归一化频率：

$$V_{eff} = \frac{2\pi\Lambda}{\lambda}(n_{sillica} - n_{eff \cdot cladding}) \tag{5-30}$$

这种方法可以对 PCF 的单模运行机制作出很好的解释。但是由于它忽略了 PCF 截面的复杂折射率分布结构，不能精确预测 PCF 的模式特征，如色散和偏振。

（2）平面波分解法　考虑到 PCF 的复杂包层结构，该模型将模场分解为平面波分量的叠加，同时将折射率展开为傅里叶级数，并将以上分解带回电磁场的全矢量方程，求解本征值问题，从而可以得到模式和相应的传播常数。这种方法可以精确模拟 PCF，但效率不高，因为它没有利用导模的局域化特征，分解后会有很多项。

（3）正交多项式分解法　把模场和中间折射率缺陷部分都分解为 Hermite-Gaussian 函数，将空气孔网格用周期性余弦函数表示，利用这种分解，既可以用矢量法，也可以用标量法对模场进行求解。该方法也可以较精确地预测 PCF 的模式特征和传播常数，而且效率较高，求解过程相对简单。但要注意，用标量法求解时，要求 PCF 的空气孔径与孔间距之比足够小，才能有精确的结果。

第六章

光　缆

第一节　简　介

一、基本概念与作用

光缆是由若干根这样的光纤经一定方式绞合、成缆并外挤保护层构成的实用导光线缆制品。

光缆内的加强件及外保护层等附属材料的作用主要是保护光纤并提供承缆、敷设、储存、运输和使用要求的机械强度、防止潮气及水的侵入及环境、化学的侵蚀和生物体啃咬等。

二、组成

光缆主要由两部分构成：缆芯和护套。

1. 缆芯

由涂覆光纤和加强件构成，有时加强件分布在护套中，这时缆芯只有涂覆光纤。涂覆光纤又称芯线，主要有紧套光纤，松套光纤，带状光纤三种。它们是光缆的核心部分，决定着光缆的传输特性。加强件的作用是承受光缆所受的张力载荷，一般采用杨氏模量大的镀锌或镀磷钢丝或芳纶纤维，或经处理的复合玻璃纤维棒等材料。

2. 护套

护套的作用是保护缆芯、防止机械损伤和有害物质的侵蚀，对抗侧压能力、防潮密封、耐腐蚀等性能有严格要求。其结构一般为：内护套→铠装层→外护层三层。

内护套　位于铠装层与缆芯之间的同心层，起机构保护与铠装衬垫作用。常用的内护套有 PE、PVC 护套。

铠装层　在内护套与外护层之间的同心层，主要起抗压或抗张的机构保护作用。铠装层通常由钢丝或钢带构成。钢带铠装层的主要作用是抗压，适用于地下埋设的场合。钢丝铠装层的主要作用是抗拉，主要用于水下或垂直敷设的场合。在海底光缆中，为防止渔具及鱼类对光缆的损伤，也有采用钢带和钢丝联合构成铠装层的情况。常用钢带和钢丝的材料都是由低碳钢冷轧制成。为防止腐蚀，要求铠装钢带必须有防蚀措施，如预涂防蚀漆或镀锌或镀磷等，而铠装钢丝则使用镀锌或镀磷钢丝、涂塑钢丝、挤塑钢丝等。

外护层　在铠装层外面的同心层，主要对铠装层起防蚀保护作用。常用的外护层有 PE、PVC 和硅橡胶护套。

护套的类型有四种：金属护套，橡塑护套，综合护套（组合护套）及特种护套。

① 金属护套　铅、铝、钢丝、钢带护套。具有完全不透水性，可以防止水分及其他有害物质进入缆芯。

② 橡塑护套　具有一定的透水性，但具有较好的柔软性，特别适合敷设在移动频繁的场合，常用材料有橡胶、聚乙烯、聚氯乙烯等。

③ 组合护套　是由金属护套和橡塑护套组合而成，兼有二者的优点，不透水性最佳，一般由铝带或钢带黏结聚乙烯材料制成。

④ 特种护套　为满足某种特殊要求而设计，如耐辐射，防生物，阻燃，防鼠咬，防白蚁等特殊功能护套，常用材料有 PE、XLPE、PVC 与各种添加剂混合物。

光缆常用七种护套类型：①PE 护套；②PVC 护套；③铝/聚乙烯综合护套（LAP）；④皱纹钢带纵包护套；⑤LAP＋钢带绕包护套；⑥LAP＋钢带铠装护套；⑦LAP＋钢丝铠装护套。

三、结构（图 6-1）

按照光缆缆芯结构的不同可将光缆分为三种（见图 6-2）。

（1）层绞式光缆　将松套光纤绕在中心加强件周围绞合而成缆芯并外挤护套构成的光缆被称为层绞式光缆，见图 6-3。这种结构光缆的优点是采用松套光纤可以增加光纤的抗拉，抗压强度，并可改善光缆的温度特性，且光缆制造设备简单，工艺成熟，应用最为广泛。

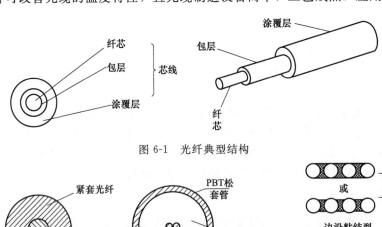

图 6-1　光纤典型结构

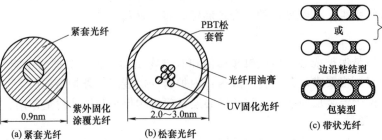

图 6-2　光纤三种基本结构

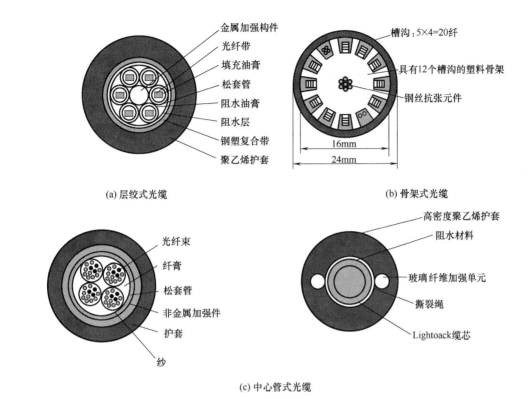

图 6-3　光缆三种基本结构

（2）骨架式光缆　将紧套光纤或一次被覆（着色）光纤或光纤带置入中心加强件周围的螺旋形塑料 V 型骨架凹槽内且外挤护套而成的光缆称为骨架式光缆，图 6-3。这种结构的光缆具有非常好的抗侧压性能，特别利于对光纤的保护，当光缆受外力作用时，光纤在骨架凹槽内可径向移动，减轻外力对光纤的作用，同时，槽内充有光纤防水油膏，具有很好的吸水和缓冲作用。

（3）中心管式光缆　将一次被覆光纤或光纤束，或光纤带放入中心大套管中，加强件分布在套管周围，套管内充有光纤防水油膏且外挤制护套，这种结构的光缆称为中心管式光缆，图 6-3。在这种结构中，加强件同时起到护套的作用，最大的特点是可以减轻光缆的重量。

四、光缆的主要类型与特点

（一）分类方法

由于光缆分类方法众多，使得光缆名称繁多复杂。

为便于理解，将按照光缆服役的网络层次、光纤在缆芯中的状态、光纤形态，缆芯结构，敷设方式，使用环境等将光缆分类论述。如图 6-4 所示。

（二）按网络层次分类

按照电信网网络功能和管理层次，公用电信网可以划分为如下几类。

核心网　长途端局以上部分（国内，国外）。

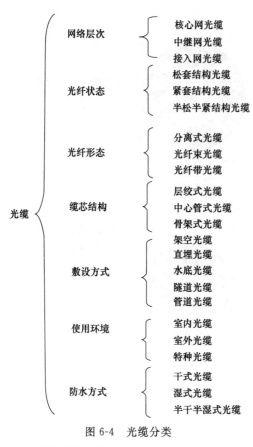

图 6-4　光缆分类

中继网　长途端局与市局之间及市局之间部分。

接入网　端局到用户之间的部分。

因此，可根据光缆服务的网络层次将光缆分为：核心网光缆，中继网光缆和接入网光缆。

① 核心网光缆指用于跨省或国际长途干线网用光缆，多为几十芯室外直埋光缆。

② 中继网光缆指用于进入长途端局与市话局之间中继网光缆。中继网光缆多为几十芯至上百芯室外架空，管道和直埋光缆。

③ 接入网光缆按其具体作用可细分为馈线光缆、配线光缆和引入线光缆。馈线光缆多为几百至上千芯光纤带光缆，配线光缆为几十至上百芯光缆，引入线光缆则为几芯至十几芯光缆。

（三）按光纤在缆芯中状态分类

按光纤在光缆中是否可自由移动的状态，可将光缆分为松结构光缆，紧结构光缆和半松半紧光缆。

1. 松套结构光缆

又称松结构光缆。它的特点是一次着色光纤在光缆中有一定自由移动空间。光纤与光缆中其他元件（如：加强用钢丝芯，填充绳，金属线等）不直接紧密接触，而是通过松套塑料管或 V 形塑料骨架槽分隔开。在这种结构中，光纤处于较大自由空间内，有相对活动余地。套塑管或 V 形骨架槽式结构是最典型的该结构。由于光纤在缆芯中是"自由"的，会有一定的余长。当光缆受张力或压力时，光纤有一定的相对活动空间，这样就可以减小光纤所受到的应力，并可减少光纤的微弯。因此这种光缆结构具有非常优良的抗拉强度、抗侧压性能、抗冲击性能，成缆引起的微弯损耗也较小。缺点是加工工艺较复杂，成缆时需要挤塑松套管或挤出 V 形塑料骨架槽，同时要使光纤植入管或槽中，并且在挤出 V 形塑料骨架槽时，要求光纤成缆节距要与 V 形骨架的螺旋槽节距同步一致才行。

松套光纤构成的层绞式光缆、中心管式光缆和 UV 一次涂覆光纤构成的骨架式光缆属松结构光缆。

松套层绞式光缆是将被覆光纤（套松光纤）以一定节距绞合成光缆单元，许多光缆单元紧紧地围绕强度元件捆绞在一起成为高密度多芯光缆。这种结构光缆很多，其特点是结构紧凑，光纤在松套管或 V 形骨架槽内有一定的活动余地。光缆力学性能相对较好。这种结构与电缆结构相似，可用普通电缆制造设备和加工工艺来制造，工艺比较简单，也很成熟。

2. 紧套结构光缆

紧套结构光缆又称紧结构光缆，其特点是光纤芯线在光缆中无自由移动空间。光纤芯线与其他光缆中元件之间直接紧密接触。从结构上看，缆芯对光纤的保护作用是不充分的。紧急抢修光缆和单芯（软线）光缆等，属于紧结构光缆。对这种光缆的要求是光缆应具有良好的机械特性和温度特性。光纤一次涂覆材料应选用弹性模量低的热固化硅橡胶，且厚度要厚一些，二次涂层要选用弹性模量稍大的涂料作为涂层材料，并与一次涂覆层紧密接触。

3. 半松半紧结构光缆

在半松半紧结构光缆中，光纤在光缆中自由移动空间介于松套结构和紧套结构之间。典型结构是紧套光纤直接放入 V 形骨架槽内构成骨架式光缆。目前，这种结构光缆已很少使用。

（四）按光纤形态分类

按光纤在塑料松套管中所呈现的形态可分为如下几种。

① 分离式光缆　每根光纤在松套管中都呈独立分离的单根光纤状态结构光缆。

② 光纤束光缆　是将几根至十几根光纤扎成或用黏结剂粘成一个光纤束后置放于塑料松套管中制成的光缆。

③ 光纤带光缆　是将 4 芯，6 芯，8 芯，10 芯，12 芯，16 芯，24 芯甚至 36 芯的光纤平行排列并粘结成带后，再重叠成一个多层的光纤带后置入一个松套管中构成缆芯，或将成带的光纤带置入骨架槽中成缆，再或者将若干个这样的松套管放入骨架槽中绞合成缆后制成大芯数光缆。一般这种光缆结构多用于高密度用户缆中。带状光缆特点是空间效率（光纤数/面积）高，光纤容易处理和识别，可做到多根光纤一次接续。缺点是制造工艺复杂，加工引起的微弯衰耗及光缆温度特性比较难以控制。

（五）按光缆缆芯结构分类

根据光缆缆芯结构特点的不同，又可将光缆分为：中心管式光缆、层绞式光缆和骨架槽式光缆三种。

1. 中心管式光缆

将一次着色光纤或光纤束或光纤带无绞合地直接放入大塑料松套管中，管内空隙处用防水油膏填充，大塑料松套管位于光缆结构的中心，然后再挤制外护套等构成的光缆。一次着色光纤在中心松套管中的分布呈随机状态，最便于数学描述有两种分布：正弦分布和螺旋分布。这种结构的特点是当光缆弯曲时，光纤处于最有利的物理位置，力学性能不受影响。加强件可以是平行中心松套管放置并位于外护套黑色聚乙烯中的两根平行高碳钢丝，也可以是多根低碳钢丝螺旋绞合线。这种光缆最大特点是光缆加强件位于外护套中，占据护套的空间，使光缆的质量达到最轻，其缺点是由于受光缆外径尺寸的限制，中心管不能做得过大，从而使管内光纤的根数受限。目前，这种中心管式光缆光纤芯数最多为 12×12＝144 根。所以，中心管式光缆又称为轻便光缆，这种结构光缆多数是由大松套管光纤束组成，用具有色标鉴别的一次着色涂覆光纤，汇绞成光纤束，放入大直径（2、3、4、6mm）的塑料松套管内，并在松套管内填充防水油膏，然后在其外层用 PAP 铝/塑黏结带成波纹纵包，最后在外层再挤塑一层聚乙烯外护套料就制成轻便光缆。用于架空敷设时，为提高抗拉强度，在 PAP 金属带或 PSP 金属带与聚乙烯外护套之间加插 2 根或更多根的 $\phi1\sim1.5mm$ 钢丝。这类光缆的优点是：当光缆弯曲受力时，由于光纤在松管内的中心位置，所受的弯曲力最小，而且能活动自如。它的抗弯曲性能和温度特性都很好。它适用于山区爬坡敷设和高寒地区使用。

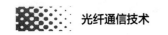

2. 层绞式光缆

将几根至十几根或更多根一次着色涂覆光纤或光纤束或光纤带制成松套光纤单元，再将这些单元围绕光纤中心加强件螺旋绞合（S、Z绞或SZ绞）成一层或几层制成缆芯后外挤护套得到层绞式光缆。

3. 骨架式光缆

将一次着色涂覆光纤或二次被覆紧套光纤或光纤带，轻轻放入位于中心加强件周围的螺旋绞合塑料骨架槽中并外包阻水包扎带后，挤制外护套制成骨架式光缆。

骨架式光缆生产工艺设备是上述三种结构形式中最复杂的一种，它要多一条生产塑料骨架的工艺生产线。其纤芯数最多12芯/槽。中心管式光缆与层绞式光缆相比较，中心管式光缆生产工艺设备比较简单，线芯数相对较少，光缆中光纤余长不易控制，质量较轻，节省大量原料。层绞式光缆可采用普通电缆制造设备和加工工艺来制造，工艺比较简单，也很成熟，其结构相对稳定，相同纤芯数时，光缆外径尺寸较小，可节省大量原料，降低成本。

（六）按照不同敷设方式分类

按光缆不同的敷设方式可将光缆分为：架空光缆、管道光缆、直埋光缆、水底光缆和隧道光缆五类。

1. 架空光缆

是指光缆线路经过地形陡峭，跨越江河等特殊地形条件和城市市区无法直埋地段时，借助吊挂钢索或自身具有抗拉元件悬挂在已有的电线杆、塔上的一类光缆。这种光缆长期暴露于室外，经受风吹日晒，风霜雪雨，要求具有较好的耐环境特性。由于敷设在高压电网线路中，要求外护套耐电痕性能要好，绝缘性能良好，抗老化性能良好，重量要较轻。一般情况下，多采用芳纶纤维或复合玻璃棒作光纤加强件，采用层绞式缆芯结构，外护套多采用交联聚乙烯，整个光缆结构中无金属材料，这样可避免产生高压电场放电或极化现象。架空光缆主要有架空地线复合光缆（OPGW光缆）、架空相线复合光缆、架空地线卷绕光缆或缠绕光缆（GWWOP）和全介质自承式光缆（ADSS光缆）。

2. 管道光缆

是指在城市光缆环路、人口稠密场所和横穿马路时过街路口，将光缆穿入用于保护的白色聚乙烯塑料管内一类光缆。这类光缆具有较好的抗压特性。

3. 直埋光缆

是一种长途干线光缆，经过辽阔的田野、戈壁时，直接埋入规定深度和宽度缆沟中一种光缆。直埋光缆通常是普通光缆外加钢带铠装层构成。钢带铠装厚度的要求：防锈合金涂塑钢带≥0.15mm；双层≥2×0.3mm；其他刚带≥0.3mm。同一定厚度的薄钢带压成波纹纵包搭接铠装，或用双层钢带（2×0.3mm厚）绕包铠装，然后在外层再挤包一层防氧化腐蚀黑色聚乙烯塑料作外护套，这样就制成直埋光缆。特殊结构直埋光缆不用钢带铠装，而是用直径为$\phi0.8\sim1$mm的细钢丝密绕绞合一层铠装护层制成，这种光缆有很高抗拉强度，可以应用在爬山坡，大跨度的越过深谷，穿过江河湖泊等场合，但它成本高，价格较贵。

4. 水底光缆

是一种穿越江河湖泊海底的光缆。因为其敷设于水下，要求具有非常好的密封不透水性能，一般多采用铝/聚乙烯黏结护套，钢丝铠装结构。水下光缆可分为浅水光缆和海底光缆，海底光缆将在特种光缆中介绍。

浅水光缆结构 缆芯内用一层或两层较粗钢丝（$\phi 2\sim 2.5\mathrm{mm}$）绕包铠装，并用铝包密封。工艺上考虑重点是提高光缆抗拉强度，使其能承受敷设和打捞光缆时张力影响，还要能防潮、防水、防腐蚀，有很好抗侧压性能（水下深度越深，水压力越大）。

5. 隧道光缆

是指光缆线路经过公路、铁路等交通隧道、涵洞用光缆。要求这种光缆具有一定的抗冲击能力，多采用玻璃纤维复合棒作光缆加强件，吸收冲击波撞击。

（七）按不同使用环境分类

按照光缆使用环境场所的不同，可将光缆分为：室内光缆、室外光缆和特种光缆三种。

1. 室内光缆

用于室内环境中，光缆所受的机械作用力、温度变化和雨水作用非常小，因此，室内光缆结构最大特点是多为紧套结构、柔软、阻燃。以满足室内布线灵活便利之要求。所有室内光缆都属非金属光缆。由于这个原因，室内光缆无须接地或防雷保护。室内光缆采用全介质结构保证抗电磁干扰。各种类型室内光缆都是极易剥离的。为便于识别，室内光缆外护层多为彩色。室内光缆主要特点是尺寸小，重量轻，柔软，耐弯，便于布线，易于分支及阻燃等。可细分为三种类型：多用途室内光缆，分支光缆和互连光缆。

（1）多用途室内光缆 主要用于楼宇之间管道内、楼内向上的升井、天花板隔离层空间及桌面布线用。因此又称为室内布线光缆。

（2）分支光缆 分支光缆有利于各光纤独立布线和分支。分支光缆分三种不同的结构。

① 2.7mm 单元，运用于业务繁忙使用。

② 2.4mm 单元，运用于正常业务的应用。

③ 2.0mm 单元，运用于业务量少的应用。

这些分支光缆可布放在楼宇之间冻点线下的管道内，大楼内向上的升井里，计算机机房地板下及光纤到桌面之用。

（3）互连光缆 互连光缆是指为计算机过程控制，数据引入和办公室布线进行语言、数字、视频图像传输设备互连所设计光缆，通常有单芯和双芯两种结构。这种光缆最优之处是连接容易。单芯软光缆是一种只含有一根涂覆光纤的光缆，通常都以合成纤维或玻璃纤维复合棒作强度元件，特点是弯曲性能好，重量轻，尺寸小，适合于室内敷设，特适用于光分配架上的跳线和光端机与光缆终端盒之间的连线之用。

2. 室外光缆

用于室外敷设的光缆。由于光缆在室外环境中使用，故光缆需要经受到各种外界机械作用力、温度变化的影响、风雨雷电等的作用，这样室外光缆必须具有足够的机械强度，能够抵抗风雨雷电的侵袭，并具有良好的温度稳定性等，因此，所需的保护措施更多，结构较室内光缆要复杂得多。上述提到的架空光缆、管道光缆、直埋光缆、水底光缆和隧道光缆以及下面将要介绍的特种光缆都属于室外光缆。而它的缆芯结构可为中心管式、层绞式和骨架槽式三种中的任意一种。

3. 特种光缆

特种光缆是指在特殊场合使用、具有特殊结构并满足特殊性能要求的一类光缆。主要包括：海底光缆、电力系统光缆、阻燃光缆、军用光缆、防蚁光缆、防鼠光缆以及防辐射光缆等。

（1）海底光缆　海底光缆是一种敷设在一个极其复杂的海洋环境中，比陆地上光缆的敷设条件更加严酷苛刻，通信系统线路更长，各种敷设环境都存在，并与敷设深度有密切关系。所以这类光缆的设计和制造必须采用高性能光纤，最佳缆芯结构要求：具有长期工作（≥25 年）的可靠性和稳定性，如果是具有中继器系统还要考虑其灵活性等因素。敷设海缆应具备以下几个特点。

① 应能承受敷设和打捞时的很高张力，以及承受深水水压，具有很高的机械强度，要求海缆能承受 10t 左右张力，并保证光纤伸长应变少于 10%，即 $\varepsilon < 10\%$。

② 因维护经济代价过大，要求海缆应具有极高的可靠性、防水性、长期工作过程中性能几乎不变。

③ 应具有最优良的传输特性。

④ 缆芯、抗张线及铠装结构应是最佳设计，海底光缆大部分都具有铠装层，一般用钢丝铠装，而不用钢带铠装。有时也采用非铠装结构，根据水深程度决定其铠装结构。

海缆可分为三类：浅海光缆、中海光缆和深海光缆。

① 浅海光缆　是指敷设在海水深度低于 500m 海洋区域、在浅海段与海岸边的光缆。其敷设环境较复杂，光缆要受到海水流动、涨落潮、海水中微生物、附着生物的侵袭破坏，另外光缆还可能受到船只抛锚，拖网，捕鱼等人为的损害，因此故障率和损害率高，为提高浅海光缆的可靠性，要求具有重型外装钢丝铠装层或一层钢丝、一层钢带或双钢丝层双铠装。

为保证光缆不受捕鱼作业以及海岸区抛锚影响，光缆可以被埋入水下，由专门为水下开沟而设计的开沟器（埋设犁）在海床上开出的 1m 深的沟里。改善光缆抗拉性能另一可能性是采用保护器。附加的保护器由两根钢索组成。钢索是在光缆厂与海底光缆分开制造，而后在布缆船上再附加到光缆上。

② 中海光缆　是指敷设水深在 500～1000m 水域内的光缆，一般可采用单层钢丝铠装。

③ 深海光缆（1000～8000m）　是指敷设水深大于 1000m 水域内的光缆，深海区段水温极为稳定，在一年内温度波动不超过十分之几摄氏度，因此其传输性能稳定。目前大多采用钢丝铠装层或无铠装层，利用密封铜管作防水管，内无光纤防水油膏填充，属干式结构。利用中心金属丝和铜管来承受敷设或维修起吊时光缆自重和跨越海洋深沟所造成的张力，及深海水下高水静压力。由于水深，不易受任何外来机械作用，可采用单层钢丝铠装或无铠装结构。

（2）电力光缆　在电力系统中，保护、监视，控制、调度等工作往往需要相当规模的通信系统。由于光纤损耗小、频带宽，适合快速数字传输；重量轻，尺寸小，尤其不受电磁干扰，具有极高的电磁兼容性能等优点，所以可以在电力通信系统中充分发挥其优越性。电力光缆有三种类型：架空地线复合光缆（OPGW 光缆）、架空地线卷绕光缆或缠绕光缆（GW-WOP）和全介质自承式光缆（ADSS 光缆）。

① OPGW 光缆　OPGW（optical fiber composition ground wire），即架空地线复合光缆，是将需要的光纤单元放入电力线的架空地线中，同时又不影响电缆架空地线原有的电气性能和力学性能。OPGW 缆兼具地线和光缆的双重功能，集光纤和电力线于一体，而且由于外层金属对光纤的保护，以及可利用电力系统原有的杆塔安装等诸多优点，已引起全世界的关注。

基本组成　光纤和金属两部分。

光纤起传递信号作用。它的表面通常包有一层或几层由隔热性能良好材料制成的护套，目的是避免当电力线路发生单相接地短路时，光纤温度过高。根据不同要求，光纤数量可为几根或几十根不等，它们一般分为一束或几束放在 OPGW 轴心处，或嵌在位于轴心的金属骨架或松套管中。

金属部分除具有普通地线作用外，还能保护光纤，使之不受轴向及法向应力，并防止光纤受水侵蚀。常用制造 OPGW 金属材料有铝合金线、铝包钢线、镀锌钢线或镀磷钢线、铝管、铝合金管、铝合金骨架和钢管等。

OPGW 架空地线复合光缆形式繁多，性能各异。目前，较流行的 OPGW 光缆结构主要有紧套结构、层绞结构、骨架结构（塑料骨架和铝金属骨架两种）、中心管式（塑料复合管，钢管，铝管三种）及松套绞合管钢绞线绞合式等多种结构。

② GWWOP 光缆——架空地线卷绕光缆或缠绕光缆　架空地线卷光缆英文全称是 ground-wire wrgpping optical Fibre cable，简称 GWWOP。这种光缆利用专门研制的卷绕机将光缆直接卷绕在架空地线上，因此可以用于已建电力传输线路上。同时，由于这种光缆是卷绕在架空地线外部，所以检修容易，分支也容易。

③ ADSS 光缆　ADSS 光缆称为全介质自承式光缆（all dielec fric soft-support），是一种非金属全介质自承式光缆。专门为自承悬挂于高压输电线铁塔上而设计。主要是利用光纤对已有高压电力线通信网升级。特点是光缆元件全部采用介质材料，减小安装时危险，而且防止了在与相线接触情况下的短路。由于不用钢丝绳吊挂，而是自承悬挂于铁塔，光缆只靠中心加强结构件 FRP 做抗拉元件，承力不足，必须在缆芯周围绕包一定数量芳纶纤维，绞合截距作用不能过短。

（3）光/电混合缆　这里所说光/电混合缆是指将电话用铜线对或铜馈电线放入光缆缆芯中，做成光/电混合缆。这种光缆结构可以是中心管式，或层绞式或骨架式。这种光缆多用在既需要进行光信号传输，又要进行电信号监控部门，例如铁路沿线使用的光/电混合缆。

（4）军用光缆　军用光缆是指军事上使用的一种通信光缆，主要可分成这样几类：①野战光缆；②制导光缆；③声呐光缆；④探测光缆；⑤直升机布线消耗性光缆。

军用光缆共同特点是柔性较高，制造光缆所用光纤必须经过严格筛选，采用高强度光纤，使用高强度高模量芳纶纤维做加强元件。

① 野战光缆　野战光缆是一种可以方便地在田野里收和放的战术光通信干线，直接敷设在田间，光缆本身不在处于任何保护环境中，故而极易受到挤压、拉伸和摩擦作用，所以光缆应具有坚韧结构。一般都采用紧套光纤作缆芯，芳纶纤维作加强件，聚乙烯作外保护层结构。这些结构中的填芯可以采用加强材料（芳纶）或一般填充物（尼龙单丝）。紧包光纤和填芯一起绞合成一个较为圆整稳定的缆芯。通常处于中心位置的填芯，尺寸应比正规绞合时几何尺寸稍大一些，否则会在绞合时出现拥挤现象。

芳纶加强件通常是绕制到缆芯上，有绕制一层结构，也有 S、Z 各绕制一层结构。芳纶纤维绕制前后各绕包一层涤纶薄膜，也有不绕包涤纶薄膜而直接包外护层的。芳纶纤维的绕制角度由 0°增加到 15°时，光缆抗张强度随绕制角度变化不明显，但光缆断裂伸长率有些变化，在此范围内（0°～15°）断裂伸长率将增加近 1。

光纤绞合成缆芯后，在绕制芳纶纤维前先挤包一层聚氨酯内护层，然后在绕制芳纶纤维后再挤包一层聚氨酯外护层。这是一种双层护套结构。此外，也有单层外护层的单护层结构。同时也有采用泡沫塑料内护和聚氨酯外护层的双护层结构。

② 制导光缆　制导光缆主要有两类：导弹制导和鱼雷制导光缆。下面以导弹制导光缆为例介绍。

导弹制导光缆是一种飞行中的导弹尾部拖拽下来，连接于地面控制站的双向信息传输线。这种导弹是专门用于攻击坦克而设计的，借用光缆制导系统可以大大提高攻击坦克命中率。这种制导光缆被绕在一个直径 30～50mm 专用轴上，构成一个高速放线线包。此线包被放在导弹体内靠近尾部的地方。导弹飞行过程中，该光缆从导弹体内以相应于导弹飞行速度高速放出，放线速度高达 270m/s，甚至 1 个马赫数。

导弹制导光缆是一种工作于非常苛刻条件下的光缆，因此它必须具有良好的抗微弯能力，足够的强度，尺寸和重量尽可能小。一般要求：光缆绕成线包后的附加损耗很小，放线时，在剥离点的弯曲不影响正常工作，光缆可承受 3～4kg 拉伸负荷，外径 0.5mm 重量小于 0.4kg/km。

4. 其他特种光缆

① 防蚁防鼠光缆　一种防止白蚁和老鼠啃咬的光缆，一般在光缆护套料中掺入防蚁剂或防鼠剂制得此类光缆。

② 防辐射光缆　要求光缆的护套材料具有防辐射功能。

③ 阻燃光缆　对有阻燃要求的室内外通信光缆，光缆外护套要求采用无卤低烟阻燃护套。

（八）按光缆所用防水材料种类分类

可以将光缆分成三类：湿式光缆、干式光缆和半干半湿式光缆。

1. 湿式光缆

所谓湿式光缆是指光缆内部空隙全部由防水油膏填充阻水，因油膏为膏状半液半固相，所以称为湿式。

2. 干式光缆

既采用吸水包扎带或纱作阻水材料的一类光缆。因这种带或纱是一种干燥的聚酯带或纱，所以称为干式结构。

3. 半干半湿式光缆

这种光缆的结构采用湿式和干式相结合方法，在松套管和骨架槽内的仍然填充光纤防水油膏阻水，保证光纤的阻水效果，而在缆芯和护套结构中，则采用吸水阻水包扎带或纱阻水。

（九）光缆的主要型式与用途

光缆的主要型式与用途见表 6-1 所示。

表 6-1　主要光缆型式及用途

习惯叫法	主要型式	全　称	敷设方式及用途
中心	GYXTY	室外通信用、金属加强构件、中心管、全填充、夹带加强件聚乙烯护套光缆	架空、农话
管式光缆	GYXTS	室外通信用、金属加强构件、中心管、全填充、钢-聚乙烯黏结护套光缆	架空、农话
	GYXTW	室外通信用、金属加强构件、中心管、全填充、夹带平行钢丝的钢-聚乙烯黏结护套光缆	架空、管道、农话

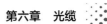

续表

习惯叫法	主要型式	全　　称	敷设方式及用途
层绞式光缆	GYTA	室外通信用、金属加强构件、松套层绞、全填充、铝-聚乙烯黏结护套光缆	架空、管道
	GYTS	室外通信用、金属加强构件、松套层绞、全填充、钢-聚乙烯黏结护套光缆	架空、管道、也可直埋
	GYTA53	室外通信用、金属加强构件、松套层绞、全填充、铝-聚乙烯黏结护套、皱纹钢带铠装聚乙烯外护层光缆	直埋
	GYTY53	室外通信用、金属加强构件、松套层绞、全填充、聚乙烯护套、皱纹钢带铠装聚乙烯外护层光缆	直埋
	GYTA33	室外通信用、金属加强构件、松套层绞、全填充、铝-聚乙烯黏结护套、单细钢丝铠装聚乙烯外护层光缆	爬坡直埋
	GYTY53＋33	室外通信用、金属加强构件、松套层绞、全填充、聚乙烯护套、皱纹钢铠装聚乙烯套＋单细钢丝铠装聚乙烯外护层光缆	直埋、水底
	GYTY53＋333	室外通信用、金属加强构件、松套层绞、全填充、聚乙烯护套、皱纹钢带铠装聚乙烯套＋双细钢丝铠装聚乙烯外护层光缆	直埋、水底
光纤带光缆	GYDXTW	室外通信用、金属加强构件、光纤带中心管、全填充、夹带平行钢丝的钢-聚乙烯黏结护层光缆	架空、管道、接入网
	GYDTY	室外通信用、金属加强构件、光纤带、松套层绞、全填充聚乙烯护层光缆	架空、管道、接入网
	GYDTY53	室外通信用、金属加强构件、光纤带松套层绞、全填充、聚乙烯护套、皱纹钢带铠装聚乙烯外护层光缆	直埋、接入网
	GYDGTZY	室外通信用、非金属加强构件、光纤带、骨架、全填充、钢-阻燃聚烯烃黏结护层光缆	架空、管道、接入网
非金属光缆	GYFTY	室外通信用、非金属加强构件、松套层绞、全填充、聚乙烯护层光缆	架空、高压电感应区域
	GYFTY05	室外通信用、非金属加强件、松套层绞、全填充、聚乙烯护套、无铠装、聚乙烯保护层光缆	架空、槽道、高压感应区域
	GYFTY03	室外通信用、非金属加强构件、松套层绞、全填充、无铠装、聚乙烯套光缆	架空、槽道、高压感应区域
	GYFTCY	室外通信用、非金属加强件、松套层绞、全填充、自承式聚乙烯护层光缆	自承悬挂于高压电塔上
电力光缆	GYTC8Y	室外通信用、金属加强构件、松套层绞、全填充、聚乙烯套8字形自承式光缆	自承悬挂于杆塔上
阻燃光缆	GYTZS	室外通信用、金属加强构件、松套层绞、全填充钢-阻燃聚烯烃黏结护层光缆	架空、管道、无卤阻燃场合
防蚁光缆	GYTA04	室外通信用、金属加强构件、松套层绞、全填充、聚乙烯护套、无铠装、聚乙烯护套加尼龙外护层光缆	管道、防蚁场合
	GYTY54	室外通信用、金属加强构件、松套层绞、全填充、聚乙烯护套、皱纹钢带铠装、聚乙烯套加尼龙外护层光缆	直埋、防蚁场合
室内光缆	GJFJV	室外通信用、非金属加强件、紧套光纤、聚氯乙烯护层光缆	室内尾纤或跳线
	GJFJZY	室外通信用、非金属加强件、紧套光纤、阻燃、聚烯烃护层光缆	室内布线或尾缆
	GJFDBZY	室外通信用、非金属加强件、光纤带、扁平型、阻燃聚烯烃护层光缆	室内尾缆或跳线

五、光缆制品命名

（一）命名原则

根据国际电工委员会 IEC、国际电信联盟 ITU-T 和中华人民共和国标准化研究所制定的光纤光缆相关标准及我国电缆行业标准 YD/T 908，对现阶段生产的光纤光缆产品的型谱编制及性能标准进行了统一规范。对光缆光纤产品型号的组成、代号及所表达的含义都进行了严格统一规定。

（二）光纤光缆产品型谱的组成

光纤光缆产品型谱的编制主要是依据制造商实际生产产品的组成与结构特征为原则，包括三大部分：光缆、光纤、导电线组，后二者又称光缆规格。

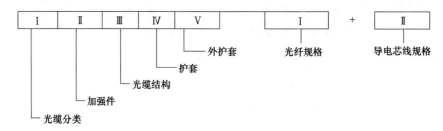

光缆产品型号主要由 5 部分构成，每一部分均用代号表示。

Ⅰ—光缆分类　表示按用途对光缆进行的分类，共六类，用字母表示：通信用室（野）外光缆、通信用移动式光缆、通信用室（局）内光缆、通信用设备内光缆、通信用海底光缆、通信用特殊光缆。

Ⅱ—加强元件材料　表示光缆中所使用的加强件用材料类型，共二类，用字母表示：金属材料加强件、非金属材料加强件。

Ⅲ—光缆结构特征　在结构特征中主要有两部分需要说明，一为光纤的结构特征，共四种：松套光纤、紧套光纤、带状光纤、光纤束；另一为光缆的结构特征，而光缆结构特征又分缆芯结构和光缆派生结构，共 10 种，用字母表示：层绞式结构或干式阻水结构、骨架槽结构、油膏填充式结构、阻水带填充式结构、充气式结构、自承式结构、扁平式结构、椭圆形状、阻燃。

Ⅳ—护套材料　表示光缆内护套所使用的材料，共 11 种，用字母表示：聚乙烯护套、铜带-聚乙烯黏结护套、聚氯乙烯、夹带平行钢丝的钢-聚乙烯黏结护套、氟塑料、铝护套、聚氨酯、铜护套、聚酯弹性体、铅护套、铝带-聚乙烯黏结护套。

Ⅴ—外护层材料　表示光缆外护套的组成特征与所用材料的种类，光缆外护套由铠装层和外护层两部分组成，用数字表示。铠装层：所用材料共 7 类，结构形式为 8 种，无铠装层、双细圆钢丝、绕包双钢带、单粗圆钢系、单细圆钢系、双粗圆钢丝、皱纹钢带、双层圆网系；外被层：所用材料共 5 种，纤维外被层、聚乙烯套加覆尼龙套、PVC 套、聚乙烯管、PE 套。

光缆规格　光缆规格由光纤和导电芯线规格组成，两者间用"＋"连接。

Ⅰ—光纤规格　光纤规格有光纤芯数和光纤类别两部分组成，如同一根光缆中含有两种或两种以上规格的光纤时，中间采用"＋"联结。光纤芯数直接用数字表示：如 48、60、

200 等。光纤类别有两种：A—多模光纤；B—单模光纤。

Ⅱ—导电芯线（组）规格　导电芯线规格应符合通信电缆相应标准中规定的要求。用于通信的电缆共有两种形式：对称电缆和同轴电缆，不同类型的电缆其表征的方式也不同。对称电缆导电芯线由导电线组根数、线对数、导线直径三部分组成，导电线组主要有二线组、四线组、六线组、对绞组、星绞组和复对绞组等。同轴电缆导电芯线由两部分组成。如果一根光缆中含有两种或两种以上规格的通信电缆时，中间采用"＋"联结。

（三）光缆色序

国标色谱：蓝＼橙＼绿＼棕＼灰＼白（本色）＼红＼黑＼黄＼紫＼玫瑰（粉红）＼天蓝（水绿）

（四）光缆型号的编制方法

光缆型号构成　代号　含义

Ⅰ	分类
GY	通信用室（野）外光缆
GM	通信用移动式光缆
GJ	通信用室（局）内光缆
GS	通信用设备内光缆
GH	通信用海底光缆
GT	通信用特殊光缆
Ⅱ	加强

构件

无	金属加强构件
F	非金属加强构件
G	金属重型加强构件
Ⅲ	光缆结构特性
S	光纤松套被覆结构
J	光纤紧套被覆结构
D	光纤带结构
无	层绞式结构
G	骨架槽结构
X	缆中心管（被覆）结构
T	填充式结构
B	扁平结构
Z	阻燃
C	自承式结构
Ⅳ	护套
Y	聚乙烯
V	聚氯乙烯
F	氟塑料

U	聚氨酯
E	聚酯弹性体
A	铝带-聚乙烯黏结护层
S	钢带-聚乙烯黏结护层
W	夹带钢丝的钢带-聚乙烯黏结护层
L	铝
G	钢
Q	铅
V	外护层

铠装层

0	无铠装
2	双钢带
3	细圆钢丝
4	粗圆钢丝
5	皱纹钢带
6	双层圆钢丝

外被层或外套

1	纤维外护套
2	聚氯乙烯护套
3	聚乙烯护套
4	聚乙烯护套加覆尼龙护套
5	聚乙烯管
Ⅵ	光纤　芯数　直接由阿拉伯数字写出
Ⅶ	光纤　类别
A	多模光纤
B	单模光纤

（五）实例

Ⅰ	Ⅱ	Ⅲ	Ⅳ	Ⅴ	—	Ⅵ	Ⅶ
分类	加强构件	光缆结构特征	护套	外护层	—	光纤芯数	光纤类别

■ 光缆型号的构成

光缆型号由光缆型式的代号和规格的代号构成，中间用一空格隔开。

■ 型式代号

光缆的型式由五个部分组成，如下所示。各部分均用代号表示。

1 分类的代号

CY——通信用室（野）外光缆

2 加强构件的代号

（无符号）——金属加强构件

F——非金属加强构件

3 结构特征的代号

D——光纤带状结构

（无符号）——光纤松套被覆结构

J——光纤紧套被覆结构

（无符号）——层绞结构

G——骨架槽结构

X——缆中心管（被覆）结构

T——油膏填写充式结构

（无符号）——干式阻水结构

E——护层椭圆截面

C——自承式结构

B——扁平形状

Z——阻燃结构

4 护层的代号

Y——聚乙烯护套

V——聚氯乙烯护套

A——铝带-聚乙烯黏结构护套（简称 A 护套）

S——钢带-聚乙烯黏结构护套（简称 S 护套）

W——夹带平行钢丝的钢-聚乙烯黏结构护套（简称 W 护套）

5 外护层的代号

代号	铠装层	代号	外被层或外套
0	无铠装层	1	纤维外被
3	单细圆钢丝	3	聚乙烯套
5	皱纹钢带	4	聚乙烯套加覆尼龙层

（六）规格代号

光缆的规格由光纤规格和导电芯线的有关规格组成，光纤和导电芯线规格之间用"＋"

号隔开。

（1）光纤规格　光纤规格是由光纤数和光纤类别代号组成。光纤数用光缆中同一类别光纤的实际有效数目的数字表示。也可用光纤带（管）数和每带（管）光纤数为基础的计算加圆括号来表示。

光纤类别的代号

代号	光纤类别	对应 ITUT 标准
Ala 或 Al	50/125μm 二氧化硅系渐变型多模光纤	G. 651
Alb	62.5/125μm 二氧化硅系渐变型多模光纤	G. 651
B1.1 或 B1	二氧化硅普通单模光纤	G. 652
B4	非零色散位移单模式光纤	G. 655

（2）导电芯线规格　导电芯线规格的构成符合有关电缆标准中铜导电芯线构成的规定。

如：GYFTY04 24B1

代号构成说明　松套层绞填充式、非金属中心加强件、聚乙烯护套加覆防白蚁的尼龙层的通信用室外光缆，包含 24 根 B1.1 类单模光纤。

第二节　光缆性能设计与实现方法

一、光缆主要特性设计

光缆主要特性包括：光缆传输特性、机械特性、环境特性及电气特性。

（一）光缆传输特性

光缆传输特性主要是指光纤经成缆后传输特性的变化情况。

光缆传输特性定义为：当光纤在成缆、储存、运输、敷设及运行过程中，受外应力作用或周围温度发生变化时，引起传输特性发生改变的特性。

（二）光缆机械特性

主要包括：光缆的拉伸，压扁，冲击，反复弯曲，扭转，卷绕，曲挠，弯折，耐枪击，耐切入，刚性，拉力弯曲，护套耐磨等特性。

1. 光缆拉伸特性

光缆在敷设和运行过程中不可避免地会受到拉应力和侧压力地作用，在保证光缆可承受规定地允许拉应力的作用下，（含短暂拉应力 F_{ST} 和长期拉力 F_{LT}），对光缆进行合理地设计以保证光缆的拉伸性能是非常重要的。光缆中的受力件是加强构件和增强件，增强件可以是低碳钢丝或芳纶纤维。当拉应力 $F < 5000N$ 时，一般有加强构件即可。对要求抗拉强度较大的光缆（$F > 5000N$），可通过增加其他增强元件实现，例如：增加钢丝铠装层或芳纶纱加强层。

光缆加强构件——加强芯材料是光缆的一个重要组成部分，它从力学上保证光纤的安全，决定了光缆可以承受拉伸负荷的能力。光缆承受拉应力时，若光纤的应变与光缆的应变

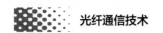

相等时，则光缆中各元件承受的张力值由各元件的 (E_iA_i) 值来分配。为此，要求：

$$\sum E_iA_i \gg E_fA_f \tag{6-1}$$

总地要求，强度元件 E_sA_s 值远远超过光纤的 E_fA_f 值，即：

$$E_sA_s \gg E_fA_f \tag{6-2}$$

光缆在短期拉应力作用下，（施工时）其伸长应变应必须保证在加强构件的弹性变形范围内，由经验可知，对多数加强构件材料 $\varepsilon = 0.5\% \sim 0.7\%$，其伸长应变在弹性变形范围内。由要求的短期拉应力和允许的应变，并根据虎克定律 $F_{ST} = E\varepsilon$，可确定加强构件的直径：

$$D = 2[F_{ST}/\pi\varepsilon E]^{1/2}$$

常用的光缆加强元件有钢丝、聚酯单丝、芳纶纤维、玻璃纤维增强塑料棒。

（1）钢丝　磷化钢丝是在高碳钢丝表面镀一层均匀的磷层，磷层重量大于或等于 $2.0g/m^2$。钢丝不圆度小于或等于直径公差一半，永久伸长率小于 0.1%。

（2）FRP（Fiber Reinforced Plasilic）　FRP 是由多股玻璃纤维表面经过涂覆光固化树脂后得到的表面光滑、外径均匀的非金属复合材料。在光缆中起到加强件的作用。当光缆需要用于防雷电和抗强电磁场的场合，光缆中心加强构件就需要用非金属加强构件，最常用的是增强塑料 FRP。

（3）芳纶纱　芳纶纱是一种高强度、高模量的特种纤维，主要有 Kevlar19、Kevlar49、Kevlar149 等三种。主要用于电力 ADSS 光缆中的增强材料。

在管道敷设中，光缆将穿越管道，这时光缆所受的最小张力约为：

$$T = kw \tag{6-3}$$

式中　k——管道对光缆的摩擦系数；

　　　w——光缆自重。

海底光缆在敷设中，光缆所受的最小张力为：$T' \approx wh$

式中　h——水深。

不同敷设方式下，光缆需满足的机械特性见表 6-2。

表 6-2　不同敷设方式下，要求的光缆机械特性

敷设方式	拉伸强度		抗侧压强度	
	工作(F_{LT})	敷设(F_{ST})	工作(F_{LT})	敷设(F_{ST})
架空,管道	600	1500	800	1000
直埋	1000	3000	1000	3000
应变极限值	$\leqslant 0.10\%$	$\leqslant 0.15\%$	$\leqslant 0.10\%$	$\leqslant 0.15\%$

2. 光缆压扁特性

光缆在敷设和工程过程中，易受到压力的作用，所以在对光缆进行结构设计时，必须考虑光缆的抗压性能。对于抗压性能要求特别高的光缆必须加装铠装，以满足光缆的抗压性能要求。表 6-3 给出各种敷设方式下，光缆抗压性能要求的极限值。

表 6-3　各种敷设方式下，光缆抗压性能要求极限值

敷设形式	短暂压力 $F_{SC_{min}}$	长期压力 $F_{LT_{min}}$
管道、非自承式架空光缆	1000N/100mm	300N/100mm
直埋	3000N/100mm	1000N/100mm
特征	光纤不断裂，护套不开裂，去除 $F_{SC_{min}}$ 后，光纤无明显残余附加衰减	光纤无明显附加衰减

3. 光缆弯曲特性

光缆允许最小弯曲半径用光缆外径 D 的倍数表示：$R = K \cdot D$。见表 6-4。

表 6-4 光缆允许的最小弯曲半径

护套型式	Y、A 护套	S、W 型护套	A、S 金属护套
外护套型式	无外护套或 04 型	53、54、33、34 型	05、333、43 型
动态弯曲	20D	25D	30D
静态弯曲	10D	12.5D	15D

4. 光缆寿命

光缆寿命依敷设环境而定。在陆地上其寿命应满足 25 年以上安全使用期，而在海底敷设光缆则希望它的寿命应在 30 年以上，故障间隔期应在 10 年。

（1）光纤寿命

（2）光缆结构形式　为保护光纤免受外界张力作用，应合理设计光缆缆芯结构，尽量选用松结构缆芯，可防止残存应力的作用。

（3）加工工艺方法　要严格选择和控制光缆的加工工艺方法和参数。在绞合光缆时，要选择合理的光纤余长，减少张应力的作用。在光缆整个加工过程中，保证光纤受到的外力为零，不残留有任何应力，光缆的涂覆层、套塑管、绞合、成缆及护套、铠装等光缆加工工艺过程中，应选择合理的工艺参数并严格控制，保证得到高质量的合理光缆。

（4）正确的敷设方法　选择合理的敷设牵引力和敷设方法，确保在敷设过程中，光缆中光纤所受的张力为零。

（5）光缆材料寿命　光缆所用的各种材料自身必须具有 30 年以上的寿命，必须具有高稳定性的物理和化学性能。在光缆缆芯内填充阻水油膏，目的是为了防潮、防水、防含氢化合物的侵蚀；使用涂塑钢带、铝带同样是为了防潮并增加光缆的抗侧压、抗张力的能力；选用线膨胀系数低的材料作缆芯的强度元件，目的是保护光纤，免除外张力的影响；缆芯中心填充绳的作用是填补缆芯中心的空隙，使缆芯结构稳定，并排除缆芯中的空气。

（三）光缆环境性能

1. 温度特性

所谓光缆的温度特性也就是光缆中光纤损耗随温度变化的特性。光缆温度附加衰减定义为：在适当温度下，相对于 20℃以下的光纤衰减的变化值。

表 6-5 光缆适用温度与附加衰减

分级代号	适用温度	光纤允许附加损耗			
		0 级	1 级	2 级	3 级
A	−40～+60℃	无明显附加损耗 $(a \leqslant 0.02\text{dB/km})$	$a \leqslant 0.05$	$a \leqslant 0.10$	$a \leqslant 0.15$
B	−30～+60℃				
C	−20～+60℃				

提高光缆温度特性和途径如下。

① 采用硅酮树脂作裸光纤缓冲层、尼龙作紧套光纤二次涂覆层，可改进光纤温度特性。

② 合理选择外护层材料，改善光纤温度特性。在塑料护层中加入低膨胀系数的材料，

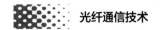

或在中心加强件位置放一根玻璃钢棒（FRP），保证护层的线胀系数在 $10^{-7}/℃$，与 SiO_2 材料热膨胀系数在同一个数量级上，同样可改善光缆的温度特性。

③ 缩小护层塑料层横截面积，利于光纤温度特性的改善。

2. 渗水性

常用的方法有两种。

① 在光纤或缆芯内填充光纤防水油膏和光缆油膏及护套胶，或用高膨胀吸水树脂包扎带吸收进入光缆缆芯的水或潮气。

② 采用金属-塑料复合护层。

3. 护套完整性

光缆护套是为保护缆芯而设计，所以护套的完整性尤显重要。光缆常用护套有七种，这里介绍其中的三种。

（1）Y护套　Y护套是一种聚乙烯护套，材料可采用线性低密度、中密度或高密度黑色聚乙烯材料，在强电场环境中也可以采用交联聚乙烯。

黑色聚乙烯护套的表面要求圆整平滑，任何横截面上均无目视可见的气泡、砂眼和裂纹。作外护套时，厚度在 $1.6\sim2.0mm$ 间，任何横断面上的平均值不小于 $1.8mm$。

（2）A护套　A护套是在缆芯外施加一层纵包搭接的铝塑复合带挡潮层，并挤包一层黑色聚乙烯护套，使聚乙烯套与复合带之间，复合带搭接处相互粘接成一体，如需要，可在搭接处施加粘接剂，提高粘接强度。复合带接搭的重叠宽度不小于 $6mm$，若缆芯直径小于 $9.5mm$ 时，重叠宽度不小于缆芯周长的 20%。聚乙烯套标称厚度在 $1.5\sim1.8mm$，平均值不小于 $1.6mm$，若有 53 型外护层（PE护层）时，厚度标称值在 $0.8\sim1.0mm$，平均值不少于 $0.9mm$。在光缆制造长度上允许少量复合带接头，接头间的距离不小于 $350m$，接头处应电气导通并恢复塑料复合层，复合带接头处的强度应不低于原带强度的 80%。

（3）S护套　S护套是在缆芯外施加一层纵包搭接的皱纹钢塑复合挡潮层，再同时挤包一层黑色聚乙烯套，应使聚乙烯套与复合带之间，以及复合带两边缘搭接处的带子间相互粘接为一体，必要时可在搭接处施加粘接剂以提高粘接强度。复合带纵包后的皱纹应成环状，其搭接为一体，必要时可在不小于 $6mm$ 或缆芯直径小于 $9.5mm$ 时，不小于缆周长的 20%，聚乙烯套厚度标称值 $1.8mm$，最小值不小于 $1.5mm$。任何横断面上的平均值不小于 $1.6mm$。钢塑复合带应符合 YD/T 723.3 规定的双面复合粘接剂薄膜钢带。其中钢带的标称厚度为 $0.15mm$，最小厚度不小于 $0.13mm$，复合薄膜的标称厚度为 $0.05mm$。在光缆的制造长度上允许有少量复合带接头，其钢带宜对接，接头间的距离应不小于 $350m$，接头处应电气导通并恢复塑料复合层。接头处复合带的强度应不低于原带强度的 80%。挡潮层铝带、钢带和金属铠装层应在光缆纵向各自保持电气导通。粘接护套（含 53 型护层）的铝或钢带与聚乙烯套之间的剥离强度和搭接重叠处铝带或钢带之间的剥离强度均应不小于 $1.4N/mm$，在铝带或钢带下面采用填充或涂覆复合物阻水等情况时，铝带或钢带搭接处可不作数值要求。

光缆护套完整性用三项实验验证：气闭性试验、电火花试验、浸水试验。

当采用气闭性实验来检验光缆的护套（缆芯不填充时）和保护管的完整性时，充入的气体均衡后的气压值和保持时间应满足要求。

（四）光缆电气性能

光缆电气性能主要包括：缆芯内铜导线的电气性能；金属护套或铠装金属层的电气完整

性，以及护套的电绝缘性能。

① 在光/电复合缆中，加入铜导线，如 $\phi 0.32mm$、$\phi 0.40mm$ 或 $\phi 0.50mm$ 的绝缘铜单线或对绞线作为信号线，$\phi 0.9 \sim \phi 1.6mm$ 的绝缘铜线有时作输电线。在这时，应按国家的有关标准规定方法严格测试铜导线的导线电阻、绝缘电阻等电气性能。

② 金属护套（铝带、钢带）和金属铠装层应在光缆纵向保持电气导通，以利于泄漏电流的接通。

③ 在具有一定电磁特性环境下，要求光缆外护套必须具有良好的电气绝缘特性，主要衡量指标：相对介电常数 ε_r、介质损耗因子 $\tan\delta$、绝缘电阻 R、击穿电压 V_b。

二、实现方法

（一）光缆力学性能的实现方法

① 加强芯　主要抗拉元件。
② 套管　将光纤与外界隔绝，提供最基本的保护。
③ 余长控制　二套及成缆。
④ 金属带纵包　防潮、防水、抗侧压、抗冲击。
⑤ 护套　抗侧压、抗冲击、抗弯曲。

（二）光缆的防潮措施

① 径向防水　纤膏及缆膏填充、金属带纵包、PE护套。
② 轴向防水　纤膏及缆膏填充、阻水环、阻水带、阻水纱、单根加强芯。

第三节　光缆制备技术

一、简介

（一）工艺过程

1. 缆芯制造工艺（成缆工艺）

缆芯制造工艺见图6-5。

2. 护套挤制工艺

护套挤制工艺见图6-6。

（二）技术要点

1. 光缆缆芯制造工艺的技术要点

每种光缆都有自己的生产工艺，因为它们之间存在着不同的性能要求和结构形式，所以各部分材料不尽相同，结构方面存在差异。故生产过程中都有自己的生产工艺流程。但是各种光缆的基本制造工艺流程是基本相同的。成缆工艺首先要做两方面的准备并应注意的技术要点如下。

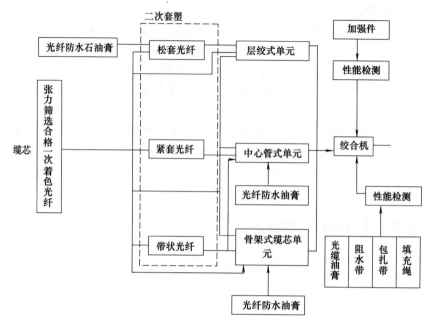

图 6-5　缆芯制造工艺

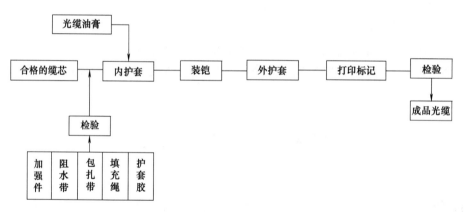

图 6-6　护套挤制工艺

① 选择具有优良传输特性的光纤，此光纤可以是单模光纤也可以是多模光纤，并对光纤施加相应应力进行筛选，筛选合格之后才能用来成缆。

② 对成缆用各种材料，强度元件，包扎带，填充油膏等进行抽样检测，100%的检查外形和备用长度，同时，按不同应用环境，选择专用的成缆材料。

③ 在层绞结构中要特别注意绞合节距和形式的选择，要合理科学，做到在成缆、敷设和使用运输中避免光纤受力。

④ 在骨架式结构中注意光纤置入沟槽时所受应力的大小，保证光纤既不受力也不松弛跳线。

⑤ 中心管式结构中特别注意中心管内部空间的合理利用，同时注意填充油膏的压力与温度的控制。

2. 光缆外护套挤制工艺的技术要点

根据不同使用环境，选择不同的护套结构和材料，并要考虑敷设效应和老化效应的影响。在挤制内外护套时，注意挤出机的挤出速度、出口温度与冷却水的温度梯度、冷却速度的合理控制，保证形成合理的材料温度性能。对于金属铠装层应注意铠装机所施加压力的控制。

二、光纤成缆工艺

（一）工艺过程与设备

光纤成缆就是将若干根紧套光纤、松套光纤、光纤束或带状光纤与加强件、阻水材料、包扎带等元件按照一定规则绞合制成中心管式、层绞式或骨架式结构光缆缆芯的一个工艺操作过程，见图6-7。成缆目的是为得到结构稳定的光缆缆芯，使经护套挤制后的光缆具有更好的抗拉、抗压、抗弯、抗扭转、抗冲击等优良力学性能和温度特性，并具有最小几何体积，同时改善因外力引起光纤微弯和环境温度变化引起压缩应变，保持光纤固有优良传输特性。成缆工序要求成缆后光缆缆芯必须具有优良力学性能，满足各种运输、储存、敷设条件和方式及不同环境条件下使用要求。同时，成缆后必须保持原有光纤传输特性，并对温度特性有很大改善。成缆工艺根据缆芯结构不同可分为：中心管式缆芯成缆工艺，层绞式缆芯成缆工艺和骨架槽式缆芯成缆工艺。中心管式成缆工艺与光纤松套工艺相同，在此不做赘述。仅讨论层绞式和骨架槽式缆芯成缆工艺。

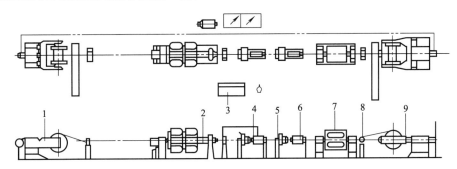

图 6-7　光缆绞合工艺图

1—旋转放线机；2—放线支架；3—控制台；4—电子柜；5—包扎开孔头；
6—缓冲器支架；7—旋转履带；8—模具支撑；9—盘绞机

（二）层绞式光缆成缆工艺与设备

层绞结构是将含光纤的松套光纤、加强件单元、阻水材料和包扎带等材料或其他形式结构的缆芯作为基本单元元件（如一层或多层骨架槽式带状光纤缆芯单元）利用绞合机通过某种绞合方式绞合成缆的一个工艺操作过程。其工艺基本上沿袭了电缆生产的工艺，在三种成缆操作中，它是最成熟的工艺技术。其根据绞合方式的不同，可分为SZ绞合（又称左右绞合）和螺旋绞合（又称单方向绞合、S绞或Z绞）两种，两种工艺生产的光缆性能相近，但成缆工艺和设备却有着很大的差别。在绞合过程中，松套光纤和光缆两者间的长度必须形成一定的余长，而获得这种余长的方法就是采用光纤的SZ绞或螺旋绞合的方法。

1. SZ 绞合工艺

所谓 SZ 绞合就是当绞合元件沿光缆纵轴方向在达到规定的 S 方向（或 Z 方向）绞合回

转圈数后，然后换向再沿 Z 方向（或 S 方向）绞合与 S 方向绞合的回转圈数相同的圈数后，再重新开始另一次绞合循环的绞合形式。在换向点，绞合元件与光缆轴向平行，由于绞合元件具有一定硬度，为保持绞合元件换向时处于一个较为适当的绞合位置，在 SZ 绞合缆芯的绞合元件上必须绕包上包扎带固定，在绞合元件的空隙处填充聚乙烯填充绳，使绞合单元结构更加稳定，并填充光缆阻水油膏（简称缆膏）吸收外部浸入的水分。SZ 绞合工艺的实现是由一台 SZ 绞合机完成。SZ 绞合的生产速度较快，生产效率高，对各绞合单元内的光纤，由于有两个方向的绞合，松套光纤因绞合引起的变形被降低到最少并可以得到补偿。其缺点是绞合节距不易控制，由于在光缆成缆过程中，光纤绞合节距是至关重要的，它对二次余长 ε 的形成，光缆的温度特性和柔软特性都有着非常重要的影响，绞合节距过大，拉伸或收缩余长达不到设计要求；过小，则不能满足光纤的弯曲性能要求。考虑到 SZ 绞合是一个往复绞合过程，存在换向的问题，因此，在选择绞合节距时应比计算值略小些。其弯曲半径沿缆芯纵轴是变化的，在换向点处达到最大值，在两换向点中间为最小值。

为控制好产品质量。保证缆芯余长正常且衰减符合要求是非常重要。所以在生产过程中，必须严格控制好成缆节距、扎纱节距、扎纱张力、放线张力及加强件放线张力等工艺参数。

包扎带可以起到固定缆芯作用，如使用阻水带作包扎带，其又具有吸水作用，一般包扎带的扎纱节距必须保证缆芯不松散。扎纱张力是一个非常重要的参数，它与光纤的衰减紧密相关，不宜过大或过小。张力过小，容易造成扎纱松散，缆芯固定松弛，并且容易在下道工序中挤制护套时造成断缆事故；而张力过大，会出现包扎带扎扁光纤套管现象，使套管内的一次着色光纤受到应力的作用，产生弯曲衰减增大现象，造成质量事故。

松套管放线张力（管径 $\phi < 3.0mm$）应控制在 $30 \sim 50g$ 范围内，过大产生吃余长现象，容易造成松套管断裂等质量事故。一般应根据松套管余长的大小合理调节放线张力，并时刻注意松套管余长的变化。

模具的匹配是另一个重要的控制因素。SZ 绞合成缆模具一般有定径模、过线模、油膏模等，其中定径模是最关键的一个模具，它关系到缆芯的各项指标。定径模尺寸过大，易造成缆芯结合不紧密，结构不稳定，并浪费填充材料，影响光缆的力学性能；过小，则造成缆芯无法通过定径模而被拉断或因其受力造成衰减增大。过线模的作用是在缆芯外径允许的偏差范围内对缆芯外径进行适当地控制，其尺寸应根据实际情况而定，但有一点一定要注意，那就是不能与定径模尺寸相差太大。油膏模的选用要保证充油的饱满度。

2. SZ 绞合成缆机

SZ 绞合机特点：芯线自固定的多头放线盘放出，经 SZ 绞合摇摆头实现 SZ 绞合，成缆后又收线到固定的收线盘上。成缆时芯线首先沿一个方向绞合，当达到预定的圈数时，开始换向，进行反方向的绞合，SZ 方向的绞合圈数相同。"SZ"中的 S 指的是左旋绞合成缆后，芯线向下旋转的外形与 S 字母形状相似；Z 指的是右旋绞合成缆后芯线向上旋的外形与字母 Z 的形状相似。SZ 成缆技术的关键是在绞合时，要求设备既能快速地改变旋转方向，又能确保绞合后的缆芯保有要求的形状和尺寸，不致松散。常用的 SZ 绞合机有德国 Frish 公司生产的管状储线器式 SZ 绞合机、瑞士 Maillofor 股份公司生产的"Focur"SZ 绞合机等。SZ 绞合机主要由以下部件组成：中心加强件放线架和中心加强件张力控制装置，主要包括多头固定加强件放线盘、放线张力测量轮、放线张力调节轮及张力传感器构成，其作用是以恒定的张力自放线盘上放出加强件并实时控制并调节加强件的放线张力；多头光纤/填充绳放线架，放出多根松套光纤（或带纤）/填充绳；SZ 绞合摇摆头（简称绞合头）的作用是实现光纤的 SZ 绞合；双向扎纱装置，作用是利用聚酯绳包扎绞合后换向点处的缆芯，避免缆芯松散；阻扭装置，这里使用阻扭装置的目的是防止缆芯绞合后产生扭曲故障；光缆缆芯牵引装置，为绞合后的成缆缆芯提供牵引张力，引导缆芯收线；层绞式缆芯收线架，包括缆芯排线轮、收线轮、收线张力控制轮、收线张力测量轮和收线张力传感器，将绞合后的缆芯按照一定的排线节距排线并收到收线盘上，同时控制收线张力的大小；阻水油膏填充设备的作用是为防止缆芯渗水，而填充吸水缆膏；聚酯带绕包/纵包设备（俗称绕包头）包扎阻水用的聚酯带。

3. 螺旋绞合成缆机

螺旋绞合型光缆成缆设备有二种，笼绞式成缆机和盘绞式成缆机。

笼绞式成缆机主要由加强元件放线装置，装有若干光纤盘的旋转绞笼，成型模，绕包头，固定式牵引装置，固定式收排线装置等部分组成，这种结构成缆机的优点是设计技术较成熟可靠，光纤层绞时实施光纤的退扭比较方便，多芯光缆层绞后结构稳定；缺点是光纤松套管多数采用被动放线方式，若要实现光纤的主动放线及其张力控制，则结构比较复杂，造价也较高。光缆芯数及长度随变性差。此外，一个最大的缺点是绞笼直径大，因而其转动贯量大，旋转和成缆速度的提高将受到限制。笼绞式成缆机的绞笼旋转速度仅为 50～120rpm，因而成缆速度不可能提高。目前，这种结构设备已很少使用。

盘绞式成缆机主要由加强件放线装置，装有若干线盘的固定放线架、成型模、绕包头、旋转牵引装置、旋转收排线装置等部分组成。这种形式的成缆机的优点是对松套光纤可采用主动放线，所以对光纤固有机械强度不会产生任何影响，此外，由于光纤的绞合不是利用直径很大的绞笼，而是通过旋转牵引和旋转收排线装置来完成的，这样转动部分尺寸比笼绞式成缆机中的绞笼要小，因而转动惯量也较小，成缆速度可稍有提高，这种成缆方式的缺点是光纤退扭比较麻烦，机器结构比较复杂，成本造价比较高，成缆速度相对 SZ 绞要低。

以芬兰 NOKIA 公司 OFC71 盘绞成缆机结构讨论松套光纤的成缆工艺，该机主要由以下设备组成。

ϕ1250 型中心加强件放线架，放线架旋转部位包括主动放线所需的张力轮、放线电机以及一个放线用的辅助牵引轮，为便于在收线和放线间缆芯保持张紧状态，并使张紧张力可调，放线架内还可以安装一个测量加强件张力的张力测量轮，以控制放线牵引的轮速，从而控制加强件的张紧力。

12 个松套管/填充绳放线架，采用主动放线，分为两组，每组 6 个为一单元，每一单元分别由一个电机驱动旋转，放线架上可安装 PN500 和 PN630 型的放线盘具。

一个可移动式模具座，当穿过模具内的任一根填充绳/松套管断裂或放线故障引起张力不均匀时，模具座会发生移动，控制系统迅速反馈一个报警信号，使整机急停。

一个 3000r/min 的高速扎纱头，扎纱张力采用电磁制动器控制，可在线自动调节扎纱张力，保持张力恒定，并且内置光电式断线报警检测装置。

ϕ1250 型收线架，内置主动张力收线、组动排线架以及收线牵引和计量装置，该牵引是整条生产线的动力源，也是生产线运行速度的基准。

由于该生产线的旋转部分较多，各种安全保护装置相应繁多，所以整个系统控制相当复杂，所有旋转部分的最高转度是 200r/min，因此在成缆节距为 300mm 时，最高成缆速度为 $0.3 \times 200 = 60$m/min；而当成缆节距小至 50mm 时，成缆速度只有 $0.05 \times 200 = 10$m/min，

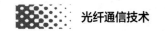

可以看出它的生产效率比 SZ 绞合机低得多。

（三）绞合成缆工艺基本特点

SZ 绞与螺旋绞基本工作原理 盘绞式成缆机成缆原理是由收线盘经一个方向（S 方向或 Z 方向）旋转而使缆芯缆化，成为一个稳定的结构，在此过程中，盘绞机所有盘具都要旋转，目的是实现退扭，松套管/填充绳、中心加强元件也随着往同一个方向旋转，会产生扭曲扭转，故需要退扭。而 SZ 绞合成缆机在绞合时只利用绞合摇摆头实现 SZ 向绞合，其他盘具不需要旋转，相比之下，SZ 绞合的成缆工艺的优势非常明显。

SZ 绞与笼绞或盘绞相比，具有非常优越性能，因此得到了更广泛应用。这种绞合形式具有如下优点。

① 光纤从固定的放线架中放出，易实现主动放线而达到光纤放线张力的自动控制。这对笼绞式成缆就比较困难，因为放线架放置在转动的绞笼上，即使在技术上可以实现，但所需高昂的投资。由于张力控制精确，光纤免受离心力作用，所以可提高光缆的成品率。

② 放线架是固定不动的，可以采用组合形式，因而对光缆制造长度及芯数的随变性有较大的适应能力。

③ 因为 SZ 绞合设备中没有笨重的转动部件，所以成缆速度可大大提高，SZ 绞合摇摆头可达 400～600r/min，如果其他环节的各因素得到最佳的匹配，那么成缆速度可得到很大的改善。

④ 由于 SZ 绞合是周期性的正反绞合，所以在光缆全长上不存在扭曲扭转问题，因而退扭问题已显的不是那么重要。

⑤ S 绞和 Z 绞的换向点有充分的余长，因此接头接续比较方便。

⑥ 设备尺寸小，造价很低。

SZ 绞合方式的缺点：在每一个大节距中的 S 向或 Z 向的小节距内，由于绞合机结构中存在光纤和机械结构间接触的径向摩擦力，可能会使光纤产生某种程度的扭转，而这种扭转靠退扭机构是很难实现退扭的。

三、光缆综合护套挤出工艺

为保护光纤成缆后缆芯不受外界机械、热化学、潮气以及生物体啃咬等影响，光缆缆芯外部必须有护套，甚至有外护套保护，只有这样才可以更有效保护成缆光纤正常工作与使用寿命要求。光缆综合护套生产工艺必须能够保证生产出符合下述要求的合格护套。

① 完全密封。对于光缆来说，防止可能影响光缆性能并最终导致光缆失效的潮气或水分侵入是至关重要的一点。因此，要求生产的护套必须完全没有气泡、针孔和焊缝等。

② 尺寸精确，同心度好，表面光洁，尤其是护套的内表面要光洁。

③ 为减少光缆的接续点，应尽可能实现光缆连续长度很长的生产方式，目前光缆的典型接续长度为 5km，如有特殊要求可达 6～7km 甚至更长。

④ 在生产过程中不得损伤缆芯。

综合护套生产一般包括：缆膏或护套（又称护套胶）油膏填充；纵包阻水带；内护套的

挤制，包括塑料护套、纵包铝塑带或纵包钢塑带等；装铠；挤制塑料外护套等五部分操作。根据光缆使用场合的不同，可由上述五部分中的几部分构成不同综合护套。缆膏或护套填充油膏和纵包阻水带起到纵向阻水和防潮作用；塑料内护套、纵包铝塑带或钢塑带起到径向阻水和防潮作用，如采用纵包钢塑带作内护套还可提高光缆的抗侧压性能；光缆装铠就是对已挤制塑料内护套的光缆用钢带或钢丝进行加装铠装层保护操作；光缆的塑料外护套一般有聚乙烯 PE 护套，聚氯乙烯 PVC 护套，耐电痕交联聚乙烯 XEPE 护套，无卤阻燃聚氯乙烯护套，防白蚁护套等多种。

（一）光缆阻水工艺

随着光纤光缆制造技术与材料不断发展，光缆阻水工艺从最早气体增压阻水已发展到目前填充阻水油膏阻水及吸水膨胀材料阻水阶段，阻水工艺水平已得到较大提高和发展。

1. 油膏的填充

纤膏、缆膏或护套油膏填充通常采用专门油膏填充设备：油膏填充机。以缆膏填充为例简要讨论。基本填充原理是利用高压油泵将油膏打到一个特定容器中，此容器采取回流装置，在容器出口处安装有一个尺寸大小与缆芯匹配油膏模，目的有两个：一是保证缆芯表面圆整，二是为了控制油膏量。当油膏不足或者不均匀时会导致光缆护套外表面不圆整，另外油膏过多又会在挤护套时产生气泡及小颈，在生产过程中要保证油膏填充均匀，填满且不外漏。

2. 干式阻水工艺

为了保证光缆纵向阻水，除油膏填充外，还有一种干式阻水工艺方式。干式阻水工艺又分为"全干式"和"半干式"二种结构。"全干式"是在光缆整个结构中全部采用阻水带（纱）进行阻水的一种方法，光缆中没有阻水油膏存在，由此，"干缆芯"结构被引入光缆；半干式光缆除在松套管内填充防水油膏外，其他空隙均采用遇水迅速膨胀的阻水化合物。干式光缆阻水材料通常是带、纱或涂层组合在一起，以防止水或潮气纵向渗入缆芯。干式缆芯材料一般都采用能迅速吸水形成水凝胶的聚合物，通过水凝胶膨胀填充光缆渗水通道。最常用阻水带和阻水纱。阻水带是一种利用粘接剂将吸水树脂黏附在两层无纺布中间，形成一定厚度的带状材料，阻水纱是吸水树脂黏附在聚酯纱线上，形成一种遇水膨胀的纱线。它们的阻水机理是当水或潮气进入光缆内部时，首先与阻水材料中的吸水树脂相接触，吸水树脂遇水迅速膨胀形成水凝胶聚合物把光缆内部所有与水接触部分的空隙全部填满，从而阻止水在光缆内部纵向流动。由于干缆芯阻水工艺不含粘性脂类，接续准备时无需擦布、溶剂和清洁剂，光缆接续时间大为缩短，并且这种光缆质量轻，光缆外层的加强纱与护层之间良好的黏附性不会降低。阻水带的扎捆填充可采用纵包方式，也可以采用绕包方式。它还可以替代包扎绳作光缆芯的扎捆之用。

（二）纵包工艺

纵包工艺的好坏直接影响到光缆的表面质量及光缆的机械性能，所以把好纵包的质量关是护套工艺的首要问题。纵包工艺包括阻水带纵包，钢（铝）塑复合带轧纹、预成型、搭接、定型。为了保证在缆芯和皱纹钢（铝）塑复合带间空隙不渗水，采用阻水带纵包工艺，阻水带的厚度一般为 0.25mm，宽度根据缆芯的外径进行设计，保证缆芯完成纵包后有 3～

5mm 的重叠区。钢带/铝带轧纹纵包装置由轧纹机和纵包机组成。

由于钢带和铝带性能有很大差别，它们预成形所受力也有所区别。为改善光缆弯曲性能，对钢带需进行轧纹处理，轧纹深浅应根据具体的使用情况而定，一般情况下轧纹深度为 0.6mm。

预成型一般是通过使用锥形成形模，又称喇叭模来实现，喇叭模尺寸应根据具体的缆芯外径和光缆外径来确定。在预成型之后必须搭接，这是护套工艺中极其重要的一步，搭接好坏直接影响光缆拉伸和渗水性能，搭接不好时，最严重者会造成断缆事故发生。在这一工序中最关键的技术是搭接模加工的质量。定型是纵包工艺的最后一道工序，它的作用是保证光缆外径及几何形状、保证光缆渗水性能要求，此外，对于保证光缆的圆整度也是很重要的一步。

（三）挤塑工艺

光缆塑料护套质量的好坏，与塑料材料本身的质量、挤塑机性能、挤出温度、收放线张力、牵引速度、塑料挤出后的冷却方式、机头模具设计等诸多因素有关。

1. 挤塑模具

光缆护套挤制生产中使用的模具，包括模芯和模套，主要有三种形式：挤压式，挤管式和半挤管式。三种模具的结构基本一样，区别仅仅在于模芯前端有无管状承径部分或管状承径部分与模套相对位置的不同。

（1）挤压式模具 挤压式模具模芯没有管状承径部分，模芯缩在模套承径后面。熔融塑料是靠压力通过模套实现最后定型，挤出塑胶层结构紧密，外表平整。模芯和模套夹角大小决定料流压力大小，影响着塑胶层质量和挤出光缆质量。缺点是出胶速度慢，并且偏心调节困难，厚度不易控制。

（2）挤管式模具 挤管式又称套管式模具。模芯有管状承径部分，模芯口端伸出模套口端面或与模套口端面持平的挤出方式称为挤管式。挤管式挤出时由于模芯管状承径部分的存在，使塑料不是直接压在缆芯上，而是沿着管状承径部分向前移动，先形成管状，然后再经拉伸再包覆在光缆缆芯上。

（3）半挤管式模具 半挤管式模具模芯有 5mm 左右管状承径部分，介于挤压式和拉管式之间，模芯口端基本处于模套平直度（承径）中间。半挤管式挤出时，由于模芯是缩在模套承径后面，故熔融塑料是靠一定压力通过模套实现定型，而这个压力相对挤压式要小得多；由于在模套承径内，有一段模芯管状承径长度，因此又保留拉管式模具部分特性。熔融塑料沿管状拉出，然后再包覆在缆芯上。半挤管式模具综合挤压式和挤管式特点，性能介于两者之间。在 ADSS 光缆护套及某些特殊产品护套工艺上被广泛采纳。

一般护套挤出采用半挤压式或挤压式较多。在高密度聚乙烯护套挤出时，因高密度聚乙烯热容较大，是低密度聚乙烯 1.3 倍，因而它需要挤塑机热功率较大，挤出模压力不宜太大，挤出压力太大时，挤出压力会产生波动而造成成型护套外径竹节形波动，因此宜采用半挤管式方法，达到减小挤压力目的。采用平行钢丝加强中心管式光缆时，必须采用挤压式成型模。

2. 挤塑机

挤塑机通常由挤塑机主机、辅机和控制系统三部分组成。

挤塑机主机组成 挤压系统、传动系统、加热和冷却系统。

（1）挤压系统由加料斗、机筒、螺杆、端头多孔板组成。其功能是使塑料颗粒料填入机筒后，经搅拌、塑化，然后由机头挤出。

① 加料装置　一般为锥形漏斗，其大小以能容纳 1h 用料为宜。加料斗内有切断料流、标定料量和卸除余料等装置。好的加料斗都还装有定时、定量供料及干燥和预热等装置。对粉状树脂，最好采用真空减压加料装置。加料口形状有矩形和圆形两种。一般采用矩形，其长边平行于螺杆轴线，长为螺杆直径的 1～1.5 倍，进料斗侧面为 7°～15°倾角。

② 螺杆　通常将螺杆分成加料段、塑化段（压缩段）和计量混炼段三段。也有分四段和五段，甚至更多段的。排气式螺杆全长分六段：第一输送段、第一压缩段、第一计量段、第二输送段、第二压缩段和第二计量段。

螺杆的基本参数如下。

螺杆直径 D_s　国产挤塑机的螺杆直径在 30～250mm 之间，增大直径，生产能力明显提高。一般，螺杆直径是根据制品要求、物料特性和生产能力综合选择。

长径比 L/D　常为 15～25，但有增大趋势，国产双螺杆挤塑机的长径比已达 28～30。

螺槽深度 h　取决于物料的稳定性、塑化效率及压缩比，其中均化计量段深度最重要，根据经验取 $h=(0.02～0.06)D$，大螺杆直径取 0.06，小螺杆直径取 0.02。

螺距 S　它决定螺旋角和螺槽容积，对挤出量有影响。

螺旋角 Q　根据加工物料不同，粉料选 30°，方粒料取 15°，圆柱粒料取 17°。

螺棱宽度 e　在保证强度前提下，螺棱宽度取小值为好，一般选 $e=0.1D$。

螺杆头部结构　合理的螺杆头部形状，使料流尽可能平稳地流入机头，并避免产生滞流，防止局部物料分解。一般采用圆锥形和半圆形。

③ 机筒　其是挤塑机主要部件，工作过程中压力可达 30～50MPa，温度达 150～300℃，机筒材料必须强度高、耐腐蚀、耐磨损。目前多选用 38CrMoAl 材料和粉末状 Xaloy 合金粉。机筒外部分段设有加热和冷却装置，一般采用电阻加热和水冷却。

④ 端头多孔板　其作用是使物料由旋转流动变为直线流动，沿螺杆轴方向形成压力，增大塑化均匀性和支撑过滤网。过滤板为圆形，其厚度为机筒内径的 1/5，整齐地排列着许多小孔，孔径为 3～6mm。

（2）传动系统。它保证螺杆按需要的扭矩和转速均匀旋转。

（3）加热和冷却系统。它通过对机筒加热或冷却，保证物料在机筒各段内温度要求。

3. 生产塑管挤塑机辅机组成

由机头、定型装置、冷却装置、牵引装置、切割装置和堆放装置组成。挤塑成型辅机是挤塑成型设备中重要组成部分，其作用是将连续挤出的已获得初步形状和尺寸的某制品进行定型，达到一定表面质量，最终成为可供使用的制品或半成品。

（1）机头　挤管机头可分为直型和弯型两种，直机头使用最广泛。

熔融物料自分流器头挤出后，被分流器支架分成若干股，然后又重新汇合，最后进入由芯棒与口模形成的环形通道而挤成连续管材。机头是光缆成形的主要部件，更换机头型孔，可制得不同断面形状的光缆，实际生产中，光缆形状以圆形居多。

（2）定型装置　它的作用是稳定地挤出光缆形状，对护套表面进行修正。一般采用冷却式压光方法实现。

从机头挤出的塑管温度很高，PVC 管温度可高达 200℃左右，在这样高的温度下，制品处于熔融状态，在重力作用下很容易产生变形，为使之达到设计要求的形状和尺寸，必须在

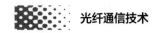

离开机头后立即冷却定型，保证塑管离开定型装置后不会因牵引，自重，冷却水压力及其他条件影响而变形。定型装置分外径定型和内径定型两种。

（3）冷却装置　作用是使从挤塑机定型装置挤出的光缆护套充分冷却、凝固并硬化。采用二级梯度热、冷水配合冷却方法实现。

塑管自定型装置出来后，并没有完全冷却，如不继续冷却，将引起塑管变形，因此，必须经过冷却装置，尽可能使之冷却到室温。

冷却装置有两种：一种是浸浴式冷却法，用于小口径管；另一种是喷淋式冷却法，用于大截面管。光纤光缆套塑或挤护套时多采用第一种方法。

浸浴式冷却水槽一般以自来水为冷却介质，冷却槽分 4～6 段，长 2～6m，水多从最后一段流入，与管材运动方向相反，使之缓慢冷却，减少产品内应力。槽中水位应埋没管材。

（4）牵引装置　牵引装置是连续制管的辅助装置，它的作用是为挤出管提供一定的牵引力，牵引速度均匀的将管材引出，通过牵引速度可调节塑管的壁厚，牵引装置必须满足：牵引速度无级调节；牵引力保持恒定；对制品的夹持力能够调节。牵引速度一般比挤出速度快 1%～10%，将挤出的光缆均匀地引出。牵引速度的快慢在一定程度上可以调节光缆护套断面尺寸，对生产率也有一定影响，通常采用轮式牵引方式。

履带式牵引装置由 2～6 条可调节履带组成，均匀分布在管材四周，履带上嵌有橡胶夹紧块。这种牵引装置牵引力大，速度调节范围广，与管材接触面大，不打滑，不易使管子变形。但此装置结构复杂，维修困难。适用于大直径、薄壁制品牵引。

（5）切割装置　切割装置是将挤出管子按需要长度切断，并卷盘封装。目前常用切割机有两种，即自动和手动圆锯切割机。

四、铠装工艺

光缆铠装工艺是为了增加光缆抗拉和抗压强度加装金属结构层而采用的一种保护操作工艺过程。铠装层位于光缆内、外护套之间。铠装材料及方式一般有两种：钢丝铠装和钢带铠装。铠装工艺有两种：纵包工艺和绕包工艺。光缆铠装设备主要有两种：钢丝铠装机和钢带铠装机。

1. 钢丝铠装

通常对于普通直埋和管道光缆不需钢丝铠装，海底光缆必须采用钢丝铠装。

2. 钢带铠装

铠装用钢带多为镀磷钢带，也有镀锌钢带。根据铠装前光缆直径来选择钢带层数、厚度和宽度。

五、综合护套生产线与设备

综合护套生产线及设备是光缆制造过程中最后一道加工工序专用的生产线设备。这道工序可细分为以下几个步骤。

缆芯放线→缆芯阻水处理→铝塑带/钢塑带纵包（或挤内塑料护套）→铠装→挤塑→冷却→印字→火花监测→收线。

第四节 光纤/光缆接入技术与线路的故障检测

一、接入技术

（一）光纤接入网的现状

经过近几年的研究和实践，首先实现光缆到路边（FTTC）、光纤到楼（FTTB）已是电信运营商在接入光缆建设中形成的共识。接入光缆的组织方式主要采用的是"环形接入主干光缆＋星形配线光缆"，光缆交接设备主要使用的是光缆交接箱。

随着光纤的普及和推广，近年光缆接入需求进一步增长。

① 大客户光纤接入数量和比例都大大增加。

②"光进铜退"建设策略的实施，导致业务接入点数量增加。

③ 许多重要客户要求对配线段光缆进行保护。

④ FTTH 的建设需求增多。

光纤接入需求的增长，导致光缆的建设规模和覆盖范围大大增加。现有建设模式和网络组织已经不能很好地满足光缆大规模建设的需要，特别在大城市一些光纤接入用户密集区域的问题更加突出，主要存在以下问题。

① 接入主干光缆环的建设周期长，不能满足快速部署的要求。

② 光缆交接箱的空间有限，不利于扩容。

③ 光交接箱配纤方式不规范，箱内光缆固定点等资源消耗快。

④ 大量客户要求对配线光缆进行保护，而现有环形光缆结构为了实现第二路由增加了接入主干光缆使用的复杂性。

（二）光纤接入技术在光纤接入网中的地位和作用

采用光纤接入技术的接入网称为光纤接入网，它不但在电信网中，而且在未来的通信信息网中具有极其重要的地位，对今后的发展起着关键作用。首先它是电信网和通信信息网中最大的部分，它的建设费用占电信网总费用的 1/2 以上；其次，光纤接入网直接面对广大的用户和各种应用系统，它的服务质量和内容直接影响网络的发展，事实上，大部分业务只需由接入网而不必通过核心网就可完成；第三，它是完成语音、数据、活动视像等综合业务的最主要部分和必经之路。因此，它是当前信息通信中高新技术竞争最剧烈和发展最快的部分。

（三）光缆交接点设置及位置

对于不同的光纤接入用户发展环境，需要采用不同的光缆交接点形势。在目前的环境下，不管是固定运营商还是移动运营商都需要对光缆交接点的实现方式进行相应调整。

（1）电信运营商应把更多的接入局点纳入到接入主干光缆规划，作为光缆交接点。

目前接入主干光缆基本都是采用光缆交接箱作为光缆交接点，但是光缆交接箱箱体有一定限制，特别是对于大城市一些光纤接入客户密集的地区，目前较常用的 288 箱体不能满足需要，但增加光缆交接箱又比较困难或者在经济上不合算。在这种情况下，在主干光缆的建设过程中，应该重视接入点的加入，充分利用接入局点的空间建设合适的光缆配线架，使其行使光缆交接箱的功能，这样可以方便扩容和光纤调配。如图 6-8 所示，图 6-8（a）是传统接入主干光缆建设方式，采用光缆交接箱作为光缆交接点；而图 6-8（b）则较多地引入接入网点的室内光缆配线架作为光缆交接点，形成以光缆交接箱和室内光缆配线架相结合的模式，在光纤接入需求密集的区域，还可以进一步发展成以室内光缆配线架为主的模式。通过考察，目前固网运营商的许多接入局点在地理位置。空间等条件上基本能够符合要求。

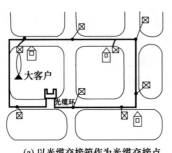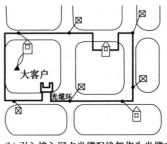

(a) 以光缆交接箱作为光缆交接点　　　(b) 引入接入网点光缆配线架作为光缆交接点

□ 端局　⊠ 光交接箱　▢ 接入网点

图 6-8　接入点光缆配线架代替光缆交接箱

（2）其他运营商应该重视光缆交接箱的部署和使用

运营商的光缆接入网基本是以满足接入需要为主的光缆接入网，在光纤的调度上，大部分城市都采用直接配纤的方式，很少使用光缆交接箱。对于近年发展的大客户接入基本都是以基站为光缆引出点，基站机房中的光缆配线架相当于光缆交接点。按道理，在城区基站密度较大，可以很方便地实现客户接入，但是许多基站机房的位置和装机条件比较差，进出局管道、光缆引入引出都受到越来越多的限制，特别在大城市，这些问题更加突出。因此，运营商不能单纯依靠基站机房来应对越来越多的光纤接入用户。

从未来多业务的发展来看，运营商应该在城市加强接入光缆网规划，明确接入光缆网的层次划分，最重要的是在层次结构之间相应地引入光缆交接箱，减少直接配纤方式的使用，以增加光缆纤芯调度的灵活性。另外对于战略位置比较重要的基站，要重视机房建设，提高基站机房的安装条件，完善进出机房管道建设，最终战略站点和光缆交接箱相配合，共同作为接入光缆网的光交接点。

（四）配线光缆接入方式的分类和特点

光缆配线方式有 3 种形式，环形无递减配线法、星形无递减配线法、星形递减配线法。

1. 环形无递减配线法

①呈环状连接路由的无递减配线法。②适用于高速、宽带业务需求范围较广，并且增长迅速的市区及商业区。③在采用这一配线法时，传输设备应构成环形，是纤芯在环路上进行无递减配线，可以在任意点选择纤芯，纤芯通融性高，可随时满足要求。④在一定地区呈环形连接，所以这一特定地区内的光 WAN（Wild Area Network）很容易提供大楼间光配线网路和实现网路分支，是一种高可靠性配线法。

2. 星形无递减配线法

①基本上是星形配线，但采用无纤芯递减形式的配线方法。②适用于受建筑设备限制，为确保有限的管道路由，采用环形无递减配线法较为困难的地区。③从端局到远端用户的配线不进行纤芯递减，所以与环形无递减配线法一样，纤芯的通融性很高，也是一种能立即满足需求的配线方法。④光缆出现故障时，需要由其他光缆或其他路由进行补救，所以是一种可靠性稍低的配线法。

3. 星形递减配线法

①考虑需求地点与光缆连接等方面的经济性，采用纤芯递减的星形递减配线法。②适用于需求分散在较大范围内，并且变动又小，用户较为稳定的地区。③将分散的用户所需要的纤芯逐一集中起来进行配线，很难满足应急的需求，纤芯通融性极差。④预测不准确而频繁地追加工程，造成投资浪费。⑤光缆发生故障时，与星形无递减配线法同样，是一种可靠性较低的配线法。光纤配线方式分类图如下图 6-9～图 6-11 所示。

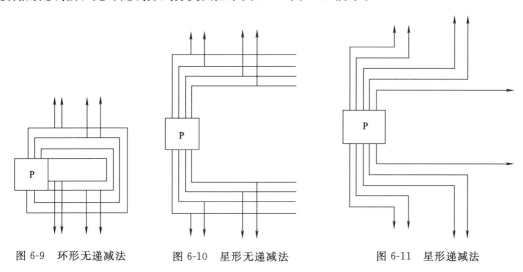

图 6-9　环形无递减法　　　　图 6-10　星形无递减法　　　　图 6-11　星形递减法

（五）接入光缆的建设模式

1. 树形接入主干与环形接入主干光缆

以前接入主干多采用环形结构，主要由于光缆比较稀疏，希望对接入主干光缆部分进行保护。但是随着接入光缆建设规模的扩大，接入光缆将变得像铜缆一样普及，在这种形势下。接入主干光缆采用树形结构，一方面能够解决建设进度和分期建设的问题，可以不必在一期工程中就按照环形结构施工，从而大大提高部署进度，满足用户快速发展的需求；另一方面采用树形接入主干结构也能够很好地实现接入主干线路的保护，同时可以更好地实现配线光缆保护（如图 6-12 所示）。

随着出局接入主干条数越来越多、

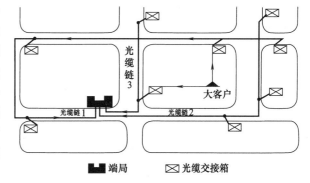

图 6-12　在树形接入主干光缆模式下的大客户双路由

覆盖范围越来越广，采用图 6-12 所示的结构实现双路由保护也越来越容易。另外，采用"树形结构+公共纤芯"的配纤方式，在应对多种业务需求时，能够使纤芯利用率达到最大，而使光缆交接箱的占用比降到最低。

因此，针对光纤接入客户数的迅速增长、安全性要求提高等特点，应对接入主干光缆重新进行统一规划，根据街道、用户布局、用户特性等因素选择更合理的接入主干光缆结构和配纤方式。

2. 突出光缆分纤盒在网络结构中的位置，增加光缆分纤盒的使用

在配线光缆的建设过程中，应该考虑光缆层次化问题，突出光缆分纤盒在网络结构中的位置，增加光缆分纤盒的使用和管理。光缆分纤盒的使用能够大大减少同一路由上有多条配线光缆的现象，可以大大提高配线光缆和主干光缆的纤芯利用率，可以节省对光缆交接箱中光缆固定点等资源的占用，保证在用户密集地区能够引出足够多的配线光缆。另外，光缆分纤盒的使用还可以大大节省网络建设和维护费用。

3. 加大汇聚手段的使用，减少主干光缆纤芯的消耗

在大城市光纤接入用户密集的区域，接入主干光线和光缆交接箱空间的消耗很厉害，扩容压力较大。为了减少主干光缆的消耗，合理选择有源或者无源方式进行汇聚是非常有效的手段，在网络的规划建设和使用过程中应该重点考虑。

在采用接入点配线架作为光缆交接点的应用场合，由于拥有良好的装机条件，可以灵活地选择有源和无源方式进行汇聚，形成以接入点为汇聚节点的接入配线层网络，网络可以根据需求灵活地选择环形、链形、树形等结构。有源方式主要可以采用 SDH 传输设备对 2Mbit/s 电路，10/100Mbit/s 以电路进行汇聚，也可以采用以太网对本区域内的数据业务进行汇聚。无源方式目前主要以 EPON 为主。

在采用光缆交接箱作为光缆交接点的应用场合，由于缺少设备放置空间，可以选择 EPON/GPON 等无源接入方式进行汇聚。

（六）配线光缆接入区的界定范围

接入网光缆的配线仍然延续了传统电缆的配线方式，通过光配线架（ODF）使大容量的主干光缆灵活地进入用户节点，实现 FTTC、FTTF 和 FTTB。一般地，主干光缆拓扑结构均为环状，主干环网光缆的建筑方式一般采用管道敷设，通过道路管网与光缆交接点相连，其走向既要经过用户集中分布区域，又要避免两条光缆重复路由，这样不但可达到对预期用户点覆盖的目的，还可充分利用地下管孔资源。

配线光缆路由为光缆交接点与各用户光节点之间的路由，可根据光节点周围的用户群的分布情况和地理环境来确定，要求其线路具有隐蔽性，安全性和可行性。其建筑方式应优选管道式，亦可根据实际情况灵活确定。配线光缆覆盖区域应控制在以光缆交接点为中心的设定范围内（2~4km 范围内）。

另外，光缆交接点的选择必须为光缆主干路由途经的用户单元集中区域。应根据目前可行、进出线路较为便捷、用户分布相对集中、与原有光缆及其设备距离相对短、路由安全等诸多因素综合考虑。首选为高层楼群的独立电话交换间内，其面积应结合终端设备占用面积一并考虑，以备各类光电设备的安装及维护。

为使光缆充分满足光通信业务发展的需要，设置光纤配线区。光纤配线区是以沿途光缆路由并覆盖其周围用户建筑物的集中区域为一个光纤配线区。光纤配线区的划分要考虑以下各项原则。

① 从不同的物理路由方面比较，根据有效覆盖所属区域内的用户建筑物的路由确定配线区。

② 考虑容许光损耗，以距离局址最短的路由确定配线区。

③ 用户业务密度高的地区应选择环形路由确定配线区。

各配线法的适用范围及光缆容量限度图如图 6-13 和图 6-14 所示。

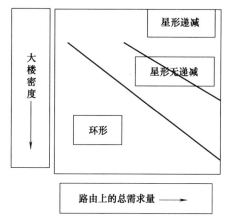

图 6-13　各配线法的适用范围

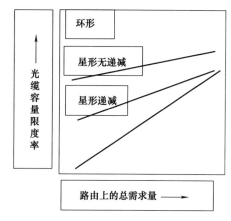

图 6-14　光缆容量限度

（七）配线光缆接入方式的选用原则

光缆路由的选择以及纤芯的取定是以网络整体发展建设规划为指导，以业务需求预测和用户分布为基础来进行的。光纤接入网在一定程度上决定了配线方式的选择，受接入节点的业务类别、范围大小、节点位置远近以及区域经济能力等诸多因素的影响，网络的结构会有所不同。所以，光缆配线时应考虑以下几点。

① 接入网建设一般是先建主干层，确定主干层的网络结构，然后根据具体区域的实际情况发展配线层，有业务需求时才建设配线层，并就近接入主干层。

② 业务预测的准确性对光缆配线规划的可操作性影响较大。

③ 由于光缆的寿命年限较长，而业务预测受到种种因素的限制，因此在进行光缆配线过程中，应根据当地实际情况灵活地运用光纤配线法，以达到预期目的。

④ 选择光缆配线法时还应考虑主干层的长期稳定性、配线层的灵活性，以及整体网络的可靠性和经济性。

⑤ 配线方式的选择需要考虑中远期需求，保证能够灵活方便地上下光纤，将来业务发展时便于扩充。

（八）配线光缆接入的应用模式

光纤到路边（FTTC）、光纤到大楼（FTTB）、光纤到楼层（FTTF）和光纤到户（FTTH/FTTO）等应用方式分别对应于不同个性、不同价格、不同特征的用户需求，实施过程中结合"光进铜退"的发展策略，逐步向光纤到户的方向过渡，全光纤的 FTTC 接入方式在战略上具有十分重要的地位。

（1）在大中城市、珠江三角洲等业务量发展较快、业务种类繁多、用户密集、宽带业务猛增的地区，可组成多个节点的网络，在经济条件允许时应优先选择环型无递减配线法。环型无递减配线法无论在通融性还是可靠性方面都是较好的，能提供大楼间光配线网路和实现网路分支，是一种高可靠性配线法的具体应用。

（2）在用户分布相对不稳定的地区或用户较少、用户相对较为分散、用户发展缓慢的地区，应选择星形无递减配线法即采用复接配线法。星形无递减配线法可以提高配线光缆芯线利用率和节省投资，是一种能立即满足需求的配线方法。

（3）在用户分散和需求相对稳定的地区或对保密性要求较高的网络、用户发展较慢、变动又小、密度均匀的地区，应选择星形递减配线法即采用直接配线法。星形递减配线法。将分散的用户所需要的纤芯逐一集中起来进行配线，宽带业务需求量小且用户分散，尽量避免路由投资，采用光纤直接配线方式具有布线方式简单、经济的优势。

（4）在市郊或城镇或目标局与端局之间，由于用户密度较低，业务种类简单，在接入层建设的初期，用户业务需求暂时不清晰，很难做出准确的业务预测，大规模的光缆网络建设可能会使投资在相当长的时期内不能发挥效益，因此对确有业务需求的用户以及适宜光纤接入的地区采用光纤到大楼、光纤到小区、光纤到路边的方式进行建设，条件允许的情况下也可选择环型无递减配线法。利用自愈环的方式提高网路的安全性、充分利用光缆的路由和光纤的芯数，提高光纤的利用率，因此在接入层建设初期宜采用星形无递减配线法和星形递减配线法两种方式接入，待业务和用户发展起来、条件成熟时再建立环型混合网。

（5）光缆配线的应用区别：光缆配线法基本上有上述 3 种，但在使用时，要根据该配线地区的需求动向、需求密度、有无建筑设备，综合考虑其维护性、可靠性、经济性之后再行决定，其中，尤其需注意经济性。

总之，光纤接入需求的飞速增长不能只依靠大规模建设接入光缆来解决，应该着眼于长远发展，需要在接入光缆网组织方式、建设方式、光缆交接点的配置、汇聚手段的使用等方面有所改变，从而实现以较低的投资建设高效的网络，快速地满足用户需求。

二、光缆线路故障测试与定位

（一）需求

光缆线路故障根据故障光缆光纤阻断情况，可将故障类型分为：光缆全断、部分束管中断、单束管中的部分光纤中断。

引起光缆线路故障的原因大致可以分为四类：外力因素（如：挖掘作业、车辆挂断等）、自然灾害（如：鼠咬与鸟啄、火灾、洪水、大风、冰雹、雷击、电击）、光缆自身缺陷及人为因素（如：偷盗、破坏）。

光缆线路故障发生后，及时准确判断故障点位置，恢复业务，减少故障延时，十分重要。处理光缆线路故障，遵循以下原则：先抢通，后修复；先核心，后边缘；先本端，后对端；先网内，后网外，按故障等级进行处理。当两个以上的故障同时发生时，对重大故障予以优先处理。线路障碍未排除之前，查修不得中止。

故障发生后，如何判断故障光纤？如何判断故障点位置呢？这就需要掌握纤序辨别及故障定位的方法。

（二）野外线路纤序的辨别

（1）短距离情况下，使用红光源最为便利，由局端发可见红光，线路现场将光纤绕曲观察红光发散即可定位和辨别纤序。该方法便利，但受环境因素和红光源的距离阈值限制，超出红光源阈值距离看不到红光，另外在野外光线强烈及对于某些深色谱的光纤，红光微弱难以观察。

（2）长距离情况下，可利用局端 OTDR 曲线方法进行纤序鉴别。局端 OTDR 处于动态测试方式、线路现场采用将光纤缠绕或打弯等方法，当 OTDR 出现跳变台阶，该纤芯即为指定纤芯，该方法普遍适用。

（3）使用光源、光功率计进行对纤，光缆段两端一端发光、一端用光功率计接受，线路现场将光纤挠曲，发现光功率突减畸变即为指定纤芯。该方法普遍适用，缺点是至少需要三人，且三方保持联络。

（三）成端到成端纤序辨别

在竣工验收时，纤序校验工作是必不可少的一项内容，通常也可采用以下方法。

（1）可见光源在有效量程范围内，直接查看红光进行纤序辨别。

（2）利用光源、光功率计测试辨别。

（3）OTDR 曲线观察辨别，OTDR 设置动态测试状态，对端局利用一根跳纤跳接至其他法兰适配器，纤芯距离变长即为指定纤芯，依次进行辨别。

（四）断点测试定位

1. OTDR 仪表设置

影响测试精度的关键因素是仪表设置，包括：测试脉宽、量程、折射率。脉宽一般为 100nm、200nm、……、$10\mu m$ 不等，基本选择原则为短距小脉宽，长距大脉宽。量程设置可采用先长距离预测，进而调整的测试方式，为提高测试精度，一般采用略大于实际被测长度为宜。折射率的设置最好采用光缆厂商提供的数据，根据理想测试推导公式 $D = Ct/2n$（式中 C 为真空时的光速，$C = 3 \times 10^8 \text{m/s}$，$t$ 为一个光脉冲从发射到经线路末端菲涅尔反射后 OTDR 接收到这个光脉冲的时间）n 取值越接近测试距离，所测结果越真实。为减小测试误差，特别是对长距离大脉宽仪表动态范围大的情况下，必要时可穿接"假纤"，避开"盲区"。

2. 测试判断

OTDR 是脉冲工作方式，瞬时功率会很大，一般的 OTDR 的动态功率输出范围一般都在 20～30dBm，若设备无过载保护功能，有可能（打坏）烧毁光板上的光模块，实践中发现，某些厂家的早期设备（如：朗讯 SDH 设备）经常出现光模块打坏现象，而其他厂家设备却不出现类似情况。因此对 SDH 传输光路纤芯测试过程中，必须坚持将 ODF 至设备侧的跳纤断开后测试，以防光板被 OTDR 发出的强光损坏。

为提高光缆线路故障定位准确性，及时处理光缆线路故障，除了掌握基本的故障判断和定位方法，还要掌握以下方法。

（1）正确、熟练掌握仪表的使用方法。准确设置 OTDR 的参数、选择适当的测试范围档，应用仪表的放大功能，将游标准确放置于相应的拐点上，如：故障点的拐点、光纤始端点和光纤末端拐点，这样就可得到比较准确的测试结果。

（2）建立准确、完整的原始资料准确、完整的光缆线路资料是障碍测量、判定的基本依据。因此，必须重视线路资料的收集、整理和核对工作，建立起真实、可信和完整的线路资料。

（3）建立准确的线路路由资料，包括：标石（杆号）-纤长（缆长）对照表（参照附录），"光纤长度累计"及"光纤衰减"记录，在建立"光纤长度累计"资料时，应从两端分别测出端站至各接头的距离，为了测试结果准确，测试时可根据情况采用过渡光纤。随工验收人员收集记录各种预留长度，登记得越仔细，障碍判定的误差就越小。

（4）建立完整、准确的线路资料。建立线路资料不仅包括线路施工中的许多数据、竣工技术文件、图纸、测试记录和中继段光纤后向散射信号曲线图片等，还应保留光缆出厂时厂家提供的光缆及光纤的一些原始数据资料（如：光缆的绞缩率、光纤的折射率等），这些资料是日后障碍测试时的基础和对比依据。

（5）保持障碍测试与资料上测试条件的一致性。故障测试时应尽量保持测试仪表的信号、操作方法及仪表参数设置的一致性。因为光学仪表十分精密，如果有差异，就会直接影响到测试的准确度，从而导致两次测试本身的差异，使得测试结果没有可比性。

（6）灵活测试，综合分析。一般情况下，可在光缆线路两端进行双向故障测试，并结合原始资料，计算出故障点的位置。再将两个方向的测试和计算结果进行综合分析、比较，以使故障点的具体位置的判断更加准确。当障碍点附近路由上没有明显特点，具体障碍点现场无法确定时，也可采用在就近接头处测量等方法，或者在初步测试的障碍点处开挖，端站的测试仪表处于实时测量状态，随时发现曲线的变化，从而找到准确的光纤故障点。

光缆故障处理除了掌握故障测试与定位的方法，还需要积累每次故障处理的经验，比如：故障点距离信息的详细记录、故障发生的原因，故障处理的过程、故障处理中的不足和需要总结提高的方面。此外做好光缆线路的日常巡视工作，及时处置光缆线路安全隐患，对于减少光缆故障发生，提高光缆故障处理速度，减少故障延时也很有帮助。

第五节　光缆应用技术

一、FTTH 工程用光缆

（一）简介

光纤到户（FTTH）是指将 ONU（光网络单元）延伸至普通住宅用户。随着 FTTH 的不断发展，FTTH 不仅可以提供巨大的接入带宽，而且能够将数据、语音和视频进行三网合一；从网络运营商的角度考虑，FTTH 也增强了物理网络对数据格式、速率、波长和协议的透明性，放宽了对环境条件和供电条件等要求，从而简化了维护和安装，同时也降低了网络运行的成本。

通讯的关键技术主要有：A/BPON、EPON、GPON、P2P 等。

A/BPON 发展缓慢，主要是因为价格过高，并且不适应现在网络向 IP 方向发展的趋势。在国内制造厂家当中，烽火科技、华为等公司都曾研发出相应的产品，但在少量应用后，都没有取得进一步的发展。

GPON 是在 A/BPON 之后推出的一种新的光接入技术，在所有的 PON（无源光网络）当中，该技术对 TDM 业务的支持效率较高，所以深受固网运营商的青睐。但是支持 ITU-T 的 G.984 标准的产品很少，甚至目前还没有商用芯片，因此在大规模商用方面还有较长的发展过程。

P2P 是一个在单纤上双向传送以太网的技术。在 FTTH 当中，应用于少量用户、稀疏用户等场合中，具有较大优势。但是对于用户密度大的城市而言，光缆的消耗量太大。P2P-Ethernet 接入方式是基于 IEEE802.3 以太网标准的。

EPON 主要是基于 IEEE802.3ah 标准的，与传统的点到点以太网相比主要的不同是采用点到多点的通信方式。其下行方向工作于 TDM 方式，即数据流以变长以太帧方式广播到 ONU，每个 ONU 根据以太帧的 MAC 地址，决定取舍。上行方向工作于 TDMA 方式，来自不同时隙的 ONU 数据流汇聚到公共光纤设施和 OLT，而 EPON 的上行比特流是轮流发送的突发数据包，OLT 的接收定时恢复、判决门限设置、测距和延时补偿比较复杂。

（二）FTTH 的设计

1. EPON 技术

EPON 系统主要是由中心局的光线路终端（OLT）、网元管理系统（EMS）、用户端的光网络单元/光网络终端（ONU）以及包含无源光器件的光分配网（ODN）组成，通常采用点到多点的树型拓扑结构。ODN（optical distributed network）主要是由一个或多个光分裂器（splitter）来连接 OLT 和 ONU 的，其主要功能是分发下行数据和集中上行数据。OLT 不仅仅是一个交换机、路由器，还是一个提供多业务的平台和提供面向无源光纤网络的光纤接口。OLT 除了提供网络集中和接入的功能外，还可以根据用户的 QOS/SLA 的不同要求重新进行带宽分配、网络安全和管理配置。光分裂器是一个很简单设备，它不需要电源，而且可以置于任何环境当中，一般一个 Splitter 的分线率为 2、4、8、16、32，并进行多级连接，在 EPON 中，OLT 与 ONU 之间的距离最大可达 20km。

不仅如此，ONU 采用了技术成熟而又经济实惠的以太网络协议，并在中带宽和高带宽的 ONU 中实现了成本低廉的以太网第二层的交换功能。这种类型的 ONU 可以通过层叠来为多个用户提供相当高的共享带宽。

2. FTTH 网络拓扑结构

光纤接入网主要采用的是 PON 集中分光拓扑结构，光信号由分光器进行分配，同时能够将服务信息提供给多个用户。按照在网络中的位置，FTTH 网络的光缆可以分为馈线光缆、配线光缆和入户光缆。

对于每个 FTTH 集中分光网络，每个用户都是通过一个 ONT 光网络终端把光纤信号转化为电信号，包括数据（RJ45）接口、语音（RJ11）接口和视频（同轴电缆）接口。在 FTTH 光网络中，入户光缆一般采用的是两芯的皮线光缆，而馈线光缆、配线光缆一般都采用 G657 或者小弯曲半径的抗弯曲光纤。入户光缆和配线光缆的端接方式都采用的是光纤冷接接头端接，然后通过适配器完成连接。在室内则是通过各种铜缆直接与各个设备终端连接。馈线光缆是通过分光器把光信号传输到配线光缆，再通过馈线光缆直接连接到小区中心的机房。在中心机房内，通过 OLT 设备实现数据和语音网络的连接，再通过光纤视频转换器连接到视频网络上，从而实现了语音、数据、视频三网合一。

（三）FTTH 工程用光缆

1. 光配线网络（ODN）中光缆的分类

FTTH 光缆通常是指从 OLT（光线路终端，Optical Line Terminal）到 ONT（光网络终端，Optical Network Terminal）之间的所有光缆。从 OLT 到 ONT 的光缆链路中除了

OLT 和 ONT 两个节点外，还存在光缆分配点、光缆分支点和用户接入点等三种节点。

光缆分配点将其上行和下行的光缆通过 POS（无源光分配器，Passive Optical Splitter）按照一定的分光比连接起来。光缆分配点可以根据需要出现在不同的线路辅助设施之中，如光缆配线架、交接箱、接头盒等。

光缆分支点将一根光缆中的一部分光纤分离出来，通过较小芯数的光缆继续向用户端下行。能够起到光缆分支作用的线路辅助设施有交接箱、接头盒等。

用户接入点具有光缆分支点的作用，其不同之处在于可以将光缆分支或转接为能够直接连接到用户 ONT 光纤插座的单芯光缆。用户接入点可以出现在楼道分线盒、楼道配线箱、终端盒、室内光面板等线路辅助设施之中。

光缆分配点、光缆分支点和用户接入点所采用的线路辅助设施的种类以及其布置是由具体的 FTTH 工程根据网络维护、成本和施工等因素来决定的。构成 FTTH 光缆链路的光缆被这些节点分割成了不同类型的光缆。

显然，在 FTTH 的 ODN（光配线网络，Optical Distribution Network）方案中，由于分光策略和光缆分支策略都不是唯一的，因此其相应的 ODN 光缆解决方案也不是唯一的。

由 OLT 到光缆分配点之间的光缆称之为馈线光缆。由光缆分配点到用户接入点之间的光缆称之为配线光缆，其中，光缆分配点到光缆分支点之间的光缆为主干光缆，光缆分支点到用户接入点之间的光缆为引入光缆。用户接入点到 ONT 之间的光缆称之为入户光缆。

2. 技术优势

① 光缆外径小、重量轻、弯曲性能好、开剥方便，施工成本低。

② 采用冷接技术，速度快、灵活快捷。

③ 光纤采用符合 ITU-T G657 技术要求的抗弯曲光纤。

④ 现场布线时可以单独穿管，也可以用线卡直接固定在墙壁上。

⑤ 光缆具有很高的抗张力和抗压扁力，自承式结构能满足 50m 以下飞跨拉设。

⑥ 护套采用阻燃环保材料，完全达到光缆在室内使用时对阻燃性能的要求。

3. FTTH 的主干光缆

（1）FTTH 主干光缆的特点　如图 6-15 所示，在光缆分配点的前后，分别为馈线光缆和主干光缆。如果按 1∶32 的单级分光策略同时不考虑光纤的冗余来计算，馈线光缆的芯数与主干光缆的芯数之比为 1∶32。因此，FTTH 光缆在经过光缆分配点之后其芯数会急剧上升。馈线光缆的敷设环境为普通城域网的敷设环境，通过光缆分配点后，主干光缆进入了FTTH 的小区敷设环境。主干光缆的作用在于将光纤从小区中心机房的光缆分配点连接到各个光缆分支点，其结构可能是星型也可能是环形拓扑结构。

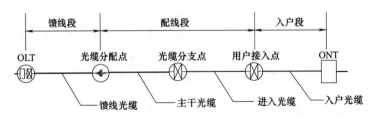

图 6-15　FTTH 光缆结构

主干光缆的这一特点要求如下。

① 光缆本身具有大芯数，能够以较少的光缆根数满足整个小区用户的数量，同时较少

根数的光缆便于光缆分配点处的光缆布置和接续。

② 光缆易于分歧接续　主干光缆中的每一根光纤，理论上都将通过光缆分歧的方式连接到用户，对于分歧接续比较方便的光缆而言，施工效率和工程质量的可靠性都能够得到提高。

主干光缆的敷设一般以管道方式为主，但是小区敷设环境的多样性要求我们能够提供不同类型的光缆以分别满足其不同的需要。

（2）骨架式光纤带缆　相对于中心束管式和松套层绞式光缆，骨架式光纤带缆更适合作为 FTTH 配线系统中的主干光缆。骨架式光纤带缆适合管道或架空敷设。同时，骨架式光纤带缆具有以下优点。

① 光纤分歧十分方便，仅对需要分歧的光纤进行剪断和接续操作，大量其余的光纤不需要剪断和接续。还可以根据具体情况决定是否剪断骨架。

② 骨架式光纤带缆为全干式结构，避免了在接续工作中因擦拭纤膏、缆膏带来的巨大工作量，改善了施工和维护条件，同时提高了施工效率。

③ 较高的装集密度能够有效利用管孔资源，适合于社区中密集用户群的光纤敷设。

④ 优异的抗弯曲性能、抗侧压力性能、抗扭转性能，适合小区施工。在 FTTH 工程的具体方案中，可以根据具体的情况采用不同结构的骨架带缆，包括使用不同的光纤带（如 4 芯、6 芯和 8 芯光纤带）、LSZH 护套或防鼠护套等。图 6-16 为四芯带结构的 288 芯骨架带缆。

（3）排水管道光缆　当小区的条件无法实现常规的管道、架空等方式的敷设时，排水管道光缆可以作为一种变通的方式，利用小区的雨水管道资源进行 FTTH 主干光缆的敷设。

排水管道光缆的结构如图 6-17 所示，这种雨水管道光缆通过对光纤余长、绞合节距以及芳纶用量等光缆结构参数的控制，使得光缆具有较强的抗拉能力，在雨水管道的敷设中可

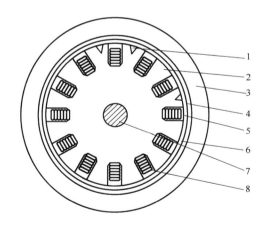

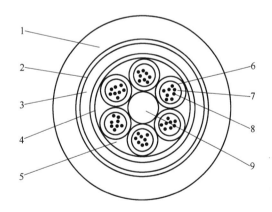

图 6-16　288 芯 GYDGA-4F 骨架式光纤带缆结构
1—肋标；2—骨架；3—护套；4—涂塑铝带；
5—撕裂绳；6—阻水带；7—加强芯；
8—四芯光纤带

图 6-17　排水管道光缆结构
1—外护套；2—芳纶；3—内护套；4—涂塑铝带；
5—缆膏；6—松套管；7—纤膏；8—光纤；
9—加强芯

以通过相应的金具标准件采用自承式的安装方式，光缆的悬垂可以小于 0.3%，因此这种光缆敷设后对于雨水管道的正常维护作业影响较小。另外，光缆本身比较柔软，利于雨水管道人孔中的施工作业。如果需要，光缆的护套可以采用防鼠护套。

4. FTTH 引入光缆

（1）FTTH 引入光缆的特点　由光缆分支点到用户接入点之间的光缆称之为引入光缆。引入光缆的作用在于将主干光缆中的一部分光纤引入到用户接入点。光缆引入的施工环境是多种多样的，包括管道、架空和路面开槽浅埋等。

引入光缆的主要特点如下。

① 敷设的距离较短，一般不会超过 1000m。

② 要求光纤易于分歧接续，便于提高施工效率。

③ 光缆的芯数不大，一般小于 24 芯，以用于从主干光缆分歧光纤至稀疏分布的少量用户群。

④ 应该根据不同的环境，提供不同的引入光缆，以满足不同环境的敷设要求。

（2）小芯数骨架式光纤带缆　小芯数骨架式光纤带缆适合作为 FTTH 工程中的引入光缆（图 6-18）。与大芯数的骨架式光纤带缆类似，小芯数骨架式光纤带缆也是全干式结构，光纤分歧接续时，不需要清理纤膏和缆膏，改善了作业和维护工作条件。小芯数骨架式光纤带缆在光纤分歧的时候，仅仅对需要分歧的光纤进行剪断和接续，其他光纤不需要剪断。而且，可以根据需要，决定是否需要剪断带缆的骨架。这些都使得施工效率得到了提高。另外，小芯数骨架式光纤带缆的光纤芯数比较低，重量很轻，并且弯曲性能和抗侧压性能很好，便于光缆的布放和光缆的固定。另外，当小骨架光缆向楼内的用户接入点引入的时候，可以采用 LSZH 护套。小芯数骨架式光纤带缆适合于通过管道、架空和楼内垂直布放等方式的光纤引入。

（3）小 8 字型自承式束管缆　小 8 字型自承式束管缆是一种适合于 FTTH 架空引入的光缆（图 6-19）。这种光缆将光纤松套管和加强元件集成到一个"8"字形的 PE 护套内，在松套管和 PE 护套之间用芳纶对松套管加以保护。该产品结构紧凑，尺寸小巧，适宜于在电

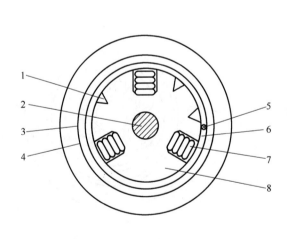

图 6-18　48 芯 GYDGA-4F 小芯数骨架式光纤带缆结构
1—肋标；2—加强芯；3—护套；4—涂塑铝带；
5—撕裂绳；6—阻水；7—四芯光纤带；8—骨架

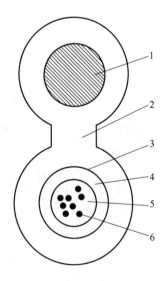

图 6-19　小 8 字型自承式束管缆
1—加强元件；2—护套；3—芳纶；
4—松套管；5—纤膏；6—光纤

杆—电杆、电杆—楼宇、楼宇—楼宇之间以自承的方式架空敷设。其强度元件可以是常规的镀锌钢丝，也可以根据需要采用绞合镀锌钢丝以增加光缆的安装跨距，还可以采用 FRP 而

实现全非金属的光缆结构。

（4）路面微槽光缆 路面微槽光缆适合于以路面开槽浅埋的方式实现光缆的引入，光缆的典型结构如图6-20所示。这种光缆的敷设方法为，在马路的路面切割约20mm宽的槽，将光缆置于槽内，在光缆的上下用PE泡沫条和橡胶条等材料作缓冲处理后，再用水泥或沥青填平路面。这种敷设方式为FTTH的光缆解决方案提供了一个新的选择。当小区环境没有管道敷设条件也不能采用架空敷设的时候，可以采用这一方案将光缆穿越水泥路面、沥青路面和花园草坪。

（5）室内外两用束管光缆 室内外两用束管缆结构如图6-21所示。这种光缆可以从室外光缆分支点通过管道进入建筑物，进入建筑物后去掉PE外护套，在建筑物内可以通过穿管、过孔、沿墙布线等方式到达用户接入点。这种光缆同时具备了室外光缆的防水和室内光缆的柔软、阻燃等特性。另外，这种光缆开剥十分方便，可以保证施工现场外护套的快速剥离；光缆的直径较小，不大于8mm；重量较轻，每10m光缆的重量约0.6kg。这些特性均十分有利于现场的工程施工。

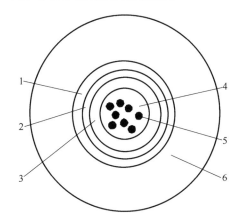

图 6-20 路面微槽光缆
1—钢带；2—芳纶；3—松套管；
4—纤膏；5—光纤；6—护套

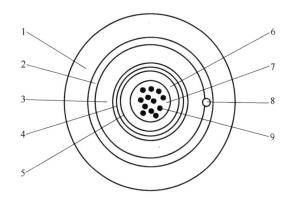

图 6-21 室内外两用束管缆结构
1—PE外护；2—涂塑铝带；3—LSZH内套；
4—阻水材料；5—芳纶；6—松套管；
7—纤膏；8—撕裂绳；9—光纤

5. FTTH 入户光缆

（1）FTTH 入户光缆的特点 连接用户接入点与ONT之间的光缆称之为入户光缆。用户接入点一般位于建筑物之内的光缆线路辅助设施之中，也有可能位于室外。但是，无论用户接入点位于何处，入户光缆都需要进入建筑物内，通过沿墙布放、转角、穿管等方式进入ONT。

入户光缆必须具备以下特点。

① 光缆应该具备较小的允许弯曲半径，以适应建筑物内需要沿墙柱拐角布线的特点。

② 光缆的尺寸和结构应该能够与光纤快速接头的要求相匹配，以保证能够在施工现场根据实际要求截取适当长度的光缆，再现场制作光纤插头。这样可以避免使用工厂预制的定长跳线光缆，从而导致需要在楼道内处理多余光缆长度的盘留问题。

③ 光缆应该具备轻便、柔软、阻燃等特点。

④ 光缆应该具备较好的抗侧压冲击能力，以便于光缆敷设时的固定，同时使得光缆在使用过程具有较强的抗意外碰撞能力。

（2）蝴蝶型单芯光缆 蝴蝶型单芯光缆是一种适合于FTTH末端布线的入户光缆，适合于建筑物内的用户接入点与 ONT 之间的光缆连接。图 6-22 表示了两种结构的蝴蝶型单芯光缆。这种光缆的外护套采用 LSZH 材料，确保了光缆的低烟阻燃特性。护套上两个对称的 V 形槽，使得光缆的护套可以很容易被撕开，便于现场制作快速接头的时候能够方便地去除多余的护套，露出光纤。加强元件对称分布于光纤的两边，可以根据需要采用金属材料如钢丝，也可以采用非金属材料如 FRP 等。光缆的结构为对称布置。这一特点使光缆具有十分稳定的温度环境性能；同时，当光缆受到侧压和侧向冲击的时候，护套和加强元件几乎承担了所有的力，而光纤本身能够得到有效的保护。

用于蝴蝶型单芯光缆的光纤应该采用小弯曲半径光纤，以保证光缆在施工和安装过程中可以满足较小的弯曲半径要求。如果采用弯曲不敏感光纤 EasyBand，光缆的最小弯曲半径可以达到 15mm；如果采用弯曲不敏感光纤 EasyBandPlus，这种光缆的最小弯曲半径可以小至 10mm。终端光缆的这一特性尤其适宜于室内布线中需要急剧转弯的场合，如墙柱拐角和室内光面板等。

图 6-22 中两种结构的蝴蝶型单芯光缆分别采用了着色光纤和 0.9mm 紧套光纤。究竟采用何种结构，可以在具体的入户方案中，综合考虑快速接头的结构尺寸，用户接入点处线路辅助设施中的结构尺寸后加以选择。显然，采用 0.9mm 紧套光纤的蝴蝶型单芯光缆，在施工、安装和使用过程中对光纤的保护更好一些。采用着色光纤的蝴蝶型单芯光缆尺寸更紧凑一些，性能也比较稳定，而且成本更低一些。

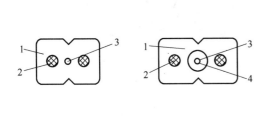

图 6-22　两种结构的蝴蝶型单芯光缆
1—LSZH 护套；2—加强元件；3—小弯曲半
径光纤；4—紧套层 0.9mm PVC

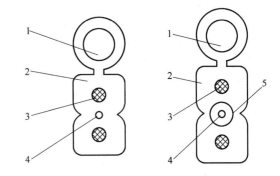

图 6-23　两种结构的吊线终端光缆
1—吊线钢丝；2—LSZH 护套；3—非金属加强元件；
4—小弯曲半径光纤；5—紧套层 0.9mm PVC

（3）蝴蝶型单芯吊线光缆　蝴蝶型单芯吊线光缆的结构如图 6-22 所示。这种光缆适合于将位于室外的用户接入点通过架空敷设的方式连接到用户处的 ONT。这种光缆本身含有吊线钢丝，适合于室外的自承架空安装。光缆吊线钢丝下的颈部尺寸较小，易于撕裂。进入建筑物后，将光缆护套从颈部撕开，去掉金属吊线。光缆剩下部分的尺寸与图 6-22 所示的蝴蝶型单芯光缆的结构一样。图 6-23 中的加强元件 3 必须是非金属加强元件，这是为了保证进入建筑物后的光缆在去除吊线钢丝后为非金属结构，以避免引入雷电。

（四）FTTH 光网络解决方案

1. 公寓解决方案

对于不同楼层的公寓，主要采用以下两种解决方案。

① 直接进户方案。鉴于多层公寓内基础设施的考虑，多层公寓在每一个住宅单元都应设置单元光分纤箱。也可以设置在建筑物内的一层楼道的侧墙内，多采用壁嵌式暗装。在每

一个楼栋单元内设置一个小型的室内或室外通用光缆交接箱，端接在一条两芯的馈线光缆上，然后将光信号通过一个光缆分路器和馈线光缆直接送到每一户。其中，光缆分路器可以由单元住户的多少不同来决定，从而可以灵活地选择不同路数的光缆分路器模块。在小型光缆交接箱内，端接到每一户的入户光缆采用熔接的方式。在住户内设置一个标准配线盒，或者把用户 ONT 单元直接连接到入户光缆，即直接进户方案。

② 光缆分路器集中设置方案。鉴于高层内基础设施的考虑，光缆分路器应该设置在所能收容用户的中间楼层的弱电间或弱电井内，再根据用户总量统筹考虑如何进行 OBD 数量的配置以及如何进行分层设置。在高层公寓里集中设置一个室内光交接箱，并将模块化的光分路器集中安装在室内光交接箱内。

2. 别墅解决方案

在别墅区，采用即插即用的预连接光缆系统方案。鉴于别墅区内基础设施的考虑，对室外管道整体规划设计时，应当首先对室内通信暗管的布局进行详细了解。同时要选择正确的光缆布放方案，并对光交设置点以及光缆接头盒预设位置进行正确的选择，以便有效地控制管道建设规模的大小和减少对入户光缆成本的投入。在别墅区内，我们设置了多个本地汇聚点交接箱，从而可以分别对每个片区内用户的光纤网络进行对应管理。

（五）FTTH 光纤网络中光缆的安装

1. 安装方式

常用的光缆安装主要有 3 种方式：直埋方式、架空方式、管道方式。直埋方式破坏性大，施工周期长，成本高，一般不考虑该种方式；架空方式优点是施工周期短，成本低，但缺点是光缆容易遭受破坏，从而加大了光纤网络的维护费用，并且也不适合应用于人口稠密的地区；管道方式则当光缆在进行管道铺设时，如果是新修的管道，可以直接平放在管道中，但也有很多光缆施工时必须借助于现存的管道。

2. 安装注意事项

FTTH 光纤网络的安装的注意事项如下。

① 对于室外光缆的安装来说，首先应该考虑使用管道安装方式，但是在管道安装不具备的条件下，也可以适当的考虑使用直埋方式和架空方式。

② 对于室内光缆的安装来说，如果是新建的小区，应当考虑采用隐装方式的敷设光缆；如果是光纤已经覆盖的小区，可以考虑采用楼内光缆的敷设与原有网络共用一个路由的方法；如果需要明敷光缆或者建立新的光缆路由，就应当尽量考虑到如何降低对建筑结构的破坏程度，再进行选择安装方式。

③ 在安装过程中，光缆的弯曲半径不得小于光缆允许的最小动态弯曲半径。

④ 牵引光缆时，光缆端头与牵引索间应当加以转换；光缆转弯时，应该适当采取合理的引导和保护措施。

二、电力通信用架空光缆

（一）电力通信网络传输要求

电力通信网络作为一种专用网，不仅要为电力系统生产、调度服务，而且还要传送办公自动化信号、继电保护信号等，所以对电力通信网络传输技术的可靠性、可扩展性等相关性

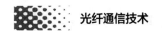

能有较高的要求。具体要求体现在电力通信传输的特点之中。

1. 高可靠性

电力通信的主要特点是任何情况下都不允许中断，这也是电力系统的行业特点决定的。不仅数据传输要求可靠性，而且要求传输线路具有抗大风、大雨、大雪、大水等外力破坏的能力，在各种恶劣的气候条件下，更需要保证电力通信畅通。光纤传输质量高，传输信号在光芯内部传输，不受外部自然环境变化的影响，性能稳定，尤其是其所具有的抗电磁干扰性能，更加适用于电力系统所特有的高电压、高电磁场环境。MSTP/SDH 的自愈功能能够在无人为干预下自动从故障状态恢复通信，这一特性更加从根本上保证了电力通信传输的可靠性。

2. 易于扩展性和投资效益性

随着电力企业的业务发展，企业对运营成本经济化的要求越来越高，电力通信系统配置需要综合考虑网络的易于扩容性、系统复用性、设备的可承接性等扩展性能。高容量的传输线路能够减少电力通信基础设施的重复投资，简单易行的扩容方案可以降低传输网络后期的维护开销，设备技术的可承接性可以大量减少升级中的设备废弃率。采用主流的技术、标准协议，使电力通信系统具有良好的互操作性，从而减少设备互联的问题、网络维护的费用，使企业的投资得到有效的保护。

3. 迅速性

电力行业特点要求通信迅速，电力调度之间或者厂、所之间的电话通信，当有需要时应能立即无延时接通。MSTP/SDH 是严格同步的，从而保证了电力通信网络的畅通。

4. 高清晰度

电力调度操作关乎电网安全命脉，为保证调度操作命令的正确无误，首先要保证通话质量，要求在音质、音量上达到"舒适通话"，即在正常情况下听到的语音和面对面谈话一样。

5. 能源环境保护性

随着我国经济的快速发展，能源需求不断增长，能源供应面临巨大挑战。和西方发达国家相比，我国在能源问题上所面临的形势相当严峻，人均主要能源资源占有量低。电力行业作为主要能源行业对国家能源环境保护的作用巨大，电力通信同样需要考虑能源环境问题，光纤传输的主要介质——光纤，其主要材料是 SiO_2，在自然界中储量丰富，因此光纤通信的发展不会遭遇资源瓶颈。同时，采用了 MSTP/SDH 技术的传输网络，由于节省了 E1 接口，可以节省大量的线缆材料，降低无用的线上能量的损耗，因此现阶段的光纤传输技术和设备从绿色的角度来看也是符合电力行业发展要求的。

（二）电力架空光缆

在全球范围内，电力传输仍以架空形式为主。几乎无处不有的电力杆塔的可靠性比普通的通信杆路高得多，其潜在优势在近代被开发出来，各类光缆以复用、添加、附加等各种方式被架空安装到电力杆塔（或电力线）上，暂且以"电力架空光缆"泛指这类光缆，分类见表 6-6。

1. 光纤复合地线——OPGW

OPGW（Optical Fiber Composition Overhead Ground Wire）首先是架空（避雷）地线，必须满足传统地线的一切功能和性能，然后才是一条光缆。所以，电力业内人士更愿意称它为"架空地线复合光缆"。

表 6-6　电力架空光缆分类

序号	光缆名称	材料分类	安装形式	主要使用场合
1	光纤复合地线 OPGW	金属光缆 介质光缆	（电力线） 复用型 （杆塔）添加型 （电力线） 附加型	新建线路或替换原有地线或相线 老线路通信改造，在原有杆塔上架设 老线路通信改造，在原有电力线上加挂
2	光纤复合相线 OPPC			
3	金属自承光缆 MASS			
4	全介质自承光缆 ADSS			
5	捆绑光缆 ADL			
6	缠绕光缆 GWWOP			

常见的 OPGW 结构主要有三大类，即铝管型（见图 6-24）、铝骨架型（见图 6-25）和不锈钢管型（见图 6-26）。OPGW 的结构应对相对脆弱的光纤提供有效保护，并希望与传统地线尽量相似（包括直径、重量、力学性能、电气性能等参数），以便与对侧地线匹配。

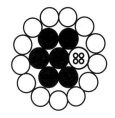

图 6-24　铝管型　　　　　图 6-25　铝骨架型　　　　　图 6-26　不锈钢管型

OPGW 的技术关键之一是光纤必须有合适的余长，但是过大的余长不但无必要甚至有害，应该根据工程具体情况而定。

另一个技术关键是短路电流引起的温升和 OPGW 的最高使用温度。试验结果已经表明：300℃（或更高一点）的瞬时高温对受到缓冲和保护的光纤并不构成严重威胁。但若结构中含有铝材，在超过 200℃ 以后，首先是铝材产生不可逆塑性形变，在结构受到破坏的同时，OPGW 的弧垂将降低到与导线相碰的程度。若是不含铝材的全钢结构则完全能应用到 300℃。

2. 光纤复合相线——OPPC

在电网中，有些线路可不架设架空地线，但相线必不可少。为了满足光纤联网的要求，与 OPGW 技术相类似，在传统的相线结构中以合适的方法加入光纤，就成为光纤复合相线 OPPC（Optical Fiber Composition Phase Conductor）。虽然它们的结构雷同，但从设计到安装和运行，OPPC 与 OPGW 有本质的区别。

首先，OPPC 需传送三相系统中的永久性电流，有一持续温度；其次，为了保持与相邻导线的弧垂张力特性保持一致，OPPC 的直径、重量、截面和机械特性等参数应尽量与相邻导线的参数相符；与此同时，OPPC 的直流电阻和/或阻抗也应与相邻导线相似，以避免远端电压变化并保持三相平衡。总之，跟 OPGW 相比，OPPC 与相邻导线的相似性比 OPGW 与相邻地线相似性的要求高得多。在众多的 OPGW/OPPC 结构中，也许不锈钢管结构相对较容易达到设计要求，以常用的中防腐钢芯热处理铝镁硅合金绞线（GB 9329—88）LH_AGJF_2-240/30 为例，所设计的 OPPC（含 24 芯光纤）各项参数与之几乎一致，见表 6-7。

OPPC 直接安装在高压系统中，绝缘金具尚可以采用成熟技术和商品，光电绝缘/分离和连接则需要特殊的技术，对施工的要求也更高。OPPC 在连接时应采用特殊的接头盒，必须注意接头盒对地的绝缘，其位置一般放在绝缘支架上或处于两个耐张绝缘子串间的跳线上。

表 6-7　相线与 OPPC 的对比表

型　号	LH$_A$GJF$_2$-240/30 （GB 9329—88）	OPPC-bbb1 24E9/125 （AA/ST 244/30）
截面图		
结构:铝合金＋钢	24×3.6+7×2.4	24×3.6+(5×2.5+1×2.6)
铝合金截面/mm²	244.3	244.3
钢截面/mm²	31.66	29.85
直径/mm	21.6	22.0
质量/kg·km⁻¹	971.3	937
额定抗拉强度/kN	107.85	107.0
直流电阻/Ω·km⁻¹	0.137	0.137

有些国家已允许 OPPC 用于不大于 150kV 的系统中并已运行。但国内还没有有关它的研究和应用的报导。

3. 金属自承光缆——MASS

从结构上看，MASS（metal aerial self-supporting）与中心管单层铠装的 OPGW 类似，如没有特殊要求，铠装线通常采用镀锌钢丝，因此结构简单，价格低廉。

MASS 是介于 OPGW 和 ADSS 之间的产品。例如，在合适的条件（包括弧垂、张力、跨距和短路电流等）下，表 6-8 所示的 MASS 三个规格可作为 OPGW 替代常规 GJ-35 或 GJ-50 架空地线。

MASS 作为自承光缆应用时，主要考虑强度和弧垂以及与相邻导、地线和对地的安全间距。它不必像 OPGW 要考虑短路电流和热容量，更不需要像 OPPC 要考虑绝缘、载流量和阻抗，也不需要像 ADSS 要考虑安装点场强，其铠装的作用仅是容纳和保护光纤。

表 6-8　MASS 结构及主要参数

MASS 截面	参数	MASS-42	MASS-50	MASS-58	GJ-35	GJ-50
	截面积/mm²	42.4-	49.8	57.7	37.2	49.5
	直径/mm	9.0	9.8	10.5	7.8	9.0
	质量/kg·km⁻¹	310	363	423	313.2	432.7
	额定抗拉强度/kN	52.3	61.4	67.5	43.7	58.2
	光纤芯数	24	30	36		

以 MASS-50 为例，分别以额定抗拉强度（ADSS-22、层绞/中心管）和直径（ADSS-4、层绞/中心管）与之相近的两种 ADSS 列于表 6-9。

表 6-9　MASS 与 ADSS 参数

光缆		直径 /mm	质量 /kg·km⁻¹	额定抗拉强度 /kN	最大允许使用 张力/kN	年平均运行张力 /kN
MASS-50		9.8	363	61.4	25.7	15.4
ADSS-22	层绞	15.2	189	60.0	21.7	15.0
	中心管	12.9	128	60.1	22.5	12.0
ADSS-4	层绞	12.0	108	8.6	4.0	2.2
	中心管	10.8	91	17.0	6.4	3.4

在额定抗拉强度相近的情况下，虽然 MASS 比 ADSS 重不少，但直径也同时小很多。在直径相近的情况下，ADSS 的额定抗拉强度和最大允许使用张力比 MASS 小得多。更重要的是：MASS 与相邻的导地线具有一致的弧垂变化和蠕变特性，可保证相对安全间距。而 ADSS 的弧垂变化却是相反的且蠕变较大。

典型的 MASS 外径只有 9~12mm，对杆塔的负荷很小，在特定的跨距和弧垂下很有优势。目前，欧洲和其他一些地区在大量地使用 MASS，国内对 MASS 的应用、研究甚少，包括在三相系统中加入一条金属导体（MASS）后对原有的输电系统可能造成线损的研究。

4. 全介质自承光缆——ADSS

常见的 ADSS（all dielectric self-supporting）光缆有两种典型结构。中心管式结构（见图 6-27）易获得小直径，风荷和冰载的影响也较小。松套层绞型结构（见图 6-28）光缆易获得安全的光纤余长，在中大跨距应用时较有优势。

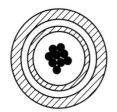 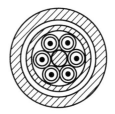

图 6-27 中心管型　　　　　　　　图 6-28 松套层绞型

ADSS 光缆一般使用纺纶纱作为加强元件，外护套则应根据安装点场强选择 PE（<12kV)或 AT（<12kV）材料。ADSS 光缆对杆塔来说是一种添加物，不合适的安装点场强会破坏光缆的外护套直至断裂。该安装点还必须同时兼顾杆塔强度、弧垂、线间距离、对地距离等限制条件。

应该指出：在现有的技术和杆塔条件下，并不是所有的杆塔都适宜于安装 ADSS 光缆的。例如，在考虑了一些"动态"条件后，在有些杆塔上可能会找不到理想的安装位置；或者选好了位置，却无法施工安装。

虽然如此，由于其一系列众所周知的优点，它仍是老线路通信改造的好方法之一。因此，ADSS 光缆在国内得到了大规模的应用。

5. 捆绑光缆——ADL 和地线缠绕光缆——GWWOP

这两类光缆有时被统称为附加型光缆——OPAC（Optical Attached Cable）。早在 20 世纪 80 年代初，这类专为电力部门用的光缆已被开发和应用，它们不是自承光缆，需要用合适的机具和方法附加在地线或相线上，如图 6-29 所示。

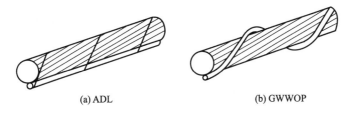

(a) ADL　　　　　　　　　　(b) GWWOP

图 6-29 捆绑光缆和地线缠绕光缆

现代的 ADL（All Dielectric Lashed Cable）和 GWWOP（Ground Wire Wind Optical Cable）光缆结构与中心管式 ADSS 类似，典型的 48 芯光缆，其外径不大于 8mm，重量仅

为 40～60kg/km，见图 6-30。

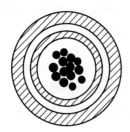

直径：7.5mm

芯数：48芯

重量：54.2kg/km

额定抗拉强度：5.3kN
最大许用张力：0.8kN

图 6-30　一种 ADL 光缆结构及主要参数

早期的 ADL 光缆在施工时，光缆从地面引导到空中，采用 ϕ1.0～1.2mm 的退火不锈钢丝由专用机具捆绑在架空地线上（见图 6-31），随着光缆的布放，光缆盘在地面沿杆塔路由移动，或事先把光缆展开在地面上。施工进度和质量及安全受地形地貌影响较大。

如果在施工时地（导）线碰巧处于最小弧垂（例如冬季最低温时）而钢丝长度又不留富余量的话，当地（导）线在最大弧垂（例如夏季最高温时）时可能形成地（导）线倒挂在钢丝上，使钢丝断裂，该断头极易引起线间短路。

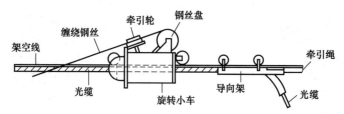

图 6-31　早期的 ADL 捆绑机

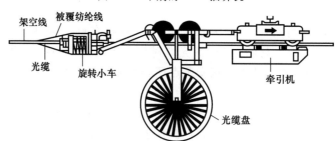

图 6-32　ADL 捆绑机具示意图

该技术经过改进，已经相当完美（见图 6-32）。首先，光缆盘随捆绑机一起吊在空中，不受地形地貌的影响；其次，改用被覆纺纶线代替钢丝，它的允许拉伸形变比钢丝大得多，不再会发生"倒挂"现象。万一发生断线也不至于发生短路；再则，被覆纺纶线的外径仍为 1.0～1.2mm，并且是双线并绕，提高了可靠性。

GWWOP 的光缆缠绕机比捆绑机复杂（见图 6-33）。

施工时，光缆缠绕张力控制是关键，如张力过小，随着架空线的摆动和弧垂变化，光缆将向弧垂最低处汇聚，使最低处的缠绕节距变小而杆塔两侧的缠绕节距变大，造成光纤受力不均匀，形成传输衰耗变化并缩短光纤寿命。如缠绕张力过大，在施工时使光缆受到过度的张力，不但引起光纤附加衰耗，严重时会发生断纤。

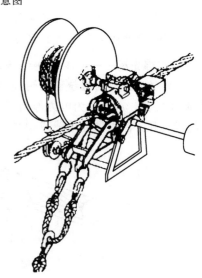

图 6-33　GWWOP 机具

这两类光缆为追求结构小、重量轻，光缆的护卫能力较弱。施工时更应防止出现冲击、摩擦、弯折、扭曲等情况。

OPAC（ADL＋GWWOP）技术的最大优势是通信线路的设计周期最短，除了按常规计算覆冰和风荷校验杆塔强度外，几乎不需要额外的设计工作。

国内 ADL 和 GWWOP 光缆早于 ADSS 之前就开始应用，由于各种原因，没有较大面积的应用。但在国际上，这类技术并没有被淘汰和放弃，仍在较大的范围内应用。

综上所述，可得到如下结论。

（1）OPGW 和 OPPC 适用于新建线路或替换原有的地线或相线。其中 OPGW 是最成熟的，OPPC 的技术含量最高，属于发展中技术。

（2）MASS 和 ADSS 适用于老线路通信改造。在某些国家和地区，MASS 的应用还多于 ADSS。

（3）ADL 和 GWWOP 并没有过时，在攻克了一些技术难关后有可能重新焕发青春。

（4）根据特定的条件寻求最佳方案，在综合考虑技术经济性能后，上述各类光缆及技术均能适得其所并各为互补。

（三）OPPC 光缆在工程应用中的问题

OPPC 光缆在工程中应用时，将三相导线中的一相或 1 根更换为 OPPC 光缆，使其既满足线路输电的要求，又满足系统对通信信号的要求。其中涉及导线间的力学性能与电气性能的配合，OPPC 光缆的长期耐热，光纤熔接及光电信号的隔离，绝缘金具的配合使用，与其他类型光通信线路（如 OPGW，ADSS 等）的通信信号互通等关键技术。

1. OPPC 光缆的关键技术

OPPC 作为光缆与导线的复合体，除了需要满足一般架空光缆与导线的要求外，还需针对其特殊的运行环境，解决光电复合使用带来的问题。OPPC 自身的安全问题是保证线路安全运行的关键所在。

（1）OPPC 长期耐热性能　按照《110～500kV 架空送电线路设计技术规程》规定，演算导线允许载流量时，导线的允许温度：钢芯铝绞线和钢芯铝合金绞线可采用 70℃（大跨越可采用 90℃）；钢芯铝包钢绞线（包括铝包钢绞线）可采用 80℃（大跨越可采用 100℃）或经试验决定。OPPC 光缆结构形式类似于（铝包）钢芯铝（合金）绞线，因此，其载流运行温度为 70～90℃。70～90℃的长期运行温度，对于 OPPC 光缆中所采用的金属材料性能无影响。在光缆设计中，长期运行温度相对较低的 UV 涂覆层，其长期工作温度可达 85℃，而所使用光纤油膏要求有良好的温度特性（化学性的稳定），可做到 80℃不滴流，－40℃不变硬，完全可以满足线路长期运行温度的需要。另外，根据欧洲实验室试验数据，在无风、环境温度为 40℃情况下，通常使 OPPC 表面温度达 117℃，OPPC 光缆依然正常运行。事实上，实测我国输电线路通流后导线表面温度均低于 70℃，OPPC 光缆的长期耐热性能完全满足实际运行需要。

（2）OPPC 与其余导线的匹配　OPPC 光缆结构类似于（铝包）钢芯铝（合金）绞线，其组成采用铝包钢或铝合金单丝进行绞合，可以通过采用铝合金丝及不同电导率的铝包钢单线进行缆线结构的组合与设计，使其选择范围较广，从不同程度上满足电气、力学等方面性能与其余导线的匹配问题。为了与相邻导线的弧垂张力特性保持一致，OPPC 的直径、质量、截面和机械特性等参数应尽量与相邻导线的参数相符；与此同时，OPPC 的直流电阻也应与相邻导线相似，以避免远端电压变化并保持三相平衡。OPPC 结构选型是按照导线的结构，用相同尺寸的不锈钢管光纤单元代替其中 1 股或几股的铝包钢线，这样的 OPPC 结构选型就可能十分接近另外两条导线的电气特性。由于 OPPC 外层铝合金材料强度远大于传统钢芯铝绞线外层硬铝线的强度，在相同的运行温度下弧垂变化更小，可以更好地与传统导线进行选型配合。按照目前的 OPPC 光缆加工水平，其最大盘长可以保证不小于 6km（400mm² 及以下），线路设计的最大耐张段单根导线不大于 5km，其盘长完全可满足 OPPC 光缆在耐张塔进行接续的需要。

2. OPPC 光缆金具及其安装附件

OPPC 光缆虽为全金属结构，但缆线内复合有松套光单元，不同于普通电力相线，如果 OPPC 受力面积太小会导致光单元受压变形，影响光纤通信稳定性，因此，OPPC 金具不能使用输电导线常用的压接式、螺栓型等金具，而应参考 OPGW 光缆选配金具情况，选用预绞式耐张、悬垂金具。

（1）耐张线夹　OPPC 光缆虽与 OPGW 光缆结构相近，但其物理组成更接近于（铝包）钢芯铝（合金）绞线，主要张力承受元件铝包钢芯在缆线内层，载流基体铝合金线在缆线外边，且其截面远大于 OPGW 光缆。此种结构给预绞式金具的设计，特别是预绞式耐张线夹的设计带来了新的困难。

OPPC 由于截面较大，且外层为铝合金结构，而内层为铝包钢结构，其缆线主要承力元件在缆线内部。安装预绞式金具时，直接在缆线外层进行缠绕、编制，由于缆线绞合原因和两种材料的强度与断面延伸率的不同，容易在缆线承受张力时造成铝合金层断裂的情况，出现俗称的"扒皮"现象，造成金具与光缆不能好的匹配，因此需对 OPPC 光缆用耐张线夹进行特殊设计并配合相应的配套试验以克服"扒皮"现象。

（2）悬垂线夹　OPPC 光缆所使用的预绞式悬垂线夹，需满足线路安全运行所具备的条件及对缆线握力要求、线夹垂直强度、线路转角情况等，按照相关标准执行。

3. OPPC 的接续与光电隔离

在 OPPC 光缆的应用中，另外一项关键技术就是光缆的接续与光电信号的隔离技术。在线路中间进行光缆接续时，由于光信号不受电磁信号的干扰，可以不对其进行光电隔离，但在 OPPC 进入变电站时需将缆线的高电压与光通信信号进行有效的隔离，避免将高电压引入通信机房，对通信设备及人员安全造成伤害。

（1）OPPC 光缆的中间接续　OPPC 作为特种自承式光缆，在使用中不可避免的需要进行盘长配置与中间熔接。因光通信信号不受电磁干扰，OPPC 光缆的中间接续无需考虑光电隔离，所以对中间接头盒等设备的要求也相对较低一些，中间接头盒通常采用导电式非绝缘接线盒。除了满足特种光缆接头盒需要具备的强度、抗冲击性能、密封性能等，还需具有不低于与所配套使用的线路绝缘等级。根据在杆塔上放置的形式不同，中间接头盒可分为支柱式和悬挂式两种安装形式，如图 6-34 所示。

光缆接续时在接头盒盒体内部完成光纤的熔接与存放，在外部利用并沟线夹与同截面的导线或相同的 OPPC 作为引流线，进行跳线接续。接头盒盒体部分为铝合金材料制作，其较大的体积与表面积使得接头盒内部温度远低于导线的运行温度，保证存纤盘等附件的安全运行。

OPPC 支柱式中间接头盒，在杆塔安装时要搭设安装平台，在平台上进行安装，安装时需注意与塔间的安全距离。悬挂式中间接头盒安装在耐张塔的跳线悬垂位置，安装时需注意引流跳线对地（塔间）的安全距离，有时需考虑悬挂重锤。

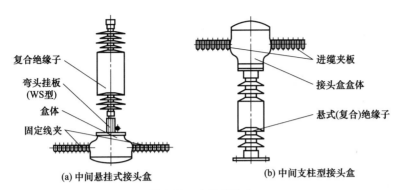

图 6-34　中间接头盒

（2）OPPC 光缆的终端接续与光电隔离　OPPC 光缆的终端接续，因需将 OPPC 光缆引入通信机房，在终端时需将同缆传输的光信号与高压电流进行分离，这就需要使用 OPPC 终端接头盒，如图 6-35 所示。

OPPC 光缆在进行光电分离时，一般采用上、下 2 次熔接的方式，上、下接头盒与支柱式复合绝缘子之间采用预埋光纤的方式，完成光信号的贯通，高压电流采用并沟线夹接跳线的形式引入变电站变压器内。

4. 与其他类型光通信线路的互通

OPPC 作为一种新型的光缆通信方式，为满足通信的需要，不可避免地需要与原有的通信线路进行通信网的互联互通；由于 OPPC 光缆中伴有高电压、大电流，与其他光缆线路的接续、互联也成为新的问题。对于 OPPC 与其他通信光缆网的互联问题一般采取两种方式进行处理。

① 在通信机房内直接完成。OPPC 光缆引入通信机房后，利用机房内的通信设备实现光缆网络之间的互相连接，满足通信的需要。

② OPPC 线路中间的接续。由于实际通信情况的要求，许多时候需要在光缆线路的中间阶段进行光缆的互联，如图 6-36 所示。

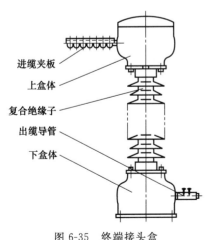

图 6-35　终端接头盒

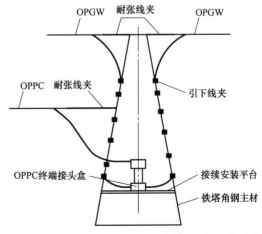

图 6-36　OPPC 光缆与 OPGW 光缆的"T"接示意

利用 OPPC 光缆终端盒技术，实现光电隔离后再进行不同光缆间的接续熔接，满足通信中对光缆线路互通、互联的需要。

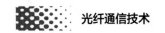

5. 施工中应注意的问题

OPPC 缆线的展放施工，按照目前 OPGW 的施工要求与注意事项即可满足。施工中应注意的问题主要是光缆接头处的处理。无论采用悬挂式中间接头盒还是采用支柱型接头盒，都需严格控制连接跳线的摆放位置、弧垂大小，以保证对地（塔间）的间距，保证足够的电气距离。对于支柱式中间接续盒，需注意搭设的安装平台在接头盒安装后，其对于杆塔的空间距离，应不小于横担挂点对杆塔的空间距离，搭设的安装平台与杆塔及接头盒的配合尺寸应保证安装牢固。

三、海底光缆

（一）概况

海底光缆（简称海缆）通信具有通信质量稳定可靠，保密性好，隐蔽性好，抗毁、抗干扰等特点，无论是平时，还是战时，作为隔海通信手段，都具有其他任何通信手段所无法替代的优势。随着海缆在全球范围内的广泛使用和上百万千米海缆线路的铺设，大容量海底光缆系统在现代社会的信息超高速公路中扮演了非常重要的角色。台湾海峡发生地震造成海底光缆断裂，引发互联网、国防通信、数据业务等大面积阻断事件，引起了人们对海缆进一步的广泛关注。

1. 国外海底光缆发展概况

20 世纪 80 年代后期，在美国与英国、法国之间敷设了越洋的海底光缆（TAT-8）系统，全长 6700km。这条光缆含有 3 对光纤，每对的传输速率为 280Mb/s。这是第一条跨越大西洋的通信海底光缆，标志着海底光缆时代的到来。1989 年，跨越太平洋的海底光缆（TPC-3 和 HAW-4）系统建设成功，全长 13200km，从此，海底光缆就在跨越海洋的洲际海缆领域取代了同轴电缆，远洋洲际间不再敷设同轴电缆。随着光纤技术的进步，海底光缆通信也得到了突飞猛进的发展，20 世纪 90 年代以来，掺铒光纤放大器（EDFA）与波分复用技术的飞速发展推动了长距离、大容量、低成本无中继海底光缆通信系统的研制，而前向纠错、拉曼放大、遥泵浦放等技术的综合利用，使得超大容量超长距离无中继海底光缆通信系统的研制有了突破性的进展，并已进入实用化阶段。由于全球经济一体化发展及互联网对宽带的需求，海底光缆建设的热度从来就没降过。

与陆上光缆供应商相比，海底光缆供应商数量要少得多，目前世界上较大的海底光缆供应商有 TyCom、NSW、KDD、NEC、NEXANS 等。

自 1988 年世界第一条海底光缆的建成到现在，国际海底光缆的发展只用了二十多年的时间，在这短短的二十多年里，海底光缆无论在技术的使用上、网络的安全上、建设的规模上，都发生了惊人的变化。由于新材料、新工艺的发展，为海底光缆的设计、制造提供了更多选择和优化的可能。世界上各大生产厂家相继研制开发出各种海底光缆结构，主要包括中心管式、骨架式和层绞式。部分国外公司海底光缆结构如图 6-37 所示。其中，图 6-37（a）为法国 ALCATEL 无中继系统海底光缆（URC1）结构；图 6-37（b）为美国 TyCom 公司海底光缆结构；图 6-37（c）为日本 OCC 公司海底光缆结构（该公司已于 2008 年 7 月，被 NEC 与住友公司联合收购）。

2. 国内海底光缆发展概况

我国是一个海洋大国，大陆海岸线长达 1.8 万多千米，500m^2 以上的岛屿 6500 余座，

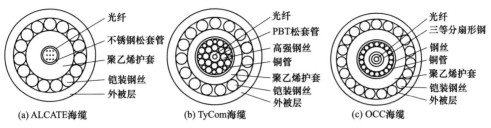

图 6-37 国外海底光缆典型结构

拥有 300 多万平方公里的海洋面积，还在太平洋拥有 7.5 万平方千米的国际海洋专属开发权。

我国的海底光缆研发始于 20 世纪 80 年代中期，与国际上基本是同步的。特别是最近几年，我国的海底光缆产业有了长足的进步和发展，产品质量已赶上国际先进水平，某些关键指标还有所突破，已形成海底光缆及配套接头盒研制生产能力。

实际上国内海底光缆的发展基本是按照军用海缆建设的要求而开展的，1986 年中电 8 所中标国内第一条实用化海底光缆及接头盒项目，从此开始了我国海底光缆研发之路。产品结构从骨架式、中心塑料管式到目前的中心不锈钢管式，外铠钢丝从低强度发展到高强度及超高强度，已开发五代海缆及相适用的接头盒产品，产品性能始终保持与国外海缆同步。

随着光通信网络的全球化，自 1989 年至今，中国参与了近 20 个国际海底光缆系统的建设与投资，包括中日光缆（C-JFOSC）、中韩光缆（C-K，连接青岛和韩国，全长 549km，传输速率 564Mbps）、环球光缆（FLAG，连接亚洲、中东和欧洲，全长 3.9 万千米）、亚欧光缆（SEA-ME-WE-3，连接亚洲、中东和欧洲）、中美光缆（CHINA-US，连接亚洲和北美，全长 2.6 万千米）、亚太 2 号光缆（CPCN2）及东亚环球光缆（EAC）等，这些系统通达世界 30 多个国家和地区，以上线路的制造均为国外海缆公司提供，仅少量线路受损维修更换的海底光缆由国内提供。

（二）海底光缆结构特点及技术要求

海底光缆按应用类别区分，分无中继短距离系统和有中继的中、长距离系统。无中继系统适用于大陆与近海岛屿，岛屿与岛屿间的通信，采用光放大技术，目前无中继系统最长距离可达 450～500km；中继海底光缆通信系统适合于沿海大城市之间的跨洋国际通信。

海底光缆结构设计要求海缆能承受敷设的水深压力（目前最深可达 8000m），具有纵向水密性，可以承受海缆布放、埋设和打捞维修时张力，并抵抗船网、钩锚及水流的冲击；克服氢损、潮气等因素引起的光纤传输损耗的波动，并保证在规定的系统寿命期限内，具有较好的传输损耗稳定性。

海缆设计的准则是对缆中光纤进行安全、可靠、全面的保护，用于海底的光纤比陆地光缆所用的光纤有更高的要求：损耗低、强度高、制造长度长，而且要求光缆 25 年寿命期间内光性能稳定、可靠。

1. 海底光缆结构特点

（1）光纤　海底光缆用光纤根据系统要求可选择国际电信联盟（ITU-T）标准中 G.652（非色散位移单模光纤）、G.653（色散位移单模光纤）、G.654（截止波长位移单模光纤）、G.655（非零色散位移单模光纤）等类型，光纤强度一般要求 2%，近年来由于光缆结构的变化，光纤强度也可达 1%。国内海底光缆通信系统光纤多采用 G.652 光纤及 G.655 光纤，少用 G.654 光纤，未用过 G.653 光纤。G.654 光纤又称纯硅芯光纤，其 1550nm 波长光纤衰减最低，特别适用于大长度海底通信系统，国外采用该光纤，缆化后衰减水平可达0.186dB/km。

（2）结构　海底光缆结构上要求坚固、比强度高，能经受水压和敷设、打捞时的拉力，这与水深、光缆水中重量等因素有关，为确保光缆的寿命，此时的光缆应变限制在 0.8%。

海底光缆的结构元素一般包括光纤单元、抗压管、护层、铠装层和外被层。光纤单元在结构上分紧套结构和松套结构。长期以来，国外海底光缆结构上都是紧套光缆和松套光缆并存，紧套结构主要采用的是弹性体埋入式，光纤芯数一般数芯至十几芯；松套结构包括中心管式、层绞式和骨架式。中心管式光缆结构简单、制造容易，光缆受到拉、压、弯、冲击等机械外力时，因光纤位于零应变线上，故其受到极好的保护，目前最多可达 96 芯。层绞式可容纳较多的光纤芯数，目前可达 384 芯，其制造环节较复杂。骨架式可容纳光纤芯数最多，采用带状光纤可达数千芯，制造技术难度大。目前常见的海底光缆光单元结构如图 6-38 所示。

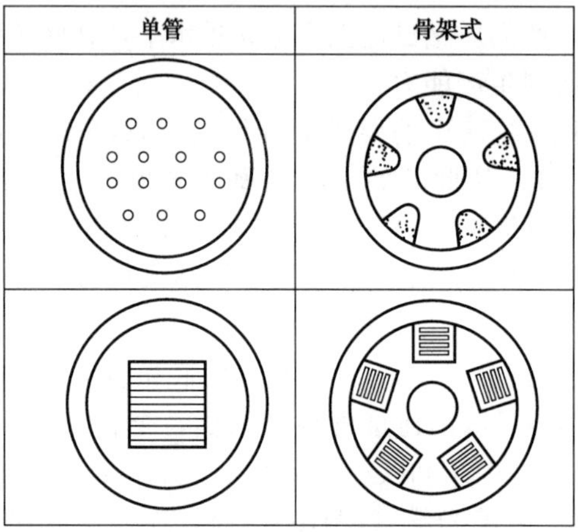

图 6-38　光单元结构图

海底光缆在结构上要求坚固，有很好的机械强度。海缆中的抗压管通常为金属管，常用的金属管有铜、不锈钢、铅、铝管等。铜具有良好的导电性，在中继系统中，还可作为中继供电和故障探测用导体；不锈钢管以其优异的力学性能、极高的性价比已被海底光缆大量使用；由于铝和海水会发生电化学反应而产生氢气，而氢分子会扩散到光纤中，从而导致氢损，现在海缆中已不用铝管；从环境保护考虑，国外已少用铅管。

起绝缘保护作用的护套材料根据需要可选用各种密度的聚乙烯，包括高密度聚乙烯（HDPE）、中密度聚乙烯（MDPE）及线性低密度聚乙烯（LLDPE）等。

当光缆敷设在距离海岸较近的地方时，常常要对其加铠装保护，以防船锚拖曳和近海挖掘的破坏，通常包括：单铠、双铠、岩石铠。单铠光缆用于存在一定危险的地方，铠装层将提供足够的抗冲击强度和抗张强度以保护缆芯在不同海况下免受强烈的冲击和磨损；双铠海缆用于需对光缆进行高度保护的地区，典型的是系统的岸端区域和线路中的浅水区及带磨蚀性海床地区；岩石铠用于岩石地带，有磨损或压碎及拖网渔船伤害的危险区。而在较深水域则不需要过分保护。国外铠装钢丝多选镀锌钢丝，国内多采用耐海水腐蚀的合金镀层钢丝及镀锌钢丝。

外被层可以采用聚乙烯护套，也可以是浇灌沥青、缠绕 PP 绳结构。

此外，光缆结构设计时还需综合考虑光缆的重量、外径、机械强度及光缆的密度等性能参数。

国内典型的几种海底光缆结构如图 6-39 所示。

2. 海底光缆技术要求

海底光缆敷设在极其复杂的海洋环境中，其所处的环境可能是光缆所面对的最恶劣的环

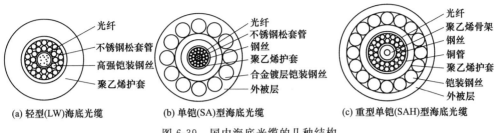

图 6-39　国内海底光缆的几种结构

境之一。不同敷设深度的光缆面临的情况是不一样的，一般来说，1000m 以内为浅海区，在这一区域性内要受到海底底质、微生物、附着生物、鱼类，海水流动、海浪等影响和侵袭，更多的是渔船、钩锚等的人为侵害。1000m 以上的认为是深海区，敷设在深海区的光缆相对受外来因素侵袭较少，不需埋入海底，但所受海水压力大，敷设打捞时所受张力也大。因此，对于不同深度的海底光缆有不同的要求，主要技术要求如下。

（1）抗张强度　海底光缆应能承受布放、埋设、打捞及维修时的张力，还要能应对拖轮和船锚等可能引起的人为损害。一般说来，敷设时的拉力与光缆水中重量和敷设水深有关，而打捞时张力与水中重量、敷设水深及海缆所在的海底底质有关，打捞张力远大于敷设张力。为抵御拖网、鱼锚等浅海区可能存在的人为因素，浅海光缆可采用单层或双层铠装，抗拉强度一般从 100～400kN。国内目前已采用基于 MATLAB 软件进行海缆抗张强度的设计，使得设计更趋精确、可靠。

（2）水压　海缆敷设在海底，长期受到与敷设水深相关的水压作用，不仅要求光缆能承受径向的水压，还要能在使用深度上具有纵向阻水的性能。一般来说，海底光缆在规定的水压下，2 周时间，光缆进水长度小于 1000m。

（3）耐腐蚀性　浅海光缆一般均要在聚乙烯护层外进行钢丝铠装，为增强光缆的耐腐蚀性，铠装钢丝大多采用防蚀措施，涂覆沥青是一种较有效的方法。目前国内专门研制有耐海水腐蚀的合金镀层钢丝，其耐腐蚀寿命是普通镀锌钢丝的 3 倍。

（4）氢损　光纤抗氢保护是系统长期可靠性的一个关键因素。海底光缆中氢的主要来源是：聚合物降解、金属产氢和电化学腐蚀。氢扩散到光纤后会造成吸收损耗，即"氢损"。它一般呈两种状态，一种是趋向于停留在分子状态而不与光纤结合，另一种是与光纤的掺杂物反应形成羟基或疵点。对于前者，一旦去氢后，损耗是可逆的；而后者却是永久的，并随着时间的推移越来越大。海底光缆系统的设计采用各种方法来减少氢气损害，在海缆中采用金属管，如不锈钢管、铜管等可以有效阻止外界氢气扩散进入光纤周围，此外，采用吸氢油膏和抗氢性能优异的光纤等多重方式可有效解决光缆寿命期内的氢损问题。

（5）长度　为提高海底光缆系统的可靠性，在中继系统中要求在中继段中无整体接头，也就是要求光缆制造长度与中继段长度一致，无中继系统中更是希望光缆段长尽可能长，目前国内单根段长最长的 52km 海底光缆已由中电集团公司 8 所制造成功。

现介绍几种用于可能碰到的不同的海床环境的不同类型的无中继海底光缆结构。

钢带保护型（STP）光缆可用于深水区或者用于能够埋设光缆并且捕鱼和航运对光缆危害程度较小的浅水区。缆芯外加一层轧纹钢带，接着挤一层高密度聚乙烯护套。如光缆外护层受到过度磨损，轧纹钢带就起到铠装作用，从而使光缆具有一定的耐挤压、耐磨损和抗冲击能力，可以用敷设犁埋设光缆。这种光缆的直径为 17.5mm，最小极限抗张强度为 43kN，相对密度为 2.2，水中重量为 2.65kN/km。

轻型单层钢丝铠装（SWAL）光缆设计用于捕鱼和航运活动对光缆危害程度相对居中的区域。缆芯四周铠装一层 $\phi3.2mm$ 的镀锌钢丝以保护缆芯，使之能够抗冲击、抗挤压及抗磨损，并且可提供适当的抗拉强度。该缆的相对密度较大（达 2.7），因此在较适宜的海床条件下足以自埋，从而减少海底泥沙流动对光缆造成的磨损。这种光缆的直径为 27.7mm，最小极限抗张强度为 120kN，水中重量为 9.81kN/km。

重型单层钢丝铠装（SWAH）光缆设计用于捕鱼和航运活动对光缆危害程度非常大的浅水区域。其结构类似于 SWAL 光缆，但铠装钢丝的直径为 7.6mm，使该缆具有极好的抗冲击和抗挤压能力，而且其密度更大，抗拉强度更好。这种光缆的直径为 36.3mm，最小极限抗张强度为 275kN，相对密度为 3.5，水中重量为 9.81kN/km。

美国 Simplex 技术公司、AT&T 海缆系统开发出一种 SL-100 海底光缆。该缆核心部分即光纤单元结构中采用 UV 固化材料（类似于光纤涂层材料）代替热塑性弹性体材料作为基体，保留了这种结构可靠性高的优点，同时材料的断裂延伸率只有 55%，易于剥离。采用"动态机械分析"（DMA）法得出的材料的"松弛模量-时间"特性曲线还证实，它能更有效地释放在制造、安装及环境变化等过程中光纤受到的应力。

图 1 为英国 STC 海缆系统研制的大长度海底光缆，它是在光缆中心的闭合"C"形管中放入重叠的光纤带，并冷填触变性胶体。仔细选择可快速固化的材料将光纤带粘成一整体。采用模块化结构设计方法，改变 STC 已成熟的 S3 型海缆的内部结构，即增加光缆含纤量，例如，由 6 根 8 芯光纤带组成 48 芯光缆。由于光缆在敷设及回收过程中以及整个寿命期间要保持低损耗，所以应特别注意氢的作用，故所有的光纤由一根 0.4mm 厚的铜管与外界的氢源隔离。此外，这种光缆的抗拉强度要高，从而避免过长的伸长，同时采用一根压力管，将海水静压与光纤隔离。其唯一的电气要求是传送一个 25Hz 的小功率声音信号作故障定位之用。

另据报道，德国研制出 Minisub CT 系列无中继"轻型"海底光缆，其中包括 LW（轻型）、SA（单层铠装）和 DA（双层铠装）Minisub CT 光缆。该光缆系列不同于以前的 Minisub 16C 系列，新型 Minisub CT 光缆结构中不含以前的光缆结构中由铜管包围的中心塑料管。这种新型光缆将光纤置于保护光纤免受潮气和机械影响的密封的中心铜管（$\phi5mm$）内，铜管为在第一铠装层内放置高强度钢丝提供了极其坚固的基础，而第一铠装层外包绕光缆护套。此外，还可以在轻型光缆上加带有第二层 HDPE 护套的钢带，这种结构称为轻型保护（LWP）光缆，可以在整个光缆长度上或在某些光缆上添加这种第二层护套。通过采用更小、更牢固的中心铜管并减少第一铠装层中的钢丝，Minisub CT 光缆比以前的光缆更加紧凑，并且密度更高（以前为 2.8g/cm³，现在为 3.4g/cm³）。因此它们可以更深地埋入海床，以便减少犁埋光缆时沉积岩再次损伤光缆的风险。由于 Minisub 光缆外径较小，可以通过较小的一般用途的船以高敷设速度进行敷设，并提供低成本的维修。Minisub 系列适合深度达 6000m 以及无中继距离达 400km 或更长的应用。

上海阿尔卡特光缆有限公司最近生产出一种 URC-HA 型无中继海底光缆。该光缆采用中心钢管结构，每根钢管可容纳 48 芯光纤。钢管中 48 芯光纤以颜色及色环区分，管内充有遇水膨胀膏。目前最多可生产 192 芯光缆。钢管外纵包铜带，挤 3.0mm 厚的 HDPE 绝缘，然后在其外绕包一层聚丙烯绳。为了缓冲钢丝铠装对缆芯的作用力，再同向绕包两层不同规格的高强度镀锌钢丝作抗张元件，填充沥青，其外再绕包聚丙烯绳。这种光缆具有容量大、体积紧凑、弯折性好以及防腐蚀性佳等优点。此外，采用高强度镀锌钢丝及钢管结构保证了光缆耐拖捞船锚、海流冲刷等机械破坏。光缆设计保证钢管中的光纤处于无应力状态，使光纤的衰减、色散及 PMD 均处于最佳。

以上各种无中继通信系统用海底光缆虽然结构各不相同，但其基本设计要求和关键技术是共同的。

① 高强度大长度光纤　就海底通信光缆用光纤来说，除了传输性能方面的要求与陆上电信应用类似外，大长度和高强度是最基本的要求之一。

② 高强度光纤接头　这种高强度接头可以在氯气氛围下熔接，以排除空气中 OH⁻ 对光纤接头强度的不利影响，也可以采用接头部位的局部增强技术。

③ 降低成缆损耗　单模光纤的成缆损耗一直是人们所关心的一个问题。在海底光缆中，除了采用抗微弯性能较好的光纤结构外，常常在光纤被覆中加一层软缓冲层，有的则将被覆光纤埋入弹性体的缓冲层中，或者让光纤在松的管内或槽内自由活动。

④ 无残余应变　为了使静态疲劳引起的光纤强度劣化减至最小，成缆后光纤中的残余应变应尽可能小。据报道，国外已使光纤在光缆中的残余应变量＜0.05％。

⑤ 耐水压金属管　各国研究的海底通信光缆都采用耐水压金属管，该结构可使因静水压力引起的光纤微弯达到最小，同时还起到横向水密的作用，以防止由于水渗透而引起的光纤强度下降。

⑥ 纵向水密　纵向水密是海底通信光缆的一个关键技术问题，以防海底光缆在使用过程中被船锚或拖网渔船机具损伤。目前较普遍采用的方法是将光纤埋置在连续挤出的弹性体内或采用填充膏。在钢丝绞合体中一般也采用填充胶或周期性阻水物进行纵向密封。

⑦ 钢丝铠装　钢丝铠装在海底光缆中也是必不可少，一般浅海光缆多采用外铠装。外铠装根据需要可采用单层或双层．以承受 8～10t 的抗拉强度为宜。双层铠装一般采用反向扭绞，以达到转矩平衡。

⑧ 浇注混合物　海缆铠装层外面被覆用的浇注混合物对海缆及其寿命也至关重要。贝尔实验室对这种混合物进行了研究，提出用松焦油代替煤焦油与沥青相混合。这种新型混合物的显著优点是对操作人员的健康无危害，不污染大气，且性能与煤焦油制作的混合物相似。

（三）海底光缆接头盒

1. 接头盒

海底光缆接头盒是海底光缆线路的重要组成部分，用于海底光缆的连接，以实现长距离的海底光缆通信系统。另外，当海底光缆受到人为或自然灾害意外断裂时，还可用于线路的故障维修。如将光放大模块置于接头盒内，可实现海底远距离无中继系统的传输。

接头盒必须完成海底光缆的机械、光学性能及密封绝缘的连接，因此设计时主要考虑：与海底光缆性能指标相同（机械性能、绝缘性能等）；与海底光缆结构及尺寸相匹配；适应敷缆设备的布放条件等。图 6-40 为海-海接头盒示意图。

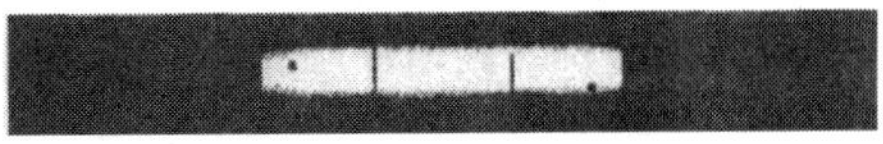

图 6-40　海-海接头盒

目前，中电集团公司 8 所已形成海-海接头盒、海-陆接头盒、快速（应急）接头盒及带光放大模块接头盒系列产品，可以满足国内现有海底光缆通信线路需要。

2. 分支器

分支器的作用是分配业务到不同的登陆点。国内更多用于陆地与多个岛屿或干线到多个分支线路上。国际上，当海缆敷设在靠近海岸边，用于互连海岸线上的城市时，可采用"花边形"或"光突齿形"设计。采用"花边形"，在需要服务的城市光缆上岸，放大器通常设在登岸点；在系统要求高，或破坏概率大的地方，不将整个光纤接上岸，而是将需要的波长选择接上岸，这时需要使用分支器，图 6-41 为中电集团公司 8 所自主研发的海底光缆分支器。

图 6-41　海底分支器

3. 柔性接头

所谓海底光缆柔性连接指的是接头是可以弯曲的，重量轻、外径小，其外径尺寸仅比被连接海缆外径大 12mm 左右，它可以缠绕到缆盘或缆池内并在敷设期间几乎不发生阻碍，特别适用于在工厂或装船现场时，为达到所需长度的光缆而任意连接（其作用与普通接头盒相同），是今后海底光缆接续的发展方向。它采用的先进技术包括：光纤高强度熔接技术、铠装钢丝的无机械柔性连接技术及护层电绝缘及密封技术等。

海底光缆柔性连接技术应用于长距离的海底光缆通信系统，是目前国际上先进的海缆接续技术。它可以把数百公里海缆连成一根整体，实现"无接头"。采用柔性接头的海底光缆可以一次连续布放完成，从而减少海上敷设时间，降低施工难度。

（四）海底光缆发展趋势

海底光缆自诞生以来，随着光纤光缆制造技术及材料工业的发展，其结构设计与工艺制造技术也在不断进步，为适应新的市场需求，海底光缆的技术发展出现新的趋势。

1. 大芯数

近年来海底光缆与陆上光缆一样对大芯数的要求日益增加，尤其是作为陆上网络一部分的沿海应用中。因此，光缆芯数要求从数芯至数百芯，对海缆的结构和制造工艺也提出了更高的要求。

2. 松结构

由于对超高速宽带传输的需求增长，人们更需要具有较大有效面积的光纤，在成缆过程中，采用紧包缓冲结构的光纤会产生一定程度的弯曲，具有高灵敏度的大有效面积光纤更易受到紧包缓冲损耗增加的影响。两种结构下具有不同模场直径（MFD）的光纤衰减，如图 6-42 所示。从图中可看

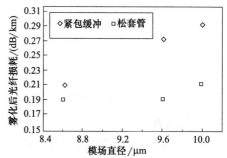

图 6-42　两种结构下不同 MFD 的光纤衰减

出，在相同的模场直径下，松套结构光纤在成缆后产生的光纤附加衰减较低。此外，光纤余长的设计将有利于光纤应变的改善，松结构光缆因可提供一定的光纤余长，从而可减少光缆受拉时光纤受到的应变，因此目前国际海缆有从紧结构向松结构发展的趋势。

3. 轻型化

以前海底光缆提供机械强度的铠装钢丝多采用低强度钢丝，在实现工艺上，低强度钢丝要易于高强度钢丝。德国西门子公司是世界首家改变海缆"粗笨"外形，采用微型结构的海缆公司，选用高强度钢丝（1770MPa），大大降低了光缆的重量和外径，利于海缆向轻型化发展。

4. 防窃听与防探测

2005年，美国国家安全局改装的吉米卡特号核潜艇下水，该潜艇最引人注目的特殊功能就是能进行海底光缆窃听。该潜艇装备有能够进行海底窃听的特殊挂舱，可以将海底光缆用特殊设备拖进挂舱，然后剥开光缆进行窃听，将窃听来的数据送入潜艇内的巨型计算机中进行解码、破译、记录，从中找出有用的情报。这使得海底光缆的安全问题变得严峻起来，因此，开展光缆防窃听技术研究，特别是针对最复杂的海底光缆通信线路，对国防信息安全传输意义重大且非常紧迫。

关于海缆的反窃听问题，实际上包含两方面内容，一是当海缆遭遇窃听时，我方能够及时发现，另一方面是开发可以避免被窃听的海底光缆。

防窃听技术主要是利用光缆中的通信光纤作为传感媒质，采用光纤干涉技术，探知光纤在非正常外力的作用下受到微扰，参数变化情况，实现光纤遭到窃听时的高灵敏度监测，达到链路防窃听的目的。国内已有单位在开展这方面的研究，难题是如何将外界的背景噪声与真正的窃听区分开来。

通常海底光缆采用的是金属结构，防窃听海底光缆采用全非金属结构，可防止电磁、声学等探测，采用高密度护层材料耐屏蔽，调整光缆密度至接近海底泥土密度，可以防止声呐探测。

四、武器装备用特种光缆与组件

（一）简介

光纤光缆作为一种理想的信息传输、信息传感、信息处理媒质，具有传输损耗低、传输数据速率高、带宽大、重量轻和抗电磁干扰、保密性强以及适应恶劣环境等优点，特别适于军事应用，如野战通信、机载通信、舰载通信和特殊环境的军事通信；采用Sagnac效应的光纤干涉仪是构成光纤陀螺的基础，对飞机、舰船的惯性导航和弹道导弹的制导无疑是一次技术革命，采用光纤延迟线和集成光路的信息处理是相控阵波束形成/控制和光（电）子战信息处理的崭新技术，是构成天基雷达的最新设计；以光纤、压力传感器和光纤光缆为基本构件，传输网络化组成反潜战应用的声呐阵探测灵敏度超过现行任何声呐系统的灵敏度；埋置在复合材料构件及其蒙皮内的光纤传感器、光纤传输组件和微型电路是构成智能飞行器的最新设想，是未来飞机、空间飞行器的研发目标。可以说，凡是采用电子装备的任何武器系统都有纤维光学技术的应用之地，只是由于目前技术水平的限制，好多应用领域还是空白。所以纤维光学技术的应用潜力十分广阔。军事应用将是纤维光学技术应用的先行者。

（二）特种光缆及传输组件的应用领域和系统

特种光纤光缆在军事方面应用主要包含三个领域。一是军用光纤光缆通信，主要利用光纤光缆重量轻、抗电磁干扰、保密等优点，广泛使用在野战通信和雷达、导弹、卫星、运载火箭、飞机、舰船以及光缆系留飞行器等上；二是军用传感，主要利用光纤光缆的信息传感特性和小型化，广泛使用在惯性导航、反潜作战和智能蒙皮运载器等上；三是军用信息处理，主要利用光纤的延迟特性和宽带优点，用于光控相控阵天线系统和电子战系统。其主要应用系统如下。

1. 陆军战术通信系统

① 本地局域网光缆通信系统。

②　C3 系统链路。

③　长距离战术光缆通信系统。

④　本地分配系统。

2. 机载光纤光缆传输系统

①　机载光纤数据总线。

②　航空电子设备互联网络。

③　空军战术空中控制系统。

④　光控飞行控制系统。

⑤　空军 C3I 系统。

3. 舰载光纤光缆传输系统

①　舰载光纤数据总线。

②　舰载自适应光纤光缆通信系统。

③　航空母舰光纤光缆通信系统。

④　舰载高速光纤网络。

4. 雷达领域

①　雷达天线远程化微波光纤光缆传输系统。

②　多基地雷达网信号互联系统。

③　合成孔径天线频率基准分配系统。

④　光纤相控阵信号分配网络。

⑤　舰载雷达光纤光缆传输系统。

⑥　相控阵天线波束形成/高分辨率雷达接收和电子智能搜索系统。

⑦　多普勒雷达噪声检测系统。

⑧　卫星测高雷达。

5. 制导传输应用

①　光纤制导导弹系统。

②　光纤制导鱼雷系统。

③　潜艇拖曳浮标光纤光缆系统。

6. 卫星空间站传输

①　卫星天线微波光纤（缆）线路。

②　卫星通信脉冲转发系统。

③　空间站分布光纤网络。

④　空间站光纤传感信号传输系统。

7. 火箭系统

①　火箭离地控制线路。

②　火箭壳体健康探测。

8. 导航领域

①　汽车、坦克战车导向系统。

②　飞机惯性导航系统。

③ 火箭导航系统。

④ 战术导弹飞行姿态控制系统。

⑤ 舰船惯性导航系统。

9. 反潜系统

① 光纤海底水声监视。

② 潜艇光纤声呐系统。

③ 潜艇光电桅杆。

10. 智能飞行器

① 飞行器损伤控制系统。

② 飞行器火警告警系统。

③ 飞行器分布传感系统。

④ 疲劳监测和战术损伤评估。

⑤ 光纤传感器。

11. 核试验

① 地下核试验近场数据检测。

② 核废料处理控制与检测。

12. 电子对抗

① 雷达无源 RF 方向搜索。

② 电子对抗欺骗干扰机。

13. 计算机系统

① 光计算机存储器。

② 加固型光纤计算机互联组件。

（三）特种光缆及传输组件的基本分类和结构

目前，国内普通通信用光缆产品已十分普及，但对特种光缆及传输组件，高端产品仍依赖进口，不同领域的应用在不断提出品种、质量水平更新的要求。今后的一个时期，整个产业不会有太大的增长，但对特种光缆及传输组件的需求将发展旺盛，目的是满足更多军事领域应用的需求和完全参与国际竞争。

1. 特种光缆及传输组件的基本分类

（1）应用于恶劣环境下的特殊光缆和传输组件　恶劣环境定义为超常规通信应用范围环境，主要包括以下 8 种。

① 超过（−40～75℃）范围的工作环境。

② 剧烈震动环境。

③ 光纤制导（地-空、地-地、舰-舰、舰-空）导弹和水下鱼雷等需要的特殊要求。

④ 强电磁环境。

⑤ 腐蚀性环境。

⑥ 辐射性环境。

⑦ 极端压力下的环境。

⑧ 极难用手工安装的地方。

（2）专门用途和结构特殊（包括光电混装结构、异型结构等）的光缆和组件　主要用途是军用、海、陆、空、天领域。

（3）功能化的光纤光缆及组件　主要配套于功能型光纤传感系统、辐射诊断检测、智能电网等非通信领域。

（4）具有阻燃和绿色环保要求的光缆及组件　主要应用于矿井下、室内综合布线系统以及光纤到户（FTTH）、光纤到桌面（FTTD）、家庭智能化、办公自动化、工控网络化、车载、机载、舰载、星载数据传输多媒体和士兵穿戴式轻型计算机系统。

2. 基本结构形式和特点

众所周知，不论光缆产品的结构形式如何，都是由缆芯、加强构件、护套三部分组成的。而缆芯通常有不同种类光纤的单纤芯和多纤芯两种。特种光缆就是一系列具有独特特性和特殊结构的产品，而特种传输组件则是满足多种特殊性能和要求的光连接、转换和传输的组合器件。

对于量大面广的普通光缆而言，军用特种光缆及传输组件具有技术含量高、使用条件严酷、批量相对较小，但附加值较高等特点，往往要采用新材料、新结构、新工艺和新的设计计算方法。

（四）特种光缆及传输组件技术发展

1. 海底光缆

特种光缆中最具代表性的是海底光缆。由于对可靠性的要求特别高，所以海底光缆的结构和工艺技术是光缆中最复杂者之一。1988 年年底世界上第一条跨大西洋光缆（TAT-8）的敷设和开通标志着海底光缆的制造技术已趋成熟。中国电子科技集团公司第八研究所1990 年研制成功中国第一根实用化海底光缆和海底光缆连接器，填补了国内空白，目前已开发成功第四代海底光缆，单根制造长度大于 50km。可带中继的海底光缆及连接器和柔软型海底光缆接头技术已经实用化。

2. 野战（战术）光缆及组件

军用特种光缆在欧美国家得到了快速发展。早在 1973 年美国就开始野战光缆的研究，其技术规范分短距离野战光缆（1～2km）和长距离战术光缆（6～8km 中继距离）两种。其适用的军用规范为 DOD-0-85045/2B。其应用系统主要有 C3I（指挥、控制、通信和情报）系统、局域网（LAN）系统、短距离本地分配系统、长距离战术通信系统和飞机快速布缆系统等。

典型的野战光缆如下。

① 阻燃野战光缆（AT&T 公司生产）　这种光缆采用内外聚氨酯护套，保证阻燃要求，适用 DOD-STD-1678 方法 5010，燃烧试验。

② 耐低温野战光缆（Siecor 公司研制）　光缆最低工作温度可达－55℃、25mm 冷弯曲附加损耗为 0dB/km。

③ 耐压野战光缆（英国 BICC 公司研制）　该光缆采用双护层结构，内护层采用发泡材料（气泡直径 $60\mu m$，占体积的 40%），其作用是将光缆芯紧束在一起，提供缆芯光纤的抗侧压保护能力。采用发泡材料降低了光缆的重量。外护套采用阻燃的聚氨酯材料。

④ 德国 Philips Kommunikation Industrie AG 公司研制的抗拉野战光缆、英国标准电信实验室为美军 FOTS-LH 计划开发的抗核加固光缆都具代表性　随着光纤技术的发展，光纤

光缆制造技术和连接技术的改进、制备具有兼容性野战光缆和传输组件的条件早已成熟。快速连接、用户分支接续技术的研究受到足够重视。

3. 航空用光缆及组件

美国早在 20 世纪 70 年代初就开始机载光纤光缆的应用研究，直至今天从未终止，其最突出的理由就是光纤光缆具有体积小、重量轻、带宽宽和抗电磁干扰的优点。如用光缆取代电缆，可使 B-1 轰炸机的质量减少 1t，同时大大降低几个数量级的电磁干扰源和成本。

随着航空复合材料的发展，以复合材料制造的隐形飞机已成为各国军方加紧研制的秘密武器。但是，若用电缆作为机内的互联网，不能使之成为真正的隐形飞机；而采用光纤布线，则可达到静噪目的，如果采用光纤数据总线，再将各种光纤传感器（如应变、温度、压力光纤传感器）和信息处理器埋置在复合材料构件内，便可构成智能蒙皮飞机。

目前，飞机应用的光纤线路可分为三类，即传感和电子战用的宽带线路，传感器、信号处理器和其他部件之间的互联高速数字信号线路，雷达应用的窄带线路。其实际应用项目包括点对点机载光纤数据总线、光纤传感系统、光控飞行系统，光控武器系统和光纤陀螺仪及传输组件。

早在 1974 年，美国空军就在 A-7 飞机上进行光纤应用试验，首先对机载光纤光缆及通信系统的技术性能作了评价。A-7 飞机用 13 根光缆取代了原来传输 115 个系统信号的同轴电缆和对绞高温导线，使原传输线缆的重量由 18kg 减少到 1.2kg。

20 世纪 80 年代以后，各国都开展光纤光缆机载应用的开发研究，主要研制机构有罗思罗普 ITT、美空军光谱电子公司、美国罗姆航空发展中心、法国汤姆逊-CSF 公司、美宇航技术研究所、波音飞机公司、道格拉斯飞机公司、Eldec 公司。美国海、陆、空军都进行过机载光纤光缆及系统试验。1982 年军用标准 MIL-STD-1773 标准光纤数据总线正式颁布。目前光学复用的纤维光学传感开关组件和数据总线正在研究开发。为了满足更高的要求，国外还研究了耐温 -65～150℃ 的航空用光缆。

4. 舰船用光缆及传输组件

（1）舰船对光纤光缆应用的需求和迫切性

① 小型化、高质量 通过提供轻型和小直径的光缆替代现行舰船使用的电线电缆可减轻近 2/5 的重量和许多有用空间，从而提高舰船的工作质量和防御能力。特别是军舰对重量和空间的要求也和它的武器装备同等重要。为了对付不断增加的来自各个方面的威胁，现代军舰需要更多的设备，如雷达、计算机、预警信息处理系统。这些设备必然增加军舰的重量和吃水深度，使其燃料消耗增大，活动范围、操作灵活性和速度降低。一艘典型的现代驱逐舰或巡洋舰重为 8500～9500t，而一艘重型航母的重量为 8.5 万～11 万吨。由于现役军舰上所有的通信都是点对点的电缆通信，所需的设备和互连电缆的重量占军舰重量的一大部分，目前安装在舰船甲板的通信电缆约 1.6km 长，重 500kg，而等长光缆仅重 125kg（减少约 75％）。如果把现有舰船上的电缆信号网换成等效光缆网，重量和体积都可减少 90％。

② 缆线成本大幅降低 一般舰载信号网使用光缆可节省费用 78％。如果考虑到光纤的宽带特性，采用复用技术还可以进一步节省费用。

此外，用光缆替代电缆还可以减少系统的元器件数。如一个点对点电缆系统需要两根 90 针的双工电缆，而光缆系统至少可减少 60％ 的输入/输出（I/O）端口数。

③ 宽带特性 光缆系统的宽带特性可将控制、告警、火控、监视、通信和管理集为一体，大大节省舰船的有用空间，对未来舰船或航母的大容量计算机和高速率网络具有重要的

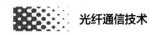

意义。

④ 抗电磁干扰、抗雷达频率干扰能力强　光缆系统具有抗电磁干扰和抗雷达频率干扰的特性，可为舰船生存提供保证。舰船上的电磁干扰主要源于电动机、发电机、继电器、电磁阀和电磁开关、雷达和通信装置。在电缆系统中，这些噪声的抑制是通过使用电缆专门屏蔽材料和装置，增加了系统的复杂性和成本。使用光缆将大大减小电磁环境影响的敏感性。

（2）舰船用光缆的开发　舰船用光缆是军用光缆的一大分支。它是结构较复杂、要求很高的光缆种类之一。它必须满足 MIL-C-0085045D（海军）的要求，即毒性低、低卤或无卤、发烟低、抗辐射阻燃、工作和储存温度极端、机械要求严格、水压很高、耐高温有害流体以及其他一些要求。美国 SIECOR 公司和 AT&T，Bell labs 已分别研制成满足上述军用规范要求的舰船用无卤阻燃光缆系列，并采用大芯径、大数值孔径和单模光纤，以满足不同需要。其有代表性的产品如下。

① 面舰船和潜艇内应用光缆。

② 下系留光缆和组件。

③ 下声呐用光电复合缆和组件。

④ 雷制导光缆。

⑤ 潜艇拖曳浮标（天线）光缆。

（3）光纤光缆技术在舰船上的应用前景。

从目前的应用情况看，光纤光缆技术在舰船上应用有着广阔的前景。这些前景可归纳为以下 5 种。

① 舰载光纤光缆通信。包括舰内光缆电话网，指挥部、兵营专用电话网，舰载计算机母线系统，舰船雷达数据信号传输系统以及舰船与陆地间通信系统等。

② 导航系统。使用光纤陀螺的导航系统。

③ 声呐系统。包括光纤水听器和声呐传输线。

④ 光纤拖曳系统。包括潜艇浮标天线和反潜拖曳光缆系统。

⑤ 光纤图像传输。包括光纤潜望镜、舰内闭路电视和像增强光纤面板等。

从目前开发应用和技术水平看，替代电缆的光缆应用是舰船光纤光缆技术应用的起点。

5. 有线制导光缆

（1）发展前景　光纤制导是战术武器领域内的一次革命，不仅取代了金属制导技术，而且成为推动有线制导武器进一步发展的唯一技术，这一技术还可用于发展未来的外层空间卫星武器的有线制导。

虽然目前光纤制导技术及应用还没有达到最终目的，但第一代光纤制导武器已接近实用化阶段。其主要优点如下。①体积小，重量轻。用一条光缆取代原来有线制导的两条电缆，可使导弹的防御和袭击范围增大，使射程增大几倍。光缆比电缆制导线，传输容量可提高三个数量级以上。②成本低。③战场生命力强。光纤制导抗电磁干扰，因而不易被其他武器击中。④提高武器威慑力。由于光纤制导采用非视线瞄准或"发射后不管"制导，不必依赖眼睛或雷达观测，可攻击地面目标、直升机，也可穿越烟雾、小山、树林等障碍搜索目标，不受地形、恶劣天气、夜间因素的影响，命中率为 100%，是小型撒手锏武器。

（2）应用情况

① 反坦克武器　光纤有线制导武器作为步兵和直升机反坦克武器具有许多优点，可保证多兵种机动性和火力支持。美国陆军 1989 年就开发生产并装备具有夜视能力和全天候工作能力的光纤制导导弹。德国、法国都研制了具有夜视能力的光纤制导导弹并于 1996 年投

产。印度也把这种"发射后不管"的导弹放在举足轻重的位置。

② 前沿防空系统（FAADS） FAADS 的重要组成部分——光纤制导导弹（FOG-M）通常部署在近战地地域内远离机动合成部队的后方或接近己方部队前沿隐蔽阵地上，通过地面和空中探测设备组成 C3I 系统向 FOG-M 提供目标预警信息。

③ 反直升机武器系统 FOG-M 被称为直升机的克星，特别是带有"发射后不管"的 FOG-M 是克制直升机的重要武器系统。1991 年 11 月在阿拉伯联合酋长国举行的迪拜航空展会上，巴西首次展出了新型的光纤制导反直升机、反坦克 FOGM-MBM 武器。

④ 潜射防空光纤制导武器 光纤制导武器不仅可在地面和直升机上发射，还可在水下发射。法国和德国联合研制的潜-空光纤制导武器（"独眼巨人"）可在海水下 300m 深处的潜艇上发射，射程大于 10km。

⑤ 光纤制导鱼雷 美国研制的轻型光纤制导鱼雷可用于远程反潜，最长距离可达 100km。

（3）制导光缆的绕放线技术 绕放线技术是光纤制导武器系统的另一个十分重要的技术。由于制导光缆是绕在放线装置上，是要随着弹体高速飞行的，光缆的绕线和放线技术就显得特别重要。

光缆缠绕的控制参数包括缠绕基层、缠绕张力分布、光缆缠绕超前角、后退和交叠控制缠绕时的附着力大小等。为了减少缠绕致使光纤产生的微弯损耗，必须采用精确缠绕方法。这种方法所用的转轴稍带锥形，使光缆缠在锥形圆柱体上形成一轴向层，然后以相反的轴向绕另一层，绕在前后两圈之间。在放线时，由于光缆随着弹体高速飞行，除要求光缆具有 1.4~2.1GPa 的强度外，还需给光缆施加外力，如采用气动方法等。

第七章

光纤通信无源器件

光纤通信无源器件是本身不发光发电，也不需要外加能源驱动工作的传输器，称之为光纤通信无源器件（又称光无源器）；这类器件主要有连接器、耦合器、波分复用器、调制器、光开关和隔离器等。

第一节　光纤连接器

一、简介

（一）基本概念与要求

连接器是把两个光纤端面结合在一起，以实现光纤与光纤之间可拆卸（活动）连接的器件，对这种器件的基本要求是使发射光纤输出的光能量最大限度地耦合进接收光纤。连接器是光纤通信中应用最广泛、最基本的光无源器件。连接器"尾纤"（即一端有活动连接器的光纤）用于和光源或检测器耦合，以构成发射机或接收机的输出/输入接口，或构成光缆线路及各种光无源器件两端的接口。连接器跳线（即两端都有光纤活动连接器的一小段光纤）用于终端设备与光缆线路及各种光无源器件之间的互联，以构成光纤传输系统。

对连接器的要求主要是连接损耗（插入损耗）小、回波损耗大、多次插拔重复性好、互换性好、环境温度变化时性能保持稳定，并有足够的机械强度。当然价格也是一个重要的因素。因此，需要精密的机械、光学设计和加工装配，以保证两个光纤端面达到高精度匹配，并保持适当的间隙。

（二）连接器结构和特性

连接器的基本结构主要有光纤插针和对中两部分。光纤插针的端面有平面、球面（PC）或斜面（angled physical contact，APC），如图 7-1（a）所示。对中可以采用套管结构、双锥结构、V 形槽结构或透镜耦合结构。光纤插针可以采用微孔结构、三棒结构或多层结构，因此连接器的结构也是多种多样的。采用套管结构对中和微孔结构光纤插针固定效果最好，又适合大批量生产，因此得到了广泛的应用，如图 7-1（b）所示。两插头与转接器的连接有 FC 型、SC 型和 ST 型。FC 表示用螺纹连接，SC（square/subscriber connector）表示轴向插拔矩形外壳结构，ST（spring tension）表示弹簧带键卡口结构。

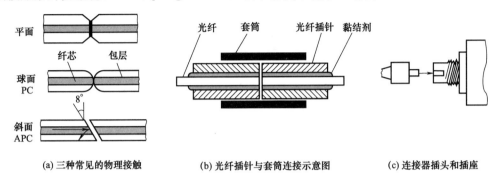

(a) 三种常见的物理接触　　　　(b) 光纤插针与套筒连接示意图　　　(c) 连接器插头和插座

图 7-1　常用连接器的端面和插座

通常采用的光纤活动连接器有 FC/PC、FC/APC、SC/PC、SC/APC 和 ST/PC 型。它们的结构特点和性能如表 7-1 所示。还有一种用于雷达天线旋转平台用的旋转光纤连接器，这种光汇流环可以替代电汇流环，以提高上/下行信号的隔离度和可靠性，延长汇流环寿命，实现设备小型化。该光纤旋转连接器指标为：波长为 850～1650nm，插入损耗为 3dB，旋转光变化量为 1dB，通道隔离度为 50dB，反射损耗大于 30dB，最高转速为 100r/min。

表 7-1　各种单模光纤活动连接器的结构特点和性能指标

结构和特性	类型	FC/PC	FC/APC	SC/PC	SC/APC	ST/PC
结构特点	端面形状	凸球面	8°斜面	凸球面	8°斜面	凸球面
	连接方式	螺纹	螺纹	轴向插拔	轴向插拔	卡口
	连接器形状	圆形	圆形	矩形	矩形	圆形
性能指标	平均插入损耗/dB	≤0.2	≤0.3	≤0.3	≤0.3	≤0.2
	最大插入损耗/dB	0.3	0.5	0.5	0.5	0.3
	重复性/dB	≤±0.1	≤±0.1	≤±0.1	≤±0.1	≤±0.1
	互换性/dB	≤±0.1	≤±0.1	≤±0.1	≤±0.1	≤±0.1
	回波损耗/dB	≥40	≥60	≥40	≥60	≥40
	插拔次数	≥1000	≥1000	≥1000	≥1000	≥1000
	使用温度范围/℃	−40～80	−40～80	−40～80	−40～80	−40～80

（三）光纤连接器的工作原理

光纤连接器是光纤通信系统中各种装置连接所必不可少的器件，也是目前使用量最大的光纤器件。由于通信网络的逐步光纤化，城域网和用户接入网需求的上升，近年来全球光纤连接器市场的总需求量不断扩大，预计未来十年的年增长率将在 20％左右。

虽然目前全世界共有超过 70 种光纤连接器，并且新品种还在不断出现，但市场上（尤其是中国市场）主流品种仍然是从早年一直沿袭下来的 $\phi 2.5$mm 精密陶瓷插芯和陶瓷管构成的连接器（如 FC、SC、ST 等）。此外，ϕ1.25mm 陶瓷芯的小型连接器（如 LC、MU 等），以及以带状光纤连接器为主的多芯连接器（如 MTP 等）的需求量在逐步增加。

通常，衡量光纤连接器产品质量的主要光学特性指标为插入损耗（insert loss）和回波损耗（return loss）。此外，影响产品质量可靠性的插芯端面几何参数等物理特性指标也越来越被系统厂商或高端客户所重视。

图 7-2 和图 7-3 所示的是两种具有代表性的光纤连接器。图 7-2 所示为利用套管（连接套筒）方式固定光纤位置的光纤连接器，用于单芯光纤连接。图 7-3 所示为利用定位销方式固定光纤位置的光纤连接器，用于多芯连接。

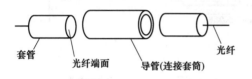

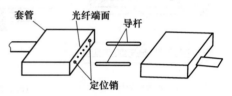

图 7-2　利用连接套筒固定光纤位置　　　　图 7-3　利用定位销固定光纤位置
　　　　　的光纤连接器　　　　　　　　　　　　　　的光纤连接器

众所周知，当两根光纤连接时，必须使光纤纤芯精确对准。如果没有均匀接触，就会产生连接损耗。要尽可能减少连接损耗，光纤连接器必须将两根光纤的纤芯端面紧紧地贴在一起，即光纤轴要完全对准，才能完成连接工作。

下面从光纤连接器的工作原理出发，对连接器的插入损耗和回波损耗作简单的介绍。

光纤连接器不能单独使用，它必须与其他同类型的连接器互配，才能形成光通路的连接。目前，较为流行的光纤连接器装配和对接方式为：利用环氧树脂热固化剂，将光纤黏固

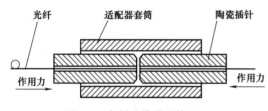

图 7-4　光纤连接器对接原理

在高精度的陶瓷插针孔内，然后使两插针在外力的作用下，通过适配器套筒的定位，实现光纤之间的对接，如图 7-4 所示。

由图 7-4 可看出，保证对接的两根光纤纤芯接触时成一直线是确保连接器优良连接质量的关键，它主要取决于光纤本身的物理性能和连接器插针的制造精度，以及连接器

的装置加工精度。同时，光纤的光学性能指标和插针端面的抛光质量对于连接器的光学性能和使用可靠性也有直接的影响。

（1）插入损耗　插入损耗是指接续的连接器给系统造成的光功率衰减（即光纤连接器输出功率相对于输入功率的相对减少量）。插入损耗主要是由相接续的 2 根光纤之间的横向偏离造成的。如图 7-4 所示，如果两根光纤排成一直线，横向偏离为零，则其造成的插入损耗最小。但在连接器的实际对接过程中，这是不大可能实现的，因为纤芯与光纤包层的不同心、光纤包层与插针内孔的不同心以及插针内孔与外径的同心度误差等，都会引起光纤间的横向偏离。

同时，光纤接头中的纵向间隙和端面质量也是引起插入损耗的因素之一。近年来普遍采用的 UPC 插头接触方式，较好地解决了纵向间隙问题。按此方式，插针和光纤端面经球面抛光处理，使相对接的两插针在外力的作用下啮合在一起，啮合光纤的顶点变形并展平，形成光纤充分对接，减小光纤接头中的纵向间隙。

（2）回波损耗　回波损耗是用来衡量连接器端面的后向反射光大小的参数。回波的本质

是光线反射，根据菲涅尔反射原理，光线在传输过程中遇到两种折射率不同的界面时会发生菲涅尔反射，造成光通路中的信号叠加或干涉。在高传输速率的单模光纤系统中，尤其是有线电视系统（CATV）中，反射现象会产生传输信号的时间滞后，使信号到达用户端的时间延迟，造成图像的重影和清晰度下降。

连接器接头的 UPC 接触方式，减少了连接端面间的间隙，除降低插入损耗外，也减少连接端面的反射，提高回波损耗。对于 CATV 系统等用户来说，由于采用 APC 插头接触方式，APC 型接头陶瓷插芯端面的球面法线与光纤的轴线有一个角度（一般为 8°），使从端面反射的光泄出而不返回纤芯，从而大大提高了连接器的回波损耗。

综上所述，对于优秀的连接器跳线生产厂家而言，为确保产品的高质量，有 3 个因素是至关重要的，即高品质的紧套光纤光缆、高精度的陶瓷插针和装配散件，以及优良的装配加工工艺。

就光纤而言，光纤对于连接器性能的影响主要反映在光纤本身的衰减系数和光纤光缆制造公差（尤其是纤芯/包层同心度误差）上。对于较长的连接器跳线，光纤本身过大的衰减系数会造成连接器跳线的先天不足，增大光通路中的能量损耗；较大的纤芯/包层同心度误差易造成纤芯的横向偏离，因此高品质的光纤对于产品的低插损是至关重要的。

就陶瓷插针而言，较小的同心度误差以及内孔直径和光纤包层外径的良好匹配（即小间隙）也可减小纤芯的横向偏离，降低插入损耗。同时，高精度装配散件可保证产品在接续中处于充分对接和良好的受力状态，直接影响回波损耗的大小。

优良的产品制造技术，包括完善的过程控制、精良的研磨、检测设备以及与之相配套的研磨抛光工艺和质量监控，使产品在满足高质量端面和光学特性指标的同时，可根据客户的不同要求在相应的标准要求范围内调整插芯端面的几何参数，提高系统接续和使用的可靠性。

（四）光纤连接器的主要类型

光纤连接器大体上可分为两类：螺旋连接方式和非螺旋连接方式。目前，市场上使用的 FC 型连接器和双锥型连接器是典型的螺旋连接器；ST 型、SC 型连接器是典型的非螺旋连接器。图 7-5 所示为典型的光纤连接器的基本结构。

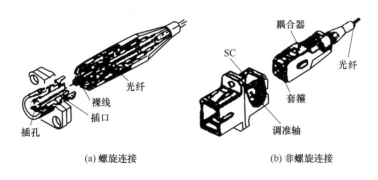

(a) 螺旋连接　　　　　　　　　　(b) 非螺旋连接

图 7-5　光纤连接器结构示意图

FC 型连接器是较早得到开发应用的光纤连接器，为圆形的螺旋式结构。典型的 FC 型光纤连接器主要由 2 个插针体和 1 个对中套筒等组成，其中一个插针体装有发射光纤，另一个插针体装有接收光纤，将两根光纤同时装入套筒中，再将螺旋拧紧，就实现光纤的对接耦合。FC 型连接器目前主要用于主干网络。

ST 型光纤连接器为圆形卡扣式结构，其主要特征是具有一个卡扣锁紧机构和一个 $\phi 2.5\text{mm}$ 的圆柱形对中套筒。ST 型光纤连接器在安装过程中，将插头插入法兰后，要旋转一个角度使插头锁紧牢固。

SC 型连接器是在 FC、ST 型基础上改进发展的一种插拔式光纤连接器，它是一种体积小、质量轻，可批量生产和高密度安装的光纤连接器。SC 型连接器由于具有插拔式结构，安装和拆卸过程不需要太大的空间，所以可实现光纤在有限空间内的高密度安装。同时，SC 型连接器不同于 FC、ST 型的圆形结构，它是矩形结构，比圆形结构更容易实现光纤的对准，从而有利于安装操作和光纤连接插入损耗的降低。所以，它是目前市场需求量最大、发展趋势最好的一种光纤连接器，尤其在高密度安装的用户网中更显示出独特的优点。

光纤连接器的发展是从如何降低光纤连接插入损耗开始的。但随着光纤连接器制备技术的进步以及全球光传输信息化的发展，光纤连接器的发展不仅需要插入损耗低、回波损耗大，而且要求安装方便、操作简单、不需要特殊的安装技术指导，并向着小型化、高安装密度的方向发展。所以，光纤连接器的发展无外乎从结构和材料两方面进行提高和改进。

随着光纤技术的发展，各种各样的光纤连接器被研制出来并实用化，现国外已有多达几十种。日本在 20 世纪 80 年代初就开始推进光纤连接器的标准化，到 2006 年年底已有数十种产品实现日本工业标准规格。在世界市场上还有多种 IEC（国际电工技术委员会）规格的光纤连接器，具有代表性的光纤连接器种类和特性见表 7-2。

表 7-2　具有代表性的光纤连接器种类和特性

品　　名	规格	芯线数	长距	中距	短距	机器间	石英单模	石英多模	多成分	塑料包覆	全塑	连接方式	备注
			距离				光纤						
F01 型连接器（FC 连接器）	5970	单芯	√	√	—	—	√	√	√	—	—	螺纹	—
F02 型连接器	5971		√	√	—	—	√	√	√	—	—	螺纹	—
F03 型连接器	5972		—	√	—	—	√	√	√	—	—	螺纹	—
F04 型连接器（SC 连接器）	5973		√	√	—	—	√	√	√	—	—	推按	—
F05 型连接器	5974		—	—	√	√	—	√	√	√	√	推按	—
F06 型连接器	5975		—	—	√	√	—	—	√	√	√	推按	—
F07 型连接器	5976	2 芯	—	—	√	√	√	√	√	√	√	推按	F05 的 2 芯型
F08 型连接器	5977	单芯	—	—	√	√	—	—	√	√	√	推按	F06 的 2 芯型
F09 型连接器	5978		—	—	√	√	√	√	√	√	—	快门开关	—
F10 型连接器	5979	单一 12 芯	—	—	√	√	√	√	√	√	—	快门开关	—
多芯连接器	审议中	4 芯	—	√	√	√	√	√	—	—	—	卡箍弹簧	—
单芯组合连接器	审议中		√	√	—	—	√	√	—	—	—	滑板	插座连接
ST 连接器	IEC	单芯	√	√	—	√	√	√	—	—	—	快门开关	美国开发
	IEC	2 芯	—	√	—	√	√	√	—	—	—	推按	—

（日本工业标准规格）

（五）光纤连接器套管的制备

对于光纤连接器来说，最重要、最关键的部件是光纤套管（插针）。套管起着对准、保持和保护连接点或端点处光纤易损端的作用。所以，目前研究和优化设计光纤连接器主要是指光纤连接器中的光纤套管（插针）。为了降低光纤连接器的插入损耗和提高回波损耗，人们已对光纤套管的结构进行多次改进，并且伴随着机械加工技术的进步，使套管的加工精度得以提高。

1. 套管结构

目前，市场上使用量最大的是 $\phi 2.5\text{mm}$ 的圆柱形套管，所不同的是套管的端面形状不同，由此而产生的对接方式也不同。

（1）平面对接结构　平面对接结构是套管端面为一垂直于纤芯轴、无弯曲或凹凸不平的抛光面，如图 7-6 所示。平端面的最大优点是磨削加工时操作工艺简单、成本低。但端面不容易无缝隙地紧密接触，对于 $125\mu\text{m}$ 的光纤纤芯来说，在 $\phi 2.5\text{mm}$ 的端面上加工出平直且垂直于光纤纤芯轴的端面是很困难的，因此使两根光纤无缝隙地紧密接触也很困难。所以，这样的端接方式容易产生较大的插入损耗和反射。

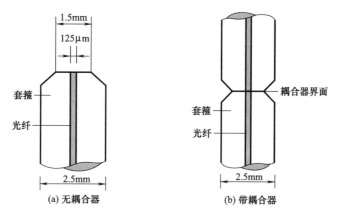

图 7-6　平面对接结构

（2）物理对接结构　物理对接结构是将套管的端面研磨成凸球面（图 7-7），凸球面尾部的紧密接触对接也称为 PC 物理接触。物理接触是通过将两个凸球面的套管相互压紧，套管端面产生弹性变形，使光纤的纤芯产生完全的密合接触，从而产生较小的插入损耗和反射，但产生较大的回波损耗。在凸球面结构中，目前对于 $\phi 2.5\text{mm}$ 的套管而言，球面曲率半径有微凸球面结构的 PC 型、球面半径为 20mm 的 SPC 型、球面半径为 13mm 的 UPC 型和斜面 8°微凸球面的 APC 型。一般来说，从 PC、SPC、UPC 到 APC，它们的回波损耗可由 30dB 增加到 60dB。

套管的端面结构形状直接影响套管中光纤纤芯的耦合和光纤的传输性能。物理对接结构的连接性能远高于平面对接结构，因此目前平面对接已较少使用。现在主要应用的是物理对接结构，并在此基础上进行改进，以进一步减少连接损耗。

2. 套管体积

随着光传输向高密度的方向发展，在有限的空间内要连接尽可能多的光纤，就使得更小型的单模光纤连接器套管得以发展。现在，市场上在 $\phi 2.5\text{mm}$ 套管的基础上又出现更小型化

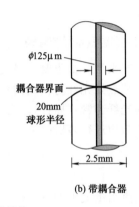

(a) 无耦合器　　　　　　　　　　(b) 带耦合器

图 7-7　物理对接结构

的 $\phi 1.25mm$ 光纤套管。因为它们的体积很小，所以装配密度更高。它们的直径是普通套管直径的 1/2，横截面积和体积只有普通套管的 2/5，具有很好的光学性能，插入损耗可以达到 0.04dB，即连接损耗进一步降低。随着用户接入网的发展，光纤套管向着小型化方向发展是一个必然趋势。

3. 套管加工精度

光纤套管从出现到现在，其结构不断得到改进，加工精度也在不断提高，也正是由于加工精度的提高才使套管的结构设计得以实现。

在套管的制备技术中，套管的加工是一个重要而关键的工序，套管的加工成本是套管成本的一个重要组成部分。

套管的加工主要是指套管端面的研磨加工。套管端面的加工精度直接关系着套管的整体精度，而套管的精度对光纤的对准、耦合、光纤连接损耗等起着决定性的作用。套管的端面加工从最初的手工研磨抛光到目前的机械研磨加工，一方面取决于加工机床结构的自动化程度、专业化水平、加工精度的提高；另一方面取决于研磨工具在制备上所取得的进步。目前，市场上大部分套管的加工都采用专业机床和金刚石超精磨石进行套管端面加工，这样一方面能够保证加工精度，另一方面也可保证加工效率。由于光纤纤芯（石英玻璃）的硬度一般远低于套管的硬度，在高加工压力的研磨过程中，光纤表面将生成加工变质层，这一变质层的厚度即使只有 50nm，其折射率也比光纤纤芯高出 6％左右，会引起光传输的反射。为了解决上述加工问题，出现用 SiO_2 的超微细粒子和特殊胶片的加工方法，以对套管和光纤进行相同效率的研磨，从而使加工变质层降到最低的限度，套管的端面结合结构得到改善，减少光传输过程中的反射，提高光传输质量（该技术称为 ADPC 技术）。

随着材料研究水平的提高和机械加工技术的进步，套管的加工精度有望得到进一步提高，从而进一步提高光的传输质量，减少连接损耗和造成连接器不稳定的因素。

（六）光纤连接器套管材料

在套管（插针）生产的早期，不锈钢等金属曾作为试用材料，但其耐蚀性差，在反复插拔过程中的抗磨损性差，因此很快被证明不适合作为光纤连接器套管材料。由于陶瓷材料具有抗腐蚀、硬度高、耐磨损等优点，故其作为连接器套管材料的研究和开发获得飞速发展，但最佳陶瓷材料的研究仍在不断地探索中。在套管的开发过程中先后研究了氧化铝、玻璃、氮化硅、碳化硅、部分稳定氧化锆等材料，而真正实用的是氧化铝（Al_2O_3）和部分稳定的氧化锆（ZrO_2）陶瓷套管，经过试验和使用发现氧化铝陶瓷由于其强度、韧性较低，当氧化铝光纤连接器套管遇到坚硬的表面或碰撞时常破裂或损伤。由于 Al_2O_3 硬度很高，研磨加工难度较大，同时其烧结晶粒较大，表面不容易研磨得很光滑，而 ZrO_2 陶瓷材料的强度和韧性大约是 Al_2O_3 材料的 4 倍，且晶粒尺寸较小，杨氏模量只有 Al_2O_3 的 $1/2$，硬度低，较易加工，不易破裂，表面很容易被抛得很光滑，所以部分稳定的 ZrO_2 陶瓷材料是目前应用最广泛、使用量最大的光纤连接器套管材料。

ZrO_2 陶瓷材料的硬度虽比 Al_2O_3 低，但比光纤纤芯（石英玻璃）本身高得多，这种硬度的差别使光纤的抛光速度比陶瓷套管要快得多。虽然 ADPC 技术可以解决一些问题，但不可能完全消除。

另外，ZrO_2 材料的线胀系数一般在 $(9\sim11)\times10^{-6}K^{-1}$，而石英玻璃的线胀系数仅为 $0.5\times10^{-6}K^{-1}$，套管（插针）材料与光纤纤芯（石英玻璃）材料的线胀系数之差值直接影响着光纤连接器的稳定性。线胀系数差别大，在使用温度变化时，套管与光纤的线胀收缩不一致，易使光纤间的接触产生缝隙，从而造成光传输过程中损耗的增加。

为了解决上述问题，促使人们去研究与光纤纤芯硬度、线胀系数更为匹配的光纤连接器套管材料。由于石英玻璃本身强度不够高，且表面敏感、耐磨损性差，所以不适合用它作光纤连接器套管材料。玻璃陶瓷（微晶玻璃）有很多微细晶粒均匀分散在无定形介质中，相对于石英玻璃，其表面敏感性得到改善，强度得到提高；相对于陶瓷材料来说，其硬度较低，线胀系数可调（可以达到零膨胀）。所以，微晶玻璃作光纤连接器套管材料是目前研究的一个重要方向。尤其是 Li_2O-Al_2O_3-SiO_2 系微晶玻璃，因其强度高、线胀系数低而成为研究的热点。几种光纤连接器套管材料的物理性能比较见表 7-3。

表 7-3　几种光纤连接器套管材料的物理性能比较

材料	抗弯强度/MPa	线胀系数/$10^{-6}K^{-1}$	杨氏模量/GPa	维氏硬度/$kg\cdot mm^{-2}$
Al_2O_3 陶瓷	$370\sim700$	$6.8\sim7.6$	370	1800
ZrO_2 陶瓷（PSZ）	$800\sim1300$	$9\sim11$	190	1200
LAS 玻璃陶瓷	$300\sim500$	$0\sim5$	80	670
石英玻璃	155	0.5	76	760

从表 7-3 可以看出，LAS 系玻璃陶瓷的线胀系数、硬度接近光纤纤芯，强度接近 Al_2O_3 陶瓷，是一种很有潜力的光纤套管材料。

Y. Takeuchi 等人已将该系统玻璃陶瓷用于光纤连接器套管的制备，经过表面改性的玻璃陶瓷材料抗弯强度可以达到 $500MPa$，而硬度和线胀系数远远小于 Al_2O_3 陶瓷和 ZrO_2 陶瓷，这样不仅保证了在研磨加工过程中套管材料和光纤纤芯可以以同样的速度抛光，也避免了在使用过程中由于温度变化所引起的额外损耗。同时，由于其硬度较低，也使研磨加工变得容易，有利于光纤连接器套管成本的降低。

随着材料制备技术的发展，光纤连接器套管材料有望在强度、韧性、硬度、线胀系数等物理性能上取得更大的突破，在光传输网络建设中为更佳的光传输提供条件。

（七）光纤连接器套管的应用前景

随着光纤接入网技术的进步，光纤连接器向着小型化、易装配、低成本、高安装密度的方向发展。而光纤连接器套管（插针）是光纤连接器中的关键部件，它对光纤起着保护、保证光纤纤芯有效对准、耦合的作用。它的结构和性能对光纤连接损耗的产生和消除起着至关重要的作用，所以套管的制备技术进展几乎就代表着光纤连接器的制备技术进展。目前的研究趋势，一方面是继续改进套管的结构和进一步提高套管的加工精度，使套管的体积进一步减小；另一方面是研究开发与光纤纤芯性能更为匹配的耐用度高、成本低的光纤连接器套管材料。

（八）接头

接头用于把两个光纤端面结合在一起，以实现光纤与光纤之间的永久性（固定）连接。永久性连接一般在现场实施，这种连接是光缆线路建造中的重要技术。

对接头的要求主要是连接（接头）损耗小，有足够的机械强度和长期的可靠性和稳定性，以及价格便宜等。熔接损耗通常单模光纤为 0.03dB，多模光纤为 0.02dB，保偏光纤为 0.07dB。

接头损耗的机理和连接器插入损耗相似，但不存在端面间隙和由菲涅耳反射引起的损耗，横向偏移和轴线倾角是外部损耗的主要原因。和连接器相比，光纤公差产生的固有损耗相对占更大的比例。

1. 热熔连接

把端面切割良好的两根光纤放在 V 形槽内，用微调器使纤芯精确对中，用高压电弧加热把两个光纤端面熔合在一起，如图 7-8 所示，用热缩套管和钢丝加固形成接头。接头的质量不仅受光纤公差影响，而且还受电弧电流和加热时间的影响。这种连接方法在世界范围得到广泛应用。市场上有多种规格的自动控制熔接机，使用方便。

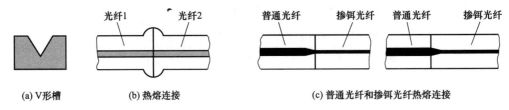

图 7-8　把端面切割良好的两根光纤放在 V 形槽内，用微调架对中，高压电弧加热熔合在一起

2. 机械连接

用 V 形槽、准直棒或弹性夹头等机械夹具，使两根端面良好的光纤保持外表面准直，用热固化或紫外固化，并用光学兼容环氧树脂粘接加固。这种连接方法接头损耗大，因为纤芯对中的程度完全取决于光纤外径公差和机械夹具对光纤的控制能力。

3. 毛细管黏结连接

把光纤插入精制的玻璃毛细管中，用紫外固化剂固定，对端面进行抛光。在支架上用压缩弹簧把毛细管挤压在一起。调节光纤位置，使输出功率达到最大，从而实现对中，用光学兼容环氧树脂粘接形成接头。这种连接方法的接头损耗很低。

（九）连接损耗

尽量减小连接损耗是连接器设计的基础。产生连接损耗的机理有以下两方面（见图 7-9）。

（1）光纤公差引起的固有损耗。这是由光纤制造公差，即纤芯尺寸、数值孔径、纤芯/包层同心度和折射率分布失配等因素造成的。

（2）连接器加工装配引起的外部损耗。这是由连接器加工装配公差，即端面间隙、轴向倾角、横向偏移和菲涅耳（Fresnel）反射及端面加工粗糙等因素造成的。

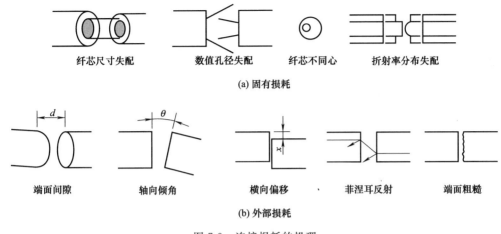

纤芯尺寸失配　　数值孔径失配　　纤芯不同心　　折射率分布失配

(a) 固有损耗

端面间隙　　　　轴向倾角　　　　横向偏移　　　菲涅耳反射　　　端面粗糙

(b) 外部损耗

图 7-9　连接损耗的机理

二、多芯光纤集成连接器

1. 简介

在光纤接入网的干线传输系统中，光纤接续方法一般是交替使用融熔接续和 MT（可机械转移的）连接器。以前使用的 MT 连接器的平均接续损耗为 0.35dB，是融熔接续损耗的 3 倍。为了使光纤接入网低损耗化、高速化，就必须进一步实现 MT 连接器的低损耗化。为此，不仅要选择连接器的成型材料、确定成型技术，还要分析、找出降低接续损耗的方法和测试技术。另外，还应制作出高精度标准连接器作为参照标准，便于严密检查生产出的连接器的性能。多芯集成接续技术能加快建设光纤接入网的进程，同时能实现低损耗化和多芯化。MT 连接器的结构如图 7-10 所示。

图 7-10　MT 连接器的结构

2. 制备方法

（1）高精度标准连接器的制作　为了使标准连接器具有通用性，应把 MT 连接器端面的两个定位销孔作为位置坐标的两个基准点，测试出各光纤纤芯的中心位置，并规定出该位置相对于理想位置的偏差范围，该位置的测试精度应达到亚微米级。如图 7-11 所示，应用插入法把陶瓷套管预埋入定位销处，制作出高精度的标准连接器。图 7-11（a）所示为接续损耗的实测值和由位置偏差的测试值推测出计算值的比较，比较结果表明两值基本一致。这说明使用陶瓷套筒的连接器完全可以作为检测其他连接器性能的标准连接器。

（2）低损耗 MT 连接器的制作　图 7-11（b）所示为 MT 连接器的套管精度与平均接续损耗之间的关系。传统 MT 连接器的平均接续损耗为 0.35dB，光纤孔的位置精度为 $0.7\mu m$。由于在塑料成型工艺中实现了高精度化金属铸模，并且减少了树脂热收缩，从而接近成型精度的极限值，其位置精度值为 $0.4\mu m$，比以前约减少一半。由于这种精密成型技术的应用和高精度标准连接器的实现，使 MT 连接器随机接续时的平均损耗降至 0.2dB 以下。

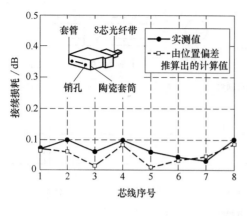

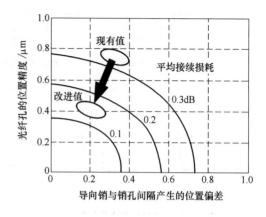

(a) 高精度标准连接器的结构和性能　　　　　　(b) MT连接器的套管精度和平均接续损耗的关系

图 7-11　MT 连接器的低损耗化技术

（3）叠层式多芯集成连接技术加快光缆接续速度　要迅速建设光缆网络，就必须缩短光缆接续时间。图 7-12 所示为利用现有接续法和新开发的接续法接续 1000 芯光缆所需时间的对比。从图中可以看出，通过把 5 个 4 芯 MT 连接器迭层，构成一个 20 芯集成式连接器，采用集成连接技术进行接续并处理余长，总接续时间比过去缩短了一半，可在 1 天内完成。

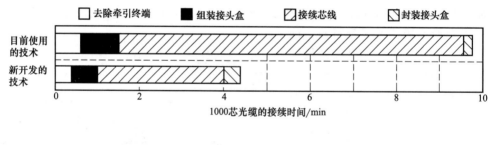

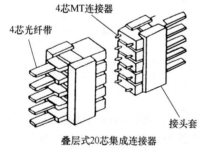

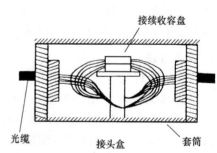

图 7-12　光缆接续的高速化

3. 应用技术

（1）在超多芯光缆接续方面的应用　为了使未来的光接入网全面实现光纤化，提供高效率服务，光缆芯数最大可达 3000 芯左右。在制作这种芯数达 3000 芯左右的光缆时，除要求光纤带多芯化（16 芯）、光缆单元本身实现高密度化以外，还必须具备能迅速接续光缆的技术。对于超多芯光缆，即使使用全自动熔接机来接续，接续一处至少也要 3 天，效率较低。

如前文所述，多芯集成连接器的接续损耗目前已达到融熔接续水平。因此，通常采用多芯集成连接器进行接续，这样做可以大大缩短接续时间。目前生产的多芯集成连接器在光缆出厂前已预先安装在光缆两端，现场连接时，只需把两连接器对接在一起就可以了，操作简单、方便、实用。例如，在进行3000芯光缆接续时，使用16芯连接器需进行190次机械嵌合，而使用80芯连接器只需38次机械嵌合就能完成全部接续工作。

因此，人们以在一个工作日内完成超多芯光缆接续为目标，以MT连接技术为基础，积极开展连接器多芯（16芯、80芯）化的研究。图7-13所示为16芯、80芯集成连接器的结构。

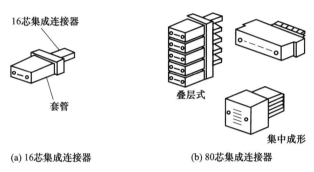

(a) 16芯集成连接器　　　　(b) 80芯集成连接器

图7-13　16芯、80芯集成连接器的结构

① 以MT连接器为基础开发16芯集成连接器。16芯集成连接器的基本结构与MT连接器一样。为了达到与16芯光纤带相互对应，主要的变化是套管几何尺寸的变化，两个导向销孔之间的中心距离比MT套管大2mm。套管的光纤安装密度为60芯/cm²，约是8芯MT套管安装密度的1.5倍，实现了高密度化。同时，接续损耗几乎与MT连接器相同，实现了低损耗化。目前所开发的16芯集成连接器，随机接续时的平均接续损耗为0.2dB。

② 80芯集成连接器。基本方法是把5个16芯集成连接器叠加在一起组成80芯集成连接器。但是每个连接器都要预先定好位，其接续损耗应与16芯连接器的接续损耗相同。另外，因每个16芯集成连接器为一组，可以将其单独分离出来，使用时非常方便。与单个16芯集成连接器相比，叠层式80芯集成连接器中光纤的安装密度总体上没有多大提高。为了进一步实现高密度化，人们又设计出一种80芯集成连接器的结构，即把16芯光纤横向线性排列，或纵向二次排列。目前，该方案正在付诸实施阶段，已试制的横向线性排列结构的80芯集成连接器的平均接续损耗值为0.4dB。

③ 3000芯光缆的接续时间仅为一个工作日。在采用MT连接器的光缆接续法基础上，把16芯连接器叠加起来试制80芯集成连接器，在现场环境下对3000芯光缆进行接续实验，在接续实验中，含光缆外护套接续在内共用了3天左右的时间。采用80芯集成连接器进行1000芯光缆接续，其接续时间约为传统连接器接续时间的1/10、融熔接续时间的1/20。由此可见，多芯集成连接器对接续超多芯光缆非常有效、实用。

（2）在机架间、装置间接续方面的应用　针对地下设备、装置的连接器插拔次数少的情况，为了使闭合器、机箱内能高密度收容光纤，MT连接器的设计应做到简单、小型化，并采用折射率匹配材料来更经济地解决接续端面的反射问题。另外，对于厂内、部内的配线架和装置之间的接续问题，还要求易于切换，提高MT连接器的插拔性能。为此，又开发出了能通过推拉操作进行插拔的MPO连接器（机架间接续用）和MBP连接器（装置间接续用），如图7-14所示。

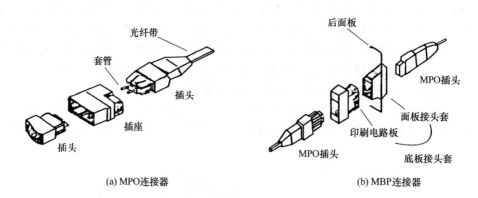

(a) MPO连接器   (b) MBP连接器

图 7-14   MT 连接器的应用形态

① 机架间插拔灵活的 MPO 连接器。MPO 连接器由两个插头和一个插座构成。插头上装配有 MT 连接器套管，各插头可以灵活地插入插座或拔出，操作简单方便。

人们在研究中发现适合多芯集成接续的套管端面形状，由此可省掉折射率匹配材料。把套管端面研磨成 8° 斜面，使光纤端面稍稍凸出于该斜面。这种凸出是利用套管（塑料）比光纤（石英）的硬度低、较易研磨的特性而实现的。8° 斜面能有效抑制回程反射光；光纤端面突出能使光纤端面间紧密接续，并能有效抑制接续损耗变化。图 7-15 所示为 8 芯 MPO 连接器的接续损耗特性。从图 7-15 所示可以看出，MPO 连接器的平均接续损耗为 0.18dB，平均反射衰减量为 60.0dB。由此证明，MPO 连接器具有低损耗、低反射的优良特性。

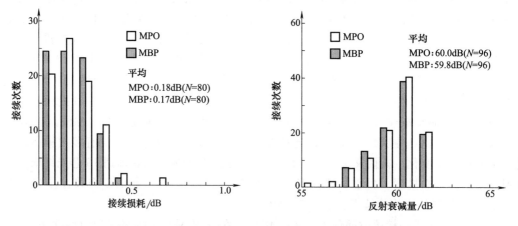

图 7-15   8 芯 MPO 与 8 芯 MBP 连接器的接续损耗特性

② 装置间接续用 MBP 连接器。把 MPO 连接器中的插座改换成底板接头套就构成装置间接续用的 MBP 连接器。底板接头套是通过对单芯 MU 连接器机架技术加以改进而研制出来的，其目的是可以灵活地把 MPO 插头插入机架。8 芯 MBP 连接器的光纤安装密度为 3.2 芯/cm^2，约是 MU 连接器安装密度的 3 倍。目前所开发出的 8 芯 MBP 连接器的接续损耗特性见图 7-15。从图中可以看出，MBP 连接器的平均接续损耗为 0.17dB，平均反射衰减量为 59.9dB，同样具有良好的低损耗、低反射特性。

（3）在光互联系统中的应用   光互联技术是对装置间、装置内信号配线进行光电转换的配线技术，是一种能够实现高速、高密度配线的改进技术。其基本方式是采用光电转换的光器件阵列和光波导及光纤阵列的多信道平行光传输方式。为了实现该传输方式，在确立光器件阵列、光波导技术的同时，还要确立光纤阵列的简易接续技术。人们公认 MT 连接器能够在该领域中发挥很大作用。下面介绍使用 MT 连接器的光波导与光纤间非调心式集成接续技术。

一般来说，光波导与光纤间的接续是通过微动方式使两纤芯位置对中后，再进行连接固定。这种方法虽然也能实现低损耗接续，但尺寸大，安装复杂。为了克服上述缺点，又研究了非调心式接续方法，即在光波导的终端组装上互换式 MT 连接器，使接续简单方便。

图 7-16 所示为新试制的非调心式接续的 1×8 星形耦合器组件。该组件由 1×8 分支回路的石英光波导基片和两个 MT 套管构成，基片两端安装有互换式 MT 套管元件。为了把基片和套管元件组装到一起，首先在基片上以光波导中心线为基准位置，开挖出两个 V 形槽，其次在套管元件内以定位销孔为基准位置再开挖出两个 V 形槽，最后把装配插针插入V 形槽内，使基片和套管元件钳紧固定。通过端面研磨工艺使其达到与 MT 套管端面形状一致。该组件与 MT 连接器一样，可以使光波导和光纤带进行集成接续，插拔非常方便。目前，新试制组件总的平均插入损耗为 10.7dB（单个基片的平均插入损耗为 9.8dB）；两个接点总的平均接续损耗为 0.9dB；插拔损耗变化值为 0.3dB 以下，与 MT 连续器一样，重复工作特性优异。

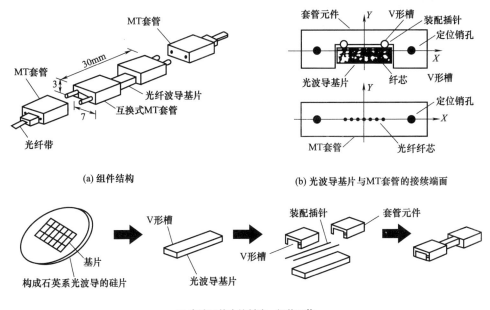

(a) 组件结构

(b) 光波导基片与MT套管的接续端面

(c) 光波导基片的制造、组装工艺

图 7-16 非调心式接续的 1×8 星形耦合器组件

4. 效果评价

多芯光纤集成 MT 连接器是在接入网中多芯光缆需求量增加和接续工作频繁、复杂的情况下开发出来的，与 MT 连接器采用的塑料材料及整体成形技术相同，完全可以大批量生产。

三、高回波损耗光纤连接器

光纤连接器回波损耗研究的重点主要集中在回波损耗的产生机理、提高回波损耗的途径及光纤连接器制造等几个方面。

1. 光纤连接器回波损耗产生机理

光纤连接器存在的回波损耗是由于光线在遇到折射率不同的界面时出现菲涅尔反射产生的。因此，如果两光纤对接处存在端面间隙，或者光纤端面存在高折射率的变质层，或者光纤端面存在划痕、凹坑、污物，都会引起光线在对接处产生菲涅尔反射，从而造成光纤连接器的回波损耗。

日本 NTT 网络系统实验室的 Kihara，针对垂直端面型物理接触（physical contact，PC）、垂直端面型折射率匹配材料填充、倾斜端面型物理接触以及倾斜端面型折射率匹配材料填充等 4 种类型光纤连接器系统分析光纤连接器回波损耗的产生原因，并进行定量研究。由于光纤连接器在使用前，其插针体端部必须进行研磨及抛光加工，研磨、抛光加工会在光纤端面产生一变质层，其折射率高于光纤纤芯的折射率。将光纤连接器插针体端面分别浸没

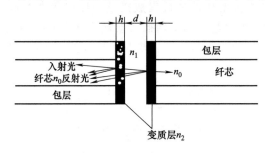

图 7-17 垂直端面型光纤连接器回波
损耗的一般模型

在纯水（折射率为 1.34）和空气（折射率为 1.0）中，然后测量两种情况下的反射光功率，由此推出反射比，计算出变质层的折射率及厚度，证明变质层的折射率的确大于光纤纤芯折射率。变质层的厚度随研磨、抛光工艺而定，一般为 $0.1\mu m$ 左右。如图 7-17 所示，建立垂直端面型光纤连接器回波损耗的一般模型，设两光纤端面因研磨、抛光加工产生的光纤端面变质层具有相同的折射率及厚度，折射率为 n_2，厚度为 h；两光纤端面间隙距离为 d，其间填充折射率匹配材料以降低因折射率不连续造成的菲涅尔反射，否则其间为空气，设折射率为 n_1；光纤纤芯折射率为 n_0。由于光纤纤芯直径为微米级，而目前广泛使用的球面 PC 型连接器端面曲率半径为毫米级，曲率半径要比纤芯直径大 3 个数量级，而光纤端面相对比较平坦，在正常使用情况下，光纤端部没有间隙，为物理接触，故可将球面 PC 型光纤连接简化为垂直端面型物理接触连接。按照图 7-17 所示的模型，此时两光纤之间的间隙 $d=0$，当入射光波长为 λ 时，其回波损耗为：

$$R_L = -10\lg\left\{2\left(\frac{n_0 - n_2}{n_0 + n_2}\right)^2\left[1 - \cos\left(\frac{4\pi n_2}{\lambda} \times 2h\right)\right]\right\} \tag{7-1}$$

定量研究光纤端面因抛光造成的划痕对光纤连接器回波损耗的影响，引入划痕大小、位置及其相对折射率造成回波损耗的数学模型，通过计算发现那些通过光纤纤芯的划痕使连接器的回波损耗下降较大，为检查光纤端面的抛光质量提供理论依据。

因此，就目前应用最为广泛的光纤物理接触（PC）型光纤连接器而言，对光纤端面的变质层、粗糙度等研磨、抛光加工控制的因素成为提高其回波损耗的关键。

2. 提高光纤连接器回波损耗的途径

提高上述插针体端面形式的光纤连接器的回波损耗，应消除两光纤之间的间隙，以减少菲涅尔反射。通常有 3 种方法：一是光纤之间的间隙用折射率与光纤纤芯相同的物质填满，即采取折射率匹配法；二是将光纤端面抛光成倾斜面，使反射光不能进入光纤纤芯而进入包层并最终泄漏出去；三是想办法使两光纤端面直接保持紧密的物理接触。

采用折射率匹配的方法对提高光纤连接器的回波损耗有一定作用（可提高到 45dB）。但对于需频繁插拔的连接器来说是不适合的，因为折射率匹配物质会使插针磨损粒屑发生迁徙和聚集。其次，由于折射率匹配材料的折射率与温度有关，光纤端面填充了折射率匹配的材料，光纤连接器的回波损耗受环境温度的影响就比较明显，使连接器的可靠性下降。另外，折射率匹配材料的长期稳定性也存在问题。

因此，目前提高光纤连接器的回波损耗主要采用后两种方法，这两种方法都与光纤连接器插针体端面形状密切相关，通常端面形状有 4 种形式，即垂直平面型端面、倾斜平面型端面、球面型端面（PC 型）和斜球面型端面（APC 型），如图 7-18 所示。

光纤
插芯

(a) 垂直平面型　　　(b) 倾斜平面型　　　(c) 球面型　　　(d) 斜球面型

图 7-18　光纤连接器插针体端面形状

图 7-18（a）所示为垂直平面型端面的光纤连接器，它的连接端面为垂直于光纤的芯轴、无弯曲或凹凸不平的抛光平面，这样两连接器插针体中光纤在理论上可实现紧密的物理接触。但实际上两光纤的紧密接触很难实现，两光纤之间始终存在间隙，从而使得连接器的插入损耗增大，回波损耗降低。其主要原因有：不可能将插针体的端面抛光成垂直于光纤芯轴的绝对平面；目前使用较多的插针体是氧化锆陶瓷，其硬度高于石英光纤材料，在研抛时由于磨削量的不一致，导致光纤下凹；插针体、光纤以及黏结用的环氧树脂的热膨胀系数不一致，温度变化会使光纤相对于插针体下凹。这种类型的光纤连接器的回波损耗一般低于 30dB。

图 7-18（b）所示为倾斜平面型端面的光纤连接器，它的连接端面与光纤芯轴不成直角，在光纤连接时，与平面型端面的光纤连接器一样，两光纤之间存在间隙，但反射光的入射角大于光纤的孔径，从而使反射光不能进入光纤纤芯而进入包层并最终泄漏出去，以减少对激光光源及系统的影响。光纤连接器插针体端面抛光成倾斜端面可以使回波损耗提高到 40dB，但插入损耗也往往增大到高速光纤系统所允许的 0.5dB 以上。

因此，目前主流技术采用的是在光纤连接器中，对光纤实现紧密接触的物理接触技术（PC）及 PC 与倾斜研磨复合的倾斜物理接触技术（APC）。

为使连接器的两光纤达到物理接触（PC），一般是将连接器插针体端面研磨、抛光成球面，如图 7-18（c）所示。这样将两插针体进行对接时，可将接触面积有效减至紧密环绕光纤端面的周围区域，其接触区域的直径约为 $250\mu m$，有效接触面积仅为图 7-18（a）所示的垂直平面型端面连接器接触面积的 1/100，这样的球面形插针体端面在弹簧所加载的轴向力作用下产生弹性变形，既使光纤相对于插针体存在轻微凹陷，又使光纤纤芯仍保持紧密的物理接触，如图 7-19 所示。由于减少了折射率突变，极大地减少了菲涅尔反射，提高了光纤连接器的回波损耗，还降低了插入损耗。经过精密抛光的 PC 型光纤连接器的回波损耗可提高到 45dB，插入损耗可降低到 0.1dB 以下，可以满足高速光纤传输系统的一般要求。

为进一步抑制反射光对激光光源及系统的影响，提高高速光纤传输系统的可靠性，不仅可将光纤端面抛光成球面，而且可将端面法线与纤芯轴线制成一定

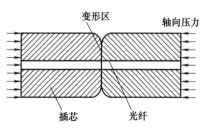

变形区　　　　轴向压力

插芯　　　光纤

图 7-19　旋加轴向压力，消除连接器
两光纤之间的端面间隙

角度的斜球面状,如图 7-18(d)所示。这样反射光难以回到输入光纤,从而不能返回光源。光倾斜角增大时,回波损耗得到提高,但插入损耗亦将增大,因而必须选择合适的倾斜角,一般为 6°~10°。经过精密抛光的倾角为 8° 的 APC 型光纤连接器的回波损耗可达 60dB 以上,但插入损耗亦增大到 0.2dB 以上。

APC 型与 PC 型光纤连接器相比,能提高回波损耗,但产生的插入损耗亦较高,它的制造和使用都比 PC 型困难。因此,目前工程上广泛使用的连接器多为 PC 型。

3. 光纤连接器端面研磨与抛光

由于垂直平面、倾斜平面型端面光纤连接器对接时,在不使用折射率匹配材料的情况下,难以消除两光纤端面之间的间隙,不能产生紧密的物理接触,其回波损耗性能难以满足高速光纤传输的要求。因此,现场使用的光纤连接器绝大部分是将插针体端面研磨、抛光成球面的 PC 或 APC 型连接器。下面讨论 PC 型或 APC 型光纤连接器插针体端面的研磨与抛光。

评判 PC 型或 APC 型光纤连接器是否合格,除了要有良好的光学性能之外,还要测量连接器插针体端面在研磨、抛光后的形状参数,包括曲率半径、顶点偏移量及光纤凹陷量等重要参数。通过实验和有限元分析要求插针体端面的曲率半径为 10~25mm,顶点偏移小于 50μm,光纤凹陷量小于 0.05μm,才能保证光纤保持良好的物理接触。另外,要尽量去除光纤端面的变质层,并检测光纤端面是否有划痕或其他污损。因此,光纤连接器的研磨与抛光过程对提高回波损耗性能非常关键。目前,这一方面的先进技术大多为日本所发明和掌握,我国在这方面相对较落后。

研究了研磨、抛光 PC 型光纤连接器插针体端面的最后一道工序——精密抛光对回波损耗的影响,分别选用金刚石磨粒砂纸及 SiO_2 磨粒砂纸抛光插针体端面,前者使连接器的回波损耗仅为 30dB,而后者使连接器的回波损耗提高到 46dB。抛光使光纤端面产生折射率较光纤纤芯高的变质层,通过测量光纤端面的反射率计算出金刚石砂纸抛光在光纤端面产生变质层的折射率为 1.54(厚度为 0.05μm),SiO_2 砂纸抛光在光纤端面产生变质层的折射率为 1.46(厚度为 0.07μm)。后者的变质层折射率更加接近光纤纤芯的折射率(1.452),产生的菲涅尔反射相应减少,故光纤连接器的回波损耗得到提高。

目前,对光纤端面变质层进行了更深入的实验研究。在抛光光纤端面之前,分别使用磨粒大小为 3μm、1μm、0.5μm 的金刚石砂纸进行研磨,利用 WYKO 及原子力显微镜得到研磨后的光纤端面显微照片及粗糙度,并应用椭圆光度法测量光纤端面变质层的折射率及厚度。结果表明:随磨粒尺寸从 3μm 减小到 0.5μm,变质层厚度从 78nm 减小到 18nm,折射率在 1.53~1.55 之间变化,而光纤连接器的回波损耗也从 31dB 增大到 42dB,这种情况下变质层厚度决定了连接器的回波损耗。随后分别选用金刚石砂纸(磨粒为 0.1μm)、氧化锶砂纸、SiO_2 砂纸对光纤端面进行抛光,测量抛光后光纤端面变质层的折射率及厚度,金刚石砂纸抛光的折射率最高,为 1.5;SiO_2 砂纸抛光的折射率最小,非常接近纤芯的折射率 1.45;氧化锶砂纸抛光的折射率则稍大,为 1.46,变质层的厚度均非常小,仅为 5~8nm,测量连接器的回波损耗都超过 52dB。另外,研究人员还建立了变质层折射率及厚度影响连接器的回波损耗的数学模型,并通过腐蚀减薄变质层的方法对其进行验证,实验结果与计算结果吻合较好。

针对 PC 型光纤连接器精心设计了一系列实验,研究研磨时间、研磨压力等参数对 PC 型光纤连接器的回波损耗以及插针体球端面的曲率半径、顶点偏移、光纤凹陷量等性能特征参数的影响。光纤连接器在最后的研磨、抛光阶段,包括去胶包、开球、粗研磨、半精研磨、精研磨等 5 个步骤，除去胶包采用 $15\mu m$ 的 SiC 材料研磨砂纸之外，其余 4 个步骤分别采用 $6\mu m$、$3\mu m$、$1\mu m$、$0.15\mu m$ 的金刚石磨料研磨砂纸，根据不同研磨时间及研磨压力的组合，共进行 9 组实验，每组同时研磨 12 颗插针体，研磨时间分别为 60s、90s、120s，研磨压力分别为 40N、49N、58N。实验结果表明：施加的研磨压力越大、研磨时间越短，插针体端面的顶点偏移量越小；研磨压力及研磨时间对插针体端面曲率半径的影响不明显，曲率半径在 $8\sim15mm$ 之间，一部分不合格；所有连接器的光纤凹陷量都达到 120nm 以上，研磨压力越大、研磨时间越长，光纤凹陷越深。另外，还就金刚石颗粒大小对光纤凹陷的影响做了研究，用颗粒尺寸大于 $1\mu m$ 的金刚石砂纸研磨，基本上不会产生光纤凹陷，光纤凹陷完全是由于用 $0.15\mu m$ 颗粒大小的金刚石砂纸精研磨造成的。如果不用这种砂纸精研磨，则连接器的回波损耗不超过 40dB，而精研磨后虽然光纤凹陷量增大，光纤连接器的回波损耗却提高到 50dB 以上。因此，该研磨工艺仍需改进。

为满足高速光纤传输系统的发展要求，需生产出低插入损耗、高回波损耗的光纤连接器。目前，国内外正在不断改进研磨、抛光设备和工艺，主要焦点集中在如何去除光纤端面变质层、降低光纤端面粗糙度、避免光纤凹陷及保证插针体端面形状参数合格等几方面。

4. 研究方向

光纤活动连接可以说是与光纤光缆传输技术同步发展的老问题，随着光纤传输系统的网络化、远程化、智能化水平的不断提高和深入，对光纤连接器的回波损耗也相应提出了新的要求，以适应新技术的发展。由于光纤连接器的结构设计比较简单，造成其回波损耗的机理也非常清楚，要提高光纤连接器质量（降低插入损耗、提高回波损耗），认识重点应围绕其制造过程中的科学问题，认识光纤连接器的制造界面行为规律，掌握其亚微米精度生成机制，进行技术源头创新，形成具有自主知识产权的光纤连接器制造技术，探索光纤端面无划痕、无变质层的研磨、抛光方法，制造出回波损耗大于 70dB 的光纤连接器，以适应高速率光纤传输系统的发展。未来的研究重点和方向可分为以下几方面。

① 探求利用波动理论分析二次曲面型端面光纤连接器的反射特性，研制椭球面、抛物面和双曲面型端面的光纤连接器。

② 研究光纤连接器端面的研磨机理，研究研磨方式、磨料粒度及研磨剂种类、研磨速度、研磨时间等工艺参数对光纤连接器的端面形状、表面形貌与粗糙度、插针体球面顶点偏移的影响。

③ 研究光纤连接器中光纤凹陷量与器件材料、磨料和介质间的黏结强度、研磨压力、磨料硬度、粒度及研磨助剂的相关规律。

④ 研制具有最佳力学性能、不产生光纤端面变质层的高效研磨介质。

四、SC 型光纤连接器

（一）简介

1. 基本技术

光通信网络中使用的单芯光纤是 $\phi125\mu m$ 玻璃纤维，而光信号的传输仅在其中心部分 $\phi10\mu m$ 的纤芯中进行，要将这种光纤彼此接续起来，必须对纤芯彼此作精确的定位。作为光纤连接器必须具有耐接续和断开后反复操作的强度，以及具有在温度变化、振动和冲击等影响下的长期可靠性。在开发光纤连接器时，就必须考虑上述要求。

为此，光连接器开发出的主要技术有：①使光纤彼此更精确定位的技术；②使光纤彼此无缝对接的技术；③操作性好、不受外力及环境变化影响的外壳结构。下面叙述有关的主要技术。

2. 定位技术

使光纤彼此更精确定位的结构如图 7-20 所示，单根光纤细而易折，被黏结固定于称为套头的圆筒状器件的中心。这种套头彼此从双方插入到开口套筒内，互相对接而使光纤彼此接续。

图 7-20 光纤连接器
定位结构

套头制作非常精密，外径中心和黏结光纤微细孔中心的轴偏控制在约 $0.5\mu m$ 以下。为了廉价制造这种高精度的器件，故研究开发出能把高强度氧化锆陶瓷圆筒棒数根合一进行研磨的技术用于制造成的氧化锆套头，在早期 SC 型光连接器中采用。该氧化锆套头现在已成为全世界光纤连接器的主流，年生产量达数千万个。

如图 7-20 所示，开口套筒在稍小于套头外径的内径管的某一侧面开口，横切面为 C 状。由弹性固定两根套头，起精密的定位作用。当用不具有弹性（没有开口）的硬孔构成这种套筒时，插入的套头就必须要有比套筒内径大些的外径。为使 $10\mu m$ 纤芯彼此定位，即使该内外径之间缝隙极小，也会成为光损耗等特性变化的主要因素。与精加工轴的外径相比，精密加工孔的内径花费成本更高。开口套筒具有弹性，因此能无间隙地固定套头，同时套头没有必要高精度地精密加工，可使制造价格降低。套筒用的弹性材料广泛使用磷青铜、氧化锆陶瓷。

3. PC 接续

像玻璃映出颜色那样，若遇有折射率的边界，光就要反射。光纤传输的光信号遇到在接续点夹杂有空气层时，也会产生反射回程光，给光源侧造成很恶劣的影响。在光纤接续点上，要消除这种折射率边界，就要采用掺杂胶状折射率整合剂的方法，以及使接续光纤双方彼此完全黏合的方法等，而在稳定性上后者更为优越。采用这种直接黏合的方法，开发出把套头顶端研磨成凸球面状，实现 PC 接续。

PC 接续原理如图 7-21 所示，把接续双方套头的顶端研磨成凸球面形状，使处于顶点位置的光纤顶端彼此直接接触。但套头和光纤的材质各异，由于温度变化等原因，必定不能保持研磨后的形状，如图 7-21（a）所示，这就要从套头顶端把光纤端面稍微缩回来一点，从而使套头彼此单独对接。光纤缩回时，有时会突然产生反射回程光的情况，因此在接续中采用弹簧，使套头彼此形成互相挤压的结构，即使套头顶端出现变形，光纤会产生某种程度的回缩，也能保证 PC 接续的稳定，如图 7-21（b）所示。考虑到这种变形，对套头顶端形状进行最佳设计，实现了光连接器的高可靠性。

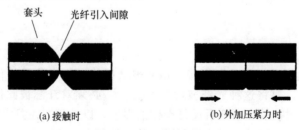

(a) 接触时　　　　　　　　　　(b) 外加压紧力时

图 7-21 PC 接续原理

4. 壳罩结构

光纤连接器是把一对套头和开口套筒分别纳入一对插头和接头中，可自由进行接续和断开的器件。电连接器通常只是用插头-插座构成一对的连接器，而光纤连接器一般是对称结构的，即由插头-接头-插头的组合构成。

插头和接头构成壳罩的功能为：即使受到光缆牵引等外力的作用也不会影响到接续特性，以及使接续与断开的操作容易等。

为使套头固定在具有弹性的开口套筒处，若套头直接受力作用，开口套筒就会变形，接续特性就会发生变化。因此，采用如图 7-22 所示的结构，套头被非固定地浮动在插头壳罩里，开口套筒也在接头内浮动。

插头与接头的结合结构可采用多种方法。

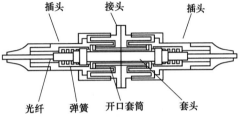

图 7-22　套头和开口套筒的浮动结构

（二）SC 型光纤连接器的特点

在中心大楼内，引入来自外部的光纤，在和大楼内的光纤接续之处可使用光纤配线盘，众多的光纤连接器可集中安装。在光纤用户系统中的用户住宅引入光纤，必须用光纤连接器和各用户终端接续。在这些应用中，各光纤芯线每一根都必须能进行接续更换。作业中接触在线光缆的可能性较多，因此必须充分考虑耐光缆牵引等的外力作用，要求能高密度安装、操作性优良和价格便宜。

SC 型光纤连接器就是基于这些应用领域及要求开发的。其主要特点如下。

① 采用氧化锆套头及塑料壳罩的低成本结构。

② 宜于高密度安装、操作性优良，采用推拉结合的结构。

③ 可应用于干线的高性能、高可靠性。

下面就 SC 型光纤连接器新近开发的主要技术中氧化锆套头及结合结构加以说明。

1. 氧化锆套头

光纤连接器的光学性能由套头的性能决定，因此套头的制造需要高度精密加工技术，其制造在光纤连接器总成本中占有较高的比重。在 SC 型以前的光纤连接器中，如在 FC（光纤连接器：fiber connector）型光纤连接器（初期引入到光传输系统等的螺旋连接式光纤连接器）套头中，是以光纤通过的微细孔为中心，研磨金属外周制成的。在这种方法中必须对套头逐个研磨，因而使降低成本受到限制。

因此，开发出把嵌合部分制成陶瓷型，把多个嵌合部分统一研磨加工的制造法，如图 7-23 所示。嵌合部分以前采用氧化铝陶瓷，会产生套头破碎及弯折等问题，目前采用新材料即弯曲强度高的氧化锆陶瓷，制成具有和原来强度相同、可靠性相同的氧化锆套头。氧化锆套头制造成本低，力学强度高，与氧

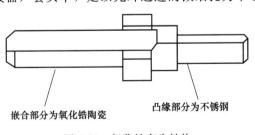

嵌合部分为氧化锆陶瓷　　凸缘部分为不锈钢

图 7-23　氧化锆套头结构

化铝相比顶端较软，容易研磨，对容易变形的 PC 接续有利等，因具备品质优良的特点而获得迅速普及。目前，在 SC 型光纤连接器以外的其他光纤连接器中也获得广泛应用，已成为全世界光纤连接器应用的主流。

2. 结合结构

SC 型光纤连接器中开发出只需推拉操作即可进行结合和断开的结构，以实现高密度安装。该连接器采用推拉结合方式，没有采用螺丝及反锥连接方式，即采用部分同轴连接及照相机的透镜固定装置等结构方式，在圆筒侧面突出数条凸缘，插入到连接对方的沟里，用稍微旋转把手挂住凸缘使之结合的构造，这样的旋转操作可实现高密度安装。另外，因为像模块塞孔那样没有解除锁定控制杆等的凸缘，所以能够从拥挤的光缆束中用手拖一根光缆很容易抽出插头，适用于在局中心大楼内的光纤配线盘上使用。

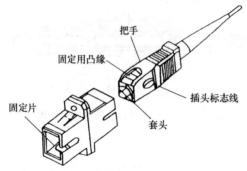

图 7-24　SC 型光纤连接器结构

SC 型光纤连接器的结构如图 7-24 所示。插头的把手可对插头本身成轴向滑动，操作该把手可插拔插头。插入插头时，插头固定用的凸缘与接头内的固定片结合，即能锁住插头，这时发出"卡哧"一声或者把手侧面的标志线隐于接头内即可确认锁定完成。因为含有插头固定用的凸缘的插头本身和把手是分离的，所以在锁定状态，只要不松动把手，即使对光缆旋加延伸力，也不能从接头退出插头。拔出插头时，如果在后面拉插头，则把手松动，固定片放开，锁定被解除，插头就可拔出。

上述 SC 型光纤连接器只需进行把手前后方向的操作即能实施锁定或解除锁定，手持哪一部分都一样，其操作性优良。同时，也不会因手接触把手使锁定解除，引起误拔出，所以适宜于在光纤端子盘中使用。

3. SC 型光纤连接器的应用

在 SC 型光纤连接器中，除上述的基本单芯结构外，根据用途还开发出多种类型。

（1）SC2 型光纤连接器　除具有 SC 型光纤连接器独特的结合结构外，还有其他一些特点：除去了插头的把手，可采用取代把手的专用工具，即变更成离合操作形式。这种 SC2 型光纤连接器中因为没有把手，所以可进一步提高安装密度。在 4 孔接头中，相邻套头彼此间隔为 6.8mm（单芯型 SC 型光纤连接器为 10mm），即在这种场合，接头侧的固定片等部件也是共同的，因此在测量时也可使用单芯 SC 型光纤连接器接头。SC2 型光纤连接器可用于用户线侧光纤端子盘中。

（2）SC 型 2 芯光纤连接器　为了进一步扩大 SC 型光纤连接器的应用领域，开发出 2 芯合一可装拆的两种 SC 型 2 芯光纤连接器，其结构如图 7-25 所示。如前所述，SC 型光纤连接器采用推拉结合方式，为轴向松动把手进行装拆的结构，为此两个把手一体化就基本上能容易地实现 2 芯合一。另外，因为单芯用套头和接头的结合结构照样可利用，所以可认为其具有和单芯用连接器同等的光学特性。为使两个把手一体化，就要考虑两个把手的朝向，按各自的特点发展，开发出 F 型（flat：薄型）及 H 型（high density：高密度型）两种 SC 型 2 芯光纤连接器并实用化。F 型 2 芯光纤连接器现在在美国作为主要光 LAN 用连接器，已获得广泛普及。

（3）SC 型简易光插孔　SC 型简易光插孔既要保持和 SC 型光纤连接器同等的性能和可靠性，又要使器件点数削减到约 1/3，以实现成本的大幅度下降。

如与前所述的 SC2 型 4 孔光纤连接器相同，采取共用的结合器件开发出 SC2 型 8 孔简

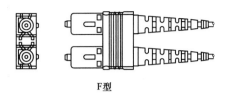

F型　　　　　　　　　　H型

图 7-25　SC 型 2 芯光纤连接器结构

易光插孔，如图 7-26 所示。SC2 型 8 孔简易光插孔适用于用户线侧光纤端子盘中，每配线架可高密度安装 2000 芯，同时可实现低成本化。

（4）SC 型光固定衰减器　在光通信系统里，长距离传播的中继线光信号在接收侧的光功率中会产生很大的偏移。因此，为调整接收侧的受光功率，可使用光固定衰减器。新近设置的光传输系统的往返试验中，就使用了光固定衰减器。

针对这种用途，开发出光纤端子盘中使用的 SC 型光固定衰减器，该器件可插到接续套头和接头之间使用。为使光信号衰减，在初期采用了

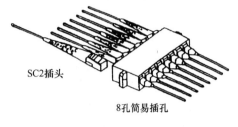

SC2插头

8孔简易插孔

图 7-26　SC2 型 8 孔简易光插孔

把金属薄膜夹到光纤间的结构。近年来，由于掺铒光纤放大器的登场，即使在实际的光通信线路中也能处理具有大功率的光信号。但入射高功率光信号时，金属薄膜会因发热而破损。因此，在最新的 SC 型光固定衰减器中，利用新近开发出的可吸收光的光纤，对高功率的光具有充分的耐性，同时结构可得到简化，成本可更低。

五、SFF 光纤连接器

（一）主要 SFF 光纤连接器类型

1. LC 型光纤连接器

LC 型光纤连接器是贝尔实验室研究开发的，采用操作方便的模块化插孔（RJ）闩锁机理制成。其所采用的插针和套管的尺寸是普通 SC、FC 型等的一半，为 1.25mm，这样可以提高光纤配线架中光纤连接器的密度。目前，在单模 SFF 光纤连接器方面，LC 型光纤连接器实际已经占据主导地位，在多模方面的应用也在迅速增长。

2. MU 型光纤连接器

MU（miniature unit coupling）型光纤连接器是以目前使用最多的 SC 型光纤连接器为基础，由 NTT 研制开发出来的世界上最小的单芯光纤连接器。该连接器采用 ϕ1.25mm 套管和自保持机构，其优势在于能实现高密度安装。利用 MU 型光纤连接器的 ϕ1.25mm 套管，NTT 已经开发了 MU 型光纤连接器系列，该系列包括用于光缆连接的插座型光纤连接器（MU-A 系列）；具有自保持机构的底板光纤连接器（MU-B 系列）以及用于连接 LD/PD 模块与插头的简化插座（MU-SR 系列）等。随着光网络向更高带宽、更大容量方向的迅速发展和 DWDM 技术的广泛应用，对 MU 型光纤连接器的需求也将迅速增长。

3. MT-RJ 型光纤连接器

MT-RJ 型光纤连接器起源于 NTT 开发的 MT 型光纤连接器，带有与 RJ-45 型 LAN 电连接器相同的闩锁机构，通过安装于小型套管两侧的导向销对准光纤。为便于与光收发信机

相连，光纤连接器端面的光纤为双芯（间隔 0.75mm）排列设计，主要应用于数据传输的下一代高密度光纤连接器。

4. MT 型光纤连接器

MT 型光纤连接器是 NTT 公司为接续多芯带状光纤而开发出的采用塑料套管的一种光纤连接器，具有优良的高密度安装能力且成本较低。在此基础上，NTT 公司提出小型 MT 方案，AMP 提出 MT-RJ 方案。此外，NTT 公司开发的 MPO，AMP 公司开发的 MPX，US Conec 公司开发的 MTP 及 Hirose 公司开发的 MD 等也属于该系列。目前，NTT 公司正着力改善该系列产品，其高精度标准（master）光纤连接器、低损耗 MT 型光纤连接器、迭层式多芯集中光纤连接器、设备用 MBP 型光纤连接器均已进入实用阶段。他们还开发出集中接续光波导与光纤技术，以及作为重大技术成果的 MT 型光纤连接器经济化技术，带安全锁的小型 MT 型光纤连接器等。

MT 型光纤连接器的基本机理是用两根导向销在套管内确定好光纤位置，再用夹箍施压挟持住对接部分，从而保持接续状态稳定。MT 套管大致分为如下 4 种。

① 小型 MT 套管一端面尺寸为 4.4mm×2.5mm（$W \times H$）。最多容纳 4 根光纤，其中光纤间隔 0.75mm 的小型双芯套管已实际应用于 MT-RJ 型光纤连接器及 Mini-MPO 型光纤连接器，预计需求将会日益扩大。

② 4 芯、8 芯类普通 MT 套管一端面尺寸为 6.4mm×2.5mm（$W \times H$），最多容纳 12 根光纤。

③ 16MT 套管一端面尺寸为 8.4mm×2.5mm（$W \times H$），可按 0.25mm 间隔集中接续 16 根光纤。

④ 二维 MT 套管一端面尺寸为 6.4mm×2.5mm（$W \times H$）或 8.4mm×2.5mm（$W \times H$），其内沿水平及垂直方向（从套管端面看光纤槽口为二维平面状排列，从黏合剂填充窗口看套管内部的光纤引入槽呈阶梯状排列）大致以 0.25mm 的间隔排列光纤槽，这样利用普通 6.4mm×2.5mm（$W \times H$）MT 套管最多可容纳 60 根光纤。它还适用于 MPO 型光纤连接器和 MPO 型底板光纤连接器，安装密度极高。其中，16 芯二维 MT 套管是普通 16 芯MT 套管安装密度的 1.3 倍，60 芯、80 芯二维 MT 型光纤连接器则是普通 12 芯 MT 型光纤连接器安装密度的 5 倍。

MT 型光纤连接器的关键技术包括塑料成形套管、金属导向销、套管端面研磨、抛光技术和检查技术等，对精度的要求极高。套管一般按照金属铸模结构采用传递模塑法或注入成形法，由模槽前方的 V 形槽确定及固定中心销位置而制造成形，而二维 MT 套管则采用经加工好凹位的部件来确定中心销位置，即采用基准洞穴方式定位成形（基准洞穴的位置精确度在 0.25μm 以下）。

（二）国内研制的主要 SFF 光纤连接器

1. MT-RJ 型光纤连接器

MT-RJ 型光纤连接器作为一种新型的光纤连接器，自 1998 年实用化以来，一直受到许多器件制造商和系统供应商的关注。目前，已有超过 30 家厂商从事 MT-RJ 型光纤连接器的生产、供应芯件材料，提供测试设备等的厂家也多达 50 余家。

MT-RJ 型光纤连接器是基于 MT 系列（包括 MPX、MPO 型光纤连接器）的插芯设计技术，采用平面对接方式，由塑料注塑而成。在 MT-RJ 型光纤连接器的插芯中两光纤相距 0.75mm，两连接头之间通过专用适配器连接，并由一对导向钢针和导向孔辅助导向，内置弹簧增压，使两连接头紧密连接，从而实现光路的对接。从现有制作工艺与试制阶段的工艺相比具有以下优点。

① 操作方便。无需进行复杂的研磨前准备工作。

② 劳动效率高。试制阶段的夹具一次只能研磨 1 根光纤，现阶段的夹具一次可以研磨多根。

③ 测试指标良好。

a. 试制阶段的产品测试指标：插入损耗为 0.50～0.75dB，回波损耗单模＞30dB、多模＞20dB。

b. 现阶段的产品测试指标：插入损耗为 0.10～0.50dB，回波损耗单模＞40dB、多模＞20dB。

此外，产品还经过长时间严格的例行实验验证，在高温、高湿以及高温储存、0℃ 保存实验中保持非常优良的特性，多项指标超过 AMP 执行的 ANSI/TIA/EIA 标准。值得一提的是，MT-RJ 型光纤连接器跳线具有非常好的插拔重复性，能够承受的插拔次数在 500 次以上。

2. MTP/MPO/MPX 型光纤连接器

MTP/MPO/MPX 型光纤连接器是适用于带状光纤的多芯光纤连接器，即 MT 系列光纤连接器。例如，美国 US-Conec 公司以 MT 系列元件为基础，研制了可以连接 4 芯、8 芯、10 芯、12 芯光纤的 MTP/MPO 型光纤连接器；美国 Siecor 公司的小型 MT 型光纤连接器，即小型 MAC 型光纤连接器，最多只能用于 4 芯光纤。此外，美国 Berg 电子公司也为光纤带研制了小型 MAC 型光纤连接器，该连接器可以连接 2～18 芯光纤，其插芯均采用聚合物材料制成。

MT 系列光纤连接器的主要用途如下。

① 光传输系统。

② 带状光纤与带状光纤的连接。

③ 带状光纤的扇形分支接头。

④ 高集成化的设备和器件。

⑤ 超大芯数的光缆分支、成端。

对于 MTP/MPO 光纤连接器，试制了 4 芯和 8 芯的 MPO 型光纤连接器，并用制作的产品作为测试源，采用单通道回损仪逐路测试的方法进行测试。

以 4 芯 MPO 型光纤连接器的测试为例，测试数据见表 7-4～表 7-7。

表 7-4　MPO 型光纤连接器（APC）插入损耗（$\lambda=1310$nm）的测试数据

样　品	通道	第 1 次	第 2 次	第 3 次	第 4 次	第 5 次	第 6 次	第 7 次	第 8 次
MPO$_4$-F-S-FC /PC-0.5-2	蓝	0.43	0.45	0.41	0.38	0.46	0.49	0.49	0.48
	橙	0.58	0.58	0.60	0.58	0.55	0.63	0.63	0.61
	绿	0.17	0.18	0.20	0.20	0.18	0.21	0.21	0.16
	棕	0.43	0.36	0.36	0.42	0.43	0.40	0.45	0.43
MPO$_4$-M-S-FC /PC-0.5-2	蓝	0.57	0.35	0.35	0.40	0.35	0.32	0.38	0.40
	橙	0.56	0.62	0.59	0.66	0.68	0.51	0.60	0.60
	绿	0.27	0.25	0.33	0.36	0.29	0.35	0.36	0.36
	棕	0.32	0.28	0.27	0.22	0.27	0.38	0.37	0.28

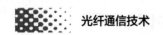

表 7-5　MPO 光纤连接器（APC）回波损耗（λ＝1310nm）的测试数据

样　品	通道	第1次	第2次	第3次	第4次	第5次	第6次	第7次	第8次
MPO$_4$-F-S-FC /PC-0.5-2	蓝	58.6	60.4	58.3	58.3	57.7	58.1	58.8	57.0
	橙	57.0	58.3	58.6	58.3	59.9	58.6	59.1	59.3
	绿	58.8	59.0	57.9	58.8	58.5	58.6	58.0	58.0
	棕	57.6	57.6	57.6	57.9	57.2	57.7	57.2	59.0
MPO$_4$-M-S-FC /PC-0.5-2	蓝	58.0	58.8	59.3	58.5	58.9	58.6	58.3	58.0
	橙	58.3	58.7	58.9	59.4	59.5	58.2	59.1	58.0
	绿	60.3	61.2	57.1	57.3	57.4	57.6	57.5	57.6
	棕	58.3	59.2	58.8	59.2	59.2	59.5	61.8	60.7

表 7-6　MPO 光纤连接器（APC）插入损耗（λ＝1550nm）的测试数据

样　品	通道	第1次	第2次	第3次	第4次	第5次	第6次	第7次	第8次
MPO$_4$-F-S-FC /PC-0.5-2	蓝	0.45	0.22	0.22	0.26	0.23	0.23	0.21	0.24
	橙	0.50	0.38	0.39	0.30	0.28	0.43	0.48	0.45
	绿	0.28	0.24	0.19	0.22	0.25	0.21	0.23	0.30
	棕	0.43	0.57	0.59	0.63	0.57	0.59	0.57	0.48
MPO$_4$-M-S-FC /PC-0.5-2	蓝	0.54	0.49	0.41	0.42	0.49	0.41	0.40	0.56
	橙	0.47	0.41	0.41	0.42	0.49	0.41	0.40	0.56
	绿	0.29	0.36	0.38	0.31	0.26	0.21	0.25	0.24
	棕	0.65	0.55	0.59	0.57	0.61	0.31	0.56	0.47

表 7-7　MPO 光纤连接器（APC）回波损耗（λ＝1550nm）的测试数据

样　品	通道	第1次	第2次	第3次	第4次	第5次	第6次	第7次	第8次
MPO$_4$-F-S-FC /PC-0.5-2	蓝	53.4	53.9	54.8	54.2	53.9	54.2	54.1	54.1
	橙	54.8	55.6	55.1	55.7	55.6	55.5	55.1	55.6
	绿	53.9	54.5	53.9	53.6	53.5	53.6	54.7	53.6
	棕	56.6	56.6	57.2	54.4	54.7	54.0	55.6	54.3
MPO$_4$-M-S-FC /PC-0.5-2	蓝	54.9	56.7	56.1	55.3	55.2	55.6	57.7	58.4
	橙	54.5	54.0	54.2	54.0	52.5	52.0	52.4	52.2
	绿	55.9	54.1	53.3	55.0	53.8	54.3	54.0	54.1
	棕	53.7	54.5	54.1	53.9	53.4	53.7	53.5	53.9

根据以上数据，可以看出 MPO（单模）型光纤连接器测试数据如下。

① 插入损耗＜0.75dB。

② 回波损耗＞50dB。

此数据符合 Bellcore GR-1435-CCRE 中的相关要求。从上面的数据可以看出光纤连接器的重复性相对较好，由于制作量较少，还没有见到有关互换性实验和例行实验的报道。

六、军事与宇航用光纤连接器

1. 军事/宇航应用的恶劣环境

光纤正日益广泛地应用于军事和宇航领域，这类恶劣和动态环境，不管是陆地、海洋、空气还是太空均对光纤连接器和元件提出了一些特殊要求。其工作环境条件如下。

① 经常性的持续振动和振荡，如航空电子设备和汽车。

② 瞬间的高度冲击和振动，如宇航发射和枪炮射击。

③ 经常性的极度温度循环，如卫星和引擎隔舱。

④ 高湿和高腐蚀条件，如舰船上和其他航海环境。

典型的美国商用电信/数据通信与军事/宇航应用对光纤连接器的要求有很大区别。表 7-8 对两者做了比较。

表 7-8 美国商用电信/数据通信与军事/宇航应用对光纤连接器的要求比较

参数	商用电信/数据通信	军事/宇航	参数	商用电信/数据通信	军事/宇航
温度/℃	0～70	−65～150	可燃性、排烟密度、毒性	《国家电气规程》	《联邦采购要求》
湿度	0%～95%	环境密封
随机振动	低频 5Gr•m•s	宽频 15～40Gr•m•s	高海拔(低气压)	陆基	达 21000m
冲击/(m/s²)	49～98	490～980	流体浸渍	无要求	耐清洗溶剂、液压流体、喷气燃料
拉伸负荷强度/N	88	725	盐雾	无要求	有要求
电缆扭绞/N	13.6	40.8	沙尘	无要求	有要求
电缆弯曲	±90°,100 次	±180°,100 次	NASA 释气要求	无要求	TML 小于 1.0%，CML 小于 0.1%

注：NASA 为美国航空航天局；TML 为真空下的总的物质损失；CML 为真空下的凝结物质损失。

2. 军事/宇航用光纤连接器

(1) MIL/COTS 光纤连接器　其典型的光纤连接器类型如下。

① FC 型、ST 型和 SC 型光纤连接器。

② 双工 SC 型和 FDDI 型光纤连接器。

③ 新一代小型（SFF）光纤连接器。

选用 COTS 元件比较容易，特别是发射机和接收机，但可靠性难以保证。特别是封装和接口，一旦不符合环境要求，则可能引发灾难。因此，在温和的局域网环境工作的光纤连接器在更复杂和恶劣的军事/宇航环境中是无法可靠工作的。

表 7-9 将美国现有的 MIL/COTS 光纤连接器产品（单通道和常用圆形、多通道连接器）及其性能特性进行了分类。该表列出了可以配接特殊光纤连接器的光纤类型，并区分多模光纤、单模光纤和偏振保持（PM）光纤（一种用于高级传感器和通信应用的特殊单模光纤）之间的差别。此外，还确定了各类连接器最适用的工作环境类型，区分了适宜户内应用还是户外应用。

(2) MIL-T-29504 光纤端子　传统而昂贵的 MIL-T-29504 光纤端子用于军事及航天系统已有 15 年之久，是针对当时占主导地位的铜基平台内对于单工和双工互联的军用要求而研制的一种专用光互联器件，光性能差且成本昂贵，已远远不能满足当前主流军事平台向光纤过渡的需要，但寻找到适合国防系统长期使用要求的光互联结构（无论何种类型光纤）并具有强大的现场支持能力绝非易事。为角逐军用光纤互联市场，几家光纤技术公司如 ITTCanon（佳能）、Tyco（泰克）、Lucent（朗讯）、Agilent（安捷伦）等纷纷推出替代 MIL-T-29504 光纤端子的解决方案。其中，ITT Cannon 公司最近推出的新型 PHD 系列光纤互联产品，具有成本低、性能高的特点，达到了商用与军用的统一，受到军方的青睐。现将 PHD 与 MIL-T-29504 的性能比较列于表 7-10。

表 7-9　常用 MIL/COTS 光纤连接器产品

连接器类型	AVIM	MC3MkII	MC5	MIL-C-28876	MIL-C-38999	MIL-C-83522	RSC/HA
制造商	Diamond SA	Deutsch Ltd	Deutsch Ltd	Packard Hughes	Deutsch ECD Amphenol	Lucent Technology	Deutsch Ltd Amphenol
通道数量	1	5~12	2~30	4~31	2~30	1	1
多模光纤	支持	支持	支持	支持	支持	支持	支持
单模光纤	支持	支持	支持	支持	不支持	不支持	支持
PM 光纤	支持	不支持	不支持	不支持	不支持	不支持	支持
内部(受保护)应用	适用	适用	适用	适用	适用	适用	适用
外部环境	不适用	适用	适用	适用	适用	不适用	适用

表 7-10　PHD 与 MIL-T-29504 光纤端子的性能比较

技术指标		传统 MIL-T-29504	新型 PHD	技术指标		传统 MIL-T-29504	新型 PHD
套管		1.6mm 特种陶瓷	1.25mm 氧化锆陶瓷	回波损耗 /dB	典型	50	56
					最大	55	50
光纤类型		SMF—28	SMF—28	密度/(路数/英寸)		30	50
插入损耗 /dB	典型	0.6	0.09	套管价格/美元		8.0	1.0
	最大	1.0	0.20	其他		光纤端子与圆形连接器分立	光纤端子与圆形连接器集成

（3）扩束型光纤连接器　扩束型光纤连接器是由 Tyco 公司研制的一种非物理接触式光纤连接器，其原理是将光纤与自聚焦准直透镜耦合到一起，使从光纤射出的光经自聚焦准直透镜扩束后以平行光射出，然后再进入另一个带自聚焦透镜的连接器中。扩束后的光束直径可达 1mm 左右，因此可极大地降低振动、灰尘的影响，且易于清洁维护。扩束型光纤连接器的关键技术是光纤与自聚焦准直透镜的耦合封装技术，使光纤端面中心与透镜焦点重合。它满足 ARINC 68 第六部分性能要求，该要求如下。

① 插拔力≤19.9N，在加速老化后，增加率不得超过 10％。

② 500 次插拔无力学性能缺陷。

③ 多模光缆连接器能够承受 10min、355N 的拉伸力。

（4）全金属单体接触件结构　几乎所有的军用光纤接触件均具有一个陶瓷套管或黏结在一个不锈钢壳体内。这种陶瓷套管的主要用途是在插拔状态下将相对的光纤精确地对准。迄今为止，陶瓷几乎是唯一可以用于光纤对准的材料。但是陶瓷套管也具有一些无法避免的缺点，如价格昂贵；陶瓷套管的经常性短缺；将套管装配到接触件花费劳务成本；用于组装的元件需额外紧密的公差；陶瓷与不锈钢之间膨胀系数的差异，可导致热循环过程中零件意外破裂。

陶瓷因为这些缺点受到最新的螺纹加工设备的挑战，因这种设备可以制造出全金属单体接触件，它的公差等同于多模应用中的陶瓷部件。

目前，对于不锈钢接触件，在规模生产基础上所保持的关键公差是 $3\mu m$，也就是说光纤孔径是 $3\mu m$，且相对于外接触件直径的（光纤）孔的同心度是 $3\mu m$。在大量生产的基础上，用物理和光测量的方法来监控公差。

微观结构即颗粒尺寸比不锈钢小的氧化锆陶瓷更适合于单模光纤，但对于多模应用，这两种材料所要求的公差基本是等同的。对于单模应用，正在对开发具有更精细微观结构的耐腐蚀金属进行大量研究，这些新型合金将可按单模公差进行机加工。

与陶瓷相比，不锈钢的另一个优点是室内机加工的多方面适应性。对于非标准尺寸光纤的孔只需简单地改变刀具就可以完成，这就大幅度缩短直接由光纤连接器制造商来控制的全金属接触件的交货时间。对于陶瓷套管，特殊尺寸的（光纤）孔需要一系列复杂的端修和研磨作业，这只有有限的陶瓷供应商可以完成。

为进一步降低成本，接触件在生产时内部安装一种廉价的固态预型件，这就使最终用户在光缆端接过程中无需混合和灌注双组分液体环氧树脂。

插孔接触件由机加工壳体与螺旋线圈弹簧及环氧树脂预型件结合在一起的护套构成。这种接触件是为了与标准军用圆形光纤连接器绝缘体一同使用而设计的。单件式插针接触件的外套尺寸基本上与标准的 MIL 规范铜线接触件相同。

（5）新型凹形端面结构　除光纤对准以外，光纤连接最重要的因素是光纤端面的抛光。一般端面研磨成凸面状，称为物理接触。这种接触界面在柔和的环境下工作效果很好，但对于承受振动和冲击的设备，玻璃界面易划伤，从而降低光性能。一种新的可以承受军事应用中恶劣的经常性长期振动的端面结构已经研制出来，光纤的端部被研磨成凹面形状，以便在相对的光纤之间形成可精细控制的气隙，如图 7-27 所示。这种独特的研磨方法可产生稳定的光连接，在整个光纤连接器寿命期间可保持插入损耗低于 1.2dB。

（6）自密封光纤连接器　光缆中的光纤极易遭受应力和环境污染，污染物质浸入端接界面都将导致严重的信号损失或者系统的失效，所以光纤的连

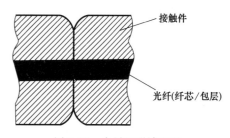

图 7-27　光纤凹形端面图

接至关重要。以前采用的各种保护光纤连接的方法均没有达到明显的效果，一种方法是采用环氧树脂、接合剂、橡胶、塑料、金属薄片甚至油脂封装；另一种方法是采用机械密封；还可采用金属化光纤（焊到光纤连接器的壳体内）热收缩套入或采用防水电连接器接纳光缆。

现场研究表明，需要一种光纤连接器系统不仅能将端接组件密封在系统内，而且易于现场维护并适应现有光纤连接器和附属零件的形状。据此，一种自密封（自动密封，无需封装）光纤连接器已经设计出来，可防水、防压，防气体、湿度和侵入物质。这种光纤连接器的设计思路是选用现有光纤连接器（如 ST 型、FC 型和 SC 型）的结构，允许用现有的未完全密封的光纤连接器方便地转换和互换。此外，该光纤连接器和连接装置方便现场安装，适用于多种材料，并扩展光纤系统在各种环境条件下工作的能力。

3. 效果评价

随着新军事革命的兴起，新型军事装备/宇航设备处理和传输的数据量急剧增大，铜系统构架越来越难以承担大容量、高速数据传输要求，光纤系统正在军用装备中延伸并逐步取代铜系统。光通信的迅猛发展，使光纤连接器在军用连接器市场的比重也日益提高。光纤系统与铜系统相比，其最大优势在于不受电磁辐射的干扰、数据传输量大、传输速度快、信号损耗小、光纤材料本身的成本低，与迅速发展的信息化军事装备的要求不谋而合。军事应用对军用光纤连接器提出了苛刻的要求，同时也为军用光纤连接器的发展提供了市场机遇。

在伊拉克战争中，美军首次试验了网络中心战（network centric warfare）模式，支持这场网络中心战的核心平台则是位于多哈附近的美军中央司令部的可移动司令部设施。该设施就是一个高速光纤骨干网络，通过该网络对台式机传送大容量 IP 视频数据，并直接和几

百个情报监视系统以及部署在海湾周围的部队进行联系。与海湾战争相比，整个战争速度快了7倍，很大一个原因在于高速光纤网络的启用大大加快了数据传输速度，扩展了传输能力。美国军方正计划将主流军事平台由铜系统转向光纤系统，军用光纤连接器作为光纤系统高速信号传输的一个关键环节，其重要性和发展前景是完全可预期的。为此，军用光纤连接器发展的新动向应引起有关方面的高度关注。

第二节　光纤耦合器

一、主要品种与性能

光纤耦合器是光纤通信系统、光纤传感、光纤测量技术和信号处理系统中一种应用十分广泛的无源器件。在光纤耦合器出现之前应用的是波导耦合器，这种器件多用于光学集成，用于光纤耦合时耦合效率低、损耗大、制作技术较困难、成本高。光纤耦合器的出现迅速取代了波导耦合器。光纤耦合器的制作方法有熔锥法、研磨法两种。研磨法的制作工艺复杂、成品率低，而熔锥法制作的光纤耦合器插入损耗小（excess loss）、成本低、制作简单、易于实现，因此其研制技术一直受到人们的关注。

耦合器的功能是把一个或多个光输入分配给多个或一个光输出。耦合器对线路的影响是插入损耗，可能还有一定的反射和串音。选择耦合器的主要依据是实际应用场合。

耦合器的基本结构如图7-28所示。

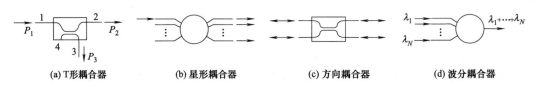

(a) T形耦合器　　(b) 星形耦合器　　(c) 方向耦合器　　(d) 波分耦合器

图7-28　耦合器基本结构

（一）方向耦合器

方向耦合器是构成光纤分配网络的基础，它是一种 2×2 光纤耦合器，如图7-28（c）所示。图中用箭头表示允许光纤功率通过的方向。2×2 光纤耦合器是一种与波长无关的方向耦合器，它是通过热熔拉伸把扭合在一起的两根光纤加工成双锥形状构成的耦合波导。另外，方向耦合器也可以用两个1/4节距的棒透镜（或自聚焦透镜）中间镀上反射膜（或用半反射镜）合在一起构成，它也可以用做T形耦合器。这种透镜的插入损耗为1dB。

图7-28（a）表示少用一个端口的3端口 2×2 方向耦合器，即T形耦合器，它的功能是把一根光纤输入的光功率分配给两根光纤。这种耦合器可以用做不同分光比的功率分路器。T形耦合器可以是与波长无关的耦合器（WIC），也可以是与波长有关的耦合器（WDC）。为了描述该耦合器的特性，我们假设入射到端口1的功率为 P_1，根据所需要的分光比，把 P_1 功率在端口2和端口3之间分配。理想情况下，同侧输入的光功率不能耦合到同侧的端口（如端口4，为此称其为隔离端口），所以这种耦合器称为方向耦合器。假设传送到端口2的功率为 P_2，传送到端口3的功率为 P_3。不考虑损耗时，定义这种理想耦合器

的各种损耗（用 dB 表示）如下：

耦合器的通过损耗

$$L_{\text{thr}}^{\text{ide}} = -10\lg(P_2/P_1)$$

表示输入端口 1 到输出端口 2 间的传输损耗，即到达输出端口 2 的功率与端口 1 的输入功率之比。

耦合器的抽头损耗

$$L_{\text{tap}}^{\text{ide}} = -10\lg(P_3/P_1)$$

表示输入端口到抽出端口之间的传输损耗，即到达抽出端口 3 的功率与输入功率之比。

两个输出端口间的功率分配比，即分光比为 $R = P_2/P_3$，常用抽头损耗描述耦合器的特性，并以此分类，例如 10dB 的耦合器表示具有 10dB 的抽头损耗。表 7-11 列出了几种理想耦合器的通过损耗、抽头损耗及分光比。

表 7-11　几种理想四端口方向耦合器的特性参数

耦合器类型	抽头损耗 $L_{\text{tap}}^{\text{ide}}$/dB	通过损耗 $L_{\text{thr}}^{\text{ide}}$/dB	分光比 R	插入损耗/dB	隔离度/dB
3	3	3	1∶1		
6	6	1.25	3∶1	0.2~1	>40
10	10	0.46	9∶1		
12	12	0.28	15∶1		

对于无损耗耦合器，$P_2 = P_1 - P_3$，因此通过损耗可用抽头损耗表示为

$$L_{\text{thr}}^{\text{ide}} = -10\lg(1 - 10^{-L_{\text{tap}}^{\text{ide}}/10}) \tag{7-2}$$

实际的耦合器是存在插入损耗的，耦合器的插入损耗（或附加损耗）为

$$L_{\text{ext}} = -10\lg \frac{P_2 + P_3}{P_1} \tag{7-3}$$

它表示耦合器内的功率损耗，包括辐射损耗、散射损耗、吸收损耗以及耦合到隔离端口的损耗。通过插入损耗，可以知道有多少输入功率到达输出端口 2 和端口 3。一个好的方向耦合器，其插入损耗小于 1dB（如用百分比表示，$\delta = 20\%$），方向性大于 40dB。

现举例说明插入损耗对通过损耗和抽头损耗的影响。假设一个耦合器具有 1dB 的插入损耗，分光比是 1∶1，那么有多少输入功率到达两个输出端口呢？用 $L_{\text{ext}} = 1$dB 代入式（7-3），得到 $(P_2 + P_3)/P_1 = 0.794$，因为 $P_2 = P_3$，所以 $P_2/P_1 = P_3/P_1 = 0.397$。它相当于 4dB 的通过损耗和 4dB 的抽头损耗。但根据表 7-11，分光比为 1∶1 时，对于理想耦合器（不考虑插入损耗），通过损耗和抽头损耗均应为 3dB。显然，在考虑插入损耗时，通过损耗和抽头损耗均应在表 7-11 的基础上加上用 dB 值表示的插入损耗，即

$$L_{\text{thr}} = -10\lg(P_2/P_1) + L_{\text{ext}} \tag{7-4}$$

$$L_{\text{tap}} = -10\lg(P_3/P_1) + L_{\text{ext}} \tag{7-5}$$

目前用于 S、C 和 L 波段的宽带耦合器，包括 980nm 和 1480nm 的波分复用耦合器，其主要指标如下：分光比为 1%~50%，插入损耗（IL）小于 0.1dB，回波损耗（ORL）为 55dB，偏振相关损耗为 0.03dB，偏振模色散（PMD）为 0.05ps，方向性为 60dB，功率容量为 2W。

方向耦合器是双向的，输入端口和输出端口可以互换，其结构又是对称的，不管哪个端口作为输入端口，特性损耗都是相同的。

利用 1×2 方向耦合器，可以构成 $1\times N$ 树形耦合器，用于 PON 系统中的光分配网络（ODN）。

（二）熔拉双锥星形耦合器

星形耦合器是一种 $N\times N$ 耦合器，它的功能是把 N 根光纤输入的光功率混合叠加在一起，并均匀分配给 N 根输出光纤。这种耦合器可以用做多端功率分路器或功率组合器。星形耦合器不包括波长选择元件，是与波长无关的器件。输入端和输出端的数目 N 不一定相等，在 LAN 应用中一般就是这种情况。

$N\times N$ 星形耦合器可以由几个 2×2 耦合器组合而成，这种组合星形耦合器的缺点是元件多、体积大。熔拉双锥星形耦合器是一种紧凑的单体星形耦合器，这种耦合器的制造技术是把许多光纤部分熔化在一起，并把熔化部分拉伸以便减小光纤的直径，形成双锥形结构。纤芯直径的减小，将导致归一化芯径 V 参数减小；而 V 参数的减小，又导致模场直径（光斑尺寸）增加，使每根光纤的消逝场扩大重叠。所以，锥形部分的作用是使光纤间的电磁场产生互耦效应，从而使一根输入光纤的光信号耦合到多根输出光纤中去，把每根光纤的输入信号混合在一起，并近似相等地分配给每个输出端。图 7-29（a）和图 7-29（b）表示用这种技术制造的传输型和反射型星形耦合器。

用熔拉双锥技术制造多模光纤星形耦合器比较容易，但制造单模光纤星形耦合器就困难得多，所以通常采用组合耦合器。图 7-29（c）是由 12 个 2×2 单模光纤耦合器组合的 8×8 星形耦合器结构。

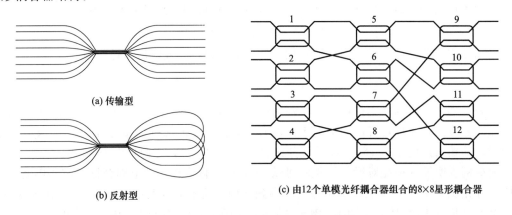

(a) 传输型

(b) 反射型

(c) 由12个单模光纤耦合器组合的8×8星形耦合器

图 7-29　用熔拉双锥方法制造的星形耦合器

CETC 第三十四研究所在国内最早从事熔拉双锥光纤耦合器的研究和生产，目前可以提供多模和单模 1×2 和 $1\times N$ 光分路器，分光比可选，方向性 $\geqslant55$dB，附加损耗 $\leqslant0.1$dB，偏振相关损耗 $\leqslant0.03$dB。该所也提供 1310nm 和 1550nm 两波长的波分复用器，隔离度 $\geqslant$ 30dB，偏振相关损耗 $\leqslant0.1$dB，方向性 $\geqslant60$dB。

（三）阵列波导光栅星形耦合器

另一种制造单模光纤星形耦合器的方法是采用新颖的集成光学结构，即在对称扇形结构的输入和输出波导阵列之间插入一块聚焦平板波导区，即自由空间耦合区，该区可在 Si 或 InP 平面波导衬底上制成，它的作用是把连接到任一输入波导的单模光纤的输入光功率辐射进入该区，被输出波导阵列有效地接收，几乎均匀地分配到每个输出端，如图 7-30 所示。

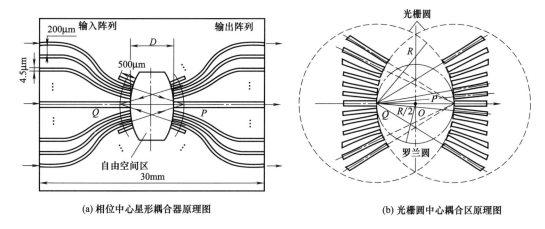

（a）相位中心星形耦合器原理图　　　　　　（b）光栅圆中心耦合区原理图

图 7-30　采用硅平面波导技术制成的多端星形耦合器

自由空间区的设计有两种方法，一种如图 7-30（a）所示，输入波导辐射段法线方向直接指向输出阵列波导辐射段的相位中心 P 点，而输出波导辐射段法线方向直接指向输入波导辐射段的相位中心 Q 点，其目的是为了确保当发射阵列的边缘波导有出射光时接收阵列的边缘波导能够接收到相同的功率。

自由空间区的另一种设计方法如图 7-30（b）所示，自由空间区两边的输入/输出波导的位置满足罗兰圆（Rowland Circle）和光栅圆规则，即输入/输出波导的端口以等间距设置在半径为 R 的光栅圆周上，并对称地分布在聚焦平板波导的两侧，输入波导端面法线方向指向右侧光栅圆的圆心 P 点，输出波导端面的法线方向指向左侧光栅圆的圆心 Q 点。两个光栅圆周的圆心在中心输入/输出波导的端部，并使中心输入和输出波导位于光栅圆与罗兰圆的切点处。

这种结构的星形耦合器容易制造，适合构成大规模的 $N \times N$ 星形耦合器。

除上述耦合器外，近年来，随着对光纤通信技术研究的逐步深入，对光纤耦合器的研制步伐加快，相继研制出多种光纤耦合器类型，现将其介绍如下。

二、熔锥型光纤耦合器

1. 制备方法与耦合机理

熔锥法制作光纤耦合器是将打结或平行放置的两根同质光纤置于氢氧焰下加热，通过拉锥得到按一定比例分光的光束耦合器件。如图 7-31 所示，L 为耦合区轴向长度，P_0、P_1、P_2 分别为输入、输出光功率。

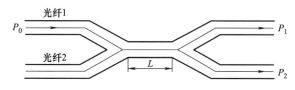

图 7-31　熔锥型光纤耦合器的结构图

熔锥型光纤耦合器分光原理是由耦合波方程出发推导的，通常从下式出发：

$$\begin{cases} \dfrac{\mathrm{d}A_1(z)}{\mathrm{d}z} = iC_{21}A_2(z)\exp[i(\beta_1 - \beta_2)L] \\[2mm] \dfrac{\mathrm{d}A_2(z)}{\mathrm{d}z} = iC_{12}A_1(z)\exp[-i(\beta_1 - \beta_2)L] \end{cases} \tag{7-6}$$

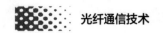

式中　A_1、A_2——两根光纤的模场振幅;

　　　β_1、β_2——独立状态下两根光纤中的传播常数;

　　C_{21}、C_{12}——耦合系数,通常取 $C_{12}=C_{21}=C$,其中 C 为取决于耦合区域尺寸与 L 有关的函数。

设 $L=0$ 时,$A_1\neq 0$,$A_2(0)=0$,假设 $\Delta\beta=\beta_1-\beta_2=0$,可解得:

$$\begin{cases} A_1(z)=A_1(0)\cos(CL) \\ A_2(z)=iA_1(0)\sin(CL) \end{cases} \tag{7-7}$$

耦合器两输出端的光功率为:

$$\begin{cases} P_1=P_0\cos^2(CL) \\ P_2=P_0\sin^2(CL) \end{cases} \tag{7-8}$$

在拉锥过程中耦合区长度增加,径向尺寸变小,C 增大。在实际应用中不必知道耦合区中每一点的耦合系数,在耦合长度 L 内对 C 沿轴向求积分,用积分代替式(7-8)中的 CL,这样式(7-8)变为:

$$\begin{cases} P_1 = P_0\cos^2\left[\int_0^L C(z)\mathrm{d}z\right] \\ P_2 = P_0\sin^2\left[\int_0^L C(z)\mathrm{d}z\right] \end{cases} \tag{7-9}$$

式(7-9)反映了输出功率为一变周期函数,周期的变化快慢与 $\int_0^L C(z)\mathrm{d}z$ 耦合区长度增加的速率有关。

2. 性能分析

选用康宁 SMF 28 光纤,拉锥过程中可看到耦合器输出呈现振荡,这是 $\int_0^L C(z)\mathrm{d}z$ 随耦合区长度增加而增大所致,并导致振荡周期呈减小趋势。若在 P_1 与 P_2 交点处停止拉锥、去掉氢氧焰,即可得到分光比为 50∶50 的 3dB 耦合器。理论上,在任意交点得到的耦合器损耗是相同的,但是实际上在第一个交点处停止拉锥得到的耦合器损耗要比随后各交点处得到的耦合器损耗小。

实验中还观察到,对拉锥结果有影响的参数可归结为耦合区所受应力、环境折射率以及拉锥温度场等。例如,火头高度(torch height)影响耦合区长度,多次实验后统计火头高度越高,耦合区长度越小,如图 7-32(a)所示。这是因为火头高度的变化,改变加热区的温度场分布,加热区域缩小,中心温度则发生变化。如图 7-32(b)所示,在火头高度由 $0\sim4.5\mathrm{cm}$ 变化过程中,火头温度在 $1\sim1.4\mathrm{cm}$ 区域存在最大值,而在拉锥常用的 $3.9\sim4.5\mathrm{cm}$ 之间随着火头高度升高,温度呈现下降趋势。同理,氢气流速对耦合区长度也有影响,流速增加,加热区中心温度升高,加热区域变大。另外,不同的延迟时间得到不同的分光比,环境介质折射率会影响损耗大小;拉锥预应力会影响损耗曲线形状。

从拉锥监视图中看出,其插入损耗为 0.03dB,分光比为 49.75,能达到产品技术指标,可以封装应用。

3. 效果评价

对现有耦合波方程推导的输出功率变换关系进行了补充,并在实验中得到了证实。根据实验中各个参数对拉锥结果的影响,自行设定参数,成功地制作了 3dB 耦合器,其插入损

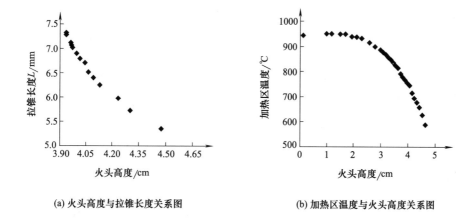

<table>
<tr><td>(a) 火头高度与拉锥长度关系图</td><td>(b) 加热区温度与火头高度关系图</td></tr>
</table>

图 7-32　拉锥结果与其温度场关系

耗低于 0.1dB，可以封装应用，经测试合格即可投入批量生产，既创造了经济价值，又可在此基础上开发新型无源器件。

三、熔锥型保偏光纤耦合器

1. 简介

在相干光纤通信系统和干涉型光纤传感器等许多应用场合，都需要采用偏振态稳定、附加损耗低和偏振串扰小的保偏光纤耦合器。长期以来，国外对保偏光纤耦合器的基础理论、结构设计、制造工艺进行了广泛研究，性能已有明显提高。目前，其主要结构分两大类，即熔锥型和抛光型。抛光型保偏光纤耦合器结构的优点是耦合比可调、外形尺寸较小、便于系列化，缺点是由于采用环氧树脂黏结，环境性能欠稳定。熔锥型保偏光纤耦合器的优点是在宽广的环境条件下，具有优良的工作稳定性和可靠性。

2. 熔锥型保偏光纤耦合器

熔锥型保偏光纤耦合器是国外目前研究和开发最广的一种结构。它是通过保偏光纤的熔融和拉锥制成的。如图 7-33 所示，其耦合比的定义为：$I_1/(I_1+I_2)$，其中 I_1 和 I_2 分别为直路和岔路的输出功率。附加损耗的定义为：$10\log\left[I_0/(I_1+I_2)\right]$（dB），其中 I_0 为输入光功率。

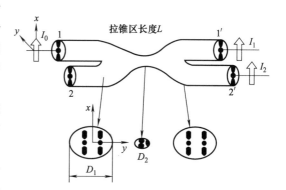

图 7-33　熔锥型保偏光纤耦合器

有关专家研究了熊猫（PANDA）熔锥型保偏光纤耦合器的损耗特性和电场分布后得到以下结论。

① 大束腰直径的光纤耦合器存在一个附加损耗很低的波长区：束腰直径为 $60\mu m$ 时，波长<$1.53\mu m$；束腰直径为 $5\mu m$ 时，波长<$1.35\mu m$。

② 随着束腰直径的减小，附加损耗较大的波长区从较长的波长向较短波长移动，而且随束腰直径变小，损耗谱呈现正弦响应，其波长周期随束腰直径的减小而缩短。

③ 对于每种耦合器而言，在 $1.39\mu m$ 波长时都具有很小的损耗峰值，约为 0.2dB。

④ 耦合器的光谱特性为正弦响应。正弦响应的波长周期随熔融区束腰直径的减小而减小。

研究结果还表明：束腰直径大于 $46\mu m$ 的普通 PANDA 光纤耦合器，在 $1.3\mu m$ 波长时附加损耗<1dB，而采用 $60\mu m$ 的束腰直径则能使附加损耗<0.1dB，由此得出如下结论。

a. PANDA 光纤耦合器的附加损耗与 V 值（$V = \frac{\pi D}{\lambda}\sqrt{n^2-1}$，$D$ 为束腰直径，n 为包层折射率）密切相关，而 V 值为束腰直径和波长的函数。在大 V 值的范围内，附加损耗为最小；在小 V 值的范围内，附加损耗呈正弦响应；附加损耗最小时的 V 值比普通光纤耦合器大。

b. 采用低折射率应力区的 PANDA 光纤制成的耦合器，其正弦损耗曲线的峰值约为 3dB，而由折射率匹配应力区的 PANDA 光纤制成的耦合器，其正弦损耗曲线的峰值<1dB。

这表明，用折射率匹配应力区的 PANDA 光纤制成的耦合器，即使在小 V 值范围，也可获得低的附加损耗，而采用低折射率应力区的 PANDA 光纤制成的耦合器，只有大 V 值才能获得低损耗。

此外，日本 NTT 电气通信实验室的研究人员归纳了引起保偏光纤耦合器串扰性能劣化的 3 个主要原因。

① 偏振主轴平行失配。熔融前，即使精确校正两根保偏光纤的主轴，但在熔融过程中，主轴的失配又会明显增大。为消除这一影响，有人提出了如图 7-34 所示的两个微型燃具的对称熔融法。

② 由于连接两个应力区时产生应力互补，减弱了模式双折射。据研究，耦合器中纤芯周围的双折射大约减弱到直光纤双折射的 2/3。

③ 由于加应力区，干扰了扩散到耦合区包层中的电磁场，故存在着折射率低于包层的附加应力区。

为减少以上问题产生的影响，最好应使 PANDA 光纤应力区的折射率与包层折射率相同。

目前，国外的熔锥型保偏光纤耦合器结构多样，制造工艺各异。例如，Dyott 等制成一种"D"形保偏光纤耦合器，其耦合是由纤芯扩散技术控制的。光纤的椭圆纤芯非常靠近半圆形（D 形）截面的平面部分，因此保证渐逝场的导波区靠近波导的表面界面。其制造工艺如下。

① 光纤制备。对"D"形光纤作轻微腐蚀，暴露几毫米的沉积包层。

② 在薄壁玻璃管内将两根制备的光纤熔接在一起。此时，把两根光纤的腐蚀区置于耐热玻璃管的中心，并使平侧面相邻（图 7-35），在张紧和不扭绞的同时，将管孔抽成真空，然后用气体火炬加热。由于耐热玻璃管的软化温度略低于二氧化硅，因此玻璃管紧附在两根光纤四周，光纤受热后仅沿配合表面熔合，截面形状无明显变化。

③ 采用扩散技术调节耦合性能。把已熔融的耦合器适当加热，引起纤芯和包层材料的内扩散，形成新的电场和折射率分布（图 7-36），使芯区的尺寸增加，模场扩大，继而导致芯区的场重叠部分增大，加大特定波长时的耦合系数。据报道，这种耦合器的附加损耗<0.1dB，偏振消光比为 30.6dB，输出光功率的变化一般为 0.004dB/℃，结构牢固性优良。

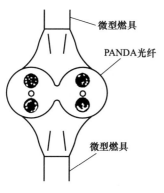

图 7-34　两个微型燃具的
对称熔融法

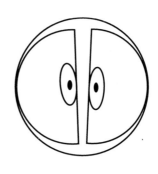

图 7-35　熔融前的
"D"形光纤截面

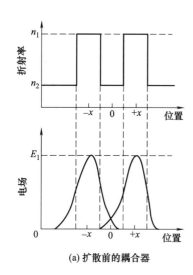

(a) 扩散前的耦合器

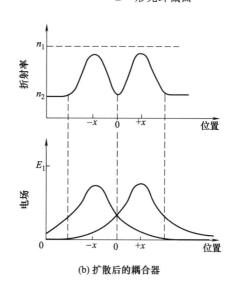

(b) 扩散后的耦合器

图 7-36　耦合器扩散前后的电场和折射率分布

　　美国 Allied Amphenol 公司在塑造保偏光纤耦合器时，采用图 7-37 所示的光纤扫描图形识别系统来进行光纤偏振轴的对中，同时择优去除光纤包层，形成局部的"D"形光纤。由图可见，从 He-Ne 激光器发出的准直光束，以垂直于光纤轴的方向照射光纤的侧面，然后利用一个具有 256 个单元的自扫描阵列监测光束与光纤互作用所形成的衍射图形确定偏振主轴，以利于对中。经验证，此法适用于蝶结型、椭圆包层型、熊猫型和扁平包层型等多种光纤。确定光纤偏振轴后，择优去除光纤包层，局部形成"D"形光纤，其主要目的是：a. 避免现有一些高双折射光纤中不利于制造低损耗耦合器的凹陷包层；b. 使两根光纤的纤芯靠得更近，便于耦合器制造；c. 与常规的全部去除包层相比，此法有利于保持耦合器的力学强度。图 7-38 所示为该耦合器制造装置的示意图。据报道，这种保偏耦合器的附加损耗约 2dB，消光比为 15～20dB。

　　日本 NTT 电气通信实验室用具有折射率匹配应力区的熊猫光纤制成附加损耗＜0.1dB、消光比＜-30dB 的保偏光纤耦合器。在光纤偏振轴对中时，两根光纤置于两交叉的起偏器之间，以利于用加应力区四周的感生双折射对应力区进行检测。为了抑制熔融拉伸过程中光纤的不对称变形和扭绞，在对称位置用两个火炬进行对称加热。结果表明，两根光纤的主轴在熔融后几乎完全平行对中。最后用常规方法熔融拉锥，直至获得预定的耦合比。

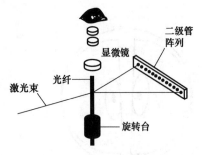

图 7-37 光纤扫描图形识别系统

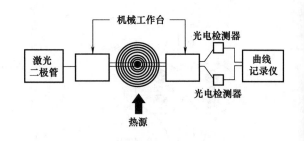

图 7-38 耦合器制造装置示意图

美国 Aster 公司研制了宽带保偏光纤耦合器，它能在宽光谱范围内使用，而耦合比无明显变化，其制造设备如图 7-39 所示。研制这种耦合器的关键是尽可能减小它与波长的相关性。因此，应设法使两根光纤在耦合区产生相位失配，而只允许一定百分比的光从一根光纤耦合到另一根光纤。如果相位失配加大，则转移的最大光功率则减小。相位失配可用两种方法：a. 在熔融拉锥耦合之前，先将一根光纤预拉，称为预拉锥法；b. 选用两根不同 V 值的光纤。目前，常用预拉锥法，由操作者通过增大或减小预拉的长度，可较方便地控制器件的最大耦合比（5%～95%），而用第二种方法实施较困难。图 7-40 所示为 50/50 保偏宽带耦合器的耦合比与波长的关系，图 7-41 所示为其插入损耗与波长的关系，这种耦合器直通端和耦合端的消光比分别为 22dB 和 16dB。

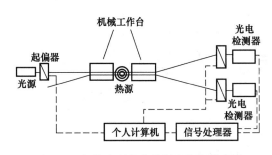

图 7-39 保偏光纤耦合器制造设备示意图

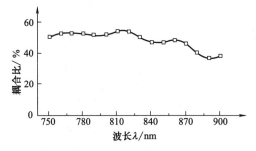

图 7-40 50/50 保偏宽带耦合器的耦合
比与波长的关系

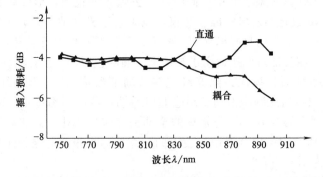

图 7-41 50/50 保偏宽带耦合器的插入损耗与波长的关系

日本茨城电气通信实验室开发了一种高消光比的单模单偏振光纤定向耦合器，其工作原理是：当圆偏振光输入耦合器时，两正交偏振模中的一个受到严重衰减，而在熔融双锥区中只有一个偏振模式耦合，结果在 $\lambda=1.3\mu m$ 时，消光比高达 41dB，耦合比为 48:52。这种

耦合器采用 $1.3\mu m$ 的专用 PANDA 光纤，芯径为 $6\mu m$，外径为 $160\mu m$，折射率差为 20%，截止波长为 $0.86\mu m$，模式双折射 $B=4.1\times10^{-4}$。图 7-42 所示为该光纤绕在 $R=11cm$ 芯轴上时，x 和 y 偏振模的传输损耗谱。当 $\lambda>1.03\mu m$ 时，y 偏振模的弯曲损耗明显增加，而当 $\lambda>1.2\mu m$ 时，x 偏振模的弯曲损耗明显增加。经分析和验证，当 $\lambda=1.3\mu m$ 时，即使是短光纤的导模，其消光比仍为 43dB，插入损耗 $<0.5dB$。用这种保偏光纤制造耦合器，在显微镜下能方便地将两根 10m 长的光纤进行初步的轴向对中。为获得光纤的均匀熔融，可在两根光纤的连续段上沉积少量的二氧化硅炭黑。最后，在监测两根输出光纤光强的同时，用常规技术拉伸熔融区。

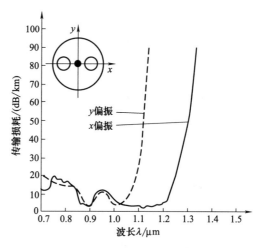

图 7-42 PANDA 光纤中 x 和 y 偏振模的传输损耗谱

德国的 Michael Eisenmann 等人研制了偏振分束用的单模熔锥耦合器。其耦合区采用标准的通信光纤，而输出采用保偏光纤，其结构如图 7-43 所示。据研究，制造这种耦合器应采取以下几项措施。

① 耦合区长度 S 越短，偏振分束器与波长的相关性越小，因此 S 必须尽可能小。

② 为提高偏振相关性，耦合器的宽度 a 应尽可能小。

③ 为获得宽广的有效光谱，必须以短的耦合长度获得所需束腰。

④ 根据制造过程中所测的偏振度控制拉锥工艺，在偏振度最大时终止拉锥。

⑤ 耦合区中的光纤必须平行排列，切勿扭绞，以分离两个线偏振态。

图 7-44 所示为这种偏振分束器制造装置。制造前，先拼接单模光纤和保偏光纤，并使接头距耦合区 20mm，然后调节保偏光纤轴，使其与夹具中两根光纤的对称轴平行。为控制耦合特性，把光源的光耦合进一根输入光纤，用压电陶瓷制成的偏振调制器在线测量偏振度。在熔锥时，测量两根输出光纤的光功率，并在预定波长下，当偏振度最大时停止拉锥。

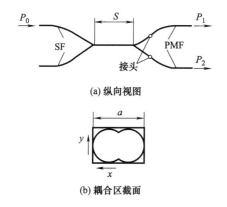

图 7-43 偏振分束用的单模熔锥
耦合器结构

SF—单模光纤；PMF—保偏光纤

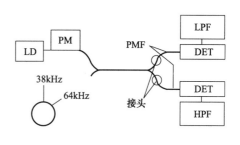

图 7-44 偏振分束器制造装置

LD—激光二极管；PM—偏振调制器；PMF—保偏光纤；
LPF—低通滤光器；DET—检测器；HPF—高通滤波器

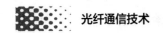
据报道，这种偏振分束器的平均附加损耗（包括接头）为0.2dB，波长精度为±3nm，最低消光比为－27dB，保偏光纤主轴与耦合区主轴的角偏差为2°。

美国海军研究实验室为提高熔融保偏耦合器的生产率，开发了一种制造重复性优良的熔锥技术（所用光纤为日立公司的高双折射椭圆纤芯光纤）。为减小常规化学腐蚀和熔锥对双折射性能的影响，提出两种光纤双折射轴的在线对中法：端部-端部对中法、光斑对中法。

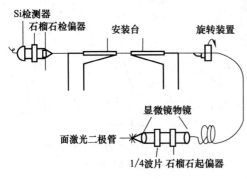

图7-45 端部-端部对中法技术

① 端部-端部对中法技术示意图如图7-45所示，先将适当长度的光纤输出端插入旋转装置并固定，然后测量光纤输出端的偏振消光比，并转动光纤，直至光纤偏振轴的方位与参考方位一致。由于最大的偏振消光比对检偏器的方位角极其敏感，所以光纤的任一根双折射轴均可识别，并能以＜1°的精度实现对中。接着将对中的光纤固定在安装台任一侧的显微镜盖玻片上，用同样方法依次对准和固定主光纤引纤和分路光纤引纤。制造耦合器时，先使两根预对中光纤的裸露段相互接触，同时注意切勿引起光纤的旋转或扭绞，然后置于合适的HF溶液中腐蚀，并对光纤进行加热和拉锥，直至获得所需的光功率分路。

② 光斑对中法技术示意图如图7-46所示，先将合适长度的光纤插入旋转装置并固定，然后把光纤置于折射率匹配油槽中，并用光学系统对中。目视观察图7-46（b）或图7-46（c）所示的图像，确定光纤主轴及其方位，再按端部-端部对中法固定光纤和制造耦合器。其封装结构如图7-47所示。

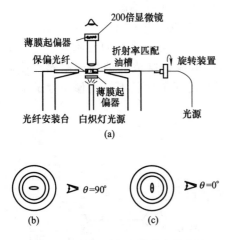

图7-46 光斑对中法技术及其装置

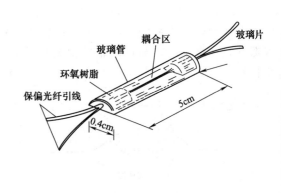

图7-47 封装结构

据报道，这种保偏光纤耦合器的平均插入损耗为1dB，分光比可控，平均消光比为15～20dB，生产的成品率为50％。

3. 抛光型保偏光纤耦合器

国外在致力研究和开发熔锥型保偏光纤耦合器的同时，也开展了抛光型耦合器的研制工作。据报道，影响这类耦合器性能的主要因素是：

① 两根光纤主轴的角度对中精度；

② 两根光纤快模和慢模传播常数之间的失配程度；

③ 特定的几何形状。

目前，国外已报道过多种抛光型保偏光纤耦合器。例如，法国 Lefevre 等人在分析侧面抛光产生应力松弛的基础上，用应力感生双折射单模光纤研制成高选择性偏振分束光纤耦合器。它采用两根相同的平面耦合蝶结形双折射光纤，自动保证相同的导波条件，而快、慢模之间传播常数的失配则用能引起不同应力松弛的不同抛光深度来获得。理论和实验表明：侧面抛光所致的应力松弛能对某一根光纤偏振产生适当匹配，而使另一根光纤交叉偏振保持原光纤双折射引起的失配状态。如果设法让一根光纤的应力结构取向平行于抛光表面，而另一根光纤的应力结构取向正交于抛光表面，那么就能制成这种抛光型耦合器。图 7-48 所示是耦合器对拼玻璃基体的侧面抛光，图 7-49 所示是应力感生高双折射单模光纤的横截侧面，图 7-50 所示是侧面抛光引起的应力松弛，图 7-51 所示是这种偏振分束器的结构。两块 SiO_2 玻璃基体具有光纤应力结构的正交定位设计，由于侧面抛光松弛芯区中的内应力，因此使平行于界面的偏振获得非常优良的匹配，而对正交偏振则保持原有光纤双折射引起的失配。为同时调节耦合端口和发射端口的偏振选择性，应保证抛光表面的顶部低于玻璃基体表面顶部零点几微米，以尽量减小胶黏剂所需填充的气隙。抛光质量用微型斐索干涉仪控制，经测量得分束器的附加损耗为 0.1dB，工作波长范围为 50nm，平均选择性为 25dB（1550nm）。

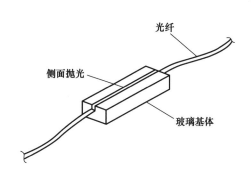

图 7-48 耦合器对拼玻璃基体的侧面抛光

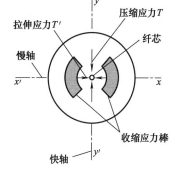

图 7-49 应力感生高双折射单模光纤的
横截侧面（York Technolgy 公司）

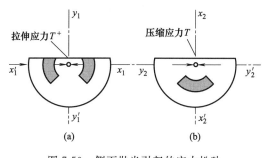

图 7-50 侧面抛光引起的应力松弛

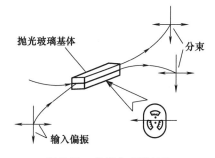

图 7-51 偏振分束器结构

英国的 Zervas 等人利用抛光技术耦合两根光纤和表面等离子体激元波（SPW），实现偏振隔离，位于互作用区中两抛光表面间的一层金属薄膜支持呈固有 TM 偏振的 SPW。因此，在这种三波导（光纤-金属膜-光纤）结构中，只有 TM 偏振光才能实现有效的交叉耦合，而

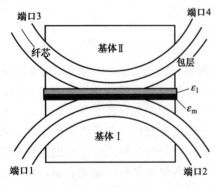

图 7-52　偏振分束器结构示意图

TE 偏振光的传输却不受影响。这种偏振分束器的结构如图 7-51 和图 7-52 所示，先用光弹性技术精确对中两段 York Technology 公司的高双折射光纤，使它们的快轴垂直于玻璃基体 I 和 II 的表面，然后用环氧树脂把光纤黏结在每个基体上蚀刻的槽中（曲率半径为 25cm）。接着抛光基体，直至耦合出的注入光超过 30dB。铝薄膜（ε_m）直接沉积在玻璃基体 I 上，在两基体的抛光表面之间放置 20mm 厚的介质缓冲层（ε_1），例如液晶。

据报道，这种抛光型偏振分束器的消光比为 35dB，偏振选择性为 30dB。

此外，英国的 Tobin 等人也研制类似的偏振分束器，而且在 1300nm 时的偏振消光比达到 42dB，插入损耗为 0.8dB。

4. 透镜式保偏光纤耦合器

在熔锥型和抛光型保偏光纤耦合器中，常因腐蚀、抛光和熔融等原因而在部分光纤耦合区周围形成微小的光折射差，致使光纤偏振模的混合变大和附加损耗增加，特别在紧耦合器件中，很难获得稳定的波长和耦合比关系。

为此，日本富士通实验室开发一种适合于相干传输系统或光纤陀螺用的低损耗、宽带、小型的透镜式（2×2）保偏光纤定向耦合器。它由两个涂防反射膜的蓝宝石球面透镜（$\phi 200\mu m$）、1 块半反射镜（厚 $100\mu m$）和 4 根具有平基准面的锥形矾土陶瓷套管构成（图 7-53）。其特点是：套管具有精密小孔（余隙 $<0.5\mu m$），以便插入光纤时不产生应力；两套管以平基准面对称复合，便于调节光纤主轴（图 7-54）；多层介质膜有利于简化耦合比与波长特性设计；光轴与机械轴分开，改善光回波损耗和串扰性能；透镜与反射镜之间的最佳间距使插入损耗减至最小；采用透镜耦合，器件性能不易受光纤几何参数的影响。该结构的缺点是制造工艺较复杂。

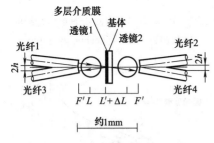

图 7-53　透镜式（2×2）保偏光纤定
向耦合器的光学系统

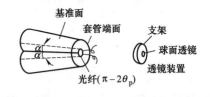

图 7-54　复合的套管组件
θ_p—纤芯倾角；α—光纤轴倾角

据报道，此定向耦合器的方向性 $\geqslant$50dB，回波损耗 $\geqslant$40dB，附加损耗 $\leqslant$1dB（1.2～1.4μm），偏振消光比 $\geqslant$25dB。

5. 保偏光纤耦合器的主要性能

多年来，保偏光纤耦合器由于结构设计的不断改进，制造工艺的日益成熟，产品性能有明显提高。表 7-12 是国外部分保偏光纤耦合器的主要性能。

表 7-12 国外部分保偏光纤耦合器的主要性能

厂 商	型号	工作波长 /nm	带宽 /nm	端口结构	分光比 /dB	附加损耗 /dB	端口隔离 /dB	光纤
Andrew Corp.	22573	633、830、1300	20	2×2	3	0.5	50	1.5～3/80
Aster	PM	850、1300		1×2、2×2	3	0.2～0.5	—	保偏型
Canadian Inst. & Res. Ltd.	904P	480～1550	±2.5% λ	2×2	可变	<0.1	50	—
OZ Optics	FOBS	400～1550	—	1×2、2×2	可变	<1.0	60	3/125～ 10/125
Photonetics，SA	AFOC-P	1550、1300	50	2×2	3	<0.2		
Fujikura Ltd.	CPL	850、1300	—	2×2		<0.1		10/125
Japan Aviation Electronics Industry Ltd.	DS	830、1550	—	2×2～ 32×32		0.25	50	9/125
	XYBeam Split	1480、1550	—	2×2		0.50	50	—
JDS Fitel Inc.	AC$_{1100}$	1275～1325 1500～1550		1×2		<0.75		9/125
3M Specialty Optical Fibers	PMC	850		2×2		0.5、0.2		4.5/80
	PMC	1300		2×2		0.5、0.2		7.1/80
YORK V. S. O. P	PPC	633、840、1330		2×2		0.5、0.25		—

四、2×2 单模光纤耦合器

1. 简介

目前，国内外普遍采用熔锥法（FBT）制作光纤耦合器，但这种方法制作的耦合器存在明显变细的拉锥区，应力比较集中，容易发生断裂，从而导致可靠性降低。有人利用现有的熔锥系统，制造出只熔融不拉锥的熔烧型光纤耦合器，该耦合器的耦合区直径明显粗于熔锥型光纤耦合器，故其可靠性得到改善。

2×2 单模光纤耦合器可看作是由两个双锥相互靠近形成的，其基本结构如图 7-55 所示。

2. 制备方法

采用高温 C_3H_6-O_2 火焰直接熔烧

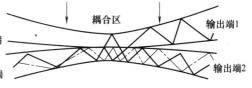

图 7-55 2×2 单模光纤耦合器

光纤制作耦合器。将检验合格的光纤在耦合段剥去 20～30mm 的涂覆层，并作清洁处理，绞合后置于精密夹具中。为了更好地监控熔融过程，实行在线监测，即从一根光纤输入光功率，在直通臂和耦合臂监测光功率。

首先在火焰熔烧两根光纤的同时，利用夹具使两根光纤向两侧预拉伸，当耦合器的耦合端有功率输出时停止拉伸。然后只用火焰熔烧两根光纤，这时可监测到：随着熔烧时间的增加，直通臂的光功率 P_1 下降，耦合臂的光功率 P_2 上升，当达到指定分光比时计算机发出停止加热指令，火焰退出。这样形成的耦合区极易损坏，为此必须立即安装石英玻璃基体以保护耦合区，然后才能从夹具上卸下，进行性能测试。如性能符合要求，即可安装壳体，成为可供使用的 2×2 单模光纤耦合器。

3. 性能分析

直通臂、耦合臂输出的光功率会随着两光纤中心距离的变化而呈周期性变化，实验发现，随着熔烧时间的增加，损耗逐渐增大，最后耦合器将断裂。通过控制熔烧时间和温度可以制造出不同分光比的耦合器。制作时在第一个周期设置停机点，这样才能保证耦合区的直径没有明显的变细。图 7-56 所示为熔烧时间与耦合区直径变化的关系曲线，可见，随着时间的增加，耦合区直径逐渐变细，直至断裂。

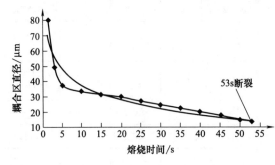

图 7-56　熔烧时间与耦合区直径变化的关系曲线

采用熔锥法和新方法（熔烧法）分别制作 3dB 光纤耦合器，并通过高分辨率的显微镜测量耦合区的直径，两种耦合区直径见表 7-13。

表 7-13　两种耦合区直径

编　　号	1#	2#	3#	4#	5#
熔锥型耦合器直径/μm	8.5	7.5	6.8	8.5	9.0
新型耦合器直径/μm	16.5	15.8	14.9	15.7	14.5

由表 7-13 可以看出熔烧法制作的 3dB 耦合器的耦合区直径明显粗于熔锥法制作的耦合器，故其可靠性得到改善。

利用光谱仪的运算功能获得耦合器的附加损耗，具体实验数据见表 7-14。

表 7-14　2×2 单模熔烧型光纤耦合器测试结果

编　　号	1#	2#	3#	4#	5#
附加损耗/dB	0.05	0.06	0.01	0.03	0.08

采用熔烧法制作的 3dB 单模光纤耦合器，附加损耗均小于 0.1dB，基本达到通信系统用 2×2 单模光纤耦合器的性能指标。

4. 效果评价

① 通过对 2×2 单模光纤耦合器的理论分析可知，熔烧时随着两光纤间距离的缩短，直通臂和耦合臂的输出功率呈周期性振荡变化。

② 其制作平台只需在原有拉锥机的基础上加以改善即可。

③ 通过试验比较，这种新型光纤耦合器的耦合区直径明显粗于熔锥型耦合器，故其可靠性得到了大大的改善。

④ 利用高精密光学仪器搭建测试系统，通过大量的试验表明，此种耦合器性能均达到光纤通信用光纤耦合器的性能标准。

⑤ 利用此方法可以制造各种标准耦合器、宽带耦合器、整体式的 1×3 和 1×4 耦合器、光纤衰减器和波分复用器等。

五、可调光子晶体光纤耦合器

1. 简介

光子晶体光纤（PCF）由于其独特的特点和一些可控性能，已受到人们极大的关注。与传统单模光纤相比，PCF 具有许多优势和特性，如无休止单模传播、大单模模场面积和非同寻常的色散性能等。PCF 耦合器是纤维光学系统的基本模块之一，它很好地利用了 PCF 材料，将光从一根 PCF 耦合到另一根 PCF。以前制作 PCF 耦合器采用的是双熔锥（FBT）耦合方法，然而这样制作出的耦合器的耦合率不可变，是固定的，并且，由于 FBT 方法需采用高温，很容易使 PCF 耦合器锥形区域的空气孔变形。

现介绍一种采用侧面抛光工艺制作的可调 PCF 耦合器。侧面抛光技术已被广泛应用于制作可调纤维光学器件。在传统的单模光纤中，大部分模场被局限在纤芯区，但是有些模场会一直扩展到光纤的包层区。所谓的渐逝场能一直扩展到包层区，沿光纤径向迅速衰减。通常渐逝场会在包层的外表面遗留忽略不计的能量，因此不能简单地将两根光纤并排放置来实现纤芯模耦合。只有使纤芯模扩展，或者使两根光纤的纤芯尽量靠得很近，才有可能实现耦合。在侧面抛光工艺中，通过抛光光纤一侧，物理去除部分包层，将两根已进行侧面抛光的光纤匹配，使纤芯相邻，进而在两根光纤的纤芯之间实现渐逝场耦合。

通过控制两根侧面抛光光纤的匹配参数，可以很容易地调节耦合率。对耦合器而言，侧面抛光技术相对于 FBT 方法的优势在于，它不会使 PCF 抛光区的空气孔变形。可以通过控制两根侧面抛光 PCF 之间的匹配角，将 PCF 耦合器的耦合率调节至高达 90%。令人感兴趣的是，这种 PCF 耦合器在宽的波长范围内显示出近乎平坦的光谱。

2. 制备方法

将芯径为 3mm 的 SiO_2 棒采用层层套叠（stack-and-jacketing）的方法制作成预制棒，然后将其拉制成 PCF。采用内径为 2mm、外径为 3mm 的石英毛细管形成包层区中的空气孔，在这些毛细管外套一个内径为 34mm、外径为 38mm 的套管，将制成的 PCF 埋入 25mm 长的石英块中，对 PCF 的一侧抛光。该半块石英块内有一个曲率半径为 250mm、宽度为 $140\mu m$、深度为 $130\mu m$ 的凹槽。采用 UV 固化环氧树脂（Norland 生产的 NOA61）将 PCF 固定在此槽中，开始抛光。首先，将此半块石英块放在黄铜盘上，用约为 $\phi5\mu m$ 的矾土粉末进行初抛光，然后将其移至聚酰亚胺盘上，用约为 $\phi1\mu m$ 的氧化铈粉末进行细抛光，抛光完成后，用超声波清洗抛光粉，并用真空抽取渗入 PCF 抛光区空气孔的液体。图 7-57 所示为埋入侧面抛光 PCF 的石英块示意图。

图 7-58 所示为半块石英块的顶视图和抛光面的显微镜成像图。在下方右图中，沿着光纤方向延伸的黑线指空气孔，由于抛光而暴露出来。抛光深度是决定侧面抛光 PCF 耦合器耦合率的重要参数之一。抛光深度可由暴露区的长度和凹槽的曲率半径粗略算出。当抛光长度为 10mm 时，根据凹槽的曲率半径（$250\mu m$），计算出抛光深度约为 $50\mu m$。

图 7-59 所示为半块石英块的横截面显微镜成像图，石英块中埋入已抛光的 PCF。另外再制作半块一模一样的石英块，然后将两半块石英块进行匹配制成 PCF 耦合器。可以通过改变两半块石英块之间的匹配角来调节耦合率，图 7-60 所示为调整匹配角的装置。如图所示，用高精度的测微计将上面的石英块推至离固定点 15mm 处，这一外加横向位移使匹配角发生改变。同样，当去除测微计后，上面的石英块将回到原来的位置。

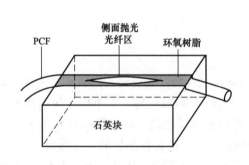

图 7-57　埋入侧面抛光 PCF 的
石英块示意图

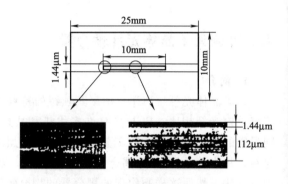

图 7-58　侧面抛光 PCF 的顶视图
和抛光面的显微镜成像图

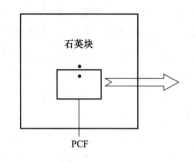

图 7-59　半块石英块的横截面示意图

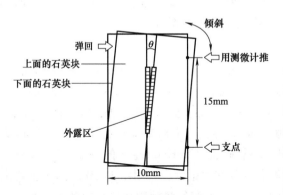

图 7-60　调整匹配角的装置

3. 性能分析

通过测量所得的耦合器每个输出端口的光功率分别除以两输出端口的功率之和，可以计算出耦合率。实际测量中使用 PCF FC/PC 连接软线来最大限度地降低连接损耗，以得到准确可靠的测量数据。图 7-61 所示为在 1550nm 波长下耦合率随等效匹配角或横向位移改变而变化的曲线图。首先，调节耦合器使之具有最大耦合率（此时匹配角为 0°）；然后，测出相对横向位移两输出端口的光强变化，测得最大耦合率约为 90%，并随着位移的增大而降低。当位移增至约 9μm 后，耦合现象会消失，此时对应的匹配角为 0.035°。图 7-59 所示左下方插入的是耦合器 PCF 的横截面显微镜成像图。该 PCF 的外径约为 116μm，芯径约为 16μm，空气孔直径 d 为 3～4μm，空气孔间隔 Λ 约为 9～10μm。

在某个特定的匹配角，采用宽带光源测量两输出端（耦合端和通过端）输出光束的光谱，图 7-62 所示为对应耦合率的输出光谱。从图中可以看出，在 1250～1650nm 宽波长范围内耦合率非常平坦。这种平坦的耦合光谱应归因于 PCF 的无休止单模特性。总之，耦合强度与光频（即波长的倒数）和耦合器纤芯模两模场间的重叠度乘积成正比。纤芯模的有效面积或模场直径与 PCF 的几何参数有关，当空气孔直径与空气孔间隔之比（d/Λ）减小时，有效模面积增大且与波长的相关性更为稳定。图 7-61 所示的 PCF 固有空气孔直径与空气孔

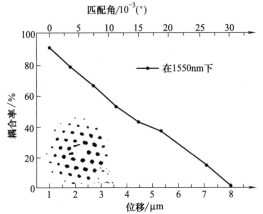

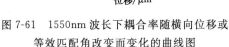

图 7-61　1550nm 波长下耦合率随横向位移或
等效匹配角改变而变化的曲线图

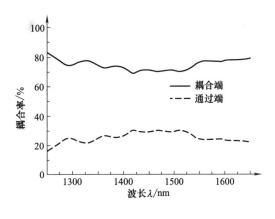

图 7-62　固定匹配角后测得对应耦合率的
输出光谱耦合端和通过端的输出光谱

间隔之比 $(d/\Lambda)\approx 0.36$。

实验中，将两半块石英块匹配时并未使用任何折射率匹配液，这是为了避免液体渗入暴露的空气孔中。如果不进行精确抛光的话，两半块石英块之间不可避免地存在空间间隙。图 7-59 所示耦合率光谱出现的微小变化可解释是两半块石英块之间的空气间隙产生的干涉引起的。PCF 耦合器的附加损耗为 3～6dB。附加损耗定义为单根未抛光 PCF 的传输功率与耦合器两输出端口的总传输功率之差。该损耗与抛光面的光学质量和抛光深度都有关系。随着抛光深度的增加，附加损耗随之增大。因此，调整抛光深度到 $50\mu m$，以便在附加损耗和耦合效率之间获得最佳的折中。对于非线性应用方面，该侧面抛光技术还适用于小纤芯 PCF，然而小纤芯需要增加抛光深度。

4. 效果评价

利用侧面抛光技术已制作出可调 PCF 耦合器。通过除去每根 PCF 的一部分包层区，使两根 PCF 的纤芯足够靠近以实现渐逝场耦合。通过调整侧面抛光 PCF 的两半块石英块之间的匹配角，已成功实现高达 90% 的可调耦合率，耦合率在 1250～1650nm 范围内的光谱几乎是平坦的，只有微小的变化。

六、混合波导法制备塑料光纤耦合器

1. 简介

混合波导法制备石英光纤耦合器技术早已成熟，该方法是采用一段波导作耦合器的功率混合器。常规的石英光纤的包层比较厚，波导法制备光纤耦合器在波导与光纤连接时，去除包层费用昂贵，这增加了制备耦合器的成本。常规的 PMMA 塑料光纤芯径大（$1000\mu m$）、包层薄（$10\mu m$），即使不去除光纤包层，光纤束与混合波导的连接界面上光纤纤芯的面积占界面总面积的比率也很高，也能保证耦合器有很高的耦合效率。因此，采用混合波导法制作塑料光纤耦合器时，不需要去除光纤包层，制作出的耦合器具有结构简单、制作生产成本低、适合批量生产等优点。

2. 混合波导法及混合波导耦合器

混合波导耦合器的性能指标主要是损耗、通道的均匀性及通道间串扰等，这些性能主要由耦合器的结构决定。另外，损耗还来源于两端光纤连接处的各种因素，包括两光纤端面不平行、端面处理不完善、光纤的弯曲、光纤束的不完全准直等，这些因素都与制作工艺密切相关。

混合波导法制备耦合器是基于波前分割原理，其作用相当于一个光波混合器。混合波导法一般有圆柱形、圆锥形、漏斗形和矩形等套管连接，其材料采用与塑料光纤同折射率的聚合物制备。耦合器的输入光纤的端面接在混合波导一端，输出光纤的端面接到混合棒的另一端。由于耦合器几何结构的原因，两端光纤受光面积不完全匹配，把混合棒端面上未接塑料光纤的部分称为"失配面"。

混合波导与光纤束的连接，首先采用矩形、圆形等套管连接，然后采用胶（如环氧树脂）进行固化。

（1）$N \times N$ 塑料光纤耦合器　制作 $N \times N$ 塑料光纤耦合器比较简单，主要采用矩形波导和圆柱形波导作混合波导。在制备这种耦合器时，遇到的主要问题是在混合波导的输出端面光功率分配不均匀，这种不均匀程度会随着耦合器 N 的增加、波导截面增大而增加。另外，还存在混合波导中模式混合不均匀问题。

针对上述问题，目前提出两种改进方法，一种方法是在混合波导与光纤束连接的端面加一层扩散层，扩散层的作用是对输入到扩散层的光进行扩散，一方面增加光功率分配的均匀性，另一方面增加模式混合；另一种方法是对混合波导进行弯曲处理，一般弯曲程度需要到180°，弯曲波导可以增加光功率分布的均匀性，增加模式混合。加扩散层的方法增加了耦合器的制作成本，这种方法适合制作端口 N 很多的耦合器。对于弯曲混合棒的方法，由于混合棒的弯曲必然会导致部分光从弯曲波导侧面泄漏出去，增加耦合器的损耗，因此，一般在弯曲混合棒的侧面镀上高反射率的金属膜，以减少光在混合棒中的泄漏损耗。由于现在镀膜工艺成熟，成本不高，故采用这种改进的弯曲混合棒法制备的 $N \times N$ 塑料光纤耦合器具有性能好、成本低的特点。

图 7-63　1×7 圆柱形塑料光纤耦合器

（2）$1 \times N$ 塑料光纤耦合器　采用混合波导法制备 $N \times N$ 塑料光纤耦合器比较简单，而 $1 \times N$ 塑料光纤耦合器的制作较为困难，图 7-63 所示为采用圆柱体作混合波导制作的 1×7 塑料光纤耦合器示意图。制作这类耦合器的主要困难：如果采用圆柱体（或矩形体）作混合棒，则在接 1 根光纤的混合棒端面上失配面会过大。因此，制作这类耦合器要解决的主要问题是如何解决失配面问题，对此提出下面几种混合波导结构。

① 圆柱波导。针对圆柱体制作 $1 \times N$ 耦合器失配面出现大问题，有人提出在失配面上加吸收材料，或者加吸收光纤方法。具体采用的方法是：在接 1 根光纤的圆柱体端口的失配面（除接光纤的面积以外的面积）上涂上光吸收材料，用于吸收从接 N 根光纤端面上反射过来的光功率；采用吸收光纤可以达到同样的目的，在失配面上接 $N-1$ 根吸收光纤，吸收光纤采用弯曲光纤来制作，从接 N 根光纤的混合波导端面上，反射进入到吸收光纤的光功率传输到光纤弯曲部分会泄露出去，从而达到吸收反射光功率的目的。

② 圆锥波导。为解决失配面问题，通常采用圆锥体作混合波导。作混合波导的圆锥体的两端面的面积是确定的，对 1×7 耦合器而言，小端的直径等于塑料光纤，大端的直径等于 3 倍塑料光纤。这样虽然解决了耦合器失配面问题，但同时又带来损耗问题。锥体的锥角设计得越小，波导突变程度就越小，锥体就越长，功率分配越均匀，模式混合越充分，但损耗越大，设计时应进行综合考虑。这种耦合器的最主要问题是光功率的均匀性差，在同一圆

周上的输出光纤中的光功率基本上相同，中心输出光纤的光功率最强，占总输出功率的很大部分。

③ 漏斗波导。针对上述采用圆锥波导作混合波导制备耦合器存在的问题，本文提出漏斗波导作混合波导，这种漏斗的壁厚同光纤直径，如图 7-64 所示。这种混合波导可以看成是上述圆锥体混合波导挖去中心而成，这种结构必然会增加输入端面与输入光纤的突变，增加损耗。制作这类耦合器同样需综合考虑漏斗体的锥角与长度的关系。固然漏斗波导方法很好地解决了上述圆锥混合波导中光功率均匀性差的问题，提高了光功率的利用率，但由于漏斗中心是空的，故耦合器的损耗会明显增加。

由此，本节介绍两种方法来减少耦合器的损耗，一种方法是在漏斗的细端面加一个微型凹透镜，利用透镜的散光作用来扩散输入光功率，从而减少从漏斗波导漏斗口泄漏出去的光功率，提高光功率的利用率；另一种方法是在漏斗的侧面镀高反射金属膜，阻止光功率从漏斗口、漏斗侧面泄漏，从而达到减少损耗的目的，同时这种结构还具有增加光在混合波导中模式的混合功能。

④ 其他。利用波导技术中的注模法，可以很方便地制作分支波导结构，比如 Y 形结构。用它作混合波导，可以很方便地制作出 1×2 耦合器。图 7-65 为该耦合器模型。

图 7-64　$1\times N$ 漏斗形塑料光纤耦合器

图 7-65　1×2 Y 形塑料光纤耦合器

有人提出 1×4 塑料光纤耦合器，其混合波导是利用光纤本身制作成的锥体。这种锥体是利用光纤的热缩效应，把一根光纤的一端加热、压缩而成。由于这种耦合器采用光纤自身制作混合波导，这样就减少了混合波导的一个连接端面，从而减少了损耗。

前面所述的塑料光纤耦合器都是传输型耦合器，光功率从耦合器的输入光纤通过混合波导传输到输出光纤。为了减少失配面，在制作耦合器时，要求输入（输出）光纤束中的光纤紧挨在一起。这里提出一种基于反射原理的新型混合波导耦合器结构，即全反射型混合波导耦合器。在上述的 $N\times N$ 塑料光纤耦合器设计中，输入（输出）光纤束间距故意设计得较大，从而使失配面比较大，在混合波导的失配面和侧面镀上金属反射膜，这样就构成一种反射型混合波导耦合器。从耦合器的任何一根光纤输入光功率，利用光在混合波导上失配面和侧面上的金属膜反射，使其他光纤中均有光功率输出，这实际上就是一种 $1\times N$ 耦合器。

3. 效果评价

采用混合波导法研制塑料光纤耦合器的关键是混合波导的设计，一方面要考虑混合波导的形状，尽量使耦合器的失配面小，同时要兼顾耦合器装配上的方便；另一方面是要考虑混合波导的长度，波导越长，光功率分配越均匀，模式混合越充分，但损耗越大。

利用混合波导法制备塑料光纤耦合器时，制备 $N\times N$ 耦合器比较容易，性能也比较好。制备 $1\times N$ 耦合器比较困难，性能不如前者。对 $N\times N$ 耦合器而言，采用矩形体制作混合波导比采用圆柱体的失配面略大，以 7×7 耦合器为例，圆柱体的失配面占端面 22.22%；矩形体的失配面占端面 21.51%。采用矩形体制作混合波导，耦合器便于重叠，易构成耦合器阵列。对 $1\times N$ 耦合器而言，混合波导采用漏斗体比圆锥体的均匀性好，但功率利用率差，制作成本高。

为增加混合波导中的光功率分配的均匀性，增加模式混合功能，可采用在光纤与混合波导间接合处加扩散层法，还可以采用对混合波导进行弯曲处理。为减少光功率在混合波导中的损耗，可采用在混合波导侧面镀膜技术。这些技术能改进耦合器的性能，但同时也会增加耦合器的制作成本，在实际应用中，应根据需要进行选择。

七、1×7锥形混合棒塑料光纤耦合器

1. 简介

锥形棒塑料光纤耦合器相对于光波尺寸来说是很大的，对于1×7的耦合器，细端为 $\phi1mm$，粗端为 $\phi3mm$，而对于PMMA芯的塑料光纤来说，其低损耗传输窗口约为650nm，

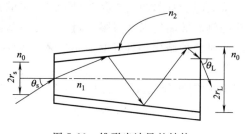

图7-66 锥形光波导的结构

锥形棒波导的横向尺寸为光波长的几千倍。因此，相对于锥形棒光波导来说，可以认为光波长 $\lambda \to 0$，适合利用几何光学中的光线追迹法来分析和仿真其性能。

由于采用芯径为 $980\mu m$、外径为 $1000\mu m$ 的阶跃折射率塑料光纤作为输入端，在这种光纤中传输的模式数达几百万个，所以输入端光场达到稳定时可以认为光功率在整个截面上均

匀分布，并且在数值孔径角内各方向上均匀分布，制作阶跃型锥形光波导结构如图7-66所示。

图中 n_0、n_1 和 n_2 分别为外界介质（空气）、芯区介质和包层介质的折射率，r_s 和 r_L 分别为芯区细端半径和粗端半径，θ_s 和 θ_L 分别是光线在细端的入射角和在粗端的出射角。假设从细端入射的光线能够通过全反射从粗端出射，则

$$r_s \sin\theta_s = r_L \sin\theta_L \tag{7-10}$$

从式（7-10）可以看出，对于锥形棒光波导，细端的孔径角大于粗端的孔径角。锥形棒光波导耦合器用作分波器时关键在于分光比要一致，由式（7-10）可知，如果输入、输出采用相同的光纤，则从锥形光波导细端入射的光线若能通过全反射从粗端出射，那么出射光线必在粗端光纤的接收孔径角范围内。据此分析，在利用光线追迹法进行仿真时，以每条光线代表一定的光功率作为单位值，对锥形光波导的细端截面和空间角均匀剖分，每个入射点在数值孔径角的每个入射方向上有一条光线入射，入射光线根据在光波导内的传播路径分为3类：①直接从粗端面出射的光线；②从侧面透射出去的光线，由于反射光功率很小，所以认为完全透射出去；③通过全反射从粗端面出射。第三类光线反射后的传播方向由矢量形式的反射定律确定。

$$\boldsymbol{A}' = \boldsymbol{A} - 2\boldsymbol{n}(\boldsymbol{A} \cdot \boldsymbol{n}) \tag{7-11}$$

式中 $\boldsymbol{n}$（矢量）——圆锥面在反射点处的法向量；

   $\boldsymbol{A}$——入射光线的方向单位矢量；

   $\boldsymbol{A}'$——反射光线的方向单位矢量。

PMMA光波导的损耗较大，在仿真时可以根据光线传播的路径长度取其代表的功率，不考虑损耗时的分光比与光波导长度的关系。根据制作的混合棒塑料光纤的传输损耗取1000dB/km时的分光比与光波导长度的关系，由于锥形光波导很短，传输损耗对分光比的影响很小，研究分光比与光波导长度的关系时可以不加考虑。此外，分光比并不是随光波导长度呈单调变化的，而是随着光波导长度的增加在均匀分光比值0.143的上下快速振荡变化

的。在某些点处，虽然分光比很一致，但分光比随光波导长度变化很快，变化幅度很大，要求锥形光波导的制作准确度很高。为了进一步选择和确定最佳的耦合器长度，对锥形光波导长度在 2~4cm 范围内取 0.1mm 的间隔进行更加精确的数值仿真。现知取光波导长度在 2.3~2.5cm 之间较合适，在此区域内分光比变化缓慢且一致，制作的光波导长度为 2.4cm±0.1cm。

2. 耦合器制备方法

通过本体聚合制作出 $\phi18mm$ 的圆棒状 PMMA 光波导，然后拉伸得到细端为 $\phi1mm$、粗端为 $\phi3mm$、长度为（2.4±0.1）cm 的锥形棒光波导，锥形棒光波导芯区折射率为 1.49。包层采用有机硅，折射率为 1.34，实际制作的锥形光波导的锥面母线为指数型，但其锥度很小，可以认为是直线。锥形混合棒光波导芯区粗端为 $\phi3.0mm$、细端为 $\phi1.0mm$。输入、输出用光纤为市场上的商品塑料光纤，其纤芯为 PMMA，折射率为 1.492，包层折射率为 1.417，外径为 1mm，芯径为 0.98mm，1×7 耦合器结构示意图如图 7-67 所示。

锥形光波导两端与光纤采用精密机械连接，机械连接部分组装后的 1/3 部分立体图如图 7-68 所示，拉制的锥形光波导放在 3 中，构成 1×7 耦合器时，单根光纤插入 2 中，由 1 拧紧固定，7 根光纤插入 4 中，由 5 拧紧固定，然后由连接螺套 6 将光纤紧紧地与锥形光波导对接，1 与 2、4 与 5 通过锥面紧固光纤，零件 2、3 和 4 的端面粗糙度 Ra 为 8，零件 2 对接端的孔径为 $1.0^{+0.01}_{+0.00}$（mm），零件 3 的孔径为 $3.0^{+0.010}_{+0.005}$（mm），零件 4 对接端的孔径为 $3.0^{+0.02}_{+0.01}$（mm）。

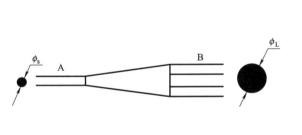

图 7-67　1×7 塑料光纤耦合器的结构示意图

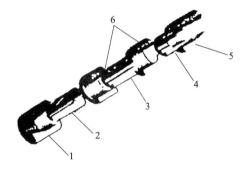

图 7-68　机械连接 1/3 部分立体图

1,5—紧固件；2,3,4—光纤插孔；

6—连接螺套

3. 性能分析

对于制作的 1×7 塑料光纤耦合器作为分波器和合波器分别进行测量，作为分波器时，用波长为 660nm 的光信号通过塑料光纤从 A 端入射，然后在 B 端进入到 7 根光纤中，测量输入功率和 7 根光纤的输出功率，计算出插入损耗、分光比和均匀性，具体数据见表 7-15。制作的光波导传输损耗约为 1000dB/km，由表 7-15 可以看到，附加损耗只相当于 1.38m 长的锥形混合棒塑料光纤的损耗，这是可以接受的。在所有 N 个信道中，损耗的平均值 m_L 与标准偏差 δ_L 的计算公式如下：

$$m_L = \frac{\sum_{i=1}^{N} L_i}{N}$$

（7-12）

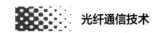

$$\delta_{\mathrm{L}} = \sqrt{\frac{\sum\limits_{i=1}^{N}(L_i - m_{\mathrm{L}})^2}{N}} \tag{7-13}$$

表 7-15　1×7 分波器与 7×1 合波器的性能指标

损耗	1×7 分波器	7×1 合波器
总损耗 $L_{\mathrm{total}}/\mathrm{dB}$	5.54	12.96
基本损耗 loss $L_{\mathrm{f}}/\mathrm{dB}$	4.16	12.61
附加损耗 $L_{\mathrm{excess}}/\mathrm{dB}$	1.38	0.35
平均损耗 $m_{\mathrm{L}}/\mathrm{dB}$	14.03	12.98
最大损耗 $L_{\mathrm{max}}/\mathrm{dB}$	14.53	13.70
最小损耗 $L_{\mathrm{min}}/\mathrm{dB}$	13.12	12.22
标准误差 $\delta_{\mathrm{L}}/\mathrm{dB}$	0.53	0.48
均匀性 $\Delta L/\mathrm{dB}$	1.41	1.48

耦合器的损耗除了光波导本身的传输损耗外，还包括器件连接时端面与光纤截面积的几何失配、端面连接间隙、端面倾斜、菲涅尔反射和数值孔径失配等引起的损耗，以及与混合棒耦合器结构有关的几何失配基本损耗与数值孔径失配引起的损耗，耦合器用作分波器与合波器时，它们的基本损耗为：

$$L_{\mathrm{f}} = \begin{cases} -10\lg\left[\dfrac{7(\phi NA)^2}{(\phi_{\mathrm{L}} NA_{\mathrm{L}})^2}\right] & \text{分波器 A→B} \\[3mm] -10\lg\left[\dfrac{(\phi NA)^2}{(\phi_{\mathrm{L}} NA_{\mathrm{L}})^2}\right] & \text{合波器 B→A} \end{cases} \tag{7-14}$$

式中　ϕ——耦合器尾纤的芯径；

$\quad NA$——耦合器尾纤的数值孔径；

$\quad \phi_{\mathrm{L}}$——锥形光波导粗端芯区的直径；

$\quad NA_{\mathrm{L}}$——锥形光波导粗端的数值孔径。

由上述方法制作的耦合器的具体参量，可得：

$$L_{\mathrm{f}} = \begin{cases} 4.16\mathrm{dB} & \text{分波器 A→B} \\ 12.61\mathrm{dB} & \text{合波器 B→A} \end{cases}$$

在没有数值孔径失配的情况下，可得：

$$L_{\mathrm{f}} = \begin{cases} 1.27\mathrm{dB} & \text{分波器 A→B} \\ 9.72\mathrm{dB} & \text{合波器 B→A} \end{cases}$$

由此可见，数值孔径失配带来的损耗是很大的，为减小耦合器的损耗，在芯区材料均为 PMMA 的情况下，应选锥形光波导包层折射率与尾纤包层折射率相同的材料。

将测试的数据与相关数据进行比较，其性能比较见表 7-16。

4. 效果评价

提出了适于混合棒塑料光纤耦合器数值分析的光线追迹法，利用光线追迹法进行数值仿真，按数值仿真的最优锥形混合棒光波导长度范围，制作出长度为 $(2.4\pm0.1)\mathrm{cm}$ 的 1×7 锥形混合棒耦合器，其分光比均匀且变化幅度很小。由于制作锥形混合棒包层的材料折射率与尾纤包层材料折射率不同，造成数值孔径失配，使耦合器的基本损耗大大增加，但这一问题是容易解决的。这就有助于实现器件的小型化，且制作起来也更简单、方便。

表 7-16　性能比较

性　　能	分波器 A→B	合波器 B→A	分波器 A→B	合波器 B→A
锥形棒波导长度/cm	2.4±0.1		15	
总损耗 L_{total}/dB	5.54	12.96	2.90	9.89
基本损耗 loss L_f/dB	4.16	12.61	1.18	8.22
附加损耗 L_{excess}/dB	1.38	0.35	1.72	1.67
平均损耗 m_L/dB	14.03	12.98	11.37	9.91
最大损耗 L_{max}/dB	14.53	13.70	11.89	10.49
最小损耗 L_{min}/dB	13.12	12.22	10.89	9.51
标准误差 δ_L/dB	0.53	0.48	0.4	0.39
均匀性 ΔL/dB	1.41	1.48	1.0	0.98

八、光纤光栅耦合器

1. 简介

光纤光栅耦合器是光纤光栅和光纤耦合器工艺技术相结合派生出的一种新型全光纤器件。它既具有光纤光栅优良的光谱特性，又兼有光纤耦合器多端口的特点，克服了光纤光栅后向反射式工作的缺点，是一种插入损耗小、波长选择性好、与偏振无关的器件。该器件可用于制作波分复用通信系统中的分插复用器（OADM），进行信号的上/下载；可用于抑制掺铒光纤放大器（EDFA）系统中的自发辐射噪声，提高系统的信噪比；可用于模式分离和非线性开关等。因此，光纤光栅耦合器在光纤通信系统中有着广阔的应用前景。

2. 分离式光纤光栅耦合器

（1）基本原理　分离式光纤光栅耦合器是指布拉格光纤光栅和光纤耦合器在空间上是分离的，其结构如图 7-69 所示。它由两个 3dB 耦合器和两个完全相同的布拉格光纤光栅构成，光纤光栅位于两相连耦合器的两臂上。信号由端口 1 输入后被均等地分在两个输出臂中，满足布拉格条件的信号被光栅反射，在第一个耦合器重新耦合到一起，由端口 2 输出。其他信号则通过第二个 3dB 耦合器结合在一起，由端口 4 输出。从原理上讲，这种器件属马赫-曾德（Mach Zehnder）式干涉型，要求两个光栅完全相同，且需精确控制光栅到两个耦合器耦合区中心的距离，并在整个使用过程中保持两臂平衡。因此，器件的制作工艺十分复杂，且对工作环境有很高的要求。

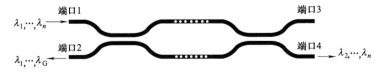

图 7-69　分离式光纤光栅耦合器

（2）研究进展　1995 年，F·Bilodeau 等人制成这种器件。他们使用两根连续的同种单模光纤，用熔锥法制作两个 3dB 耦合器。然后，用载氢等方法增强其光敏性，再在两臂上写入两个完全相同的布拉格光栅。为保持两臂平衡，用紫外照射法在其中一个光栅两边的光纤臂上进行补偿。用连续光由端口 1 入射来检测器件性能，在端口 2 测得

① 波长在 1549.1nm 处信号输出达到最大。

② 反射率为 99.4％。

③ 光谱宽度为 0.2nm。

④ 频率差在 100GHz 处输出下降 24dB。

以频率为 100GHz 的信号输入，测得器件总损耗小于 0.5dB；端口 2 处信号隔离度大于 20dB，回波损耗为 23dB。

3. 融合式光纤光栅耦合器

融合式光纤光栅耦合器是将光纤光栅写在光纤耦合器的耦合区内。这类器件只需要 1 个耦合器和 1 个布拉格光栅，因此与分离式光纤光栅耦合器相比，结构更加简单紧凑，制作技术大大简化，性能也更加稳定，更适合实际生产和应用。根据器件的工作原理和结构特点，融合式光纤光栅耦合器可以分为非对称干涉型、对称干涉型和非干涉型。

图 7-70　非对称干涉型光纤光栅耦合器

（1）非对称干涉型光纤光栅耦合器

① 基本原理。非对称干涉型光纤光栅耦合器的基本结构如图 7-70 所示。首先用两根光纤制成 100％ 耦合器，当信号由端口 1 入射时，由于耦合作用，信号 100％ 地由端口 4 输出。然后，在耦合区内的纤芯 2 上写入布拉格光纤光栅，由于光栅改变相位的作用破坏了原来的耦合，使满足布拉格条件的信号（λ_G）由端口 3 输出，其余的信号仍然由端口 4 输出，这种器件属于非对称干涉型。因此，在纤芯 2 写入光栅后还需对纤芯 1 进行照射补偿，制作工艺比较复杂，但被分离信号的波长在光纤光栅中心反射带附近较容易控制，而且器件性能较好。

② 研制方法。

a. 利用研磨抛光法制成这种耦合器。首先在一根光纤中写入一段 $\lambda_G = 1535nm$ 的布拉格光栅，然后在另一根光纤中写入一段反射波长不同（在被测光谱范围以外）的类似光栅，以补偿由于写入光栅造成的折射率改变，达到较高的耦合比，最后以布拉格光栅的中心为耦合区中心，利用研磨抛光法制成耦合器。该器件在以 λ_G 为中心、宽约 100nm 的范围内，除 λ_G 外总损耗只有 1％，而布拉格波长处，宽约 0.7nm 的范围内耦合被破坏，约 70％ 的信号由端口 3 输出，3％ 的信号由端口 4 输出，其余能量损耗掉，隔离度为 13dB。在波长为 1534.2nm 处发生较大的回波反射，约 70％ 的信号返回了端口 1。

b. 利用双芯光纤制成这种耦合器。双芯光纤是由两个不同的单模光纤熔结在一起而成的，并通过载氢使其具有较高的光敏性。首先，利用紫外照射的方法建立起以 1550nm 为中心的 100％ 耦合，然后以耦合区为中心在一根纤芯中写入一个布拉格光栅，其中心波长为 1554.06nm。为补偿由于布拉格光栅的写入造成两光纤不匹配，再用紫外光照射另一光纤上的耦合区，重新建立 100％ 耦合。实验测得器件的耦合中心移至 1555nm 处，耦合区光谱宽度约为 90nm，耦合比大于 99％。在 $\lambda_G = 1554.06nm$ 处，信号由端口 3 输出，光谱宽度约为 0.7nm，中心处隔离度超过 20dB，器件总体性能较为理想。

（2）对称干涉型光纤光栅耦合器

① 基本原理。对称干涉型光纤光栅耦合器的基本结构如图 7-71 所示。首先用两根光纤

制成 100％耦合器，当信号由端口 1 入射
时，全部信号都由端口 4 输出。然后在耦
合区的适当位置写入布拉格光纤光栅，由
于光纤光栅的耦合作用，满足布拉格条件
的信号由光栅反射并进入纤芯 2，由端口
2 输出，其余信号仍由端口 4 输出。这种
器件虽属干涉型，但结构对称，无需补偿，且被分离的信号波长也较容易控制，制作比较方
便，只是性能有待提高。

图 7-71　对称干涉型光纤光栅耦合器

② 研制方法。

a. 利用研磨法制成这种耦合器。首先在两根同样的单模光纤中写入相同的布拉格光栅，
其反射波长为 1536nm。然后将两根光纤抛光，再沿轴向精确调整光纤，使两光栅位置相
同，组成耦合器。实验测得器件在布拉格波长 λ_G 处宽约 1.2nm 的范围内，由端口 4 输出的
能量减少 20dB 以上，而这部分能量几乎全部耦合至端口 2 输出，测得回波损耗不小于
30dB。由于耦合区较长且抛光不够平整，整个器件的插入损耗较大，约为 7dB。

b. 利用熔锥法制成这种耦合器。首先将两根光敏性较强的高掺锗光纤在较低温度下用
熔融法制成一个 100％耦合器，再利用染料激光器在耦合区中写入布拉格光栅。整个器件的
插入损耗较小，约为 1dB。在布拉格波长 λ_G 处，端口 4 输出的能量损失达 20dB，其能量基
本全部反射至端口 2，反射谱的 1dB 带宽约为 0.4nm，但谱线形状不够理想，存在许多边缘
反射峰。

有人也制成这种熔融型耦合器，他们利用激光照射法将两根单模光纤拉制成熔融型
100％耦合器，然后进行载氢处理以增加光敏性，最后在耦合器的锥形区写入布拉格光栅。
实验测得在布拉格波长 λ_G 处器件的信号下载效率约为 60％，光谱宽度约为 1nm，而在端口
4 测得 λ_G 处信号能量约为 1.7％。总体看来，器件的光谱响应曲线形状较好，但器件的损耗
较大。

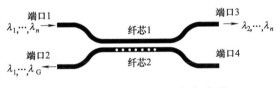

图 7-72　非干涉型光纤光栅耦合器

（3）非干涉型光纤光栅耦合器

① 基本原理。非干涉型光纤光栅耦
合器的基本结构如图 7-72 所示。首先用
两根差异较大的光纤制成不匹配耦合器，
当信号由端口 1 入射时，全部信号由端口

3 输出。然后在耦合区的纤芯 2 上写入布拉格光纤光栅，利用布拉格光栅的作用建立耦合，
满足 $\beta_1(\lambda)+\beta_2(\lambda)=K=2\pi/\Lambda$ 条件的信号被光栅反射由端口 2 输出。这种器件原理简单，
属于非干涉型，但发生耦合的信号波长由两纤芯的性质 $[\beta_1(\lambda)$ 和 $\beta_2(\lambda)]$ 及布拉格光纤光
栅的性质 (Λ) 共同确定，工艺控制比较困难，且性能有待提高。

② 研制方法。

a. 利用研磨法制成这种耦合器。首先选取两根不同的光纤，将其中一根载氢处理作为
光纤 2，用紫外照射法其中写入一段布拉格光栅，然后以光栅的中心为耦合区中心，用研磨
法将两根光纤制成耦合器，其耦合作用长度约为 3mm。器件在 $\lambda=1538.0$nm 处发生耦合，
耦合比为 80％，大约 15％的光反射回端口 1，另有一小部分光由端口 4 输出。此外，还在
1536.2nm 和 1534.4nm 处发现两个耦合强度略小的耦合峰。其产生的主要原因：耦合作用
过强，致使这两处满足 $\beta_1(\lambda)=\pi/\Lambda$ 的光有部分能量反射回端口 1。在 1533.4nm 处还发现较
大的损耗，这是由于该波长光在耦合区中的传输模式变成高阶模造成的。

b. 利用熔锥法制成这种耦合器。首先选取两根相同的单模光纤，先对其中一根进行局部拉伸，以改变其传播常数，然后两根一起熔融拉制成耦合器，再在熔融区中部写入布拉格光栅。为防止在满足 $\beta_1(\lambda)=\pi/\Lambda$ 的波长处发生反射，将光栅倾斜写入耦合区，倾角为 4°。器件的插入损耗约为 0.1dB，在 $\lambda=1547\text{nm}$ 处发生最大耦合，耦合效率约 98%。以偏振光作为输入信号，测得器件的响应与偏振无关。

4. 效果评价

光纤光栅耦合器是在光纤光栅技术和光纤耦合器技术的基础上发展起来的一种新型器件。有关的理论分析和工艺技术研究还不完善，器件的性能并不十分理想。但先期的各种实验结果已经展示了光纤光栅耦合器的诸多优点和巨大的潜力，相信经过更全面深入的理论研究和对制造工艺技术进行改进，光纤光栅耦合器的性能将得到显著的提高，在光通信的众多领域中将得到广泛的应用。

第三节　波分复用器

一、波分复用器的实现技术

1. 简介

计算机和通信技术的发展将人类迅速带入了信息时代，而信息时代对通信的要求也迅速提高。从电通信走向光纤通信，使长途通信技术产生了飞跃，但是传统的一根光纤传输一路信号的光通信也很快不能满足更大的通信需求。实现光纤通信扩容有多种方法，包括时分复用（TDM）、波分复用（WDM）、频分复用（FDM）、光孤子等。电域的时分复用技术已经成熟，应用广泛，但由于电子瓶颈的限制而难以实现 40GHz 以上的商用通信系统。光域的时分复用和光孤子具有很大潜力，但离实用化还有相当的距离。光域的频分复用实际上对应相干光通信，同样停留在实验阶段，而波分复用作为大容差的一种频分复用，具有易实现、低成本的优点，是目前提高光纤通信容量的最有效方法。波分复用原理简图如图 7-73 所示。

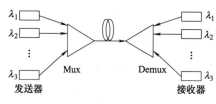

图 7-73　波分复用原理简图

波分复用技术现已提高到可以在单根光纤中传送 100 多个波长的激光，波长间隔为 1.6nm、0.8nm 或 0.4nm，甚至 0.2nm，这种技术称为密集波分复用（DWDM）。商用 32、40 和 64 通道 DWDM 系统已经非常成熟，广泛应用在长途网和城域网中。

波分复用系统中最关键的元件是位于光纤链路两端的复用器和解复用器，其性能的优劣对系统传输质量有决定性的影响。可逆的解复用器可以用来复用信号作复用器，这里统称波分复用器，其随着波分复用技术以及掺铒光纤放大器的发展而迅速发展，复用通道数不断提高，新的实现技术不断涌现。波分复用器在应用范围上也有了很大的突破，从单一的用于WDM 系统中波长的复用和解复用到全光网中的光交叉互联（OXC）、分插复用（OADM）和波长路由选择。

2. 常用技术

实现波分复用有多种形式，而且随着技术的发展不断有新的形式涌现。总的来讲，波分复用器可以分为传统的和新出现的两类：由光滤波器组成的级联型波分复用器和同步输出的色散型波分复用器。前者适用于波长数较少的情况，而后者可以实现多波长通道，实现密集的波分复用。

（1）级联型波分复用器　级联型波分复用器通常是由被级联的每一个光滤波单元分别滤出某一波长的载波，而其滤波过程基本上都是基于光的干涉原理，通过设计可以取出特定波长的光。多个光滤波器的级联可以把不同波长逐个取出，从而实现波分复用。根据被级联的光滤波单元的不同，级联型可分为介质薄膜型、光纤布拉格光栅型和马赫-曾德干涉型。

① 介质薄膜型。该种波分复用器的级联单元是目前相对最成熟的薄膜滤波器（TFF），它采用蒸发镀膜的方法，在玻璃基底上按设计要求镀上高折射率介质薄膜（通常为 SiO_2，$n_2 = 1.46$）和低折射率介质薄膜（通常为 TiO_2，$n=2.3$）。膜的层数、厚度、材料决定 TFF 的波长选择性。一般 TFF 需要镀数十层薄膜，而用于密集波分复用的 TFF 需要 100 层以上。由它组成的波分复用器现在广泛应用于波分复用系统中，占有较大的市场份额，其结构如图 7-74 所示。被复用的光波在每个薄膜滤波器处发生干涉，某一特定波长光信号的透射被相干加强，该波长被滤出，其余波长光的透射干涉相消而被反射，经多级滤波后将所有波长取出。

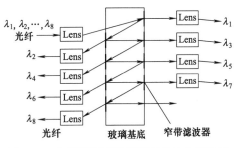

图 7-74　介质薄膜滤波器级联的波分复用器

TFF 型波分复用器的主要优点是插入损耗低、信道带宽平坦、结构尺寸小、性能稳定、偏振相关损耗低。适当选择薄膜材料，可使介质薄膜型波分复用器对温度的敏感性降低，适用于不超过 16 个波长的系统。但通道数越高，器件损耗和成本会线性增大。另外，TFF 基板上的高低交替折射率薄膜达到百层以上时，总厚度很大，材料附着在基板上的吸附力量可能不足以支撑整个结构，容易造成材料的剥落，形成设计上的限制，使器件难以实现更窄的通道间隔。

② 光纤布拉格光栅型。该种波分复用器的主体单元是在光通信和光纤传感领域广泛应用的光纤布拉格光栅（FBG）。光纤光栅是近几年逐渐发展起来的一种新型波长选择器，主要利用了具有光敏性的掺锗光纤在紫外光照射下其纤芯折射率分布呈周期性变化的特性。光纤布拉格光栅是光纤光栅的一种，主要应用于波分复用器件中，它是一种在满足布拉格条件的波长上发生全反射，而其余波长通过全光纤陷波滤波器，其滤波原理如图 7-75 所示。由它组成的波分复用器有各种实现形式，图 7-76 所示是一种串联结构，可以用作波分复用器，也可以用作 OADM，而并联结构波分复用器使用 3dB 耦合器平分光功率后分别滤波，损失一半光功率。布拉格光栅也可以用在波导上，其级联可以实现集成的波分复用器。通过设计非均匀光栅可以实现很好的滤波特性，其特点是具有很高的反射率，最高可接近 100%，且反射波长的区域内外变化非常陡峭，带内频谱响应平坦，带外抑制比很高；反射带宽的制造范围大，目前的制作技术可实现 $0.028 \sim 40nm$；对光传播的附加损耗小，约 1dB 以下；体积小，器件微型化，可与其他光纤器件兼容成一体。但是该类器件还存在温度敏感等缺点，且封装问题尚未彻底解决。同时，由于光纤衍射光栅本身所具有的色散问题，使其在 40Gbit/s 高速通信系统的应用受到限制。

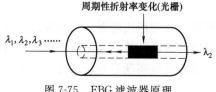

图 7-75　FBG 滤波器原理

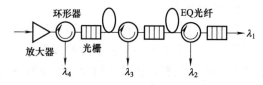

图 7-76　FBG 串联组成的波分复用器

　　波分复用器并不总是单独使用的，将不同形式的滤波器件组合常常能够优势互补，得到具有吸引力的波分复用器。图 7-77 所示是由光纤光栅和介质薄膜滤波器组合而成的混合型波分复用器。

　　③ 马赫-曾德干涉型。该种波分复用器的滤波单元是马赫-曾德干涉器（MZI），它是由两个 3dB 耦合器级联而成，利用两耦合器间的两干涉臂长差使不同的波长在不同的输出臂输出。其实现形式可以是在两条相同的单模光纤上连续熔拉两个耦合器而成，也可以由基于二氧化硅光波导结构的平面集成形式实现。该波分复用器复用波长的间隔仅仅取决于两条干涉臂之间的长度差，即复用波长间隔可以做到很小，且具有分离/耦合效率高、附加损耗低及通道隔离度相对高等特点。由于干涉仪特有的灵敏性，此类器件的温度稳定性略差，波长越密则稳定性越差。由马赫-曾德干涉器级联构成波分复用器的应用实例（级联 M-Z 干涉型波分复用器）如图 7-78 所示，它的每一级都是将一束输入的多通道信号分离成互补的两束，一束包括奇数通道信号，另一束包括偶数通道信号，使得通道之间的间隔变为原来的两倍，然后多层级联形成波分复用器。

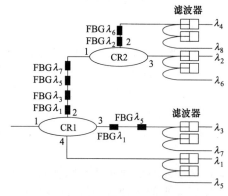

图 7-77　混合型波分复用器

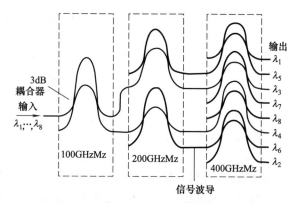

图 7-78　级联 M-Z 干涉型波分复用器

　　以上提到的奇偶分离的群组滤波是最近受到很大关注的 Interleaver 技术，亦称交叉复用滤波。该种技术的应用大大缓解 WDM 器件信道数量不断增加的压力，降低了整个系统的成本，使许多成熟的滤波技术得以在新的应用中继续发挥作用。Interleaver 技术的实现方案主要有光纤/平面光波导马赫-曾德干涉型、熔锥干涉型、偏振光干涉型、光纤光栅型、液晶、双折射晶体等。Interleaver 技术可以级联成串联形式的波分复用器（图 7-76），也可以将密集的波长通道变得稀疏，结合其他波分复用器件，实现更有效的解复用形式。图 7-79 所示为利用一个 Interleaver 滤波器先分成两组较稀疏间隔的波长通道，然后分别用 AWG 分波，这是实现单片集成高通道波分复用很好的方式。

　　另一种与马赫-曾德干涉类似的技术是熔融光纤型，通过光在耦合区域的干涉作用分波。它是利用 2 种不同波长的光波在两根光纤的熔锥中传播时具有不同的传播常数 β，并使它们的 $\Delta\beta$ 和熔锥耦合区长度的乘积正好等于 π 来实现波长分离的。它的附加损耗小，但分离波长间隔不能很窄，复用波长难以连续调节，常用于 1310/1550nm 的双波长的波分复用。类似的还有在耦合区域刻上光栅的结构、波导型结构、多模干涉 MMI 结构等。

（2）同步输出的色散型波分复用器　实现不同波长同步输出主要依靠光栅的色散。这类器件主要可分为体光栅和集成平面波导衍射光栅两类。

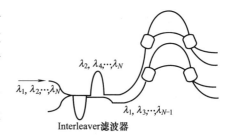

图 7-79　由 Interleaver 滤波器和两个 AWG 组成的波分复用器

① 体光栅色散型。体光栅色散型波分复用器源于传统的光谱分析仪技术，组成形式多样。它具有偏振影响小、在自由空间中传播损耗小、波长通道数很高的优点。其缺点是结构复杂、体积大、封装困难。一般采用反射光栅，有少数用透射光栅、二元微光学器件等。通常用球面光栅同时色散和聚焦，也有使用平面光栅色散，用透镜聚焦。图 7-80 所示的反射光栅在自聚焦透镜的后表面，实现了小尺寸、密集通道的波分复用；图 7-81 所示结构也很巧妙，由两个自聚焦透镜和 1 个透射全息光栅组成，具有较小尺寸、易于制作的特点。

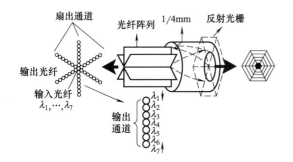

图 7-80　星形光纤阵列波分复用器

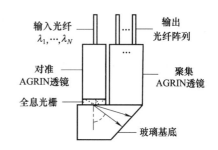

图 7-81　基于全息光栅和 2 个 AGRIN 透镜的波分复用器

② 集成平面波导衍射光栅色散型。集成平面波导衍射光栅色散型波分复用器基于平面波导结构，因其具有插入损耗低、尺寸小、易与光纤耦合、工艺成熟、适于批量生产、重复性好的优点，是波分复用器的热门课题。其中，重要的两种形式是蚀刻衍射光栅（EDG）和阵列波导光栅（AWG），后者已成功商用，是高通道市场中的主流产品。

a. 蚀刻衍射光栅型波分复用器相当于将传统光栅型器件压缩到平面波导的二维空间里。这里的反射光栅由 RIE 或 ICP 等干法蚀刻得到，因此又称为蚀刻衍射光栅（EDG）。根据 Rowland 原理设计的凹面光栅同时具有色散和聚焦能力，在单个基片上实现波分复用，如图 7-82 所示。为了提高光栅的反射率，通常在蚀刻成的光栅外表面镀上金属反射膜，或者制成全内反射的 V 型槽面。

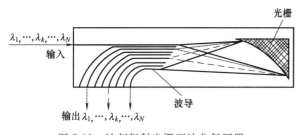

图 7-82　蚀刻衍射光栅型波分复用器

b. 阵列波导光栅（AWG）型波分复用器主要由 2 个自由传播区和 1 个波导阵列组成，波导阵列中的波导长度有规律地变化。实际上阵列波导区相当于将 EDG 的反射光栅转变成透射光栅，通过改变波导的长度使这个透射光栅"闪耀"，从而实现波分复用。图 7-83（a）

所示是传统型的 AWG 设计图；图 7-83（b）所示是改进型 AWG 设计图，它的输入、输出波导和阵列波导都进行了优化设计；图 7-83（c）所示阵列波导终止于反射面，输入、输出共用一个自由传播区，其尺寸大大减小，但工艺相对困难。由于不需要像 EDG 一样蚀刻陡直的光栅面，AWG 工艺相对简单和成熟，而且它的各方面性能都能够较好地满足现有波分复用系统的要求，因此它在目前波分复用系统中得到广泛采用。

多模干涉器 MMI 具有的自成像效应使它能够很容易制成功率分配耦合器，MMI 型 AWG 是用多模干涉功率分配耦合器替代 AWG 原有的自由传播区域，如图 7-84 所示。这样，可以使光能量得到更有效的利用，同时需要的波导数也很少，但是波分复用性能不如原有 AWG。

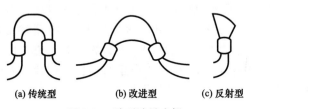

(a) 传统型　　(b) 改进型　　(c) 反射型

图 7-83　阵列波导光栅

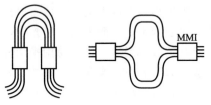

图 7-84　基于 MMI 的 AWG

通道频谱的不平坦和波导双折射是平面集成波分复用器存在的两个主要问题。传统 AWG 通带频谱形状是高斯型，输入波长的波动会产生很大的输出功率变化，不利于功率要求严格的波分复用系统，因此通带平坦化具有很重要的意义。近年来已提出很多种通过改进器件结构使通带频谱平坦的方法，输入光用功率分配器分开输送到接近的两个输入波导，可以使输出频谱特性由于叠加效果而平坦；输入波导锥形开口也是一种频谱平坦化的简单方法；输入波导制成多模干涉 MMI，直接进入或分成两支进入自由传播区。另外，阵列波导在第二自由传播区入口的排列改进也可以达到频谱平坦的效果，如阵列波导出端点沿抛物线排列，也有用非均匀、非对称排列的设计。阵列波导间隙使用辅助波导的设计，也可以提高输出频谱的平坦度，而在输出波导处的设计改进也具有与输入波导设计相近的效果，如制成锥状，采用多模波导等。

平面波导的双折射使光在传输中的两偏振态分离，这在很大程度上影响器件的性能，其在波导中的应力是产生偏振敏感的主要原因。另外，基底与波导层的热膨胀系数不同，温度变化会影响波长的漂移。传统方法是通过精确控制器件的工作温度来稳定波长漂移，而近年来越来越多的是用补偿方法来消除影响。在工艺上是在波导层制作中进行掺杂，使折射率保持而热膨胀系数接近基底。其中，使用较多的补偿方法是应力补偿，通过改变器件膜层结构来减小应力，或增加应力补偿层把应力变形的翘曲波导"拉平"；在波导局部进行大的应力补偿，以抵消原有应力影响；在 AWG 阵列波导的中部插入模式转换的薄片，使光在行进中两种模式各走一段；在 AWG 输入波导之前进行模式分离，输送到 AWG 不同的输入端。还有用折射率对温度敏感的材料（如有机物薄膜）制作波导，由其温度敏感折射率变化与应力折射率变化抵消进行补偿；用折射率交替的多层薄膜波导也可以制作出偏振不敏感器件。

3. 波分复用器件实现技术的比较

波分复用器的性能指标主要有通道间隔、波长偏移、插入损耗、串扰和带宽。WDM 系统对波分复用/解复用器的特性要求是：插入损耗小、信道间隔度大、通带损耗平坦、带外插入损耗变化陡峭、低偏振相关性、温度稳定性好，复用路数多、尺寸小等。以上提到的一些波分复用器件实现技术的比较见表 7-17。

表 7-17　波分复用器件实现技术的比较

	介质薄膜型	光纤布拉格光栅型	体光栅型	阵列波导光栅型	蚀刻衍射光栅型
通道间隔	小于 100GHz，难制作	小于 100GHz，难制作	能够实现 25GHz，但会使器件整体尺寸变大	能够实现 25GHz，但会使器件整体尺寸变大	能够实现 25GHz，且器件尺寸较小
绝对波长	角度可调波长，但每个信道必须被单独调制	应力可调波长，但每个信道必须被单独调制	波长不容易调制	温度可调波长，而且所有信道可以被同时控制	温度可调波长，而且所有信道可以被同时控制
插入损耗	低，但在整个范围内不均匀	很低，但在整个范围内不均匀	很低，而且均匀性好	低（玻璃波导中只有 3～4dB）而且均匀性好	与 AWG 相近
相邻信道间串扰	对低信道数很低，在 25～33dB 或更好	很低，在 30～35dB 或更好	能低至 37dB	25～35dB	能低至 25dB，通过使用最新的光栅制作方法来提高
背景串扰	很低	很低	能低至 37dB	25～35dB	低至 32dB，可提高
偏振相关性	很好，偏振相关损耗可低至 0.25dB	非常好	好，偏振相关损耗为 0.2～0.5dB	好，且通过偏振补偿可使偏振相关性非常好	好，且通过可集成的偏振补偿片可使偏振相关性非常好
封装	单个器件封装，当信道数增加时会带来很大问题	单个器件封装，当信道数增加时会带来很大问题	需要大量熟练的手工劳动，使其封装成为问题	由于其可集成性，封装很容易	由于其可集成性，封装很容易
封装尺寸	随信道数增加，尺寸增加很快	随信道数增加，尺寸增加很快	随信道间隔降低，尺寸增加很快	封装尺寸小，但随信道间隔降低增加快	封装尺寸小，且随信道间隔降低增加不多
可靠性	好，但取决于胶黏剂的可靠性	由于调整的稳定性，使其可靠性有待提高	由于振动、胶黏剂、空气吸附等问题，使其可靠性有待提高	尽管温度调节存在问题，但其可靠性很好，且取决于材料	温度调节同样是问题，但其可靠性近似甚至好于 AWG，且取决于材料
功耗	无	无	无	由于温控装置，会带来小的功耗	由于温控装置，会带来小的功耗
大批量生产带来的成本降低	很少，由于封装劳动成本高，但每个滤波器可大批量生产	非常少，由于封装劳动成本高	非常少，由于封装劳动成本高，且不能大批量生产	很多，由于制作工艺使用成熟的光刻技术	很多，由于制作工艺使用成熟的光刻技术
备注	目前广泛使用，对信道数少的情况，性能很好	对信道数少的情况，性能很好。应用于固定的分插复用模块性能好，但该种解决方案昂贵且不可升级	器件成本高且不容易升级，封装成本高	特别适用于高信道数的情况（>16），但串扰有待提高，制作成本远远低于除 EDG 外的其他技术	特别适用于高信道数的情况（>16），但串扰有待提高，很有前景

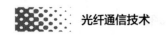

4. 效果评价

各种波分复用器在光波分复用通信系统中发挥着巨大的作用，新的器件、新的组合、新的应用层出不穷，设计、制造技术也日新月异，为更快、更好的通信打造坚实的物理平台。高性能、低成本、小尺寸是波分复用器件总的发展趋势。

作为承载信号的平台，波分复用技术不能只是用于点到点的传输，而应组成网状结构。波分复用器与光开关组合可以同光域交换的波长路由构成灵活高效的全光网络。另外，制作波长可调波分复用器，可以实现更灵活的组网。

波分复用器将向通道数越来越密集的方向发展，集成平面波导器件将成为主流器件，但作为滤波器，分立型器件在光通信中仍将发挥重要作用。目前，集成平面波导器件中的 AWG 已经广泛应用，而且价格迅速下降；EDG 由于工艺的原因只有少量实用产品，但很快会走入市场。实验中通过 AWG 组合而成的波分复用器的通道数已经达到 480，甚至更多。

DWDM 在城域网中的应用是近两年研究的热点，波分复用器也要适应城域网的DWDM。城域网与长途网相比，有传输距离短、通道数要求相对少、成本低的特点。所以，波分复用器要向低成本方向发展，尤其是集成平面波导型器件要有效降低成本才能与低通道数的分立波分复用器竞争。随着最近短程局域光以太网的发展，稀疏波分复用（CWDM）被提出来，它的要求是容差增大、不需要温控、体积和成本低的波分复用器件。这给传统分立型波分复用器带来再一次的生机，也向集成平面波导型器件提出了挑战。

在通道数较多的密集波分复用领域，目前集成平面波导器件占有优势。其设计和工艺在不断改进，器件性能也不断提高。通过各种途径降低成本是波导器件发展的重点，现 AWG 等器件价格已不断下降，可见其成本在很大程度上是可以降低的。EDG 器件只要解决制造技术问题，就可以提供非常优良的波分复用器件。将来，集成平面波导器件还具有光电混合集成的潜力，在一个芯片上同时处理光信号和电信号，将具有革命性意义。

集成平面型器件无疑是最具潜力的波分复用器，而立体光栅色散型波分复用器也不容忽视，它的立体结构具有比平面波导型器件更高的通道密度，有的在设计上克服了尺寸、性能、封装、产量等原有分立器件存在的难题，而且 MEMS 技术的发展将对这些方面产生促进作用。而级联型器件可以在通道要求低的市场中占据主要地位，在 CWDM 中也可以得到较好的应用，它可以发挥分立器件的优势，应用在 OADM、波长可调滤波器等领域中。

二、色散棱镜式光纤波分复用器

1. 色散棱镜作为无源波分复用器的基本原理

理论与实践证明，解决"电子瓶颈"的最佳方案是采用全光通信系统，即在通信过程中的各个环节都用光波来实现，中间无需任何光-电-光的转换，极大提高信息传输的速率。全光通信系统性能好坏取决于网络中光放大、光补偿、光损失、光交换以及光处理等关键技术的发展。色散棱镜的特性正好适应这些要求，是光纤通信的重要组成部分，在基于 WDM 的全光通信网中，大大提高了光纤复用的路数。半导体激光器较难符合 WDM 波长要求，而利用色散棱镜制作的激光器则能非常准确地控制波长，且成本低，色散棱镜作为无源波分复用器的原理如图 7-85 所示。

根据光的可逆原理：一束混色光通过色散棱镜会分解出不同波长（λ_1，λ_2，……）的光。同样，分解出来的光经过色散棱镜也可以混合起来，如果 S 为源，则 S_1，S_2，……，

S_N 为像；若 S_1，S_2，……，S_N 为源，那么 S 为像。

在光纤通信中，由于通信波长资源的有限性，使全光波长变换技术成为全光通信网系统中的关键技术之一。波长变换是把光信号从一个波长转换为另一个波长，实现波长重构，从而实现全光交换等功能的组合技术。光分插复用器包括合波器与分波器。光分插复用器作为全光网中重要的器件，其功能是从分波器中有选择地取出几路通过本地的光信号，其余几路波长直通合波器。另外，可以有几路本地波长信号输入，与直通信号复合在一起输出。图7-86 所示是用色散棱镜实现的一种 OADM 结构，输入的光信号送入到一个色散棱镜，每路

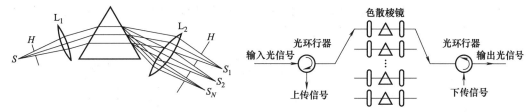

图 7-85　色散棱镜分光作用示意图　　　　图 7-86　色散棱镜作为光分插复用器的原理

色散棱镜对准一个波长，被色散棱镜反射的波长经光环形器下传到本地，其他输入的光信号波长通过色散棱镜与本地节点的光信号波长合成特定的光波长，继续向前传输到用户端，从而实现波长的重构。色散棱镜与其他波分复用器相比，具有附加光损耗小的显著特点，因而越来越受到人们的关注。

2. 色散棱镜在宽带传输中的应用

针对色散棱镜混合与分解光的特性，对应多信道光纤通信系统的复用器和解复用器作用，设计了多信道点到点全光传输系统，如图7-87 所示。根据光路可逆原理可确定该系统是双通的，由色散棱镜构成的复用/解复用器原理，多个波长的传输信号从输入端入射（设为 λ_1，λ_2，……），除极少数光信号被反射外，其余的光传输到输出端。该复用/解用器与输入光的偏振状态无关，对外界温度变化也不敏感，且复用/解复用过程中绝无光-电-光的转换过程，因此传输速度非常快。下面讨论光纤传输的特点和限制，进一步说明色散棱镜的作用。已知光纤的数值孔径为：

$$NA = \sin\theta a = n_1 \sqrt{1 - (n_2/n_1)^2} \tag{7-15}$$

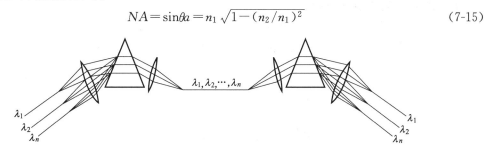

图 7-87　点到点的全光传输系统示意图

国际电报电话咨询委员会规定，NA 为 $0.15 \sim 0.24$，对应角度在 $8.6° \sim 13.9°$ 之间。一根光纤制成后，其数值孔径也就确定了，一般取中间值为 0.2。对于同一个透镜，频率越高，其焦距越短，因此透镜 L_1 要取短焦距，这样才能保证透镜 L_1 对各种频率光的焦点散开较小，并且应使光纤的端面到透镜 L_1 的距离等于透镜 L_1 的焦距。透镜 L_2 要取长焦距，使汇聚光不至于超过光纤的数值孔径（图7-88）。因为焦距随光频率变化，所以应注意使载高频光波的光纤端面靠近透镜 L_2，载低频光波的光纤远离透镜 L_2，并使所有频率的光位于

透镜 L_2 焦点附近。光纤的损耗、色散和非线性是影响光纤传输能的 3 个最主要的因素，在光信号传输过程中应尽量避免光的遗漏与损失。

光终端复接器的作用是将终端多用户（OTM）光波长复用进系统中，或在终端从系统中解出用户需要的波长。光终端复接器是 WDM 全光网系统中不可缺少的设备，它的核心部件就是复用/解复用器，也称分波/合波器。它可以实现在一根光纤中传输多个波长的信道，并在终端将不同的波长分别解出。由于全光网系统中波长之间的间隔很小，故对复用/解复用设备提出了更高的要求。色散棱镜作为波分复用的原理如图 7-88 所示，不同波长（或频率）的光信号经色散棱镜复用进入输入端，通过光纤传输到用户端，然后经色散棱镜解复用，分解成不同波长（或频率）的光信号。

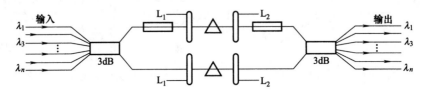

图 7-88　色散棱镜作为波分复用器的原理图

3. 效果评价

基于 WDM 全光通信系统在每路波长复用数多、每路信道速率高，因此整个系统对于色散补偿、复用/解复用、光分插复用器等一系列设备都有严格的要求，色散棱镜将成为未来全光通信网中的基本器件之一。虽然它不能解决全光通信中所有的技术难点，但对色散棱镜以及基于色散棱镜器件的研究仍可以解决全光通信系统中的诸多问题，从色散补偿到 OTM、OTDM 等全光网中的关键部件，色散棱镜均可提供极佳的解决方案。可见，色散棱镜必将成为全光通信系统中必不可少的器件。

三、全息光栅型（HG）波分复用器

1. HG 波分复用器的原理

HG 波分复用器的核心全息光栅的具体结构及工作原理如图 7-89 所示。从光纤输入的多波长光信号，经透镜准直后被全息光栅按各自波长分开，再经透镜聚焦到对应的光纤输出。

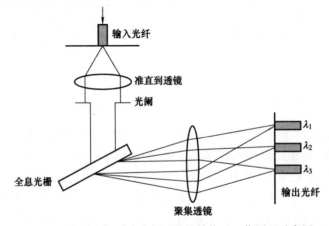

图 7-89　全息光栅型波分复用器的结构及工作原理示意图

HG 波分复用器性能参数主要有工作带宽、单个信道的 3dB 带宽和相邻两信道的空间间隔，分别由下面公式算得：

$$\Delta\lambda_{op} = \lambda\Lambda\cos\theta_i / (T\sin\theta_i) \quad （工作带宽） \tag{7-16}$$

$$\Delta\lambda_{BW} = \lambda^2 / (2D\sin\theta_i) \quad （3dB 带宽） \tag{7-17}$$

$$d = f\Delta\lambda / \Lambda （相邻信道空间间隔） \tag{7-18}$$

式中　λ——波长；

$\quad\quad\theta_i$——入射角；

$\quad\quad T$——光栅厚度，$\Lambda = \lambda_w / (2\sin\theta_w)$ 为光栅常数（λ_w 和 θ_w 分别为光栅记录时的波长和角度）；

$\quad\quad D$——入射光阑孔径；

$\quad\quad f$——透镜焦距；

$\quad\quad\Delta\lambda$——相邻信道波长间隔。

对于用氩离子激光器 488nm 光源以 30°入射角记录的光栅（Λ 为 0.488μm），取 $\lambda = 1.55\mu$m，$n = 1.5$，$T = 30\mu$m，$\theta_i = 45°$，$D = 8$mm 时，由上面的公式计算可知，以 0.8nm 相邻信道的间隔可以实现 32 路复用。

2. 研制方法

用全息光栅实现波分复用的构想可以追溯到 1977 年，当时 Tomlinson 利用窄带透射式全息光栅滤波功能，每次选出一个波长信号，N 个这样的光栅协同工作即可实现 N 信道的复用和解复用。随着研究的深入，人们发现上述方案需要很多的全息光栅，结构复杂，性能也不容易控制和改善，所以难以应用到实际当中。有人用宽带光栅同时将 N 个信道的信号进行衍射，从而克服了 Tomlinson 方案的弊端，也为后来全息光栅型波分复用器的研究提供了基本结构模式。还有人在理论上证明了实现信道间隔为 15nm 的 12 信道解复用的可能性，并实验演示了 4 信道的复用，其插入损耗平均为 1.5dB，信道串扰＜－32dB。

20 世纪 90 年代以来，全息光栅型波分复用器迅速发展，一方面因为 WDM 作为最佳扩容方案的认可激发了人们对相关器件进行研究的热情，另一方面因为全息光栅的理论和制作工艺等更加成熟，为器件的性能改善提供了更大的空间。在这期间报道了多种性能指标的全息光栅型波分复用器，从信道间隔为 38nm 的 2 信道，到信道间隔为 0.4nm 的 42 信道，表 7-18 列出其中一些典型的性能参数。

表 7-18　全息光栅型波分复用器的性能参数

参数	数 据						
研究年代	1992	1993	1995	1998	2000	2001	2002
信道数	3	5	5	4	8	8	42
中心波长/nm	780	800~880	720	750~840	1549~1563	1549~1561	1540~1557
信道间隔/nm	2	20	10	30	2	0.8	0.4
光栅衍射效率	—	—	69%~83%	23%~38%	40%	—	—
插入损耗/dB	2.0	6.2~5.3	2.5~3	20~23	5.3~5.68	1.95	—
串扰/dB	—23	—	—40	＜—40	＜—35	＜—46.5	—20
1dB 带宽/nm	—	—	—	—	0.2	0.34	—
3dB 带宽/nm	—	—	—	—	0.6	0.18	—

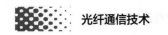

3. HG 波分复用器的发展

目前，几乎所有类型的波分复用器都面临着两大技术难题：其一是温度稳定性差，主要表现为信道波长随温度变化过大；其二是对偏振过于敏感。因此具有良好的温度稳定性和偏振相关性，必然是波分复用器今后一段时间的发展趋势。

（1）提高温度稳定性 当温度变化时，HG 波分复用器的插入损耗和中心波长都会随之改变。中心波长的改变主要是温度变化使光栅常数 Λ 发生了改变；插入损耗的改变则来源于透镜焦距随温度变化，还有就是中心波长等因素改变引起的输出光位置的改变。研究结果表明，使用具有较大纤芯的多模光纤时，插入损耗随温度的变化是可以忽略的，受温度变化影响较大的是中心波长的漂移。由光栅方程：

$$n\Lambda(\sin\theta_2 + \sin\theta_1)/\sin\phi = m\lambda, m = 0, \pm1, \pm2\cdots \tag{7-19}$$

忽略温度变化引起角度的很小变化，那么可得：

$$\Delta\lambda = (\beta + \sigma)\lambda\Delta T \tag{7-20}$$

式中 β——体光栅材料的热膨胀系数，即 $\Lambda = \Lambda_0(1 + \beta \times \Delta T)$，$n = n_0(1 + \sigma \times \Delta T)$；

σ——该材料的热光系数。

根据文献的研究结果，σ 主要决定于材料的密度变化，与热膨胀系数在同一量级上，但符号相反，如果用作全息光栅材料的热膨胀系数 β 在 10^{-6} 量级，取 $\lambda = 1.55\mu m$，此时 $\Delta\lambda$ 就可以在 10^{-3} nm/℃ 量级，这样就不需要有温度控制装置。

（2）降低偏振相关损耗 全息光栅型波分复用器偏振相关损耗的主要来源与全息光栅的衍射效率和入射光的偏振态有关。根据耦合波理论，透射式位相型全息光栅的衍射效率公式为：

$$\eta = [\sin^2(v^2 + \xi^2)^{1/2}]/[1 + (\xi/v)^2] \tag{7-21}$$

式中 v——光栅耦合强度；

ξ——偏移布拉格条件引起的位相失配。

引起偏振相关损耗的一项是 v，因为 s 偏振光和 p 偏振光的 v 表达式不相同，并且 $v_p = v_s\cos\phi_d$（ϕ_d 为衍射光与入射光的夹角），可以看出 p 偏振光较 s 偏振光有滞后一相位角 ϕ_d，导致 p 偏振光和 s 偏振光不能同时达到衍射效率的最大值，从而产生偏振相关损耗。只要设计的光路能保证该夹角足够大，就可以消除不同偏振状态带来的影响，与加入半波片等相比要简单得多，而且不需要附加任何成本。

四、全光纤密集型波分复用器

1. 简介

信号的波分复用是成倍提高现有光通信线路传输能力的最有效的方法。用两个波分复用器件完成 30 路光信号的传输系统已经得到实践，由于这种波分复用器的光功率损耗很大和机械及热稳定性较差，使该系统的信息传输质量受到严重的影响。为此，人们开始注重研究和开发稳定性较好的多路密集型波分复用器（DWDM）。这些器件主要以集成光路（PIC）为基础，它们普遍具有附加损耗大和偏振灵敏的特点。也有利用一段特殊材料的波导来大大减弱器件对偏振态的影响的，但其附加损耗增加及研制工艺复杂，致使器件的成本成倍上升。

2. 结构设计与理论分析

从结构上讲，密集型波分复用器是一个 Mach-Zehnder 干涉结构，它是由 2 个 3dB 单模光纤耦合器组成的，如图 7-90 所示。假如两个耦合器的散射矩阵分别为：

$$S_1 = \begin{bmatrix} \cos(k_1 z_1) & -j\sin(k_1 z_1) \\ -j\sin(k_1 z_1) & \cos(k_1 z_1) \end{bmatrix}, S_2 = \begin{bmatrix} \cos(k_2 z_2) & -j\sin(k_2 z_2) \\ -j\sin(k_2 z_2) & \cos(k_2 z_2) \end{bmatrix} \quad (7\text{-}22)$$

$$j = \sqrt{-1}$$

式中　k_1，k_2——耦合器1、2的耦合系数；

z_1，z_2——器件的有效耦合长度。

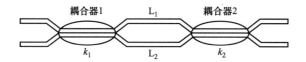

图 7-90　DWDM 中 Mach-Zehnder 干涉结构

中间的传输矩阵可表示为：

$$T = \begin{bmatrix} \exp(j\beta\delta L) & 0 \\ 0 & 1 \end{bmatrix} \quad (7\text{-}23)$$

式中　β——单模光纤中基模的传播常数；

δL——两干涉臂之间的几何长度差。

假定器件的初始注入条件为 $a_1(0)=1$、$a_2(0)=0$，则器件两输出端口的输出场为：

$$a_1 = \cos(k_1 z_1)\cos(k_2 z_2)\exp(j\beta\delta L) - \sin(k_1 z_1)\sin(k_2 z_2) \quad (7\text{-}24a)$$

$$a_2 = -j\sin(k_1 z_1)\cos(k_2 z_2)\exp(j\beta\delta L) - j\cos(k_1 z_1)\sin(k_2 z_2) \quad (7\text{-}24b)$$

因此，其输出光功率分别为：

$$P_1 = \frac{1}{2}\left[1 + \cos(2k_1 z_1)\cos(2k_2 z_2) - \sin(k_1 z_1)\sin(k_2 z_2)\cos(j\beta\delta L)\right] \quad (7\text{-}25a)$$

$$P_2 = \frac{1}{2}\left[1 - \cos(2k_1 z_1)\cos(2k_2 z_2) + \sin(k_1 z_1)\sin(k_2 z_2)\cos(j\beta\delta L)\right] \quad (7\text{-}25b)$$

在熔锥型耦合中，上述式（7-24）～式（7-26）中的 k_i 不仅与耦合器耦合区的位置有关，而且与工作波长有关。因此，对特定的波长而言，在满足单模传输的情况下，$k_i z_i$ 可用 $\int_0^{z_i} k\,dz$ 来代替，并令 $\phi_i = \int_0^{z_i} k\,dz$，这里 $i=1$，2。在理想的情况下，对于特定的工作波长应尽量满足 $\phi_1 = \phi_2 = \pi/4$，只有这样才能使研制的器件具有较高的波长隔离度。由于这种 Mach-Zehnder 干涉器件具有较短的干涉臂，实际不可能用两个常规的 3dB 耦合器熔接而成。而要在短距离内连续熔拉两个 3dB 器件，一般来说，熔拉第一个器件是十分简单的，但是当开始熔拉第二个器件时，由于探测器所监测到的光功率并不是单个器件的耦合特性，而是整个 Mach-Zehnder 器件的耦合特性。假设其干涉臂的长度之差为 δL，则其输出端的输出功率随拉锥长度或 ϕ_2 的变化规律几乎无法事先确定。更重要的是，由于熔拉第二个耦合器时，加热源离 Mach-Zehnder 干涉臂的距离很短，加热源的温度扰动将导致监测光功率在很大范围内出现随机波动。假定式［7-24（a）］中 δL 在 $1000\sim1000.5\mu m$ 范围内不确定，在忽略热扰动的情况下，器件输出端口 1 的光功率随 ϕ_2 的变化关系如图 7-91 所示。从图中可以看到：在不考虑热扰动的情况下，尽管 δL 只在 $1000\sim1000.5\mu m$ 范围内不确定，也会导致输出端口 1 功率耦合情况的强烈变化。

在实际研制 DWDM 中，很难保证 $\phi_1 = \phi_2 = \pi/4$，一般只可以保证第一个耦合器能达到 3dB，而第二个耦合器却很难保证达到 3dB，这样就会严重影响整个器件的波长隔离度。假定 $\phi_1 = \pi/4$，ϕ_2 位于 $\pi/8\sim\pi/4$ 之间时，整个器件的波长响应如图 7-92 所示。当 $\phi_2 = \pi/8$ 时，

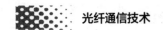
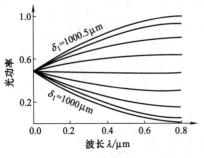

图 7-91　波长器件输出端口 1 的光
功率随 ϕ_2 的变化关系

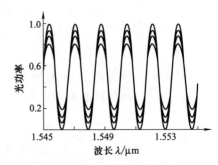

图 7-92　整个器件的波长响应

对应光功率幅度变化最小的曲线；当 $\phi_2 = \pi/4$ 时，对应光功率幅度变化最大的曲线。同时，必须确保耦合器的生产设备具有较好的重复性，这是研制高性能 DWDM 的关键。

3. 效果评价

在自行设计的耦合器件拉锥设备上，利用 SMF-28TM 匹配包层单模光纤，研制了几种具有不同波长复用间隔的 DWDM。它们的研制工艺基本上与常规的光纤耦合器工艺相同，所不同的是在拉制第二个耦合器时，其拉锥长度不由监测输出光信号来确定，而由第一个耦合器的拉锥长度来确定。在工艺重复性较好的情况下，第二个耦合器的拉锥长度与第一个耦合器的拉锥长度相等，器件中的两干涉臂的几何长度差是在第一个耦合器拉制结束后通过一个特殊的工艺来保证的，并根据需要可作适当的调整，待第二个耦合器拉制结束后将整个器件一并封装在石英基片上，以确保其一定的温度稳定性。

图 7-93 所示为波分复用间隔达 4nm 的 DWDM 一个端口输出损耗谱。在该器件中，两干涉臂长差约为 205μm，每个耦合器的附加损耗约为 0.07dB。因此，器件总的附加损耗一般不超过 0.2dB，最好的可在 0.1dB 以下。初步测试表明，这种器件具有较好的温度和力学稳定性。由于组成器件本身的 3dB 耦合器具有极小的偏振灵敏度，经测量发现：器件与偏振态无关。另外需要说明的是，从图 7-93 所示的损耗谱中似乎可以看出，该器件的波长隔离度只有 16.2dB，其实不然，其原因主要是由于光谱分析仪的最小可测功率为 −80dB，而利用白光作为光源，在光谱分析仪的分辨率达到 1nm 时，从单模光纤输入光谱仪的最大输入光功率仅为 −63.8dB，故在损耗谱特性曲线上端出现了"截止"。图 7-94 所示为波长复用间隔仅为 0.45nm 的 DWDM 一个端口输出损耗谱，器件中的 δL 约为 1823μm，其他技术指标均与上述器件的指标相仿。据悉，这个器件的波分复用间隔是目前同类 DWDM 中最小的。同时，该类器件的波分复用间隔还可大幅度减小。

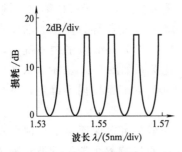

图 7-93　波分复用间隔达 4nm 的
DWDM 一个端口输出损耗谱

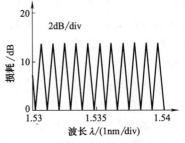

图 7-94　波长复用间隔为 0.45nm 的
DWDM 一个端口输出损耗谱

目前，这种器件也存在一些问题，如器件的长度还较大（约 10cm），而且只实现二波长复用，要实现多波长复用还有许多工作要做，但是我们深信用光纤研制成的 DWDM 具有较好的实用前景。

4. 效果评价

通过对全光纤 Mach-Zehnder 结构的光功率谱特性的分析，确定了研制全光纤 DWDM 工艺技术，并利用中国自行设计的耦合器拉锥设备研制成多种密集型波分复用器。该类器件具有损耗小，温度、力学稳定性好及与偏振无关等特点。目前，器件的最小波长复用间隔已达到 0.45nm，暂居于国际同类器件报道中的领先水平。当然，目前也存在一些问题，比如小尺度器件和多波长复用问题还有待于解决。

五、980/1550nm 光纤泵浦波分复用器

1. 简介

光纤泵浦波分复用器（P WDM）是全光纤放大技术中一种关键器件。对于全光纤放大技术，目前国内外研究的主要对象是掺铒光纤放大器（EDFA），其结构如图 7-95 所示。图中，PWDM 的作用是将信号光与泵浦光合路于掺铒光纤进行光信号放大，要求信号光具有较小的损耗，而泵浦光则尽可能多地耦合入掺铒光纤。根据掺铒光纤的放大特性，其泵浦光源窗口波长为 530nm、810nm、980nm 及 1480nm，随着激光技术的发展，具有近期和远期实用意义的则是 980nm 和 1480nm。应用于 EDFA 中的 PWDM 在结构上存在熔锥光纤型和分立元件型，其分立元件型主要利用光学二向色镜构成，该类器件在插损、体积及与光纤兼容方面均不如熔锥光纤型 PWDM，此外熔锥光纤型 PWDM 的温度性能和环境稳定性具有独特的优点。

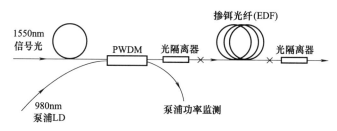

图 7-95　掺铒光纤放大器结构

2. 研制方法

熔锥光纤型 PWDM 的制作工艺类似于 2×2 单模光纤定向耦合器，先将两根相同单模光纤涂覆层剥去并清洁干净，然后置于光纤熔锥拉制设备上，在高温火焰下向两边缓慢拉伸直至达到所需要求，拉伸过程中两根完全相同的单模光纤会产生正弦振荡式功率耦合交换，拉伸长度越长，振荡交换周期越短。研制 2×2 耦合器可在两输出端用 PIN 检测至所需分光比即停止拉伸（图 7-96），而熔锥 WDM 则需要多次实验研究才能确定是否能达到所需的复用波长。熔锥拉伸停止在不同的功率耦合交换次数时，其复用波长的波谱特性是不一样的。研究 980/1550nm 的 PWDM，其复用波长间距为 570nm，经过多次实验研究与推算发现，其停拉时刻应选在 1550nm 光波功率耦合的一个周期，此时 980nm 波长恰好全耦合至另一光纤，如图 7-97 所示。实际应用中 980/1550nm 窗口的 PWDM，除 980/1550nm 外，还需要 980/1530nm、980/1540nm 等复用波长略有偏移的 PWDM。在实验研制中，通过改变熔

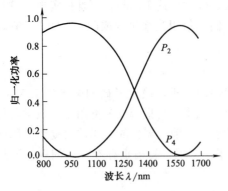

图 7-96　980/1550nm PWDM 波谱计算曲线，
$L=12$mm

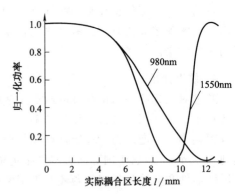

图 7-97　熔锥拉制过程中光纤功能转换曲线

锥工艺过程中不同的 a、L 等参数，同样成功地研制了这几个复用波长的 PWDM。

3. 性能分析

980/1550nm PWDM 的波谱性能测试实验装置如图 7-98 所示，卤钨灯产生的白色光源经单色仪后用透镜耦合入光纤 1，经 PWDM 后在光纤 3、4 分别由 PIN 检测输入锁相放大器，将单色仪在 950～1650nm 波长范围内进行扫描输入，器件的波谱特性经 X-Y 记录仪输出，PWDM 波谱特性测试曲线如图 7-99 所示。

插入损耗与波长隔离度是 PWDM 的两项重要指标，分别定义为：

插入损耗（dB）　$L_{1550nm}=10\lg\dfrac{P_3^{(1550nm)}}{P_1^{(1550nm)}}$　$L_{980nm}=10\lg\dfrac{P_3^{(960nm)}}{P_2^{(980nm)}}$　　　（7-26）

波长隔离度（dB）$L_{1550nm}=10\lg\dfrac{P_3^{(1550nm)}}{P_4^{(1550nm)}}$　$L_{980nm}=10\lg\dfrac{P_4^{(980nm)}}{P_3^{(980nm)}}$　　（7-27）

测试结果表明，在 1550nm 窗口附近其平均插入损耗＜0.5dB，波长隔离度＞18dB，即有＞88％的信号泵浦光功率耦合入光隔离器；在 980nm 处，平均插入损耗＜1.2dB，波长隔离度＞10dB，有＞70％的信号泵浦光功率耦合入光隔离器，可见该器件具有较好的实用性。

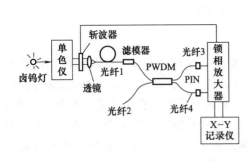

图 7-98　PWDM 波谱性能测试装置

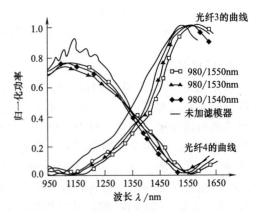

图 7-99　PWDM 波谱特性测试曲线

图 7-99 所示的 PWDM 波谱特性测试曲线在 980nm 处出现不规则现象，这是由于实验中所选用光纤的截止波长 λ_c 偏大产生的，通信单模光纤 λ_c 一般为 1100～1280nm（CCITT

建议），实验中光纤 λ_c 为 1280nm，因此光纤 1 中注入 980nm 光波除激励基模（HE_{11}）外，还会产生低阶模（HE_{21}、TM_{01} 等）。由于低阶模的出现，使其波谱特性不能得到较规则的正弦曲线，在研制 632.8/1300nm 波分复用器时也出现这种现象。如果在光纤 1 中插入滤模器滤掉低阶模后，这种现象得以消除，如图 7-99 所示中点线，但会由此带来附加损耗。当采用 λ_c 为 800nm 单模光纤时，可研制出指标更好的 PWDM。另一方面，由于实验研制所用光纤对 1550nm 光波是单模传输的，因此在 1500nm 窗口附近 PWDM 可获得较低的插入损耗与较高的波长隔离度。

PWDM 的性能指标要求与光纤通信系统中的 WDM 是有差异的，尤其是对波长隔离度的要求。泵浦光是非信号光，它在 EDFA 中仅需要其合波性能，即要求有尽可能多的泵浦光功率耦合入掺铒光纤，而对信号光则要求有较低插入损耗。从实验研制发现，要获得性能较好的 980/1550nm PWDM，应尽量做到以下几点。

① 光纤应选择截止波长 λ_c 略小于 980nm，保证被激励的 980nm 光波为单模传输，这样可获得较高的波长隔离度，并且避免低阶模带来的附加损耗。

② 为获得所需的 PWDM，熔锥拉伸过程应精确地控制光纤间的功率耦合转换次数，因为不同的功率耦合转换次数的复用波长是不同的。

③ 剥去涂覆层的光纤应清洁干净，避免杂质引起插入损耗，对某两个复用波长，应尽量做到拉锥参数（如火焰温度、熔锥宽度等）重复的一致性，使被研制的 PWDM 具有相同的波谱特性。

④ 对复用波长略有偏移的 PWDM，可以仅通过改变拉锥参数得以实现。

4. 效果评价

利用单模光纤耦合理论，分析并讨论了 980/1550nm 泵浦波分复用器（PWDM）与实验研制结果，具有较好的一致性；采用熔锥光纤耦合技术，成功研制了 980/1550nm 窗口附近几种泵浦波分复用器，其插入损耗在 1550nm 和 980nm 窗口附近分别小于 0.5dB 和 1.2dB，隔离度分别大于 18dB 和 10dB，对该类器件进行实用化封装的器件尺寸为 7mm×8mm×65mm。

六、1.31/1.55μm 高性能单模光纤波分复用器

1. 简介

单模光纤具有较大的潜在带宽，但目前仅使用了其中十分有限的光谱区域。波分复用是在单根光纤中同时传输多个波长光信号，有效地利用光纤的带宽资源，减少对光发送机和光接收机电子带宽的要求，是光通信系统升级、扩容的一种行之有效的方法。图 7-100 所示是波分复用传输系统示意图。

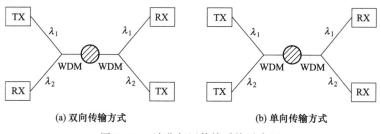

图 7-100　波分复用传输系统示意图

制作波分复用器有多种方法：融锥耦合器、常规光学波长选择器件（如光栅、色散棱镜、光学滤光器等）以及集成光波导式器件（如光纤光栅、声光可调滤光器、玻璃波导等）。融锥耦合器式波分复用器环境稳定性最好，插入损耗低（一般小于 0.3dB），不足的是信道间的隔离度只有 20dB 左右，有待进一步提高。

2. 器件结构及研制

融锥耦合器式波分复用器是利用单模光纤熔融双锥区域耦合与波长有关来进行波长选择的。对于融锥式器件，其归一化耦合功率与波长的关系可以近似表示为：

$$P(\lambda) = \frac{1}{2}\left[1 + \sin\left(\frac{2\pi}{\Delta\lambda}\lambda + \theta\right)\right] \tag{7-28}$$

式中　　$\Delta\lambda$——耦合器的波长间隔；

　　　　θ——相位因子。

对于 1.31/1.55μm 的波分复用器，其半波长间隔（$\Delta\lambda/2$）约 240nm。由上式可以看出融锥耦合器式波分复用器具有余弦的波长选择特性，变化缓慢。虽然插入损耗低，但隔离度特性较差。干涉滤光器具有陡峭的波长选择特性，并且能够对抑制带进行高衰减，因而可以利用融锥耦合器和干涉滤光器混联来提高波分复用器的远端隔离度，而且干涉滤光器通带内平坦的波长响应特性还可以改善波分复用器的带宽特性。融锥耦合器级联式波分复用器及融锥耦合器和干涉滤光器混联器件的结构如图 7-101 所示。

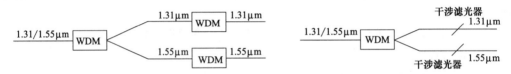

(a) 融锥耦合器级联式波分复用器　　　　(b) 融锥耦合器和干涉滤光器混联式波分复用器

图 7-101　波分复用器结构示意图

图 7-101（a）所示是用 3 个分立的融锥耦合器级联制作的高隔离度波分复用器。如果分立的融锥耦合器性能指标均相同，显然整个器件的隔离度是单个器件的 2 倍。图 7-101（b）所示是融锥耦合器和干涉滤光器混联式器件，干涉滤光器陡峭的波长截止特性提高了融锥耦合器的隔离度。

制作融锥耦合器是将 2 根标准单模光纤在大约 1450℃熔融在一起并拉伸。监测耦合器输出光功率，采用手动控制，使 1.31/1.55μm 2 个波长的光完全分开。在融锥耦合器和干涉滤光器混联的波分复用器中，1.31μm 与 1.55μm 的干涉滤光器分别接在融锥耦合器的输出端。

3. 光学特性及环境稳定性

（1）光学特性　表 7-19 列出了融锥耦合器在单级、级联和混联时测得的主要光学特性：中心波长、通带宽度（带宽）、插入损耗、隔离度、方向性等。由于采用斜面互联，使回波光不能返回纤芯，因而整体器件的回波损耗特性优良，能满足高速通信系统的需要。

表 7-19　融锥耦合器式波分复用器件的光学性能

类型	中心波长 /μm	带宽 /nm	插入损耗 /dB	隔离度 (min)/dB	方向性 /dB	偏振灵敏度 /dB	回波损耗 /dB
单级	1.3/1.55	+15	<0.3	20	>65	<0.1	
级联	1.3/1.55	±20	<0.7	40	>60	<0.2	>40
混联	1.3/1.55	±35	<1.0	42	>60	<0.1	>40

（2）环境稳定性　表 7-20 列出了实验中测得的混联器件的温度、抗振动、抗冲击的性能。测试结果表明该器件环境稳定性优良，能够满足实际应用的要求。

表 7-20　混联器件环境稳定性测试结果

项　目	插入损耗变化/dB
温度稳定性[1]	<0.4
振动试验[2]	<0.1
冲击试验[3]	<0.1

① 温度变化范围：-35～+70℃，-35℃保持 160min，+70℃保持 30min。
② 振动条件：55Hz、0.75mm，每方向 30min。
③ 冲击条件：3 个方向、30g/s、18ms，每方向 5 次。

4. 融锥耦合器和干涉滤光器混联波分复用器的应用

融锥耦合器式波分复用器在实际使用时，需要考虑器件引入所带来的附加损耗、信道间的串扰、回波的影响等。因此，需要进行系统功率预算，以确定在一定误码率条件下发送机的输出功率和接收机的最小灵敏度。假定局间距离为 50km，双向和单向波分复用系统的功率预算见表 7-21。

表 7-21　双向和单向波分复用系统功率预算

假设条件				
①$1.31\mu m$ 发送机输出功率	-6dBm			
②$1.55\mu m$ 发送机输出功率	-10dBm			
③光缆损耗	$1.31\mu m$	0.35dB/km;	$1.55\mu m$	0.25dB/km
④波分复用器件损耗（包括连接器）	1.5dB			
⑤波分复用器件隔离度	40dB			
⑥ 接收机灵敏度	-38～-45dBm			
双向传输				
①$1.31\mu m$ 信道				
$1.31\mu m$ 信号功率	-26.5dBm;		$1.55\mu m$ 串扰功率	-66dBm
②$1.55\mu m$ 信道				
$1.31\mu m$ 串扰功率	-70dBm;		$1.55\mu m$ 信号功率	-25.5dBm
单向传输				
①$1.31\mu m$ 信道				
$1.31\mu m$ 信号功率	-26.5dBm;		$1.55\mu m$ 串扰功率	-65.5dBm
②$1.55\mu m$ 信道				
$1.31\mu m$ 串扰功率	-66.5dBm;		$1.55\mu m$ 信号功率	-25.5dBm

由表 7-21 可以看到，由于采用高隔离度和高方向性的波分复用器件，信号功率大于接收机灵敏度，而串扰功率远低于接收机灵敏度，因此采用双向和单向波分复用系统均能够保证一定的误码率。由表 7-21 还可以看出。

① 双向传输系统，主要要求较高的方向性来抑制串扰。

② 单向传输系统，主要要求较高的隔离度来抑制串扰。

③ 波分复用器的插入损耗应尽可能小，不会因引入波分复用器件而对中继距离产生不良影响。

④ 高的隔离度指标能够抑制回波对系统误码率的影响，能够使发送机发射功率变化范围较大而不致使系统性能变化，增强系统容差性能。

⑤ 保证器件有一定的回波损耗特性以适应高比特率系统的应用。

⑥ 要求波分复用器件有较宽的信道通带（常规的 $1.31/1.55\mu m$ 器件一般要求通带宽度大于 50nm，甚至 100nm），以抑制可能的激光波长漂移对系统产生的影响，并且满足未来单窗口密集型波分复用系统的应用要求。

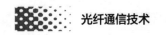
5. 效果评价

由融锥耦合器和干涉滤光器混联技术制作的高性能、实用化单模光纤波分复用器结构紧凑、使用简便、光学特性和环境稳定性优良，能够满足实际系统应用的要求。

第四节　光　开　关

一、简介

光开关的功能是转换光路，以实现光信号的交换。对光开关的要求是插入损耗小、串扰低、重复性高、开关速度快、回波损耗小、消光比大、寿命长、结构小型化和操作方便。

光开关可以分为两大类。一类是利用电磁铁或步进电动机驱动光纤或透镜来实现光路转换的机械式光开关，这类光开关技术比较成熟，在插入损耗（典型值 0.5dB）、隔离度（可达 80dB）、消光比和偏振敏感性方面具有良好的性能，也不受调制速率和方式的限制，但开关时间较长（毫秒量级），开关尺寸较大，而且不易集成。最近出现的微机电系统（MEMS）光开关，采用机械光开关的原理，但又能像波导开关那样，集成在单片硅基底上，所以很有发展前途。另一类光开关是利用固体物理效应（如电光、磁光、热光和声光效应）的固体光开关，其中电光式、磁光式光开关突出的优点是开关速度快（毫秒到亚毫秒量级）、体积非常小、易于大规模集成，但其插入损耗、隔离度、消光比和偏振敏感性指标都比较差。

二、主要品种与性能

（一）微机电系统光开关

微机电系统（MEMS）光开关可分为移动光纤式光开关、移动套管式光开关和移动透镜（包括反射镜、棱镜和自聚焦透镜）式光开关。图 7-102（a）表示 $1 \times N$ 移动光纤式 MEMS 光开关，它用电磁铁驱动活动臂移动，切换到不同的固定臂光纤。图 7-102（b）表示 1×2 移动反射式 MEMS 光开关。光开关有 1×1、$1 \times N$［图 7-102（c）］和 $M \times N$ 等几种，这里 M 是输入端口数量，N 是输出端口数量。

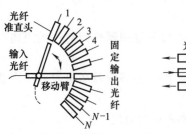
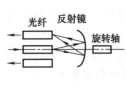

(a) 1×N 移动光纤式光开关　　　(b) 1×2 移动反射镜式光开关　　　(c) 1×N 多通道光开关

图 7-102　MEMS 光开关

MEMS 光开关已成为 DWDM（密集型光波复用）网中大容量光交换技术的主流，它是一种在半导体衬底材料上，用传统的半导体工艺制造出可以前倾后仰、上下移动或旋转的微反射镜阵列，在驱动力的作用下，对输入光信号可切换到不同输出光纤的微机电系统。通常微反射镜的尺寸只有 $140\mu m \times 150\mu m$，驱动力可以利用热力效应、磁力效应和静电效应产生。这种器件的特点是体积小、消光比大（60dB 左右）、对偏振不敏感、成本低，其开关速度适中（约 5ms），插入损耗小于 1dB。

　　图 7-103 表示一种可上下移动微反射镜式 MEMS 光开关，它有一个用镍制成的微反射镜 [$800\mu m$(高)$\times 120\mu m$(宽)$\times 30\mu m$(厚)]，装在用镍制成的悬臂 [$2mm$(长)$\times 100\mu m$(宽)$\times 2\mu m$(厚)] 末端。当悬臂升起来时，入射光可以直通过去，开关处于平行连接状态，如图 7-103（a）所示。当悬臂放下时，入射光被反射出去，开关处于交叉连接状态，如图 7-103（b）所示。平行连接状态转变到交叉连接状态是靠静电力将悬臂吸引到衬底上来实现的，静电力由加在悬臂和衬底间的电压（30～40V）产生。衬底上有一个宽约 $50\mu m$ 的沟渠，以便让悬臂上的微反射镜插入。

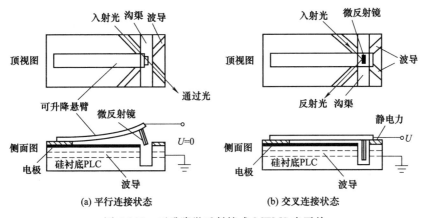

图 7-103　可升降微反射镜式 MEMS 光开关

　　图 7-104 为可旋转微反射镜式 MEMS 光开关，当反射镜取向 1 时，输入光从输出波导 1 输出；当反射镜取向 2 时，输入光从输出波导 2 输出。微反射镜的旋转由控制电压完成，通常为100～200V。图 7-105 为可立卧微反射镜式 MEMS 光开关，当反射镜立起时，输入光从输出光纤 1 输出；当反射镜卧倒时，输入光从输出波导 2 输出。这类器件的插入损耗小于 1dB，消光比大于 60dB，切换功率为 2mW，其开关时间约为 10ms，开关速度比波导开关慢。

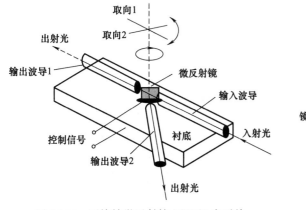

图 7-104　可旋转微反射镜 MEMS 光开关

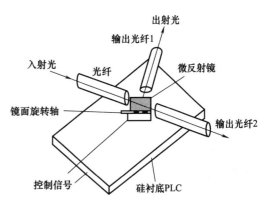

图 7-105　可立卧微反射镜 MEMS 光开关

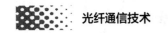

（二）电光开关

利用电光效应的原理也可以构成电光开关。

图 7-106 表示由两个 Y 形 LiNbO₃ 波导构成的马赫-曾德尔 1×1 光开关，它与图 7-107 的幅度调制器类似，在理想的情况下，输入光功率在 C 点平均分配到两个分支传输，在输出端 D 干涉，其输出幅度与两个分支光通道的相位差有关。当 A、B 分支的相位差 $\phi=0$ 时，输出功率最大；当 $\phi=\pi/2$ 时，两个分支中的光场相互抵消，使输出功率最小，在理想的情况下为零。相位差的改变由外加电场控制。

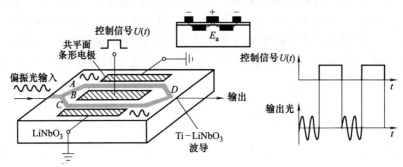

图 7-106　马赫-曾德尔 1×1 电光开关

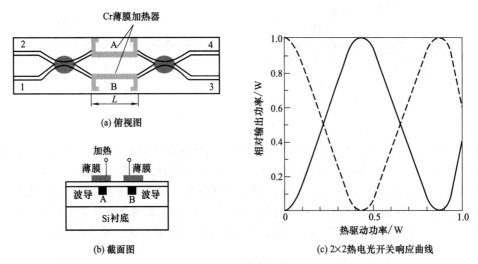

图 7-107　热光开关

（三）热光开关

在图 7-106 所示的电光开关中，用一个薄膜加热器代替加控制电压的电极，就可构成热光开关（Thermo Optic Switches，TOS），如图 7-107（a）所示，它具有马赫-曾德尔干涉仪（M-ZI）结构形式，包含两个 3dB 定向耦合器和两个长度相等的波导臂，每个臂上具有 Cr 薄膜加热器。该器件的交换原理是基于在硅介质波导内的热-电效应，不加热时，器件处于交叉连接状态，但在通电加热 Cr 薄膜时，引起它下面 A 和 B 波导间的相位变化为

$$\Delta\phi=2\pi\Delta nL/\lambda \tag{7-29}$$

式中　　L——薄膜加热器长度；

Δn——A 和 B 波导间的折射率变化，$\Delta n = \alpha \Delta T$，这里 α 为折射率受热变化系数，ΔT 为温度变化。

通常只对一个 Cr 薄膜通电加热。图 7-107（c）表示该器件的输出特性与驱动功率间的关系。由图可见，热驱动功率由 0 变为 0.5W 时，可引起输出状态的切换，即由交叉连接状态切换到平行连接状态。这种器件的优点是插入损耗小（0.5dB）、稳定性好、可靠性高、成本低，适合用于大规模集成，但是它的响应时间较慢（1～2ms）。利用这种器件已制成空分交换系统用的 8×8 光开关。

表 7-22 给出了几种光开关的工作原理和性能的简要比较。

表 7-22　几种光开关工作原理和性能的简要比较

类型	工作原理	插入损耗/dB	隔离度/dB	转换速度
机械式光开关	电磁铁或步进电动机驱动光纤或透镜	0.5～4	>60	小于几微秒
微机电系统光开关	半导体工艺制造，热力或磁力或静电效应驱动微反射镜	<1	50～55	5～10ms
电光 M-Z 光开关	电信号控制两个分支波导的相位差，使光输出或断开	3～8	>30	小于几微秒
热光 M-Z 光开关	加热薄膜使其下的波导折射率和相位变化，使光切换	<0.5	>30	1～2ms
磁光开关	控制包围介质线圈上的电压极性，通过法拉第效应使光切换	1.3～1.7	>25	30μs

（四）固态波导光开关

固态波导光开关为利用波导的热光、磁光效应来改变波导性质，从而实现开关动作的一种器件。它的开关速度在微秒到亚毫秒量级，体积小且易于集成为大规模的阵列，但插入损耗、隔离度、消光比、偏振敏感性等指标都较差。

（五）液晶（liquidcrystal）光开关

该类型光开关通过电场控制液晶分子的方向实现开关功能，适用于中等规模的开关阵列。目前，液晶光开关的最大端口数为 80，消光比可高达 40～50dB，通过加热液晶可以使开关速度达到毫秒级，但也会使设备功耗增加。另外，由于在液晶中光被分成偏振方向不同的两束光，最后再合起来，如果两束光的传播路径稍有不同，便会产生插入损耗，因此这种光开关的插入损耗指标难以提高。

（六）全息（holograms）光栅开关

该类型光开关依靠布拉格光栅实现对光的选择性反射。通过全息的形式在晶体内部生成布拉格光栅，当加电时布拉格光栅把光反射到输出端口；反之，光就直接通过晶体。利用该技术可以容易地组成上千端口的光交换系统，且开关速度快，为纳秒量级，但器件的功耗较大并需要高压供电。

（七）MEMS 光开关

该类型光开关通过静电或其他控制力使微镜或光闸产生机械运动，从而改变光的传播方向，实现开关功能。MEMS 光开关具有制作成本低、加工工艺多样化、系统单片集成化等诸多优点，各项性能足以满足 DWDM 全光网的技术要求，因此 MEMS 光开关显示出良好的开发应用前景。

除上述光开关外，人们还研究过马赫-曾德干涉仪开关，声光、喷墨气泡光开关及半导体光放大器（SOA）光开关等。

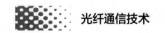

三、机械式光开关

（一）机械式光开关简介

光开关、光开关矩阵是技术含量较高的光无源器件，并涉及与之相应的制作材料、加工工艺等基础和技术支持。按光开关制作的技术方案，光开关可分为机械式光开关、固体光开关和其他光开关，如图 7-108 所示。目前，尽管全光网络的兴起迫切需要大量性能优良、价格合理的光开关、光开关矩阵。但真正能够商用化的光开关产品只有机械式光开关，包括传统的机械式和基于 MEMS 技术的微机械开关。

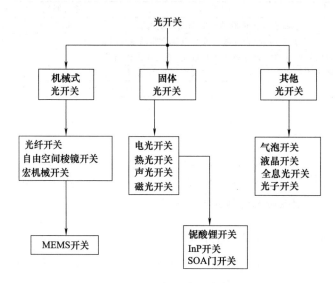

图 7-108　光开关的分类

1. 系统要求

全光网络系统对光开关器件的要求主要体现在如下几方面。

（1）开关时间　系统中的故障自愈保护首先需要考虑的是操作时间，操作时间过长，就会导致严重的传输数据丢失。在目前的全光网络系统中，所使用的光开关速度一般在 1～100ms 之间。对于 10Gbit/s、40Gbit/s 及其更高的传输系统，则需要微秒量级的光开关。

（2）开关损耗　不同的系统应用对光开关的插入损耗有不同的要求。原则上，光开关器件所带来的附加损耗越小越好。对单极的 1×2、2×2 光开关来说，目前系统中较普通的要求是：插入损耗小于 1.5dB。器件厂商通常设法将其限制在 1dB 以下。

（3）输入、输出端口　输入、输出端口的设计主要是由光开关的具体应用决定的。一般的光自愈保护模块主要采用单一的 1×2 结构和 1×2 结构阵列，OADM 器件则需要 2×2 结构及其单元组合；光测试系统主要采用基于 1×2 开关和 2×2 开关组合的 1×N、2×N 结构。

（4）重复性和开关寿命　光开关的重复性和寿命是衡量光开关正常工作的重要指标，一般要求重复性在 0.4dB 以下，开关次数达 10 万次以上，对于一些测试场合，则会有更严格的要求。

（5）串扰　通常系统要求端口之间的信号串扰在 40dB 以上。

2. 1×2、2×2 机械式光开关

光学机械式光开关大致有两种：一种是采用微精密电机控制的多通道 1×N、2×N 机械式光开关，它是通过驱动棱镜和反射镜面转动来完成切换的机械式光开关；另一种是采用磁保持的机械式光开关，它是通过电磁或热制动器驱动活动光路部件实现开关切换的（以 1×2、2×2 和 1×4 光开关为主）。采用磁保持的机械式光开关技术主要有 3 种：①棱镜切换光路技术；②反射镜切换技术；③将光纤本身作为移动光纤切换光路，即"动纤式"。

1×2、2×2 机械式光开关采用反射切换和磁保持相结合的技术。这是因为光学反射片能够在垂直光路方向运动，可以保持很好的重复性；磁保持技术则可在最大程度上减小电功耗。图 7-109 所示为 2×2 机械式光开关的光学原理示意图，利用这种设计可以达到如下的指标要求：插损<0.6dB，串扰>50dB，开关速度 5～10ms，重复性<0.1dB，开关次数>1000000 次，并且可同时工作于 1310nm 和 1550nm 窗口。

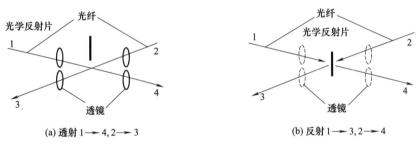

图 7-109 2×2 机械式光开关光学原理示意图

3. 系统应用

光开关在光网络系统中，主要的应用如下。

（1）自动保护倒换和恢复 自动保护倒换和恢复的能力是光网络的一个突出特点，而光开关是实现该功能的核心器件。图 7-110 所示是利用 1×2 光开关实现光路保护和恢复的简单示意图。光信号通常在发送端利用一个 50/50 耦合器分送主光路和冗余光路，在接收端利用一个 1×2 光开关进行切换。光开关可将监控信号控制切换到正常光路。

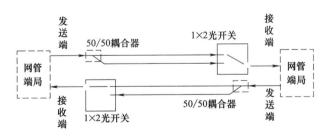

图 7-110 利用 1×2 光开关实现光路保护和恢复示意图

（2）作为光交叉连接器（OXC）的核心部件 光交叉连接器（OXC）主要应用于骨干网中，实现不同子网业务的汇聚和交换。采用光开关，可使 OXC 具有交换业务的动态配置、支持保护倒换等功能，从而实现光层上支持波长路由的选择及其动态选路。

（3）作为光上/下路复用器（OADM）的核心部件 OADM 是光网络的关键设备之一，通常用于城域网。OADM 的实现可以采用 1×2、2×2 光开关及其结合，图 7-111 所示采用 1×2 光开关，可使 OADM 能够动态配置业务，增强网络节点的灵活性。同时，光开光的使用也使 OADM 节点具有自愈保护和恢复的功能，增强网络的生存能力。

（4）光器件测试和网络监控　利用 1×2、2×2 开关，构筑 $1\times N$ 光开关进行连接和控制，可以同时测量多个待测器件或多个测量光路，达到快速、简捷地测试和监控的目的。图7-112 所示是采用 $1\times N$（N 为 8、16 或 32）光开关测量 N 路合波器。

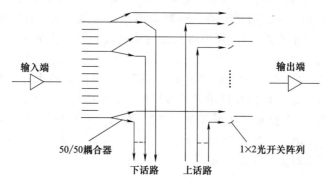

图 7-111　利用 1×2 光开关实现 OADM 示意图

图 7-112　用 $1\times N$ 光开关测量 N 路合波器

（二）反射镜式 2×2 机械光开关

1. 简介

机械式光开关一般采用微型透镜、棱镜组成的光学系统来实现，有的还直接采用光纤移动来实现。在众多的机械式光开关中，一种基于反射镜的 2×2 机械式光开关越来越引起研究人员的关注。该器件直接采用 2 个双光纤准直器和 1 片反射镜实现 2×2 功能，虽然采用机械结构限制了这种器件的开关速度，但它具有结构简单、损耗低、串扰小等优点，应用前景极好。

2. 结构

反射镜式 2×2 机械光开关的具体结构如图 7-113 所示，主要部件为继电器、轴承及轴承座、反射镜和两个双光纤准直器。工作原理如图 7-114 所示，当继电器带动机械系统使反射镜打到图 7-114（a）所示位置时，由光纤 1 进入的光从光纤 4 出来，由光纤 2 进入的光从光纤 3 出来；当反射镜在继电器的带动下打到图 7-114（b）所示位置时，如果反射面正好处于两光线的交点位置处，由光纤 1 进入的光将从光纤 3 出来；由光纤 2 进入的光将从光纤 4 出来，从而实现了光路的交换。因为该结构采用机械运动的方式来改变光路，机械件之间的配合不可避免地存在少许间隙，使反射镜每次打下的位置有少许变化，最终将影响反射光线的角度变化，从而产生不同的插损，也就是说重复性比较差。这种结构的光开关最难解决的就是重复性问题，下面将重点讨论影响反射镜式机械光开关重复性的因素及解决方案。

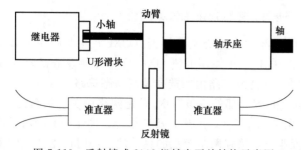

图 7-113　反射镜式 2×2 机械光开关结构示意图

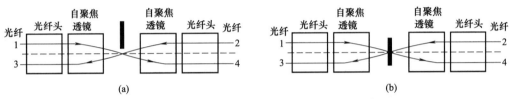

图 7-114　反射镜式 2×2 机械光开关工作原理示意图

3. 性能分析

反射镜式机械开关影响插入损耗的因素如下。

① 光纤准直器间的轴向间距。

② 光纤准直器之间的偏轴距离。

③ 光纤准直器间的角度偏差。

经过研究人员的试验可知，上述影响因素中角度偏差对插入损耗的影响最明显，因该结构中反射镜的角度如有少许变化，反射光线的角度将变化 2 倍，对该结构的重复性影响很大。光线进入准直器时与自聚焦透镜光轴的夹角和插入损耗之间的关系可用下式表示：

$$L = 4.343[\tan\theta / (n_0 \sqrt{A}\omega_0)]^2 \tag{7-30}$$

式中　L——插入损耗，dB；

　　　θ——射入准直器的光线与自聚焦透镜光轴的夹角；

　　　n_0——自聚焦透镜的中心折射率；

　　　A——聚焦参数；

　　　ω_0——单模光纤中高斯光束的束斑半径。

在 θ 较小时，损耗与 θ 近似成平方递增关系。

该结构中影响重复性的因素主要有以下几点：a. 小轴与 U 形滑块之间的间隙；b. 反射镜与转轴轴线之间的垂直度；c. 转轴与轴承之间的间隙。实际上最后一个因素也将导致反射镜与实际转动轴线不垂直，所以可以将后面两个因素作为一个来讨论。

小轴与 U 形滑块之间的间隙将导致反射镜在垂直面内的位置变化，如果反射镜与转轴轴线完全垂直，那么位置的差异对反射光线的偏角将没有影响，但是在实际安装过程中很难保证反射镜与轴线完全垂直。假设反射镜与轴线垂面之间的夹角为 α，小轴与 U 形滑块之间的间隙为 d，小轴中心与转轴中心的距离为 m，则反射镜转角偏差 $\beta = \arctan(d/m)$。经计算可知，反射光线的偏角 θ 与 α 和 β 之间的关系为：

$$\theta = \arccos(\sin^2\alpha + \cos^2\alpha\cos\beta) \tag{7-31}$$

假设小轴中心与转轴中心的距离 $m = 2$mm，那么 θ 与 α 和 d 的关系分别如图 7-115 和图 7-116 所示，其中图 7-115 所示为当 $d = 0.1$mm 时 θ 与 α 的关系，图 7-116 所示为当 $\alpha = 1°$ 时 θ 与 d 的关系。由两图可知，小轴和 U 形滑块之间的间隙对偏角的影响要比另两个因素大得多，所以在制作过程中要严格控制，尽量将间隙控制在 0.1mm 以内。

4. 应用

2×2 光开关是光开关系列中最常用的一种，广泛应用于 FDDI、光接点旁路、回路测试、传感系统等方面，它还可与其他类型的光开关组合起来使用，使开关系统更完善、更灵活。图 7-117 所示是 2×2 光开关应用的典型示例，图中光开关 2 和 4 处于旁路状态，即子环或工作站不与主光纤环路接通；光开关 1 和 3 处于插入状态，即子环或工作站与主光纤环路接通。2×2 光开关还可以与波分复用器（WDM）一起使用，构成光分插复用器（OADM），实现光路上、下载，如图 7-118 所示。

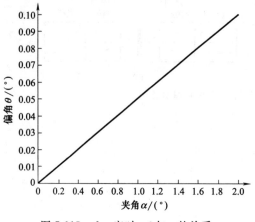

图 7-115　d 一定时，θ 与 α 的关系

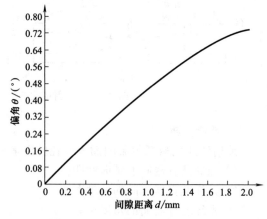

图 7-116　α 一定时，θ 与 d 的关系

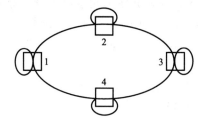

图 7-117　2×2 光开关在光网络中的应用示例

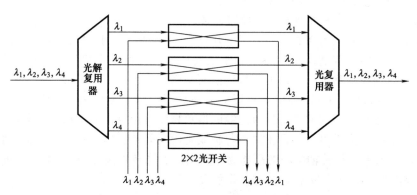

图 7-118　用 2×2 光开关制作的光分插复用器

5. 效果评价

由于反射镜式 2×2 机械光开关具有结构简单、成本低和插入损耗小等优点，因而必将在未来的光纤网络中得到广泛的应用。

（三）4×4 自由空间机械式光开关

1. 4×4 自由空间光开关结构

与偏振无关的 4×4 双向光纤光开关，采用自由空间光互联结构，选用的光学元件少。首先研究与偏振无关的 2×2 双向光纤光开关的结构，在 2×2 双向光纤光开关结构基础上，扩展研究与偏振无关的 4×4 双向光纤光开关结构。与偏振无关的 2×2 双向光纤光开关仅由 2 块偏振分束组合棱镜 PBS_1 和 PBS_2、1 块 $\lambda/4$ 波片 QWP、1 块 $\lambda/2$ 波片 HWP、1 块直角棱镜 RAP、1 块全反射镜 TR 和 1 个偏振光调制器 PLM 组成，如图 7-119 所示。

输入的两路光信号经两根输入光纤端面的渐变折射率（GRIN）透镜准直后，信号 1 经偏振分束组合棱镜 PBS$_1$ 上方的全反射面反射后由垂直方向入射到偏振分束组合棱镜 PBS$_1$ 的偏振膜 PF 上，信号 2 则直接由水平方向入射到偏振分束组合棱镜 PBS$_1$ 的偏振膜 PF 上。偏振分束组合棱镜 PBS$_1$ 的偏振膜 PF 将入射光束分为 p 偏振光分量和 s 偏振光分量。p 偏振光分量透过偏振膜 PF 传输，而 s 偏振光分量则经偏振膜 PF 面反射后输出。故经偏振分束组合棱镜 PBS$_1$ 上的偏振膜 PF 分束后，信号 1 的 s 偏振

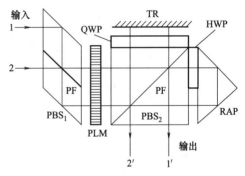

图 7-119　2×2 自由空间光开关结构
PBS$_1$，PBS$_2$—偏振分束组合棱镜；QWP—λ/4 波片；
HWP—λ/2 波片；PLM—偏振光调制器；
RAP—直角棱镜；TR—全反射镜

光分量经 PF 面反射，信号 2 的 p 偏振光分量经 PF 面后透射输出，并和反射的信号 1 的 s 偏振光分量相重合，从水平方向输出 PBS$_1$。同时信号 1 的 p 偏振光分量和信号 2 的 s 偏振光分量在 PBS$_1$ 的偏振膜 PF 处重合后，垂直向下，经 PBS$_1$ 的下全反射面反射后，也由 PBS$_1$ 的下方水平输出。经重新组合后的两路光信号入射到第二块偏振分束组合棱镜 PBS$_2$ 上，由偏振光调制器 PLM 控制信号分量的偏振状态，当偏振光调制器 PLM 处于"ON"的状态时，设 PLM 的状态为 $S(1)=1$，此时入射到偏振分束组合棱镜 PBS$_2$ 上的信号光偏振状态将发生改变，即由 s 偏振态变为 p 偏振态，反之亦然。此时信号光 1 的 s 偏振光分量和 p 偏振光分量分别变为 p 偏振态和 s 偏振态，p 偏振态的光分量透过 λ/2 波片 HWP 后，再次变为 s 偏振态，入射到直角棱镜 RAP 上，经 RAP 上的两直角面全反射后重新折回，并返回到 PBS$_2$ 的偏振膜 PF 上，该 s 偏振态的光分量经 PBS$_2$ 的偏振面 PF 反射后由输出端口 2′输出；同样，由 PBS$_1$ 入射到 PBS$_2$ 的信号光 1 的 s 偏振态的光分量经 PBS$_2$ 的偏振面 PF 反射后，向上透过 λ/4 波片 QWP，经全反射镜 TR 反射后重新透过 λ/4 波片 QWP，向下返回到 PBS$_2$ 的偏振面 PF 上，由于通过 λ/4 波片 QWP 两次，故信号光 1 的 s 偏振态变为 p 偏振态，该 p 偏振态的光分量经 PBS$_2$ 的偏振面 PF 透射后，同样由输出端口 2′输出。即由输入端口 1 输入的信号光 1 的全部光分量最后都在输出端口合并后，由输出端口 2′输出。对信号光 2 的分析也是一样，信号光 2 的 s 偏振光分量和 p 偏振光分量分别通过直角棱镜 RAP 和全反镜 TR 反射重新会合到一起后，由输出端口 1′输出，即信号光 1 和信号光 2 在输出端口发生了交换，实现了交换互联。由于信号光 1、信号光 2 的 s 偏振光分量和 p 偏振光分量分别在输出端口合并，从而实现与偏振无关的输出。

同理，当偏振光调制器 PLM 处于"OFF"状态时，设 PLM 的状态为 $S(0)=1$，此时入射到偏振分束组合棱镜 PBS$_2$ 上的信号光偏振状态将不发生改变，此时信号光 1 的 s 偏振光分量和 p 偏振光分量分别通过直角棱镜 RAP 和全反镜 TR 反射重新汇合到一起后，由输出端口 1′输出；而信号光 2 的 s 偏振光分量和 p 偏振光分量分别通过直角棱镜 RAP 和全反射镜 TR 反射重新汇合到一起后，由输出端口 2′输出，实现了直通互联。当将该 2×2 光开关结构的输出端作为输入端输入两束光信号时，由于该光学系统光路的可逆性，在其原来的输入端同样可以得到直通和交换的光信号输出，即可以实现双向光开关功能。与国外已报道的 2×2 光开关相比，该光开关结构所用的光学元件少，结构紧凑可靠，易于光学装配和调试。

采用上面提出的 2×2 光开关结构可通过适当的扩展方式构造成 4×4 光开关结构，该结

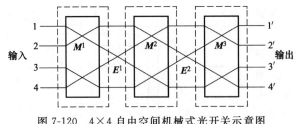

图 7-120 4×4 自由空间机械式光开关示意图

构同样具有与偏振无关的双向光开关功能。其光学原理图如图 7-120 所示。

整个 4×4 光开关结构由 3 个完全相同的自由空间光交换模块 A、B、C 组成，模块之间采用固定连接方式实现光信号通道转换。每个光交换模块的光学结构如图 7-121 所示。输入的 4 路光信号经偏振分束组合棱镜 PBS$_1$ 进入光学系统，偏振分束组合棱镜 PBS$_1$ 中的两个界面 PF 均为偏振面，将入射光分为 p 偏振光和 s 偏振光分量。偏振分束组合棱镜 PBS$_1$ 中粗线表示的界面 TR 为双面全反射面，它只改变光束的传输方向，不改变光的偏振态或相位。输入端口 1、2 的水平光分量只能经 PBS$_1$ 中的反射界面 TR 反射后向上传输，而输入端口 3 的所有光分量都将由 PBS$_1$ 中的反射界面 TR 反射后，向右水平传输到偏振面 PF 上，由偏振面 PF 分为 p 偏振光和 s 偏振光分量。偏振光调制器阵列 S$_1$ 中的 S$_{11}$、S$_{12}$ 分别为偏振光开关单元。用与 2×2 光开关结构同样的分析方法，通过控制各偏振光开关单元不同的开关状态，可实现 4 路输入光信号 1、2、3、4 到任意 4 路输出信号通道 1′、2′、3′、4′输出的 4×4 开关矩阵功能。当将该 4×4 光开关结构的输出端作为输入端输入 4 束光信号时，由于该光学系统光路的可逆性，在其原来的输入端同样可以得到交换后的光信号输出，即可以实现双向光开关功能。图 7-122 所示为 4×4 自由空间光开关的整体结构。其中，偏振光开关单元 S$_{11}$、S$_{12}$、S$_{21}$、S$_{22}$、S$_{31}$、S$_{32}$分别具有两种偏振控制状态"0"和"1"。为便于下面的矩阵分

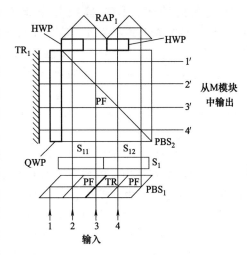

图 7-121 4×4 自由空间光开关单光交换
模块的光学结构

析，引入 $S_{ji}(0)$，$S_{ji}(1)$，$i=1$、2，$j=1$、2、3 来描述这两种偏振控制状态。即当 S_{ji} 取"0"时，有 $S_{ji}(0)=1$、$S_{ji}(1)=0$，此时偏振控制状态保持不变；而当 S_{ji} 取"1"时，则有 $S_{ji}(0)=0$、$S_{ji}(1)=1$，此时偏振控制状态改变 90°。

对自由空间光纤开关的互联方式和节点状态进行理论分析和矩阵描述，可以方便直观地描述光开关的路由控制状态等特性，对光开关的设计具有指导作用。在光互联网络的研究中，对不同拓扑结构的光互联网络进行矩阵理论分析，较好地解决了光互联网络和节点状态统一的数学描述问题。在研究中，还将采用矩阵理论来分析这种具有新的自由空间光互联结构的 4×4 光纤光开关的特性。

2. 矩阵描述

为了直观地描述光开关的开关特性，我们可以用矩阵理论来表示光开关输入端口与输出端口的互联关系。设 $\boldsymbol{K}^0$、$\boldsymbol{K}'$ 分别为光开关输入端口与输出端口序号的列矢量，对于一个 $N×N$ 的光开关，则 $\boldsymbol{K}^0$、$\boldsymbol{K}'$ 可分别表示为：

$$\boldsymbol{K}^0=(k_1,k_2,k_3,\cdots,k_N)^{\mathrm{T}} \tag{7-32}$$

$$\boldsymbol{K}'=(k_1',k_2',k_3',\cdots,k_N')^{\mathrm{T}} \tag{7-33}$$

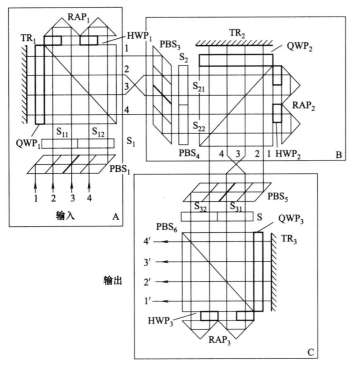

图 7-122　4×4 自由空间光开关整体结构

其中 k_i，$k_i'(i=1，2，3，\cdots，N)$ 为输入端口与输出端口的序号，N 为输入、输出端口数。对于 2×2 光开关，输入端口与输出端口的列矢量可简单地表示为：

$$\boldsymbol{K}^0=(k_1，k_2')^{\mathrm{T}} \tag{7-34}$$

$$\boldsymbol{K}'=(k_1'，k_2')^{\mathrm{T}} \tag{7-35}$$

输入端口与输出端口之间的开关状态可以用一个 2×2 的传输矩阵 $\boldsymbol{M}$ 来表示：

$$\boldsymbol{K}'=\boldsymbol{M}\boldsymbol{K}^0 \tag{7-36}$$

$$\boldsymbol{M}=\begin{bmatrix}S(0) & S(1)\\ S(1) & S(0)\end{bmatrix} \tag{7-37}$$

其中，矩阵元 $S(0)$ 和 $S(1)$ 分别表示光开关偏振光调制器 PLM 的偏振控制状态，它们满足下列条件：当 $S(0)=1$，$S(1)=0$ 时，偏振控制状态保持不变；当 $S(0)=0$，$S(1)=1$ 时，偏振控制状态改变 $90°$。

对于 4×4 光开关，输入端口与输出端口的列矢量可表示为：

$$\boldsymbol{K}^0=(k_1，k_2，k_3，k_4)^{\mathrm{T}} \tag{7-38}$$

$$\boldsymbol{K}'=(k_1'，k_2'，k_3'，k_4')^{\mathrm{T}} \tag{7-39}$$

每一级的输入端口与输出端口之间的互联关系可用相应的传输矩阵 $\boldsymbol{M}_j$（$j=1$，2，3）来表示：

$$\boldsymbol{M}_j=\begin{bmatrix}S_{j1}(0) & S_{j1}(1) & 0 & 0\\ S_{j1}(1) & S_{j1}(0) & 0 & 0\\ 0 & 0 & S_{j2}(0) & S_{j2}(1)\\ 0 & 0 & S_{j2}(1) & S_{j2}(0)\end{bmatrix}$$

$$j=1,2,3 \tag{7-40}$$

其中，当偏振控制状态单元 $S_{j1}(0)=1$，$S_{j1}(1)=0$，$i=1$，2 时，偏振控制状态保持不变；当 $S_{j1}(1)=1$，$S_{j1}(0)=0$，$i=1$、2 时，偏振控制状态改变 90°。每一级光开关互联模块之间的互联关系可以用同样的矩阵关系表示为：

$$E=E^1=E^2=\begin{bmatrix}1&0&0&0\\0&0&1&0\\0&1&0&0\\0&0&0&1\end{bmatrix} \tag{7-41}$$

其中，E^1、E^2 分别为第一级与第二级、第二级与第三级互联模块之间的互联矩阵。根据以上分析，则整个 4×4 光开关输出端口与输入端口的矩阵关系可表示为：

$$K'=M^3E^2M^2E^1M^1K^0 \tag{7-42}$$

即

$$\begin{bmatrix}k_1'\\k_2'\\k_3'\\k_4'\end{bmatrix}=\begin{bmatrix}S_{31}(0)&S_{31}(1)&0&0\\S_{31}(1)&S_{31}(0)&0&0\\0&0&S_{32}(0)&S_{32}(1)\\0&0&S_{32}(1)&S_{32}(0)\end{bmatrix}\begin{bmatrix}1&0&0&0\\0&0&1&0\\0&1&0&0\\0&0&0&1\end{bmatrix}\times\begin{bmatrix}S_{21}(0)&S_{21}(1)&0&0\\S_{21}(1)&S_{21}(0)&0&0\\0&0&S_{22}(0)&S_{22}(1)\\0&0&S_{22}(1)&S_{22}(0)\end{bmatrix}$$

$$\begin{bmatrix}1&0&0&0\\0&0&1&0\\0&1&0&0\\0&0&0&1\end{bmatrix}\begin{bmatrix}S_{11}(0)&S_{11}(1)&0&0\\S_{11}(1)&S_{11}(0)&0&0\\0&0&S_{12}(0)&S_{12}(1)\\0&0&S_{12}(1)&S_{12}(0)\end{bmatrix}\begin{bmatrix}k_1\\k_2\\k_3\\k_4\end{bmatrix} \tag{7-43}$$

根据 4×4 自由空间光开关的结构设计和矩阵分析，可以构造模块化的 4×4 自由空间光开关器件，表 7-23 列出了 4×4 光开关的路由状态控制表，其中 $1'$、$2'$、$3'$、$4'$ 分别为 4×4 光开关的输出通道序号，序号 1、2、3、4 分别为与输出通道连接的对应输入通道号。

表 7-23　4×4 光开关路由状态控制表

序号	路由状态						输 出			
	S_{11}	S_{12}	S_{21}	S_{22}	S_{31}	S_{32}	$1'$	$2'$	$3'$	$4'$
1	0	0	0	0	0	0				
2	0	1	0	0	0	1	1	2	3	4
3	1	0	0	0	1	0				
4	1	1	0	0	1	1				
5	0	0	0	0	0	1				
6	0	1	0	0	0	0	1	2	4	3
7	1	0	0	0	1	1				
8	1	1	0	0	1	0				
9	0	0	0	0	1	0				
10	0	1	0	0	1	1	2	1	3	4
11	1	0	0	0	0	0				
12	1	1	0	0	0	1				
13	0	0	0	0	1	1				
14	0	1	0	0	1	0	2	1	4	3
15	1	0	0	0	0	1				
16	1	1	0	0	0	0				
17	0	0	0	1	0	0	1	4	3	2
18	1	1	1	0	1	1				

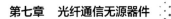

续表

序号	路 由 状 态						输　出			
	S_{11}	S_{12}	S_{21}	S_{22}	S_{31}	S_{32}	1'	2'	3'	4'
19	0	0	0	1	0	1	1	4	2	3
20	1	1	1	0	1	0				
21	0	0	0	1	1	0	4	1	3	2
22	1	1	1	0	0	1				
23	0	0	0	1	1	1	4	1	2	3
24	1	1	1	0	0	0				
25	0	0	1	0	0	0	3	2	1	4
26	1	0	1	1	0	1				
27	1	1	0	1	1	1				
28	0	0	1	0	0	1	3	2	4	1
29	1	0	1	1	0	0				
30	1	1	0	1	1	0				
31	0	0	1	0	1	0	2	3	1	4
32	1	0	1	1	1	1				
33	1	1	0	1	0	1				
34	0	0	1	0	1	1	2	3	4	1
35	1	0	1	1	1	0				
36	1	1	0	1	0	0				
37	0	0	1	1	0	0	3	4	1	2
38	0	1	1	1	1	0				
39	1	1	1	1	1	1				
40	0	0	1	1	0	1	3	4	2	1
41	0	1	1	1	1	1				
42	1	1	1	1	1	0				
43	0	0	1	1	1	0	4	3	1	2
44	0	1	1	1	0	0				
45	1	1	1	1	0	1				
46	0	0	1	1	1	1	4	3	2	1
47	0	1	1	1	0	1				
48	1	1	1	1	0	0				
49	0	1	0	1	0	0	1	3	4	2
50	1	0	1	0	1	1				
51	0	1	0	1	0	1	1	3	2	4
52	1	0	1	0	1	0				
53	0	1	0	1	1	0	3	1	4	2
54	1	0	1	0	0	1				
55	0	1	0	1	1	1	3	1	2	4
56	1	0	1	0	0	0				
57	0	1	1	0	0	0	4	2	1	3
58	1	0	0	0	1	1				
59	0	1	1	0	0	1	4	2	3	1
60	1	0	0	1	1	0				
61	0	1	1	0	1	0	2	4	1	3
62	1	0	0	1	0	1				
63	0	1	1	0	1	1	2	4	3	1
64	1	0	0	1	0	0				

3. 效果评价

提出一种与偏振无关的 4×4 自由空间光开关的结构设计方法，并进行矩阵分析。该与偏振无关的 4×4 自由空间光开关矩阵具有光模块化结构，所有的输入端口和输出端口可以实现无阻塞互联，对光开关矩阵的控制与输入光束的偏振态无关。这种新型的光开关结构具有光学元件少、结构紧凑、模块化、偏振无关性等特点。4×4 光开关从任意输入端口到任意输出端口的路由控制状态可以很容易地从基于矩阵分析的路由控制表得到。4×4 光开关的矩阵理论分析为光开关功能的实现提供了方便的理论研究手段。

四、微机械光开关

（一）微机械（MEMS）技术及 MEMS 光开关的应用

1. MEMS 技术

MEMS 技术也称作微机电系统技术，是指可批量制作并集微型机构、微型传感器、微型执行器、信号处理及控制电路、接口、电源等于一体的微型器件或系统。MEMS 是随着半导体集成电路微细加工技术和超精密机械加工技术的发展而发展起来的。MEMS 技术的主要特点如下。

① 微型化。MEMS 器件体积小、重量轻、能耗低、惯性小、谐振频率高、响应时间短。

② 以硅为主要材料的机械电气性能优良。硅的强度、硬度和杨氏模量与铁相当，密度类似铝，热导率接近钼和钨。

③ 可批量生产。用硅微加工工艺可在一块硅片上同时制造成百上千个微型机电装置或完整的 MEMS 器件。

④ 集成化。可以把不同功能、不同敏感方向或致动方向的多个传感器或执行器集成于一体，或形成微传感器阵列、微执行器阵列，甚至可以把多种功能的器件集成在一起，形成复杂的微系统。

⑤ 多学科交叉。MEMS 技术涉及电子、机械、材料、制造、信息与自动控制、物理、化学和生物等多种学科，并集成了当今科学技术发展的许多尖端成果。

2. MEMS 光开关的应用

（1）MEMS 光开关在光纤通信中的应用 光纤通信在实现了高速、大容量点对点的传输后，于 20 世纪末已进入了光纤网络时代。MEMS 技术在光纤通信领域的应用范围十分宽广，几乎所有光网络中的各个组成单元都能采用 MEMS 制作器件，并由此产生了一个新名词：微光电机械系统（MO-EMS）。利用 MEMS 技术可以制作光纤通信传输网中的许多器件，如光分插复用器（OADM）、光交叉连接开关矩阵（OXC-AS）、光调制器、光滤波器、波分复用解复用器、可调谐微型垂直腔表面发射半导体激光器（VCSEL）、可变光衰减器、增益均衡器及用于光路分配和耦合的微透镜阵列等多种微型光学器件。

光开关是较为重要的无源光学器件，它可在光网络系统中对光信号进行选择性开关操作。随着光信号传送业务量的快速增长，以及接入网和高速数据网大容量高速交换的需求，组建全光传输网络成为光通信技术发展的必然趋势。光交叉连接（OXC）技术是全光网络的关键技术之一。OXC 系统作为全光网络不可缺少的节点设备，可以使全光网络中信息传输的光信号进行直接交换和交叉连接。它与当前应用的电交叉连接相比，省去了光-电及电-光变换过程，设备相应简化。采用直接交换和交叉连接不仅可以减少干扰的可能性，而且可以尽快消除同步网络中的干扰，提高网络的灵活性和可靠性，使光传输系统无中间传送，传输距离更长。在

OXC 设备中，光开关及更为复杂的光开关矩阵系统是其关键器件。传统的机械式光开关虽然串音小、重复性好、插入损耗低、价格相对便宜，但随着现代光通信的发展，要求光开关器件具有更高的工作速度、更低的插入损耗和更长的工作寿命。在器件的体积上，由于全光网络单元器件的增多，为使器件小型化，就要求器件有更高的集成度；在成本方面，由于网络的扩充，所需器件将会大大增加新的光网络核心器件技术，并对光开关提出更高的要求，由此带来了光网络设备高昂的成本。因此，必须采取相应技术措施，降低光学器件的成本，这样才能被用户所接受。用传统手段制造的光开关难以满足上述要求，在此情况下，MEMS 光开关应运而生。

MEMS 光开关技术被认为是一项革命性技术，给光通信领域带来一系列前所未有的 MEMS 研究热。人们对 MEMS 光开关的研究始于 20 世纪 90 年代中期，虽然起步较晚，但发展较快，而且研究单位和研究者众多，成为目前最流行的光开关制作技术。贝尔实验室的"跷跷板"式光开关，被称为世界上第一个有实用价值的 MEMS 光开关；美国 OMM 公司的 "Cros-GuaN" 光开关号称世界上第一个 MEMS 光开关，该公司的小阵列（4×4 和 8×8）光开关产品已进入实用阶段，大于 32×32 阵列的光开关也在开发之中。另外，美国 Onix 公司也制作了基于微镜技术的光开关，其中微镜技术是该公司的专利技术。在 MEMS 光开关的制作中，这些国外的研究单位和公司大多采用 MEMS 平面工艺。

（2）MEMS 光开关技术　一般来说，MEMS 光开关从空间结构上可分成两种：2D 开关和 3D 开关。这两种结构在如何控制和引导光束的能力方面有很大的差别，可以在光通信网络中发挥各自不同的作用。

① 在 2D MEMS 光开关中，微镜的排列只有两个位置，即开和关两种状态。这种排列极大地简化了控制电路的设计，一般只需提供足够的驱动电压使微镜发生动作即可。但是，当要扩展成大型光开关阵列时，这种结构的弱点便显露出来了。因为各个输入、输出端口之间的光路传输距离各有不同，所以各端口的插入损耗也不同，这就使 2D 光开关只能用在端口较少的环路里。这种二维光开关阵列的插入损耗小于 4dB，开关时间小于 10ms。由于受光程损耗的限制，最大可以实现 32×32 端口。如果想要实现更高的端口密度，则在技术上十分困难。

② 在 3D MEMS 光开关中，微镜能沿着两个方向的轴任意旋转，因此可以用不同的角度来改变光路的输出。在 $N×N$ 的阵列中，只需要 N 或 $2N$ 个微镜即可。如果只有 N 个微镜，则每个镜的有限旋转角度将会引入新的插入损耗，因此现在多采用两组微镜阵列（$2N$）。这种结构的最大优点是由光程差所引起的插入损耗对光开关阵列的端口数扩展不会产生很大的影响，但它的控制电路和结构设计将会变得较为复杂。

利用 MEMS 技术制作的新型光开关体积小、重量轻、能耗低，可以与大规模集成电路制作工艺兼容；易于大批量生产和集成化，方便扩展，有利于降低成本。此外，MEMS 光开关与信号的格式、波长、协议、调制方式、偏振作用、传输方向等均无关，并在进行光处理过程中不需要进行光-电或电-光转换。特别是大规模光开关阵列，几乎非 MEMS 技术而不能实现，而 OXC 必须使用大规模光开关阵列。因此，大规模 MEMS 光开关阵列已经成为目前发展全光通信技术中极其重要的技术。

3. MEMS 光开关的发展和目前存在的主要问题

随着光通信的发展，一些国际通信公司也开始大力开发制造新型光开关。其中，光调制光开关和波导调制光开关的技术发展较快，其开关时间具有几皮秒到 10ps 的开发潜力，可以满足全光通信网络实现高速光交换、光交叉连接的要求。因此，光调制光开关和波导调制光开关是今后光开关的发展方向。但是，光调制光开关和波导调制光开关串音大的缺点目前尚无技术突破，还处于实验室研究阶段，而且价格昂贵，近几年要达到实用化的水平并投入市场不太可能。目前，采用较为成熟的 MEMS 技术研制开发光开关、光开关列阵，并在此基础上组建、完善全光交换机及其交换矩阵系统等全光网络节点设备，具有非常大的现实应用价值。

目前，MEMS 技术还存在一些问题：一是迫切需要用于微电子机械系统设计的先进模拟工具和模型建立工具，只有运用合适的开发工具，并配以连通高性能工作站以及本地的和远程的超级计算机网络才能从根本上改变这种局面；二是微电子机械系统的包装面临独特的挑战，因为微电子机械装置形状差异大，并且部分装置还要求放置于特定的环境中，几乎每开发一套微电子机械系统就需要为其设计一个专用的包装。

4. 效果评价

目前，MEMS 光开关及其阵列在现有光通信中的应用越来越广泛。长途传输网中的光开关/均衡器、发射功率限幅器，城域网中的监控保护开关、信道均衡器、增益均衡器，以及无源网中的调制器等都需要光开关及其阵列。

(二) 微机械 (MEMS) 光开关

1. 简介

MEMS 光开关既有机械式光开关的低插损、低串扰、低偏振敏感性和高消光比的优点，又有波导开关的高开关速度、体积小、易于大规模集成等优点。同时，MEMS 光开关与光信号的格式、波长、协议、调制方式、偏振、传输方向等均无关，与未来光网络发展所要求的透明性和可扩展等趋势相符合，因此 MEMS 光开关极可能在光网络中成为光开关的最佳选择。

MEMS 光开关的驱动方式主要有平行板电容静电驱动，梳状静电驱动器驱动，电致、磁致伸缩驱动，形状记忆合金驱动，光功率驱动，热驱动等。MEMS 光开关所用材料大致分为单晶硅、多晶硅、氧化硅、氮氧化硅、氮化硅等硅基材料，Au、Al 等金属材料，压电材料及有机聚合物等其他材料。目前，MEMS 光开关中的连接材料主要是光纤或光波导管。MEMS 光开关制作工艺主要有表面工艺和 LIGA 工艺。

MEMS 光开关按功能实现方法可分为光路遮挡型、移动光纤对接型和微镜反射型。

2. 光路遮挡型 MEMS 光开关

具有代表性的光路遮挡型光开关是悬臂梁式光开关，图 7-123 所示为朗讯公司研制的光驱动的光路遮挡型光开关。该器件尺寸约 1～2mm，材料由金、氮化硅和多晶硅组成，并由体硅工艺加工出悬臂梁。它利用 8 个多晶硅 PiN 电池（一种非晶硅太阳电池）串联组成光发电机，在光信号的作用下产生 3V 电压，电容板受到电场力吸引将遮片升起，光开关处于开通状态，如无光信号，光发电机无电压输出，遮片下降，光开关关闭。该开关由远端的光信号控制，所以在光开关处是无电源的。其驱动光功率仅 2.7μW，传输距离达 128km，开关速度为 3.7ms，插入损耗小于 0.5dB，但串扰比较大，隔离度不高。光路遮挡型 MEMS 光开关一般用于组成光纤线路倒换系统。

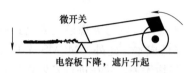

微开关

电容板下降，遮片升起

图 7-123 朗讯公司研制的
光路遮挡型光开关

3. 移动光纤对接型 MEMS 光开关

图 7-124 所示为一种具有代表性的移动光纤对接型光开关，由美国加州大学戴维斯分校研制。它是一个 1×4 光开关，利用光纤的移动和对准实现光信号的切换，插入损耗大约为 1dB。与以微镜为基础的光开关相比，它采用体硅工艺或 LIGA 工艺，制造结构和制备方法较为简

单，可采用电磁驱动，驱动精度要求低，系统可靠性和稳定性好，稳态时几乎不耗能。其缺点是开关速度较低，大约为10ms 量级，可连接的最大端口数受到限制。移动光纤对接型MEMS 光开关多用于网络自愈保护。

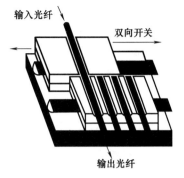

图 7-124　加州大学研制的移动
光纤对接型光开关示意图

4. 微镜反射型 MEMS 光开关

相对于移动光纤对接的方法，利用微镜反射原理制成的光开关更加易于集成，控制和组成光开关阵列。根据组成OXC 矩阵的方法，可以把利用微镜反射原理制成的光开关分成二维和三维两种。

（1）二维（2D）光开关　微镜和光纤在同一个平面上，微镜只有两种状态（开或关），通过适当移动反射镜位置使反射光束可将任意输入光束耦合为输出信号。一个 $N \times N$ 的 MEMS 微镜矩阵用来连接 N 条输入光纤和 N 条输出光纤，这种结构称为 N^2 结构。它极大地简化了控制电路的设计，一般只需要提供足够的驱动电压，使微镜发生动作即可。当要扩展成大型光开关阵列时，因各个输入、输出端口的光传输距离不同，各个端口的插入损耗也就不同，使 2D 微镜光开关只能使用在端口数较少的环路里。目前，二维系统最大容量是 32×32 端口，多个器件可以连接起来组成更大的开关阵列，最大可以达到 512×512 端口。图 7-125 所示为微镜反射型开关阵列。

二维微镜光开关中，微镜的运动方式主要有弹出式、扭转式和滑动式。图 7-126 所示为AT&T 实验室研制的弹出式微镜光开关。它采用表面工艺加工，并利用 scratch-drive 驱动器（SDA，抓式驱动器）驱动。当 100V 驱动脉冲电压加载到 SDA 阵列上时，可滑动的驱动器向支撑梁运动，使连接梁和微镜之间的铰链扣住，将带有铰链的微反射镜从衬底表面抬升到与表面垂直的位置，从而使光路从直通状态转换到反射状态。这样的设计能有效地将SDA 驱动器的平移运动变成微镜的弹出运动，使整个装置的运动速度提高，同时也可以减小微镜所占的面积。其开关速度为 0.5ms。该结构的缺点是 SDA 驱动器与衬底之间的静摩擦力往往会影响其效能，同时插入损耗偏大，约为 3.1～3.5dB。

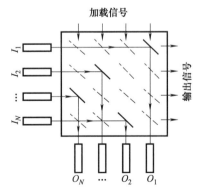

图 7-125　微镜反射型开关阵列

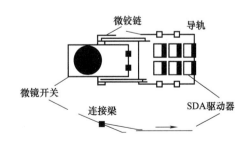

图 7-126　AT&T 实验室研制的弹出式微镜光开关

图 7-127 所示为日本和法国共同研制的扭转式微镜光开关。该结构采用单晶硅体硅工艺加工，光纤呈交叉垂直放置，微镜垂直放置在一长悬臂梁的前端，并处于两光纤的交叉点上。利用 100 晶向单晶硅腐蚀特性可精确地加工出相对光纤呈 45° 的镜面，把从一根光纤中

射出的光反射到另一根与之垂直的光纤中。悬臂梁采用电磁驱动，在悬臂梁底部黏合一块 $100\mu m$ 厚透磁合金，在相对应的衬底位置微组装一块线圈电磁体，悬臂梁和线圈之间的电磁力便随着线圈中电流的大小和方向而改变，从而使悬臂梁沿电磁力向一边弯曲，带动微反射镜移开原来的位置，实现光路的改变。微镜沿电磁力方向可产生约 $100\mu m$ 的位移，驱动电流为 1A，响应时间为 $300\mu s$，插入损耗为 0.5dB。该光开关的缺点是微组装电磁驱动不利于集成制造，而且要靠电磁力保持开或关状态，耗能较大。因此，现在国内外更广泛地采用热或静电驱动此类光开关。热驱动，则在悬臂梁背面加工一层主要起加热作用的金属膜电阻，通电后金属膜受热膨胀，使整个悬臂梁向一边弯曲带动微镜偏转；静电驱动，则在衬底上沉积一层金属电极，和悬臂梁末端组成平行板电容器，在静电力的作用下同样会使悬臂梁带动微镜扭转。

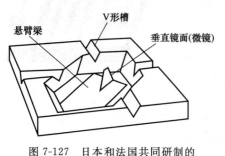

图 7-127　日本和法国共同研制的扭转式微镜光开关

图 7-128 所示为新加坡南洋理工大学设计的滑动式微镜光开关，它的基本结构与转动式很相似，驱动电压为 30V，开关速度小于 $100\mu s$，插入损耗小于 0.9dB。它也具有单层体硅结构，采用深反应离子蚀刻（DRIE）工艺，这种技术可以对硅作深度达 $200\mu m$ 的蚀刻，同时蚀刻出宽度小到 $20\mu m$ 并接近理想状态的垂直墙、窄沟道及孔。该结构包括可动和固定两部分，可动部分的悬臂梁侧壁可用作反射镜，在自然状态下光有一反射输出。在可动和固定部分之间有梳齿式的交叉电极，在两电极之间加上电压，静电力使悬臂梁在力的方向上产生约 $45\mu m$ 的平动位移，悬臂梁的端部就不再对光有阻断作用。这种光开关的缺点是工作频率受到谐振频率的影响，使开关速度受到限制，微镜平动位移也有限，而且 DRIE 工艺牵涉到对材料的各向同性和异性蚀刻问题，对镜面表面粗糙度有一定的影响。

（2）三维（3D）光开关　也称为模拟光束偏转开关，输入、输出光纤均成二维排列，两组可以绕轴改变倾斜角度的微反射镜安装在二维阵列中，每个输入和输出光纤都有相对应的反射镜。在这种结构中，$N \times N$ 转换仅需要 $2N$ 个反射镜。通过将反射镜偏转至合适的角度，在三维空间反射光束，可将任意输入反射镜/光纤与任意输出反射镜/光纤交叉连接。美国 Xros 公司利用两个相对放置的各用 1152 个微镜的阵列实现了 1152×1152 的大型交叉连接，其总容量比传统电交叉连接器提高约 2 个数量级。AT&T 公司推出的著名的 Wave Star Lamda Router 全光波长路由系统，其光交叉连接系统可实现 256×256 的交叉连接，可节约 25% 的运行费用和 99% 的能耗。采用体硅工艺制成的 3D 微镜光开关阵列如图 7-129 所示。

韩国国立研究实验室设计的三维光开关阵列的一个微镜单元以表面工艺为基础，利用 3D 光刻镀铜技术制成，与 CMOS 工艺有着良好的兼容性。它由 5 层结构组成，由底层往上依次是电连接用底部电极、底部支撑柱、扭转梁和被抬起的电极、顶部微镜支撑柱、微镜。在静电力作用下，微镜可以绕 X 轴和 Y 轴运动，从而使输入光束产生不同方向上的输出。在 244V 驱动电压下微镜最大偏转角可达到 2.65°，镜面的曲率半径为 3.8cm，镜面的表面粗糙度为 12nm，构成阵列时采用两组微镜相对安装。这种结构的最大优点是由光程差所引起的插入损耗对光开关阵列端口数的扩展不产生很大的影响，有利于集成大规模光开关阵列。但需要精确、快速和稳定地控制光束，它的控制电路和结构设计较为复杂。

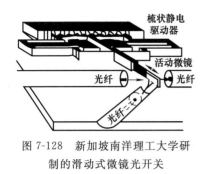

图 7-128　新加坡南洋理工大学研
制的滑动式微镜光开关

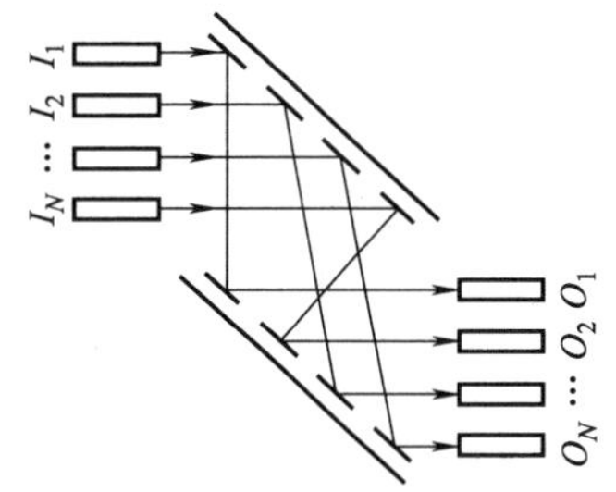

图 7-129　3D 微镜光开关阵列示意图

5. 效果评价

MEMS 光开关是目前最有发展前景、最能适应 DWDM 全光通信网要求的光开关。MEMS 技术具有兼容性强、易集成、设计灵活、可大规模生产的优势，其集成化和产业化必将成为未来 MEMS 光开关的发展方向。然而要实现 MEMS 光开关器件的产业化，需要解决的问题是提供标准工艺流程、标准工艺参数和标准设计规则，同时需要解决多用户加工途径和测试封装技术等一系列问题。

（三）新型微机电系统光开关

1. 光开关设计

光开关主要应用于光纤通信领域，为了将其安装在通信系统的电路板上，要求光开关的体积尽量小。为此，采用 MEMS 技术设计加工了一种体积很小的摆动式微电磁驱动器来驱动反射镜切入和切出光路，并在光开关总体结构设计上对驱动器合理布置，尽量减小光路的长度，一方面可以减小光开关的体积，另一方面可以降低光开关的插入损耗。为提高光开关的性能（如插入损耗、回波损耗等），采用光纤准直器对光束进行准直和耦合。本节所介绍的 1×2、2×2、1×4 和 1×8 共 4 种典型 MEMS 光开关的结构如图 7-130 所示。图中，每个反射镜均安装在摆动式微驱动器上，整个光开关采用 MEMS 微细加工和精密装配相结合的方法来完成。

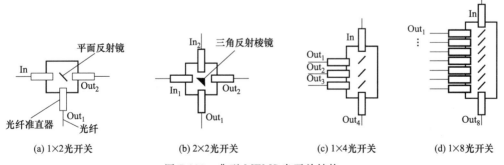

图 7-130　典型 MEMS 光开关结构

图 7-130 中，In 和 Out 代表光的传输方向，1×2、1×4 和 1×8 光开关采用平面反射镜，而 2×2 光开关采用三角反射棱镜，这是因为在 2×2 光开关中存在着两个入射光进入同一个出射光纤的情况，如果采用平面反射镜就会出现如图 7-131 所示的情况，即 Out_1 和 Out_2 准直器的位置由 In_1 的位置决定，而 In_2 准直器的位置要么由 Out_1 所对应直线（L_1）

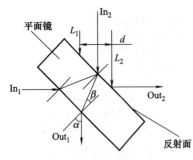

图 7-131 平面反射镜对 2×2 光
开关的影响

的位置决定，要么由 Out_2 所对应直线（L_2）的位置决定。由于平面反射镜玻璃的折射造成这两条直线不重合，In_2 准直器只能取一个折中位置，即处于 L_1 和 L_2 的中间位置，这样会造成光纤耦合的附加损耗。

由光束在平面反射镜中折射造成的 L_1 和 L_2 的错位量为：

$$d = H(\sin\alpha - \cos\alpha\tan\beta) + H\sin\beta\cos\alpha \qquad (7\text{-}44)$$

式中　H——玻璃厚度；

　　　α、β——图 7-131 所示的折射角度。

光纤准直器的轴向错位造成的附加损耗为：

$$IL = -10\lg\left[\exp\left(-\frac{n_0\sqrt{A}\pi d\omega_0}{2\lambda}\right)\right] \qquad (7\text{-}45)$$

式中　　　λ——激光波长；

$\sqrt{A}$、ω_0、n_0——准直器常数。

由式（7-46）和式（7-47）计算出的玻璃折射造成的光纤耦合附加损耗 IL 和玻璃厚度 H 的关系。计算时取 $\lambda = 1.55\mu m$，$n_0 = 1.5986$，$\sqrt{A} = 0.332mm^{1/2}$，$\omega_0 = 4.5\mu m$。由图 7-132 所示可见，IL 随 H 的增加而急剧增加，当 H 为 0.5mm 时，IL 为 2.85dB。因此，在 2×2 光开关中不能使用平面反射镜，只能用三角反射棱镜，但三角反射棱镜的造价较高。

2. 摆动式微电磁驱动器的设计和制造

光开关的核心技术是微电磁驱动器，摆动式微电磁驱动器的总体结构如图 7-133 所示。该驱动器采用双定子单转子的层状结构，这种结构的主要特点是定子和转子大小相当，在同样体积情况下可提高输出力矩。定子绕组采用平面线圈结构，可以用微细加工工艺来制造，整个微电磁驱动器的体积为 5.1mm×5.1mm×5.3mm。

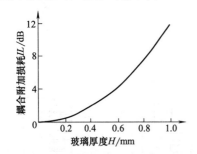

图 7-132　光纤耦合附加损耗 IL
　　和玻璃厚度 H 的关系

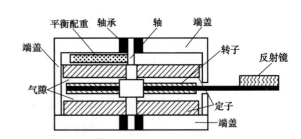

图 7-133　摆动式微电磁驱动器总体结构

定子采用铁氧体导磁材料基板，保证磁路闭合，并采用 Al_2O_3 取代传统的有机绝缘材料（如聚酰亚胺等），有效地解决了影响微电磁驱动器的绝缘材料老化问题。经研究表明，驱动器的磁通密度随着气隙厚度的增加而不断衰减。为了提高驱动器性能，经过大量的研究和工艺试验，确定在绕组中引入导磁材料，使绕组导体均埋在导磁体中，从而大大改善了驱动器磁路中的磁阻，很好地解决了绕组高度同磁通密度大小之间的矛盾。微电磁驱动器采用微细加工、精密制造及精密装配相结合的制造工艺，即定子通过微细加工工艺来完成，转子、轴、轴承、外壳由精密制造技术来完成，最后通过精密装配组装在一起。其中，定子的微细加工技术是整个工艺的关键。

通常，微细加工技术主要是在硅材料上进行的，由于微电磁驱动器磁路设计上的要求，定子不宜采用硅基片，而需采用铁氧体导磁材料。为此，专门开发了一套以掩模工艺为主（如加工定子绕组中的铁心、线圈等）配上深层光刻、溅射和干法蚀刻为辅的一套非硅材料微细加工技术，确保微电磁驱动器定子的加工精度和质量。

在 MEMS 微电磁驱动器中，摩擦损耗所占的比例很大，但很难采用传统的润滑方法，如加润滑油等，因此摩擦已成为 MEMS 微电磁驱动器的一个突出问题。大量研究表明：在原子、分子及纳米尺度下，原有的宏观摩擦学规律将不再适用，于是出现了微观摩擦学。经过多次试验与比较，最终采用红宝石轴承，较好地解决了微电磁驱动器的摩擦问题。

1×2 和 1×4 光开关的主要性能指标有插入损耗、回波损耗、开关时间和重复性等，研制的光开关在体积和性能上达到了较好的指标，具体性能参数见表 7-24。

表 7-24　光开关性能参数

性能参数	光 开 关			
	1×2	2×2	1×4	1×8
开关时间/ms	$\leqslant 5$	$\leqslant 5$	$\leqslant 5$	$\leqslant 5$
工作寿命/次	$\geqslant 10^6$	$\geqslant 10^6$	$\geqslant 10^6$	$\geqslant 10^6$
插入损耗/dB	$\leqslant 0.5$	$\leqslant 0.6$	$\leqslant 0.8$	$\leqslant 1.0$
回波损耗/dB	$\geqslant 55$	$\geqslant 55$	$\geqslant 55$	$\geqslant 55$
串扰/dB	$\geqslant 60$	$\geqslant 60$	$\geqslant 60$	$\geqslant 60$
开关电压/V	8	8	8	8
重复性/dB	$\leqslant 0.05$	$\leqslant 0.05$	$\leqslant 0.05$	$\leqslant 0.05$
尺寸/mm×mm×mm	$29.4 \times 22 \times 11.4$	$30 \times 29.4 \times 11.4$	$43 \times 23.4 \times 11.4$	$41 \times 34.2 \times 11.4$

3. 效果评价

随着光纤通信的迅速发展，MEMS 光开关已成为通信领域的研究热点之一。已研究开发了 4 种新型的 MEMS 光开关，具有插入损耗低、体积小和开关速度快等优点，为全光网通信的发展提供了一种优良的器件。

（四）超小型 1×2 微机械光开关

1. 器件结构及原理

超小型 1×2 微机械光开关由 3 个单光纤准直器、2 个固定微反射镜、1 个由电磁驱动装置和活动微反射镜构成的反射单元和 1 个固定基板构成。如图 7-134 所示，当驱动电信号为低电平时，光信号经单光纤准直器 4 准直，先后被与光束成 $45°$ 放置的固定微反射镜 1 和活动微反射镜 2 反射，由单光纤准直器 5 输出；驱动电信号跳转为高电平时，活动微反射镜运动切出光路，光信号先后被固定的微反射镜 1 和 3 反射后，从单光纤准直器 6 输出。

作为超小型 1×2 微机械光开关的核心部件，反射单元决定开关速度和驱动电信号的脉冲形式。在已经介绍过的 1×4 光开关中，采用如图 7-135 所示结构的反射单元，该反射单元具有落地面积小、开关状态断电自锁、切换速度快的特点，但需 $\pm 5V$ DC 驱动。其工作原理为：当线圈两端接通一个 5V 电脉冲时，

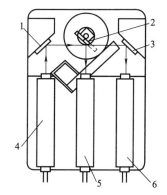

图 7-134　超小型 1×2 微机械
光开关结构示意图
1、3—固定微反射镜；2—活动微反射镜；
4、5、6—单光纤准直器

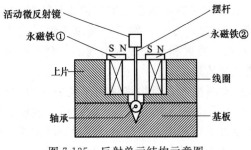

图 7-135　反射单元结构示意图

线圈将使摆杆磁化，此时摆杆装有微镜的一端将同时受到永磁铁①和永磁铁②的合力作用，摆向并停靠在与自身极性相异的磁铁一端，线圈两端电脉冲的方向决定摆杆的运动方向和停靠状态。正向脉冲驱动微镜进入光路，反向脉冲使微镜离开光路，从而达到快速移动活动微反射镜的目的，实现光路转换。状态切换完成后，摆杆在永磁铁作用下保持当时的工作状态而稳定，实现断电自锁。

在上述反射单元的基础上，对永磁铁的排布方式作了一些改进，使之更加适应系统集成要求，实现了 0～5V DC 驱动，同时继承了原反射单元体积小、切换速度快的特点。图 7-136 所示是设计并试验过的两种永磁铁排布方式。试验结果表明，图 7-136（a）所示的排布方式需要相对较大的电压驱动，同时切换速度较慢，而图 7-136（b）所示的排布方式在 5V 的驱动电压下即可实现开关状态的快速切换。分析表明，图 7-136（b）所示排布方式由摆杆、永磁铁和软铁磁极构成的半边弥散磁力分布较图 7-136（a）所示排布方式由永磁铁对摆杆的单极吸引更有利于摆杆在电磁线圈的磁化作用下切出光路，经反复试验验证，在样机试制中采用图 7-136（b）所示排布方式取得了较好的效果。

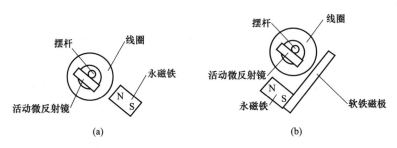

(a)　　　　　　　　　　　　(b)

图 7-136　永磁铁排布方式示意图

为了减小器件封装尺寸，对光纤准直器的排布方式进行了多种技术方案的比较和可行性研究，传统的 1×2 光开关大多采用如图 7-137 所示的输入准直器和两输出准直器相对排列的形式。而超小型 1×2 微机械光开关则采用输入、输出准直器平行同侧排列的方式。比较而言，后者可以在输入光束方向上减小近一半的长度，并且准直器尾纤的同侧分布，给器件的封装以及器件和系统的集成带来方便。虽然在光束的传输路径上增加两块固定微镜，但从器件性能测试中可以发现，这一改变对器件的插入损耗并没有很大的影响。

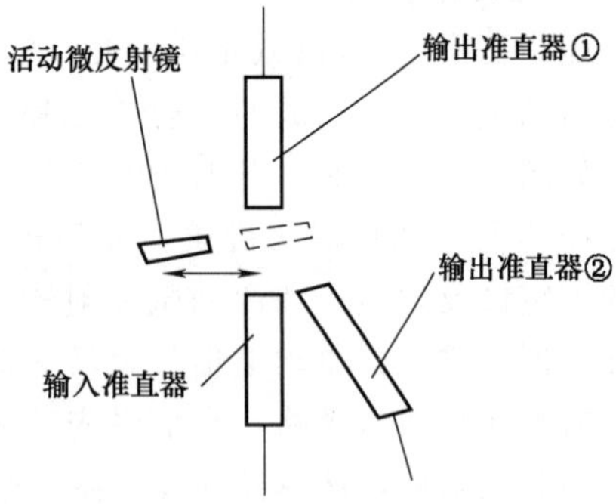

图 7-137　传统的 1×2 光开关端口排列方式

2. 性能分析与比较

超小型 1×2 微机械光开关的主要性能参数有插入损耗、开关时间、重复性、开关寿命、外形尺寸、驱动电压和输入功率等。

（1）插入损耗　用截断法进行测量，在中心波长为（1550±20）nm 条件下，用 AV38124A 激光光源（电子信息产业部第四十一所）作为输出光源，用 AV6332 型回波损耗测试仪对开关两输出端口光功率分别进行检测，测得插入损耗分别为 0.68dB、0.72dB。

（2）开关时间　用数字信号发生器输出 6.6Hz 方波信号驱动开关，并调节信号峰值电压，同时用数字示波器对 AV6332 型回波损耗测试仪监视的光功率数据采样，得到不同驱动电压下的开关时间，见表 7-25。5V DC 电压驱动光开关的动态响应曲线如图 7-138 所示。

表 7-25　不同驱动电压下的开关时间

驱动电压/V	4.625	5.375	6.375	7.125	8.188	8.938
开关时间/ms	3.2	2.7	2.1	1.9	1.5	1.3

（3）重复性　由 $f=6.5$Hz，0～5V DC 方波信号驱动，重复开关动作 5×10^6 次，测得超小型 1×2 微机械光开关重复性曲线如图 7-139 所示。

（4）开关寿命　在 0～5V、6.5Hz 方波信号驱动下，超小型 1×2 微机械光开关经 5×10^6 次切换动作后，测试其开关速度及各端口插入损耗均无明显变化，插入损耗为 (0.68 ± 0.1)dB。

（5）外形尺寸　本开关的封装尺寸为 21mm×16mm×12.6mm。

（6）驱动电压及输入功率　超小型 1×2 微机械光开关由 0～5V 脉冲电压驱动，输入功率为 125mV。

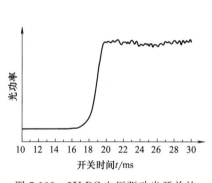

图 7-138　5V DC 电压驱动光开关的
动态响应曲线

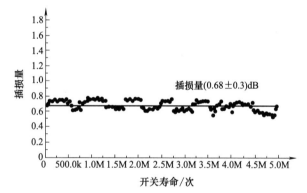

图 7-139　超小型 1×2 微机械光开关
重复性曲线

表 7-26 中将试制的超小型 1×2 微机械光开关与国内外主要器件厂商的产品的性能作一比较。

表 7-26　超小型 1×2 微机械光开关与国内外主要器件厂商产品的性能比较

| 性　能 | 1×2 微机械光开关 | 国外制造厂家 | | 国内制造厂家 |
		JDSU 3	Dicon 2	
插损量/dB	0.6～0.8	<0.5(0.3 典型式)	最大 0.8	0.8
开关时间/ms	2.7	<4(2.5 典型式)	最大 5	最大 8
重复性/dB	±0.1	<±0.02	最大 0.1	±0.05
开关寿命/次	>5000000	100000000	100000000	10000000
驱动电压/V DC	4.5～5.5	5±10%	12～15	4.5～6.0
功率损耗/mW	125	—	150	162
尺寸/mm×mm×mm	21×16×12.6	17.3×10.4×8.0	20.83×12.70×7.21	43×18×9.8

3. 效果评价

研制的超小型 1×2 微机械光开关是一种性能优越的光路切换器件，可广泛应用于光交换网络和光纤测试系统中，通过准直器预配对及光路调节工装的设计应用等一系列措施，可进一步降低器件插入损耗，提高器件装调效率，同时通过活动单元的阵列，可将其扩展为 $1 \times N$ 光开关。

五、聚合物热光型光开关

1. 简介

有机聚合物是研制光波导器件的重要材料之一，具有工艺简单、价格低廉、极化依存小等特点。经过多年的研究，有机聚合物材料在材料热稳定性以及老化、低损耗等方面均取得巨大进展。人们已经应用有机聚合物材料进行各种光波导器件的研究和开发工作，包括高速光波导调制器、光波导开关、波导阵列光栅器件和光可调衰减器等。利用热光效应的有机聚合物数字型光开关（DOS）和光可调衰减器产品已经成熟并开始商品化，如 JDSU 的 Beam-Box™ 系列光开关产品和 ZenPhotonics 的光可调衰减器等。

有机聚合物的热光效应具有热光系数大和负折射率效应两大特点，利用负折射率效应，即随温度升高材料的折射率下降的特点，可以设计全内反射型（TIR）的光波导开关。我国已对 TIR 有机聚合物光开关进行研究，设计并研制成功无阻塞牛角结构 2×2 全内反射型热光光开关，这一研究为制作大规模光开关阵列提供了更大的灵活性。

2. 器件的设计与模拟

图 7-140（a）所示为全内反射型光波导开关的 X 型基本结构示意图，包括相互交叉的两单模波导和加热电极。当无加热电流流过电极时，从端口 1 输入的光将从其相应的交叉态输出端口 4 输出；当加上电流后，加热电极发出热，引起电极处波导材料折射率下降，在加热所致的折射率下降达到一定的值时，光将发生全反射，从端口 1 输入的光将从输出端口 3 输出，实现 1×2 光开关。但利用该基本结构研制的 2×2 全内反射型光开关，需解决两个问题：①高效率的反射结构，同时该结构也必须具有低损耗的交叉态；②端口 2 的利用。

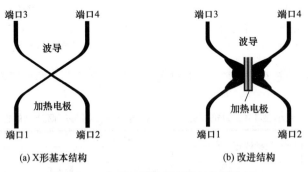

图 7-140　全内反射型光开关结构示意图

图 7-140（a）所示为简单的 2 个单模波导交叉的 X 形基本结构，加热器产生的温度升高不可能在交叉点处突变而具有一定分布的梯度场，因此加热所致的材料折射率变化也呈渐变分布。这就是说，此时全反射时光路为一弧形，将无法有效地传播全反射光波。为此，在交叉点附近引入一个扩大的光反射区，扩大的反射区材料结构将与波导区一致，有助于被反射光波的弧形传播。这一引入，无论是反射态还是交叉态，光在这一反射区内的传播将如同横向近似的自由传播。由 Gaussian 光束传输可以知道，展宽波导宽度可以增大腰斑尺寸，有效地减小从波导出射的光波衍射角的半宽值，减小光波在自由传播区的发散。因此，在波

导交叉区域，进一步引入了展宽的波导，用以减小光波在反射区的衍射，减小衍射所带来的光损耗。在展宽的波导与单模波导间用"牛角（horn）"结构进行连接，以减小器件结构损耗。图 7-140（b）所示为改进的全内反射型光开关的波导结构。

图 7-140（a）所示结构中的输入端口 2 是无用端口，该结构仅可实现 1×2 全内反射型光开关。在对改进的器件结构进行分析时发现，由于引入展宽的波导，全反射光波的传输光路将为一弧形回路，从端口 1 输入的光波反射光路的横向顶点不再在两波导交叉中点位置，而是移向左边，这为图 7-140（b）所示的加热电极横向中心对称设置提供了可能，从而可以解决上述问题。

应用 RSoft 公司的光束传输法（BPM）波导分析软件 BeamPROP™ 对图 7-140（b）所示的 2×2 全内反射型光开关进行模拟与分析。在分析中，选取 Amoco 公司的 Ultradel 9000 系列聚酰亚胺有机聚合物参数，其中以 Ultradel 9120 为波导芯区材料，对于 $1.55\mu m$ 波长、折射率约为 1.534 的限制层 Ultradel 9020，其折射率约为 1.526，波导参数选取与 SMF28 单模光纤模式匹配的波导尺寸为 $7\mu m \times 7\mu m$，输入端/输出端的两端口间距为 $250\mu m$，结合材料的热光系数为 $-1.4 \times 10^{-4}/℃$，两交叉波导间的交叉角为 6°。交叉区域展宽的波导宽度越大，越有利于减小衍射所带来的光损耗，有利于电极的设置，但将加长"牛角"结构长度和"牛角"的结构损耗。为此，通过模拟分析，选取的参数值为 $30\mu m$，中心对称电极宽度为 $12\mu m$。

在 2×2 全内反射型有机聚合物光开关的开关特性模拟中所取的电极宽度为 $12\mu m$。图 7-140（a）所示为无外加电流，分别由输入端口 1 和 2 输入光波时，器件的交叉态传输的结构图；图 7-140（b）所示为外加一定电流发生全内反射时的结构图。模拟结果表明，这种设计可以实现无阻塞的 2×2 光开关，开关的消光比大于 30dB，器件结构所引入的光波损耗小于 0.5dB。

3. 器件的研制与测试

器件以硅为衬底，利用硅材料较大的热导率，以期获得较快的开关速率。在衬底上，首先沉积一层铬金属层，用以增强聚合物材料与硅衬底间的黏附性，然后旋涂一层 Ultradel 9020 作为下限制层。由于 Ultradel 9000 系列材料为负性光敏材料，所以器件的 Ultradel 9120 波导层是通过光刻的方法（湿法刻蚀）获得的，最后再旋涂一层 Ultradel 9020 作为上限制层。器件的电极采用的是金属金，由于金与 Ultradel 9020 间的黏附性差，应先溅射一层钛，以增强电极黏附性。

在器件测试中，使用波长为 1550nm 的普通光源，通过 SMF28 单模光纤直接将光从光源耦合进入器件，在器件的输出端用一个 40 倍透镜将输出端成像在红外摄像机上。

在输出端使用 SMF28 单模光纤代替透镜，将光直接从输出端耦合至光功率检测器，进行输出功率检测，图 7-141 所示为获得的开关特性曲线。图中实践为模拟获得的对应交叉态输出端口的输出随驱动功率的变化曲线，图 7-141（a）所示的方形和图 7-141（b）所示的上三角形分离点为相应的实验测试结果，虚线则为对应反射态输出端口的输出变化曲线，图 7-141（a）所示的圆形和图 7-141（b）所示的下三角形为相应的实验结果。为了进行模拟结果与测试结果的比较，图中曲线的归一化是开关的两种状态各自以其最大值为基准进行的。在对所制作的多个器件样品测试比较中发现，无电流下交叉态的最大输出值较加电流下反射态最大输出值小 1~1.5dB，即交叉态光损耗要大 1~1.5dB。其原因可能是湿法蚀刻（光刻）展宽了所设计的波导宽度，设计值为 $7\mu m$，而实验所获得的波导宽度却达 9~10μm，表现出多模特性。

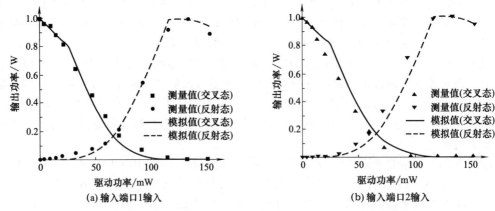

图 7-141 2×2 全内反射型有机聚合物热光开关的开关特性曲线

表 7-27 为从不同输入端口输入光波时，相应交叉态与反射态下的消光比，以及对应反射态下的驱动功率。由于在实验中所设计的加热电极相当长，有相当一部分的加热功率并未有效利用，所以经过进一步设计，并采用电镀方法，驱动功率可以大幅度降低至 50～60mW，甚至更小。

表 7-27 2×2 全内反射型有机聚合物热光开关的消光比特性

输入端口	交 叉 态		反 射 态		
	输出端口	消光比/dB	输出端口	消光比/dB	驱动功率/mW
1	4	27	3	27.6	131.4(3V×43.8mA)
2	3	31.8	4	28.6	131.1(3V×43.7mA)

利用单模光纤与计算机控制光学平台测试从单模光纤经器件直接到单模光纤器件的插入损耗，测试结果表明，在反射态下，长 2cm 的单模光纤器件插入损耗约为 10dB，其中包括 Ultradel 9000 系列聚合物在 1550nm 波长附近的材料吸收损耗约 1.5dB/cm，工艺误差引入的两端面模式失配损耗约 4dB，制作引入的波导损耗以及端面抛光不完善和未加匹配液引起的损耗。通过与同一芯片上直波导的比较，反射态下器件的波导结构引入的损耗小于 1dB。如上面已经提及的，交叉态下器件的损耗较反射态要高 1～1.5dB，为波导结构所致。这些波导所致的损耗有待通过进一步优化器件参数和采用更高精度工艺过程加以改善。

对器件开关速率进行测试发现，热光效应的响应时间即开关速度远低于理论分析结果的毫秒量级，其可能的原因是理论分析中没能很好地反映实际情况中的热学边界条件，所以实际中对器件散热的考虑和设计是非常重要的。热光效应的响应时间在其他类似的热光器件实验中找到了解决方法：可采用电镀的方法加厚加热电极两端的连接部分，从而当加热器工作时，保证驱动功率有效地加载在波导交叉反射区。采用这一方法，热光效应的响应时间达到毫秒量级，与理论分析结果一致，同时也降低了驱动功率。

4. 效果评价

利用有机聚合物材料的负热光效应，提出 2×2 全内反射型光开关的设计方案，对器件进行模拟和优化设计，并采用 Ultradel 9000 系列聚酰亚胺材料研制器件，所介绍的无阻塞 2×2 光开关具有＞27dB 的消光比。反射态下的器件驱动功率约为 132mW，即 3V（驱动电压）×44mA（驱动电流）。采用电镀等方法提高驱动效率，器件的驱动功率可以降至 50～60mW，甚至更低。由于材料吸收、器件制作工艺精度等因素，器件的插入损耗目前还是过大，但对如何获得预期的热光效应的响应时间即开关速度给出了解决方法。

六、新型石英热光型光开关

1. 简介

在众多的光开关中，一种石英波导热光型光开关越来越引起研究人员的关注。这种器件利用由热光效应引起的光相位变化，并采用干涉仪结构。虽然应用热光效应限制了这种器件的开关速度，但它有传输损耗低、与光纤的耦合损耗低、稳定性好、适于大规模集成等一系列优点，应用前景极好。1993 年，日本 NTT 光电子实验室用这种光开关研制出 8×8 光开关矩阵，近两年已经达到 16×16 光开关矩阵的规模。

2. 2×2 石英热光型光开关

热光效应指石英波导在温度发生变化时折射率也随之改变。两者关系可以由式（7-46）表示：

$$n(\Delta t) = n_0 + \Delta n(\Delta t) = n_0 + \alpha \Delta t \tag{7-46}$$

式中　Δn——折射率变化量；

　　　Δt——温度变化量；

　　　α——热系数。

从式（7-46）可以看出波导折射率 n 和温度 t 之间存在线性关系，利用这一特性可以制作干涉仪结构的光开关。

图 7-142 所示为 2×2 石英热光型光开关结构示意图。图中所示的光开关采用马赫-曾德干涉仪结构，由两个 3dB 定向耦合器（50％耦合率）和两个等长的波导臂组成。两波导臂上都装有薄膜加热器，利用热光效应产生相移。马赫-曾德干涉仪的特性为：

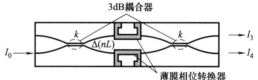

图 7-142　2×2 石英热光型光开关结构示意图

$$I_3/I_0 = (1-2k)^2 \cos^2(\Delta\varphi/2) + \sin^2(\Delta\varphi/2) \tag{7-47}$$

$$I_4/I_0 = 4k(1-k)\cos^2(\Delta\varphi/2) \tag{7-48}$$

这里 $\Delta\varphi$ 指两个波导臂中产生的光相位差，由下式给出：

$$\Delta\varphi = 2\pi L_{HT} \Delta n/\lambda \tag{7-49}$$

式中　λ——工作波长；

　　　k——定向耦合器耦合率；

　　L_{HT}——薄膜加热器的长度；

　　　Δn——两波导臂产生的有效折射率差。

在这种结构中，当 $L=50\text{mm}$，$\lambda=1.31\mu\text{m}$ 时，波导纤芯的温度变化约为 13℃。对于石英材料，$\alpha = 1×10^{-5}$。

当开关处于"OFF"状态时（$\Delta n = 0$），式（7-47）和式（7-48）简化为：

$$I_3/I_0 = (1-2k)^2 \tag{7-50}$$

$$I_4/I_0 = 4k(1-k) \tag{7-51}$$

由此可见，对于 $k=0.5$ 的耦合器，光信号将全部通过交叉端口 4；当 $k \neq 0.5$ 时，端口 3 也会有部分光输出。

当在相移器上施加控制信号时，开关就由交叉状态转换到平行状态，通过调整相移器，

使条件 $L_{HT}\Delta n = \lambda/2$ 得到满足，则由式（7-47）～式（7-49）可知：

$$I_3/I_0 = 1 \tag{7-52}$$

$$I_4/I_0 = 0 \tag{7-53}$$

由式（7-52）和式（7-53）可见光信号与 k 无关，从端口 1 进入的光全部经过端口 3 输出。

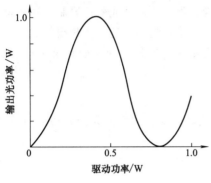

图 7-143　热光型 2×2MZI
开关响应曲线

这种开关采用在硅衬底上进行的热水解沉积（FHD）和活性离子蚀刻（RIE）工艺制造。通常芯包折射率差 Δ 较小（$\Delta = 0.3\%$），芯径尺寸为 $8\mu m \times 8\mu m$，包层厚为 $50\mu m$，铬（Cr）薄膜被用做加热器。整个器件的尺寸长为 30mm、宽为 3mm，这个尺寸还有进一步缩小的可能。图 7-143 所示为这种开关在不同驱动功率下的开关特性。实验测得插入损耗为 0.5dB，开关功率约为 0.4W，响应时间为 1～2ms。

3. 大规模光开关阵列

日本 NTT 用如前所述的 2×2MZI 开关单元已经研制出 8×8 光开关阵列，其中采用 64 个交换单元和 48 个辅助单元实现严格的无阻塞交换功能。所有单元排成矩形结构，64 个交换单元排成菱形位于中央，48 个辅助单元对称分布在四角上。辅助单元被设计成固定的交叉状态，其他特性与交换单元相同。加入辅助单元后，光信号经过任何路径到达任意输出端口所经过的单元数在 13～15 个之间，因此输出光信号的功率相差很小。

传统的交换单元都是如图 7-142 所示的对称型 MZI 结构。为了降低串扰，耦合器的耦合率必须精确调整到 50％。若偏离 50％，则在"OFF"状态光信号会部分泄漏到平行端口，并在交换矩阵输出端累积，这给工艺制造带来了困难。为了克服这一困难，开发了如图 7-144 所示的非对称型波导交叉 MZI 开关单元。这时，两波导臂长度不相等，可预先设置两臂间光程差为 $\lambda/2$。因此，非对称型开关单元的特性恰好与对称型的相反，即在"OFF"状态时，光信号全部进入平行端口，且与耦合率 k 无关。因为在开关单元布局时要求光在"OFF"状态通过交叉端口，所以在输出端再将波导以大约 $30°$ 角相互交叉，这样的非对称型 MZI 单元与原来对称型 MZI 单元的逻辑相同。而在"ON"状态，泄漏到交叉端口的光可以被输送到无效端口，对输出端口不会造成影响。

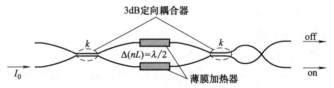

图 7-144　非对称型波导交叉 MZI 开关单元

据报道，1993 年日本 NTT 采用这种非对称 MZI 单元研制出的 8×8 光开关阵列模块，芯片尺寸为 71mm×68mm。在 $1.3\mu m$ 波长处，当耦合率由 50％偏移到 30％时，输出端测得的消光比平均为 31dB，而在同样条件下，对称型 MZI 光开关理论上只能达到 8dB，因而改善是明显的。器件平均插入损耗为 7.5dB，远低于相同规模下 $LiNbO_3$ 光开关阵列的损耗值。NTT 用它作为光内部模块连接器（PIMC），即为系统中各功能模块的光接口提供互联功能。

4. 悬梁式低驱动功率热光型光开关

一般一个 2×2 热光型光开关单元需要消耗功率 $0.4\sim$
$0.5\mathrm{W}$，这主要是由硅衬底的热扩散引起的，而硅的热导
率比石英和空气大得多，因此最近提出一种新的悬梁式结
构来降低功率消耗。如图 7-145 所示，在相移区的硅衬底
上先制造出一块凹陷区，然后再在石英包层上刻上很多
槽，这样可以大大减少扩散到硅衬底上的热量，降低消耗

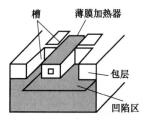

图 7-145　悬梁型 TO 相移器

的功率。改进后的光开关功率消耗由原来的 $0.44\mathrm{W}$ 降到 $0.04\mathrm{W}$，插入损耗为 $1\mathrm{dB}$。但开
关时间却由原来的 $1\mathrm{ms}$ 上升为 $25\mathrm{ms}$，可见这种热光型光开关消耗功率的降低是以延长切
换时间为代价的。

第五节　光纤光栅

一、主要类型与特点

光纤光栅在调 Q、锁模、单频、多波长等各种光纤激光器中有重要的应用价值。光栅的
物理原理是光纤的光敏性，即光致折变效应。利用光纤在紫外光照射下产生的光致折变效
应，在纤芯上形成周期性的折射率调制分布，从而对入射光波中相位匹配的频率产生相干反
射，可以在典型的 0.1 到几十纳米的带宽（DI）内产生反射，反射率可以达到 100%。光纤
光栅的这一重要的波长选择特性使之成为光纤器件中一种最重要的无源器件，受到普遍关
注。光纤光栅由最简单和最基本的均匀周期光纤布拉格光栅（uniform fiber bragg grating）
发展到多种不同结构、不同特点的光纤光栅。

1. 均匀周期光纤布拉格光栅

均匀周期光纤布拉格光栅一般简称为光纤布拉格光栅，是最早发展的光纤光栅，而且应
用最广泛。其纤芯中折射率呈固定的周期性调制分布，当光经过时对满足布拉格相位匹配条
件的光产生很强的反射；对不满足布拉格条件的光，因各个光栅面反射的光相位不匹配，只
有很微弱部分被反射回来。例如，一个光栅长度为 $1\mathrm{mm}$、折射率调制深度达 10^{-3} 的中心波
长在 $1.5\mathrm{mm}$ 附近的光栅，对不满足布拉格条件的光反射只有约 0.05%。均匀周期光纤布拉
格光栅结构与光谱特性示意图如图 7-146 所示。

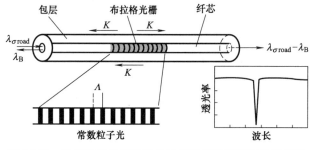

图 7-146　均匀周期光纤布拉格光栅结构及光谱特性示意图

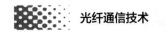

2. 啁啾光纤光栅

啁啾光纤光栅是光纤通信领域最让人感兴趣的有应用需要的光纤光栅类型之一，这种光栅的周期不是常数，而是沿轴向呈线性变化的（图 7-147），因此能够产生宽带反射，带宽最大可超过 10nm，远远大于均匀周期光纤布拉格光栅的带宽。线性啁啾光纤光栅能产生大而稳定的色散，可用于光纤 WDM 通信系统的色散补偿，亦可用于宽带反射滤波器、温度不敏感光纤光栅传感及光学傅里叶变换等。

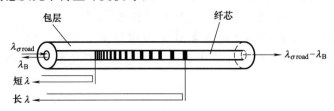

图 7-147　啁啾光纤光栅结构及光谱特性示意图

3. 其他光纤光栅

（1）闪耀光纤光栅　在光栅制作过程中，当紫外光侧向光束与光纤轴不严格垂直而是有一个小角度时，形成所谓闪耀光纤光栅。闪耀光纤光栅的波矢方向与光纤轴线方向是不一致的，而是呈一固定角度，它不但引起反向导波模耦合，而且还将基阶模耦合至包层模中损耗掉。闪耀光纤光栅的包层模耦合形成的宽带损耗特性，可用于掺铒光纤放大器，使其增益平坦。当光栅法线与光纤轴向倾角较小时，还可以将闪耀光纤光栅用作空间模式耦合器，可以将一种导波模耦合至另一种导波模中。

（2）相移光纤光栅　相移光栅是在均匀周期光纤光栅的某些点上，通过一些方法破坏其周期的连续性而得到的。我们可以把它看作是若干个周期性光栅的不连续连接，每个不连续连接都会产生一个相移。它的主要特点是可以在周期性光栅的光谱阻带中打开透射窗口，使光栅对某一波长或多个波长有更高的选择度。此类光栅在波分复用通信系统中的波长解复器中有潜在的应用价值。

（3）长周期光纤光栅　长周期光纤光栅的栅格周期远远大于一般的光纤光栅（可达到几百微米），是一种透射型光栅。其功能是将光纤中传播的特定波长的光波耦合到包层中损耗掉，从而在其透射谱中形成宽带损耗峰。因此，该光栅可用作 EDPA 的增益平坦元件。另外，长周期光纤光栅的传输特性会因外界应力、温度等因素的影响而改变，与普通光纤布拉格光栅相比，对温度、应变等的变化反应更加灵敏，且具有低反射、测量方法简便等优点，是一种理想的传感元件。

（4）超结构光纤光栅　超结构光纤光栅亦称取样光栅（sampled grating），其折射率调制不是连续的而是周期性间断，相当于在布拉格光栅的折射率正弦调制上加了一个方波形包络函数。这是一种特殊的光栅结构，它既有布拉格光栅的反射特性，也有长周期光栅的包层模耦合特性。这种光栅的反射谱具有一组分立的反射峰，可用作梳状滤波器，在多波长光纤激光器、可调谐分布布拉格反射光纤激光器以及多通道色散补充等方面有潜在的应用。另一方面，由于方波包络的周期通常为几百个微米，因此超结构光纤光栅也可看作是一个长周期光纤光栅，它将引起基阶导波模与包层模之间的耦合，在光栅透射谱中产生宽带损耗峰。由于包层模耦合引起的共振峰与布拉格反射峰对外界环境参量（如温度、应变、折射率等）具有不同的响应特性，超结构光纤光栅是一种理想的多参量传感元件。这些类型的光纤光栅各有不同的特点，有些已经在不同的领域获得应用。

二、应用

1. 在传感器方面的应用

光纤传感器是通过将待测物理参数的变化转化为信号光在波长、强度或相位上的变化，从而对待测物理参数进行监测的器件。光纤传感器的种类繁多，具有抗磁、抗腐蚀、体积小、重量轻、易于集成、分辨率高、精度高等诸多特点。

与传统的强度调制型或相位调制型光纤传感器相比，波长调制型的光纤光栅传感器具有许多独特的优点。

① 抗干扰能力强，测量信号不受光源起伏、光纤弯曲损耗、连接损耗和探测器老化等因素的影响。

② 传感头结构简单、尺寸小，便于埋入复合材料结构及大型建筑物内部，同时也便于传感器的集成。

③ 利用波分复用技术可形成光纤传感网络，进行大面积的多点测量。

光纤光栅传感器已在民用工程、航空航天、船舶航运业、电力工业、石油化学工业、医学、核工业等领域得到了应用。上海紫珊公司将光纤光栅传感器成功应用于上海卢浦大桥；香港理工大学研究人员设计和建立的光纤光栅传感网络用于香港青马大桥，该传感网络共有 12 个光纤光栅传感头，探测距离可长达 25km，压力测量的灵敏度达 0.3Pa。

随着 DWDM 技术的发展，将 AWG（阵列波导光栅）用于多波长多点传感系统的解调更具潜力，其工作原理如图 7-148 所示。图中宽带光源发射的光经多个光纤光栅反射后传入 AWG，AWG 根据波长将信号光从不同的窄带通道输出，由于温度或压力的作用，致使光纤光栅的反射光发生波长漂移，将输出信号光进行光电转换和放大，最后送入高速微机处理，即可检测出波长的变化。该结构具有高速、高精度、低损耗的特点，不像传统的 F-P 腔滤波法，它不需要机械移动任何部件，有很好的复用能力，可以复用多达 100 个分布光纤光栅反射的光波长。但不足之处是当信道增多时容易产生串扰，这是由于制作上的原因而出现的偏振现象。

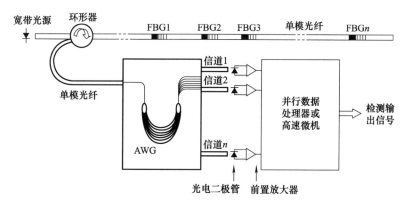

图 7-148　利用 AWG 解调的 FBG 传感网络

另外，还可以利用 TDM（时分复用）系统将多个 FBG 传感信号解调出来，其工作原理如图 7-149 所示。目前，结合 WDM 的光纤光栅传感器系统已有应用实例。

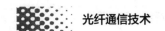

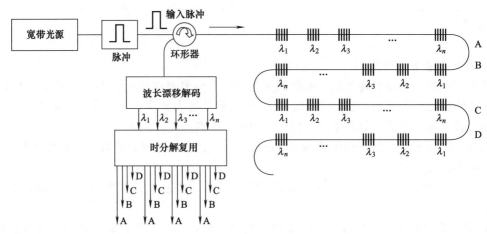

图 7-149　利用 TDM 解调的 FBG 传感网络

2. 在激光器方面的应用

光纤光栅的光纤激光器是光纤通信系统中非常有前途的光源，它的主要优点如下。

① 稀土掺杂光纤激光器利用光纤光栅能非常准确地确定波长，且成本较低。

② 用作增益介质的稀土掺杂光纤制作工艺比较成熟，掺杂过程简单，光纤损耗小，插入损耗低。

③ 有较高的功率密度，光纤结构具有较高的面积、体积比，因而散热效果好。

④ 与标准通信光纤的兼容性好，可采用多种光纤元件，减小对块状光学元件的需求和光路机械调谐的不便，极大地简化光纤光栅激光器的设计及制作。

⑤ 宽带是光纤通信的主要发展趋势之一，而光纤光栅激光器可以通过掺杂不同的稀土离子，在 $380 \sim 3900nm$ 的宽带范围内实现激光输出，波长选择容易且可调谐。

由于光纤制造工艺的进步、紫外光光纤光栅写入技术的日益成熟，以及各类激光器特别是半导体激光器技术的发展，光纤光栅激光器和 EDFA 的研究工作进展很快。目前，已研制出多种光纤光栅激光器，主要可分为单波长光纤光栅激光器和多波长光纤光栅激光器。

（1）单波长光纤光栅激光器　常见的单波长光纤激光器有 DBR（分布布拉格反射）光纤激光器和 DFB（分布反馈）光纤激光器，其典型结构如图 7-150 和图 7-151 所示。DBR 光纤激光器使用两个高反射率的光纤光栅增强模式选择，可以直接把光纤光栅写到掺铒光纤（EDF）上，也可以把光纤光栅熔接到掺铒光纤上。DFB 光纤激光器则是利用直接在稀土掺杂光纤上写入的光栅构成谐振腔，有源区和反馈区同为一体，只用一个光栅来实现光反馈和波长选择，因而频率稳定性较好，边模抑制比较高。但因为布拉格波长区存在禁带，均匀光栅 DFB 光纤激光器不能实现单频输出，为了实现稳定的单频输出，可以采用啁啾光栅，或是在布拉格光栅中引入 $\pi/2$ 相移。光纤纤芯掺锗较少时，光敏性差，制作 DFB 光纤激光器较困难，当直接把光纤光栅熔接到掺铒光纤的两端时，DBR 光纤激光器制作就容易了。

图 7-150　DBR 掺铒光纤激光器结构

图 7-151　DFB 光纤激光器结构

（2）多波长光纤光栅激光器　通过调节串接的长周期光纤光栅的应力实现多波长可调谐光纤激光器。图 7-152 所示是多波长可调谐光纤激光器的结构，长 10m 的掺铒光纤作为增益介质，串接的长周期光纤光栅作为波长选择器。为了实现多波长同时激射，把掺铒光纤放在液氮中（温度 77K），在低温环境下掺铒光纤的均匀展宽线宽大大降低，可以实现环形腔结构激光器的多波长输出。图 7-152 所示的底部是一个用来调节串接长周期光纤光栅应力的装置，通过改变施加在长周期光纤光栅上的拉力（箭头方向为拉力方向）来调节其应力。

图 7-153 所示为大功率可调谐环形腔掺铒光纤激光器结构。该激光器由 980nm 激光二极管（LD）提供泵浦光，在 1562nm 波段获得线宽小于 104nm 的激光输出，调谐范围可达 416nm，输出波长复现性误差小于 108nm。由于选择掺铒光纤的最佳长度，并在光纤环路中引入两隔离器抑制噪声，信噪比提高了。

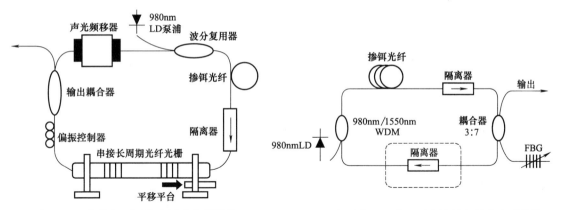

图 7-152　多波长可调谐光纤激光器结构　　　　图 7-153　大功率可调谐环形腔掺铒光纤激光器结构

3. 在色散补偿方面的应用

随着光通信系统速率的提高，色散成为影响通信质量的直接原因，因此采用色散补偿技术十分重要。在光通信中通常采用色散位移光纤（DSF）或者色散补偿光纤（DCF）对色散进行补偿，近年来采用光纤光栅作为色散补偿器件。目前，主要有啁啾光纤光栅（CFG）、长周期光纤光栅、均匀周期光纤光栅、取样光纤光栅（SFG）和切址啁啾光纤光栅，不同种类的光纤光栅可以补偿不同的色散。无论用什么方法，其基本原理相似，都是在通信系统中插入具有负色散系数的光纤光栅，平衡系统中积累的正色散，或者用脉冲压缩的方法将被展宽的脉冲压窄。

目前，较有前景的方案是啁啾光纤光栅，用悬梁调谐光纤光栅的方法实现对 10cm 的均匀光纤光栅啁啾化，并将其成功地用于 103km 的标准单模光纤传输系统的色散补偿，实验装置如图 7-154 所示，图中啁啾光纤光栅可以除去光源本身的啁啾效应。

目前，在高速长距离传输系统中，由于成本、色散斜率、损耗等因素，光纤光栅已逐渐

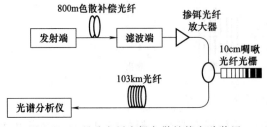

图 7-154　啁啾光纤光栅色散补偿实验装置

代替 DCF 进行色散补偿，图 7-155 所示为 4×10Gbit/s、400km 光纤光栅色散补偿系统。复用后的 10Gbit/s 信号经放大后，经过 5 个 80km 的光纤跨距，每 80km 光纤间分别加入 1 组光纤光栅，对信号进行色散补偿，光纤光栅同时也起到滤波器的作用，抑制传输链路上 EDFA 自发辐射（ASE）噪声。利用光纤光栅色散补偿器对 400km 光纤的色散进行补偿后，测试结果表明光纤色散基本上得到补偿。

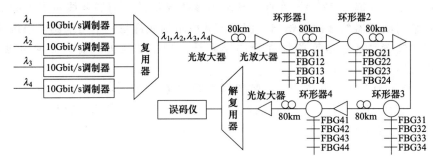

图 7-155　4×10Gbit/s、400km 光纤光栅色散补偿系统

4. 在增益控制和增益平坦方面的应用

（1）增益钳制　在光通信系统中，光器件微小的偏振敏感所产生的积累效应都将引起信号的偏振漂移，造成信号光功率的波动。由于 EDFA 通常工作在饱和状态，信道数增加或减少时其增益会相应下降或增大，导致光纤的非线性效应加大，因而 EDFA 的增益控制在光网络中尤为重要。目前，我们常用光纤光栅进行增益控制，其原理就是利用光纤光栅反射 EDFA 的 ASE 光或者双光栅谐振光作为增益控制光，实现信号的增益均衡。

① ASE 光反射法。图 7-156 所示是 L 波段 EDFA 增益控制的一种结构，在两级放大系统中，利用传统的 C 波段 FBG 反射第二级 EDFA 部分放大的 ASE 光，该部分 ASE 光被重新注入第一级 EDFA 中，自动补偿输入信号的总功率，实现 EDFA 增益的控制。实验证明该结构能够很好地用于增益控制。

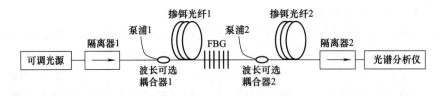

图 7-156　两级放大器的 FBG 增益控制系统

② F-P 腔控制法。在掺铒光纤的两端插入光纤光栅构成 F-P 激光腔体，是形成增益控制并实现 EDFA 全光谱增益锁定的最为简捷而直接的方式，两对光纤光栅增益控制结构如图 7-157 所示。两对光纤光栅形成谐振腔，得到双波长增益控制光。当输入信号光强较小时，双波长增益控制光较强；当输入信号光强较大时，双波长增益控制光将减弱；当输入信号继续增大，双波长控制光的光强将下降为零。调节每对光栅的重叠程度和反射率，可以得到不同的增益。这种结构由两个不同波长的激光共同承担增益控制的任务，降低控制光引起

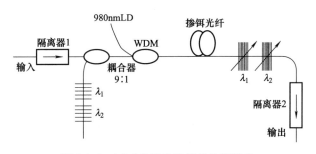

图 7-157 两对光纤光栅增益控制结构

的空间烧孔现象和瞬态输出变化。

（2）增益平坦 EDFA 几乎是 WDM 系统中理想的光放大器，但其增益与波长有关，导致 EDFA 的增益谱不平坦，因此需要采用增益平坦技术。目前，广泛采用的是利用长周期光纤光栅进行增益平坦，如图 7-158 所示。该结构是将不同的长周期光纤光栅组合，使其光谱特性设计成与 EDFA 增益谱相反的波形，从而获得很好的增益平坦度。

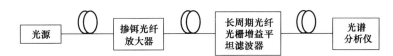

图 7-158 利用长周期光纤光栅的 EDFA 增益平坦结构

另有利用短周期光纤光栅来均衡 EDFA 的增益，如图 7-159 所示，在两级泵浦的 EDFA 中间置入一个光环形器，环形器和一串按照 WDM 工作波长特制的光纤光栅级联在一起，通过调整这些光栅的反射率和延时就可以满足增益平坦和色散补偿的需要。

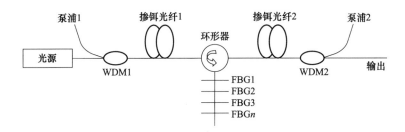

图 7-159 利用短周期光纤光栅的 EDFA 增益均衡结构

5. 在光编码/解码器与 OADM 方面的应用

（1）光编码/解码器 光纤光栅在光码分多址（OCDMA）领域的应用受到人们极大的关注，被认为是 OCDMA 技术实用化的关键器件。目前的研究趋势是利用光纤光栅实现全光纤化、易集成的光编码/解码器。FBG 的基本特征是以布拉格波长为中心波长的窄带光学反射器，因而按照特定要求排列的 FBG 序列就可能实现对信号的编码/解码。目前，FBG 编码/解码器在直接序列扩频、谱域编码、跳频等 OCDMA 系统中的应用已得到广泛的研究，均匀 FBG 的布拉格反射波长 λ_B 可以表示为：

$$\lambda_B = 2n_{eff}\Lambda \tag{7-54}$$

式中 n_{eff}——FBG 的有效折射率；

Λ——FBG 的周期。

当具有一定带宽的光经过均匀 FBG 时，满足布拉格条件的光将产生反射，其余的光将会透过 FBG 继续向前传播。利用 FBG 这一特性，采用多个不同中心波长的子 FBG 组成阵列，可构成 OCDMA 系统的二维编码器，其结构如图 7-160 所示。

（2）光分插复用器（OADM）　目前已有多种结构的 OADM，如基于波分复用器的 OADM、基于 AWG 的 OADM、基于声光滤波器（AOTF）的 OADM、基于 FBG 和环形器的 OADM。由于基于光纤光栅的 OADM 具有尺寸小、插入损耗低、温度稳定性好、波长选择性好以及轴对称易于与光纤系统耦合等优点，并且可通过调节光纤光栅的周期来达到选择不同波长的目的，所以光纤光栅是 OADM 的一种理想选择。实现光纤光栅的 OADM 有以下两种方案。

① 平衡 M-Z 光纤干涉仪型 OADM。FBG 与平衡 M-Z 光纤干涉仪结合的 OADM 结构如图 7-161 所示，可实现对所需波长分插复用，而让其他波长无阻塞通过。这种方案的优点是插入损耗较小，且基本元件是光纤耦合器，成本较低。由于平衡 M-Z 型 OADM 对于臂长的一致性和 FBG 的一致性要求很高，而光纤的折射率又是温度的敏感函数，因此这种结构的 OADM 虽然可以获得十分好的特性，但其稳定性很难保证，暂时难以实用化。

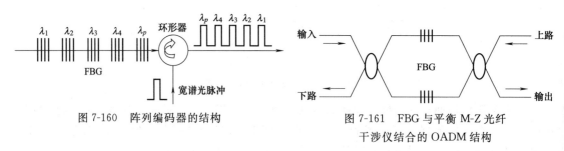

图 7-160　阵列编码器的结构　　　　图 7-161　FBG 与平衡 M-Z 光纤
干涉仪结合的 OADM 结构

② 基于可调谐 FBG 的动态可配置 OADM 结构如图 7-162 所示。基于可调谐 FBG 技术的动态可配置 OADM 避免了采用两个 FBG、两个耦合器和四段臂（臂长一致性要求很高），因此具有良好的实用性。

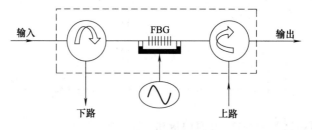

图 7-162　动态可配置 OADM 结构

6. 在光纤放大器中的应用

FBG 在 DWDM 中应用很广泛，下面着重讨论其在光放大器中的应用（图 7-163）。

（1）光放大器　光放大器可以将数字信号、模拟信号进行直接全光放大，并且码型和速率都是透明的，已成为新一代长距离、大容量、高速率光纤通信系统中不可缺少的器件。

① 掺铒光纤放大器（EDFA）。掺铒光纤放大器（EDFA）是目前性能最完美、技术最成熟、应用最广泛的光放大器。它以掺铒光纤为增益介质，利用 980nm 或 1480nm 的半导体激光器泵浦，具有高增益、低噪声、对偏振不敏感等优点，能放大不同速率和调制方式的信号，并具有几十纳米的放大带宽。其主要缺点是 EDFA 存在增益不平坦性，在波分复用

光传送网中，各通道的光功率之和随时发生变化，将导致功率瞬态波动和低频交叉调制。由于掺铒光纤放大器通常工作在饱和状态，信道数增加时，其增益将下降，各信道的输出光功率会降低；信道数减小时，各信道的输出光功率会增大，导致光纤的非线性效应加强，因而掺铒光纤放大器的增益控制在未来光网络中尤为重要。

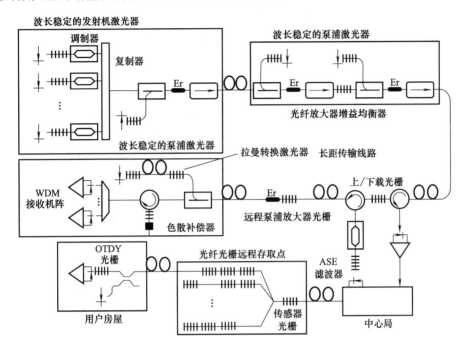

图 7-163　FBG 在 DWDM 全光网络中的应用

② 拉曼光纤放大器（FRA）。拉曼光纤放大器是利用石英光纤的非线性效应制成的。目前，FRA 主要采用分布式放大，以传输光纤作为增益介质，利用受激拉曼散射效应使比泵浦光波长长约 100nm 处的信号光得到有效放大。FRA 具有频带宽、增益高、输出功率大、响应快等优点。它的缺点除了光的偏振态比较敏感，以及传输光纤中的拉曼增益被放大自发辐射的瑞利后向散射和信号的双瑞利后向散射所限制以外，主要是泵浦源的要求比较苛刻，拉曼放大需要在传输光纤中注入大功率电流才能获得合适的增益，而大功率电流可能会损害光纤通路中的焊头和连接器，并使链路性能下降。

（2）FBG 在 EDFA 中的应用

① 用于 EDFA 泵浦光源 980nm 和 1480nm 大功率半导体激光器的波长稳定。注入电流、工作温度以及器件的老化都会造成泵浦激光器的输出模式劣化（即输出波长变化），若用光纤光栅作为分布反馈的反射镜，便可对泵浦激光器进行稳频，从而实现稳定的波长输出。目前，带有光纤光栅的 980nm 和 1480nm 稳频泵浦激光器已经在 EDFA 模块中大量采用。在这种结构中，窄带、低反射率的光纤光栅作为激光器的外腔与 980nm 和 1480nm 半导体激光器的输出端耦合，为激光器管芯提供具有波长选择性的光反馈，使位于光栅反射峰附近的内腔模式在竞争中占绝对优势，从而达到将泵浦光输入锁定在某一特定的波长的目的。

② 用于 EDFA 的增益平坦化。EDFA 目前主要有 3 种增益控制的方法：电路自动增益控制（EAGC）、光自动增益控制（OAGC）和链路增益控制（LAGC）。这些方法在实际中

都取得了一定效果，这里主要介绍两种用光纤光栅实现增益平坦的方法。

第一种是双波长增益控制掺铒光纤放大器，即利用两对光纤光栅形成谐振腔，得到双波长增益控制激光来实现增益控制。它结构紧凑，所用器件较少，易于集成，且增益控制效果一致。双波长激光增益控制的掺铒光纤放大器结构如图 7-164 所示，掺铒光纤放大器主要由掺铒光纤构成，980nm 的半导体激光器（LD）所提供的泵浦光经波分复用器耦合入掺铒光纤，泵浦功率约为 80mW。产生控制激光的谐振腔由两对光纤光栅（FBG）构成，一对反射峰在 1532.5nm 附近，另一对反射峰在 1555.5nm 附近。4 个光纤光栅的峰值反射率均为 8dB。通过光纤光栅调谐技术可以调节每对光栅的重叠程度，改变激光腔镜的反射率，仔细调整两个可调谐光栅可以得到双波长激光增益控制的掺铒光纤放大器功率特性。实验获得的增益可调谐范围为 15～22dB，不同增益处的噪声系数在 5～5.6dB（没有增益控制的掺铒光纤放大器噪声系数约为 4dB）。双波长激光增益控制掺铒光纤放大器在动态工作条件下显示出优越的特性，增益变化幅度大大降低。

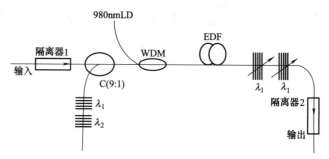

图 7-164　双波长激光增益控制的掺铒光纤放大器的结构

第二种方法是利用长周期光纤光栅（LPFG）对特定波长具有衰减作用，来实现掺铒光纤放大器的增益平坦。应用高频 CO_2 激光脉冲的热冲击效应可写出高性能的长周期光纤光栅，其典型的光谱特性为：谐振峰幅度为 0.5～27dB，插入损耗为 0.2～0.4dB，3dB 带宽为 7～20nm。因此，根据一定光谱特性要求设计的长周期光纤光栅就可用于掺铒光纤放大器的动态增益均衡。

在实现方法上利用长周期光纤光栅独特的温漂特性和弯曲特性的共同作用，通过分别调整长周期光纤光栅弯曲度和作用温度来改变它的谐振峰幅度和谐振波长的位置，从而使透射谱线和掺铒光纤的增益谱线相匹配，达到平坦掺铒光纤放大器增益谱线的目的。据报道，在用 980nm 泵浦的掺铒光纤放大器中，采用该方法可使放大器在 32nm 的带宽范围内平坦度达 ±0.7dB。由于长周期光纤光栅的弯曲度和作用温度容易实现自动控制，所以这种平坦方法为掺铒光纤放大器增益谱线的动态调整提供潜在的应用价值。

另外，用一个乃至几个 LPFG 对 EDFA 的增益进行均衡，在 1530～1560nm 波长放大范围内的增益波动控制在（±0.2～0.3）dB 之内。据报道，利用适当设计的 LPFG 在级联 EDFA 之间作增益均衡，并配以色散补偿光纤补偿色散，可实现在单根光纤中传输 64×2.5Gbit/s 的信号，在误码率为 10^{-14} 以下传输距离达 1000km 以上。

③ 光纤光栅还可用于使透过的泵浦光返回掺铒区，提高 EDFA 的泵浦效率。

④ 用于抑制 EDFA 的自发辐射噪声。

（3）FBG 在 FRA 中的应用　光纤光栅因其优秀的滤波性能，在 FRA 中主要用作泵浦波长的高反射结构和使泵浦半导体激光器的频率锁定。在普通传输的锗硅光纤的两端写入反射波长为拉曼泵浦波长的一系列 FBG 对，FBG 对对应的波长形成谐振腔，在包层模泵浦激光器的泵浦下，根据 Stokes 效应泵浦单模光纤，最终生成多个拉曼泵浦波长，实现光信号的宽带放大，这种泵浦输出功率可达 1W 以上。这种技术可以实现很大的输出功率，并通过调谐构成谐振腔的光纤光栅，可获得较大调谐范围的输出波长，最终得到的 FRA 可放大不同波长范围的光信号。

第六节　光纤陀螺

一、简介

1. 光纤陀螺的基本概念

光纤陀螺有"闭环"或"开环"两种结构，但是前者结构相对较复杂，限制了其在航空电子和惯性导航中的应用。图 7-165 所示是最小结构（MC）开环光纤陀螺，它由光纤线圈、两个定向耦合器、偏振器、低相干半导体激光光源和探测器组成。由纤维线圈的一端小部分缠绕着压电介质（PZT）器件作为非互异相位调制这个设备。激光器发出的光通过第一个定向耦合器、偏振器、第二个定向耦合器，分成强度相同的两个信号。然后反向通过线圈，光在耦合器内重新结合，穿过偏振器的其中一半光经耦合器引导进入光探测器。值得注意的是，这个结构允许测量两信号之间 10^{16} 分之几的相位差，这是由于互异作用原理。从激光器发出的光通过偏振器后被限制成单一偏振状态。定向耦合器和线圈是由特殊的保偏光纤构成的，以确保单模路径。因两个方向传播的光都经过相同的路径，除了旋转以外几乎大部分环境影响对每束光都是相同的，故环境影响被消除掉。

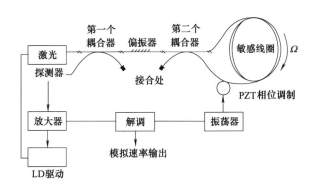

图 7-165　最小结构的开环光纤陀螺

在与线圈相连的耦合器上，两个光波合并进入光学干涉仪中。从线圈返回到偏振器的光波强度是一个上升的余弦函数，当没有旋转时出现最大值；当光波相位差是 ±π（半个波长）时出现最小值。可以看出这一效应与光学路径形状和传播介质无关。陀螺只对绕垂直于线圈轴的旋转敏感，由于光波强度是余弦函数，对于小的角位移输入量，干涉仪的输出变化量很小，在两旋转方向上振幅的衰减量相同时，就不可能确定旋转方向，所以给光学路径提供动态的相位偏置是很有必要的。这样，不仅可以解决上述问题，而且可以使解调频率很好地远离 DC，消除与低级放大器补偿有关的偏置漂移。

使用正弦电压调整 PZT 可以在两束光之间调整频率时施加一个微分光学相移。没有线圈旋转的干涉仪输出表示出一个周期的行为，它的频率谱包含调频的贝塞尔（Bessel）谐波。由于相位调制是对称的，只有偶次的谐波存在。谐波振幅的比率决定于相位调制幅度。当线圈旋转的时候调制发生在干涉仪响应的移动位置。调制是不平衡的，基本的和奇数的谐波也将会出现，基本的和奇数的谐波的振幅正比于角速度的正弦，而偶数的谐波则具有余弦关系，最简单的解调方案是在基频同步探测信号。

开环 IFOG 在一段时期由于输入和输出特性之间的正弦关系而受到批评。然而由于这是一个大家熟知的解析函数，可以通过后面的信号处理或工作在较低的 Sagnac 相位来解决，还有解调方案是利用高阶谐波信号来解决。

2. 简化的最小结构（RMC）IFOG

在最小结构中，第一个耦合器不是光学互换 Sagnac 干涉仪中的一部分。它的作用就是将一部分返回光引入到检测器，使没有进入干涉仪的激光信号的振幅减小到最小。"简化的最小结构（RMC）IFOG"的提出，是为了减小光学结构的复杂性和成本，而保持互导原理，如图 7-166 所示。

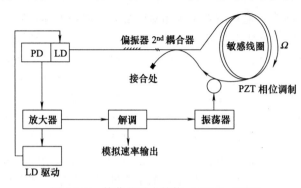

图 7-166　简化的最小结构（RMC）IFOG

许多低成本的激光二极管组件都有一个后面光探测器，生产者已经将它与激光器后面对准。购买单独探测器的成本，以及将第一个耦合器输出光纤与单独的探测器对准的硬件和劳力，在 RMC 陀螺设计中都被删除了。当输入光纤相对于光源对准时，输出就自动与探测器对准了。在新的设计中也减少了 MC 设计中的 6 个光纤熔接点中的 2 个。

3. 性能参数

目前，正在生产的 IFOG 基于的就是这些技术。陀螺工作波长为 820nm，包括 75m 长的椭圆保偏光纤线圈。这种陀螺的主要性能指标见表 7-28。

表 7-28　IFOG 主要性能指标

IFOG 陀螺	主要性能指标	IFOG 陀螺	主要性能指标
输入旋转速率/[(°)/s]	±稳定性 100	偏置可重复性/[(°)/s]	0.02,恒温
标度因数	±1.5%,全温度范围	偏置差值/[(°)/s]	0.2(高点到高点),全温度范围
标度因数线性度/rms	0.5%	随机游走/[(°)/s]	5 或 20/$\sqrt{\text{Hz}}$(相当于 1Hz 带宽的旋转率)
偏置稳定性/[(°)/s]	±0.005,恒温	工作温度/℃	−40～70

图 7-167 所示为恒温下这种陀螺相对于时间的偏移（不稳定性）。跟踪探测器的 DC 放大器的偏移随温度缓慢变化，如图 7-168 所示，这种随温度的变化影响是重复的，可以通过内部温度传感器的帮助进行校准。

图 7-169 所示为输入/输出特性和非线性，图中显示了很好的线性度，可以通过简单的调制技术来实现。

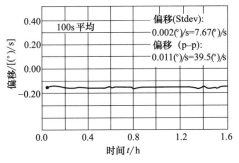

图 7-167 恒温下陀螺相对于时间的偏移

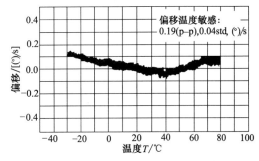

图 7-168 DC 放大器的偏移与温度关系

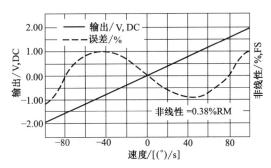

图 7-169 输入/输出特性和非线性

二、单光纤光纤陀螺

1. 简介

单光纤光纤陀螺是应用在线制作技术在一根光纤上缠绕光纤环和制作光器件的光纤陀螺，此技术在俄罗斯得到成功的开发应用。

单光纤光纤陀螺有许多独特的优点：一是它具有全光纤的低损耗、高信噪比的特点；二是在它的光路结构中没有分立的光学元件，光在同一光学介质中传播，相同的光传播常数使光纤陀螺的互易性得到保证，对光纤陀螺的工程化具有重大的现实意义；三是沿一根光纤在线制作光器件，各光器件间没有连接端面，降低了光纤陀螺的损耗，同时也使影响光纤陀螺精度的不对准误差、背向反射噪声等误差源得到有效的抑制。

目前，单光纤光纤陀螺采取的是开环方案，它克服了分立元件全光纤光纤陀螺的缺点，在精度、性价比上都有很大的提高。

2. 单光纤光纤陀螺结构

采用开环结构的单光纤光纤陀螺结构原理如图 7-170 所示。它的工作过程是：光源 SLD 发出的光经光源耦合器分光后，有一半的光进入偏振器，并产生单模单偏振态光。起偏后的光进入光纤环耦合器，被分成顺时针方向和逆时针方向的两束光满足相干条件，并在光纤环中传播。当光纤环绕其中心轴发生转动后产生 Sagnac 效应，从而使在光纤环耦合器处的干涉光强发生变化。由光电探测器 PIN 检测出变化的光强，经处理后得到转动角速度。为了提高检测系统的灵敏性，在光路中加入相位调制器 PZT，经过调制、解调后，得到既灵敏度高，又能区分正反转的线性化输出。

制作单光纤光纤陀螺的光纤是一种特殊的保偏光纤。其特点是覆层的直径小，光纤柔软、坚韧，并且在整个光纤长度上光学参数和机械参数几乎不变。应用这种光纤在线制作光器件时能得到较好的性能。图 7-171 所示为这种光纤的剖面图。

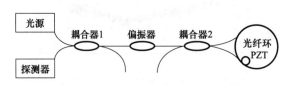

图 7-170　单光纤光纤陀螺结构原理图
耦合器 1—光源耦合器；耦合器 2—光纤环；
PZT—耦合器相位调制器

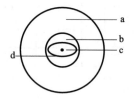

图 7-171　保偏光纤剖面
a—$\phi120\mu m$ 聚合物覆层；b—$\phi40\mu m$ 石英覆层；
c—$\phi2\mu m$ 芯线；d—掺杂石英覆层

3. 在线制备技术

单光纤光纤陀螺采用在线制作技术，其关键技术包括光纤环和 PZT 的缠绕技术、偏振器制作和耦合器的拉制技术、发光模块和光电接收模块的制作技术等。

单光纤光纤陀螺的制作过程是：首先在光纤陀螺和相位调制器壳体上缠绕光纤，然后制作光纤环耦合器、光源耦合器和偏振器（C-P 单元），接着制作发光模块，并使 SLD 尾纤与光纤轴对准，最后使光纤的另一端与光电探测器连接，并形成光电接收模块。

（1）光纤环缠绕技术　光纤环是光传播的载体，Sagnac 效应也是由此产生的。因此，光纤环缠绕质量将对光纤陀螺有较大的影响。在线制作技术中，为了保证光纤环的缠绕质量，采取如下措施。

① 采用对称缠绕法。对称缠绕法可以减小外界环境变化对光纤陀螺性能的影响。

② 涂缓冲胶层。光纤环壳体和光纤的热膨胀系数是不同的，当温度变化时，光纤环壳体和光纤环沿径向产生不同的形变，使光纤环受到应力的作用，从而引入光纤陀螺输出误差。为了消除此误差，在缠绕光纤前，应在光纤环的凹槽内涂一层胶。

③ 应力控制。在缠绕光纤时，通过对缓冲线圈轴上的力矩进行控制，使缠绕到光纤环上的光纤受到相同的应力。这样做有 3 个好处：缠绕光纤时不会时紧时松，可保证光纤环的缠绕质量；光纤环中光纤间的应力分布均匀，不会引入额外误差；通过控制 PZT 上的绕线张力，能达到较好的相位调制效果。

（2）耦合器制作技术　靠近光源一侧的耦合器称为光源耦合器，其分束比的稳定性将影响到光纤陀螺的标度系数。靠近光纤环一侧的耦合器称为光纤环耦合器，它的作用是产生两束功率相同、符合相干条件的光波。耦合器分束比的大小和稳定性都有严格要求，因分束比误差将引起标度系数误差和通过 Kerr 效应产生光纤陀螺漂移。制作耦合器主要有以下两项技术。

① 熔锥技术。单光纤光纤陀螺在线制作耦合器应用熔锥法拉制耦合器。采用高压放电电弧产生高温，并由计算机控制电弧的升降来调节加热光纤的温度。在拉制过程中，计算机随时监测光电探测器处的光功率，由此判断分束比为 50：50 的点，并自动停止拉制。

② 附加拉力控制。在不同的融化状态下，光纤的物理特性是不同的。因此，应在拉制耦合器的不同阶段，根据光纤的特性采用不同的拉力，只有这样才能均匀拉长光纤，制成性能稳定的耦合器。在耦合器拉制后，由于拉细的部分很容易被折断，因此应把它固定到石英基底上。在固定过程中要控制附加拉力，使光纤在固定过程中既不弯曲，又不产生纵向形变。附加拉力的控制可以提高陀螺的可靠性、稳定性和产品合格率。

（3）偏振器制作技术　单光纤光纤陀螺采用的是一种新型在线制作光纤偏振器技术。其制作过程为：先把光纤拉细，然后把拉偏振器的这段光纤固定到石英基底上，最后用双折射晶体包住光纤拉细的部分。这样，在光纤中传播光波的 1 个偏振态便被晶体吸收，剩下 1 个偏振态在光纤中传播。其主要技术如下。

① 光纤拉制长度控制。光纤拉制长度从另一个角度反映了光纤拉制中心的直径。该值将影响到偏振器的损耗和消光比。拉制长度是根据光纤特性而设定的。在拉制过程中，在线检测拉制长度，当检测值与设定值相等时，拉制程序自动停止。

② 选择双折射晶体。用于偏振器的双折射晶体首先要有特定的折射率，使它能吸收光波的 1 个偏振态，并且能在高温融化状态下生长，这样制成的偏振器有较好的温度特性。

③ 温度控制。晶体融化过程的温度控制对偏振器的制作质量有很大的影响。在线制作中，采用温度控制器对晶体融化和生长的不同阶段进行温度控制，以使晶体生长质量好，同时也保证偏振器的质量。

（4）其他技术　单光纤光纤陀螺的在线制作技术还包括发光模块和光电接收模块的制作技术、光学装配技术和信号处理技术等。

① 发光模块和光电接收模块制作技术。发光模块和光电接收模块的质量决定光功率，同时也间接地确定光纤陀螺输出信号的信噪比和标度系数的稳定性。其主要技术是光纤端面的制作技术、光纤和晶面的对准技术，以及散热器的安装技术等。

② 光学装配技术。光纤弯曲会造成传输光的损耗，如果弯曲剧烈还会造成光纤折断，特别是 941 陀螺的体积较小，在装配时难度很大。因此，在实践中要积累一定的经验，并运用一些小巧的工具。

③ 信号处理技术。在信号检测中应用信号调制技术，可以在很大程度上抑制陀螺的漂移。

4. 技术改进措施

单光纤光纤陀螺已经工程化，并有了稳定的生产线，现在有多个型号的产品在各系统中得到成功的应用。随着科学技术的发展，可在工艺和信号处理上对生产线进行改进，以便进一步提高产品性能，增强竞争力。

在现有技术的基础上，可以采取以下措施来提高单光纤光纤陀螺的性能。

（1）光纤固定技术的改进　目前，工艺中采用金属焊料固定光纤。金属和光纤的物理特性是不同的，在环境温度变化时它们会产生不同的胀缩率，而且在焊接过程中有可能引入光损耗，这会对系统有一定的影响，可以尝试用符合一定特性的胶来代替金属焊料，以便提高工艺水平。

（2）优化检测方法　通过相敏检波器可以检测出各次谐波分量。检测一次谐波，将使它线性化后所得到的陀螺输出方案具有简单易行的特点，其缺点是动态范围小、线性度差、噪声大。随着电子技术和信号处理技术的发展，有可能实现多次谐波检测法，利用多次谐波检测，可以抑制在温度和其他外界环境变化时光源、变换系数和光纤参数的变化所引起的漂移，在很大程度上提高陀螺的性能。

（3）数字化改进方案　数字技术可抑制模拟电路本身引入的偏移问题，增强光纤陀螺标度系数的稳定性。光纤陀螺信号的数字量输出可提高数据采集和进行数据处理后的陀螺精度。

5. 效果评价

单光纤光纤陀螺在原理上的优越性决定它有很大的发展潜力。在线制作技术和易于操作的生产工艺使其便于批量生产。随着单光纤光纤陀螺生产工艺的改进和信号处理技术的提高，可进一步提高其性能、降低成本，并进一步促进光纤陀螺的普及和应用。

三、最小结构的光纤陀螺仪

1. 结构设计

（1）最小结构　为了精确测量转速产生的 Sagnac 相位差，必须设法减小随环境因素变化的相位差。因此，光互易原理是设计大多数灵敏 IFOG 的基础。光互易性用来选出沿相反方向传输的光波经过干涉仪的共同部分，两光波经历相同的相位延迟。环境引起的系统变化对这两路波相位改变及相位延迟相同，使传感器具有环境稳定性。

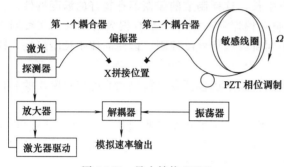

图 7-172　最小结构 IFOG

如图 7-172 所示，IFOG 系统结构的光互易性特点产生了"最小结构"。此结构中，第一个耦合器不作为光互易 Sagnac 干涉仪的一部分，它仅仅是将一部分返回光引入探测器。为使输入探测器的光强最大，耦合器的最佳分光比是 3dB。这样两次经过耦合器，就产生与耦合器插入损耗无关的 6dB 固有系统损耗。

（2）简化的最小结构　为进一步降低光结构的复杂度和成本，同时保留其光互易性，如图 7-173 所示，提出了"简化最小结构"。Hitachi Cable 前期报道过这种设计的 IFOG 的性能。

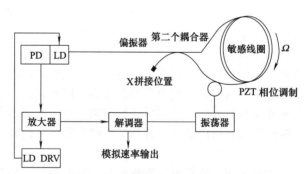

图 7-173　简化的最小结构 IFOG

这种新型结构中去除了第一个耦合器，干涉仪输出通过放置在激光二极管后端的光探测器得到。光经过激光腔后到达探测器，第一个耦合器引起的 6dB 固有系统损耗被消除。因此从某种程度上来说，简化最小结构的信噪比与传统双耦合器结构一样好，甚至更好。

许多低成本激光二极管封装采用后端光探测器。这种设计的探测器由激光二极管制造商提供，既节约探测器成本，又节省从第一个耦合器到探测器输出光纤所消耗的硬件。激光二极管制造商把探测器放在激光二极管后端，当输入尾纤对准光源时，输出自动对准探测器的相同位置。新型结构中还去除了 6 个光纤熔接点中的 2 个，以后还可以把偏振器/耦合器及其尾纤集成到光源中，这将进一步使光纤熔接点从 4 个减少到 2 个。这样，仅需加入两个分离的光元件来组装 IFOG，因而使新型结构变得高效、廉价。

（3）传感器结构　为此次制作测试了两个全自动导航光纤陀螺，第一个光纤陀螺是标准开环全光纤最小结构的 IFOG，如图 7-172 所示；第二个光纤陀螺如图 7-173 所示，基本上与第一个相同，仅仅去除了第一个耦合器，用激光器后端二极管来探测陀螺信号。所有光器件在制作中使用的都是 Andrew Ecore 保偏光纤，Sagnac 光纤环长度为 75m，标准直径为 65mm；相位调制器是在盘状压电陶瓷（PZT）上缠绕光纤制成的；使用标准 CD 型激光二极管光源，光路和一个简单模拟解调电路板集成在一起；解调电路板为长方形（4.25mm×3.25mm×1.5mm），重 0.25kg。其工作电压为 12V 直流电压，输出为差动的模拟电压。全范围输入率为 100°/s，产生±2V 直流输出信号，整个陀螺电路电源总功耗为 2W。

2. 性能数据

两个陀螺组合都经过一整套标准测试以计算其关键性能参数，光纤陀螺性能比较见表 7-29。最小结构与简化最小结构的随机游走及偏置稳定性的 Allan 方差分析比较如图 7-174 (a)、图 7-175 (a) 所示。两个陀螺的随机游走近似为 20 (°)/(h·$\sqrt{\text{Hz}}$) 12min 内的偏置稳定性在 (°)/h 之内。由图 7-174 (b) 和图 7-175 (b) 所示比较了偏置的温度灵敏度，实验温度范围为−40～75℃。传统最小结构陀螺与简化最小结构陀螺输出性能比为 2:1，这主要是由于模拟解调电路的温度灵敏度差异导致的。最小结构中偏置的温度灵敏度测试为 0.03 (°)/s 或 108 (°)/h；简化最小结构为 0.07 (°)/s 或 252 (°)/h。由表 7-29 可见，两种结构的标度因数非线性很相似，典型驱动系统转速速率范围为±50 (°)/s，达到随机游走标准的 0.2%。

表 7-29　光纤陀螺性能比较

测试参数	最小结构 （图 7-172）	简化最小结构 （图 7-173）	规格	单位
标度因数非线性	0.19	0.32	0.20	%,rms
偏置漂移常温，全温	0.011,0.002	0.014,0.003	0.01,0.002	°/s,p-p,1σ
偏置，温度灵敏度	0.16,0.03	0.28,0.07	—	°/s,p-p,1σ
角随机游走	19.2,0.32	23.2,0.39	20,0.33	(°)/(h·$\sqrt{\text{Hz}}$),(°)/$\sqrt{\text{Hz}}$

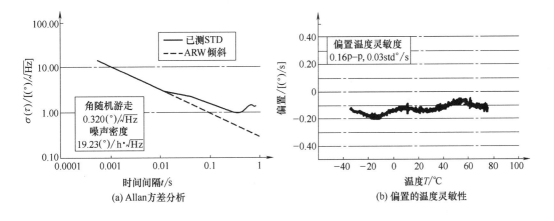

图 7-174　最小结构 IFOG 的性能数据

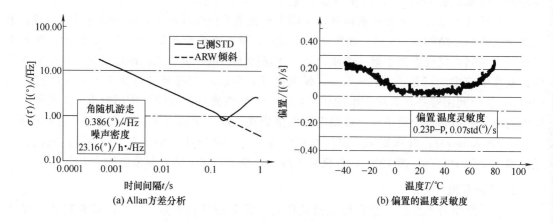

图 7-175　简化的最小结构 IFOG 的性能数据

3. 效果评价

构建并评估了简化的最小结构 IFOG，陀螺关键性能参数与传统 IFOG 相比基本一致。这种新型结构设计中去除了无用的光学元件和接头，可以构成低成本陀螺。这种简化最小结构 IFOG 的性能和成本，对于具有 DR 传感器及 GPS 导航系统的应用来说有着巨大的潜力。

第七节　其他光通信无源器件

一、调制器

（一）简介

调制有直接调制和外调制两种方式。前者是信号直接调制光源的输出光强，后者是信号通过外调制器对连续输出光进行调制。直接调制是激光器的注入电流直接随承载信息的信号而变化，如图 7-176（a）所示。但是用直接调制来实现调幅（AM）和幅移键控（ASK）时，注入电流的变化要非常大，并会引起不希望有的线性调频（啁啾）。

在直接检测接收机中，光检测之前没有光滤波器，在低速系统中，较大的瞬时线性调频影响还可以接受，但是在高速系统、相干系统或用非相干接收的波分复用系统中，激光器可能出现的线性调频使输出线宽增大，使色散引入脉冲展宽较大，信道能量损失，并产生对邻近信道的串扰，从而成为系统设计的主要障碍。

如果把激光的产生和调制过程分开，就完全可以避免这些有害影响。外调制方式是让激光器连续工作，把外调制器放在激光器输出端之后［见图 7-176（b）］，用承载信息的信号通过调制器对激光器的连续输出进行调制。只要调制器的反射足够小，激光器的线宽就不会增加。为此，通常要插入光隔离器，最有用的调制器是电光调制器和电吸收调制器。

（二）电光调制器

电光调制的原理是基于晶体的线性电光效应，即电光材料（如 $LiNbO_3$）的折射率 n 随

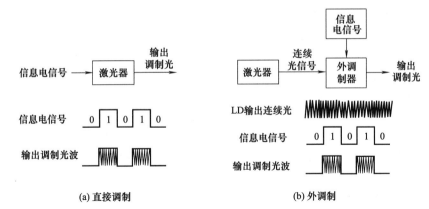

(a) 直接调制　　　　　　　　　　　(b) 外调制

图 7-176　调制方式比较

施加的外电场 E 而变化，即 $n = n(E)$，从而实现对激光的调制。

电光调制器（MZM）是一种集成光学器件，即它把各种光学器件集成在同一个衬底上，从而增强了性能，减小了尺寸，提高了可靠性和可用性。

图 7-177（a）所示的横向珀克线性电光效应相位调制器，施加的外电场 $E_a = U/d$ 与 y 方向相同，光的传输方向沿着 z 方向，即外电场在光传播方向的横截面上。假设入射光为与 y 轴成 45°角的线性偏振光 E，我们可以把入射光用沿 x 和 y 方向的偏振光 E_x 和 E_y 表示，对应的折射率分别为 n_x' 和 n_y'。于是当 E_x 沿横向传输距离 L 后，它引起的相位变化为

$$\phi_1 = \frac{2\pi n_x'}{\lambda} L = \frac{2\pi L}{\lambda}\left(n_0 + \frac{1}{2}n_0^3 r_{ij}\frac{U}{d}\right) \tag{7-55}$$

式中，n_0——$E=0$ 时材料的折射率；

r_{ij}——线性电光系数，i、j 对应于在适当坐标系中各向异性材料的轴线。

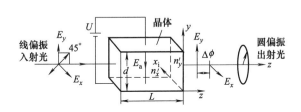
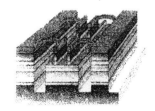

(a) 横向珀克线性电光效应相位调制器原理　　(b) 利用横向线性电光效应相位调制器制成的行波马赫-曾德尔PIC调制器

图 7-177　横向线性电光效应相位调制器

当 E_y 沿横轴传输距离 L 后，它引起与式（7-54）类似的相位变化 ϕ_2，于是 E_x 和 E_y 产生的相位变化为

$$\Delta\phi = \phi_1 - \phi_2 = \frac{2\pi}{\lambda}\left(n_0^3 r_{ij}\frac{L}{d}U\right) \tag{7-56}$$

于是施加的外电压在两个电场分量间产生一个可调整的相位差 $\Delta\phi$，因此出射光波的偏振态可被施加的外电压控制。可以调整电压来改变介质从四分之一波长到半波长，产生半波长的半波电压 $U = U_{\lambda/2}$ 对应于 $\Delta\phi = \pi$。横向线性电光效应的优点是可以分别独立地减小晶体厚度 d 和增加长度 L，前者可以增加电场强度，后者可引起更多的相位变化。因此 $\Delta\phi$ 与 L/d 成正比，但纵向线性电光效应除外。

1. 强度调制器

在图 7-177（a）所示的相位调制器中，在相位调制器之前和之后分别插入起偏器（Polarizer）和检偏器（Analyzer），就可以构成强度调制器，如图 7-178 所示，起偏器和检偏器的偏振化方向相互正交。起偏器偏振化方向与 y 轴有 45°角的倾斜，所以进入晶体的 E_x 和 E_y 光幅度相等。

当外加电压为零时，E_x 和 E_y 分量在晶体中传输，经历着相同的折射率变化，因此晶体的偏振光输出 I_0 与输入相同。根据马吕斯（Malus）定律，检偏器的输出光强，即 $I = I_0 \cos^2\theta$，由于检偏器和起偏器成正交状态，$\theta = 90°$，所以探测器探测不到光。

当施加的外电压在两个电场分量间产生相位差 $\Delta\phi$ 时，当 $\Delta\phi$ 在 0°～45°变化时，离开晶体的光就变成椭圆偏振光，因此，就有一个沿检偏器轴线传输的光强分量，通过检偏器到达探测器，其强度与施加的电压有关

$$I = I_0 \sin^2\left(\frac{1}{2}\Delta\phi\right) \quad \text{或} \quad I = I_0 \sin^2\left(\frac{\pi U}{2U_{\lambda/2}}\right) \tag{7-57}$$

其中 I_0 是传输光强曲线的峰值，如图 7-178（b）所示。由式（7-57）可知，当施加的电压为 $U_{\lambda/2}$ 时，$I = I_0 \sin^2(\pi/2)$，I 达到最大。所以，强度调制器需要使外加电压等于 $U_{\lambda/2}$，此时，输出偏振光的相位与输入偏振光的比较，发生 $\lambda/2$ 的变化，在两个电场分量间产生相位差 π，即 $\Delta\phi = \pi U/U_{\lambda/2} = \pi$。

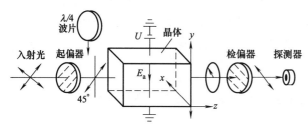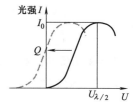

(a) 在相位调制器之前和之后分别插入起偏器和检偏器可构成强度调制器   (b) 探测器检测到的光强和施加到晶体上的电压的传输特性，灰线表示插入 $\lambda/4$ 波片后的特性

图 7-178　横向线性电光效应强度调制器

当电信号为数字信号时，我们可以接通或断开光脉冲，因此不会产生传输光强的非线性；当电信号为模拟信号时，就必须使工作点处在 I-U 曲线的线性区，也就是说，使工作点处于曲线的 $I_0/2$ 处，这可以通过在起偏器之后插入一个四分之一波长波片实现，以便在晶体的输入端提供圆偏振光，这意味着在外加电压施加前，输入偏振光已经变化了 $\pi/4$，施加的电压根据其是正还是负，引起增加或减小 $\Delta\phi$。此时的传输曲线如图 7-178（b）的虚线所示，图中调制器的工作点已用光学的方法偏置到 Q 点。

2. 相位调制器

目前，大多数调制器是由铌酸锂（LiNbO$_3$）晶体制成的，这种晶体在某些方向有非常大的电光系数。根据式（7-56）可以构成相位调制器，它是电光调制器的基础，通过相位调制，可以实现幅度调制和频率调制。图 7-179 所示为集成横向珀克效应相位调制器，它是在 LiNbO$_3$ 晶体表面扩散进钛（Ti）原子，制成折射率比 LiNbO$_3$ 高的掩埋波导，加在共平面条形电极的横向电场 E_a 通过波导，两电极长为 L，间距为 d。衬底是 x 切割的 LiNbO$_3$，在电极和衬底间镀上一层很薄的电介质缓冲层（约 200nm 厚的 SiO$_2$），以便把电极和衬底分开。由于珀克效应，入射光分解为沿 x 和 y 方向的偏振光 E_x 和 E_y，其对应的折射率分别

为 n'_x 和 n'_y，于是当 E_x 和 E_y 沿 z 传输距离 L 后，产生随施加调制信号 $U(t)$ 变化的折射率变化 $\Delta n = n'_x - n'_y$。

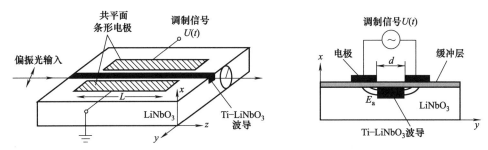

图 7-179　x 切割 LiNbO$_3$ 集成相位调制器

由式（7-56）可知，E_x 和 E_y 就产生与外加调制信号同步的相位变化

$$\Delta\phi = \phi_1 - \phi_2 = \Gamma \frac{2\pi}{\lambda}\left(n_0^3 r_{22}\frac{L}{d}U\right) \tag{7-58}$$

式中，$\Gamma = 0.5 \sim 0.7$，是由于施加的电场没有完全作用于波导中的光场引入的系数，从而实现了相位调制。

商用相位调制器的工作波长 1525～1575nm，插入损耗 2.5～3.0dB，消光比＞25dB，回波损耗 45dB，半波电压＜3.5V。

3. 马赫-曾德尔幅度调制器

最常用的幅度调制器是在 LiNbO$_3$ 晶体表面用钛扩散波导构成的马赫-曾德尔（M-Z）干涉型调制器，如图 7-180 所示。使用两个频率相同但相位不同的偏振光波，进行干涉的干涉仪，外加电压引入相位的变化可以转换为幅度的变化。在图 7-180（a）所示的由两个 Y 形波导构成的结构中，在理想的情况下，输入光功率在 C 点平均分配到两个分支传输，在输出端 D 干涉，所以该结构扮演着一个干涉仪的作用，其输出幅度与两个分支光通道的相位差有关。两个理想的背对背相位调制器，在外电场的作用下，能够改变两个分支中待调制传输光的相位。由于加在两个分支中的电场方向相反，如图 7-180（a）所示的右上方的截面图所示，所以在两个分支中的折射率和相位变化也相反，例如若在 A 分支中引入 $\pi/2$ 的相位变化，那么在 B 分支则引入 $-\pi/2$ 相位的变化，因此 A、B 分支将引入相位 π 的变化。

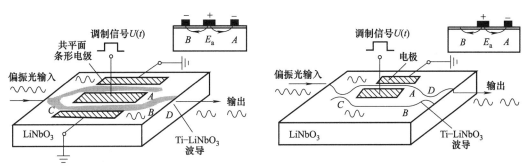

(a) 调制电压施加在两臂上　　　　　　　　(b) 调制电压施加在单臂上

图 7-180　马赫-曾德尔幅度调制器

假如输入光功率在 C 点平均分配到两个分支传输，其幅度为 A，在输出端 D 的光场为

$$E_{\text{output}} \propto A\cos(\omega t + \phi) + A\cos(\omega t - \phi) = 2A\cos\phi\cos(\omega t) \tag{7-59}$$

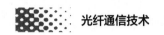

输出功率与 E_{output}^2 成正比，所以由式（7-59）可知，当 $\phi=0$ 时输出功率最大，当 $\phi=\pi/2$ 时，两个分支中的光场相互抵消干涉，使输出功率最小，在理想的情况下为零。于是

$$\frac{P_{\text{out}}(\phi)}{P_{\text{out}}(0)}=\cos^2\phi \tag{7-60}$$

由于外加电场控制着两个分支中干涉波的相位差，所以外加电场也控制着输出光的强度，虽然它们并不成线性关系。

在图 7-180（b）所示的强度调制器中，当外调制电压为零时，马赫-曾德尔干涉仪 A、B 两臂的电场表现出完全相同的相位变化；当加上外电压后，电压引起 A 波导折射率变化，从而破坏了该干涉仪的相长特性，因此在 A 臂上引起了附加相移，结果使输出光的强度减小。作为一个特例，当两臂间的相位差等于 π 时，在 D 点出现了相消干涉，输入光强为零；当两臂的光程差为 0 或 2π 的倍数时，干涉仪相长干涉，输出光强最大。当调制电压引起 A、B 两臂的相位差在 $0\sim\pi$ 之间变化时，输出光强将随调制电压而变化。由此可见，加到调制器上的电比特流在调制器的输出端产生了波形相同的光比特流。

4. 外腔调制器的技术指标

外腔调制器的性能由消光比（开关比）和调制带宽度量。

消光比定义为相长干涉（相当于"开"）时的插入损耗和相消干涉（相当于"关"）时的插入损耗之比。例如一个调制器，"开"状态时插入损耗为 8dB，"关"状态时为 34dB，则该调制器的消光比为 26dB。$LiNbO_3$ 调制器的消光比大于 20dB，插入损耗为百分之几（零点几分贝）。

调制带宽定义为 $\Delta f_{\text{mod}}=(\pi RC)^{-1}$，式中，$C$ 是调制器的总电容；R 是与 C 并联的等效电路负载电阻。当 $R=50\Omega$，$C=2\text{pF}$ 时，$\Delta f_{\text{mod}}=3.2\text{GHz}$。马赫-曾德尔幅度调制器调制带宽可达 20GHz。

表 7-30 列出了美国 Covega 公司提供的几种商用 $LiNbO_3$ M-Z 调制器的性能比较。还有用于 DQPSK 调制的双平行 M-Z 外调制器商用产品。

表 7-30　几种 M-Z 调制性能比较

	强度调制器		相位调制器	
工作速率/(Gbit/s)	10	40	10	40
工作波长(C+L)/nm	1525~1605		1525~1605	
插入损耗(带连接器)/dB	4		3.5~4.5	4
零/固定啁啾系数	−0.1~0.1/±(0.6~0.8)			
回波损耗/dB	40		40	
静态/动态消光比/dB	20/13			
电光带宽(−3dB)/GHz	10~12	35	10~12	35
射频驱动/半波电压/V	6/5.2	6.5/5.5	4.5/3.5	5.5/4
其他	集成光衰减器或 PD	带固定偏置和 PD	内置终端起偏器	

（三）电吸收波导调制器

电吸收波导调制器（EAM）是一种 P-I-N 半导体器件，其 I 层由多量子阱（MQW）波导构成，如图 7-181 所示，I 层对光的吸收损耗与外加的调制电压有关，如图 7-182 所示，当调制电压使 P-I-N 反向偏置时，入射光完全被 I 层吸收，换句话说，因势垒的存在，入射光不能通过 I 层，相当于输出"0"码；反之，当偏置电压为零时，势垒消失，入射光不被 I 层吸收而通过它，相当于输出"1"码，从而实现对入射光的调制，如图 7-183 所示。

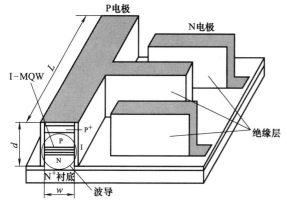

图 7-181　电吸收波导调制器的结构图

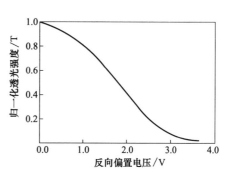

图 7-182　电吸收调制器透光率和反向偏压的关系

电吸收调制器的电光转换特性可用透光程度 T （U）来表示，其表达式为

$$T(U) = \exp[-\gamma L\alpha(U)] \tag{7-61}$$

式中，γ 表示 MQW 有源区和波导区的重叠程度，大概占 16%；L 为波导长度；α （U）表示在外加反向偏压 U 的情况下 MQW 波导的吸收系数，如图 7-184 所示，吸收系数和波长有关，也与施加的反向偏压有关，改变波导的结构和掺杂成分可以使电吸收调制器用于 1.5μm 波段。3dB 带宽与波导长度 L 有关，$L=100\mu m$ 时，3dB 带宽为 38GHz；$L=370\mu m$ 时，3dB 带宽为 10GHz。

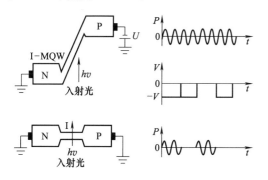

图 7-183　电吸收波导调制器的工作原理

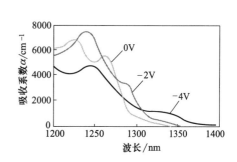

图 7-184　电吸收调制器吸收系数和波长的关系

日本 OKI 公司提供的商用 EA 调制器指标为：插入损耗 7.5～9dB，偏振相关损耗 0.5dB，消光比 17～20dB，调制带宽大于 30GHz，工作电压 2.5～3V，内置热电制冷器和直流偏压电路，输出光纤为普通单模光纤或保偏光纤。OKI 公司还提供一种集成了 DFB 激光器的 40Gbit/s EA 调制器，可提供大于 5dBm 的连续输出功率。

EA 调制器有许多优点，虽然在高速和啁啾特性方面不如 LiNiO₃ 调制器，但具有体积小、驱动电压低等优点，通过这种调制器与激光器进行单片集成，不仅可以发挥调制器本身的优点，激光器与调制器之间也不需要光耦合装置，并且可以降低损耗，从而达到高可靠性和高效率的目标。

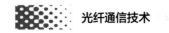

二、可调谐光滤波器

（一）简介

电子滤波器是从包含多个频率分量的电子信号中提取出所需频率的信号，让其通过的滤波器叫做带通滤波器，阻止其通过的叫做带阻滤波器。光滤波器也与此类似，它是光通信系统，特别是 WDM 网络中非常重要的器件。人们可以把这种光滤波器放在光探测器的前端构成一个调谐接收机，当把这种光滤波器放在激光腔体内时，又可以构成波长可调光源。

光频滤波根据其机理可分为干涉（衍射）型和吸收型两类，每一类根据其实现的原理又可分为若干种；根据其调谐的能力又可分为光频固定滤波器和可调谐光滤波器。

可调谐光滤波器是一种波长（或频率）选择器件，它的功能是从许多不同频率的输入光信号中选择一个特定频率的光信号。图 7-185 给出了可调谐光滤波器的基本功能，图中 Δf_s 为输入的最高频率信道和最低频率信道之间的频率差，Δf_{ch} 为信道间隔。如果调谐范围覆盖的 Δf_s 等于光纤整个 $1.3\mu m$ 或 $1.5\mu m$ 低损耗窗口，那么调谐范围应为 200nm（25000GHz）之内，实际系统的要求往往小于这个数值。$T(f)$ 为滤波器的传输函数。

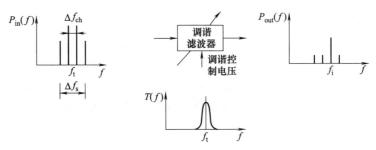

图 7-185 可调谐光滤波器的基本功能

在 WDM 系统中，每个接收机都必须选择所需要的信道。信道的选择可以采用相干检测或直接检测技术来实现。若采用相干检测，则要求有可调谐本地振荡器，若采用直接检测，则要求在接收机前放置可调谐光滤波器。

对可调谐光滤波器的要求是：滤波器带宽必须足够大，以传输所选择信道的全部频谱成分，但又不能太大，以避免邻近信道的串扰。可调谐光滤波器还要求调谐范围宽（覆盖整个系统的波长复用范围），调谐速度快，插入损耗小，对偏振不敏感，另外还要求稳定性好，以免受环境温度、湿度和震动的影响，当然成本还要低。

下面介绍 3 种光滤波器：法布里-珀罗滤波器、马赫-曾德尔干涉滤波器，以及各种光栅滤波器，特别是阵列波导光栅（AWG）滤波器。

（二）法布里-珀罗滤波器

基本法布里-珀罗滤波器（见图 7-186）是由两块平行镜面组成的谐振腔构成的，一块镜面固定，另一块可移动，以改变谐振腔的长度。镜面是经过精细加工并镀有金属反射膜或多层介质膜的玻璃板，图中略去了输入/输出光纤和透镜系统，而集中讨论谐振腔。由光纤输入的光经过谐振腔反射一次后，聚焦在输出光纤端面上，通过改变谐振腔的长度达到从波分复用信道中选取所需信道的目的。但这种结构的滤波器构成滤波器体积大，使用不便。光纤法布里-珀罗（F-P）滤波器，如图 7-187 所示，其光纤端面本身就是两块平行的镜面。图

7-188（a）和图 7-188（b）分别表示间隙型和内波导型法布里-珀罗滤波器。如果将光纤（即 F-P 的反射镜面）固定在压电陶瓷上，通过外加电压使压电陶瓷产生电致伸缩作用来改变谐振腔的长度，同样可以从复用信道中选取所需要的信道。这种结构可实现光滤波器的小型化。

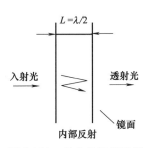

图 7-186　基本 F-P 滤波器

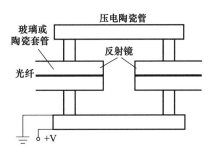

图 7-187　光纤 F-P 滤波器

　　光纤 F-P 滤波器可用做调谐滤波器的基本物理机理与光多次干涉和谐振特性类似。对于无源 F-P 滤波器，因为滤波器只能允许满足谐振腔单纵模传输的相位条件的频率信号通过，所以传输特性与波长有关。F-P 滤波器的传输特性如图 7-190（a）所示，它具有多个谐振峰，每两个谐振峰间的频率间距确定：

$$\Delta f_{\mathrm{L}}=\frac{c}{2nL} \tag{7-62}$$

式中　n——构成 F-P 滤波器的材料折射率；

　　　L——谐振腔长度；

　　　Δf_{L}——滤波器的自由光谱区 FSR。

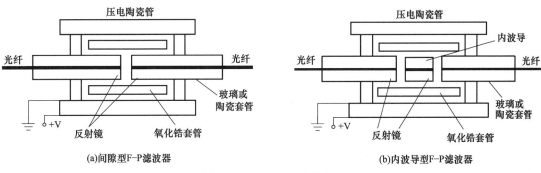

(a)间隙型F-P滤波器　　　　　　　　　　　(b)内波导型F-P滤波器

图 7-188　F-P 滤波器的结构

　　假如滤波器设计成只允许复用信道中的一个信道通过，如图 7-189（c）中的 $f_i=f_1$ 信道的频率正好对准传输特性的谐振峰，所以只有 $f_i=f_1$ 的信道才能通过滤波器，而其他信道被抑制了。但是由于传输特性的非理想性，其他信道的信号也有一小部分通过滤波器，从而造成对 f_1 信道的干扰。复用信号的总带宽为：

$$\Delta f_{\mathrm{s}}=N\Delta f_{\mathrm{ch}}=NS_{\mathrm{ch}}B \tag{7-63}$$

Δf_{s} 必须小于 Δf_{L}，这里 N 是信道数，S_{ch} 是归一化的信道间距，其值为 $S_{\mathrm{ch}}=\Delta f_{\mathrm{cb}}/B$，$B$ 是比特率，Δf_{ch} 是信道间距，如图 7-189（c）所示。同时，滤波器带宽 Δf_{FP}（定义为图 7-189 表示的传输谐振波形的半最大值全宽）应该足够大，以便让所选信道的整个频谱成分通

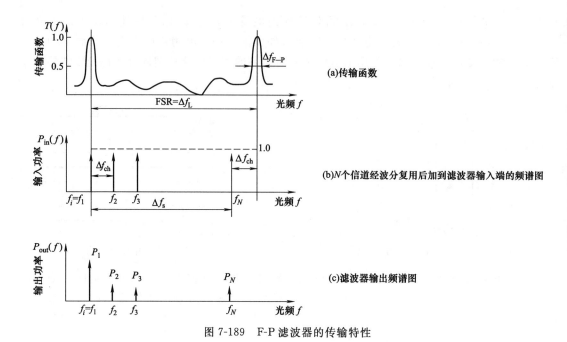

图 7-189　F-P 滤波器的传输特性

过，对于归零码，$\Delta f_{FP} = B$。于是得到最多可以选择出的信道数为：

$$N < \frac{\Delta f_L}{\Delta f_{ch}} = \frac{\Delta f_L}{S_{ch} \Delta f_{FP}} = \frac{F}{S_{ch}} \tag{7-64}$$

式中，$F = \Delta f_L / \Delta f_{FP}$ 是 F-P 滤波器的精细度，它决定了滤波器的选择性，即能分辨的最小频率差，从而也决定所能选择出的最大信道数。精细度的概念与 F-P 干涉仪理论中的相同。假如谐振腔内部损耗忽略不计，则精细度由镜面反射系数 R 决定，假设两个镜面的 R 相等，此时

$$F = \frac{\pi \sqrt{R}}{(1-R)} \tag{7-65}$$

对于 F-P 滤波器，信道间距要小于 $3\Delta f_{FP}$（$S_{ch} = 3$），以便保持串扰小于 $-10dB$。将 $S_{ch} = 3$ 限制值和式（7-65）代入式（7-64），可以得到 F-P 滤波器可以选择出的最多信道数为：

$$N < \frac{\pi \sqrt{R}}{3(1-R)} \tag{7-66}$$

由此可见，信道数由镜面反射系数决定。具有 99% 反射系数的滤波器可以选出 104 个信道。改变装在滤波器上的压电陶瓷的电压来改变谐振腔（滤波器）的长度，从而选择出所需要的信道。滤波器长度只要改变不到 $1\mu m$，就可以选择出不同的信道。滤波器长度 L 本身在满足 $\Delta f_L > \Delta f_s$ 的条件下，由式（7-62）决定，对于 $\Delta f_s = 100GHz$，$n = 1.5$，则需 $L < 1mm$。如果信道间距很宽（约 $1nm$），L 可能要小到 $10\mu m$。

图 7-189 表示 F-P 滤波器的传输特性，图 7-189（a）为典型滤波器的功率传输函数，两个相邻传输峰的频率差为 Δf_L。图 7-189（b）表示 N 个信道经波分复用后，总带宽为 Δf_s 的输入信号频谱曲线；图 7-189（c）表示 F-P 滤波器的输出频谱曲线。

光纤 F-P 滤波器的优点是可以无需增加耦合损耗就集成在系统中。使用两个单腔滤波器级联，可使有效精细度（F）增加到接近 1000，从而使最多信道数增加一个数量级。

F-P 滤波器的优点是调谐范围宽，而且通带可以做得很窄，通常可以做到与偏振无关。

F-P 滤波器可以集成在系统内，减小耦合损耗，其缺点是一般设计的滤波器调谐速度较慢，用压电调谐技术，使调谐速度可以达到 $1\mu s$。

（三）马赫-曾德尔滤波器

图 7-190 表示马赫-曾德尔干涉滤波器的示意图。它由两个 3dB 耦合器串联组成一个马赫-曾德尔干涉仪，干涉仪的两臂长度不等，光程差为 ΔL。

马赫-曾德尔干涉滤波器的原理是基于两个相干单色光经过不同的光程传输后的干涉理论。考虑两个波长 λ_1 和 λ_2 复用后的光信号由光纤送入马赫-曾德尔干涉滤波器的输入端 1，两个波长的光功率经第一个 3dB 耦合器均匀地分配到干涉仪的两臂上，由于两臂的长度差为 ΔL，所以经两臂传输后的

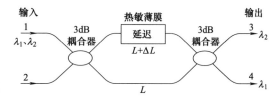

图 7-190　马赫-曾德尔干涉滤波器

光，在到达第二个 3dB 耦合器时就产生，决定的相位差 $\Delta\phi=2\pi f(\Delta L)n/c$，式中 n 是波导折射率指数，复合后每个波长的信号光在满足一定的相位条件下，在两个输出光纤中的一个相长干涉，而在另一个相消干涉。如果在输出端口 3，λ_2 满足相长条件，λ_1 满足相消条件，则输出 λ_2 光；如果在输出端口 4，λ_2 满足相消条件，λ_1 满足相长条件，则输出 λ_1 光。

这种滤波器要求输入光波的频率间隔必须精确地控制在 $\Delta f=c/(2n\Delta L)$ 的整数倍。当波长数为 4 个时，需要 3 个马赫-曾德尔干涉滤波器级联；当波长数为 8 个时，需要三级共 7 个马赫-曾德尔干涉滤波器级联，而且要使第一级的频率间隔为 Δf，第二级的频率间隔为 $2\Delta f$，第三级的频率间隔为 $4\Delta f$，才能将它们分开，如图 7-191 所示。

改变 Δf 既可以分别控制有效光通道的折射率 n 和长度差 ΔL，也可以同时控制 n 和 ΔL。可以通过对热敏薄膜加热或者改变压电晶体的控制电压来实现。级联马赫-曾德尔干涉滤波器可以

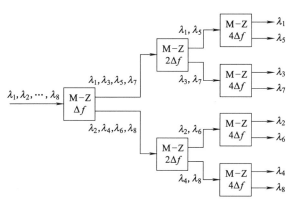

图 7-191　级联马赫-曾德尔干涉滤波器

用 InP 衬底或 Si 衬底平面光波导（planer lightwave circuit，PLC）来实现。因为这种滤波器的调谐机理是热电的，所以切换时间约为 1ms。

此外，马赫-曾德尔干涉仪构成的可调谐光滤波器制造成本低，对偏振很不灵敏，串扰很低，但是调谐控制复杂，调谐速度较慢。

（四）布拉格光栅滤波器

1. 布拉格光栅

布拉格光栅由间距为 Λ 的一列平行半反射镜组成，Λ 称为布拉格间距，如图 7-192 所示。如果半反射镜数量 N（布拉格周期）足够大，那么对于某个特定波长的光信号，从第一个反射镜反射出来的总

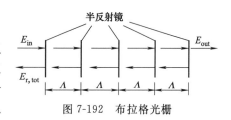

图 7-192　布拉格光栅

能量 $E_{r,tot}$ 约为入射的能量 E_{in}，即使功率反射系数 R 很小。该特定波长 λ_B 强反射的条件是

$$\Lambda = -m\lambda_B/2 \quad m=1,2,3\cdots \tag{7-67}$$

式中，m 代表布拉格光栅的阶数，当 $m=1$ 时，表示一阶布拉格光栅，此时光栅周期等于半波长（$\Lambda = \lambda_B/2$）；当 $m=2$ 时，表示二阶布拉格光栅，此时光栅周期等于两个半波长（$\Lambda = \lambda_B$）。式（7-67）表明，布拉格间距（或光栅周期）应该是 λ_B 波长一半的整数倍，负号代表是反射。

布拉格光栅的基本特性就是以共振波长为中心的一个窄带光学滤波器，该共振波长称为布拉格波长。

2. 光纤光栅滤波器

光纤光栅是利用光纤中的光敏性制成的。光敏性是指强激光（在 10～40ns 脉冲内产生几百毫焦耳的能量）辐照掺杂光纤时，光纤的折射率将随发光强度的空间分布发生相应的变化，变化的大小与发光强度呈线性关系。例如，用特定波长的激光干涉条纹（全息照相）从侧面辐照掺锗光纤，就会使其内部折射率呈现周期性变化，就像一个布拉格光栅，成为光纤光栅，如图 7-193（a）所示。这种光栅大约在 500℃ 以下稳定不变，但在 500℃ 以上的高温加热时就可擦除。在 InP 衬底上用 $In_xGa_{1-x}As_yP_{1-y}$ 材料制成凸凹不平结构的表面，其间距为 Λ 的光栅，就构成一个单片集成布拉格光栅，如图 7-193（b）所示。

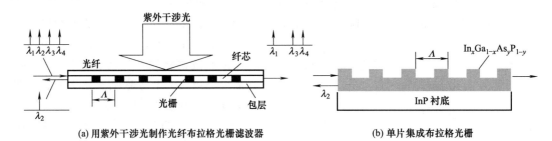

(a) 用紫外干涉光制作光纤布拉格光栅滤波器　　　　　(b) 单片集成布拉格光栅

图 7-193　光纤布拉格光栅

光纤布拉格光栅是一小段光纤，一般几毫米长，其纤芯折射率经两束相互干涉的紫外光（峰值波长为 240nm）照射后产生周期性调制，干涉条纹周期 Λ 由两光束之间的夹角决定，大多数光纤的纤芯对于紫外光来说是光敏的，这就意味着将纤芯直接曝光于紫外光下将导致纤芯折射率永久性变化。这种光纤布拉格光栅的基本特性就是以共振波长为中心的一个窄带光学滤波器，该共振波长称为布拉格波长，由式（7-67）可知，其值为

$$\lambda_B = 2\Lambda/m \tag{7-68}$$

由式（7-68）可知，工作波长由干涉条纹周期 Λ 决定，对于 $1.55\mu m$ 左右波长，Λ 为 $1\sim 10\mu m$。沿光纤长度方向施加拉力，可以改变光纤布拉格光栅的间距，以实现机械调谐。加热光纤也可以改变光栅的间距，以实现热调谐。

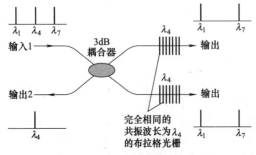

图 7-194　光纤光栅带通滤波器

利用光纤布拉格光栅反射布拉格共振波长附近光的特性，可以做成波长选择分布式反射镜或带阻滤光器。如果在一个 2×2 光纤耦合器输出侧的两根光纤上写入同样的布拉格光栅，则还可以构成带通滤波器，如图 7-194 所示。

表 7-31 给出了目前已有的各种商用光纤布拉格光栅（FBG）滤波器的性能参数。加拿大 Teraxion 公司现在已能做到温度在 $-5\sim70℃$ 范围内变化，反射谱宽变化小于 40pm（$1pm=10^{-12}m$）。增益平坦滤波器用于对拉曼放大器、EDFA、ASE 光源的增益谱线进行平坦，而且在 EDFA 级联系统中使用，平坦度误差不线性累积，最大增益峰值可达 $6\sim8dB$，偏振相关损耗 $<0.1dB$，PMD $<0.05ps$，温度漂移 $<1ps/℃$。对于光纤激光器用光栅，反射谱宽 5 年最大漂移为 50pm，温度每变化 1℃，反射谱宽变化 $7\sim14pm$。

表 7-31　几种光纤布拉格光栅（FBG）滤波器性能比较

	波长固定 FBG	非偏振保持 FBG	偏振保持 FBG	增益平坦滤波器
中心波长/nm	980,1064,1080,1310,1480,C&L	980,1064,1080,1310,1480,C&L	980,1064,1080	1410~1625C+L 波段
3dB 带宽/nm	0.02~5	0.02~5	0.02~5	<120,可变
反射系数/%	0.1~99.99	0.1~99.99	0.1~99.99	可变
参考波段外损耗/dB	<0.2	<0.2	<0.2	<0.2,<0.4(带内)
光栅类型	均匀,切址,啁啾	均匀,切址,啁啾	均匀,切址,啁啾	均匀

3. 基于 DFB 半导体激光器技术的光栅滤波器

用工作在 $1.55\mu m$ 波段的 InGaAsP/InP 材料，制成内部包含一个或多个布拉格光栅的平板波导，就构成基于 DFB 半导体激光器技术的光栅滤波器，它的波长调谐可通过对谐振腔注入电流来实现。类似于多段 DFB 半导体激光器使用的相位控制段，该滤波器也用于 DBR 滤波器的调谐。这种滤波器的调谐速度很快，约为几纳秒，而且可以提供增益，因为可以把放大器和滤波器集成在一起。这种滤波器也可以和接收机集成在一起，因为它们使用同一种半导体材料。InGaAsP/InP 滤波器的这些特性对 WDM 应用很有吸引力。

（五）阵列波导光栅滤波器

以上介绍的几种滤波器的调谐既可以通过改变折射率指数来实现，也可以通过机械改变 F-P 腔的长度来实现。电流注入改变折射率指数调谐速度很快（纳秒量级），然而电流改变与调谐特性的关系却很难预见也很难重复，机械调谐的速度又很慢。为了克服这些缺点，科学家们在 InP 衬底上又开发出了基于阵列波导光栅（AWG）路由器（WGR）和半导体光放大器（SOA）的数字调谐滤波器（OFC 2008，OWE3），这种滤波器 PIC 芯片尺寸为 6mm×18mm。这种 AWG 路由器在输入和输出端分别安排两个相同的 AWG，而在中间集成了一个 SOA 阵列与它们相连，如图 7-195（a）所示。第一个 AWG 用于波分复用，即把输入的 WDM 信号的频谱分开，然后将一个波长的信号送入与它相连的 SOA，被放大或被衰减，放大相当于让其通过，衰减相当于阻断，起到了滤波器的作用。第二个 AWG 用做 WDM 复用器，即重新复合 SOA 的输出信号到输出 AWG。这种滤波器比简单的调谐滤波器功能更强大，因为在 WDM 系统中，它提供同时接入所有的波长信道。此外，对功率电平低的信道，可以增加与它相连的 SOA 的增益，所以这种滤波器又起功率均衡的作用。另外，对第一个 AWG 输出的每个光频进行调制，也可以构建一个多频 WDM 光源。

该单片集成滤波器可以作为信道分出（下载）滤波器、信道均衡器、WDM 接收机和 WDM 光源。波长信道是数字接入，而间距则是由波导光栅路由器（WGR）的几何尺寸来确定，因此具有高的精度和可重复性，在 WDM 系统中具有广泛的应用。

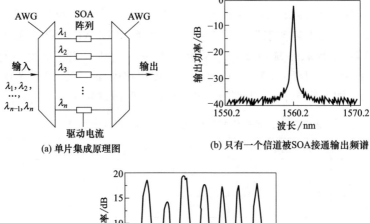

(a) 单片集成原理图　　　(b) 只有一个信道被SOA接通输出频谱

(c) SOA接通输出功率和输入信号波长的关系

图 7-195　基于阵列波导光栅（AWG）路由器（WGR）和 SOA 的数字调谐滤波器

表 7-32 给出了各种调谐滤波器的一般特性。

表 7-32　各种光滤波器的一般特性

类型	F-P	光纤光栅	介质薄膜	M-Z	声光	DFB-LD	AWG＋SOA
调谐范围/nm	60～500	10		10	250～400	4～5	10～12
3dB 带宽/nm	0.5	1	1	0.01	1	0.05	0.5～0.68
信道数目	100 以上		40	100	100	10 以上	15～64
调谐时间	1μs	μs	ms	1～10ns	10μs	0.1～1ns	ns
插入损耗/dB	2～3	0.1	1.5	3～5	5～6	0	1.3
调谐方式	压电	机械或热	不能调谐	热敏或电	射频声波	电流改变介质折射率 n	SOA 通或断

三、光隔离器

（一）简介

连接器、耦合器等大多数无源器件的输入和输出端是可以互换的，称为互易器件。然而光通信系统也需要非互易器件，如光隔离器和光环形器。光隔离器是一种只允许单方向传输光的器件，即光沿正向传输时具有较低的损耗，而沿反向传输时却有很大的损耗，因此可以阻挡反射光对光源的影响。对光隔离器的要求是隔离度大、插入损耗小、饱和磁场低和价格便宜。某些光器件特别是激光器和光放大器，对于从诸如连接器、接头、调制器或滤波器反射回来的光非常敏感，会引起性能恶化。因此通常要在最靠近这种光器件的输出端放置光隔离器，以消除反射光的影响，使系统工作稳定。

（二）法拉第磁光效应

把非旋光材料（如玻璃）放在强磁场中，当平面偏振光沿着磁场方向入射到非旋光材料时，光偏振面将发生右旋转，如图 7-196（a）所示，这种效应就称作法拉第（Faraday）效应，它由 M. Faraday 在 1845 年首先观察到。旋转角 θ 和磁场强度 H 与材料长度 L 的乘积成比例，即

$$\theta = \rho H L \tag{7-69}$$

式中　ρ——材料的维德常数，表示单位磁场强度使光偏振面旋转的角度，对于石英光纤，
　　　　$\rho = 4.68 \times 10^{-6} \mathrm{r/A}$；

　　　H——沿入射光方向的磁场强度，A/m 或奥斯特（Oe，1Oe=1A/m）；

　　　L——光和磁场相互作用长度，m。

如果反射光再一次通过介质，则旋转角增加到 2θ。磁场由包围法拉第介质的稀土磁环产生，起偏器由双折射材料如方解石担当，它的作用是将非偏振光变成线性偏振光，因为它只让与自己偏振化方向相同的非偏振光分量通过，法拉第介质可由掺杂的光纤或者具有大的维德常数的材料构成。

已有中心波长 1310nm 和 1550nm 的法拉第旋转器，波长范围为 ±50nm，插入损耗为 0.3dB，法拉第旋转角度为 90°，最大承受功率大于 300mW，它能使光纤上任意一点出射光的偏振态与入射光的偏振态正交，美国 General Photonics 公司生产的法拉第旋转器外形如图 7-196（b）所示。

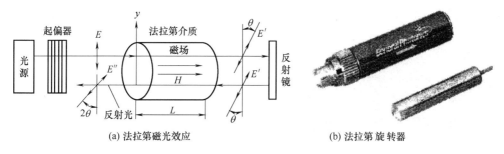

(a) 法拉第磁光效应　　　　　　　　　(b) 法拉第旋转器

图 7-196　法拉第磁光效应及法拉第旋转器

（三）磁光块状光隔离器

光通信用的隔离器几乎都用法拉第磁光效应原理制成。法拉第旋转隔离器的原理如图 7-197 所示。起偏器 P 使与起偏器偏振方向相同的非偏振入射光分量通过，所以非偏振光通过起偏器后就变成线性偏振光，调整加在法拉第介质上的磁场强度，使偏振面旋转 45°，然后通过偏振方向与起偏器成 45°角的检偏器 A。光路反射回来的非偏振光通过检偏器又变成线性偏振光，该线性偏振光的偏振方向与入射光第一次通过法拉第旋转器的偏振方向相同，即偏振方向与起偏器输出偏振光的偏振方向相差 45°。由此可见，这里的检偏器也是扮演着起偏器的角色。反射光经检偏器返回时，通过法拉第介质偏振方向又一次旋转了 45°，变成了 90°，正好和起偏器的偏振方向正交，因此不能够通过起偏器，也就不会影响到入射光。光隔离器的作用就是把入射光和反射光相互隔离开。厚膜 Gd：YIG 构成的隔离器结构见图 7-198。

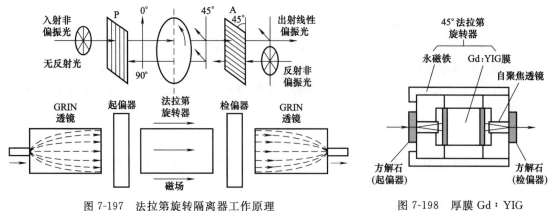

图 7-197　法拉第旋转隔离器工作原理

图 7-198　厚膜 Gd：YIG
构成的隔离器结构

（四）磁光波导光隔离器

光纤通信发展的趋势是将光源、光放大器、光调制器和探测器等光器件集成在一起，而光隔离器在这个集成器件中是必不可少的。虽然块状自由空间光隔离器尺寸小、隔离度大（＞50dB）、插入损耗也小（＜0.1dB），但是这种基于法拉第旋转器和线性偏振片的隔离器不和基于 InP 的半导体 LD 兼容，所以不能集成在一起，所以科学家们正在开发基于平面集成光路（PIC）的磁光波导器件。

集成光隔离器的基本工作原理是基于 YIG 磁光薄膜的磁光法拉第效应。按 YIG 磁光薄膜磁化方向的不同，光隔离器可分为纵向型和横向型两类。纵向型是外加磁场方向平行于光的传输方向，而横向型是外加磁场方向垂直于光的传输方向。根据目前已报道的磁光波导隔离器，按其工作原理的不同，也可分为模式（TE/TM）转换型、非互易损耗（SOA）型和非互易相移（MZI）型三类。

基于 PIC 的磁光波导器件具有非互易的特点，还具有成本低、体积小、稳定性好的优点，它能与其他器件在同一个基板上集成，因此适合大批量生产。随着研究的深入和工艺的改进，它的隔离度还会进一步提高，插入损耗也会不断降低。

四、双折射器件

（一）相位延迟片和相位补偿器

为了解释相位延迟片的工作原理，让线性偏振光入射到正单轴石英晶体片上，看会发生什么现象，使该石英晶体片的光轴沿 z 方向，并平行于薄片的两个解理面（切割面），如图7-199 所示。石英晶体的 $n_e=1.553$，$n_o=1.544$，所以 $n_e>n_o$。

在图 7-199 中，以法线方向入射到晶体解理面上的线性偏振光的电场 E（与 z 方向成 α 角）可以分解成平行于光轴的 $E_{//}$ 光和垂直于光轴的 $E_\perp$ 光。作为非寻常光的 $E_{//}$ 光，以速度 c/n_e 沿 z 轴传输通过晶体；作为寻常光的 $E_\perp$ 光，以速度 c/n_o 沿 x 轴传输通过晶体。因为 $n_e>n_o$，所以在晶体中 $E_\perp$ 偏振光要比 $E_{//}$ 偏振光传输得快些。所以，称与光轴平行的 z 轴是慢轴，与光轴垂直的 x 轴是快轴。假如 L 是晶体片的厚度，寻常光 $E_\perp$ 通过晶体经历的相位变化是 $k_o L$，$k_o=(2\pi/\lambda)n_o$ 是寻常光波矢量；而非寻常光 $E_{//}$ 经历的相似变化是 $(2\pi/\lambda)n_e L$，于是线性偏振入射光 E 分解成的两个相互正交的分量 $E_{//}$ 和 $E_\perp$ 通过相位延迟片出射

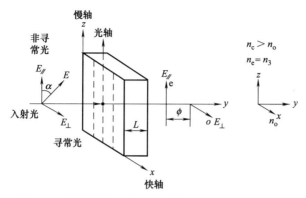

图 7-199　线性偏振入射光 E 分解成的两个相互正交的
分量 $E_{/\!/}$ 和 $E_\perp$ 通过相位延迟片产生相位差 ϕ

时，产生的相位差为

$$\phi=\frac{2\pi}{\lambda}(n_e-n_o)L \tag{7-70}$$

ϕ 的大小与入射角 α、延迟片厚度 L 和晶体类型（n_e-n_o）有关。虽然寻常光和非寻常光在同一 y 方向上传输，但却有不同的速度，尽管从同一方向入射，但是离开出射解理面的时间却不同，如图 7-199 所示。利用这种现象可制作相位延迟和补偿器件。用波长表示相位差的晶体称为延迟片。比如相位差为 π（即 $180°$）的延迟片称为半波长延迟片（半波片），相位差为 $\pi/2$（即 $90°$）的延迟片称为 $1/4$ 波长延迟片。

相位差 ϕ 不同，通过晶体的光波偏振态就不同。例如，$1/4$ 波长片能使寻常光线与非寻常光线的相位差变化 $\lambda/4$（因此 $1/4$ 波长延迟片也称为 $\lambda/4$ 波片）。当线性偏振光通过 $\lambda/4$ 波片时，如果偏振方向与波片光轴方向的夹角 α 为 $45°$ 角，则入射时两分量数值（光强）和相位都相同，但通过晶片后，数值虽相同，但分量 $E_{/\!/}$ 与 $E_\perp$ 相比延迟了 $90°$，成为圆偏振光，如图 7-200（a）所示。反之，若入射光是圆偏振光，则出射光就变成线性偏振光。

当线性偏振光以 $0<\alpha<45°$ 的入射角通过 $\lambda/4$ 波片后，输出光就变成椭圆偏振光，如图 7-200（b）所示。

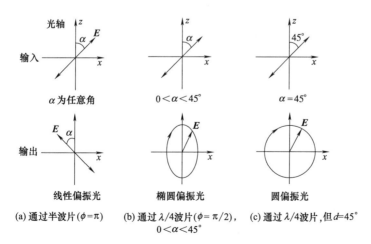

图 7-200　以不同的入射角入射的线性偏
振光通过不同的相位延迟片后出现不同的偏振态

半波长延迟片的厚度 L 使线性偏振光两个正交分量 $E_{/\!/}$ 和 $E_\perp$ 的相位差 $\phi = \pi$，对应波长一半（$\lambda/2$）的延迟，其结果是分量 $E_{/\!/}$ 与 $E_\perp$ 相比延迟了 $180°$。此时，如果输入电场 E 与光轴的夹角是 α，那么输出 E 与光轴的夹角就是 $-\alpha$，输出光与输入光一样仍然是线性偏振光，只是电场 E 逆时针旋转了 2α，如图 7-200（a）所示。

（二）起偏器、检偏器和马吕斯定律

起偏器和检偏器是利用双折射现象制成的一种光学元件。当非偏振光入射到起偏器上时，就分成寻常光和非寻常光，同时起偏器又吸收寻常光而让非寻常光通过，输出平面线性偏振光，如图 7-201（b）所示。

在图 7-201（a）中，起偏器位于纸面所在平面上，而传播方向 z 则垂直指向纸面。与传播方向垂直的起偏器上的任意电场 E 可以分解为两个矢量 E_x 和 E_y，其大小分别为 $E_x = E\sin\theta$ 和 $E_y = E\cos\theta$。只有与偏振片偏振化方向平行的 E_y 才能通过偏振片，而与偏振化方向垂直的 E_x 却在偏振片内被吸收。

放置第 2 个偏振片 P_2 在起偏器之后，如图 7-201（b）所示，这种偏振片称为检偏器。如果将 P_2 绕着光的传播方向旋转，就会发现 P_2 上有两个位置光最强，还有两个位置的光最弱，强弱间隔 $90°$，也就是说在两个相隔 $180°$ 的位置，透射光的发光强度几乎为零。这两个位置就是与 P_1 和 P_2 的偏振化方向成正交的位置。

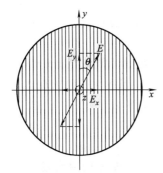

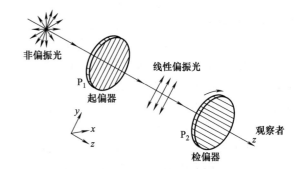

(a) 与传播方向 z 垂直的起偏器上的任意电场 E 可以分解为两个矢量 E_x 和 E_y，只有与偏振化方向平行的 E_y 才能通过偏振片

(b) 将 P_2 绕着 z 轴旋转，我们就会发现有两个位置光最强，而有两个位置光最弱，透射光的强度几乎为零的两个位置就是与 P_1 和 P_2 的偏振化方向成正交的位置

图 7-201　起偏器和检偏器的作用

如果透射到 P_2 上的线性偏振光的振幅为 E_0，则从检偏器 P_2 射出的光的振幅为 $E_0\cos\theta$，其中 θ 为 P_1 和 P_2 的偏振方向的夹角。由于光强与振幅的平方成正比，所以检偏器 P_2 的输出光强为

$$I = I_0 \cos^2\theta \tag{7-71}$$

式中　I_0 为透射光的发光强度的极大值。

由式（7-71）可知，当 $\theta = 0°$ 或 $180°$ 时，透射光的发光强度最大；当 $\theta = 90°$ 或 $270°$ 时，透射光的发光强度最小。式（7-71）称为马吕斯（Malus）定律。

美国 General Photonics 公司提供的在线起偏器工作波长有 1550nm 和 1310nm 两种，插入损耗为 0.3dB，回波损耗为 55dB，消光比为 $25\sim40$dB，最大注入功率 >300mW，有带尾纤和无尾纤两种型号可供选择。该公司提供的检偏器中心波长有 1310nm、1420nm、

1480nm、1550nm 和 1600nm 多种，光源的相干长度为 10m，输出偏振度＜5％，残余消光比＜0.5dB，插入损耗为 1dB。

（三）尼科尔棱镜

尼科尔棱镜（Nicol Prism，一种起偏器）是两块磨成一定角度的各向异性单轴晶体，用折射率比寻常光折射率 n_o 小，而比非寻常光折射率 n_e 大的透明胶粘合而成的一种棱镜。当非偏振光入射到棱镜上时，就分成寻常光和非寻常光。此时，寻常光由于偏转角大，在胶合面上的入射角大于临界角，因而发生全反射，至棱镜吸收边界而被吸收。非寻常光则由于折射率比透明胶的小，不会发生内部反射，而是通过第 2 块晶体从棱镜透射出来，成为线性偏振光（图 7-202 是垂直偏振光）。此时的尼科尔棱镜称为偏振器或起偏器。把它置于光电探测器之前，也可以用做偏振分析，例如，当沿光的传播方向旋转它，在某一位置上输出光变得很弱，此时所观察到的光就是线性偏振光，此时的尼科尔棱镜称为检偏器或偏振分析器，如图 7-203 所示。

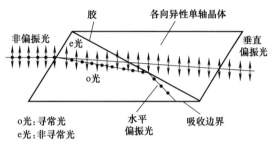

图 7-202 尼科尔棱镜

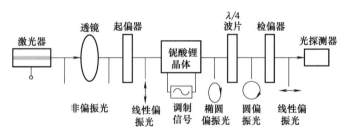

图 7-203 起偏器和检偏器在电光晶体调制器中的应用

（四）渥拉斯顿棱镜

利用双折射可制成偏振分束器（polarizing beam splitter，PBS）。

由双折射晶体制成的棱镜可以产生非常好的偏振光波，也可以作为偏振分光器。渥拉斯顿（Wollaston）棱镜是一种偏振分光器，由它分开的两束光具有正交的偏振态。渥拉斯顿棱镜由两块单轴晶体棱镜 A 和 B 按图 7-204 所示的光轴方向粘合而成。由相互正交的线性偏振光 E_x 和 E_y 组成的非偏振入射光垂直入射到 A 棱镜的侧面，在棱镜 A 内，由于入射光束垂直于光轴，e 光和 o 光不会发生偏折，只是 o 光比 e 光传输得快些。但是，从 e 光和 o 光到达 A 和 B 两块棱镜的粘合面开始，就发生折射，非寻常光（e 光）向上偏转，寻常光（o 光）向下以相同的角度偏转。分开的两光束夹角可以在 15°～45°之间变化。同普通棱镜和光束分离器比较，渥拉斯顿棱镜的主要优点是光波没有能量损失，它既可以当分光棱镜用，也可以当合光棱镜用，在相干光通信中获得广泛的应用。

（五）偏振控制器

在光纤通信中，有些器件是对偏振敏感的，如 $LiNbO_3$ 电光调制器和半导体光放大器，

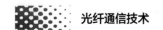

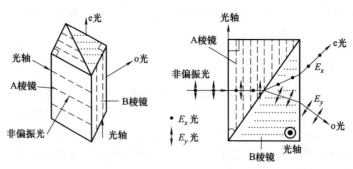

图 7-204　渥拉斯顿棱镜

　　有些系统是偏振相关的，如相干光通信系统。解决偏振匹配问题有两种方法，一种是采用偏振保持光纤，另一种是对输入光进行偏振控制。偏振控制器有波片型、电光晶体型和光纤型，其中光纤型因具有抗干扰能力强、插入损耗小、易于光纤耦合等特点而得到广泛的应用。

　　最简单、最常用的一种光纤偏振控制器如图 7-205 所示，它是在一块底板上垂直安装 3～4 个可转动的圆盘，半径比光纤芯径大得多，约为 75cm，圆盘圆周上有槽，光纤可以绕在盘上，这样外面的光纤被拉伸，里面的光纤被压缩，引起光纤双折射，使输入偏振光 E_x 和 E_y 产生相移，从而起到控制偏振的作用。当转动光纤线圈时，光纤中的快轴和慢轴也发生旋转，因此通过调整线圈的方向，可以获得所需的任意偏振方向。

　　图 7-206 表示的是另一种偏振控制器，它是把光纤和压电晶体固定在一起，当给晶体施加电压时，晶体的长度伸长压挤光纤，也使光纤发生双折射，从而达到控制偏振状态的目的。压力的大小可通过外加电压精细控制，用 4 个挤压器串行连接可以达到良好的控制效果。

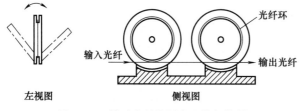

图 7-205　转动光纤线圈实现偏振控制

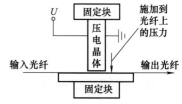

图 7-206　挤压光纤实现偏振控制

　　美国通用光电公司（General Photonics）提供的动态偏振控制器/扰偏器都是全光纤结构的，在偏振控制模式下，通过数字或模拟信号控制，可以将任意偏振态转换为所需偏振态；在扰偏模式下，输出光为随机偏振态。其指标为：固有损耗 0.05dB，回波损耗＞60dB，3dB 带宽＞20kHz，波长 1260～1650nm，上升/下降时间 30μs，PMD0.05ps，1550nm 处直流 U＜35V。

五、光分插复用器

（一）简介

　　在 WDM 网络中，需要光分插复用器（OADM），在保持其他信道传输不变的情况下，将某些信道取出而将另外一些信道插入。可以认为，这样的器件是一个波分复用/解复用对，如图 7-207 所示。图 7-207（a）为固定波长光分插复用器，图 7-207（b）为可编程分插复用器，通过对光纤光栅调谐取出所需要的波长，而让其他波长信道通过，所以这样的分插复用器称为分插滤波器。使用级联的 M-Z 等滤波器构成的方向耦合器也可以组成多口的分插滤波器。

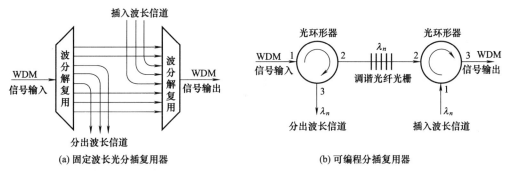

图 7-207　光分插复用器（OADM）

（二）阵列波导光栅光分插复用器

利用 $1 \times N$ 解复用器和 $N \times 1$ 复用器，可以构成常规的 OADM，如图 7-207（a）所示。利用阵列波导光栅（AWG）$N \times N$ 解复用器/复用器却可以构成星形 $N \times N$ 波长分插复用（ADM）互联系统，如图 7-208 所示。利用这种系统可以构成波长地址环网或总线网络。图 7-208（a）所示的 ADM 基本上是一个 $N \times N$ AWG 复用器，但是返回光通道连接与它对应的每个输出口。只有一个输入口和与它对应的输出口作为共用的输入和输出口，如图 7-208（a）所示的第 9 端口。第 9 端口输入 WDM 信号，被 AWG 解复用，然后 $N-1$ 个输出信号被返回到对应的输入口。这些环回的信号自动地再一次复用，并送到共用的输出口。利用环回通道被断开的端口，如图 7-208（a）所示的第 13 端口，分出和加入需要的 λ_i（此处 $i=$

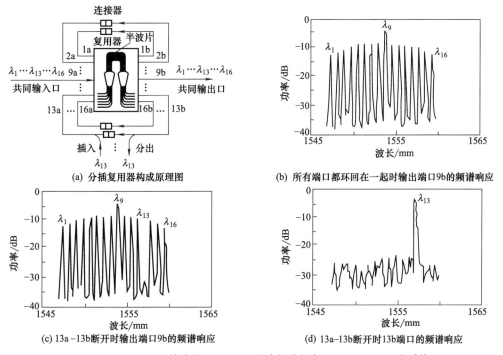

图 7-208　用 AWG 构成的 $N \times N$ 星形波长分插复用（ADM）互联系统

13）。由此可见，有 $N-1$ 个波长信道可以用于分出和插入。

为了保持极化器件 AWG 复用器工作的极化灵敏性，在 AWG 中间插入一个聚合物半波片。使用 0.8nm（100GHz）波长间距的 16×16 端口的 AWG 复用器进行波长分插试验，图 7-208（b）表示所有端口都环回在一起时输出端口 9b 的频谱响应。图 7-208（c）表示 13a-13b 没有连接起来时，输出端口 9b 的频谱响应，由图可见，λ_{13} 信道信号没有出现。图 7-209（d）表示 13a-13b 没有连接起来时，13b 端口的频谱响应，即分出 λ_{13} 的频谱响应。此时若需要可以把新的业务调制到 λ_{13} 波长上，继续送回 AWG 复用器的输入口，即完成分插复用的作用。该器件分插光信号时，光纤-光纤插入损耗为 4～6dB。

下面介绍使用 3 个 AWG 和 16 个热光开关（TOS）构成的 16 信道 OADM，如图 7-209 所示。这些 AWG 在 1.55μm 光谱区具有相同的光栅参数，信道间距为 100GHz（0.8nm），自由光谱范围（FSR）为 3300GHz（26.4nm）。波长间距相等的 WDM 信号 λ_1，λ_2，…，λ_{16} 耦合进入主输入口，被 AWG$_1$ 解复用。被 AWG$_1$ 解复用的信号引入到 TOS 的左臂，其右臂连接到光插入口。热光开关不加热时，器件处于交叉连接状态，解复用信号通过交叉臂进入 AWG$_2$，又一次被复用。相反，热光开关通电加热后，就切换到平行连接状态，解复用信号通过平行（直通）臂进入 AWG$_3$。因此，任何所需的波长信号通过控制热光开关的交叉或平行状态，就可以从主输入口提取出来，改送到分出口而不是主输出口。同理，也可以把插入的 λ_i 光信号送到对应的 λ_i 主输出口或 λ_i 分出口。主输入口到主输出口的插入损耗是 24dB，主输入口到分出口的插入损耗是 13dB。当信号耦合到主输入口时，光纤到光纤的插入损耗是 7～8dB，当信号耦合到插入口时，插入损耗是 3～4dB。

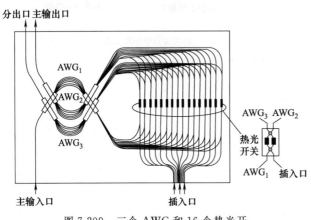

图 7-209　三个 AWG 和 16 个热光开关构成的 PLC 16 信道 OADM

（三）可重构光分插复用器

随着新的宽带业务的快速发展，服务提供商们必须改造城域网和核心网，使它们都具有按需分配资源的能力，动态光网络业务提供的能力。可重构光分插复用器（ROADM）是这种能灵活动态提供业务光网络的基本网元。

复用/交换/解复用、波长阻断（WB）、集成平面波导电路（iPLC）和波长选择交换（WSS）等将成为可重构光网的主要技术。图 7-210 所示为 4 种 ROADM 结构原理图。

在这些技术中，除了复用/交换/解复用结构外，基本上都利用广播和选择的光路系统结构，在直通路径上设置无源分路器，以便于上/下信道业务。严格地说，ROADM 是一种光交换器件，它将复用器、解复用器和光开关集成为单一的 PLC 器件。这种集成器件与采用多个分立元件构成的器件相比，能大大降低传输损耗，改善光信噪比，扩大环网规模，增加节点数量。

波长阻断器（WB）能够动态有选择地通过、均衡或阻断任意或所有波长，允许用户动态地对直通和下路波长重新配置。WB 由解复用器、光衰减、均衡或阻断阵列和复用器组成。复用/解复用采用衍射光栅、AWG 技术实现。阻断器一般用液晶技术，但也有用

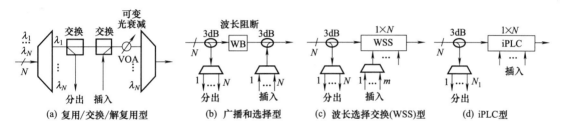

图 7-210 4 种 ROADM 结构原理图

MEMS 技术实现的。可以用于 C 波段和 L 波段，通道间隔为 50GHz 和 100GHz，插入损耗为 4～7dB，消光比大于 40dB，动态均衡幅度为 15dB，尺寸为 133mm×75mm×15mm。

波长选择交换（WSS）器件，可以把输入端的任意一个或多个波长通道送到 WSS 中的 N 个输出端口中的任意一个。采用液晶技术和自由空间光学技术，可以用于 C 波段和 L 波段，可以用于 $1×N$ 或 $N×1$ 配置。另外还有一种 $2×1$ 边缘波长选择交换器件，能够从来自输入端口和插入（上路）端口的 DWDM 业务中，选择任意波长的信道送到共用的输出端口，同时对输出波长信号强度进行均衡。$2×1$ WSS 器件也可以用于反向工作。一般 $1×N$ WSS 由复用/解复用器、衰减器阵列和 M 个 $1×N$ 光开关组成，M 为输入波长数。目前已有 $N=9$ 的器件。

集成平面波导电路（iPLC）比 WB 技术设计复杂，它将所有的器件，如复用/解复用器、衰减器和光开关等都混合集成在一个晶片上。一般 AWG 解复用和复用组成，采用热光开关上/下路波长。目前商用的 iPLC 只有 8 或 16 通道的器件。

可变光衰减器（VOA）采用与 CMOS 技术完全兼容的 SOEIC 技术制成，有单通道和多通道之分，主要用于 C 波段和 L 波段的通道功率均衡和阻断、模拟信号调制、EDFA 增益突变抑制和 WDM 网络中的功率控制。美国 Kotura 公司提供的 VOA 指标为：响应速度小于 $1\mu s$，衰减范围为 20～40dB，插入损耗为 2dB，偏振相关损耗（PDL）为 0.2～0.5dB，PMD 为 0.05～0.1，色散为 $-0.05～0.05$ps/nm，串扰为 70dB，回波损耗为 40dB，驱动电流为 20～40mA。目前已有 4 和 8 通道的 VOA。

（四）波长选择交换可重构光分插复用器

波长选择交换（WSS）有时也称为光交叉连接（OXC），具有传输速率高、容量大、抗干扰能力强和对速率、信号格式透明等优点，是最有前途的下一代交换设备的基础。图 7-211 为具有 M 个端口的 WSS 原理图，每个端口接收 N 个波长的 WDM 信号，解复用器后分配每个波长到相应的空分交换矩阵，每个交换矩阵的输入信号的波长都相同，并有一个额外的输入和输出端口，允许插入和分出信道。交换后再将它们的输出信号送到 M 个复用器，以便构成 WDM 信号。这样的 OXC 需要 M 个复用器、M 个解复用器和 N（$M+1$）×（$M+1$）个光开关。

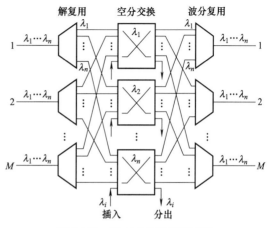

图 7-211 光交叉连接器原理图

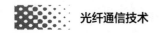
六、光环形器

（1）概念　光环形器是一种多端口非互易光学器件。光环形器与光隔离器工作原理基本相同，只是光隔离器一般为两端口器件，而光环形器则为多端口器件。

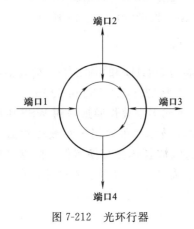

图 7-212　光环行器

（2）结构　典型结构有 N（N 大于等于 3）个端口，如图 7-212 所示，当光由端口 1 输入时，光几乎毫无损失地由端口 2 输出，其他端口几乎没有光输出；当光由端口 2 输入时，光几乎毫无损失地由端口 3 输出，其他端口处几乎没有光输出，这 N 个端口形成了一个连续的通道。

若端口 N 输入的光可以由端口 1 输出，称为环形器，若端口 N 输入的光不可以由端口 1 输出，称为准环形器，一般人们都称为环形器。

（3）应用　它可以完成正反向传输光的分离任务。光环形器在光通信中单纤双向通信、上/下话路、合波/分波及色散补偿等领域有广泛的应用。

第八章
光纤通信有源器件

第一节 简 介

一、光源

（一）光源作用

光源可实现从电信号到光信号的转换，是光发射机以及光纤通信系统的核心器件，它的性能直接关系到光纤通信系统的性能和质量指标。

（二）光纤通信对光源的要求

· 电光转换效率高，驱动功率低，寿命长，可靠性高。

· 单色性和方向性好，以减少光纤的材料色散，提高光源和光纤的耦合效率。激光器和光纤的耦合通常有 4 种方法，如图 8-1 所示。

· 光强随驱动电流变化的线性特性要好，这样才能保证有足够多的模拟调制信道。

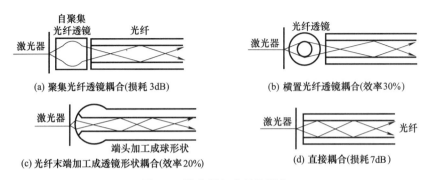

(a) 聚集光纤透镜耦合(损耗 3dB)　　　　(b) 横置光纤透镜耦合(效率30%)

(c) 光纤末端加工成透镜形状耦合(效率20%)　　　(d) 直接耦合(损耗 7dB)

图 8-1　激光器与光纤的耦合

光纤通信中最常用的光源是半导体激光器（LD）和发光二极管（LED），尤其是单纵模（或单频）半导体激光器，在高速率、大容量的数字光纤系统中的应用非常广泛。近年来逐渐成熟的波长可调谐激光器是多信道 WDM 光纤通信系统的关键器件，越来越受到人们的关注。

对半导体光源可以进行直接调制，即注入调制电流以实现光波强度调制，如图 8-2（a）所示。响应速度快、输出波形好的调制电路是获得好的光调制波形的前提条件。图 8-2（a）是按数字调制设计的，如果采用模拟调制，除编码电路外，其他结构完全相同。信号经复用和编码后，通过调制器对光源进行发光强度调制。发送光的一部分反馈到光源的输出功率稳定电路，即光功率控制（AGC）电路。因为输出光功率与温度有关，一般还加有自动温度控制（ATC）电路。

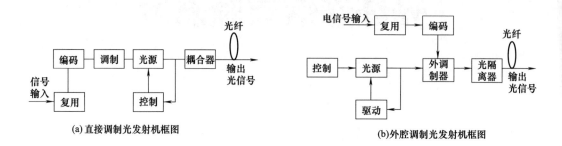

(a) 直接调制光发射机框图　　　　　　　　(b) 外腔调制光发射机框图

图 8-2　光数字发射机原理框图

图 8-2（b）是采用外部调制器的光发射机电路，光源发出的连续光信号送入外调制器，信息信号经复用、编码后通过外调制器对连续光的发光强度、相位或偏振进行调制。

尽管大多数情况均采用直接调制光载波的调制方式，但是在高速率 DWDM 系统和相干检测系统中必须采用光的外调制。

二、光发射机

1. 光发射机基本功能

将携带信息的电信号转换成光信号，并将光信号送入光纤中。

2. 光发射机构成

光源、驱动电路及一些辅助控制电路构成光发射机。（辅助控制电路如：发送光的一部分反馈到光源的输出功率稳定电路，即光功率控制 AGC 电路；因为输出光功率与温度有关，一般还加有自动温度控制 ATC 电路）

光发射机的比特速率常常由电子器件所限制，而不是半导体激光器本身。采用光子集成电路（PIC）的 40×40Gbit/s 的多信道光发送机也已实现。

三、发光机理

我们知道，白炽灯是把被加热的钨原子的一部分热激励能转变成光能，发出宽度为 1000nm 以上的白色连续光谱；而发光二极管（LED）则是通过电子从高能级跃迁到低能级，发出频谱宽度在几百纳米以下的光。

在构成半导体晶体的原子内部，存在着不同的能带。如果占据高能带（导带）E_c 的电子跃迁到低能带（价带）E_v 上，就将其间的能量差（禁带能量）$E_g = E_c - E_v$ 以光的形式放出，如图 8-3 所示。这时发出的光，其波长基本上由能带差 ΔE 所决定。能带差 ΔE 和发出光的振荡频率 υ 之间有 $\Delta E = h\upsilon$ 的关系，h 是普朗克常数，等于 6.625×10^{-34} J·s。由 $\lambda = c/\upsilon$ 得出

$$\lambda = \frac{hc}{\Delta E} = \frac{1.2398}{\Delta E} \tag{8-1}$$

式中，c 为光速；ΔE 取决于半导体材料的本征值，单位是电子伏特（eV）；λ 的单位为 μm。

电子从高能带跃迁到低能带把电能转变成光能的器件叫发光二极管（LED）。在热平衡状态下，大部分电子占据低能带 E_v。如果把电流注入半导体中的 PN 结上，则原子中占据低能带 E_v 的电子被激励到高能带 E_c 后，当电子跃迁到 E_v 上时，PN 结将自发辐射出一个光子，其能量为 $h\upsilon = E_c - E_v$，如图 8-3所示。

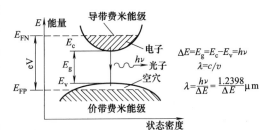

半导体导带中的电子和价带中的空穴通过自发辐射和受激发射可以重新复合并发射光子

图 8-3　半导体发光原理

对于大量处于高能带的电子来说，当返回 E_v 能级时，它们各自独立地发射一个一个的光子。因此，这些光波可以有不同的相位和不同的偏振方向，它们可以向各自的方向传播。同时，高能带上的电子可能处于不同的能级，它们自发辐射到低能带的不同能级上，因而使发射光子的能量有一定的差别，这些光波的波长并不完全一样。因此自发辐射的光是一种非相干光，如图 8-4（a）所示。

反之，如果能量大于 $h\upsilon$ 的光照射到占据低能带 E_v 的电子上，则该电子吸收该能量后被激励而跃迁到较高的能带 E_c 上。在半导体结上外加电场后，可以在外电路上取出处于高能带 E_c 上的电子，使光能转变为电流，如图 8-4（c）所示。

发光过程，除自发辐射外，还有受能量等于能级差（$\Delta E = E_c - E_v = h\upsilon$）的光所激发而发出与之同频率、同相位的光，即受激发射，如图 8-4（b）所示。

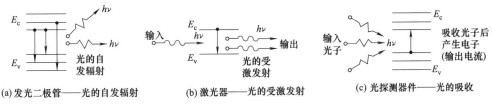

(a) 发光二极管——光的自发辐射　　　(b) 激光器——光的受激发射　　　(c) 光探测器件——光的吸收

图 8-4　光的自发辐射、受激发射和吸收

受激发射生成的光子与原入射光子一模一样，它们的频率、相位、偏振方向及传播方向都相同，它和入射光子是相干的。受激发射发生的概率与入射光的发光强度成正比。除受激发射外，还存在受激吸收。所谓受激吸收，是指当晶体中有光场存在时，处在低能带某能级上的电子在入射光场的作用下，可能吸收一个光子而跃迁到高能带某能级上。在这个过程中能量保持守恒，即 $h\upsilon = E_c - E_v$。

（一）形成激光的首要条件——粒子数反转

受激吸收的概率与受激发射的概率相同，当有入射光场存在时，受激吸收过程与受激发射过程同时发生，哪个过程是主要的，取决于电子密度在两个能带上的分布，若高能带上的电子密度高于低能带上的电子密度，则受激发射是主要的，反之受激吸收是主要的。

　　激光器工作在正向偏置下，当注入正向电流时，高能带中的电子密度增加，这些电子自发地由高能带跃迁到低能带并发出光子，形成激光器中初始的光场。在这些光场的作用下，受激发射和受激吸收过程同时发生，受激发射和受激吸收发生的概率相同。用 N_c 和 N_v 分别表示高、低能带上的电子密度。当 $N_c < N_v$ 时，受激吸收过程大于受激发射，增益系数 $g < 0$，只能出现普通的荧光，光子被吸收的多，发射的少，光场减弱。若注入电流增加到一定值后，使 $N_c > N_v$，增益系数 $g > 0$，受激发射占主导地位，光场迅速增强，此时的 PN 结区成为对光场有放大作用的区域（称为有源区），从而形成受激发射，如图 8-4（b）和图 8-5 所示。

　　半导体材料在通常状态下，总是 $N_c < N_v$，因此称 $N_c > N_v$ 的状态为粒子数反转。使有源区产生足够多的粒子数反转，这是使半导体激光器产生激光的首要条件。

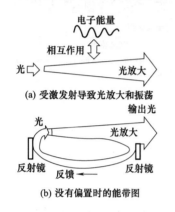

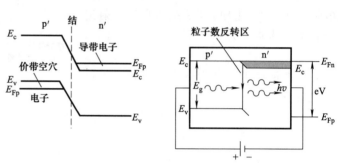

(a) 受激发射导致光放大和振荡

(b) 没有偏置时的能带图

(c) 正向偏置足够大时的能带图，此时引起粒子数反转，发生受激发射

图 8-5　半导体激光器的工作原理

（二）形成激光的第二个条件——光学谐振腔

　　半导体激光器产生激光的第二个条件是半导体激光器中必须存在光学谐振腔，并在谐振腔里建立起稳定的振荡。有源区里实现了粒子数反转后，受激发射占据了主导地位，但是，激光器初始的光场来源于导带和价带的自发辐射，频谱较宽，方向也杂乱无章。为了得到单色性和方向性好的激光输出，必须构成光学谐振腔。已讨论了法布里-珀罗谐振腔的构成和工作原理。在半导体激光器中，用晶体的天然解理面构成法布里-珀罗谐振腔，如图 8-6 所示。要使光在谐振腔里建立起稳定的振荡，必须满足一定的相位条件和阈值条件，相位条件是使谐振腔内的前向和后向光波发生相干，阈值条件是使腔内获得的光增益正好与腔内损耗相抵消。谐振腔里存在着损耗，如镜面的反射损耗、工作物质的吸收和散射损耗等。只有谐振腔里的光增益和损耗值保持相等，并且谐振腔内的前向和后向光波发生相干时，才能在谐振腔的两个端面输出谱线很窄的相干光束。前端面发射的光约有 50% 耦合进入光纤，如图 8-6（a）所示。后端面发射的光，由封装在内的光电检测器接收变为光电流，经过反馈控制回路，使激光器输出功率保持恒定。

　　图 8-7 所示为半导体激光器频谱特性的形成过程，它是由谐振腔内的增益谱和允许产生的腔模谱共同作用形成的，其中图 8-7（c）所示曲线是由图 8-7（a）与图 8-7（b）所示曲线相加而得到的。

（三）激光器起振的阈值条件

　　若介绍激光器起振的阈值条件，应首先来研究平面波幅度在谐振腔内传输一个来回的变

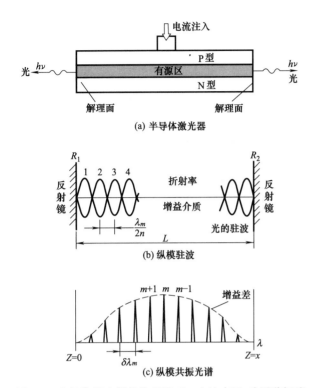

图 8-6 半导体激光器结构相当于一个法布里-珀罗谐振腔

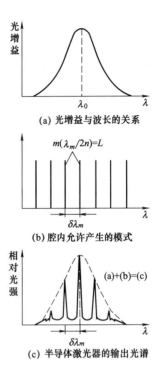

图 8-7 激光器频谱特性的形成过程

化情况。设平面波的幅度为 E_0，频率为 ω，在图 8-8 中，设单位长度增益介质的平均损耗为 α_{int}（cm^{-1}），两块反射镜的反射系数为 R_1 和 R_2，光从 $x=0$ 处出发，在 $x=L$ 处被反射回 $x=0$ 处，这时光强衰减了 $R_1R_2\exp[-\alpha_{int}(2L)]$。另外，在单位长度上因光受激发射放大得到了增益 g，光往返一次其光强放大了 $\exp[g(2L)]$ 倍，维持振荡时光波在腔内一个来回的光功率应保持不变，即 $P_f=P_i$，这里 P_i 和 P_f 分别是起始功率和循环一周后的反馈功率。也就是说，衰减倍数与放大倍数应相等，于是可得到

$$R_1R_2\exp(-2\alpha_{int}L)\exp(2gL)=1 \qquad (8-2)$$

由此可求得使 $P_f/P_i=1$ 的增益，即阈值增益 g_{th}，该增益应该等于腔体的总损耗，即

$$g_{th}=\alpha_{cav}=\alpha_{int}+\alpha_{mir}=\alpha_{int}+\frac{1}{2L}\ln\left(\frac{1}{R_1R_2}\right) \qquad (8-3)$$

式中，α_{int} 表示增益介质单位长度的吸收损耗，对于 GaAs 材料，自由载流子造成的吸收损耗系数大约是 $10cm^{-1}$。式（8-3）的第二项 $\alpha_{mir}=\frac{1}{2L}\ln\left[\frac{1}{R_1R_2}\right]$ 是由于解理面反射系数小于 1 而导致的损耗，介质截面的反射系数为

$$R_1=R_2=R_m=\left(\frac{n-1}{n+1}\right)^2 \qquad (8-4)$$

式中，n 为腔体折射率，对于 GaAs 材料，$n=3.5$，当 $L=300\mu m$ 时，式（8-3）表明起振时阈值增益必须等于或大于谐振腔的总损耗 α_{cav}。将这些参数代入式（8-4）和式（8-3）可以知道 g_{th} 必须大于 $\alpha_{cav}=10+39=49cm^{-1}$。

式（8-3）给出了在 F-P 腔内实现光连续发射所需的光增益，它对应阈值粒子数翻转，即 $N_c-N_v=(N_c-N_v)_{th}$，达到阈值时，高、低能带上的电子密度差为

$$(N_c - N_v)_{th} \approx g_{th} \frac{c \Delta \nu}{B_{cv} n h \nu_0} \qquad (8-5)$$

它表示阈值粒子数翻转条件。

法布里-珀罗半导体激光器通常发射多个纵模的光，如图 8-7（c）和图 8-9 所示。半导体激光器的增益频谱 $g(\omega)$ 相当宽（约 10THz），在 F-P 谐振腔内同时存在着许多纵模，但只有接近增益峰的纵模才能变成主模。在理想条件下，其他纵模不应该达到阈值，因为它们的增益总是比主模小。实际上，增益差相当小，主模两边相邻的一、二个模与主模一起携带着激光器的大部分功率。这种激光器就称作多模半导体激光器。由于群速度色散，每个模在光纤内传输的速度均不相同，所以半导体激光器的多模特性将限制光波系统的比特率和传输距离的乘积（BL）。例如，对于 $1.55\mu m$ 系统，$BL < 10$（Gbit/s）·km。分布反馈单纵模激光器可以使 BL 增加。

图 8-10 是对激光器起振阈值条件的简化描述，由图可见，只有当泵浦电流达到阈值时，高、低能带上的电子密度差（$N_c - N_v$）才达到阈值（$N_c - N_v$）$_{th}$，此时就产生稳定的连续输出相干光。当泵浦超过阈值时，（$N_c - N_v$）仍然维持（$N_c - N_v$）$_{th}$，因为 g_{th} 必须保持不变，所以多余的泵浦能量转变成受激发射，使输出功率增加。

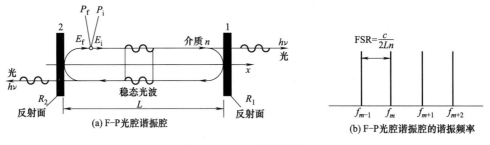

图 8-8　F-P 光腔谐振器

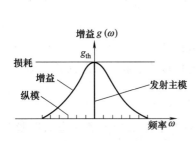

图 8-9　激光器增益谱和损耗曲线
阈值增益为两曲线相交时的增益值

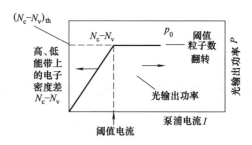

图 8-10　激光器起振阈值
条件的简化描述

（四）激光器起振的相位条件

在半导体激光器里，由两个起反射镜作用的晶体解理面构成的法布里-珀罗谐振腔，它把光束闭锁在腔体内，使之来回反馈。当受激发射使腔体得到的放大增益等于腔体损耗时，就保持振荡，形成等相面和反射镜平行的驻波，然后穿透反射镜得到激光输出，如图 8-6 和图 8-8 所示。此时的增益就是激光器的阈值增益，达到该增益所要求的注入电流称为阈值电流。对谐振腔长度 L 比波长大很多的情况，只能是多纵模（多频）激光器。

设激光器谐振腔长度为 L，增益介质折射率为 n，典型值为 $n = 3.5$，引起 30% 界面反

射，由于增益介质内半波长 $\lambda/2n$ 的整数倍 m 等于全长 L，从而有

$$\frac{\lambda}{2n}m=L \tag{8-6}$$

利用 $f=c/\lambda$，代入式（8-6）可得

$$f=f_m=\frac{mc}{2nL} \tag{8-7}$$

式中，λ 和 f 分别是光波长和频率；c 为自由空间光速。当 $\lambda=1.55\mu m$，$n=3.5$，$L=300\mu m$ 时，$m=1354$，这是一个很大的数字。因此 m 相差 1，谐振波长只有少许变化，设这个波长差为 $\Delta\lambda$，并注意到 $\Delta\lambda\ll\lambda$，则当 $\lambda\rightarrow\lambda+\Delta\lambda$，$m\rightarrow m+1$ 时，得到各模间的波长间隔，也称为自由光谱区（FSR）

$$\Delta\lambda=-\frac{\lambda^2}{2nL} \quad 或 \quad FSR=\Delta f=\frac{c}{2nL} \tag{8-8}$$

式中，$|\Delta\lambda|=0.34nm$，因此，对谐振腔长度 L 比波长大很多的激光器，可以在差别甚小的很多波长上发生谐振，我们称这种谐振模为纵模，它由光腔长度 nL 决定。与此相反，和前进方向成直角的模称为横模。纵模决定激光器的频谱特性，而横模决定光束在空间的分布特性，它直接影响到与光纤的耦合效率。

使用 $\Delta f/f=\Delta\lambda/\lambda_0$，这里 λ_0 是发射光波的自由空间波长，f 是频率，因为 $f=c/\lambda_0$，所以我们可以得到频率间距和波长间距的关系为

$$\Delta\lambda=-\frac{\lambda_0^2}{c}\Delta f \tag{8-9}$$

第二节　半导体激光器光源

一、半导体激光器类型与特点

（一）异质结半导体激光器

图 8-11 为几种半导体激光器的结构，图 8-11（a）为同质结构，即只有一个简单 PN 结，且 P 区和 N 区都是同一物质的半导体激光器，该激光器阈值电流密度太大，工作时发热非常严重，只能在低温环境、脉冲状态下工作。为了提高激光器的功率和效率，降低同质结激光器的阈值电流，人们研究出了异质结的半导体激光器，如图 8-11（b）、图 8-11（c）和图 8-12 所示。所谓"异质结"，就是由两种不同材料（如 GaAs 和 GaAlAs）构成的 PN 结。在双异质结构中，有三种材料，有源区被禁带宽度大、折射率较低的介质材料包围。前者把电子局限在有源区内，后者将受激发射也限制在有源区内，同时也减少了周围材料对受激发射的吸收。这种结构形成了一个类似于光纤波导的折射率分布，限制了光波向外围的泄漏，使阈值电流降低，发热现象减轻，可在室温状态下连续工作。为了进一步降低阈值电流，提高发光效率，以及提高与光纤的耦合效率，常常使有源区尺寸尽量减小，通常 $w=10\mu m$，$d=0.2\mu m$，$L=100\sim400\mu m$，如图 8-11（c）所示。

为了便于比较，图 8-11（d）也给出了面发射 LED 的结构。图 8-12 表示同质结、双异质结半导体激光器能级图、折射率及光子密度分布的比较。

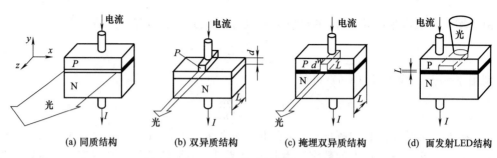

图 8-11　LED 和几种半导体激光器的结构

目前有一种超发光二极管（SLED），光谱宽（95nm），发射功率大，通常有 15～20mW，个别的甚至达 1.5W，中心波长有 1280nm 和 1550nm 两种，作为种子光源可应用于 WDM-PON 系统。

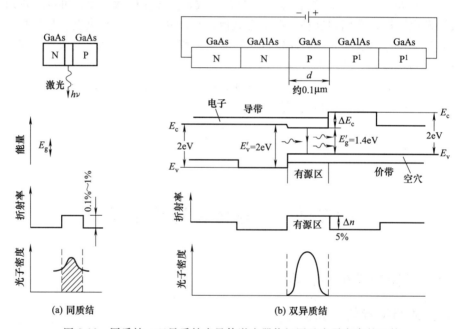

图 8-12　同质结、双异质结半导体激光器能级图及光子密度的比较

（二）量子限制激光器

除双异质结半导体激光器对载流子进行限制外，还有另外一种完全不同的对载流子限制的方式。这就是对电子或空穴允许占据能量状态的限制，这种激光器叫做量子限制激光器，它具有阈值低、线宽窄、微分增益高，以及对温度不敏感、调制速度快和增益曲线容易控制等许多优点。

典型的量子阱器件如图 8-13 所示，很薄的 GaAs 有源层夹在两层很宽的 AlGaAs 半导体材料中间，所以它是一种异质结器件。在这种激光器中，有源层的厚度 d 非常薄（典型值约 10nm），以至于导带中的禁带势能 ΔE_c 把电子封闭在 x 方向上的一维势能阱内，但是在 y 和 z 方向是自由的。这种封闭呈现量子效应，导致能带量化分成离散能级 E_1、E_2、E_3……，它们分别对应量子数 1、2、3……，如图 8-13（b）所示。价带中的空穴也有类似的特性。这种封闭的主要影响是状态密度（单位能量单位容积的状态数）的改变，如图 8-13

（c）所示，即从图 8-14（a）表示的抛物线式连续变化改变成图 8-14（b）表示的类似于阶梯的结构。这种状态密度的变化改变了自发辐射和受激发射的速率。微分增益用 $\sigma_g = dg/dN$ 表示，它用来表示注入电流的微小变化所引起的激光输出的变化大小。通常，量子阱半导体激光器的 σ_g 值是标准设计激光器的 3 倍。所以注入电流的微小变化就可以引起输出激光的大幅度变化。

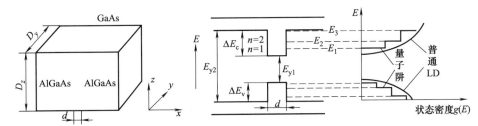

（a）QW结构原理图，很薄的GaAs有源层夹在两层很宽的AlGaAs半导体材料中间　（b）导带中的电子在GaAl层中的x方向被ΔE_c限制在很小的范围d内，因此它们的能量被量子化了　（c）两维QW器件的状态密度，状态密度在每个量子能级上是恒定的

图 8-13　量子阱（QW）半导体激光器

采用有源区厚度 d 为 5～10nm 的多个薄层结构，可改进单量子阱器件的性能，这种激光器就是多量子阱（MQW）激光器。它具有微分增益更高、调制性能更好、线宽更窄的优点。图 8-14（c）和图 8-14（d）分别表示有 4 个量子阱（被三层 InGaAsP 势垒层隔开）的半导体激光器的示意图和能级图。

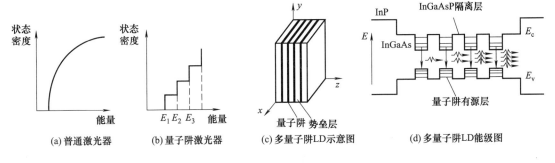

（a）普通激光器　（b）量子阱激光器　（c）多量子阱LD示意图　（d）多量子阱LD能级图

图 8-14　量子阱半导体激光器示意图

（三）分布反馈激光器

单频激光器是指半导体激光器的频谱特性只有一个纵模（谱线）的激光器。

众所周知，由于多模激光器 F-P 谐振腔中相邻模式间的增益差相当小（约 0.1cm^{-1}），所以同时存在着多个纵模。它的频谱宽度为 2～4nm，这对工作在波长为 $1.3\mu m$、速率为 2.5Gbit/s 的第二代光纤系统还是可以接受的。然而，工作在光纤最小损耗窗口（$1.55\mu m$）的第三代光纤系统却不能使用，所以需要设计一种单纵模（Single Longitudinal Mode，SLM）半导体激光器。

SLM 半导体激光器与法布里-珀罗激光器相比，它的谐振腔损耗不再与模式无关，而是设计成对不同的纵模具有不同的损耗，图 8-15 为这种激光器的增益和损耗曲线。由图可见，增益曲线首先和模式具有最小损耗的曲线接触的 ω_B 模开始起振，并且变成主模。其他相邻模式由于其损耗较大，不能达到阈值，因而也不会从自发辐射中建立起振荡。这些边模携带的功率通常占总发射功率很小的比例（<1％）。单纵模激光器的性能常常用边模抑制比（mode-suppression ratio，MSR）来表示，定义为

$$MSR = P_{mm}/P_{sm} \tag{8-10}$$

式中，P_{mm}是主模功率；P_{sm}是边模功率。通常对于好的 SLM 激光器，其 MSR 值应大于 1000（或 30dB）。SLM 激光器可以分成两类，分布反馈激光器和耦合腔激光器。

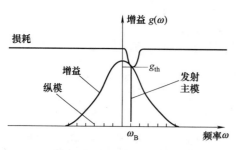

图 8-15　单纵模为主模的半导体
激光器增益和损耗曲线

利用 DFB 原理制成的半导体激光器可分为两类：分布反馈激光器（DFB）和分布布拉格反射（DBR）激光器。

图 8-16 为 DBR 激光器的结构及其工作原理，如图所示，DBR 激光器除有源区外，还在紧靠其右侧的位置增加了一段分布式布拉格反射器，它起着衍射光栅的作用。这种衍射光栅相当于频率选择电介质镜，也相当于反射衍射光栅。衍射光栅产生布拉格衍射，DBR 激光器的输出是反射光相长干涉的结果。只有当波长等于两倍光栅间距 λ 时，反射波才相互加强，发生相长干涉。例如，当部分反射波 A 和 B 的路程差为 2Λ 时，它们才发生相长干涉。DBR 的模式选择性来自布拉格条件，即只有当布拉格波长 λ_B 满足同相干涉条件

$$m(\lambda_B/\bar{n}) = 2\Lambda \tag{8-11}$$

时，相长干涉才会发生。式中，Λ 为光栅间距（衍射周期）；$\bar{n}$ 为介质折射率；整数 m 为布拉格衍射阶数。因此 DBR 激光器围绕 λ_B 具有高的反射，离开 λ_B 则反射就减小。其结果是只能产生特别的 F-P 腔模式，在图 8-15 中，只有靠近 ω_B 的波长才有激光输出。一阶布拉格衍射（$m=1$）的相长干涉最强。假如在式（8-2）中 $m=1$，$\bar{n}=3.3$，$\lambda_B=1.55\mu m$，此时 DFB 激光器的 Λ 只有 235nm。这样细小的光栅可使用全息技术来制作。

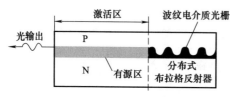

(a) DBR激光器结构　　　　(b) 部分反射波A和B的路程差为2Λ时才发生相长干涉

图 8-16　DBR 激光器结构及其工作原理

图 8-17 为 DFB 激光器的结构和典型的输出频谱。在普通 LD 中，只有有源区在其界面提供必要的光反馈，但在 DFB 激光器内，光的反馈就像 DFB 名称所暗示的那样，不仅在界面上，而且分布在整个腔体长度上。这是通过在腔体内构成折射率周期性变化的衍射光栅来实现的。在 DFB 激光器中，除有源区外，还在其上并紧靠着它增加了一层导波区。该区的结构和 DBR 的一样，是波纹状的电介质光栅，它的作用是对从有源区辐射进入该区的光波产生部分反射。但是 DFB 激光器的工作原理和 DBR 的完全不同。因为从有源区辐射进入导波区是在整个腔体长度上，所以可认为波纹介质也具有增益，因此部分反射波获得了增益。我们不能简单地把它们相加，而不考虑获得的光增益和可能的相位变化，式（8-2）假定法

线入射并忽略了反射光的任何相位变化。左行波在导波层遭受了周期性的部分反射，这些反射光被波纹介质放大，形成了右行波。只有左右行波的频率和波纹周期 Λ 具有一定的关系时，它们才能相干耦合，建立起光的输出模式。与 DFB 激光器的工作原理相比，F-P 腔的工作原理就简单得多，F-P 腔的反射只发生在解理端面，在腔体的任一点，都是这些端面反射的左右行波的干涉，或者称为耦合。假定这些相对传输的波具有相同的幅度，当它们来回一次的相位差是 2π 时，就会建立起驻波。

DFB 激光器的模式不正好是布拉格波长，而是对称的位于 λ_B 两侧，如图 8-17（b）所示。假如 λ_m 是允许 DFB 发射的模式，此时

$$\lambda_m = \lambda_B \pm \frac{\lambda_B^2}{2nL}(m+1) \tag{8-12}$$

式中，m 是模数（整数）；L 是衍射光栅有效长度。由此可见，完全对称的器件应该具有两个与 λ_B 等距离的模式，但是实际上，由于制造过程误差，或者有意使其不对称，只能产生一个模式，如图 8-17（c）所示。因为 $L \gg \Lambda$，式（8-12）的第二项非常小，所以发射光的波长非常靠近 λ_B。

虽然在 DFB 激光器里，在腔体长度方向上产生了反馈，但是在 DBR 激光器里，有源区内部没有反馈。事实上，DBR 激光器的端面对 λ_B 波长的反射最大，并且 λ_B 满足式（8-2）。因此腔体损耗对接近 λ_B 的纵模最小，其他纵模的损耗却急剧增加。

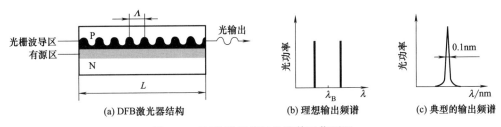

图 8-17　DFB 激光器结构及其工作原理

DFB 激光器的性能主要由有源区的厚度和栅槽纹深度所决定。尽管制造它的技术复杂，但是已达到实用化，在高速密集波分复用系统中已广泛使用。

图 8-18 为平面波导集成（PLC）电吸收调制激光器（Electroabsorption-Modulated Laser，EML）结构图，它在 DFB 激光器有源区的光输出端 N^+-InP 衬底上，再做一个电吸收调制器，对 DFB 激光器的输出光直接调制后再输出。目前商用化的 DWDM 用 10Gbit/s EML 收发器组件，在组件的前端设置了光输出端口和光输入端口，光输出 $-1\sim3$dBm，可传输 80km。

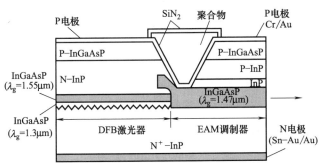

图 8-18　平面波导集成电吸收调制激光器（EML）

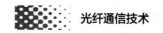

二、波长可调半导体激光器的类型与特点

波长可调激光器即多波长激光器是 WDM、分组交换和光分插复用网络重构的最重要的器件，因为它的实现可以有效利用波长资源，减少设备费用。波长可调激光器主要有耦合腔波导型、衍射光栅 PIC 型和阵列波导光栅（AWG）PIC 型三种，下面分别加以介绍。

（一）耦合腔波长可调半导体激光器

耦合腔半导体激光器可以实现单纵模工作，这是通过把光耦合到一个外腔来实现的，如图 8-19 所示。外腔镜面把光的一部分反射回激光腔。外腔反馈回来的光不一定与激光腔内的光场同相位，因为在外腔中产生了相位偏移。只有波长几乎与外腔纵模中的一个模相同时才能产生同相反馈。实际上，面向外腔的激光器界面的有效反射与波长有关，从而导致如图 8-19 所示的损耗曲线，它最接近增益峰，并且具有最低腔体损耗的纵模才变成主模。

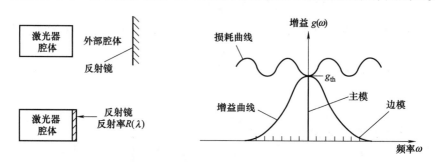

图 8-19　耦合腔激光器中的纵模选择性

一种单片集成的耦合腔激光器称为 C³ 激光器。C³ 指的是切开的耦合腔（Cleaved Coupled Cavity），如图 8-20 所示。这种激光器是这样制成的，把常规多模半导体激光器从中间切开，一段长为 L，另一段为 D，分别加以驱动电流。中间是一个很窄的空气隙（宽约 $1\mu m$），切开界面的反射约为 30%，只要间隙不是太宽，就可以在两部分之间产生足够强的耦合。在本例中，因为 $L>D$，所以 L 段中的模式间距要比 D 段中的密。这两段的模式只有在较大的距离上才能完全一致，产生复合腔的发射模，如图 8-20b 所示。因此 C³ 激光器可以实现单纵模工作。改变一个腔体的注入电流，C³ 激光器可以实现约为 20nm 范围的波长调谐。然而，由于约 2nm 的逐次模式跳动，调谐是不连续的。

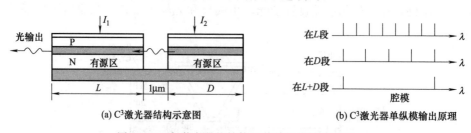

(a) C³ 激光器结构示意图　　　　　　　　(b) C³ 激光器单纵模输出原理

图 8-20　C³ 激光器的结构及其单纵模输出原理

另外两种波长可调谐半导体耦合腔激光器如图 8-21 所示。构成单纵模（SLM）激光器的一个简单方式是从半导体激光器耦合出部分光能，到外部衍射光栅，如图 8-21（a）所示。为了提供较强的耦合，减小该界面对来自衍射光的反射，在面对衍射光栅的界面上镀抗反射

膜。这种激光器是外腔半导体激光器。通过简单地旋转光栅，可在较宽范围内对波长实现调谐（典型值为 50nm）。这种激光器的缺点是不能单片集成在一起。

为了解决激光器的稳定性和调谐性不能同时兼顾的矛盾，科学家们设计了多段（Section）DFB 和 DBR 激光器。图 8-21（b）表示这种激光器的典型结构，它包括了三段，即有源段、相位控制段和布拉格光栅反射段，每段独立地注入电流偏置。注入布拉格段的电流改变感应载流子的折射率 n，从而改变布拉格波长（$\lambda_B = 2n\Lambda$）。注入相位控制段的电流也改变了该段的感应载流子折射率，从而改变了 DBR 的反馈相位实现波长锁定。通过控制注入三段的电流，激光器的波长可在 $5\sim7$nm 范围内连续可调。因为该激光器的波长由内部布拉格区的衍射光栅决定，所以它工作稳定。这种多段分布布拉格反射激光器对于多信道 WDM 通信系统和相干通信系统是非常有用的。

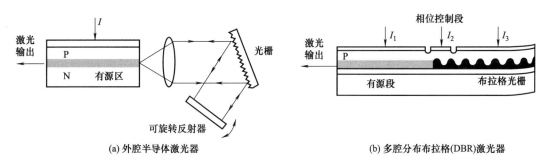

(a) 外腔半导体激光器　　　　(b) 多腔分布布拉格(DBR)激光器

图 8-21　波长可调谐耦合腔半导体结构

图 8-22 表示目前商用的集成了波长可调激光器、放大器和调制器的结构示意图和芯片显微图。如图 8-22（a）所示，激光器采用取样光栅多段分布布拉格反射（SG-DBR）结构，它由有源区和位于有源区前后两端的两节布拉格光栅组成，布拉格光栅用做前后反射镜。通过调节注入前反射镜用光栅、有源区（增益控制）、相位控制（波长锁定）和后反射镜用光栅的电流来改变波长。光放大器用于对 DBR 激光器输出光的放大，M-Z 调制器对光放大器的输出进行光调制。图 8-22（b）为波长可调激光器、放大器和调制器的 PIC 芯片的显微图，光从芯片下端输出。

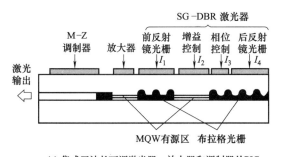

(a) 集成了波长可调激光器、放大器和调制器的PIC　　(b) 芯片显微图

图 8-22　目前商用 PIC 波长可调激光器和调制器

另外一种控制波长的激光器是增益耦合光栅型 MQ-DFB 激光器阵列，其基本结构如图 8-23（a）所示，它是通过控制激光器的波导脊宽改变波长的，它具有 16 个波长，并可以通过控制脊宽单独精细调谐，发光波长和波导脊宽的关系如图 8-23（b）所示。由图可见，不同的激光器具有不同的波导脊宽，因而也具有不同的发光波长。

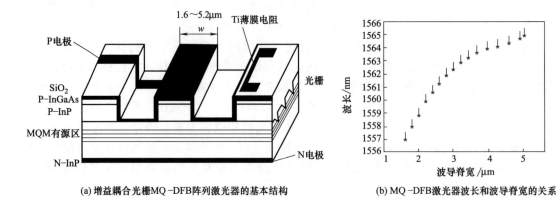

(a) 增益耦合光栅MQ–DFB阵列激光器的基本结构   (b) MQ–DFB激光器波长和波导脊宽的关系

图 8-23　波长可变半导体激光器

（二）衍射光栅波长可调激光器

阵列半导体光放大器（SOA）集成光栅腔体激光器，其发射波长可以精确设置在指定位置。借助激活该器件的不同 SOA，不同波长梳的任一波长均可发射，其波长间距也可以精确地预先确定，而且该器件的制造也比较简单，除半绝缘电流阻挡层外，仅使用标准的光刻掩埋技术和干/湿化学腐蚀技术。

与图 8-21（a）表示的外腔半导体激光器相比，图 8-24（a）表示的激光器可以看做单片集成两元外腔光栅激光器，即一个集成的固定光栅和一个 SOA 阵列，而不是仅用单个有源元件和外部的旋转光栅。当 SOA 阵列中的任何一个注入电流泵浦时，它就以它在光栅中的相对位置确定的波长发射光谱。因为这种几何位置是被光刻掩埋精确确定的，所以设计的发射波长在光梳中的位置也是精确确定的。

阵列 SOA 集成光栅腔体波长可调激光器，其谐振腔类似于波导光栅复用/解复用器。在这种激光器中，右边的平板衍射光栅和左边 InP/InGaAsP/InP 双异质结有源波导条（SOA）之间构成了该激光器的主体。有源条的外部界面和光栅共同构成了谐振腔的反射边界。右边的光栅由垂直向下蚀刻波导芯构成的凹面反射界面组成，以便聚焦衍射返回的光射到有源条的内部端面上。这些条是直接位于波导芯上部的 InGaAs/In-CaAsP 多量子阱（MQW）有源区。这种激光器面积只有 $14 \times 3 mm^2$，有源条和光栅的间距为 10mm，有源条长 2mm，宽 $6 \sim 7 \mu m$，条距 $40 \mu m$，衍射区是标准的半径 9mm 的罗兰（Rowland）圆。

由图 8-24 可见，从 O 点发出的光经光栅的 P_N 和 P_0 点反射后回到 O 点，产生的路径差为 $\Delta L = 2L_N - 2L_0$，为了使从 P_N 和 P_0 点反射回到 O 点的光发出相长干涉，其相位差必须是 2π 的整数倍，由此可以得到与路径差有关的相位差是

$$\Delta \phi = k_1 \Delta L = m(2\pi), m = 0, 1, 2, \cdots \tag{8-13}$$

因为 $k_1 = 2\pi n/\lambda$，式中 n 是波导的折射率，所以可以得到与路径差有关（即与 SOA 位置有关）的波长为

$$\lambda = \frac{n \Delta L}{m} \tag{8-14}$$

一个 SOA 的典型发射光谱如图 8-24（b）所示。测量得到的激光输出的纵模间距和谱宽分别与设计的腔体长度和有源条位置及宽度一致，如图 8-24（c）所示。

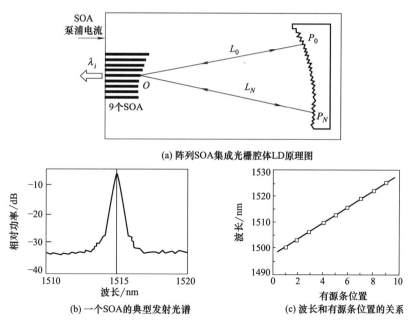

(a) 阵列SOA集成光栅腔体LD原理图

(b) 一个SOA的典型发射光谱

(c) 波长和有源条位置的关系

图 8-24 阵列 SOA 集成光栅腔体波长可调激光器

（三）阵列波导光栅波长可调激光器

1. AWG 的工作原理

已介绍了平板阵列波导光栅（AWG）用于波分复用/解复用器的情况，这种器件由 N 个输入波导、N 个输出波导、两个结构相同的 $N \times M$ 平板波导星形耦合器以及一个有 M 个波导的平板阵列波导光栅组成，这里 M 可以等于 N，也可以不等于 N。这种光栅相邻波导间具有恒定的路径长度差 ΔL，如图 8-25（a）所示。AWG 光栅工作原理是基于马赫-曾德尔干涉仪的原理，即多个单色光经过不同的光程传输后的干涉理论。输入光从第一个星形耦合器输入，该耦合器把光功率几乎平均地分配到波导阵列输入端中的每一个波导。通常，M 阵列波导的长度 L 用光在该波导中传输的半波长 $\lambda/2n$ 的整数倍 m 表示，即

$$L = m\frac{\lambda}{2n} = m\frac{c}{2fn}, \quad m = 1, 2, 3, \cdots \tag{8-15}$$

式中，n 是波导的折射率；$f = c/\lambda$ 是光波频率；c 是自由空间光速。由此可以得到用波导长度 L 表示的沿该波导传输的光的频率为

$$f = m\frac{c}{2nL}, \quad m = 1, 2, 3, \cdots \tag{8-16}$$

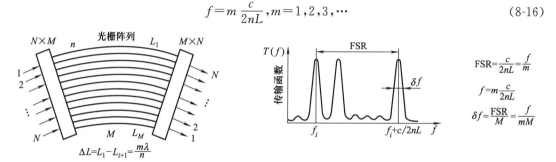

(a) AWG构成原理图

(b) 从指定的输入口经长 L 的波导传输到指定的输出口的传输函数

图 8-25 阵列波导光栅（AWG）

由于阵列波导中的波导长度不等，相位延迟也不等，其相邻波导间的相位差为

$$\Delta\phi=k\Delta L=\frac{2\pi n}{\lambda}\Delta L \tag{8-17}$$

式中，k 是波矢量，$k=2\pi n/\lambda$；ΔL 是相邻波导间的路径长度差，通常为几十微米，所以输出端口与波长有一一对应的关系。

在 AWG 腔体内，从指定的输入口经长 L 的波导传输到指定的输出口的传输函数如图 8-25（b）所示。由式（8-16）可知，当光频增加 $c/2nL$ 时，相位增加 2π，传输函数以自由光谱范围（FSR）为周期重复

$$\text{FSR}=\frac{c}{2nL}=\frac{f}{m} \tag{8-18}$$

传输峰值就发生在式（8-16）表示的频率处。当 $\lambda=1500\text{nm}$ 时，对应的 $f=c/\lambda=200\text{THz}$，可以求得由 OFDM 系统决定的 $\Delta f=\text{FSR}$ 约为 $2\sim4\text{THz}$，这正好是光放大器的增益带宽，或是 LD 的调谐范围，于是阶数 $m=f/\text{FSR}=100\sim50$，可用 M-Z 干涉器或 m 阶的光栅实现。在 FSR 内相邻信道峰值间的最小分辨率 δf 为

$$\delta f=\frac{\text{FSR}}{M}=\frac{f}{mM} \tag{8-19}$$

式中，M 是阵列波导的波导数，假如 $M>N$，则信道间距为

$$f_c=\frac{\text{FSR}}{N}=\frac{M}{N}\delta f \tag{8-20}$$

例如，波导有效折射率指数 $n=3.3$，相邻光栅臂通道长度差 $\Delta L=61.5\mu m$，$\lambda=1560\text{nm}$，由式（8-14）可以求出对应的光栅阶数 $m=n\Delta L/\lambda=130$，由此给出的 $\text{FSR}=1560/130\text{nm}=12\text{nm}$，即 $\Delta\lambda=12\text{nm}$，可以求出对应的 $\Delta f=1.5\text{THz}$。如果信道间距为 100GHz，则允许 15 个这种间距的信道复用/解复用，如图 8-26（a）所示。该图表示当 16 个 WDM 信号从第 8 个输入口输入时，16×16 AWG 的 TM 波输出频谱，因为信道 1 和 16 具有相同的频谱特性，所以这个器件扮演着一个 15×15 波分复用器/解复用器角色。图 8-26（b）为相邻的第 5 和第 6 输出口的频谱。

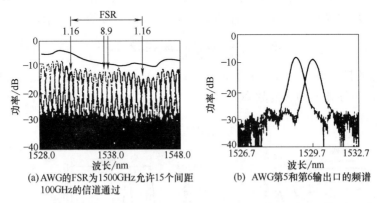

(a) AWG的FSR为1500GHz允许15个间距
100GHz的信道通过

(b) AWG第5和第6输出口的频谱

图 8-26　16×16 AWG 的横磁（TM）波输出频谱

2. AWG 多频激光器

图 8-27（a）表示 AWG 多频激光器 PIC，中间是波导光栅路由器（WGR）滤波器，右侧是阵列半导体光放大器（SOA），左侧是一个功率放大 SOA。芯片右侧镜面镀高反射系数（HR）膜，左侧则镀半反射膜以便输出 AWG 多频激光器谐振腔的光。

AWG 多频激光器的信道间距取决于 AWG 腔体内的波导光栅路由器的几何尺寸，这类似于衍射光栅激光器的波长取决于 LD 有源条在衍射光栅腔体内的几何位置的情况。因此，每个激光器的波长非常稳定，制造时可重复性好。

　　在设计该激光器时，要折中考虑几个因素，首先要使腔内波导光栅路由器（WGR）滤波器的带宽尽可能窄。因为窄的滤波带宽可保证只锁定 SOA 激光器的一个单纵模，而不管 SOA 有多少个纵模。另外，自由光谱范围（FSR）或 WGR 的周期应该足够大，以便覆盖 SOA 光放大器的增益带宽。在该 AWG 多频激光器的设计中，用 C 波段中的 WDM 信道等间距填充 FSR（信道循环打包）。如图 8-27（a）所示，FSR 覆盖的频宽也就是 WGR 的周期，15 个 WDM 信道等间距排列占据了这 FSR 的频宽，当下一个 FSR 周期开始时，这 15 个 WDM 信道又一次来填充这 FSR 的频宽，这就是所谓的信道循环打包。WGR 滤波器的带宽 δf 正好被一个 WDM 信道（λ_i 或 f_i）占据。

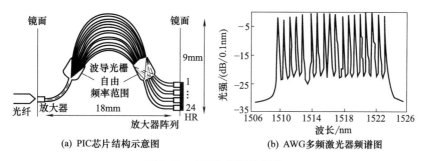

(a) PIC芯片结构示意图　　　　(b) AWG多频激光器频谱图

图 8-27　AWG 多频激光器

　　WGR 滤波器的分辨率约为 FSR/3N，这里 N 是信道数。实验表明，FSR 应该大于 1850GHz，即 $\Delta \nu = 1850$GHz，由附录 F 可求得对应的 $\Delta \lambda = 15$nm，而 WGR 滤波器带宽应该小于 50GHz（0.4nm），以便既满足纵模稳定性的要求，又满足单个通带发射激光的要求。一种折中的考虑是，在 1560nm 波段用信道间距为 100GHz（0.8nm）的 24 个 WDM 信道填充自由光谱范围 FSR，此时 FSR = 100×24GHz = 2400GHz（19.5nm），正好略大于信道间距为 0.8nm 的 24 个信道所占据的带宽（0.8nm×24 = 19.2nm）。图 8-27（b）表示 18 个 SOA 激光器同时发射的输出光谱。

三、垂直腔表面发射激光器

　　图 8-28 为垂直腔表面发射激光器的（VCSEL）示意图。顾名思义，它的光发射方向与腔体垂直，而不是像普通激光器那样与腔体平行。这种激光器的光腔轴线与注入电流方向相同。有源区的长度 L 与边发射器件相比非常短，光从腔体表面发射，而不是腔体边沿。腔体两端的反射器由电介质镜组成，即由厚度为 $\lambda/4$ 的高低折射率层交错组成。如果组成电介质镜的高低介质层折射率 n_1、n_2 和 d_1、d_2 满足

$$n_1 d_1 + n_2 d_2 = \frac{1}{2}\lambda \tag{8-21}$$

该电介质镜就对波长产生很强的选择性，从界面上反射的部分透射光相长干涉，使反射光增强，经过几层这样的反射后，透射光的发光强度将很小，而反射系数将达到 1。因为这样的介质镜就像一个折射率周期变化的光栅，所以该电介质镜本质上是一个分布布拉格反射器。选择式（8-21）中的波长与有源层的光增益一致，因为有源区腔长 z 很短，所以需要高反射的端面，这是由于光增益与 exp(gz) 成正比，这里 g 是光增益

系数。因为有源层通常很薄（<0.1μm），就像一个多量子阱，所以阈值电流很小，仅为 0.1mA，工作电流仅为几毫安。由于器件体积小，降低了电容，适用于 10Gbit/s 的高速调制系统。由于该器件不需要解理面切割就能工作，制造简单，成本低，所以它又适合在接入网中使用。

垂直腔横截面通常是圆形，所以发射光束的截面也是圆形。垂直腔的高度也只有几微米，所以只有一个纵模能够工作，然而可能有一个或多个横模，这要取决于边长。实际上当腔体直径小于 8μm 时，只有一个横模存在。市场上有几个横模的器件，但是频谱宽度也只有约 0.5nm，仍然远小于常规多纵模激光器。

由于这种激光器的腔体直径只在微米范围内，所以它是一种微型激光器。其主要优点是用它们可以构成具有宽面积的表面发射激光矩阵发射器。这种阵列在光互连和光计算技术中具有广泛的应用前景。另外，它的温度特性好，无需制冷，也能够提供很高的输出光功率，目前市场上已有输出功率达几瓦的器件出售。德国 Mergeoptics 公司生产的用于 10Gbit/s 以太网收发模块中就使用波长 850nm 的 VCSEL 激光器，谱宽 0.2nm，平均发射功率−2.17dBm，消光比 6.36dB，相对强度噪声−128dB/Hz，使用 PIN 光电接收机，多模光纤传输距离为 80m 或 300m。

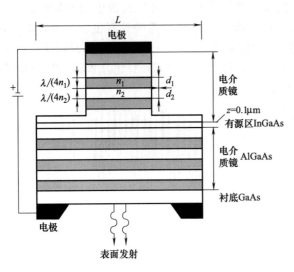

图 8-28　垂直腔表面发射激光器（VCSEL）示意图

四、半导体激光器的特性

半导体激光器的特性可分为基本特性、模式特性、调制响应及其噪声，现分别叙述如下。

（一）半导体激光器的基本特性

1. 阈值电流 I_{th}

半导体激光器属于阈值性器件，即当注入电流大于阈值点时才有激光输出，否则为荧光输出［见图 8-29（c）］。目前的激光器 I_{th} 一般为十几毫安，最大输出功率通常可达几毫瓦。不过 VCSEL 例外，I_{th} 仅为 0.1mA。

2. 温度特性

半导体激光器的阈值电流 I_{th} 和输出功率是随温度而变化的，如图 8-29（b）所示。当环境温度为 T 时，$I_{th}(T) \propto \exp(T/T_0)$，$T_0$ 为特性温度，在 GaAl 激光器中，$T_0 > 120$K，在 InGaAsP 激光器中 $T_0 = 50 \sim 70$K。由图 8-29 可见，激光器的阈值电流和输出功率对温度很敏感，所以在实际使用中总是用热电制冷器对激光器进行冷却和温度控制。为了便于比较，在图 8-29 也给出了发光二极管的输出光功率和驱动电流的关系曲线。

另外，激光器的发射波长也随温度而变化，这是由于导带和价带能量差 ΔE 和折射率随温度变化而引起的，GaAlAs 激光器是 0.2nm/℃，InGaAsP 激光器是 0.4～0.5nm/℃。激光器的发射波长的变化使传输损耗发生变化。在波分复用系统中，可能导致串扰和解调的困难。

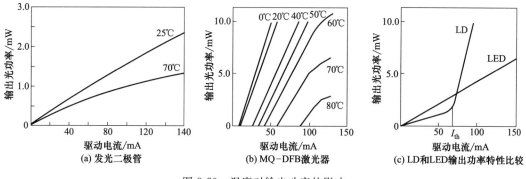

图 8-29　温度对输出功率的影响

3. 激光器自动温度控制

激光器或调谐滤波器的频率不仅与设计有关，而且也与外界的各种参数（如温度、振动、驱动电流或电压）有关，没有一些稳定措施在 $1.55\mu m$ 光纤通信系统中是无法使用的。不管是相干系统，还是使用调谐滤波器的非相干系统都面临着这些问题。

实验表明，假如偏流控制在 0.1mA 以内变化，采用自动温度控制后，波长稳定在几百兆赫之内变化，则现有商用 DFB 激光器就可以使用。许多商品化的激光器组件包含了可以维持阈值电流相对恒定的器件，通常能够使温度稳定到 0.1℃ 以下。

图 8-30 为使用反馈控制的激光器自动温度控制电路原理图。安装在热电制冷器上的热敏电阻，其阻抗与温度有关，它构成了电阻桥的一臂。热电制冷器的制冷效果与施加的电流呈线性关系。为防止制冷器内部发热引起性能下降，需要在制冷器上加装面积足够大的散热片。

4. 波长特性

激光器的波长特性可以用中心波长、光谱宽度以及光谱模数三个参数来描述。光谱范围内辐射强度最大值所对应的波长叫做中心波长 λ_0。光谱范围内辐射强度最大值下降 50% 处所对应波长的宽度叫做谱线宽度 $\Delta\lambda$，有时简称为线宽。图 8-31 为激光器的典型光谱特性，为了便于比较，在图中也标出了 LED 的光谱特性。

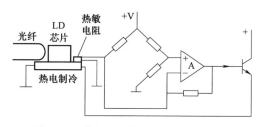

图 8-30　激光器的自动温度控制原理图

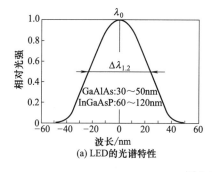

(a)LED的光谱特性

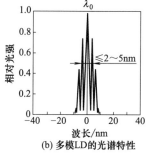

(b)多模LD的光谱特性

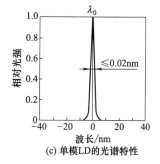

(c)单模LD的光谱特性

图 8-31　LED 和 LD 的光谱特性

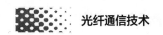

对于大多数非相干通信系统，对光源的选择最重要的一点是要看中心波长对光纤损耗的影响，以及光谱宽度对光纤色散或带宽的影响。

（1）LED的波长特性　LED本质上是非相干光源，它的发射光谱就是半导体材料导带和价带的自发辐射谱线，所以谱线较宽。对于用GaAlAs材料制作的LED，发射光谱宽度约为30～50nm，而对长波长InGaAsP材料制作的LED，发射谱线为60～120nm。因为LED的光谱很宽，所以光在光纤中传输时，材料色散和波导色散较严重，这对光纤通信非常不利。

（2）多模激光器光谱特性　多模激光器指的是多纵模或多频激光器，模间距为0.13～0.9nm。通常高速传输系统用的半导体激光器的频谱宽度为5nm。

（3）单模激光器的光谱特性　单模激光器的频谱宽度很窄，因此称为线宽，它与有源区的设计密切相关。

对于相干光纤通信，特别是对于PSK和FDM调制，单模激光器的线宽是一个重要参数。不但要求静态线宽窄，而且要求在规定的功率输出和高码速调制下，仍能保持窄的线宽（动态线宽）。对于半导体激光器，不仅要求单纵模工作，而且要求它的波长能在相当宽的范围内调谐，同时保持窄的线宽（约1MHz或者更窄）。

单模激光器的线宽与结构有关，法布里-珀罗谐振腔单模激光器线宽为150MHz，外腔衍射光栅单模激光器线宽要小于1MHz。

（二）模式特性

半导体激光器的模式特性可分成纵模和横模两种。纵模决定频谱特性，而横模决定光场的空间特性。如图8-32（a）所示。图8-32（b）给出$1.3\mu m$的BH半导体激光器在不同的注入电流下沿x和y方向的远场分布，通常用角度分布函数的半最大值全宽θ_x、θ_y来表征远场分布，对于BH激光器，θ_x和θ_y的典型值分别在$10°\sim20°$和$25°\sim40°$。尽管此角度与LED的辐射角相比已经大大减小，但相对于其他类型的激光器来说，半导体激光器的辐射角还是相当大的，半导体激光器椭圆形的光斑加上较大的辐射角，使得它与光纤的耦合效率不高，通常只能达到30%～50%。

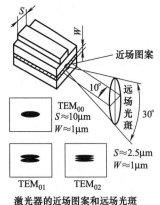

激光器的近场图案和远场光斑
(a) 横模决定的近场图案和远场光斑

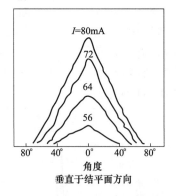

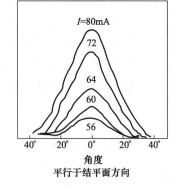

(b) 在不同注入电流下沿结平面的远场分布

图 8-32　BH半导体激光器横模特性

（三）调制响应

半导体激光器的调制响应决定了可以调制到半导体激光器上的最高信号频率。

1. 相位调制

半导体激光器的一个重要特性是幅度调制总是伴随着相位调制。当注入电流使载流子浓度发生变化，引起增益变化而实现对光信号的调制时，载流子浓度的变化不可避免地引起折射率 $\bar{n}$ 的变化，从而对光信号形成了一个附加的相位调制，所以半导体激光器幅度调制总是伴随着相位调制。

2. 频率啁啾

光波相位随时间变化等效为模式频率（Mode Frequency）偏离稳态值的瞬时变化。这种现象称作线性调频（Chirped）或频率啁啾，有时人们也称为张弛振荡或频率扫动。这种频率啁啾使光信号脉冲频谱展宽，从而限制了光通信系统的性能。系统工作在光纤零色散波长区时，可以减小频率啁啾对系统性能的影响。

频率啁啾常常是限制 $1.55\mu m$ 光通信系统性能的因素，所以已有几种方法用来减小它的影响：改变施加的电流脉冲的形状；使用注入锁定；采用耦合腔激光器；使用外腔调制器。

（四）半导体激光器噪声

半导体激光器噪声用相对强度噪声（RIN）表示，它表示单位带宽 LD 发射的总噪声

$$\mathrm{RIN} = \frac{\overline{P_{\mathrm{NL}}^2}}{P^2 \Delta f} \tag{8-22}$$

式中，$\overline{P}_{\mathrm{NL}}$ 是 LD 产生的平均噪声功率；P 是 LD 发射的平均功率；Δf 是测量 LD 输出功率的接收机带宽。均方 RIN 噪声为

$$\sigma_{\mathrm{RIN}}^2 = \mathrm{RIN}(RP_{\mathrm{in}})^2 \Delta f / R_{\mathrm{L}} \tag{8-23}$$

半导体激光器输出的强度、相位和频率，即使在恒流偏置时也总是在变化，从而形成噪声。半导体激光器的两种基本噪声是自发辐射和电子-空穴复合（散粒）噪声。在半导体激光器中，噪声主要由自发辐射构成。每个自发辐射光子加到激发辐射建立起的相干场中，因为这种增加的相位是不稳定的，于是随机地干扰了相干场的相位和幅值。

假定激光器以单纵模振荡。实际上，即使是 DFB 激光器，除主模外还有一个或多个边模存在，尽管边模至少被抑制了 20dB，但它们的存在也明显地影响着 RIN，这种噪声就叫做模式分配噪声（MPN）。

LED 典型特性参数如表 8-1 所示，LD 及其模块的典型特性参数如表 8-2 所示。

表 8-1　LED 典型特性参数

有源层材料	类型	发射波长 λ/nm	频谱宽 $\Delta\lambda/\mathrm{nm}$	进入光纤功率 $/\mu W$	偏置电流 $/\mathrm{mA}$	上升/下降时间 $/\mathrm{ns}$
AlGaAs	SLED	660	20	190~1350	20	13/10
	ELED	850	35~65	10~80	60~100	2/(2~6.5)
GaAs	SLED	850	40	80~140	100	3/3
	ELED	850	35	10~32	100	6.5/6.5
InGaAsP	SLED	1300	110	10~50	100	3/3
	ELED	1300	25	10~150	30~100	1.5/2.5
	ELED	1550	40~70	1000~7500	200~500	0.4/(0.4~12)

注：SLED 为表面发射 LED，ELED 为边发射 LED。

表 8-2　LD 及其模块典型特性参数

类型	发射波长 λ /nm(25℃)	边模抑制比 /dB	谱(线)宽 (FWHM) /nm	额定光纤输出 功率 /dBm	阈值电流 /mA(25℃)	上升时间/ 下降时间/ns (10%～90%)	波长温漂 /(nm/℃)
多模 LD[①]	1283～1320		≤6	≤0	≤40～50	≤1	≤0.5
2.5Gbit/s DFB 模块[②]	1280～1335	30	0.3nm	−1～+2	25	0.15	+0.1
DFB 模块[③]	1550±1	40	10MHz	≥2	25		
VCSEL[④]	840		0.5nm	1	3.5	0.1	0.06
内含 EA 的 10Gbit/s DFB[⑤]	1530～1570	35	10MHz	0～2	17	0.03	

① 14 脚双列直插封装，无需致冷和温控，内含监控探测器（PD），SDH 应用，有源层材料为掩埋异质结。
② 单纵模，内含光隔离器、无需热电制冷器和 PD，SDH 应用，14 脚双列直插封装，有源层材料为 InGaAsP。
③ 单纵模，内含光隔离器、热电制冷器和 PD，WDM 应用，14 脚双列直插封装，有源层材料为 InGaAsP。
④ 参数是在 10mA 偏置电流下测试的。可应用于传输速率为 Gbit/s 级的以太网、接入网、ATM 等。一般晶体管封装结构。有源层材料为 InGaAsP。
⑤ 单纵模，内含光隔离器、电吸收调制器（EA）、热电制冷器和 PD，传输速率为 10Gbit/s 的 SDH 系统可传输 80km，色散值 2dB、7 脚单列封装。有源层材料为 InGaAsP。

第三节　光纤激光器光源

一、简介

1. 光纤激光器的基本原理

光纤激光器和传统的固体、气体激光器一样，基本上也是由泵浦源、增益介质、谐振腔三大基本要素组成。泵浦源一般采用高功率半导体激光器（LD）；增益介质为稀土掺杂光纤或普通非线性光纤；谐振腔可以由光纤光栅等光学反馈元件构成各种直线型谐振腔，也可以用耦合器构成各种环形谐振腔。泵浦光经适当的光学系统耦合进入增益光纤，增益光纤在吸收泵浦光后形成粒子数反转或非线性增益并产生自发辐射，所产生的自发辐射光经受激放大和谐振腔的选模作用后，最终形成稳定激光输出。

2. 光纤激光器的分类

光纤激光器种类很多，根据其激射机理、器件结构和输出激光特性的不同可以有多种不同的分类方式。根据目前光纤激光器技术的发展情况，其分类方式和相应的激光器类型主要有以下几种。

（1）按增益介质分类　稀土离子掺杂光纤激光器（Nd^{3+}、Er^{3+}、Yb^{3+}、Tm^{3+} 等，基质可以是石英玻璃、氟化锆玻璃、单晶）、非线性效应光纤激光器（利用光纤中的 SRS、SBS 非线性效应产生波长可调谐的激光）。在光纤中掺入不同的稀土离子，并采用适当的泵浦技术，即可获得不同波段的激光输出。

（2）按谐振腔结构分类　F-P 腔、环形腔、环路反射器光纤谐振腔以及"8"字形腔、DBR 光纤激光器、DFB 光纤激光器。

（3）按光纤结构分类　单包层光纤激光器、双包层光纤激光器、光子晶体光纤激光器、特种光纤激光器。

（4）按输出激光类型分类　连续光纤激光器、超短脉冲光纤激光器、大功率光纤激光器。

（5）按输出波长分类　S波段激光器、C波段激光器、L波段激光器、可调谐单波长激光器、可调谐多波长激光器。

3. 光纤激光器的显著特点

由于光纤激光器在增益介质和器件结构等方面的特点，与传统的激光技术相比，光纤激光器在很多方面显示出独特的优点。这些优点可以归纳为以下几个主要的方面。

① 较高的泵浦效率。通过对掺杂光纤的结构、掺杂浓度和泵浦光强度和泵浦方式的适当设计，可以使激光器的泵浦效率得到显著提高。例如，采用双包层光纤结构，使用低亮度、廉价的多模LD泵浦光源可实现超过60％的光光转换效率。

② 易于获得高光束质量的千瓦级甚至兆瓦级超大功率激光输出。光纤激光器表面积/体积比大，其工作物质的热负荷小，易于散热和冷却。

③ 易实现单模、单频运转和超短脉冲（fs级）。

④ 工作物质为柔性介质，使激光器的腔结构设计、整机封装和使用均十分方便。

⑤ 激光器可在很宽光谱范围内（455～3500nm）设计与运行，应用范围广泛。

⑥ 与现有通信光纤匹配，易于耦合，可方便地应用于光纤通信和传感系统。

光纤激光器的上述特点，使光纤激光器在很多应用领域与传统的固体或气体激光器相比显示出独特的优势。

二、可调谐光纤激光器

1. 简介

可调谐光纤激光器具有扩展网络灵活、控制流量、减少备用激光器数量、降低成本等优点。在实现通信设备小型化、多功能化、集成化、低功耗的同时，还可提高通信带宽并提供精确调谐的光波长。目前，可调谐光纤激光器不仅成为高速大容量光通信系统、波分复用、时分复用系统中的关键部件，也是WDM网络系统、光测试系统和快速波长交换系统等的重要光源，具有十分重要的意义和广泛的应用前景。

2. 可调谐光纤激光器的特点

可调谐光纤激光器是在掺铒光纤放大器（ED-FA）技术基础上发展起来的，很容易实现调谐。将普通的光纤放大器结构闭合起来并增加一个选频机构，就可以构成可调谐光纤激光器。与可调谐半导体激光器相比，可调谐光纤激光器所输出激光的稳定性及光谱纯度都较好，其调谐范围可达50nm，远大于半导体激光器的调谐范围（～5nm）。此外，可调谐光纤激光器还具有光输出功率高（可达10mW以上）、增益带宽、阈值和相对强度噪声（RIN）较低、线宽极窄（<2.5kHz）、调谐结构稳定、泵浦斜率高的优点，并且与光纤直接对接，光纤光栅与光纤兼容，其耦合效率高，插入损耗小，制作工艺较简单，性价比高。虽然可调谐光纤激光器的温度稳定性差，中心波长随温度而变化，调谐速度较慢，但仍得到迅速发展，已获得广泛应用。

可调谐光纤激光器有线形和环形两种结构。其主要类型有抛光型可调谐WDM器件型、DFB型、光纤双折射调谐型、压电调谐光纤法布里-珀罗（FP）标准具型、高重复主动锁模型等。国际上常用的调谐方法有：旋转光栅、调节腔内标准具角度、声光滤波器、电调液晶标准具等。

3. 可调谐光纤激光器的类型与研究

近年来，可调谐光纤激光器发展十分迅速，窄线宽可调谐光纤激光器已成为热点技术。到目前为止，可调谐光纤激光器的研制主要集中在短脉冲输出和可调谐波长范围扩展方面。目前，已开发出温度和应力调谐光纤激光器、可调谐环形光纤激光器（EDFL）、可调谐开关波长光纤激光器、基于光纤放大器（OFA）的可调谐光纤激光器、超连续谱可调谐光纤激光器、高重复率超快光纤激光器、集成阵列波导光栅（AWG）的可调谐光纤激光器等。特别是可调谐环形光纤激光器，其调谐范围大，输出功率高，已成为可调谐激光器的主流，适用于大容量、长距离光纤通信系统和 DWDM 系统。

（1）可调谐光纤光栅激光器 可调谐光纤光栅激光器有光纤光栅应力调谐和光纤光栅温度调谐两种类型。光纤光栅应力调谐光纤激光器通过对光栅施加纵向拉伸力实现波长调谐；光纤光栅温度调谐光纤激光器利用光纤光栅作为反馈和选频元件的全光纤激光器，光纤光栅的布拉格波长可随温度的变化而改变，可通过温度控制和调节来实现可调谐光纤激光器。

美国 E-TEK 动力公司研制的可调谐高功率光纤激光器已获得 11nm 的调谐范围和 62mW 的输出功率，相对强度噪声小于 165dB/Hz。该器件由高反射率光纤布拉格光栅、光学耦合光纤布拉格光栅（FBG）和夹在它们之间的 DFB 光纤激光器构成交互式光纤激光器（IFL），并将 IFL 与一个 980nm 波长的泵浦激光二极管及一个热机械调谐系统的可调谐光纤激光器组合而成。热机械调谐系统包括在 V 形槽中的高热膨胀 TEFLON 片，并由 TE 制冷器进行热控制。该可调谐高功率光纤激光器可用于重新配置的高速密集波分复用（DWDM）网络。

日本 Yamashita 等人还研制出可调谐波长间隔的多波长可调谐光纤激光器，其结构如图 8-33 所示。这种基于非线性光环路镜（NOLM）的光纤激光器由一对偏振器和一段保偏光纤组成可调间距的波长滤波器，通过改变保偏光纤的压力点来控制波长间距。在压力点距离分别为 4m 和 8m 时，可分别获得 9 个和 14 个波长信道，波长调谐范围为 1548.2～1559.9nm，波长间隔分别为 1.46nm 和 0.73nm。

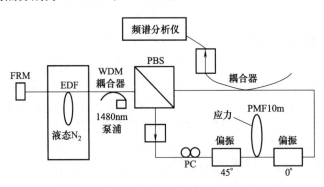

图 8-33　多波长可调谐光纤激光器

还有一种可调谐光纤激光器，可采用 n 个具有不同波长峰值的 FBG 组成阵列，并级联形成多波长激射，如图 8-34（a）所示。图 8-34（b）所示为 FBG 阵列的排列结构。通过改变光纤光栅的周期可实现波长调谐。当初始工作波长分别为 1547.64nm、1549.21nm、1551.36nm 和 1554.1nm 时，通过调谐可分别获得 1547.64nm、1551.64nm、1556.60nm 和 1561.24nm 4 个间隔不同的波长。

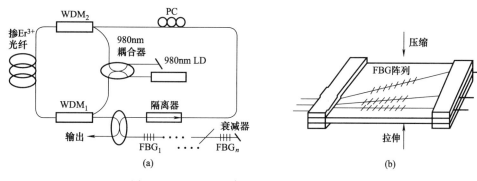

图 8-34　基于 FBG 阵列的可调谐光纤激光器

（2）可调谐开关波长光纤激光器　可调谐开关波长光纤激光器是 WDM 光系统和网络中的重要器件，目前又研制出一种全光纤多波长脉冲 FP 滤波激光器，这种具有 90 个波长的 Q 开关光纤激光器采用具有开关波长和腔内扫描的 FP 滤波器。由于采用腔内波长扫描滤波器产生 Q 开关脉冲，所以可实现脉冲-脉冲开关波长。它具有开关时间短、插入损耗低、消光比高、驱动电压低，并可直接电控制激射波长、波长信道数量和脉宽的优点。FP 滤波激光器带宽为 0.24nm，其调谐光谱范围为 60nm，并且有大约 3.6nm/V 的调谐速率和高达 10nm/μs 的速度。随着增益带宽和信道平坦的提高，可获得所期望的均匀脉冲振幅。该可调谐开关波长光纤激光器可望用于元器件测试、频率定基准等 WDM 光系统以及用作分布传感系统和光谱学中的脉冲光源。

（3）可调谐环形光纤激光器　采用悬臂梁调谐装置的环形腔光纤光栅掺铒光纤激光器已通过调谐光纤光栅实现了窄线宽可调谐激光输出。美国微光学公司研制出一种单频掺铒光纤可调谐环形激光器，它包括 980nm 波长泵浦源、10m 长的掺铒光纤（在 980nm 处有 4.3dB/m 的吸收）、1550/980nm 波长 WDM 耦合器、50/50 输出耦合器、隔离器、光纤 FP 可调滤波器以及具有 6250GHz 调谐范围、31GHz 带宽的环形干涉仪，并构成反向传播环。

这种不连续调谐的光纤激光器频率可锁定到 50GHz ITU 频率，并可精确调谐到 ITU 频率中的适当信道，在 50nm 调谐范围内具有 ±0.3GHz 的精确度和 0.5GHz 的稳定性。该激光器激射线宽小于 126kHz，输出功率为 7mW，非激射波长消光比为 45dB，并且无跳模工作周期长达 21min。在进一步提高模式稳定性之后，该激光器可用于未来的动态光网络。

（4）超连续谱可调谐光纤激光器　具有超连续谱的超短光脉冲在 TDM/WDM 系统中具有重要的意义。超短光脉冲不仅能提高 TDM 系统中的单信道码率，同时其宽大的连续谱也能为 WDM 系统提供众多的波长信道。大部分超连续谱的产生主要采用压缩超短光脉冲和非线性展宽脉冲技术。现在最流行的是利用光纤或光纤放大器的非线性产生超连续谱，而利用光纤产生宽连续谱最为经济实用。采用的光纤类型不同，则产生的连续谱带宽也不同。一种由两头粗、中间细的特种光纤（图 8-35）所产生的连续谱很宽，可调谐波长范围为 500～1600nm。泵浦源端的光纤长度为 3cm，锥形细腰的光纤长度为 15cm，尾部输出端的光纤长度为 15cm。该连续谱可在标准光纤中输出拉曼光孤子脉冲，可调谐波长范围达 200nm（1400～1600nm 波长）。脉冲频谱带宽为 20nm，相当于脉宽 130fs 的边带极限脉冲。该激光器通过改变泵浦功率来改变波长，当改变输入功率时，拉曼光孤子波长也发生改变。

图 8-35 可产生超连续谱的特种光纤

德国 IPGP hotonics 公司在输出功率达 30W 的可调谐 EDFL 的基础上，又采用其独一无二的全光纤化设计技术和掺铒光纤放大器（EDFA），制作出世界上第一台商品化的输出功率达 80W 的可调谐超连续谱 EDFL，并正式投入商业应用。该可调谐超连续谱 EDFL 采用单个带尾纤输出、大发光面的多模二极管激光器作为泵浦源，其单个二极管激光器的使用寿命为（30~50）×10⁴ h。它采用侧面泵浦专利技术，既无端面泵浦或共轴泵浦所固有的缺点，也很容易通过插入另外的二极管激光器进行泵浦来提高输出功率，不会对激光器的可靠性产生影响。另外，它采用了无需光学聚焦和校准的熔融光纤耦合技术及无需冷却系统的机架固定式结构（内含电源），比端面泵浦或者 V 形槽泵浦设计更加紧凑、牢固和稳定。

这种 1550nm 波段的可调谐光纤激光器集小巧、高电光效率以及对人眼安全等优点于一身，通过末端带 5.0mm 准直器的光纤输出，可提供真正意义上的单模，可调谐的波长范围达 200nm，可实现 1550~1567nm 的波长调谐，M2 小于 1.05，随机偏振，发射线宽达 1.5nm，功率稳定性小于 2%。该超连续谱可调谐光纤激光器在远程应用领域具有极大的潜力，不仅可用于自由空间通信、扫描、传感和照明等领域，也可用于打标、切割和焊接等工业领域。

（5）集成阵列波导光栅（AWG）的可调谐光纤激光器　目前，研制较多的是采用 AWG 和 EDFA 的可调谐 AWG 环形激光器。将激光器与 AWG 混合集成，既可保持振荡阈值和输出光功率，又可增大波长调谐范围。同时，将 AWG 复用器和光放大器组合集成也可获得可调谐光纤激光器。

日本 NTT 采用 Si 上"印刷"SiO₂ 平面光波回路制作出具有 32 个波长、信道间隔为 100GHz 的 AWG 分立可调谐锁模激光器。32 个信道的 AWG 采用保偏单模光纤（PM-SMF），并有 29 个衍射级。通过调制集成 InGaAsP 多量子阱（MQW）、电吸收调制器（EAM）（约 10GHz）或半导体光放大器（SOA）的增益（约 5GHz）实现锁模，可通过改变锁模频率来选择波长，即将集成 InGaAsP EAM/SOA 器件的 FP 谐振产生的光谱周期与 AWG 的信道间隔相匹配，仅改变 RF 频率即可实现宽范围的波长调谐（1535.5~1560.5nm），单通道带宽为 0.32nm。图 8-36 所示为集成阵列波导光栅（AWG）的可调谐光纤激光器结构。

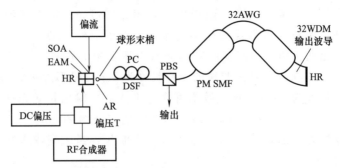

图 8-36　集成阵列波导光栅（AWG）的可调谐光纤激光器结构

三、被动锁模光纤激光器

1. 简介

被动锁模光纤激光器结构简单，利用光纤的非线性效应产生最短的光学脉冲，而激光腔内无需任何主动器件，是真正的全光纤器件。它可以充分利用掺杂光纤的增益带宽，从理论上讲，可直接产生飞秒（fs）光脉冲。被动锁模光纤激光器是利用光纤的非线性效应来实现锁模的，因此它的不足之处在于输出脉冲重复频率的稳定性差，不能由外界调控。由于光纤激光器具有宽带宽优势，利用非线性偏振旋转以及非线性光纤环形镜是目前产生超短脉冲的最有效方法。

2. 被动锁模光纤激光器结构

典型的被动锁模光纤激光器结构如图 8-37 所示，利用光纤的非线性偏振旋转起饱和吸收体的作用，当两束或更多束光波同时在光纤中传输时，它们将通过光纤中的非线性发生相互作用。由图可见，隔离器出来的光被 PC_1

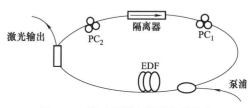

图 8-37　被动锁模光纤激光器结构

变为椭圆偏振光，它在 X 方向和 Y 方向有不同的光强，这束椭圆偏振光经过光纤沿 X 方向的偏振分量和沿 Y 方向的偏振分量经过相同长度的光纤产生的相移却不同，这就使椭圆偏振光的偏振态发生旋转。另外，光纤本身的双折射也使在光纤中传播的光偏振态发生旋转。适当选择 PC_2 的位置，使某个偏振态的光损耗最小，能再次通过隔离器继续振荡，这样就可以利用偏振控制来实现被动锁模。

3. 适用性与改进

在实际的应用中，环境稳定性对被动锁模光纤激光器是一个十分重要的影响因素。其主要原因是：较长的光纤会造成非常大的非线性相移，温度以及压力的变化也引起锁模过程中的光纤双折射幅度的涨落。为解决这个问题，一般将光纤的长度缩短至 10m 以下，并选用高双折射光纤，使环境的变化不会影响线性双折射。

由于主动锁模光纤激光器的弛豫振荡和超模噪声劣化了输出脉冲的质量，故为了改善主动锁模光纤激光器的输出脉冲质量，人们多采用主被动联合锁模的方法。"8"字形腔激光器就是一种典型的主、被动联合锁模激光器结构，由主动锁模掺铒光纤环形腔激光器加上一个由非线性光学环行镜构成的附腔组成。通常，环中加入一段色散位移光纤以增大光纤的非线性效应。从主动锁模环中输出的脉冲注入非线性光学环行镜附腔，利用非线性光学环行镜的非线性效应来消除弛豫振荡、超模噪声和幅度波动造成的不利影响，从而获得高质量的锁模脉冲。

四、光子晶体光纤（PCF）激光器

1. PCF 的特征优势

PCF 与传统光纤在光纤结构、单模特性、色散特性和非线性特性等方面有显著的差别，PCF 可提供制作具有增强线性和非线性光特性的光波导，具有传统光纤所不具备的优点。PCF 能进行宽带单模工作和空气波导，减小非线性和色散，可制成拍长极短的保偏光纤，还具有高灵敏性光谱、光损耗小的特点。在 PCF 众多引人注目的特性中，最具特征的优势有无限单模特性、可控的色散特性、极强的光学非线性、高双折射性、超连续性、大模场面积和折射率-波长相关性。

（1）无限单模特性　结构设计合理的 PCF 具备在所有波长上都支持单模传输的能力，可在极宽谱带内单模运转，即所谓的无限单模特性，这是 PCF 最引人注目的特性，对 PC-FL 非常重要。

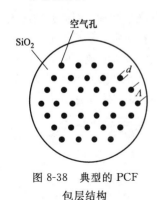

光纤一般由纤芯和包层构成，典型的 PCF 包层由具有孔直径 d 和孔间距 Λ 的三角形阵列空气孔构成（图 8-38），并有缺失孔形成的纤芯，这些孔降低了包层的"平均"折射率。PCF 的无限单模特性与绝对尺寸无关，光纤放大或缩小照样可以保持单模传输。具备无限单模特性的条件是：空气孔足够小；空气孔径 d 与孔间距 Λ 之比 (d/Λ) 要小。

由 PCF 的归一化频率参数（V 参数）可确定单模条件为：

图 8-38　典型的 PCF
包层结构

$$V_{\text{PCF}} = \frac{2\pi}{\lambda}\Lambda\sqrt{n_{\text{纤芯}}^2(\lambda) - n_{\text{包层}}^2(\lambda)} \tag{8-24}$$

高阶模的截止条件为：

$$V_{\text{PCF}} = \pi \tag{8-25}$$

在典型的具有六边形空气孔图形和单孔缺失的 PCF 中，所有波长均以单模传播的条件是：$d/\Lambda < 0.45$。在具有 3 个和 7 个缺失孔的 PCF 中，单模传播的条件是：$d/\Lambda < 0.25$ 和 $d/\Lambda < 0.15$。

（2）可控的色散特性　PCF 具有可控的色散特性，其色散和色散斜率随空气孔的排布和大小的变化而改变。PCF 还具有色散补偿特性，大的空气孔将导致异常群速色散（GVD），可补偿较短波长的材料色散。分析表明：合理设计的 PCF 可以获得 100nm 带宽，约 2000ps·nm^{-1}·km^{-1} 以上的色散值，可补偿为自身长度 35 倍的标准光纤引起的色散。PCF 的异常色散特性对可见光波长区特别有用，可获得全光纤超短脉冲，同时利用这种优势制作出的光纤零色散区域可短至 550nm 波长，这将降低 PCFL 的损耗，并具有灵活的光波长。

（3）极强的光学非线性　在 PCF 中，每单元长度的光纤具有非常高的非线性。在纯 SiO$_2$ 中每单元长度的有效非线性系数 γ 高达 70W^{-1}·km^{-1}，非线性值为 SiO$_2$ 的标准色散位移光纤和化合物玻璃光纤的 20 和 200 倍。如果在空气孔中填充合适的非线性材料，还会大大提高 PCF 的非线性，这样可减小光纤长度。现已获得偏振拍长小于 0.3mm 的光纤，因此高非线性对拉曼激光器和放大器具有很大的吸引力。

（4）高双折射性　PCF 与传统光纤相比具有更大的固有折射率差，为实现高双折射光纤提供了可能性。改变 PCF 包层结构，即可通过减少一些空气孔或改变一些空气孔的尺寸，从而破坏 PCF 截面的圆对称性以获得高双折射特性的 PCF。如将 PCF 所固有的大折射率差与非对称性设计相结合，可获得更高双折射波导单模 PCF，这对实现单模 PCFL 有重要意义。

（5）超连续性　PCF 具有超连续性（SC），即从具有超高非线性的小芯径（约为 1μm）PCF 中可获得超连续性。PCF 的可见光波长可产生光孤子或在传输超短脉冲时产生宽带连续光谱。现已发现，当将具几纳焦能量的 100fs 脉冲射入 PCF 时，则有巨大的光谱展宽（350～1650nm），这种超连续的 PCFL 可实现低成本的 Tb/s 光通信密集波分复用（DWDM）或光时分复用（OTDM）。

（6）大模场面积　PCF 可获得非常大的模场面积，可以根据需要灵活地设计光纤模场面积。通过改变孔间距可以调节有效模场面积，调节范围约为 1～800μm^2（在 1.5μm 波长）。具有大模场面积的 PCF 可降低功率密度和非线性效应，并提高连续波和脉冲激光器系统的标定功率，这对开发光纤激光器和放大器非常有利，既能经受更高的功率，又不会使器件达到最终失效的功率密度。大芯径光纤还可调节波导色散，使单模截止移到更短的波长，并扩大有用的传输光谱。

在 PCF 中，不同数量的缺失空气孔形成纤芯的模场面积不同。在 $1.5\mu m$ 波段具有低弯曲损耗，并具有一个缺失孔的 PCF 的模场直径约为 $26\mu m$。数值模拟和实验表明：有 3 个缺失孔光纤的模场直径要比单个缺失孔的模场直径大 30%；具有 7 个缺失孔的 PCF 模场直径＞$35\mu m$。图 8-39 所示为有不同数量缺失孔的 PCF 结构。

（7）折射率-波长相关性　PCF 包层的有效折射率有很强的波长相关性（图 8-40）。如果波导模波长与孔间

(a) 单个缺失孔　　(b) 7个缺失孔

图 8-39　具有不同数量缺失孔的 PCF 结构

距之比（λ/Λ）趋于零，则包层有效折射率与纤芯的有效折射率趋于接近，所以可利用有效折射率调节 PCFL 波长。

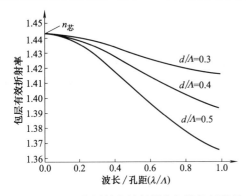

图 8-40　PCF 包层的有效折射率与波长相关性

2. 光子晶体光纤激光器（简称 PCFL）

PCF 具有传统光纤所不具备的优点。利用 PCF 的特征优势开发的 PCFL 可为大功率工作的掺杂稀土光纤激光器带来变革，可在 1300nm 以下波长获得比传统单模光纤激光器或全光纤孤子激光器更高功率的激光器。

（1）增益介质　通过用掺稀土（一般为 Yb）的光纤棒代替纯 SiO_2 纤芯，可制作 PCFL 的增益介质。英国巴斯大学的科学家研究发现，如果在掺 Yb 的 PCFL 掺杂区和非掺杂区实现大振荡模面积和小有效折射率突变，则具有提高输出功率的潜力。

（2）双包层 PCFL　在 PCF 中形成一个空气包层区可获得双包层光纤。通过用一个网状的 SiO_2 桥环绕内包层可获得双包层 PCF，该网状的 SiO_2 桥比导波辐射的波长窄得多，所以在内外包层之间所获得的折射率差要比传统光纤所获得的折射率差大得多。PCF 的空气-包层区可获得大数值孔径（NA）的内包层，在既有足够大的 NA 又能保证有效泵浦的同时，可减小内包层的直径。缩小内包层的优点是：纤芯与内包层的重叠比例增加，可获得较短的吸收长度或较高的

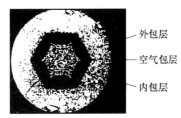

外包层
空气包层
内包层

图 8-41　双包层 PCF 横截面扫描电子显微照片

非线性效应阈值，可提高泵浦功率耦合进光纤的效率。图 8-41 所示为由薄玻璃桥跨接的空气间隙作为外包层的双包层 PCF 横截面扫描电子显微照片。

（3）掺稀土双包层大功率 PCFL　掺稀土双包层 PCF 具有独特的性能，在较短的光纤内可获得较大的功率。光纤芯径和衍射限功率可随着缺失孔的数量增加而增大。图 8-42 所示为在具有 $35\mu m$ 纤芯的 PCFL 中，输出功率与 PCF 长度之间的关系，并显示出 PCFL 可获得的潜在衍射限功率与损伤阈值、热负

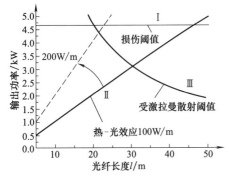

图 8-42　输出功率与 PCF 长度的关系曲线

荷和非线性光学（受激拉曼散射）的关系。

① 与波长无关的损伤阈值约为 4.6kW（曲线 I），熔融的 SiO_2 表面损伤约为 $2GW/cm^2$。

② 空气-掺稀土 PCF 的热扩散特性好。实验证明：当提取功率为 100W/m 时，外径＞400μm 的空气制冷光纤无热效应（曲线 II）。如果采用加压的空气制冷或被动的水制冷等制冷技术，则提取功率可增加到 200W/m，且无热-光效应（虚线）。

③ 受激拉曼散射阈值随光纤长度而下降（曲线 III）。

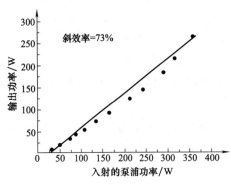

图 8-43 双包层 PCFL 的输出特性

在第一个掺 Yb 的双包层大模场面积 PCFL 中，单模芯径为 28μm，具有 3 个缺失孔和由空气包层环绕的一个 150μm 直径的内包层（$NA＞0.55$）。在长为 2.3m 的 PCFL 中获得达 80W 的输出功率，长 4m 以上的 PCFL 衍射限输出功率可达 260W，斜效率达 73%。图 8-43 所示为双包层 PCFL 的输出特性。据称，采用无源空气制冷的单模 PCFL 潜在衍射限输出功率可达到 3kW，如果采用加压空气或水制冷则可高达 4kW。

3. 几种具有发展前景的 PCFL

PCFL 发展快速，已研制出多种器件，其中具有发展前景的典型器件是掺 Yb 的双包层的 PCFL、基于 PCF 的脉冲光源及全光纤 PCF 拉曼激光器。

（1）掺 Yb 的双包层 PCFL 英国巴斯大学 2000 年已演示了一种掺 Yb^{3+} 的 PCFL，在 730nm 波长以上具有 GVD 的 PCF 中首次获得激光作用，这是向 PCFL 实用化方向迈出的极其重要的一步。该激光器具有大空气孔和小芯径的 PCF，$\Lambda=1.2\mu m$，$d=0.6\sim0.8\mu m$，$d/\Lambda=0.5\sim0.7$，固体纤芯直径为 1.6μm，掺杂区直径为 0.9μm。将纯 SiO_2 毛细管围绕一个具有掺杂芯的 SiO_2 棒集束，然后拉制成光纤，仅需要 2 个周期的空气孔即可得到较低损耗的光纤。该激光器在激射阈值＜10mW、输入功率为 330mW 时，获得 14mW 输出功率。

德国耶拿的 Friedrich Schiller 大学和丹麦的 Grystal Fiber 公司在 2003 年根据双包层和大模场面积设计制作出大功率掺 Yb 的 PCFL。2.3m 长的空气包层 PCFL 实现了 80W 输出功率，斜效率为 78%。此外，具有类似结构的 4m 长 PCFL 的输出功率增长到 260W，并有千瓦级的输出潜力。

该双包层由一个具有六角形晶格的空气孔内泵浦芯包层和一个 390nm 厚、约 50μm 长的 SiO_2 桥形外包层薄板构成，为了获得三角形的 28μm 大模场面积纤芯，在拉制光纤前插入了 3 根掺 Yb 的光纤棒。

英国南安普敦大学采用 Yb 环形掺杂包层泵浦技术，在 980nm 波长的 PCFL 中获得 3.5W 的近衍射限功率。PCF 的空气包层采用了一个 35μm 厚的悬浮包层，纤芯直径为 10μm。这种环形掺杂技术在围绕单模纤芯的环中引入 Yb 离子，以减少 980nm 波长的吸收和所不希望有的 1040nm 波长的辐射增益，最终获得具有 400mW 阈值和 42% 斜效率的 980nm 波长的单模 PCFL。

（2）基于 PCF 的脉冲光源 英国南安普敦大学利用正常色散 PCF 产生的超连续和阵列波导光纤（AWG）的光谱限幅，研制出 36 信道×10GHz 光谱限幅脉冲光源，其结构形式如图 8-44 所示。一个 10GHz 再生主动锁模掺铒光纤环形激光器（工作在 1553nm 波长）产生 2.1ps 孤子脉冲，并通过 Er/Yb 掺杂的光纤放大器进行放大，进入 PCF 的脉冲平均功率约为 390mW（峰值功率与光纤长度的乘积约为 $0.4W \cdot km$），仅为传统 SC 光源的 $1/5 \sim 1/10$。

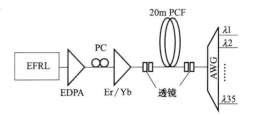

图 8-44　基于 PCF 的脉冲光源结构形式

20m 长的高非线性保偏纯 SiO_2 的 PCF 芯径约为 $1.2\mu m$，外径约为 $150\mu m$。该 PCF 在 1550nm 波长有正常的 GVD（$-30ps \cdot nm^{-1} \cdot km^{-1}$），损耗为 190dB/km，PCF 拍长约为 0.5mm，偏振消光比约为 17dB，并将 10dB 带宽的孤子脉冲从 3nm 展宽到 25nm。通过采用高非线性 PCF 缩短器件长度，增强光源稳定性和可靠性，并便于与输入籽晶脉冲序列相关的所有 WDM 信道同步。在整个波长工作区内，该脉冲光源 36 个 10GHz 信道具有几乎恒定的脉宽和时间与带宽乘积，全部信道无误码工作，并有极好的噪声特性。

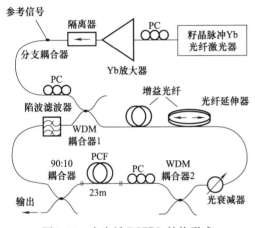

图 8-45　全光纤 PCFRL 结构形式

（3）全光纤 PCF 拉曼激光器　英国伦敦帝国大学研制的全光纤 PCFRL 采用 PCF 的异常色散进行色散补偿，并将同步泵浦和采用宽拉曼增益的标准 SiO_2 光纤与 PCF 的色散补偿相结合，获得了 1/8.5 的输出脉冲压缩。其泵浦脉冲光谱中心为 $1.08\mu m$，持续时间为 17ps，整个全光纤激光器获得 2ps 输出脉冲。图 8-45 所示为该激光器结构形式，泵浦光源由一个加籽晶脉冲 Yb 光纤激光器和一个 Yb 光纤放大器（平均输出功率 1W）构成。

PCF 长为 23m，芯径为 $2.6\mu m$，在 $1.1\mu m$ 波长的色散为 $+28ps \cdot nm^{-1} \cdot km^{-1}$。PCF 的模场面积为增益光纤的 1/7，在环路中 PCF 拉曼增益将起主要作用。将 220mW（或 940mW）的平均（或峰值）泵浦功率耦合进该激光器，分别获得 1.9mW 平均功率和 10.3W 峰值功率。其时间-带宽乘积显示，还可获得进一步的脉冲压缩。如果采用超短脉冲，则可实现 $1.3\mu m$ 波长以下的全光纤 PCFRL。

最近，该大学又研制出第一个采用全光纤结构的连续波（CW）PCFRL。增益介质为 100m 长的 PCF，PCF 在 $1.06\mu m$ 拉曼波长的模场直径为 $1.75\mu m$。谐振腔的后反射镜为光纤布拉格光栅（FBG），其在 $1.12\mu m$ 拉曼波长的传输为 99%。输出耦合器有两种：一种采用 $1.12\mu m$ 波长有 70% 反射的 FBG；另一种采用具有约 4% 菲涅尔反射的 PCF 切割平面。在 8.5W 泵浦功率下，这两种输出耦合器获得的结果见表 8-3。此外，两种输出耦合器的输出光谱几乎相同，在 $1.12\mu m$ 拉曼峰值波长的半最大值全带宽（FWHM）为 1.8nm，并具有 88% 的输出。

表 8-3　两种输出耦合器结果比较

输出耦合器类型	PCF 切割平面	FBG
输出功率/W	3.6	1.5
阈值泵浦功率/W	3.7	2.7
斜效率/%	77	29

该激光器的优点是无多界面附加反射，稳定性好，紧密度和强度增加。其拉曼增益约为 $17W^{-1} \cdot km^{-1}$，约为最佳化传统 FRL 的 3 倍。该大学认为，通过采用更小的芯径和选择掺

Ge 的 PCF，则可将增益提高到 $40W^{-1} \cdot km^{-1}$ 以上的理论值。由于在理论上 PCFRL 的拉曼增益系数几乎为最佳化传统 FRL 的 7 倍，因此 PCFRL 是很有前途的一种光源，有朝一日将在许多应用中代替传统的激光器。

PCF 的出现是电磁波领域的一个重大突破，PCF 具有一般普通光纤所不具备的特征优势，同时也赋予 PCFL 大功率输出等许多优点，对光集成有着重要意义。PCFL 的优越性能不仅可为大功率掺稀土光纤激光器带来变革，也将对光学、光电子学、信息科学等领域产生重大影响。

五、掺铒光纤激光器

1. 简介

利用掺铒光纤在 1550nm 的增益特性，用 980nm 的泵浦光注入，通过光纤光栅滤波和光振荡，从而得到波长为 1550.24nm、3dB 带宽为 0.06nm、输出功率为 20nW 的激光。激光器的功率稳定性得到明显提高。

2. 掺铒光纤激光器

光纤激光器由泵浦源、掺有稀土离子的光纤、光学谐振腔组成。当泵浦光通过光纤中的稀土离子时，稀土离子吸收泵浦光，使稀土原子的电子激励到较高激射能级，从而实现通常所说的粒子数反转。反转后的粒子以辐射形式从高能级转移到基态，完成受激辐射（图 8-46）。光纤激光器实质上是一个波长转换器，通过它可以将泵浦波长光转换为所需的激射波长光。

研究中所采用的环形腔光纤激光器结构如图 8-47 所示。它由波分复用器（WDM）、掺 Er^{3+} 光纤（EDF）、隔离器（ISO）、耦合器以及与耦合器相连的光纤光栅（FBG）构成，泵浦源采用 980nm 的半导体激光器（LD）。泵浦光经由 WDM 耦合进入环路，经 EDF 转化为波长为 1550nm 左右的光，通过隔离器传输到耦合器，一部分耦合至输出端，另一部分耦合到 FBG，经 FBG 滤波后，只有波长为 1550nm 的光波经过耦合器被反射回环路。由于隔离器的作用，反射光只能在环路中沿顺时针方向传播，再次经过 EDF 获得适当的增益后到达 FBG，重复上述过程，即实现了环路振荡。当所获得的增益大于腔内损耗时，耦合器的输出端得到波长为 1550nm 的激光输出。

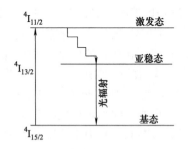

图 8-46　掺铒光纤三能级图

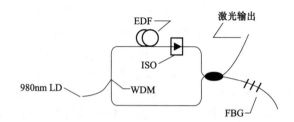

图 8-47　环形腔光纤激光器的结构示意图

3. 实验装置及结果

半导体激光器是武汉邮电科学院光讯公司型号为 SOF—980 的产品，其功率从 10～80mW 连续可调。采用美国的安捷伦 86142A 型光谱仪，分辨率为 0.06nm，光谱宽度可以估计到 0.06nm 以下。光隔离器的隔离度为 $-50dB$，耦合器的分束比为 30∶70（30％输出，70％光反射回环形腔），光纤与泵浦激光器的连接采用 FC/APC 角度防反射光纤连接器，以减小连接处的反射。环形腔的总长度为 15m，掺铒光纤长度为 10m，其具体参数见表 8-4。掺铒光纤在 980 nm LD 泵浦下的荧光谱宽度为 1530～1560nm，其荧光谱如图 8-48 所示。实验中的关键器件之一是布拉格光纤光栅，作为光纤激光器的窄带滤波器件，选择不同反射波长的光栅可以输出相应波长的激光。实验所采用的光纤光栅的反射波长为 1550.214nm，3dB 谱宽为 0.157nm。布拉格光纤光栅的反射光谱如图 8-49 所示。

表 8-4　掺铒光纤的参数

截止波长/nm	911
有效数值孔径/μm	0.24
模场直径的测量波长/nm	1553.7
模场直径/μm	5.7
理论离子浓度/(个·m^{-3})	$2.11×10^{25}$

整个环形激光腔内，980nm 泵浦光主要的损耗是泵浦吸收损耗、光纤连（焊）接损耗及环行 1 周后的耦合输出损耗，而 1550nm 的激光主要的损耗是耦合输出损耗及光纤连（焊）接损耗。

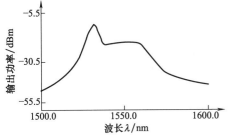

图 8-48　掺铒光纤的荧光光谱

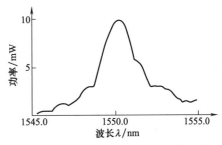

图 8-49　布拉格光纤光栅的反射光谱

光输出后，可以采用一个光滤波器以滤除漏过来的 980nm 泵浦光而获得 1550nm 的激光输出。

光纤光栅的透射光输出端采用匹配液来消除端面反射光的噪声影响，与不采用匹配液的结果比较效果不太明显，故没有使用匹配液。实验结果如图 8-50 和图 8-51 所示，光谱仪检测到一个中心波长为 1550.24nm，3dB 谱宽为 0.06nm 的激光输出。泵浦功率为 80mW 时，激光的输出功率可以达到 20.51mW，斜率效率可以达到 29%。

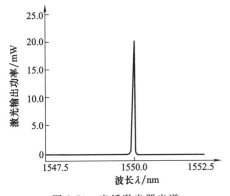

图 8-50　光纤激光器光谱

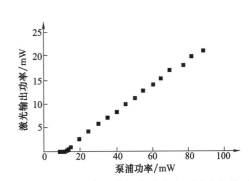

图 8-51　光纤激光器的输出功率和泵浦功率关系

经过长时间的开机后，每隔 1min 采集 1 次激光输出功率，共采集 25min，得到光纤激光器的输出功率稳定度 S＝1.22%，不太稳定（图 8-52）。由于功率的稳定是激光器的一项重要指标，为了提高激光输出功率的稳定性，有必要对影响功率稳定性的因素加以分析。

4. 光纤激光器的功率稳定性的影响因素

① 泵浦源（半导体激光器）功率的稳定性在一定程度上影响了光纤激光器输出功率的稳定，采用的 980nm 半导体激光器的稳定度为 3％左右，所以可以对驱动电路采取改进措施，使泵浦源功率得到最大程度上的稳定。

② 由于反射的存在（主要由焊接点及耦合器引起），当反射光进入泵浦激光器时，会引起泵浦光的波长发生随机变化，当波长变化的泵浦光通过波分复用耦合器时，因耦合效率对波长的依赖关系，将会引起进入掺铒光纤的泵浦光功率发生变化，从而引起激光器的不稳定。消除这种由于反射引起的不稳定性，可以在泵浦光源后引入 980nm 波长的光隔离器。

③ 光纤光栅的旁瓣反射以及焊接点的散射在光纤中产生光噪声，使光纤激光器的输出功率不太稳定。由这种原因造成的光功率不稳定，可以利用电光普克效应的电光调制，实现激光腔外稳定的功率输出。

采取改进措施后，光纤激光器的功率稳定性 $S＝0.20％$，实验结果如图 8-53 所示，与图 8-52 所示的改进前光纤激光器功率稳定性相比效果明显。

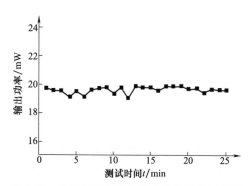

图 8-52　改进前光纤激光器功率稳定性示意图

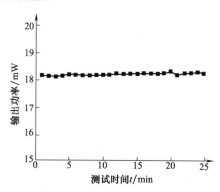

图 8-53　改进后的光纤激光器功率稳定性示意图

光纤激光器系统输出 3dB 谱线宽为 0.06nm、功率大于 20mW、斜效率为 29％的激光。采取改进措施后，激光器的功率稳定性得到明显提高。

六、大功率波长可调谐包层泵浦稀土掺杂石英光纤激光器

1. 包层泵浦光纤激光器

包层泵浦功率是标度稀土掺杂光纤激光器的普遍方法。包层泵浦光纤激光器不需要单模泵浦源，但仍然可能会产生单模激光输出。在这种情况下，必须采用一种在内包层中导光的光纤，这种光纤一般称作双包层光纤（DCF），如图 8-54 所示，图中给出具有中心纤芯的圆形光纤，但也可以是其他几何形状。DCF 有一层用于传导信号的一次波导纤芯，其周围环绕着折射率较低的内包层，它们均由玻璃制成。内包层还形成二次波导纤芯，用于传导泵浦光。内包层周围环绕着一层折射率较低的聚合物或玻璃外包层，以利于进行波导。

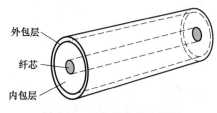

外包层
纤芯
内包层

图 8-54　双包层光纤示意图

在这种情况下，光纤可能都另外有一层聚合物保护层。一般来说，整个光纤纤芯都用稀土掺杂，而内包层则不掺杂。由于纤芯位于内包层中且构成泵浦波导的一部分，因此在泵浦波导中传播的泵浦光到达纤芯，并且激励纤芯中的激光有源稀土离子。

没有考虑终端泵浦光纤，这是最简单同时也常常是最有效的泵浦 DCF 的方法。然而，终端泵浦也有一些缺点，如泵浦光仅能通过光纤的两端注入，因此这些终端不便于接续。所以，现已开发出不含 DCF 终端且使泵浦能在多点注入光纤侧的替代方案。例如，可以经由固定在 DCF 一侧的反射镜，经由 DCF 中的 V 形槽，或经由与稀土掺杂光纤一侧相连的一根或几根光纤注入泵浦光，也可以将光纤熔融在一起并抛光以提供合适的接口。

DCF 的纤芯直径一般约为 $10\mu m$，以使其在信号波长下为单模。然而，较大的纤芯具有许多优点，如对于非线性失真和损伤具有较高的阈值，所以有时采用较大的多模纤芯。内包层直径可以从几十微米到几百微米不等，通常为圆形或长方形，也可以是其他形状。内包层的形状很重要，因为有些几何形状的纤芯与大量的泵浦模之间存在恶劣的重叠，这会导致较差的泵浦吸收。尽管可以通过弯曲光纤进行搅模来提高吸收，但对于具有最简单的中心纤芯的圆形内包层结构来说，仍然存在着严重的问题。图 8-55 所示为具有圆形内包层和中心纤芯的长 1m 铒-镱共掺杂光纤（EYDF）的吸收光谱。其中，一条是光纤基本上平直时测得的吸收光谱，而另一条是将光纤弯曲成 8 字形进行搅模时测得的光谱。平直光纤的吸收相对较差，在 975nm 的 Yb 吸收波峰下吸收为 2.7dB，在 915nm 下吸收则为 2.0dB，而进行搅模后，这些数值分别增至 13.4dB 和 4.9dB。

双包层光纤的泵浦吸收一般比这一数值低，如 1dB/m 或更低，因此要选择提供足够泵浦吸收的光纤长度。低泵浦吸收导致光纤长度较长，通常为几十米，光纤越长，每单位长度的吸收越小，每单位长度上产生的热越少，更易于散热，这样的长度通常不需要抵制不希望有的热效应。但选择较短的光纤也有一些理由，这是因为光纤非线性、背景损耗和再吸收效应是长包层泵浦光纤器件存在的潜在问题。

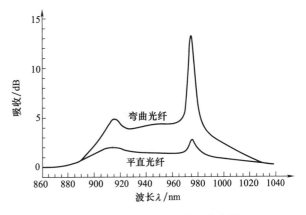

图 8-55 长 1m EYDF 的吸收光谱
包层/纤芯面积比为 $100\sim150$

由于包层泵浦光纤的大功率、严格的信号光束限制和长度较长，很容易产生众所周知的光纤非线性，如受激拉曼散射、受激布里渊散射（对于窄线宽光束）和自相位调制（对于脉冲光）。光纤非线性通常用光纤长度计算，而大的信号光斑尺寸有助于抑制非线性效应。例如在 $1\mu m$ 波长下，有效光斑面积为 $100\mu m^2$，获得 $4\times10^{-3}\,dB/(m/W)$ 的拉曼增益、$2dB/(m/W)$ 的布里渊增益和 $2\times10^{-3}\,rad/(m/W)$ 的非线性相移。

对于几十米长的光纤来说，信号（在纤芯中）和泵浦（在内包层中）背景损耗可以变得非常明显，泵浦背景损耗一般为 $(10\sim100)dB/km$。对于高稀土掺杂纤芯，信号损耗可以为 100dB/km 或更大。

DCF 的长度较长和高稀土掺杂浓度表明，信号波长附近的任何背景吸收都将严重影响 DCF 的增益谱。Tm、Yb 和 Er-Yb 共掺杂光纤 TDFL、YDFL 和 EYDFL 中的激光跃迁全部在基态终结，因此存在再吸收（CPFL 中的再吸收非常严重，甚至在 1060nm 以下工作的 Nb 掺杂光纤激光器中也产生再吸收。在大多数其他类型的 Nd 激光器中，可以将其看作四级跃迁，再吸收可以忽略不计）。在跃迁的长波长一侧，再吸收较小，因为这些跃迁以较低的热密度在能量较高的 Stark 能级终结。因此，长波长光纤激光器倾向于在准四级跃迁的长波长下工作，而较短的光纤激光器则在接近跃迁波峰的较短波长下工作。所以，二级和三级激光器的调谐范围在很大程度上取决于光纤长度。

较高的稀土掺杂浓度导致较大的泵浦吸收。实际上，通常选择高到可以有效工作以及能可靠制作的稀土浓度取决于稀土和基质玻璃的成分。可以采用稀土掺杂浓度较高的较短光纤，尽管这样会减小非线性效应，但它不会影响再吸收光谱。

泵浦和稀土掺杂区域之间较大的空间重叠导致泵浦吸收相对较大。泵浦模与纤芯在良好的搅模无恶劣的重叠时，泵浦吸收可以用纤芯中的吸收除以内包层与纤芯面积之比来表示（假设纤芯为均匀掺杂），较小的内包层和较大的纤芯可以获得较高的泵浦吸收。其典型的面积比为 $100 \sim 1000$，大于 1000 的较大面积比需要采用价格过高的长光纤。除了提高泵浦吸收以外，大纤芯还可以促进能量存储，并由此提高由 Q 开关光纤激光器产生高脉冲能量的可能性。最近已证实，大纤芯 Q 开关包层泵浦 YDFL 可产生 2.3mJ 和 7.7mJ 的脉冲能量。

对于单模纤芯，最大纤芯尺寸取决于受弯曲损耗影响的实际数值孔径的较低极限值。在 1060nm 以下阶跃折射率单模光纤的纤芯直径最高达 $10 \sim 15\mu m$。特殊的折射率分布即所谓的大模场面积（LMA）设计，可以降低在小孔径下的弯曲损耗灵敏度。现已证明，单模或近似单模 LMA 光纤具有高达 $20\mu m$（在 $1.1\mu m$ 以下）和 $24\mu m$（在 $1.55\mu m$ 以下）的纤芯直径。即使采用本征少模纤芯，单模工作也是可能的。例如，通过放大器中的选模激励或激光器中的选模滤波器。采用选模稀土掺杂分布，可以进一步促进本征多模纤芯中的单模工作。如果允许进行多模工作，则可以采用更大的纤芯。

最小的内包层尺寸是由二极管泵浦源的光束特性以及 DCF 的数值孔径决定的。实际上，主要问题是二极管发射机与光纤之间的几何形状失配。来自大功率二极管激光器的高度椭圆形输出光束在明显不同的正交平面上具有光束传播因数，而对于光纤，它们通常为具有类似圆形内包层的光纤。因此，二极管难以聚焦成在双包层光纤激光器中有效内耦合和工作所需要的小光束尺寸。业已开发出许多光束传输方案来解决这一问题，这些方案的目的是重整光束，使其在正交平面上具有完全相等的 M^2 值，而不会降低亮度，以致可以聚焦成与光纤内包层尺寸相匹配的圆形光束。实验中采用双反射镜光束成形器将光束传播因数为 25000（与阵列平行）和 1（与阵列垂直）的大功率二极管棒泵浦源重整为在正交平面上具有几乎相等的 M^2 值。双反射镜光束成形器的作用是将平行于二极管阵列方向上的光束劈成许多平行光束，然后将这些光束在正交方向上（即与阵列垂直）彼此叠加，最终作用是减小平行于阵列方向上的 M^2 值，增大垂直于阵列方向上的 M^2 值。采用设计适当的双反射镜光束成形器，可以将光束重新修整为 $M_x^2 \approx M_y^2 \approx 80$，由此聚焦成直径 $D \approx 2M^2\lambda/(\pi\theta)$ 的近圆形光束，其中，θ 为远场射束发散度（半角）。玻璃外包层的数值孔径一般为 $0.2 \sim 0.3$，聚合物外包层的数值孔径一般为 $0.4 \sim 0.5$。外包层还可以具有更低的折射率（对于较大的数值孔径）。例如，具有石英内包层的特氟隆（TEFLON）产生 0.7 的标称数值孔径。遗憾的是，大数值孔径模（具有大的横向波矢量）往往比较低阶的模更易产生损耗，因此难以有效利用内包层的全部数值孔径。实际上，采用未充满光纤可以获得较好的耦合效率，因此，一个粗加工波导的内包层设计的直径和数值孔径乘积应稍大些，约为 $1.5D\sin\theta$。功率高达 10W 的宽条纹二极管的亮度比其大一个数量级，但难以在较高功率的光纤耦合泵浦束中保持这一亮度。

$150\mu m$ 的内包层直径允许面积比为 $100 \sim 200$，泵浦吸收高达 10dB/m，可以注入这种光纤的泵浦功率允许单模输出达几十瓦，且 1m 长光纤的输出对非线性效应相对不敏感，但具有高吸收热效应。有关研究人员已对大功率光纤器件中产生的热效应进行分析，认为存在一些可能引起应力龟裂和折射率随温度变化的潜在问题，这将影响波导。最有可能限制功率的热效应是纤芯的熔化，对于内包层直径为 $315\mu m$ 的典型包层泵浦 Yb 掺杂光纤激光器，预计对流冷却将最大可提取功率限定为 50W/m，或者将沉积热量限定为 10W/m。采用 YD-FL，相应的最大泵浦吸收功率为 $10+50=60$W/m。由于大多数 CPFL 中的吸收限制可以忽略不计，所以以 $P_P\alpha_{N_P}$ 的速率吸收泵浦功率，其中，P_P 为泵浦功率，α_{Np} 为每单位长度的泵浦吸收，单位为奈培。采用 2Np/m（8.7dB/m）的泵浦吸收，最大注入泵浦功率为 30W，即类似于现有二极管光源可以注入 $150\mu m$ 内包层光纤的功率。对于热量的接收取决于光纤的几何尺寸，一根传导冷却光纤能容纳大于 10W/m 的热负荷，所以将光纤冷却至可接受的温度，应力裂纹仍是一个限制因数。

2. 实验装置

Nd、Yb、Er 和 Tm 掺杂可调谐工作的 CPFL 设计十分相似，如图 8-56 所示。在各种情况下，大功率二极管光源产生的泵浦光经由聚焦透镜被注入稀土掺杂光纤，用覆盖泵浦波长的宽带涂层对透镜进行 AR 涂覆，除了 TDFL 以外，还覆盖信号波长，垂直劈割光纤的泵浦注入端，3.5% 的菲涅尔反射为激光振荡提供反馈并且起激光输出耦合器的作用。泵浦输入端的分光镜将激光输出从泵浦光束的路径中分离出来，使光纤的另一端成斜角以抑制来自宽带菲涅尔反射的反馈。而以 Littrow 结构固定在旋转台上的外部衍射光栅经由中间准直透镜提供所需的可调谐波长选择反馈，在有些情况下，在空腔的光栅反馈端将另一泵浦源注入 DCF，或者可以将两泵浦源进行偏振多路复用并由一端注入光纤。

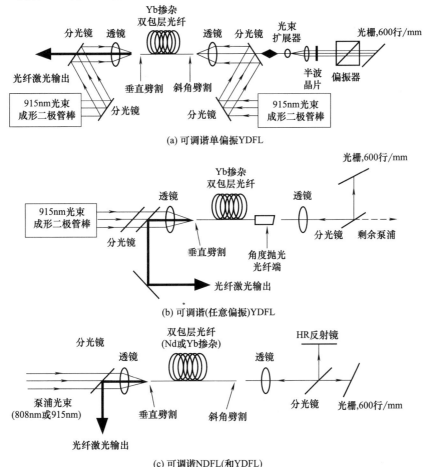

(a) 可调谐单偏振YDFL

(b) 可调谐(任意偏振)YDFL

(c) 可调谐NDFL(和YDFL)

图 8-56

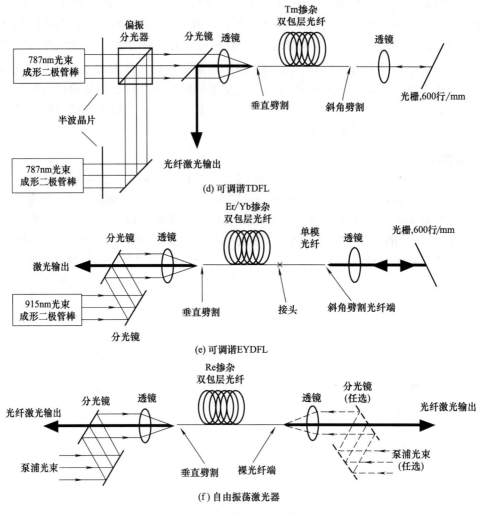

(d) 可调谐 TDFL

(e) 可调谐 EYDFL

(f) 自由振荡激光器

图 8-56　激光器的结构

预计光栅端的有效空腔反馈为 10%～20%。采用垂直劈割和高反射镜时，光纤的反馈效率可以大于 50%，但采用斜角光纤端和衍射光栅代替反射镜时，光纤的反馈效率会变小。光栅一般具有很强的偏振相关性，在本节介绍的一阶衍射效率为 30%～90%，通常偏振相关性强得足以使光在空腔的光栅端发生线性偏振（尽管偏振相关性与波长有关，且通常在某一具体波长下消除）。由于在法布里-珀罗空腔一端发生线性偏振的模在另一端也发生线性偏振（缺少非交互成分），当光纤在横向单模上工作时，激光输出也发生线性偏振，并且偏振角通常不稳定，随调谐波长而变化。但光纤的双折射足够大，则可以使偏振稳定。如图 8-56（a）所示，在光栅与光纤端之间插入一个偏振器以改进空腔光栅端的偏振消光。

还对自由振荡空腔中的所有光纤进行试验以获得参考数据，空腔由 1 个垂直劈割的光纤端或与两个分光镜连接形成，如图 8-56（b）和图 8-56（e）所示。

所有的 DCF 均采用标准 MCVD 和溶液掺杂工艺制作，并且具有纯石英内包层和低折射率聚合物或硅树脂外包层。

3. Yb 掺杂光纤激光器

Yb 掺杂具有高效和高泵浦吸收的特点，对大功率包层泵浦光纤激光器具有极大的吸引力。尽管在用于调谐和偏振控制的激光器空腔中的各种掺杂，成分会产生附加损耗，使输出功率降低，但最近报道，包层泵浦 YDFL 可以制成大功率激光器，功率达 $100 \sim 200W$。

Yb 掺杂光纤具有 $220\mu m$ 的内包层直径和硅树脂外包层，标称内包层的数值孔径为 0.4。硅酸铝纤芯偏心 30%，可提高泵浦吸收。纤芯直径为 $7.6\mu m$，数值孔径为 0.11，截止波长为 $1.0\mu m$，Yb^{3+} 的摩尔分数为 0.3%，对于 915nm 二极管泵浦，其小信号吸收为 $0.3dB/m$，在 975nm 吸收波峰附近实测小信号吸收为 $0.7dB/m$。图 8-57 所示为 Yb^{3+} 掺杂硅酸铝锗纤芯的吸收和发射截面光谱。

对在光纤两端由裸垂直劈割面形成的简单激光器空腔中的光纤进行评价，相对于注入泵浦功率，采用 1.8W 的阈值和 72% 的斜率效率对 30m 长的光纤段进行光激射，光纤中的泵浦吸收为 90%，1090nm 下两端的合成输出为 15W。

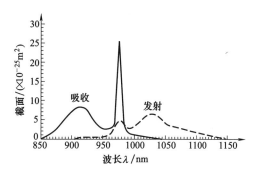

图 8-57 Yb^{3+} 掺杂硅酸铝锗纤芯的吸收和发射截面光谱

采用图 8-56（a）所示的调谐器结构，从单偏振可调谐光纤激光器开始，逐步将来自自由振荡结构的激光器空腔转变成单偏振可调谐激光器。对不同元件如何影响激光器的输出功率进行了研究，结果见表 8-5。当光纤的一端成斜角而不是垂直劈割时，两端的总输出功率降至 10.8W。通过放置宽带反射镜代替图 8-56（a）中的衍射光栅来增加斜角光纤端的反馈，输出功率（单端）降至 10W，再用衍射光栅（600 行/mm）代替反射镜，使最佳波长下的输出功率降至 7.5W。

表 8-5 各种结构 YDFL 的输出功率

结 构	输出功率/W	相对功率/%	功率损失的原因
从垂直劈割裸纤端进行光激射，两侧输出	15.0	100	—
一个垂直劈割端和一个斜角劈割端，两侧输出	10.8	72	通过斜角端的泵浦注入减少
外部 HR 反射镜在斜角劈割端	10.0	67	传播损耗增大及斜角劈割端的反射损耗
衍射光栅在斜角劈割端	7.5	50	衍射光栅中的部分损耗，部分未知
在斜角劈割端插入偏振器	7.5	50	—
偏振器在输出光束中	6.6	44	不纯的输出偏振

最后，在空腔中插入一个偏振器和零阶半波晶片，以获得图 8-56（a）所示的线性偏振可调谐空腔，这样可使输出功率不变。当输出通过为最大传输而定位的线性偏振器时，最大输出功率降至 6.6W（损耗为 12%）。图 8-58 所示为单偏振 YDFL 的输出功率与调谐波长之间的关系，输出光束通过线性偏振器，阈值为 1.6W，斜效率为 24%，激光器在 $1070 \sim 1106nm$ 波长范围内可调谐，线宽小于 0.2nm。对高达 300MHz 带宽的功率变化进行了研究，在高泵浦功率（接近可实现的最大功率）下，尽管它在长

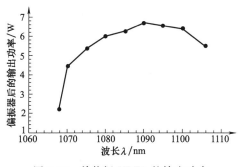

图 8-58 单偏振 YDFL 的输出功率
与调谐波长之间的关系

度很短的时标内漂移，输出实际上是变化较小的连续波（CW）。在较低功率下，激光器发射不规则脉冲，平均重复频率一般为 100～200kHz。采用半波晶片，通过将线性偏振光的偏振角旋转至光纤的双折射轴，可以减小功率变化。这说明光纤是充分双折射的，以部分抑制两个偏振模之间的耦合。另外，在光纤主轴上对准光栅端的偏振角时，输出光束的偏振角不随波长调谐的变化而变化。众所周知，稀土掺杂光纤通常比标准光纤具有更高的双折射。此外，该光纤有一个偏置纤芯，很可能在制造期间感生一些应力双折射，由此仍然可以认为更高的双折射将使激光器更稳定。

在将偏振损耗、衍射损耗和耦合损耗引入空腔时，可调谐激光器的输出功率比自由振荡激光器要小得多。改变空腔反馈，输出功率随之变化，当光纤端成斜角时，反馈也由此减少，自由振荡激光器的两侧功率从 15W 降至 10.8W，但功率降低不是反馈减少导致的结果，其原因是通过斜角光纤端的泵浦注入效率降低以及信号的菲涅尔反射损耗。

当采用的外部高反射镜相当小时，输出功率从 10.8W 降至 10W。这可以归因于信号光子在外耦合前经光纤传输较长距离的传播损耗增加。实际上，反射镜的反射率为 100%，通过斜角端进入单模纤芯的后向耦合损耗可能至少为 70%。即使从光纤两端发射的总的净功率几乎不受空腔反馈变化的影响，也仅有一部分在输出光束中，另一部分在空腔的反射镜一端损失掉。不同光纤端传输的功率 P_1 和 P_2 取决于反馈电阻 R_1 和 R_2，$P_1/P_2=[(1-R_1)/(1-R_2)][R_2/R_1]^{1/2}$。例如，反射镜端 30% 的反馈意味着损失 20% 的总功率，而实际测得的功率损耗小于 10%。损失（即未反射回纤芯）的功率几乎仍以 100% 的效率与包层模耦合，通过双包层光纤传输，尽管无用但仍以输出功率显示，这一点归因于输出光束具有高的 M^2 值。所以，外部反射镜的实际损耗要大于实测值。

当用衍射光栅代替 HR 反射镜时，输出功率从 10W 降至 7.5W。以任意偏振测得光栅的衍射效率为 65% 计算，如果进入产生激光芯模的总空腔反馈为 15%，且假定增益介质发射的总净功率仍为 10W，则有 3.8W 功率入射到光栅上，1.4W 功率在光栅端损失，不能将 2.5W 的总功率损失解释为实际反馈的衍射损耗。

事实是，在空腔中（除衍射光栅外）插入一个偏振器和零阶半波晶片时，功率没有进一步降低。这说明，不是偏振损耗较小，即使没有偏振器激光也已经发生线性偏振。

当输出光束通过外部偏振器时，功率从 7.5W 降至 6.6W（损耗为 12%），与其他损耗相比，其下降值较小。从获得的相对高的输出光束偏振程度说明光必须呈横向单模。

为了进一步改进激光器的性能，应减少光栅端的功率损失并且消除由斜角劈割引起的泵浦注入损失。在上述实验中，测得斜角劈割的泵浦注入效率下降了 30%。如果用 AR 涂覆光纤端代替斜角劈割（尽管 AR 涂覆的剩余信号反馈有大于斜角劈割的倾向），同时采用彻底优化的泵浦注入装置，则可以改进泵浦注入。通过减小反射损耗和消除色散现象，空腔光栅端的垂直 AR 涂覆光纤端还将改进来自光栅的信号反馈。

光栅端的功率损失是由恶劣的反馈造成的。进一步研究外部空腔反馈是如何影响近端（泵浦注入端）激光器输出功率的，结果如图 8-59 所示。试验中以 3.5% 的反射率垂直劈割光纤近端，在远端采用带透镜的反馈装置、宽带 HR 反射镜和可变衰减器。根据通过光纤两端发射的功率，计算出最大反馈为 20%。图 8-60 所示为对应的模拟结果。这些结果表明，20% 反馈要比 100% 反馈的输出功率低 18%，反馈为 40% 时，模拟结果显示功率损失降至 9%。实际上，采用外部衍射光栅可能难以实现大于 40% 的反馈，相反，采用较小的前端反馈，对远端反馈的要求要低得多。根据图 8-60 所示，1% 近端反馈的最大输出功率大于 3.5% 反馈的最大输出功率，这是因为当反馈减少时，泵浦反射损耗（1% 反射率由扩展至泵浦波长的 AR 涂层产生）和传播损耗随之减小。因此，模拟结果表明，即使在光栅端具有适中的 20％反馈，也可能实现高效可调谐光纤激光器空腔。然而，较小的反馈需要较高的光纤增益，而较高的光纤增益将导致调谐范围变窄。以 1％和 20％的空腔终端反射率为例，要求的单通增益为相对适中的 18dB，这明显小于超过 40dB 的小信号增益。因此，光纤仍然为强饱和，表明大功率转换效率和宽调谐范围仍然是可能的。在输出耦合端的垂直劈割光纤上采用 1％反射涂层，在光栅端采用 AR 涂层，相对于垂直劈割两侧的基本结构，预计功率损失至少可以减少一半。

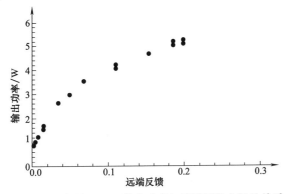

图 8-59　测得的 YDFL 输出功率与远端反馈之间的关系

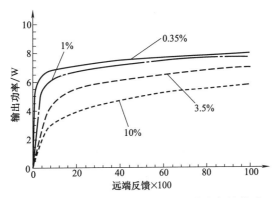

图 8-60　激光器输出功率与远端反馈之间的关系
模拟 YDFL 输出耦合端中的各种反馈

　　包层泵浦 YDFL 中的再吸收可能很强，因此调谐范围取决于长度。图 8-61 所示为硅酸铝锗 YDF 的归一化增益光谱。根据图 8-57 所示的截面光谱，以假设不同的平均转换能级和定为相同等级的峰值增益，对该增益光谱进行了评价。较长的光纤含有更多的 Yb 离子，产生更多的再吸收，因此一根较长的光纤将需要更多的受激离子以实现增益。然而受激离子的相对份额仍较小，且增益漂移至较长的波长。因此，校正光纤长度以获得要求的调谐范围十分重要。同时，光纤应足够长以吸收泵浦，这可能使光纤对于要求的调谐特性来说过长。通过改变 Yb 掺杂光纤的长度，对此进行了实验研究。实验采用了直径为 $18\mu m$、数值孔径为 0.27 的双包层多模 Yb 掺杂硅酸铝锗纤芯。纤芯位于直径为 $300\mu m$ 的圆形内包层中心，内包层的标称数值孔径为 0.4，外包层由硅树脂材料制成。由实测的 0.3dB/m 的泵浦小信号吸收和 976nm 吸收波峰下 0.8dB/m 的小信号吸收，计算出 Yb 的摩尔分数为 0.09％。采用 915nm 单光束成形二极管棒泵浦光纤，在具有 24mDCF 和垂直劈割光纤平面的简单自由振荡结构中，对于 22W 的注入功率，在 1080nm 处获得 10W 的输出功率，相对于注入泵浦功率阈值为 1.8W，斜效率为 59%（相对于吸收泵浦功率阈值为 1.5W，斜效率为 67%），泵浦吸收为 86%。

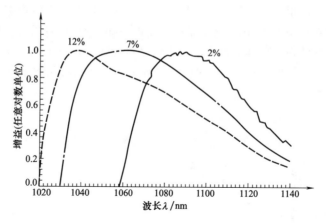

图 8-61　根据图 8-57 所示的截面光谱计算出的不同转换能级
下硅酸铝锗 YDF 的归一化增益光谱

对具有图 8-56（b）所示结构的波长调谐进行研究。泵浦光通过垂直劈割的外耦合端注入，光纤的另一端用环氧树脂固定在毛细管中且进行角度抛光以抑制平面反馈。将固定在旋转台上的 600 行/mm 的炫耀光栅与准直非球面透镜一起使用，以提供可调谐波长选择反馈。外部空腔内的分光镜将剩余传输泵浦从激光场中分离出来，可以根据传输通过分光镜的剩余信号来估算空腔内激光场，并由此估算出光栅衍射效率为 30%，空腔端的峰值光纤—光纤反射率为 5%～10%。长 22m 的光纤在 1065～1100nm 范围内可调谐，最大输出功率为 5W，几乎是双端自由振荡功率的一半，表明光栅端的反馈相当差。在这种情况下毛细管充当包层模的模消除器，注入内包层的信号光不通过光纤传播。图 8-62 所示为截短光纤时调谐范围和输出功率是如何随光纤长度而变化的，较短光纤的调谐范围漂移至较短波长处，和 Yb 掺杂光纤激光器的准四级工作一样，可以有规律地获得降至 0.3nm 的线宽。预计，在强饱和状态下工作的高增益光纤激光器具有平坦的调谐特性。研究人员相信，较低的空腔损耗可以扩展调谐范围。例如，有关研究已证明，纤芯泵浦结构中的调谐范围（1010～1162nm）大于 150nm。而再吸收使人们难以在包层泵浦光纤激光器中实现短波长，但实现具有较小空腔损耗的较长波长应该是可能的，尤其是在大功率和纤芯温度较高时，受激拉曼散射和热扩展将发射移至更长波长。

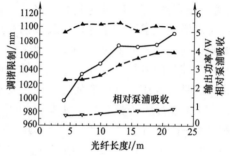

图 8-62　注射泵浦功率为 20W 时，非偏振 YDFL 调谐范
围（实心三角形）的上限和下限、输出功率（圆形）以
及相对泵浦吸收（空心三角形）与光纤长度之间的关系

由于泵浦吸收降低，较短光纤的输出功率明显下降（图 8-62）。相反，相对于吸收泵浦功率，较短光纤的斜率效率不会变化很大，且阈值变化小。由于较强的泵浦吸收，短光纤在 975nm 下的泵浦将更加有效。换句话说，面积较小的内包层将改进泵浦与纤芯的重叠，因此泵浦吸收不会改变泵浦波长。然而使用该试验中采用的泵浦源将影响注入效率，相对于注入效率，最大斜率效率为 30%。当采用 HR 反射镜代替衍射光栅时，21m 光纤的输出功率几乎增加一倍，表明采用更好的光栅可以实现更高的效率（尽管该光纤的固有效率相当低）。

4. Nd 掺杂光纤激光器

Nd 掺杂玻璃和晶体也可以制作性能优异的激光器。1997 年就曾报道过输出功率为 30W 的终端包层泵浦 NDFL。最近提出的 1kW 的多模 Nd 重掺杂嵌入光纤激光器，在 1060nm 附近，Nd 对光激射十分具有吸引力，包括在 808nm 下的高吸收，可以获得大功率泵浦二极管。此外，Nd 的四级特性意味着阈值较小，至少是在传播损耗较小时，效率和调谐范围几乎与光纤长度无关，并优于 Yb 的二级跃迁特性。已经证明，纤芯泵浦 NDFL 的波长调谐超过 65nm。因此，有必要深入研究可调谐包层泵浦 NDFL 的特性，并与 YDFL 进行比较。

采用图 8-56（c）所示的调谐器结构，对直径为 $10\mu m$、数值孔径为 0.12 的硅酸铝纤芯包层泵浦 NDFL 的调谐特性进行研究。纤芯以直径为 $220\mu m$ 的非圆形内包层为中心，采用标称内包层数值孔径为 0.48 的聚合物外包层涂覆光纤，泵浦吸收为 0.6dB/m，光纤长度为 5m。垂直劈裂光纤的泵浦注入端，形成 3.5% 的反射输出耦合器。在具有垂直劈裂平面的自由振荡结构中，在光纤的远端，NDFL 在 1062nm 下产生的合成双端输出功率高达 1.4W，相对于吸收泵浦功率，斜效率高达 36%；相对于注入泵浦功率，斜效率则为 17%，阈值泵浦功率分别为 250mW（吸收）和 510mW（注入）。由于长光纤的泵浦吸收低，所以进行双通泵浦，使光纤吸收的泵浦功率在注入泵浦功率中的份额从 50% 提高到 70%。此前已对较长光纤进行试验，信号传播损耗相对较大（0.3dB/m），因此较短光纤比长光纤更有效。NDFL 的输出功率明显小于 YDFL 可以达到的数值，其主要原因为信号传播损耗。

在图 8-56（c）所示的可调谐结构中，用分光镜将传输泵浦从信号光束中分离出来并反射进入光纤，以提高总的泵浦吸收。预计，光纤—光栅—光纤的信号反射率为 20%。在 1063nm 波长处获得 0.83W 的最大输出功率，对应于由荧光光谱确定的发射截面光谱的峰值，如图 8-63 所示。调谐范围超过 60nm（1057～1118nm），但在整个调谐范围内输出功率变化很大（图 8-64，硅酸铝纤芯）。远离峰值，功率迅速降低，光谱形状与发射截面的光谱有关。曾有人报道过可调谐 NDFL 类似的波长相关调谐特性，但输出功率只有几毫瓦。在该试验中，当激光在阈值以上很好地工作时增益为强饱和，表明可以获得一条大部分与波长无关的调谐曲线。波长相关性的原因尚不清楚，从而限制了该 NDFL 作为可调谐光源的有

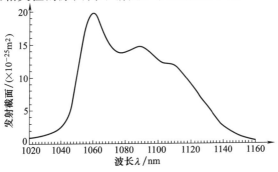

图 8-63　硅酸铝 NDF 的发射截面光谱

效性。在峰值发射波长下，相对于注入泵浦功率，斜效率为 15％，阈值为 0.2W。

对具有硅酸铝锗和硅酸铝磷纤芯两种包层泵浦 NDFL 的调谐特性也进行了研究。结果表明，具有硅酸铝磷纤芯的调谐范围稍大些，而其他成分的波长相关性较小（图 8-65）。硅酸铝磷光纤的输出功率较小是由其内包层较小引起的，由此使注入泵浦功率减小。

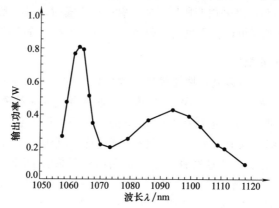

图 8-64　具有硅酸铝纤芯的包层泵浦 NDFL 的调谐特性

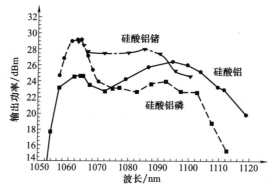

图 8-65　具有硅酸铝、硅酸铝锗和硅酸铝磷纤
芯的包层泵浦 NDFL 的调谐特性

对包层泵浦 YDFL 和 NDFL 的调谐范围进行了比较。与 NDFL 相比，YDFL 可以调谐至较短波长，但要以减少或是增大输出功率为代价。在较长波长处，图 8-63 所示的 Nd 发射截面比图 8-57 中的 Yb 发射截面要大。Yb 在较短波长下的再吸收有助于抑制这些波长下的发射，并促进长得足以进行有效再吸收的光纤向较长波长发射（图 8-61）。另外，Nd 因其波峰在 1230nm 附近的激励态吸收而受损害，扩展至较短波长，这可以很好地抑制波长调谐超出 1150nm。另一方面，尤其是对于大功率单模光纤激光器所需要的具有大包层/纤芯面积比的双包层光纤，YDFL 中的再吸收可能变得足够大，以迫使发射至 1100nm 以上波长，在这点上 NDFL 可能是较好的选择。

5. Tm 掺杂光纤激光器

在 2μm 下工作的 Tm 掺杂光纤激光器适合 LI-DAR 和医疗等应用领域。除此之外，该波长是非线性频率转换至中红外（3～5μm）光谱区的理想起点。最近有报道在 2μm 下产生 14W 单模输出的包层泵浦 Tm 掺杂石英光纤激光器，异常宽的线宽进一步强调了其通用性和潜能，使其在 2μm 处用作可调谐光源很有吸引力。但在这一波长范围内工作的 TDFL 于基态终结，高阈值可能是一大问题。优选光纤长度对于输出功率最大化十分重要，可以预测

YDFL 的发射波长与光纤长度上调谐范围的模拟相关性。

试验采用的 Tm 掺杂光纤具有 $20\mu m$ 直径的硅酸铝纤芯，其数值孔径为 0.12（预计截止波长为 $3.1\mu m$）。纯石英内包层具有外部尺寸为 $200\mu m$ 的非圆形截面，内包层外用低折射率的聚合物外包层涂覆，使泵浦波导的标称数值孔径为 0.48。787nm 处的泵浦吸收为 $4\sim$ 4.5dB/m。光纤激光器首先在简单的自由振荡结构中工作，以确定效率和最佳光纤长度。在这种情况下，用与光纤泵浦注入内耦合端对接的分光镜构成光纤激光器，而另一端则以 3.5％的菲涅尔反射垂直劈割，以便为激光器振荡提供反馈。对一系列不同光纤长度在最大注入泵浦功率和阈值泵浦功率下的激光器输出功率进行测量，光纤长度优选范围为 $3\sim4m$，对于 32W 的注入泵浦功率，输出功率电平超过 9W，阈值一般小于 5W。

对于波长调谐用图 8-56（d）所示装置，采用两个波长为 787nm 的光束成形二极管棒光源泵浦光纤激光器，再采用焦距为 150nm 的圆柱形透镜准直两个光束成形二极管的输出，并进行偏振耦合以产生单泵浦束，用焦距为 20mm 的梯度折射率透镜使其聚焦在 Tm 掺杂光纤上。泵浦光束调节和偏振合成光后可获得的最大泵浦功率为 42W，其中 32W 可以注入光纤。同上述可调谐光纤激光器一样，在 Littrow 结构中采用 600 行/mm 的简单衍射光栅，以便为波长调谐提供波长选择反馈。光栅激发用于 $1.85\mu m$ 波长，并测得光栅在 $2\mu m$ 下的效率为 90％（偏振垂直于凹槽）和 50％（偏振平行于凹槽）。斜角劈割最靠近光栅的光纤端，以抑制未涂覆平面的宽带反馈。采用焦距为 25mm 的抗反射涂覆 Infrasil 平凸透镜准直光纤光栅端中的信号光束，在泵浦内耦合端垂直劈割光纤到接近激光器空腔。该光纤端还用作输出耦合器。因其高传输率（96.5％），外耦合"损耗"超出其他空腔损耗，尤其是激光器光栅反馈端的损耗，因此采用分光镜将信号输出光束从泵浦光束中分离出来。

长 2m 和 3.8m 光纤的可调谐 Tm 光纤激光器输出功率与工作波长之间的关系如图 8-66 所示。由于信号外耦合透镜的信号传输较差，提供给 TDFL 的输出功率是那些刚输出光纤平面后的功率，在约 $2\mu m$ 处的外耦合透镜仅具有 74％的传输率（而在泵浦波长下，为抗反射涂覆）。相反，提供给其他类型光纤激光器的输出功率是在透镜和反射镜损耗之后测得的实际功率。对于长 3.8m 光纤，在 1940nm 处的最大输出功率（来自光纤）为 7.0W，调谐范围为 230nm（1860～2090nm）；对于长 2m 光纤，在 1920nm 处的最大输出功率为 5.9W，调谐范围为 220nm（1830～2050nm），线宽一般为 2nm（FWHM），输出几乎为单模，M^2 值为 1.3。该高光束质量表明较高阶纤芯模的某些抑制作用。

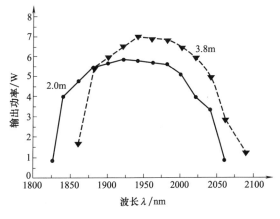

图 8-66　长 2m 和 3.8m 光纤的可调谐 Tm 光纤激
光器输出功率与工作波长之间的关系

6. Er-Yb 共掺杂光纤激光器

Er-Yb 共掺杂光纤吸引人之处是其在 1550nm 波长区域的卓越性能。在 Er-Yb 共掺杂光纤激光器（EYDFL）中，泵浦能量被 Yb 离子吸收，然后非辐射转换为 Er 离子而产生激光发射；Er 离子具有非常宽的发射带宽，已设计的 Er 掺杂光纤放大器可以在从 1490～1620nm 波长范围内的各个部分提供高增益，使 EYDFL 成为理想的大功率可调谐光源，在自由振荡结构中获得 16.8W 的双端输出功率和超过 40% 的斜效率。虽然激光 Er 跃迁也在基态终结，但 Er-Yb 共掺杂可以获得高泵浦吸收，且与 Er 浓度有关。因此，信号再吸收可以较小，有效泵浦速率很高。这些因素使实现 Er 的三级工作（在基态终结）相对简单。这在包层泵浦光纤器件中是很难的，包括 Yb 和 Tm 掺杂光纤器件以及对 Yb 不敏感的 Er 掺杂光纤器件。

用长 3.3m 的普通双包层 Er-Yb 共掺杂光纤（EYDF）制作的可调谐 EYDFL，是以圆形内包层为中心的纤芯用于传导激光的。纤芯由用 Er 和 Yb 激活的硅酸盐玻璃组成，直径为 $12\mu m$，数值孔径为 0.18，由此计算出截止波长为 $2.7\mu m$，在 1550nm 处支持 5 种模式。内包层由纯石英制成，直径为 $125\mu m$，由低折射 UV 固化聚合物涂覆内包层，为其中的泵浦光提供标称数值孔径为 0.48。

测量长 1m 光纤的吸收，发现在 975nm 吸收波峰处为 2.7dB，在 915nm 泵浦波长处为 2.0dB。然而，光纤是具有中心纤芯的圆形，为了有效的泵浦吸收，必须通过弯曲光纤来搅模，如图 7-56 所示。在激光器试验中，通过将光纤弯曲成 8 字形来搅模，可以使长 1m 光纤的小信号吸收在 915nm 处增至 4.9dB/m，在 975nm 波峰处增至 13.4dB/m。因此，估计在激光器装置中采用的长 3.3mEYDF 可吸收 90% 以上的泵浦功率，在 1535nm 波峰处 Er 纤芯吸收为 60dB/m。

对于自由振荡结构，垂直劈割光纤端为激光器振荡提供反馈，相对于注入泵浦功率，斜效率为 37%，阈值约为 0.5W。

采用图 8-56（e）所示的空腔设计，实现了 EYDFL 的波长调谐。通过一个简单的 915nm 光束成形二极管棒泵浦 EYDF，泵浦光束经两个分光镜和焦距为 25mm 的梯度折射率透镜注入垂直劈割的 EYDF，入射泵浦功率为 40W，其中 25W 可以注入 EYDF。将 EYDF 的远端与数值孔径为 0.12、纤芯直径为 $8\mu m$ 的标准单模光纤连接，从 EYDF 到单模光纤的接续损耗小于 1dB。对单模光纤的另一端进行斜角抛光以抑制反射，将固定在旋转台上、激发用于 $1.55\mu m$ 的 600 行/mm 外部衍射光栅经由焦距为 14mm 的非球面透镜提供波长选择可调谐反馈。预计光纤—光栅—光纤的反射率为 30%。空腔中的标准单模光纤防止信号光反馈回包层膜。此外，与 EYDF 良好接续，来自单模光纤的单模光束可以持续通过多模 EYDF，从而显著提高输出光束的质量，通过分光镜处理来自泵浦注入端的激光器输出。

可以在大部分 Er 发射带调谐 EYDFL，图 8-67 所示为可调谐 EYDFL 的输出功率与波长之间的关系。在 1500～1600nm 的调谐范围内，输出功率的变化小于 3dB。在 1550nm 处获得的最大输出功率为 6.7W，斜效率为 28%。由于 EYDF 中的再吸收，使发射波峰从 1530nm 的固有波峰向 1550nm 漂移，与自由振荡激光器相比，衍射光栅的损耗（包括光纤反馈损耗和接续损耗）最有可能使可调谐激光器的转换效率减小，输出光束的线宽比自由振荡激光器的线宽窄得多，在整个调谐范围内线宽小于 0.25nm，几乎为常数。以图 8-67 所示的插图为例，尽管未测量光束质量，仍可以明显地看出，在 EYDF 一端连续的单模光纤光束质量提高了，因为有 95% 以上的总输出功率在单一方向上优先发生线性偏振，这是衍射光栅偏振相关性的结果。事实上，在空腔一端发生线性偏振的模在另一端也发生线性偏振，不同的模将在不同的方向上发生偏振，因此高偏振度表明输出几乎为单模。

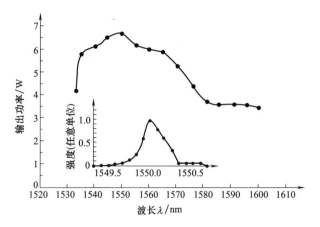

图 8-67　可调谐 EYDFL 的输出功率与波长之间的关系
插图：激光器的线宽

总之，研究了在 $1\mu m$、$1.5\mu m$ 和 $2\mu m$ 光谱范围内具有宽波长调谐能力的 Yb、Nd 和 Tm 掺杂可调谐包层泵浦以及 Er-Yb 共掺杂石英光纤激光器的性能，汇总结果见表 8-6。采用外部衍射光栅对激光器进行波长调谐，在高输出功率电平下，将 Yb 掺杂光纤激光器从 1027nm 调谐至 1105nm。同样地，在高输出功率电平下，分别在 Er-Yb 共掺杂和 Tm 掺杂石英光纤激光器中获得高输出功率以及 1533～1600nm 和 1860～2090nm 的宽波长可调谐能力。在较低输出功率电平下，将 Nd 掺杂光纤激光器从 1057nm 调谐至 1118nm。

表 8-6　可调谐光纤激光器的特性汇总

掺杂剂	调谐范围 /nm	最大输出 功率/W	斜效率/%	阈值 /W	光纤长度/m	泵浦波长/nm	基质成分	斜效率自由振荡激光器/%
Yb,偏振	1070～1106	6.6	24	1.6	30	915	硅酸铝	72
Yb,非偏振长度优选用于输出功率	1065～1100	4.9	26	～1.8	22	915	硅酸铝锗	59
Yb,非偏振长度优选用于调谐范围	1027～1105	2.8	16	～1.8	7	915	硅酸铝锗	59
Yb,非偏振光纤具有最宽的调谐范围	1010～1120	0.86	67	0.2	1.7	915	硅酸铝	—
Nd	1057～1118	0.83	15	0.2	5	808	硅酸铝	32
Tm	1860～2090	7.0	26	～5	3.8	787	硅酸铝	33
Er-Yb	1533～1600	6.7	28	～0.5	3.3	915	硅酸磷	37

这些结果证明，包层泵浦光纤激光器适合用于大功率宽带可调谐光源。

7. 高功率光纤激光器的关键技术

（1）包层泵浦技术　包层泵浦技术克服了低空间相干性强泵浦光与单个空间模的激光波导之间不易耦合的困难。包层泵浦技术是通过双包层光纤实现的，与普通光纤相比，双包层光纤增加了内包层，其横向尺寸和数值孔径远大于纤芯，而且对于泵浦光是多模的，可以有效提高泵浦光的耦合效率。多模的泵浦光在内包层的传输过程中，多次经过纤芯，被纤芯中的稀土离子吸收。这种光纤结构增加了泵浦长度，显著提高泵浦效率，从而使光纤激光器的输出功率提高几个数量级。泵浦光的吸收效率与内包层的几何形状以及纤芯在包层中的位置有关。典型的内包层结构有方形、矩形、圆形、D形、梅花形以及偏心结构等。研究结果表明，同心圆形结构的吸收效率最低，而非圆形的内包层结构对泵浦光的吸收效率很高，理想情况下可达到 100%。

（2）泵浦耦合技术　　高功率光纤激光器的关键技术之一就是如何将泵浦源输出的光功率有效地耦合到增益光纤中去。常规的光纤激光器采用普通的单模光纤做增益介质，耦合效率极低，很难得到高功率的光纤激光。包层泵浦技术的出现，极大地提高泵浦光的耦合效率，使光纤激光器摆脱低功率、无较大应用价值的印象，推动高功率光纤激光器的发展。但要获得几百瓦甚至几千瓦的光纤激光器，就需要有更高输出功率的泵浦源（一般为半导体激光器阵列），将半导体激光器阵列输出的几千瓦的激光耦合入一根双包层增益光纤是一件很困难的事，耦合效率也很低。因此，寻找泵浦光进入增益光纤的耦合新技术是一项重要的工作。采用树杈形光纤，将多个激光二极管输出的光功率同时耦合入增益光纤是最好的解决方案，即每个激光二极管输出的光由多模光纤导出，采用光纤集合熔接技术，将多根多模光纤融合成一根光纤，制成光纤模块。这样可使单根光纤的输出能量达百瓦级，同时消除半导体激光阵列集成模块的散热问题。将树杈形光纤模块作为泵浦光进入双包层增益光纤的导入口，可以将多个激光二极管输出的光功率有效地耦合进增益光纤的内包层，有效提高泵浦效率。

（3）谐振腔制备技术　　制备合适的光学谐振腔是高功率光纤激光器实用化的又一项关键技术。目前，高功率光纤激光器的谐振腔主要有两种：一种在光纤端面镀膜或采用二色镜构成谐振腔，这种方法给泵浦光的耦合以及光纤激光器的封装都带来很大困难，不利于光纤激光器的实用化和商品化；另一种采用光纤光栅做谐振腔，光纤光栅是一种低损耗器件，具有非常好的波长选择特性，光纤光栅的采用简化了激光器的结构，同时提高激光器的信噪比和可靠性，窄化线宽，提高光束质量，而且通过应力调节可进行波长调谐。另外，采用光纤光栅做谐振腔可以将泵浦源的尾纤经锥形光纤与增益光纤有机地熔接为一体，避免用二色镜和透镜组提供激光反馈带来的损耗，从而降低光纤激光器的阈值，提高输出激光的斜率效率。因此，采用光纤光栅做谐振腔不仅使激光器的结构简单、紧凑，而且极大地提高了泵浦光的耦合效率（可达 90%），有利于光纤激光器的实用化。

直接在增益光纤上写入光纤光栅似乎是最好的办法，这种方法可以有效减少光纤熔接带来的损耗。但高功率光纤激光器的增益光纤为双包层光纤，其外包层一般为聚合物材料，在氢载增敏过程中容易受到破坏，严重影响泵浦光的耦合，导致耦合效率较低。另外，聚合物的外包层材料对紫外光一般是不透明的，这也给光纤光栅的制备带来困难。另外，可采用复合腔结构的光纤激光器，即在非增益光纤上进行光纤光栅的紫外写入，然后再与双包层光纤熔接。这种方法虽然会带来接头损耗，但在光栅的制备过程中不会损坏增益光纤本身的特性，泵浦光的利用率较高。研究了各种不同类型的光纤与增益光纤的耦合特性以及对泵浦效率的影响，选择外包层经特殊处理的双包层光纤进行光栅的紫外写入，一方面避免高压氢载对外包层特性的破坏，另一方面又保证泵浦光的耦合效率，提高激光器的效率。研究表明，采用复合腔结构的光纤激光器的斜效率可达 75% 以上，而直接在增益光纤上进行光栅写入的光纤激光器的斜效率只有 40% 左右。

第四节 半导体发光二极管光源

一、半导体中光的发射原理

（一）半导体材料的能带结构

1. 半导体的能带

（1）半导体能带 半导体是由大量原子周期性有序排列构成的共价晶体，其原子最外层电子轨道相互重叠，从而使其分立的能级形成了能级连续分布的能带。

（2）能带的分层 按能带能量的高低分为：导带、禁带、价带。见图 8-68。

① 价带 能量最低的能带，相对应于原子最外层电子（价电子）所填充的能带，处在价带的电子被原子束缚，不能参与导电。

② 导带 价带中电子在外界能量作用下，可以克服原子的束缚，被激发到能量更高的导带之中去，成为自由电子，可以参与导电。

③ 禁带 处在导带底 E_c 和价带顶的能量 E_v 之间的能量差（$E_c - E_v = E_g$）称为禁带宽度或带隙。电子不可能占据禁带。

2. PN 结

半导体光源的核心是 PN 结，将 P 型半导体与 N 型半导体相接触就形成 PN 结。

（1）本征半导体 不掺杂的半导体，本征半导体的电子和空穴是成对出现的，用 E_f 位于禁带中央来表示。

（2）N 型半导体 在本征半导体中掺入施主杂质形成 N 型半导体。N 型半导体中过剩电子占据了本征半导体的导带处在高能级的电子增多，其费米能级就较本征半导体的要高，当杂质浓度增大时，费米能级向导带移动，在重掺杂情况下，费米能级可以进入导带，称为兼并型 N 型半导体。

（3）P 型半导体 在本征半导体中，掺入受主杂质，称为 P 型半导体。P 型半导体中过剩空穴占据了价带。其费米能级就较本征半导体的要低，当杂质浓度增大时，费米能级向价带移动，在重掺杂情况下，费米能级可以进入价带，称为兼并型 P 型半导体。

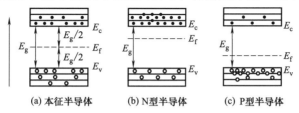

图 8-68 半导体的能带和电子分布

（二）半导体 PN 结光源

1. PN 结

（1）PN 结正向偏压 在 PN 结上施加正向电压，产生与内部电场相反方向的外加电场，结果能带倾斜减小，扩散增强。电子运动方向与电场方向相反，便使 N 区的电子向 P 区运动，P 区的空穴向 N 区运动，最后在 PN 结形成一个特殊的增益区。P 区空穴不断流向 N 区，N 区电子流向 P 区，通过复合发光。

- 自发发射复合——LED
- 受激发射复合——LD

（2）PN 结反向偏压　区域内电子和空穴都很少，形成高阻区。

2. PN 结类型

（1）同质结　PN 结的两边使用相同的半导体材料。P、N 区具有相同的带隙、接近相同的折射率。有源区对载流子和光子的限制作用很弱。

（2）异质结　在宽带隙的 P 型和 N 型半导体材料之间插进一薄层窄带隙的材料。就是由带隙及折射率都不同的两种半导体材料构成的 PN 结。

① 单异质结（SH）。

② 双单异质结（DH）：激活区两侧存在势垒，对载流子有限制作用；材料折射率差异较大，光波导效应显著，损耗大大减少。

二、半导体发光二极管

（一）发光二极管的工作原理及特点

1. 工作原理

发光二极管（LED）是非相干光源，是无阈值器件，它的基本工作原理是自发辐射。

2. 与半导体激光器差别

① 发光二极管没有光学谐振腔，不能形成激光；

② 仅限于自发辐射，所发出的是荧光，是非相干光；半导体激光器是受激辐射，发出的是相干光；

③ 发光过程中 PN 结也不一定需要实现粒子数反转。当注入正向电流时，注入的非平衡载流子将在扩散过程中复合发光。

3. 适用范围

低速率、短距离光波系统。

4. LED 优点

①结构简单。②成本低。③寿命长。④可靠性高。⑤随温度变化较小。

5. 缺点

①输出功率低。②输出光束发散角较大，耦合效率低。③光源谱线较宽。④响应速度较慢。

（二）发光二极管的结构及分类

1. 面发光二极管（SLED）

从平行于结平面的表面发光。SLED 特点如下。

①工艺简单。②发散角大。③效率低。④调制带宽较窄。

为提高面发光 LED 与光纤的耦合效率可在井中放置一个截球透镜；或者光纤末端制成

球透镜。

2. 边发光二极管（ELED）

从结区的边缘发光，ELED 的特点是发散角、耦合效率和调制带宽均比面发光 LED 有改善。

（三）发光二极管的工作特性

1. 光谱特性

① 发光二极管发射的是自发辐射光，没有谐振腔对波长的选择，谱线较宽（LED 谱线宽度 $\Delta\lambda$ 比激光器宽得多）。见图 8-69。

② 光谱半极大值全宽（FWHM）：

$$\Delta\lambda = 1.8kT \times \frac{\lambda^2}{ch} \qquad (8\text{-}26)$$

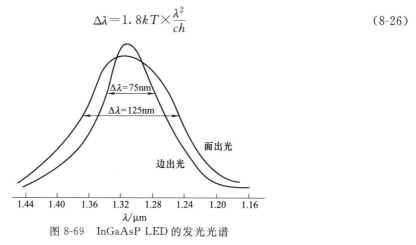

图 8-69　InGaAsP LED 的发光光谱

③ 对于一个典型 1.3μm LED，其谱宽为 50～60nm。

④ LED 的比特率-距离积 BL 不高。LED 主要用于短途、低速率的本地网。

⑤ 线宽随有源区掺杂浓度的增加而增加，面发光二极管一般是重掺杂，而边发光二极管为轻掺杂，因此面发光二极管的线宽就较宽，且重掺杂时，发射波长还向长波长方向移动。同时，温度的变化会使线宽加宽。

2. P-I 特性

（1）定义

是指输出光功率随注入电流的关系。

（2）特点

① 驱动电流 I 较小时，P-I 曲线的线性较好；I 过大时，由于 PN 结发热产生饱和现象，使 P-I 曲线的斜率减小。

② 在同样的注入电流下，面发光二极管的输出功率要比边发光二极管大 2.5～3 倍，这是由于边发光二极管受到更多的吸收和界面复合的影响。

③ 输出功率随温度升高而减小。但是发光二极管的温度特性相对较好，在实际应用中，一般可以不加温度控制。

3. 发光效率

（1）定义

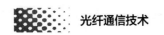

是描述发光二极管电光能量转换的重要参量。

（2）分类

① 内量子效应 η_i：代表有源区产生光子数与注入的电子-空穴对数之比

$$\eta_i = \frac{p_i/h\nu}{I/e} \tag{8-27}$$

② 外量子效应 η_e：即总效率

$$\eta_e = \frac{p_o/h\nu}{I/e} \tag{8-28}$$

代表输出的光子数与注入的总电子数之比。

（3）内量子效应、外量子效应的关系和区别

① 内量子效率 η_i 是衡量发光二极管把电子-空穴对（注入电流）转换成光子能力的一个参数；与 η_e 不同的是，η_i 与发光二极管的几何尺寸无关，是评价发光二极管半导体晶片质量的主要参数。

② η_i 是发光二极管把电子-空穴对（注入电流）转换成光子（光）效率的直接表示，但要注意，并非所有光子都出射成为输出光，有些光子由于各种内部损耗而被重新吸收。η_e 是发光二极管把电子-空穴对（注入电流）转换成输出光的效率表征。η_e 总是比 η_i 小。

4. 调制特性

（1）直接调制

直接改变光源注入电流实现调制的方式称为直接调制。

（2）频率特性

① 发光二极管的频率响应可以表示为：

$$|H(f)| = \frac{P(f)}{P(0)} = \frac{1}{\sqrt{1+(2f\pi\tau_e)^2}} \tag{8-29}$$

② 发光二极管的截止频率：最高调制频率应低于截止频率。

$$f_c = 1/(2\pi\tau_e) \tag{8-30}$$

三、半导体激光二极管

（一）激光二极管的结构与工作原理

1. 激光二极管的结构

采用双异质结结构（与 LDE 不同的是，纵向的两个端面是晶体的理解面。相互平行且垂直于结平面）见图 8-70。

以双异质结（DH）平面条形激光器（条形有源区的激光器）结构为例：这种结构由三层不同类型半导体材料构成，不同材料发射不同的光波长。图中标出所用材料和近似尺寸。

① 有源层：结构中间有一层厚 $0.1 \sim 0.3\mu m$ 的窄带隙 P 型半导体，称为有源层。

② 限制层：两侧分别为宽带隙的 P 型和 N 型半导体，称为限制层。

③ 法布里-珀罗（FP）谐振腔：三层半导体置于基片（衬底）上，前后两个晶体解理面作为反射镜构成法布里-珀罗（FP）谐振腔。

2. DH 激光器工作原理

① 由于限制层的带隙比有源层宽，施加正向偏压后，P 层的空穴和 N 层的电子注入有源层。

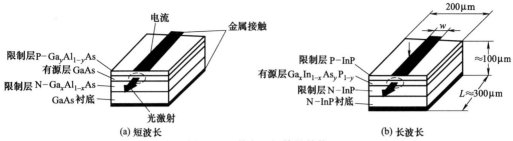

图 8-70　激光二极管的结构

② P 层带隙宽，导带的能态比有源层高，对注入电子形成了势垒，注入到有源层的电子不可能扩散到 P 层。同理，注入到有源层的空穴也不可能扩散到 N 层。

③ 这样，注入到有源层的电子和空穴被限制在厚 $0.1 \sim 0.3 \mu m$ 的有源层内形成粒子数反转分布，这时只要很小的外加电流，就可以使电子和空穴浓度增大而提高效益。

④ 另一方面，有源层的折射率比限制层高，产生的激光被限制在有源区内，因而电/光转换效率很高，输出激光的阈值电流很低，很小的散热体就可以在室温连续工作。

3. DH 激光器的两种结构

（1）增益导引条形

限制光的办法：电流在狭窄的中间带内注入，导致载流子浓度在条形区最高，光被限制在条形区域内。

（2）折射率导引条形

限制光的办法：在侧向引入折射率差，以达到限制光场的目的。

（二）激光二极管的工作特性

1. 发射波长

半导体激光器的发射波长等于禁带宽度 E_g（eV），由式（8-26）得到

$$hf = E_g \tag{8-31}$$

式中，$f = c/\lambda$，f（Hz）和 λ（μm）分别为发射光的频率和波长，$c = 3 \times 10^8 \mathrm{m/s}$ 为光速，$h = 6.628 \times 10^{-34} \mathrm{J \cdot s}$ 为普朗克常数，$1 \mathrm{eV} = 1.6 \times 10^{-19} \mathrm{J}$，代入上式得到不同半导体材料有不同的禁带宽度 E_g，因而有不同的发射波长 λ。

镓铝砷-镓砷（GaAlAs-GaAs）材料适用于 $0.85 \mu m$ 波段。

铟镓砷磷-铟磷（InGaAsP-InP）材料适用于 $1.3 \sim 1.55 \mu m$ 波段。

$$\lambda = \frac{1.24}{E_g} \tag{8-32}$$

2. P-I 特性

（1）阈值特性　对于 LD，当外加正向电流达到某一数值时，输出光功率急剧增加，这时将产生激光振荡，这个电流称为阈值电流，用 I_{th} 表示。

（2）阈值与温度的关系　温度升高时性能下降，阈值电流随温度按指数增长。

① 阈值电流随温度按指数增长：

$$I_{th}(T) = I_0 \exp(T/T_0)$$

② 特征温度 T_0 代表阈值电流 I_{th} 对温度的灵敏度。

③ 对 InGaAsP 激光器，T_0：$50 \sim 70 \mathrm{K}$，对温度比较敏感，需内装热电制冷器。

④ 对 GaAs 激光器，$T_0 > 120K$。

（3）I 曲线　光谱随着激励电流的变化而变化。当 $I < I_{th}$ 时，发出的是荧光，光谱很宽，如图 8-71（a）所示。当 $I > I_{th}$ 后，发射光谱突然变窄，谱线中心强度急剧增加，表明发出激光，如图 8-71（b）所示。

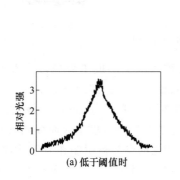 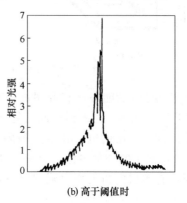

(a) 低于阈值时　　　　　　　　　(b) 高于阈值时

图 8-71　激光阈值

3. 转换效率

半导体激光器的电光功率转换效率常用微分量子效率 η_d（外微分量子效率）表示，其定义为激光器达到阈值后，输出光子数的增量与注入电子数的增量之比，其表达式为

$$\eta_d = \frac{(P - P_{th})/hf}{(I - I_{th})/e} = \frac{P - P_{th}}{I - I_{th}} \tag{8-33}$$

由此得

$$P = P_{th} + \frac{\eta_d hf}{e}(I - I_{th}) \tag{8-34}$$

式中，P 为激光器的输出光功率；I 为激光器的输出驱动电流；P_{th} 为激光器的阈值功率；I_{th} 为激光器的阈值电流；hf 为光子能量；e 为电子电荷。

4. 调制特性

在实际的调制电路中，为提高响应速度及不失真，需要进行直流偏置处理。

高速调制下出现的现象：

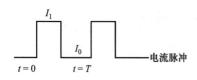

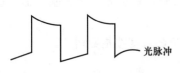

图 8-72　电流脉冲和光脉冲

（1）电光延迟　输出光脉冲和注入电流脉冲（图8-72）之间存在一个初始延迟时间。

（2）张弛振荡　当电流脉冲注入激光器后，输出光脉冲会出现幅度逐渐衰减的振荡。

（3）自脉动现象　当注入电流达到某个范围时，输出光脉冲出现持续等幅的高频振荡。

① 自脉动现象往往和 P-I 曲线的非线性有关。

② 调制速率低时，结发热效应现象更明显。

③ 结发热效应：由于调制电流的作用，引起激光器结区温度的变化，使输出光脉冲的形状发生变化。

（4）码型效应　由电光延迟产生

① 定义：当电光延迟时间与数字调制的码元持续时间为相同数量级时，会使后一个光

脉冲幅度受到前一个脉冲的影响，这种影响现象称为"码型效应"。

② 消除方法：增加直流偏置电流。

第五节　光　放　大　器

一、简介

（一）需求

众所周知，任何光纤通信系统的传输距离都受光纤损耗或色散限制，因此，传统的长途光纤传输系统需要每隔一定的距离就增加一个再生中继器，以保证信号的质量。这种再生中继器的基本功能是进行光-电-光转换，并在光信号转换为电信号时进行整形、再生和定时处理，恢复信号形状和幅度，然后再转换回光信号，沿光纤线路继续传输。这种方式有许多缺点。首先，通信设备复杂，系统的稳定性和可靠性不高，特别是在多信道光纤通信系统中更为突出，因为每个信道均需要进行波分解复用，然后进行光-电-光转换，经波分复用后再送回光纤信道传输，所需设备更复杂，费用更昂贵。其次，传输容量受到一定的限制。

多年来，人们一直在探索能否去掉上述光-电-光转换过程，直接在光路上对信号进行放大，然后再传输，即用一个全光传输中继器代替目前的这种光-电-光再生中继器。经过多年的努力，科学家们已经发明了几种光放大器，其中掺铒光纤放大器（EDFA）、分布光纤拉曼放大器（DRA）和半导体光放大器（SOA）技术已经成熟，众多公司已有商品出售。

（二）光放大器基础知识

光放大器通过受激发射放大入射光信号，其机理与激光器相同。光放大器只是一个没有反馈的激光器，其核心是当放大器被光或电泵浦时，使粒子数反转获得光增益，如图8-73（a）所示。该增益通常不仅与入射信号的频率（或波长）有关，而且与放大器内任一点的局部光强有关，该频率和光强与光增益的关系又取决于放大器介质。为了说明这个问题，让我们考虑同质展宽两能级系统增益介质模型，这种介质的增益系数可以写成

$$g(\omega, P) = \frac{g_0(\omega)}{1 + (\omega - \omega_0)^2 T_2^2 + P/P_{sat}}$$

(8-35)

式中，$g(\omega, P)$ 是有源区单位长度获得的增益，其单位是 l/m；$g_0(\omega)$ 是由放大器泵浦电平决定的峰值增益；ω 是入射信号光频；ω_0 是介质原子跃迁频率；P 是正在放大的信号光功率；P_{sat} 为饱和功率，与增益介质参数，如介质发光时间和跃迁渡越带有关；T_2 为偶极子张弛时间，其值一般相当小，0.1ps～1ns。

对于不同种类的放大器，它的表达式将在下面几节中给出。用式（8-35）可讨论光放大器的一些重要特性，如增益带宽、增益（放大倍数）以及输出饱和功率。在整个放大期间，若 $P/P_{sat} \ll 1$，则信号光功率在放大期间没有饱和，我们首先讨论这种情况。

1. 增益频谱和带宽

对小信号放大时，若 $P/P_{sat} \ll 1$，式（8-35）中的 P/P_{sat} 项可以忽略，增益系数变为

$$g(\omega) = \frac{g_0(\omega)}{1 + (\omega - \omega_0)^2 T_2^2}$$

(8-36)

该式表明当入射光频与原子跃迁频率 ω_0 相同时增益最大，如图 8-73（b）所示。当 $\omega \neq \omega_0$ 时，增益的减小可用洛伦兹（Lorentzian）分布曲线描述，该曲线表示同质展宽两能级系统的特性。下面我们将讨论的实际放大器增益频谱可能与洛伦兹曲线稍有不同。增益带宽 $\Delta \nu_g$ 定义为增益频谱曲线 $g(\omega)$ 半最大值的全宽（FWHM）。对于洛伦兹频谱曲线，增益带宽 $\Delta \nu_g$ 与 $\Delta \omega_g = 2/T_2$ 的关系是

$$\Delta \nu_g = \frac{\Delta \omega_g}{2\pi} = \frac{1}{\pi T_2} \tag{8-37}$$

例如，若半导体光放大器的 T_2 为 0.1ps，此时 $\Delta \nu_g \approx 3 \mathrm{THz}$。光通信系统需要增益带宽很大的放大器，因为此时即使对于多信道放大，在整个带宽内增益也几乎保持不变。

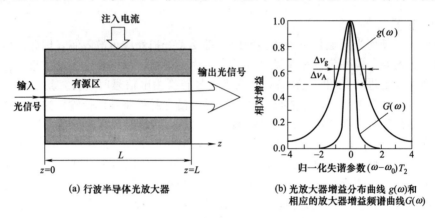

图 8-73　光放大器原理和增益分布曲线

通常使用放大器带宽 $\Delta \nu_A$，而不用增益带宽 $\Delta \nu_g$，它们之间的关系推导如下。

放大器增益 G（有时也称放大倍数）为

$$G = P_{\mathrm{out}} / P_{\mathrm{in}} \tag{8-38}$$

式中，P_{in} 和 P_{out} 分别是正在放大的连续波（CW）信号的输入和输出功率。

正在放大的光功率 P 沿有源区 z 方向的分布是

$$\frac{\mathrm{d}P}{\mathrm{d}z} = g(\omega, P)P(z) \tag{8-39}$$

式中，$P(z)$ 是距输入端 z 处的光功率。用初始条件 $P(0) = P_{\mathrm{in}}$ 对式（8-39）直接积分得到

$$P(z) = P_{\mathrm{in}} \exp(gz) \tag{8-40}$$

由式（8-40）可知，信号功率随增益系数 g 和 z 呈指数增长。对于长度为 L 的放大器，当 $z = L$ 时，$P(L) = P_{\mathrm{out}}$，将式（8-40）代入式（8-38），可以得到放大倍数

$$G(\omega) = \exp[g(\omega, P)L] \tag{8-41}$$

因为 g 与频率 ω 有关，所以 G 与频率也有关。当 $\omega = \omega_0$ 时，放大器增益 $G(\omega)$ 和增益系数 $g(\omega)$ 均达到最大，且随 $\omega - \omega_0$ 的增加而减小。然而，因为 G 是 g 的指数函数，所以 $G(\omega)$ 比 $g(\omega)$ 下降得更快。放大器带宽 $\Delta \nu_A$ 定义为 $G(\omega)$ 曲线半最大值的全宽（FWHM），它与增益带宽 $\Delta \nu_g$ 的关系是

$$\Delta \nu_A = \Delta \nu_g \left(\frac{\ln 2}{\ln(G_0/2)} \right)^{\frac{1}{2}} \tag{8-42}$$

式中，$G_0 = \exp(g_0 L)$。如上面指出的那样，放大器带宽要比增益带宽小些，其差取决于放大器增益本身。图 8-72（b）表示增益系数 $g(\omega)$ 和放大倍数 $G(\omega)$ 与归一化失谐参数 $(\omega - \omega_0)T_2$ 曲线，图中纵坐标表示 g 和 G 的相对值（g/g_0 和 G/G_0）。

2. 增益饱和

当正在放大的信号光功率远小于饱和光功率时，即 $P \ll P_{\text{sat}}$ 时，式（8-35）的 $g(\omega, P)$ 简化为式（8-36），此时 $g(\omega)$ 称为小信号增益。当 P 接近 P_{sat} 时 g 减小了，所以放大倍数 G 也随着减小，接近饱和。为简化讨论，我们假定入射信号频率能够准确地调谐到原子跃迁频率 ω_0，以使小信号增益达到最大。此时式（8-35）变为 $g(\omega P) = g_0(\omega)/(1 + P/P_{\text{sat}})$，将它代入式（8-39）中可得

$$\frac{\mathrm{d}P}{\mathrm{d}z} = \frac{g_0 P}{1 + P/P_{\text{sat}}} \tag{8-43}$$

使用初始条件 $P(0) = P_{\text{in}}$ 和 $P(L) = P_{\text{out}} = GP_{\text{in}}$，对式（8-43）积分就可以得到大信号放大增益

$$G = G_0 \exp\left[-\frac{(G-1)P_{\text{out}}}{GP_{\text{sat}}}\right] \tag{8-44}$$

式中，$G_0 = \exp(g_0 L)$ 是放大器不饱和时的（$P_{\text{out}} \ll P_{\text{sat}}$）放大倍数。

式（8-44）表示当 P_{out} 接近 P_{sat} 时，放大倍数 G 开始从它的不饱和值 G_0 处下降。实际上，人们对输出饱和功率 $P_{\text{out}}^{\text{sat}}$ 感兴趣，定义 $P_{\text{out}}^{\text{sat}}$ 为放大器增益 G 从 G_0 下降一半（3dB）时的输出光功率。在式（8-44）中将 $G = G_0/2$ 代入可得到饱和输出光功率为

$$P_{\text{out}}^{\text{sat}} = \frac{G_0 \ln 2}{G_0 - 2} P_{\text{sat}} \tag{8-45}$$

事实上，$G_0 \gg 2$（例如放大器增益为 30dB 时，$G_0 = 1000$），因此式（8-45）可变为 $P_{\text{out}}^{\text{sat}} \approx (\ln 2) P_{\text{sat}} \approx 0.69 P_{\text{sat}}$，即 $P_{\text{out}}^{\text{sat}}$ 是 P_{sat} 的 70%，对于 $G_0 > 20$dB，$P_{\text{out}}^{\text{sat}}$ 几乎与 G_0 无关。

3. 光放大器噪声

由于自发辐射噪声在信号放大期间叠加到了信号上，所以对于所有的放大器，信号放大后的信噪比（SNR）均有所下降。与电子放大器类似，用放大器噪声指数 F_n 来量度 SNR 下降的程度，并定义为

$$F_n = \frac{(\text{SNR})_{\text{in}}}{(\text{SNR})_{\text{out}}} \tag{8-46}$$

式中，SNR 指的是由光探测器将光信号转变成电信号的信噪比；$(\text{SNR})_{\text{in}}$ 表示光放大前的光电流信噪比；$(\text{SNR})_{\text{out}}$ 表示放大后的光电流信噪比。

通常，F_n 与探测器的参数，如散粒噪声和热噪声有关，对于性能仅受限于散粒噪声的理想探测器，同时考虑到放大器增益 $G \gg 1$，就可以得到 F_n 的简单表达式

$$F_n = 2n_{\text{sp}}(G-1)/G \approx 2n_{\text{sp}} \tag{8-47}$$

式中，n_{sp} 为自发辐射系数或粒子数反转系数。

该式表明，即使对于理想的放大器（$n_{\text{sp}} = 1$），放大后信号的 SNR 也要比输入信号的 SNR 低 3dB；对于大多数实际的放大器，F_n 超过 3dB，可能降低到 5~8dB。在光通信系统中，光放大器应该具有尽可能低的 F_n。

4. 光放大器应用

在光纤通信系统的设计中，光放大器有 4 种用途，如图 8-74 所示。在长距离通信系统中，光放大器的一个重要应用就是取代电中继器。只要系统性能没被色散效应和自发辐射噪声所限制，这种取代就是可行的。在多信道光波系统中，使用光放大器特别具有吸引力，因为光-电-光中继器要求在每个信道上使用各自的接收机和发射机，对复用信道进行解复用，这是一个相当昂贵、麻烦的转换过程。而光放大器可以同时放大所有的信道，可省去信道解

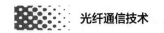

复用过程。用光放大器取代光-电-光中继器就称为在线放大器。

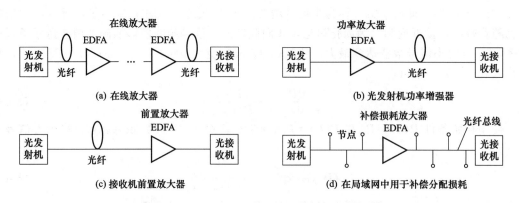

图 8-74　光放大器在光纤通信系统中的 4 种用途

光放大器的另一种应用是把它插在光发射机后，来增强光发射机的功率。称这样的放大器为功率放大器或功率增强器。使用功率放大器可使传输距离增加 10～100km，其长短与放大器的增益和光纤损耗有关。为了提高接收机的灵敏度，也可以在接收机之前，插入一个光放大器，对微弱光信号进行预放大，这样的放大器称为前置放大器，它也可以用来增加传输距离。光放大器的另一种应用是用来补偿局域网（LAN）的分配损耗，分配损耗常常会限制网络的节点数，特别是在总线拓扑的情况下。

二、半导体光放大器

所有的激光器在达到阈值之前都起着放大器的作用，当然半导体激光器也不例外，对于半导体光放大器（SOA）的研究，早在 1962 年发明半导体激光器之后不久就已开始了。然而，只有在 20 世纪 80 年代人们认识到它将在光波系统中具有广泛的应用前景后，才对 SOA 进行了广泛的研究和开发。

（一）半导体光放大器设计

放大器特性是只对没有反馈的光放大器而言的，这种放大器被称为行波（Traveling Wave，TW）放大器（图 8-75），指的是放大光波只向前传播。半导体激光器由于在解理面产生的反射（反射系数约为 32%）具有相当大的反馈。当偏流低于阈值时，它们被作为放大器使用，但是必须考虑在法布里-珀罗（F-P）腔体界面上的多次反射。这种放大器就称为 F-P 放大器，如图 8-73（a）所示。使用 F-P 干涉理论可以求得该放大器的放大倍数 $G_{FPA}(\nu)$，其值为

$$G_{FPA}(\nu) = \frac{(1-R_1)(1-R_2)G(\nu)}{(1-G\sqrt{R_1 R_2})^2 + 4G\sqrt{R_1 R_2}\sin^2\left[\pi(\nu-\nu_{in})/\Delta\nu_L\right]} \tag{8-48}$$

式中，R_1 和 R_2 是腔体解理面反射系数；ν_{in} 表示腔体谐振频率；$\Delta\nu_L$ 是纵模间距，也是 F-P 腔的自由光谱范围。

当忽略增益饱和时，光波只传播一次的放大倍数 $G(\nu)$ 对应行波放大器 $G_{TWA}(\nu)$，并由式（8-44）给出。当 $R_1=R_2=0$ 时，式（8-47）变为

$$G_{\mathrm{FPA}}(\nu)=G(\nu)$$

当 $R_1=R_2$，并考虑到 $\nu=\nu_{\mathrm{in}}$ 时，G_{FPA}（ν）达到最大，此时式（8-47）变为

$$G_{\mathrm{FPA}}^{\max}(\nu)=\frac{(1-R)^2 G(\nu)}{[1-RG(\nu)]^2} \tag{8-49}$$

由式（8-47）可见，当入射光信号的频率 $\omega(\nu)$ 与腔体谐振频率中的一个 $\omega_{\mathrm{in}}(\nu_{\mathrm{in}})$ 相等时，增益 $G_{\mathrm{FPA}}(\nu)$ 就达到峰值，当 $\omega(\nu)$ 偏离 ν_{in} 时，$G_{\mathrm{FPA}}(\nu)$ 下降得很快，如图 8-73（b）所示。由图可见，当半导体解理面与空气的反射系数 $R=0.32$ 时，F-P 放大器在谐振频率处的峰值最大；反射系数越小，增益也越小；当 $R=0$ 时，就变为行波放大器，其增益频谱特性是高斯曲线。

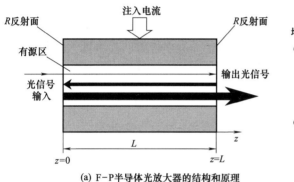

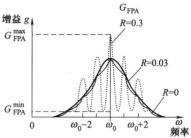

(a) F-P半导体光放大器的结构和原理　　(b) 不同反射系数时的F-P半导体光放大器的增益频谱曲线

图 8-75　法布里-玻罗（F-P）半导体光放大器

由以上的讨论我们知道，增大提供光反馈 F-P 谐振腔的反射系数 R，可以显著地增加 SOA 的增益，反射系数 R 越大，在谐振频率处的增益也越大。但是，当 R 超过一定值后，光放大器将变为激光器。当 $GR=1$ 时，式（8-49）将变成无限大，此时 SOA 产生激光发射。

放大器带宽由腔体谐振曲线形状所决定。失谐时（$\nu-\nu_{\mathrm{in}}$），从峰值开始下降 3dB 的 G_{FPA} 值就是放大器的带宽，即

$$\Delta\nu_{\mathrm{A}}=\frac{2\Delta\nu_{\mathrm{L}}}{\pi}\arcsin\left[\frac{1-G\sqrt{R_1R_2}}{(4G\sqrt{R_1R_2})^{\frac{1}{2}}}\right] \tag{8-50}$$

为了得到大的放大倍数，$G\sqrt{R_1R_2}$ 应该尽量接近 1，由式（8-50）可见，此时放大器带宽只是 F-P 谐振腔自由光谱范围的很小一部分（典型值为 $\Delta\nu_{\mathrm{L}}\approx100\mathrm{GHz}$），此时 $\Delta\nu_{\mathrm{A}}<10\mathrm{GHz}$。这样小的带宽使 F-P 放大器不能应用于光波系统。

假如减小端面反射反馈，就可以制出行波半导体光放大器（SOA）。减小反射系数的一个简单方法是在界面上镀以抗反射膜（增透膜）。然而，对于作为行波放大器的 SOA，反射系数必须相当小（$<10^{-3}$），而且最小反射系数还取决于放大器增益本身。根据式（8-49），可用接近腔体谐振点的放大倍数 G_{FP} 的最大和最小值，来估算解理面反射系数的允许值。很容易证明它们的比是

$$\Delta G=\frac{G_{\mathrm{FP}}^{\max}}{G_{\mathrm{FP}}^{\min}}=\left(\frac{1+G\sqrt{R_1R_2}}{1-G\sqrt{R_1R_2}}\right)^2 \tag{8-51}$$

如果 ΔG 超过 3dB（2 倍），放大器带宽将由腔体谐振峰决定，而不是由增益频谱决定。使式（8-51）的 $\Delta G<2$，可以得到解理面反射系数必须满足条件

$$G \sqrt{R_1 R_2} < 0.17 \qquad (8\text{-}52)$$

当满足式（8-52）时，人们习惯把半导体光放大器（SOA）作为行波（TW）放大器来描述其特性。设计提供 30dB 放大倍数（$G=1000$）的 SOA，解理面的反射系数应该满足

$$\sqrt{R_1 R_2} < 0.17 \times 10^{-4}$$

为了产生反射系数小于 0.1% 的抗反射膜，人们已经做了最大的努力。然而，用常规的方法却很难获得预想的低反射系数解理面。为此，为了减小 SOA 中的反射反馈，人们已开发出了另外几种技术，其中一种方法是条状有源区与正常的解理面倾斜，如图 8-76（a）所示，这种结构叫做角度解理面或有源区倾斜结构。在解理面处的反射光束，因角度解理面的缘故已与前向光束分开。在大多数情况下，使用抗反射膜（反射系数<1%），并使有源区倾斜，可以使反射系数小于 10^{-3}（理想设计可以小到 10^{-4}），如图 8-76（a）所示。减小反射系数的另外一种方法是在有源层端面和解理面之间插入透明窗口区，如图 8-76（b）所示。光束在到达半导体和空气界面前在该窗口区已发散，经界面反射的光束进一步发散，只有极小部分光耦合进薄的有源层。称这种结构为掩埋解理面或窗口解理面结构，当与抗反射膜一起使用时，反射系数可以小至 10^{-4}。

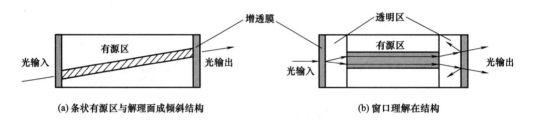

(a) 条状有源区与解理面成倾斜结构　　　　　　　(b) 窗口理解在结构

图 8-76　减小反射的近似行波（TW）
的半导体光放大器结构

（二）半导体光放大器特性

半导体光放大器（SOA）的放大倍数 $G_{FP}(\nu)$ 已由式（8-48）给出。当满足式（8-52）时，它变成行波放大器（TWA）。此时 TWA 的增益是 $R=0$ 时的 F-PA 的增益。把光波密封在有源区的系数 Γ 和有源区单位长度的损耗系数 α_{int} 考虑进去后，变为

$$G_{TWA} = \exp[(\Gamma g - \alpha_{int})L] \qquad (8\text{-}53)$$

由此可见，要想提高行波放大器的增益，需设法增加 Γ 和 g，并减小 α_{int}。

图 8-77 表示半导体光放大器带宽和增益频谱曲线，图 8-77（a）为法布里-玻罗放大器（F-PA）和行波放大器（TWA）的带宽比较，图 8-77（b）为测量到的放大器增益与波长的关系曲线。由图 8-77（b）可见，增益只呈小的波纹状，这反映出解理面剩余反射系数的影响，此时 SOA 解理面反射系数约为 0.04%。因为这种放大器的 $G \sqrt{R_1 R_2} \approx 0.04$，所以满足条件式（8-52）。该放大器几乎以行波模式工作，所以增益波纹小得可以忽略不计。放大器的 3dB 带宽约为 70nm（9THz）。该带宽反映了 SOA 相当宽的增益频谱 $g(\omega)$。

半导体光放大器（SOA）的噪声指数 F_n 要比最小值 3dB 大，典型值为 5～7dB。

SOA 的缺点是它对偏振方向非常敏感。不同的偏振模式，具有不同的增益 G，为了克服这种影响，必须使用偏振保持光纤。为减小 SOA 的增益随偏振方向变化的影响，可以使 SOA 有源区宽度和厚度大致相等，使用大的光腔结构或使用两个放大器并联。另外一种减

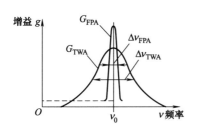

(a) 法布里-玻罗放大器(F-PA)
和行波放大器(TWA)的带宽比较

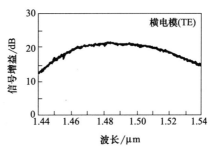

(b) 行波光放大器的增益与波长的关系
为了使反射系数减小到0.04,SOA解
理面镀抗反射膜

图 8-77 半导体光放大器带宽和增益频谱曲线

小偏振方向对 SOA 增益影响的方法是让光信号通过同一个放大器两次,使偏振方向旋转90°,使总增益与偏振无关。

表 8-7 列出美国 Covega 公司提供的几种商用半导体光放大器（SOA）的性能指标,这些 SOA 可用于光功率的前置放大、功率放大、WDM 城域网在线放大,以及用于 2R、3R 再生中继器、四波混频和波长转换等的非线性应用。

表 8-7 几种商用半导体光放大器（SOA）的性能指标

使用波段	O 波段	C 波段	C 波段	S、C 波段	C、L 波段
工作波长范围/nm		1528～1562	1528～1562	1463～1537	1543～1617
峰值波长/nm	1290～1330	1480～1520	1520～1570	1480～1520	1540～1580
3dB 带宽/nm	70	74	60	75	75
增益平坦度(典型/最大)/dB		5/7		5/7	5/7
小信号(−20dBm)增益/dB	23	13	20	14	14
3dB 饱和输出功率/dBm	15	14	9	14	12
偏振相关增益(典型/最大)/dB		1.0/1.5	1.0/2.5	1.0/2.0	1.5/3.0
噪声指数/dB	7	8	9	9	9
工作电流/mA	600	500	500	600	600
偏置电压/V	1.4	1.6	1.4	1.5	1.6

（三）半导体光放大器的应用

通常,由于 SOA 存在增益受偏振影响、信道交叉串扰以及耦合损耗较大等缺点,所以不能作为在线放大器使用,但是在解决了偏振相关增益后,也可以应用于在线放大。SOA 可以在 $1.3\mu m$ 光纤系统中作为光放大器使用,因为一般的 EDFA 不能在该窗口使用。另外行波半导体光放大器具有很宽的带宽,可以对带宽只有几个 ps 的超窄光脉冲进行放大。在 DWDM 光纤通信中,可作为波长路由器中的波长转换和快速交换器件使用。在 OTDM 中,也可以用做时钟恢复和解复用器的非线性器件。

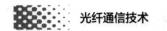

三、光纤放大器

(一) 简介

1. 光纤放大器的种类

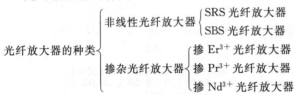

$$
光纤放大器的种类
\begin{cases}
非线性光纤放大器
\begin{cases}
SRS\ 光纤放大器 \\
SBS\ 光纤放大器
\end{cases} \\[2ex]
掺杂光纤放大器
\begin{cases}
掺\ Er^{3+}\ 光纤放大器 \\
掺\ Pr^{3+}\ 光纤放大器 \\
掺\ Nd^{3+}\ 光纤放大器
\end{cases}
\end{cases}
$$

2. 光纤放大器的工作原理

(1) 非线性光纤放大器工作原理　非线性光纤放大器是利用强的光源对光纤进行激发，使光纤产生非线性效应而出现拉曼散射（SRS）和受激布里渊散射（SBS），光脉冲信号在这受激发的一段光纤中的传输过程中得到放大。

这类光纤放大器需要对光纤注入泵浦光，泵浦光能量通过 SRS 或 SBS 光纤放大器传送到信号光上，同时有部分能量转换成分子振动或声子。

SRS 光纤放大器与 SBS 光纤放大器尽管很相似，但也有一些不同。

① SRS 光纤放大器泵浦光与信号光可以同向或反向传输，而 SBS 光纤放大器只能反向传输。

② SBS 光纤放大器的 Stokes 移动要比 SRS 光纤放大器小 3 个数量级。

③ SRS 光纤放大器的增益带宽为～6THz，而 SRS 光纤放大器的增益带宽却相当窄，只有 30～100MHz。

(2) 掺杂光纤放大器工作原理　掺杂光纤放大器利用掺杂离子在泵浦光作用下的粒子反转而对入射光信号提供光增益，放大器的增益特性和工作波长由掺杂离子决定。下面以掺 Er^{3+} 光纤放大器为例讲其工作原理。

① 掺 Er^{3+} 光纤放大器的结构。掺 Er^{3+} 光纤放大器结构示意图如图 8-78 所示。

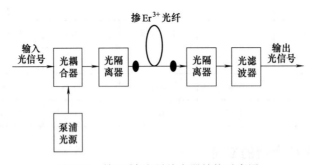

图 8-78　掺 Er^{3+} 光纤放大器结构示意图

掺 Er^{3+} 光纤放大器的英文缩写为 EDFA。EDFA 主要由掺 Er^{3+} 光纤（EDF）、泵浦光源、光耦合器、光隔离器及光滤波器组成。EDFA 的主体部件是泵浦光源和掺 Er^{3+} 光纤。各部件的作用如下。

a. 光耦合器是将输入光信号和泵浦光源输出的光波混合起来的无源光器件，一般采用波分复用（WDM）。

b. 光隔离器是防止反射光影响光纤放大器的工作稳定性，保持光信号只能正向传输的器件。

c. 掺 Er^{3+} 光纤是一段长度约为 $10\sim100m$ 的石英光纤，将稀土元素 Er^{3+} 注入到纤芯中，浓度为 25mg/kg。

d. 泵浦光源为半导体激光器，输出光功率约为 $10\sim100mW$，工作波长为 $0.98\mu m$。

e. 光滤波器的作用是消除光纤放大器的噪声，降低噪声对系统的影响，提高系统的信噪比。

信号光和泵浦光可以同方向传输（称为同向泵），也可以反向传输（反向泵）和双向传输（双向泵），如图 8-79 所示。

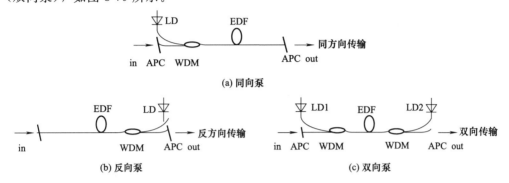

图 8-79　掺 Er^{3+} 光纤放大器示意图

② 掺 Er^{3+} 光纤放大器工作原理。在泵浦光源的作用下，在掺 Er^{3+} 光纤中出现粒子数反转分布，产生受激辐射，从而使光信号得到放大。由于 EDFA 具有细长的纤形结构，使有源区的能量密度很高，光和物质的作用区很长，这样可以降低对泵浦光源功率的要求。

由理论分析知道，Er^{3+} 有 3 个能级：E_1、E_2 和 E_3，如图 8-80 所示。其中 E_1 能级最低，称为基态；E_2 能级为亚稳态；E_3 能级最高，称为激发态。

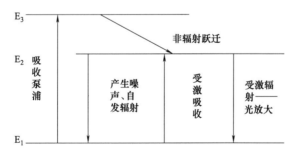

图 8-80　Er^{3+} 能带图

粒子数反转的 Er^{3+} 在未受任何激励的情况下，处在最低能级 E_1 上。当泵浦光源的激光不断地激发光纤时，处于基态的粒子获得能量就会向高能级跃迁，如由 E_1 跃迁到 E_3，由于粒子在 E_3 的高能级上是不稳定的，它将迅速以无辐射跃迁过程落到亚稳态 E_2 上。在该能级上，相对来讲粒子有较长的存活寿命，此时泵浦光源不断激发，则 E_2 能级上的粒子数就不断增加，而 E_1 能级上的粒子数就减少，在这段掺 Er^{3+} 光纤中实现粒子数反转分布状态，则具备实现光放大的条件。

③ 光放大。当输入光信号的光子能量 $E=hf$ 正好等于 E_2 和 E_1 的能级差时，即 $E_2-E_1=hf$，则亚稳态 E_2 上的粒子将以受激辐射的形式跃迁到基态 E_1 上，并辐射出和输入光信号中光子一样的全同光子，从而大大增加光子的数量，使输入光信号在掺 Er^{3+} 光纤中变为一个输出强光信号，实现对光信号的直接放大。

3. 掺 Er³⁺ 光纤放大器在光纤通信系统中的应用

（1）光纤放大器的适用波段　非线性光纤放大器由于需要大功率的半导体激光器作泵浦源（约 $0.5\sim1W$），因而很难实用。目前，SRS 光纤放大器和 SBS 光纤放大器两种非线性光纤放大器仅应用于实验系统。

掺 Pr^{3+} 和 Nd^{3+} 光纤放大器工作波长在 $1.3\mu m$，掺 Er^{3+} 光纤放大器工作波长在 $1.55\mu m$（范围 $1.53\sim1.56\mu m$），近年来已得到迅速发展，并被广泛采用。

（2）应用

① 作为光中继器使用，以实现全光通信技术，如图 8-81 所示。

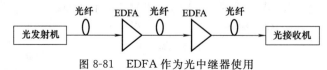

图 8-81　EDFA 作为光中继器使用

② 作为前置放大器，如图 8-82 所示。

图 8-82　EDFA 作为前置放大器使用

③ 作为发射机的功率放大器，如图 8-83 所示。

图 8-83　EDFA 作为功率放大器使用

（二）光纤拉曼放大器

1. 简介

光纤拉曼放大器（FRA）成为继 EDFA 之后又一类备受重视并获得实际应用的光放大器。FRA 按照其工作方式可分为 2 类：集中式光纤拉曼放大器（lumped raman amplifier）和分布式光纤拉曼放大器（distributed fiber raman amplifier，DFRA）。FRA 具有很多优点，如有很宽的增益谱，工作波长取决于泵浦波长，不像掺杂光纤放大器那样放大波长受掺杂离子的发射波长的限制；增益介质为传输光纤本身，可以采用分布放大的形式。DFRA 具有低噪声特性，有助于增加传输跨距，延长链路的传输长度和降低成本。DFRA 的分布式结构还可以使原有系统能更方便地向高速率系统升级，DFRA 的泵浦模块只需安装在已有的中继站内而无需改变系统链路的原有结构。

有实验表明，利用多泵浦的 FRA 能实现大于 100nm 的增益带宽，并且 0.1dB 平坦度的带宽可达 80nm 以上。对于现有的 2.5Gb/s 的 WDM 系统，仅仅利用 FRA 就能升级到 10Gb/s 系统，并且实现 7200km 的长距离传输。

FRA（DFRA）的这些特性与当代光通信的发展对传输容量的要求相符，尤其适用于海底光缆通信等不方便设立中继器的场合，因此受到普遍重视。近期大功率泵浦源的发展更有力地推动了 FRA 的研究。

2. FRA 的原理及特性

（1）工作原理　FRA 为受激拉曼散射（SRS），即某一波长的光在光纤中传输时，由于入射光场与分子介质的非线性参数相互作用，该光场能量会被部分转化为频率较低的散射光场能量和分子振动能。量子力学把这一过程描述为入射光波的一个光子被一个分子散射成为另一个低频光子，同时分子完成振动态之间的跃迁，作为泵浦光的入射光产生斯托克斯（Stokes）波的频移光，频率下移量由介质的振动模式决定。如果一个弱信号光与一强泵浦光同时在光纤中传输，并使弱信号光的波长置于泵浦光的拉曼增益带宽内，高能量（波长较短）的泵浦光散射，将一小部分入射功率转移到频率下移的信号光。这样，弱信号光就得到了放大。图 8-84 所示直观地描述石英光纤 SRS 中的能级分布和跃迁。

与其他类型的光放大器相比，FRA 的工作原理有所不同。它不需要能级间的粒子数反转，而是利用非线性介质对泵浦光的受激散射作用完成分子振动态之间的跃迁，实现泵浦能量的转移（从高频泵浦光转移到低频斯托克斯光）。图 8-84 所示的泵浦能级都是虚能级，即介质对泵浦光频率没有限制，FRA 能够采用多波长泵浦进行宽带放大和增益谱设计。

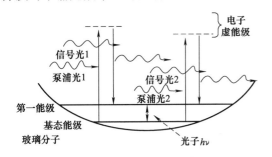

图 8-84　SRS 中的能级分布和跃迁示意图

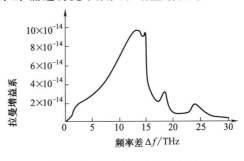

图 8-85　石英中的拉曼增益谱

拉曼增益谱用 $g_R(\Delta f)$ 表示，其中 Δf 为泵浦光与信号光频率差，即拉曼频移。g_R 一般与光纤纤芯有关，对不同的掺杂物，g_R 有很大的变化。在泵浦波长 $\lambda_p = 1\mu m$ 时，图 8-85、所示为石英中 g_R 与频移的变化关系。显然 g_R 具有很宽的增益谱（40THz），并在 13THz 附近有一个相对平坦的主峰，带宽约为 3THz。在泵浦光与信号光的波长相差小于 100nm 时，拉曼增益系数与频率差基本呈线性关系，随后随频率差值减小，增益系数快速减小。拉曼放大可用的增益带宽约为 48nm。

（2）集中式和分布式 FRA

① 集中式 FRA 所用的光纤增益介质比较短，一般在几公里以内，泵浦功率要求很高，一般需几到十几瓦，像 EDFA 一样对信号光进行集中放大，可产生 40dB 以上的高增益，其主要应用在 EDFA 无法放大的波段。欧洲光通信展上，斯坦福大学的研究人员报道他们所进行的集中式 FRA 实验结果，在选用 10 种不同的光纤分别作为增益放大介质的比较试验中，色散补偿型光纤（DCF）是高质量集中式 FRA 的最佳选择。这预示着在进行系统色散补偿的同时可以对信号进行高增益、低噪声放大，而且互不影响。

② DFRA 所用的光纤较长，一般为几十公里，泵浦源功率可降低至几百毫瓦，主要辅助 EDFA 用于 DWDM 通信系统性能的提高，抑制非线性效应，提高信噪比。在 DWDM 通信系统中，传输容量的增加，尤其是复用波长数目的增加，使光纤中传输的光功率越来越大，引起的非线性效应也越来越强，容易产生信道串扰，使信号失真。采用 DFRA 可大大降低信号的入射功率，同时保持适当的光信号的信噪比（SNR），延长链路跨距。对于 DFRA 技术，因系统传输容量提升的需要而得到快速的发展，但在保证放大性能的前提下

DFRA 技术，因系统传输容量提升的需要而得到快速的发展，但在保证放大性能的前提下缩短所用光纤长度仍是一个主要问题。DFRA 辅助传输的 WDM 系统的典型结构如图 8-86 所示，在 WDM 系统的每个传输跨距末端将拉曼泵浦光反向注入光纤，以光纤为增益介质，对信号进行分布式放大，传输跨距之间利用 EDFA 对信号进行集中放大。值得注意的是，由于传输单元末端的光信号功率较弱，这种反向泵浦方式所引起的附加光纤非线性效应可以忽略。图 8-87 所示为传输单元内信号光和拉曼泵浦光功率沿传输光纤的分布曲线。

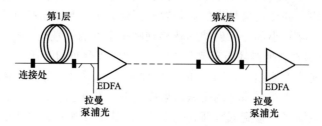

图 8-86 采用 DFRA 辅助传输的 WDM 系统

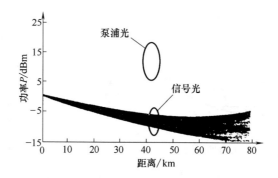

图 8-87 信号光和拉曼泵浦光功率沿传输
光纤的分布曲线

3. FRA 对系统性能的影响

FRA 辅助传输对 DWDM 系统的性能具有非常重要的意义，从系统的噪声特性和品质因数等参数均可以看出。

（1）对系统信噪比（SNR）的影响　如果光纤中信号功率过高，在传输过程中会出现严重的非线性效应；如果信号输出功率过低，它在下一级放大器中产生的噪声会很大。分布式光纤拉曼放大器能够降低光功率在传输过程中的波动，有效地抑制非线性效应和信噪比的恶化，使传输系统具有更好的传输性能，分布式放大系统和集中式放大系统的功率传输特性如图 8-88 所示。

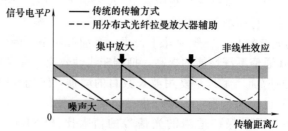

图 8-88 分布式放大系统和集中式放大
系统的功率传输特性

由于 DFRA 可以对信号进行在线实时放大，因此在传输过程中，各处的信号功率能够维持相对稳定，从而大大地改善信噪比。这一点 NIT 的网络实验室已经做过较为深入的研究，研究结果表明，在相同的非线性环境下，FRA 的噪声特性要比 EDFA 好 0.5dB。

研究人员在美国光纤通信会上全面报道了 FRA 对系统信噪比影响的理论分析及系统建模的结果。他们采用 25dB 损耗间距，五级放大传输系统，将几种不同的传输光纤作为研究对象，输入常规 EDFA 增益波段（1525~1565nm）的 40 个波长的信号光，信道间距和输入功率分别为 100GHz 和 5dBm。通过系统分析模拟得出，在拉曼泵浦功率为 500mW 时，即使对于效果最差的 1530nm 信道，系统的信噪比相对于 EDFA 也能提高 4.5~6.5dB。

（2）对系统噪声指数的影响　DFRA 与常规 EDFA 混合使用能有效降低系统的传输单元噪声，而不必缩短单元长度。将 DFRA 等效成增益与其开关增益（G_R）相同和具有有效噪声（NF_e）的分立式放大器，可以方便地分析这种混合放大器的相关特性。对于 100km 有效面积约为 $55\mu m^2$ 的光纤 40×40Gb/s 的 WDM 系统，等效噪声指数最小为 -2.9dB 时对应的拉曼泵浦功率为 590mW。这说明相对于 EDFA 而言，DFRA 使单元噪声指数至少降低 5.9dB（EDFA 的理论最低噪声指数为 3dB）。

（3）对系统品质因子 Q 的影响　当以放大自发辐射（ASE）信号为主要噪声来源时，系统的品质因子 Q 可用以下方程表示：

$$Q_{amp} = \left(\frac{P}{Nh\nu GFB_e} \right)^{1/2} \qquad (8\text{-}54)$$

式中　P——信号入射功率；

$\quad\quad$ N——放大器数目；

$\quad\quad$ h——普朗克常数；

$\quad\quad$ ν——频率；

$\quad\quad$ G——放大器的增益（以线性单位表示）；

$\quad\quad$ F——放大器噪声指数（以线性单位表示）；

$\quad\quad$ B_e——电域带宽。

FRA 可等效为一集中式放大器，因此在光纤传输系统中引入 FRA 相当于在每个传输单元中添加了一个放大器。可作如下定性分析，由于放大器加倍，每个放大器的增益可减为原来的 1/2，转换成线性单位后，根据品质因子 Q 方程容易得出为 $2\times$放大器数的增量，Q 值的提升也达到 2dB 以上（较高的 Q 值意味着较低的误码率）。

由品质因子 Q 方程还可以看出，降低噪声指数 F 可以直接提高 Q 值。然而，光纤传输系统设计中通常要考虑 ASE 噪声和光纤非线性之间的均衡，当入射信号光功率过低时，ASE 噪声使 Q 值降低；当功率太高时，光纤非线性使 Q 值降低（图 8-89）。由图中可见，相对于 EDFA，DFRA 不但使系统的 Q 值增高，还使最佳入射信号光功率降低许多，这对降低光纤非线性造成的信号串扰具有非常积极的作用。

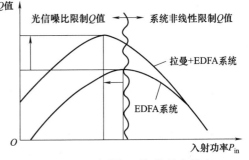

图 8-89　DFRA 对系统 Q 值-信号入射功率关系曲线的影响

4. 存在的问题

FRA 在近几年内得到广泛的研究和应用，并取得很大的成绩。DFRA 可以大大提高系统性能，使其具有所谓"跨距延伸效益"，跨距延伸使长距离传输干线可以节省昂贵的 3R（retiming，reshape，regeneration）中继器，光信号传输趋向"透明"，具有直接的商业需求。

FRA 实用化和商业化的关键是泵浦技术的发展和完善，而当前的研究热点是动态可调谐多波长泵浦源，其设计目标是大功率、宽带输出、动态可调谐、频率稳定性好、低成本。但提高泵浦功率后，光功率密度增大，对于光纤是否会造成损害，系统的长期稳定性能是否得到有效保证，均需进行研究。虽然 FRA 有种种优点，但是至今全拉曼放大大多只停留在实验和演示的水平。从最近的设计来看，混合放大更为成功地用于大容量、高速率（10Gb/s）和高信噪比的 DWDM 系统以及长跨距应用（如架设光缆）中。

（三）稀土掺杂光纤放大器

1. 掺铒（Er^{3+}）光纤放大器（EDFA）

EDFA 的能级如图 8-90 所示，它的发射谱为 1520～1650nm，覆盖了 C 波段和 L 波段。C 波段 EDFA 已商用化，目前的研究集中在缩小器件体积、改善内在增益平坦性方面。研究发现，在氟化物光纤（FEDF）中共掺铯离子可以有效地消除激发态吸收（ESA）。由于 Cs^{3+} 的 $^2F_{5/2} \rightarrow {}^2F_{7/2}$ 与 Er^{3+} 的 $^4I_{11/2} \rightarrow {}^4I_{13/2}$ 能级差大致相等，掺入铯大大地加强了 Er^{3+} 的 $^4I_{11/2} \rightarrow {}^4I_{13/2}$ 跃迁，有效地消除了激发态吸收（ESA）现象。

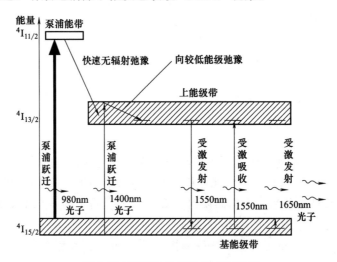

图 8-90　EDFA 的能级及工作原理

L 波段 EDFA 包括增益位移掺铒光纤放大器（GS-EDFA）和掺铒碲化物光纤放大器（EDTFA），L 波段位于 Er^{3+} 的 $4I_{11/2} \rightarrow {}^4I_{13/2}$ 跃迁辐射的带尾，发射、吸收系数较小，因此 GS-EDFA 中所需的掺铒光纤（EDF）较长，在相同的掺杂浓度下约为常规 EDFA 的 4～5 倍，这增大了光纤的吸收损耗和后向自发辐射（ASE）能量的积累，降低了放大器的功率转换效率，增大了噪声系数。目前，研究工作主要集中在改善 GS-EDFA 的这两大性能上。

GS-EDFA 的泵浦波长多选用 980nm 或 1480nm，前者有小的噪声系数，后者有大的功率转换效率，有的也采用混合泵浦。近来，ASE 泵浦方式受到重视，由于 EDF 的 ASE 峰在 1532nm，整个发射带都可作为 GS-EDFA 的有效泵浦源，可同时获得高功率转换效率和低噪声系数。Buxens 等人最近的报道显示，ASE 泵浦的 GS-EDFA 在小信号增益情况下，功率转换效率接近100％，噪声系数可小于4dB，比作为泵浦源的EDFA还小1dB。

碲化物玻璃具有高稳定性、耐腐蚀性和稀土离子可溶性，是制作掺稀土光纤的优良基质材料。碲化物玻璃与石英玻璃相比，具有较大的折射率。由于受激发射截面与玻璃基质的折射率n有关，因此铒离子在掺铒碲化物玻璃光纤（EDTF）中可在较大的带宽范围内有较大的发射截面，尤其是在1600nm波长附近，铒离子在EDTF中的发射截面是EDF和EDFF的两倍，这样就减小因受激发射截面减小而导致的激发态对信号的吸收，进而使放大器在1600nm后仍维持较低的噪声系数。研究证实，EDTFA增益高于20dB的带宽可达80nm，低噪声系数可维持到1620nm。因此，EDTFA是L波段、L＋波段合适的选择。EDTFA与GS-EDFA相比，所需光纤长度在相同掺杂浓度下大大减小，日本NTT的Mory等人在相同的放大器结构和泵浦功率下，对所需的光纤长度进行比较，1120×10^{-6}的石英基EDF为180m，而1000×10^{-6}的EDTF仅需11m，而且EDTF的铒离子浓度可以达到4000mg/kg而不发生浓度淬灭，长度可进一步减小到1m。

EDTF的不足之处是它难以与常规的石英光纤熔接，不管是V形槽连接法还是纤芯热扩散法，插入损耗都大于0.4dB，远远高于熔接的损耗。另外，EDTF具有较高的非线性系数，XPM和FWM远高于石英基质EDF。

2. 掺铥光纤放大器（TDFA）

铥离子的能级系统属于四能级，图8-91所示是铥离子在氟化物基质中的能级及能级跃迁情况。铥离子的发射谱在$1420 \sim 1520$nm对应的能级跃迁为$^3F_4 \rightarrow {}^3H_4$，由于$^3F_4$的寿命（1.5ms）比$^3H_4$（6.8ms）短得多，所以很难依靠直接泵浦的方式实现粒子数反转。另外，铥离子在800nm、2300nm处存在跃迁，跃迁概率分别为0.893、0.024，而在1470nm处的跃迁概率只有0.083，800nm附近的自发辐射（ASE）会对1470nm波段的放大特性造成不利的影响。因此，TDFA常采用图8-91所示的上转换泵浦方式，基态$^3H_6$的铥离子通过基态吸收被激发到$^3H_5$，然后通过多声子跃迁衰减到亚稳态$^3H_4$。这些粒子又通过激发态吸收被激发到更高的激发态$^3F_2$，再衰减到亚稳态$^3F_4$，随着$^3F_4$能级上粒子数的增加，在$^3F_4$和$^3H_4$两能级之间逐渐形成粒子数反转。这种上转换可以用单波长或双波长泵浦来实现。

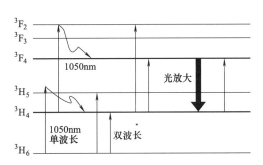

图8-91　TDFA的能级及工作原理

单波长泵浦一般采用1064nm或1470nm两种波长。日本超光子器件实验室采用1470nm的LD泵浦Nd：YLF激光器双向泵浦TDF，在$1453 \sim 1\,483$nm带宽范围内获得大于20dB的增益和小于6dB的噪声系数，在总泵浦300mW的情况下，功率转换效率为12％。而Alcatel公司的研究人员发现，采用1064nm的泵浦光比1470nm效率高，这是因为基态吸收$^3H_6 \rightarrow {}^3H_4$在1064nm优于1470nm，他们在同样的泵浦条件下，采用1470nm的功率转换效率是16％，而1064nm则达到了20％。

双波长泵浦是为了提高功率转换效率和增加带宽，目前双波长泵浦有 1470nm/1550nm、1064nm/1117nm、1400nm/1560nm、1240nm/1400nm。日本 NEC 公司在 1064nm 泵浦的基础上采用 1550nm 的辅助泵浦源以提高 $^3H_6 \rightarrow {}^3F_4$ 的泵浦效率，在 1475～1510nm 带宽范围内取得 25dB 的小信号增益、5dB 的噪声系数。Alcatel 公司在 1064nm 的泵浦基础上采用 15％的 1117nm 辅助泵浦源使带宽增加 5nm。1400nm/1560nm 是首次用 LD 双波长泵浦 TDF，采用两级放大器结构，TDF 的掺杂浓度为 0.2％，第一级和第二级长度分别为 13.7m 与 40m。使用 67mW 1400nm 和 24mW 1560nm 对第一级 TDF 前向泵浦，第二级 TDF 的前向泵浦采用 143mW 1400nm 和 43mW 1560nm，后向泵浦采用 32mW 1400nm 与 16mW 1560nm，获得 1475～1502nm 波段内大于 25dB 的增益，噪声系数低于 7dB。泵浦总功率在 492nm 时获得 17.1dB 的信号输出，功率转换效率为 10.3％。

为了进一步提高功率转换效率，Alcatel 公司采用 1240nm 和 1400nm 泵浦。波长 1117nm 的 Yb 双包层光纤激光器泵浦由 5 段布拉格光栅级联组成的拉曼谐振腔，将最终输出波长移位至 1400nm 附近，在输出端将 1400nm 和 1238nm 混合泵浦光一分为二，对 TDF 进行前向和后向泵浦，8 信道，波长范围为 1470～1500nm，功率转换效率达到了 48％。

3. 掺镨光纤放大器（PDFA）

PDFA 的能级及工作原理如图 8-92 所示，它是一种准四能级系统。泵浦光子的基态吸收（GSA）发生在 $^3H_4$ 能级和 $^3G_4$ 能级之间，同时泵浦光子在 $^3G_4 \rightarrow {}^3P_0$ 能级间及 $^3G_4 \rightarrow {}^3D_2$ 间产生激发态吸收（ESA）。信号光子被 $^3G_4 \rightarrow {}^3H_5$ 产生的 1310nm 的受激辐射光放大。但是，在 $^3G_4$ 能级的镨离子会因多声子弛豫而非常容易跃迁到 $^3F_4$ 能级，导致它的量子效率很低，在 ZBLAN（锆、钡、镧、铝、氟化钠系）玻璃基质的 PDF 中只有 3％～4％。目前的研究热点是寻找低声子能量材料做基质，以尽量减少 $^3G_4 \rightarrow {}^3F_4$ 的非辐射跃迁。

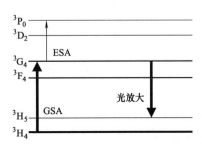

图 8-92 PDFA 的能级及工作原理

近年来，研究人员发现硫系玻璃具有非常低的声子能量和高折射率，因而无辐射跃迁速率低，激发态的寿命长，量子效率高，受激发射截面大。如在镨离子掺杂的 GeGaS 系玻璃中已取得 70％以上的量子效率，是 ZBLAN 玻璃的近 20 倍。但硫系玻璃存在着流变性能差、热稳定性不好、难以拉制光纤等问题。J. Wang 等发现在 GLS 玻璃中适当地引入 $LaCl_3$、$LaBr_3$、LaI_3 可以提高其热稳定性，增强在紫外、可见光区域的透光性，并测得 As_2S_3 中引入 1.7％的 I 后，$^3G_4$ 的寿命增加了 10％，1300nm 的发光强度也显著增加。

在器件方面，M. Yamada 采用 1017nm LD 泵浦获得了 30dB 的增益。Itoh 也报道了 Ga-NaS 玻璃光纤中得到 30dB 增益，增益系数达到 0.81dB/mW。

4. 掺镝光纤材料（DDF）

镝离子的荧光中心波长为 1320nm，跃迁能级为 $^6F_{11/2}$、$^6H_{7/2} \rightarrow {}^6H_{15/2}$，受激发射截面为 4.35×10^{-20} cm^2，大约是镨离子的 4 倍。它的荧光分支比超过 90％，吸收带在 800nm 附近，可以方便地使用 LD 泵浦。它的最大缺陷是激发态（$^6F_{11/2}$、$^6H_{7/2}$）能级寿命太短，在硫系玻璃中只有 38μs，导致量子效率太低，大约为 17％。

提高 $^6F_{11/2}$、$^6H_{7/2}$ 的能级寿命是在 DDF 中实现光放大的必要条件。研究人员发现在硫系玻璃中加入卤族元素可以有效地增加 $^6H_{11/2}$、$^6H_{7/2}$ 的能级寿命，改善 1310nm 的发光强度，抑制无用的 1750nm 的发射。在 $Ge_{0.25}Ga_{0.1}S_{0.65} \sim 0.1CsBr$ 玻璃基质中掺入 $0.1\%\,^6F_{11/2}$、$^6H_{7/2}$ 的镝离子，能级寿命达到 $1320\mu s$，量子效率也接近 100%，显示出它作为 1300nm 放大器掺杂材料的巨大潜力。

5. 掺钬光纤材料

钬离子在 1370nm 附近对应的能级跃迁为 $^5S_2$、$^5F_4 \to \,^5I_4$，使用 Ar^{3+} 激光器泵浦在氟化物光纤中已实现 1380nm 的激光输出。由于石英光纤在 1370nm 处存在较强的 OH^- 吸收峰，因此钬离子作为光纤放大器的掺杂材料一直未被重视。随着光纤制作技术的不断进步，越来越多的无 OH^- 吸收的光纤被制作出来，掺钬离子光纤作为 1370nm 放大器的介质已引起人们的普遍关注。

要得到光放大，首先要选择合适的基质材料。由于石英较高的声子能量，其 $^5S_2$、$^5F_4$ 能级寿命太短，显然不合适。钬离子在一些基质材料中的 $^5S_2$、$^5F_4$ 能级寿命，重金属氟化物为 $310\mu s$；硫系玻璃为 $40\mu s$；碲化物为 $10\mu s$；硒化物小于 $10\mu s$。显然重金属氟化物最适合做基质。重金属氟化物玻璃中已测得荧光半宽度为 60nm（1340～1400nm），峰值发射截面为 $2.8 \times 10^{-21}cm^2$，荧光分支比为 2%。

6. 掺钕光纤放大器

掺钕光纤的放大波长在 1300nm 附近，对应的能级跃迁为 $^4F_{3/2} \to \,^4I_{13/2}$，由于它受到著名的 $^4F_{3/2} \to \,^4I_{11/2}$ 1064nm 跃迁的竞争，加上存在着较强的 $^4F_{3/2} \to \,^4G_{7/2}$ 激发态吸收，所以很难获得较高的增益系数，在 1300nm 附近放大器的研究逐步转向镨离子。

7. 混合放大器

随着人们对通信带宽需求的增长以及经济型高功率泵浦源的出现，拉曼光纤放大器（RFA）以低噪声、增益区间可调重新受到人们的重视，尤其是与 RDFA 混合使用以获得宽带、低噪声、大输出功率的放大器。如 EDFA 与 FRA 组合可获得 82.8nm 带宽，TDFA 与 RFA 可获得 76nm 带宽。不同类型 RDFA 组合实验也在进行，如 EDFA 与 TDFA 组合获得 80nm 的带宽，TDFA 与 EDFA 组合获得 1458～1540nm 波段间 25dB 增益，噪声系数小于 9dB。

研究人员还尝试将多种稀土离子共掺以获得更宽的增益波段，提高泵浦效率，如铒离子、镱离子、铥离子在碲酸盐玻璃中共掺，则在 1450～1700nm 区间能实现更宽波段的荧光谱线。

（四）大功率掺铒/镱光纤放大器（EYDFA）

1. 简介

波分复用（WDM）传输系统信道数目的增加要求总输入信号功率增加，提供一组 1550nm WDM 信号，则要求 EDFA 输出功率也要高。EDFA 的输出功率随掺铒光纤（EDF）的转换效率和泵浦源激光二极管的功率而变化。在高功率激光二极管作为泵浦源的情况下，优化 EDF 参数，从实验中得到从泵浦源到信号的量子转化效率达到 90% 或更高，1480nm 激光二极管输出功率也提高了。为提高泵浦源的输出功率，应用激光二极管的波长复用和极化复用技术，采用以上方法设计的 EDFA 输出功率可达到 1.5W。EDF 的纤芯直径最多为 $10\mu m$，这就限制了可耦合的泵浦功率。为解决这个问题，采用双包层放大器，纤芯与内包层间光信号以单模传输，泵浦光在外包层间以多模传输。这样结构的放大器比泵浦光直接耦合到纤芯的转换效率低，但可使用瓦级多模激光二极管做泵浦源，泵浦光在内包层传输并不断地激发纤芯中的掺杂离子，较容易实现瓦级功率放大。

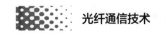

2. 掺铒光纤的非线性信号失真度估计与抑制

随着 WDM 信道数目的增长及每信道光功率的提高，光的非线性效应——四波混合（FWM）与交叉相位调制（XPM）有显著增加，C 带以及 L 带也得到使用。因为 L 带较小的增益需要较长的波长，这就意味着 L 带 EDFA 的非线性比 C 带的更强，非线性引起的信号失真程度估计可用公式表示：

$$kP_0L_{\text{eff}} = \frac{kP_0}{g}\big[\exp(gL)-1\big]$$

$$= \frac{2\pi n_2 P_0}{\lambda A_{\text{eff}} g}\big[\exp(gL)-1\big] \tag{8-55}$$

式中　k——非线性系数；

L_{eff}——有效长度；

n_2——非线性折射指数；

A_{eff}——有效纤芯面积；

P_0——每信道平均输出功率；

g——平均增益系数；

L——EDF 的长度；

λ——信号波长。

从公式中可以看出，非线性现象随着 A_{eff} 和 g 的增加而受到抑制，根据 EDFA 的应用需要选择相应的 P_0 和 G 值 $[G=\exp(gL)]$。显然 EDF 的 A_{eff} 值比普通的单模光纤小，因为相对折射指数的变化量很高可获得高效增益。相反，增加 EDF 的 A_{eff}，则泵浦至信号的转换效率降低，故根据泵浦功率必须优化设计相应的 A_{eff} 值，以使转换效率不衰减。为了增加 EDF 的增益系数 g，需要增加掺铒离子浓度，但提高掺杂度（质量分数）会导致掺杂失败而降低放大倍数，一般认为引起铒离子掺杂失败的掺杂度限值，对于纯 SiO_2 光纤大约为 100mg/kg；对于通过掺铝阻止掺杂失败的 SiO_2/Al_2O_3 光纤，大约为 1000mg/mg。可见，通过增大铒离子掺杂度来增大 g 是有限的。因此，设计高功率放大的 EDF，同时兼顾非线性与转换效率很难，必须采用新的设计方法。

3. 限制掺铒光纤的掺杂失败

如果增加 EDF 中铒离子的掺杂度，Er 离子的间距减小，任何相邻离子间在 $^4I_{13/2}$ 态激发能量上传，能量由一个离子转变到 $^4I_{15/2}$ 态进行传输，而其他离子受激到 $^4I_{9/2}$ 态，$^4I_{9/2}$ 态减弱，经过非辐射过程到 $^4I_{13/2}$ 态，结果降低量子转换效率（QCE），故掺杂会导致 EDFA 的泵浦效率减低。能量上传过程与铒离子和 SiO_2 玻璃相容性有关，铒离子在 SiO_2 中具有较低的溶解性，易形成簇，降低铒离子间的距离，导致能量上传，铒离子簇造成掺杂失败称为对传截止（PIQ）。通过改变纤芯结构减弱对传截止，通常掺杂 Al_2O_3，使铒离子周围的铝离子形成可溶介质，调解电能平衡，增强铒离子溶解度，阻止铒离子簇的形成，掺杂度限值提高到 1000m。

4. 掺杂镱限制对传截止

EYDF 与掺杂铒一样掺杂镱，由高功率钕镱铝锗化物激光器等做泵浦源，利用这样的结构作为高功率光纤放大器还处于争议中。现在实际使用的 EDF 全光放大器，可在 980nm 和 1480nm 波长使用高功率激光二极管。在 EYDF 中，镱离子由 800～1000nm 泵浦光激发到 $^2F_{5/2}$ 态，然后通过镱离子传输能量，铒离子被激发到 $^4I_{11/2}$ 态，而镱离子返回到 $^2F_{7/2}$ 态。

被激发到$^4I_{11/2}$态的铒离子通过非辐射过程转到$^4I_{13/2}$态，在$^4I_{13/2}$和$^4I_{15/2}$态间形成人为转变而由受激发射放大光信号。与铒离子一样，镱离子对主元素硅有较低的相容性，因为它们半径相同易而簇结在一起，因此铒离子与镱离子间距离减小，能量传输具有较高的效率。这意味着铒离子周围的很多镱离子形成簇，铒离子间距离增加，减弱了对传截止。

这里铒掺杂度为2000mg/kg，为分析是否会发生掺杂失败，测量了EYDF和两种一般的EDF在$^4I_{13/2}$态发射荧光的时间。对于EDF，当铒掺杂度为650mg/kg和1000mg/kg时，发生掺杂失败，发射荧光时间缩短。当铒掺杂度为1000mg/kg时经观察泵浦功率增加而荧光发射时间缩短，这说明铒掺杂度的提高使泵浦功率增加，因此可以得出结论：铒掺杂度为1000mg/kg时已经发生掺杂失败。比较而言，EYDF当铒掺杂度为2000mg/kg时仍无明显的荧光发射时间缩短的现象，由此说明掺镱可以提高铒掺杂度，避免掺杂失败，实验结果如图8-93所示。

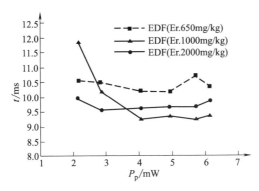

图8-93 荧光发射时间t与泵浦功率P_p的关系

5. 1480nm 泵浦 EYDF

EYDF的优点是充分利用镱离子的吸收带，因此共掺杂铒/镱光纤放大器已有应用。从镱离子的$^2F_{5/2}$态到铒离子的$^4I_{11/12}$态能量的传输效率主要依赖于铒离子和镱离子的掺杂度及纤芯的材料，因此提高泵浦信号的传输效率，优化光纤的材料是必不可少的。当EYDF的工作波长为980nm时，能量从$^4I_{11/2}$态到$^2F_{5/2}$态的反向传输及镱离子能量态间辐射，从本质上讲转换效率比EDF低。用1480nm激光二极管（不受镱离子吸收影响）做泵浦的实验已经完成，得知由于镱离子的光惰性，铒离子在对传截止限制中具有重要作用。由于掺杂失败会引起功率转换效率降低，因此测量功率转换效率的大小可作为掺杂是否失败的标志。1480nm泵浦在信号波长为1560nm处，信号功率为0，EYDF的优化长度为7m，测得功率转换效率为76%（相对普通EDF而言），再次说明在EYDF中无明显的掺杂失败。

6. WDM 信号放大特性

放大器由2级组成，1480nm激光二极管做泵浦源，来自8个激光二极管的总发射功率为1.56W。采用EDF时第一级光纤长度为30m，第二级光纤长度为51m；采用EYDF时第一级光纤长度为4.5m，第二级光纤长度为7m。对于2nm空间的8信道WDM信号，估计在高功率情况下的非线性影响，最大输出功率达到28.8dBm（760mW），大约每个信道为20dBm，这对8个激光二极管功率来说已经非常高了，使高效EDF、高功率激光二极管、高效波长复用技术的应用成为可能。图8-94和图8-95所示为EDFA及EYDFA的输出频谱，在非线性现象方面两者对比有明显不同，EDFA四波混合清晰可见，而EYDFA频谱没有此现象。

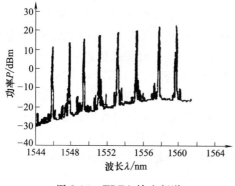

图 8-94　EDFA 输出频谱

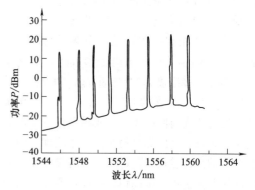

图 8-95　EYDFA 输出频谱

用于放大器的光纤长度 EDF 为 81m，而 EYDF 为 11.5m，这个长度的不同对 FWM 的产生有很大影响，可以通过降低有效长度 L_{eff}（即增加增益 g），从而降低普通 EDF 的非线性。这表明 EYDF 有极大可能成为低非线性的高功率光纤放大器。

EDF 中掺镱可以阻止引起转换效率衰减的掺杂失败，同时提高普通 EDF 的掺铒度。目前，在 L 带上进行的研究，工作进展到高功率放大器 EYDFA 或以兼顾低非线性与高转换率的实验阶段。

（五）通信用聚合物光纤放大器（POFA）

1. 掺杂有机染料的聚合物光纤（POF）放大器

在 POF 中掺入有机染料进行光放大时，首先在 POF 芯部掺入有机染料，当激励光和信号光同时传播时，使信号光得到放大。从原理上讲，正确选择适合不同波长区间的有机染料，可实现可见光到近红外区间任何一波段的光放大。日本庆应大学已经成功研制出有机染料聚合物光纤放大器，该放大器采用长为 1m、芯径为 0.3mm、掺杂有机染料若丹明 B 的聚合物光纤为工作物质，以 532mm 的激光为泵浦源，在 560～600nm 波段获得 27dB 增益。

（1）基本原理　在讨论掺杂有机染料的聚合物光放大器之前，首先讨论有机染料的能级图（图 8-96）。每一个能级是一个连续的振动和旋转能级组成的能带。染料的吸收带是由电子的基态 S_0 跃迁到第一激发态的单线态 S_1 造成的。倒转过程，即由 S_1 到 S_0 之间的转换即为自发发射和受激发射。

当使用一个强光源泵浦掺杂有机染料的 POF 时，染料分子通常是被激发到单线态簇中的某一较高能级。在这一能级上，染料分子在 ps 时间内弛豫到 S_1 的最低电子振动能级，即受激发的亚稳态能级。从第一激发态的单线态 S_1 转换到基态 S_0，染料分子就会发出较强的荧光。

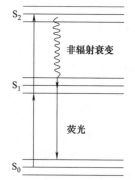

图 8-96　染料分子的能级示意图

（2）特点及关键技术　掺杂有机染料的聚合物光纤主要有两个突出特点。

① 若丹明族中最具有代表性的有机染料吸收截面大（约 $10^{-21}\sim10^{-20}\,\text{m}^2$，是稀土类离子的 10000 倍），荧光量子产额高（有的达 0.95），在口径达数百至 $1000\mu m$ 的 POF 中也容易被激励至粒子数反转分布状态且数量多。

② 由于受激发射截面较大（与吸收截面一样，约 $10^{-21}\sim10^{-20}\,\text{m}^2$，是稀土类离子的

10000 倍），掺杂有机染料的 POFA 在很短的光纤上就能获得数百至数千倍的高增益。

掺杂有机染料一般在 $0.1\mu g$ 至数微克每千克之间，机械特性与 POF 相同。

若 POFA 中的有机染料未被充分激励，有机染料就会吸收信号光。因此，调整泵浦光强度分布，使其与有机染料半径方向一致是实现高效泵浦的重要保证，也是 POFA 的一项关键技术。其解决方法是采用界面凝胶聚合技术，在芯部形成较理想的染料分布和折射率分布。该方法首先配置含有能形成折射率分布的小分子化合物、聚合物引发剂、链锁移动剂、有机染料和微量二甲砜（DMSO）的甲基丙烯酸甲酯单位溶液（添加 DMSO 能促进有机染料在单位溶液和聚合物内溶解）。接着把上述溶液注入 PMMA 制的空心管内，在 $90\sim95℃$ 温度下聚合 24h 后，再于 110℃、133Pa 条件下进行 24h 减压热处理，制成预制棒。最后，在 $190\sim250℃$ 温度下拉伸该预制棒（直径约 20mm）即可制得 POFA。

掺杂有机染料的 POFA 在脉冲放大方面性能优良，它必将在脉冲放大器领域得到广泛应用。但是，具有激励状态的有机染料分子常因项间交差而产生光谱三重线能级吸收，难以实现连续光放大。解决这个问题是今后实现连续光放大的关键。

（3）POFA 的主要性能　掺杂不同有机染料的 POFA 的主要性能见表 8-8。

表 8-8　掺杂有机染料的 POFA 的主要性能

有机染料	增益/(dB/倍数)	信号波长/nm	光纤长度/m
罗丹明 B	36/4000	580	0.9
	28/620	5910.9	1.0
罗丹明 6G	26/400	572	1.2
罗丹明 101	13/20	598	2.2
二萘嵌奔红	20/100	597	1.6
噁嗪 4	18/63	649	1.0

2. 掺杂稀土螯合物的聚合物光纤放大器

中国科技大学选择合适的配体和稀土离子制备络合物以改善聚合物的相容性，将稀土螯合物作为增益介质掺入纤芯区，在国际上首次制成 Nd 聚合物光纤，并获得放大的自发辐射，为研制比染料光纤稳定性好的聚合物光纤放大器奠定了基础。日本 Keil 大学，T. Koayashi 等研究了 Eu（铕）螯合物掺杂 GI POF（梯度折射率塑料光纤）的制备和超荧光。他们合成出 Eu（TFAA）$_3$ 和 Eu（HFAA）$_3$，经过对 Eu 螯合物掺杂 GI POF 的超荧光研究，得出稀土络合物掺杂 GI POF 可以用于短距离通信中光纤放大器制备的结论。

（1）原理　稀土螯合物是将稀土类离子转化成有机配合基而螯合的。它与石英掺铒光纤放大器内的稀土类离子有很大的不同，并非直接激励稀土离子，而是对配合基进行光激励，使能量传至中心金属并由中心金属发光。因此，稀土类螯合物的吸收、激励光谱特性均取决于有机配合的状况。图 8-97 所示为 Eu 螯合物的能级及发光处理。如图所法，能量从配合基 S_1 级路迁至中心金属离子原始发光能级。

（2）特点　掺杂稀土螯合物的聚合物光纤放大器有 3 个特点。

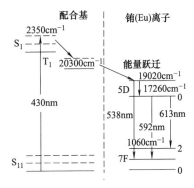

图 8-97　Eu 螯合物的能级及发光机理

① 一般来说，有机配合基的吸光截面积是稀土类离子的 100～1000 倍，泵浦效率非常高。

② 吸收与发光光谱重叠小，稀土类螯合物的荧光光谱特性大致取决于用作中心金属离子的光谱特性，与稀土类离子本身大致相同，而吸收光谱则取决于配合基的光谱特性，通过恰当的选用配合基和中心金属，避免螯合物的吸收光谱与荧光光谱重叠，荧光光谱宽度就会变得极窄。

③ 稀土螯合物能够比一般有机染料更快地溶解于聚合物中，由于稀土螯合物的中心金属离子被配合基屏蔽保护起来，其浓度消光比采用掺杂稀土类离子更难产生，因而可以高浓度地将其溶解于预制棒中，有可能解决掺杂有机染料难以解决的连续光放大问题。

(3) Eu 螯合物聚合物光纤放大器　Eu 螯合物表现出有效的分子间能量转换并发出 613nm 较强的荧光，其中铕离子和敏化配位体间的结合距离对于能量转换过程的效率影响很大，高吸收效率直接导致更强的荧光强度，配合基的结构直接影响螯合物在塑料预制棒中的溶解性及荧光光谱效率等性能，因此选用适当的配合基尤其重要。冠醚和大双棱配合基溶解度低、吸湿度高，不是理想的配合基材料，而比较容易制备的 β-二酮族物质能够与镧系离子很好地螯合并且显示出高量子转换效率，如果配合使用氯化三辛基膦（TOPO）、菲咯啉和红菲绕啉，能有效增强 Eu 螯合物的发光性能。氯化三辛基膦（TOPO）不仅仅增加荧光强度而且也大大增强螯合物在塑料预制棒中的溶解性。然而，氯化三辛基膦（TOPO）和红菲绕啉却是非常有效的屏蔽配合体，能够显著地提高螯合物的吸光能力并能有效地传递给铕离子，且它们并不影响螯合物在塑料预制棒中的溶解性。由二酮族物质与 2-特丁基苯基-5-联苯基-1,34-噁二唑生成的配合体（PBD）是一种巨型的 π-共轭系统，有极大的吸光效率，能提高螯合物的荧光效率。表 8-9 列出了不同的 PBD-二酮 Eu 螯合物的荧光特性。

表 8-9　不同 PBD-二酮 Eu 螯合物的荧光特性

复合物	$c/(\mu\text{mol}\times\text{L}^{-1})$	λ/nm	τ/ms	ϕ
Eu(PBD)_3	1.53	350	0.19	0.04
Eu(PBD)_4	1.52	340	0.31	0.11
$\text{Eu(PBD)}_3(\text{TOPO})_2$	0.68	350	0.34	0.44
$\text{Eu(PBD)}_3(\text{phen})$	1.53	346.5	0.51	0.53
$\text{Eu(PBD)}_3(\text{bathophen})$	0.76	346.5	0.51	0.49
$\text{Eu(hfa)}_3(\text{TOP})_2$	3.58	312	0.71	0.77

注：c 为掺杂浓度，λ 为吸收谱的中心波长，τ 为 613nm 处的荧光衰减时间，ϕ 为荧光量子效率。

从以上数据可以看出，$\text{Eu(hfa)}_3(\text{TOP})_2$ 螯合物具有高荧光量子效率，是比较理想的聚合物放大器材料。PMMA 固体中 Eu(hfa)_3 的荧光光谱（其特点是含氟、非辐射跃迁较少、可掺杂至所需浓度且溶解性好）与激励光谱如图 8-98 所示。

3. 聚合物光纤拉曼放大器

目前，对于聚合物光纤拉曼放大器的研究较少，但是利用拉曼效应也是一种光放大的有效方法，因此有必要阐述一下聚合物拉曼放大器的基本原理和特点，以便提供一个聚合物光纤放大器新的研究方向。

(1) 拉曼放大器的原理　聚合物光纤拉曼放大器利用的是光纤中的受激拉曼散射现象。拉曼散射可以看作介质中的分子振动对入射光的调制，即分子内部粒子之间的相对运动导致分子感应电偶极矩随时间的周期性调制，从而对入射光产生散射作用。设入射光的频率为 ω_p，介质分子的振动频率为 ω_v，则散射光的频率为 $\omega_s = \omega_p - \omega_v$ 和 $\omega_{as} = \omega_p + \omega_v$，其中频率 ω_s 的散射叫斯托克斯散射，频率 ω_{as} 的散射叫反斯托克斯散射，图 8-99 所示为光纤分子拉曼能级图。

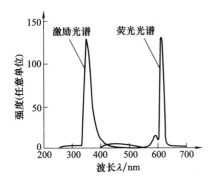

图 8-98　PMMA 固体中 Eu(hfa)$_3$
的荧光光谱与激励光谱

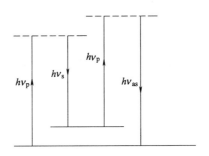

图 8-99　光纤分子拉曼能级图

（2）聚合物光纤拉曼放大器的特点　光纤拉曼放大器的特点如下。

① 增益波长由抽运光波长决定，只要抽运源的波长适当，理论上可以对任意波长的信号进行放大。

② 增益介质为传输光纤本身，不需要特殊的放大介质。

③ 噪声指数低。放大是沿光纤分布而不是集中作用，光纤中各处的信号光功率都比较小，从而可降低非线性效应，尤其是四波混频（FWM）效应的干扰。

除了以上的光纤拉曼放大器共有的特点外，聚合物光纤拉曼放大器还有以下两个特点。

① 聚合物光纤的芯径比石英光纤大，会降低增益，所以可以适当地将放大器的芯径做小。

② 吸收截面大，能够有效地吸收泵浦能量，可以降低抽运光输入功率，从而降低光源的成本。

4. 半导体聚合物光纤放大器

大多数聚合物是电绝缘体，但是仍然存在一族"共扼"聚合物是能够导电的，是半导体。这种半导体聚合物同时具有半导体的光电属性，也具有聚合物处理方便的特点。当对半导体聚合物材料加压的时候，该材料会发光。

苏格兰 St-Andrews 大学的科学家 Graham Turnbull 以及他的同事开发了一种廉价的新型聚合物光纤放大器，它是在半导体聚合物的基础上制成的一种便宜而且制备方便的聚合物光纤放大器，可用来延长聚合物光纤的传输距离。

该放大器采用可调谐的染料激光器（575～640nm）作为泵浦源，可以在 500～700nm 内获得 43dB 的增益。由于该放大器能在 500～700nm 内实现光放大，即在聚合物低损耗窗口实现光放大，所以是一种比较有前景的聚合物光纤放大器。但是，目前解决的是用液态半导体聚合物实现的光放大，用比较实用的固态半导体聚合物实现光放大还有待开发。

5. 发展

由于聚合物光纤具有质量轻、韧性好、接口容易、综合成本低等优点，在接入网系统中聚合物光纤的突出特点是光源非常便宜，因而受到业界的广泛重视，成为高速信息接入网中的关键技术之一。聚合物光纤放大器已经成为特别受关注的用于延长传输距离的光器件。世界上许多制造厂家、研究所都相继投入大量的人力、物力和财力进行聚合物光纤及其放大器

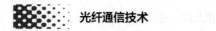

的研制和实际应用研究，并取得可喜的成果。这一研究领域仍在不断深入，正在成为一个具有产业前景的研究的发展体系。

聚合物拉曼光纤放大器将会成为一个新的研究方向，而对于研究比较多的掺杂有机染料聚合物光纤放大器和稀土螯合物光纤放大器，主要研究方向是掺杂多种有机染料以适合不同波长，以及宽范围选择稀土离子，实现宽波长范围的光放大。

在未来的信息时代中，聚合物光纤及其聚合物光纤放大器将具有更加广泛的发展前景。

第九章

光纤通信系统与设备

第一节 简 介

随着我国国民经济建设的持续、快速发展，通信业务的种类越来越多，信息传送的需求量也越来越大，我国光通信的产业规模不断壮大，产品结构覆盖了光纤传输设备、光纤与光缆、光器件以及各类施工、测试仪表与专用工具。可以展望：光纤通信作为一高新技术产业，将以更快的速度发展，光纤通信技术将逐步普及，光纤通信的应用领域将更加广阔。

一个实用的光纤通信系统，要配置各种功能的电路、设备和辅助设施才能投入运行。如接口电路、复用设备、管理系统以及供电设施等。根据用户需求、要传送的业务种类和所采用传送体制的技术水平等来确定具体的系统结构。因此，光纤通信系统结构的形式是多种多样的，但其基本结构仍然是确定的。图 9-1 给出了光纤通信系统的基本结构，也可称之为原理模型。

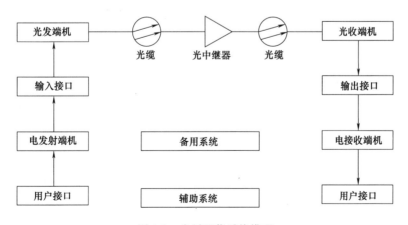

图 9-1　光纤通信系统模型

光纤通信系统主要由三部分组成：光发射机、传输光纤和光接收机。其电/光和光/电变换的基本方式是直接强度调制和直接检波。实现过程如下：输入电信号既可以是模拟信号（如视频信号、电话语音信号），也可以是数字信号（如计算机数据、PCM 编码信号）；调制器将输入的电信号转换成适合驱动光源器件的电流信号并用来驱动光源器件，对光源器件进行直接强度调制，完成电/光变换的功能；光源输出的光信号直接耦合到传输光纤中，经一定长度的光纤传输后送达接收端；在接收端，光电检测器对输入的光信号进行直接检波，将光信号转换成相应的电信号，再经过放大恢复等电信号处理过程，以弥补线路传输过程中带来的信号损伤（如损耗、波形畸变），最后输出和原始输入信号相一致的电信号，从而完成整个传送过程。

根据所使用的光波长、传输信号形式、传输光纤类型和光接收方式的不同，光纤通信系统可按如下进行分类。

（1）按光波长划分可以分为短波长和长波长光纤通信系统

类　别	特　　点
短波长光纤通信系统	工作波长：800～900nm；中继距离：≤10km
长波长光纤通信系统	工作波长：1000～1600nm；中继距离：>100km
超长波长光纤通信系统	工作波长：≥2000nm；中继距离：≥1000km；采用非石英光纤

（2）按光纤特点划分

类　别	特　　点
多模光纤通信系统	传输容量：≤100Mbit/s；传输损耗：较高
单模光纤通信系统	传输容量：≥140Mbit/s；传输损耗：较低

（3）按传输信号形式划分

类　别	特　　点
数字光纤通信系统	传输信号：数字；抗干扰；可中继
模拟光纤通信系统	传输信号：模拟；短距离；成本低

（4）按光调制的方式划分

类　别	特　　点
强度调制直接检测系统	简单、经济、但通信容量受到限制
外差光纤通信系统	技术难度大，传输容量大

（5）其他

类　别	特　　点
相干光纤通信系统	光接收灵敏度高；光频率选择性好；设备复杂
光波分复用通信系统	一根光纤中传送多个单/双向波长；超大容量，经济效益好
光时分复用通信系统	可实现超高速传输；技术先进
全光通信系统	传送过程无光电变换；具有光交换功能；通信质量高
副载波复用光纤通信系统	数模混传；频带宽，成本低；对光源线性度要求高
光孤子通信系统	传输速率高，中继距离长；设计复杂
量子光通信系统	量子信息论在光通信中的应用

第二节 光纤通信系统的设计

一、总体设计

(一) 设计原则

设计光纤通信系统时，需要考虑系统的用途、地理位置环境和路由的选择。不仅要考虑系统目前对容量的需求，也要考虑未来几年对系统容量的扩展。还要考虑目前国内外标准化组织的各项建议，当前器件和设备的成熟程度，以及市场的供货情况，系统所用技术的成熟程度和未来的发展趋势。

光纤通信系统的设计，既要满足系统的性能要求，又要尽可能地减少系统的建设成本，还要考虑将来系统升级的需要。是选择 PDH 设备，还是选择 SDH 设备，是选择单波长系统，还是选择 WDM 系统，以及应选择何种速率系统，这些问题都需要在设计时考虑。除了合理选择光缆、光源和光探测器外，还要考虑调制和解调方式。

局间距离较长时，光发射机发出的光信号在传输过程中，由于线路损耗和色散的存在，会使信号波形畸变，误码率增加。为此，必须考虑在线路中间增加再生中继器。中继间距过短，会增加中继器数量，使建设成本增加；中继间距过长，会使系统性能变差，不能满足系统对性能的要求。所以必须合理设计中继间距。中继器有光-电-光 3R 中继器和光放大中继器，选择何种中继器，也需要考虑。

系统设计方法有最坏值设计法和统计设计法。

最坏值设计法是在设计中继段距离时，将所有参数值都按最坏值选取，而不管其具体分布如何。其优点是可以为网络规划设计者提供简单的设计指导原则，为设备供货商提供明确的元部件指标。同时，在排除人为和自然破坏因素后，这种方法设计出的系统，在系统终了后，仍能保证系统 100% 的性能要求，而不会发生先期失效的问题。最坏值设计法的缺点是各项最坏值条件同时出现的概率极小，因而系统正常工作时有相当多的富余度。用这种方法设计的中继段距离偏短，使用的中继器偏多，系统总成本偏高。

统计设计法是在设计中继段距离时，充分考虑光器件和设备参数的离散统计分布规律，更有效合理地设计中继距离，使系统成本降低。统计设计法有映射法和高斯近似法等。这些方法的基本思路是允许一个预先确定的足够小的系统先期失效概率，从而换取延长中继距离的好处。例如采用映射法设计，若取系统的先期失效概率为 0.1%，最大中继距离就可以比最坏值设计法延长 30%。统计设计法的缺点是需要付出一定的可靠性代价，横向兼容不易实现，设计过程较为复杂。

(二) 系统结构

光纤通信系统除点对点结构外，还有 4 种基本结构，即树形，总线型、环形和星形，如图 9-2 所示，下面分别加以介绍。

1. 点对点系统

光纤通信系统最简单的一种结构形式是工作在 $0.8\mu m$、$1.3\mu m$ 或 $1.55\mu m$ 的点对点系统，传输距离可以是几十米的室内传输，也可以是成千上万千米的跨洋传输。在一幢大楼内

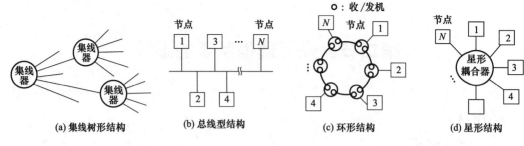

图 9-2　光纤通信网络基本结构

或两楼之间计算机数据的光纤传输就是一种短距离的点对点系统。在这种应用中，通常不是利用光纤的低损耗及宽带宽能力，而是利用其抗电磁干扰等优点。相反，在超长距离的海底光缆系统中，光纤的低损耗和宽带宽的特点就显得十分重要。

图 9-3 给出了采用光-电-光再生中继和光放大中继的点对点光纤传输系统示意图。中继距离 L 是系统的一个重要设计参数，它决定着系统的成本，由于光纤的色散，中继距离 L 与系统码率 B 有关。在点对点的传输中，码率、中继距离乘积 BL 是表征系统性能的一个重要指标。由于光纤的损耗和色散都与波长有关，所以 BL 也与波长有关。对工作波长为 $0.85\mu m$ 的第一代商用化光纤通信系统，BL 的典型值在 $1(Gbit/s)\cdot km$ 左右，而 $1.55\mu m$ 波长的第三代系统的 BL 值可以超过 $1000(Gbit/s)\cdot km$。

中继间距 L 随光纤损耗的减小而增加，同时它也随接收机灵敏度和光源输出光功率的提高而增加。图 9-4 给出了一个长波长系统的接收机灵敏度随不同码率变化的实测结果，由于光纤放大器作为前置放大器的使用，强度调制/直接检测（IM/DD）接收机的灵敏度已与外差接收机的相差不多。为了便于比较也画出了量子极限灵敏度。

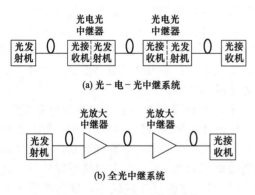

图 9-3　点对点光纤传输系统

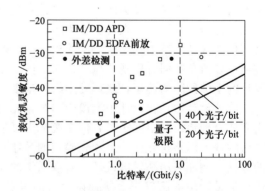

图 9-4　接收机灵敏度与传输速率的关系

通常环形结构采用双环结构，一个环用做发送，另一个环用做接收，并且环网各节点内都有收/发机，如现在广泛使用的 SDH 网络，所以环网结构实质上是一种点对点系统。

2. 广播分配网络

广播分配网络可以分配信息到多个用户，如通过光纤总线或星形网络分配多路电视信号和/或综合数字业务（ISDN）到用户。在图 9-2（a）所示的集线树形结构中，信道分配在中心位置（集线器）进行，交叉连接设备在电域内自动交换信道，光纤的作用与点对点线路类似，城市内的电话网络就是这种情况，无源光网络（PON）也是这种树形结构的特例。

图 9-2（b）所示的总线型结构中，光缆携带多个信道的光信号，通过 T 形光耦合器分配一小部分光功率到每个用户。总线型结构的缺点是信号损耗随耦合器数量指数增加，所以限制了单根总线服务的用户数。在忽略光纤损耗的情况下，并假定耦合器的分光比和插入损耗都相同，总线结构中第 N 个用户可用的功率是

$$P_N = P_T C \left[(1-\delta)(1-C)\right]^{N-1} \tag{9-1}$$

式中，P_T 是发射功率；C 是耦合器的分光比；δ 是耦合器插入损耗。

3. LAN

LAN 与广播网络不同，它能提供每个用户随机的双向访问。在多路访问局域网中，每个用户能够发送信息到网络中所有其他的用户，同时也能接收所有其他用户发送来的信息，电话网和计算机以太网就是这种网络的例子。环形和星形是 LAN 广泛使用的两种结构，如图 9-2（c）和图 9-2（d）所示。如果只有一个光载波，采用电 TDM 和分组交换，以及必要的协议可以构成多路访问 LAN。如果使用波分复用技术，采用交换、选择路由或分配载波频率的技术来实现用户之间的无阻塞连接。

网络的极限容量受分配损耗和插入损耗的限制。对于 $N \times N$ 星形耦合器，每个用户接收到的功率 P_N 由下式给出：

$$P_N = \frac{P_T}{N}(1-\delta)^{\log_2 N} \tag{9-2}$$

式中，P_T 是平均发射功率；N 是用户数；δ 是组成星形耦合器中的每个方向耦合器的插入损耗。$(1-\delta)^{\log_2 N}$ 是星形耦合器的插入损耗，为了满足网络工作的要求，接收到的光功率应该超过接收机灵敏度 $\overline{P}_{rec}$。

4. WDM 系统

为了增加传输容量，可以采用 WDM 系统。最简单的 WDM 是在光纤的两个不同传输窗口（$1.3\mu m$ 和 $1.55\mu m$）传送两个信道。这种方式的信道间距为 250nm，它是如此之大，以至于只能用来传送 2～3 个信道。

对于许多点对点光纤通信系统，WDM 的作用是简单地增加总的比特率。图 9-5 表示多信道点对点大容量 WDM 系统，每个光发送机工作在它自己的载波波长上，然后把几个发送机的输出复用在一起。已复用的信号入射进光纤，经传输后在接收端用解复用器把它们分开。当比特率为 B_1，$B_2 \cdots B_N$ 的 N 个信道同时在长 L 的光纤上传输时，总的比特率与距离的乘积 BL 为

$$BL = (B_1 + B_2 + \cdots + B_N)L \tag{9-3}$$

DWDM 系统主要有 4 种结构：中间含有（也可能没有）光分插复用器（OADM）的点

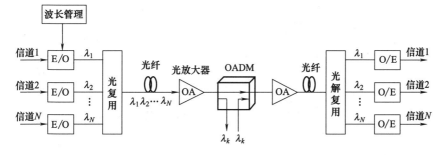

图 9-5　中间含有光分插复用器（OADM）和光放大器的点对点网络

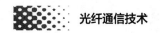
对点系统（见图 9-6）、全连接的网状网络、星形网络、具有 OADM 节点和集线器的环网
（见图 9-6）。

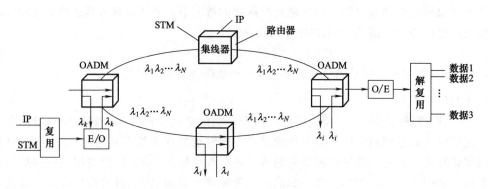

图 9-6　具有 OADM 节点和集线器的环网

另外也可将 4 种基本网络混合组成各种结构的网络。

通信业务种类繁多，有同步（STM）的和异步（ATM）的，实时的和非实时的，低带
宽的和高带宽的，以及电路交换的和非电路交换的等。DWDM 系统设计支持几种业务，这
样就增加了系统和网络设计的复杂性。一种可能的方法是把不同种类的业务用不同的波长传
输，如图 9-7 所示。另一种可能是对不同种类的业务打包，然后复用它们，在同一个波长上
传输。

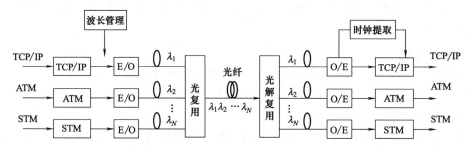

图 9-7　一种可能的 DWDM 系统集线器

不同种类的业务使用不同的波长传输。图 9-8 表示一个使用星形耦合器的多信道分配网
络，每个信道使用单独的光载波频率发送电信号，所有发送机的输出功率复合进无源星形耦
合器，并且分配相等的功率到所有的接收机。每个用户接收所有的信道，使用调谐光接收机
选择它们中的一个，这种网络有时也称为广播-选择网络。多址接入网见图 9-9。

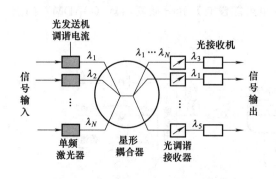

图 9-8　广播星形耦合器 WDM 分配网络

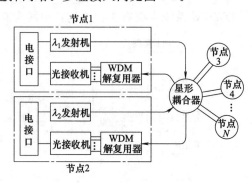

图 9-9　多址接入网

系统设计的出发点是工作速率 B 及传输距离 L 应在保证系统性能的基础上（一般要求 BER≤10^{-9}），使系统成本降到最小。一般说来，工作波长为 $0.85\mu m$ 的系统成本最低，随着波长向 $1.3\sim1.6\mu m$ 移动，成本将会增加。对于 $B\leq100\mathrm{Mbit/s}$，$L<20\mathrm{km}$ 的系统（例如很多 LAN 系统），一般采用 $0.85\mu m$ 的系统，而对于 $B>200\mathrm{Mbit/s}$ 的长途传输，需要用长波长系统。

根据工作波长的不同，当传输距离超过 $20\sim100\mathrm{km}$ 时，需要对光纤的损耗进行补偿，否则信号功率将十分微弱，以致不能恢复原有信息。早期的补偿方法是采用光-电-光转换的再生中继器，现在由于光放大器的实用化，越来越多的系统采用了光放大器直接对光信号进行放大，补偿光纤的损耗。但是级联的放大器数目不可能无限地增多，一方面放大器存在着噪声积累，更主要的是受限于光纤的色散。色散导致脉冲展宽将限制这种系统的最终传输距离，但光-电-光中继器不受这种色散效应的限制，它对损耗和色散均能起到补偿的作用。

光纤通信系统的设计需要考虑光纤的损耗和色散对系统带来的限制。由于损耗和色散都与系统的工作波长有关，因此工作波长的选择就成为系统设计的一个主要问题。下面我们分别讨论在不同波长下点对点光纤传输系统中码率 B 和传输距离 L 所受到的限制。

（三）光纤损耗限制系统

在光纤通信系统中，只要不是距离很短，都必须考虑光纤的损耗。假设发射机光源的最大平均输出功率为 $\overline{P}_{\mathrm{out}}$，接收机探测器的最小平均接收光功率为 $\overline{P}_{\mathrm{rec}}$，光信号沿光纤传输的最大距离 L 为

$$L=-\frac{10}{\alpha_{\mathrm{f}}}\lg\big[(\overline{P}_{\mathrm{out}}/\overline{P}_{\mathrm{rec}})\big] \tag{9-4}$$

式中，α_{f} 是光纤的总损耗（单位为 dB/km），包括熔接和连接损耗。由于

$$\overline{P}_{\mathrm{out}}=\overline{N}_{\mathrm{ph}}h\nu B \tag{9-5}$$

所以 $\overline{P}_{\mathrm{out}}$ 与码率 B 有关，$\overline{N}_{\mathrm{ph}}$ 为接收机要求的每比特平均光子数，$h\nu$ 为光子能量，因此传输距离 L 与码率 B 有关。在给定工作波长下，L 随着 B 的增加按对数关系减小。在短波长 $0.85\mu m$ 波段上，由于光纤损耗较大（典型值为 2.5dB/km），根据码率的不同，中继距离通常被限制在 $10\sim30\mathrm{km}$。而长波长 $1.3\sim1.6\mu m$ 系统，由于光纤损耗较小，在 $1.3\mu m$ 处损耗的典型值为 $0.3\sim0.4\mathrm{dB/km}$，在 $1.55\mu m$ 处为 0.2dB/km，中继距离可以达到 $100\sim200\mathrm{km}$，尤其在 $1.55\mu m$ 波长处的最低损耗窗口，中继距离可以超过 200km，如图 9-10 所示。

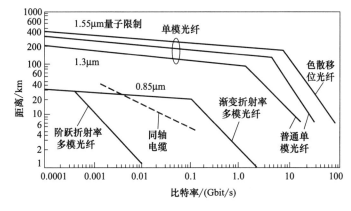

图 9-10　各种光纤的传输距离与传输速率的关系

粗实线为损耗限制系统，细实线为色散限制系统

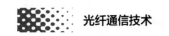

（四）光纤色散限制系统

光纤色散导致光脉冲展宽，从而构成对系统 BL 乘积的限制。当色散限制传输距离小于损耗限制的传输距离时，系统是色散限制系统。

对于工作波长为 $0.85\mu m$ 的光纤通信系统，为了降低成本，通常采用多模光纤，对阶跃折射率多模光纤，比特率和距离的乘积为

$$BL<c/(2n_1\Delta) \tag{9-6}$$

式中，n_1 为光纤芯折射率指数；c 为光速；$\Delta=(n_1-n_2)/n_1$ 表示纤芯和包层界面处相对折射率指数的变化，n_2 表示包层折射率指数。对于由阶跃折射率多模光纤构成的系统，即使是在 1Mbit/s 的较低码率下，L 值也被色散限制在 10km 以内，如图 9-10 所示。因此在光纤通信系统设计中，除短距离传输的低速数据外，基本上都不采用阶跃折射率多模光纤。如果利用渐变折射率多模光纤，则 BL 值可以增大，可用下面的近似关系式表达：

$$BL<2c/(n_1\Delta^2) \tag{9-7}$$

在这种情况下，即使是速率高达 100Mbit/s 的系统，也为损耗限制系统，损耗限制使这种系统的 BL 值在 2(Gbit/s)·km 左右。

对于 $1.3\mu m$ 波长的第二代单模光纤通信系统，在较高码率下，如果光源的谱宽较宽，色散导致的脉冲展宽可能成为系统的限制因素。此时 BL 值可由下式表示：

$$BL\leqslant4D(\sigma_\lambda)^{-1} \tag{9-8}$$

式中，D 为光纤的色散参数；σ_λ 为光源的均方根谱宽。D 值与工作波长接近零色散波长的程度有关，典型值为 $1\sim2ps/(km\cdot nm)$。如果式（9-8）中的 $|D|\sigma_\lambda=2ps/km$，则 BL 的受限值为 125(Gbit/s)·km。一般来说，$1.3\mu m$ 单模光纤通信系统在 $B<1Gbit/s$ 时为损耗限制系统，在 $B>1Gbit/s$ 时可能成为色散限制系统。

由于第三代光纤通信系统使用 $1.55\mu m$ 波长光纤，它具有最小的损耗，而色散参数 D 相当大，典型值为 $15ps/(km\cdot nm)$，所以 $1.55\mu m$ 的光纤通信系统主要受限于光纤的色散，这个问题可采用单纵模半导体激光器来解决。在这种窄线宽光源下，系统的最终限制为

$$B^2L<(16|\beta_2|)^{-1} \tag{9-9}$$

式中，群速度色散 β_2 与色散参数 D 的关系为 $\beta_2=-\lambda^2D/(2\pi c)$。对于这种 $1.55\mu m$ 理想系统，B^2L 可达到 4000(Gbit/s)²·km，所以只有当码率超过 5Gbit/s 时才成为色散限制系统。但实际上在调制光源产生光脉冲过程中不可避免地会产生频率啁啾，导致光谱展宽，色散使 BL 值通常限制在 $\leqslant150$(Gbit/s)·km，因此对 $B=2Gbit/s$ 的系统，光源频率啁啾使 L 值只能达到 75km 左右。

解决频率啁啾导致 $1.55\mu m$ 波长系统受色散限制的一个方法是采用色散移位光纤。这种光纤群速度色散的典型值为 $\beta_2=\pm2ps^2/km$，对应的 $D=\pm1.6ps/(km\cdot nm)$。在这种系统中，光纤的色散和损耗在 $1.55\mu m$ 波长都成为最小值，系统的 BL 值可以达到 1600(Gbit/s)·km，在码率为 20Gbit/s 下，中继距离也可以达到 80km。

解决频率啁啾导致 $1.55\mu m$ 波长系统受色散限制的另一个方法是采用外调制，目前先进的高速光纤传输系统均采用外调制，而且也有把激光器、光放大器和电光调制器都集成在一起的器件出售。

二、功率设计

（一）陆地系统功率预算

光纤通信系统功率预算的目的是，保证系统在整个工作寿命内，接收机要具有足够大的接收光功率，以满足一定的误码率要求。如果接收机的接收灵敏度为 $\overline{P}_{rec}$，发射机的平均输出光功率为 $\overline{P}_{out}$，则应该满足

$$\overline{P}_{out} = \overline{P}_{rec} + L_{tot} + P_{mar} \tag{9-10}$$

式中，L_{tot} 是通信信道的所有损耗；P_{mar} 为系统的功率余量；$\overline{P}_{out}$ 和 $\overline{P}_{rec}$ 用 dBm 表示，L_{tot} 和 P_{mar} 用 dB 表示。为了保证系统在整个寿命内，因元器件劣化或其他不可预见的因素，引起接收灵敏度下降，此时系统仍能正常工作，在系统设计时必须分配一定的功率余量，一般考虑 P_{mar} 为 6～8dB。

信道的损耗 L_{tot} 应为光纤线路上所有损耗之和，包括光纤传输损耗、连接及熔接损耗，假如 α 表示光纤损耗系数（用 dB/km 表示），L 为传输长度，L_{con} 为光纤连接损耗，L_{spl} 为光纤熔接损耗。通常光纤的熔接损耗包含在传输光纤的平均损耗内，连接损耗主要是指发射机及接收机与传输光纤的活动连接损耗。光纤线路上总损耗可表示为

$$L_{tot} = \alpha L + L_{con} + L_{spl} \tag{9-11}$$

式（9-11）和式（9-12）可用来估算所选择器件构成系统的最大传输距离。例如要设计一个速率为 50Mbit/s、传输距离为 8km 的系统，由图 9-10 可知，该系统应选择 $0.85\mu m$ 的工作波长和阶跃折射率多模光纤，以便降低成本，此时发射机中的光源可以选用 GaAs LD 或 LED，接收机中的探测器可以选用 PIN 或 APD。为了降低成本，我们先考虑 PIN 作为探测器的情况。目前 PIN 探测器在 5000 光子/bit 的平均入射功率下，可以达到 BER$<10^{-9}$ 的要求，这样接收灵敏度可表示为 $\overline{P}_{rec} = \overline{N}_{ph} h\nu B$，将 B、$\overline{N}_{ph}$ 及 $h\nu$ 代入，可得 $\overline{P}_{rec} = -42$dBm。使用 LD 光发射机的尾纤输出平均功率，一般为 1mW，使用 LED 一般为 $50\mu W$。表 9-1 给出了对该系统的功率预算情况。

表 9-1　50Mbit/s、0.85μm 波长多模系统功率预算

光　源	LD	LED
发射功率 $\overline{P}_{out}$/dBm	0	−13
接收灵敏度 $\overline{P}_{rec}$/dBm	−42	−42
系统余量 P_{mar}/dB	6	6
连接损耗 L_{con}/dB	2	2
最大允许传输损耗/dB	36	23
最大传输距离 L（光纤的平均损耗 α_f）	≈9.7km(3.5dB/km)	≈6km(3.5dB/km)

由此看来，只有采用 LD 才能满足 8km 传输距离的要求。如果用 APD 代替 PIN，则接收灵敏度可提高 7dB，此时可以采用 LED 作为光源。因此系统应该是 LD 与 PIN 的组合或 LED 与 APD 的组合，究竟采用哪种组合，可依据成本而定。

近年来，由于单模光纤得到了广泛的使用，生产批量很大，而多模光纤的使用范围却相当有限，生产批量当然也小，所以目前单模光纤的售价和多模光纤相当，甚至比后者还要便宜。

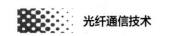

（二）海底光缆系统功率预算

现以海底光缆系统设计为例，进行损耗和性能预算，指出影响系统性能的主要因素以及各种因素需要付出的代价。

1. 无中继系统

在无中继系统中，性能预算就是光损耗预算。海底光缆系统的设计目标是在工作 25 年后光信号仍不能降低，要求整个系统在工作寿命内，每秒比特误码率为 10^{-11}。

为了实现这个目标，在系统敷设前就要对系统的制造、装配和安装进行详细的光功率预算，并且进行认真的检验。表 9-2 给出了 TAT-12/13 无中继海底光缆系统损耗预算，该系统传输速率为 5Gbit/s，传输距离为 170km。

表 9-2　TAT-12/13 损耗预算

项目	损耗/增益	规 定 值
1	成缆光纤损耗与熔接和连接损耗之和/dB	44.5
2	光发射机输出功率/dBm	17.0
3	接收机灵敏度/dBm	−35.9
4	允许线路损耗/dB	52.9
5	终端余量（色散等引起）/dB	0.5
6	系统发射机到接收机(S-R)功率/dB	52.4
7	系统开通余量/dB	7.9
8	维修余量/dB	3.6
9	设备和海缆老化/dB	2.3
10	系统寿命终了余量/dB	2.0

功率计算要按下面 7 个步骤进行。

① 确定用户要求，如系统总长度、传输比特率、终端和海缆安装环境以及维修次数。

② 根据总长度和比特率选择光纤类型及其损耗（包括制造光纤时的熔接损耗，但不包括敷设时的熔接损耗）以及色散参数。例如，AT&T SL100 系统在 1550nm 波长要求石英光纤的损耗小于 0.19dB/km，掺锗光纤小于 0.21dB/km 以及色散移位光纤的色散值小于 1ps/(nm·km)。所选光纤损耗系数乘以光纤总长度就得到总长度的损耗预算。

③ 确定海底光缆和陆上光缆的熔接头数以及光分配架和终端连接器数量，乘以各自的损耗，将其和加到光缆损耗上，就得到包括所有接头和连接器损耗的光缆总损耗。

④ 根据步骤③计算出的光纤总损耗和步骤①中的要求，选择终端设备，见表 9-3。分配给终端设备的余量是考虑到色散和温度变化引起的功率代价。表 9-2 中的第 4 项减去第 5 项可得到第 6 项，它表示终端设备允许的系统最大总损耗。

表 9-3　SL100 终端设备允许的最大光纤总损耗

项目	设 备	传 输 速 率		
		622Mbit/s	2.5Gbit/s	5Gbit/s
1	标准终端设备	高达 64dB	高达 57dB	高达 54dB
2	标准终端设备＋前向纠错措施(FEC)	高达 68dB	高达 61dB	高达 58dB
3	标准终端设备＋FEC＋远端泵浦 EDFA	高达 78dB	高达 71dB	高达 68dB

⑤ 系统刚开通时要实地测量系统开通余量，并与预算结果比较，以便确认终端设备、光纤总损耗、系统安装和海缆敷设是否合格。

　　⑥ 根据维修时可能需要额外的光缆和接头，确定用户维修需要的功率余量。对于使用前向纠错和远端泵浦 EDFA 的无中继系统，分配给维修的余量不能简单地把额外的光纤和接头损耗加上得到，为了提高损耗预算的精确性。进行计算模拟和实验是需要的。

　　⑦ 最后计算分配给海缆和设备老化余量。从系统刚开通时的总余量减去维修和老化余量，就得到系统使用寿命终了的余量，该值必须大于零。

2. 全光中继系统

　　在使用光放大器的中继系统中，性能预算不能简单地用光损耗预算来完成。光放大中继系统与使用光-电-光再生中继器的系统不同，它的性能劣化是在整个光路径长度上进行累积的。这是因为每个中继器都要增加光噪声，传输光纤的非线性可使脉冲畸变。并引起信号和噪声的混频，其结果是 Q 值与许多因素有关，计算起来相当复杂。

　　光路径设计一开始就要估算在探测器上的光信噪比，其值为

$$(\text{SNR})_o = \frac{P_{in}}{F_n h\nu B_o N} \tag{9-12}$$

式中，P_{in} 和 F_n 分别为光放大中继器平均输入光功率和噪声指数。$h\nu$ 是 1558.5nm 波长信号的光子能量（1.28×10^{-19}J），B_o 是光带宽（Hz），B_e 是电带宽，$(\text{SNR})_o$ 和 Q 的关系是

$$Q(\text{dB}) = 20\lg \frac{2(\text{SNR})_o (B_o/B_e)^{\frac{1}{2}}}{1 + [1 + 4(\text{SNR})_o]^{\frac{1}{2}}} \tag{9-13}$$

　　误码率与 Q 参数的关系如图 9-11 所示。

　　用式（9-13）和式（9-14）推导出的理想 Q 值不包括许多劣化因素，如光纤非线性效应产生的信号/噪声混频、中继器内反馈环路光功率泄漏引起的干扰、接点反射噪声以及非理想的发射机和接收机特性等。考虑这些影响的有效设计方法是分配这些劣化指标（用 dB 表示的 Q 值）到每一种因素，从设计的 Q 值中减去这些劣化指标，并将计算结果中推导出的最小可接受的 Q 值比较。接着从用户对误块秒比（ESR）或背景误块比（BBER）的要求推导出 BER 指标。各劣化因素之和就称为劣化预算。

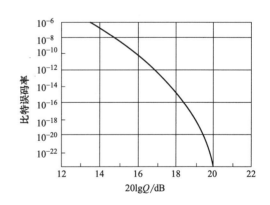

图 9-11　误码率与 Q 的关系

（三）功率代价因素

　　光纤的损耗和色散都可能对系统设计和性能产生影响。在较低码率（$B < 100$Mbit/s）时，只要上升时间满足传输的要求，大多数系统都是受损耗限制而不是受色散限制；但在较高码率（$B > 500$Mbit/s）时，光纤色散可能构成对系统的限制因素。消光比、强度噪声及定时抖动要引起功率代价。本节主要讨论在系统设计中还需考虑的其他几个可能引起功率代价的因素，它们是光纤的模式噪声、色散导致的脉冲展宽、LD 的模分配噪声、LD 的频率啁啾以及反射噪声，其中前 4 种因素都与光纤的色散有关。

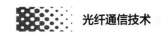

1. 光纤模式噪声

在多模光纤中，由于沿光纤传播的各模式间的干涉作用，在接收探测器光敏面上将形成一个光斑，由于光斑随时间发生变化，将会造成接收光功率的变化，从而引起 SNR 下降，对接收机来说相当于一种噪声，这种噪声称为光纤模式噪声，它仅存在于多模光纤中。当光纤受到诸如振动和微弯等机械作用时，不可避免地会出现模式噪声。此外，在多模光纤传输线路上，连接器和熔接点会形成一种空间滤波器，该滤波器随时间的任何变化都会引起光斑图形的变化，而使模式噪声增强。

在短距离的单模光纤系统中，如果光纤中激励起高次模，也会出现模式噪声。但一般说来，模式噪声只在采用 LD 和多模光纤的系统中才予以考虑，而在单模光纤系统中，一般不予考虑。

2. 色散引起脉冲展宽

单模光纤系统避免了模间色散和与之相关的模式噪声，但群速度色散导致光脉冲展宽将限制系统的 BL 值，此外，这种色散导数的脉冲展宽效应还会使接收灵敏度下降。

色散引起脉冲展宽，可能对系统的接收性能造成两方面的影响。首先，脉冲的部分能量可能逸出到比特时间以外而形成码间干扰。这种码间干扰可以采用线性通道优化设计，即使用一个高增益的放大器（主放大器）和一个低通滤波器，有时在放大器前也使用一个均衡器，以补偿前端的带宽限制效应，使这种码间干扰减小到最小。其次，由于光脉冲的展宽，在比特时间内光脉冲的能量减少，导致在判决电路上 SNR 降低。为了维持一定的 SNR，需要增加平均入射光功率。

3. 激光器模式分配噪声

在多模 LD 中，我们知道，除主模外，在其两侧存在着对称的多个纵模对。由于光纤色散，纵模对中的每个纵模到达光纤末端就出现不同的延迟，从而产生光生电流的随机抖动，这种噪声称为模分配噪声（mode-partition noise，MPN）。尽管各模式的强度之和可以保持恒定，但每一个模式却可能发生较大的强度变化。在不考虑光纤色散的情况下，因为所有模式在发射和探测期间可能均保持同步，这种模式分配噪声对系统性能可能不产生影响。但实际上由于群速度色散的存在，各模式具有不同的传播速度，使得模式之间出现不同步，导致接收机上光生电流产生随机的漂移，形成噪声，使判决电路上的 SNR 降低。因此为了维持一定的 SNR，达到要求的 BER，在 MPN 存在的情况下，需要增大接收光功率。考虑模式噪声需增加的这部分功率就是需付出的功率代价。即使接近单纵模工作的 LD，这种 MPN 也会存在。

采用单纵模激光器可以使 MPN 的影响降到最小。事实上，$1.55\mu m$ 的光纤通信系统大多数都采用了 DFB 激光器，但实际上任何单纵模激光器都会有边模存在，尤其激光器在受调制的情况下更是如此，只能用边模抑制比（MSR）来表征这种准单模激光器"单模"工作性能的好坏。显然，在准单模激光器的情况下，MPN 引起的功率代价与 MSR 有关。

理论计算表明，当 MSR<42 时，功率代价变为无限大，因为不管接收到的光功率有多大，总不能满足 BER$\leq 10^{-9}$ 的要求。而当 MSR>100（20dB）时，功率代价可以忽略（<0.1dB）。因此 MSR 的大小对 MPN 引起的功率代价起着重要的作用。

4. LD 的频率啁啾

LD 的直接强度调制，由于载流子浓度导致的折射率变化，总是不可避免地伴随着相位调制，这种相位随时间变化的光脉冲就叫做频率啁啾。频率啁啾使光脉冲的频谱大大展宽，展宽的频谱因光纤的群速度色散，导致光纤输出端光脉冲形状发生展宽，使系统误码率增加。在 $1.55\mu m$ 波长系统中，即使采用边模抑制比大的单模 LD，LD 的频率啁啾也是对系统的主要限制因素。

因此高速光纤通信系统，大多采用多量子阱结构 DFB LD，以减小频率啁啾的影响。另一种消除频率啁啾的方法是用直流驱动 LD 使之发光，然后采用外调制器对其调制。

5. 反射噪声

在光传输路径上总是存在着熔接点和连接头，也不可避免地要插入光器件，从而会引起折射率的不连续变化产生光反射。这种光反射是不希望有的，因为它会对发射机和接收机产生影响，降低系统的性能，即使是很小的反射光进入激光器也会在 LD 输出端产生附加噪声，引起功率代价，这种代价称回波损耗（ORL）代价。因此在要求较高的场合，需要在光源与光纤之间使用光隔离器，即使在这种情况下光纤线路上两个反射点之间的多次反射也会形成附加的强度噪声而影响系统性能。

三、带宽设计

系统带宽 Δf 应满足传输一定码率 B 的要求，尽管使系统各个部件的带宽都大于码率，但由这些部件构成系统的总带宽却有可能不满足传输该码率信号的要求。对于线性系统来说，常用上升时间来表示各组成部件的带宽特性，上升时间 T_r 定义为系统在阶跃脉冲作用下，从幅值的 10% 上升到 90% 所需要的响应时间，如图 9-12 所示。

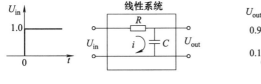
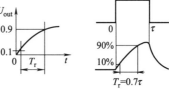

(a) 阶跃脉冲作用于线性系统　　　　(b) 方波作用于线性系统

图 9-12　上升时间 T_r 定义

上升时间 T_r 与系统带宽 Δf 成反比，为了更清楚地说明这一点，我们来考察一个 RC 电路，在幅度为 U_0 的阶跃脉冲作用下，输出电压 $U_{out}(t)$ 的变化情况，$U_{out}(t)$ 可表示为

$$U_{out}(t)=U_0[1-\exp(-t/RC)] \tag{9-14}$$

式中，R 和 C 分别为 RC 电路的电阻和电容值，该电路的上升时间为

$$T_r=(\ln 9)RC\approx 2.2RC \tag{9-15}$$

对式（9-15）进行傅里叶变换，可得到 RC 电路的传输函数 $H(f)$

$$H(f)=(1+2\pi ifRC)^{-1} \tag{9-16}$$

根据定义，该电路的带宽 Δf 为 $|H(f)|^2=1/2$ 时的频率，即

$$\Delta f_{3dB}=(2\pi RC)^{-1} \tag{9-17}$$

由式（9-16）及式（9-17）可知，该系统的上升时间 T_r 与电带宽 Δf_{3dB} 的关系为

$$T_r=\frac{2.2}{2\pi\Delta f_{3dB}}=\frac{0.35}{\Delta f_{3dB}} \tag{9-18}$$

即 T_r 与 Δf_{3dB} 成反比关系，$T_r\cdot\Delta f_{3dB}=0.35$。

对于任何线性系统，上升时间都与带宽成反比，只是 $T_r\cdot\Delta f$ 的值可能不等于 0.35。在光纤通信系统中，常利用 $T_r\cdot\Delta f_{3dB}=0.35$ 作为系统设计的标准。码率 B 对带宽 Δf_{3dB} 的要求依据码型的不同而异，对于归零码（RZ），$\Delta f_{3dB}=B$，因此 $BT_r=0.35$。而对于非归零码（NRZ），$\Delta f_{3dB}=B/2$，要求 $BT_r=0.7$。因此光纤通信系统设计必须保证系统上升时间满足

$$T_r \leqslant 0.35/B \qquad \text{对于 RZ 码}$$
$$T_r \leqslant 0.70/B \qquad \text{对于 NRZ 码} \tag{9-19}$$

光纤通信系统的三个组成部分（光发射机、光纤和光接收机）具有各自的上升时间，系统的总上升时间 T_r 与这三个上升时间的关系是

$$T_r^2 = T_{tr}^2 + T_f^2 + T_{rec}^2 \tag{9-20}$$

式中，T_{tr}、T_f 和 T_{rec} 分别为发射机、传输光纤和接收机的上升时间。发射机的上升时间主要由驱动电路的电子元件和光源的电分布参数决定。一般来说，对 LED 光发射机，T_{tr} 为几纳秒（ns），而对 LD 光发射机，T_{tr} 可短至 0.1ns。接收机的上升时间主要由接收前端的 3dB 电带宽决定，在已知该带宽的情况下，可利用式（9-18）求出接收机的上升时间。

传输光纤的上升时间 T_f 应包括模间色散和材料色散引起的贡献，并分别用 T_{mod} 和 T_{mat} 表示，即

$$T_f^2 = T_{mod}^2 + T_{mat}^2 \tag{9-21}$$

对于单模光纤，模间色散的贡献为零，所以 $T_f = T_{mat}$。原则上，我们可通过与式（9-19）相类似的 3dB 光纤带宽 f_{3dB} 来计算光纤的上升时间，但实际上却非常困难，特别是在模式色散情况下，其原因是光纤线路包括许多段光纤，每一段的色散特性均不相同，而且在光纤熔接和连接时会发生模式混合，使总的传输延迟是不同模式产生的传输延迟的平均值。因此，常常采用统计的方法来估算光纤带宽和与此相对应的上升时间。

在不存在模式混合的情况下，对于阶跃折射率多模光纤，可由时间延迟 $\Delta T = \dfrac{L}{c} \cdot \dfrac{n_1^2}{n_2}\Delta$ 来近似估算模间色散上升时间 T_{mod}，即

$$T_{mod} = \frac{n_1\Delta}{c}L \tag{9-22}$$

式中，n_1 为纤芯折射率；Δ 为纤芯与包层折射率之差；c 为真空中的光速；L 是光纤长度。式（9-23）利用了 $n_1 \approx n_2$ 的关系。对于阶跃折射率多模光纤，T_{mod} 的近似公式为

$$T_{mod} \approx \frac{n_1\Delta^2}{8c}L \tag{9-23}$$

如考虑模式混合效应，可以引入一个参数 q、在式（9-22）和式（9-23）中用 L^q 代替 L，同样可以估算模式色散引起的上升时间，一般来说，q 值为 $0.5 \sim 1.0$，可以取 $q=0.7$ 作为估算值。

材料色散对上升时间的贡献 T_{mat} 用下式估算：

$$T_{mat} \approx |D|L\Delta\lambda \tag{9-24}$$

式中，$\Delta\lambda$ 为光源谱线的半极大值全宽度；参数 D 为沿整个传输光纤的平均色散。

在式（9-19）中，Δf_{3dB} 是电带宽，但是光纤的 3dB 带宽是光带宽。探测器负载电阻的功率与流经它的电流的平方成正比。电流减小一半时相应的电功率减小 1/4，即产生 6dB 的电功率损耗，所以 3dB 光带宽正好对应 6dB 电带宽，或者说 1.5dB 光带宽对应 3dB 电带宽。同样的原因，电损耗是光损耗的 2 倍。在式（9-19）中的电带宽 Δf_{3dB} 对应光功率减小 1.5dB 的频率。因为 $\Delta f_{3dB\,ele} = \Delta f_{1.5dB\,opt} = 0.71\Delta f_{3dB\,opt}$，所以 3dB 电带宽与 3dB 光带宽的关系是

$$\Delta f_{3dB\,ele} = 0.71\Delta f_{3dB\,opt} \tag{9-25}$$

因为 $\Delta f_{3\mathrm{dB\,opt}}=(2\Delta\tau)^{-1}$，式中 $\Delta\tau$ 是允许的最大传输延迟（或脉冲展宽），将该式带入式（9-25）可得

$$\Delta f_{3\mathrm{dB\,ele}}=\frac{0.35}{\Delta\tau} \tag{9-26}$$

比较式（9-26）和式（9-19）可发现，材料色散引起的脉冲展宽 $\Delta\tau$ 与上升时间 T_r 相等。

四、单信道光纤通信系统设计

单信道光纤通信系统设计图如图 9-13 所示。

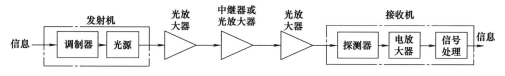

图 9-13 单信道光纤通信系统

（一）模拟系统设计

光纤系统传输线路上所有部件器件的损耗之和必须足够小，以确保足够大的光功率到达接收机，对于模拟系统，要保证产生足够大的信噪比。另外一个要求是系统带宽要足够大，以便让光信号中的最高频率分量通过。为此，我们已讨论了单个器件的损耗和带宽。现在我们来看它们组合在一起后对系统损耗和带宽的影响。

设计一个模拟调制系统，视频信号带宽 4.5MHz，距离 10km，要求接收机 SNR 大于 48dB。

可知系统设计参数为：系统带宽 $\Delta f=4.5\mathrm{MHz}$，距离 $L=10\mathrm{km}$，接收机 $\mathrm{SNR}=48\mathrm{dB}$。

1. 选择器件并从产品手册查取参数

激光器：输出功率 $P_{\mathrm{out}}=10\mathrm{mW}$，但与光纤的耦合损耗为 8.92dB，所以尾纤输出为 1.08dBm，上升时间 $T_{\mathrm{tr}}=1\mathrm{ns}$，3dB 带宽 $\Delta\lambda_{\mathrm{las}}=5\mathrm{nm}$，发射峰值波长 $\lambda=1.3\mu m$。

渐变折射率多模光纤：数值孔径 $NA=0.24$，3dB 带宽距离乘积 $f_{3\mathrm{dB}}\cdot L=500\mathrm{MHz}\cdot\mathrm{km}$。

InGaAs PIN 光敏二极管：响应度 $R=0.6\mathrm{A/W}$，$I_d=5\mathrm{nA}$，$C_d=5\mathrm{pF}$。

接收机：选择场效应晶体管（FET）放大器，$T=300\mathrm{K}$ 时放大器噪声指数 $F_n=2$。

从给定的视频信号带宽可以计算探测器的负载电阻：假如 100% 的调制，$R_L=7073\Omega$，接收机 3dB 带宽为

$$\Delta f_{\mathrm{rec}}=\frac{1}{2\pi R_L C_d}=\frac{1}{2\times3.14\times7073\times5\times10^{-2}}\mathrm{Hz}=4.5\times10^{6}\mathrm{Hz} \tag{9-27}$$

它正好等于要求的视频信号带宽 4.5MHz，显然，接收机 3dB 带宽小了。为此，可减小探测器负载电阻为 $R_L=6600\Omega$，此时接收机 3dB 带宽变为 $\Delta f_{\mathrm{rec}}=4.8\mathrm{MHz}$，可满足设计要求。

2. 确定系统拓扑结构、调制方式和选择中继器方式

系统为点对点负载波模拟光强度调制系统，距离较短，也不需要任何中继器。

3. 功率预算

PIN 光敏二极管系统是一个热噪声受限系统，所以信噪比

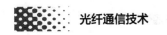

$$\text{SNR}=\frac{(i_{\text{s}})^2}{\sigma^2}=\frac{M_{\text{o}}(RMP_{\text{in}})^2}{\sigma_{\text{s}}^2+\sigma_{\text{T}}^2+\sigma_{\text{RIN}}^2}=\frac{M_{\text{o}}(RMP_{\text{in}})^2R_{\text{L}}}{4k_{\text{B}}TF_{\text{n}}\Delta f} \qquad (9\text{-}28)$$

已知接收机 $\text{SNR}=48\text{dB}$，即 $\text{SNR}=10^{48/10}=63096$，并假定放大器的噪声指数 $F_{\text{n}}=2$，所以

$$\text{SNR}=\frac{M_{\text{o}}(RMP_{\text{in}})^2R_{\text{L}}}{4k_{\text{B}}TF_{\text{n}}\Delta f}=\frac{0.5(0.6\times P_{\text{in}})^2\times6600}{4\times1.38\times10^{-23}\times300\times2\times4.8\times10^6}=63096$$

由此得到 $P_{\text{in}}^2=\dfrac{6.31\times10^4}{0.747\times10^{16}}=8.45\times10^{-12}$，所以，由系统信噪比要求的探测器光功率为

$$P_{\text{in}}=2.91\times10^{-6}\,\text{W}=2.91\mu\text{W}$$

如果用 dBm 表示，可以得到 $(10\lg2.91-30)\text{dB}=-25.36\text{dBm}$。

在探测器上产生的信号光电流是 $I_{\text{P}}=RP_{\text{in}}=0.6\times2.91\mu\text{A}=1.746\mu\text{A}$。暗电流 $I_{\text{d}}=5\text{nA}$ 与此相比，可以忽略不计。经计算散粒噪声功率是热噪声功率的 11%，所以可以确认，设计的系统为热噪声限制系统。

激光器输出功率 $P_{\text{out}}=10\text{mW}$（即 10dBm），探测器要求的光功率为 $2.91\mu\text{W}$（即 -25.36dBm），所以系统线路等效增益为

$$G=P_{\text{out}}+P_{\text{in}}=[10-(-25.36)]\text{dBm}=35.36\text{dBm} \qquad (9\text{-}29)$$

下面计算系统的损耗。

光源与光纤的耦合损耗：与光纤的耦合损耗为 $L_{\text{cpl}}=-8.92\text{dB}$。线路两端使用两个连接器，每个连接损耗 1dB，$L_{\text{con}}=2\text{dB}$。线路长 10km，使用 10 段每段 1km 长的光纤熔接在一起，每个熔接损耗为 0.1dB，共有熔接损耗为 $L_{\text{fus}}=0.9\text{dB}$。总损耗为

$$L_{\text{tot}}=L_{\text{cpl}}+L_{\text{con}}+L_{\text{fus}}=-(8.92+2+0.9)\text{dB}=-11.82\text{dB} \qquad (9\text{-}30)$$

允许光纤损耗

$$L_{\text{fib}}=G+L_{\text{tot}}=(35.36-11.82)\text{dB}=23.54\text{dB} \qquad (9\text{-}31)$$

已知光纤实际损耗为 10dB，所以还有预留 $(23.54-10)\text{dB}=13.54\text{dB}$，满足要求。

4. 带宽预算

下面我们来检查用光纤、光源和探测器构成系统后，总带宽对系统的限制。我们要把带宽统一转变为上升时间。上升时间和带宽对于系统的初级设计是足够的，因为在器件的数据手册中，总要给出上升时间或带宽。

用 T_{r}、T_{tr}、T_{f} 和 T_{rec} 分别代表系统、光源、光纤和光接收机的上升时间，系统的总上升时间已由式（9-21）给出，即 $T_{\text{r}}^2=T_{\text{tr}}^2+T_{\text{f}}^2+T_{\text{rec}}^2$。系统的上升时间和带宽的关系由式（9-19），即 $T_{\text{r}}\Delta f_{\text{3dB}}=0.35$ 给出。

我们已经知道，系统带宽 $\Delta f_{\text{rec}}=4.5\text{MHz}$，所以系统的上升时间为

$$T_{\text{r}}=\frac{0.35}{\Delta f_{\text{rec}}}=\frac{0.35}{4.5\times10^6}=77.8\text{ns} \qquad (9\text{-}32)$$

已知 LD 的上升时间 $T_{\text{tr}}=1\text{ns}$，由式（9-17）可知 $\Delta f_{\text{rec}}=(2\pi R_{\text{L}}C_{\text{pd}})^{-1}$，所以光接收机的上升时间为

$$T_{\text{rec}}=\frac{0.35}{\Delta f_{\text{rec}}}=0.35(2\pi R_{\text{L}}C_{\text{pd}})=2.19R_{\text{L}}C_{\text{pd}} \qquad (9\text{-}33)$$

式中，R_{L} 和 C_{pd} 分别是 PIN 管的负载电阻和分布电容。将 $R_{\text{L}}=6600\Omega$ 和 $C_{\text{pd}}=5\text{pF}$ 代入式（9-20）得到

$$T_{\text{rec}} = 2.19 R_{\text{L}} C_{\text{pd}} = 2.19 \times 6600 (5 \times 10^{-12}) \text{s} = 72.2 \text{ns}$$

已知 LD 的上升时间是 1ns，所以该系统是接收机受限系统。为了减小接收机上升时间，可以减小 R_{L}，但是这会降低接收机灵敏度，要求必须增加发射功率。

由式（9-21）得到

$$T_{\text{f}}^2 = T_{\text{r}}^2 - T_{\text{tr}}^2 - T_{\text{rec}}^2 \qquad (9\text{-}34)$$

所以光纤的上升时间 $T_{\text{f}} = \sqrt{T_{\text{r}}^2 - T_{\text{tr}}^2 - T_{\text{rec}}^2} = \sqrt{77.8^2 - 1^2 - 72.2^2} = 28.95 \text{ns}$。

对于本例中的渐变折射率多模光纤，已知光带宽与距离的乘积是 $\Delta f_{\text{3dBopt}} \times L = 500 \text{MHz} \cdot \text{km}$，所以电带宽与距离的乘积由式（9-26）得到 $0.71 \times 500 = 355 \text{MHz} \cdot \text{km}$。对应的渐变折射率多模光纤的每千米上升时间是

$$T_{\text{f}}'/L = \frac{0.35}{\Delta f_{\text{f 3dB ele}}} = \frac{0.35}{355 \times 10^6} \approx 1 \text{ns/km} \qquad (9\text{-}35)$$

波长 $\lambda = 1.3 \mu\text{m}$ 处的光纤材料色散为零，所以上升时间由模式色散引起。

10km 长的光纤引起总的光纤上升时间为 $T_{\text{f}} = 1 \times 10 \text{ns} = 10 \text{ns}$，已计算出允许光纤的上升时间为 $T_{\text{f}} = 28.95 \text{ns}$，所以系统还有相当多的上升时间（带宽）预留。

由此可见，功率预算和带宽预算都满足设计要求，设计的系统是可行的。

（二）数字系统设计

1. 系统描述和指标

系统比特速率为 400Mbit/s，传输距离为 100km，码型为 NRZ，要求误码率 $\leqslant 10^{-9}$，不需要加中继器。

2. 上升时间预算

对于 NRZ 码，脉冲持续时间 τ 和周期 T 都等于数据速率 B 的倒数，即 $\tau = T = 1/B$，系统的上升时间 T_{r} 如图 9-12 所示，由式（9-20）可得

$$T_{\text{r}} = 0.7\tau = 0.7/B_{\text{NRZ}} \qquad (9\text{-}36)$$

对于 RZ 码，系统的上升时间为

$$T_{\text{r}} = 0.35/B_{\text{RZ}} \qquad (9\text{-}37)$$

于是对于 400Mbit/s 的 NRZ 信号，允许系统的上升时间是

$$T_{\text{r}} = 0.7\tau = 0.7/B_{\text{NRZ}} = 0.7/(4 \times 10^8) = 1.75 \text{ns}$$

该时间必须分配给光源、光纤和光接收机，即 $T_{\text{r}}^2 = T_{\text{tr}}^2 + T_{\text{f}}^2 + T_{\text{rec}}^2$。在考虑系统上升时间对光纤选择的影响前，我们首先必须确定光纤上升时间和经它传输后的脉冲展宽的关系。在忽略发射机和接收机对系统上升时间的影响后，由式（9-19）和式（9-27）可以得到光纤的上升时间仍然遵守

$$T_{\text{f}} = \frac{0.35}{\Delta f_{\text{f 3dB ele}}} = \Delta \tau \qquad (9\text{-}38)$$

由此可见，光纤的电上升时间 T_{f} 和它的脉冲持续时间 τ 的最大值一半的宽度（FWHM）$\Delta \tau$ 相等。虽然这只是一个近似，但是式（9-38）对于最初的系统设计是有用的。

选择光纤时必须考虑 100km 脉冲展宽小于 1.75ns，即 17.5ps/km，显然 SI 或 GRIN 多模光纤是不能达到的，因为它们典型的脉冲展宽值分别是 15ns/km 和 1ns/km。即使是单模光纤，在 $0.8 \mu\text{m}$ 波长脉冲展宽也有 500ps/km。所以单模光纤也必须工作在 $1.3 \mu\text{m}$ 或 $1.55 \mu\text{m}$。因为系统要求光纤长 100km，所以每千米的光纤损耗必须很小，即使 0.5dB/km（波长 $1.3 \mu\text{m}$），总损耗就达 50dB，这也是无法容忍的。在以后的功率预算中，我们会知道

系统总损耗，包括所有连接器和耦合器也只有 37dB，所以我们必须使单模光纤工作在损耗最小的 $1.55\mu m$ 窗口，假定是 0.25dB/km。

单模光纤的脉冲展宽，是由材料色散和波导色散引起的，在波长为 $1.55\mu m$ 时，材料色散系数是 $D_m=20\mathrm{ps/(nm\cdot km)}$，波导色散系数是 $D_w=-4.5\mathrm{ps/(nm\cdot km)}$，总色散是 $D=15.5\mathrm{ps/(nm\cdot km)}$。

下面对光源进行选择。选择波长 $1.55\mu m$ 的单模 InGaAsP 激光器，除与单模光纤的耦合效率高外，它的线宽也很窄，约为 0.15nm，上升时间为 1ns，脉冲展宽很小，只有 $\Delta\tau=DL\Delta\lambda=15.5\times100\times0.15\mathrm{ps}=0.23\mathrm{ns}$。根据式（9-38），并考虑到光源谱宽引起光纤色散的机理，所以 $\Delta\tau$ 也是光纤的上升时间 T_f，只是系统上升时间 1.75ns 的一小部分。

如果选择 LED，频谱宽度是 50ns，光纤色散引起脉冲展宽为 $\Delta\tau=DL\Delta\lambda=15.5\times100\times50\mathrm{ps}=77.5\mathrm{ns}$，显然对于设计的系统是太大了。另外 LED 的辐射角很大，与单模光纤的耦合效率很低。

现在我们计算光敏二极管（PD）的上升时间。由式（9-21）得到 PD 的上升时间为

$$T_{rec}=\sqrt{T_r^2-T_{tr}^2-T_f^2}=1.75^2-1^2-0.23^2=1.4\mathrm{ns}$$

为了减小 PD 的上升时间，要求它的分布电容 C_{pd} 尽可能小，假如 $C_{pd}=1\mathrm{pF}$，接收机电路的上升时间 $t_{RC}=2.19R_LC_{pd}$。PD 电子-空穴渡越时间 $t_{tr}=0.5\mathrm{ns}$，接收机的上升时间为

$$T_{rec}^2=t_{tr}^2+t_{RC}^2 \tag{9-39}$$

已知 $t_{tr}=0.5\mathrm{ns}$ 和 $T_{rec}=1.4\mathrm{ns}$，所以 $t_{RC}=1.3\mathrm{ns}$。由此可以算出负载电阻 $R_L=t_{RC}/(2.19C_d)=1.3\times10^{-9}/(2.19\times10^{-12})\Omega=594\Omega$。假如使用高阻抗或转移阻抗接收前端，则可以增加 R_L。表 9-4 汇总了计算上升时间的公式和结果。

表 9-4　单模 InGaAsP 激光器＋单模光纤 $1.55\mu m$ 系统上升时间预算

部　器　件		上升时间/ns
系统预算 $T_r=0.7\tau=0.7/B_{NRZ}$		1.75
LD 光源 T_{tr}		1.0（已知）
光纤 $T_f=\Delta\tau=DL\Delta\lambda$		0.23
接收机光敏二极管	电子-空穴渡越时间 t_{tr}	0.5（已知）
	电路时间常数 $t_{RC}=2.19R_LC_{pd}$	1.3
	合计 $T_{rec}=(t_{tr}^2+t_{RC}^2)^{\frac{1}{2}}$	1.4
系统上升时间 $T_r=(T_{tr}^2+T_f^2+T_{rec}^2)^{\frac{1}{2}}$		1.74

除带宽对系统性能限制外，到达接收机的光功率也影响系统的比特误码率（BER）。假如带宽足够大，那么增加到达接收机的光功率可以使系统的 BER 提高，所以必须进行功率预算。

3. 功率预算

根据带宽预算，我们已确定必须采用 LD 和 $1.55\mu m$ 的单模光纤（损耗 0.25dB/km）。

现在假定光源输出功率 5dBm（3.2mW），光源和光纤的耦合损耗 3dB，使用两个连接器，每个有 1dB 损耗，平均每 2km 有一个熔接头，100km 共有 49 个接头，每个有 0.1dB 损耗。

表 9-5 给出了功率预算的结果。由表可知，如果采用 APD 接收机，则损耗预留有 10dB，如果采用 PIN 高阻抗接收机，则损耗预留只有 2dB。

表 9-5 单模 InGaAsP 激光器＋单模光纤 1.55μm 系统功率预算

预算项目	分类项目	数值	最终结果
线路等效增益预算	LD 输出功率 P_{out}	5dBm	
	APD 接收机灵敏度 P_{rec}	−40dBm	$G_{APD}=5-(-40)=45dBm$
	PIN-FET 高阻抗接收机灵敏度 P_{rec}	−32dBm	$G_{PIN}=5-(-32)=37dBm$
线路损耗预算	光源与光纤耦合损耗 L_{cpl}	3dB	
	两个连接器损耗 L_{con}	2dB	$L_{tot}=-(3+2+4.9+25)=-34.9dB$
	熔接损耗(49 个接头)L_{fus}	4.9dB	
	光纤损耗(100km)L_{fib}	25dB	
损耗预留	APD 接收机		$G_{APD}+L_{tot}=45-34.9=10.1dB$
	PIN-FET 高阻抗接收机		$G_{PIN}+L_{tot}=37-34.9=2.1dB$

五、DWDM 系统工程设计

密集型光波复用（DWDM）系统工程设计要考虑影响系统和网络性能的几个关键参数，包括使用的光纤类型、支持的业务类型和透明支持业务的协议，信道中心频率或波长以及波长的稳定性和互操作性，信道比特速率和调制方式，信道容量、宽度和间隔，光放大器的使用和必须考虑的问题，系统功率预算和色散引起的功率代价，总带宽管理，网络管理协议、可靠性、保护和生存策略，网络可扩展性和灵活性等。下面做一个简要的介绍。

（一）中心频率、信道间隔和带宽

为了 WDM 系统的互操作，发送端和接收端的信道中心频率必须相同。ITU-T G.652 推荐在 C 波段和 L 波段从 196.10THz（1528.77nm）开始，按 50GHz 的倍数增加或减小（或按 0.4nm 的倍数减小或增加），如图 9-14 所示。这样，在 C 波段和 L 波段可用的信道中心频率可用下式表示

$$F=(196.1\pm m\times0.05)THz \tag{9-40}$$

式中，m 是整数，196.1THz 是参考频率。在式（9-40）中，用 0.1THz、0.2THz 和 0.4THz 取代 0.05THz 就可以计算出频率间隔为 100GHz、200GHz 和 400GHz 系统在 C 波段的中心频率。

这里使用频率而不是波长作为参考是因为波长受材料折射率影响。

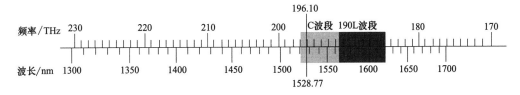

图 9-14 ITU-T 推荐的 WDM 信道频率和波长的对应关系

信道间距太小，对滤波器和复用/解复用器的频谱特性要求就很严，否则相互间就会产生干扰。信道间距、波长和比特速率、光纤类型及长度决定了色散的大小。同时要允许信道间距在 2GHz 的范围内变化，以免 LD、滤波器和光放大器频率的漂移引起信道间相互干扰。

在有光滤波器的 DWDM 系统中，滤波器失谐使中心频率偏离原设计值。当失谐增加时，使相邻信道的干扰增加，从而串扰也增加了。另外失谐也增加了插入损耗，所以应该考虑对失谐的频率校正或补偿，或者对 LD 的频率进行稳频。

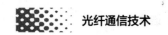

如果一个 DWDM 系统具有 N 个信道，占据的带宽为 Δf_N，每个信道的比特速率是 B（单位：Gbit/s），编码后的带宽为 $\Delta f_{cod} = 2B$（单位：GHz，及信道带宽），为避免信道间串扰，信道间距最小应该是 $\Delta f_{spa} = 6B$（单位：GHz），如图 9-15 所示。基于以上的考虑，当已知信道比特速率后，可以计算在指定的波长范围内所能容纳的信道数。因为 $\Delta f_N = \Delta f_{cod} N + \Delta f_{spa} (N-1)$，故

$$N = \frac{\Delta f_N + 6B}{8B} \tag{9-41}$$

式中，用波长表示的 Δf_N

$$\Delta f_N = c\Delta\lambda_N / \lambda^2 \tag{9-42}$$

式中，λ 为 DWDM 所占带宽的中心波长。

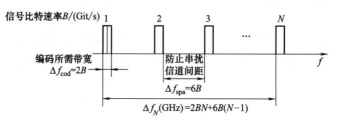

图 9-15　DWDM 系统的编码带宽、信道间距和 N 个信道占据的总带宽

ITU-T 对 WDM 系统规定的 4 种信道带宽所要求的信道宽度如表 9-6 所示。

表 9-6　WDM 系统规定的信道带宽

信道带宽/dB	−1	−3	−20	−30
信道宽度	＞0.35 倍信道间隔	＞0.5 倍信道间隔	＜1.5 倍信道间隔	＜2.2 倍信道间隔

表 9-7 表示 ITU-T G.694.2 规定的粗波分复用（CWDM）波长间隔。

表 9-7　ITU-T G.694.2 粗波分复用（CWDM）波长间隔

波段	O	E	S	C	L
	1270	1370	1470	1530	1570
	1290	1390	1490	1550	1590
中心波长/nm	1310	1410	1510	—	1610
	1330	1430	—	—	—
	1350	1450	—	—	—

（二）光收发模块和复用/解复用器规范

目前，所有 SDH 和 WDM 系统的光发射机和光接收机均从市场上购买光收发模块，表 9-8 列出了以色列 Civcom 公司提供的 10Gbit/s 波长可调光收发模块，这些模块可供波长间距为 50GHz 的 DWDM 系统使用，可以用于 DWDM 城域网、CWDM 系统、SDH 系统和 10Gbit/s 以太网。其中有的模块接收端采用可调光色散补偿（TODC）技术。日本腾仓公司（Fujikura Ltd）也有几种 10Gbit/s 系统用的收发模块，分别用于波长间隔为 50GHz 和 100GHz 的 DWDM 系统。

表 9-8 10Gbit/s 波长间距为 50GHz 的 DWDM 系统使用的波长可调光收发模块

模块特征		零啁啾/负啁啾可选	接收端 TODC 可选	双二进制编码调制＋可调色散补偿	双二进制编码调制＋接收端 TODC
波长可调范围	C 波段/nm	1528～1563			
	L 波段/nm	1566～1608			
波长调节速度/s		10			
波长精度/GHz		−2.5～2.5			
输出功率	1dBm	0.5～1.5			
	6dBm	5～7			
调制消光比/dB		13	13	—	—
信噪比/dB		50（最小）			
接收机	灵敏度/dBm PIN	−18	−17（最大）	−15（最大）	−16（最大）
	灵敏度/dBm APD	−26	−24（最大）	−22（最大）	−23（最大）
	过载/dB PIN	1	−0.5（最小）	−0.5（最小）	−0.5（最小）
	过载/dB APD	−7	−5（最小）	−5（最小）	−5（最小）
	波长范围/nm	1290～1608			
传输距离/km		80 或 120	170	200（无色散补偿）	350（无色散补偿）

我国和国际有关标准化组织规定的复用器和解复用器的相关参数如表 9-9 所示。

表 9-9 WDM 复用器和解复用器参数要求

信道数	8 信道		16 信道		32 信道	
复用/解复用器	复用器	解复用器	复用器	解复用器	复用器	解复用器
信道间隔/GHz(nm)	—	200(1.6)	—	100(0.8)	—	100(0.8)
插入损耗/dB	<11	<11	<10	<8	<12	<10
光反射系数/dB	>30	>30	>40	40	>40	40
工作波长范围/nm	1549～1561	—	1548～1561	—	1535～1561	—
中心频率/THz	193.5～192.1	—	193.6～192.1	—	195.2～192.1	—
偏振相关损耗/dB	<0.5	0.5	<0.5	0.5	<0.5	0.5
相邻信道隔离度/dB	>22	>25	>22	>25	>22	>25
非相邻信道隔离度/dB	>25	>25	>25	>25	>25	>25
各信道插入损耗的最大差异/dB	<3	<3	<2	<2	<3	<3
−1dB 带宽/nm	—	>0.2	—	>0.2	—	>0.2

（三）光放大器系统设计

1. EDFA 系统

在 DWDM 系统中，必要时需使用 EDFA 对线路损耗进行补偿，但是级联的 EDFA 会引入 ASE 噪声和脉冲展宽的累积，EDFA 增益频谱的不平坦也会引起各信道功率的不平坦和增益竞争。同时也要考虑 EDFA 的带宽，因为它会影响使用的信道数。另外也要注意到 EDFA 只使用在光纤的 C 波段。

（1）噪声累积　在 EDFA 级联的系统中，放大器的噪声以两种方式影响系统性能。首先，级联中的每个放大器产生的自发辐射噪声（ASE），通过剩下的传输线路传输，该噪声和信号被后面的放大器同时放大。经放大后的自发辐射噪声在到达接收机之前累积，并影响系统性能。其次，当 ASE 电平增加时，它开始使光放大器饱和并减小信号增益。解决这一问题的办法是在噪声累积到一定程度后，插入一个光-电-光中继器，使含有累积噪声的输出信号经门限电路判决后，去掉该噪声，然后重新由激光器发射。

（2）增益均衡　EDFA 对不同波长光的放大增益不同，从而在 FDFA 多级串联后，使不同波长的光增益相差很大，如图 9-16 所示，将限制 WDM 系统的信道数量。通常用于增益补偿的方法有滤波法、EDFA 粒子数强烈反转法、增益互补法以及特种光纤放大器等，下面就其中的几种加以介绍。

① EDFA 粒子数强烈反转法。在多级 EDFA 级联的波分复用光纤通信系统中，选择光纤的长度，即调节放大器间的损耗，使 EDFA 工作在粒子数强烈反转状态，此时能实现增益均衡。

② 增益互补法。把掺杂不同的增益互补的两段掺铒光纤连接起来，不但能实现增益均衡，而且能做到不影响放大器的工作。在掺铒光纤中掺 Al 制成的放大器，长波长的信号增益大。在掺铒光纤中掺磷和铝，增益特性与掺 Al 的正好相反，长波长的信号增益低。把这两段掺铒光纤连接起来，组成放大器，各波长的增益就能实现均衡。

③ 特种光纤放大器。用特种光纤（如氟光纤）制作的放大器，放大器的增益特性平坦，从而使整个 WDM 光纤通信系统实现容易，成为发展的趋势。另外，用含铝浓度达 2.9％的掺铒光纤做成的放大器，可消除一般放大器在波长为 $1.55\mu m$ 处的增益峰值，也具有平坦的增益特性。

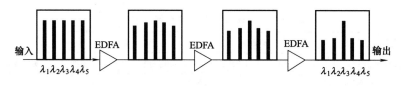

图 9-16　EDFA 增益不平坦，多级串联后使不同波长的光增益相差很大

（3）增益压缩　EDFA 存在增益饱和或增益压缩特性，这种特性使它具有增益自调整能力，这在 EDFA 的级联应用中具有重要的意义。使 EDFA 工作在增益压缩区，在系统运行过程中，当光纤和无源器件损耗增加时，加到 EDFA 输入端口的信号功率减小，但由于EDFA 的这种增益压缩特性，它的增益将自动放大，从而又补偿了传输线路上的损耗增加。同样若放大器输入功率增加，由于增益压缩特性，其增益将自动降低，从而在系统寿命期限内可稳定光信号电平到设计值，如图 9-17 所示。增益补偿的物理过程较慢，约为毫秒量级，因此增益补偿不会影响传输的数据光脉冲的形状。合理设计的光放大器系统，在系统寿命期内可维持系统的输出功率不变。

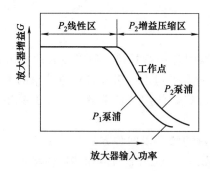

图 9-17　由于 EDFA 的增益自调整能力，通过合理
设计使系统在寿命期内可维持输出功率不变

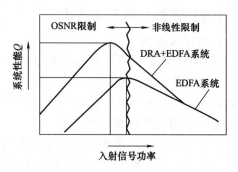

图 9-18　信号入射光功率对拉曼放大
系统性能的影响

2. 分布式拉曼放大器系统

设计一个使用 EDFA＋DRA 的长距离光纤通信系统，要综合考虑影响系统性能的各方面因素。图 9-18 表示信号输入光功率对系统性能 Q 值的影响。由图可见，EDFA＋DRA 光纤通信系统不但使系统的 Q 值提高了，而且使最佳信号入射光功率降低了很多，这对降低光纤非线性对系统性能的影响有积极的作用。

在设计一个分布式拉曼放大器传输系统时，要考虑许多问题，现简单介绍如下。

（1）信号入射光功率　信号入射光功率越大，Q 值也越大。但是，另一方面，信号入射光功率越大，光纤的非线性也越严重，使 Q 值降低，所以信号入射光功率不能太大，也不能太小，否则 ASE 噪声也使 Q 值降低。

（2）瑞利散射　瑞利散射是由光纤材料密度局部的微小变化引起的，密度的变化导致折射率指数在光纤内的随机波动，这种波动比光的波长还小。在这种介质中的光散射就是瑞利散射，其引起的损耗与波长成 λ^{-4} 的关系，它与吸收一起构成了光纤的基本损耗。

采用与信号功率传输方向相反的泵浦，当信号增益增加到很大时，前向 ASE 功率引起的瑞利后向散射可以与后向 ASE 功率引起的瑞利后向散射相当。信号功率也产生瑞利散射，信号获得增益的同时，也在与入射方向相反的方向产生瑞利散射。这就构成了信号多径干扰 (multi-path interference，MPI)，它取决于拉曼增益、数据速率、光纤长度和光纤有效面积。较低的数据速率、较长的光纤长度和较小的光纤有效面积都会产生较大的瑞利后向散射引入的 MPI。

（3）光纤非线性　当接近跨距末端的信号功率被放大到非线性范围时，光纤的非线性与拉曼增益有关，拉曼增益越高，非线性引入的代价也越大，特别是对于超长距离的 10Gbit/s 系统和使用非零色散移位光纤的波长间距为 50GHz 系统影响更大。

（4）信道分插　在 DWDM 网络中，由于波长信道的插入和取出，必须考虑分布式拉曼放大器产生的功率瞬变。较短的跨距、较高的信号输入功率和较大的信号带宽具有较大的瞬变功率幅度。

（5）S 波段应用　使用分布式光纤拉曼放大器不能同时在 S、C 和 L 波段构成 DWDM 系统，因为在 C 和 L 波段，分布式光纤拉曼放大器的部分泵浦波长正好在 S 波段内，泵浦光的后向反射将引起对 S 波段信号的严重干扰。

（四）光功率预算及其代价

1. 光功率预算

在 DWDM 系统中，光功率预算要计算发射机和接收机之间光通道上所有元部件的损耗，这些元部件有光纤、耦合器、连接器（包括交叉连接器）和接头、滤波器和复用/解复用器等。光路上除 LD 发射的功率外，还有光放大器的增益，它们相加后减去光路上的总损耗（均用 dB 表示），再减去接收机灵敏度还应该有几分贝的余量，以留给 LD 等器件老化、色散代价和线路维修用。功率预算的目的就是要确保系统在寿命终了时到达接收机的光信号功率大于或等于接收机灵敏度。功率预算为

$$P_{\text{mar}} = P_{\text{out}} - P_{\text{rec}} - \sum L_x \text{(dB)} \tag{9-43}$$

式中，P_{mar} 是系统余量；P_{out} 是光发射机输出功率；P_{rec} 是接收机灵敏度；$\sum L_x$ 是光路上的总损耗，其值为

$$\sum L_x = \sum \alpha_n L_n + L_{\text{fus}} N + L_{\text{con}} M \tag{9-44}$$

式中，α_n 是第 n 段光纤的损耗系数；L_n 是第 n 段光纤的长度；L_{fus} 是平均接头损耗；N 是接头数量；L_{con} 是连接器的平均损耗；M 是连接器的数量。

DWDM 系统应该考虑色散对系统性能的影响。我们知道色散引起脉冲展宽，光纤越长，色散影响越大，因此色散限制了信道间距和传输距离。在进行功率预算时要考虑色散带来的功率代价。

在设计 DWDM 系统时，最重要的问题是信道串扰（话），串扰是由一个信道的能量转移到另一个信道引起的，发生串扰时，系统性能下降。这种能量转移来自光纤的非线性效应，即非线性串扰现象，它与通信信道的非线性本质有关。然而，即使在非常好的线性信道中，因为解复用器件，如实际调谐光滤波器的非理想特性，也不能完全排除相邻信道功率的进入，从而产生串扰，使误码率增加。增加接收光功率可使误码率减小，增加的这部分功率就叫做串扰引入的功率代价。

线性信道中的串扰叫做线性串扰。线性串扰在解复用时发生，它与信道间隔和解复用方式以及器件的性能有关，特别是与信道选择使用的光或电滤波器的传输特性有关。在直接检测系统中，常采用光滤波器和波导光栅作为解复用器或路由器，所以光滤波器和波导光栅的性能决定着串扰的大小。在相干检测系统中，串扰由对中频信号进行处理的带通滤波器决定。

LD/APD 系统功率预算举例如下。

假如 LD 的发射波长是 (1310 ± 20)nm，输出功率为 $P_{out} = -8$dBm，使用 APD 接收机，接收灵敏度 $P_{rec} = -35$dBm（BER $= 10^{-9}$ 时），最大可接收功率为 -15dBm，系统速率为 1Gbit/s，光纤损耗为 0.35dB/km，总长为 45km。由此可见，系统增益为 $G = P_{out} - P_{rec} = [(-8) - (-35)]$dB $= 27$dB。使用 4 个连接器，每个损耗 1dB，所以连接器总损耗为 $L_{con} = 1.0 \times 4$dB $= 4.0$dB。每 4.5km 有一个熔接头，共有 9 个接头，每个损耗为 0.2dB，总熔接损耗 $L_{fus} = 0.2 \times 9$dB $= 1.8$dB。估计色散损耗 $L_{dis} = 1.0$dB，其他模式噪声和连接器反射等损耗 $L_{mod} = 0.4$dB。考虑未来修理 4 次的接头损耗余量 $P_{mar}^{fus} = 0.2 \times 4 = 0.8$dB，系统未来升级到 WDM 余量 $P_{mar}^{WDM} = 3.0$dB。光纤的总损耗 $L_{fib} = 0.35 \times 45$dB $= 15.75$dB，所以线路的总损耗为

$$\sum L_x = L_{con} + L_{fus} + L_{dis} + L_{mod} + P_{mar}^{fus} + P_{mar}^{WDM} + L_{fib}$$
$$= (4.0 + 1.8 + 1.0 + 0.4 + 0.8 + 3.0 + 15.75)\text{dB} = 26.75\text{dB}$$

所以到达接收机的功率还有

$$P'_{rec} = P_{out} - \sum L_x = [(-8) - (26.75)]\text{dBm} = -34.75\text{dBm}$$

由此可见，到达接收机的功率满足接收机灵敏度 $P_{rec} = -35$dBm 的要求，虽然只有很少的余量。因此也不需要在线路中间加光放大器。允许的光纤最大损耗为

$$L = G - L_{con} - L_{fus} - L_{dis} - L_{mod} - P_{mar}^{fus} - P_{mar}^{WDM} = (27 - 4.0 - 1.8 - 1.0 - 0.4 - 0.8 - 3.0)\text{dB} = 16.0\text{dB}$$

也满足光纤总损耗 $L_f = 15.75$dB 的要求。在设计中连接器损耗选 1dB 偏大了，实际上一般只有 $0.2 \sim 0.3$dB，而熔接点损耗选 0.2dB，也选大了，实际上通常只有 0.02dB。所以设计结果损耗偏大了。

2. 光功率代价

（1）线性串扰　在设计 DWDM 系统时，最重要的问题是信道串扰（话），串扰是由一个信道的能量转移到另一个信道引起的，发生串扰时，系统性能下降。这种能量转移来自光纤的非线性效应，即非线性串扰现象，它与通信信道的非线性本质有关。然而，即使在非常好的线性信道中，因为解复用器件，如实际调谐光滤波器的非理想特性，也不能完全排除相

邻信道功率的进入，从而产生串扰，使误码率增加。增加接收光功率可使误码率减小，增加的这部分功率就叫做串扰引入的功率代价。线性信道中的串扰叫做线性串扰。

用 dB 表示的串扰代价为

$$\delta_{CT} = 10\lg\frac{P_{yx}}{P_x} \tag{9-45}$$

式中，P_{yx} 是 x 光纤（信道）耦合到 y 光纤（信道）的功率；P_x 是 x 光纤（信道）上的输入信号功率。

线性串扰在解复用时发生，它与信道间隔、解复用方式以及器件的性能有关，特别是它与选择信道使用的光或电滤波器的传输特性有关。在直接检测系统中，常采用光滤波器和波导光栅（WG）作为解复用器或路由器，所以光滤波器和 WG 的性能决定着串扰的大小。在相干检测系统中，串扰由对中频信号进行处理的带通滤波器决定。

（2）非线性串扰　光纤非线性对系统性能的影响取决于光纤中传输的光功率密度（光功率/光纤有效芯径面积）和传输距离。光纤中的非线性效应可能引起信道间串扰，即一个信道的光强和相位将受到其他相邻信道的影响，形成非线性串扰。显然，光功率密度越大、光纤越长，非线性影响也越严重。对于光纤长度固定的系统，减小非线性对系统性能影响的因素就是光功率。但是光功率太小，比特速率就不能高，否则每比特接收的光功率就太小，不足以维持期望的 BER。

信道比特速率和调制技术也限制信道宽度、间距、BER 和串扰等性能。在 DWDM 系统中，要求每个信道发射进入光纤的功率要足够大，以使系统经过传输后不产生误码（要求 BER<10^{-11}）。但是每个信道的光功率也不能任意大，否则光纤的非线性特性也会使系统性能下降。

（五）网络管理

1. 波长管理

在 DWDM 系统中，每个信道分配一个波长，所以必须考虑发射机到接收机间的光通道上所有的光发射机、3R 光中继器和光放大器等的可靠性。例如，当一个 LD 或探测器不工作时，网络要能够探测到它，并通知管理者。也就是说，网络应该有监控功能，因为通道上有众多贵重的光学元部件，但这实现起来却是很困难的。假定该功能存在，网络就应该隔离故障恢复业务。在 DWDM 系统中，假如一个光学部件发生故障，它将影响一个或多个波长，所以应指派保护波长取代故障波长。

除硬件故障外，可能有的波长传输的信号 BER 小于可接收的程度（10^{-9}）。在 DWDM 系统中，监控光信号的性能要比只探测好/坏更复杂。在任何速率下，当信号质量下降时，网络应该能够动态地切换到保护波长或备份波长，也可以切换到另外的波长。这就是说，网络必须对系统性能进行连续监控，为此需要能够进行性能监控、波长切换的硬件（备份波长）和软件（支持动态波长分配协议）。

在 DWDM 系统或网络中，切换到另外的波长要求对波长进行管理，然而在 DWDM 系统的端对端通道中，包含许多节点和段（节点与节点间的线路称为段）。假如在一个段内波长进行了切换，那么通道上的其他段必须能够知道这种改变，假如波长已进行了转换或再生中继，通道上的其他段也必须转换到新的波长。

在全光网络中，改变一个波长到另一个波长已成为一个还需继续研究的多维问题。在一定的情况下，由于缺乏可用的波长，必须寻找另外的路由以便建立端到端的连接。这就要求新的路由不能影响通道上的功率预算。

目前波长管理刚刚开始研究，处于方案阶段，网络管理和保护也仅停留在简单的 1∶N、1∶1、1+1 等模式。

2. 带宽管理

典型的节点具有许多输入口，也就是说它要连接到许多其他的节点，能够以不同的比特速率支持不同种类或质量水平的业务，不管是恒定的还是变化的，汇集从所有其他节点来的带宽，所以节点相当于一个集线器，它应该能够识别与它相连的其他节点支持的所有类型的业务，提供带宽管理功能，在许多场合提供网络管理。在 DWDM 网络中，节点的总汇集带宽可能超过 1Tbit/s。

3. 协议管理

节点或集线器必须能够处理每种业务要求的所有协议。SDH/SONFT、ATM、帧中继、IP、视频、电话和信令等的协议又各不相同，例如电话要求呼叫即处理，以便保证实时通信，而 ATM 要求呼叫接入控制（CAC）和业务质量保证，所以对业务的优先权要求也不同，电话要求最高的优先权，而一定的数据包业务可能只有最低的优先权。通常，所有这些通信协议对许多 WDM 网络，在光层（发射端和接收端间的光链路）上是透明的。然而，该层必须支持和完成故障管理、恢复和生存功能。

DWDM 网络要与整个通信网络通信，它也要接受远端工作站的管理。

（六）网络保护、生存和互连

DWDM 网络处理许多业务，具有很大的带宽容量，所以网络的可靠性非常重要。当一

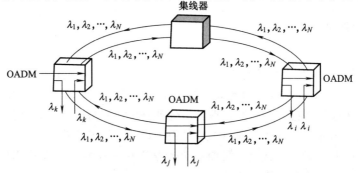

(a) 当没有故障发生时，内外两个环网同时工作

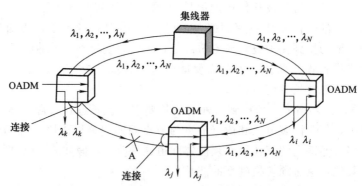

(b) 当外环A处发生故障时，与故障线路相邻的OADM终端用光开关将发射和接收端光路短路，从而避开故障线路，但此时内外两个环只能当作一个环使用

图 9-19 双环 DWDM 网络的保护和生存性

条或多条链路或节点发生故障时，网络仍应提供不中断的业务。许多高速和宽带系统在设计时就必须采取许多保护措施。这些措施可以在输入级采用，如进行 1＋1 或 1：N 设备保护，也可以进行波长、光纤和节点备份。图 9-19 表示双环 DWDM 网络的保护和生存性，另外，网络可靠性和生存性也与业务类型、系统或网络结构和传输协议有关。

网络互连时要确保业务和数据流从一个网络传输到另一个网络。一些网络具有标准的传输协议和接口，而另一些网络可能是专用网或非标准网，传输协议不同，互连就不能实现。此外，虽然系统使用的波长均符合 ITU-T 标准，但两个网络的波长及其稳定性和线宽也可能并不相同，所以当两个相似的系统互连时，必须使用波长转换器，将一个系统的波长转换成另一个系统的波长。同时也要考虑到一个系统使用的光纤类型可能与另一个的并不相同。同时也要考虑两个网络的管理和生存性。

第三节 无源光网络的接入技术

信息网由核心骨干网、城域网、接入网和用户驻地网组成，其模型如图 9-20 所示。由图可见，接入网处于城域网/骨干网和用户驻地网之间，它是大量用户驻地网进入城域网/骨干网的桥梁。

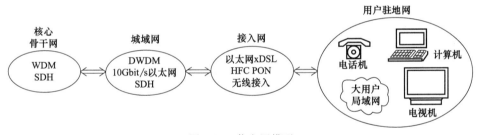

图 9-20　信息网模型

目前，科学技术突飞猛进，大量的电子文件不断产生，随着经济全球化、社会信息化进程的加快，互联网大量普及，数据业务激烈增长，电信业务种类不断扩大，已由单一的电话电报业务扩展到多种业务。窄带接入网已成为制约网络向宽带化发展的瓶颈。接入网市场容量很大，为了满足用户的需求，新技术不断涌现。接入网是国家信息基础设施的发展重点和关键，网络接入技术已成为研究机构、通信厂商、电信公司和运营部门关注的焦点和投资的热点。

一、光纤通信网络

（一）网络结构

一个本地接入网系统可以是点到点系统，也可以是点到多点系统；可以是有源的，也可以是无源的。图 9-21 表示光接入网（OAN）的典型结构，可适用于光纤到家（FTTH）、光纤到楼（FTTB）和光纤到路边（FTTCab）。

FTTB 和 FTTH 的不同仅在于业务传输的目的地不同，前者业务到大楼，后者业务到家。与此对应，到楼的终端叫 ONU，到家的终端叫 ONT。它们都是光纤的终结点，为了叙

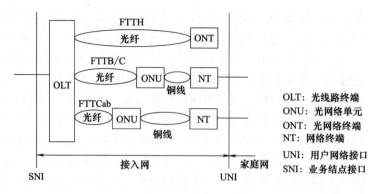

图 9-21　光接入网结构

述的方便，我们今后统称为 ONU。通常 ONU 比 ONT 服务的用户更多，适合于 FTTB，而 ONT 适合于 FTTH。

在 FTTB/Cab 系统中传输的业务如下。

• 非对称宽带业务，如数字广播业务、视频点播（VOD）、Internet、远程教学和电视诊断等。

• 对称的宽带业务，如小商业用户的电信业务和远程检索等。

• 窄带业务，如公用电话交换网（PSTN）业务和综合数字网（ISDN）业务。

在 FTTH 系统中，没有户外设备，使网络结构及运行更简单；因为它只需对光纤系统进行维护，所以维修容易，并且光纤系统比混合光纤/同轴电缆系统（HFC）更可靠；随着接入网光电器件技术的进步和批量化生产，将加速终端成本和每条线路费用的降低。所以 FTTH 是接入网未来的发展趋势。

为了增加上行带宽的可用性，可以采用 ITU-T 有关标准规范的动态带宽分配（DBA）技术，给用户提供高性能的业务，让更多的用户接入同一个 PON。DBR 系统应具有后向兼容性，及与采用 G.983.1 等规范的现有系统兼容。

根据 ITU-T G.982 建议，PON 接入网的参考结构如图 9-22 所示。该态统由 OLT、ONU、无源光分配网络（ODN）、光缆和系统管理单元组成。ODN 将 OLT 光发射机的光功率均匀地分配给与此相连的所有 ONU，这些 ONU 共享一根光纤的容量。为了保密和安全，对下行信号进行搅动加密和口令认证。在上行方向采用测距技术以避免碰撞。

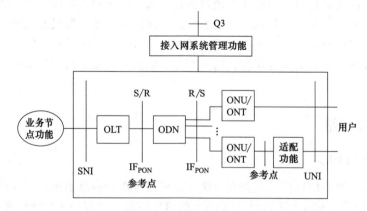

图 9-22　PON 接入网的参考结构

光分配网络（ODN）在一个 OLT 和一个或多个 ONU 之间提供一条或多条光传输通道。参考点 S 和 R 分别表示光发射点和光接收点，S 和 R 间的光通道在同一个波长窗口中。

光在 ODN 中传输的两个方向是下行方向和上行方向。下行方向信号从 OLT 到 ONU 传输；上行方向信号从 ONU 到 OLT 传输。在下行方向，OLT 把从业务节点接口（SNI）来的业务经过 ODN 广播式发送给与此相连的所有 ONU。在上行方向，系统采用 TDMA 技术使 ONU 无碰撞地发送信息给 OLT。

根据 ITU-T G.983.3 建议，使用 WDM-OLT/ONU 宽带 PON 接入网的参考结构如图 9-23 所示。因为使用了 WDM，所以允许系统增加了 E-OLT 和 E-ONU，其他部分和图 9-22 表示的 PON 接入网的参考结构相同。

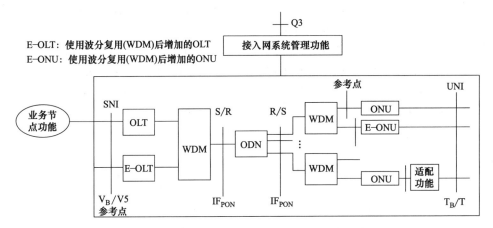

图 9-23　WDM-OLT/ONU PON 接入网的参考结构

业务结点接口（SNI）已在 ITU-T G.902 中进行了规范。与 ODN 的接口是 IF_{PON}，也就是参考点 S/R 和 R/S，它支持 OLT 和 ONU 传输的所有协议。用户网络接口（UNI）与用户终端连接。

（二）光线路终端

以 ATM-PON 为例，介绍光线路终端（OLT）和光网络单元（ONU）的构成，作用和工作原理。

1. OLT 功能模块

OLT 由 ODN 接口单元、ATM 复用交叉单元、业务单元和公共单元组成，如图9-24所示。

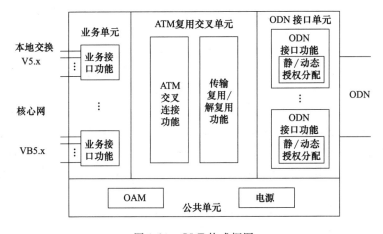

图 9-24　OLT 构成框图

ODN 接口单元完成物理层功能和 TC 子层功能，主要包括光/电和电/光转换、速率耦合/解耦、测距、信元定界和帧同步、时隙和带宽分配、口令识别、扰码和解扰码、搅动和搅动键更新、信头误码控制（HEC）和比特交错校验（BIP8）、比特误码率（BER）计算和运行维护管理（OAM）等，特别是在 OLT 上行方向要完成突发同步和数据恢复等功能。在具有动态带宽分配（DBA）功能的系统中，ODN 还完成动态授权分配功能。为了实现 OLT 和 ODN 间的保护切换，OLT 通常配备有备份的 ODN 接口。

ATM 复用交叉单元完成多种业务在 ATM 层的交叉连接功能、传输复用/解复用功能、流量管理和整形功能、运行维护和管理（OAM）等功能。在下行 ATM 净荷中插入信头构成 ATM 信元，并从上行 ATM 信元中提取 ATM 净荷。

业务单元完成业务接口功能，如采用基于 SDH 接口，除完成电/光或光/电转换外，在下行方向，从输入的 SDH 信息流中提取时钟和恢复数据，用信元定界方式从 SDH 帧中提取 ATM 信元，滤除空闲信元（即速率解耦），通过通用测试和运行物理接口（UTOPIA）输出到 ATM 复用交叉单元；在上行方向，把 ATM 信元和空闲信元（如有必要）插入 SDH 帧的净荷中（即速率耦合），并插入各种 SDH 开销，以便组成 SDH 帧。另外业务单元还应具有信令处理的能力。

公共单元提供 OAM 功能和完成对各单元的供电。OAM 功能应能处理系统所有功能块（包括 ONU 中的功能块）的操作、管理和维护，通过 Q3 或其他接口还能与上层网管系统相连。OLT 在断电时也应能正常工作，所以它应配备有备用电池。

通常 OLT 只完成 G.983.1 规定的静态授权分配功能，此时的 OLT 称为 Non-DBA-OLT。静态授权分配是，根据预先的约定，MAC 协议分配授权给一个 ODN 中的每个传输容器（T-CONT）。但是当 OLT 具有动态上行带宽分配（DBA）能力时，OLT 必须具有 G.983.4 规定的动态授权分配功能。此时的 OLT 称为 DBA-OLT，它根据事先约定、带宽需求报告和可用的上行带宽，MAC 协议动态地进行分配授权给一个 ODN 中的每个 T-CONT。所以 DBA-OLT 应具有监测从 ONU 来的输入信号数量和收集 ONU 报告的功能，而 ONU 要不断地对其带宽需求向 OLT 进行报告。

2. OLT 工作原理

OLT 位于业务结点接口和 PON 接口之间，通过 V5.1 或 V5.2 接口与电话交换网相连，通过 VB5 接口与宽带数字信号源相连，从而向用户提供多种业务。

在下行方向，接收来自业务端的数字流，经速率解耦去掉空闲信元，提取出 ATM 信元，根据其虚通道标识符（VPI）/虚信道标识符（VCI）交叉连接到相应的通路，重新组成 ATM 信元，然后对其净荷进行搅动加密。下行传输复用采用时分复制（TDM）方式，每发送 27 个 ATM 信元就插入 1 个物理层 OAM（PLOAM）信元，由此形成 PON 的下行传输帧，经扰码后送给光发送模块，进行电/光转换，以广播方式传送给所有与之相连的 ONU。

在上行方向，OLT 在接收到 ONU 的突发数据时，根据前导码恢复判决门限并提取时钟信号，实现比特同步。接着根据定界符对信元进行定界。获得信元同步后，首先进行解扰码，恢复信元原貌。经速率解耦后提取出 ATM 信元，然后根据信元类型进行不同的处理。若是 PLOAM 信元，则根据其中的信息类型分别送到测距、搅动、OAM 等功能模块进行处理。若是 ATM 信元，则送到 ATM 交叉连接单元进行 VPI/VCI 转换，连接到相应的业务源。

通常，实现动态带宽分配（DBA）可以分成三步：第一步，DBA-OLT 综合使用流量监测结果和 ONU 对带宽需求的情况报告更新带宽分配；第二步，DBA-OLT 根据 ONU 对带宽需求的情况报告更新带宽分配；第三步，DBA-OLT 根据流量监测结果更新带宽分配。

（三）光网络单元

光网络单元（ONU）处于用户网络接口（UNI）和 PON 接口（IF$_{PON}$）之间，提供与 ODN 的光接口，实现用户侧的端口功能。与 OLT 一起，ONU 负责在 UNI 和 SNI 之间提供透明的业务传输。ONU 根据用户需要，利用 ATM 复用交叉连接功能，提供 10/100Base T 以太网业务、电路仿真业务（CES）、ATM EI 业务和 xDSL 等业务，从而可实现多业务的综合接入。

1. ONU 完成功能

图 9-25 表示 ONU 的功能构成框图，它由 ODN 接口单元、复用/解复用单元、业务单元和公共单元组成。

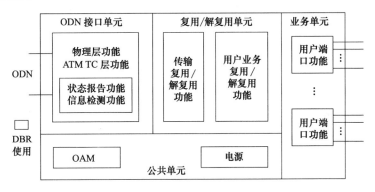

图 9-25　ONU 功能构成框图

ODN 接口单元完成物理层功能和 ATM 传输汇聚子层（TC）功能，物理层功能包括对下行信号进行光/电转换，从下行数据中提取时钟，从下行 PON 净荷中提取 ATM 信元，在上行 PON 净荷中插入 ATM 信元。如上行接入采用时分多址（TDMA）方式，则对上行信号完成突发模式发射。通常，TC 子层完成速率耦合/解耦、串/并转换、信元定界和帧同步、扰码/解扰码、ATM 信元和 PLOAM 信元识别分类、测距延时补偿、口令识别、搅动键更新和解搅动、信头误码控制（HEC）和比特交错校验（BIP8）、比特误码率（BER）计算和运行维护管理（OAM）等功能。如果在一个 ONU 中有多个传输容器（T-CONT），则每个 T-CONT 都要完成以上的功能。

当系统具有上行带宽分配（DBA）能力时，ODN 接口单元还应具有情况报告和信息检测功能。此时的 ONU 称为情况报告 ONU（SR-ONU），与此对应，没有情况报告的 ONU 记为 NSR-ONU。SR-ONU 的 DBA 报告功能提供每个 T-CONT 带宽需求情况的报告给 OLT。SR-ONU 的检测功能在 SR-ONU 内监测每个 T-CONT 数据的排队情况。

为了实现 OLT 和 ODN 间的保护切换，ONU 通常配备有备份的 ODN 接口。

ONU 提供的业务，既可以给单个用户，也可以给多个用户。所以要求复用/解复用单元完成传输复用/解复用功能、用户业务复用/解复用功能。在上行 ATM 净荷中插入信头构成 ATM 信元，从下行 ATM 信元中提取 ATM 净荷，根据 VPI/VCI 值完成多种业务在 ATM 层的交叉连接、组装/拆卸（SAR）和分发功能，以及运行维护和管理（OAM）等功能。

业务单元提供用户端口功能，根据用户的需要，提供 Internet 业务、CES 业务、EI 业

务和 xDSL 等业务。按照不同的物理接口（如双绞线、电缆），它提供不同的调制方式接口，进行 A/D 和 D/A 转换。另外，还应具有信令转换功能。

ONU 公共单元包括供电和 OAM 功能。供电部分有交/直流变换或直流/直流变换，供电方式可以是本地供电，也可以是远端供电，几个 ONU 也可以共用同一个供电系统。ONU 应能在备用电池供电条件下也能正常工作。

2. ONU 工作原理

当接收下行数据时，ONU 利用锁相环（PLL）技术从下行数据中提取时钟，并按照 ITU-T I.432.1 建议进行信元定界和解扰码。然后识别信元类型，若是空闲信元则直接丢弃；若是 PLOAM 信元，则根据其中的信息类型分别送到测距、搅动键更新、OAM 等功能模块进行处理；若是 ATM 信元，则解搅动后根据 VPI/VCI 值选出属于自己的 ATM 信元，送到 ATM 复用/解复用单元进行 VPI/VCI 转换，然后送到相应的用户终端。

当发送上行数据时，ONU 从业务单元接收到各种用户业务（如 EI、CES 等）的 ATM 信元后，进行拆包，根据传送的目的地加上 VPI/VCI 值，重新打包成 ATM 信元，然后存储起来。根据从下行 PLOAM 信元中收到的数据授权和测距延时补偿授权，延迟规定的时间后把信元发送出去，当没有信元发送时就发送空闲信元，当接收到 PLOAM 授权后就发送 PLOAM 信元或在接收到可分割时隙授权后就发送微时隙。对该信元进行电/光变换前，先要对除开销字节外的净荷进行扰码。

（四）光分配网络

光分配网络（ODN）提供 ONU 到 OLT 的光纤连接，如图 9-22 所示。ODN 将光能分配给各个 ONU，这些 ONU 共享一根光纤的容量。在该分配网中，使用无源光器件实现光的连接和光的分路/合路，所以这种光分配系统称为无源光网络（PON）。主要的无源光器件有单模光纤光缆、光连接器、光分路器和光纤接头等。

ODN 采用树形结构的点到多点方式，即多个 ONU 与一个 OLT 相连。这样，多个 ONU 可以共享同一根光纤、同一个光分路器和同一个 OLT，从而节约了成本。这种结构利用了一系列级联的光分路器对下行信号进行分路，传输给多个用户，同时也靠这些分路器将上行信号汇合在一起送给 OLT。

光分路器的功能是把一个输入的光功率分配给多个光输出。作为光分路器使用的光耦合器，只用其一个输入端口。光分路器的基本结构如图 9-26 所

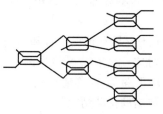

图 9-26　1×N 光分路器结构

示，它是星形耦合器的一个特例。1×N 光分路器可以由多个 2×2 耦合器组合而成。图 9-26 表示由 7 个 2×2 单模光纤耦合器组成的 1×8 光分路器结构。光分路器对线路的影响是附加插入损耗，可能还有一定的反射和串音。1×N 光分路器不同分路比的分配损耗和插入损耗，分配损耗（以 dB 表示）是

$$L_{spl} = 10 \lg N \tag{9-46}$$

在用 1×N 光分路器构成的 ODN 中，其传输损耗（以 dB 表示）为

$$L_{tot} = 10 \lg N + L_{ext} + 4L_{con} + nL_{fus} + \alpha(L_{fib}^{L-S} + L_{fib}^{N-S}) \tag{9-47}$$

式中，α 是光纤衰减系数，L_{fib}^{L-S} 和 L_{fib}^{N-S} 分别是 OLT 或 ONU 连接光分路器的光纤长度，为了维修方便，这两段光纤两头通常都用活动连接器连接，此时则要 4 个连接器，L_{con} 是连接器损耗，L_{fus} 是光纤熔接点损耗，可能有 $n = (L_{fib}^{L-S}/L_{sec} + L_{fib}^{N-S}/L_{sec}) - 2$ 个接头，L_{sec} 是每

盘光缆的长度，L_{ext} 是 $1 \times N$ 光分路器的插入（附加）损耗，其值可用下式计算

$$L_{ext} = -10 \lg (1-\delta)^{\log_2 N}$$

δ 为 2×2 耦合器插入损耗（δ），如果 2×2 耦合器的插入损耗是 0.5dB，$1 \times N$ 分路器的附加损耗 L_{ext}，通常在售产品的附加损耗要比理论值的大（见表 9-10）。

表 9-10　$1 \times N$ 光分路器参数

N	分配损耗 L_{spl}/dB	L_{ext}/dB（$\delta = 11\%$）（理论计算）0.5dB	L_{ext}/dB（产品最大值）
8	9	1.5	2.0
16	12	2.0	3.5
32	15	2.53	4.5
64	18	3.03	5.0

1×2 耦合器的损耗大约是 3.5dB，其中 3dB 是分配损耗，0.5dB 是插入损耗。这种耦合器的体积和重量都比较大，一致性并不好，损耗对光波长敏感，特别是对于使用三个波长（1310nm、1490nm 和 1550nm）PON 的应用场合，这是一个致命的缺陷，不过其反射及方向性都非常好，均可以达到 50dB 或更高的水平。

在 ODN 中，光传输有上行方向和下行方向。信号从 OLT 到 ONU 是下行方向，反之是上行方向。上行方向和下行方向可以用同一根光纤传输（单纤双工），也可以用不同的光纤传输（双纤双工）。

为了提高 ODN 的可靠性，通常需要对其进行保护配置。保护通常指在网络的某部分建立备用光通道，备用光通道往往靠近 OLT，以便保护尽可能多的用户。

设计 ODN 时，应考虑不仅能提供目前业务的需要，而且还能提供将来可预见到的任何业务需要，而不必对 ODN 本身做较大的改动。这就要求在选择组成 ODN 的无源光器件时，要考虑器件的以下特性。

- 对光波长的透明性：如光分路器应能支持 1310nm 和 1550nm 波长区的任何波长信号的传输。
- 可逆性：输入口和输出口掉换后不会引起光损耗的明显变化，这样可以简化网络的设计。
- 与光纤的兼容性：所有光器件应能与 G.652 单模光纤兼容，因为到目前为止，ITU-T 并不打算在光接入网中采用其他光纤。

ODN 的反射会造成光源发送光功率的波动和波长的偏移，另外，光通道多个反射点产生的反射波干涉会在接收机转化为强度噪声。因此，ODN 的反射应控制在一定的范围内。ODN 的反射取决于光路中各个器件的回波损耗（ORL），因而保证光器件具有优良的回波损耗特性是确保整个光路反射性能的基本前提。目前在各类光器件中，光活动连接器的回波损耗较差，不确定因素较多，诸如机械对准失效、灰尘和损坏等都会引起性能下降。除光纤活动连接器外，光纤接头也会产生反射。最后，光纤本身也会因折射率不均匀产生后向散射而影响光路反射特性。

为了扩大 ODN 的规模，可以使用光放大器补偿光路的损耗，从而允许使用多个光分路器。

有关无源光器件的规范见 G.671，光纤和光缆的规范见 G.652，ODN 损耗计算见 G.982。目前，ITU-T 规定了三类光路损耗，如表 9-11 所示。B 类光路损耗可应用于时间压缩复用（TCM）系统，而 C 类光路损耗可应用于空分复用（SDM）系统和波分复用

（WDM）系统，因为这两种系统的附加损耗没有或很小。因为 TDM 和全双工的附加损耗最大，所以只能使用 A 类损耗系统。

表 9-11　PON 接入网光路损耗类别

项目	A 类	B 类	C 类
最小损耗/dB	5	10	15
最大损耗/dB	20	25	30
应用	TDM 和全双工系统	时间压缩复用(TCM)系统	空分复用(SDM)和 WDM 系统

PON 是一个点到多点（PTM）系统，比点到点（PTP）系统复杂得多。各种 PON 都具有相同的拓扑特性，即所有来自 ONU 的上行传输都在树形 ODN 中以无源方式复用，再通过单根光纤传送到 OLT 后解复用。不过，各个 ONU 都不能访问其他 ONU 的上行传输。为了尽量减少光纤的使用，可以把各 ONU 的分路器放在所有与之相连的 ONU 的重心上，或者将多个 PON 的分路器集中放在便于操作的维护节点中。为了获得最大的灵活性，简化管理，也可以将所有的分路器都放在 OLT 中。

PON 的功率分配也可以分级进行，比如在一条馈线末端安装 1×8 的分路器。再在 8 分支末端安装 1×4 的分路器，从而使总分路比达到 1∶32。分配级数可以大于 2。由于功率分配可以分开进行，这使得同一 PON 里的 ONU 享有不同的分光比。

在 ODN 中有两种发送下行信号的基本方法，一种是功率分配 PON（PS-PON），另一种是波长路由 PON，也称 WDM-PON。在 PS-PON 中，一般我们简称为 PON，下行信号的功率平均分配给每个分支，所以 OLT 可以向所有的 ONU 进行广播，由各个 ONU 负责从集合信号中提取自己的有效载荷。在 WDM-PON 中，给每个 ONU 分配一个或多个专用波长。

二、无源光网络

（一）分光比

允许 PON 以一定的分光比配置，从完全不分路（变成点对点系统）到通过光损耗预算和 PON 协议规定的最大分路值。PON 容量是共享的，所以分光比越大，每个 ONU 的平均可用带宽就越小。同样，分光损耗越多，留给光缆的光功率预算就越小，系统的有效范围也就越小。但采用 PON 最主要的原因是为了分担馈线光纤和 OLT 光接口的费用，所以分光比越大，系统所需器件的平均成本就越低。不过，系统总成本不会一直随分光比的增大而减少。这是因为，对于给定的系统有效范围，分光比越大，对光电器件的要求也越高，成本也随之增加。

综合以上因素，分光比为 16～32 是最经济的，FSAN 则可以用 64。

（二）结构和要求

图 9-27 表示只有 OLT 具有保护备份的 PON 系统，假如 OLT 工作的 PON 接口发生故障，或者与它相连的 PON 中的光纤和光分路器发生故障，OLT 就从工作的 PON 线路终端切换到备份的线路终端。ITU-T G.983.1 规定的 B 类系统就可以采用这种保护。

图 9-28 表示 OLT 和 ONU 都具有线路终端备份的 PON 保护系统，这是一种 1∶1 和 1+1 保护系统。假如在 OLT 和 ONU 中，任何 PON 接口发生故障，或者在 ODN 中，任何光纤损坏，OLT 都能完成保护切换。ITU-T G.983.1 规定的 C 类系统就可以采用这种保

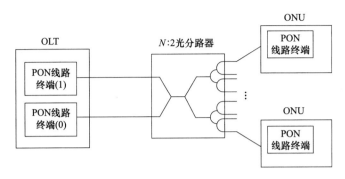

图 9-27　只有 OLT 具有保护功能的 PON 系统

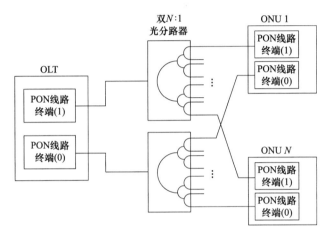

图 9-28　1∶1 和 1＋1 全保护 PON 系统

护。在实际应用中，根据不同用户的需要，也可以对有的 ONU 进行保护，有的不进行保护。当然保护的 ONU 所付出的费用就高。

在 C 类系统中，当工作系统正常时，可以让备用系统提供额外的业务。当工作系统发生故障时，会立刻停止额外业务的提供而切换到备用系统。当然，额外业务就不能受到保护。

保护切换是利用 PLOAM 信元中的规定信息完成的，保护切换时间应在 50ms 内完成。

（三）下行复用技术

PON 的所有下行信号流都复用到馈线光纤中，并通过 ODN 广播传输到所有的 ONU。下行复用可以采用电复用和光复用。最简单经济的电复用是 OLT 采用时分复用（TOM），将分配给各个 ONU 的信号按一定的规律插入时隙中。在接收端，ONU 把给自己的有效载荷从集合信号中再分解出来。

对于光复用，可以采用密集波分复用（DWDM），给每个 ONU 分配一个下行波长，将分配给各个 ONU 的信号直接由该波长载送。在接收端，ONU 使用光滤波器再从 WDM 信号中分解出自己的信号波长，因此每个 ONU 都要配备相当昂贵的特定波长接收机。虽然 DWDM 下行复用大大增加了功率分配 PON（PS-PON）的容量，但是也增加了每个用户的成本和系统的复杂性。

通过上述的简单措施，PON 至少具备与现有双绞线和 SDH 环网类似的性能。

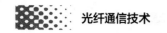

（四）上行接入技术

在 PON 接入系统中，信道复用是为了充分利用光纤的传输带宽。把多个低容量信道以及开锁信息，复用到一个大容量传输信道的过程。在电域内，信号复用可分为时分复用（TDM）、频分复用（FDM）和码分复用（CDM）。

在点对点的系统中，信道的接入称为复用，而在接入网中则称为多址接入（Access）。所以对应的频分复用称为频分多址接入（FDMA），在光域内的频分复用则称为波分复用（WDM），对应的时分复用称为时分多址接入（TDMA），对应的码分复用则称为码分多址接入（CDMA），如图 9-29 所示。也可以综合使用几种接入方法。

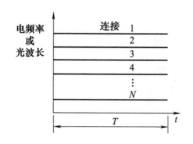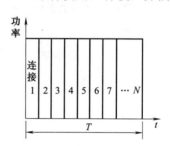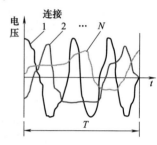

(a) 频分多址接入(FDMA)或波分多址接入 (WDMA)　　(b) 时分多址接入(TDMA)　　(c) 码分多址接入(CDMA)

图 9-29　三种基本的多址接入技术

1. TDMA

时分多址接入（TDMA）是把传输带宽划分成一列连续的时隙，根据传送模式的不同，预先分配或者根据用户需要分配这些时隙给用户。通常有同步传送模式（STM）和异步传送模式（ATM）。

STM 分配固定时隙给用户，因此可保证每个用户有固定的可用带宽。时隙可以静态分配，也可以根据呼叫动态分配。不管是哪种情况，分配给某个用户的时隙只能由该用户使用，其他用户不能使用。

相反，ATM 根据数据传输的实际需要分配时隙给用户，因此可以更有效地使用总带宽。与 STM 相比，ATM 要求更多的有关业务的类型和流量特性，以确保每个用户公平地使用带宽。

图 9-30 表示一个树形 PON 的 TDMA 系统，该系统允许每个用户在指定的时隙发

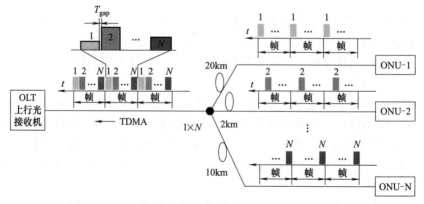

图 9-30　PON 系统各 ONU 采用 TDMA 突发模式接入

送上行数据到 OLT。OLT 可以根据每个时隙位置或时隙本身发送的信息，取出属于每个 ONU 的时隙数据。在下行方向，OLT 采用 TDM 技术，在规定的时隙传送数据给每个 ONU。

在使用 TDMA 技术的树形 PON 中，上行接入采用突发模式，一个重要特点是必须保证 ONU 上行时隙的同步，所以必须采用测距技术，以便控制每个 ONU 的发送时间，确保各 ONU 发送的时隙插入指定的位置，避免在组成上行传输帧时发生碰撞。为防止各 ONU 时隙发生碰撞，要求时隙间留有保护间隙 T_{gap}。测距精度通常为 $1\sim2bit$，所以各 ONU 信元在组成上行帧时的间隙 T_{gap} 有几个比特，因此到达 OLT 的信元几乎是连续的比特流。ONU 占据多少时隙由媒质接入控制协议（medium access control，MAC）完成，ONU 何时发送数据时隙（即在收到数据发送授权后延迟多长时间）由 OLT 根据测距（测量 ONU 到 OLT 的距离）结果通知 ONU。

在突发模式接收的 TDMA 系统中，除要求 OLT 测量每个 ONU 到 OLT 的距离外，还要求 OLT 利用上行突发数据时隙开始的前几个比特尽快地恢复出采样时钟，并利用该时钟进行该时隙数据的恢复。也就是说同步电路必须能够确定突发时隙信号到达 OLT 的相位和开始时间，同时还要为测距计数器提供开始计数和计数终止的时刻。

在使用 TDMA 技术的树形 PON 中，OLT 突发模式接收机接收从不同距离的 ONU 发送来的数据包，并恢复它们的幅度，正确判决它们是"1"还是"0"。由于每个 ONU 的 LD 发射功率都相同，但它们到达 OLT 的距离互不相同，所以它们的数据包到达 OLT 时的功率变化很大。OLT 突发模式接收机必须能够应付这些功率的变化，正确恢复出数据，不管它们离 OLT 多远。

2. WDMA

由于光纤的传输带宽很宽，所以可以采用波分复用（WDM）技术实现多个 ONU 的上行接入。图 9-31 表示波分多址接入（WDMA）树形 PON 的系统结构，每个 ONU 用一个特定的波长发送自己的数据给 OLT，各个波长的光信号进入光分路器后复用在一起，OLT 使用滤波器或光栅解复用器将它们分开，然后送入各自的接收机将光信号变为电信号。OLT 也可以使用 WDM 技术或一个波长的 TDM 技术把下行业务传送给 ONU。WDM 技术虽然简化了电子电路的设计，但是是以使用贵重的光学器件为代价的。

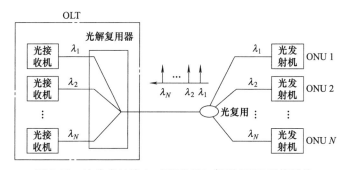

图 9-31 波分多址接入（WDMA）树形 PON 系统结构

（五）安全性和私密性

私密性是 PON 终端用户关注的问题，因为用户通信可能会被同一 PON 中的其他用户窃听。所有的 PON 都向与它相连的 ONU 用户广播下行信号，因此潜在地允许一个终端用户窃听其他终端用户的信息，但是这有一个前提条件，那就是窃听者首先要能够模仿 PON 的通信协议，所以很难实现。更高一层的保护是把下行信号加密，例如在 ITU-T G.983.1 中采用的扰码加密机制。

还有一种泄密的可能，上行信号在分路器上行侧反射后可能会被其他终端用户截取。不过通常认为，由于反射和分路损耗的总影响，其他终端用户很难达到截取所需要的功率电平。所以上行信号的发送一般不加密。

安全性是网络运营者关注的问题，因为网络可能会被盗用或破坏。在 PON 中，只要有人利用未使用的分光口接入光纤，就有可能造成破坏。侵入者可能接入某个 ONU 窃取相关服务。这种侵入行为可以通过口令协议加以阻止，在 ITU-T G.983.1 中称为"验证"。为此，ONU 在初始化时向 OLT 注册密码（password），并得到 OLT 的确认，该密码只向上传送，其他 ONU 接收不到。OLT 有一个与其连接的所有 ONU 的密码表，当接收到某个 ONU 的密码后，OLT 就把它与自己的密码表比较，符合的就让其接入。假如 OLT 接收到一个没有注册的密码，它就通知网络运营者。这样就能确保在合法的 ONU 关闭电源后，假冒的 ONU 不能连接到网络。

三、PON 接入系统

（一）EPON 系统

EPON（以太无源光纤网络）和 APON 的主要区别是，在 EPON 中，根据 IEEF 802.3 以太网协议，传送的是可变长度的数据包，最长可为 1526 个字节；而在 APON 中，根据 ATM 协议的规定，传送的是包含 48 个字节的净荷和 5 字节信头的 53 字节的固定长度信元。IP 要求将待传数据分割成可变长度的数据包，最长可为 65535 个字节。与此相反，以太网适合携带 IP 业务，与 ATM 相比，极大地减少了开销。

表 9-12 给出 1000Base-PX10 和 1000Base-PX20 的主要技术规范。

表 9-12 1000Base-PX10 和 1000Base-PX20 的主要技术规范

	1000Base-PX10		1000Base-PX20	
	下行方向(D)	上行方向(U)	下行方向(D)	上行方向(U)
光纤类型	单模光纤			
光纤数目	1			
线路速率	1250Mbit/s			
标称发射波长/nm	1490	1310	1490	1310
平均发射功率(max)/dBm	2	4	7	4
平均发射功率(min)/dBm	−3	−1	2	−1
比特误码率	10^{-12}		10^{-12}	
平均接收功率(max)/dBm	−1	−3	−6	−3
接收机灵敏度(max)/dBm	−24		−27	−24
传输距离(无 FEC)	0.5m～10km		0.5m～20km	
最大光通道插入损耗/dB	20	19.5	24	23.5
最小光通道插入损耗/dB	5		10	

鉴于 EPON 技术已经获得大规模的成功部署，IEEE 工作组开发的 802.3av 标准最重要的要求是和现有部署的 EPON 网络实现后向兼容及平滑升级，并与以太网速率 10 倍增长的

步长相适配。为此，802.3av 标准进行了多方面的考虑。

① 10G-EPON 提供两种应用模式，充分满足不同客户的需求：一种是非对称模式（10Gbit/s 下行和 1Gbit/s 上行），另一种是对称模式（10Gbit/s 下行和 10Gbit/s 上行）。

② 10Gbit/s EPON 绝大部分继承了 1Gbit/s EPON 的标准，仅针对 10Gbit/s 的应用，对 EPON 的 MPCP（IEEE 802.3）以及 PMD 层进行扩展。在业务互通、管理与控制方面，与 1Gbit/s EPON 兼容，如图 9-32 所示，下行采用双波长波分，上行采用双速率突发模式接收技术，通过 TDMA 机制协调 1Gbit/s 和 10Gbit/s ONU 共存。10Gbit/s EPON 的 ONU 与 1Gbit/s EPON 的 ONU 在同一 ODN 下实现了良好共存，有效地保护了运营商的投资。

③ 采用一系列技术措施提高性价比，且为长距离与大分光比的应用打下了坚实的基础。10Gbit/s EPON 采用 64B/66B 线路编码，效率高达 97%，具有更高的链路光功率预算（29dB），前向纠错（FEC）功能采用 RS（255、223）多进制编码，可以使光功率预算相对于没有 FEC 增加了 5~6dB。

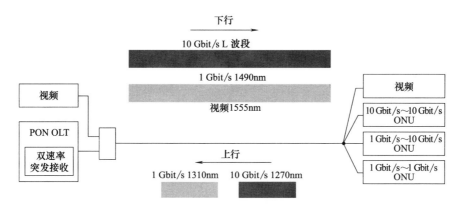

图 9-32　10Gbit/s EPON 与 1Gbit/s EPON 系统共存兼容与波长分配示意图

国外的 EPON 技术研发进展迅速，目前已进入规模商用开发阶段。现在一般公司可以提供 1Gbit/s 下行速率和 800Mbit/s 上行速率的 EPON 系统，这个上行速率使 EPON 对企业独具吸引力，因为它大大超过 APON 速率。目前许多机构已对 10Gbit/s 的 EPON 进行了研究和开发，许多公司已能提供芯片、光接收机、光发射机以及系统。

10Gbit/s EPON 的标准思路清晰明确，延续了 EPON 的产业特征，产业链上下游响应速度快。光模块厂商方面，2008 年上半年，10Gbit/s EPON 光模块已经可以供货。芯片方面，全球至少有 4 家芯片厂家投入了 10Gbit/s EPON 的芯片研发，其中 PMC-Sierra 公司、Teknovus 公司等已经发布了完整的 10Gbit/s EPON 解决方案，从 2008 年开始，都已先后提供 10Gbit/s EPON 的评估板。PMC-Sierra 公司继 2008 年展示了非对称 10Gbit/s EPON 系统后，2009 年 3 月下旬在圣地亚哥演示了具有上下行 10Gbit/s 对称性能的 10Gbit/s EPON 系统。设备方面，中兴通讯在 2008 年 10 月的中国国际信息通信展览会上率先向业界推出了全球首台 10Gbit/s EPON 设备样机，并进行了系统业务演示。网络建设方面，部分运营商已在 2009 年上半年建设 10Gbit/s EPON 的试验局域网。

由于以太网技术的固有机制，不提供端到端的包延时、包丢失率以及带宽控制能力，因此难以支持实时业务的服务质量。如何确保实时语音和 IP 视频业务，在一个传输平台上以与 ATM 和 SDH 的 QoS 相同的性能分送到每个用户？GPON 是一个最好的选择。

（二）GPON 系统

APON 标准复杂，成本高，在传输以太网和 IP 数据业务时效率低，在 ATM 层上适配和提供业务复杂。而 EPON 存在两大致命的缺陷，即带宽利用率低和难以支持以太网之外的实时业务。因此，全业务接入网（FSAN）组织开始考虑制定一种融合 APON 和 EPON 的优点，克服其缺点的新的 PON，那就是 GPON。GPON 具有吉比特的高速率，92％的带宽利用率和支持多业务透明传输的能力，同时能够保证服务质量和级别，提供电信级的网络监测和业务管理。本节就介绍 GPON 接入的有关技术问题。

图 9-33 表示当前 GPON 系统的参考结构，GPON 主要由光线路终端（OLT），光分配网（ODN）和光网络单元（ONU）三部分组成。OLT 位于接入网局端，它的位置可以就在局内本地交换机的接口处，也可以是野外的远端模块，为接入网提供网络侧与核心网的接口，并通过一个或多个 ODN 与用户侧的 ONU 通信。OLT 与 ONU 是主从关系，它控制各 ODN 执行实时监控，管理和维护整个无源光网络。

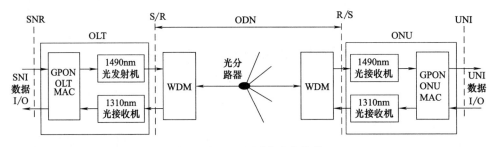

图 9-33　GPON 系统参考结构

ODN 是一个连接 OLT 和 ONU 的无源设备，它的主要功能是完成光信号和功率的分配任务。GPON 上下行数据流可以采用波分复用技术，通过在 ODN 中加载 WDM 模块，在一根光纤上传送上下行数据。下行使用 1480～1500nm 波段，上行使用 1260～1360nm 波段。同时，GPON 的 ODN 光分路器的性能也大大提高，可支持 1∶128 分路比。

ONU 为光接入网提供直接或者远端的用户侧接口。ONU 终结 ODN 光纤，处理光信号并为若干用户提供业务接口。

在 GPON 中，光接口的定义给出。在 G.984.2 中，给出了 GPON 系统不同的上下行速率时的 4 个光接口的要求。在 S/R 参考点对发射机的要求和在 R/S 参考点对接收机的要求，GPON 和 APON 的标准基本一致。表 9-13 和表 9-14 给出了其中两个典型的接口要求。

表 9-13　1244Mbit/s 下行方向光接口参数

	项　　目	单 纤 传 输	双 纤 传 输
OLT 发射机（在 S/R 点）	标称比特率/(Mbit/s)	1244.16	
	工作波长/nm	下行 1480～1580，上行 1260～1360	1260～1360
	线路码型	扰码的 NRZ	
	最小平均发射功率/dBm	−4,1,5（分别对应三类 ODN）	
	最大平均发射功率/dBm	1,6,9（分别对应三类 ODN）	
	消光比/dB	大于 10	
	标称光源类型	MLM-LD 或 SLM-LD	

续表

项　　目	单 纤 传 输	双 纤 传 输
ONU 接收机 （在 R/S 点）	系统对接收波长的最大反射/dB	低于 -20	
	比特误码率	低于 10^{-10}	
	最小灵敏度/dBm	-25	
	最小过载能力/dBm	-4	
	抗长连"0"或长连"1"性能/bit	大于 72	
	反射光功率容限/dB	小于 10	

表 9-14　622Mbit/s 上行方向光接口参数

项　　目	单 纤 传 输	双 纤 传 输	
ONU 发射机 （在 R/S 点）	比特率/（Mbit/s）	622.08		
	工作波长/nm	下行 1480～1580 上行 1260～1360	1260～1360	
	线路码型	扰码的 NRZ		
	光分配网（ODN）分类	A	B	C
	最小平均发射功率/dBm	-6	-1	-1
	最大平均发射功率/dBm	-1	$+4$	$+4$
	消光比/dB	大于 10		
	光源类型	MLM-LD 或者 SLM-LD		
OLT 接收机 （在 S/R 点）	最大反射系数/dB	小于 -20		
	比特误码率	低于 10^{-10}		
	光分配网（ODN）分类	A	B	C
	最小灵敏度/dBm	-27	-27	-32
	最小过载/dBm	-6	-6	-11
	抗长连"0"或长连"1"性能/bit	大于 72		
	反射光功率容限/dB	小于 10		

根据系统对衰减/色散特性的要求，可以选择多纵模（MLM）激光器或单纵模（SLM）激光器。应该指出，并不要求都用 SLM 激光器，只要能够满足系统性能的要求，就可以用 MLM 器件取代 SLM 器件。

GPON 有两种传输模式：一种是 ATM 模式，另一种是 GEM（GPO encapsulation method）模式。图 9-34 解释了这两种模式在 U 平面中的传输过程。GPON 在传输过程中，可以用 ATM 模式，也可以用 GEM 模式，也可以共同使用这两种模式。究竟使用哪种模式，要在 GPON 初始化的时候进行选择。

1. GEM 对 TDM 语音和数据的封装

GEM 对 TDM 数据的封装是将 TDM 业务直接映射到可变长的 GEM 帧中，即 TDM over GEM。这种方式是 ITU-T G.984.3 的附录中提出的专门为 GPON 系统承载 TDM 业务所设计的一种封装技术。具有相同 Port ID 的 TDM 数据分组汇聚到 TC 层。

由于用户数据帧的长度是随机的，如果用户数据帧的长度超过 GEM 协议规定的净荷最大长度，就要采用 GEM 的分段机制。GEM 的分段机制把超过净荷最大长度的用户数据帧分割成若干段，每一段的长度与 GEM 净荷最大长度相等，并且在每段的前面都加上一个 GEM 帧头。这种分段机制，对于一些时间比较敏感的业务，如语音业务，可保证以高优先

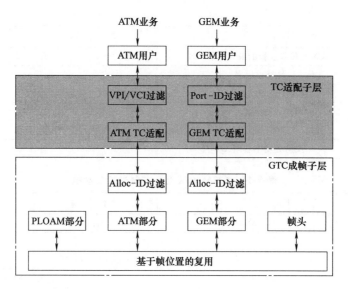

图 9-34　U 平面协议栈

级进行传输。因为它把语音业务总是放在净荷区的前端发送，而且帧长是 $125\mu s$，延时比较小，从而能保证语音业务的 QoS。

GEM 使用不定长的 GEM 帧对 TDM 业务字节进行分装。TDM over GEM 方式的优点在于使用了与 SDH 相同的 $125\mu s$ 的 GEM 帧，使得 GPON 可以直接承载 TDM 业务，将 TDM 语音和数据直接映射到 GEM 帧中，使得分装效率提高。

2. GPON 与 EPON 的比较及其优势

下面将从带宽利用率、成本、多业务支持、OAM 功能等多方面对 EPON 和 GPON 进行详细的比较。

(1) 带宽利用率　一方面，EPON 使用 8B/10B 编码，其本身就引入了 20％的带宽损失，1.25Gbit/s 的线路速率在处理协议本身之前实际上就只有 1Gbit/s 了。GPON 使用扰码作线路码，只改变码，不增加码，所以没有带宽损失。另一方面，EPON 封装的总开销约为调度开销总和的 34.4％，而 GPON 在同样的包长分布模型下，得到 GPON 的封装开销约为 13.7％。

(2) 成本　从单比特成本来讲，GPON 的成本要低于 EPON。但如果从目前的整体成本来讲，则反之。影响成本的因素在于技术复杂度、规模产量以及市场应用规模等各个方面，特别是产量基本决定了产品的成本。目前，随着 EPON 部署规模的增大，EPON 和 ADSL 的价格差距正在逐步的缩小，却能提供更多的服务和更好的服务质量。而 GPON 的部署规模相对来说还很小，模块价格难以很快下降。

(3) 多业务支持　EPON 对于传输传统的 TDM 支持能力相对比较差，容易引起 QoS 的问题。而 GPON 特有的封装形式，使其能很好地支持 ATM 业务和 IP 业务，做到了真正的全业务。

(4) OAM 功能　EPON 在 OAM 标准方面定义了远端故障指示、远端环同控制和链路监视等基本功能，对于其他高级的 OAM 功能，则定义了丰富的厂商扩展机制，让厂商在具体的设备中自主增加各种 OAM 功能。GPON 的 OAM 包括带宽授权分配、DBA、链路监视、保护倒换、密钥交换以及各种告警功能。从标准上看，GPON 标准定义的 OAM 信息比

EPON 的丰富。

通过上面对 GPON 和 EPON 主要特征以及具体各项指标的比较，可以发现 GPON 具有以下优势。见图 9-35。

① 灵活配置上/下行速率　GPON 技术支持的速率配置有 7 种方式，如表 9-12 所示。对 FTTH 和 FTTC 应用，可采用非对称配置，对于 FTTB 和 FTTO 应用，可采用对称配置。由于高速光突发发射和突发接收器件价格昂贵，且随速率上升显著增加，因此这种灵活的配置可使运营商有效控制光接入网的建设成本。

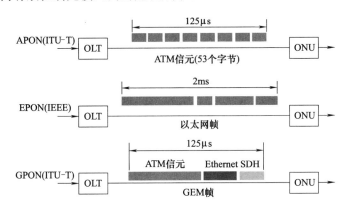

图 9-35　APON、EPON、GPON 承载业务能力的比较

② 高效承载 IP 业务　GEM 帧的净荷区范围为 0～4095 字节，解决了 APON 中 ATM 信元带来的承载 IP 业务效率低的弊病。而以太网 MAC 帧中净负荷区的范围仅为 46～1500 字节，因此 GPON 对于 IP 业务的承载能力是相当强的。

③ 支持实时业务能力　GPON 所采用的 $125\mu s$ 周期的帧结构能对 TDM 语音业务提供直接支持，无论是低速的 E1，还是高速的 STM-1，都能以它们的原有格式传输，这极大地减少了执行语音业务的时延及抖动。

④ 支持的接入距离更远　针对 FTTB 开发的 GPON 系统，其 OLT 到 ONU 的最远逻辑接入距离可以达到 60km 以上，而 EPON 则只有 20km。

⑤ 带宽有效性　EPON 的带宽有效性为 70%，而 GPON 则高达 92%。

⑥ 分路比数量　EPON 支持的分路比为 32，而 GPON 则高达 64 或 128。

表 9-15 列出 APON、EPON、GPON 三种 PON 的技术比较。

表 9-15　三种 PON 技术的比较

项　　目	APON	EPON	GPON
标准	ITU-T G.983	IEEE 802.3ah	ITU-T G.984
基本协议	ATM	Ethernet	ATM 或 GEM
编码类型	NRZ	8B/10B	NRZ
下行线路速率/(Mbit/s)	155/622/1244	1250	1244/2488
上行线路速率/(Mbit/s)	155/622	1250	155/622/1244/2488
上行可用带宽(IP 业务)/(Mbit/s)	500(上行 622Mbit/s)	760～860	1100(上行 1244Mbit/s)
带宽有效性	80%	70%	92%
支持 ODN 的类型	A、B、C	A、B	A、B、C
分路比	1:16	1:32	1:32,1:64,1:128

续表

项 目		APON	EPON	GPON
逻辑传输距离/km		20	20	60
网络保护		有	无	有
使用波长/nm	单纤模式	下行 1480~1500 上行 1260~1360	下行 1490 上行 1310	下行 1480~1500 上行 1260~1360
	双纤模式	上/下行 1260~1360		上/下行 1260~1360
第三波长支持视频		有	有	有
实现 FTTX 选择性		可用	较佳	最佳
TDM 支持能力		TDM over ATM	TDM over Ethemet	TDM over ATM 或 TDM over Packet
下行数据加密		搅动或 AES	没有定义,可采用 AES	AES

注：AES（Advanced Encryption Standard）：高级加密标准。

⑦ 运行、管理、维护和指配（OAM&P）功能强大　GPON 借鉴 APON 中 PLOAM 信元的概念，实现全面的运行维护管理功能，使 GPON 作为宽带综合接入的解决方案可运营性非常好。

（三）WDM-PON 系统

目前的 PON 技术主要有 APON、EPON 和 GPON，它们都是 TDM-PON。APON 承载效率低，在 ATM 层上适配和提供业务复杂。EPON 存在两大致命的缺陷，即带宽利用率低和难以支持以太网之外的业务，特别是承载话音/TDM 业务时会引起 QoS 问题。GPON 虽然能克服上述的缺点，但上下行均工作在单一波长，各用户通过时分的方式进行数据传输。这种在单一波长上为每用户分配时隙的机制，既限制了每用户的可用带宽，又大大浪费了光纤自身的可用带宽，不能满足不断出现的宽带网络应用业务的需求。在这种背景下，人们就提出了 WDM-PON 的技术构想。WDM-PON 能克服上面所述的各种 PON 缺点。近年来，由于 WDM 器件价格的不断下降，WDM-PON 技术本身的不断完善，WDM-PON 接入网应用到通信网络中已成为可能。随着时间的推移，把 WDM 技术引入接入网将是下一代接入网发展的必然趋势。

WDM-PON 有三种方案：第一种是每个 ONU 务配一对波长，分别用于上行和下行传输，从而提供了 OLT 到各 ONU 固定的虚拟点对点双向连接；第二种是 ONU 采用可调谐激光器，根据需要为 ONU 动态分配波长，各 ONU 能够共享波长，网络具有可重构性；第三种是采用无色 ONU（Colorless ONU），即 ONU 无光源方案。本节将介绍 WDM-PON 的有关技术问题。

1. 波长固定 WDM-PON 系统结构

波长固定 WDM-PON 是一种点对多点（PTM）系统，下行复用采用 WDM 方式，上行接入采用 WDMA 技术。它与功率分配 PON（PS-PON）的根本区别在于，在 ODN 中采用波导光栅（AWG）复用/解复用器取代了无源分路器，完成 ONU 在频域复用或解复用的功能。结果是既获得了 PTM 拓扑的光纤增益，又通过 OLT 和 ONU 之间专用波长连接得到了 PTP 系统结构的优点。因此，WDM-PON 有可能胜过 PON 和 PTP 结构。常见的 WDM-PON 结构如图 9-36 所示，它既支持单纤传输，也支持双纤传输。

在这种 WDM-PON 接入网中，OLT 中有多个不同波长的光源，每个 ONU 也使用特定波长的光源，各点对点连接都按预先设计的波长进行配置和工作，多个不同波长同时工作，如图 9-36 所示。在这种接入网中，每个用户的发送和接收信道分别使用单独的波长，因而不需要定时和网络同步。在 TDM-PON 中担当光功率分配的 ODN，在 WDM-PON 中，已由完成波分复用/解复用器功能的阵列波导光栅（AWG）路由器（WGR）替代。在 OLT 中，为了实现 DWDM 的功能，采用了能够产生多个波长输出的光发射机和接收机阵列。

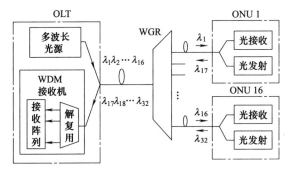
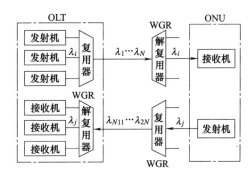

(a) 波长固定单纤WDM-PON　　　　　　　　　　　(b) 波长固定双纤WDM-PON

图 9-36　波长固定 WDM-PON

产生多波长输出的光发射机阵列是一个单片集成器件，采用单旋钮进行调谐，以便降低成本，提高可靠性。可把 DFB 或 DBR 激光器阵列与 AWG 功分器集成在一起使用。也可以使用多频激光器，这种器件的频率间距很精确，也不需要使用功分器。

但是，这种 WDM-PON 网络，如果波长数越多，需要的光源种类也越多，需要价格昂贵而且数目众多的光器件，这对 ONU 尤其突出，初期建设投资非常大，因此，固定光源的解决方案难以应用于商用 WDM-PON 系统，它的应用要等到集成光学器件成熟并且成本降下来以后才有前景。

波长路由器最好采用阵列波导光栅（AWG）路由器（WGR）。因为，WGR 除了直接提供 $1 \times N$ 波分复用/解复用功能外，还可以通过设计使其具有周期特性，也就是说它们能工作在多个自由光谱范围（FSR）上。

图 9-36（b）表示使用双纤的波长固定 WDM-PON 的结构，在 OLT 有 N 个独立的激光器，输出 N 个不同波长的光，复用后进入馈线光纤，而各 ONU 仅使用一个发出指定波长的激光器。

2. ONU 波长可调 WDM-PON

上面介绍的固定波长 WDM-PON，每个 ONU 有一对固定波长分别用于上行和下行传输的通道。本节介绍的 ONU 波长可调 WDM-PON，如图 9-37 所示，其下行传输与固定波长方案相同，但上行方案不同。在上行方向，根据需要为 ONU 动态分配波长，各 ONU 能够波长共享，网络具有可重构性。上行传输时，ONU 先使用控制信道向 OLT 发送传输申请，OLT 为 ONU 分配波长，并在下行帧中通知 ONU，ONU 收到分配信息后，调谐到分配给自己的波长上发送数据。在这种方案中，ONU 需要配置一个用于控制信道的固定发射机和一个用于发送数据的可调波长发射机。其优点是上行波长动态分配，能够支持更多的 ONU，提高了波长信道的利用率。但这种 ONU 成本太高，不宜推广使用。

在图 9-37 中，为了清晰起见，图中只给出了 PON 的上行部分。在 ONU 中，使用波长可调 LD，使其工作在不同的波长，可调激光器工作在特定波长，但可通过电调谐、温度调谐或机械调谐使其波长改变。如果网络中的分路器只是 WDM 器件，例如 AWG，WDM 器

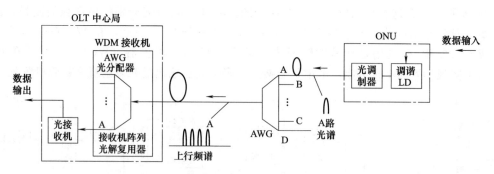

图 9-37　ONU 波长可调 LD WDM-PON 上行部分

件的通道间隔和 LD 的调谐范围将决定系统可支持的 ONU 数量。如果在分配节点中采用宽带分路器/合路器，在 OLT 中心局采用更多波长选择的滤波器，则可以有比较多的接入通道，但是必须考虑可能的功率预算。另外，可调激光器系统比传统 PON 系统更复杂，价格也较为高昂，因此在目前的 WDM-PON 系统中一般不采用。

3. ONU 无色 WDM-PON

基于无色 ONU 的技术方案是 WDM-PON 系统的主流，根据使用器件的不同，可分为宽谱光源 ONU 和无光源 ONU。

图 9-38（a）表示 ONU 中采用宽谱光源的 WDM-PON 系统。在这种系统中，ONU 内有一个宽谱光源，例如超发光二极管（SLED），它发出的光进入 WDM 器件（薄膜滤波器或者 AWG）的一个端口，该器件对信号进行谱分割，只允许特定波长的光信号通过并传输到位于中心局的 OLT。尽管所有 ONU 都采用同一个光源，但由于它们连接在 AWG WDM 合波器的不同端口上，所以每个 ONU 分切到的是同一个光源的不同光谱，即每个通道（ONU）得到的是不同的波长信号。宽谱光源可采用 SLED、ASE-EDFA 和 ASE-RSOA（自发辐射反射半导体光放大器）等。

表 9-16 列出了 Covega 公司提供的几种商用超发光二极管（SLED）的性能比较，ASE 输出功率为尾纤输出功率，内含 $10\text{k}\Omega$ 的热敏电阻，芯片工作温度为 $25℃$，环境温度为 $0\sim$ $65℃$。该公司还能提供一种 ASE 功率 1.5W 的 SLED。中心波长为 1280nm，带宽为 95nm。

表 9-16　几种商用超发光二极管（SLED）的性能比较

	1310nm/10mW	1310nm/15mW	1550nm/10mW	1550nm/15mW
峰值波长/nm	1290～1330	1290～1330	1530～1570	1530～1570
频谱宽度/nm	65	55	45	50
ASE 输出功率/mW	15	20	16	20
均方增益波动/dB	最大 0.35	0.08	0.2	0.18
工作电流/mA	800	600	500	600
偏置电压/V	1.3	1.4	1.3	1.4

另一种方案是在 ONU 处无光源，系统中所有的 ONU 共用的宽谱光源置于 OLT 处，并通过 WGR 进行光谱分割，然后向每个 ONU 提供波长互不相同的光信号，而 ONU 直接对此光信号进行调制，以产生上行信号，如图 9-38（b）所示。根据上行光信号的路径，该方案也叫做基于反射的无色 ONU。根据所采用的反射器件的不同，又有多种技术方案。常用的反射调制器有反射式半导体光放大器（RSOA）和反射式电吸收波导调制器（Reflective

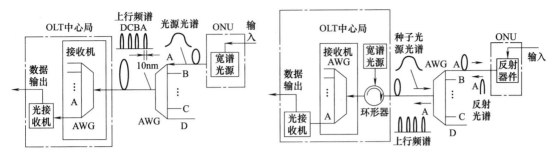

(a) ONU宽谱光源WDM-PON系统的上行部分　　　　　　(b) ONU中无光源WDM-PON

图 9-38　ONU 无色 WDM-PON 系统

EAM REAM）等，其中 RSOA 对 OLT 发送过来的光信号又调制又放大。在这种方案中，OLT 宽谱光源发出的光经 WGR 分波后提供给不同的 ONU 作为上行光源，因此没有光信号的浪费。宽谱光源被称做种子光源。

在采用宽谱光源的 WDM-PON 系统中，宽谱光源发出的光中只有很窄的一部分谱线被用作承载信号上，而其他大量的能量都被浪费了。因此，这种光谱分割的损耗非常大，甚至比 $1/N$ 分路器的损耗还要大，特别是在未完全调准时。如果系统要达到较高的比特率，传统的 LED 提供的功率是不够的，所以要采用昂贵的大功率 LED 或者在 ONU 使用光放大器，使光源提供足够强的光功率。

此外，频谱分割会引起较大的线性串扰，限制了系统的动态范围，因为每个 ONU 光源都覆盖了整个复用/解复用路由器的光谱范围，光串扰将成为光谱分割 WDMA 方案的一个严重问题。这个问题只有通过采用低串扰器件，选择复用器和解复用器的通带谱宽和信道间隔，精确校准复用/解复用器的波长，并控制 ONU 光源功率来均衡 OLT 接收机接收的功率变化来解决。或许光谱分割技术更实际的用途在于，通过 WDM-PON 广播下行信号的能力。

Covega 公司已能提供商用 C 或 L 波段的反射式半导体光放大器（RSOA），采用外腔式光纤光栅结构，其技术指标为：工作波长范围为 1528~1608nm，全波段输出功率为 60mW，正面反射系数 R_2 为 90%，斜面反射系数 R_1（与光纤耦合）为 0.001%，阈值电流为 60mA，工作电流为 300mA，偏置电压为 1.4~1.7V，边模抑制比为 40dB，内含 10kΩ 的热敏电阻，芯片工作温度为 25℃，环境温度为 0~65℃。

据报道，已研制出一种用于 L 波段的与偏振无关的 RSOA，其指标是：光增益大于 21dB，增益平坦度小于 4dB，偏振相关增益小于 1dBm，饱和功率（尾纤输出）为 1dBm，噪声指数为 10dB，3dB 调制带宽为 1.3GHz，已能满足 1.25Gbit/s 的 WDM-PON 的要求。

（四）WDM/TDM 混合无源光网络

即使完善地解决了 ONU 的波长控制问题，但是由于 WDM-PON 的高损耗及串扰，光环回和光谱分割 WDMA 技术仍然受到很大的使用限制。在 WDM-PON 和 PS-PON 之间有一种折中的方案，那就是下行传输采用 WDM-PON，上行传输采用功率分配（PS）的 TDMA-PON。这种方案称为 WDM/TDM 混合无源光网络，它结合了波分复用无源光网络和时分复用无源光网络的优点，非常适合从时分无源光网络到波分无源光网络过渡的部署。这种混合网络实际上在网络容量和实现成本两个方面进行了折中，既具有 TDM-PON 中无源光功率分配所带来的优点，又具有 WDM-PON 波长路由选择所带来的优点，实现了相对较低的用户成本，并在维持较高用户使用带宽的前提下，增加了网络容量扩展的弹性。

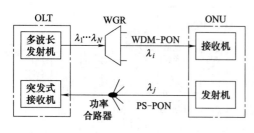

图 9-39　WDM/TDMA 混合 PON

图 9-39 是一种双纤结构，下行是 1550nm 的 DWDM，用 AWG 波长路由器（WGR）对各个用户波长解复用，然后分别馈送各波长信号到相应的 ONU。上行采用 1310nm 的 TDMA，所以 OLT 接收机要采用突发模式光接收机。

因为混合 PON 采用专用的下行波长及共享的上行带宽，它特别适用于满足住宅区对非对称带宽的要求。另外，下行使用波长路由，不仅解决了 PS-PON 的私密问题，而且还可以采用光时域反射仪（OTDR）来远程定位分支光纤的故障状况。从光层角度看，混合 PON 的 ONU 和 TDM/TDMA PS-PON 的 ONU 没有任何区别。在 OLT 侧，用一个突发模式接收机取代波分解复用器和接收机阵列即可。

（五）WDM-PON 与 PS-PON 的技术比较

与 TDM-PON 相比，WDM-PON 系统具有以下的一些优点。

① WDM-PON 系统的信息安全性好，在 TDM-PON 系统中，由于下行数据采用广播式发送给与此相连接的所有 ONU，为了信息安全，必须对下行信号进行加密，这在 G.983.1 建议中已经作了规定，尽管如此，它的保密性也不如单独使用一个接收波长的 WDM-PON 系统。

② OLT 由于是多波长发射和接收，工作速率与 ONU 的数目无关，可与 ONU 的工作速率相同。

③ 电路实现相对较简单，因为不需要难度很大的高速突发光接收机。

④ 波分复用/解复用器的插入损耗要比光分配器的小，在激光器输出功率相等的情况下，传输距离更远，网络覆盖范围更大。

WDM-PON 可以视做 PON 的最终形态，但在近期还很难大规模的应用。主要原因是缺乏国际标准，设备商投入较少，各种器件（如芯片、光模块）还不够成熟，成本也偏高，世界范围内能提供商用 WDM-PON 系统的设备制造商也屈指可数。但随着 WDM-PON 相关研究的逐渐活跃，国际标准化组织也开始考虑 WDM-PON 的标准化工作。

WDM-PON 既具有点对点系统的大部分优点，又能享受点对多点系统的光纤增益。但如果将 WDM-PON 同已建成的点对点或 PS-PON 系统比较，你就会发现由于昂贵的 WDM 器件，串扰及损耗所致的性能降低，以及复杂性等因素，WDM-PON 的这些优点难以体现。关键在于成本，不管是单用户成本还是单波长成本，对于住宅或者中小型公司的接入，WDM-PON 在未来数年内都显得成本偏高。这对上行方向尤为如此。用 TDMA 替代 WDMA 会使 WDM-PON 看起来更加现实，如果 WDM-PON 在近几年商用的话，混合 PON 可能会是其第一个优选方案。

四、三网融合——接入网

由于历史的原因，我国存在着各自独立经营的电信网、互联网和广播电视网。为了使有限而宝贵的网络资源最大限度地实现共享，避免大量低水平的重复建设，打破行业垄断和部门分割，三网融合是信息网发展的必然趋势。

所谓三网融合就是将归属于工业和信息化部的电信网、互联网和归属于新闻广电总局的广播电视网在技术上趋向一致，网络层互联互通，业务层互相渗透交叉，应用层使用统一的协议，经营上互相竞争合作，政策层面趋向统一。三大网络通过技术改造均能提供语音，数据和图像等综合多媒体的通信服务。

要想实现三网融合，如图 9-40 所示，首先，各网必须在技术、业务、市场、行业、终端和制造商等方面进行融合，转变成电信综合网、数据综合网和电视综合网。这三种网可能在相当长一段时间内长期共存，互相竞争，最后三网才能融合成一个统一的网。

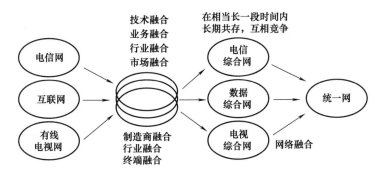

图 9-40　三网融合示意图

三网融合的技术基础如下。

- 数字技术：电话、数据和图像业务都可以变成二进制"1"和"0"信号在网络中传输，无任何区别。
- 光通信技术：为各种业务信息传送提供了宽敞廉价、高质量的信息通道。
- 软件技术：通过软件变更可支持三大网络各种用户的多种业务。

外部环境促使三网融合，市场需求和竞争、政策法规推动三网融合，1996 年美国国会通过了电信改革法案，解除了对三网融合的禁令，允许电信企业对有线电视业务展开竞争；作为交换，有线电视运营商也可以进入本地电话业务市场。

三网融合对信息产业结构的影响将导致不同行业、公司的购并重组或业务扩展；导致各自产品结构的变化；导致市场交叉、丢失和获取。计算机可用来打电话、购物，电视机可以上网，移动电话可查询股市行情，软件公司可以提供电信业务，娱乐公司可以提供 Internet 服务，电信公司可以从事银行业务和零售批发等。

第四节　光纤通信设备

一、光发射机

（一）简介

目前已有波长可调光发射机、采用偏振复用正交相移键控（PM-QPSK）调制的相干光发射机与光二进制编码（ODB）调制和 DQPSK 调制的光发射机已成功应用多年，在此不再介绍。仅对多信道光发射机和数字光发射机作一扼要说明。

（二）多信道光发射机

InP 大规模光集成电路（PIC）在商用光传输网络中已成功地开发出来了，InP 光学元件也已成功地实现了集成。载运现有业务的 100Gbit/s（10×10Gbit/s）的发送和接收 PIC

芯片也已通过 $2 \times 10^6 h$ 的市场运行，而没有发生任何故障。图 9-41 为每信道 40Gbit/s 有 40 个信道的 PIC 发送机原理图，每个发送信道包含一个具有后向功率监控的调谐 DFB 激光器、一个电吸收调制器（EAM）、一个功率平坦元件（PEE）和前向功率监控器。PEE 用来均衡每个信道的输出功率，阵列波导光栅（AWG）用来复用 40 个不同波长信道。图 9-41（b）为包含 PIC 芯片的模块，图 9-41（c）为所有 40 个信道的 $L\text{-}I\text{-}U$ 曲线，因为输出功率随光电流线性增加，所以测出激光器后端的功率监控探测器的电流就可以算出该激光器的输出功率，只要把激光器和监控探测器间的插入损耗以及探测器的灵敏度考虑进去就可以算出激光器的真实输出功率。由图可见，激光器的输出功率随所加的偏置电流线性增加。工作电压在偏置电流为 80mA 时约 1.4V。PIC 的温度控制在 25℃，测出 40 个信道归一化光纤耦合输出功率，并画出频谱曲线，如图 9-41（d）所示。图 9-41（e）为激光器输出频率和信道数的关系，信道间距是 50GHz，设计制造的 40 信道的 AWG 满足这种要求。测出的每个信道眼图都张开得很好，所有信道的消光比为 6～8dB。EAM 用宽带驱动放大器驱动，摆动电压为 2.5～3.0V。

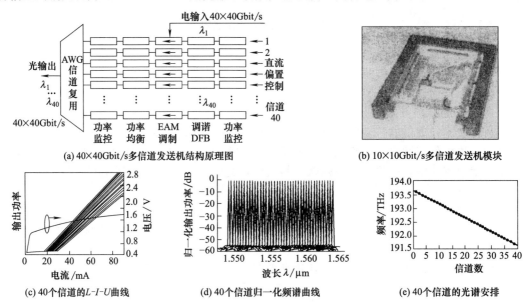

图 9-41　40×40Gbit/s 多信道发送机

在 PIC 芯片上多信道同时工作时潜在的损伤是光串扰和电串扰。光串扰不是主要的问题，因为在 PIC 芯片上按波长横移的每个通道。在布局上都留有足够的间距，它们是互不相关的。唯一担心的是怕 AWG 滤波引起眼图变形，对于这种 PIC，AWG 工作通带形状是高斯形状，3dB 带宽是 90GHz，足以防止 AWG 滤波引起的眼图变形。

电串扰是主要的问题，当信号调制到一个波长（信道）上时，在相邻波长（信道）的输出上就出现了不该出现的该波长的信号（即串扰）。经测量该串扰小于 20dB，看来电串扰也不是重要的问题。于是，40 信道的 PIC 应该有能力同时工作在 1.6Tb/s（40×40Gbit/s），没有显著的串扰损伤。

（三）数字光发射机

一）数字光发射机的组成

数字光发射机的基本组成：光源、输入电信号的接口电路、光源的驱动电路以及光源的控制、保护电路等四部分。

数字光发射机的核心：光源和电路。

光源：实现电/光转换的关键器件，在很大程度上决定着光发射机的性能。

电路：其设计应以光源为依据，使输出光信号准确反映电信号。

光源的控制电路：温度控制（ATC）和功率控制（APC）电路，它们的作用：消除温度变化和器件老化的影响，稳定发射机性能。

其他的控制电路：光源慢启动保护电路、激光器反向冲击电流保护电路、激光器过流保护电路和激光器关断电路。

光源的驱动电路是光发射机的主要部分：对于目前的通信系统，它将输入的电脉冲信号通过电流强度的调制方式来调制半导体光源发射光脉冲信号。

二）数字光发射机的功能

① 电端机输出的数字基带电信号转换为光信号。

② 用耦合技术注入光纤线路。

③ 用数字电信号对光源进行调制。

三）光源的驱动

光源的驱动就是根据输入的电信号产生相应的光信号的过程。

（1）直接调制　直接调制（内调制，图 9-42）就是将电信号直接注入光源，使其输出的光载波信号的强度随调制信号的变化而变化，又称为内调制。（又可分为模拟调制和数字调制）

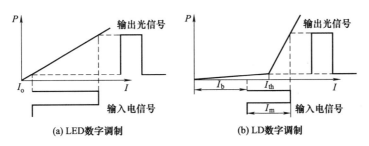

图 9-42　直接光强度数字调制原理

（2）间接调制　间接调制（外调制，图 9-43）不直接调制光源，而是利用晶体的电光、磁光和声光特性对 LD 所发出的光载波进行调制，即光辐射之后再加载调制电压，使经过调制器的光载波得到调制，这种调制方式又称作外调制。

特点：调制系统比较复杂、损耗大、而且造价也高。但谱线宽度窄，可以应用于 ≥2.5Gbit/s 的高速大容量传输系统之中，而且传输距离也超过

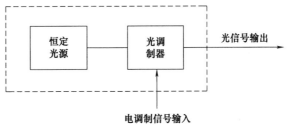

图 9-43　间接调制激光器的结构

300km 以上；调制信号啁啾小；外调制器以 LN 电光调制和 EA 电致吸收为主。

四）驱动电路

驱动电路由调制电路和控制电路两部分组成。

1. 光发射机的调制电路（主要电路）

光源注入合适的偏置电流和调制电流就能发射光，也就是说可以通过直接调制电流信号

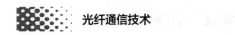

从而调制光信号，这也就是直接调制名称的由来。

在发射机中是由驱动电路完成的提供恒定的偏置电流和调制电流，并采用一定的机制保持光功率不变。

驱动电路由调制电路和控制电路两部分组成。调制电路为主要电路。

2. LED 与 LD 的驱动

驱动电路作用：将电功率转换成光功率，并将要传输的电信号调制到光源的输出上。

LED 的驱动电路比较简单，而 LD 的驱动电路相当的复杂。

驱动电路应该能对光源同时提供偏置电流和随信号而变化的调制电流。

大多数光纤通信系统采用数字调制方式。模拟驱动电路：保证光源的输出光功率随信号电压的幅度、相位成线性变化。

（1）LED 驱动　LED 作为数字系统光源时，驱动电路要求提供几十到几百毫安的"开"、"关"电流。由于发光二极管的特性曲线比较平直，温度对光功率的影响也不严重，因此它的驱动电路一般比较简单，不需要复杂的温度控制和功率控制。

（2）LD 驱动　LD 的驱动要复杂得多，尤其在高速调制系统中，驱动条件的选择、调制电路的形式和工艺、激光器的控制等都对调制性能至关重要。

3. 激光器控制电路

（1）光源的自动温度控制（ATC）

① 温度的影响

a. 温度升高，阈值电流增加。

b. 发光功率降低，发射波长向长波长移动。

c. 温度对输出光脉冲会产生"结发热效应"：即使环境温度不变，由于调制电流的作用，引起激光器结区温度的变化，因而使输出光脉冲的形状发生变化，这种效应称为"结发热效应"。

② ATC 的组成：由制冷器、热敏电阻和控制电路组成。

③ 工作原理：制冷器的冷端和激光器的热接触，热敏电阻作为传感器，探测激光器结区的温度，并把它传递给控制电路，通过控制电路改变致冷量，使激光器输出特性保持恒定。

目前，微制冷大多采用半导体制冷器，它是利用半导体材料的珀尔帖效应制成的电偶来实现致冷的。

用若干对电偶串联或并联组成的温差电功能器件，温度控制范围可达 30～40℃。

为提高制冷效率和温度控制精度，把制冷器和热敏电阻封装在激光器管壳内，温度控制精度可达 ±0.5℃。从而使激光器输出平均功率和发射波长保持恒定，避免调制失真。

对于短波长激光器，一般只需加自动功率控制电路即可。

对于长波长激光器，由于其阀值电流随温度的漂移较大，因此，一般还需加自动温度控制电路，以使输出光功率达到稳定。

（2）光源的自动功率控制（APC）

① 器件老化的影响：阈值上升，输出光功率下降。

② APC 目的：稳定激光器的输出功率，需要在发射机中具有自动功率控制（APC）电路。

③ 机理：APC 电路一般利用一只与 LD 封装在一起的 PIN 监测 LD 后向输出的光，根

据 PIN 输出的大小而自动地改变对 LD 的偏置电流，使其输出光功率保持恒定。

（3）光源的保护和告警

① 保护：是指保护光源不要因为外界因素而受到损害。光源的保护包括两方面：温度和电流。

② 电流保护：电流接通时的保护；工作过程中的过流保护；反向冲击电流保护。

③ 告警电路：在系统出现故障或工作不正常时及时发送警告的信号，提醒设备维护人员及时进行相应的处理。一般包括无光告警、寿命告警和温度告警等。

（4）种类

① 光源慢启动保护电路。

② 激光器反向冲击电流保护电路。

③ 激光器过流保护电路。

④ 激光器关断电路。

五）光源与光纤的耦合

1. 光源与光纤的耦合效率

① LD 与单模光纤的耦合效率：可达 30％～50％。

② LED 与单模光纤的耦合效率：只有百分之几甚至更小。

2. 影响耦合效率的因素

① 光源的发散角：发散角越大，耦合效率越低。

② 数值孔径：数值孔径越大，耦合效率越高。

③ 其他因素：光源与发光面和光纤端面的尺寸、形状及两者之间的距离。

3. 光源与光纤耦合的一般的方法

① 直接耦合：是将光纤端面直接对准光源发光面进行耦合的方法。当光源发光面积大于纤芯面积时，这是一种唯一有效的方法。这种直接耦合的方法结构简单，但耦合效率低。

② 透镜耦合：当光源发光面积小于纤芯面积时，可在光源与光纤之间放置透镜，使更多的发散线汇聚进入光纤来提高耦合效率。

二、光探测和光接收机

光发射机发射的光信号经光纤传输后，不仅幅度衰减了，而且脉冲波形也展宽了。光接收机的作用就是检测经过传输后的微弱光信号，并放大、整形、再生成原输入信号。它的主要器件是利用光电效应把光信号转变为电信号的光探测器。对光探测器的要求是灵敏度高、响应快、噪声小、成本低和可靠性高，并且它的光敏效应与光纤芯径匹配。用半导体材料制成的光探测器正好满足这些要求。

（一）光探测原理

假如入射光子的能量 $h\nu$ 超过禁带能量 E_g，只有几微米宽的耗尽区每次吸收一个光子，将产生一个电子-空穴对，发生受激吸收，如图 9-44（a）所示。在 PN 结施加反向电压的情况下，受激吸收过程生成的电子-空穴对在电场的作用下，分别离开耗尽区，电子向 N 区漂移，空穴向 P 区漂移，空穴和从负电板进入的电子复合，电子则离开 N 区进入正电极。从

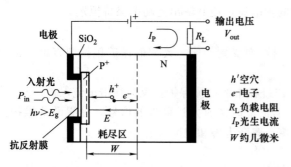

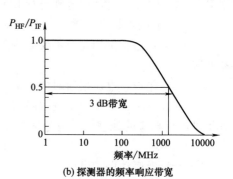

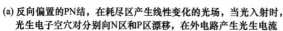

(a) 反向偏置的PN结，在耗尽区产生线性变化的光场，当光入射时，
光生电子空穴对分别向N区和P区漂移，在外电路产生光生电流

(b) 探测器的频率响应带宽

图 9-44   PN 结光探测原理说明

而在外电路形成光生电流 I_P。当入射功率变化时，光生电流也随之线性变化，从而把光信号转变成电流信号。

1. 响应度和量子效率

光生电流 I_P 与产生的电子-空穴对和这些载流子运动的速度有关，也就是说，直接与入射光功率 P_{in} 成正比，即

$$I_P = R P_{in} \tag{9-48}$$

式中，R 是光探测器的响应度（用 A/W 量度），由上式可以得到

$$R = \frac{I_P}{P_{in}} \tag{9-49}$$

响应度 R 可用量子效率 η 量度，其定义是产生的电子数与入射光子数之比，即

$$\eta = \frac{I_P / q}{P_{in} / h\nu} = \frac{h\nu}{q} R \tag{9-50}$$

式中，$q = 1.6 \times 10^{-19}$C，是电子电荷；$h = 6.63 \times 10^{-34}$ J·s，是普朗克常数；ν 是入射光频率。由上式可以得到响应度

$$R = \frac{\eta q}{h\nu} \approx \frac{\eta \lambda}{1.24} \tag{9-51}$$

式中，$\lambda = c/\nu$ 是入射光波长，用微米表示，$c = 3 \times 10^8$ m/s 是真空中的光速。式（9-51）表示光探测器的响应度随波长增长而增加，这是因为光子能量 $h\nu$ 减小时可以产生与减少的能量相等的电流。R 和 λ 的这种线性关系不能一直保持下去，因为光子能量太小时将不能产生电子。当光子能量变得比禁带能量 E_g 小时，无论入射光多强，光电效应也不会发生，此时量子效率 η 下降到零。也就是说，光电效应必须满足条件

$$h\nu > E_g \text{ 或者 } \lambda < hc/E_g \tag{9-52}$$

2. 响应带宽

光敏二极管的本征响应带宽由载流子在电场区的渡越时间 t_{tr} 决定，而载流子的渡越时间与电场区的宽度 W 和载流子的漂移速度 V_d 有关。由于载流子渡越电场区需要一定的时间 t_{tr}，对于高速变化的光信号，光敏二极管的转换效率就相应降低。定义光敏二极管的本征响应带宽 Δf 为，在探测器入射光功率相同的情况下，接收机输出高频调制响应与低频调制响应相比，电信号功率下降 50%（3dB）时的频率，如图 9-44（b）所示，则 Δf 与上升时间 τ_{tr} 成

反比。

$$\Delta f_{3\mathrm{dB}} = \frac{0.35}{\tau_{\mathrm{tr}}} \qquad (9\text{-}53)$$

式中，上升时间 τ_{tr} 定义为输入阶跃光功率时，探测器输出光电流最大值的 10％ 至 90％ 所需的时间本征响应带宽与 W 和 V_{d} 的具体关系为

$$\Delta f_{3\mathrm{dB}} = 0.44 \frac{V_{\mathrm{d}}}{W} \qquad (9\text{-}54)$$

可以通过对 W 和 V_{d} 的优化而获得较高本征响应带宽的光敏二极管，目前 InCaAsP PIN 光敏二极管的本征响应带宽已超过 20GHz。

APD 的本征响应带宽也与倍增系数有关，对 APD 来说，因为二次电子-空穴对的产生还需要一定的时间，由于这个时间的存在，当接收的是高频调制光信号时，APD 的增益将会下降，从而形成对 APD 响应带宽的限制。APD 的传输函数 $H(\omega)$ 可以写成

$$H(\omega) = \frac{M(\omega)}{M(0)} = \frac{1}{[1 + (\omega\tau_{\mathrm{e}}M_0)^2]^{\frac{1}{2}}} \qquad (9\text{-}55)$$

式中，M_0 为 APD 的低频倍增系数；τ_{e} 为等效渡越时间，它与空穴和电子的碰撞电离系数比值 $\alpha_{\mathrm{h}}/\alpha_{\mathrm{e}}$ 有关，在 $\alpha_{\mathrm{e}} > \alpha_{\mathrm{h}}$ 时，$\tau_{\mathrm{e}} \approx \frac{\alpha_{\mathrm{h}}}{\alpha_{\mathrm{e}}}\tau_{\mathrm{th}}$。由式（9-55）可得到 APD 的 3dB 电带宽为

$$\Delta f = (2\pi\tau_{\mathrm{e}}M_0)^{-1} \qquad (9\text{-}56)$$

式（9-56）表明了带宽 Δf 与倍增系数 M_0 的矛盾关系，也表明采用 $\alpha_{\mathrm{h}}/\alpha_{\mathrm{e}} \ll 1$ 的材料制作 APD，可获得较高的本征响应带宽。由于 Si 半导体材料的 $\alpha_{\mathrm{h}}/\alpha_{\mathrm{e}} = 0.22$，因此利用 Si 材料可以制成性能较好的 APD，用于 $0.8\mu m$ 波长的光纤通信系统。

与半导体激光器一样，光敏二极管的实际响应带宽常常受限于二极管本身的分布参数和负载电路参数，如二极管的结电容 C_{d} 和负载电阻 R_{L} 的 RC 时间常数，而不是受限于其本征响应带宽，所以为了提高光敏二极管的响应带宽，应尽量减小结电容 C_{d}。受 RC 时间常数限制的带宽为：

$$\Delta f_{3\mathrm{dB}} = \frac{1}{2\pi R_{\mathrm{L}}C_{\mathrm{d}}} \qquad (9\text{-}57)$$

（二）光探测器

光纤通信中最常用的光探测器是 PIN 光敏二极管和雪崩光敏二极管（APD），以及高速接收机用到的单向载流子光探测器（UTC-PD）、波导光探测器（WG-PD）和行波光探测器（TW-PD），现分别介绍如下。

1. PIN 光敏二极管

（1）工作原理　简单的 PN 结光敏二极管具有两个主要缺点：①它的结电容或耗尽区电容较大，RC 时间常数较大，不利于高频接收；②它的耗尽层宽度最大也只有几微米，此时长波长的穿透深度比耗尽层宽度 W 还大，所以大多数光子没有被耗尽层吸收，而是进入不能将电子空穴对分开的电场为零的 N 区，因此长波长的量子效率很低。为了克服以上问题，人们采用 PIN 光敏二极管。

PIN 二极管与 PN 二极管的主要区别是：在 P^+ 和 N^- 之间加入一个在 Si 中掺杂较少的 I 层，作为耗尽层，如图 9-45 所示。I 层的宽度较宽，为 $5 \sim 50\mu m$，可吸收绝大多数光子。PIN 光敏二极管耗尽层的电容是

$$C_{\mathrm{d}} = \frac{\varepsilon_0 \varepsilon_{\mathrm{r}} A}{W} \qquad (9\text{-}58)$$

式中，A 是耗尽层的截面积，$\varepsilon_0\varepsilon_r$ 是 Si 的介电常数。因为宽度 W 是由结构所固定的，不像 PN 二极管那样，由施加的电压所决定。PIN 光敏二极管结电容 C_d 通常为 pF 数量级，对于 50Ω 的负载电阻，RC 时间常数为 50ps。

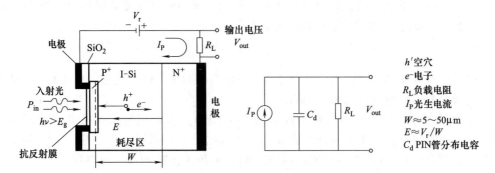

图 9-45　PIN 光敏二极管

注：反向偏置的 PN 结，在耗尽区产生不变的光场。因耗尽区较宽，可以吸收绝大多数光生电子空穴，使量子效率提高

　　PIN 光敏二极管的响应时间由光生载流子穿越耗尽层的宽度 W 所决定。增加 W 可使更多的光子被吸收，从而增加量子效率，但是载流子穿越 W 的时间增加，响应速度变慢。载流子在 W 区的漂移时间为

$$t_{tr} = \frac{W}{V_d} \tag{9-59}$$

式中，V_d 为漂移速度。为了减小漂移时间。可增加施加的电压。

　　（2）光敏二极管的响应波长　由产生光电效应的条件可知，对任何一种材料制作的光敏二极管，都有上截止波长，即

$$\lambda_c = \frac{hc}{E_g} = \frac{1.24}{E_g} \tag{9-60}$$

式中，禁带宽度 E_g 用电子伏特表示。对硅（Si）材料制作的光敏二极管，$\lambda_c = 1.06\mu m$；对锗（Ge）积 InGaAs 材料制作的光敏二极管，$\lambda_c = 1.6\mu m$。

　　光敏二极管除了有上截止波长外，还有下截止波长。当入射光波长太短时，光电转换效率也会大大下降，这是因为材料对光的吸收系数是波长的函数。当入射波长很短时，材料对光的吸收系数变得很大，结果使大量的入射光子在光敏二极管的表面层里被吸收。而反向偏压主要是加在 PN 结的结区附近的耗尽层里，光敏二极管的表面层里往往存在着一个零电场区域。在零电场区域里产生的电子-空穴对不能有效地转换成光电流，从而使光电转换效率降低。因此，某种材料制作的光敏二极管对光波长的响应有一定的范围。Si 光敏二极管的波长响应范围为 $0.5\sim1.0\mu m$，适用于短波长波段；Ge 和 InGaAs 光敏二极管的波长响应范围为 $1.1\sim1.6\mu m$，适应于长波长波段，各种光探测器的波长响应曲线如图 9-46 所示。

　　因为 InGaAs/InP 材料体系与 InP 晶格匹配，$In_{0.53}Ga_{0.47}As$ 吸收带隙扩展到 $1.67\mu m$，包含了光通信 1310nm，波段和长波长的 S、C、L 多个波段，InGaAs PIN 探测器制作比较简单，能够获得非常高的接收带宽，更重要的是能够将光源、波导、分支波导、分光器、光探测器和高速电子器件集成在一起，所以该体系在光通信领域被广泛采用。现在主要的探测器模块都是采用 InGaAs/InP 材料。

2. 雪崩光敏二极管

（1）工作原理　雪崩光敏二极管（APD）因工作速度高，并能提供内部增益，已广泛

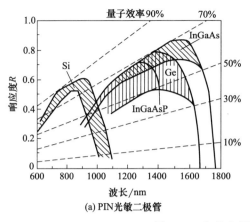

(a) PIN光敏二极管

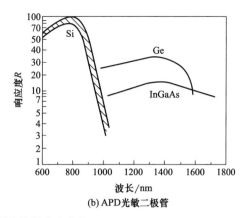

(b) APD光敏二极管

图 9-46　各种光探测器的波长响应曲线

应用于光通信系统中。与光敏二极管不同，APD 的光敏面是 N$^+$ 区，紧接着是掺杂浓度逐渐加大的三个 P 区，分别标记为 P、π 和 P$^+$，如图 9-47（a）所示。APD 的这种结构设计，使它能承受较高的反向偏压，从而在 PN 结内部形成一个高电场区，如图 9-47（b）所示。光生的电子-空穴对经过高电场区时被加速，从而获得足够的能量，它们在高速运动中与 P 区晶格上的原子碰撞，使晶格中的原子电离，从而产生新的电子-空穴对，如图 9-48 所示。这种通过碰撞电离产生的电子-空穴对，称为二次电子-空穴对。新产生的二次电子和空穴在高电场区里运动时又被加速，又可能碰撞别的原子，这样多次碰撞电离的结果就使得载流子迅速增加，反向电流迅速加大，从而形成雪崩倍增效应。APD 就是利用雪崩倍增效应使光电流得到倍增的高灵敏度探测器的。

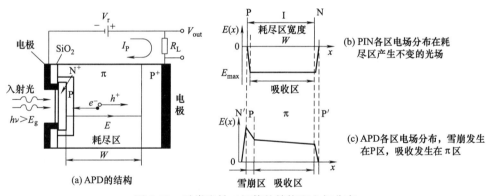

(a) APD的结构

(b) PIN各区电场分布在耗尽区产生不变的光场

(c) APD各区电场分布，雪崩发生在P区，吸收发生在π区

图 9-47　雪崩光敏二极管的结构和电场分布

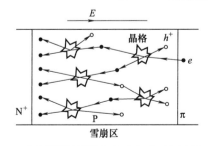

(a) 离子碰撞过程释放电子-空穴对，导致雪崩

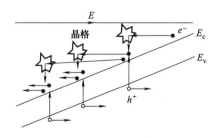

(b) 具有能量的导带电子与晶格碰撞，转移该电子动能到一个原子的电子上，并激发它到导带上

图 9-48　APD雪崩倍增原理图

为了便于比较，图 9-47（b）也给出了 PIN 光敏二极管在各区的电场分布。

（2）平均雪崩增益　雪崩光敏二极管雪崩倍增的大小与电子或空穴的电离率有关。电子（或空穴）的电离率是指电子（或空穴）在漂移的单位距离内平均产生的电子和空穴数，分别用 α_e 和 α_h 表示。α_e 和 α_h 随半导体材料的不同而不同，同时也随高场区电场强度的增加而增大。空穴电离率之比和电子电离率（$k_A = \alpha_h/\alpha_e$）可对光探测器性能进行量度。

表 9-17 列出了三种探测器产品的典型参数。

表 9-17　三种探测器产品的典型参数

参　　数		硅 检 测 器		锗 检 测 器		铟镓砷检测器	
		PIN	APD	PIN	APD	PIN	APD
波长范围/nm		400～1100		800～1800		900～1700	
峰值波长/nm		900	830	1550	1300	1300(1550)	1300(1550)
响应度(A/W)	芯片	0.6	77～130	0.65～0.7	3～28	0.75～0.97	
	耦合后	0.3～0.55	50～120	0.5～0.65	2.5～25	0.5～0.8	
量子效率/%		65～90	77	50～55	55～75	60～70	60～70
增益 G		1	100～500	4	50～200	1	10～40
过剩噪声指数			0.3～0.5		0.95～1		0.7
偏压/−V		45～100	220	6～10	20～35	5	<30
暗电流/nA		1～10	0.1～1.0	50～500	10～500	1～20	1～5
结电容/pF		1.2～3.0	1.3～2.0	2～5	2～5	0.5～2	0.5～2
上升时间/ns		0.5～1.0	0.1～2.0	0.1～0.5	0.5～0.8	0.06～0.5	0.1～0.5
带宽/GHz		0.125～1.4	0.2～0.26	0～0.0015	0.4～0.7	0.0025～40	1.5～3.5
比特率/(Gbit/s)		0.01				0.1555～53	2.5～4

雪崩倍增过程是一个复杂的随机过程，通常用平均雪崩增益 M 来表示 APD 的倍增大小，M 定义为

$$M = I_M/I_P \tag{9-61}$$

式中，I_P 是初始的光生电流；I_M 是倍增后的总输出电流的平均值，M 与结上所加的反向偏压有关。

APD 存在击穿电压 V_{br}，当 $V = V_{br}$ 时，$M \to \infty$，此时雪崩倍增噪声也变得非常大，这种情况定义为 APD 的雪崩击穿。APD 的雪崩击穿电压随温度而变化，当温度升高时，V_{br} 增大，结果使固定偏压下 APD 的平均雪崩增益随温度而变化。对于 Si 基 APD，M 可以达到 100，但是对于 Ge 基 APD，M 通常约为 10，而 InGaAs-InP APD 的 M 值也只有 10～20。

3. 金属-半导体-金属光探测器

用于光纤通信的金属-半导体-金属（metal-semiconductor-metal，MSM）光探测器与 PN 结二极管不同，它是另一种类型的光探测器。然而，它们的光电转换的基本原理却仍然相同，即入射光子产生电子-空穴对，电子-空穴对的流动就产生了光电流，其基本结构如图 9-49 所示。

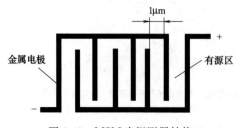

图 9-49　MSM 光探测器结构

像手指状的平面金属电极沉淀在半导体的表面，这些电极交替地施加电压，所以这些电

极间存在着相当高的电场。光子撞击电极间的半导体材料，产生电子-空穴对，然后电子被正极吸引过去，而空穴被负极吸引过去，于是就产生了电流。因为电极和光敏区处于同一平面内，所以这种器件称为平面探测器。

与 PIN 和 APD 探测器相比，这种结构的结电容小，所以它的带宽大，目前已有 3dB 带宽 1GHz 器件的报道。另外它的制造也容易。但缺点是灵敏度低（$0.4\sim0.7$A/W），因为半导体材料的一部分面积被金属电极占据了，所以有源区的面积减小了。有报道称，用低温 MOVPF 技术，已研制成功具有非掺杂 InP 肖特基势垒增强层的 InGaAs MSM-PD，偏压为 1.5V 时暗电流小于 60nA（面积 $100\times100\mu m^2$），偏压为 6V 时响应时间小于 30ps，灵敏度为 6V 时为 0.42A/W。

4. 单行载流子光探测器

在 PIN 光敏二极管中，对光电流作出贡献的包括电子和空穴两种载流子。在耗尽层（吸收层）中的电子和空穴各自独立运动都会影响光响应，它们各自的运动速度是不同的，电子很快掠过吸收层，而空穴则要停留很长时间，因此总的载流子迁移时间主要取决于空穴。另外，当输出电流或功率增大时，其响应速度和带宽会进一步下降，这是因为低迁移率的空穴在输运过程中形成堆积，产生空间电荷效益，进一步使电位分布发生变形，从而阻碍载流子从吸收层向外运动。

为此，设计了一种新结构的单行载流子光探测器（uni-traveling carrier PD，UTC-PD）。在这种结构中，只有电子充当载流子，空穴不参与导电，电子的迁移率远高于空穴，因而其载流子渡越时间比 PIN 的小。

图 9-50 表示 UTC 光探测器的能带结构、载流子状态和迁移方向，在 UTC-PD 结构中，包含 P 型 InGaAs 光吸收层和未掺杂 InP 宽隙载流子收集层。当光照射在 P 型吸收层后，激发价带电子跃迁到导带，产生光生电子-空穴对。另外，在外加电压的作用下，在收集层中产生强电场，抑制了收集层靠近吸收层一侧的能带峰值，有利于光生电子从吸收层向收集层的运动。在收集层中，光电流完全由从吸收层漂移扩散过来的电子产生，并且在电场的作用下，因过冲效应电子以 $2\times10^7\sim4\times10^7$cm/s 的速度快速地向阴极漂移。吸收层中的电子由于扩散阻挡层（势垒层）的阻挡，只有极少数电子越过势垒层。由于在吸收层中空穴为多数载流子，光生空穴不会破坏多数载流子的平衡，不能扩散形成光生电流。因此称这种探测器为单行光探测器。由于多数载流子空穴的介电迟豫时间远小于电子在结区的渡越时间，空间电荷限制效应很快就释放，在强光照射下不容易达到饱和。

由此可见，UTC-PD 使电子在收集层中的迁移速度非常快，另外在收集层中减少的空间电荷与常规的 PIN 管相比，允许大的工作电流密度，这样就在取得高速响应的同时，实现了大的饱和电流输出。这种 UTC-PD 已获得了 3dB 带宽 310GHz，100GHz 的输出光功率 20mW 的性能。

在实际应用中，既要求光电转换效率高、带宽大，又要求输出功率高。图 9-50 是一种改进后的 UTC-PD [OFC 2009，OMK1]，这里部分 InP 吸收层被 InGaAs 耗尽层取代，这样光电转换效率就提高了，而带宽没有降低。该器件的灵敏度为 0.22A/W，350GHz 的最大输出光功率是 -2.7dBm，3dB 和 10dB 的带宽分别是 120GHz 和 260GHz。

图 9-51 为 UTC-PD 光电混装模块的照片，图 9-52 为器件的响应频率与输出光功率的关系曲线。

但是 UTC-PD 的外延层结构比较复杂，而且由于它的吸收层不是耗尽层，因此转换效率比较低，导致内量子效率受到一定的限制。

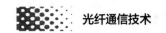

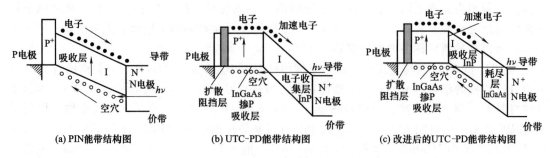

(a) PIN能带结构图　　　　(b) UTC-PD能带结构图　　　　(c) 改进后的UTC-PD能带结构图

图 9-50　电子载流子光探测器（UTC-PD）

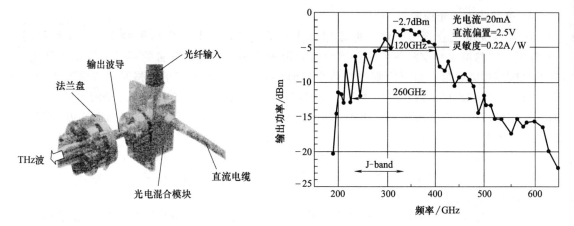

图 9-51　UTC-PD 光电混装模块照片　　　　图 9-52　器件响应频率与输出功率的关系

5. 波导光探测器

按光的入射方式，光探测器可以分为面入射光探测器和边耦合光探测器，图 9-53（a）和图 9-53（b）表示的普通 PIN 光敏二极管是面入射探测器，图 9-53（c）和图 9-53（d）所示的波导探测器（WG-PD）和行波探测器（TW-PD）是边耦合探测器。

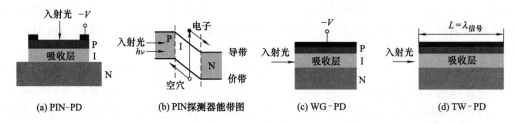

(a) PIN-PD　　　(b) PIN探测器能带图　　　(c) WG-PD　　　(d) TW-PD

图 9-53　面入射光探测器和边耦合光探测器（WG-PD、TW-PD）的比较

（1）面入射光探测器　在面入射光探测器中，光从正面或背面入射到光探测器的 $In_{0.53}Ga_{0.47}As$ 光吸收层中，产生电子-空穴对，并激发价带电子跃迁到导带，产生光电流，如图 9-53（a）和图 9-53（b）所示。所以，在面入射光探测器中，光行进方向与载流子的渡越方向平行，如一般的 PIN 探测器（PIN-PD）。PIN 光探测器的响应速度受到 PN 结 RC 数值、I 吸收层厚度和载流子渡越时间等的限制。在正面入射光探测器中，光吸收区厚度一般在 $2\sim3\,\mu m$，而 PN 结直径一般大于 $20\,\mu m$。这样最高光响应速率小于 $20\,Gbit/s$。为此，提出了高速光探测器实现的解决方案——边耦合光探测器。

（2）边耦合光探测器 在（侧）边耦合光探测器中，光行进方向与载流子的渡越方向互相垂直，如图 9-53（c）和图 9-53（d）所示，吸收区长度沿光的行进方向，吸收效率提高了；而载流子渡越方向不变，渡越距离和所需时间不变，这样就很好地解决了吸收效率和电学带宽之间对吸收区厚度要求的矛盾。边耦合光探测器比面入射探测器可以获得更高的 3dB 响应带宽。边耦合光探测器又可分为波导光探测器（Wavegujde PD，WG-PD）和行波光探测器（Traveling Wave PD，TW-PD）。

（3）波导光探测器 面入射光探测器的固有弱点是量子效率和响应速度相互制约，一方面可以通过减小其结面积来提高它的响应速度，但是这会降低器件的耦合效率；另一方面也可以通过减小本征层（吸收层）的厚度来提高器件的响应速度，但这会减小光吸收长度，降低内量子效率，因此这些参数需折中考虑。

波导光探测器正好解除了 PIN 探测器的内量子效率和响应速度之间的制约关系，极大地改善了其性能，在一定程度上满足了光纤通信对高性能探测器的要求。

图 9-53（c）为 WG-PD 的结构图，光垂直于电流方向入射到探测器的光波导中，然后在波导中传播，传播过程中光不断被吸收，光强逐渐减弱，同时激发价带电子跃迁到导带，产生光生电子-空穴对，实现了对光信号的探测。在 WG-PD 结构中，吸收系数是 $In_{0.53}Ga_{0.47}As$ 本征层厚度的函数，选择合适的本征层厚度可以得到最大的吸收系数。其次，WG-PD 的光吸收是沿波导方向进行的，其光吸收长度远大于传统型光探测器。WG-PD 的吸收长度是探测器波导的长度，一般可大于 $10\mu m$，而传统型探测器的吸收长度是 InCaAs 本征层的厚度，仅为 $1\mu m$。所以 WG-PD 结构的内量子效率高于传统型结构 PD。另外，WG-PD 还很容易与其他器件集成。

但是，和面入射探测器相比，WD-PD 的光耦合面积非常小，以至于光耦合效率较低，同时也增加了和光纤耦合的难度。为此，可采用分支波导结构增加光耦合面积，如图 9-54（a）所示。在图 9-54（a）的分支波导探测器（Tapered WG-PD）的结构中，光进入折射率为 n_1 的单模波导，当传输到 n_2 光匹配层的下面时，由于 $n_2 > n_1$，所以光向多模波导匹配层偏转，又因 $n_3 > n_2$，所以光就进入 PD 的吸收层，转入光生电子的过程。分支波导探测器各层折射率的这种安排正好和渐变多模光纤的折射率结构相反，渐变多模光纤是把入射光局限在纤芯内传输，很容易理解，分支波导探测器就应该把光从入射波导中扩散出去。在这种波导结构中，永远不会发生全反射现象。

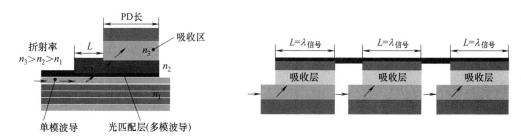

(a) 单模波导光经过光匹配层进入PD吸收层(分支波导)　　(b) 串行光反馈速度匹配周期分布式行波探测器(VMP TW-PD)

图 9-54 增加光耦合面积的分支波导探测器

图 9-55 给出了一种平面折射 UTC 光探测器（refracting facet UTC-PD，RF UTC-PD）的结构，由图可见，光入射到斜面上产生折射，改变方向后到达吸收光敏区。利用这种方式工作的器件，耦合面积非常大，垂直方向和水平方向的耦合长度分别达到了 $9.5\mu m$ 和

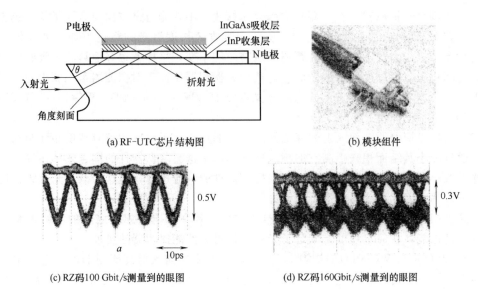

(a) RF-UTC芯片结构图　　　　　　　　　(b) 模块组件

(c) RZ码100 Gbit/s测量到的眼图　　　　　(d) RZ码160Gbit/s测量到的眼图

图 9-55　增加光耦合面积的斜边入射平板折射波导 UTC 光探测器（RF UTC-PD）

$47\mu m$，即使在没有偏压的情况下，外部量子效率也达到了 91%。在 $0.5V$ 偏压下，它的响应度达到了 $0.96A/W$。RF UTC-PD 和 WG-PD 相比，前者的耦合面积要远大于后者，外量子效率也要比后者高得多。从结构图中可以看出，器件的另外一个显著特征是光在斜面上折射后斜入射到光吸收区，增大了光吸收长度和光吸收面积，提高了内量子效率，同时分散光吸收可以增大探测器的饱和光电流。德国 U^2T 公司生产的 $100GHz$ 波导探测器在输入光功率达到 $10dBm$ 时，仍然保持线性响应。据报道，WG-PD 的工作速率可以达到 $160Gbit/s$。

6. 行波光探测器

行波光探测器（TW-PD）如图 9-53（d）所示，它的波导长度等于探测信号的波长。行波光探测器是在波导光探测器的基础上发展起来的，它的响应不受与有源面积有关的 RC 常数的限制，而主要由光的吸收系数、光的群速度和电的相速度不匹配决定。这种器件的长度远大于吸收长度，但它的带宽基本与器件长度无关，所以具有更大的响应带宽积。然而这种器件不能得到较高的输出电平值，难以实用化。不过，可采用串行或并行光馈送的 TW-PD 来克服其缺点。

高速 PD 需要低的 C_{bias} 电容值和短的载流子迁移时间，这就要求减小有源区面积和吸收层厚度。但是这样做后，尺寸的减小又使输入光功率不能太高，饱和光电流不能太大。串行或并行光馈送的 TW-PD 正好克服其高速和大饱和光电流相互之间的制约，如图 9-54（b）

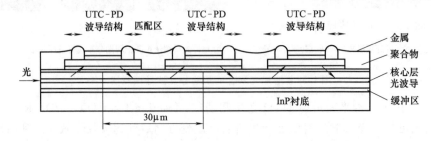

图 9-56　光串行馈送速度匹配周期分布式行波光探测器（VMP TW-PD）

和图 9-56 所示。

具有光串行馈送的速度匹配周期分布式 TW-PD（velocity matched periodic TW-PD，VMP TW-PD）由一个输入光波导、多个分布在光波导上的高速探测器 UTC-PD 和共面微带传输线组成，如图 9-56 所示。单个 UTC-PD 的带宽为 116GHz，响应度为 0.15A/W。

4 个 PIN 光敏二极管并行构成的并行馈送 TW-PD 如图 9-57 所示 [OFC 2008，OMS2]，输入光信号经过多模干涉分光器（Multi-mode Ieterference，MMI）后分成几乎相等的 4 份光，分别馈送到 4 个并行高速波导集成 PIN 光敏二极管，PIN 管产生的光生电流同相复合，4 个 PIN PD 被共平面波导（coplanar waveguide，CPW）微带传输线（$Z_0 = 85\Omega$）连接。PD 电容在 CPW 内分布，R_{50} 匹配电阻 $Z = 50\Omega$，安置在 CPW 输入侧。金属-绝缘-金属（MIM）电容 G_{bias} 用于对射频偏压 V_{bias} 的解耦。

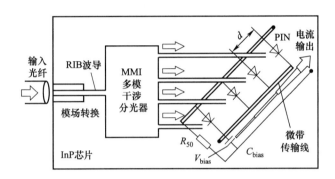

图 9-57　由 4 个 PIN 构成光并行馈送行波阵列光探测器（TW-PD）

TW-PD 芯片设计采用模场转换器，以便实现光纤和芯片的有效耦合。可用的不饱和光电流变化范围直接由 TW-PD 内的 PIN 数量决定，带宽不受 RC 时间常数的限制。

该 TW-PD 芯片的频率响应为：−3dB 带宽为 80GHz，−7dB 为 150GHz。响应度 $R = 0.24$A/W。

大功率输出时，经测量可知，TW-PD 直流光生电流随光输入功率线性增加，在保持输出直流光电流 22mA 不变的情况下，150GHz 时的电输出功率为 −2.5dBm，200GHz 时为 −9dBm，400GHz 时为 −32dBm。与 $4\mu m \times 7\mu m$ 的单个 PIN 管相比，由 4 个并行 PIN 管组成的 TW-PD 的输出功率有 7dB 的提高。

传输实验表明，当 40Gbit/s、80Gbit/s 和 160Gbit/s 的光信号输入时，眼图张开得都很好。当输出电功率分别为 12dBm、15dBm 和 16dBm 时，对应的输出电压分别为 0.5V、0.5V 和 0.2V。可见不饱和峰值输出电压很大。

UTC-PD、WG-PD 和 TW-PD 均可以和其他 LD、调制器等在 InP 基板上集成。已开发的单片集成 DQPSK 接收机，集成了 4 个 WG-PD、一个符号延时干涉器、24 端口星形耦合器和电流注入移相器。有报道称已集成了 UTC-PD 行波电吸收（EA）光门，也有报道称已将光电探测器和分布式光放大器集成在一起。

目前市场上已有 50GHz、70GHz 和 100GHz 的波导集成 PIN 光探测器，通常 1550nm 波长的响应度为 0.4～0.6A/W，允许平均入射光功率为 −20～13dBm。市场上还有 43Gbit/s 单端和差分/平衡光接收机，在芯片上除 PIN PD 外，还集成了转移阻抗前置放大器（TIA），接收灵敏度为 −8～11dBm，差分输出电压为 500～1200mV。

表 9-18 列出了光探测器性能比较。

表 9-18　光探测器性能比较

	工 作 原 理	响应度 /(A/W)	最大带宽 /GHz	输出电功率 /dBm	特　　点
PIN	受激吸收光子,产生电流	0.5～0.8	1.4～40	−9.5	
APD	雪崩倍增光生电子-空穴对	0.5～0.8	1.5～3.5	小	倍增系数 10～40
MSM	平面探测,受激吸收产生光电流	0.4～0.7	1	小	结电容小,带宽大
UTC-PD	只有电子载流子,空穴不参与导电	0.22	120	−2.7	响应快,饱和电流大
WG-PD	斜入射分支波导结构,边传输边被吸收,吸收长度长、面积大	0.96	160	大	效率高,饱和电流大
TW-PD	光并行馈送,响应不受 RC 常数限制	0.24	150 (7dB 带宽)	−2.5	响应带宽积大

注：所比较的器件均为 InCaAs 器件，除标明者外带宽均为 3dB 带宽，波导光探测器（WG-PD）是平面折射电子载流子光探测器（UTC-PD），行波光探测器（TW-PD）是指由 4 个 PIN 构成的光并行馈送阵列探测器。

（三）数字光接收机的构成

接收机的设计在很大程度上取决于发射端使用的调制方式，特别是与传输信号的种类，即模拟或数字信号有关。图 9-58（a）为数字光接收机的原理组成图。它由三部分组成，即由光电转换和前置放大器部分、主放大（线性信道）部分以及数据恢复部分组成。图 9-58（b）为 100GHz 波导探测器的外形图。

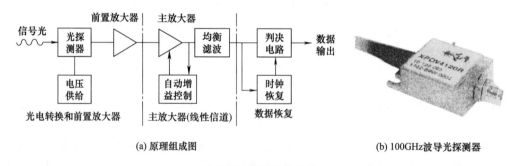

(a) 原理组成图　　　　　　　　　　　　　　　(b) 100GHz 波导光探测器

图 9-58　数字光接收机

1. 光电转换和前置放大器

接收机的前端是光敏二极管，通常采用 PIN 光敏二极管和 APD 光敏二极管，它是实现光电转换的关键器件，直接影响光接收机的灵敏度。

紧接着就是低噪声前置放大器，其作用是放大光敏二极管产生的微弱电信号，以供主放大器进一步放大和处理。

接收机不是对任何微弱信号都能正确接收的，这是因为信号在传输、检测及放大过程中总会受到一些干扰，并不可避免地要引进一些噪声。虽然来自环境或空间无线电波及周围电气设备所产生的电磁干扰，可以通过屏蔽等方法减弱或防止，但随机噪声是接收系统内部产生的，是信号在检测、放大过程中引进的，人们只能通过电路设计和工艺措施尽量减小它，却不能完全消除它。虽然放大器的增益可以做得足够大，但在弱信号被放大的同时，噪声也被放大了，当接收信号太弱时，必定会被噪声淹没。前置放大器在减少或防止电磁干扰和抑制噪声方面起着特别重要的作用，所以精心设计前置放大器就显得特别重要。

前置放大器的设计要求在带宽和灵敏度之间进行折中。光敏二极管产生的信号光电流在流经前置放大器的输入阻抗时，将产生信号光电压。最简单的前置放大器是双极晶体管放大器和场效应晶体管放大器，分别如图 9-59 （a）和图 9-59 （b）所示。使用大的负载电阻 R_L，可使光生信号电压增大。因此常常使用高阻抗型前置放大器，如图 9-59 （c）所示，而且大的 R_L 可减小热噪声和提高接收机灵敏度。高输入阻抗前置放大器的主要缺点是它的带宽窄，因为 $\Delta f = (2\pi R_L C_T)^{-1}$，$C_T$ 是总的输入电容，包括光敏二极管结电容和前置放大器输入级晶体管输入电容。假如 Δf 小于比特率 B，就不能使用高阻抗型前置放大器。为了扩大带宽，有时使用均衡技术。均衡器扮演着滤波器的作用，它衰减信号的低频成分多，高频成分少，从而有效地增大了前置放大器的带宽。假如接收机灵敏度不是人们主要关心的问题，人们可以简单地减小 R_L，增加接收机带宽，这样的接收机就是低阻抗型前置放大器。

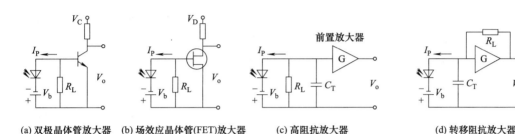

(a) 双极晶体管放大器　　(b) 场效应晶体管(FET)放大器　　(c) 高阻抗放大器　　(d) 转移阻抗放大器

图 9-59　光接收机前置放大器等效电路

转移阻抗型前置放大器具有高灵敏度、宽频带的特性，它的动态范围比高阻抗型前置放大器的大。如图 9-59 （d）所示，负载电阻跨接到反向放大器的输入和输出端，尽管 R_L 仍然很大，但是负反馈使输入阻抗减小了 G 倍，即 $R_{in} = R_L/G$，这里 G 是放大器增益。于是，带宽也比高阻抗型前置放大器的扩大了 G 倍，因此，光接收机常使用这种结构的前置放大器。它的主要设计问题是反馈环路的稳定性。表 9-19 为 4 种光前置放大器的特性比较。

表 9-19　光接收机前置放大器性能比较

	双　极　型	FET 型	高　阻　抗　型	跨　阻　抗　型
电路复杂程度	简单	简单	复杂	中等
是否需要均衡	不需要	不需要	需要	不需要
相对噪声	中	中	很低	低
带宽	宽	窄	中	宽
动态范围	中	中	小	大

2. 线性放大器

线性放大器由主放大器、均衡滤波器和自动增益控制电路组成。自动增益控制电路的作用是在接收机平均入射光功率很大时把放大器的增益自动控制在固定的输出电平上。低通滤波器的作用是减小噪声，均衡整形电压脉冲，避免码间干扰。我们知道，接收机的噪声与其带宽成正比，使用带宽 Δf 小于比特率 B 的低通滤波器可降低接收机噪声（通常 $\Delta f = B/2$）。因为接收机其他部分具有较大的带宽，所以接收机带宽将由低通滤波器带宽所决定。此时，由于 $\Delta f < B$，所以滤波器使输出脉冲发生展宽，使前后码元波形互相重叠，在检测判决时就有可能将 "1" 码错判为 "0" 码或将 "0" 码错判为 "1" 码，这种现象就叫做码间干扰。

均衡滤波的作用就是将输出波形均衡成具有升余弦频谱函数特性，做到判决时无码间干扰。因为前置放大器、主放大器以及均衡滤波电路起着线性放大的作用，所以有时也称为线性信道。

3. 数据恢复

光接收机的数据恢复部分包括判决电路和时钟恢复电路，它的任务是把均衡器输出的升余弦波恢复成数字信号。为了判定每一码元是"0"还是"1"。首先要确定判决的时刻，这就需要从升余弦波形中在 $f=B$ 点提取准确的时钟信号，该信号提供有关比特时隙 $T_B=1/B$ 的信息，时钟信号经过适当的移相后，在最佳的取样时间对升余弦波进行取样，然后将取样幅度与判决阈值进行比较，确定码元是"0"还是"1"，从而把升余弦波形恢复再生成原传输的数字信号，如图 9-60 所示。最佳的判决时间应是升余弦波形的正负峰值点，这时取样幅度最大，抵抗噪声的能力最强。在归零码（Return-to-Zero，RZ）调制情况下，接收信号中，在 $f=B$ 处，存在着频谱成分，使用窄带滤波器（如表面声波滤波器）可以很容易地提取出时钟信号。但在非归零（NRZ）码情况下，因为接收到的信号在 $f=B$ 处缺乏信号频谱成分，所以时钟恢复更困难些。通常采用的时钟恢复技术是在 $f=B/2$ 处对信号频谱成分平方律检波，然后经高通滤波而获得时钟信号。时钟提取电路不仅应该稳定可靠，抗连"0"或连"1"性能好，而且应尽量减小时钟信号的抖动。时钟抖动在中继器的积累会给系统带来严重的危害。

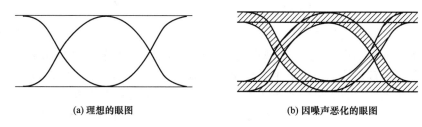

(a) 理想的眼图　　　　　　　　　　　　(b) 因噪声恶化的眼图

图 9-60　NRZ 码数字光接收机眼图

在实验室观察码间干扰是否存在的最直观、最简单的方法是眼图分析法。

均衡滤波器输出的随机脉冲信号输入到示波器的 Y 轴，用时钟信号作为外触发信号，就可以观察到眼图。眼图的张开度受噪声和码间干扰的影响，当输出端信噪比很大时，张开度主要受码间干扰的影响。因此，观察眼图的张开度就可以估计出码间干扰的大小，这给均衡电路的调整提供了简单而适用的观测手段。由于受噪声和码间干扰的影响，误码总是存在的，数字光接收机设计的目的就是使这种误码减小到最小，通常误码率的典型值为 10^{-9}。

（四）接收机信噪比

光接收机使用光敏二极管将入射光功率 P_{in} 转换为电流，是在没有考虑噪声的情况下得到的。然而，即使对于设计制造得很好的接收机，当入射光功率不变时，两种基本的噪声——散粒噪声和热噪声也会引起光生电流的起伏。假如 I_P 是平均电流，$I_P=RP_{in}$ 关系式仍然成立。然而，电流起伏引入的电噪声却影响了接收机性能。本节的目的就是介绍噪声机理，并讨论光接收机的信噪比（SNR）。

1. 噪声机理

（1）散粒噪声　光生电流是一种随机产生的电流，散粒噪声是由探测器本身引起的，它围绕着一个平均统计值而起伏，这种无规则的起伏就是散粒噪声。

入射光功率产生的光敏二极管电流为

$$I(t) = I_P + i_s(t) \tag{9-62}$$

式中，$I_P = RP_{in}$是平均信号光电流，$i_s(t)$是散粒噪声的电流起伏，与之有关的均方散粒噪声电流为

$$\sigma_s^2 = i_s^2(t) = 2qI_P\Delta f \tag{9-63}$$

式中，Δf是接收机带宽；q是电子电荷。当暗电流I_d不可忽略时，均方散粒噪声电流是

$$\sigma_s^2 = 2q(I_P + I_d)\Delta f \tag{9-64}$$

为了降低σ_s^2对系统的影响，通常在判决之前使用低通滤波器，使接收信道的带宽变窄。

（2）热噪声　由于电子在光敏二极管负载电阻R_L上随机热运动，即使在外加电压为零时，也产生电流的随机起伏。这种附加的噪声成分就是热噪声电流，记做$i_T(t)$，与此有关的均方热噪声电流σ_T^2为

$$\sigma_T^2 = [i_T^2(t)] = (4k_BT/R_L)\Delta f \tag{9-65}$$

该噪声电流经放大器放大后要扩大F_n倍，这里F_n是放大器噪声指数，于是式（9-65）变为

$$\sigma_T^2 = (4k_BT/R_L)F_n\Delta f \tag{9-66}$$

总的电流起伏$\Delta I = I - I_P = i_s + i_T$，因此我们可以获得总的均方噪声电流为

$$\sigma^2 = \Delta I^2 = \sigma_s^2 + \sigma_T^2 = 2q(I_P + I_d)\Delta f + \frac{4k_BT}{R_L}F_n\Delta f \tag{9-67}$$

式（9-67）可被用来计算光电流信噪比。

2. PIN 光接收机的信噪比

光接收机的性能取决于信噪比。本节讨论使用 PIN 光敏二极管作为光探测器的接收机信噪比（SNR）。定义信噪比为平均信号功率和噪声功率之比，并考虑到电功率与电流的平方成正比，这时 SNR 可由下式求出

$$SNR = I_P^2/\sigma^2 \tag{9-68}$$

将$I_P = RP_{in}$以及式（9-67）代入式（9-68），可获得 SNR 与入射光功率的关系

$$SNR = \frac{R^2P_{in}^2}{2q(RP_{in} + I_d)\Delta f + 4(k_BT/R_L)F_n\Delta f} \tag{9-69}$$

式中，$R = \eta q/h\nu$是 PIN 光敏二极管的响应度。

当均方根噪声（RMS）$\sigma_T \gg \sigma_s$，接收机性能受限于热噪声，在式（9-69）中，忽略散粒噪声后，SNR 变为

$$SNR = (R_LR^2/4k_BTF_n\Delta f)P_{in}^2 \tag{9-70}$$

式（9-70）表明在热噪声占支配地位时，SNR 随P_{in}^2变化，且增加负载电阻也可以提高 SNR。这就是为什么大多数接收机使用高阻或转移阻抗前置放大器的道理。

所以，当P_{in}很大时，由于σ_s^2随P_{in}线性增大，接收机性能将受限于散粒噪声（$\sigma_s \gg \sigma_T$），这时暗电流可以忽略变为

$$SNR = \frac{RP_{in}}{2q\Delta f} = \frac{\eta P_{in}}{2h\nu\Delta f} = \eta N_P \tag{9-71}$$

式中，η是量子效率；Δf是带宽；$h\nu$是光子能量；N_P是"1"码中包含的光子数。在散粒噪声受限系统中，$N_P = 100$时，$SNR = 20dB$。相反，在热噪声受限系统中，几千个光子才能达到 20dB 的信噪比。

3. APD 接收机的信噪比

使用雪崩光敏二极管（APD）的光接收机，在相同入射光功率下，通常具有较高的

SNR。这是由于 APD 的内部增益使产生的光电流扩大了 M 倍，即

$$I_P = MR \cdot P_{in} = R_{APD} P_{in} \tag{9-72}$$

式中，$R_{APD} = MR$ 是 APD 的响应度，与 PIN 光敏二极管相比扩大了 M 倍。假如接收机的噪声不受 APD 内部增益机理的影响，SNR 就有可能提高 M^2 倍。但实际上，APD 接收机的噪声也扩大了，从而限制了 SNR 的提高。

APD 接收机的热噪声与 PIN 的相同，但是散粒噪声却受到平均雪崩增益的影响，其值为

$$\sigma_s^2 = 2qM^2 F_A (RP_{in} + I_d) \Delta f \tag{9-73}$$

式中，F_A 是 APD 的过剩噪声指数，由下式给出：

$$F_A(M) = k_A M + (1 - k_A)(2 - 1/M) \tag{9-74}$$

式中，k_A 是空穴和电子电离系数之比，对于电子控制的雪崩过程，空穴电离率小于电子电离率（$\alpha_e > \alpha_h$），$k_A = \alpha_h / \alpha_e$，对于空穴控制的雪崩过程，$\alpha_h > \alpha_e$，$k_A = \alpha_e / \alpha_h$。为了使 APD 的性能最好，$k_A$ 应尽可能小。通常可用 $F_A(M) = M^x$ 近似表示 APD 的过剩噪声指数，式中 x 是与材料、APD 结构和初始载流子类型（电子和空穴）有关的指数，对于 Si，$x = 0.3 \sim 0.5$；对于 Ge 和 InGaAs，$x = 0.7 \sim 1$。

在实际的接收机中，当热噪声和散粒噪声都存在时，APD 接收机的信噪比为

$$SNR = \frac{I_P^2}{\sigma_s^2 + \sigma_T^2} = \frac{(MRP_{in})^2}{2qM^2 F_A (RP_{in} + I_d) \Delta f + 4(k_B T / R_L) F_n \Delta f} \tag{9-75}$$

在热噪声限制接收机中，（$\sigma_T \gg \sigma_s$），SNR 变为

$$SNR = (R_L R^2 / 4k_B T F_n \Delta f) M^2 P_{in}^2 \tag{9-76}$$

与式（9-69）相比，APD 接收机的 SNR 是 PIN 接收机的 M^2 倍，所以 APD 接收机在热噪声限制接收机中具有非常大的吸引力。

在散粒噪声限割的接收机中（$\sigma_s \gg \sigma_T$），SNR 变为

$$SNR = \frac{RP_{in}}{2q F_A \Delta f} = \frac{\eta P_{in}}{2h\nu F_A \Delta f} \tag{9-77}$$

与式（9-70）相比，此时的 SNR 是 PIN 接收机的 $1/F_A$。

4. 光信噪比和信噪比的关系

在经典的通信理论中，信噪比（SNR）是信号和噪声之比，这里信号和噪声均是只包含一种极化态的信号和噪声。光信噪比（OSNR）却不同，这里信号是包含一种或两种极化态的信号，而噪声是两种极化态噪声之和，并且噪声是在固定带宽 12.5GHz 内的噪声 [OFC2009，OThL1]。

光信噪比可表示为

$$OSNR = \frac{N_{pol} P_s^{pol}}{2B_{ref} S_{ASE}} \tag{9-78}$$

式中，N_{pol} 表示信号占据的极化态数；P_s^{pol} 表示在一种极化情况下的信号功率；B_{ref} 表示噪声参考带宽（12.5GHz）；S_{ASE} 表示每种极化态放大自发辐射（ASE）噪声频谱密度；分母

中的 2 表示是两种极化态。

光信噪比和信噪比的关系取决于信号是否是极化分集复用（polarization division multiplexed，PDM），没有 PDM 时 $N_{pol}=1$，有 PDM 时 $N_{pol}=2$。

（五）接收机误码率和灵敏度

数字接收机的性能指标由比特误码率（BER）决定，BER 定义为码元在传输过程中出现差错的概率，工程中常用一段时间内出现误码的码元数与传输的总码元数之比来表示。例如，BER$=10^{-6}$，则表示每传输百万比特只允许错 1bit，如 BER$=10^{-9}$，则表示每传输 10 亿比特只允许错 1bit。通常，数字光接收机要求 BER$\leqslant 10^{-9}$。此时，接收机灵敏度定义为保证比特误码率为 10^{-9} 时，要求的最小平均接收光功率（$\overline{P}_{rec}$）。假如一个接收机用较少的入射光功率就可以达到相同的性能指标，那么我们说该接收机更灵敏些。影响接收机灵敏度的主要因素是各种噪声。

由于超强前向纠错（SFEC）和电子色散补偿的应用，使纠错能力大为提高，当 $Q=6.3$dB 时，容许系统送入纠错模块前的 BER 甚至可以达到 2×10^{-2}。

既然接收机灵敏度 $\overline{P}_{rec}$ 与比特误码率有关，那么就让我们从计算数字接收机 BER 开始介绍。

1. 比特误码率

图 9-61 为噪声引起信号误码的图解说明。由图可见，由于噪声叠加，使"1"码在判决时刻变成"0"码，经判决电路后产生了一个误码。

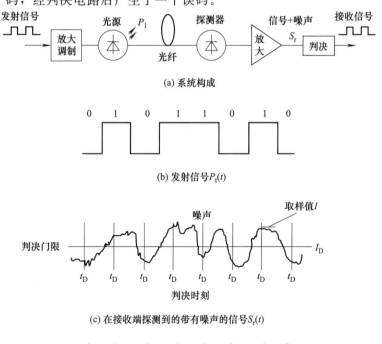

(a) 系统构成

(b) 发射信号$P_t(t)$

(c) 在接收端探测到的带有噪声的信号$S_r(t)$

(d) 由于噪声叠加，使"1"码在判决时刻变成"0"码，
经判决电路后产生了一个误码

图 9-61　噪声引起误码的图解说明

图 9-61 （c）表示判决电路接收到的信号，由于噪声的干扰，在信号波形上已叠加了随机起伏的噪声。判决电路用恢复的时钟在判决时刻 t_D 对叠加了噪声的信号取样。等待取样的 "1" 码信号和 "0" 码信号分别围绕着平均值 I_1 和 I_0 摆动。判决电路把取样值与判决门限 I_D 比较。如果 $I > I_D$，认为是 "1" 码；如果 $I < I_D$，则认为是 "0" 码。由于接收机噪声的影响，可能把比特 "1" 判决为 $I < I_D$，误认为是 "0" 码；同样也可能把 "0" 码错判为 "1" 码。误码率包括这两种可能引起的误码，因此误码率为

$$\text{BER} = P(1)P(0/1) + P(0)P(1/0) \tag{9-79}$$

式中，$P(1)$ 和 $P(0)$ 分别是接收 "1" 和 "0" 码的概率，$P(0/1)$ 是把 "1" 判为 "0" 的概率，$P(1/0)$ 是把 "0" 判为 "1" 的概率。对脉冲编码调制（PCM）比特流，"1" 和 "0" 发生的概率相等，$P(1) = P(0) = 1/2$。因此比特误码率为

$$\text{BER} = \frac{1}{2}[P(0/1) + P(1/0)] \tag{9-80}$$

图 9-62（a）表示判决电路接收到的叠加了噪声的 PCM 比特流，图 9-62（b）表示 "1" 码信号和 "0" 码信号在平均信号电平 I_1 和 I_0 附近的高斯概率分布，阴影区表示当 $I_1 < I_D$ 或 $I_0 > I_D$ 时的错误识别概率。

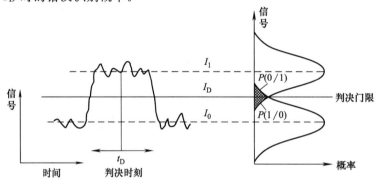

(a) 判决电路接收到的叠加了噪声的PCM比特流，判决电路在判决时刻 t_D 对信号取样　(b) "1" 码信号和 "0" 码信号在平均信号电平 I_1 和 I_0 附近的高斯概率分布　阴影区表示当 $I_1 < I_D$ 或 $I_0 > I_D$ 时的错误识别概率

图 9-62　二进制信号的误码率计算

最佳判决值的比特误码率为

$$\text{BER} = \frac{1}{2}\text{erfc}\left(\frac{Q}{\sqrt{2}}\right) \approx \frac{\exp(-Q^2/2)}{Q\sqrt{2\pi}} \tag{9-81}$$

其中

$$Q = \frac{I_1 - I_0}{\sigma_1 + \sigma_0} \tag{9-82}$$

式中，σ_1 表示接收 "1" 码的噪声电流；σ_0 表示接收 "0" 码时的噪声电流；erfc 代表误差函数 $\text{erf}(x)$ 的互补函数。

图 9-63 表示 Q 参数和比特误码率（BER）及接收到的信噪比（SNR）的关系，其中，信号用峰值（pk）功率表示，噪声用均方根噪声（rms）功率表示。由图可见，随着 Q 值的增加，BER 不断下降，当 $Q > 7$ 时，BER $< 10^{-12}$。因为 $Q = 6$ 时，BFR $= 10^{-9}$，所以 $Q = 6$ 时的平均接收光功率就是接收机灵敏度。近来由于超强前向纠错（SFEC）和电子色散补偿的应用，使纠错能力大为提高。

2. 最小平均接收光功率

式（9-81）所示的比特误码率计算公式可被用来计算最小接收光功率（即比特误码率低

于指定值使接收机可靠工作所需要的功率），为了简化起见，考虑"0"码时不发射光功率的情况，即 $P_0=0$，$I_0=0$。"1"码功率 P_1 与电流 I_1 的关系为

$$I_1=MRP_1=2MR\overline{P}_{rec} \tag{9-83}$$

式中，R 是光电探测器响应度；$\overline{P}_{rec}$ 是平均接收光功率，定义 $\overline{P}_{rec}=(P_1+P_0)/2$；$M$ 为 APD 增益倍数。$M=1$ 为 PIN 接收机。

对于 PIN 接收机，因为此时热噪声 σ_T 占支配地位，可得到 $\overline{P}_{rec}$ 的简单表达式

$$(\overline{P}_{rec})_{PIN}=Q\sigma_T/R \tag{9-84}$$

对于 APD 接收机，要求的最小平均接收光功率为

$$(\overline{P}_{rec})_{APD}=(2q\Delta f/R)Q^2(k_AM_{opt}+1-k_A) \tag{9-85}$$

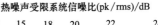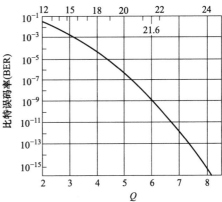

图 9-63　Q 参数和比特误码率（BER）及接收到的信噪比（SNR）的关系

式中，M_{opt} 是 APD 增益的最佳值；k_A 是 APD 电离系数比。

对于 $\sigma_T=0$ 的理想 PIN 接收机，$M=1$，要求的平均接收光功率为

$$(\overline{P}_{rec})_{PIN}=(q\Delta f/R)Q^2 \tag{9-86}$$

比较式（9-85）和式（9-86）可知，APD 接收机灵敏度因为过剩噪声指数的存在而劣化了。

接收机灵敏度除了可以用要求的最小平均接收光功率量度外，还可以用比特误码率为 10^{-9} 时，比特"1"包含的平均光子数 N_P 量度。在受热噪声限制的接收机中，$\sigma_1\approx\sigma_0$，使用 $I_0=0$，式（9-82）变为 $Q=I_1/2\sigma_1$，式（9-75）变为

$$SNR=I_1^2/\sigma_1^2=4(I_1/2\sigma_1)^2=4Q^2 \tag{9-87}$$

于是我们可得到信噪比与 Q 的简单表达式，因为 BER$=10^{-9}$ 时，$Q=6$，所以 SNR 必须至少为 21.6dB。在散粒噪声受限的系统中，$\sigma_0\approx0$，假如暗电流的影响可以忽略，"0"码的散粒噪声也可以忽略，此时 $Q=I_1/\sigma_1=(SNR)^{\frac{1}{2}}$，为了使 BER$=10^{-9}$，SNR$=36$ 或 15.6dB 就足够了。所以 $Q=(\eta N_P)^{\frac{1}{2}}$，把此式代入式（9-81）中，得到的受散粒噪声限制的系统比特误码率为

$$BER=\frac{1}{2}erfc\left(\sqrt{\frac{\eta N_P}{2}}\right) \tag{9-88}$$

对于 100% 量子效率的接收机（$\eta=1$），当 $N_P=36$ 时，BER$=10^{-9}$。实际上，大多数受热噪声限制的系统，要想达到 BER$=10^{-9}$，N_P 必须接近 1000。

3. 灵敏度下降机理

对接收机灵敏度进行了分析，这仅仅局限于只考虑接收机噪声的情况，并且我们假定是理想接收，即"1"码为恒定能量的光脉冲，"0"码的能量为零。但实际上，光发射机发射的光信号偏离理想的情况，所以引起最小接收平均光功率的增加，这种增加就称为"功率代价"。许多因素可引起功率代价，有些是在光纤传输时产生的，有些即使不经光纤传输也存在。下面我们简要讨论各种因素引起的功率代价，主要讨论与光纤无关的因素。

（1）发射"0"码时接收光功率不为零引入的功率代价　假定发射"0"码时，接收光功率 P_0 为零，事实上 P_0 取决于偏流 I_B 和阈值电流 I_{tb}，而并不为零。假如 $I_b<I_{tb}$，$P_0\ll$

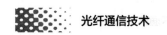

P_1，这里 P_1 是发射"1"码时的接收光功率。消光比定义为

$$EXR = P_0/P_1 \qquad (9-89)$$

理想情况下，$P_0=0$，$EXR=0$，实际上 $P_0 \neq 0$，所以引起功率代价。

（2）激光器强度噪声引入的功率代价 假定入射到接收机的光功率没有波动，实际上，任何激光器的光发射均有功率的波动。光接收机把这种功率的波动转换成电流的起伏，这就是强度噪声，对于大多数数字光接收机，光发射机的强度噪声可以忽略。但是对于模拟光纤系统与微波副载波系统，强度噪声就变成一个限制因素。

（3）定时抖动引起的功率代价 计算灵敏度时，假定在电压脉冲的峰值对信号取样，实际上，判决时刻是由时钟恢复电路确定的。由于输入到时钟恢复电路信号噪声的影响，取样时刻围绕着比特中心平均值摆动，这种摆动就叫做定时抖动，这种判决时刻摆动的定时抖动也会引起功率代价。

（六）光接收机

1. 光接收机性能

光接收机的性能由其构成的系统 BER 随平均接收光功率的变化来表征，$BER=10^{-9}$ 时的平均接收光功率为接收机灵敏度。对同一系统来说，接收灵敏度与比特速率有关，比特速率越高，接收灵敏度越低；光纤色散也使灵敏度下降。光纤色散导致的灵敏度下降与比特速率 B 和光纤长度 L 有关，并随 BL 乘积的增加而增加，对于比特速率高达 $10Gbit/s$ 的系统，接收机灵敏度通常大于 $-20dBm$。

光接收机的性能可能随时间增加而劣化，对实际运行的系统，不可能常常进行误码率测试，因此一般采用通过观察接收信号眼图的方法来监测系统性能。不经光纤传输时，眼图张得很开；但经光纤传输后，由于光纤色散，使 BER 下降，反映为眼图变坏。出现部分关闭。因此通过对眼图的监测，可知道系统性能的劣化情况。

$1.3\sim1.6\mu m$ 长波长光接收机性能通常受限于热噪声，若采用 APD 接收机，灵敏度可以比 PIN 接收机高，但由于 APD 倍增噪声的存在，这种灵敏度的提高将受到限制，灵敏度的提高只能达到 $5\sim6dB$。用每比特接收到的平均光子数表示，APD 接收机要求接近 1000 个光子/bit，与量子极限（10 光子/bit）相比还差得很远。热噪声的影响可以通过采用相干接收的方式而大大减小，在相干接收中，接收灵敏度可以只比量子极限低 5dB。

近来超强前向纠错（SFEC）和电子色散补偿的应用，使纠错能力大为提高，$Q=6.3dB$ 时，允许系统送入纠错模块前的 BER 甚至可以达到 2×10^{-2}。

表 9-20 列出了日本腾仓公司生产的几种用于 $10Gbit/s$ 系统的收发模块性能指标，其中 OAT 1049xD 和 OAT 104BxD 可以分别用于波长间隔 50GHz 和 100GHz 的 DWDM 系统等，OAT 1043 和 OAT 1049 可应用于 $10Gbit/s$ 以太网和 SDH 系统等。

2. 电子载流子光接收机

电子载流子（UTC）光电探测器，利用它的芯片制造技术，人们已开发出 $43Gbit/s$ DQPSK 系统用的二信道平衡接收模块，如图 9-64 所示 [OFC 2009，OMK1]。1550nm 波长的直流响应度是 1A/W，非常高，这是因为吸收层很厚，约为 1.2mm。不同信道间极化相关损耗和响应度的变化分别为 0.2dB 和 0.1dB。负载电阻为 50Ω 时的 3dB 带宽是 24GHz，PD 输出连接到二信道 InP HBT IC 芯片上。该模块有射频 RF 输出和 DC 供给端口，光耦合由透镜和光纤完成。光电转换增益和 3dB 带宽分别是 1200V/W 和 14GHz。图 9-65 为用于 $43Gbit/s$ DQPSK 系统的 $21.5Gbit/s$ 信道的输出眼图波形，每个 PD 输入 3 个不同的功率：

表 9-20 几种商用 10Gbit/s 收发模块的性能指标

产品型号		OAT 1049xD		OAT 104BxD		OAT 1043		OAT 1049	
波长间隔/GHz		50		100		—		—	
支持速率		SDH 9.95328Gbit/s、以太网 10.3Gbit/s、前向纠错系统 10.66Gbit/s、OTN 10.7 Gbit/s							
发射部分	中心波长/nm	1500.46	1625.77	1530	1565	1530	1565	1530	1565
	输出光光功率/dBm	4	7	0	4	−1	2	4	7
	消光比/dB	10		9		8.2		10	
	−20dB 谱宽/nm	1		1		1		1	
接收部分	波长范围/nm	1280	1580	1280	1580	1280	1580	1280	1580
	最小接收灵敏度/dBm	−24		−24		−15		−24	
	最小过载/dBm	−5		−5		1		−5	
	色散/(ps/nm)	1600		1600		500		1600	
应用范围		DWDM 系统、SDH 系统、10Gbit/s 以太网、前向纠错系统、光传送网(OTN)				SDH 系统、10Gbit/s 以太网、前向纠错系统、光传送网(OTN)			

注：最小接收灵敏度是在 BER＝10^{-12} 时测得，最小过载是在输入 $2^{31}-1$ 伪随机码情况下测得，色散是指 2dB 功率代价下的值。

−2dBm、−5dBm 和 −10dBm。由图可见，尽管输入变化很大，但眼图张开得都很好。PD 输入功率从 −2dBm 变化到 −10dBm 范围内，OSNR 为 19.5dB 时的 Q 值是 15dB。

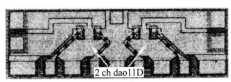

图 9-64 二信道双 PD 芯片（4PD 阵列）
平衡接收模块

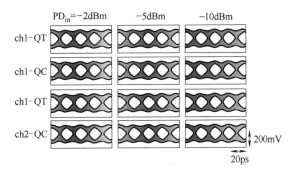

图 9-65 不同输入功率 4 个 PD 的眼图

3. 阵列波导光栅多信道光接收机

在 WDM 系统中，最重要的器件是直接能把波长信道分解出来的波长解复用接收机，如图 9-66 所示，它单片集成了阵列波导光栅、路由（WGR）、波长解复用器和阵列 PIN 光探测器，并且在 PIN 之后紧接着又集成了异质结双极晶体管（Heterojunction Bipolar Transistors，HBT）作为前置放大器。WGR 的自由光谱范围（FSR）是 800GHz（6.5nm），设计用于信道间距 100GHz（0.8nm）的 8 个信道的 WDM 解复用（100GHz×8＝800GHz）。

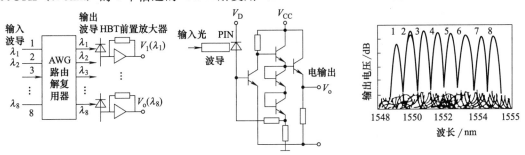

(a) 原理结构图   (b) 波导PIN/HBT接收机   (c) 解复用接收机频谱图

图 9-66 WGR 波长解复用器和阵列 PIN 光探测器接收机

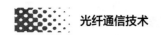
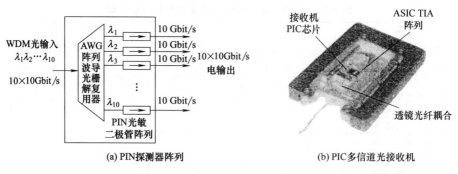

(a) PIN探测器阵列　　　　　　　(b) PIC多信道光接收机

图 9-67　平面波导集成电路（PLC）多信道光接收机

图 9-67（a）为今天使用的平面波导集成电路（PLC）多信道光接收机［OFC 2008，OWE3］，10×10Gbit/s 的 WDM 光信号进入波导光栅解复用器（AWG）中解复用，AWG 输出与波长有关的 10Gbit/s 信号，进入 PIN 光探测器阵列，该阵列是波导集成 UTC-PD 或 WD-PD 或 TW-PD。图 9-67（b）为该多信道光接收机照片。为了提高输到 AWG 输入端的光功率电平，也可以把半导体光放大器（SOA）集成在 AWG 的前端构成另一个新器件。

4. 107Gbit/s　WG-PIN 行波放大光接收机

图 9-68（a）所示为用于 107Gbit/s 系统的波导集成 PIN 光电接收芯片和模块，图 9-68（b）和图 9-68（c）分别为在 PIN 之前还集成了行波放大器（TWA）的芯片和模块［OFC 2009，OMK2］。WG-PIN 带宽大于 100GHz，响应度大于 0.7A/W，极化相关损耗小于 0.4A/W。TWA 除提供 40dBm 的转移阻抗，省去了 100GHz 的互连外，还提供备用增益。

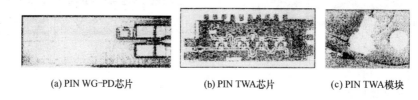

(a) PIN WG-PD芯片　　　　(b) PIN TWA芯片　　　　(c) PIN TWA模块

图 9-68　107Gbit/s 波导 PIN/PIN 行波放大器（TWA）光电集成芯片和模块

图 9-69 给出 107Gbit/s 系统 BER 测试构成框图。光发射机由锁模脉冲激光器（MLL）和工作在 13.375Gbit/s 的 OOK 调制器组成。光复用器经 3 级复用后把数据速率为 13.375Gbit/s 的信号复用到 107Gbit/s。光发射机输出 9dBm。经测试，BER = 10^{-3} 时，OSNR≈24dB；BER = 10^{-9} 时，OSNR≈33dB。

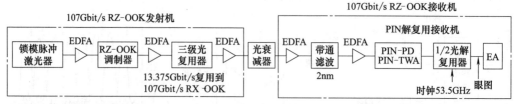

图 9-69　RZ-OOK 解复用光电接收模块组成的 107Gbit/s 系统

表 9-21 给出德国 U^2T 公司提供的几种商用高速光探测器或光接收机的性能指标。DPSK 平衡光接收机模块是两路光输入，差分射频输出，该模块有两个集成在一个芯片上的波导 PIN 探测器，每个 PIN 之后紧接着是输出缓冲转移阻抗放大器（TIA）。

表 9-21 高速光探测器/光接收机性能指标

项 目	43Gbit/s 光接收机(双路光输入,射频差分输出)		高速光电探测器	
光探测器/接收机类型	平衡光电探测器	DPSK 平衡光接收机	70GHz	100GHz
工作波长/nm	1480～1620	1530～1620	1480～1620	1480～1620
输入光功率范围/dBm	−20～13	−10～4	−20～13	−20～10
灵敏度/dBm		−8		
PD 反向电压/V	2.8	2.25	2.8	2.0
放大器供给电压/V		−5.2		
差分转换增益/(V/W)		2400		
直流响应度/(A/W)	0.6	0.6	0.6	0.5
偏振相关损耗(PDL)/dB	0.2～0.4	0.4	0.3	0.5
回波损耗(ORL)/dB	>27	>27	>27	>27
3dB 截止频率/GHz	42	22	75	90～100
低频截止频率/kHz		100		
暗电流/nA	5～200	200	200	5～200
脉冲宽度/ps(交流耦合)	11		7.5	7.5

第五节　光纤通信系统的调制

一、简介

调制是用数字或模拟信号改变载波的幅度、频率或相位的过程。

调制分类如下。

1. 非相干调制

改变载波的幅度调制,包括直接调制和外调制。

(1) 直接调制　信息信号直接调制光源的输出光强。

① 模拟强度调制。

② 数字强度调制。

③ 副载波调制 (Subcarrier Modulate,SCM):是首先用输入信号对相对于光载波的副载波 (高频电磁波) 进行调制,然后再用该副载波对光波进行二次调制。副载波也有模拟和数字之分。

(2) 外调制　信息信号通过外调制器对连续输出光进行调制。

① 电光调制。

② 声光调制。

③ 电吸收波导。

迄今为止,所有实用化的光纤系统都是采用非相干的强度调制-直接检测 (IM-DD) 方式,这类系统成熟、简单,成本低,性能优良,已在电信网中获得广泛的应用,并仍将继续扮演重要角色。然而这种方式没有利用光载波的相位信息和频率信息,无法像传统的无线电通信那样实现外差检测，从而限制了其性能的进一步改进和提高。

2. 相干调制

改变载波的频率或相位调制，包括幅移键控、频移键控和相移键控。

（1）幅移键控（Amplitude-Shift Keying，ASK）　基带数字信号只用来控制光载波的幅度大小；最简单的 ASK 就是"1"码时发送光载波，"0"码时不发送光载波。

（2）频移键控（Frequency-Shitf Keyinge，FSK）　基带数字信号用来控制光载波的频率；此时"1"码时发送光载波频率 f_1，"0"码时发送的光载波频率 f_0；FSK 根据前后光载波相位是否连续又分为相位不连续的 FSK 和相位连续的 FSK。

（3）相移键控（Phase-Shift Keying，PSK）　对于二进制的 PSK，相位通常取 0 和 Ⅱ 两个值。电脉冲为"0"码时，光脉冲为 0 相，电脉冲为"1"码时，光脉冲为 Ⅱ 相。

二、传输体制调制

（一）准同步数字系列 PDH

1. PDH 概念（Plesiochronous Digital Hierarchy）：

▲ 复用/解复用是数字信号传输的重要部分。

▲ 复用：将低速信号按照一定的规则变成高速信号。

▲ 解复用：将收到的高速信号恢复成原来的低速信号。

▲ PDH 基群信号为 2Mb/s 信号。

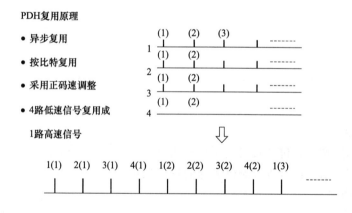

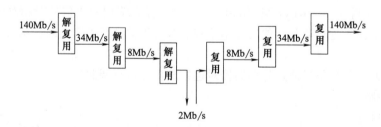

2. 两种基础速率

① 以 1.544Mb/s 为第一级（一次群，或称基群）基础速率，采用的国家有北美各国和日本。（T1 的速率，传输 24 路：1.544Mb/s 即 8bit（1 个字节）/每个时隙×24 个时隙（信道）/每帧＋1bit 开销/帧＝193bit/帧，193bit/帧×8000 帧（转）/每秒）

② 以 2.048Mb/s 为第一级（一次群）基础速率，采用的国家有西欧各国和中国（E1 的速率，传输 32 路：1.544Mb/s 即 8bit（1 个字节）/每个时隙×32 个时隙（信道）/每帧＝256bit/帧，256bit/帧×8000 帧（转）/每秒）

3. 世界各国商用光纤通信制式的特点

① 对于以 2.048Mb/s 为基础速率的制式，各次群的话路数按 4 倍递增，速率的关系略大于 4 倍。

② 对于以 1.544Mb/s 为基础速率的制式，在 3 次群以上，日本和北美各国又不相同，看起来很杂乱。

③ PDH 各次群比特率相对于其标准值有一个规定的容差，而且是异源的，通常采用正码速调整方法实现准同步复用。

④ 1 次群至 4 次群接口比特率早在 1976 年就实现了标准化，并得到各国广泛采用。

⑤ PDH 主要适用于中、低速率点对点的传输。

4. PDH 缺点

① 北美、西欧和亚洲所采用的三种数字系列互不兼容。

• 电接口——只有地区性的电接口规范，无世界标准。

PDH 有 3 种速率等级：欧洲和中国（2Mb/s）、日本、北美（1.5Mb/s）。

• 光接口——无光接口规范，各厂家独自开发。

② 各种复用系列都有其相应的帧结构，没有足够的开销比特，使网络设计缺乏灵活性。

• 复用/解复用的方式，决定高速信号上/下低速信号的方便性。

• PDH 采用异步复用方式：低速信号在高速信号中的位置无规律性，即无预知性，即不能从高速信号中直接分离低速信号。

• 从高速信号插/分低速信号要一级一级进行，层层的复用/解复用增加了信号的损伤，不利于大容量传输。

• 运行维护功能（OAM）：OAM 决定设备维护成本，与信号帧中开销（冗余）字节的数量有关。PDH 信号帧中用于 OAM 的开销少，OAM 功能弱，系统安全性差。

③ 复接/分接设备结构复杂，上下话路价格昂贵。

（二）同步数字系列 SDH

1. SDH 传输网

（1）概念

① SDH 全称叫做同步数字传输体制，由此可见 SDH 是一种传输的体制（协议），就像 PDH——准同步数字传输体制一样，SDH 这种传输体制规范了数字信号的帧结构、复用方式、传输速率等级，接口码型等特性。

② SDH 概念的核心是从统一的国家电信网和国际互通的高度来组建数字通信网。与传统的 PDH 体制不同，按 SDH 组建的网是一个高度统一的、标准化的、智能化的网络。它采用全球统一的接口以实现设备多厂家环境的兼容。

（2）SDH 传输网的拓扑结构的特点　SDH 不仅适合于点对点传输，而且适合于多点之间的网络传输。

SDH 传输网由 SDH 终端设备（或称 SDH 终端复用器 TM）、分插复用设备 ADM、数字交叉连接设备 DXC 等网络单元以及连接它们的（光纤）物理链路构成。

SDH 终端的主要功能是：复接/分接和提供业务适配。

- SDH 终端的复接/分接功能主要由 TM 设备完成。
- ADM 是一种特殊的复用器：它利用分接功能将输入信号所承载的信息分成两部分：一部分直接转发；一部分卸下给本地用户然后信息又通过复接功能将转发部分和本地上送的部分合成输出。
- DXC 类似于交换机，它一般有多个输入和多个输出，通过适当配置可提供不同的端到端连接。

（3）SDH 传输网的连接模型的特点　通过 DXC 的交叉连接作用，在 SDH 传输网内可提供许多条传输通道，每条通道都有相似的结构。

每个通道（Path）由一个或多个复接段（Line）构成，而每一复接段又由若干个再生段（Section）串接而成。

（4）同步数字体系 SDH 的速率

- STM-1　　　155.520Mbit/s
- STM-4　　　622.080Mbit/s
- STM-16　　2488.320Mbit/s
- STM-64　　9953.280Mbit/s
- STM-256　39813.12Mbit/s

算法：例如 STM-1　　155.520Mbit/s　　N=1，每秒传送速率为（8bit/字节×9×270 字节）/帧×8000 帧/s=155.520Mbit/s。

采用 SDH 分插复用器（ADM），可以利用软件一次直接分出和插入 2Mb/s 支路信号，十分简便。

2. 帧结构

SDH 帧结构是实现数字同步时分复用、保证网络可靠有效运行的关键。

SDH 帧一个 STM-N 帧有 9 行，每行由 270×N 个字节组成。

这样每帧共有 9×270×N 个字节，每字节为 8bit。

帧周期为 125μs，即每秒传输 8000 帧。

对于 STM-1 而言，传输速率为 9×270×8×8000=155.520Mb/s。

字节发送顺序为：由上往下逐行发送，每行先左后右。

SDH 帧的三个部分如下。

① 段开销（SOH）。段开销是在 SDH 帧中为保证信息正常传输所必需的附加字节（每字节含 64kb/s 的容量），主要用于运行、维护和管理，如帧定位、误码检测、公务通信、自动保护倒换以及网管信息传输。

② 信息载荷（Payload）。信息载荷域是 SDH 帧内用于承载各种业务信息的部分。

在 Payload 中包含少量字节用于通道的运行、维护和管理，这些字节称为通道开销（POH）。

根据传输通道连接模型，段开销又细分为再生段开销（SOH）和复接段开销（LOH）。前者占前 3 行，后者占 5~9 行。

③ 管理单元指针（AU PTR）。管理单元指针是一种指示符，主要用于指示 Payload 第一个字节在帧内的准确位置（相对于指针位置的偏移量）。

采用指针技术是 SDH 的创新，结合虚容器（VC）的概念，解决了低速信号复接成高速信号时，由于小的频率误差所造成的载荷相对位置漂移的问题。

3. 复用原理

① 定义：将低速支路信号复接为高速信号。

② 两种传统方法：正码速调整法和固定位置映射法。

③ 正码速调整法的优点与缺点如下。

优点：容许被复接的支路信号有较大的频率误差。

缺点：复接与分接相当困难。

④ 固定位置映射法：是让低速支路信号在高速信号帧中占用固定的位置。这种方法的优点：复接和分接容易实现，但由于低速信号可能是属于 PDH 的或由于 SDH 网络的故障，低速信号与高速信号的相对相位不可能对准，并会随时间而变化（具体方法不讲）。

三、系统的性能指标

（一）系统参考模型

1. 定义

为进行系统性能研究，ITU-T 建议中提出了一个"数字传输参考模型"的概念，目的就是对全程通信的性能指标作一个合理的分配。数字传输参考模型规定了系统参考模型的性能参数和指标。

2. 假设形式

（1）假设参考数字连接（HRX）

① 形式：是针对通信系统的总的性能和指标而找出的通信距离最长，结构最复杂、传输质量预计最差的连接。

② 用途：通信网中从用户至用户，包括参与变换与传输的各个部分（如用户线、终端设备、交换机、传输系统等）。假设在两个用户之间的通信可能要经过全部线路和各种串联设备组成的数字网，而且任何参数的总性能逐级分配后应符合用户的要求。

③ 标准：最长的 HRX 是根据综合业务数字网（ISDN）的性能要求和 64kb/s 信号的全数字连接来考虑的。最长的标准数字 HRX 为 27500km，包含 14 个假设参考数字链路和 13 个数字交换点。

（2）假设参考数字链路（RHDL）

① 形式：把 HRX 中的两个相邻交换点的数字配线架间所有的传输系统，复、分设备等各种传输单元，由于 RHDL 是 HRX 的一个组成部分，因此允许把总的性能指标分配到一个比较短的模型上。

② 标准：建议的 HRDL 长度为 2500km，但由于各国国土面积不同，采用的 HRDL 长度也不同。根据我国地域广阔的特点，我国长途一级干线的数字链路长度为 5000km。

③ 用途：为了简化数字传输系统的研究，保证全程通信质量。

（3）假设参考数字段（HRDS）

① 形式：把 HRDL 中相邻的数字配线架间的传输系统，即两个光端机之间的光缆传输线路及若干光中继器用假设参考数字段（HRDS）表示。

② 标准：我国用于长途传输的 HRDS 长度为 420km（一级干线）和 280km（二级干线）两种。HRDL 由许多假设参考数字段（HRDS）组成，在建议中用于长途传输的 HRDS 长度为 280km，用于市话中继的 HRDS 长度为 50km。

③ 用途：为了适应传输系统的性能规范，保证全线质量和管理维护方便，具体提供数字传输系统的性能指标。

通信网总的性能指标从 HRX 上可以按比例分配到 HRDL 上，再从 HRDL 上分配到 HRDS 上。

（二）系统的质量指标

1. 误码性能

① 误码率（BER）：误码率是衡量数字光纤通信系统传输质量优劣的非常重要的指标，它反映了在数字传输过程中信息受到损害的程度。即在特定的一段时间内所接收的错误码元与同一时间内所接收的总码元数之比。

② "可用时间"与"不可用时间"：在连续 10s 时间内，BER 劣于 1×10^{-3}，为"不可用时间"，或称系统处于故障状态；故障排除后，在连续 10s 时间内，BER 优于 1×10^{-3}，为"可用时间"。

对于 64kb/s 的数字信号，BER＝1×10^{-3}，相应于每秒有 64 个误码。同时，规定一个较短的取样时间 T_0 和误码率门限值 BER_{th}，统计 BER 劣于 BER_{th} 的时间，并用劣化时间占可用时间的百分数来衡量系统误码率性能。

③ 误码发生的形态和原因

a. 随机形态的误码：主要是单个随机发生的，具有偶然性。

b. 突发误码：突发的、成群发生的误码，这种误码可能在某个瞬间集中发生，而其他大部分时间无误码发生。

④ 误码性能的评定方法

a. 平均误码率：在一段较长的时间内出现的误码个数和传输的总码元数的比值。它反映了测试时间内的平均误码的结果，因此适合于计量随机误码，但无法反映误码的随机性和突发性。

b. 劣化分（DM）：误码率为 1×10^{-6} 时，感觉不到干扰的影响，选为 BER_{th}。每次通话时间平均 3～5min，选择取样时间 T_0 为 1min 是合适的。

监测时间以较长为好，选择 T_L 为 1 个月。定义误码率劣于 1×10^{-6} 的分钟数为劣化分（DM）。HRX 指标要求劣化分占可用分（可用时间）的百分数小于 10％。

c. 严重误码秒（SES）：由于某些系统会出现短时间内大误码率的情况，严重影响通话质量，因此引入严重误码秒这个参数。

选择监测时间 T_L 为 1 个月，取样时间 T_0 为 1s。定义误码率劣于 1×10^{-3} 的秒钟数为严重误码秒（SES）。HRX 指标要求严重误码秒占可用秒的百分数小于 0.2％。

d. 误码秒（ES）：选择监测时间 T_L 为 1 个月，取样时间 T_0 为 1s，误码率门限值 $BER_{th}＝0$。定义凡是出现误码（即使只有 1bit）的秒数称为误码秒（ES）。HRX 指标要求误码秒占可用秒的百分数小于 8％。相应地，不出现任何误码的秒数称为无误码秒（EFS），指标要求无误码秒占可用秒的百分数大于 92％。

误码指标的分配：在一个连接中通常包含几种不同质量等级的数字传输电路。

图 9-70 示出最长 HRX 的电路质量等级划分，图中高级和中级之间没有明显的界限。我国长途一级干线和长途二级干线都应视为高级电路，长途二级以下和本地级合并考虑。

根据原 CCITT 的建议，对于 25000km 高级电路长期平均误码率 BER_{av} 至少为 1×

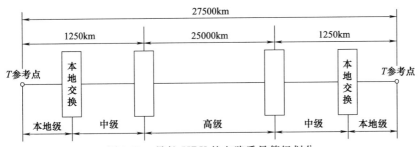

图 9-70 最长 HRX 的电路质量等级划分

10^{-7}，按长度比例进行线性折算，得到每公里 $BER_{av} = 4 \times 10^{-12}/km$。所以 280km 和 420km 数字段的 BER_{av} 分别为 1.12×10^{-9} 和 1.68×10^{-9}，因此取 1×10^{-9} 作为标准。

我国长途光缆通信系统进网要求中规定：长度短于 420km 时，按 1×10^{-9} 计算；长度长于 420km 时，先按长度比例进行折算，再按长度累计附加进去。

2. 抖动性能

① 定义：抖动是数字信号传输过程中产生的一种瞬时不稳定现象。抖动的定义是：数字信号在各有效瞬时对标准时间位置的偏差。

② 表示方法

a. 抖动幅度（JPP）：偏差时间范围称为抖动幅度（JPP）。

b. 抖动频率（F）：偏差时间间隔对时间的变化率称为抖动频率（F）。

这种偏差包括输入脉冲信号在某一平均位置左右变化，和提取时钟信号在中心位置左右变化。

抖动现象相当于对数字信号进行相位调制，表现为在稳定的脉冲图样中，前沿和后沿出现某些低频干扰，其频率一般为 0～2kHz。抖动单位为 UI，表示单位时隙，也就是 1 比特信息所占有的时间间隔。

③ 分类：相位抖动（是指传输过程中所形成的周期性的相位变化）和定时抖动（是指脉冲码传输系统中的同步误差）。

④ 抖动产生的原因：数字再生中继器引起的抖动；数字复接及分接器引起的抖动；噪声引起的抖动；以及环境温度的变化、传输线路的长短及环境条件等引起的抖动。

⑤ 抖动类型

a. 随机性抖动：在再生中继器内与传输信号关系不大的抖动来源称为随机性抖动。这些抖动主要由于环境变化、器件老化及定时调谐回路失调引起。

b. 系统性抖动：由于码间干扰，定时电路幅度-相位转换等因素引起的抖动。

四、模拟信号的调制

（一）定义

模拟光纤通信系统是一种通过光纤信道传输模拟信号的通信系统，目前主要用于模拟电视传输。和数字光纤通信系统不同，模拟光纤通信系统采用参数大小连续变化的信号来代表信息。要求在光/电转换过程中信号和信息存在线性对应关系。因此，对于光源功率特性的线性要求，对系统信噪比的要求都比较高。由于噪声的累积，和数字光纤通信系统相比，模拟光纤通信系统的传输距离较短。但是目前采用频分复用（FDM）技术，实现了一根光纤传输 100 多路电视节目，在有线电视网络中，有巨大的竞争力。

当系统是受带宽限制而不是受损耗限制，以及终端设备的价格成为主要考虑因素时，就应该考虑采用模拟系统。例如视频信号的短距离传输，由于高速数模及模数转换的高价格及 PCM 调制占据的带宽宽，所以采用模拟传输更合理。采用光纤模拟传输的例子很多：如多路电话信号的传输与分配、微波复用信号传输、用户环路应用、天线遥测和雷达信号处理等。

（二）调制方式

1. 模拟基带直接光强调制（D-IM）

（1）定义　是用承载信息的模拟基带信号，直接对发射机光源（LED 或 LD）进行光强调制，使光源输出光功率随时间变化的波形和输入模拟基带信号的波形成比例。

20 世纪 70 年代末期，光纤开始用于模拟电视传输时，采用一根多模光纤传输一路电视信号的方式，就是这种基带传输方式。

所谓基带，就是对载波调制之前的视频信号频带。

对于广播电视节目而言，视频信号带宽（最高频率）是 6MHz，加上调频的伴音信号，这种模拟基带光纤传输系统每路电视信号的带宽为 8MHz。

用这种模拟基带信号对发射机光源（线性良好的 LED）进行直接光强调制，若光载波的波长为 $0.85\mu m$，传输距离不到 4km，若波长为 $1.3\mu m$，传输距离也只有 10km 左右。

（2）特点　设备简单，价格低廉，因而在短距离传输中得到广泛应用。

（3）传输系统组成　模拟基带直接光强调制（D-IM）光纤传输系统由光发射机（光源通常为发光二极管）、光纤线路和光接收机（光检测器）组成。

2. 模拟间接光强调制方式

（1）定义　是先用承载信息的模拟基带信号进行电的预调制，然后用这个预调制的电信号对光源进行光强调制（IM）。这种系统又称为预调制直接光强调制光纤传输系统。

（2）分类　预调制主要有以下三种。

① 频率调制（FM）：频率调制方式是先用承载信息的模拟基带信号对正弦载波进行调频，产生等幅的频率受调的正弦信号，其频率随输入的模拟基带信号的瞬时值而变化。然后用这个正弦调频信号对光源进行光强调制，形成 FM-IM 光纤传输系统。

② 脉冲频率调制（PFM）：脉冲频率调制方式是先用承载信息的模拟基带信号对脉冲载波进行调频，产生等幅、等宽的频率受调的脉冲信号，其脉冲频率随输入的模拟基带信号的瞬时值而变化。然后用这个脉冲调频信号对光源进行光强调制，形成 PFM-IM 光纤传输系统。

③ 方波频率调制（SWFM）：方波频率调制方式是先用承载信息的模拟基带信号对方波进行调频，产生等幅、不等宽的方波脉冲调频信号，其方波脉冲频率随输入的模拟基带信号的幅度而变化。然后用这个方波脉冲调频信号对光源进行光强调制，形成 SWFM-IM 光纤传输系统。

（3）采用模拟间接光强调制的目的　提高传输质量和增加传输距离。

由于模拟基带直接光强调制（D-IM）光纤传输系统的性能受到光源非线性的限制，一般只能使用线性良好的 LED 作光源。LED 入纤功率很小，所以传输距离很短。

在采用模拟间接光强调制时，由于驱动光源的是脉冲信号，它基本上不受光源非线性的影响，所以可以采用线性较差、入纤功率较大的 LD 器件作光源。

因而 PFM-IM 系统的传输距离比 D-IM 系统的更长。

对于多模光纤，若波长为 $0.85\mu m$，传输距离可达 10km；若波长为 $1.3\mu m$，传输距离可达 30km。对于单模光纤，若波长为 $1.3\mu m$，传输距离可达 50km。

（4）SWFM-IM 光纤传输系统特点　SWFM-IM 光纤传输系统不仅具有 PFM-IM 系统的传输距离长的优点，还具有 PFM-IM 系统所没有的独特优点。

① 在光纤上传输的等幅、不等宽的方波调频（SWFM）脉冲不含基带成分。

② 因而这种模拟光纤传输系统的信号质量与传输距离无关。

③ SWFM-IM 系统的信噪比也比 D-IM 系统的信噪比高得多。

上述光纤的传输方式都存在一个共同的问题：一根光纤只能传输一路信号。这种情况，既满足不了现代社会对大信息量的要求，也没有充分发挥光纤带宽的独特优势。因此，开发多路模拟传输系统，就成为技术发展的必然。

3. 频分复用光强调制（光波副载波传输系统）

（1）定义　用每路模拟电视基带信号，分别对某个指定的射频（RF）电信号进行调幅（AM）或调频（FM），然后用组合器把多个预调 RF 信号组合成多路宽带信号，再用这种多路宽带信号对发射机光源进行光强调制。

光载波经光纤传输后，由远端接收机进行光/电转换和信号分离。

因为传统意义上的载波是光载波，为区别起见，把受模拟基带信号预调制的 RF 电载波称为副载波，这种复用方式也称为副载波复用（SCM）。

（2）SCM 模拟电视光纤传输系统的优点

① 一个光载波可以传输多个副载波，各个副载波可以承载不同类型的业务。

② SCM 系统灵敏度较高，又无需复杂的定时技术，制造成本较低。

③ 前后兼容。不仅可以满足目前社会对电视频道日益增多的要求，而且便于在光纤与同轴电缆混合的有线电视系统（HFC）中采用。

（3）副载波复用的实质　利用光纤传输系统很宽的带宽换取有限的信号功率，也就是增加信道带宽，降低对信道载噪比（载波功率/噪声功率）的要求，而又保持输出信噪比不变。

在副载波系统中，预调制是采用调频还是调幅，取决于所要求的信道载噪比和所占用的带宽。

参 考 文 献

[1] 苏君红，张玉龙. 光纤材料技术（M）. 杭州：浙江科技出版社. 2009.4.

[2] 郝丹，闫柏旭. 光纤通信概述［J］. 中国科技信息，2010（11）：112-113.

[3] 尹建均. 光纤通信技术现状及发展趋势研究［J］. 科技探索，2011（372）：225.

[4] 闫珊珊. 光纤通信技术现状及发展趋势［J］. 商品与质量，2011.（旧刊）：109.

[5] 董喆. 光纤通信技术发展及趋势［J］，中国电子商务，2011.（2）：67-69.

[6] 张悦. 光纤通信技术的研究［J］. 中国新技术新产品，2011（11）：19.

[7] 刘晓静. 光纤通信技术的现状及发展趋势刍议［J］. 科技资讯，2011（8）：10.

[8] 赵锐. 浅谈光纤通信的发展现状和发展趋势［J］. 科技向导，2011（18）：390-392.

[9] 穆乃刚. 浅谈光纤通信技术研究［J］. 中国新技术新产品，2011.（12）：28.

[10] 段爱军. 浅析光纤通信技术的发展趋势［J］. 甘肃科技，2011，27（7）：20-22.

[11] 胡永杰. 光纤通信技术特点及未来发展趋势［J］. 中国新技术新产品，2011（16）：21-23.

[12] 张涵. 光纤通信技术与光纤传输系统的分析与探讨［J］. 科技创新导报，2011（1）：38-39.

[13] 贾大功，郭强，马彩缤，马红霞等. 光纤通信系统中的可调谐色散补偿技术［J］. 激光与红外，2011，41（1）：16-21.

[14] 雒志秀. 光纤通信系统中二阶偏振模色散补偿理论研究［J］，赤峰学院学报：自然科学版，2011，27（2）：23-25.

[15] 樊童，FTTH 光纤网络的设计与应用［J］. 企业技术开发，2011，30（9）：23-24.

[16] 胡光志，路玉喜. 光纤光缆的技术进展［J］. 网络电信，2004.（11）：37-38.

[17] 刘嘉群. 光缆线路故障点的查找与定位方法［J］. 中国交通信息产业，2009.（9）：96-99.

[18] 陈广生，周殿臣，张建. OPPC 光缆在工程应用中的探讨［J］. 电力系统通信，2009，30（201）：22-26.

[19] 高华，徐麟祥. FTTH 网络中的光缆选择与应用［J］. 计算机网络世界，2010.（9-10）：32-33.

[20] 黄正鸥. FTTH 用光缆结构和发展趋势［J］. 光纤通信月刊，2008（1）：46-50.

[21] 方志松. ADSS 光缆在短波电台的应用［J］. 数字技术与应用，2010.（1）：93.

[22] 李晓东. 张洪义. 姜克志. ADSS 电力特种光缆应用分析［J］. 光通信，2009（1）：26-27.

[23] 沈学明，崔维成，徐玉如，胡霞. 微细光缆的水下应用研究综述［J］. 船舶力学，2008，12（1）：146-156.

[24] 杜发玉. 特种光缆及组件在武器装备领域的应用［J］. 行业观察，2010（1）：40-47.

[25] 万冰，熊壮，罗中平，孙志雄. FTTH 工程中的主干光缆、引入光缆和入户光缆［J］. 网络电信，2007（1-2）：56-60.

[26] 熊向峰. 中国光纤光缆产业的发展趋势探讨［J］. 中国新通信，2010（5）：5-9.

[27] 顾广仁，林松祥. 接入网用弯曲损耗不敏感的单模光纤光缆（ITU-T 建议 G.657）特性简介［J］. 光通信，2006（2）：26-27.

[28] 李瑾. 光纤带光缆概述及其研发进展［J］. 网络通信，2011（1-2）：54-77.

[29] 张文轩，姬可理，陆奎. 海底光缆技术发展研究［J］. 中国电子科学研究院学报，2010. 5（1）：40-45.

[30] 黄俊华. 电力架空光缆［J］. 电力系统通信，2002（7）：10-17.

[31] 陈晓燕. 无中继通讯系统用光纤光缆［J］. 网络电信，2002（6）：46-54.

[32] 唐璜，肖倩，戎玲，震动光缆技术在城市安防中的应用［J］. 中国安防，2009（7）：48-52.

[33] 朱志勋. 光纤接入技术的应用［J］. 广东通信技术，2009（7）：74-80.

[34] 王国强. 光缆线路故障测试与定位［J］. 科技与生活，2011（1. 9）：105-120.

[35] 马凌云. 光纤传输通讯及设备［J］. 西部广播电视，2004（7）：45-46.

[36] 实俊生. 光缆交接箱的应用现状分析［J］. 电子技术，2011（18）：397.

[37] 严建利. 光缆通信在电力系统中的应用［J］. 信息技术，2011（2）：57.

[38] 郑勇. 光缆通信在电力通信网中的应用［J］. 中国高新技术企业，2010（13）：121-122.

[39] 张宁，纪越峰. 光纤技术的发展及其在光通信中的应用［J］. 光纤与电缆及其应用技术，2004（3）：1-6.

[40] 张万春，陆群，薄崇飞. 国内光纤技术及其光纤产业发展现状［J］. 光纤与电缆及其应用技术，2004（6）：10-11.

[41] 郭凯. 光纤连接器性能简介［J］. 网络通信，2004（8）：40-41.

[42] 程黎明，张春安，多芯光纤集成连接器［J］. 光纤光缆传输技术，1998（2）：3-35.

［43］ 刘德福，段吉安，高会波. 损耗光纤连接器研究现状与展望［J］. 光通信技术，2004（11）：42-45.

［44］ （日）长辙亮. SC 型光纤连接器技术［J］. 四川通信技术，1998（6）：42-46.

［45］ 郝艳辉，尤建昌，黄进等. SFF 光纤连接器［J］. 工光通信技术，2005（1）：15-18.

［46］ 吴世湘. 军事/宇航用光纤连接器近期发展动向［J］. 机电元件，2005.25（1）：49-54.

［47］ 高建平，卞蓓亚，武忠仁. 卤化银光纤原料的高真空熔炼提纯［J］. 硅酸盐学报，2000.28（5）：494-496.

［48］ 高建平. 卞蓓亚. 陈惠民等. 卤化银多晶光纤传输 CO_2 激光性能的研究［J］. 无机材料学报，2000.15（1）：119-122.

［49］ 高建平，卞蓓亚，张仪等. 卤化银多晶光纤热挤压成型的研究［J］. 无机材料学报，2001.16（3）：541-544.

［50］ 高建平，卞蓓亚，张仪等. 热处理对卤化银多晶光纤显微结构的影响［J］. 无机材料学报，2000.15（5）：787-790.

［51］ 白光，晴天. 传输高功率 CO_2 激光辐射的卤化银多晶光纤［J］. 激光与光子学进展，1996（1）：20-21.

［52］ 侯印春，权宁三，王人淑等. 各种气氛下 KRS-5 单晶生长和多晶光纤的研制［J］. 硅酸盐学报，1989.28（5）：121-128.

［53］ 原荣. 光纤通讯技术［M］. 北京：机械工业出版社，2011.8.

后　记

　　本书主编征得《光纤通信技术》(ISBN 978 - 7 - 111 - 34919 - 8，机械工业出版社 2011 年 8 月出版)作者原荣的同意，使用了该书中的以下内容：

　　第 6 ~ 7 页，光纤通信的优点；

　　第 30 ~ 33 页，多模光纤和单模光纤的传光原理；

　　第 64 ~ 77 页，连接器、耦合器、可调谐光滤波器；

　　第 84 ~ 104 页，调制器、光开关、光隔离器、光分插复用器、光双折射器件；

　　第 107 ~ 132 页，光源和光发射机；

　　第 135 ~ 160 页，光探测和光接收机；

　　第 163 ~ 170 页，光放大器基础和半导体光放大器；

　　第 243 ~ 269 页，光纤传输系统设计；

　　第 274 ~ 300 页，无源光网络接入技术。

　　在此，本书编写人员对原荣研究员表示衷心的感谢！